DIE LANDMASCHINEN UND IHRE INSTANDHALTUNG

Ein umfassendes
Hand- und Nachschlagebuch der Landmaschinenpraxis
für Reparaturwerkstätten, Landmaschinenhändler
und alle in der Landwirtschaft tätigen Kräfte

Von

Prof. Dr.-Ing. habil.

PAUL SCHWEIGMANN

Mit 1440 Abbildungen im Text,
20 Tabellen und Zahlentafeln,
einer mehrfarbigen Tafel und einem Anhang:
Technische Daten der Ackerschlepper

Bulldog Press

IMPRESSUM

Herausgeber:
Bulldog Press, Adelheidstraße 2, D- 65549 Limburg/Lahn

Reprint des gleichnamigen Werkes der 1. Auflage 1955 erschienen im Fachbuchverlag Dr. Pfanneberg & Co., D-35390 Gießen (ISBN 3-8057-385-6)

Satz und Reproduktion: DTP:Studio Bandur, Dauborn · Design Service Borgers, Wallrabenstein
Druck: ELEKTRA Reprografischer Betrieb Kjeld Höjring, Niedernhausen

Umschlaggestaltung: Peter J. Bandur, Robert Geyer

Printed in Germany

ISBN 3-9803332-1-3

GELEITWORT

Dem Wunsche des Verfassers, ein Geleitwort zu dem vorliegenden ausgezeichneten Werk zu schreiben, bin ich sehr gerne nachgekommen. Mir scheint, daß es seiner vorzüglichen Bearbeitung nach keiner besonderen Empfehlung bedarf. Zunächst darf festgestellt werden, daß es wirklich eine bisher fühlbare Lücke ausfüllt. Wir haben meines Wissens kein Buch über die Landmaschinen, das so eingehend in das Verständnis dieses ständig anschwellenden Wissensgebietes einführen kann. Es werden hier nicht nur die Aufgaben und die technischen Verrichtungen der Maschinen behandelt, man lernt sie auch in all ihren Einzelheiten kennen, lernt den Werkstoff beurteilen, aus dem sie hergestellt sind, lernt jeden einzelnen Teil der Maschine kennen sowie seine Verrichtungen, wird aufmerksam gemacht auf die drohenden Gefahren und angeleitet, sie zu vermeiden. Besonders wichtig und neu ist es, daß auch die Pflege und Instandhaltung der Maschinen bis in alle Einzelheiten behandelt wird und daß für ihre Wiederherstellung Anleitungen gegeben werden.

Ganz besonders begrüße ich es, daß auch das landwirtschaftliche Handgerät nicht vergessen worden ist, mit dem trotz aller Maschinen immer noch ein großer Teil der landwirtschaftlichen Arbeit getan werden muß. Bei der Entwicklung der Landarbeitslehre in den letzten dreißig bis vierzig Jahren hat man diesen Geräten zwar eine etwas größere Aufmerksamkeit geschenkt, und es ist der Gedanke immer mehr in den Vordergrund getreten, daß sowohl sie als auch die Maschinen nur das Ziel verfolgen können, die menschliche Arbeit zu verbessern, zu erleichtern und wirtschaftlicher zu gestalten. Somit scheint mir dieses Buch eine außerordentlich wichtige Grundlage auch für die Landarbeitslehre zu sein, jedenfalls für die besondere Landarbeitslehre.

Der bedeutende Umfang des Werkes und seine Reichhaltigkeit werden auch den Fachmann überraschen. Ein umfangreiches Stichwortverzeichnis gibt schnell Auskunft über die mannigfaltigsten Fragen, die bei der Verwendung von Landmaschinen auftreten können. Wenn das Buch auch wohl in erster Linie für die Landmaschinenpraxis und für die Reparaturwerkstätten gedacht sein mag,.so bin ich doch der Auffassung, daß auch weiteste Kreise der Landwirtschaft Nutzen davon haben werden und daß es in keiner größeren landwirtschaftlichen Bücherei fehlen darf; selbst der Bauer kann es brauchen.

Die Landmaschinen leiden darunter, daß sie im Gegensatz zu den Maschinen in der Industrie durchweg nur verhältnismäßig kurze Zeit im Jahre gebraucht werden. Dann kommt es in der Regel aber auch auf jede Stunde an. Je länger eine Maschine arbeiten kann, desto mehr macht sie sich für den Betrieb bezahlt. Man muß also dafür sorgen, daß die Verwendungsfähigkeit der Maschine jederzeit sicher ist und daß Hemmungen schnellstens beseitigt werden können. Noch wichtiger ist es, daß solche Hemmungen vermieden werden. Daher sollten alle, die mit Landmaschinen umgehen, eine möglichst genaue Kenntnis davon haben, wie sie dieses Werk vermittelt. Unendlich viel wertvolle Arbeitsstunden gehen heute noch verloren dadurch, daß auf die Reparatur von Maschinen oft lange gewartet werden muß. ,,Die Axt im Hause erspart den Zimmermann", pflegt man zu sagen. Daß man immer weiß, wo die richtige Schraube sitzt, ist von noch größerer Bedeutung. Hierbei ist ein solches Buch eine außerordentlich wertvolle Hilfe, die man auch in den landwirtschaftlichen Berufsschulen, Landwirtschaftsschulen, auch in den Hochschulen nicht entbehren kann.

Mir scheint das Buch auch eine agrarpolitische Bedeutung zu haben. Landvolk und Landwirtschaft werden zuweilen unberechtigt als rückständig angesehen. Die Schwierigkeiten des landwirtschaftlichen Berufes sind jedoch wenig bekannt. Landwirtschaft war ja auch lange ein ungelernter Beruf. Diese Meinung wird jedem vergehen, der in dieses Werk hineinsieht. Es wäre also gut, wenn man es auch unseren Politikern gelegentlich vorlegte.

Vom Standpunkt der Geschichte der Landwirtschaft, die mich auch viel beschäftigt hat, begrüße ich es besonders, daß auch vieles über die geschichtliche Entwicklung der Geräte und Maschinen mitgeteilt wird, wodurch das Verständnis sehr viel lebendiger werden kann. Ich bin auch überzeugt, daß das Werk späteren Generationen ein wertvolles Bild über den heutigen Stand der Landmaschinen, landwirtschaftlichen Geräte und der Landwirtschaft selbst geben wird.

Als beste Wirkung möchte ich von ihm erhoffen, daß es helfen wird, den Menschen in der Landwirtschaft das Leben leichter und angenehmer zu machen, die Erträge und damit ihr Einkommen durch richtigen Einsatz und richtige Behandlung der Maschinen zu erhöhen und somit der weiteren Abwanderung des Landvolkes durch die Landvertreibung vorzubeugen.

Professor Dr. W. Seedorf

o. ö. Professor em. für landwirtschaftliche Betriebslehre
an der Universität Göttingen,
Begründer und Ehrenvorsitzender der Landvolkabteilung
der Deutschen Landwirtschafts-Gesellschaft

VORWORT

Die ungeheure Entwicklung der Technik in den letzten Jahrzehnten hat auch vor der Landwirtschaft nicht haltgemacht. Nachdem Jahrhunderte hindurch die gesamte landwirtschaftliche Produktion mit Hilfe von wenigen, immer gleichbleibenden Geräten bewältigt wurde, finden wir heute eine fast unübersehbare Menge an Maschinen und Geräten auf dem Markt, die ausschließlich für die Landwirtschaft geschaffen worden sind. Es war deshalb erforderlich, hierüber einmal eine geschlossene Übersicht zu geben, zumal in der kurzen Entwicklungszeit der vielfältigen Landmaschinen und Geräte sich das technische Verständnis der Landbevölkerung noch nicht so bilden konnte, wie das in anderen Gebieten möglich war.

Maschinen sind anfällig für Störungen, erst recht Landmaschinen, die unter härteren Bedingungen laufen müssen und dem Verschleiß durch Umwelteinflüsse wie Wetter, Bodenbeschaffenheit usw. mehr ausgesetzt sind als viele andere, meist stationäre Maschinen. Die leistungsfähigste Maschine aber nutzt nichts, wenn sie nicht instand gehalten und notfalls repariert werden kann. Aber auch das ist nur dann mit Erfolg möglich, wenn man in das Wesen der Maschine eindringen kann und dazu eine klare, selbst für jede Hilfskraft leicht verständliche Anleitung hat. Auch die speziellen Reparaturbetriebe für Landmaschinen und die Landmaschinenhändler, die den Landwirt beraten, müssen sich ständig unterrichten über die Vielzahl der Typen und Konstruktionen und ihre Eigenheiten. Für alle, die in der Praxis mit Landmaschinen zu tun haben, wurde diese umfassende Zusammenstellung der Landmaschinen und -geräte geschaffen. Es wurden darüber hinaus die Anfälligkeiten der Maschinen, die Art ihrer Instandhaltung und Reparatur erläutert. Die Beschreibungen sind so einfach und einprägsam wie nur irgend möglich gehalten, auf die Bedingungen in der Praxis abgestellt und werden, wo immer angängig, durch viele anschauliche und klare Bilder unterstützt. Das umfangreiche alphabetische Sachregister am Schluß des Werkes ermöglicht eine schnelle Orientierung. Wissenschaftliche Abhandlungen sind nicht die Aufgabe dieses Buches; auf sie wurde mit Rücksicht auf den Leserkreis verzichtet.

Die Landmaschinenindustrie hat durch bereitwillige Hergabe von Informationen und Bildunterlagen Ziel und Aufgabe dieses Buches gefördert, wofür ihr an dieser Stelle gedankt sei.

Über technologische und maschinentechnische Grundlagen konnte nur so viel gebracht werden, wie zum Verständnis des Werkes über dieses Sondergebiet erforderlich ist. Wer darüber hinausstrebt, sei auf das Werk von Professor O. Ludwig „Werkbuch für den Metallfacharbeiter" verwiesen, in dem diese Grundfragen umfassend und wirkungsvoll behandelt sind. Auch vom Schlepper, der in der Landwirtschaft immer häufiger verwendet wird, konnte nur das Grundsätzliche über seine Anwendung bei Zug- und Anhängegeräten, über Bodendruck, Radgestaltung und Wirtschaftlichkeit sowie das Wesentliche über die Schleppergrößen und -arten gesagt werden. Für eine eingehendere Unterrichtung über den Schlepper selbst sei auch hier ein Spezialwerk, „Die Kraftfahrzeuge und ihre Instandhaltung" von H. Trzebiatowsky, empfohlen. Beide Bücher erscheinen ebenfalls im Fachbuchverlag Dr. Pfanneberg & Co., Gießen. Sowohl für die Landwirtschaft als auch für die Landmaschinenindustrie, die für sie tätig ist, sei dieses Werk förderlich, weil es dazu verhilft, das Verständnis des einen für den anderen zu vertiefen.

Möge dieses Buch dazu beitragen, daß das in Landmaschinen und -geräten investierte erhebliche Kapital immer seine Aufgabe erfüllen kann, Arbeit zu sparen und den Ertrag zu steigern! In erheblichem Maße ist das von einer verständnisvollen Pflege und Instandhaltung und dem störungsfreien, betriebssicheren Lauf der Maschinen abhängig.

Hannover 1955 *Prof. Dr.-Ing. habil. Paul Schweigmann*

ANMERKUNG DES VERLEGERS ZUM REPRINT

Bei den Arbeiten zu meinem ersten Buch „Handbuch für Traktor- und Landmaschinenfreunde. Clubs, Museen, Sammlungen. Band 1" konnte ich feststellen, daß eine große Zahl an landwirtschaftlichen Maschinen und Geräten vergangener Tage von Enthusiasten selbstlos vor dem Verfall bzw. der Verschrottung gerettet werden konnte. Vieles davon ist inzwischen restauriert und wird wieder bei historischen Ausstellungen gezeigt und sogar im Feldeinsatz präsentiert. Die Zahl derer, die sich zwecks fehlender Unterlagen zur Instandsetzung und Instandhaltung an Oldtimer-Traktoren-Clubs, Museen, landwirtschaftliche Einrichtungen und Fachzeitschriften wenden, um dabei Hilfestellung zu erfahren, steigt ständig an.

Durch meinen Niedertiefenbacher Traktorfreund und ehemaligen Landmaschinen-Mechaniker Paul Wagner bin ich auf dieses Buch gestoßen. Nach intensiver Lektüre merkte ich bald, daß dieses Buch in Neuauflage bzw. Nachdruck (Reprint) all denen helfen kann, die altes landwirtschaftliches Gerät und betagte Schlepper ihr eigen nennen. Alleine das alphabetische Sachregister umfaßt 33 Seiten. Besonders der Freund alter Schlepper kommt bezüglich der Anbaugeräte auf seine Kosten, und so ist dieses Buch eine ausgezeichnete Ergänzung zum Nachdruck des 1992 im Schwungrad-Verlag erschienenen Werkes „Schlepper und Anbaugeräte" (Flücht und Blum).

Vor allem unserer Jugend kann das vorliegende Buch eine enorme Hilfestellung in bezug auf Bedienung, Reparatur, Wartung und Pflege von landwirtschaftlichen Geräten und Maschinen vergangener Tage bieten. Viele der Leser werden im ursprünglichen Erscheinungsjahr 1955 noch nicht das Licht dieser Welt erblickt haben. Selbst der Verleger war gerade einmal 8 Jahre alt.

Doch hat die heutige Zeit trotz ihrer täglichen schlechten Nachrichten ein Gutes. Im sog. „High-Tech-Zeitalter" ist es mittels modernster Computer- und Drucktechnologie möglich, einen optimalen Nachdruck dieses hervorragenden Werkes zu gewährleisten. Das ist um so erstaunlicher, da das holzhaltige, gelblichgefärbte Originalpapier bei den verwendeten Fotos keine hochqualitativen Darstellungen ermöglichte.

Das einzige, was an dem Original geändert wurde, ist der Umschlag. Er wurde im Reprint zeitgemäßer gestaltet. Außerdem wurden im Anhang 2 Seiten mit Buchwerbung aus der damaligen Zeit weggelassen und eine Werbeseite von BULLDOG PRESS eingefügt. Aus Kostengründen wurde auf ein farbiges Faltblatt (Deutz-Schlepper) zwischen den Seiten 80 und 81 verzichtet.

Mein besonderer Dank gilt dem Lizenzgeber, der Firmenleitung des Fachbuchverlags Dr. Pfanneberg & Co. in D-35390 Gießen, welcher in großzügiger Weise diesen Nachdruck gestattete.

Limburg/Lahn, 1993

Robert Geyer

Titelfotos von oben nach unten und von links nach rechts:

80-PS-Schlepper der Motorenfabrik Sendling aus dem Jahre 1909
Lanz Landbaumotor mit Moorrädern
Daimler-Benz Unimog als Pritschenwagen
Selbstfahrender Mähdrescher Fahr
Lanz Stahl-Dreschmaschine mit angebautem Längsförderer

Fotos Einband-Rückseite:

A. Hummel Söhne, 12-PS-Einachsschlepper mit Schleppachse
50- und 25-PS-WD-Kettenschlepper
Doppelt bereifter Schlepper von M.A.N.
Lanz Alldog mit Kartoffelvorratsroder als Anbaumaschine
Gebr. Eberhardt, sechsfurchiger Anhänge-Schälpflug

INHALTSVERZEICHNIS

(Ein ausführliches alphabetisches Stichwortregister ist am Schluß des Werkes)

Zweiter Abschnitt

Technik in der Landwirtschaft

Dritter Abschnitt

Wartung und Instandhaltung von Landmaschinen

Vierter Abschnitt

Sondergebiete

Fünfter Abschnitt

Unfallverhütung

Anhang: **Technische Daten der Ackerschlepper**

TAFELVERZEICHNIS

EINLEITUNG

Das Wesen des Landmaschinenbaues

Das Menschengeschlecht ist mit dem Erdboden verbunden; er liefert ihm die Nahrung. Ob die Menschen in Gruppen als Hirten umherschweiften oder ob sie seßhaft siedelten, immer mußte die Erde eßbare Früchte für sie und Futter für ihr Vieh spenden. Als sie seßhaft geworden waren, lernten sie bald, der Erde Nahrungsmittel abzugewinnen. So urtümlich die Menschen waren, so einfach waren ihre Geräte, mit denen sie den Boden bearbeiteten. Als Pflug diente ihnen zuerst die Gabel eines Baumastes oder einer Wurzel.

Auf die Entwicklung der landwirtschaftlichen Geräte und Maschinen soll hier nicht eingegangen werden. Sie begann, beeinflußt durch amerikanische und englische Erfindungen, eigentlich erst zu Beginn des vorigen Jahrhunderts. Der deutsche Landmaschinenbau ist dagegen verhältnismäßig jung; er setzte erst mit der letzten Jahrhundertwende ein, baute auf den Vorarbeiten Amerikas auf, verbesserte zuerst die überkommenen Geräte und Maschinen und konstruierte dann viele neue Maschinen eigener Art.

Der Landmaschinenbau nimmt innerhalb des gesamten Maschinenbauwesens eine Sonderstellung ein. Er umfaßt ein großes Maschinengebiet: Zugmaschinen, Förder-, Sortier-, Dämpf-, Zerkleinerungsanlagen; Maschinen nach aerodynamischen Grundgesetzen (Windfegen, Windsortierapparate); Maschinen nach hydrodynamischen Arbeitsgesetzen (Pumpen, Milchschleudern). Je nach ihrer Art könnten die einzelnen Gruppen dieser Maschinen den entsprechenden Sondergebieten des allgemeinen Maschinenbaues eingegliedert werden. Manche Landmaschine aber paßte wegen ihrer Arbeitsart in keines der Sondergebiete hinein, manche dagegen wieder zugleich in mehrere Sondergebiete. Wegen dieser Arbeiten wurden früher die Landmaschinen dem Gebiet der „Mechanischen Technologie" angegliedert. Die mechanische Technologie ist die Lehre von den mechanischen Arbeitsvorgängen oder der mechanischen Verarbeitung irgendeines Stoffes.

Wenn man mechanisch-technologische Arbeitsvorgänge so beherrschen will, daß sie in gewollter Weise verlaufen, so muß man das Verhalten und die Eigenschaften der zu bearbeitenden Stoffe kennen. Bei keinem anderen technologischen Fachgebiet sind so viele verschiedene Stoffe unter dauernd sich ändernden Verhältnissen zu verarbeiten wie bei den Landmaschinen. So z. B. der Ackerboden in seiner sehr verschiedenen Zusammensetzung, mit seinen stark wechselnden physikalischen Eigenschaften bei Witterungsänderungen; oder der stark veränderungsfähige Zustand des zu dreschenden Getreides, da Sortenart, Wachstumsbedingungen, Reifezustand, Witterungsverhältnisse beim Schnitt, Lagerungszeit, Dreschwetter usw. nie ein gleichmäßiges Dreschgut liefern. Ähnlich verhält es sich bei allen anderen Arbeitsvorgängen in der Landwirtschaft.

Die Errungenschaften des modernen Maschinenbaues: Festigkeitsbemessung, Bewegungsübertragung, Zweckmäßigkeit des Baues, Formenschönheit u. a. lassen sich unschwer auf den Landmaschinenbau anwenden. Anders verhält es sich mit den Arbeitsvorgängen der erwähnten technologischen Seite der Maschinen. Diese Vorgänge können selten mit der Mechanik erfaßt werden. Darum wird man nach den jahrzehntelangen Erfahrungen z. B. eine Dreschmaschine so bauen, daß sie unter allen Umständen einwandfrei arbeitet, obwohl die Umstände nicht nur von Jahr zu Jahr oder von Tag zu Tag, sondern selbst beim gleichen Arbeitsgang sich ändern können. Bei solchen wechselnden Arbeitsverhältnissen kann der Landwirt von seiner Maschine nicht einfach erwarten, daß sie so arbeitet, wie er es gerade möchte. Er muß die Maschine kennen und sich ihren Eigenarten anpassen und die jeweiligen Gegebenheiten berücksichtigen. Nur dann wird er aus ihr die beste Arbeit herausholen. Mancher Landwirt arbeitet mit seiner veralteten Maschine besser als ein anderer mit einer hochmodernen, weil er sich dem Wesen der alten Maschine in langen Jahren angepaßt hat.

Einige Worte zum Begriff „Landtechnik", über den in den letzten Jahren viel gesprochen worden ist: Von zentraler, verantwortungsvoller Stelle soll die Bestellung des ganzen landwirtschaftlichen Anbaugebietes gesteuert werden. Dadurch kann für die rechtzeitige Beschaffung von Dünger, Saatgut, Maschinen (man denke an die Eisenzuteilung für den Bau von Landmaschinen) und anderer wichtiger Hilfsmittel gesorgt werden. Es wird dadurch auch möglich, die Ernteerträge vorauszuschätzen und die Versorgung der Bevölkerung gegebenenfalls durch Einfuhr fehlender Nahrungsmittel zu sichern. Es handelt sich also weniger um den Landmaschinenbau. Zwar wird die Landtechnik unvermeidlich auch die Entwicklung des Maschinenbaues und seiner Verfahren beeinflussen, doch ist zunächst mehr daran gedacht, die richtigen Maschinen zweckvoll einzusetzen, um den Mangel an menschlichen Arbeitskräften auf dem Lande auszugleichen. Landtechnik hat also auch eine privatwirtschaftliche Aufgabe. Der Landwirt soll unterrichtet werden, wie er seinen Betrieb erfolgreich und zweckvoll gestalten kann. Auf die volkswirtschaftlichen Aufgaben der Landtechnik kann in diesem Buche nicht näher eingegangen werden. Sie zielen darauf ab, den Einfuhrbedarf an Nahrungsmitteln möglichst genau und rechtzeitig zu erkennen, den Markt entsprechend zu steuern und die notwendigen Devisen für die Einfuhr bereitzuhalten; der Landwirtschaft Hinweise zu geben, welche Früchte vermehrt anzubauen sind und wie sie ihre Arbeitsverfahren wirtschaftlich gestalten kann.

ERSTER ABSCHNITT:

DIE LANDMASCHINEN

I. Der Ackerboden in seinen Beziehungen zur Bodenkultur durch Maschineneinsatz

Das Fundament menschlichen Seins ist der Ackerboden. Er ist in Millionen von Jahren durch Verwitterung der Gesteinsmassen und durch Verwesung pflanzlicher und tierischer Organismen entstanden. Seit der Mensch auf Erden wandelt, erhält er sich von den Früchten, die der Erdboden bietet.

In der Vorzeit, da einer noch nicht so zahlreichen Menschheit schier unermeßliche Bodenflächen zur Verfügung standen, genügten die im Boden vorhandenen Wachstumskräfte, die zur Sättigung von Mensch und Tier nötigen Nahrungsmittel hervorzubringen. Ließ die Kraft des Bodens nach, so zog man weiter und nahm neuen, jungfräulichen Boden „unter den Pflug". Es ist etwas Eigenes um die Wachstumskräfte des Bodens. Seitdem die Wissenschaft die biologischen Zusammenhänge erkannte, kann der gleiche Ackerboden so stark beeinflußt werden, daß aus ihm heute die seßhaft gewordenen 2 Milliarden Menschen ernährt werden können.

Als Ackerboden oder Ackerkrume bezeichnet man die obere etwa 10—20 cm tiefe Schicht der Erde. Nach den Grundbestandteilen dieser Schicht und ihren wichtigsten Eigenschaften werden die Ackerböden bewertet und voneinander unterschieden.

A. Die Bodenarten

Je nach dem Überwiegen mineralischer Bestandteile oder Humus, also organischer Stoffe, wie Pflanzenreste, Gründüngung, Stallmist oder Tierreste ist der Boden zu unterscheiden. Man unterscheidet nach den 5 Hauptbodenbestandteilen Sand, Ton, Lehm, Kalk und Humus:

1. Sandboden, mit mehr als 80% Sand; er fühlt sich rauh und mager an und besteht aus 0,1 bis 0,2 mm großen Gesteinskörnchen.
2. Tonboden, mit mindestens 60% Ton; er fühlt sich fett an, ist plastisch und zeigt, wenn er feucht ist, beim Durchschneiden eine glänzende Schnittfläche. Eine Körnung ist kaum erkennbar.
3. Lehmboden, mit neben Ton 30 bis 50% Schlemmsand; er fühlt sich weniger fett an und zeigt auf der Schnittfläche zahlreiche Risse. Eine Körnung ist kaum erkennbar.
4. Kalkboden, mit mindestens 15% Kalk, höchstens 75% Ton; er kann mit Salzsäure nachgewiesen werden, wobei er aufbraust. Die Körnung ist mittelmäßig.
5. Humusboden, mit mehr als 5% Humus; er ist schwarz gefärbt, ist locker und etwas feinkörnig.

Zwischen diesen Hauptbodenarten gibt es viele Nebenarten, die sich aus verschiedenen Mischungen zusammensetzen und die man nach dem Überwiegen einer Bodenart bezeichnet. So sind Bezeichnungen wie sandiger Lehm oder lehmiger Sand, sandiger Humus oder humuser Sand geläufige Begriffe, die zwar nicht die genaue Zusammensetzung, jedoch die wesentlichsten Merkmale erkennen lassen.

B. Adhäsion und Kohäsion

Diese Zusammensetzung des Ackerbodens begründet seine verschiedenen Eigenschaften, die bei der Bodenbearbeitung eine Rolle spielen und beachtet werden müssen. Sie bestimmen, welche Zugkraft aufzuwenden ist; aus ihnen ergeben sich die Radreibungsverhältnisse und der Grad der Schollenzerkrümelung, also das, was mit Kohäsion bezeichnet wird. Kohäsion nennt man das Zusammenhaften der einzelnen Teile des Bodens; Adhäsion nennt man das Anhaften des Bodens an den Arbeitswerkzeugen. Die Adhäsion und die Kohäsion wachsen mit zunehmender Feinkörnigkeit des Bodens. So setzt beispielsweise Sandboden wegen seiner geringen Kohäsion der Zerkleinerung den geringsten Widerstand entgegen; wegen seiner geringeren Adhäsion haftet er auch nicht so sehr den Werkzeugen an. Der Tonboden mit seiner feinen Struktur hat große Adhäsion und Kohäsion, läßt sich schwer zerkleinern und haftet stark an den Werkzeugen.

Wegen dieser Eigenschaften rechnet man Sandböden trotz ihres hohen spezifischen Gewichtes zu den leichten und Tonböden zu den schweren Böden. Den Lehmboden pflegt man trotz geringerer Ko- und Adhäsion zu den schweren Böden zu rechnen. Ausschlaggebenden Einfluß auf die Ko- und Adhäsion der Böden hat ihr Wassergehalt. Die Kohäsion und Adhäsion der Sandböden wird mit zunehmender Feuchtigkeit stärker — feuchter Sandboden „backt“; ausgetrockneter Tonboden kann eine so starke Kohäsion erreichen, daß er sich nicht bearbeiten läßt.

C. Die Struktur des Bodens

Die Struktur des Bodens (nämlich die kleinen Hohlräume in ihm) ist bedeutungsvoll für die Wachstumskräfte, die sich in ihm entfalten. Die Hohlräume füllen sich mit Luft und Wasser. Beide Elemente sind nötig, damit die Bodenbakterien ein reiches Leben entwickeln können und Wärme entsteht. Daraus ergibt sich die Boden-„Gare“.

Die in Tafel 1 wiedergegebene Bodentabelle zeigt die verschiedenen Bodenarten nach ihrer Struktur, ihrem Wasser- und Luftgehalt und ihren Eigenschaften.

Tafel 1. *Bodentabelle*

Durchschnittliche Größe der Bodenbestandteile	Gehalt an		Farbe und Eigenschaft	Bodenart
	Wasser	Luft		
über 10 mm	gering	groß	verschieden, unfruchtbar	Schutt, Geröll
geringer als 10 mm	gering	groß	verschieden, unfruchtbar	Kies
0,1—2 mm	gering	groß	graugelb, durchlässig, unfruchtbar	Sand
feinkörnig, Körnung kaum erkennbar	mittel	mittel	weißgrau, fettig, klebend, wenig fruchtbar	Ton
feinkörnig, Körnung kaum erkennbar	mittel	mittel	gelbbraunrötlich, fettig, klebend, fruchtbar	Lehm
feinkörnig	mittel	mittel	dunkelschwarz, locker, in reiner Gestalt unfruchtbar, wärmend, lüftend, wasseraufnehmend	Humus
feinkörnig	mittel	mittel	hellgrau, sehr fruchtbar	Löß
mittelkörnig	gering	gering	weißgrau, fruchtbar	Kalk

Ein untrügliches Mittel, die Fruchtbarkeit der Bodenarten zu erkennen, liefert uns die Natur selbst in den Unkräutern, so verderblich sie sonst auch sind. Sie zeigen an, ob der Boden arm oder reich an Nährstoffen ist. Manche Unkräuter sind mit kargem Boden zufrieden, andere wachsen nur auf bestem Nährboden. Zichorie, Huflattich, Distel, wilde Melde und Hederich lieben nur guten Boden. Hungerblümchen, Mauerpfeffer, Ehrenpreis und Thymian begnügen sich mit dürftigem Boden.

Die Kulturpflanzen zehren so stark an der Wachstumskraft des Bodens, daß ihm bei intensiv betriebener Landwirtschaft neue Kräfte als Dünger wieder zugeführt werden müssen. Durch mechanische Bearbeitung des Bodens wird es den neuen Kräften möglich gemacht, sich wirkungsvoll zu entfalten. Ohne neue Kräftezufuhr würde die Ernte immer geringer werden; mit ihr gelingt es nicht nur, die Ernte zu halten, sondern sogar zu steigern.

Der Landwirt muß wissen, welche Wachstumsstoffe seinem Ackerboden fehlen; welche Düngemittel geeignet sind; in welchen Mengen und in welcher Weise er sie dem Boden zuführen muß, um Höchsterträge zu erzielen. Wenn er selbst zu keinem zuverlässigen Urteil kommt, so muß er den Boden auf Wasserverhältnisse und Wachstumsstoffe untersuchen lassen. Für die Wasserverhältnisse ist der Grundwasserstand ausschlaggebend. Er ist leicht zu ermitteln, wenn ein so tiefes Loch gegraben wird, daß sich in ihm von allen Seiten her Wasser zu sammeln beginnt. Bei Wiesen, wo die Wurzeln kurz bleiben, ist ein hoher Grundwasserstand erwünscht. Bei Äckern und Gärten ist ein Grundwasserstand von 50—90 cm, bei Obstkulturen zwischen 90 und 150 cm günstig.

Bei zu hohem Grundwasserstand leitet man das zu reichliche Wasser durch Gräben in tiefer gelegene Gegenden oder in Bäche oder Flüsse ab. Die ausgehobene Erde wird gleichmäßig nach rechts und links über den Acker verteilt; dadurch werden die Beete höher, das Wasser kann durch die Gräben abziehen.

Die Ent- und Bewässerungsgräben können mit Maschinen ausgehoben werden. Mit dem Häufelpflug wird ein kleiner Graben gezogen; dann wird mit einer neuzeitlichen Grabenreinigungsmaschine (Bild 1) ein Graben in gewünschter Breite und Tiefe hergestellt. Da die Maschine aber nur gut arbeitet, wenn genügend Wasser im Graben ist, so füllt man zuvor die mit dem Häufelpflug gezogene Grabenfurche mit Wasser. Die Grabenreinigungsmaschine ist als Anbauorgan für Schlepper mit Kriechgängen, Zapfwelle und hydraulischem Kraftheber versehen. Mit einer Schnecke arbeitet sie Grabensohlen und -böschungen

1. Grabenreinigungsmaschine als Anbaugerät (Karl Ritscher G.m.b.H., Hamburg)

2. Dränagepflug (Gebr. Eberhardt, Ulm)

3. Dränagepflug im Einsatz (Gebr. Eberhardt, Ulm)

so aus, daß Erdreich und Unkraut zerschnitten und — mit Wasser und Schlamm vermischt — nach oben befördert werden.

Ackerflächen mit hohem Grundwasserstand können auch durch wasserdurchlässige Tonröhren oder durch Maulwurfdränage entwässert werden. Bei der Maulwurfdränage werden die Tonröhren von einer Trosse und einem Dränagepflug in den Boden gelegt, ohne daß Erde aufgeworfen wird. Dabei sorgt der Dränagepflug für den nötigen Hohlraum. — Bei bindigen Böden, die nicht so leicht einzudrücken sind, bedient man sich nur des mit einem Prellkörper ausgerüsteten Dränagepfluges (Bild 2). Er wird an einem Schneideisen, das in den Ackerboden einen schmalen Spalt einarbeitet, in erforderlicher Tiefe in den Boden gezogen (Bild 3) und hinterläßt einen röhrenförmigen Hohlraum (Bild 4).

Bei zu tiefem Grundwasserstand entsteht im Acker ein Wassermangel. Wenn in seiner Nähe Flüsse sind, kann man Gräben anlegen und ihn dadurch bewässern. Kann ihm aber kein Wasser zugeleitet und sollen keine Regenanlagen verwendet werden, so bleibt nur übrig, ihn sachgemäß zu bearbeiten. Im Herbst wird der Boden so tief umgegraben oder gepflügt, daß er sich bis zum Frühjahr mit Regen und Schnee vollsaugen kann.

D. Bodenuntersuchung

Wer den Boden auf seine Nährstoffe hin untersuchen will, muß die Aufbaustoffe kennen und wissen, welche Mengen davon die Pflanzen während des Wachstums dem Boden entnehmen, gegebenenfalls also wieder ergänzt werden müssen. Außer den Nährstoffen, die

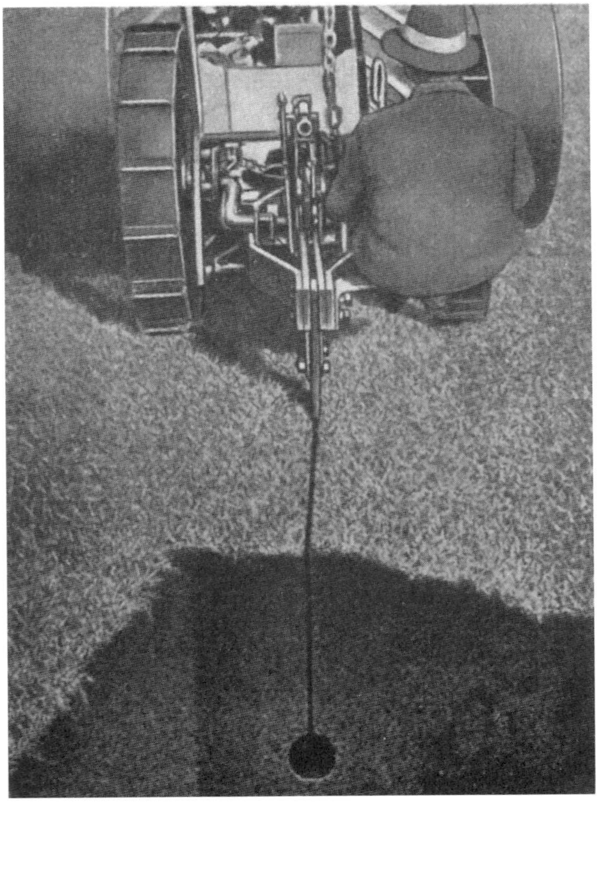

4. Querschnitt durch dräniertes Land (Gebr. Eberhardt, Ulm)

ihm durch Luft und Wasser zugeführt werden, sind es besonders Stickstoff, Phosphor, Kali und Kalk. Der Stickstoff ist der wichtigste Aufbaustoff. Aber gerade er ist meist in geringster Menge vorhanden. Man muß über die Stickstoffvorgänge im Boden gut unterrichtet sein.

Mit dem Bodenuntersuchungsapparat „Primus-N" (Bild 5) können nicht nur Wirtschaftsberater und Bodenkundler, sondern auch praktische Landwirte auf einfache Art zuverlässig den Boden untersuchen. Aus einer Tiefe von 5 bis 15 cm wird eine Bodenprobe entnommen; in einem Glasröhrchen wird sie nacheinander mit 3 verschiedenen Reagenzien behandelt. Die Flüssigkeit tönt sich rötlich, und zwar vom helleren bis zum vollen Rot. Vergleicht man die Rottönung mit einer Farbenskala, so kann man den Stickstoffgehalt des Bodens ablesen und danach die Stickstoffdüngergabe bestimmen.

5. Bodenuntersuchungsapparat „Primus-N" für Stickstoffbestimmung
(Racitinwerk, Westerade/Holst.)

In gleicher Weise kann man mit den Bodenuntersuchungsapparaten „Primus-C", „Primus-K" und „Primus-P" bei entsprechenden Reagenzien den Gehalt an Bodensäure (KCl), Kali und löslicher Phosphorsäure ermitteln. Besondere Bedeutung kommt dem Kalk zu. Er ist nicht nur ein Pflanzennährstoff, sondern er beeinflußt stark das Leben im Boden und die Bodenstruktur. Die meisten Kulturpflanzen verlangen neutrale bis schwach alkalische Böden. Der Kalk neutralisiert zu saure Böden. Kalkarme Böden verschlämmen und verkrusten leicht; die meist neutrale und leicht alkalische Böden liebenden Bakterien gedeihen darauf schlecht. Kalk wird bei der Untersuchung durch Zusatz von Salzsäure zur Bodenprobe nachgewiesen; ein schwaches oder stärkeres Aufbrausen zeigt den Kalkgehalt an.

Tafel 2. *Düngermischtabelle*

	1	2	3	4	5	6	7	8	9	10	11	12	13	14	
1	□	☒	☒	☒	☒	☒	■	☒	☒	■	☒	☒	☒	☒	1
2	☒	□	□	☒	□	□	□	☒	☒	☒	□	□	□	□	2
3	☒	□	□	□	□	□	□	☒	■	□	■	□	☒	■	3
4	☒	☒	□	□	□	□	□	■	■	☒	■	☒	☒	□	4
5	☒	□	□	□	□	□	□	☒	■	□	■	□	□	□	5
6	☒	□	□	□	□	□	□	☒	■	□	■	□	□	■	6
7	■	□	□	□	□	□	□	☒	■	☒	■	☒	□	□	7
8	☒	☒	☒	■	☒	☒	☒	□	□	■	□	☒	☒	□	8
9	☒	☒	■	■	■	■	■	□	□	■	□	□	☒	□	9
10	■	☒	□	☒	□	□	☒	■	■	□	■	□	□	■	10
11	☒	□	■	■	■	■	■	□	□	■	□	□	□	□	11
12	☒	□	□	☒	□	□	☒	☒	□	□	□	□	□	□	12
13	☒	□	☒	☒	□	□	□	☒	☒	□	□	□	□	□	13
14	☒	□	■	□	□	■	□	□	□	■	□	□	□	□	14
	1	2	3	4	5	6	7	8	9	10	11	12	13	14	

Es bedeutet:

- □ mischen zulässig
- ☒ mischen zulässig, aber sofort ausstreuen
- ■ mischen nicht zulässig

1 Kalksalpeter
2 Natronsalpeter
3 Ammonsulfatsalpeter
4 Kalkammonsalpeter
5 Kaliammonsalpeter
6 Schwefelsaures Ammoniak
7 Kalkammoniak (gekörnt)
8 Harnstoff
9 Kalkstickstoff
10 Superphosphat
11 Thomasmehl
12 Schwefelsaures Kali Kalimagnesia (Patentkali)
13 Kainit, 40er u. 50er Kalidüngesalze
14 Kohlensaurer Düngekalk

(Wolf, Geräte G.m.b.H., Betzdorf/Sieg)

E. Düngerstoffe

Ohne intensive Düngung ist keine gute Ernte zu erreichen. Das Bakterienleben wird durch eine gute Humusversorgung gefördert. Dazu gehört richtige Stallmistpflege, ausreichende Stallmistdüngung, gute Jaucheverwertung und Gründüngung. Die Bodenchemie hat uns zu dem früher aus Chile bezogenen Guano zahlreiche Handelsdünger beschert, die nach ihrer Löslichkeit, teils durch Mitwirkung der Bakterien von den Pflanzen aufgenommen werden.

Tafel 3. *Düngertabelle*

Zur Volldüngung gehören:

Fruchtart	Kalidüngesalz mit 40% K_2O kg/ha	Schwefelsaures Ammoniak oder Kalkstickstoff oder Kalkammonsalpeter mit etwa 21% N*) kg/ha	Thomasmehl Rhenania-phosphat Superphosphat mit 16—18% P_2O_5 kg/ha	Nitrophoska kalkhaltig 12% N 12% P_2O_5 20% K_2O 15% $CaCO_3$ kg/ha
Getreide:				
Weizen und Spelz . .	125—150	200—250	175—250	325—425
Roggen	125—175	150—250	125—250	250—425
Wintergerste.	150—200	150—200	175—250	250—325
Sommergerste	150—200	100—150	175—250	175—250
Hafer.	100—150	200—300	125—175	325—500
Körnermais	200—250	250—300	175—250	425—500
Hackfrüchte:				
Kartoffeln.	200—300	200—300	175—250	325—500
Zuckerrüben.	200—250	375—475	350—400	675—825
Runkel- u. Kohlrüben.	200—250	300—375	250—350	500—675
Mohrrüben	150—250	200—275	250—325	325—425
Wasserrüben.	150—200	175—250	200—300	300—425
Erbsen, Bohnen . . .	150—200	75—150	250—350	125—250
Wicken, Lupinen. . .	150—200	—	200—300	—
Feldgemüse:				
Alle Kohlarten. . . .	300—400	300—575	325—400	500—1000
Wurzelgemüse	200—300	250—325	250—325	425—575
Salat, Spinat	200—300	250—325	250—325	425—575
Gurken, Tomaten . .	300—400	300—575	325—400	500—1000
Handelsgewächse:				
Raps	150—250	250—325	175—250	425—575
Rübsen, Mohn	100—200	175—250	125—175	300—425
Hanf	200—300	250—325	250—300	425—575
Tabak	250—500	200—375	50—125	325—675
Flachs	100—150	100—200	125—175	175—325
Hopfen	200—300	250—475	250—475	425—825

*) 15%ige Düngemittel wie Salpeter $^1/_3$ mehr, 25%ige Düngemittel wie Ammonsulfatsalpeter $^1/_5$ weniger nehmen.

Damit Fehler beim Mischen verschiedener Düngersorten vermieden werden, sei auf die Dünger-Mischtabelle, Tafel 2, hingewiesen. Sie gibt an, welche Dünger erst kurz vor der Düngung und welche überhaupt nicht gemischt werden dürfen. Es entstehen sonst schädliche chemische Reaktionen, und gleichzeitig damit wird die Düngerwirkung aufgehoben. Die in Tafel 3 wiedergegebene Düngertabelle gibt die Mengen für eine Volldüngung an. Volldüngung hat nur dann Sinn, wenn die wichtigsten Pflanzennährstoffe im richtigen Verhältnis zueinander gegeben werden.

Wesentlich für gute Düngung ist, daß der Dünger durch mechanische Bearbeitung mit dem Boden gut vermischt wird. Auch bei der Vorbereitung der Aussaat und beim Wachstum der Pflanzen spielt die mechanische Bearbeitung des Bodens eine ausschlaggebende Rolle. Deshalb sei hier auf die erforderlichen Kraftquellen eingegangen.

Für die Bedienung der Geräte und Maschinen stehen die menschliche Körperkraft, die tierische Zugkraft und die motorische Zug- und Antriebskraft zur Verfügung. Die Handgeräte sind heute in ihrer Form und Bedienungsanordnung so beschaffen, daß sie nur geringe Körperkraft verlangen, aber trotzdem einen hohen Nutzeffekt erzielen. Veraltete Handgeräte beanspruchen starke körperliche und seelische Belastung. Sie verteuern den Betrieb und sollten schnellstens durch neue ersetzt werden.

F. Zugleistungen

Die Zugleistungen der Pferde im Verhältnis zu den Zugleistungen der Schlepper sind in der Übersicht, Tafel 4, dargestellt.

Tafel 4. *Übersicht über Zugleistungen von Pferden und Schleppern*

	Gewicht in kg	Arbeitsgeschwindigkeit in m/sec	Zugkraft in kg	Dauerzugleistung in PS
Schwerste Arbeitspferde	800—900	0,6 —0,8	120	1,3
Schwere Schrittpferde	650—800	0,8 —1	90—120	0,9
Flotte Lastpferde	500—650	1,0 —1,35	60— 80	0,7
50-PS-Schlepper	4000	0,8 —3	1200—3000	35
36-PS-Schlepper	2100	1,1 —6,2	1730	21
22-PS-Schlepper	1375	0,9 —5,4	1150	15
16-PS-Schlepper	1330	1,0 —5,3	800	10
12-PS-Schlepper	1170	0,75—5,5	600	8
5-PS-Schlepper (Einachs)	150	0,6 —5,5	120	3

Bei Zugochsen kann mit 0,6 bis 0,8 m/sec Arbeitsgeschwindigkeit gerechnet werden. Sie sind schwerfällig gegen Zügeldruck und deshalb für Arbeiten zwischen Pflanzenreihen nicht gut zu gebrauchen.

Als Anhalt für die Beziehungen zwischen Arbeitsgeschwindigkeit, Zugkraft und täglicher Arbeitszeit von Zugtieren sei auf die von Maschek aufgestellte Formel verwiesen:

$$P_1 = \left(3 - \frac{v_1}{v} - \frac{t_1}{t}\right) \cdot P$$

worin P die mittlere Zugkraft in kg,
v die mittlere Arbeitsgeschwindigkeit in m/sec,
t die mittlere effektive Arbeitszeit in sec
(bei einer 8stündigen Arbeitszeit T ist $t = 0{,}7\ T = 5{,}6$ st)
der täglichen Arbeit $A = P \cdot v \cdot t$ mkg bedeuten und P_1, v_1 und t_1 zusammengehörige Werte der gleichen Arbeit unter anderen Arbeitsverhältnissen darstellen.

Verwendet man diese Beziehungen, so kann man eine bekannte Arbeit einem Zugpferd entsprechend anpassen. Beispiel: ein Pferd arbeitet am günstigsten mit einer Zugkraft von $P = 80$ kg und mit einer mittleren Geschwindigkeit von 1,1 m/sec und soll eine Maschine ziehen, die 90 kg Zugkraft erfordert. Es ergibt sich die Frage, bei welcher Dauerarbeitsgeschwindigkeit das Pferd diese Maschine ziehen kann. Setzen wir die neuen Werte $P_1 = 90$ und die zu errechnende Geschwindigkeit v_1 als Unbekannte in die Mascheksche Formel ein, so finden wir unter Annahme gleicher Arbeitszeiten:

$$90 = \left(3 - \frac{v_1}{1{,}1} - 1\right) \cdot 80$$

$$v_1 = 0{,}96 \text{ m/sec}$$

Die günstigste Arbeitsgeschwindigkeit wäre also 0,96 m/sec. Bei dieser Arbeitsgeschwindigkeit würde das Tier nicht überanstrengt werden.

Diese Formel hat mehr theoretischen Wert; das Pferd könnte wohl auch stärker belastet werden; aber mit der Formel ließe sich doch in manchen Fällen berechnen, inwieweit man das Pferd schonen könnte.

Werden mehrere Pferde angespannt, so ist zu berücksichtigen, daß die gesamte Zugkraft weit hinter der Summe der Zugkräfte der einzelnen Tiere zurückbleibt. Die Temperamente sind verschieden und deshalb fallen die Zugkräfte einzelner Tiere nach Zeit, Richtung und Intensität verschieden aus. Hier kann man als ungefähren Anhalt die Bockelbergsche Formel anwenden:

$$P_n \doteq 1{,}075\,(1 - 0{,}07\,n)\,\Sigma P$$

worin P_n = die Gesamtzugkraft in kg,
ΣP = die Summe der Einzelkräfte,
n = die Anzahl der in dem Gespann vereinigten Zugtiere bedeutet.

Nehmen wir an, daß Zugtiere mit gleichen Zugkräften P von je 100 kg eingespannt sind, so würde bei einem Zweigespann nur eine Gesamtzugkraft von 185 kg, bei einem Dreigespann nur 255 kg, bei einem Viergespann nur 310 kg usw. entfaltet werden. Man tut also gut daran, nicht zu viel Pferde in einem Gespann zu vereinigen.

G. Bodenreibung

Die wirkliche Zugleistung bei motorischen Zugaggregaten ist abhängig von der Bodenreibung, d. h., dem Haftvermögen der Radauflagen auf der Unterstützungsfläche des Bodens; man spricht auch von Adhäsion. Das Haftvermögen wird beeinflußt durch die Rauheit und den Zustand der Rad- und der Bodenoberfläche, der Größe der beiderseitigen Berührungsflächen und dem Auflagedruck, d. h. dem Raddruck. Je größer das Haftvermögen, um so mehr ist der Motor in der Lage, für seine über Getriebe und Räder geleitete Kraft einen Angriffspunkt zu finden, sich festzukrallen, um die Kraft in Zugbewegung zu übertragen.

Ist die Fahrbahn hart, eben und trocken und besteht sie aus einem gut haftenden Material, etwa aus aufgerauhtem Asphalt, und sind Zugmaschine und Anhänger mit breiten, profilierten Luftreifen versehen, so ergeben sich die besten Zugverhältnisse. Das Haftvermögen des Ackerbodens muß so gut wie möglich erhalten werden, dabei ist aber auch die Ackerkrume zu schonen. Über den Acker werden nicht nur leichtzügige Gefährte bewegt, sondern auch Bodenbearbeitungsgeräte, die, wie die Tiefpflüge, eine außerordentlich große Zugkraft erfordern, wenn sie durch widerständigen Boden gezogen werden. Dafür müssen die Räder besonders geeignet sein. Was ist nicht alles im Laufe der letzten Jahre versucht worden, die besonders bei feuchtem und schmierendem Boden auftretenden Haftschwierigkeiten zu überwinden!

Die ersten Triebräder der Schlepper hatten breite Eisenfelgen mit Spatengreifern. Diese Spatengreifer bestanden aus besonderem Winkeleisenprofil und waren spiralartig auf der Felge angeordnet (siehe Bild 177). Diese Greiferform hat sich auf dem Ackerboden sehr bewährt und wird noch heute verwendet. Die ungeschützten Greifer verderben jedoch die Straßen. Darum baute man einziehbare Greifer, die an der Nabe des Rades durch einen Exzenter verstellt werden konnten. Diese Räder sind in mehreren Ausführungen noch heute auf dem Markte. Allgemein haben sich aber die Luftreifen durchgesetzt, deren Profile unterschiedlich in Form und Höhe sind und auf dem Ackerboden genügend durchziehen (Bild 6). Sie können auch auf der Straße benutzt werden. Der Schlepper kann wegen seiner inzwischen erhöhten Geschwindigkeiten auch die in der Landwirtschaft so wichtigen Transporte als Straßenfahrzeug übernehmen. Damit die Schlepperantriebsräder auf besonders weichem oder hartem Boden nicht rutschen, hat man in neuerer Zeit Klappgreifer (Bild 7 und 8) geschaffen, die immer am Schlepper bleiben. Bei normaler Arbeit liegen die einzelnen Greifer außen neben der Radscheibe und beeinflussen die Gummireifen nicht (Bild 7, oben). Wenn man sie an rutschigen Stellen braucht, klappt der Fahrer einzelne oder sämtliche Greifer so herum, daß sie sich über den Umfang des Gummireifens legen (Bild 7, unten). Sind die kritischen Stellen überwunden, so klappt der Fahrer die Greifer wieder ein. Er braucht dazu kein Werkzeug. Für jede Reifengröße gibt es die zugehörigen Greifer.

Als Gleitschutz werden in der Landwirtschaft auch die „Ritscherketten" verwendet, eine Greifkettenart, die um die Gummireifen herumgelegt wird und an den Seitenflächen des Rades durch Einspannen von Zugfedern einen elastischen Halt bekommt (Bild 9). Die

6. Luftreifenprofile
(Continental, Hannover)

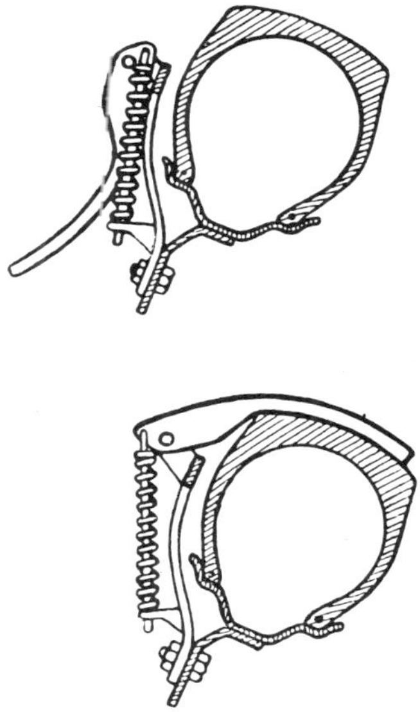

7. Klappgreifer. Oben: Außer Betrieb; unten Zum Greifen herumgeklappt
(Normag-Zorge)

Wirkung beruht zum Teil darauf, daß die Greifer etwa eine Handbreit über die Lauffläche des Reifens hinausragen. Da gleichzeitig stets 3 bis 4 ihrer Greifer fassen, so wirken diese Ketten fast wie Raupenketten. Beim Fahren über Steinpflaster brauchen sie nicht abgenommen zu werden. Sie werden so montiert, daß der Schlepper auf die ausgelegte Kette auffährt, die dann um den Reifen gelegt und an ihren Enden zusammengehakt wird. Darauf werden die Seitenfedern eingespannt.

8. Klappgreifer. 2 Greifer herumgeklappt
(Xaver Fendt u. Co., Markt Oberdorf)

9. Gummireifen mit Ritscherkette
(Karl Ritscher G.m.b.H., Hamburg)

Zum Gleitschutz eiserner Triebräder von Geräten bedient man sich meist der festen Winkelgreifer; bei Straßenfahrten werden sie mit einem eingelassenen Eisenreifen versehen, der Gelenk- und Schraubenverschluß hat (siehe Bild 582). An den Pflugrädern der Schlepper-

10. Eisenstollenrad ohne Radreifen
(Bucher-Guyer A.G., Niederweningen-Zürich)

11. Eisenstollenrad mit Radreifen für Straßenfahrt
(Bucher-Guyer A.G., Niederweningen-Zürich)

pflüge oder an den Rädern der Schleppergrubber, bei denen die Arbeitsgeräte mit einem Zahntrieb ausheben, verwendet man auch abnehmbare Greiferketten (Bild 12), damit bei Straßenfahrten keine Schwierigkeiten entstehen.

Zur Schonung besonders druckempfindlicher Böden eignen sich die in den letzten Jahrzehnten gut durchentwickelten Raupen, die an den Gleiskettenschleppern

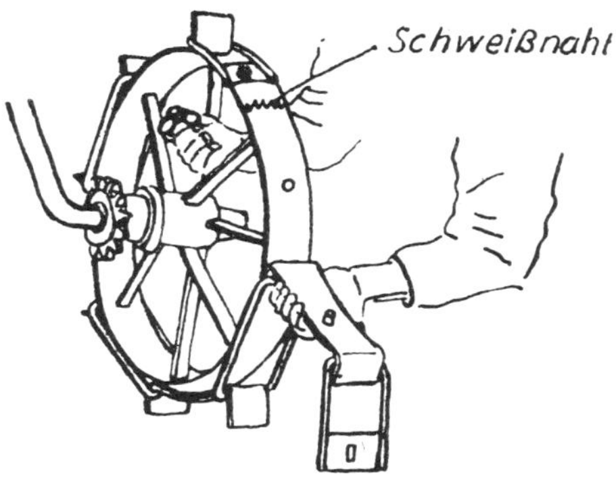

12. Abnehmbare Greiferkette für Pflugräder
(Ventzki G.m.b.H., Eislingen)

13. Gitterrad
(M. Rausch, Frechen-Buschbell)

(Bild 215 und 216) verwendet werden. Leichter und besser lenkbar sind die Halbraupen (Bild 218, 219, 220). Die Auflagefläche der Raupen ist größer als die der Räder, ihr Druck auf den Boden ist geringer; die Durchzugkraft bei starker Anspannung wird mit ihnen besser angesetzt.

Als Zusatz zu den Luftreifen ist das Gitterrad (Bild 13) entwickelt worden. Besonders bei der Frühjahrsbestellung auf meist noch feuchtem und weichem Ackerboden leistet es die erwünschte Hilfe. Sein Radkranz ist 40 cm breit; dadurch wird der Radauflagebereich etwa vervierfacht. Er verhindert eine zu starke Verdichtung weicher Böden oder des Moores; das Durchzugsvermögen wird weniger beeinträchtigt.

Das Gitterrad wird mit den 6 Luftradschrauben zugleich befestigt. Sein Durchmesser ist um einige Zentimeter kleiner als der des Luftrades, so daß es nicht abgenommen zu werden braucht, wenn man feste Wege und Straßen befährt. Auf diesen Wegen tragen allein die Lufträder die Maschine. Wer keine Doppelreifen nach Bild 14 verwendet, der kann sich mit einfachen Luftreifen behelfen, indem er mit halbem Luftdruck fährt. Durch den sich nach unten abplattenden Reifen wird die breitere Auflagefläche erzielt, die für das Durchziehen nötig ist.

14. Doppelt bereifter Schlepper (M.A.N., Nürnberg)

II. Geräte und Maschinen zur Bodenkultur

A. Aufgaben der Bodenkultur

Über den Ackerboden, seinen Aufbau und seine Eigenschaften ist das Nötigste bereits gesagt worden; ebenfalls darüber, wie er sich zu seiner Aufgabe verhält, die Kulturpflanzen zu nähren. Es ist nötig, einiges darüber zu sagen, mit welchen Mitteln der Ackerboden sinn- und zweckvoll mechanisch zu bearbeiten ist, damit die ihm anvertraute Saat wachsen und gedeihen kann:

1. Die Oberfläche muß vorbereitet werden für Aussaat und Pflege der Pflanzen während der Wachstumszeit;
2. die Ackerkrume muß aufgelockert werden, damit sie Luft und Wasser aufnehmen kann. Der Untergrund ist aufzuschließen. Der so bearbeitete Boden fördert zusammen mit den Mikroorganismen des Bodens die „Gare";
3. der Boden ist mit Düngerstoffen zu mischen. Beim Aufschließen des Untergrundes ist das nach oben beförderte Neuland mit der alten Krume und dem Dünger zu mischen, so daß eine gleichmäßige Wachstumsschicht entsteht;
4. der Wasserhaushalt des Bodens ist dadurch zu regulieren, daß der Boden aufgelockert oder gepreßt wird. Dadurch werden nach Bedarf Kapillaren gebildet oder zerstört;
5. Unkräuter und Pflanzenschädlinge sind zu bekämpfen. Für diese Aufgaben werden in bäuerlichen Kleinbetrieben Handgeräte, sonst aber tierisch oder motorisch bespannte Geräte wie Pflüge, Bodenfräsen, Grubber, Eggen, Ackerschlichten, Walzen usw. benutzt, die mit zweckentsprechenden Werkzeugen ausgerüstet sind.

Für die Anschaffung solcher Geräte sollten nur wirtschaftliche Gesichtspunkte ausschlaggebend sein.

In landwirtschaftlichen Kleinbetrieben sind kräftesparende Maschinen selten anwendbar, zumal im Mittelgebirge in steiler Lage der Äcker. Oft haben die Felder kurze, unregelmäßige Formen und liegen weit voneinander entfernt. Manche Bauernwirtschaften haben oft bis zu 50 und mehr Parzellen, die in verschiedenen Richtungen liegen. So ist es erklärlich, daß

Hackmaschinen, Vielfachgeräte oder Hackpflüge nicht verwendet werden können und die schwierigen landwirtschaftlichen Arbeiten mit Handgeräten ausgeführt werden müssen. Aber auch sonst bleibt das Handgerät in der Landwirtschaft — auch wenn es sich nur um den wie üblich betriebenen Garten handelt — ein unentbehrlicher Helfer.

B. Handgeräte zur Bodenkultur

Das neuzeitliche landwirtschaftliche Handgerät ist dem altüberkommenen Gerät weit überlegen. Nach neueren Erkenntnissen sind bessere arbeitstechnische Verfahren erdacht worden, um den Menschen zu schonen und trotzdem schneller und gründlicher arbeiten zu können.

Überall da, wo man nicht mit dem Gespann pflügen kann, muß im Herbst spatentief umgegraben werden. Das geschieht zumeist noch mit dem normalen Spaten. Ein neues Umgrabegerät „Terrex" = Erdkönig (Terra und rex) (Bild 15) erleichtert die Arbeit und erhöht die Leistungen. Über dem Spatenblatt ist eine federnde Stütze angebracht. Das Gerät wird etwas schräg eingestochen; bei gestreckter Haltung wird die Handhabe heruntergezogen, so

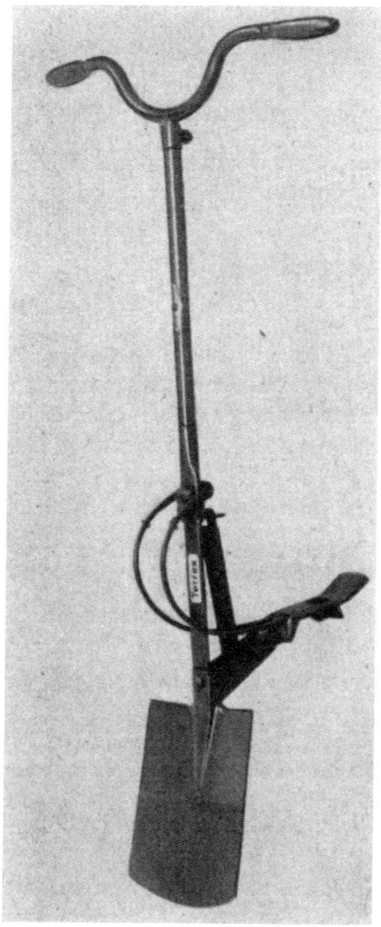

15. Umgrabespaten „Terrex"
(Wolf-Geräte G.m.b.H., Betzdorf/Sieg)

16. Handhabung des „Terrex" (Wolf-Geräte G.m.b.H., Betzdorf/Sieg)

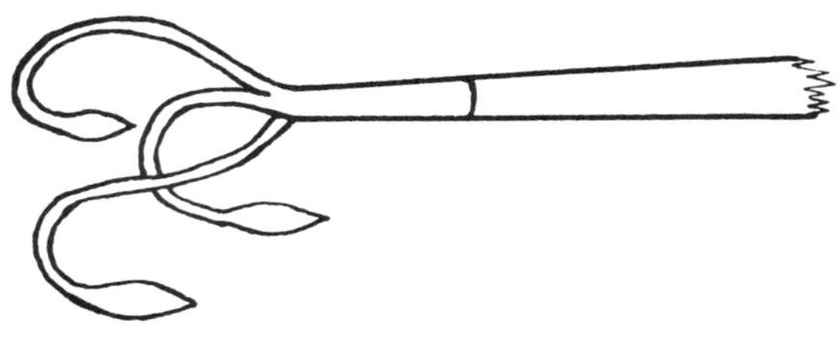

17. Lüfter (Wolf-Geräte G.m.b.H., Betzdorf/Sieg)

daß die Scholle sich quer um ihre Achse wendet. Das Bild 16 zeigt, wie dieses Umgrabegerät gehandhabt wird.

Beim Umgraben soll man den Boden nicht zu tief wenden, dafür aber den Untergrund in der Graberinne mit dem Lüfter (Bild 17) lockern. Das so bearbeitete Land saugt sich im Winter mit Feuchtigkeit voll, die der neuen Saat und den Pflanzen zugute kommt. In grobschollige Böden kann der Frost besser eindringen. Leichten Boden legt man daher nach dem Umgraben noch mit dem Igel (Bild 18) in Furchen, um so die garebildende Wirkung des Frostes zu erhöhen. Der Igel bekommt seine Hauptbedeutung beim Häufeln und Furchen der Anbaufrüchte und beim Ziehen von Bewässerungsgräben. Durch die angesetzte Schar zieht er sich selbsttätig auch in schweren Bodenarten. Wenn man die Streichblätter entfernt, so erhält man einen kräftigen Lüfter, der zugleich mit dem Haltebügel Unkraut jätet.

Zweck der neuzeitlichen Handgeräte ist, Kraft zu ersparen und die landwirtschaftliche Arbeit leichter und gründlicher ausführen zu können. Ihre Formen sind entsprechend durchentwickelt, die ziehende Arbeitsmethode ist möglichst gewahrt. Sie

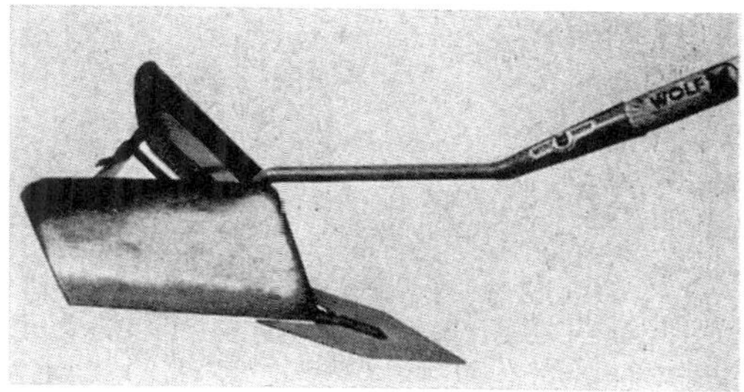

18. Igel
(Wolf-Geräte G.m.b.H., Betzdorf/Sieg)

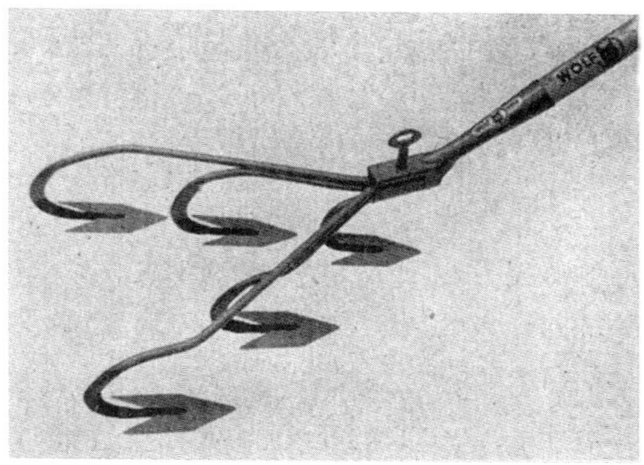

19. Handkultivator (Wolf-Geräte G.m.b.H., Betzdorf/Sieg)

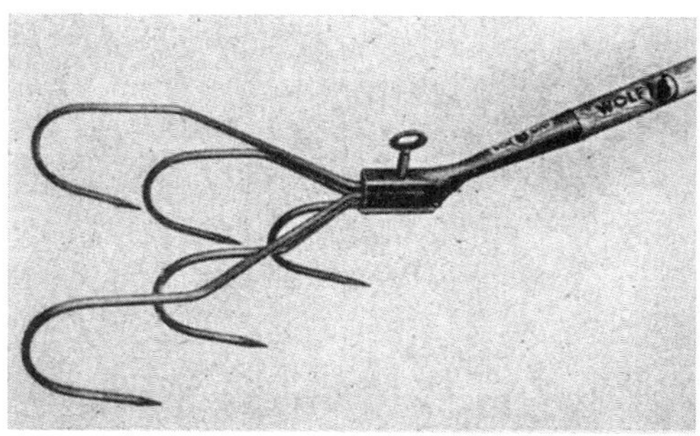

20. Krümmer (Wolf-Geräte G.m.b.H., Betzdorf/Sieg)

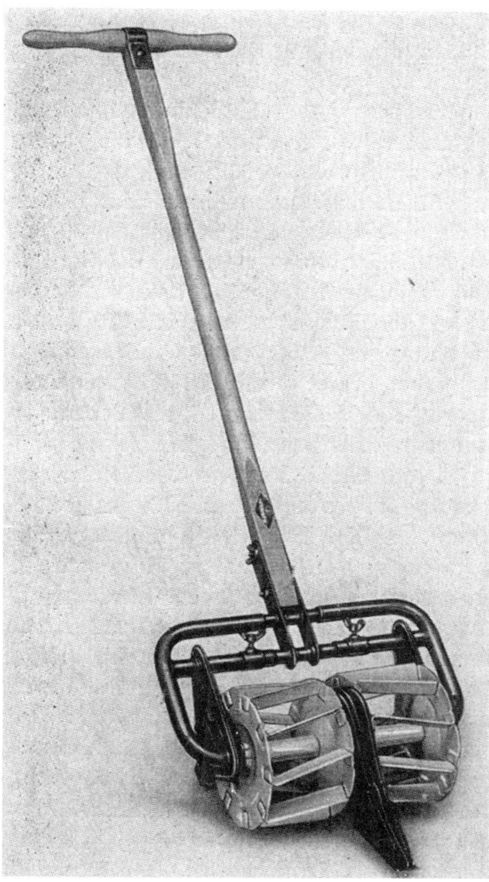

22. Hack-Roll-Bodenfräse
(Mauser-Werke, Waldeck)

21. Sternscheibenfräse
(Wolf-Geräte G.m.b.H., Betzdorf/Sieg)

23. Handwalze
(Wolf-Geräte G.m.b.H., Betzdorf/Sieg)

24. Rillenzieher
(Wolf-Geräte G.m.b.H., Betzdorf/Sieg)

25. Walzenrechen
(Wolf-Geräte G.m.b.H., Betzdorf/Sieg)

ist bei der fließenden Pflugarbeit bereits von altersher angewendet worden. Die im Winter vom Boden aufgesogene Feuchtigkeit drängt im Frühjahr nach oben und verdunstet nutzlos an der krustigen Oberfläche. Sobald die obersten Schollenspitzen abtrocknen und heller werden, ist es Zeit, mit dem Kultivator (Bild 19) den Boden aufzureißen, zu lockern und zu lüften. Dadurch werden Kruste und Kapillaren zerstört, die Wasserverdunstung wird unterbrochen, der Boden durchlüftet und erwärmt. Um die Bodengare zu entwickeln und zu erhalten, muß der Boden an der Oberfläche offen und gelockert erhalten werden. Wenn man diese Arbeit wiederholt und dabei den Krümmer (Bild 20) benutzt, so fördert man den Pflanzenwuchs. Die Feinkrümelung des Ackerbodens hat noch einen anderen Zweck. Samen und Pflanzen finden in grobscholligem Boden wegen der vielen, teilweise großen Hohlräume keinen Bodenschluß und müssen verhungern und vertrocknen. Die Übertragung der Nährstoffe aus dem Boden wird unterbrochen. In feingekrümeltem Boden bleiben Samen und Pflanzen in inniger Berührung mit dem Nährstoff spendenden Boden. Das vollkommenste Handgerät für Feld und Garten bei der Feinkrümelung ist die Fräse; ihre Bauweise ist verschieden. Das Bild 21 zeigt eine Fräse aus zwei hintereinander angeordneten Reihen von Sternscheiben, die ineinandergreifen und dabei sich selbst reinigen. Dieses Gerät ist selbst für schwerste Böden geeignet; es ist mit einem Pendelmesser versehen. Feste Erdklumpen werden mit dem Pendelmesser zu Scheiben geschnitten und durch die Sternräder zertrümmert, so daß selbst grobe Schollen fein wie Blumentopferde gekrümelt werden. Diese Fräse wird in aufrechter Haltung ohne Druck einfach pendelnd hin- und herbewegt. Der Tiefgang wird dadurch geregelt, daß man den Stiel flacher oder höher hält. Beim Jäten muß man rückwärts gehen. Man benutzt auch die Fräse dazu, Dünger, Kompost usw. gleichmäßig flach unterzubringen, den Boden während der Wachstumszeit und den Rasen zu lockern.

Anders gebaut ist die in dem Bild 22 dargestellte Hack-Roll-Bodenfräse. Als Arbeitswerkzeug dient eine aus Messern bestehende Rolle. Für breite Pflanzenreihen verwendet man eine Rolle, die über die ganze ungeteilte Breite geht; für Arbeiten zwischen den Pflanzenreihen ist die Rolle unterteilt und trägt in der Mitte 2 Blattabweiser. In diesem Falle ist die Arbeitsbreite der Rollen nach der zu bearbeitenden Pflanzenreihe zu verstellen. Diese Fräse wird, im Gegensatz zu der zuerst genannten, nur geschoben.

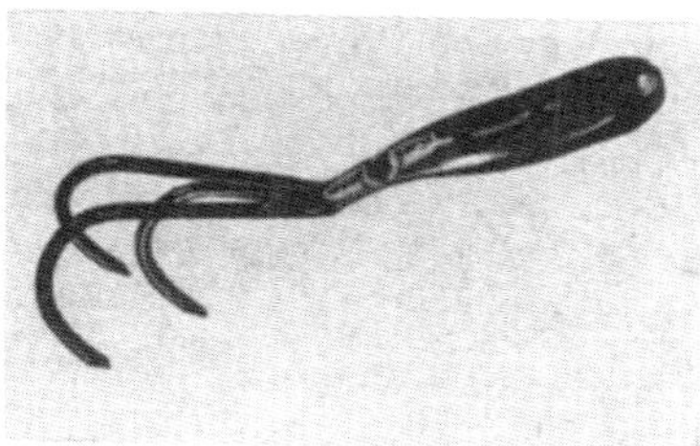

26. Handgrubber
(Wolf-Geräte G.m.b.H., Betzdorf/Sieg)

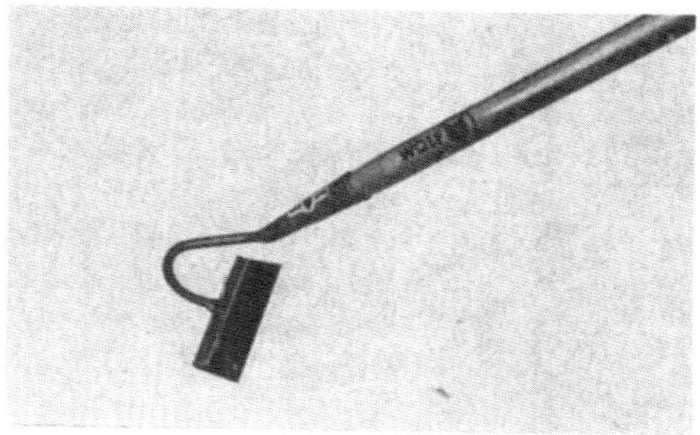

27. Handjäter
(Wolf-Geräte G.m.b.H., Betzdorf/Sieg)

Ein der Saatvorbereitung dienendes Gerät ist auch die Walze (Bild 23), deren Gewicht durch Wasserfüllung verändert werden kann. Die Walze zerkleinert die Schollen und preßt den Boden. Dadurch entstehen Kapillaren, die das für den Samen nötige Wasser hochziehen. Das Gerät läßt sich ziehen und schieben.

Auch im Kleinbetrieb sollte nur in Reihen gesät und gepflanzt werden. Die Reihensaat ist sparsamer und ertragreicher. Eine spätere Vereinzelung wird müheloser. Reihensaat und Reihenpflanzung machen schnelles, häufiges, müheloses und gründliches Lockern, Lüften und Jäten in ziehender Arbeitsweise möglich. Zur Reihensaat und Reihenpflanzung benutzt man den Rillenzieher (Bild 24), wenn man die Saat nicht mit der Säerolle (siehe Bild 342) einbringt; an der Säerolle ist ein Rillenzieher angebracht. Für den Garten ist der Walzenrechen (Bild 25) entwickelt worden. Der Rechen deckt die Saatrillen zu; die Walze drückt danach die Erde leicht an.

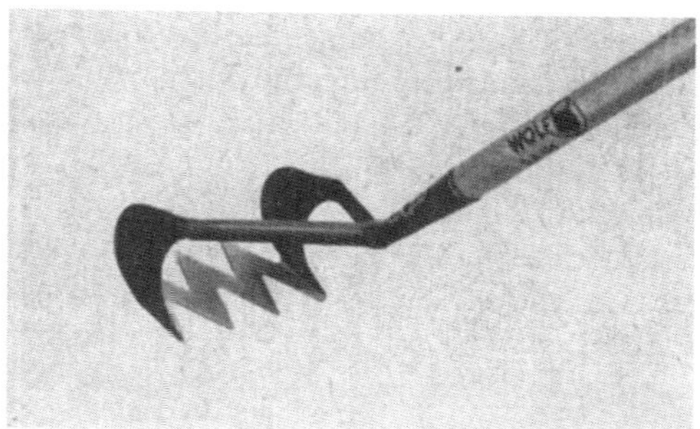

28. Spitzenjäter
(Wolf-Geräte G.m.b.H., Betzdorf/Sieg)

29. Zinkenjäter
(Wolf-Geräte G.m.b.H., Betzdorf/Sieg)

Zum Schluß seien noch erwähnt: der Handgrubber (Bild 26), der zum Lockern und Lüften in engen Reihen gezogen wird; der Jäter (Bild 27), der in verschiedenen Größen zum Jäten bis dicht an die Pflanzen bestimmt ist; der Spitzenjäter (Bild 28), aus hochwertigem Stahl, der immer scharf bleibt, das ideale Jätgerät für alle Kulturen; der Zinkenjäter (Bild 29), ein mit einem Rechen zum Unkrautsammeln versehener Jäter als praktisches Doppelgerät, und der zum Ausstechen tief wurzelnder Unkräuter vorgesehene Distelstecher (Bild 30).

Von großem praktischem Wert für die Handgeräte, die alle an einem Holzstiel geführt werden, ist die neuzeitliche Stielverbindung, die in jedes Gerät paßt. Durch einfaches, festes Aufstoßen auf den Boden werden Stiel und Geräte sicher verbunden, ohne Befestigungsmittel, wie Nägel, Schrauben oder Keile. Die Stielverbindung besteht aus einer konischen Metallhülse, in die an der weiteren, offenen Seite der Stiel fest eingetrieben wird. Der engere konische Teil wird in den Ansatz des Gerätes hineingestoßen. Eine solche Stielverbindung sollte heute allgemein benutzt werden. Sie erspart Ärger und Zeit und verhindert unordentliche Arbeit.

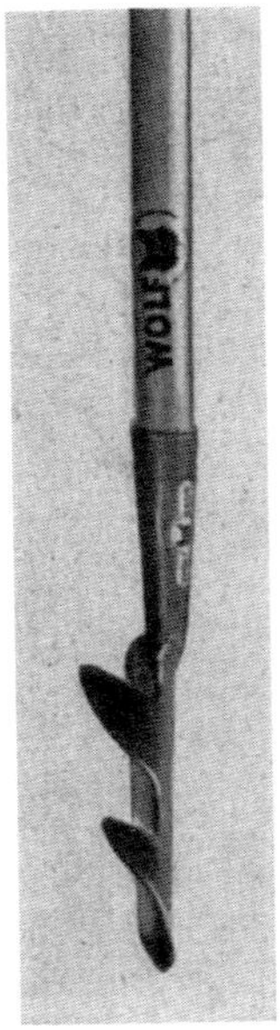

30. Distelstecher
(Wolf-Geräte G.m.b.H., Betzdorf/Sieg)

C. Gespannpflüge

1. Geschichtliche Entwicklung der Pflugkörperformen

Das wichtigste Gerät in der Landwirtschaft, das bedeutungsvollste im ganzen Zeitalter der Menschheit überhaupt, ist der Pflug. Aus den ältesten Kulturen ist er uns bekannt. Ursprünglich war er nur Handgerät; bald wurde er jedoch von Tieren gezogen. Trotz seiner langen Geschichte war er bei allen Völkern bis in die Neuzeit hinein ein primitives Gerät. Ursprünglich bestand er nur aus einem Haken, der von einer Astgabel oder einer Wurzelverzweigung gebildet wurde, mit dem die Menschen den Boden aufrissen. Eine Sohle war anfangs nicht vorhanden, so daß sein Tiefgang mühsam gesteuert werden mußte. Er bestand aus Holz, später beschlug man die Spitze mit Eisenblech und brachte, um den aufgeworfenen Boden abzulenken, ein Brett in schräger Richtung an. Bei primitiven Völkern werden noch heute diese jahrtausendealten Haken benützt. Die Bilder 31 bis 35 zeigen einige uralte Pflüge und ihre langsame Weiterentwicklung.

Erst im Jahre 1795 fand der Engländer Bailey das Grundprinzip der heutigen Bodenbearbeitung durch den Pflug: das Wenden des Erdstreifens. Er schnitt aus einem Rasen einen rechteckigen Streifen heraus und bog die hintere Kante unter einem Winkel von 45° um (Bild 36). Nachdem er den unteren Teil des Erdstreifens ausgemessen hatte, baute Bailey das erste Schraubenstreichblech. Die Arbeit dieses Pflugteiles bestand darin, den Erdstreifen um die Längslinie zusammenzurollen; sie wendete den Streifen, ohne ihn jedoch zu krümeln. Das wurde der Zeit und Nachbearbeitung durch Zinkengeräte überlassen. In England, wo Frost und Tauwetter bei genügender Feuchtigkeit ständig abwechseln, werden solche Schraubenstreichbleche noch heute verwendet. Etwas später schlug Jefferson das hyperbolische Paraboloid als Oberfläche für das Streichblech vor. Diese Fläche erhält man, wenn man auf zwei sich nicht schneidenden Geraden eine dritte zu sich parallel verschiebt.

Auf dem Kontinent mit seinen anderen klimatischen Verhältnissen konnte die Arbeit der Schraubenstreichbleche nicht befriedigen, und so gaben im Jahre 1825 die Brüder Wewerka aus Böhmen den Streichblechen die „Ruchadlo"-Form, die aus einer zylindrischen, schräggestellten Fläche bestand. Eine solche Oberfläche biegt die Erdstreifen um ihre Querachse, wodurch sie gebrochen und der Boden gekrümelt wurde. Der Erdstreifen wurde dabei aber nicht völlig gewendet. Darum bog man, nach dem Vorbild des schräggestellten Brettes, den oberen Teil der Zylinderfläche nach hinten.

Heute benutzt man Streichblechformen, die den Boden besser wenden und krümeln. Da die reine Schraubenform bei mittleren und schweren Böden nicht genügend krümelt, so hat man sie abgeändert. Man gibt dem Streichblechflügel aus der Schraubenfläche heraus eine steilere Lage. Auf diese Weise sind für mittlere Böden die Steilwender und für schwere Böden die Flachwender entstanden. Außer diesen Formen gibt es Abwandlungen jeder Art.

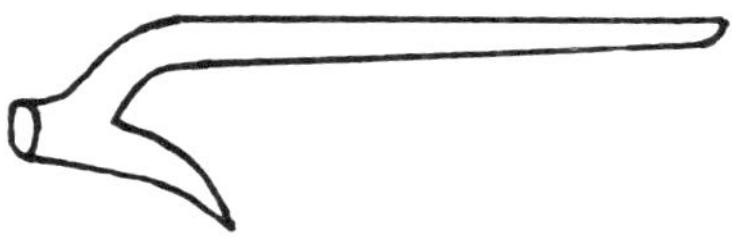

31. Keltiberischer Pflug

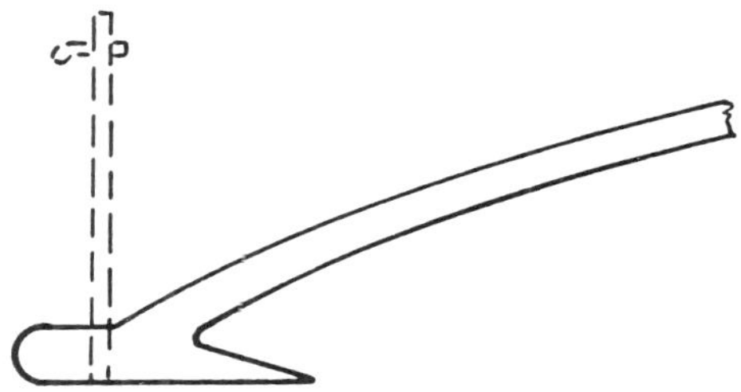

32. Ostpreußischer Eichenholzpflug aus dem 5. bis 7. Jahrhundert v. Chr.

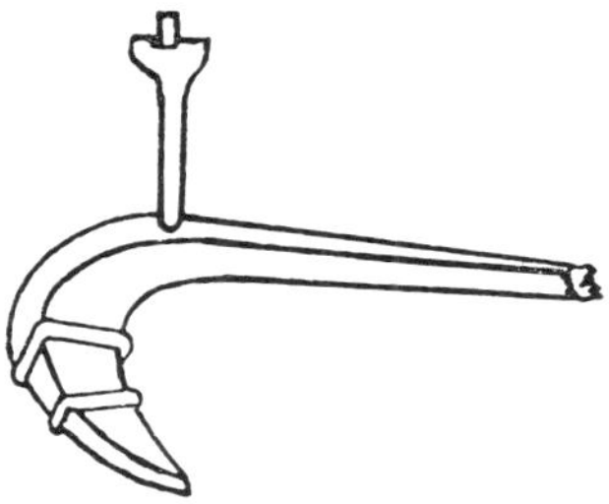

33. Römischer Pflug

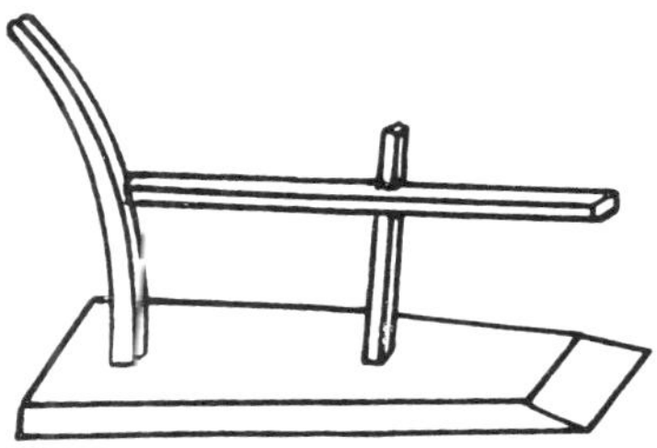

34. Holzpflug mit Sohle

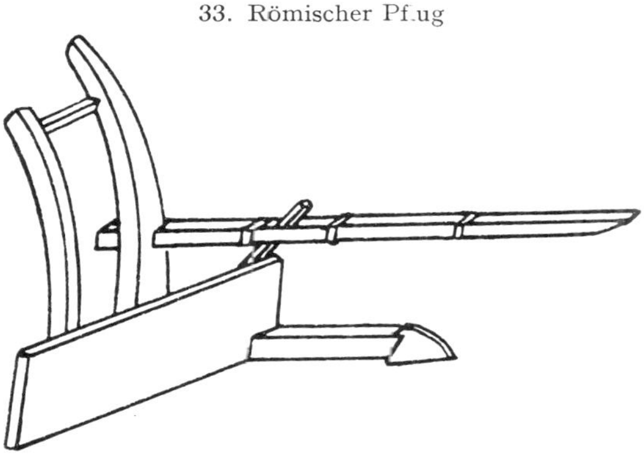

35. Holzpflug mit Seitenbrett und Metallspitze

36. Baileys verdrehter Rasenstreifen, die Grundform des Schraubenstreichbleches

Von besonderer Form ist ein Streichblech, dessen vorderer Teil eine Zylinderfläche bildet, die allmählich nach hinten zu in eine je nach Bodenart stärkere oder weniger stark gewundene Schraubenfläche übergeht. Diese halbgewundene Form nennt man „Kulturstreichblech". Nach der Motorisierung sind die Streichblechformen wegen der größeren Arbeitsgeschwindigkeiten durchweg flacher gestellt worden.

Die große Zahl der heutigen Streichblechformen erklärt sich aus der kurzen Entwicklungszeit unseres Landmaschinenbaues. Sie setzte erst vor etwa einem Jahrhundert ein. Dazu kommt die Neigung der Landwirte, am einmal Bewährten festzuhalten. Man wird später einmal mit weniger Formengruppen für alle Böden auskommen.

Einige führende deutsche Pflugfabriken haben sich vor einigen Jahren zu einer Arbeitsgemeinschaft zusammengeschlossen und gemeinsam mit dem Deutschen Industrie-Normen-

Ausschuß die Formen, Leistungen und Größe von etwa 300 bewährten Pflugkörpern untersucht. Dabei hat sich herausgestellt, daß die Formen in 4 Hauptgruppen; die Größen in 4 bis 5 Gruppen eingeteilt werden können.

Für die Formen-Gruppen bestehen zwar die geläufigen Namen: Ruchadlo-Kultur — spitze Kultur — und gewundene Form. Da aber diese Namen sich nicht auf die Form des Pflugkörpers beziehen, so sind sie sinngemäß geändert worden.

Nach der Normung heißt Ruchadlo-Form = DIN „steile Form", weil das Streichblech steil steht. Diese Form eignet sich für die Verarbeitung von leichtem, gut krümelndem Boden.

Die Kultur-Form heißt jetzt „mittelsteile Form". Sie eignet sich für mittelschwere Böden.

Die spitze Kulturform heißt jetzt „liegende Form", weil die Schar und das Streichblech etwas zurückliegen. Diese Form eignet sich für schwere Böden.

Die gewundene Form heißt nun „DIN Wendelform", weil ihr Streichblech einer Wendel (wie bei einer Wendeltreppe) ähnelt; sie ist für die Bearbeitung schwerer und verwachsener Böden geeignet.

Diese 4 Formen reichen also für die Bearbeitung aller Bodenarten aus.

Zur Kurzbezeichnung der Pflugkörper verwendet man Buchstaben, und zwar bezeichnet man

die steile Form mit S,	die liegende Form mit L,
die mittelsteile Form mit M,	die Wendelform mit W.

Die Arbeitstiefen sind ebenfalls nur in 3 oder 4 Stufen eingeteilt. Diese Stufen sind 12, 16, 20 und 25 cm. Da jede der oben genannten Formen nur in 3 oder 4 Größen hergestellt wird, so ergeben sich im ganzen nur noch 15 Pflugkörpernormen:

S 12,	S 16,	S 20,	S 25,		L 16,	L 20,	L 25,
M 12,	M 16,	M 20,	M 25,	W 11,	W 14,	W 18,	W 22.

Aus diesen wenigen Formen und Größen kann sich der Landwirt leicht die für seine Äcker passenden Pflugkörper aussuchen und bestellen. Mit den Streichblechformen entwickelte sich der Pflugkörper, der ganz aus Stahl besteht. Heute werden die Schare aus hochwertigem legiertem Stahl hergestellt; die Schneide wird gehärtet.

Gute Streichbleche werden heute aus dreischichtigem Panzerstahl hergestellt, dessen innere weiche Schicht das Zerspringen verhütet; die äußeren, glühend aufgewalzten Schichten sind glashart; sie haben dadurch günstige Reibungsverhältnisse und verschleißen nicht so schnell.

37. Anbau-Spargel-Häufelpflug, arbeitet in 2 Arbeitsgängen, erster 10—15 cm tief, zweiter bis 42 cm Dammhöhe. Zugkraftbedarf 22—35 PS auf sandigem Lehm (Rabewerk, Linne)

2. Arbeitsleistungen von Pflugkörpern

Die Hauptaufgabe des Pfluges ist, den Boden zu lockern, zu

krümeln, zu wenden und zu mischen. Durch entsprechende Körperformen wird dem Boden gleichzeitig eine gewünschte Oberfläche gegeben, wie beim Häufeln oder, wie das Bild 37 zeigt, bei der Herstellung besonderer Saatbetten. Die Arbeitstiefen und -breiten sind, dem Zweck der Arbeit entsprechend, sehr verschieden. Stoppelfelder „schält" man so flach wie möglich, etwa 5 bis 10 cm tief, um der untergepflügten Narbe genügend Luft zum Verwesen zu lassen. Zu tiefe Lage würde die Luft vollkommen abschließen und damit die Narbe verkohlen lassen.

Die Saatfurche pflügt man etwa 15 bis 25 cm tief, je nach örtlichen Verhältnissen. Beim Tiefpflügen geht man 25 bis 35 cm tief. Bei Ödlandkultivierungen (Rajolen) sind oft größere Arbeitstiefen, bis zu 1 m und mehr, erforderlich. Dazu sind entsprechende Pflugkörpergrößen und besonders stark und groß gebaute Pflüge notwendig.

Die Arbeitsbreite hängt von der Zugkraft ab. Da der Zugwiderstand bei Arbeitstiefen über 15 cm mehr als linear steigt, so wird man mit 2 oder 3 Pferden bei der Saatfurche nur einen Pflugkörper ziehen können, beim Schälen aber mindestens drei Pflugkörper. Beim Tiefpflügen auf schweren Böden wird man u. U. mit der tierischen Zugkraft nicht mehr auskommen und den Schlepper anwenden. Beim tiefen Rajolen wird nur noch die Zugkraft des Dampfpfluges den Tiefenwiderstand überwinden können.

Beim einscharigen Pflügen auf 25 cm Tiefe mit 2 oder 3 Pferden betragen die Tagesleistungen etwa 0,4 bis 0,5 ha, beim zweischarigen Pflügen bis 15 cm Tiefe mit 2 Pferden 0,7 bis 0,8 ha; beim dreischarigen Schälen bis 10 cm Tiefe mit 2 Pferden 1,2 bis 1,5 ha.

Nach diesen Arbeitsarten werden die Pflüge in Schäl-, Saat- und Rajolpflüge gruppiert.

3. *Aufbau des Pfluges*

Das Bild 38 zeigt einen einfachen Karrenpflug; an ihm sollen Aufbau und Arbeitsweise eines Pfluges erläutert werden:

An einem Träger *E* (Grindel oder Pflugbaum genannt) ist gewöhnlich eine nach unten führende Griessäule befestigt. Griessäule und Grindel sind hier als Schwanenhals- oder Bogengrindel, der nach hinten in der Sohle *C* ausläuft, aus einem Stück gefertigt. Die Griessäule trägt an ihrem unteren Ende die mit einer Schneidkante versehene Schar *A* und das unmittelbar daran anschließende Streichblech *B*. An neuzeitlichen Pflügen ist meist noch eine weitere Strebe angebracht,

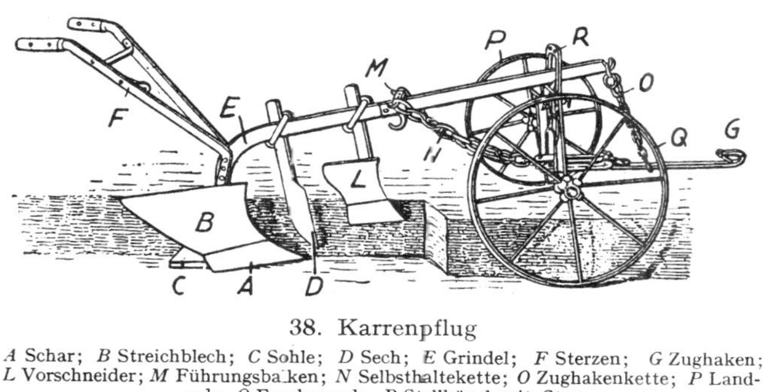

38. Karrenpflug

A Schar; *B* Streichblech; *C* Sohle; *D* Sech; *E* Grindel; *F* Sterzen; *G* Zughaken; *L* Vorschneider; *M* Führungsbalken; *N* Selbsthaltekette; *O* Zughakenkette; *P* Landrad; *Q* Furchenrad; *R* Stellbügel mit Steg

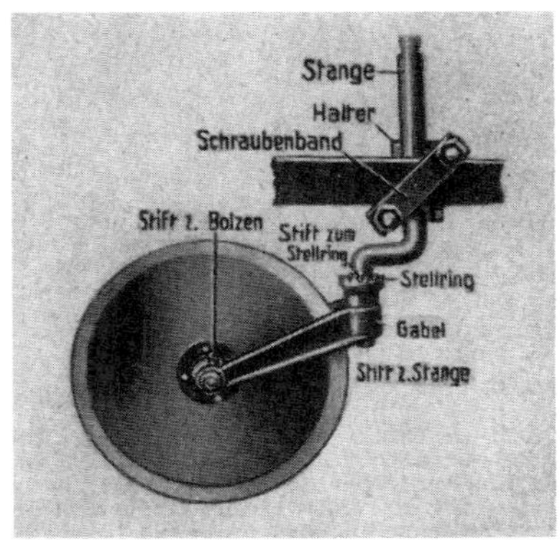

39. Rundsech (Gebr. Eberhardt, Ulm)

die den Pflugkörper mit der Griessäule und mit dem Rahmen verbindet. Vor der Schar ist am Grindel durch eine Schraubenklammer mit Laschenverschluß ein Messersech *D* befestigt; es schont und stützt die vordere Streichblechkante und wird bei schnittigen Böden verwendet (vgl. Bild 41). Für steinfreie, von Wurzelfasern u. ä. durchsetzte Böden wird ein Scheiben- und Rundsech (Bild 39) — vgl. auch Bild 42 — angebracht.

Der vorarbeitende Vorschneider oder -schäler *L* (vergl. auch Bild 43) hat die Aufgabe, bei tiefem Pflügen die obere Schicht in die vorige Furche zu schieben und so der eigentlichen Schar einen Teil der Arbeit abzunehmen. Es ist auf diese Weise möglich, bei verhältnismäßig

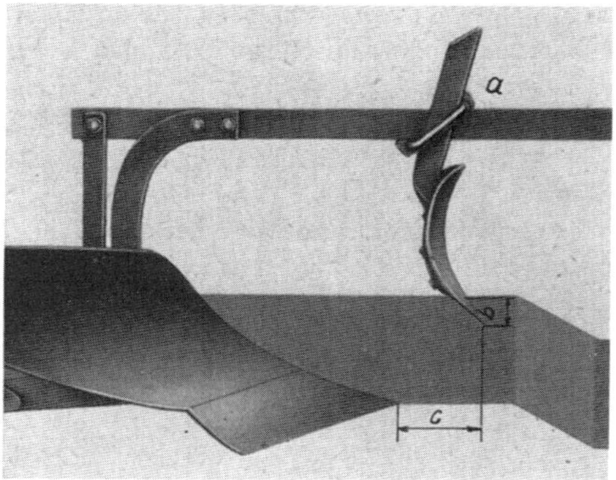

40. Düngereinleger (Gebr. Eberhardt, Ulm)

a Stellung der Düngereinlegerstange zum Rahmen ergibt sich aus Einstellung *b* und *c*, *b* Scharspitze des Düngereinlegers etwa 40 bis 60 mm im Boden, dabei muß die Scharhinterkante des Düngereinlegers 10—20 mm im Boden sein; *c* Scharspitze des Düngereinlegers bis 150 mm vor der Scharspitze des Körpers. Scharspitze des Düngereinlegers 5—30 mm über der Scharspitze des Körpers hinaus ins ungepflügte Land hineinstehend

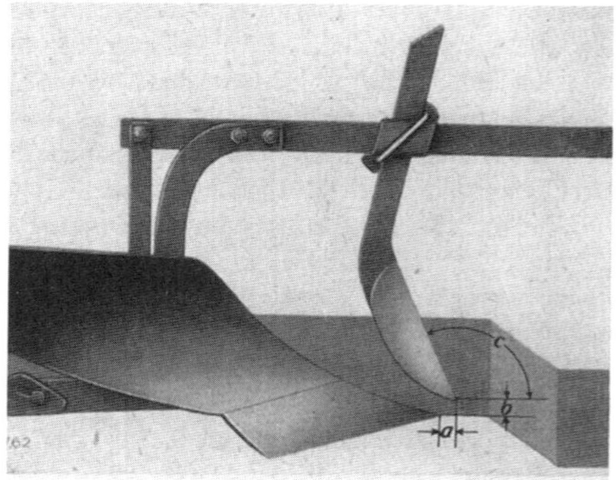

41. Messersech (Gebr. Eberhardt, Ulm)

a Spitze des Messersechs 30 mm vor der Scharspitze des Körpers; *b* Spitze des Messersechs 25 mm über der Scharspitze des Körpers; *c* Stellung der Schneide des Messersechs zur Scharebene etwa 115°; Schneide des Messersechs 3—13 cm von der Linie Scharspitze—Anlagenende aus ins ungepflügte Land hineinstehend. Anzug der Schneide ins ungepflügte Land 0—2 mm

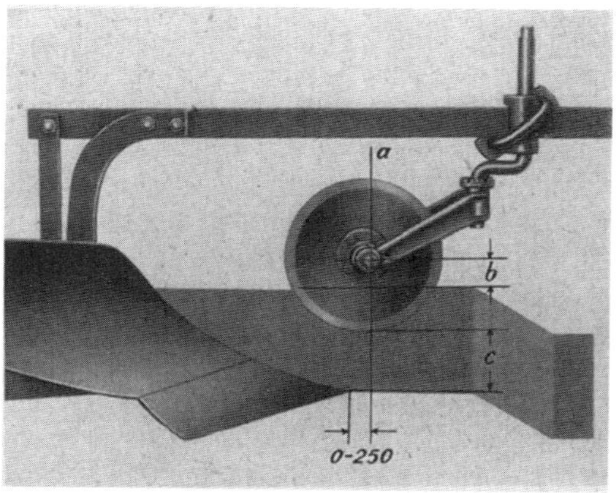

42. Rundsech (Gebr. Eberhardt, Ulm)

a Mitte der Rundsechscheibe ungefähr senkrecht über oder je nach Anbringungsmöglichkeit bis 250 mm vor der Scharspitze; *b* Mitte der Rundsechscheibe soll mindestens 55 mm über dem ungepflügten Boden sein; *c* je nach Arbeitstiefe des Hauptkörpers unterster Rundsechscheibenrand so tief wie unter Berücksichtigung von *b* möglich. — Mitte der Rundsechscheibe soll 10—20 mm über Linie Anlagenende—Scharspitze ins ungepflügte Land hineinstehen

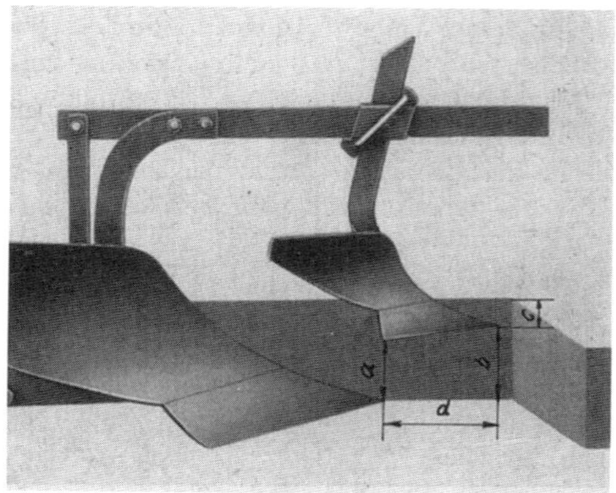

43. Vorschäler (Gebr. Eberhardt, Ulm)

a—*b* Scharspitze des Vorschälers 10—15 mm tiefer als Scharhinterkante; *c* Scharspitze des Vorschälers etwa 40—100 mm im Boden, je nach der Arbeitstiefe des Hauptkörpers; *d* Abstand der Scharspitzen von Vorschäler und Hauptkörper 125—275 mm je nach der Arbeitstiefe des Hauptkörpers. — Scharspitze des Vorschälers 10—15 mm über die Scharspitze des Hauptkörpers hinaus ins ungepflügte Land hineinstehend

geringer Arbeitsbreite sehr tief zu pflügen und sich mit den Zugkräften einzurichten. Beim Unterpflügen von Stallmist tritt anstelle des Vorschälers der Düngereinleger, eine die Struktur des Stallmistes berücksichtigende geformte Schar, die ähnlich arbeitet wie der Vorschäler und dafür sorgt, daß die obere Schicht in sich gewendet wird und nicht zu tief zu liegen kommt, damit die Schicht nicht verkohlt (Bild 40).

Wenn im Rahmen nicht zwei getrennte Zusatzwerkzeuge angebracht werden können, weil kein Platz da ist, so kann das kombinierte Rundsech (Bild 44) verwendet werden. Wegen der richtigen Einstellung von Düngereinleger, Sech und Vorschäler zur Hauptschar sei auf die Bilder 40, 41, 43 verwiesen.

Beim Pflügen führt die Schar auf der Grundlinie den waagerechten Schnitt aus, das Sech den senkrechten, zum Lostrennen des etwa rechteckigen Erdstreifens. Ein Messersech stellt man auf die Spitze nach vorn geneigt und erhält dadurch einen sauberen ziehenden Schnitt; der Schnittwiderstand wird geringer; man vermeidet Verstopfungen. Bei bindigen Böden wird fast bis zur Tiefe der Furchensohle eingestellt. Bei weniger bindigen Böden geht man auf geringere Tiefen. Bei sehr lockeren Böden verzichtet man ganz auf das Sech; man spart dadurch an Zugkraft.

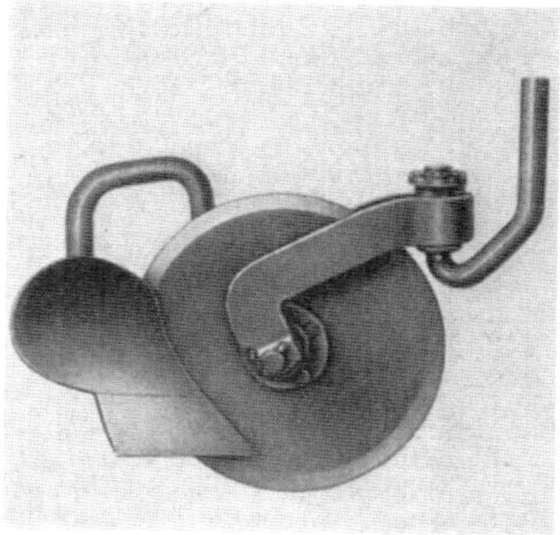

44. Kombiniertes Rundsech (Gebr. Eberhardt, Ulm)

Das im Querschnitt gleichschenklig gehaltene Sech wird so eingestellt, daß die zur Landseite befindliche Schneidkante unter sehr spitzem Winkel zu ihr verläuft und, je nach Größe des Pfluges, die Streichblechkante bis zu 8 mm überschneidet. Dadurch wird die Streichblechkante entlastet und geschont und der Boden nur einmal und sauber geschnitten. Wegen der unvermeidlichen Schwankungen des Pfluges stellt man das Sech so ein, daß es möglichst dicht vor der Scharspitze arbeitet.

4. Untergrundlockerer

Zur Aufschließung des Untergrundes verwendet man Untergrundlockerer, haken- oder meißelförmige Werkzeuge. Sie durchstoßen den Untergrund, heben ihn dabei ein wenig an und lassen ihn wieder fallen. Dadurch wird vermieden, daß der nährstoffarme Untergrund sich mit der Ackerkrume vermischt. Untergrundlockerer bedürfen wegen ihrer Tiefenarbeit einer großen Zugkraft. Aus diesem Grunde benutzt man besondere Untergrundpflüge oder starke zweischarige Rahmenpflüge, deren zweite Pflugkörper durch je einen Untergrundlockerer ersetzt werden.

In neuerer Zeit ist die Zweischichten-Schmalschnittpflug-Methode entwickelt worden. Durch schmales Pflügen verringern sich die Schollenklumpen und zerkrümeln sich leichter. Die Schar wird mit einer Wühlschar verbunden, die den Untergrund tief aufreißt, ohne die tiefen Schichten nach oben zu bringen.

Der Landwirt weiß, daß man leichten Sandboden anders als mittleren und schwersten Ton- oder gar Kleiboden behandeln muß. Der mittlere oder schwere Lehmboden und der schwerste Boden kann im Frühjahr noch tief gelüftet werden; es ist aber keineswegs zuträglich, dann den leichten Sandboden noch tiefer zu lockern, weil den Pflanzen die im Sommer notwendige Feuchtigkeit entzogen würde. Darum sollen leichte Sandböden nur im Herbst, schwere Böden dagegen im Herbst und im Frühjahr zweischichtig gepflügt werden. Dabei arbeitet der Untergrundlockerer in der Vorfurche; das Furchenrad läuft auf dem ungelockerten Boden. Die Darstellungen 1 und 3 auf Bild 45 zeigen, von rückwärts gesehen, wie die Untergrundlockerungswerkzeuge

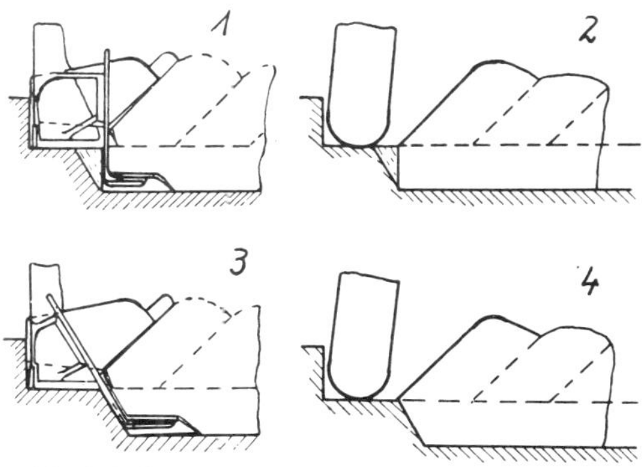

45. Arbeitsweise von Zweischichtenpflügen mit Untergrundlockerer (Rabewerk, Linne)

angeordnet sind; die Darstellungen 2 und 4 zeigen den Bodenquerschnitt und das Schlepper- oder das Furchenrad in der letzten festen Furche. Ein solcher Zweischichten-Schmalschnitt-Pflugkörper ist im Bild 46 dargestellt. Durch einen Vergleich (Bild 47) dieser Methode mit der des normalen Pflugkörpers bei richtiger und falscher Einstellung wird ihre Arbeitsweise anschaulich gemacht.

5. *Pflugarten*

a) Entwicklung

Entwicklung, Arbeitsweise, Anwendung der Werkzeuge, Zugkräfte und geforderte Leistung haben eine ganze Reihe verschiedener Pflüge entstehen lassen, die man nach verschiedenen Merkmalen ordnen kann, und zwar

a) der Form nach in
  1. einscharige Pflüge:
    a) Schwing-, b) Stelz-, c) Karren-, d) Rahmenpflüge;
  2. mehrscharige Pflüge, nur Rahmenpflüge;

b) der Anordnung und Arbeitsweise nach in
  1. einseitig wendende Pflüge oder Beetpflüge;
  2. wechselseitig wendende Pflüge
    a) Kehr-, Wechsel- oder Drehpflüge, b) Kipp-Pflüge;
  3. doppelseitig wendende Pflüge oder Häufelpflüge;
  4. Pflüge für besondere Zwecke:
    Rode-, Graben-, Drän-, Spargel, Weinbergpflüge usw.;

c) der Kraftquelle und Angriffsart der Kraft nach in Hand-, Gespann-, Anhänge- und Anbaupflüge.

Diese Pflugarten sollen nach ihrer Verwendung in den verschiedenen Landwirtschaftsbetrieben behandelt werden, und zwar nach der Gruppe der Hand-, Gespann-, Anhänge- und Anbaupflüge. Der eigentlich im Abschnitt Handgeräte zu erörternde Handpflug (Bild 48) wird aus arbeitstechnischen Gründen hier mitbehandelt. Er spielt wegen seiner geringen Verwendungsmöglichkeiten nur eine untergeordnete Rolle. Er wird auf Böden angewendet, die umgegraben werden müssen, also auf leichten Böden, die an die Körperkraft keine großen Anforderungen stellen. Im allgemeinen benutzt man ihn auf verunkrautetem Gartenacker. Bei der Arbeit zieht ihn eine Person, eine zweite lenkt an den Sterzen des als Schwingpflug eingesetzten Gerätes. Er wird wirtschaftlicher, wenn man ihn umbaut und mit Stützrad und austauschbaren anderen Werkzeugen (Bild 49) versieht, so daß aus dem Pflug ein Hackigel (Bild 50), ein Hackhäufler, eine Breithacke usw. werden kann.

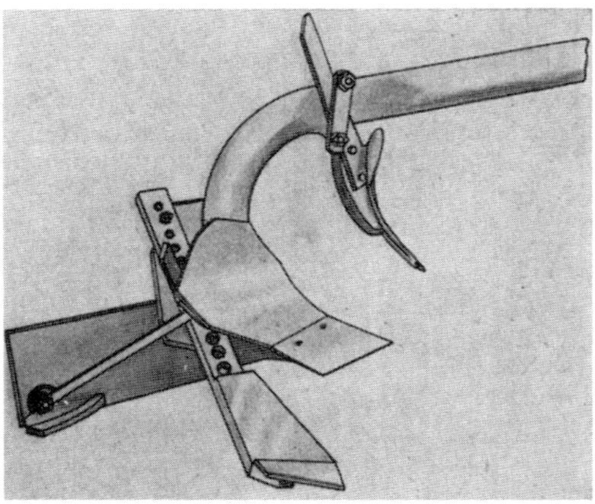

46. Zweischichten-Schmalschnitt-Pflugkörper
(Rabewerk, Linne)

b) Schwingpflug

Der eigentliche Schwingpflug (Bild 51) ist die mit den Mitteln der neuzeitlichen Technik ausgerüstete altüberkommene Form des primitiven Pfluges, abgesehen von der heute üblichen wendenden Arbeitsweise. Er ist ein freigehendes Gerät. Er stützt sich nur auf den Pflugkörper auf und muß vom Gespannführer an den Sterzen immer in der richtigen Lage gehalten werden. Weil die Zugwiderstände aufwärts und seitwärts stark schwanken, und weil das schrägliegende Streichblech den Pflug zur Seite drückt, werden an die Körperkraft und Aufmerksamkeit des Gespannführers hohe Anforderungen gestellt. Am vorderen Ende des Grindels ist in einer Kulisse ein Stelleisen, der Regulator, angebracht. Er kann nach aufwärts und seitwärts verstellt und damit grob auf Arbeitsbreite und -tiefe eingestellt werden. Dieses Stelleisen führt in seinem unten angebrachten Auge die

Zugstange. Die Zuglinie geht vom Blatthaken über den Zughaken zum Pflugkörper und wirkt sich bei der Arbeit immer zu einer Geraden aus. Verstellt man das Stelleisen, so

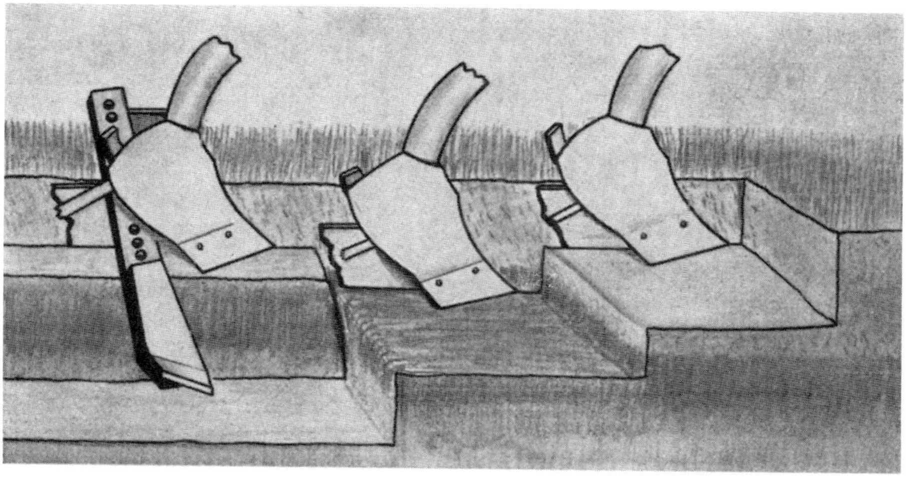

47. Richtige und falsche Untergrundarbeit (Rabewerk, Linne)

Richtige zweischichtige Pflugarbeit: Wendeschar wendet nur oberhalb der Pflugverdichtung den lebenden Boden; *Wühlschar* untergreift Bodenverdichtungen der Vorfurche, bricht sie auf und lockert sie.

Falsche einschichtige Tiefarbeit: Pflugschar greift in die Bodenverdichtungen ein und bringt toten Boden nach oben. Bodenverdichtung wird nicht beseitigt.

Einschichtige Pflugarbeit, die nur wendet, aber die Bodenverdichtungen noch weiter verfestigt (Pflugsohlenerkrankung).

verändert man die Lage des Zughakens. Auf diese Weise kann der Pflug nach der Seite und Höhe verstellt und auf die gewünschte Arbeitsbreite und -tiefe eingestellt werden.

Der menschlichen Arbeitskraft entsprechend, kann der Schwingpflug nur begrenzt angewendet werden. Wenn auch die Arbeitstiefe in sehr leichten Böden den Ansprüchen der Saatfurche genügen kann, so ist die Breitenarbeit auf 26 cm beschränkt. Die Vorteile des Schwingpfluges liegen im geringen Gewicht und niedrigen Preis.

c) Stelzpflug

Der Stelzpflug ist dem Schwingpflug nahe verwandt (Bild 52). Seine Führung wird

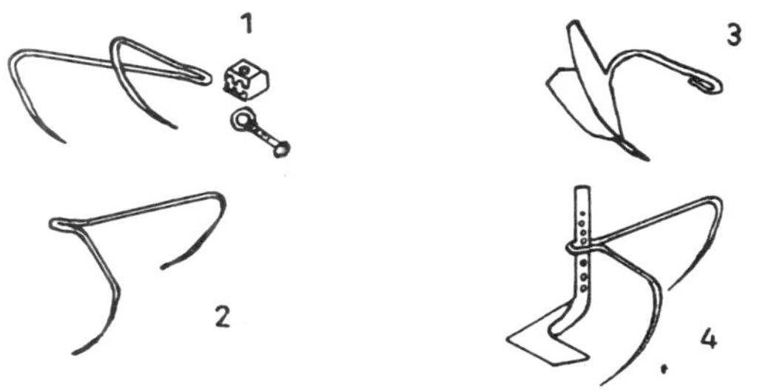

49. Austauschwerkzeuge für den Handpflug (Rabewerk, Linne)
1 Innenzinkenbügel; 2 Außenzinkenbügel; 3 Kleinhäufler; 4 Gänsefuß

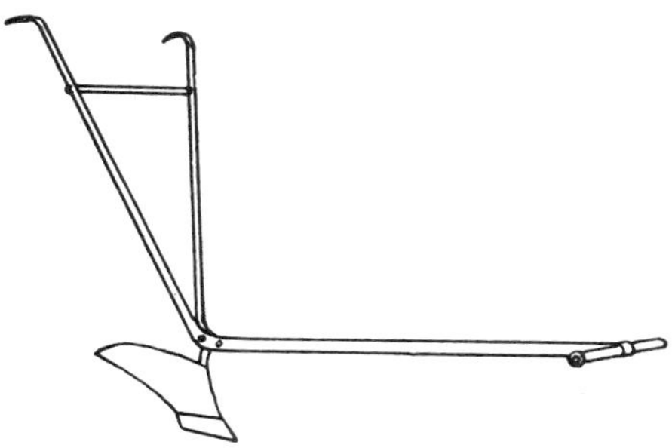

48. Handpflug (Rabewerk, Linne)

50. Hackigel (Rabewerk, Linne)

dadurch erleichtert, daß die in der Zugebene auftretenden Kräfte von einer Radstelze abgefangen werden. Diese Radstelze ist so einzustellen, daß stets ein leichter Druck auf den Boden vorhanden ist. Der Pflug kann sich nicht abheben. Auf geeigneten Böden verwendet man statt des Rades einen Gleitschuh.

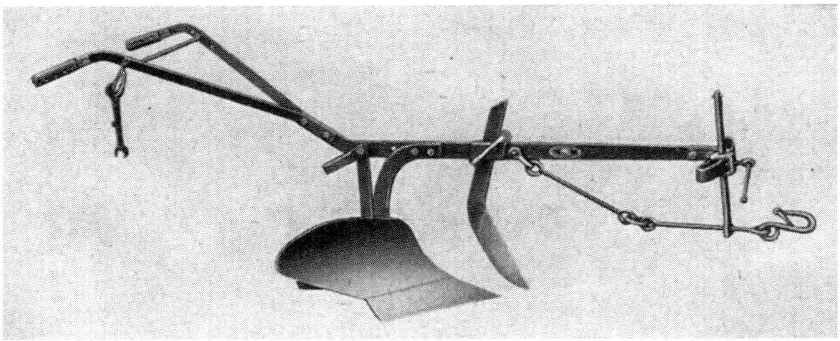

51. Schwingpflug (Gebr. Eberhardt, Ulm)

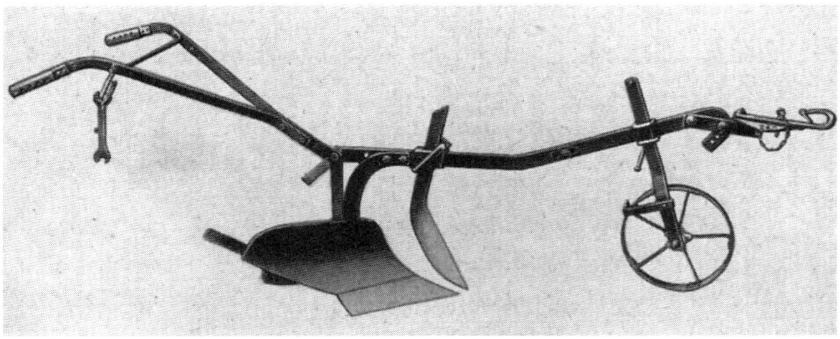

52. Stelzpflug (Gebr. Eberhardt, Ulm)

53. Karrenpflug (Gebr. Eberhardt, Ulm)

d) Karrenpflug

Bei den Karrenpflügen (Bild 53) wird das Grindel von einer zweirädrigen Karre gestützt (s. a. Bild 38). Die Karrenachse trägt einen Stellbügel, der durch einen Steckbolzen die Grindelauflage nach seitwärts und aufwärts verändern kann. Bei dem in dem Bild gezeigten Karrenpflug ändert man die Stellung der Grindelauflage durch einen verstellbaren Sattel. Karre und Grindel sind vorn durch die Zughakenkette verbunden, die beim Anziehen der Karre verhindert, daß der Grindel aus dem Stellbügel herausgleitet, aber Karre und Grindel größte gegenseitige Bewegungsfreiheit läßt. Hinter der Karrenachse werden Karre und Grindel durch eine Doppelkette verbunden, die beide Teile infolge der Zugkraft gegeneinander drückt und ihnen nur eine bedingte gegenseitige Verwindung erlaubt. Die linke Kette ist mit einem Spannschloß versehen, um die Arbeitsbreite, also die Schrägstellung des Grindels, regulieren zu können. Damit beim Anpflügen der Pflug beweglich ist, löst man diese beiden Ketten aus den Haken des am Grindel angebrachten Quersteges und hängt die eine in den unter dem Grindel angebrachten Haken; die andere wird abgenommen.

Zum Ausgleich hat das in der Furche laufende Furchenrad einen größeren Durchmesser als das auf dem ungepflügten Acker laufende Landrad. Durch eine Spindel läßt sich das Landrad den Höhenunterschieden zwischen Furchensohle und Land entsprechend verstellen.

e) Rahmenpflug

Die Rahmenpflüge (Bild 54) werden nicht von einem Grindel, sondern von einem durch 2 bis 4 Räder fahrbar gemachten Rahmen getragen. Daran sind sämtliche Arbeitswerkzeuge starr befestigt. Ihre Arbeitstiefe wird genau und sehr bequem durch Verstellen der Räder reguliert. Der Rahmenpflug wird heute auch einscharig gebaut. Nachteilig ist nur das größere Gewicht und der höhere Preis. Als Mehrscharpflug mit tierischer Anspannung wird der Rahmenpflug dort benutzt, wo man bei geringen Arbeitstiefen die Zugkraft besser ausnutzen will. Durch die größere Arbeitsbreite steigt die Pflugleistung, und man spart Gespannführer. Für die Saatfurche verwendet man zwei- und dreischarige Pflüge mit einem Tiefgang von 20 bis 22 cm bei Arbeitsbreiten von 56 und 72 cm.

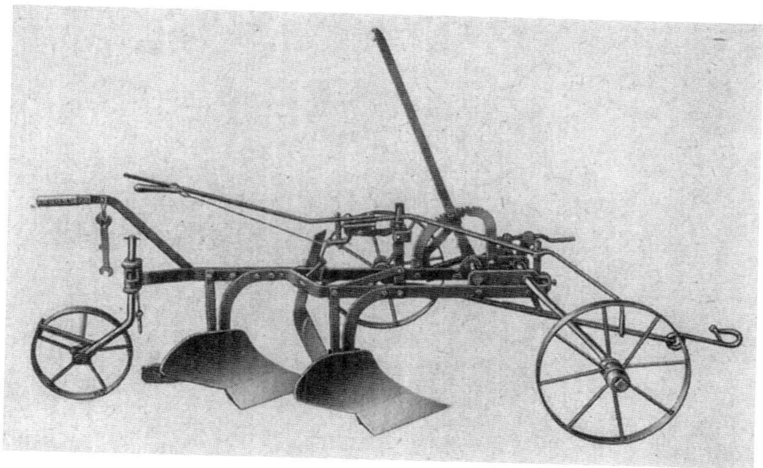

54. Rahmenpflug (Gebr. Eberhardt, Ulm)

Es ist vorteilhaft, zum Schälen vier- und fünfscharige Pflüge mit Arbeitsbreiten von 60 und 74 cm zu verwenden. Zur bequemen Einstellung der Furchentiefe ist der Rahmenpflug heute allgemein mit einer Differential-Räderverstellung (Bild 55) versehen, die es erlaubt, mit einem Hebel dem Land- und dem Furchenrad gleichzeitig die richtige Einstellung zu geben. Und zwar entweder für Straßenfahrt, für normale Pflugarbeit oder für das Anpflügen. Bei der im Bild 55 dargestellten Räderverstellung ist der Drehpunkt des Stellhebels starr mit der Achse des Landrades verbunden; das Furchenrad kann durch eine Verlängerung des Hebels über den Drehpunkt hinaus verstellt werden, indem man ein Kurvenstück zwischenschaltet. Das Kurvenstück ist an der Furchenradachse befestigt. Kurvenstück und Hebelverlängerung greifen so ineinander, daß beide nur im Bereich des Kurvenstückes starr verbunden sind. In der in dem Bild gezeigten Stellung kann der Hebel verstellt werden, ohne das Kurvenstück zu beeinflussen.

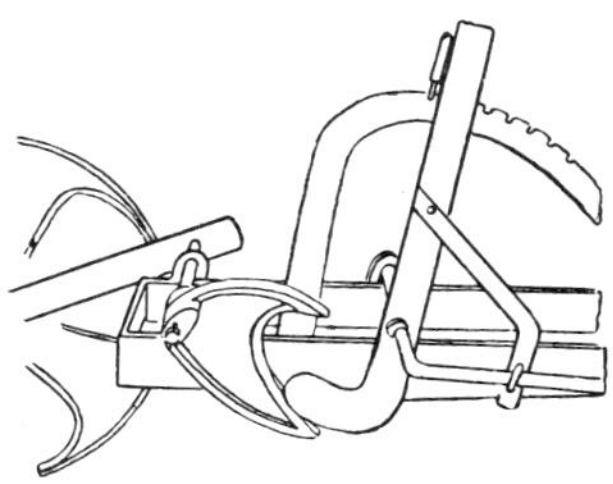

55. Differential-Räderverstellung

Die bisher behandelten Pflüge gehören zur Gruppe der Beetpflüge. Sie wenden nur nach der rechten Seite. Um lange Leerlaufwege auf der Anwand zu ersparen, teilt man den Acker in Längsbeete auf, die entweder von innen nach außen oder von außen nach innen bearbeitet werden. Auf diese Weise wird die eine Beethälfte nach rechts, die andere nach links hin umgepflügt. Bei dieser Arbeitsweise, bei der der Boden der Beethälften um eine Scharbreite zueinander oder voneinander fortbewegt wird, entstehen am Stoße der Hälften entweder Pflugkämme oder breite Pflugfurchen. Darum muß das Saatbett reguliert werden. Im nächsten Jahr muß das zusammengepflügte Land wieder auseinandergepflügt werden.

Dieser Nachteil der Beetpflugarbeit entsteht nicht, wenn man wechselseitig wendende Pflüge benutzt. Sie können bei anschließender Arbeit in beiden Richtungen Pflugfurche an

Pflugfurche gleichmäßig aneinanderlegen und ersparen die Leerlaufwege auf der Anwand. Solche wechselseitig wendenden Pflüge sind die Unterdreh-, die Dreh- und die Kipp-Pflüge.

f) Unterdreh- und Drehpflug

Die Unterdreh- und Drehpflüge sind sehr mannigfaltig ausgeführt. Das Wesentliche bei diesen Pflügen ist, daß die Pfluggarnitur im Pflug gedreht werden kann, so daß er den Boden entweder nach rechts oder nach links wendet. Die Pfluggarnitur besteht bei den Unterdrehpflügen aus einem symmetrischen Doppel- oder Zwillingskörper; bei den Drehpflügen aus 2 symmetrisch ausgebildeten und angeordneten Arbeitselementen.

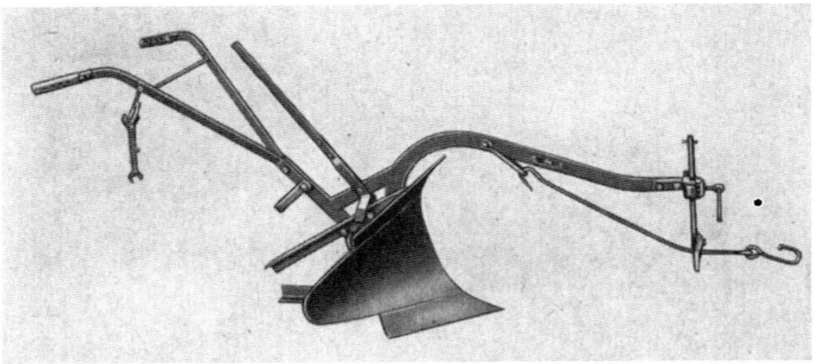

56. Unterdreh-Schwingpflug (Gebr. Eberhardt, Ulm)

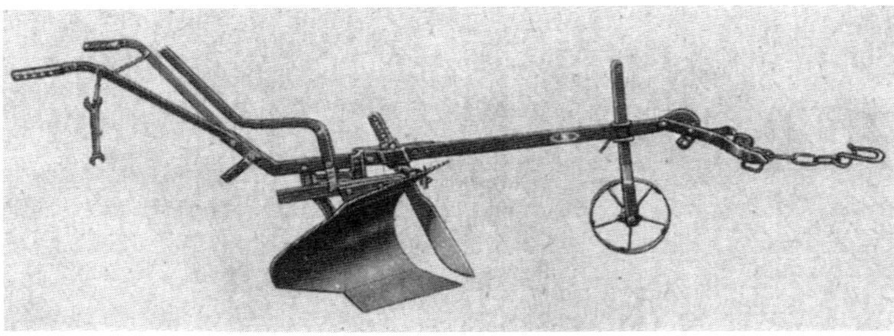

57. Unterdreh-Stelzpflug (Gebr. Eberhardt, Ulm)

58. Unterdreh-Karrenpflug (Gebr. Eberhardt, Ulm)

Bei den Unterdrehpflügen, die als einscharige Schwing- (Bild 56), Stelz- (Bild 57) und Karrenpflüge (Bild 58) gebaut werden, ist der Zwillingskörper an einer unter dem rückwärtigen Teil des Grindels waagerecht befestigten Achse drehbar gelagert und wird durch eine Verriegelung in der jeweiligen Arbeitsstellung gehalten. Das Sech wird durch eine Automatik bei jedem Arbeitswechsel um einen kleinen Winkel in die richtige Stellung gebracht. Will man die Stellung wechseln, so rollt man den Pflugkörper nach Entriegelung auf dem Boden ab.

Bei den Drehpflügen, die ein- (Bild 59) und zweifurchig (Bild 60) gebaut werden, sind die beiden um 180° versetzten spiegelbildlich ausgeführten Arbeitsgarnituren auf einem drehbaren Grindel befestigt, der mit der Pflugkarre lösbar verriegelt ist. Die Karre hat 2 gleichgroße Räder. Man unterscheidet feststehende (Bild 61), drehbare (Bild 62) und Spindel-Pflugkarren (Bild 63).

59. Einfurchiger Drehpflug (Gebr. Eberhardt, Ulm)

60. Zweifurchiger Drehpflug (Gebr. Eberhardt, Ulm)

g) Kipp-Pflug

Der Kipp-Pflug (Bild 64) ist ein Karrenpflug, bei dem der Grindel über die Karre hinaus verlängert ist und auf dieser Seite symmetrisch dieselbe Anordnung zeigt wie auf der anderen Seite, so daß sämtliche Arbeitswerkzeuge doppelt vorhanden sind. Karre und Grindel sind gegeneinander beweglich. Wird die Karre nach einer Richtung gezogen, so kippt der Grindel mit der jenseitigen Pfluggarnitur nach unten und die Pflugkörper greifen infolge der Schwerpunkt - Verlagerung in den Boden ein. Am Ende jeder Furche verlagert sich der Schwerpunkt dadurch, daß sich die Karre gegenüber dem Grindel durch die wechselnde Zugrichtung verschiebt. Die Karre wird zu Beginn einer neuen Furche unter dem Grindel in der Zugrichtung nach vorn weggezogen, so daß dadurch der rückwärtige Grindelteil das Übergewicht bekommt und herunterkippt. Die Verbindung zwischen Grindel und Karre läßt eine bedingte gegenseitige Verschiebung oder Abwinkelung zu. Man hat sie mit Antibalancevorrichtung bezeichnet. Sie wird verschieden ausgebildet. Entweder ist die Sattelauflage der Karre keilförmig ausgeführt und der Grindel liegt mit größerem Keilwinkel auf, so daß eine Pendelbewegung zwischen Karre und Grindel möglich ist oder der Grindel ist in der Mitte rund ausgeschmiedet und kann (durch 2 Anschläge begrenzt) sich in einer runden Führung der Karrenauflage gegenüber der Karre

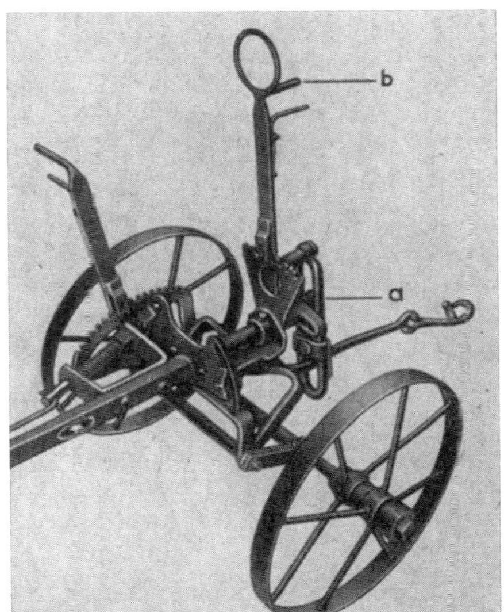

61. Feststehende Pflugkarre (Gebr. Eberhardt, Ulm)

Die Zugvorrichtung ist seitlich und in der Höhe verstellbar und verschiebt sich beim Wenden des Pfluges selbsttätig für den folgenden Arbeitsgang. Feste Einstellung der Arbeitsbreite durch Schraube *a*, wechselnde zusätzliche Verstellung der Arbeitsbreite während des Pflügens durch Hebel *b*

verschieben, so daß die Karre bei Richtungsänderung in den Grenzen der Anschläge hin- und herrutschen kann, wodurch sich der Schwerpunkt verlagert.

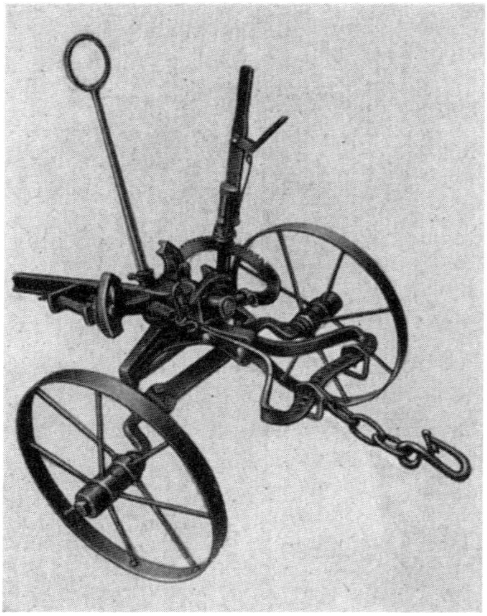

62. Drehbare Pflugkarre (Gebr. Eberhardt, Ulm)

Mit selbsttätiger Auslöse- und Feststell-Vorrichtung zum Umkehren am Feldende. Tritt in Tätigkeit mit dem Drehen des Grindels beim Wenden. Kann dauernd lose oder fest gefahren werden

63. Spindel-Pflugkarre (Gebr. Eberhardt, Ulm)

Die Arbeitstiefe wird mit der Spindel eingestellt. Die Zugvorrichtung ist seitlich und senkrecht verstellbar und stellt sich beim Wenden selbsttätig um. Festeinstellung der Arbeitsbreite durch Schraube *a*, wechselnde zusätzliche Verstellung der Arbeitsbreite während des Pflügens durch Hebel *b* möglich

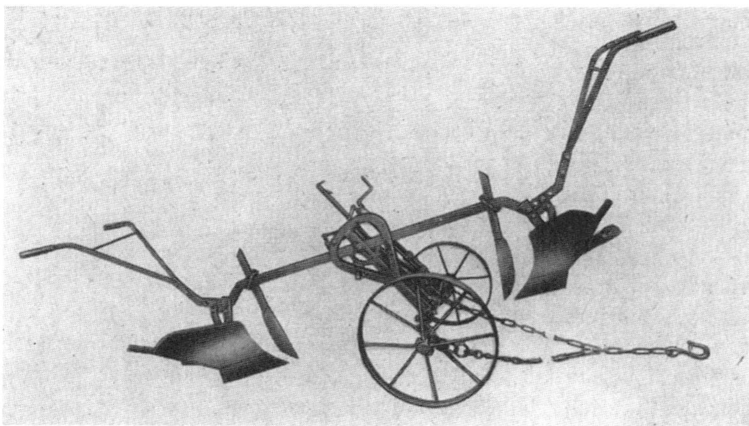

64. Kipp-Pflug (Gebr. Eberhardt, Ulm)

Die wechselseitig wendenden Pflüge haben den großen Vorteil, daß man sie auch an starken Hängen benutzen kann. Der Boden wird immer bergauf geworfen.

h) Häufelpflug

Doppelseitig wendende Pflüge sind die Häufelpflüge, die eine zur Arbeitsrichtung symmetrisch ausgebildete Schar mit 2 anschließenden symmetrischen Streichblechen haben. Die

Häufelkörper können starr (Bild 65) oder mit verstellbaren Streichblechen (Bild 66) ausgerüstet sein. Die Häufelpflüge sind meistens Schwingpflüge, doch können sie auch an jedem anderen Beetpflug angebracht werden. Häufelpflüge dienen zur Herstellung von Furchen und zum Anhäufeln.

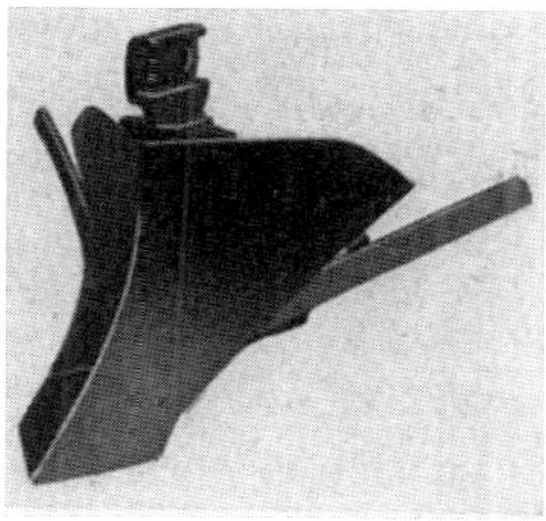

65. Starrer Häufelkörper (Sack, Landmaschinenbau, Hannover)

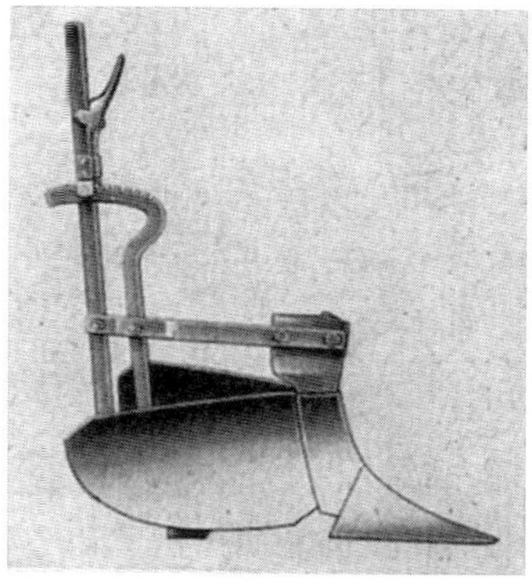

66. Verstellbarer Häufelkörper (Gebr. Eberhardt, Ulm)

D. Anhänge-Pflüge

Mit der Vervollkommnung des Schleppers entwickelten sich zugleich die Gerätschaften, die dem Schlepper angehängt werden. Zuerst wurden die Gespanngeräte nur vergrößert und verstärkt; bald wurden den motorisch gezogenen Geräten wegen der Arbeitsgeschwindigkeit andere Formen gegeben. Aber auch die wirtschaftliche Seite wurde beachtet und die Bedienung der oft sehr schweren Geräte erleichtert. So entstanden die heute in der Landwirtschaft verwendeten Schlepper-Anhängergeräte, von denen zunächst nur die Anhängepflüge besprochen werden sollen.

1. Ein-, zwei- und mehrscharige Pflüge

Das Bild 67 zeigt einen nur einscharigen Pflug. Seine Formen und Maße vermitteln einen Begriff von seiner Größe und der Kraft, die er beansprucht. Es handelt

67. Tiefkulturpflug (Gebr. Eberhardt, Ulm)

68. Dreifurchen-Saatpflug (Gebr. Eberhardt, Ulm)

sich um einen Tiefkulturpflug mit einem Tiefgang bis zu 70 cm. Er ist einer der schwersten Pflüge seiner Gattung und ist auch stärksten Beanspruchungen bei der Anlage von Baumkulturen und Weinbergen oder bei Meliorationen gewachsen. Als starker dreirädriger Rahmenpflug ist er mit Vorschäler und Sitz versehen. Ein- und ausgehoben wird er durch Seilzug. Ein auf dem einen Achsschenkel montiertes, mit dem Landrad verbundenes Zahnrad betätigt einen herunterfallenden Zahnbogen und hebt dadurch den Rahmen an, der nach erreichter Fahrhöhe durch Klinken gehalten wird. Wenn die Klinken durch Seilzug ausgerastet werden, so fällt der Rahmen in die Arbeitsstellung. Für einen derartigen Pflug sind Schlepper von 60 PS mit einer Kraftentfaltung von 2500 bis 3000 kg am Zughaken erforderlich.

2. *Pflugbedienung vom Schlepper aus*

Bei der großen Zugkraft des Schleppers kann man auch in schweren und ausgebrannten Böden die Saatfurche mit mehrfurchigen Saatpflügen (Bild 68) herstellen. Hier, wie überhaupt bei den schweren Anhängepflügen, sind die Pflugschare durch Meißel verstärkt, die bei dem auf dem Bild 68 gezeigten Pflug nachstellbar sind. Sie können selbsttätig durch Seilzug vom Sitz des Schlepperführers ein- und ausgehoben werden. Bei einem Tiefgang bis zu 32 cm und einer Arbeitsbreite von 90 cm verlangt dieser Dreifurchen-Saatpflug einen 45-PS-Schlepper.

a) Automatische Entkupplungsvorrichtung

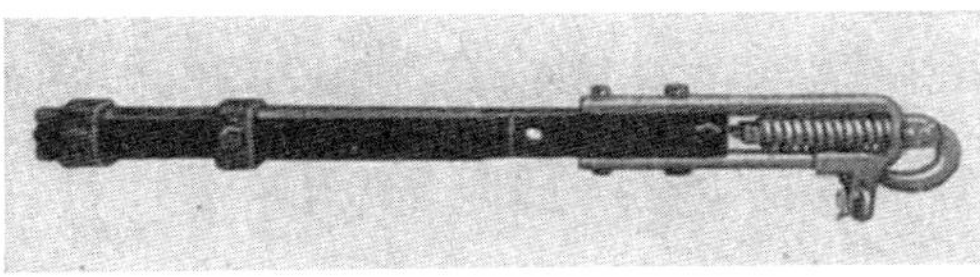

69. Stoßfänger mit selbsttätiger Abhängekupplung (Rabewerk, Linne)

Zu beachten ist bei dieser Art von Pflügen die Anspannvorrichtung an den Schlepper, die als Stoßfänger mit selbsttätig wirkender Entkupplungsvorrichtung ausgebildet ist. Bei steinigen oder mit starken Baumwurzeln durchsetzten Böden schont sie den Pflug. Eine Konstruktion dieser Art ist auf dem Bild 69 zu sehen. Die Kupplung befindet sich an dem dem Schlepper zugewandten Ende der Zugstange. Der Zughaken, der mit der Stoßfängerfeder in Verbindung steht, trägt oben ein Gelenk. Unten wird er von einer verschiebbaren Auslöselasche gehalten. Bei entsprechender Zugbelastung wird der Zughaken herausgezogen. So kuppelt sich das Gerät selbsttätig vom Schlepper ab. Das Bild 70 zeigt eine ähnliche Konstruktion. — Die in der Länge verstellbare Zugstange ist an der dem Gerät zugewandten Seite mit einem Stellbügelgelenk (Bild 71) versehen, so daß man die Pfluglage durch die Zugstange regulieren kann. Arbeitet z. B. der letzte Pflugkörper flacher als der erste, so stellt man die Zugstange mehr nach unten.

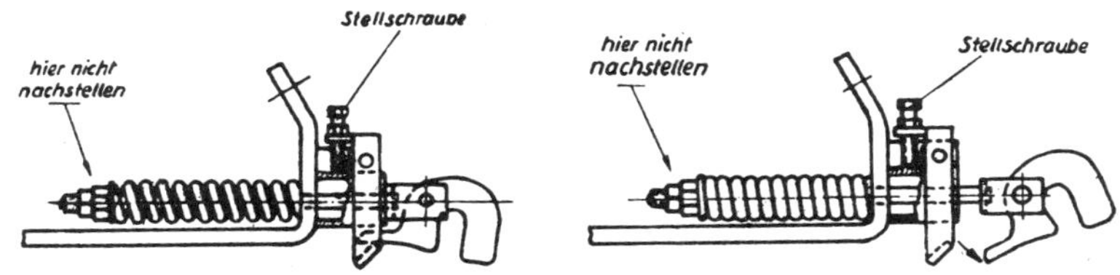

70. Stoßfänger mit selbsttätiger Abhängekupplung (Ventzki, Eislingen)

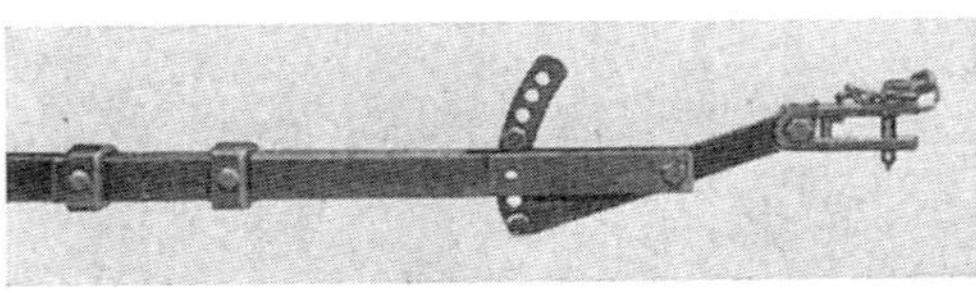

71. Zugstange mit Stellbügel (Rabewerk, Linne)

Wirtschaftlicher arbeiten die Pflüge, wenn man besondere Einsätze anbringt. Dadurch lassen sich die Pflüge vielseitiger verwenden. So ist es möglich, einen Vierfurchen-Schäleinsatz anzubringen und dadurch aus einem Zweifurchen-Schälpflug einen Vierfurchen-Schälpflug (Bild 72) für sandigen und mittelschweren Boden zu machen, der bei einem Tiefgang bis zu 12 cm und einer Arbeitsbreite von 80 cm von einem 10- bis 16-PS-Schlepper gezogen werden kann.

Größere Flächenleistung und beträchtliche Zeit- und Kraftersparnis bringen naturgemäß sechsfurchige Anhänge-Schälpflüge (Bild 73) bei einer Arbeitstiefe bis zu 16 cm und einer Arbeitsbreite von 138 cm. Sie erfordern einen 30- bis 35-PS-Schlepper.

72. Zweifurchen-Schälpflug mit vierfachem Schäleinsatz
(Gebr. Eberhardt, Ulm)

b) Automatische Aushebevorrichtungen

Für den wirtschaftlichen Einsatz solcher Anhängepflüge haben die vom Schlepper aus zu steuernden Aushebevorrichtungen große Bedeutung. Sie nutzen die Zugkraft des Schleppers aus, der nach dem Einrücken am Ende der Pflugfurche

73. Sechsfurchiger Anhänge-Schälpflug
(Gebr. Eberhardt, Ulm)

den Pflugrahmen durch einen Zahnbogen über ein mit dem Landrad umlaufendes Ritzel aushebt. Man muß wissen, wie ein solcher „Automat" sich zusammensetzt und wie er arbeitet. An einigen Bildern wird der Pflug in der Arbeitsstellung während des Aushebens und in der Transportstellung gezeigt. Auf Bild 74 ist der Zahnbogen 3 durch den Riegel 4 so gesperrt, daß er selbst bei den stärksten Erschütterungen nicht in das Zahnritzel 5 eingreifen kann. Die Feder 7 sorgt dafür, daß der Riegel 4 vor dem Anschlag 9 der Zahnbogennabe 8 sicher lie-

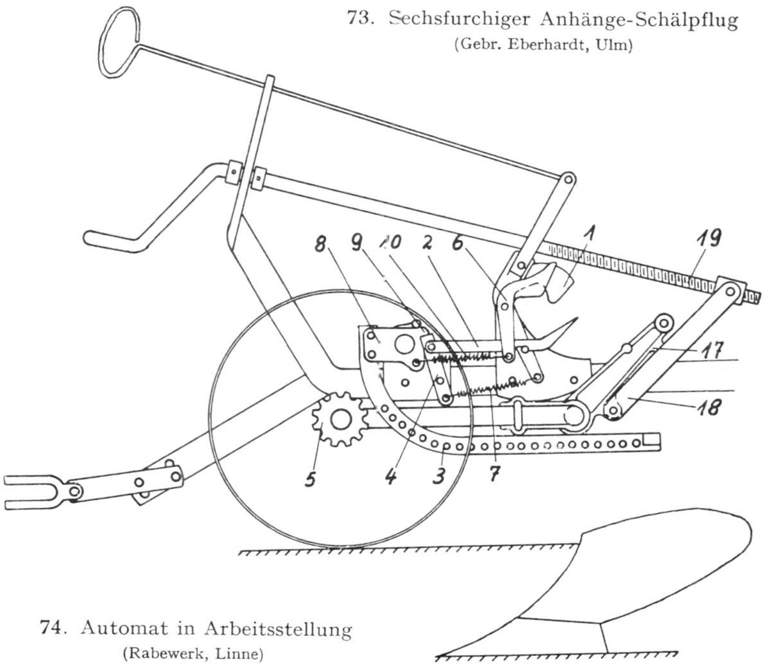

74. Automat in Arbeitsstellung
(Rabewerk, Linne)

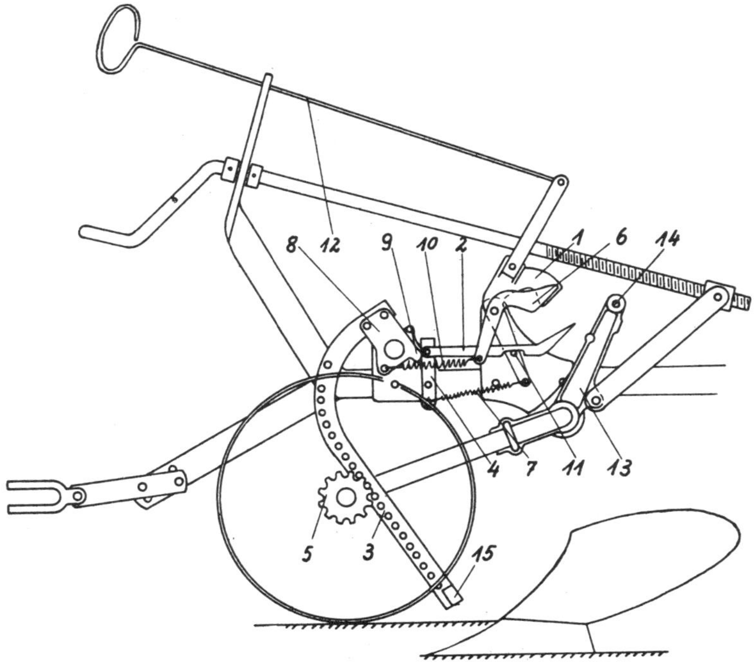

75. Automat in Aushebestellung (Rabewerk, Linne)

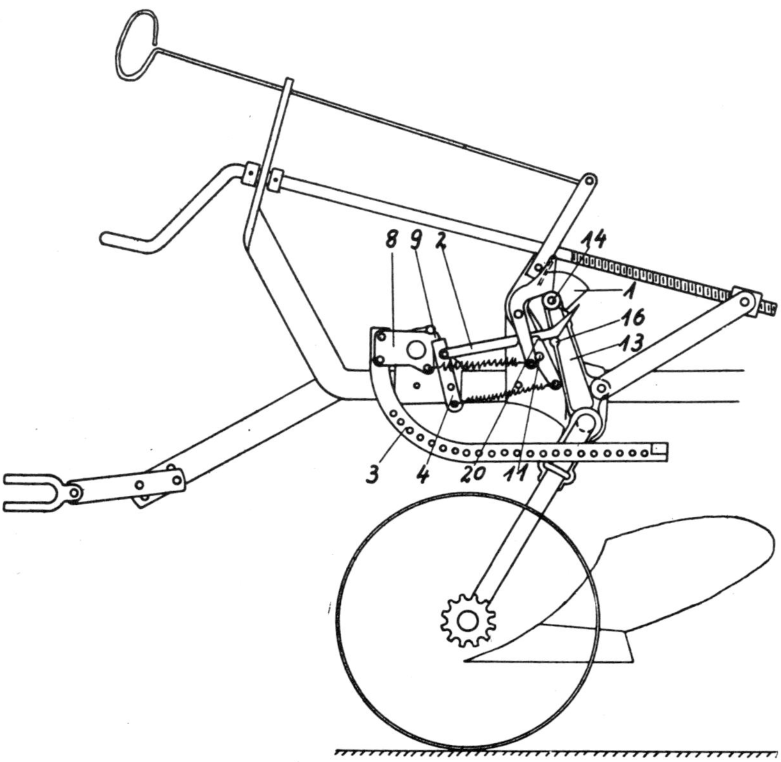

76. Automat in Transportstellung (Rabewerk, Linne)

gen bleibt. Der Federspannhebel 6 ist lose, so daß über die Feder 10 keine Kraft zum Hochziehen des Zahnbogens 3 übertragen wird. Der Aufhängehaken 1 für den Pflug in Transportstellung liegt bis zum Anschlag frei. Die Pflugtiefe wird durch die Tiefenstellspindel 19 eingestellt, wobei sich das Anschlagstück 18 gegen den Anschlag 17 des Achshalters 13 legt. Dadurch wird Schräglage der Achse und Tiefgang des Pfluges festgelegt.

Auf Bild 75 greift der Zahnbogen 3 in das Ritzel 5 ein; zuvor wird durch die Zugstange 12 der Riegel 4 über die Nase 11 weggezogen; der Zahnbogen 3 wird dadurch am Haken 1 und Ausrückhebel 2 entsperrt; durch sein Eigengewicht fällt der Zahnbogen in die richtige Stellung ein (der Riegel 4 wird unter dem Anschlag 9 weggezogen). Da der Zahnbogen also schnell und leicht in das Ritzel eingreift, hat der Schlepperführer auf dem Vorgewende beide Hände zum Steuern frei. Im letzten Aushubstadium legt sich der Federspannhebel 6 vor den Kopf 14 des Achshaltestückes 13, wodurch die Feder 10 zum Hochziehen des Zahnbogens 3 gespannt wird, bevor der Zahnbogen 3 durch den Klotz 15 aus dem Ritzel 5 herausgeworfen wird, und sich der Haken 1 über den Kopf 14 des Achshaltestückes 13 legt und der Zahnbogen 3 durch die Feder 10 hochgezogen wird.

Auf Bild 76 liegt der Aufhängehaken 1 über dem Kopf 14 des Achshaltestückes 13. Der Pflug wird dadurch beim Transport festgehalten. Der Ausrückhebel 2 ist durch den Anschlag 16 in Transportstellung angehoben. Beim Herunterlassen des Pfluges (durch Ziehen am Haken 1) wird der Kopf 14 des Achshaltestückes 13 freigegeben; der Zahnbogen wird jedoch nicht entsperrt. Denn in der Transportlage kann die Nase beim Ziehen nicht in den Ausschnitt 20 des Ausrückhebels 2 fassen. Der Zahnbogen bleibt also in Transport- und Arbeitsstellung gesperrt. Sonst könnte bei Erschütterungen der Zahnbogen in das Ritzel greifen. Das kommt leicht bei Systemen vor, bei denen die Zahnbögen nur durch ein Gegengewicht gehalten werden.

Bei dem Leutemangel in der Landwirtschaft ist es erwünscht, daß der Schlepper mit seinen schweren Anhängegeräten auch beim Wenden nur von einer Person bedient zu werden braucht. An 2 Beispielen soll gezeigt werden, wie sich das verwirklichen läßt.

Dem Sinne nach lassen sich diese Vorrichtungen auch bei anderen Geräten anwenden.

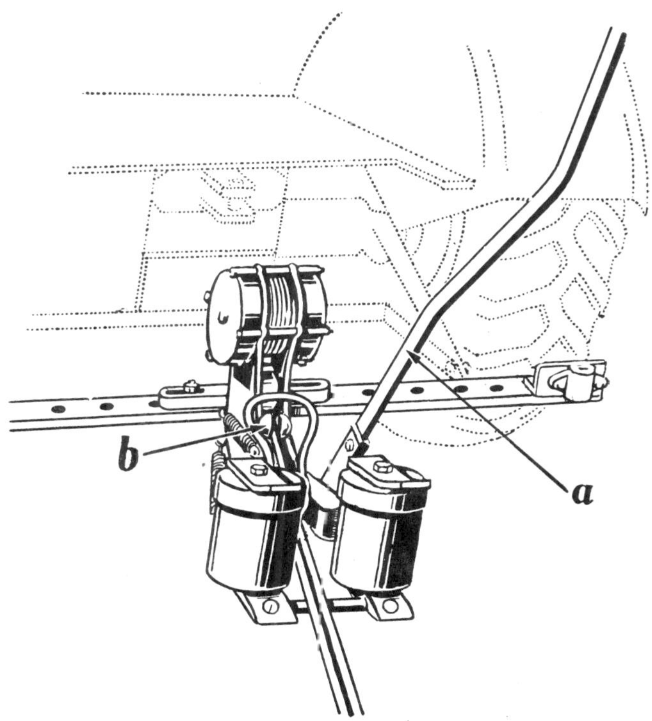

77. Seilwinde zum „Rollmops“ (E. Hildebrandt u. Co., Unna)

c) Rollmops

Bei dem 1. Beispiel handelt es sich um den „Rollmops“. Durch ein Drahtseil bleiben Schlepper und Kipp-Pflug in ständiger Verbindung. Das Drahtseil ist auf einer unter Federspannung stehenden Seilwinde (Bild 77) aufgerollt. Sie ist auf der Ackerschiene des Schleppers befestigt. Das Seil wird mit der Zugkette des Gerätes verbunden. Am Furchenende zieht der Schlepperführer den Auslösehebel *a* der Seilwinde nach vorn, worauf die am Seil befindliche Kugel *b* von der Sperre freigegeben wird. Beim Vorfahren des Schleppers wickelt sich das Seil von der Trommel ab, während der Pflug stehenbleibt. Wenn der zweischarige Pflug an den Furchenenden wenden soll, muß vor dem Auslösen eine Kurve nach dem ungepflügten

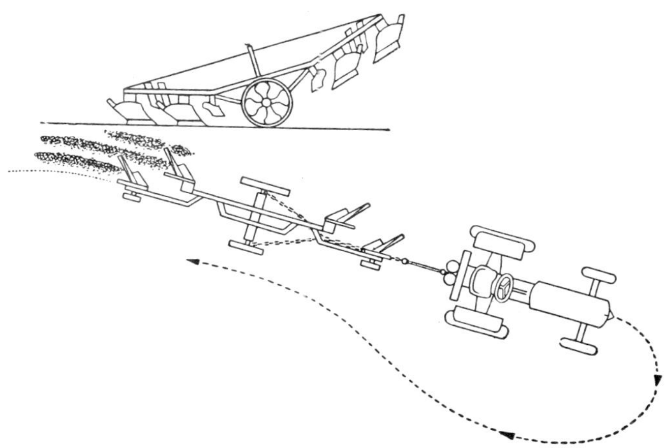

78. Ausklinkstellung des „Rollmops“ zu Ende der Furche bei zweischarigem Pflügen (E. Hildebrandt u. Co., Unna)

Land hin gefahren werden (Bild 78). Der einscharige Pflug ist auszuklinken, wenn er in gerader Richtung steht (Bild 79). Darauf dreht der Schlepper auf dem ungepflügten Land. Er fährt nur so weit am Pflug vorbei, bis die Zugkette des Pfluges vor dem kleinen Rad liegt (Bild 80). Die Kette darf jetzt noch nicht unter dem Rad hindurchgezogen werden. Auf keinen Fall darf

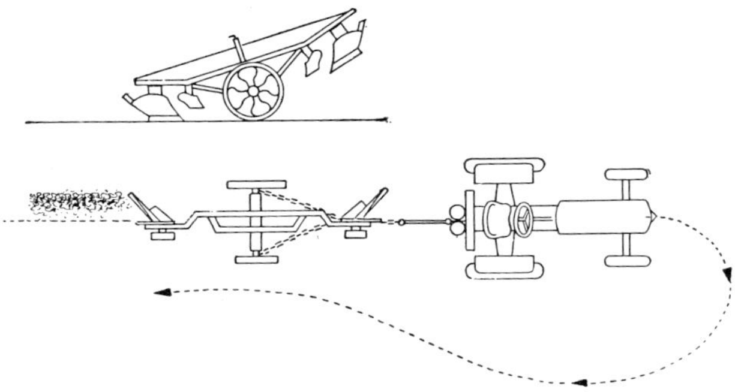

79. Ausklinkstellung des „Rollmops" bei einscharigem Pflügen (E. Hildebrandt u. Co., Unna)

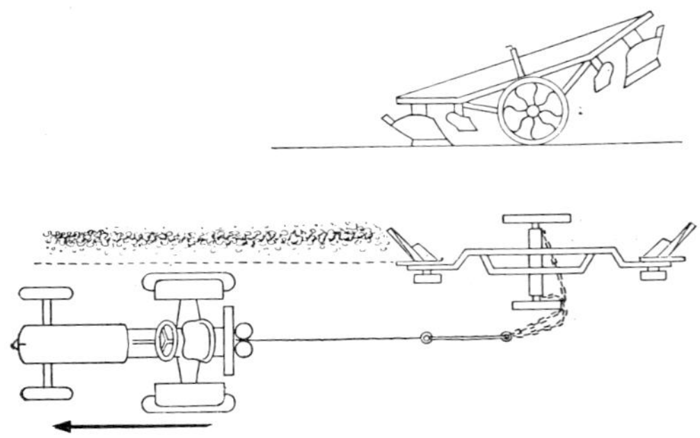

80. Wenden des Schleppers beim „Rollmops" (E. Hildebrandt u. Co., Unna)

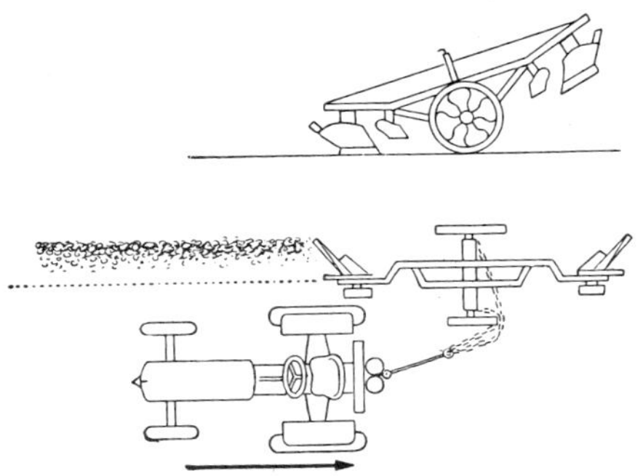

81. Rückwärtsfahren des Schleppers beim „Rollmops" bis zum Einklinken (E. Hildebrandt u. Co., Unna)

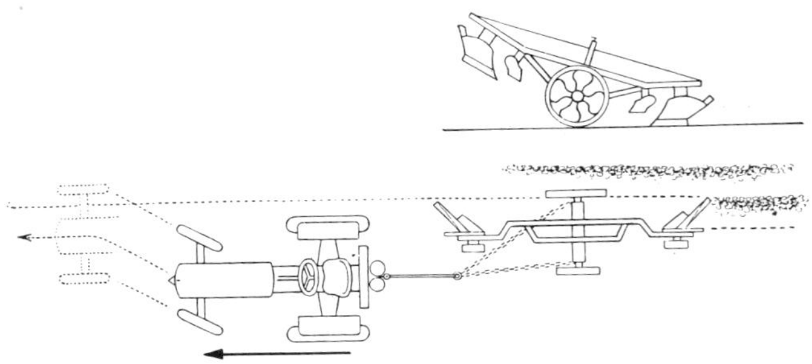

82. Anfahren des Schleppers beim „Rollmops" in die Furche (E. Hildebrandt u. Co., Unna)

der Schlepper so weit vorfahren, daß sich das Seil vollkommen von der Trommel abwickelt. Mit dem Schlepper fährt man nun auf dem ungepflügten Land rückwärts, möglichst dicht am Pflug vorbei. Dabei wickelt sich das Drahtseil wieder auf, bis die Kugel hinter dem Sperrbügel wieder einrastet (Bild 81). Beim abermaligen Vorfahren wird die Kette unter dem Rad hindurchgezogen, die Pflugkarre schwingt nach vorn, und der Pflug kippt auf die andere Seite über. Erst dann fährt man den Schlepper in die Ackerfurche (Bild 82).

d) Kettenjunge

Beim zweiten Beispiel handelt es sich um eine Wendevorrichtung sehr einfacher Art für einen Kipp-Pflug, um den Kettenjungen zu sparen. Darum hat man sie „Kettenjunge" genannt. Beim Pflügen kann der Schlepper mit beiden Rädern auf dem ungepflügten Land fahren. Mit einem Bolzen 1 (Bild 83) ist die Einmann-Bedienungsvorrichtung an der Zugmaschine befestigt. Mit der Stellschraube 2 wird der Abstand zwischen Erdboden und Zughaken 3 auf etwa 15 cm eingestellt. Bevor ausgehängt wird, muß sich die Umkippschlaufe 4 in Einraststellung befinden, so daß der Haken 5 von der Einrastschiene 6 gehalten wird. Am Furchenende fährt der Schlepperführer den Pflug zum ungepflügten Land hin, ohne anzuhalten klinkt er ihn durch einen kurzen Zug am Seil 10 aus, wenn er schräg zur Furche steht. Durch die während der Fahrt über den Umkipphaken 9 gelegte Umkippschlaufe 4 kippt der Pflug beim Weiterfahren in die für die nächste Furche verlangte Stellung. Wenn man rückwärts an die andere Seite des Pfluges heranfährt, klinkt der Zughaken 3 durch Griff an den Hebel 7 in den Zugbügel 8 wieder ein.

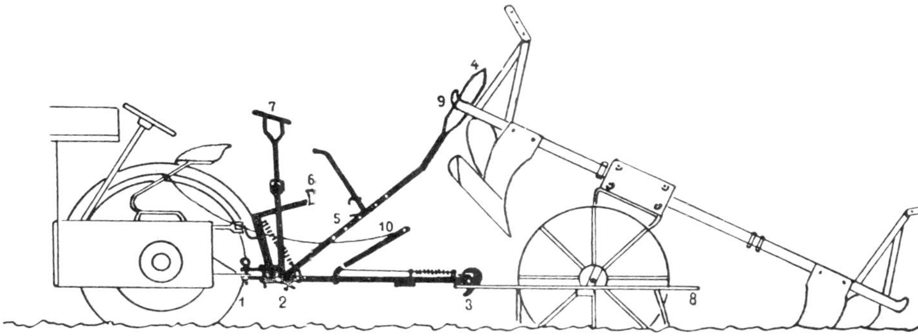

83. Einmann-Wendevorrichtung „Kettenjunge" (H. Niemeyer Söhne, Riesenbeck)

Diese Einmannbedienung wird abmontiert, wenn der Pflug transportiert werden soll. Er wird mit einer Transportvorrichtung so an den Schlepper gekoppelt, daß sie die Pflugsohle durch einen Zugbügel mit der Anhängekupplung des Schleppers verbindet (Bild 84). Die mit einem Schleifbügel versehene Transportvorrichtung erlaubt es, den Pflug für kurze Strecken zu befördern. Die Einmann-Bedienungsvorrichtung wird dabei in den Zugbügel gehängt.

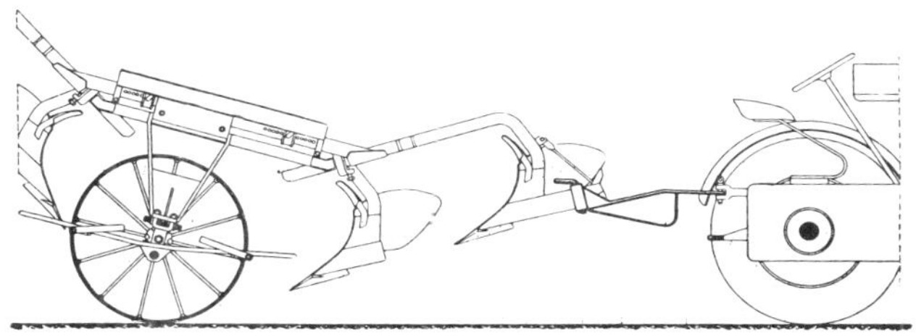

84. Transportvorrichtung des „Kettenjungen" (H. Niemeyer Söhne, Riesenbeck)

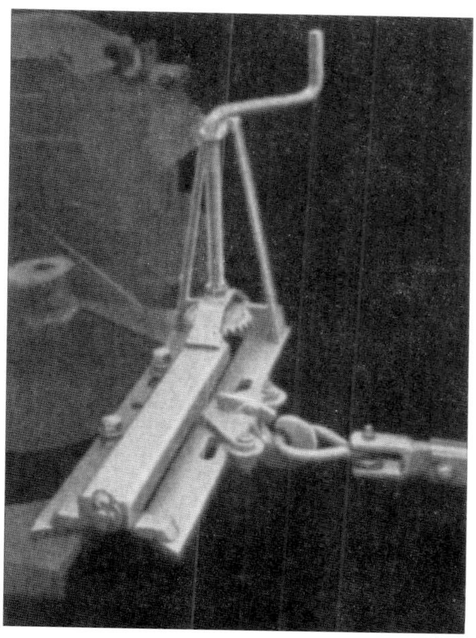

85. Hangspindel mit Kettenradgetriebe (Gebr. Eberhardt, Ulm)

86. Hangspindel mit seitenverstellbarer Querschiene (Rabewerk, Linne)

e) Hangspindel

Rutscht der Schlepper an Bergen oder Hängen ab, so rutscht auch das angehängte Gerät ab. Die Arbeitsbreite wird dadurch bergan wesentlich größer als bergab. Dieser Mangel kann mit einer Breitenverstelleinrichtung — einer Hangspindel (Bild 85 und 86) — beseitigt werden. Durch sie kann der Zughaken seitlich verstellt, die Seitenkräfte können ausgeglichen werden. Sie wird, wie die Skizze (Bild 87) zeigt, an die Schlepperquerschiene angebaut. An der Schlepperschiene wird eine in Rollen und Zapfen geführte, an den Seiten verstellbare Querzugschiene befestigt, die den Zughaken trägt. Die Hangspindel ermöglicht es, die Pflugfurche an beliebiger Stelle anzuspitzen und Keile auszupflügen. Schiene und Zughaken werden vom Führersitz verstellt. Rechts von ihm ist eine Spindel eingebaut, die über eine selbstsperrende Schnecke und ein Hebelgestänge das Verstellen bewirkt. Durch eine Handkurbel kann die Querschiene bis zu 50 cm nach rechts und nach links verstellt werden. Mit einer Kurbeldrehung wird die Seite um 10 cm verstellt.

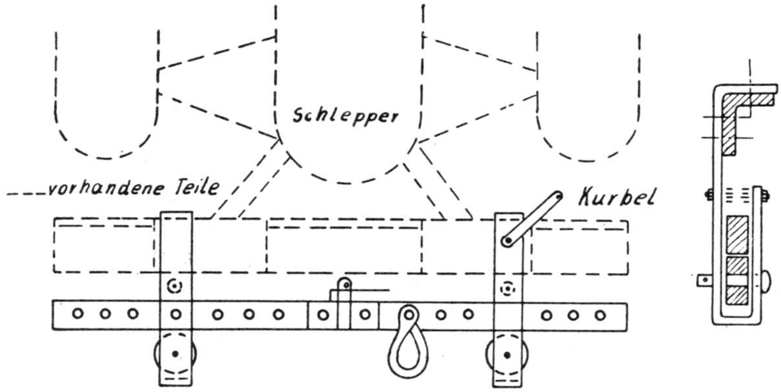

87. Anbauverhältnisse einer Hangspindel (Rabewerk, Linne)

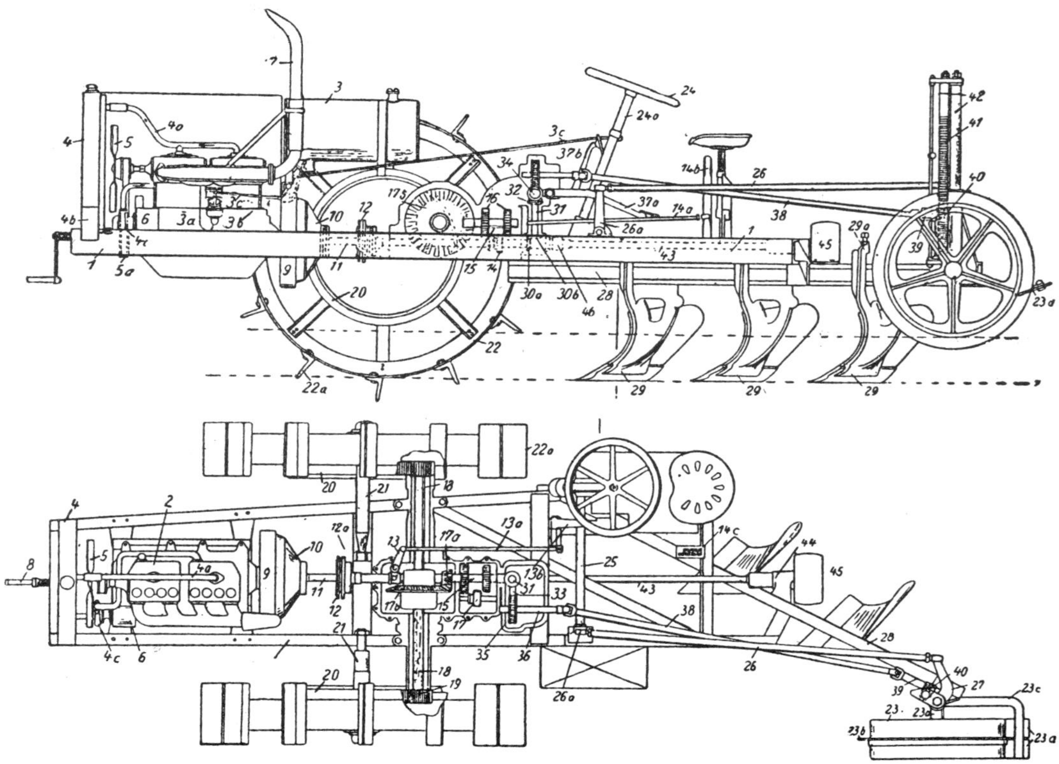

88. Stock-Motorpflug

E. Anbaupflüge

1. Geschichtliche Entwicklung des Anbaupfluges

Der Pflug hat sich vom Gespann- über den Anhängepflug bis zum Anbaupflug entwickelt, der mit dem Schlepper zu einem einheitlichen Maschinensatz wird. Der Schlepper ist auf diese Weise zum Geräteträger geworden (s. a. den Abschnitt „Geräteträger"). Sämtliche Einstell- und Bedienungsvorrichtungen sind in den Schlepper eingebaut, so daß man von einem motorisierten Pflug reden kann. Ein motorisierter Pflug ist an sich nichts Neues. Bereits 1908 baute Robert Stock seinen Tragpflug (Bild 88), bei dem er die Lasten des Motors und des Pfluges so verteilte, daß sie sich über den beiden großen Treibrädern die Waage hielten. Ein drittes, hinten angebrachtes Rad diente zur Lenkung und Aufnahme des Seitendrukkes. In dieser Form wurde er bis in die zwanziger Jahre von einigen Firmen gebaut.

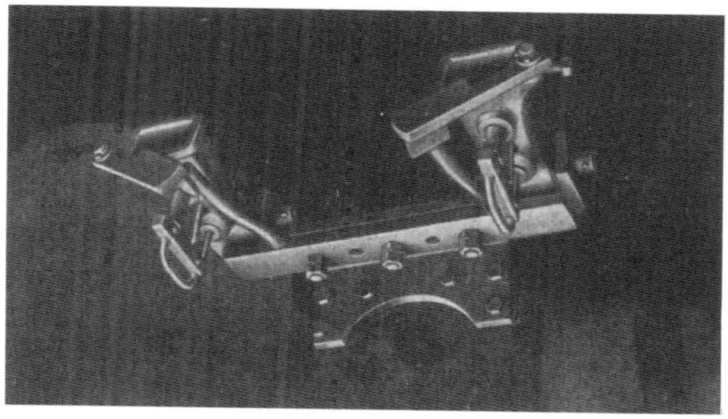

89. Anbau-Kupplung an Getriebe-Rückwand (Gebr. Eberhardt, Ulm)

Bei den neuzeitlichen Anbaupflügen ist der Schlepper in seiner heutigen vollendeten Form erhalten geblieben. Er trägt neben anderen Geräten die Pflugkörper. Die Pflugkörper werden mit den Bedienungselementen gleich geliefert; sie können aber auch mit geeigneten Kupplungen an jeden Schlepper angebaut werden. Solche Kupplungen sind sehr verschieden. Entweder werden sie an der Getriebe-Rückwand des Schleppers befestigt (Bild 89), oder mit gelenkigen Anbauarmen (Bild 90) vor der Hinterachse.

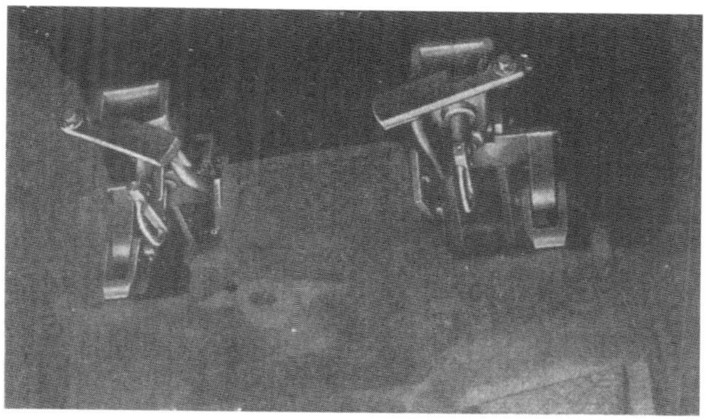

90. Anbau-Kupplung vor der Hinterachse mittels gelenkiger Anbauarme (Gebr. Eberhardt, Ulm)

Die Anbaueinrichtung zum Pflügen besteht oft aus zwei Arbeitsgarnituren, zum Rechts- und Linkswenden des Bodens. Man kann auf dem Hin- und Rückweg Scholle an Scholle legen und erspart dabei lange Beetfahrten und Leerlaufwege an der Anwand. Man verbraucht deshalb weniger Brennstoff; unnötige Schlepperspuren auf dem Boden werden vermieden. Diese Arbeitsgarnituren am Schlepper (Bild 91) werden abwechselnd eingesetzt und ausgehoben, so daß immer eine Garnitur zur Arbeit bereit ist.

Auch bei schweren Pflügen müssen sich die Garnituren leicht und schnell ausheben lassen. Ist der Maschinensatz verhältnismäßig leicht, so können sie mit der Hand ausgehoben und durch Kettenkürzung in der Schwebe gehalten werden (Bild 92). Entlastungsfedern als Gegengewicht erleichtern die Schwere der Pfluggarnitur, so daß die Pflugkörper durch Stellhebel leicht in die gewünschte Lage gebracht werden können (Bild 93).

2. *Anbauvorrichtungen mit Hydraulik*

Es lag nahe, die Aushebevorrichtung so zu entwickeln, daß der Schlepper die Kraft für das Ausheben selbst spendet. Der ganze Anbaupflug kann vollautomatisch bedient werden. Bei den neuzeitlichen Ausführungen sind dafür hydraulisch wirkende Kraftheber eingebaut worden. Von der Zapfwelle aus wird eine Öldruckpumpe angetrieben, die den Öldruck auf einen oder mehrere Arbeitszylinder wirken läßt. Die Kolben dieser Zylinder übertragen die von der Öldruckpumpe entwickelte Kraft und die Bewegung auf das Hubgestänge der Pfluggarnitur. Das Krafthebergestänge wird nach zwei grundsätzlich verschiedenen Systemen gebaut. Die Drei-Punkt-Hydraulik wird in Bild 94, die Vier-Punkt-Hydraulik in Bild 95 dargestellt. Das Arbeitsgerät wird also entweder durch Drei-Punkt- oder Vier-Punkt-Aufhängung befestigt. Nach anschaulichen Bildern soll die Mechanik dieser beiden Systeme behandelt und der Unterschied zwischen beiden beschrieben werden.

91. Zweischar-Wechselpflug am Unimog (Daimler-Benz, Gaggenau)

92. Aushebung eines Wechselpfluges durch Ketten (Rabewerk, Linne)

a) Drei-Punkt-System

Es ist im Ausland entwickelt worden und wird international angewandt. Viele deutsche und ausländische Geräte sind auf dieses System zugeschnitten. Das Gerät ist an 3 Punkten an den Schlepper gehängt. Davon liegen 2 Punkte, 1 und 2 (Bild 96), unten zu beiden Seiten und der 3., Punkt 3, oben in der Mitte. Die Lenker sind beidseitig mit Kugelgelenken versehen und gestatten dem

Gerät, sich allseitig zu bewegen. Die unteren Lenker sind durch Halteketten in ihrer Beweglichkeit nach unten hin begrenzt. Dadurch wird verhindert, daß sie an die Räder des Schleppers stoßen. Die Unterlenker werden von der Hubwelle gehoben (Bild 96). Die Punkte 1 und 2 können durch eine Handkurbel, 3, an der rechten Hubstange in ihrer gegenseitigen Höhenlage verstellt werden. Der Kraftheber hebt nur die Hubarme 1 und 2 (Bild 97); die Anbaugeräte senken sich durch ihr Eigengewicht selbst. Durch eine Kurzschlußleitung, die in der Betriebsstellung „Senken" freigegeben wird, können die Lenker auf der ganzen Hublänge des Kolbens spielen (Bild 98,3,4 und 5). Durch diese Anordnung werden die Nickbewegungen des Schleppers nicht auf das Gerät übertragen. Alle angebauten Geräte werden durch die Unterlenker 1 (Bild 99) nur angehoben; die verstellbare Länge des Oberlenkers 2 beeinflußt das Gerät in seiner Steillage. Damit das Anbaugerät auch seitlich starr geführt werden kann, was bei steuerbaren Geräten (z. B. Hackmaschinen) nötig wird, muß in die Unterlenker 1 und 2 (Bild 100) je eine Strebe, 3 und 4, eingebaut werden.

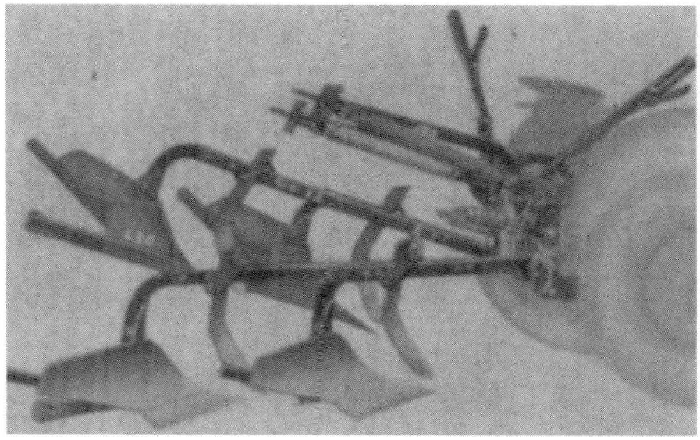

93. Hebelaushebung mit Entlastungsfedern (Gebr. Eberhardt, Ulm)

b) Vier-Punkt-System

Es ist in Deutschland bei dem Versuche entwickelt worden, das Problem der Aushebevorrichtung für Anbaugeräte und besonders für den Wechselpflug zu lösen. Der Wechselpflug wird im Auslande weniger angewendet. Dieses System (Bild 101) hat zwei untere, 1 und 2, und zwei obere Befestigungspunkte, 3 und 4, die paarweise übereinanderliegen. Die unteren Lenker sind seitlich starr und bilden mit der starr eingeschweißten Zugschiene einen Schwingrahmen. Sie folgen der Hubbewegung und sind dadurch regulierbar. Der Schwingrahmen ist durch Laschen mit den oberen Hubarmen verbunden (Bild 102). Werden die Laschen ausgebaut, kann der Schwingrahmen festgestellt werden (Bild 103) und macht dann beim Ausheben keine Hubbewegung mit. Diese Anordnung kommt beim Anbau von Wechselpflügen in Betracht, deren Garnituren durch Ketten 1 (Bild 104), an den oberen Hubarmen, 2, befestigt sind. Die Ketten hängen während der Arbeit lose,

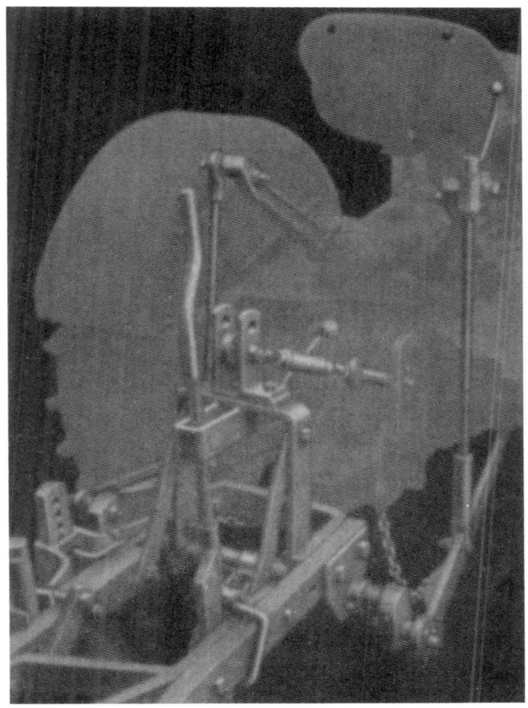

94. Drei-Punkt-Kupplung am Schlepper mit Kraftheber und Drei-Punkt-Gestänge (Gebr. Eberhardt, Ulm)

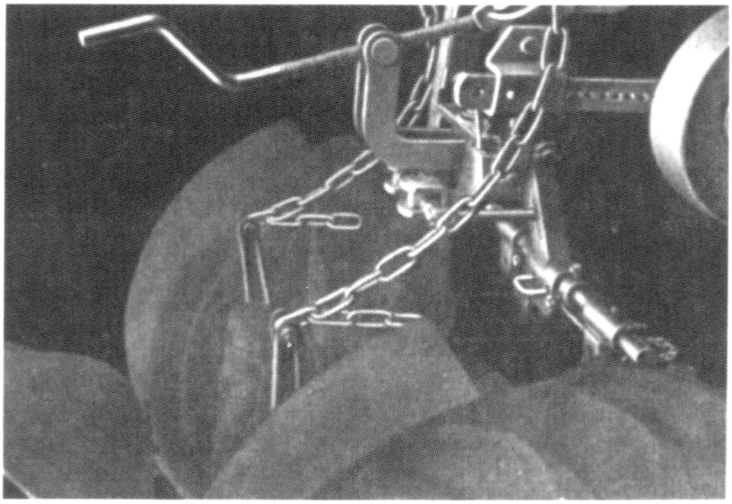

95. Vier-Punkt-Kupplung mit Kraftheber und Tragachse (Gebr. Eberhardt, Ulm)

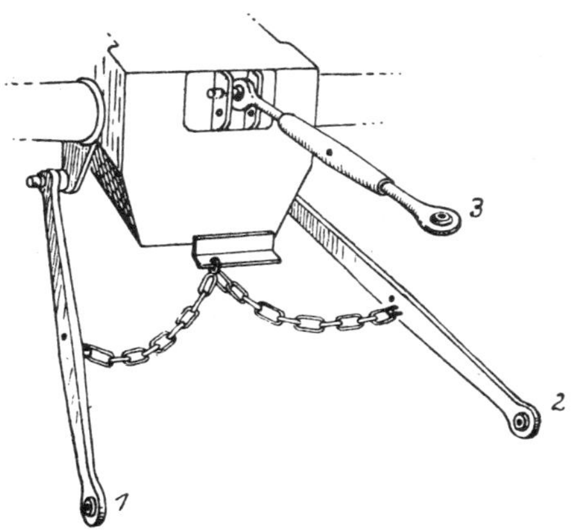

96. Schematische Darstellung der Drei-Punkt-Hydraulik (Hanomag, Hannover)

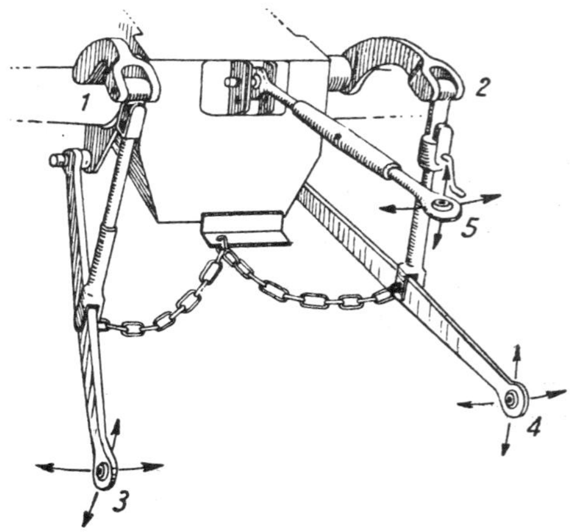

98. Drei-Punkt-Hydraulik (Hanomag, Hannover)

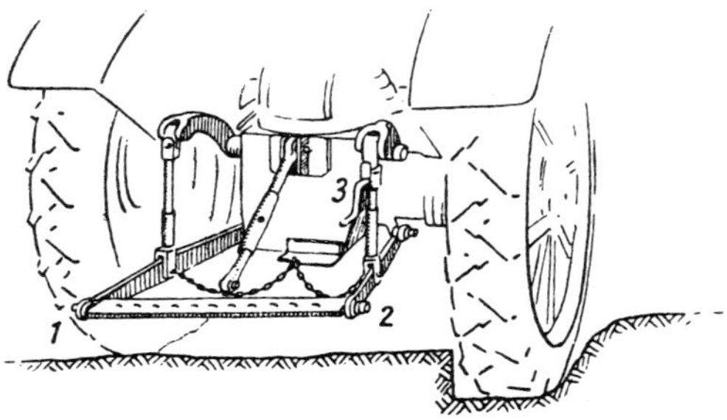

97. Drei-Punkt-Hydraulik (Hanomag, Hannover)

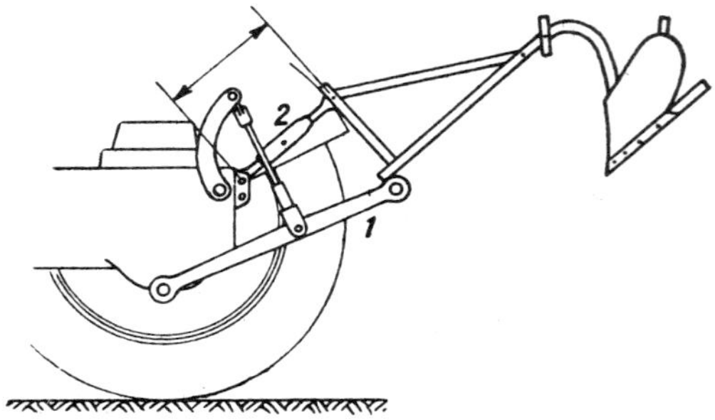

99. Drei-Punkt-Hydraulik (Hanomag, Hannover)

damit das Gerät nur vom Schwingrahmen, 3, geführt wird (Bild 104 s. a. Bild 105). — Das Vier-Punkt-System wird verschieden ausgeführt, und zwar wegen der getrennt zu bedienenden Hubarme beim Wechselpflügen. Man baut sie mit einem und mit zwei Zylindern. Die Hydraulik wirkt beim Drei-Punkt- und beim Vier-Punkt-System verschieden. Beim Vier-Punkt-System wird der Kolben im Hubzylinder von beiden Seiten durch Öldruck gesteuert (s. 1 und 2 auf Bild 103). Bei diesem System kann also gehoben und auch mit Druck gesenkt werden. Bei der Arbeit steht der Kolben, im Gegensatz zum Drei-Punkt-System, allgemein im Zylinder fest. Wenn der Fahrer die Kolbenstellung ändert, können die Geräte tiefgesteuert werden.

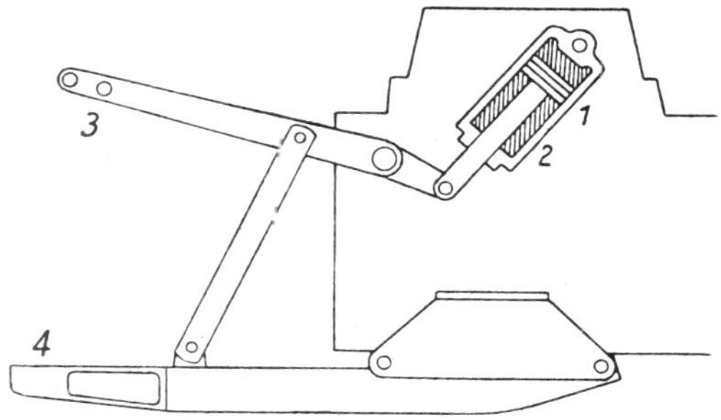

102. Schematische Darstellung der Vier-Punkt-Hydraulik (Hanomag, Hannover)

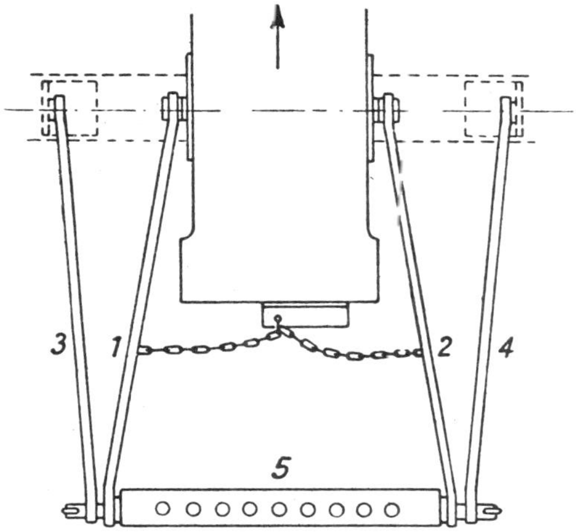

100. Schematische Darstellung der Drei-Punkt-Hydraulik (Hanomag, Hannover)

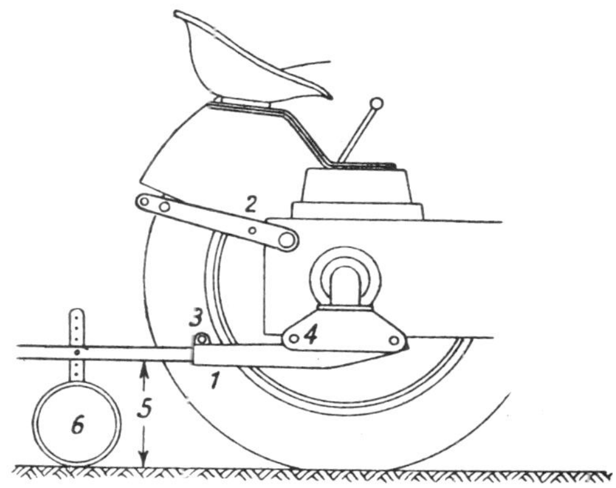

103. Schematische Darstellung der Vier-Punkt-Hydraulik (Hanomag, Hannover)

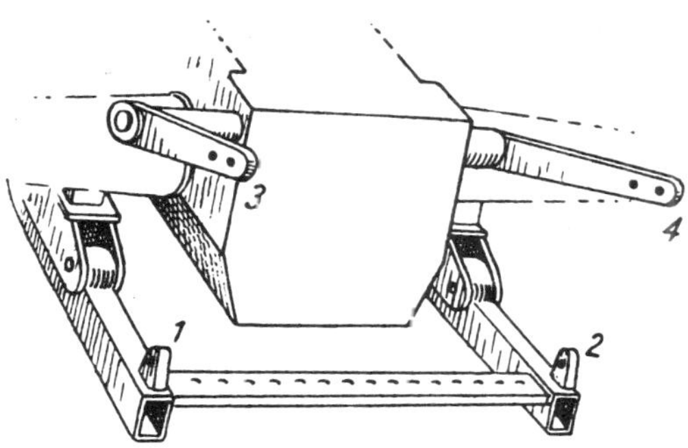

101. Schematische Darstellung der Vier-Punkt-Hydraulik (Hanomag, Hannover)

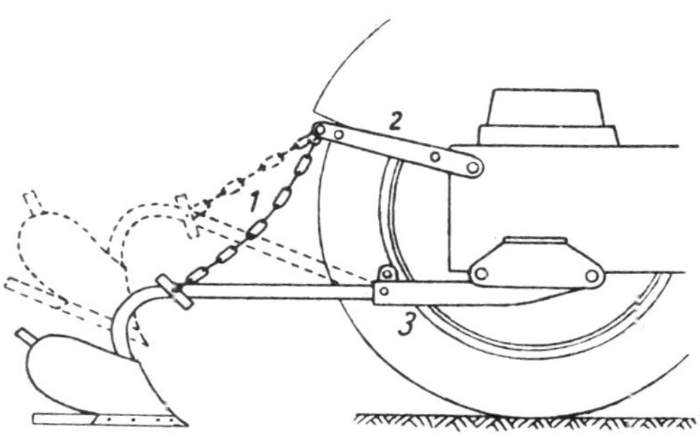

104. Schematische Darstellung der Vier-Punkt-Hydraulik (Hanomag, Hannover)

Um die beiden Anbaugelenksysteme ist in Deutschland viel gestritten worden. Da das Drei-Punkt-System vielfach angewendet werden kann, das Ausland den Wechselpflug selten benutzt und darum fast nur das Drei-Punkt-System verlangt, kann es sich besser geltend machen als das Schwingrahmensystem. Wohl ist es sehr schwierig, den Wechselpflug am Drei-Punkt-System zu führen, doch kann er durch den Anbaudrehpflug (Bild 106) ersetzt werden.

Das Bild 107 zeigt die Kupplung eines Pfluges an einer Drei-Punkt-Hydraulik. Sie läßt erkennen, wie beweglich dieses System ist und wie leicht die Hubstangen und der mittlere Lenker verstellt werden können.

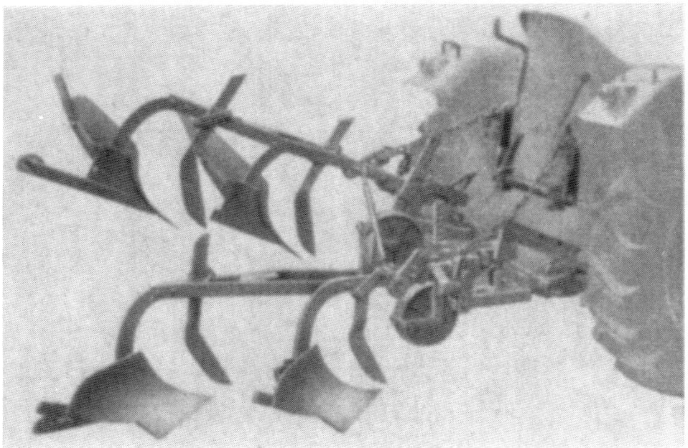

105. Wechselpflug mit Vier-Punkt-Aufhängung (Gebr. Eberhardt, Ulm)

c) Die Hydraulik

Die Wirkungsweise einer Kraftheberanlage mit Drei-Punkt-Aufhängung soll nach Bild 108 erläutert werden. Die gesamte Anlage besteht aus dem Kraftheber und aus der Drei-Punkt-Aufhängung. Zum Kraftheber gehören: Lagerbock, Ölpumpe mit Steuerwelle und Überdruckventil, Pumpenantrieb-Einrückung, Druckzylinder mit Kolben, Bedienungsgestänge und Höchstdruckschlauch. Zur Drei-Punkt-Aufhängung gehören Lagerbock mit Hebelwelle und Hebeln, Anlenkzugstange, Neigungsverstellung für Geräte, Etagenanlenkbock, Tiefgangverstellspindel, Verstellgabel, Befestigungsplatten, Feststellschraube für Anhängeschiene, Anhängeschiene, Sperrplatte und Anhängezugmaul.

Im Pumpen-Lagerbock lagert die Nockenwelle, durch die die beiden Pumpenkolben bewegt werden. Auf der Nockenwelle befindet sich ein Stirnrad, das bei eingerücktem Pumpenantrieb in das Zahnrad auf der Getriebe-Antriebswelle greift und so die Pumpe betreibt. Nur wenn der Kraftheber arbeitet, braucht die Pumpe betrieben zu werden. Das ganze, zu einer Baugruppe vereinigte Aggregat, ist durch einen Höchstdruckschlauch mit dem Druckzylinder verbunden (s. a. Bild 109). Der einfach wirkende Druckkolben ist am Druckhebel der Hubwelle angelenkt. Eine Besonderheit ist der Anlenketagenbock, der mit 3 Bohrungen versehen ist, um die Tiefgangverstellspindel höher oder tiefer ansetzen zu können.

106. Anbau-Drehpflug mit Drei-Punkt-Aufhängung (Fahr, Gottmadingen)

Ist der Pumpenantrieb eingerückt, so wird durch die beiden Pumpenkolben das Öl bei den Saughüben aus dem Flanschgehäuse angesaugt. Ist Ruhestellung eingerastet, so entsteht in der Pumpe kein Druck. Wird aber die Steuerwelle in einem bestimmten Drehwinkel in die eine oder in die andere Richtung verdreht, so strömt das angesaugte Öl in den Druckzylinder oder wird durch die Last des zu senkenden Gerätes vom Druckkolben aus dem Druckzylinder verdrängt und strömt durch das geöffnete Überdruckventil zurück ins Flanschgehäuse (Bild 109 und 110). Während dieses Vorganges wird bei laufendem Pumpenantrieb weiter Öl aus dem Flanschgehäuse angesaugt; es läuft aber über die von der Steuerwelle freigegebene Rücklaufbohrung zurück. Wird der Pumpenantrieb-Einrückhebel auf „Heben" (Bild 111) eingestellt, so verdreht sich die Steuerwelle. Dadurch wird die Verbindung zwischen beiden Pumpenkolben-Bohrungen unterbrochen. Es entsteht Druck in der Pumpe. Das Öl wird über die Druckventile zur Sammelbohrung der Pumpe und durch den Druckschlauch zum Druckzylinder geführt. Damit ist der Hebevorgang eingeleitet. Durch ein Überdruckventil ist die Anlage vor Überlastung gesichert, falls die Maximalhubhöhe erreicht und zu spät umgesteuert wird.

107. Gestänge einer Drei-Punkt-Hydraulik (Fahr, Gottmadingen)

Es ist darauf zu achten, daß das Überdruckventil nicht zu lange tätig ist, weil sich sonst das Öl überhitzt. Bei Störungen muß der Pumpenantrieb ausgeschaltet werden. Der Pflug arbeitet gut, wenn das Kupplungsgestänge richtig eingestellt ist. Dabei ist die Tiefgangspindel ausschlaggebend. Das einstellbare Gerätestützrad wird hierbei zum Tiefenkontrollrad. Man stellt die Tiefenverstellspindel auf die gewünschte Arbeitstiefe ein und klemmt das Stützrad möglichst hoch fest (Bild 112). Wenn man eine oder zwei Furchen gezogen hat, so ist im allgemeinen die richtige Tiefe eingestellt. Dann läßt man das Stützrad so weit herunter, daß es beim Pflügen nur einen geringen Druck ausübt, daß also der Abstand zwischen Stützrad und Sohle ungefähr so groß ist wie die durch die Tiefgang-Verstellspindel erreichte Pflugtiefe (Bild 113 und Bild 114).

1 Kraftheberpumpe mit Steuerung und Überdruckventil
2 Pumpenantrieb-Einrückhebel
3 Steuerwelle-Bedienungshebel
4 Druckzylinder
5 Lagerbock
6 Hebelwelle (Hubwelle)
7 Hebel
8 Höchstdruckschlauch
9 Befestigungsplatten
10 Sperrplatte
11 Verstellschraube
12 Anlenk-Etagenbock
13 Geräte-Neigungsverstellung
14 Anlenkzugstangen
15 Tiefgangverstellspindel

108. Kraftheberanlage mit Drei-Punkt-Aufhängung (Fahr, Gottmadingen)

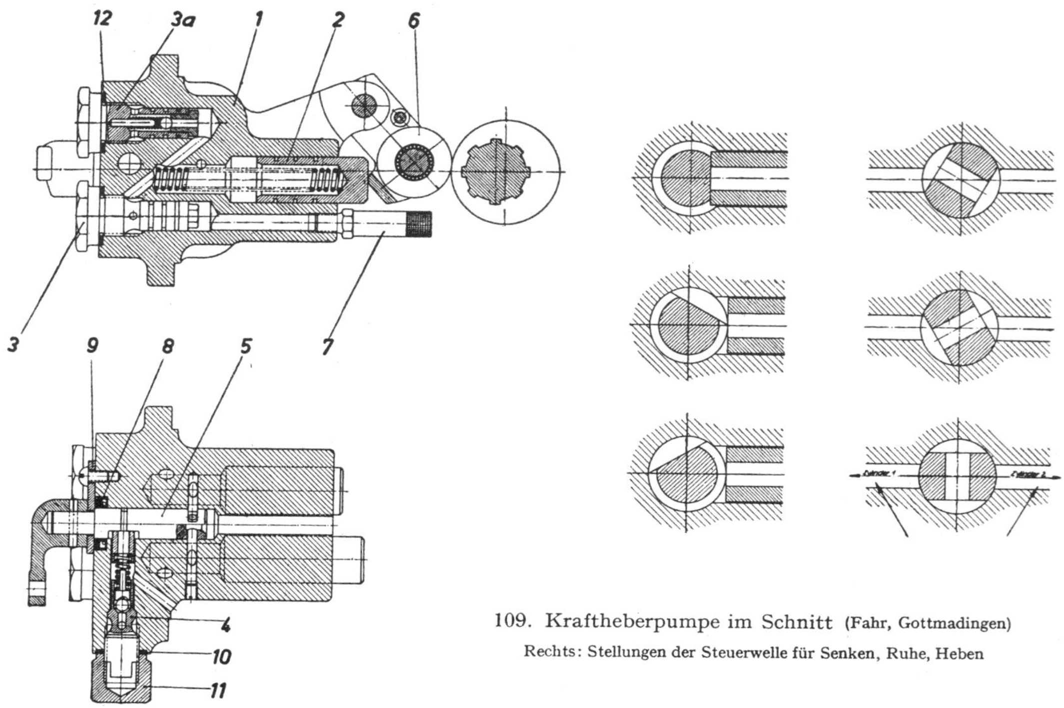

109. Kraftheberpumpe im Schnitt (Fahr, Gottmadingen)
Rechts: Stellungen der Steuerwelle für Senken, Ruhe, Heben

1 Pumpengehäuse
2 Pumpenkolben mit Feder
3 Vollständiges Saugventil
3a Vollständiges Druckventil
4 Vollständiges Überdruckventil
5 Steuerwelle mit Hebel
6 Vollständiger Rollenhebel
7 Saugfilter
8 Abdichtring
9 Steuerwellendeckel
10 Kupfer-Asbestdichtung
11 Abschlußmutter
12 Kupfer-Asbestdichtung

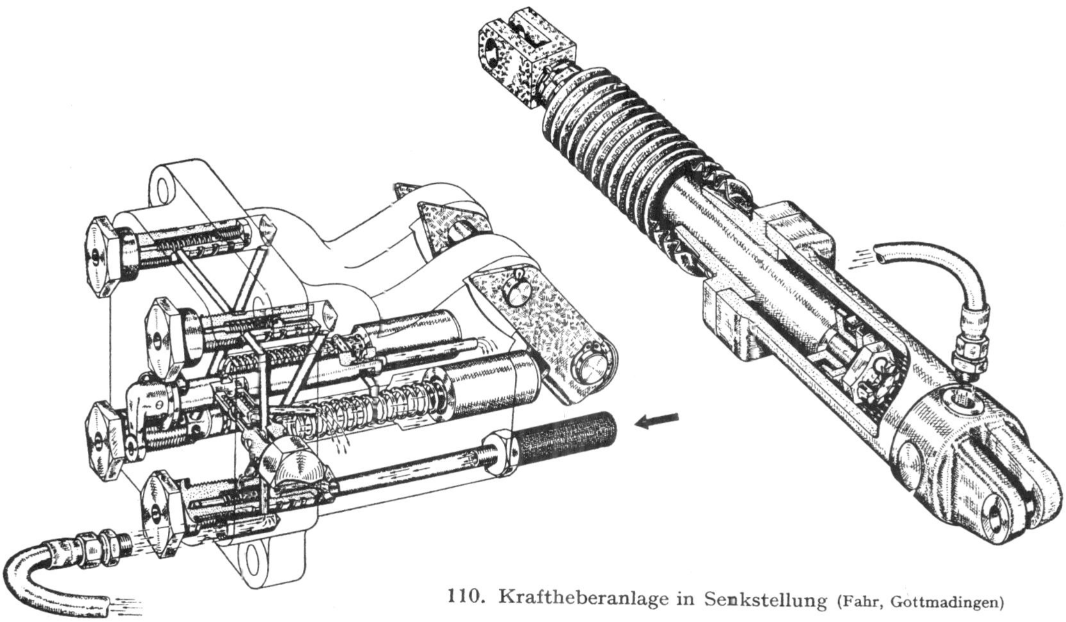

110. Kraftheberanlage in Senkstellung (Fahr, Gottmadingen)

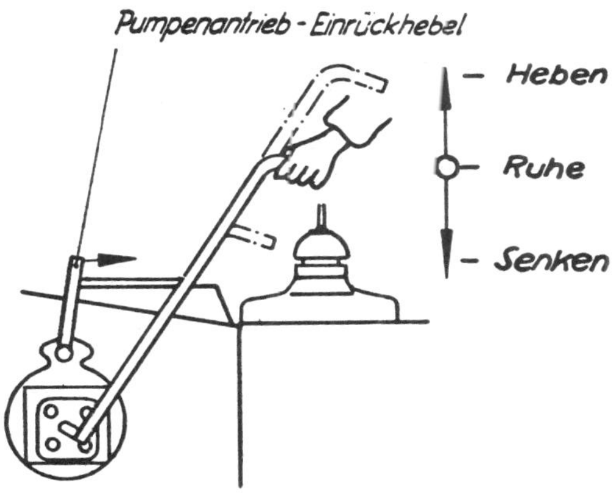

111. Kraftheber-Steuerung (Fahr, Gottmadingen)

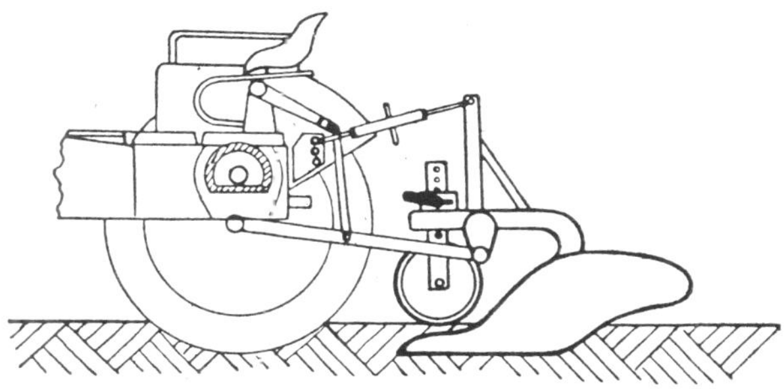

113. Einstellung des Tiefgang-Kontrollrades (Fahr, Gottmadingen)

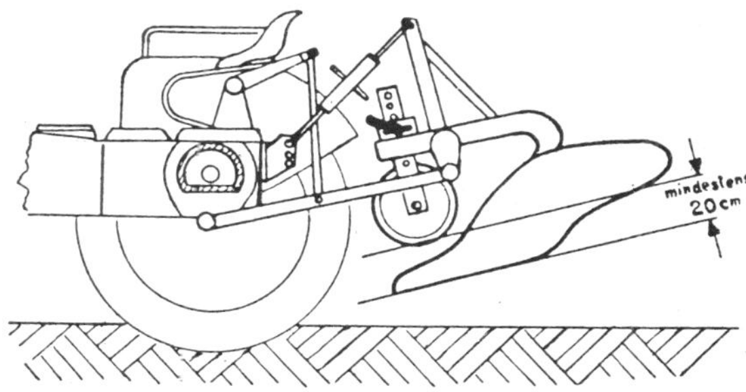

114. Kontrolle des Tiefgang-Kontrollrades (Fahr, Gottmadingen)

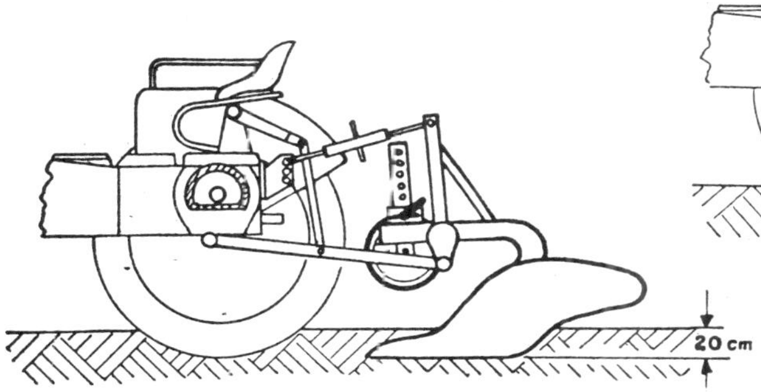

112. Tiefgangeinstellung mit Tiefgang-Verstellspindel (Fahr, Gottmadingen)

F. Scheibenpflüge

Ein Gerät, das in Deutschland wenig verwendet wird, das aber bei rechtem Verständnis auch hier erfolgreich arbeiten könnte, ist der Scheibenpflug. Schar und Streichblech, die Arbeitsorgane des normalen Pfluges, sind beim Scheibenpflug durch eine schräg zur Arbeitsrichtung gestellte, drehbar gelagerte, gewölbte Scheibe ersetzt. Die Arbeitsweise dieses Gerätes unterscheidet sich von der des Scharpfluges dadurch, daß die Scheibe nicht in den Boden hineingezogen, sondern durch Belastung hineingedrückt wird. Die drehbar befestigte Scheibe lockert zwar den Boden gut auf, doch bleibt die Wendearbeit hinter der des normalen Pfluges zurück. Das ist der Grund, weswegen der Scheibenpflug bisher in Deutschland wenig verwendet wird. Er hat aber für harte und schwere oder gar mit Steinen durchsetzte Böden oder für wurzelreiche Waldböden seine Vorteile, weil er sehr verschleißfest ist und große Rollmöglichkeit hat. So kann er als Schälpflug auf Böden angesetzt werden, in die die Schare nicht einzudringen vermögen. Es gibt Vertikalscheibenpflüge und Normalscheibenpflüge. Bei den Vertikalscheibenpflügen stehen alle Scheiben vertikal auf einer Achse (Bild 115), bei den Normalscheibenpflügen sind die Scheiben für sich gelagert. Sie können beliebig schräg zur Arbeitsrichtung oder zur Vertikalen gestellt werden (Bild 116). Der Scheibenpflug verlangt größere Zugkräfte als gleichgroße Scharpflüge. Als zweischariger Schälpflug muß er mit 2 bis 3 mittleren Arbeitspferden bespannt werden und bedarf einer zusätzlichen Belastung von 50 bis 100 kg, wenn er in einer Tiefe von 10 bis 15 cm arbeiten soll. Der Zugkraftbedarf richtet sich nach der mehr oder weniger spitzen Einstellung der Scheiben. Sehr nachteilig ist, daß die Seitenkraft durch besondere mit Spurkränzen versehene Furchenräder aufgenommen werden

115. Vertikalscheibenpflug (Gebr. Eberhardt, Ulm)

116. Normalscheibenpflug bei der Arbeit (A. Schlüter, München)

muß. Wenn mehrere Scheiben benutzt werden, ist eine große Zugkraft erforderlich. Darum verwendet man Scheibenpflüge als Anhängegeräte (Bild 116) oder als Anbaugeräte (Bild 115) an Schleppern.

G. Bodenfräsen

Seit Mitte des vorigen Jahrhunderts bemüht man sich, ein Gerät zu schaffen, das alle Arbeiten am Saatbett in einem Gange ausführt, das also die Scholle fein zerkrümelt und mischt, das nach dem Saatpflügen den Boden nachbearbeitet, grubbt, eggt und schlichtet. Die

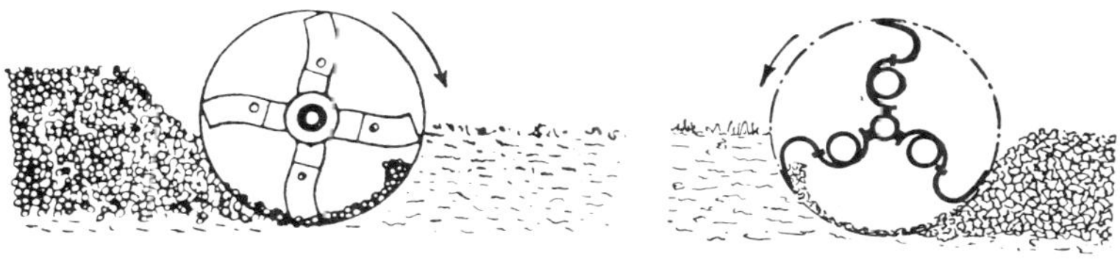

117. Schnittskizze der Fräsarbeit von starren und federnden Fräswerkzeugen (Rotenburger Metallwerke)

Bemühungen blieben lange ergebnislos. Als aber der Schlepper aufkam, wurde eine Vorrichtung entwickelt, die man Bodenfräse nannte. Sie hatte drehende Werkzeuge wie die in der Metall- und Holzbearbeitung bekannten Fräsen. Die Krümelungs- und Mischarbeit mit den schnell rotierenden, starren oder federnden Werkzeugen der Fräsen ist hervorragend

118. Arbeit einer Bodenfräse (Rotenburger Metallwerke)

(Bild 117). Es bestehen aber gegen die Fräsen begründete Bedenken. Die Fräswelle erfordert eine bedeutende Arbeitskraft, die bei der guten Arbeit noch rentabel wäre. Aber der Boden ist selten frei von Steinen. Die Steine gefährden die Fräswerkzeuge. Darum hat sich die Bodenfräse nur dort eingeführt, wo der Boden vollkommen steinfrei ist. Die neuzeitliche Bodenfräse versucht, diese Gefahr zu umgehen. Es sind Sicherungsvorrichtungen entstanden, so daß die Fräswerkzeuge sofort aussetzen, wenn sie auf Steine treffen. Dadurch ist die Bruchgefahr der Fräswerkzeuge bedeutend vermindert; es ist möglich, sie auch auf nicht ganz steinfreien

Böden einzusetzen (Bild 118). Die Bodenfräse ist ein Anbaugerät, das vom Schlepper aus durch Zapfwelle angetrieben wird (Bild 119). Auf der Abbildung ist der äußere Aufbau und die Anordnung zum Schlepper gut zu erkennen. Die Bodenfräse ist ein Aufsattelgerät und wird an der Ackerschiene des Schleppers so befestigt, daß eine Radspur des Schleppers vollständig bearbeitet wird. Das Bild 120 zeigt den Gesamtaufbau einer Bodenfräse; die Einzelheiten der Befestigung und der Zapfwellenantrieb sind aus Bild 121 zu ersehen.

Das eigentliche Arbeitsorgan ist die Fräswalze, die etwa 240 Umdrehungen in der Minute ausführt und deren Messerträger durch Rutschkupplungen gegeneinander gesichert sind, so daß die einzelnen Messerträger bei unverschiebbaren Hindernissen (Steine, Holz, Eisenteile) mit ihrer Drehbewegung aussetzen können. Nach dem Überfahren der Hindernisse drehen sie weiter. Das hinter dem Fräswerk angebrachte scheibenförmige Stützrad läuft während der

119. Bodenfräse als Aufsattelgerät (Gebr. Eberhardt, Ulm)

Arbeit auf dem Grund des gefrästen Bodens. Bei der sehr schmalen Spur fällt die in den Boden gezogene Furche in sich zusammen. Will man die Höhe der Fräswalze ändern, so verstellt man mit einer Handspindel das Stützrad. Während der Arbeit ist das Stützrad nach der Seite frei beweglich, so daß auch in Kurven gearbeitet werden kann. Das Stützrad kann durch einen Stecker mit dem Bügel verriegelt werden, damit die Fräswalze sich durch Rückwärtsfahren vom Boden lösen kann.

Die Drehbewegung der Fräswalze wird von der Zapfwelle über eine Gelenkwelle mit Doppelkreuzgelenken abgeleitet. Die Neigungswinkel der Gelenkwellenstümpfe müssen schlepper- und geräteseitig annähernd gleich groß sein und dürfen 25° nicht überschreiten. Der Schlepper mit angebauter Fräse darf nicht scharf einbiegen, es sollen große Kurven gefahren werden. Solche Gelenkwellen (Bild 122) bestehen aus vielen Einzelteilen (Bild 123). Jeder Teil davon ist wichtig wegen der Betriebssicherheit. Eine Anbaufräse besonderer Art (Bild 124) ist aus der Ausnutzung des Einachsschleppers entstanden. Durch Gewichtsverteilung und bequem angebrachte Steuerung an den Sterzen ist die Fräse besonders beweglich und leicht zu handhaben. Durch die Anbaufräse erhält der Einachsschlepper einen größeren Wirkungsbereich und sie macht ihn dadurch wirtschaftlicher. Das Bild 125 zeigt die schematische Getriebeanordnung dieser Fräse.

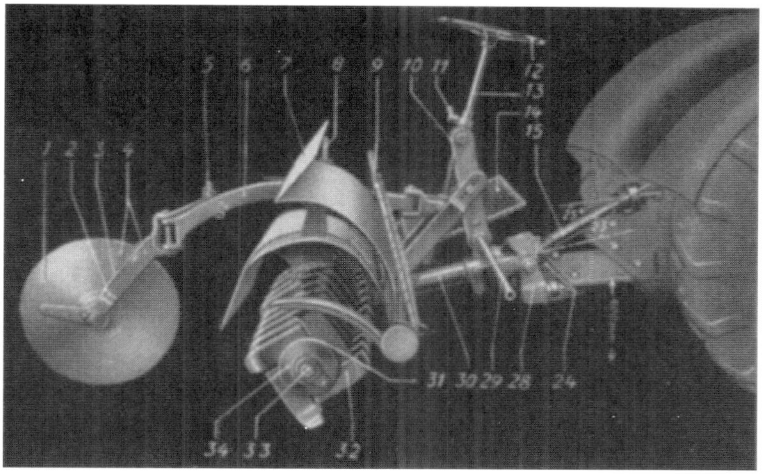

120. Aufbau einer Bodenfräse (Gebr. Eberhardt, Ulm) 121. Gelenkwellenverbindung

1 Stützrad
2 Gabel
3 Abstreifer
4 Raddurchgang
5 Stecker
6 Bügel
7 Abdeckblech
8 Riegel
9 Schutzgitter
10 Gabel
11 Sicherungsklappe
12 Handrad
13 Gewindespindel
14 Schutzgitter
15 Teleskoprohr
16 Muffe
17 Schraube
18 Bohrung
19 Doppelkreuzgelenk
20 Schrauben zur Befestigung der Platte
21 Stellschraube
22 Eisenplatte
23 Schrauben
24 Stellschrauben
25 Doppelkreuzgelenk
26 Lederschutzhülle
27 Drehstück-Oberteil
28 Drehstück-Unterteil
29 Querrohr
30 Ausleger
31 Rutschkupplung
32 Fräswerkzeug
33 Schraube
34 Fräswalze

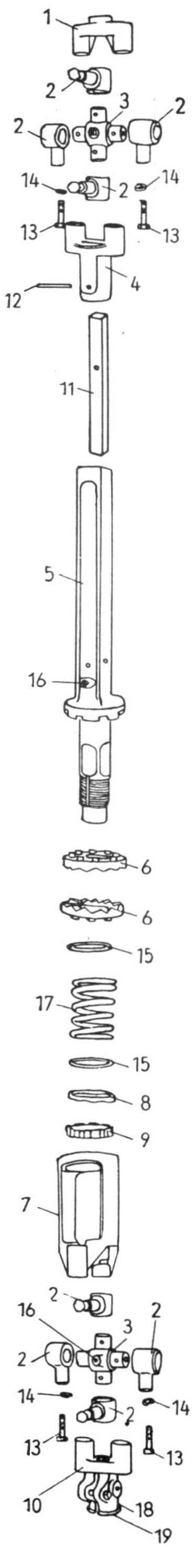

123. Einzelteile einer Gelenkwelle (Rabewerk, Linne)

1 Gelenkgabel
2 Winkelzapfen
3 Kreuzgelenk
4 Gelenkgabel
5 Wellenführung
6 Rutschklaue
7 Federgehäuse
8 Gewellte Unterlegscheibe
9 Spannmutter
10 Klemmgelenkgabel
11 Vierkantstahlwelle
12 Kerbstift
13 Kopfschraube
14 Federring dazu
15 Vorlegescheibe
16 Schmiernippel
17 Druckfeder
18 Schraube mit Mutter
19 Federring dazu

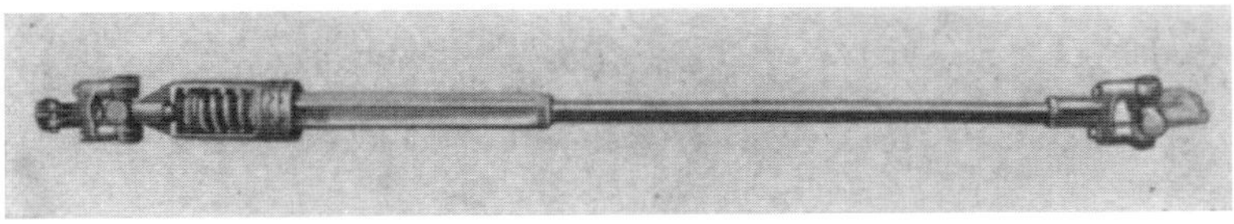

122. Gelenkwelle (Rabewerk, Linne)

124. Anbaufräse an Einachsschlepper (Bungartz, München)

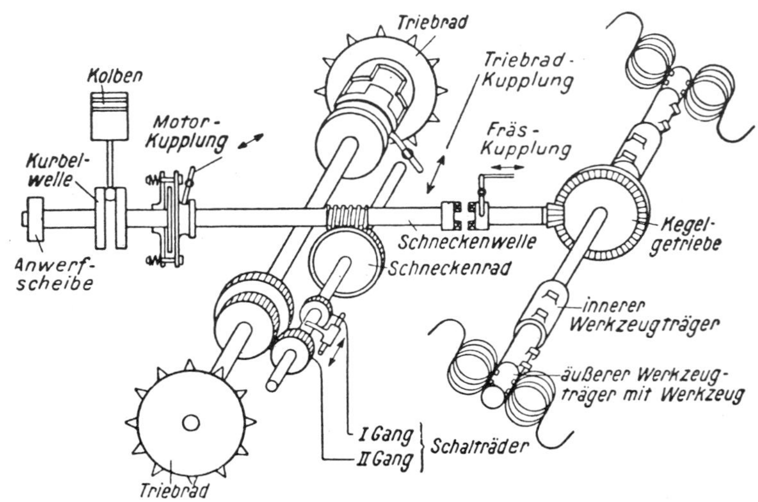

125. Getriebeanordnung einer Anbaufräse (Bungartz, München)

H. Kleinfräsen

Die Kleinfräse (Bild 126) wird auf dem idealen steinfreien Gartenboden besonders erfolgreich verwendet. Das Gerät besteht aus einem Karren, der von einem Laufrad gestützt wird. Auf dem Karren ist ein Aufbau-Benzinmotor angeordnet, und zwar über der Fräswalze. Das Gerät wird durch den Widerstand fortbewegt, den die Fräswalze im Boden findet; sie ist also gleichsam sein Antriebsfahrrad. Gelenkt wird die Kleinfräse an den Sterzen.

126. Kleinfräse (Hans Koch, Söhne, Pinneberg)

J. Grubber, Krümmer oder Kultivatoren

Das für die Bodenbearbeitung nächstwichtige Gerät ist der Grubber, auch Kultivator, in manchen Gegenden Krümmer genannt. Im Abschnitt Ackerboden ist bereits die Bedeutung erwähnt, die die Bodenauflockerung hat. Zum Auflockern des gepflügten, scholligen Bodens, zum Aufreißen der Oberschicht (Ackerkrume), zur Vernichtung von Unkräutern und zum Unterbringen von Kunstdünger, zur Breitsaat

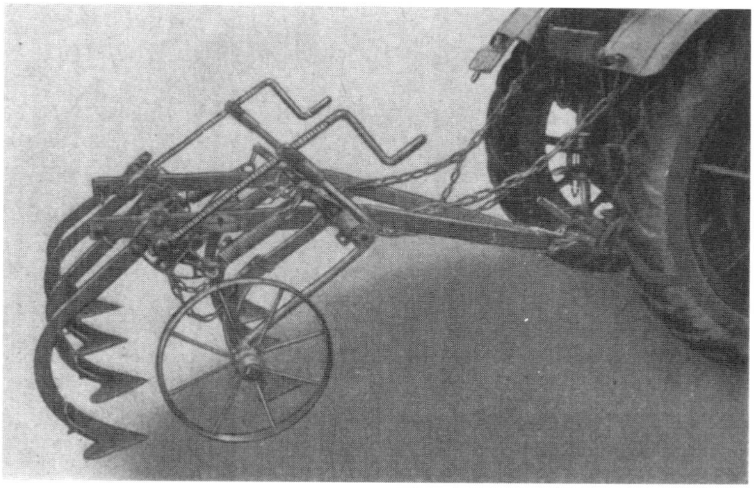

127. Anbau-Grubber (Rabewerk, Linne)

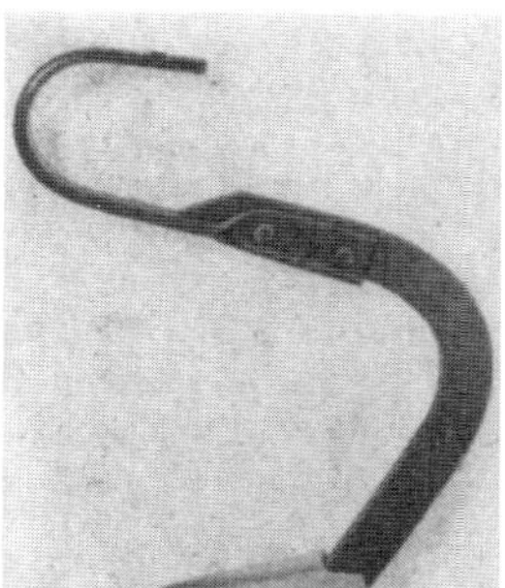

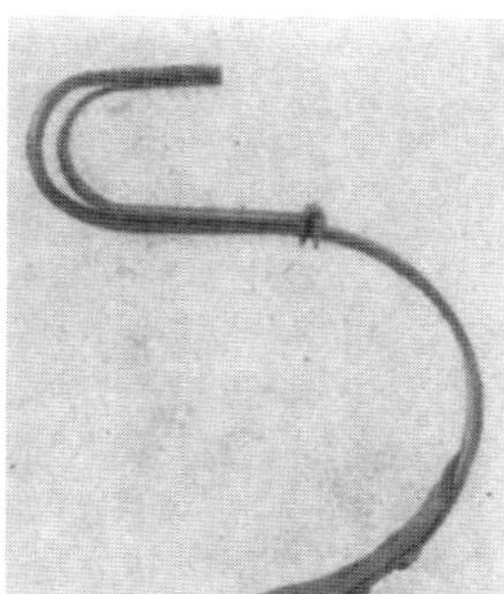

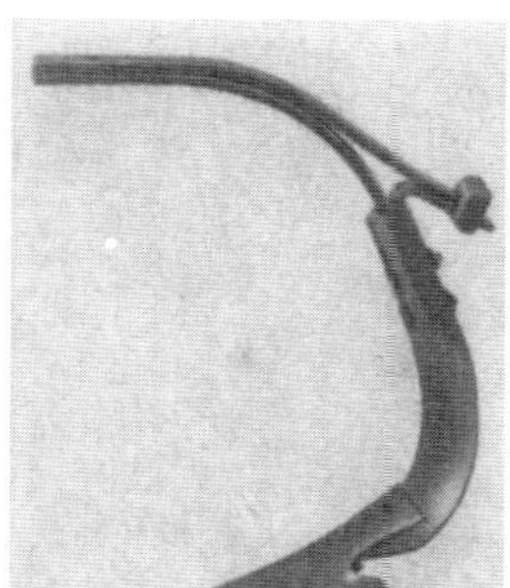

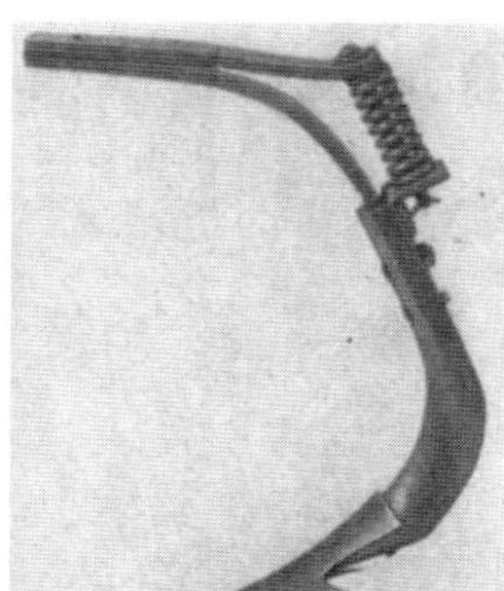

128—131. Spezial-, Feder-, Wühlgrubber-, Arnszinken (Ventzki G.m.b.H., Eislingen)

132. Gespanngrubber (Gebr. Eberhardt, Ulm)

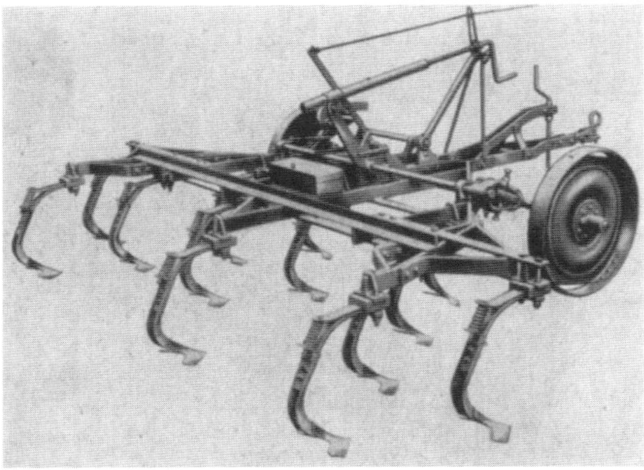

133. Anhängegrubber (Gebr. Eberhardt, Ulm)

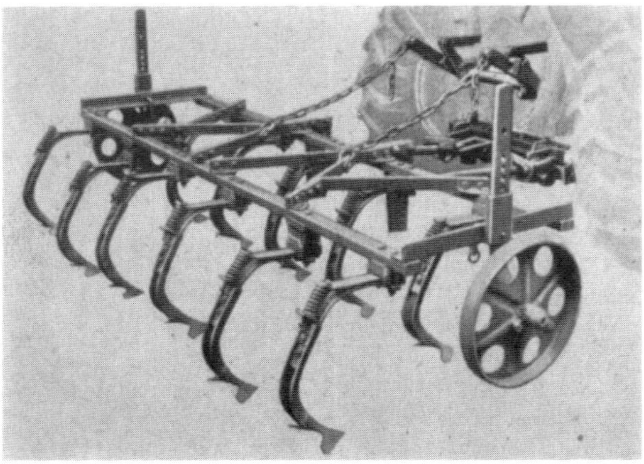

134. Anbaugrubber (Gebr. Eberhardt, Ulm)

wird der Grubber eingesetzt. Seine Werkzeuge sind Blatt- und Messerschare verschiedener Form, die entweder in sich starr oder elastisch gehalten sind und an einem stabilen Rahmen, gewöhnlich in 2 oder in 3 Reihen hintereinander auf Lücke stehend, befestigt sind. Die Schare wenden nicht. Dadurch bleibt die Bodenfeuchtigkeit erhalten und der Unkrautsamen keimt schneller.

Aus dem alten drei- oder viereckigen hölzernen Gestell mit blattartig ausgeschmiedeten Eisenscharen sind mit Rädern versehene Eisenrahmen geworden, deren Arbeitshöhe beliebig verstellt werden kann (Bild 127). Solche früher nur mit starren Werkzeugen versehenen Geräte werden meistens für tiefere Arbeit bis etwa 25 cm verwendet; für geringere Tiefe bis etwa 16 cm werden elastische Arbeitswerkzeuge eingesetzt, die durch ihre Federung mehr auflockernd wirken. Außer diesen Werkzeugen sind halbelastische Zinken in Gebrauch, die sich sehr gut bewährt haben. Die Bilder 128, 129, 130 und 131 zeigen die gebräuchlichsten Formen der Grubberzinken. Vollelastische Federzinken haben auswechselbare und umdrehbare Schare, die leicht nachgeschliffen werden können. Die gänsefußartigen Schare sind so breit gehalten, daß sie bei ihrer Anordnung die obere Schicht des Bodens ganz abtrennen können. Die Spezialschare sind flach, sie durchschneiden wohl den Boden in seiner unteren Schicht, bringen ihn aber nicht nach oben. Sie eignen sich besonders zum Stoppelschälen, da sie keine unbearbeiteten Flächen stehenlassen. Die Arnszinken sind besonders kräftig gebaut und eignen sich deshalb für verhärtete und schwere Böden. Damit sie nicht stark nach hinten durchfedern, sind sie mit Gegenfedern versehen.

Grubber werden als Gespann- (Bild 132), als Anhänge- (Bild 133) und als Anbaugeräte (Bild 134) gebaut. Der Abstand der Zinken ist entscheidend für gute Grubberarbeit. Der Abstand ist mit größerer Arbeitstiefe zu verbreitern, da der Druckbereich der Schare nach oben

135. Druckbereich der Grubberschare

hin breiter wird. Bei tiefer Arbeit wird sich die durch den Druck der einzelnen Schare verursachte Krümelung an der Erdoberfläche noch überschneiden (Bild 135). Bei gleicher Einstellung, aber geringerer Arbeitstiefe können die Schare ungekrümelte Bodenstreifen zwischen sich lassen. Der Abstand der Arbeitsbahnen beträgt bei Geräten für 10 bis 25 cm Tiefgang etwa 25 cm, bei geringeren Tiefen etwa 15 cm. Sind die Werkzeuge in 2 Reihen angeordnet, so liegen sie in der gleichen Reihe 50 oder 30 cm auseinander, bei Anordnung in 3 Reihen 75 und 45 cm. — Die Zahl der Werkzeuge beträgt bei den Gespanngrubbern 5 und 7 für Arbeitsbreiten von 80 und 110 cm. Angespannt werden vor fünfzinkigen Geräten meist 2 Pferde, bei siebenzinkigen Geräten 3 Pferde.

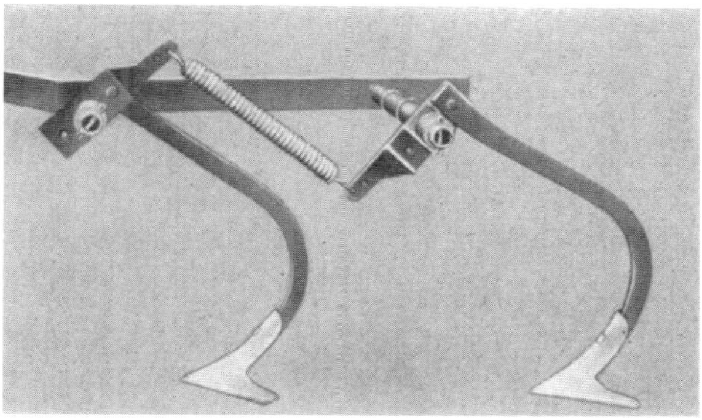

136. Kultivatorzinken mit Sicherheitsaufhängung (Rabewerk, Linne)

Für den Transport können die Grubber um 180° kippen, so daß die Zinken nicht hinderlich werden.

Starre Werkzeuge an motorisch betriebenen Grubbern schont man vor Hindernissen, wenn man je 2 hintereinander angeordnete Werkzeuge durch Zugfedern verbindet (Bild 136). Die Federn ziehen die Werkzeuge mit Anlenkarmen gleichzeitig nach vorn. Trifft ein Werkzeug auf ein Hindernis, so kann es bequem nach hinten auspendeln und das Hindernis überklettern, ohne zu zerbrechen oder das andere Werkzeug zu gefährden.

Für motorische Anspannungen sind die starren, tiefer arbeitenden Werkzeuge geeignet, wie an dem in Bild 137 dargestellten Tiefgrubber mit 5 starren Füßen. Dieses Gerät ist besonders stabil und den schwersten Anforderungen gewachsen. Es hat eine Arbeitsbreite von 150 cm und arbeitet bis auf 40 cm Tiefe bei

137. Fünfschariger Tiefgrubber (Gebr. Eberhardt, Ulm)

138. Spurlockerer (Petermann-Werke, Warendorf)

einer Schlepperstärke von 40 bis 60 PS. — Es seien die hier zur Auflockerung des Bodens hinter den Schlepperspuren eingesetzten Spurlockerer (Bild 138) erwähnt. Spurlockerer sind grubberartige Zinken. Die an Parallelogrammen aufgehängten Zinken reißen die festgefahrene Spur wieder auf.

K. Eggen

Die Grubber arbeiten in den tieferen Schichten des Ackers; die Oberfläche wird mit Eggen bearbeitet. Mit ihnen zerkleinert man die Schollen, ebnet man den gepflügten Acker wieder ein, rauht und lockert man die Oberfläche wieder auf, reguliert man die Feuchtigkeit, indem man die Kapillaren zerstört. Bei Breitsaat und bei Kunstdüngung mischen die Eggen den Boden mit dem eingestreuten Gut, damit es richtig untergebracht wird. Die Egge zerreißt und vernichtet die Unkrautpflanzen; sie hilft, die zu dicht stehenden Pflanzen verdünnen. Mit den Eggen reißt man die Wiesennarben auf, damit der Boden gehörig durchlüftet.

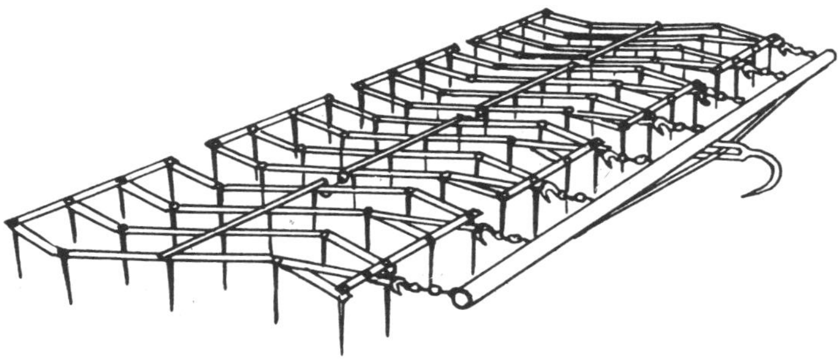

139. Vierfeldrige Saategge

Wegen dieser vielen Aufgaben sind die Eggen vielfach und immer zweckentsprechend geformt; auch ihre Zinken müssen zweckmäßig durchgebildet sein. Da die Egge nur auf der Oberfläche arbeitet, kann sie über den Acker gezogen werden, bedarf also keiner Räder. Sie wirkt durch das Eigengewicht; wenn es nötig ist, kann man sie belasten. Für die erforderlichen Arbeitsbreiten werden sie aus einzelnen Eggenfeldern zusammengesetzt. Das einzelne Feld besteht aus einem Rahmen aus Profilstahl, der verschieden geformt sein kann. Die am Rahmen befestigten Eggenzinken können starr oder elastisch sein, wie beim Grubber. Sie sind im Eggenfeld so verteilt, daß sie, ohne dicht nebeneinander zu stehen, Rillen ziehen, die dicht nebeneinander verlaufen. Bei der Arbeit ist auf die Lage der Felder zu achten, damit die Zinken nebeneinander laufen und nicht etwa spuren; sonst entstehen nur einige breite Rillen, zwischen denen sogenannte Erdbalken liegen. Bei einer

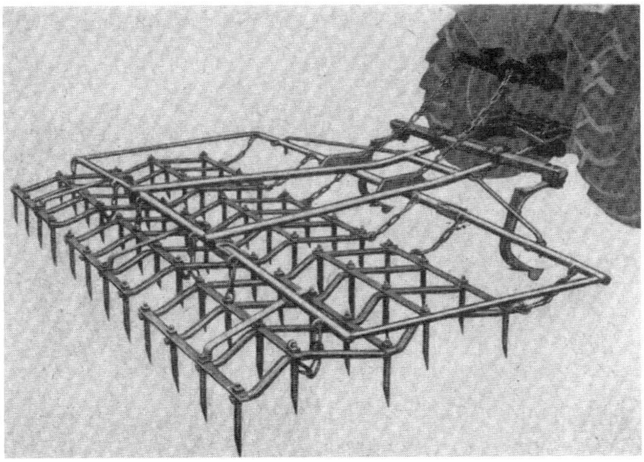

140. Dreifeldrige Anbauegge (Gebr. Eberhardt, Ulm)

guten Eggenarbeit müssen die Zinken gleichmäßig tief in den Erdboden eindringen, das Eggenfeld muß parallel zur Bodenoberfläche liegen. So wird der Boden fein und gleichmäßig gekrümelt; die Oberfläche wird eben. Das kann man erreichen, wenn man das Eggenfeld vorn oder hinten genügend belastet oder wenn man die vorderen oder hinteren Zinken „auf Griff stellt", je nachdem das Eggenfeld durch die Anspannung schräg nach oben oder — wenn die Eggenfelder hintereinander hängen — horizontal gezogen wird.

141. Anbauegge mit Klapprahmen für den Transport (Hanomag, Hannover)

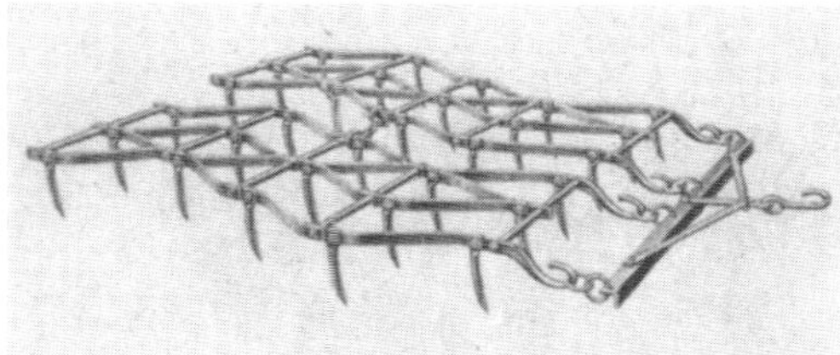

142. Zweifeldrige Gelenkegge (Gebr. Eberhardt, Ulm)

Die eigentlichen Arbeitswerkzeuge der Eggen sind die in den Boden eingreifenden Zinken. Sie sind nach den geforderten Aufgaben geformt. Die starren Zinken der gewöhnlichen Ackereggen haben quadratischen Querschnitt und sind nach unten spitz ausgezogen. Mit einer Kante stehen sie in Arbeitsrichtung; gegen Verdrehen sind sie durch einen Vierkant gesichert. Messerartige Zinken ergeben keine so gute Krümelung. Bei der vierfeldrigen Saategge (Bild 139) sind die Felder zu je 20 Zinken mehrfach unterteilt. Dadurch wird jedem Feld mehr Bewegungsfreiheit gegeben, sich den Unebenheiten des Bodens anzupassen. Auch bei der Anbauegge (Bild 140) behalten die am Anbaurahmen durch Ketten befestigten einzelnen Eggenfelder ihre Beweglichkeit. Sind die Eggen breiter ausgeführt, so kann der Rahmen für den Transport eingeklappt werden (Bild 141). Noch anpassungsfähiger an den Boden ist die Gelenkegge (Bild 142); ihre Zinkenreihen sind durch Gelenke verbunden.

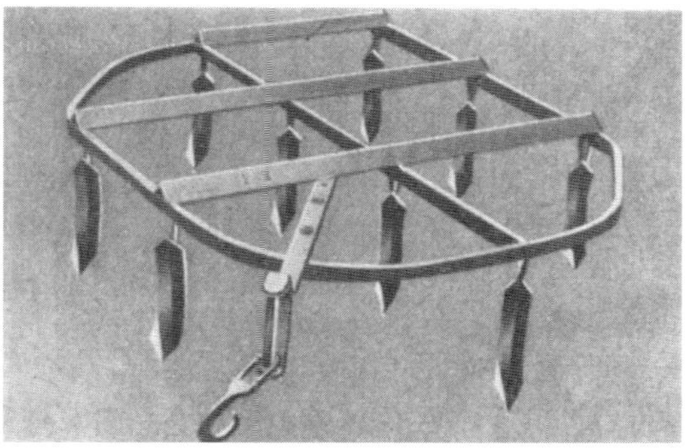

143. Grubberegge (Köckerling, Varensell)

Die Grubberegge (Bild 143) ist mit ähnlichen Zinken ausgestattet, wie sie der Federzahngrubber hat. Das neunzinkige Feld ist eine verhältnismäßig schwere Egge, sie erfordert die Zugkraft eines Pferdes. Der Tiefgang wird durch eine besondere Anspannung reguliert (Bild 144). Damit alle Zinken gleich

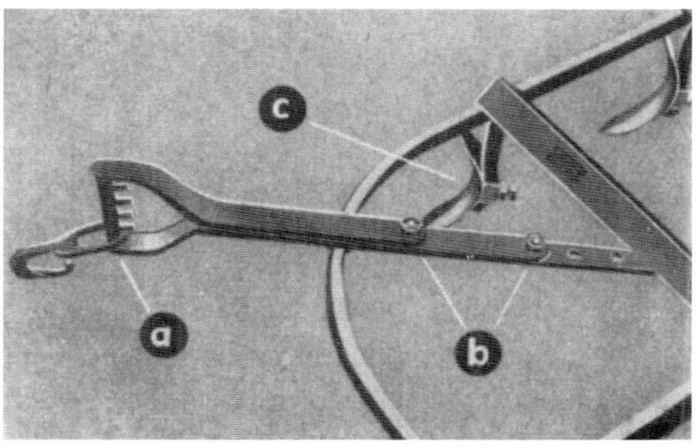

144. Verstellbare Anspannvorrichtung der Grubberegge (Köckerling, Varensell)

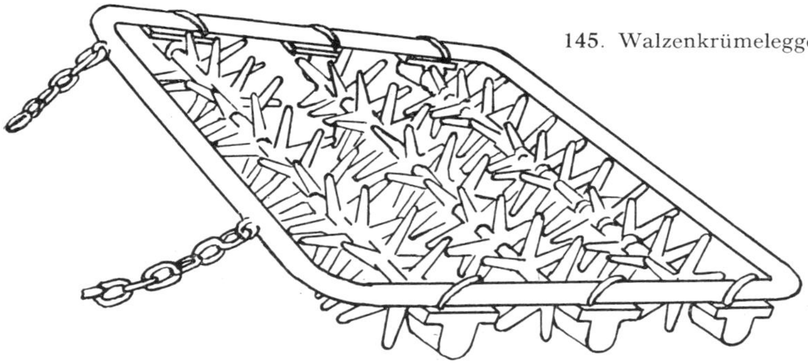

145. Walzenkrümelegge

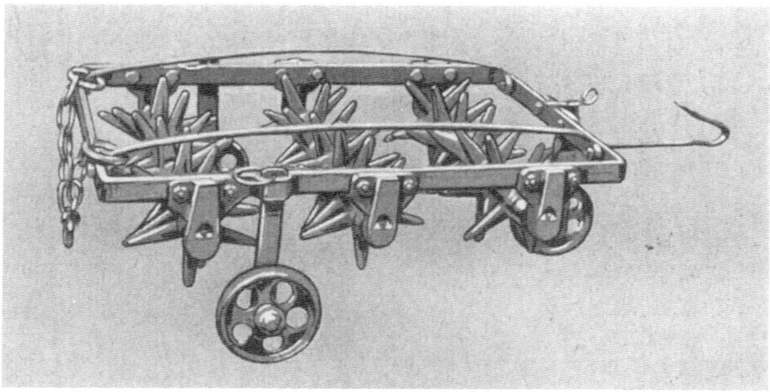

146. Walzenkrümelegge mit Doppelbügel (E. Hildebrandt u. Co., Unna)

147. Walzenkrümelegge mit einfachem Bügel im Einsatz (Hanomag, Hannover)

tief gehen, wird der Zughaken *a* in dem Stellbügel verstellt. Damit die Egge gut und nicht zu unruhig liegt, wird die Einstellänge des Zugbalkens durch zwei Schrauben bei *b* entsprechend verändert. Ihre Arbeitstiefe kann außerdem durch Zinkeneinstellung *c* reguliert werden.

Ein bei den Eggen eingruppiertes Gerät ist die Walzen-Krümelegge (Bild 145). Die auf Wellen versetzt angeordneten fünfzackigen Sterne aus Stahlguß wirken hinter dem Pfluge als Schollenbrecher und liefern ein fertiges Saatbett. Die Walzen-Krümelegge kann besonders auf schwerem Boden angesetzt werden. Sie wird in verschiedenen Ausführungen gebaut und hat sich sehr bewährt. Wird die Krümelegge hinter einem Anbaupflug eingesetzt, so kann sie gewendet werden, ohne daß der Schlepperführer abzusteigen und umzuspannen braucht. Man läßt sie in der Vorfurche gehen. Die Walzen-Krümelegge wird dann mit einem oder zwei Bügeln versehen, die über das Eggenfeld verlaufen, Sie gestatten der Zugkette, sich stets in Zugrichtung zu legen, ohne daß das Gerät umgekehrt zu werden braucht (Bild 146 und 147). Diese beiden

Bilder zeigen die Krümelegge bei der Arbeit; sie lassen die Lage der Egge nicht unmittelbar hinter dem Pfluge, sondern in der Vorfurche erkennen. Eine weitere arbeitswirtschaftliche Verbesserung ist die Krümelegge mit Fangvorrichtung (Bild 148). Mit ihr kann die Egge beim Wenden vom Schlepper aus gelöst und dann wieder selbsttätig eingekuppelt werden. Auf der Ackerschiene des Schleppers ist rechts und links je ein Greiferarm 1 so befestigt, daß er schräg nach hinten heraussteht. Beim Wenden muß die am unteren Ende befestigte Mitnehmerklinke 2 in Fahrtrichtung weisen. Diese Klinke erfaßt beim Vorüberfahren des Schleppers einen der an der Egge zu beiden Seiten angebrachten Fangbügel 3 und zieht die Egge nach. Um das Gerät am Ende der Pflugfurche zu lösen, zieht man vom Führersitz aus an einem Seil 5, das an dem Hebel 6 befestigt ist. Dadurch wird die Mitnehmerklinke 2 freigegeben und die Egge bleibt liegen.

148. Walzenkrümelegge mit Fangvorrichtung (E. Hildebrandt u. Co., Unna)
1 Greiferarm, 2 Mitnehmerklinke, 3, 4 Fangbügel, 5 Seil, 6 Hebel

Ähnlich wie die Zinkenegge wirkt die Scheibenegge. Sie besteht aus je einem rechten und linken Satz schwach gewölbter, auf gegeneinander verschwenkbaren Wellen drehbar gelagerten Scheiben. Fluchten diese Wellen, so schneiden die Scheiben schmale Rillen in den Boden. Je winkliger die Wellen zueinander verstellt werden, um so breiter werden die Rillen. Dadurch kann man mit der Scheibenegge Schollen zerkleinern, Stoppeln schälen und Moorböden krümeln. Da die Scheiben mit verschiedenen Umfangsgeschwindigkeiten den Boden hochnehmen, wird er gut gemischt. Scheibeneggen für Gespannzug rüstet man mit je fünf (Bild 149) oder mit je sieben (Bild 150) Scheiben aus. Damit die Scheiben sauber arbeiten können, ist jede mit einem Abstreifer versehen worden. Um die Arbeit des Eggens wirtschaftlich zu machen, hängt man mehrere Eggenzüge hinter-

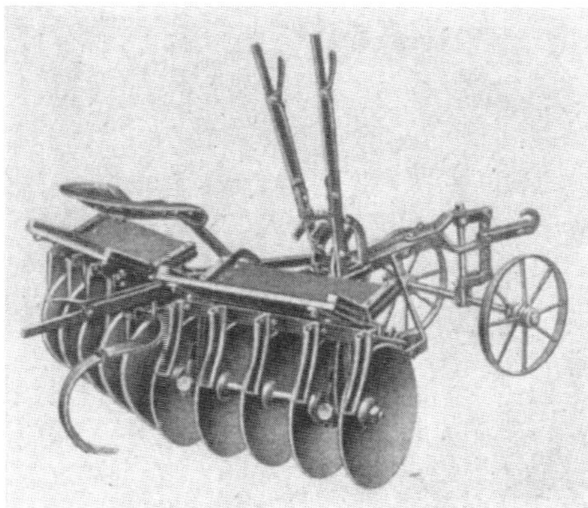
149. 10scharige Gespannscheibenegge (Gebr. Eberhardt, Ulm)

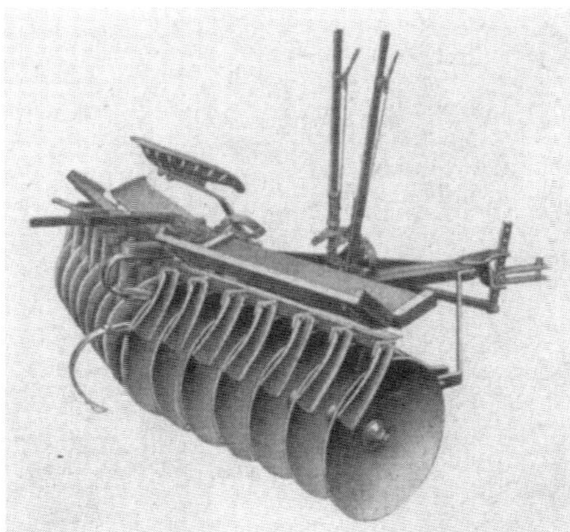
150. 14scharige Gespannscheibenegge (Gebr. Eberhardt, Ulm)

151. Doppelscheibenegge als Anhängegerät (Gebr. Eberhardt, Ulm)

einander und nützt dadurch die Zugkraft völlig aus. Dabei ist darauf zu achten, daß die aufeinanderfolgenden Scheiben gegenläufig gerichtet sind. Durch die so zusammengestellten Eggenzüge erspart man den einen der sonst erforderlichen 2 Arbeitsgänge. Das Bild 151 zeigt eine Doppelscheibenegge mit je 16 Scheiben. Man kann die an sich schon große Arbeitsbreite verdoppeln, wenn man zwei Doppelscheibeneggen nebeneinander koppelt (Bild 152). Wenn man die Scheiben durch Stern-, Spaten- und Flügelscheiben ersetzt (Bild 153), so erreicht man ein schärferes Angreifen. Bei Doppelscheibeneggen verwendet man zweckmäßig vorn einen Satz glatter und hinten einen Satz der Profilscheiben.

Zur Unkrautbekämpfung, zum Krümeln verkrusteter Böden sowie zum Abschleppen von Kartoffel- und Rübenfeldern eignen sich besonders die Netzeggen (Bild 154); man nennt sie auch Unkautstriegel. Davon werden verschiedene Arten hergestellt; sie wirken aber alle ähnlich. Die Netz-

152. Koppeln von zwei Doppelscheibeneggen (Gebr. Eberhardt, Ulm)

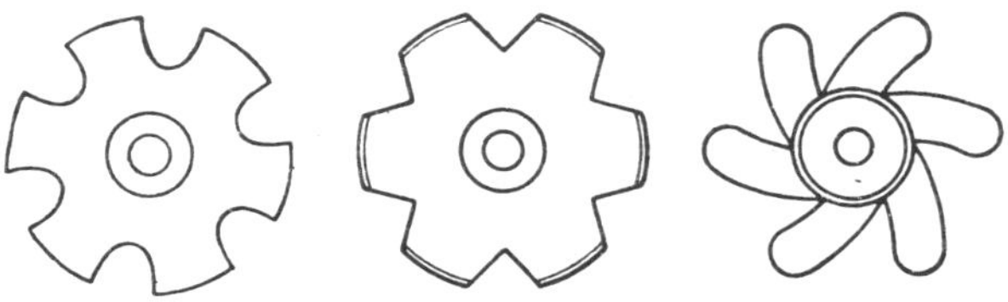

153. Profilscheiben für Scheibeneggen

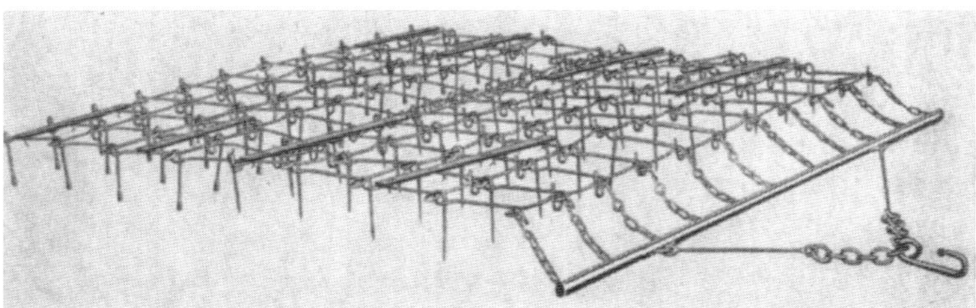

154. Netzegge (Sack, Hannover)

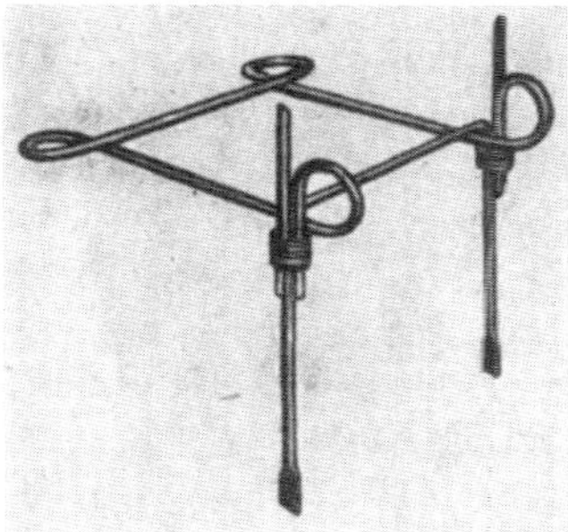

155. Glied einer Netzegge (Ventzki G.m.b.H., Eislingen)

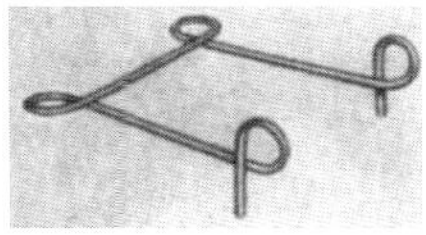

156. Rumpfglied (Ventzk. G.m.b.H., Eislingen)

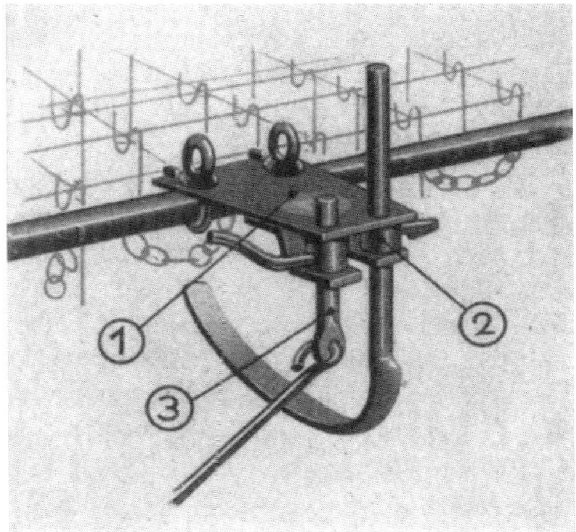

159. Striegelschlitten (Sack, Hannover)

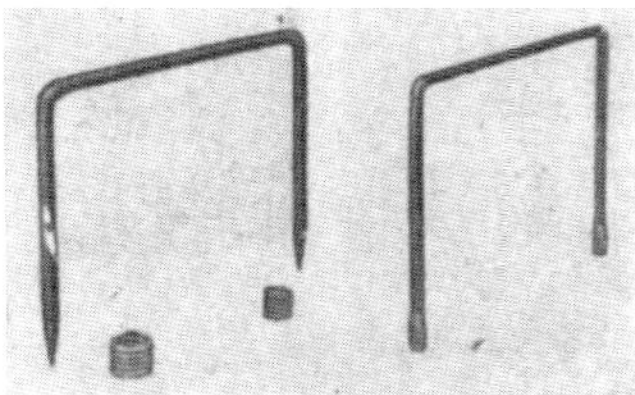

157. Zinkenbügel (Ventzki G.m.b.H., Eislingen)

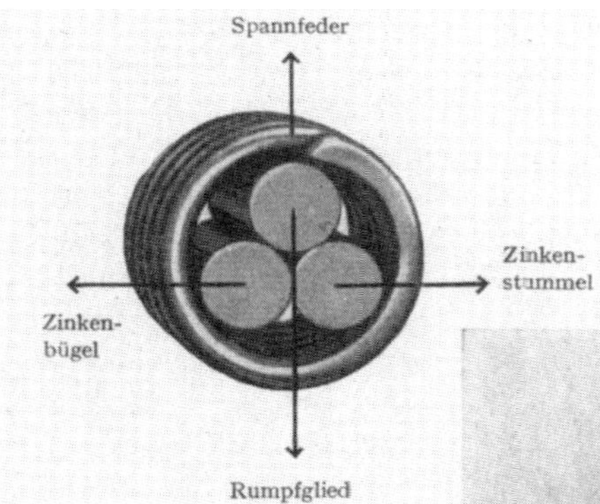

158. Spannfeder (Ventzki G.m.b.H., Eislingen)

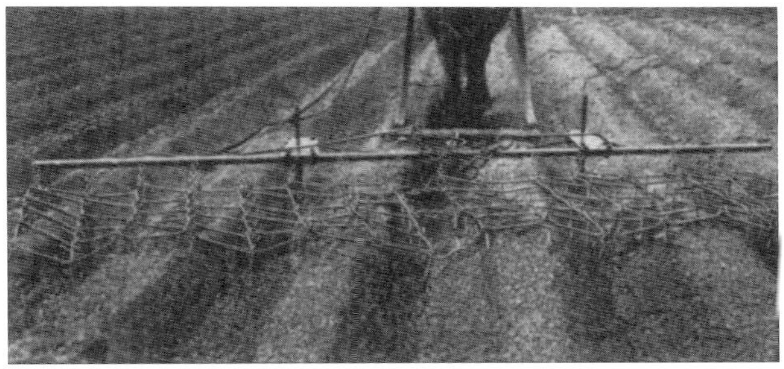

160. Netzegge mit Striegelschlitten im Einsatz (Sack, Hannover)

161. Drahtwalzenegge (Holthaus, Dinklage)

egge besteht aus einem sehr schmiegsamen, anpassungsfähigen Netz von Eggengliedern, in ihren Eckenschlaufen hängen die einzelnen Glieder zusammen. Das Einzelglied bildet ein in sich geschlossenes, starres Element (Bild 155) mit zwei nach unten herausstehenden Zinken. Bei dem abgebildeten Gerät besteht ein Eggenglied aus dem Rumpfglied (Bild 156), dem Zinkenbügel (Bild 157), der spitz oder abgeflacht gehalten sein kann, einem nach oben aus dem Eggenglied herausragenden Zinkenstummel als Füllstück und der Spannfeder (Bild 158), die diese drei Körper so zusammenspannt, daß die Zinken ohne Werkzeug bequem ausgewechselt werden können. Für den Transport rollt man die Netzeggenfelder mit den Zinkenspitzen nach innen auf; ein Mann kann sie dann auf die Schulter nehmen.

Mit dem Striegelschlitten (Bild 159) kann man Kartoffelpflanzen bis zu 25 cm Krauthöhe striegeln, ohne das Kraut zu beschädigen; die ersten Zinkenreihen greifen nicht tief ein. Er kann dem Striegelbalken die entsprechende Höhenlage geben. Dazu dienen der Höhe nach verstellbare Schleifkufen. Die Schleifkufe 2 ist durch eine Griffschraube in der Befestigungsplatte 1 verstellbar. Die mit je zwei Klammern durch Ringmuttern am Striegelbalken befestigte Platte trägt den für den richtigen Zug einstellbaren Zugbolzen 3. Zur ordnungsmäßigen Führung des Striegelbalkens sind zwei Schleifkufen nötig (Bild 160).

Das Bild 161 zeigt eine Drahtwalzenegge, auch Rotieregge genannt. Sie ist eine Walze von etwa 80 cm Durchmesser, deren Mantel aus Stahldrähten besteht, die sich in der Diagonale kreuzen. Beim Abrollen über den Boden drücken sie sich — je nach Bodenverhältnissen und Belastung — 10 bis 15 cm tief in den Boden ein. Dabei zerkleinern sich die Schollen. Beim Hochgehen nehmen sie Erde mit, die sie durch Kämme wieder abstreifen. Diese Egge läßt hinter dem Pflug ein gleichmäßig feingekrümeltes, saatfertiges Bett zurück. Das in den Boden eindringende Drahtgitter wirkt auch gleichzeitig als Untergrundpacker und als Vernichter des Unkrautes durch Anknicken und Abquetschen.

L. Ackerschlichten

Ackerschlichten, auch Ackerschleppen oder Ackerschleifen genannt, dienen dazu, den Acker fein zu bearbeiten, die Oberschicht feinstens zu zerkrümeln und vor allem die Oberfläche einzuebnen. Dieses einfache landwirtschaftliche Gerät kann sich jeder Landwirt aus Radreifen, Schienen usw. selbst herstellen. Radreifen werden oft durch kurze Ketten oder Draht miteinander verbunden, so daß sie beweglich bleiben. Ein solches Gespann von etwa drei Radreifen wird über den Acker gezogen. Auch

162. Kastendruckschleppe (Rabewerk, Linne)

die Fabriken liefern Ackerschlichten. Sie bestehen aus mehreren quergestellten Winkelschienen, die in einem Rahmen vereinigt sind. Durch einen Stellhebel können sie in ihrer Angriffslage zum Acker verstellt werden. So können sie entweder meißelartig schneiden oder schaberartig ziehen. Sie dürfen nicht mit großer Fläche den Boden berühren, wie etwa aneinandergekettete Holzbalken es täten. Dann würden sie nicht krümeln, sondern den Boden glätten und verschmieren. Soll aber der Boden Druck bekommen, wobei sich eine Flächenberührung nicht vermeiden läßt, so kann man Eggenglieder anhängen, deren Zinken den Boden wieder aufrauhen, wie es die Kastendruckschleppe tut

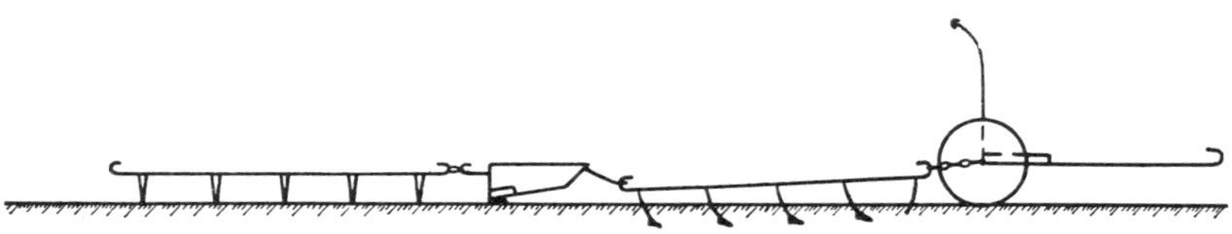

163. Wirkungsweise der Kastendruckschleppe

(Bild 162). Die einzelnen Druckkästen können, je nach der Schwere des Bodens, mit Sand belastet werden. Sie streichen die Bodenfläche, die aber durch die nachfolgenden Eggenzinken wieder aufgerauht wird. Das Bild 163 zeigt, wie dieKastendruckschleppe wirkt. Es sei besonders auf die Gänsefußzinken der vorderen Egge aufmerksam gemacht, die die Kästen nach unten ziehen. Ein Pferd zieht das Gerät, wenn es eine Arbeitsbreite bis 1,50 m hat; ein schweres Pferd zieht es, wenn es bis zu 2 m Arbeitsbreite hat; bei 2,50 m Arbeitsbreite spannt man zwei leichtere Pferde an, bei 3 m zwei schwere Pferde. Größere Arbeitsbreiten entstehen, wenn man zwei Geräte nebeneinander koppelt. Dann müssen Schlepper eingesetzt werden (Bild 164).

164. Kastendruckschleppe hinterm Hanomagschlepper (Rabewerk, Linne)

M. Walzen

Walzen benutzt man, wenn harte Schollen und Klumpen zermalmt werden sollen und andere Geräte dabei versagen; wenn die im Boden etwa noch vorhandenen Hohlräume beseitigt werden sollen; wenn der zu lose Ackerboden verdichtet werden muß zu einem gleichmäßigen, für feine Sämereien bestimmten Saatbett. Besonders wenn die Fröste den Boden zersprengt haben, wird es nötig, die jungen Pflanzen wieder innig mit dem Boden zu verbinden. Die Walzen haben außerdem noch den Zweck, stark auf das Erdreich zu drücken, damit sich Kapillaren bilden. In ihnen kann die Feuchtigkeit in die oberen Bodenschichten aufsteigen.

165. Moorwalze im Einsatz (M.A.N., Nürnberg)

Walzen unterscheidet man nach ihren Manteloberflächen. Danach nennt man sie Glatt- oder Rauhwalzen. Glattwalzen bestehen aus genieteten oder aus geschweißten Stahlblechzylindern von 3—6 mm Wandstärke. An den Seiten sind sie durch Endscheiben geschlossen, die für die Führung im Walzenrahmen einen Zapfen tragen. Wenn das Gewicht der Walzen erhöht werden muß, so werden sie durch die Handlöcher in den Endscheiben mit Wasser oder Sand gefüllt; soll die Arbeitsbreite vergrößert werden, so werden mehrere Walzen zu einem Gespann vereinigt. Die gewöhnlichen Feldwalzen haben einen Durchmesser von 400—800 mm; die größeren haben Durchmesser von 1 m und mehr. Größere Walzen werden für besondere Arbeiten eingesetzt, z. B. zum Verdichten von Moorböden (Bild 165).

Rauhwalzen hinterlassen keine glatten Ackerflächen wie die Glattwalzen oder Schlichtwalzen. Die einfachste Rauhwalze ist die Ringelwalze (Bild 166). Bei härteren Böden benutzt man Stern-, Cambridge- und Croskillwalzen. Diese Walzen bestehen aus verschiedenen Ringen (Bild 167, 168, 169), die entweder

166. Dreiteilige Ringelwalze

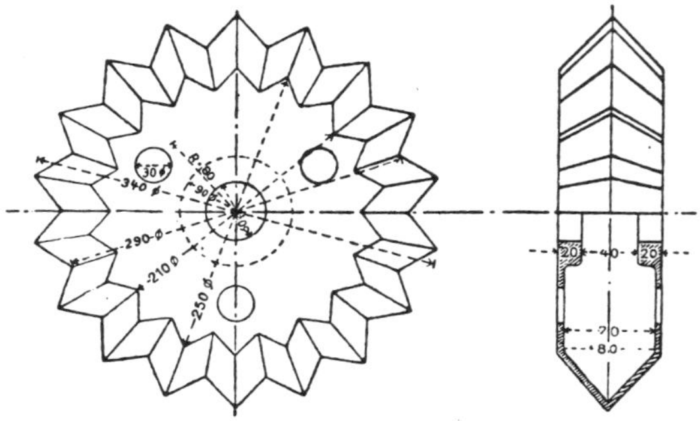

167. Ring einer Sternwalze

lose auf einer Welle lagern oder durch drei lange durchgehende Bolzen zu einem auf der Welle drehbaren Körper vereinigt sind. Bei der losen Anordnung ist die Walze sehr wendig, da sich jeder Ring beim Kurven ungehindert der Geschwindigkeit anpassen kann. Allerdings verschleißen die Ringe sehr schnell durch die gegenseitige Reibung. Das wird beim Koppeln der Ringe vermieden. Dadurch wird allerdings das Kurven vermieden; es kann nur gekurvt werden, wenn der Ackerboden aufgewühlt wird.

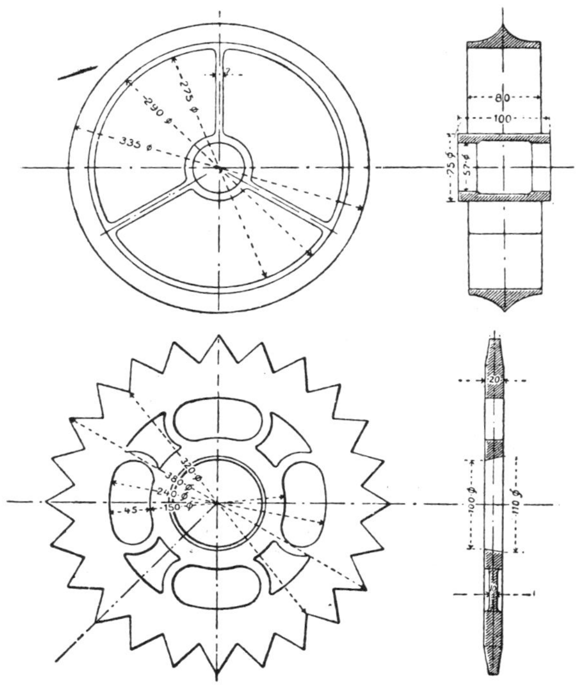

168. Ringe einer Cambridgewalze

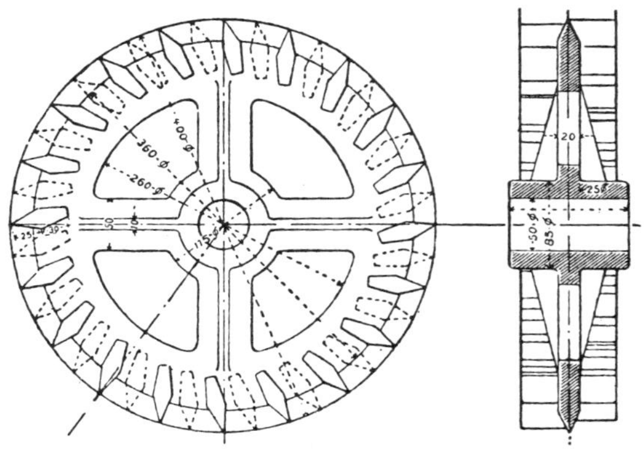

169. Ring einer Croskillwalze

N. Untergrundpacker

Die Walzen wirken nur auf die obere Schicht des Ackerbodens ein, sie können nicht für Arbeiten eingesetzt werden; durch die in der tiefen Schicht Kapillare gebildet werden sollen. Die Feuchtigkeit soll oft an die obere Ackerkrume, aber nicht nach außen abgegeben werden. Zu diesem Zwecke benutzt man Untergrundpacker. Sie haben eine doppelt günstige Wirkung: sie bilden Kapillaren im Untergrund und lockern die obere Ackerkrume auf. Dadurch bleibt die heraufgeholte Feuchtigkeit in der Ackerkrume. Untergrundpacker (Bild 170) bestehen aus einer Reihe auf einer losen Welle lose angeordneter schlanker Ringe von etwa 700 mm Durchmesser mit keilförmigen Rändern. Die Ringe sind in einem Abstand von etwa 15 mm nebeneinander angeordnet. Sie sind angeschärft und drücken den Untergrund fest, damit die Feuchtigkeit nach oben in die obere Ackerkrume übergeht. Damit der Ackerboden sich nicht in den Ringzwischenräumen festsetzen kann, empfiehlt es sich, lose durchhängende Reinigungsketten zwischen den Ringen anzubringen. Ein Pferd kann — je nach den Bodenverhältnissen — ein Feld von 5—8 Ringen, bei einer Arbeitsbreite von 50—100 cm ziehen. 2 Pferde ziehen etwa 14 Ringe bei einer Arbeitsbreite von etwa 200 cm. Bei größeren Arbeitsbreiten vereinigt man mehrere Felder zu einem Gespann. Das Bild 171 zeigt ein Dreigespann mit 2 · 6 und 1 · 8 Ringen für Schlepperzug.

170. Untergrundpacker (Rabewerk, Linne)

171. Dreigespann von Untergrundpackern (Rabewerk, Linne)

III. Die Zugmaschine in ihrer Entwicklung zum heutigen Geräteträger

A. Dampfpflüge

Wo die tierische Zugkraft nicht mehr ausreicht, Geräte großer Arbeitsbreiten und -tiefen durch den Boden zu ziehen, wo bei Arbeiten besonderer Art wie Ödlandkultivieren, große Zugkräfte nötig sind, hat die Landwirtschaft sich die Errungenschaften der Technik dienstbar gemacht. Als die Dampfmaschine erfunden war, wurde sie bald als stationäre Dampflokomobile verwendet. Wer die Schrift von Max Eyth „Hinter Pflug und Schraubstock" gelesen hat, der kennt die Verdienste, die Eyth sich um die Einführung dieser Giganten gemacht hat. Sie traten als Dampfpflug ihren Weg in die Landwirtschaft an und wurden bis in die zwanziger Jahre besonders für das Tiefpflügen in größeren Betrieben, vornehmlich in der Rübenwirtschaft verwendet.

Die Dampfpflüge wurden zuerst als Ein- und Zweimaschinensystem angewandt und waren zunächst nur auf den Pflug ausgerichtet. Sie wurden am Feldrand aufgestellt und zogen an starken Stahltrossen und mit einer oder zwei Seiltrommeln den Pflug über den Acker hin und her. Dabei rückten sie abwechselnd um die entsprechende doppelte Arbeitsbreite vor. Als Arbeitsgerät wurde nur der Kipp-Pflug angewendet. Die Zugkraft dieser Dampfpflüge (Bild 172) betrug damals 60—200 PS. Aus arbeitswirtschaftlichen Gründen nutzte man diese riesige Zugkraft dazu aus, auch andere Geräte wie Kultivatoren und Eggen von großer

Arbeitsbreite über das Feld zu ziehen, wenn auch das Umspannen beim Wenden viel Arbeit verursachte. Der Dampfpflugbetrieb war teuer und sehr umständlich, allein durch das Anheizen, und unterlag der für den Landwirt unbequemen amtlichen Dampfkesselüberwachung. Nachdem die leichteren und wendigeren Schlepper aufgekommen waren, hielt sich der Dampfpflug in größeren Betrieben nur noch da, wo man auf das gewaltige Zugvermögen angewiesen war und wo man es wirtschaftlich ausnutzen konnte, wenn man mehrere Geräte anhing.

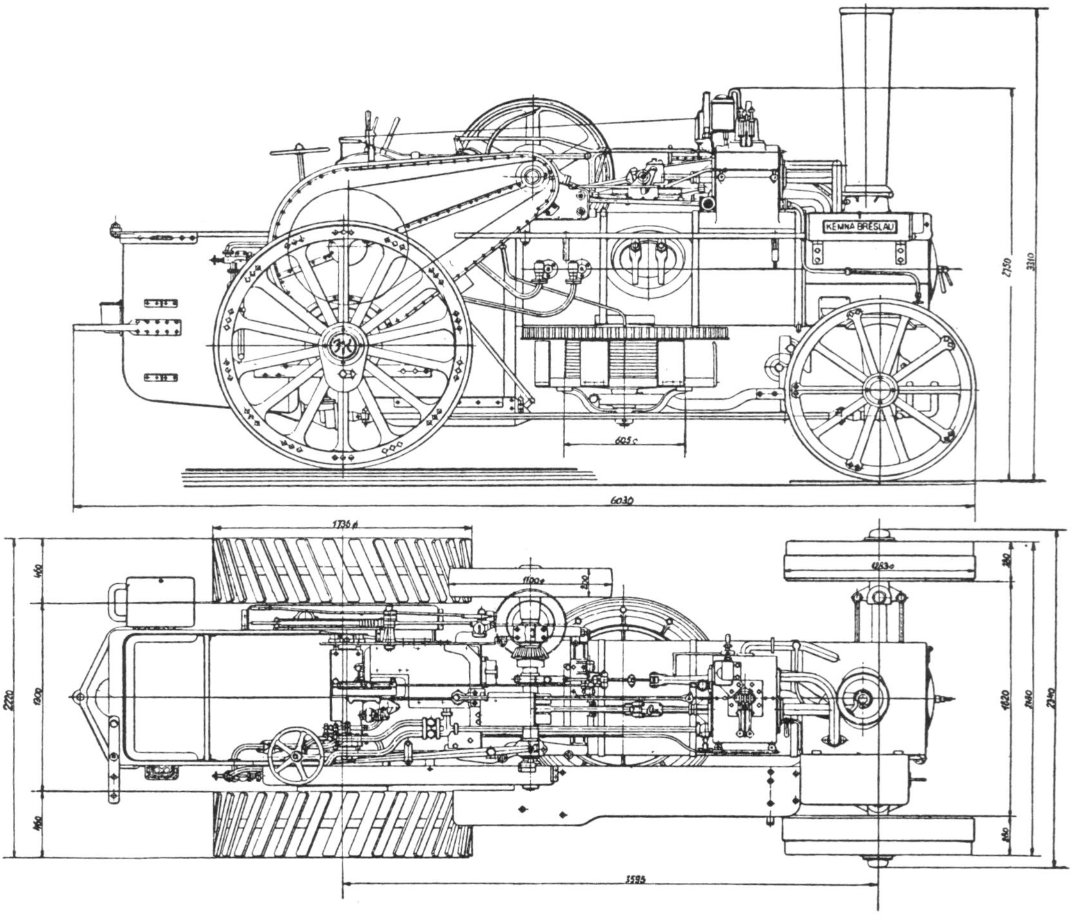

172. Dampfpflug-Lokomobile

Heute wird der Dampfpflug nur noch im Zweimaschinensystem im Lohnunternehmen eingesetzt. Man verwendet ihn bei der Kultivierung von Böden, die in früheren Jahrzehnten wegen der technischen Schwierigkeiten unbearbeitet bleiben mußten. Heute aber, nach dem Verlust der landwirtschaftlichen Überschußgebiete Ostdeutschlands, bieten sie einen lohnenden Einsatz für den Dampfpflug. Es handelt sich meist um flachgründige Hochmoorböden mit einem Moorbestand von 50—120 cm und um nährstoffarme Heidesandböden, die in ihrem Untergrund durch Ortstein stark verkittet und undurchlässig sind. Solche Böden werden nur urbar, wenn der wasserundurchlässige Untergrund zerstört wird. Als Bodenbearbeitungsgerät kommt entweder der Normal-Einschar-Kipp-Pflug mit Scheibensech und Vorschäler mit einer Arbeitstiefe von 75 cm in Frage, der durch entsprechend ausgebildete Streichbleche den heraufgepflügten Sand mit den moorigen Humusstoffen vermischt. Auf wenig tragenden und wegen des undurchlässigen Untergrundes oft sehr nassen Böden kann der Pflug nur gut arbeiten, wenn das Landrad durch eine Tragraupe ersetzt wird (Bild 173). Ähnlich

173. Rigolpflug „Mammut" (Ottomeier, Pyrmont)

arbeitet der Kuhlpflug mit einem Tiefgang bis zu 1,50 m. Wegen der riesigen Dimension hat das Furchenrad dieses Pfluges einen Durchmesser von 4 m (Bild 174). Als Zugkraft werden für diesen Pflug auf jeder Seite 2 Dampflokomobilen (Bild 175) benötigt bis zu je

174. Kuhlpflug „Mammut" (Ottomeier, Pyrmont)

420 PS. Der Pflug wird auf jeder Seite von 2 Drahtseilen gezogen, so daß die erforderliche gewaltige Zugkraft von 550 PS angesetzt werden kann. Diese Pflüge sind mit Pflughebern ausgerüstet; sie werden trotz ihres enormen Gewichts von 20 und mehr Tonnen beim

175. Kultivieren mit vier Lokomobilen (Ottomeier, Pyrmont)

Anziehen der Lokomobile spielend aus der Furche gehoben und die entgegengesetzte Schar wird in Arbeitsstellung gebracht. Wo schädlicher Untergrund nicht heraufgepflügt werden soll, wird mit Mehrscharpflügen kultiviert bis auf 45 cm; man reißt außerdem den Untergrund noch etwa 50 cm tief auf.

176. Erdhobel (Ottomeier, Pyrmont)

Auf stark unebenem Gelände werden die Planierungsarbeiten mit dem Erdhobel (Bild 176) ausgeführt. Er besteht aus 2 in einem Gestell laufenden Walzen, die den Boden anwalzen, dem Hobel und einem Schürfblech, das sich zwischen den Walzen befindet. Dieser Hobel kann der Höhe nach verstellt werden und entweder den Boden mitnehmen oder ihn fallen lassen. Ein solches Gerät kann in der Stunde durchschnittlich 18 cbm auf etwa 100 m versetzen und einebnen.

Kalk und Kunstdünger werden mit riesigen Scheibeneggen von 450 mm Arbeitsbreite mit Scheiben von 750 mm Durchmesser eingearbeitet. Der Boden wird auf eine Tiefe von 20 cm gut vermischt. Neben diesen Geräten läßt man gleichzeitig eine schwere Egge laufen.

B. Elektropflug

Es ist versucht worden, den Dampfpflug durch den Elektropflug zu ersetzen, der wesentlich einfacher zu handhaben ist. Diese Versuche sind an den Leitungsschwierigkeiten gescheitert.

C. Erster deutscher Schlepper, 1909

Ein größerer Erfolg war dem Verbrennungsmotor beschieden, wenn auch manche Jahre erst herumgetastet werden mußte. Man hatte zunächst daran gedacht, den Pflug zu motorisieren und die Konstruktionen darauf gerichtet. Schon im Jahre 1909 wurde der erste deutsche Schlepper (Bild 177) gebaut. Diese Maschine wurde zum Vorläufer des heutigen Schleppers. Dieser schwerfällige Schlepper mit seiner Leistung von 80 PS war ein gewaltiger Fortschritt.

177. 80-PS-Schlepper der Motoren-Fabrik Sendling aus dem Jahre 1909 (Motorenfabrik München-Sendling)

D. Tragpflug

Von den anderen Konstruktionen, die unmittelbar auf den motorischen Pflug gerichtet waren und denen aus diesem Grunde zunächst ein schneller Erfolg beschieden war, gebührt dem Tragpflug (Bild 178) insofern ein besonderer Platz, als er ein Jahrzehnt hindurch nach dem Dampfpflug das Feld vollkommen beherrschte.

178. 80-PS-Großpflug aus dem Jahre 1912 (Hanomag, Hannover)

E. Landbaumotor

In diese Zeit fallen die Bemühungen, für große Betriebe und für Moorböden das alte unhandliche Scharpflügen mit 2 Lokomobilen durch eine völlig andere Form der Bodenbearbeitung zu ersetzen. In der Theorie war diese Form der Bodenbearbeitung, nämlich das Fräsen, bereits ein halbes Jahrhundert bekannt, doch fehlte es bislang an der erforderlichen Kraftquelle. Mit der Entwicklung des Verbrennungsmotors schien die Zeit für diese

179. Landbaumotor im Jahre 1910 (Lanz, Mannheim)

Form der Bodenbearbeitung gekommen zu sein. Es entstand der mit einer mächtigen Hauenwelle ausgerüstete Landbaumotor (Bild 179). Ein Radschlepper mit einer hinten angebauten mächtigen Bodenfräse, der mit einem Vierzylinder-Benzinmotor von 60—70 PS ausgerüstet war. Dieses vorsintflutlich anmutende Gefährt entwickelte sich schon in 2 Jahren zu einer Maschine mit den Grundzügen des neuzeitlichen Anbaugerätes (Bild 180), es konnte sich schon damals auf Moorböden halten (Bild 181).

180. Der Landbaumotor, zwei Jahre später (1912) (Lanz, Mannheim)

181. Der Landbaumotor mit Moorrädern (Lanz, Mannheim)

F. Fordson 1917

Die Rivalität zwischen Tragpflug und Schlepper wurde in den zwanziger Jahren zugunsten des Schleppers entschieden, als Henry Ford mit seiner Zugmaschine, dem „Fordson", der Entwicklung des Schleppers im Jahre 1917 eine andere Wendung gab. Die Selbsttragbauweise ermöglichte den geringen Preis. Der Fordson war vielseitig anwendbar. In den zwanziger Jahren führte er sich deswegen schnell in der Landwirtschaft ein. Mit ihm entwickelte sich der deutsche Schlepperbau. Es entstanden die Rad- und Raupenschlepper, die heute von zu vielen Firmen gebaut werden und am Ende ihrer Entwicklung angekommen zu sein scheinen.

G. Bulldog

Eine Sonderstellung nimmt der 1921 als erster Rohölschlepper der Welt gebaute „Bulldog" ein, der sich durch seinen Zweitak-tGlühkopfmotor in der Landwirtschaft als eine robuste und leicht zu bedienende Maschine erwiesen hat. Auch dieser Schlepper, dessen Form im Bild 182 gezeigt wird, hat seine Entwicklung hinter sich. Der Motor ist verbessert worden und erzielt durch gute Einspritzzeiten vorteilhafte Betriebsverhältnisse. Die alten Glühkopfmotoren hatten ihren Einspritzpunkt bei etwa 140° vor OT, d. h.: der Kurbelzapfen hatte bis zum oberen Totpunkt noch einen Winkel von 140° zu durchlaufen. Eingespritzt wurde durch eine offene Dralldüse in Richtung eines Zündsackes. Bei der Zündung wirkten die Zündsacktemperatur, die Restgashitze und die durch den Kolben erzeugte Verdichtungswärme zusammen. Bei den heutigen Bulldogmotoren wird der Kraftstoff erst bei 20° vor OT eingespritzt, und zwar durch eine Bosch-Mehrlochdüse, die in mehreren Strahlen auf den heißen Kolbenboden fein zerstäubt und teilweise vergast aufspritzt. Der nach vorn eilende Kolben erfaßt den Kraftstoffnebel und treibt ihn gegen die ungekühlte kegelförmige Wand des Zylinderkopfes, die mit dem Kolbenboden einen völlig ungekühlten Brennraum bildet. Die Zündung entsteht also durch Zusammenwirken dieser heißen Wandungen mit den heißen Restgasen und der Verdichtungswärme. Durch den geringeren Zündverzug konnte der Kraftstoffverbrauch um etwa 30% (gegenüber dem alten Glühkopfmotor) herabgedrückt werden. Wie der neue Bulldogmotor aufgebaut ist und wie Spülluft und Auspuffgase verlaufen, ist an dem Schnitt (Bild 183) zu erkennen. Der Motor wird entweder von Hand angelassen oder durch einen elektrischen Starter. Dabei wird auf ein Benzin-Gasöl-Gemisch umgeschaltet und die normale Zündkerze eingeschaltet.

182. Der neue Bulldog (Lanz, Mannheim)

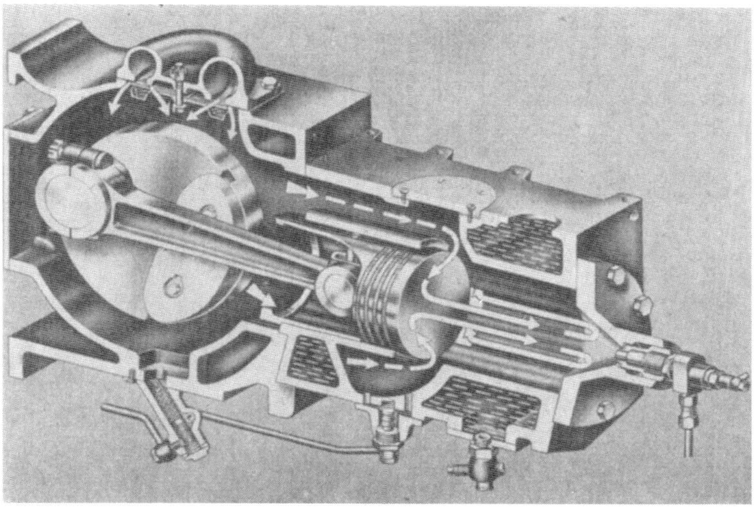

183. Schnitt durch den neuen Bulldogmotor (Lanz, Mannheim)

H. Radschlepper

Den Entwicklungsweg, den der Schlepper seit 1909 gemacht hat, veranschaulicht deutlich ein Vergleich des Bildes 177 mit einem neuzeitlichen Fünfzehn-PS-Schlepper aus gleicher Werkstatt (Bild 184). Vom Benzin ist man auf den billigeren Dieselkraftstoff übergegangen. Die Maschine trägt sich selbst nach dem Vorbild des Fordson. Es ist kein besonderer Rahmen erforderlich, der die einzelnen Maschinenteile trägt. Dadurch ist der Gesamtbau kraftgerechter und formschöner geworden.

Bei der Entwicklung des Schleppers haben sich von Anbeginn 2 Forderungen kraß gegenübergestanden: der Schlepper soll leicht sein, damit er keine zu tiefen Eindrücke im

184. 15-PS-Sendling-Schlepper (Motorenfabrik München-Sendling)

Ackerboden hinterläßt; er soll billig sein. Aber er soll auch so schwer sein, daß die Antriebsfahrräder den für den Zug erforderlichen Adhäsionsdruck bekommen.

Der Fordson war zu leicht; man mußte deshalb die Räder meist mit Eisenscheiben beschweren. Von den heutigen Schleppern kann man sagen, sie seien ihrer Motorleistung entsprechend ausgewogen; das heißt, ihre Gewichtsmassen sind richtig verteilt, was sehr wichtig für die Zugübertragung ist.

An einigen Bildern soll gezeigt werden, daß sich alle Typen der Herstellfirmen dem allgemeinen Aufbau im Laufe der Entwicklung wesentlich angeglichen haben. Besonders an den im letzten Jahrzehnt entwickelten Sondervorrichtungen des Schleppers kann man feststellen, daß er ein „Mädchen für alles" in der Landwirtschaft geworden ist. Aber es gibt Tage, Böden und Zeiten, wo die Motorisierung völlig zu versagen scheint und wo man ohne Pferd nicht auskommen kann. Die wiedergegebenen Schleppermarken und -typen sind wahllos herausgegriffen worden, ein Werturteil über die Fabrikate wird nicht abgegeben.

J. Aufbaumotor, Anbau-Mähbalken und Zapfwelle

Der Gedanke, die an den Schlepper angehängten Maschinen durch Fahrräder vom Bodenantrieb unabhängig zu machen, begann schon in den zwanziger Jahren sich zu verwirklichen. Man erkannte den Vorteil, als an Mähmaschinen das Mähwerk durch einen Aufbaumotor, — der auf die Mähmaschine gesetzt wurde, — gesondert angetrieben, also unabhängig vom Fahrrad wurde. Die Störungen auf rutschigem Boden und bei ungleicher Halmdichte hörten auf. Es entstand auch der Anbau-Mähbalken für den Gras-

185. Schlepper mit aufgeklapptem Anbau-Mähbalken (Zettelmeyer, Konz)

schnitt (Bild 185), ebenso entstand die Zapfwelle für den Bindemäher (Bild 186). Durch weitere Getriebe und Kupplungen wurde das Schleppergetriebe angezapft. Es wurde entweder zur Seite (zum Anbaumähbalken hin) oder nach hinten zu einer Zapfwelle geleitet, an die der Zapfwellenbinder angeschlossen werden konnte. So erhielt er seinen Antrieb.

Es lag nahe, der nun vorhandenen Zapfwelle auch andere Maschinen anzuschließen. Die Landmaschinenindustrie hat diese Möglichkeit immer stärker ausgenutzt. Heute können fast alle Landmaschinen vom Schlepper angetrieben werden. Das Bild 187 zeigt einen Anbau-Kartoffelroder, der gleichzeitig zwei Kartoffelfurchen aufnimmt und in einer Reihe ablegt. Die Kombination verschiedener Arbeitsvorgänge bei der Grünfutterernte wird in dem Bild 188 gezeigt. Hier mäht der Schlepper mit dem Anbaumähbalken das Grünfutter, das sogleich von einem an den Mähbalken angehängten Auflader auf einen gleichfalls vom Schlepper gezogenen Kipper befördert wird. Ein Beispiel von der Anordnung einer Hydraulik-Anlage des in dem Bild 189 dar-

186. Zapfwellenbinder im Einsatz (Hanomag, Hannover)

187. Schlepper mit Anbau-Kartoffelroder für zwei Reihen
(Ohrenstein und Koppel, Dortmund)

188. Grünfutterernte in einem Arbeitsgang (Hanomag, Hannover)

gestellten Schleppers, die mit einer Kippvorrichtung kombiniert ist, zeigt das Bild 190.

K. Anbaugeräte

Über das Anhängen von Geräten an den Schlepper ist bereits im Abschnitt über die Drei- und Vier-Punkt-Aufhängung gesprochen worden. Hier soll an Beispielen gezeigt werden, wie der Schlepper eingesetzt werden kann. Die angebaute Scheibenegge (Bild 191) und das angebaute Häufelgerät (Bild 192) sind starr mit dem Schlepper verbunden. Sie müssen vom Schlepperführer mit dem Schlepper zugleich gesteuert werden. Bei dem Anbauvielfachgerät (Bild 193) und bei dem Rübenroder (Bild 194) ist der angebaute Arbeitsrahmen seitenbeweglich. Eine mitfahrendePerson sorgt dafür, die nicht immer in schnurgerader Richtung verlaufenden Reihen anzusteuern. Der

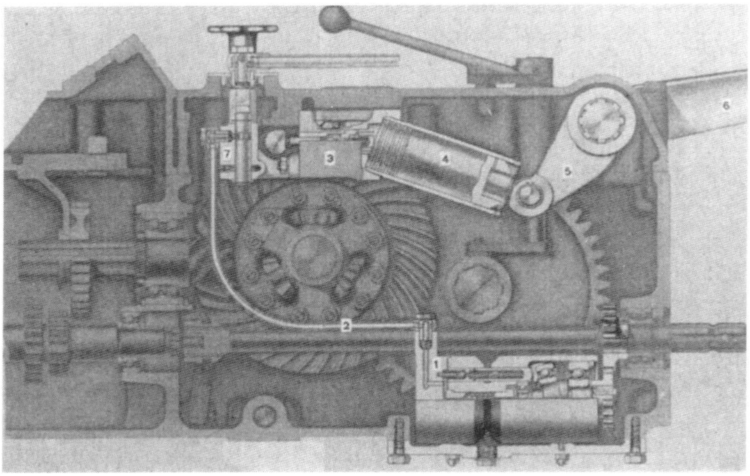

189 (oben). Schlepper mit Hydraulik, kombiniert mit Kippvorrichtung
(Fritz Bührer, Hinwil-Zürich)

190 (Mitte). Hydraulik-Anlage, kombiniert mit Kippvorrichtung
(Fritz Bührer, Hinwil-Zürich)
1 Öldruckpumpe
2 Druckleitung
3 Steuerventile
4 Druckkolben
5 Drückhebel
6 Hubhebel
7 Umsteuerhahn für Kippvorrichtung

191 (unten). Schlepper mit Anbauscheibenegge
(Allgaier, Uhingen)

Schlepperführer hat nur die allgemeine Reihenrichtung einzuhalten. Der in Bild 195 dargestellte Schlepper mit eingebauter Winde und einem Sporn wirkt hier als stationäre Maschine. Sie kann große Lasten, wie Baumstämme oder festgefahrene Fahrzeuge abschleppen; sie kann auch als Rampenfahrzeug verwendet werden. Auch als Aufzugmaschine kann der Schlepper benutzt werden, wenn Umlenkrollen eingesetzt werden.

192. Schlepper mit Anbau-Häufelgerät (Normag-Zorge)

193. Schlepper mit Anbau-Vielfachgerät (Cramer, Leer)

Wie vielseitig mehrere Anbaugeräte zu gleicher Zeit betrieben werden können, wird in den folgenden Bildern gezeigt. Es handelt sich um schnelle Arbeiten im Zwischenfruchtbau. Für ihn ist nur die kurze Zeit zur Verfügung, die zwischen den Anbauzeiten der Hauptfrüchte liegt. Sollen in dieser kurzen Zeit auf den Äckern lohnende Ernten heranwachsen, so muß sie möglichst ganz der Pflanzenentwicklung zugute kommen. Der Acker muß also schnell bearbeitet werden; dabei sind die Witterungsverhältnisse zu berücksichtigen; die Bodenfeuchtigkeit muß für die neue Saat noch ausgenutzt werden. Es leuchtet ein, wie vorteilhaft es ist, wenn der Schlepper mehrfach und gleichzeitig als ziehende, tragende und treibende Kraft ausgenutzt werden kann. Wie das Bild (Bild 196) zeigt, arbeitet auf der Hinfahrt das linke Wechselpflugaggregat und in den Vorfurchen eine Sternegge und der Saatkasten. Auf der Rückfahrt (Bild 197) ist das andere Pflugaggregat und eine Zustreichegge eingesetzt. Diese Zwischenfruchtbestellung mit dem arbeitswirtschaftlichen Zeitgewinn ist an sich sehr rationell. Der Arbeitsverlauf ist aus der schematischen Skizze (Bild 198) zu ersehen. Der Acker bleibt gänzlich frei von Schlepperspuren. Dieses Beispiel zeigt besonders deutlich, wie sich der Schlepper zum Geräteträger entwickelt. Er wird zu einer Maschine, die nicht nur angehängte Lasten zieht, und sie durch Zapfwelle antreibt, sondern er wird zum Träger der Last angebauter Geräte aller Art, die weder zum Tragen noch als Bodenantrieb besondere Fahrräder brauchen. Auf dem Acker bleiben weniger Spuren zurück; die seitliche Eggenaufhängung zeigt, wie sie gänzlich vermieden werden. Die Bedienung der Geräte durch eine Person vom Schleppersitz aus ist bequem und wirtschaftlich, vor allem bei großem Leutemangel auf dem Lande. Nur wenn zusätzlich Geräte eingesetzt werden, die fein gesteuert werden müssen, ist eine zweite Bedienungsperson nötig. Es ist verständlich, wenn bei diesen Vorteilen einige Firmen das motorisierte Fahrzeug zu einem Universalträger zu machen bestrebt sind. Es dürfte wohl gelingen, die Geräte nicht nur hinten oder neben der Maschine, sondern auch zwischen den Achsen und vor der Maschine arbeiten zu lassen, um dem Schlepperführer das Überwachen und Bedienen zu erleichtern. Das käme auch Maschinen zugute, die ins Volle gefahren werden, wie Mäh- oder Köpfmaschinen. Wir stehen in einer Neuentwicklung, die zwar schon grundlegende Erkenntnisse für sich hat, doch in ihren Folgen noch nicht zu übersehen ist. Die Anbaugeräte müssen dem Geräteträger angepaßt sein. Schlepper und Geräte werden von verschiedenen Firmen hergestellt. Es ist unbedingt nötig, bestimmte Formen und Maße allgemein festzulegen. Von der Normung der Pflugkörper haben wir

194. Schlepper mit Anbau-Rübenroder (M.A.N., Nürnberg)

195. 25-PS-Schlepper mit Seilrolle und Sporn (A. Schlüter, München)

196. 28-PS-Schlepper als Geräteträger im Zwischenfruchtbau (Normag-Zorge)

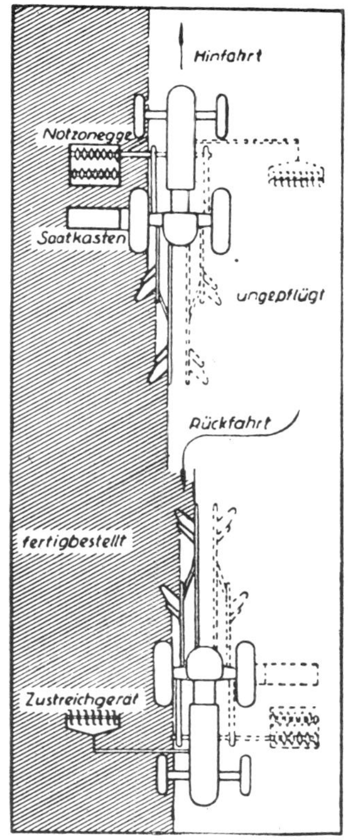

198. Schematisches Arbeitsbild des Zwischenfruchtbaues (Normag-Zorge)

197. 28-PS-Schlepper im Zwischenfruchtbau bei der Rückfahrt (Normag-Zorge)

bereits gesprochen. Bei den Anbaugeräten ist jedoch die Vereinheitlichung noch dringender zu fordern, damit die Landwirtschaft sich auf das Anbausystem mit seinen vielen Geräten auch wirtschaftlich umstellen kann.

L. Geräteträger

In den letzten Jahren sind einige Geräteträger von der deutschen Schlepperindustrie entwickelt worden: der Alldog mit 12 PS, der Ruhrstahl-Geräteträger mit 20 PS

199. 12-PS-„Alldog“ (Lanz, Mannheim)

Leistung. Der Unimog mit 25 PS Leistung (noch in der eigentlichen Schlepperform gebaut) kann zu diesen beiden Geräteträgern hinzugerechnet werden, weil er viele Anbaumöglichkeiten und Verwendungsfähigkeiten wegen seiner besonderen Konstruktion hat.

Die 3 Geräteträger haben verschiedene Leistungsgrößen. Es kann jeder Landwirtschaftsbetrieb sich den passenden Geräteträger auswählen. Auch kleinbäuerliche Betriebe unter 20 Hektar können jetzt mit dem Alldog die Vorteile der Vollmotorisierung ausnutzen.

200. Der „Alldog" mit Ladepritsche (Lanz, Mannheim)

201. Der „Alldog" mit Kartoffel-Vorratsroder (Lanz, Mannheim)

Der Alldog (Bild 199) ist vollkommen zweckbedingt gebaut. Motor und Getriebe und Führersitz sind auf der Hinterachse des vierrädrigen Rohrrahmengestells aufgebaut. Der Fahrzeugführer hat freien Blick über die an den Rahmen angebauten Geräte. Ein 12 PS luftgekühlter Einzylinder-Doppelkolben-Zweitakt-Vergasermotor ist stehend angeordnet. Durch 5 Gänge und einen Rückwärtsgang läßt er Fahrgeschwindigkeiten von 0,7—5,5 m/sec zu. Er wird mit einem Benzin-Schmieröl-Gemisch 20:1 gespeist. Der Alldog hat eine Vorderradlenkung, kann aber, zumal bei Hangfahrten, die Hinterachse durch Lenkbremse um je 10° nach rechts oder links gegenüber dem Rahmen schwenken. Die Anbaugeräte werden durch 2 Zapfwellen angetrieben, eine vordere und eine hintere; sie sind getrennt zu schalten. Die Vorderräder laufen auf Schwenkarmen, ihre Spur kann auf 1250, 1500, 1660, 1880 und 2000 mm verstellt werden. In gleicher Weise sind auch die mit Acker-Luftreifen versehenen Hinterräder verstellbar. Der Alldog hat einen hydraulischen Kraftheber zur Bedienung der hinten angebauten Geräte. Zur normalen Ausrüstung gehört eine Ladepritsche (Bild 200). Sie ist auf Rollen gelagert und kippt nach vorn ab, wenn die Haltevorrichtungen beim Bremsen gelöst sind. Durch die Form des Rohrrahmengestells wird es möglich, Geräte hinten, seitlich, zwischen den Achsen und vor den

202 (oben). Der „Alldog" mit Rüben-Vollerntegerät (Lanz, Mannheim)

203 (Mitte). Der „Alldog" als Transportmaschine mit Anhänger (Lanz, Mannheim)

204 (unten). Fahrgestell des „Unimog" (Daimler-Benz, Gaggenau)

205. Der „Unimog“ als Pritschenwagen (Daimler-Benz, Gaggenau)

206. Der „Unimog“ beim Pflügen mit dem Anhängepflug (Daimler-Benz, Gaggenau)

Vorderrädern anzubauen. Dadurch ist dieser Geräteträger vielseitig verwendbar, wie die folgenden Bilder an Beispielen zeigen. Die Beispiele beziehen sich auf das Kartoffelvorratsroden (Bild 201) und auf den Einsatz einer Blatt- und Rübenvollerntemaschine (Bild 202). Das Bild 203 zeigt den Geräteträger als Transportmaschine mit Anhänger. Es sei auf den hochgeklappten Mähbalken hingewiesen, der nicht abmontiert zu werden braucht.

Die Bezeichnung Unimog ist aus dem Namen Universal-Motor-Gerät gebildet. Sein Fahrgestell (Bild 204) ist ähnlich gebaut wie der Alldog. Auch hier ist ein Mercedes-Benz-Vierzylinder-Dieselmotor von 25 PS auf der Hinterachse gelagert, die als starre Portalachse ausgebildet ist. Seine Geschwindigkeiten betragen bei 6 Gängen und 2 Rückwärtsgängen 0,9—9 m/sec. Das Getriebe ist in die Mitte zwischen die Achsen gelegt, es überträgt den Antrieb auf alle 4 Räder. Der Vorderachsantrieb kann während der Fahrt zu- und abgeschaltet werden, ohne daß dabei die Kupplung betätigt zu werden braucht. Der Mittelraum zwischen den Achsen ist darum für den Anbau von Geräten

207. Der „Unimog“ mit Anbau-Kultivator vorn und Anbau-Egge hinten (Daimler-Benz, Gaggenau)

nicht frei. Dadurch entspricht diese Konstruktion nicht voll dem neuen Zweck des Geräteträgers. Als Pritschenwagen (Bild 205) ähnelt er den ausländischen Militärfahrzeugen, denn er ist gedrungen und hat große Bodenfreiheit. Da 60 % der Schlepperarbeit in landwirtschaftlichen Betrieben dem Transport dient, ist der Unimog so konstruiert, daß er hohe Geschwindigkeiten mit den Eigenschaften des Geräteträgers verquickt. Wie vielseitig er als Geräteträger verwendet werden kann, geht aus einigen Bildern hervor, die ihn beim Pflügen mit dem Anhängepflug (Bild 206), beim Kultivieren und Eggen (Bild 207) und beim Arbeiten mit der Pflanzmaschine (Bild 208) zeigen.

Ein robust gebauter Geräteträger ist der Ruhrstahl-Geräteträger. Motor und Getriebe und Führersitz befinden sich über der Hinterachse, so daß der Fahrer die vor

208 (oben). Der „Unimog“ mit Pflanzmaschine (Daimler-Benz, Gaggenau)

209 (Mitte). Der Ruhrstahl-Geräteträger mit erkennbarer großer Bodenfreiheit (Ruhrstahl A.G., Annen)

210 (unten). Der Ruhrstahl-Schlepper mit Wechselpflug und Egge (Ruhrstahl A.G., Annen)

211. Der Ruhrstahl-Schlepper mit Anbau-Kultivator in der Mitte und Egge hinten (Ruhrstahl A.G., Annen)

212. Der Ruhrstahl-Geräteträger beim Düngen, Drillen und Eggen (Ruhrstahl A.G., Annen)

213. Der Ruhrstahl-Geräteträger beim Drillen, Eggen und Transport (Ruhrstahl A.G., Annen)

ihm angebauten Geräte übersehen kann. Der Ruhrstahl-Geräteträger hat einen Zweizylinder-Dieselmotor von 20 PS Leistung mit Glühflansch und elektrischem Anlasser. Bei 4 vor- und rückwärts zu schaltenden Gängen entwickelt er Fahrgeschwindigkeiten von 0,8—4,4 m/sec; minimal erreicht er 0,3, maximal 5 m/sec. Vorderachse und Hinterachse sind durch einen Portalrahmen verbunden, so daß zwischen den Achsen größere Geräte wie Drill- und Düngerkästen eingebaut werden können. Vor der Vorderachse sind aufklappbare Tragarme zur Lastenbeförderung angebracht. Die Maschine ist mit einem Vollhydrauliksystem, Kraftheber und 3 Zapfwellen ausgerüstet, so daß es allgemein möglich ist, vorn, in der Mitte und hinten anzubringen und anzutreiben. Bemerkenswert ist die große Bodenfreiheit von 475 bis 575 mm (Bild 209). An einigen Beispielen soll gezeigt werden, wie vielseitig der Geräteträger verwendet werden kann. So wird er beim Pflügen mit dem Wechselpflug bei gleichzeitigem Eggen (Bild 210), beim Kultivieren und Eggen (Bild 211), beim Düngerstreuen mit vorgebautem Streuer, beim gleichzeitigen Drillen mit untergebautem Drillkasten und gleichzeitigem Eggen mit hinten nachgezogener Egge (Bild 212) eingesetzt. Das letzte Beispiel (Bild 213) zeigt ihn mit untergebautem Drillkasten. Ein mitlaufendes Greiferrad bewirkt, daß er die Saatmenge gleichmäßig drillt, auch bei ungleichmäßiger Fahrgeschwindigkeit.

Eine Egge wird nachgezogen, die die Saat unterbringt. Das Saatgut wird auf den vorderen heruntergeklappten Tragarmen mitgeführt. Wie sehr die Bemühungen, auch den normalen Schlepper zum Geräteträger zu machen, im Fluß sind, zeigt das Bild 214, das ein gesteuertes Vielfachgerät an einem Schlepper mit Drei-Punkt-Aufhängung darstellt.

214. Gesteuertes Vielfachgerät an Schlepper mit Drei-Punkt-Aufhängung (Bucher-Guyer, Niederweningen-Zürich)

M. Gleiskettenschlepper

Wenn in Land- und Forstwirtschaft die Arbeitsverhältnisse schwierig und starke Zugkräfte erforderlich sind, wenn im Boden die Adhäsion für die Räder nicht genügt, kann ein Kettenschlepper vorteilhaft angewendet werden. Schon vor dem ersten Weltkrieg gab es Raupenschlepper. Sie waren noch mit einer Vorderradlenkung versehen. Aus diesen Raupenschleppern entwickelten sich während des Krieges die Tanks. Die Erfahrungen mit diesen Tanks wurden nach dem Kriege für die Landwirtschaft ausgenutzt. Es wurden Raupen- oder auch Gleiskettenschlepper entwickelt. Die Raupe oder Gleiskette schafft eine vergrößerte Auflagefläche und preßt darum den Boden weniger. Das ist besonders im Frühjahr erwünscht, wenn der Boden von der Herbst- und Winterfeuchtigkeit sehr weich ist. Auch auf den von Natur aus weichen, moorigen Böden ist es erwünscht, daß die Fläche nur gering gepreßt wird. Da mehrere Rippen und Greifer der Kettenglieder in den Boden greifen, ist die Durchzugsfähigkeit der Kette größer als bei Rädern. Der Raupenschlepper hatte einen hohen Preis.

215. 25-PS-Leichtraupe (Linke-Hofmann-Busch, Salzgitter)

216. 50- und 25-PS-WD-Kettenschlepper (Hanomag, Hannover)

Raupe und Gelenke verschlissen durch den mahlenden Sand, der sich in ihnen festsetzte. Darum wurde der Raupenschlepper in der Landwirtschaft sehr selten angewendet. Die Nachteile sind im Laufe der Jahre fast beseitigt. Die Konstruktionen sind verbessert, das Material ist verschleißfester geworden. Die Kettenschlepper haben eine Leistungsstärke von 30—60 PS und mehr. Ihre Gleiskettenanlagen unterscheiden sich durch die zwischen den äußeren großen Umlenkrädern angeordneten Stützrollen. Das hintere Umlenkrad ist als Antriebsrad ausgebildet. Die Stützrollen der einzelnen Konstruktionen sind verschieden; sie sind entweder starr oder federnd gelagert. Bei einer älteren Konstruktion gab es keine Stützrollen; die Kette wurde nur über Antriebs- und Laufrad gelegt. Dadurch wurde die Auflagefläche verringert, aber die Kette schmiegte sich besser an den Boden, so daß die unter starkem Federdruck straff gehaltene Raupenkette über größere Hindernisse klettern konnte. Dabei bäumte sich der Schlepper nicht hoch, wie es die Tanks taten. Die Herstellung dieser Art von Raupenschleppern ist wieder aufgegeben worden, weil im landwirtschaftlichen Betriebe größerer Wert auf breitere Auflagefläche und geringeren Bodendruck und großes Durchzugsvermögen gelegt wird.

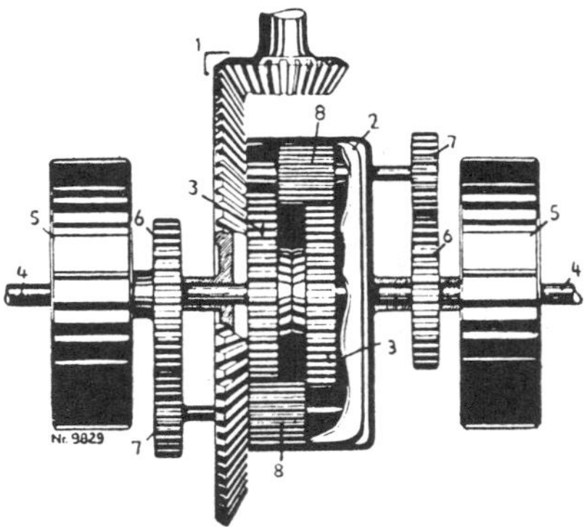

217. Schematische Darstellung des Lenkgetriebes (Hanomag, Hannover)

1 Antriebsräder	5 Scheibe
2 Gehäuse	6 Zahnrad
3 Stirnrad	7 kleine Zahnräder
4 Antriebswelle	8 Stirnrad-Antrieb

218. Anbau-Raupe an einem Schlepper mit Seiltrommel (Zettelmeier, Konz)

Die Raupenglieder und Stützrollen der neuzeitlichen Konstruktionen (Bild 215, 216) haben eine eigene Note. Die Schwierigkeit, Kettenschlepper zu lenken, ergibt sich daraus, daß lenkbare Vorderräder fehlen. Darum kann eine Richtung nur geändert werden durch verschiedene Umlaufgeschwindigkeiten der Gleiskette und Lenkgetriebe. Das führt bei starken Richtungsänderungen (Wenden) zum Querschieben der Gleisketten. Das wirkt ähnlich wie das Radieren der luftbereiften Räder; nur ist es noch unangenehmer. An dem Schema eines Lenkgetriebes (Bild 217) soll erläutert werden, wie gelenkt wird:

Ein Kegelradpaar 1 dreht ein Gehäuse 2. In diesem Gehäuse befindet sich eine Rädergruppe 3, die die Kettenantriebswellen 4 antreibt. Auf diesen Wellen sitzt eine Scheibe 5 mit einem Lenkbremsband sowie einem Zahnrad 6 beweglich angeordnet. Dieses Zahnrad greift in kleine Räder 7 ein. Die kleinen Räder betätigen einen Stirnradantrieb 8. Der Stirnrad-Antrieb kann wieder die Zahnradgruppe 3 beeinflussen. Bei gerader Fahrt stehen sämtliche Räder 3—8 gegeneinander still; sie laufen gemeinsam im

219. Anbau-Raupe überfährt ein Hindernis (Xaver Fendt u. Co., Markt Oberdorf)

220. Hochbeinige Anbau-Raupe an einem dreirädrigen Weinberg-Schlepper (Karl Ritscher G.m.b.H. Hamburg)

gleichen Sinne um. Soll eine Rechtskurve gefahren werden, so wird durch das Lenkrad das rechte Lenkbremsband angezogen. Die Scheibe verzögert sich dadurch. Die Verzögerung erstreckt sich auch auf das danebenliegende Zahnrad 6. Da sich dieses Rad 6 somit verlangsamt, die kleinen Räder 7 jedoch vom Gehäuse 2 mitgenommen werden, müssen sie jetzt auf dem vergrößerten Radumfang abrollen, also eine Drehbewegung ausführen. Sie drehen auch den inneren Stirnradantrieb 8. Dieser Stirnradantrieb hat wiederum Einfluß auf die Antriebsräder 3. Innerhalb der allgemeinen Drehbewegung wird jetzt das linke Antriebsrad noch mehr beschleunigt, das rechte verzögert.

221. 8,5-PS-Einachsschlepper (Fahr, Gottmadingen)

222. Dreh-Anbaupflug am 8,5-PS-Einachsschlepper (Fahr, Gottmadingen)

N. Halbraupen

Um sich der Vorteile der Raupe zu bedienen und die nachteilige und umständliche Lenkung zu vermeiden, hat man die Halbraupe geschaffen. Solche Halbraupen werden meist als Anbauraupen im Austausch mit den Antriebsrädern von Schleppern gebaut (Bild 218, 219, 220). Wenn man die Entwicklung der motorischen Zugmaschinen im Landmaschinenbau betrachtet, so erkennt man, daß die Zugleistungen, die beim Dampfpflug noch bis an 200 PS gingen, mit dem ersten Schlepper und mit dem Landbaumotor auf 80 PS sanken. Im Laufe der Jahrzehnte sanken die Zugleistungen vorsichtig und stetig weiter nach unten; sie gingen auf 50, 40 und 30 PS herunter. Man konnte die Zugleistungen ohne Gefahr senken, weil die Schlepper leichter und wendiger wurden. Der Fordson besaß noch eine Zugleistung von 22 PS. Diese Maschinen waren nur in größten Betrieben rentabel, die die Leistungen der Maschinen voll ausnützen konnten. In den dreißiger Jahren fing man an, sog. Bauernschlepper mit PS-Leistungen unter 20 PS, ja bis auf 12 PS zu bauen. Es mag dahingestellt bleiben, aus welchen Gründen die PS-Leistungen gesenkt wurden, ob eine soziale Absicht dahinterstand oder ob günstige Absatzmöglichkeiten erhofft wurden.

Der Zugkraftbedarf bäuerlicher Betriebe ist am höchsten beim einscharigen Saatpflügen. Dieser Zugbedarf wurde bei der Gestaltung des Bauernschleppers zugrunde gelegt. Der Bedarf kann jedoch nach den Bodenverhältnissen sehr schwanken. Im allgemeinen setzt man beim Vergleichen der tierischen Zugkraft zum Motor eine Pferdeleistung mit 6 PS an. Da ein Einscharpflug normal mit 2—3 Pferden zu bespannen ist, so ergeben sich Motorleistungen zwischen 12 und 18 PS. Sie entsprechen den bäuerlichen Verhältnissen.

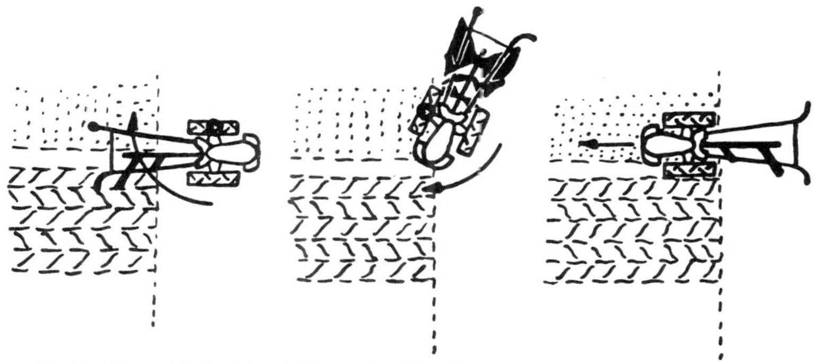

223. Schematische Darstellung des Wendens mit dem Einachsschlepper (Fahr, Gottmadingen)

O. Einachsschlepper

Bei den auf die bäuerlichen Betriebsverhältnisse berechneten Zugkräften ist man beim Schlepperbau nicht stehen geblieben. Man setzte sie noch weiter herab, in einzelnen Fällen auf 3 PS. Das erforderte eine andere Bauweise. Der Schlepper kann nicht nur beim Pflügen, sondern auch bei anderen Aufgaben eingesetzt werden.

224. 8,5-PS-Einachsschlepper mit Rotor-Spatenegge (Fahr, Gottmadingen)

Mit dem Einachsschlepper ist eine leichte, billige Universalkonstruktion erreicht worden. Sie kann im Kleinbetriebe das Pferd vollkommen ersetzen. Wenn der Motor eine Kraft von 8—12 PS hat, kann man mit dem Schlepper auch pflügen und fräsen. Das Bild 221 zeigt einen solchen 8,5-PS-Einachsschlepper. Die Geräte werden an den Einachsschlepper angebaut; sie können an dem Lenkgestell leicht geführt werden. Das Lenkgestell trägt auch die Bedienungshebel für den Motor. Das Bild 222 zeigt den Anbau eines Drehpfluges. Der Pflug kann durch

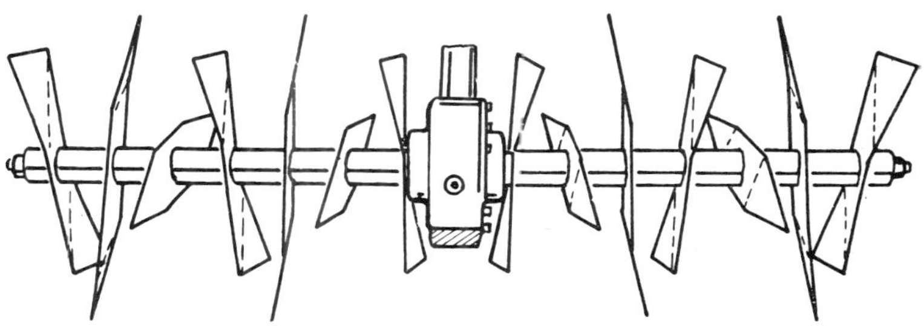

225. Arbeitselemente der Rotor-Spatenegge (Fahr, Gottmadingen)

226. 5-PS-Einachsschlepper (Agria, Mockmühl)

227. 5-PS-Einachsschlepper mit Bewässerungspumpe (Agria, Mockmühl)

einen Stellbogen gegenüber der Achse eingestellt werden, damit er sich beim Pflügen seitlich nicht so sehr verschwenkt; die Achse kann dadurch etwas gegen die Furchenwand anfahren, so daß der Pflug sich selbst gut führt.

Wegen der getrennt ab- und einzuschaltenden Triebräder läßt sich der Einachsschlepper besonders leicht wenden.

Man hebt den Drehpflug am Ende der Furche aus und dreht ihn in die Mittelstellung (Bild 223). Darauf schaltet man das auf dem ungepflügten Boden stehende Rad (linkes Rad) aus, fährt im Bogen zurück. Das ausgeschaltete Rad soll dabei still stehen bleiben. Darauf schaltet man das linke Rad wieder ein, das rechte wird ausgeschaltet. Im kurzen Bogen fährt man in die Furche. In ähnlicher Weise hantiert man bei anderen angebauten Geräten, z. B. der Rotor-Spatenegge (Bild 224); ihr Arbeitselement ist eine angetriebene Welle mit Spatenflügeln (Bild 225). Bei leichteren Arbeiten kann nicht immer die Pferdekraft voll ausgenutzt werden. Der Einachsschlepper ist in solchen Fällen wirtschaftlicher; mit ihm kann man auf leichten Böden pflügen, eggen, mähen und sogar Lasten ziehen. Da er vielfach verwendbar ist, hat man bei ihm bereits bis zu 20 Anbauketten entwickelt. Er ist also sehr wirtschaftlich. In dem Bild 226 wird eine solche Universalmaschine wiedergegeben, die eine Motorleistung von nur 5 PS hat. Sie kann als Bewässerungspumpe (Bild 227) mit Ansaugeschlauch, als Rotorhackgerät mit Raupenanordnung (Bild 228) und zu vielen anderen Arbeiten eingerichtet werden. Ein anderes Fabrikat zieht einen Erntewagen (Bild 229). Ein anderer, mit einem 3- bis 4-PS-Motor versehener Einachsschlepper wird als Grubber (Bild 230), als Grasmäher (Bild 231) und als Transportfahrzeug mit angehängtem Transportkasten gezeigt (Bild 232).

228. 5-PS-Einachsschlepper mit Raupe und Rotorhackgerät (Agria, Mockmühl)

Wenn man den Einachsschlepper mit einer zweiten Achse koppelt, wird er dadurch zum Vierradschlepper. In dem im Bild 233 wiedergegebenen Beispiel wird ein mit einem 9- bis 12-PS-Motor ausgerüsteter Schlepper mit Pritsche und Frontschnittmähbalken gezeigt. Auf dem Felde wird die Schleppachse mit Pritsche abgebaut, und eine Sitzkarre (Bild 234) dafür angebaut. Eine ähnliche Wirkung erreicht man, wenn man einen Einachs-Transportwagen mit einem Einachsschlepper koppelt (Bild 235) und dadurch ein vielseitiges Mittel für Kleintransporte in der Landwirtschaft gewinnt. Der Motormäher läßt sich durch Anbau einer Pick-up-Bindeeinrichtung für Getreide schnell in eine neue Maschine verwandeln (Bild 236). Ein kleines Beispiel von der Vielseitigkeit des Einachsschleppers zeigt schließlich das Bild 237. Hier ist durch ein paar schnelle Griffe dem Einachsschlepper eine Riemenscheibe aufgesteckt und macht ihn so

229. 5-PS-Einachsschlepper als Transportgerät (Gutbrod, Plochingen)

230. 3-PS-Einachsschlepper mit Grubbergerät
(Hans Koch Söhne, Pinneberg)

231. 3-PS-Einachsschlepper als Grasmäher
(Hans Koch Söhne, Pinneberg)

als Antriebsmaschine verwendbar, in unserem Fall für eine Kreissäge zur Brennholzzerkleinerung.

P. Über Schleppergrößen für den Einsatz

Die Motorisierung in der Landwirtschaft ist nicht aufzuhalten. Jeder Landwirt muß sich die Frage stellen: Wie und in welchem Maße kann und soll ich motorisieren? Die Frage will überlegt sein. Die Betriebsverhältnisse sind zu beachten; der Pferdebestand muß berücksichtigt werden. Es taucht die Frage auf: Welche Schleppergröße ist zu wählen? Soll überhaupt noch ein Pferd gehalten werden? Die Entscheidungen über diese Fragen sind einschneidend für den Betrieb. Die Folgen sind zu bedenken. Mit den Schwierigkeiten bei einer Umstellung des Betriebes ist aber fertig zu werden. Alles hat seine Zeit. Rom ist nicht an einem Tage erbaut; der konservative Charakter des Landwirts bewahrt ihn vor übereilten Entschlüssen. Die Erfahrungen, die moderne Betriebe mit den Schleppern gemacht haben, liegen vor, jeder kann von ihnen profitieren. Hinter jedem Entschluß steht der wägende und handelnde Mensch, der ein Vertrauen zu sich selbst hat. Ein falscher Entschluß kann verbessert werden. Wenn einige erfolgreich motorisieren, folgen andere nach, denn es ist gewiß, daß die Motorisierung der Betriebe fortschreitet.

232. 3-PS-Einachsschlepper mit angehängtem Transportkasten
(Hans Koch Söhne, Pinneberg)

Der Schlepper war anfangs nur für den Großbetrieb gedacht; heute ist er in die bäuerliche Familienwirtschaft eingedrungen; überall hat er sich als wirtschaftlich erwiesen. Aber noch immer wird er nicht in allen Betrieben voll ausgenutzt; er könnte bedeutend mehr leisten. Das liegt daran, daß die vielen anzubauenden Geräte noch weiterentwickelt werden. Es vollzieht sich ein Wandel. Langsam und stetig, nach dem Entwicklungsstande und finanziellem Vermögen wird ein altes Anhängegerät nach dem anderen durch ein moderneres ersetzt. An sich ist das in der Maschinenwirtschaft nichts Besonderes. Die Maschine wird nicht nur durch regulären Verschleiß, sondern auch durch Überalterung wertloser und unwirtschaftlicher. In stürmischen Entwicklungszeiten müssen Maschinen schneller in der Buchführung abgeschrieben werden. Oft werden Schlepper mit viel zu hoher PS-Zahl angeschafft; sie können im Betriebe nicht voll ausgenutzt werden. Wenn der Betrieb sich intensivieren kann oder wenn der Schlepper verliehen wird, lassen sich größere Anschaffungskosten und stärkerer Kraftverbrauch leicht ausgleichen. Der größere Schlepper ist manchmal der Anstoß, die Leistung des Betriebes zu erhöhen. Es ist schon gut, eine Kraftreserve zur Verfügung zu haben, wenn die Wirtschaft wegen des Wetters oder anderer Umstände größerer Kräfte bedarf.

233. 12-PS-Einachsschlepper mit Schleppachse
(A. Hummel Söhne, Heitersheim)

234. 12-PS-Einachsschlepper mit Sitzkarre
(A. Hummel Söhne, Heitersheim)

Wie groß sollen die Schlepper in den Betrieben sein? Der Landwirt kennt die Leistungen seiner Pferde. Ein Zugpferd entspricht einer Schlepperleistung von 6 PS. Wenn also zum einscharigen Pflügen bisher 2—3 Pferde nötig waren, so wäre dafür jetzt ein Schlepper von 12—18 PS erforderlich. Diese Schlepperkraft

235. Einachsschlepper mit Einachs-Transportwagen für landwirtschaftliche Kleintransporte (Bucher-Guyer, A.G., Niederweningen-Zürich)

236. Pick-up-Bindeeinrichtung für Getreide, angebaut an einen Handmotormäher (Bucher-Guyer, A.G., Niederweningen-Zürich)

237. Einachsschlepper mit aufgesteckter Riemenscheibe beim Antrieb einer Kreissäge. Der Riemenscheibenantrieb kann mittels 2 Keilen unter Benutzung eines Hammers in kürzester Zeit aufgesteckt werden.
(Bucher-Guyer, A.G., Niederweningen-Zürich)

würde genügen für Betriebe, die mit einscharigen Pflügen auskommen. Für größere Betriebe müßte eine entsprechend höhere PS-Zahl gewählt werden. Da die landwirtschaftlichen Betriebe stark voneinander abweichen, läßt sich keine Norm für die Kraftbemessung aufstellen. Dazu kommt, daß auch die Impulse der Menschen verschieden sind, die einen Betrieb zu führen haben.

Die folgenden Zahlen geben einen ungefähren Anhalt:

für Anbaugrößen bis

50	Morgen	12-	PS-Schlepper
75	,,	18	,,
125	,,	22	,,
150	,,	25	,,
200	,,	30	,,

Bei leichteren Böden ist mit kleinerer PS-Zahl auszukommen; schwere Böden verlangen größere PS-Zahlen.

Für die Anschaffung des Schleppers ist nicht die Arbeit des Pflügens ausschlaggebend; auch die anderen Arbeiten sind zu berücksichtigen. Meist ist es günstiger, wenn man schwerste Schlepper anschaffen will, die PS-Zahl etwas niedriger zu wählen und dafür lieber noch einen Einachsschlepper anzuschaffen. Das Eigengewicht des großen Schleppers macht den Einsatz unwirtschaftlich; bei kleineren, leichteren Arbeiten ist der Einachsschlepper wirtschaftlicher wegen seines geringeren Kraftstoffverbrauches. Geräte werden im Verlaufe von Jahren angeschafft. Die Geräte werden von jedem Schlepper gezogen; der Betrieb kann sich also langsam, nach Können und Bedarf, auf alle erwünschten Anbaugeräte umstellen, bis die Schlepperarbeit im höchsten Grade wirtschaftlich wird. Schwer wird die Entscheidung sein, ob auch das letzte Pferd abgeschafft werden soll. Das ist keine reine Zweckmäßigkeitsfrage.

Ein Pferdezüchter oder Pferdeliebhaber wird sich ungern von seinen Pferden trennen und er wird sie zu halten und zu beschäftigen suchen. Nur wer gewöhnt ist, scharf zu rechnen, wird die Zweckmäßigkeit entscheidend sein lassen. Er wird bei der Ernte das Zwischen- und Vorfahren, das Harken und andere leichte Zugarbeiten von einem kleinen 5-PS-Einachsschlepper besorgen lassen. Zu empfehlen ist auch hier ein langsamer Übergang zur Vollmotorisierung des Betriebes. Sie ist auch in den kleinsten Wirtschaften möglich und wirtschaftlich, wenn der Betriebsleiter genügend Verständnis für die Technik hat und sich von dem Denken in Pferdezugkräften freimachen kann.

IV. Maschinen, Geräte und Verfahren zur Düngung, Beregnung und Unkrautbekämpfung

Im Abschnitt über den Ackerboden ist das Düngeproblem behandelt worden, soweit es hier interessiert. Jetzt sollen das Düngungsverfahren und die dazu erforderlichen Geräte und Maschinen besprochen werden.

In jedem Betriebe ist es rentabel, dem Boden den Dünger zuzuführen, der in der eigenen Wirtschaft entsteht. Das ist in fester Form der Stallmist und in flüssiger Form die Jauche. Die Pflanzennährstoffe der Jauche sind vor allem Stickstoff und Kalium; die Pflanzennährstoffe des Stallmistes sind Phosphorsäure und Kalk. Aufgabe des gewissenhaften Landwirtes ist es, diese beiden Düngerarten so zu pflegen, daß ihre Bestandteile unbeeinträchtigt dem Acker zugute kommen. Das gilt besonders vom Stickstoff. Es sei hier auf eine kleine, praktische Schrift von Leo Amsler hingewiesen: „Die moderne Güllerei, Gülle, das flüssige Gold in der Landwirtschaft“. Sie ist im Bayrischen Landwirtschaftsverlag erschienen. Diese Schrift macht auf viele und oft vorkommende Fehler aufmerksam und bringt neue Methoden.

Jauche und Stallmist sollen möglichst getrennt aufgefangen werden und so verbleiben, bis sie ausgebracht werden. Für Jauche oder Gülle legt man Jauchegruben an. Aufs Land wird sie mit einem fahrbaren Jauchefaß gebracht. Die Jauche wird durch eine Öffnung im oberen Deckel hineingepumpt.

A. Jauchepumpen

Jauchepumpen sind sehr verschieden ausgebildet und wirken auch auf verschiedene Art. Man unterscheidet Membran-, Kolben- und Kreiselpumpen. Membranpumpen (Bild 238) modernster Bauart sind mit Momententleerung versehen. Eine elastische Gummimembran trennt beide Gehäusehälften; sie wird durch einen Hebel auf- und niederbewegt. Dabei schließt und öffnet sich das in der Mitte der Membran

238. Fahrbare Membranpumpe für Handbetrieb (Hinkel u. Co., Geisweid)

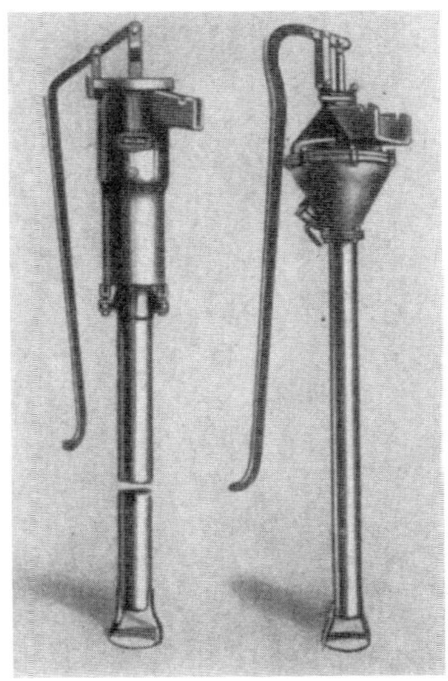

239. Kolben- und Membran-Stehpumpe (Hinkel u. Co., Geisweid)

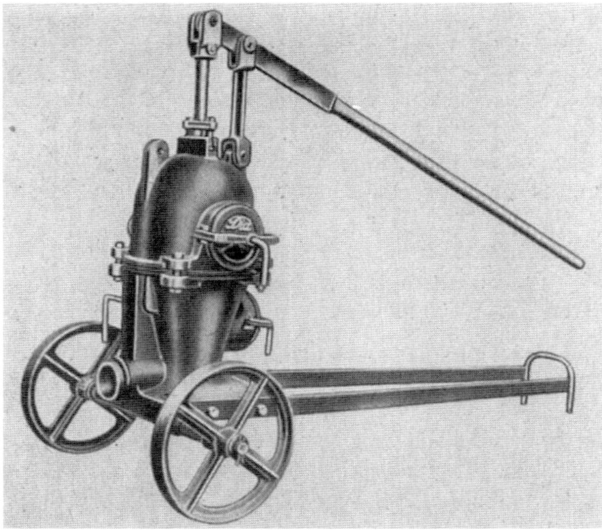

240. Handpumpe mit Ventilen mit Gummikugeln (Hammelrath u. Schwenzer, Düsseldorf)

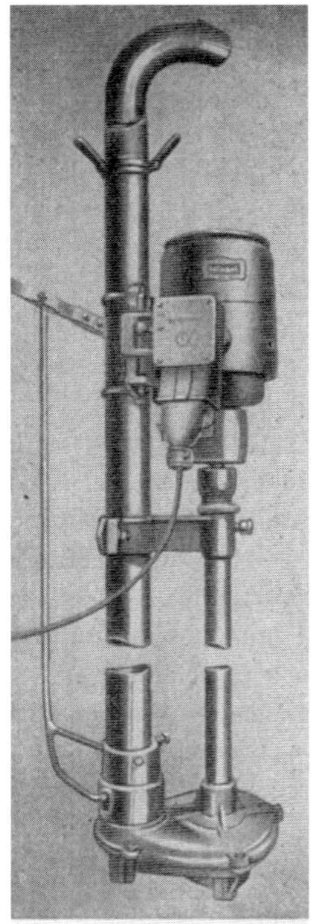

242. Kraft-Jauchepumpe mit 1,5-PS-Motor (Hinkel u. Co., Geisweid)

eingebaute Ventil; die unten angesaugte Flüssigkeit tritt in den oberen Druckteil. Nach unten, zur Saugleitung hin, wird im umgekehrten Rhythmus zum Membranventil durch ein Kugelventil in der unteren Hälfte des Pumpengehäuses abgesperrt. Die Pumpe ist auf einem fahrbaren Gestell montiert. Soll die Jauchegrube entleert werden, so wird die Pumpe an die Grube herangefahren. Die am unteren Saugstutzen anzuschließende Saugleitung aus Gummispiralschlauch von etwa 80 mm Weite wird in die Jauche gelassen; die am oberen Druckstutzen anzuschließende Druckleitung aus gleichartigem Schlauch wird in die Öffnung des Jauchefasses geführt. Solche Membranpumpen saugen bis zu 8 m senkrecht ohne anzufüllen, sie fördern wegen ihrer einfachen Bauweise dickste Jauche, breiigen Schlamm usw. ohne zu verstopfen. Die Pumpenleistung beträgt bei 30 Hüben je Minute etwa 200 l.

Diese Pumpe wird auch als Stehpumpe (Bild 239 rechts) gebaut. Kolbenpumpen (Bild 239 links) sind wegen ihrer langen Kolbenführung bedeutend empfindlicher und werden daher seltener zur Jaucheförderung benutzt. Man hat zu diesem Zweck Kolbenpumpen mit einem verhältnismäßig kleinen Kolbenweg geschaffen (Bild 240), die äußerlich den Membranpumpen gleichen. Das Ventil im Kolben wird durch eine zweite Kugel gebildet (Bild 241). Für größere Leistungen sind elektromotorisch betriebene Zentrifugalpumpen entwickelt worden (Bild 242). Die im unteren Teil der

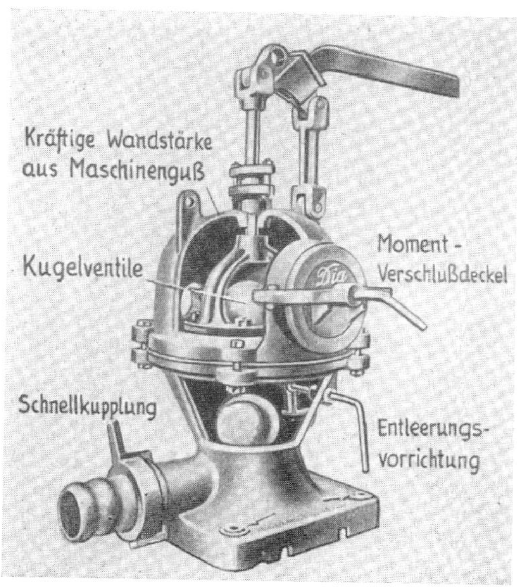

241. Blick in die Zweikugelpumpe (Hammelrath u. Schwenzer, Düsseldorf)

Jauchegrube liegende Pumpe drückt die Flüssigkeit in die Rohrleitung hinein. Solche Kraft-Jauchepumpen entwickeln mit einem 1,5-PS-Motor eine Förderleistung von 800 l in der Minute. Sie können auch mit einem Riemenscheibenantrieb versehen werden, so daß sie verschiedene Antriebsmöglichkeiten haben (Bild 243). Um allen Ansprüchen gerecht zu werden, hat man Handpumpen und Kraftpumpen gekoppelt (Bild 244), so daß sie je nach Verwendungszweck als Handmembran- oder als elektrische Kreiselpumpen betrieben werden können.

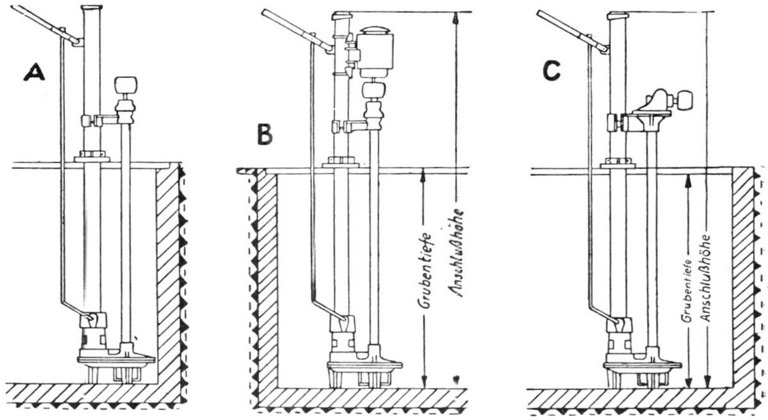

243. Schema verschiedener Antriebsmöglichkeiten (Hinkel u. Co., Geisweid)
A durch horizontale Riemenscheibe,
B durch Elektromotor oder Riemenscheibe, C durch vertikale Riemenscheibe

B. Jauchefässer

Neuzeitliche Jauchefässer bestehen aus starkem Stahlblech, das nach Verschweißen innen und außen feuerverzinkt wird. Zur sicheren Abstützung auf einem Gefährt sind sie mit verzinkten Stahlreifen und Auflagestützen versehen (Bild 245). Solche Jauchefässer haben einen mit Schnellverschlußdeckel versehenen Einfülldom. Auslaufstutzen und Ablaßbahn befinden sich an der Domseite am untersten Teil der Rückwand. Das Fassungsvermögen der Jauchefässer beträgt 100 bis 2000 l bei etwa 360 mm Durchmesser × 1000 mm Länge bis 800 mm Durchmesser × 4000 mm Länge. Man montiert sie zweckmäßig auf einen Wagen mit Spannagel-

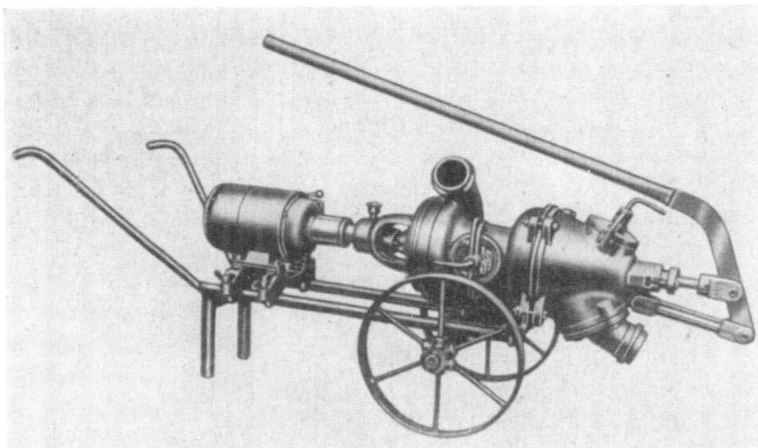
244. Kombinierte Hand- und Kraftpumpe (Hammelrath u. Schwenzer, Düsseldorf)

245. Jauchefaß mit Einfülldom und Auslaufstutzen (Hinkel u. Co., Geisweid)

System, der gegenüber der Vorderachse verwindet werden kann. Auf diesem Wagen wird ein Rahmen befestigt, auf dem das Jauchefaß mit seinen Stützen ruht. Der vordere Teil des Rahmens liegt auf beiden Seiten fest auf dem Wagen. Der Rahmen wird hinten in der Mitte nur in einem Unterstützungspunkt auf dem Wagen kippbar befestigt (Bild 246). Auf diese Weise erhält man eine doppelte Drei-Punkt-Lagerung des Jauchefasses. Auch bei unebener Fahrbahn liegt das Faß ruhig. Es können dabei keine Kräfte auftreten, die das Faß biegen oder verwinden wollen.

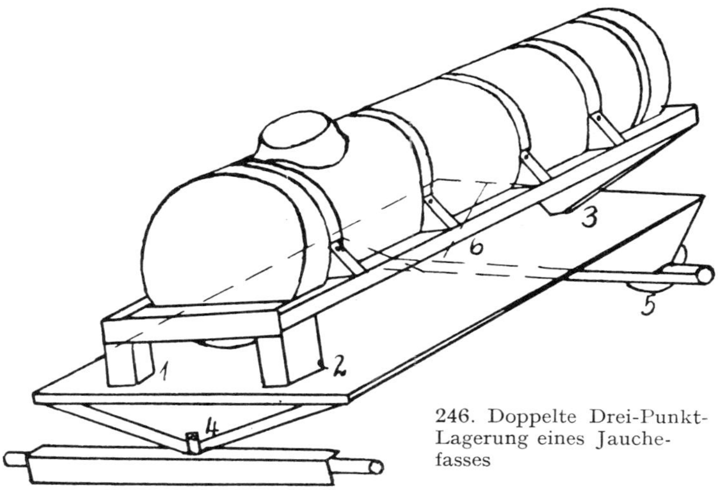

246. Doppelte Drei-Punkt-Lagerung eines Jauchefasses

C. Jaucheverteiler

Unentbehrlich für rationelles Düngen ist ein an den Auslauf des Jauchefasses anzuschließender Jaucheverteiler (Bild 247), der die Jauche unbedingt gleichmäßig und vor allem dünn auf 8—9 m Streubreite verteilt, damit die Pflanzen nicht verbrennen können. Weil diese Jaucheverteiler fein verteilen können, eignen sie sich auch für die Kopfdüngung. Sie bestehen aus einem an einen Trichter anschließenden, von den Fahrrädern angetriebenen Streuteller.

Die Jauche ist Hauptnährstoffträger für die Pflanzen. Der Stallmist ist das Lebensfundament der Bodenbakterien, die vor allem Humus verlangen. Man sagt: Mit Stallmist und Kalk düngt man den Boden, mit Stickstoff, Phosphorsäure und Kali die Pflanze. Dem Stallmist kommt also die durch keine andere Düngung zu ersetzende Aufgabe zu, Humus zu bilden. Es kommt darauf an, den Stallmist restlos dem Boden zuzuführen. Ein einfaches Verfahren, gut verrotteten Stallmist zu gewinnen und Nährstoffverluste nach Möglichkeit zu vermeiden, ist das „Feuchtfestverfahren". Man stapelt den Mist auf verhältnismäßig kleiner Grundfläche 2—3 m hoch, verteilt ihn täglich gleichmäßig und tritt ihn fest. Auf dem Acker läßt man den Mist nicht in Haufen liegen, sondern breitet ihn sofort aus und pflügt ihn flach unter. Dabei soll des Guten nicht zu viel getan werden. Man streut nicht in zu großen Gaben aus. Mehr als 300 Doppelzentner je Hektar werden kaum verwertet. Es ist vorteilhafter, öfter mit kleinen Gaben zu düngen.

247. Fahrbarer Jaucheverteiler (Burkert u. Co., Gerabronn)

248. Stallmistkarren mit Zerreißhaspel (I. H. C., Neuß)

Das Düngen stellt große Anforderungen an Menschen und Tiere. Schon das Aufladen des Düngers auf den Wagen, das Zufeldekarren und schließlich das Verteilen auf dem Acker erfordern viel Arbeitskraft, denn der Stallmist ist feuchtschwer und langfaserig, er riecht zudem unangenehm. Darum ist man seit langem bestrebt, diese Arbeiten mechanisch durchzuführen. In Amerika gebraucht man schon seit dem vergangenen Jahrhundert den Stallmistwagen. In Deutschland hat es recht lange gedauert, ähnliche Einrichtungen zu schaffen. Das liegt daran, daß die amerikanischen Vorbilder für unsere Verhältnisse zu schwer waren. Sie bestanden aus 3—4 m langen, mit Rollboden versehenen stabilen Wagen mit einer hinten angetriebenen Streuvorrichtung. Sie hatten wegen ihrer stabilen Mechanik ein Gewicht, zumal wenn sie mit Mist beladen waren, das unsere feuchten Böden nicht vertragen.

249. Stallmistkarren mit ausgezackten Streuspiralen (Claussen, Kappeln)

D. Stallmistwagen

Erst in neuerer Zeit hat man damit begonnen, für deutsche Verhältnisse brauchbare Stallmistwagen zu bauen. Sie bestehen (Bild 248) aus einem kurzen zweirädrigen Anhängekarren mit Luftreifen. Sie fassen etwa 2,5 cbm. Ein Förderband bringt den Stallmist nach hinten. Es wird durch eine Rollenkette von der Laufradachse angetrieben; seine Umlaufgeschwindigkeit kann durch einen Hebel, den verlangten Streumengen entsprechend, geändert oder ausgeschaltet werden. Konisch gestaltete Streuzähne, die auf einer schnell umlaufenden, dreiteiligen Haspel sitzen, zerkleinern den Mist vollständig und eine

250. Stallmistkarren „Ökonom" (Daimler-Benz, Gaggenau)

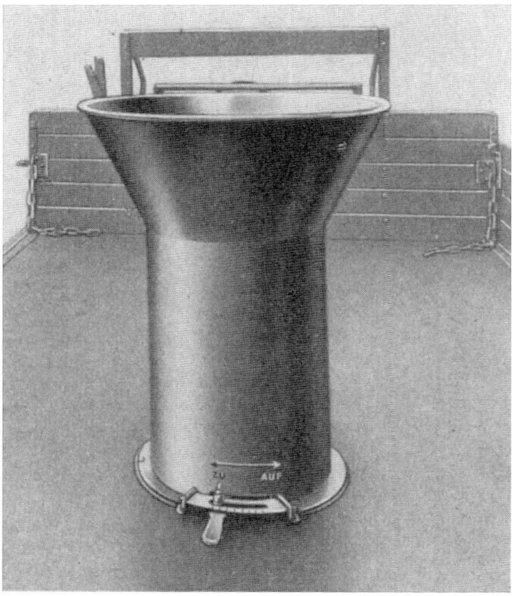

zweiteilige Streuspirale bringt ihn gleichmäßig über eine Breite von mehreren Metern auf den Acker. Andere ähnliche Konstruktionen (Bild 249 und 250), bei denen die Streuzähne weggelassen sind, zerreißen den Mist durch ausgezackte Streuspiralen.

Mit wenig Umständen läßt sich der Ackerwagen durch ein Einbaugerät zum Stallmistwagen umbauen (Bild 251). Mit dem eingebauten Gerät kann man auch andere Düngemittel (Kali u. a.) streuen. Der Wagen enthält in der Mitte seiner Ladefläche eine Öffnung von etwa 40 cm Durchmesser, auf die ein dem Streugut angepaßter Einsatz aufgesetzt wird (Bild 252). Das hineingeworfene Streugut fällt auf einen unter der Ladefläche angebrachten, von der Zapfwelle des vorgespannten Schleppers aus angetriebenen Streuteller (Bild 253), der den Stallmist nach den Seiten hin verteilt. Prallbretter verhindern, daß zu weit nach vorn und nach hinten gestreut wird.

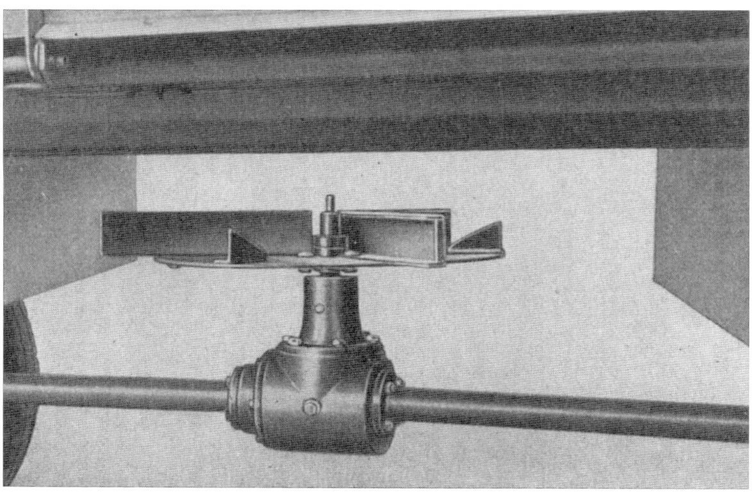

251 (oben). Ackerwagen mit Stallmiststreu - Einbaugerät (H. Hummel Söhne, Ehrenstein-Ulm)

252 (Mitte). Der Streueinsatz auf dem Ackerwagen (H. Hummel Söhne, Ehrenstein-Ulm)

253 (unten). Der Streuteller unter dem Ackerwagen (H. Hummel Söhne, Ehrenstein-Ulm)

E. Stallmistverteiler

254. Stallmistverteiler (Rabewerk, Linne)

255. Stallmistverteiler von der Seite (Rabewerk, Linne)

Um den in Haufen auf den Acker gebrachten Stallmist zu verteilen, hat man Stallmistverteiler (Bild 254) gebaut. Solche mit einer Zerreiß- und Verteilerhaspel ausgerüsteten Geräte werden entweder von den Fahrrädern oder durch Zapfwelle angetrieben. Dabei wird eine Schleuderhaspel gegen die Fahrtrichtung gedreht. Durch Höheneinstellung wird ein Teil des Stallmistes nach vorn geworfen; der Rest wird über die mit einer Umkleidung versehene Haspel hinweg nach hinten auf den Acker geschleudert. Je nach der Tiefeneinstellung wirft die in Bild 255 von der Seite dargestellte Maschine mit der Schleuderhaspel den Mist so lange vor sich in Fahrtrichtung weiter, bis der Rest über die Haspel hochgenommen und verteilt abgeworfen ist. Damit die Maschine gut arbeitet, ist es zweckmäßig, den Mist in kleinen Haufen gabelweise vom langsam fahrenden Wagen auf das Feld zu werfen. Solche Stallmistverteiler werden für 2 m Arbeitsbreite gebaut. Bei einer Anspannung mit 2 bis 3 Pferden oder einem 10 bis 25-PS-Schlepper leisten sie etwa eine Hektarstunde.

F. Düngerstreumaschinen

1. Handelsdünger

In der intensiv betriebenen Landwirtschaft reicht der wirtschaftseigene Dünger bei weitem nicht aus, die Erträge in annehmbaren Grenzen zu halten. Mit dem künstlichen Dünger hat man aber den Verlust nicht nur aufgeholt, sondern die Ernten wurden derartig im Ertrag gesteigert, daß der Kunstdünger heute bei der beträchtlich gestiegenen Menschenzahl unentbehrlich geworden ist. Der Ausdruck Kunstdünger hat sich in den ersten Zeiten für alle Düngerstoffe eingebürgert, die nicht wie Jauche und Stallmist der eigenen Wirtschaft entstammen. Es ist oft aus sachlichen Gründen gegen diesen Begriff angegangen worden, denn diese

Düngemittel sind ja nicht künstlich hergestellt. Der Ausdruck Mineraldünger oder Handelsdünger wäre passender. Es soll daher nur noch von Handelsdünger gesprochen werden. Die wichtigsten Handelsdünger sind in der folgenden Übersicht mit den üblichen Streumengen wiedergegeben:

Tafel 5. *Übersicht über die wichtigsten Handelsdünger*

Düngersorte	Streumenge kg/Morgen	Düngersorte	Streumenge kg/Morgen
A. Stickstoffdüngemittel.		C. Kalidüngemittel	
Kalksalpeter	12,5—50	Kainit	50—200
Leunasalpeter	10—50	Kalidüngesalz 40%	15—100
Natronsalpeter	12,5—100	Schwefelsaures Kali	15—100
Kalkammonsalpeter	12,5—100	Chlorkalium	15—100
Chilesalpeter	12,5—100	D. Kalkdüngemittel	
Schwefels. Ammoniak	25—100	Ätzkalk	150—500
Harnstoff	7,5—50	Mergel	375—750
Kalkstickstoff	12,5—150	Leunakalk	150—500
B. Phosphordüngemittel		E. Universaldüngemittel	
Superphosphat	25—125	Ammoniak-	
Leunaphosphat	12,5—100	Superphosphat	37,5—125
Rhenaniaphosphat	25—200	Nitrophoska	45
Algierphosphat	100—250	Blaukorn	50
Thomasmehl	50—200	Knochenmehl	50—150

Für das Zeitalter der Technik hat es lange gedauert, bis man auch den Handelsdünger mit der Maschine ordnungsmäßig ausstreuen konnte. Man streute aus der Hand, wie man es von der Breitsaat her gewohnt war, und es war erstaunlich, wie genau alte Landarbeiter die Streumengen in idealer, gleichmäßiger Weise verstreuten. Es ist deshalb nicht zu verwundern, daß gutes Maschinenstreuen sogar von führenden praktischen Landwirten erst nach langer Zeit anerkannt wurde. Die Statistik des Maschineneinsatzes der letzten Jahre zeigt, daß im Bundesgebiet, also dem Gebiet mit der intensivsten Landwirtschaft überhaupt, die Düngerstreumaschinen gegenüber anderen Maschinen am schlechtesten abschneiden. Fast dreimal soviel Drillmaschinen als Düngerstreumaschinen werden eingesetzt. Es wird also auch heute noch viel Handelsdünger mit der Hand verteilt.

Der Handelsdünger, der alljährlich dem Boden zugeführt wird, stellt ein riesiges Kapital dar, das von Jahr zu Jahr noch ansteigt. Es wurden, um einige Vergleichszahlen zu geben, im Jahre 1913 in Deutschland etwa 570 Millionen Mark für Handelsdünger ausgegeben. Im Jahre 1950/51 stieg diese Summe allein im Bundesgebiet auf etwa 800 Millionen DM an. Es ist eine volkswirtschaftliche Verpflichtung, mit diesem Vermögen sachgemäß umzugehen. Der Handelsdünger soll an rechter Stelle so verteilt werden, daß der größtmögliche Ertrag entsteht. Wichtig ist, daß die Handelsdünger- und die Landmaschinenindustrie Dünger und Maschinen auch in so guter Art herstellen, daß der Landwirt den Handelsdünger in den nötigen Mengen und gleichmäßig verstreuen kann, und daß die Düngerstreumaschinen nicht nur kurzlebig sind. Vom Landwirt muß gefordert werden, daß er die Maschine gewissenhaft pflegt. Der Düngerstreuer und seine Lebensdauer sind ein Aushängeschild für den guten Landwirt. Handelsdünger läßt sich oft wegen seiner unangenehmen Eigenschaften schlecht verstreuen. Er stäubt, rieselt, wird hart bei feuchtem Lagern, schmiert, seine chemischen Bestandteile greifen die Eisenteile an. Zwar bringt die Düngerindustrie manchen Dünger in körniger Form heraus und erleichtert das gleichmäßige Streuen; doch steht man den schlechten Eigenschaften des Superphosphats und des hygroskopischen Salpeters noch machtlos gegenüber. Das Superphosphat neigt in den Streukästen dazu, Brücken zu bilden; der hygroskopische Salpeter frißt alles Eisen an. Dagegen kann man sich einfach dadurch helfen, daß man keine Eisenteile unmittelbar an den Dünger bringt.

2. *Allgemeines über Düngerstreumaschinen*

Die Maschinen und Geräte für den Handelsdünger kann man nach ihren Streuorganen einteilen in Loch-, Schiebegitter-, Schlitz-, Walzenmulden-, Walzen-, Ketten-, Teller- und Schleuderstreuer.

Sie bestehen fast alle aus einem fahrbar gemachten Vorratskasten, der wegen des Ätzens mancher Düngersorten aus Holz gefertigt ist. Soweit Eisenteile: Rührwellen, Austragsschieber usw. benutzt werden, sind sie meist aus Guß, dessen harte Gußhaut widerstandsfähiger gegen chemische Einflüsse ist. Bei den Schiebegitterstreuern müssen einzelne Teile der Streuvorrichtung aus Eisenblech hergestellt sein. Der Streuer wird daher nur dann eine längere Lebensdauer haben können, wenn er sofort nach dem Streuen peinlich gesäubert wird. Die Düngerstreumaschinen werden in genormten Streubreiten von 1,75 bis 4 m gebaut. Bis zu 2,50 m Breite werden sie mit Gabeldeichsel einspännig gefahren. Bei größeren Streubreiten ist es ratsam, die Maschinen mit Vorderwagen zu fahren, um den pendelnden Pferdezug abzufangen. Da die beweglichen Streuorgane durch Bodenantrieb von den Rädern aus angetrieben werden — bei breiten Streuern oft von beiden Fahrrädern für je eine Hälfte der Maschine —, so ist es zweckmäßig, durch einen Vorderwagen Geschwindigkeitsunterschiede zwischen den beiden Antriebsfahrrädern und damit auch zwischen den Streuorganen der beiden Seiten zu vermeiden. Um den Dünger noch gleichmäßiger zu verteilen, kann man ihn nach dem Austragen einem mit Nägeln besetzten Verteilerbrett überlassen, das unterhalb des Austragsorgans am besten pendelnd aufgehängt wird. Für stäubende Düngemittel empfiehlt sich ein Windschutzkasten, der die Verteilernägel innen hat.

256. Handdüngerstreuer „Düngerzwerg“
(Mauser-Werke, Waldeck)

3. *Düngerzwerg*

Bevor die Geräte und Maschinen zum Austragen des Düngers behandelt werden, soll auf ein Handgerät, den „Düngerzwerg“ (Bild 256), eingegangen werden, der in der Einordnung einen besonderen Platz einnimmt. Dieser von Hand zu bedienende Ringstreuer eignet sich besonders beim Hackfruchtbau; er umgibt die einzelnen Pflanzen mit einem Düngerring. Dadurch ist er ein düngersparendes Gerät. In einer Stunde leistet er etwa 4000 Düngungen, so daß er bei einem Pflanzenabstand von 50 × 50 cm und zehnstündiger Arbeit eine Fläche von einem ha düngt. Dieser im Bild 257 im Schnitt dargestellte Handstreuer faßt 4 kg Dünger.

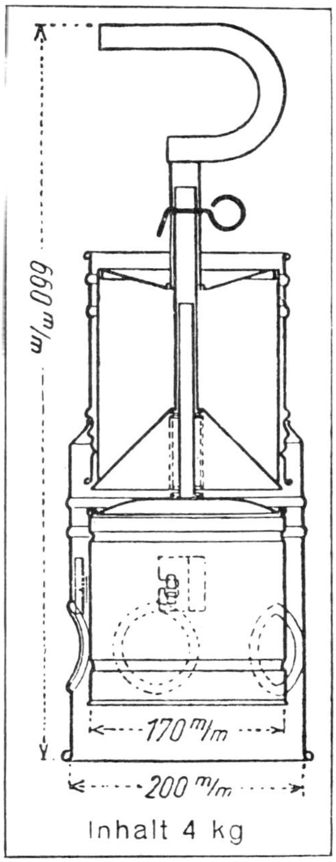

257. Schnitt durch den „Düngerzwerg“
(Mauser-Werke, Waldeck)

258. Blick in den Streukasten des Schieferstein-Streuers (Schieferstein, Lich)

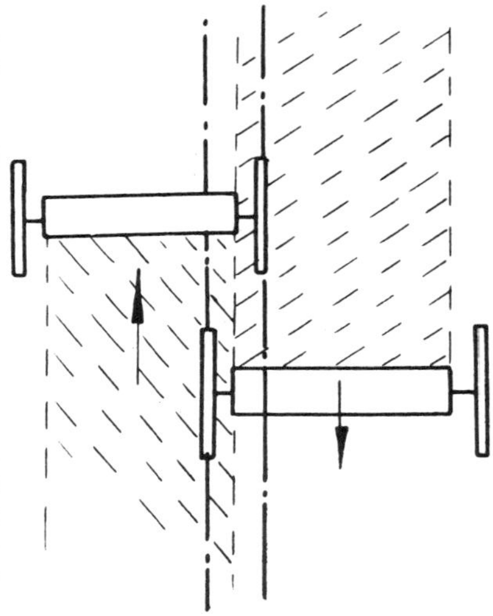

259. Doppelspuren bei bespannten Düngerstreumaschinen

Der Streuer wird bei der Arbeit mit seinem unten befindlichen Hohlraum über die zu düngende Pflanze gestülpt und kurz auf den Boden aufgestoßen. Dabei fällt der Dünger herab. Der Apparat wird gleich wieder ruckartig nach oben gerissen. Durch das sehr wichtige Hochreißen in etwa 30 cm Höhe fällt der Dünger aus dem Vorratsbehälter in einen unteren ringförmigen Streuraum, der beim Aufstoßen entleert wird. Durch das Hochreißen wird feuchter Dünger gleichmäßig gut gestreut. Die Streumengen sind auf Gaben von 10 bis 30 g einzustellen.

260 (Mitte). Anbau-Düngerstreumaschine mit über die Radspuren reichender Ausladung (Schieferstein, Lich)

261 (unten). Zapfwellenantrieb einer Anbau-Düngerstreumaschine (Schieferstein, Lich)

Als weitere Handgeräte seien die vor der Brust zu tragenden Tellerstreuer erwähnt, die besonders für Gartenbetriebe geeignet sind. Mit einer an einem Triebstock beidseitig befestigten und um die Achse der Tellerscheibe geschlungenen Schnur zieht man den Triebstock hin und her. Dadurch gerät die mit Rippen versehene Tellerscheibe in kreisende Bewegung. Durch ein gleichzeitig bewegtes Rührwerk, das in dem über der Scheibe stehenden Vorratskasten arbeitet, fällt Dünger auf die Tellerscheibe und wird etwa 3 m breit auf den Acker geschleudert.

262. Anbau als Frontstreuer vor dem „Alldog" (Schieferstein, Lich)

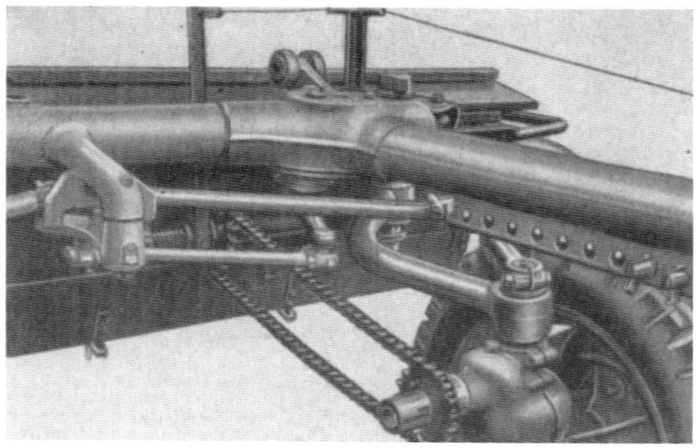

263. Kettenantrieb beim „Alldog" (Schieferstein, Lich)

4. Lochstreuer

Die einfachsten Düngerstreumaschinen sind die Lochstreuer. Sie bestehen aus einem mit Rührwerk versehenen, fahrbar gemachten Vorratskasten, dessen Boden runde Löcher hat. Durch ein seitlich verschiebbares, in gleicher Weise gelochtes Blech unter dem Boden können die Bodenöffnungen geschlossen, oder, je nach Streumenge, mehr oder weniger geöffnet werden. Solche Streuer, die in Reihen düngen können, sind für rieselnde oder trockene und körnige Düngersorten feinen Kornes zu verwenden, weil die Rührwelle im Kasteninnern nur bedingt den Dünger austrägt. Er gehorcht in erster Linie dem freien Fall. Wird die Maschine erschüttert, so ergeben sich Querstreifen, die u. U. mehr als das Zehnfache der erforderlichen Gabe

264. Anbau eines Kalkstreuers in den Mittelrahmen eines „Alldog" (Schieferstein, Lich)

265. Einachsschlepper mit Anbau-Düngerstreumaschine
(Rau, Kirchheim unter Teck)

ausmachen. Die Maschine hat kein Streuorgan. Darum wird der kostbare Dünger verschwendet, die Pflanzen bekommen nicht die ihnen zustehenden Düngergaben.

Daß es möglich ist, einfache,preiswerteDüngerstreuer mit Bodenöffnungen in sehr brauchbarer Form zu bauen, zeigt der im Schnitt dargestellte Schieferstein-Streuer (Bild 258). Der Kastenboden ist mit verstellbaren Schlitzlöchern versehen, über die eine Streuschiene mit seitlichen Ansätzen hin- und herbewegt wird. Sie regelt gemeinsam mit der Öffnungsweite des Schlitzes die Streumenge. Im oberen Kasten bewegt sich dabei — entgegengesetzt zur Streuschiene — ein kammartig ausgebildeter Rührschieber, damit backende Dünger nachfließen können.

Der zwischen Fahrrädern aus Eisen (oder aus luftbereiften Felgen) aufgehängte Streukasten der Düngerstreumaschinen bringt es mit sich, daß der Bereich der Fahrräder nicht überstreut wird. Die Fahrräder hinterlassen doppelte, unliebsame Spuren, wenn die bestreuten Flächen Anschluß behalten sollen (Bild 259). Die Düngerstreumaschine als Anbaugerät am Schlepper hilft diesem Übelstand ab. Der Streukasten einer solchen Maschine überragt nach hinten die Räder des Schleppers, also auch dessen Spuren. Dadurch werden auch die Schlepperspuren mit Dünger überstreut. Ein Beispiel dafür bringt die zuvor behandelte Maschine als Anbaudüngerstreumaschine (Bild 260) hinter einem Schlepper. Angetrieben wird bei dieser Anordnung unmittelbar durch Zapfwelle (Bild 261) oder auch durch einen fahrradabhängigen Kettentrieb, wie es bei der nächsten Anordnung der Fall ist, bei der die Düngestreumaschine als Frontstreuer vor den Rahmen eines Alldogs befestigt ist (Bild 262). Der Antrieb wird hier übertragen von dem Vorderachsschenkel des Alldogs aus über einen Kettentrieb zur Vorderradzapfwelle des Alldogs (Bild 263). Die Streukupplung wird vom Führersitz aus durch Seilzug

266. Blick in den Streukasten der „Neu-Ideal"
(Schieferstein, Lich)

ein- und ausgerückt. Über eine Umlenkrolle betätigt der Seilzug den Kupplungshebel und dadurch wird die unter Federspannung stehende Kupplung ausgehoben. Eine andere Art von Düngerstreuern, die über die Radspur hinaus arbeiten, zeigt das Bild 264, bei der ein Kalkstreuer in den Mittelraum des Alldogs eingebaut ist.

Mit dem Einachs-Geräterahmen kann auch der Einachsschlepper Vorrichtungen wie Düngerstreumaschinen tragen. Bei der als Beispiel gezeigten Konstruktion (Bild 265) stützt sich der Geräterahmen auf ein vom Führersitz aus mit den Füßen zu steuerndes Schlepprad. Die Düngerstreumaschine wird hier durch unmittelbare Kettenübertragung angetrieben von der Achse des Schleppers aus auf das Austragorgan.

5. *Schiebegitterstreuer*

Die „Neu-Ideal" ist ein sogenannter Schiebegitterstreuer (Bild 266). Auch hier sind im Boden verstellbare Schlitze vorhanden, über die ein doppeltes Schiebegitter gegenläufig hin- und herbewegt wird. Sonst ähnelt diese Ausführung der vorigen, von der gleichen Firma gebauten Schieferstein-streumaschine.

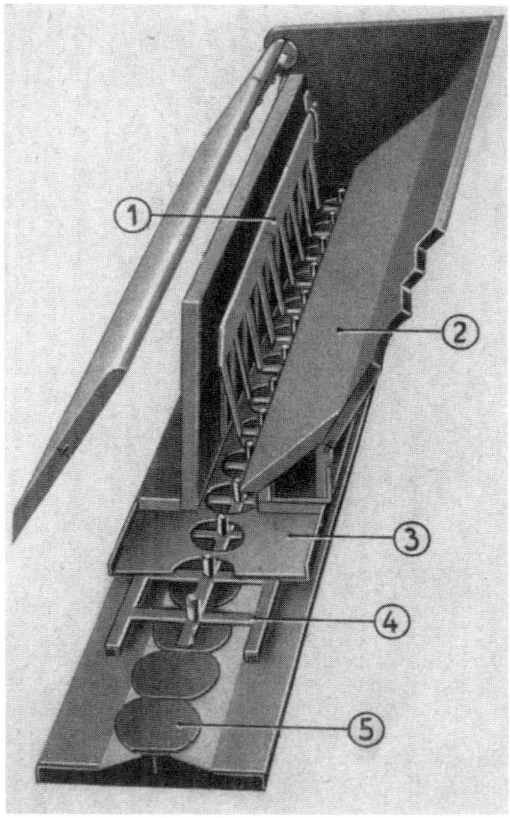

267. Streumechanismus des „Streumeister"
(Schieferstein, Lich)
1 Rührschieber, 2 Kastenwand, 3 Lochboden, 4 Schiebegitter, 5 Tellerboden

Ein anderer Schiebegitterstreuer ist der Streumeister. Wie der Schnitt durch den Streukasten (Bild 267) zeigt, wird sein Boden aus einem Doppelboden, dem Tellerboden 5 und dem Lochboden 3 gebildet, zwischen denen ein Schiebegitter 4 als Streuschiene hin- und herbewegt wird. Im oberen Teil des durch die Kastenwand 2 abgeschrägten Vorratskastens bewegt sich ein Rührschieber 1.

Drei- und Viermetermaschinen sind wegen ihrer Breitenauslage, durch die sie Wege und Straßen sperren und nicht durch Einfahrten gefahren werden können, mit Langfahrausrüstungen für den Transport versehen (Bild 268). Für Pferdegespann wird dabei der im hinteren Drittel mit einer Querachse versehene Vorratskasten mit Vorderwagen gefahren. Bei Schlepperzug wird der Kasten unmittelbar am Zughaken des Schleppers befestigt.

268. Langfahr-Vorrichtung einer Düngerstreumaschine (Schieferstein, Lich)

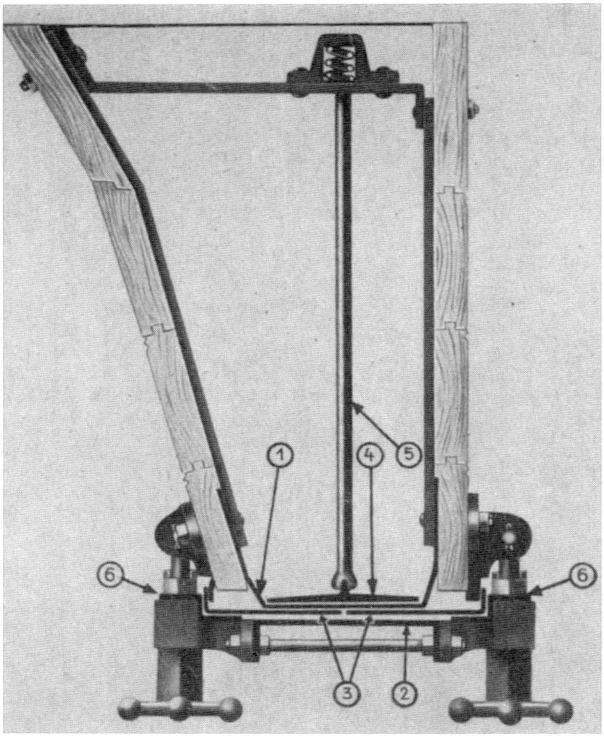

269. Schnitt durch einen Schiebegitterstreuer (I. H. C., Neuß)

1, 2 Schlitzboden, 3 Streugitter, 4 Zuführungsschiene 5 Druckstange, 6 Spannschrauben

Bild 269 zeigt den Schnitt, Bild 270 einen Blick in den freigelegten Streukasten eines Schiebegitterstreuers. Der Querschnitt zeigt den Aufbau des Streukastens und des Streuwerkes. Zwischen den beiden Schlitzböden 1 und 2 bewegen sich langsam die beiden Streugitter 3. Die Zuführungsschiene, die von der Druckstange 5 gegen den Kastenboden gedrückt wird, ist mit 4 gekennzeichnet. Der Handelsdünger fällt durch die Schlitze der beiden Streuböden und die quadratischen Öffnungen der Streugitter — gleichmäßig verteilt — auf den Acker. Zum Streuen kleinster Düngermengen kann das Streugitter gegen ein Feinstreugitter ausgetauscht werden. Solche Schiebegitterstreuer sind leicht zu ziehen, so daß für 2,50 m Streubreite ein Pferd genügt.

6. Schlitzstreuer

Unter Schlitzstreuern versteht man Düngerstreumaschinen, die in der unteren Rückwand des Streukastens einen Austragschlitz haben, wie der Querschnitt einer solchen Maschine (Bild 271) zeigt. Die an der Hinterwand des Kastens angebrachten auswechselbaren Schlitzschienen sind mit *O* und *U* bezeichnet. Die obere Schiene *O* ist durch einen Hebel *H*, der den Exzenter *E* betätigt, verstellbar. Die Schlitzweite kann auch mit 2 Spannschlössern verändert werden. Durch sie können die Schienen für gleichmäßiges Austragen des Düngers über die ganze Schlitzbreite parallel eingestellt werden. Der Dünger im Kasten wird dem Schlitz durch gußeiserne ellipsenförmige Taumelscheiben *S* zugeführt. Sie sind auf einer Vierkantwelle *Z* schräg stehend so angeordnet, daß sie in der Seitenansicht als Kreise erscheinen. Andere

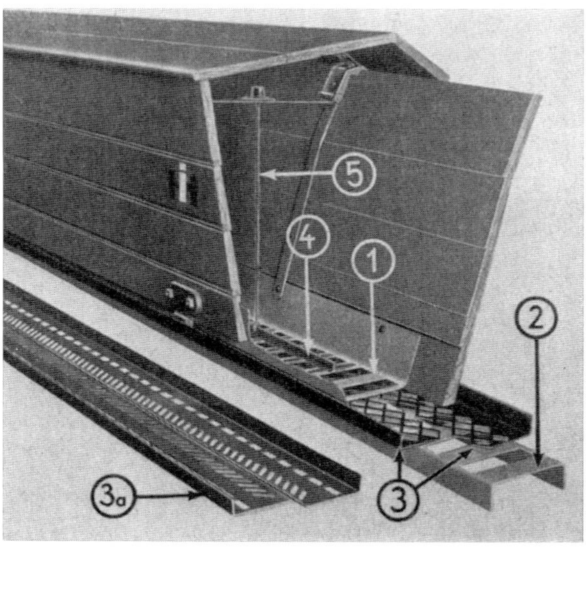

270. Freigelegter Streumechanismus eines Schiebegitterstreuers (I. H. C., Neuß)

1, 2 Schlitzboden, 3 Streugitter, 4 Kastenboden, 5 Druckstange

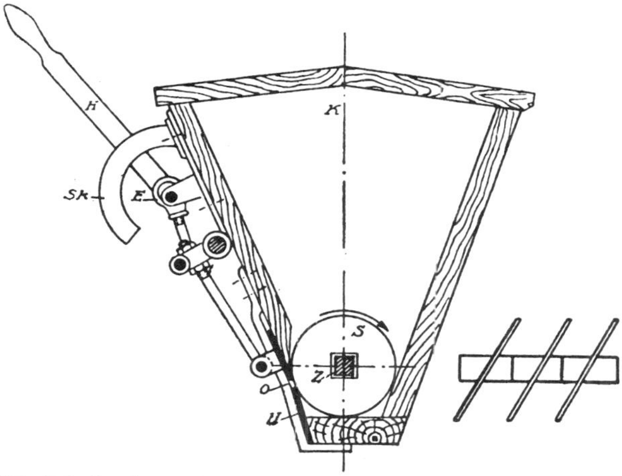

271. Schnitt durch einen Schlitzstreuer mit Taumelscheiben

Schlitzstreuer sind mit Flügelwellen ausgerüstet (s. Bild 284). Flügelwellen haben den Nachteil, daß ihre meist aus Temperguß bestehenden Flügel zu dicht an der Kastenwand vorbeistreichen und dadurch leicht feste Körper — Muttern oder Eisenteile — bei nicht immer sauber gesiebtem Thomasmehl festklemmen und abbrechen. Außerdem lassen sie sich wegen ihrer bizarren Form schwer reinigen. Bei Taumelscheiben drehen die Scheibenränder am Streuschlitz hin und her und sorgen für ein gleichmäßiges Ausschieben des Düngers über die ganze Streubreite. Um ihren Wirkungsgrad zu erhöhen, hat man die Taumelscheiben halbiert und versetzt angeordnet (Bild 272). Die einzelnen Glieder (Bild 273) sitzen lose auf einer Vierkantwelle und lassen sich darum leicht abschieben und reinigen. Aus dem Bild 274, das einen Blick in den Streukasten gewährt, kann man die einfache Bauweise solcher Schlitzstreuer erkennen. Die Streuwelle ist durch ein Mittellager unterteilt; die beiden Streuwellenhälften werden von jeder Seite durch die Fahrräder angetrieben. Auch diese Maschine wird als Anbaumaschine (Bild 275) gebaut. Angetrieben wird sie von den auf die Hinterradnaben des Schleppers aufgesetzten Zahnrädern durch Ketten. Die Kupplung für das Ein- und Ausrücken wird auch hier vom Führersitz aus bedient. Im Bild ist auch die Verstellvorrichtung für die obere Schlitzschiene zu erkennen, die zur feinen Regulierung in schräg verlaufenden Führungen bewegt wird. Beim Öffnen des Schlitzes entfernen die Schienen sich nicht senkrecht voneinander, sondern die obere Schiene geht schräg nach oben.

272. Taumelscheibenwelle mit halbierten Scheiben (Dreyer, Wittlage)

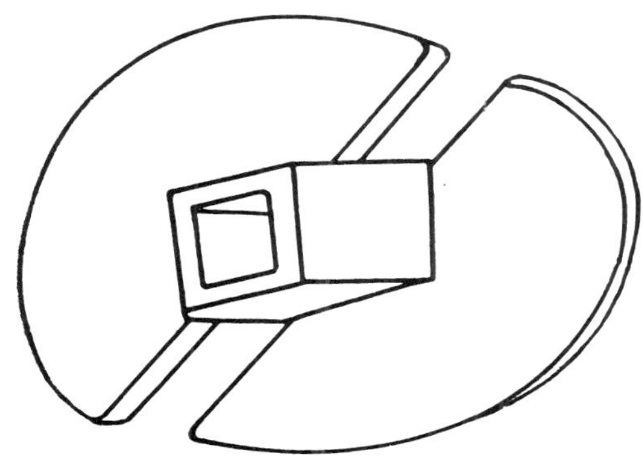

273. Halbierte Taumelscheibe (Dreyer, Wittlage)

274. Blick in den Kasten eines Taumelscheiben-Streuers (Dreyer, Wittlage)

275. Schlitzstreuer als Anbaumaschine (Dreyer, Wittlage)

276. Walzenmulden-Streuer für 3 m Streubreite (Amazonenwerk, Gaste)

7. Walzenmuldenstreuer

Von den Walzenmuldenstreuern sei die Amazone (Bild 276), die im Bilde als 3-m-Maschine mit Vorderwagen dargestellt ist, behandelt. Wie diese Bauart wirkt, ist aus Bild 277 zu ersehen. Dem unten auf dem schräg abfallenden Boden mit einem gezahnten Rührschieber versehenen Vorratskasten ist eine Mulde vorgebaut, in der sich eine mit einem in Schraubenlinie verlaufenden Profilband umwickelte Streuwalze dreht und dadurch den in die Mulde geschobenen Dünger austrägt. Die Menge wird durch den Durchlaßschieber reguliert, der durch einen Rastenhebel in seiner Höhenlage verstellt werden kann und dadurch den Durchlaß zwischen Kasten und Mulde verändert. Der Blick gegen die Rückseite der Maschine (Bild 278) zeigt u. a. die Streuwalze mit einer an der Unterseite des Streuwalzen-Schutzdeckels angebrachten, aus Bürsten bestehenden Reinigungsvorrichtung. Sind mit dem Dünger auch Fremdkörper in die Mulde gelangt, so wirft sie die Streuwalze durch Heben aus. Ein Blick in den Vorratskasten (Bild 279) zeigt, daß dieser, abgesehen von einer Kastenverstrebung, frei von hemmenden Elementen ist. Weil der Rührschieber abgekantet ist, bedarf er keiner Führungskappen. Der Antrieb des Rührschiebers, der durch Kurbeltrieb vom Fahrrad aus seine Bewegung über ein Kegelradgetriebe erhält

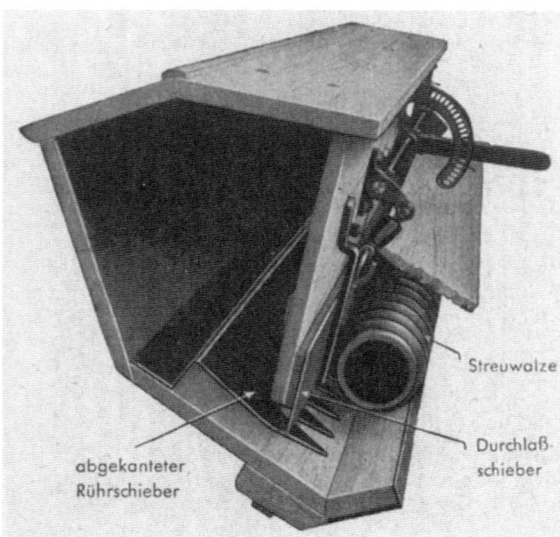

277. Freigelegter Streumechanismus eines Walzenmulden-Streuers (Amazonenwerk, Gaste)

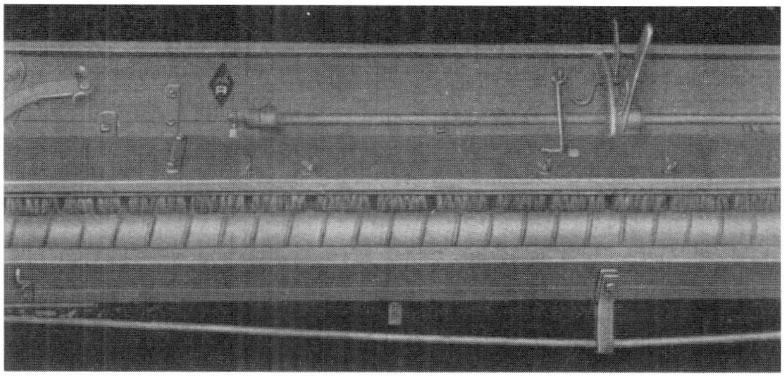

(Bild 280), wird von der Kurbel A aus über eine mit eingebautem, verstellbarem Segment B versehene Schub- oder Zugstange C zu dem Zapfen D geleitet, der mit dem Rührschieber fest verbunden ist.

Um beim Bergan- und Bergabfahren eine stets gleiche Streumenge einzuhalten, ist das Walzenmuldensystem als Zwillingsmaschine mit 2 um eine halbe Teilung versetzten Streuwalzen (Bild 281) ausgeführt worden. Der abgewinkelte Rührschieber arbeitet auf dem dachförmig ausgebildeten Boden, der zu beiden Seiten in je eine Mulde übergeht. Der Rührschieber wird von einem durch den Kastenboden gehenden Zapfen, an den die Zugstange faßt, hin- und herbewegt. Auch er hat keine starren Führungsklappen, die festrosten oder sich klemmen können. Er kann bei völlig geöffnetem Durchlaßschieber nach oben herausgenommen werden, wie ein Blick in das Kasteninnere (Bild 282) erkennen läßt. Die Seitenansicht der Maschine bei abgenommenem Laufrad und Schutzvorrichtung (Bild 283) zeigt die gegenseitigen Lage- und Bewegungsverhältnisse. Man sieht die beiden Streuwalzen A und B und den Antrieb des Rührschiebers. Angetrieben wird der Rührschieber

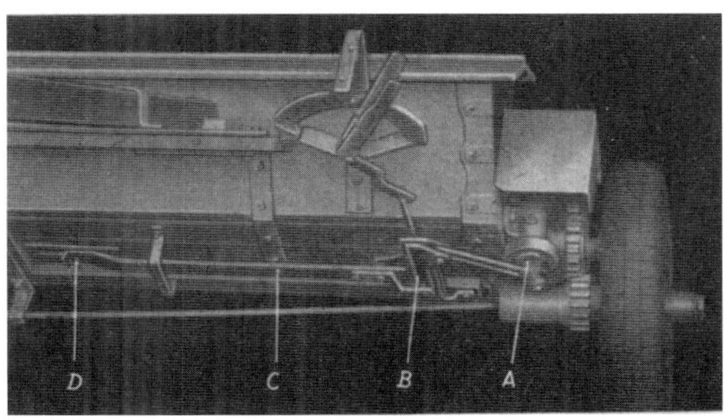

278 (oben). Streuwalze mit Reinigungsvorrichtung (Amazonenwerk, Gaste)

279 (Mitte). Inneres eines Walzenmulden-Streuers (Amazonenwerk, Gaste)

280 (unten). Rührschieber-Antrieb eines Walzenmulden-Streuers
(Amazonenwerk, Gaste)
A Kurbel, *B* verstellbares Segment, *C* Schubstange, *D* Zapfen

durch ein Kurbelgetriebe über die obere Zugstange E und eine mit Stellöchern versehene Schwinge C auf einen durch den Schwingbolzen D verstellbaren Lenker, der die nach unten gehende senkrechte Welle in hin- und hergehende Bewegung versetzt. An dieser Welle greift ein Schwinghebel an, der seine Bewegung über eine Zugstange auf den Rührschieberzapfen überträgt. Solche Maschinen werden für Streuarbeiten von 2 und $2^1/_2$ m mit Schere und von 3 m mit Vorderwagen für zweispännigen Zug gebaut. Der Kasten enthält bei diesen 3 Größen 155, 194 und 235 l. Die Spurenweiten betragen 2,52, 3,02und 3,60 m.

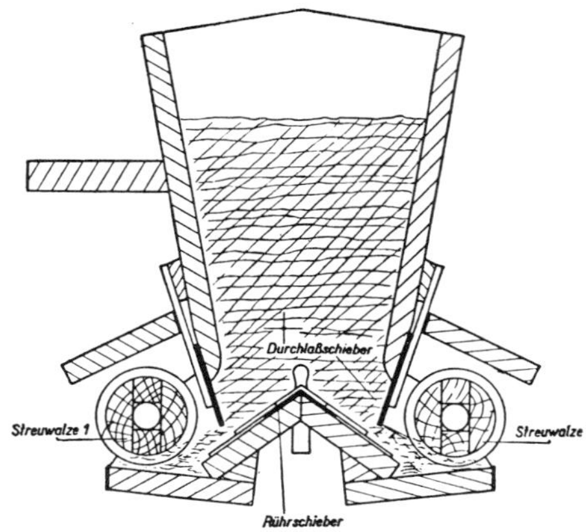

281. Schnitt durch eine Zwillingsmaschine (Amazonenwerk, Gaste)

8. *Walzenstreuer*

Walzenstreuer waren bis in die dreißiger Jahre sehr verbreitet. Bei der „Original-Voß" (Bild 285) arbeitete eine Eisenwalze im untersten Teil der Rückwand gegen eine nach oben verstellbare Begrenzungsschiene und besorgte das Austragen. Bei der „Pommerania" (Bild 284) arbeitete eine Holzwalze mit großem Durchmesser den Dünger gegen eine Abstreifschiene zum Schlitz hin. Beim „Columbus" wurde der Dünger (Bild 286) durch 2 mit verschiedenen Umlaufgeschwindigkeiten laufende Walzen ausgetragen. Der Columbusstreuer ist in seiner Güte und genauen Streuarbeit von einer anderen Maschine kaum wieder erreicht worden. Er war wegen seines stabilen Baues verhältnismäßig schwer. Die mahlenden beiden Walzenoberflächen sorgten für einen stets gleichen, fein ge-

282. Blick in den Streukasten einer Zwillingsmaschine (Amazonenwerk, Gaste)

283. Getriebeanordnung einer Zwillingsmaschine (Amazonenwerk, Gaste)
A, *B* Streuwalze,
C Schwinge, *D* Schwingenbolzen, *E* Zugstange

drückten Düngerstrom. Harte Klumpen, wie sie z. B. bei Harnstoff auftreten, wurden leicht zerdrückt. Auch diese Maschine ist, wie die beiden vorgenannten, vom Markt verschwunden.

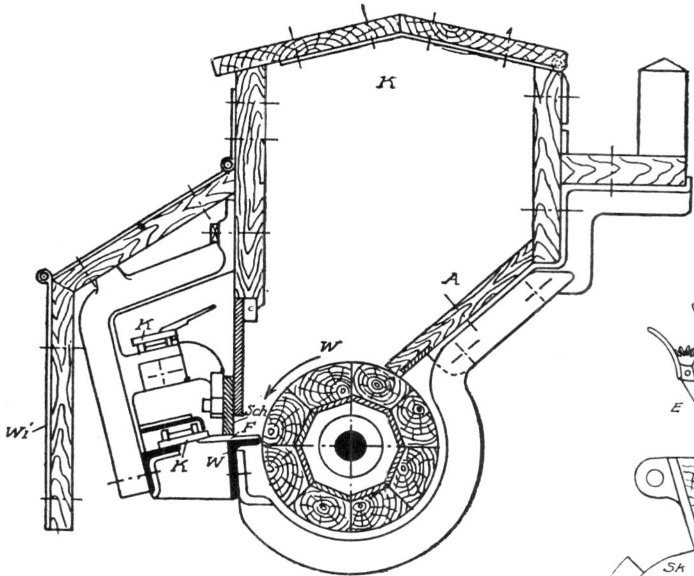

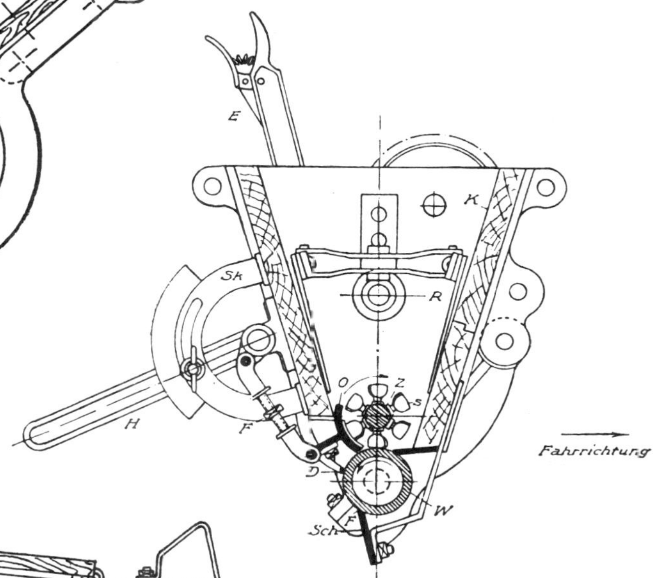

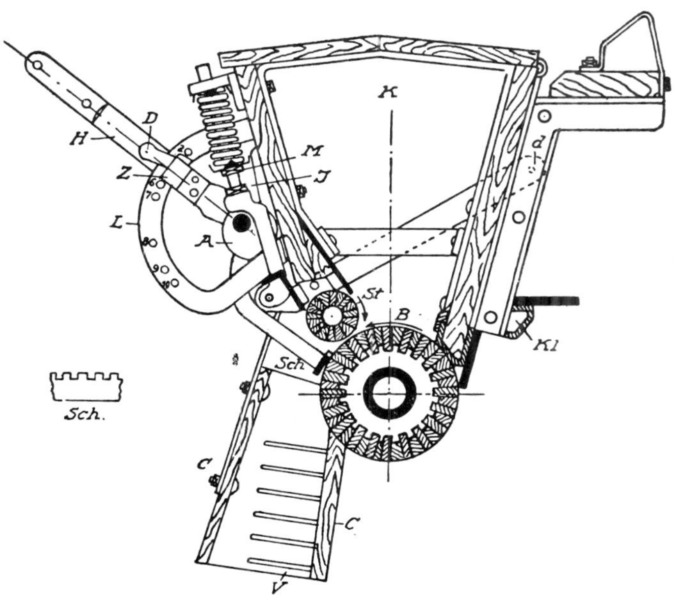

284 (oben).
Walzenstreuer mit Holzwalze und Abstreifkette

285 (mitte).
Walzenstreuer mit Flügelwalze

286 (unten).
Doppelwalzenstreuer

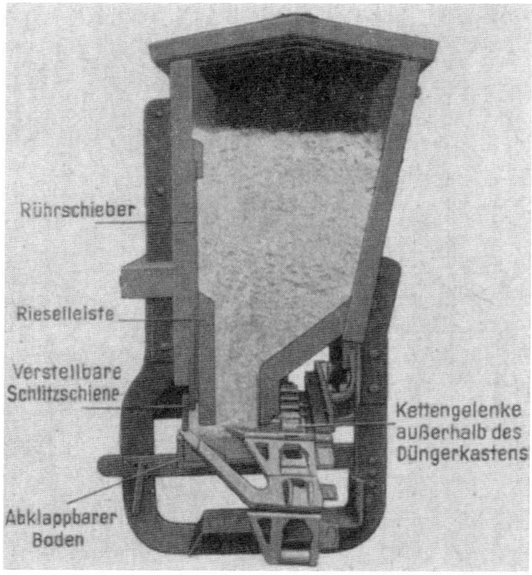

9. Kettenstreuer

Von den auf dem Markt befindlichen Düngerstreuern, die bei guter Wartung dem verhältnismäßig hohen Verschleiß bisher am besten widerstanden haben und die durch ihr Streusystem den Anforderungen der Praxis (auch bei schmierenden Düngersorten) noch mit am besten

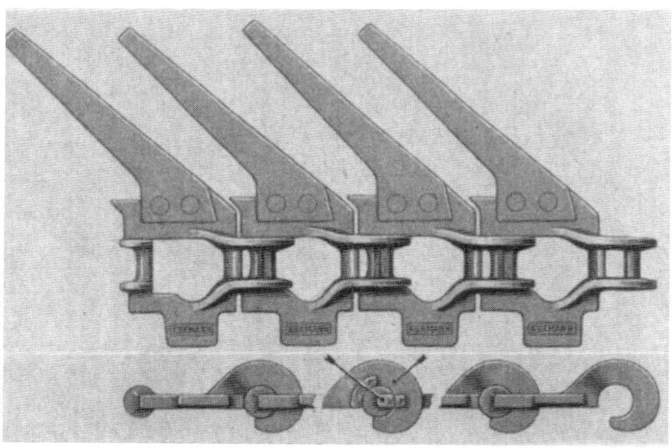

287 (oben).
Schnitt durch den Streukasten eines Kettenstreuers
(Kuxmann, Bielefeld)

288 (mitte).
Neuzeitliche Streukette mit Selbstreinigung
(Kuxmann, Bielefeld)

289 (unten).
2-m-Kettenstreuer
(Kuxmann, Bielefeld)

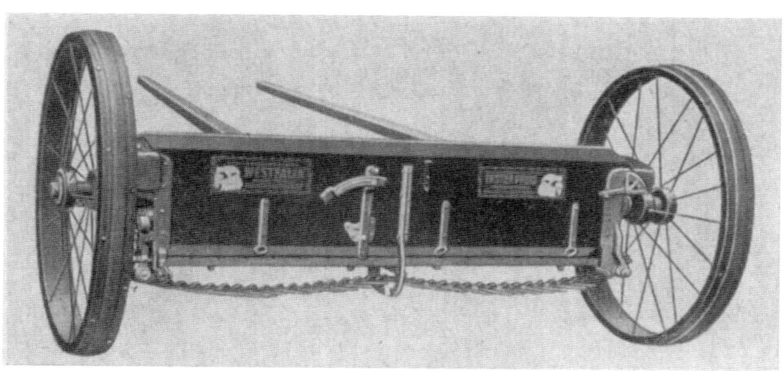

besten gerecht wurden, sind die Kettendüngerstreumaschinen (Bild 287) zu nennen, von denen eine 2-m-Maschine für Mittel- und Kleinbetriebe dargestellt ist. Bei diesen Maschinen bewegt sich eine aus Gelenken mit Fingeransätzen bestehende Kette (Bild 288) so auf der Bodenfläche eines geräumigen Kastens, daß die Fingeransätze den Dünger durch den vom Kastenboden und einer verstellbaren Schiene gebildeten Schlitz hinausschieben und gleichzeitig diesen Schlitz vor Verstopfungen bewahren. Die bei solchen Kettenstreuern benutzten Ketten sind nach langjährigen Erfahrungen entwickelt worden. Die im Bild gezeigten Kettenglieder sind neuerer Bauart und haben geschlitzte Kettenösen und kantige Dorne, so daß sich die Kette bei der Arbeit dauernd selbst reinigt. Dadurch wird die Kette vor unerwünschtem Festrosten bewahrt. Die endlose Kette wird unterhalb des Kastenbodens zurückgeleitet. Ihre Gelenke befinden sich beim Durchgang der Kette durch den Kasten außerhalb von ihm, wegen seiner Verjüngung nach unten hin (Bild 289). Damit im Kasten Stauungen vermieden werden, ist die hintere Kastenwand von einem hin- und herbewegten Rührschieber bedeckt.

290. Stellschiene an der Kastenrückwand (Kuxmann, Bielefeld)

291. Großflächenstreuer als Anhängegerät (Kuxmann, Bielefeld)

Die Menge des zu streuenden Düngers wird bei den Kettendüngerstreumaschinen durch Verstellen der Stellschiene (Bild 290) reguliert und dadurch, daß die Streukettengeschwindigkeit durch Auswechseln von Zahnrädern verändert wird. Bei besonders großen Streumengen (Kalk) wird ein Kalkstreugetriebe angebracht, das die Streuleistung bis etwa 80 % erhöhen kann. Außerdem kann die Streumenge durch Tieferstellen des Klappbodens

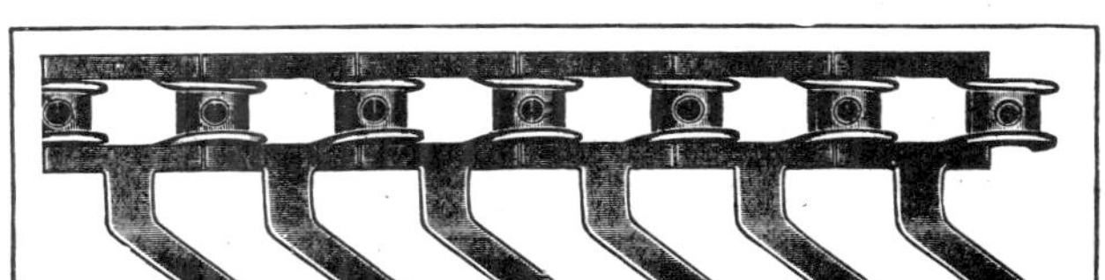
292. Streukette der „Agraria" (H. C. Fricke, Bielefeld)

293. 2-m-„Agraria", luftbereift (H. C. Fricke, Bielefeld)

vergrößert werden. Dadurch wird die Grundstellung der unteren Schlitzbegrenzung verändert. Bei stark rieselndem Dünger stellt man zweckmäßig eine Rieselleiste (s. Bild 289) gegen die untere Rückwand in den Kasten. Sie wirkt wie die Schützen einer Schleuse auf den Dünger und hemmt eigenmächtiges Ausfallen.

Kettendüngerstreumaschinen werden in Arbeitsbreiten bis zu 4 m gebaut. Wegen der großen Spannweite größerer Kästen sind diese durch Sprengwerke am Durchhängen gehindert. Die breiten Streumaschinen sind mit Langfahrvorrichtung versehen.

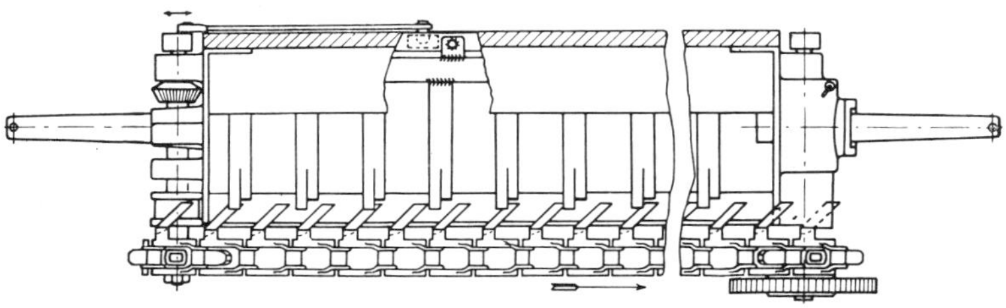

294. Schema der Kettenanordnung und Rührvorrichtung bei der „Agraria" (H. C. Fricke, Bielefeld)

Große Flächen bestreut man zweckmäßig mit einem Großflächenstreuer (Bild 291). Solche Maschinen haben einen als Schlepper-Anhänger ausgebildeten, mit seiner Ladefläche nach hinten geneigt liegenden Vorratswagen. Dem mit ihm verbundenen Kettenstreuer von gewöhnlich 3 m Breite wird der Dünger vom Wagen aus zugeleitet. Darum hat der Düngerstreuer ein Laufbrett, von dem aus eine mitfahrende Person den Dünger aus dem Vorratswagen dem Düngerstreuer zuharkt. Solche Vorratswagen fassen etwa 30 Ztr. Dünger.

Eine Erscheinung, die den Kettenstreuern öfter schon den Vorwurf eingebracht hat, sie trügen an der Kettenablaufseite mehr Dünger aus, als an der Ketteneinlaufseite, beruht darauf, daß die Querbewegung der Kette im Kasten den Dünger wegen der Reibung zwischen Kette und Dünger zur Seite schiebt, so daß der Dünger nach einer gewissen Streuzeit im Kasten an der Kettenablaufseite höher steht als an der anderen Seite. Diese Erscheinung hat mit dem Ausstreuen nichts zu tun; der Dünger wandert im Kasten mit der Kette und man hat nur dafür zu sorgen, daß er von Zeit zu Zeit im Kasten wieder richtig verteilt wird, ehe die Kette auf der einen Seite leer arbeitet.

295. Ölbadgetriebe der „Agraria" (H. C. Fricke, Bielefeld)

Die „Agraria" vermeidet das. Bei dieser Düngerstreumaschine läuft der aktive Kettenteil außerhalb des Streukastens. Seine etwa 40 mm langen gekröpften Streufinger (Bild 292) greifen von außen in den Streuschlitz ein und ziehen den Dünger aus dem Kasten heraus.

Durch den Rücklauf der Kette nach oben ist zu Ende des Kastens ein freier Abfall des Düngers gewahrt. Reinigungsbürsten der Kette lassen auch bei diesen Düngerstreumaschinen einen überstreuten Streifen zurück.

Luftbereifte Räder führen sich bei den Düngerstreuern immer mehr ein (Bild 293). Es gibt dadurch weniger Erschütterungen und größere Gleichmäßigkeit beim Streuen. Wegen der kleineren Luftreifenräder liegt der Streukasten tiefer. Der Wind kann deshalb das Streuen weniger beeinflussen. Das Schema der Kettenanordnung bei dieser Maschine und der Rührvorrichtung geht aus Bild 294 hervor. Für leichten Gang sorgt ein auch im Düngerstreuerbau immer mehr verwendetes Ölbadgetriebe (Bild 295).

296. Tellerstreuer „Velmo“ (Meyer, Neustadt)

297. Tellerstreuer „Vilmo“ (Kuxmann, Bielefeld)

10. Tellerstreuer

Die Bauweise der Tellerdüngerstreumaschinen weicht von der Bauweise der anderen Düngerstreumaschinen völlig ab. Sie sind in verschiedenen, sich aber wenig unterscheidenden Konstruktionen auf dem Markt vertreten (Bild 296 und 297). Diese Maschinen können wegen ihrer besonders gearteten Austragorgane (vom schmierendsten bis zum leicht rieselnden Dünger) Gaben von 10 bis 700 kg/ha gleichmäßig ausstreuen. Verwendet man den Kalkrädersatz,

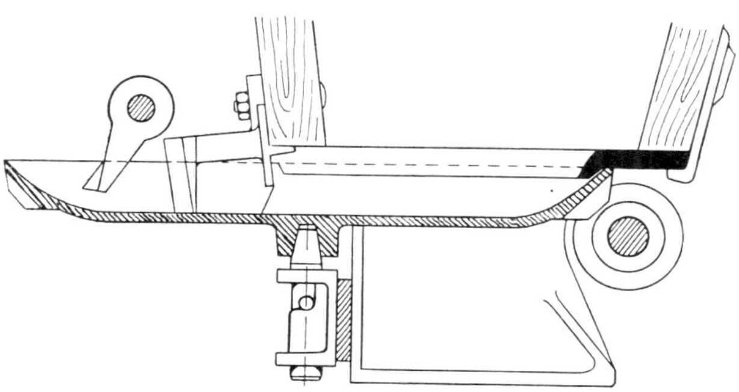

298. Durch Schnecke angetriebener Streuteller (Kuxmann, Bielefeld)

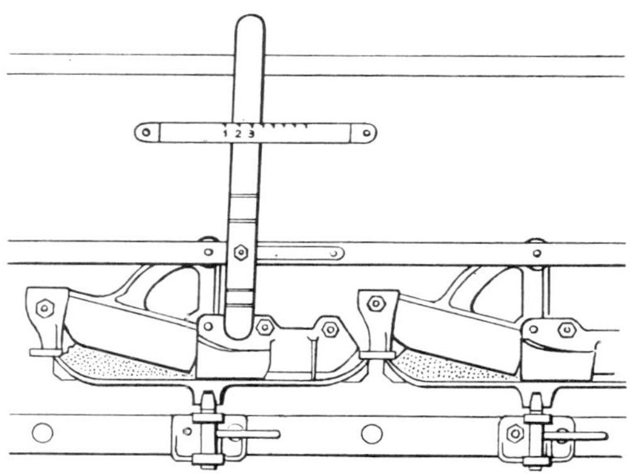

299. Streuklappen des „Vilmo“ (Kuxmann, Bielefeld)

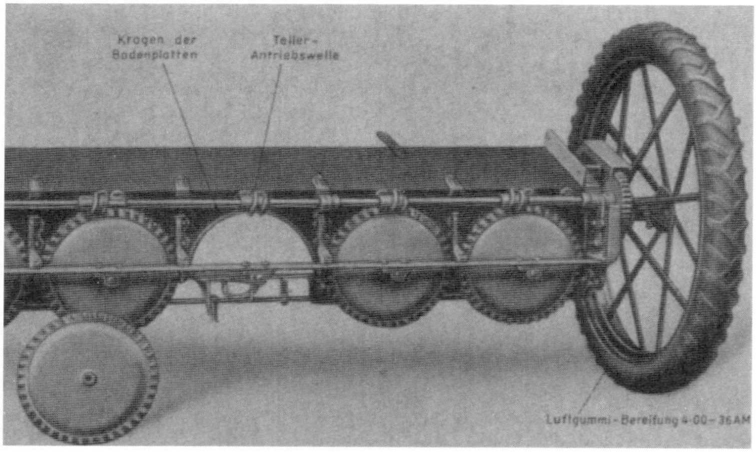

300. Unterseite des Tellerstreuers (Kuxmann, Bielefeld)

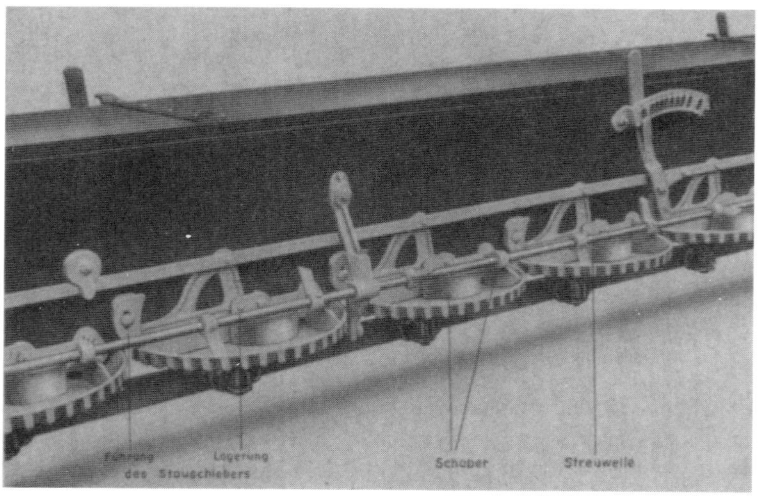

301. Streumechanismus des „Vilmo“ (Kuxmann, Bielefeld)

302. Stäubemaschine „Spitzenreiter“ (M. Rausch, Frechen-Buschbell)

so kann man bis 2500 kg/ha Kalk ausstreuen. Der Streukasten ist nach unten durch Teller abgeschlossen (Bild 298), die gemeinsam von einer Antriebswelle durch Schnecken (Bild 298) oder durch Kegelräder (s. Bild 296) angetrieben werden und sich langsam drehen. Diese Teller überragen zu etwa 1/3 die hintere Kastenwand. Über diesen unter der Maschine herausragenden Teil der Teller ist eine mit Flügeln versehene schnell laufende Streuwelle so gelagert, daß die Flügel bei ihrer umlaufenden Bewegung in die mit Dünger angefüllten Teller tauchen und ihn nach hinten über die Tellerränder werfen. Zur Regulierung der Düngermengen sind — der Höhe nach verstellbar — Öffnungsklappen vorgesehen. Sie beeinflussen das Füllen der Teller (Bild 299). Die Drehzahl der Teller läßt sich durch ein Wechselrädergetriebe regeln. Zur Reinigung der Maschine werden die Teller durch eine mit Bajonettverschluß versehene, sich leicht lösende Lagerung herausgenommen (Bild 300). Bild 301 läßt die einzelnen Teile des Streumechanismus deutlich erkennen: Streuwelle mit den Flügeln; die an jedem Teller wirkenden Schaber; Verstellhebel; Lagerung und Führung der Streuklappen. Über kleine Tellerstreuer (Handgeräte) wurde auf S. 103 berichtet.

11. *Stäubemaschinen*

303. Der „Spitzenreiter" beim Stäuben (M. Rausch, Frechen-Buschbell)

Eine Düngerstreumaschine eigener Art ist der „Spitzenreiter". Die Maschine hat die Aufgabe, Handelsdünger, Kalk und auch Mittel zur Schädlingsbekämpfung in staubiger Form, gleichmäßig verteilt aufs Land zu bringen. Von dem Gedanken ausgehend, daß der Dünger nur restlos ausgenutzt wird, wenn jeder Quadratzentimeter der zu bedüngenden Fläche seinen Anteil erhält, hat der Schöpfer dieser Maschine sie mit einer Zerkleinerungs- und einer Zerstäubungsschleuderscheibe und mit einer Prallwand gleicher Breitenstreuung versehen, damit sie gleichmäßig streut. Die Arbeitsbreite dieser Maschine (Bild 302) beträgt 3 m. Der Dünger wird während der Fahrt von einem Vorratskarren in den vorgebauten kegelförmigen Behälter geschaufelt und hierin durch einen Streustern vorzerkleinert. Aus ihm fließt er in genau regulierbarem Fluß auf eine darunter angeordnete, durch Zapfwelle vom Schlepper aus angetriebene Schleuderscheibe. Sie zerreißt Flocken und Klumpen, vermischt das vollkommen zerkleinerte Streugut mit einem Luftstrom und schleudert das Ganze in horizontaler Richtung gegen die die Streuebene umgebende ovale Prallwand der nach oben geschlossenen Auffanghaube. Hier zerstäubt das Gut vollständig, wird durch den ovalen Verlauf der Prallwand über die Arbeitsbreite absolut gleichmäßig verteilt und fällt als hauchdünner Schleier auf den Acker herunter (Bild 303). Als Wind- und Staubschutz kann die Prallwand durch eine Umkleidung nach unten hin, je nach Bedarf verlängert werden. Die Maschine ist als Karren zum Anhängen an einen Schlepper ausgebildet. Das Vorderrad dient zum Abstellen der Maschine und wird bei der Arbeit abgenommen. Der Zugbedarf ist so groß wie bei anderen Maschinen. Der Rundbehälter faßt etwa 250 l, der Zusatzkasten etwa 500 l. Der Streumengenbereich liegt zwischen 10 und 3000 kg/ha bei Fahrgeschwindigkeiten bis zu 20 km/Std. Eine Tagesleistung von 20 ha ist demnach mit dieser Maschine leicht zu erreichen.

12. *Kalkstreuer*

Die verhältnismäßig großen Kalkgaben, die dem Land alljährlich zugeführt werden müssen, sind mit den normalen Düngerstreumaschinen unwirtschaftlich zu streuen, da deren Streukästen zu schnell leer werden. Man hat für die normalen Düngerstreumaschinen zwar Aufsatzkästen für Kalk geschaffen, doch ist es zweckmäßiger, wenn schon geschaufelt werden muß, es dauernd zu tun. Man kann sich dabei durch einen Kalkstreuer helfen, der als Karren ausgebildet ist. Er wird an einen mit Kalk beladenen Ackerwagen angehängt und vom

Wagen aus dauernd beschickt. Ein solcher Kalkstreuer (Bild 304) besteht aus einem Trichter, unter dem, ähnlich wie bei den Jaucheverteilern, der Streuteller von der Fahrradachse aus — über ein Kapselgetriebe — gedreht wird. Besonders wirtschaftlich wird dieses Gerät, wenn man den Trichter eines Jauchestreuers auswechselt. Man kann es dann auch zum Jaucheverteilen verwenden.

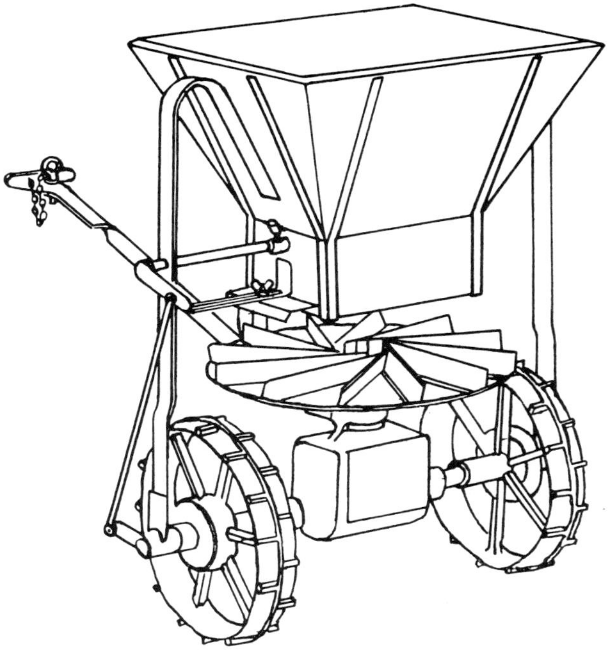

304. Kalkstreuer (Burkert u. Co., Gerabronn)

G. Künstliche Beregnung

1. Allgemeines

In der Bezeichnung „Künstliche Beregnung" liegt ein Hinweis auf die Natur, die uns den natürlichen Regen spendet. Hier soll der Begriff „Regen" weitergezogen werden. Uns interessiert weniger der physikalische Vorgang des Regnens, sondern mehr die Befruchtung des Ackerbodens als das Endergebnis des natürlichen Regeneinflusses. Die Feuchtigkeit löst die Nährstoffe des Bodens; sie können als Nährsalzlösungen unter mancherlei für das Wachstum der Pflanzen wichtigen Umsetzungsvorgängen den Pflanzen zugeführt werden. Die Feuchtigkeit ist die Quelle der Bodenfruchtbarkeit und daher so bedeutungsvoll für die sich ständig vermehrende Menschheit.

Das Wasser gelangt im natürlichen Wasserhaushalt der Natur nicht nur unmittelbar durch den Regen in den Boden. Gewiß verläuft der Kreis des Wassers so: Verdunstung, Wolkenbildung, Niederschlag. Mittelbar aber wird die Niederschlagsmenge auch durch Bäche, Flüsse, Ströme weitergeleitet zu den großen Verdunstungsbecken: Seen und Meere. Und auf diesem Wege durchfeuchtet das Wasser außerdem die Äcker und Wiesen, die Forsten und Wälder, die es wie ein Schwamm festhalten. Hierbei spielt die Art des Bodens eine ausschlaggebende Rolle. Wir wissen, daß im Sandboden die Feuchtigkeit schnell versiegt. Der schwerere, gekrümelte Ackerboden kann sie lange festhalten. Die Oberfläche der Erde ist klimatisch verschieden, also der Verdunstung des Regens verschieden stark ausgesetzt. Wir kennen unfruchtbare Sandwüsten, in denen sich die Feuchtigkeit nur in dem anders gearteten Boden ihrer Oasen hält, die dadurch fruchtbar werden. Wir wissen aus der Überlieferung vom fruchtbaren Mesopotamien zwischen den Flüssen Euphrat und Tigris; uns ist die Fruchtbarkeit des Fünfstromlandes in Indien und vieler anderer durch Flußläufe fruchtbar gemachter Gebiete bekannt. Sie wurden schon früh zu Ausgangsstätten großer Kulturen. Manche dieser von der Natur aus bewässerten Gegenden gaben aber auch den Anstoß dazu, die von den Flüssen mitgeführten Wassermassen durch Dämme zeitweise zu stauen, um sie in trockenen Jahreszeiten dem Land zukommen zu lassen. Wir kennen auch Gebiete, die zu feucht sind und die zu reichliche Feuchtigkeit nicht verarbeiten konnten und darum zu Morästen und Sümpfen geworden sind. Die Technik hat der Menschheit die Mittel gegeben, den ungleichmäßigen Wasserhaushalt der Natur in gewissen Grenzen zu verbessern; durch Bewässerungsanlagen den Grundwasserspiegel zu heben; durch Entwässerungsanlagen Sümpfe trocken zu legen; durch Regen und Beregnungsanlagen das Wachstum der Pflanzen zu fördern und zu schützen. Von Regenanlagen, die künstlichen Regen erzeugen, soll in diesem Abschnitt die Rede sein.

Für das Wachstum der Pflanzen ist es wichtig, daß ihnen genügend Feuchtigkeit zur rechten Zeit zugeführt wird. Unwesentlich ist, wie groß im Jahre die Niederschlagsmenge ist. Selbst in trockenen Jahren ist in unsern Gegenden die Niederschlagsmenge größer als sie die Pflanzen verlangen. Sie kommen nur nicht immer zur rechten Zeit. Wenn auch der Boden eine gewisse Menge Feuchtigkeit aufnehmen kann, so fließt doch die Hauptmenge jedes stärkeren Regens von den Äckern ungenutzt wieder ab. Es ist also wesentlich, in trockenen Zeiten durch künstlichen Regen den Pflanzen und dem Boden die nötige Feuchtigkeit zu verschaffen, und zwar in einer dem natürlichen Regen ähnlichen Form. Nötig sind im Monat etwa 50—60 mm.

305. Dieselmotorpumpe (Hüdig, Quakenbrück)

Die künstliche Beregnung hat erst eine etwa dreißigjährige Entwicklung hinter sich. Nach den Anfangserfolgen hat sie sich bald zu einem industriellen Sondergebiet entwickelt. Die Landwirtschaft hat die Wahl zwischen Beregnungsanlagen mannigfaltigster Ausführung.

Für eine Beregnungsanlage muß genügend Wasser vorhanden sein. Am günstigsten ist es, wenn genügend Grundwasser in nicht zu großer Tiefe ausgenutzt werden kann; es wird mit Pumpen der verschiedensten Art der Beregnungsanlage zugeführt. Ist der Grundwasserstand tiefer als 7 m, so muß meistens das Wasser mit elektrischen Tiefpumpen hochbefördert werden. Aber auch bei oberirdischen Gräben, Bächen, Flüssen oder gar Seen ist die Anlage einfach, besonders wenn man an den Gewässern Staubecken anlegen kann. Anlagen dieser Art müssen von den Behörden genehmigt werden, wenn andere Wirtschaften oder Unternehmen die Wasserquelle ausnutzen (Mühlen oder andere Betriebe, die das Wasser als Antriebskraft anwenden)! Sie könnten Schadensersatzansprüche stellen.

306. Pumpe, von Schlepper-Zapfwelle betrieben (Hüdig, Quakenbrück)

Eine Beregnungsanlage besteht aus dem Motor mit Pumpe, der Rohrleitung mit oder ohne Zapfstellen (Hydranten) und dem eigentlichen Regner mit Düse. Man unterscheidet ortsfeste, halbortsfeste und bewegliche Anlagen. Bei den ersten beiden Arten sind Pumpe und Motor meist in einem Pumpenhaus auf einem festen Fundament aufgestellt und die gesamte Leitung als Hauptleitung oder Ringleitung in der Erde verlegt. Sie hat einige Zapfstellen, Hydranten, auf die bei den ortsfesten Anlagen die Regner aufgesetzt werden. Da solche Anlagen, die ganz bis zu den Beregnungsstellen hinführen, sehr teuer und daher wenig verbreitet sind, hat man bei den halbortsfesten Anlagen die Hydranten nicht so weit verlegt. An sie werden dann ortsbewegliche Leitungen angeschlossen, die von Hydrant zu Hydrant wandern. Die bewegliche Anlage ist transportabel; also der Motor, die Pumpe und das Rohrsystem.

Man kann die Beregnungsanlagen auch nach ihrer Verwendung als Reinwasser- oder Abwasserverregnungsanlage unterscheiden. Hier soll nur die Reinwasserverregnung behandelt werden. Die neuesten Bestrebungen, die Anlage dadurch wirtschaftlicher zu machen, daß sie auch Jauche zur Düngung verregnet, sollen in einem der nächsten Abschnitte behandelt werden.

Für die Reinwasserverregnung werden fast nur normale Kreiselpumpen verwendet, die bei ortsfestem Betrieb meist mit einem Elektromotor gekuppelt sind. Ortsbewegliche Anlagen werden meistens von einem Dieselmotor (Bild 305) oder von einem Schlepper angetrieben. Beim Schlepper geht der Antrieb über die Zapfwelle (Bild 306). Wenn man Schlepper gelegentlich einsetzt, so wirkt sich das nicht gut aus. Die Beregnung soll keine gelegentliche Maßnahme sein. Wenn ein Schlepper eingesetzt wird, so verlangt die Beregnungsanlage seinen vollen Einsatz. Das wird sich nur da ermöglichen lassen, wo mehrere Schlepper vorhanden sind. Dann braucht wegen anderer dringender Arbeiten der Beregnung nicht die Kraftquelle entzogen zu werden. Selbstverständlich ist, daß diese Kraftquelle dem Kraftverbrauch der Pumpe angepaßt ist, daß nicht etwa, um zu übertreiben, eine 10-PS-Pumpe mit einem 40-PS-Schlepper betrieben wird.

Die Kraftübertragung durch Flachriemen hat sich in der Praxis nicht bewährt. Wenn nicht unmittelbar gekuppelt werden kann, bedient man sich lieber des Keilriemens, womit Pumpen bis zu 3000 U/min angetrieben werden können. Bei Dieselmaschinen ist es ratsam, nur Pumpen mit 1450 U/min zu verwenden, um die Lebensdauer der schnellaufenden Pumpen durch die übertragenen Erschütterungen nicht zu sehr herabzusetzen. Dieselpumpen werden von 6—50 PS mit stündlichen Förderleistungen von 12—100 m³, Schlepperpumpen von 12 bis 40 PS mit Förderleistungen von 30—80 m³ und Elektropumpen von 5—25 PS mit Förderleistungen von 10—60 m³ gebaut.

2. Düsenstandregner — Düsenrohrregner

Die Beregnungsanlagen sind aus dem Rasensprenger hervorgegangen. Anfangs ersetzte man den primitiv mit seinem Verteilerstück in eine Haltevorrichtung gelegten Gartenschlauch durch ein mit einer nach allen Seiten strahlenden Düse. So entstanden die Standregner (Bild 307), die dann von Stück zu Stück weitergesetzt wurden, damit die ganze Fläche beregnet werden konnte. Später benutzte man die Wasserkraft dazu, kleine, in das Düsenrohr eingebaute Turbinen anzutreiben, die den gleichzeitig mit mehreren Düsenöffnungen

307. Standregner (Perrot, Calw)

versehenen Regner hin- und herschwenkten und so in regelmäßiger Folge das Beet- oder Rasenstück bis zu Flächen von 400 m² beregneten (Bild 308). Auch heute noch werden für Gärten Kleingeräte gebraucht, die ihren Regen, der meist viereckiger Form angepaßt ist, auf eine quadratische Fläche austragen. Hierher gehört auch der Düsenrohrregner, der aus aneinandergekoppelten Düsenrohren besteht und als ‚Landregenanlage' (Bild 309) arbeitet. Der Düsenrohrstrang, der bis zu 100 m lang sein kann, ist in etwa 2 m Höhe auf Rohrstützen mit Rollenkopfstücken gelagert, die im Abstand von 15 m aufgestellt sind. Das Wasser kann dabei entweder durch unter- oder oberirdischen Wasseranschluß zugeführt werden. Das Ständerhauptrohr trägt einen wassergesteuerten Schwenkapparat zum Hin- und Herdrehen des Düsenstrangrohres. Der verstellbare Schwenkbereich beträgt bei solchen Anlagen etwa 3—15 m, so daß bei einem 100 m langen Düsenrohrstrang bis zu 1500 m² Fläche in stetem Wechsel beregnet werden kann. — Als Leitungen für Regenanlagen werden die verschiedensten Durchmesser, Längen und Baustoffe verwendet, je nachdem es sich um stationäre, unterirdisch fest verlegte oder um transportable Rohre handelt, ob die durchfließenden Wassermengen groß oder gering sind.

308. Viereckregner (Perrot, Calw)

309. Landregenanlage (Perrot, Calw)

Zu unterirdisch verlegten Leitungen sollten ausschließlich Gußrohre benutzt werden, deren harte Oberflächen 60—80 Jahre halten. Stahlrohre sind teurer und halten nur 30—50 Jahre aus. Da durch diese Rohre alles Wasser zu den einzelnen Hydranten geleitet wird, sind ihre

Querschnitte demgemäß zu bemessen. Zweckmäßig wird man hier mit Rohrdurchmessern von 100—150 mm rechnen. Die Gußrohre sind als Muffenrohre ausgebildet und haben Längen von 4 m. Durch Einbau von Formstükken, wie Krümmern, T- und Kreuzstücken, lassen sich die Leitungen überall hin verlegen. Oberirdische Leitungen müssen schnell verlegt werden können. Darum sollten die Leitungsrohre nicht schwer sein. Man verwendet Rohre aus feuerverzinktem Dünnwandstahl oder nahtlos gezogene Aluminiumrohre. Dünnwandstahlrohre sind etwa 30% billiger, dafür aber etwas schwerer. Bei Stahlbandrohren kann mit einer etwa 10jährigen Nutzungsdauer gerechnet werden; Aluminiumrohre halten 25—30 Jahre.

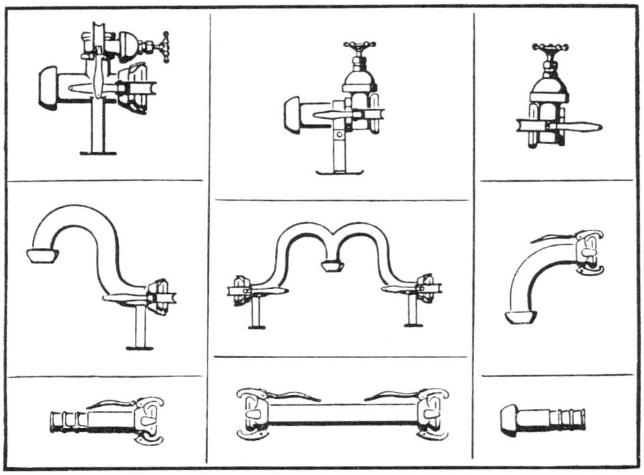

310. Verschiedene Formstücke für oberirdische Leitungen
(Perrot, Calw)

Die Rohrquerschnitte richten sich nach der Leistung der Beregnungsanlage und schwanken zwischen etwa 20 und 150 mm Durchmesser lichter Weite. Ihre Längen sind heute ziemlich gleichmäßig auf 6 m abgestellt. Sie werden durch besonders ausgebildete Kupplungen verbunden, die an den Rohrenden befestigt sind. Durch zwischen- oder angeschaltete Formstücke, die in den verschiedensten Ausführungen gebaut werden (Bild 310), wird eine universelle Verlegung der Leitung ermöglicht.

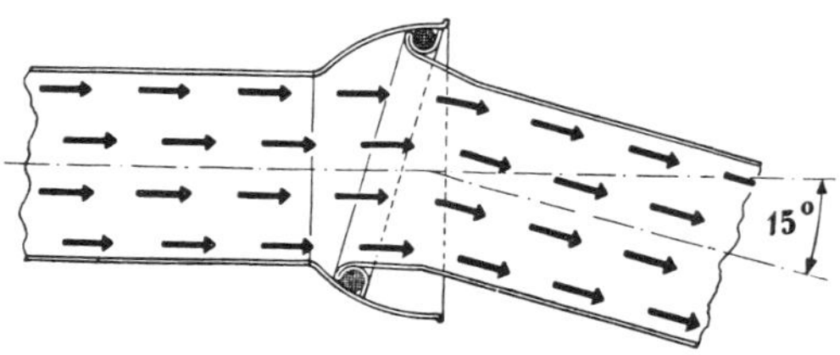

311. Schnitt durch eine Kugelkupplung mit ungleichen Kupplungsteilen
(Lanninger, Frankfurt)

Die Rohrkupplung muß schnell bedient werden können, weil es nicht nur darauf ankommt, Wasserverluste und örtliche Schädigungen zu vermeiden, sondern vor allem Verbindungen von langer Lebensdauer und bequemer und zuverlässiger Hantierung zu haben. Durch die Dichtungseinlage, die durch den Preßsitz im Laufe des Gebrauches dünner wird, ist es nötig, nachzuspannen. Grundsätzlich unterscheidet man Kupplungen mit ungleichen und mit gleichen Kupplungshälften. Bei der in Bild 311 im Schnitt wiedergegebenen Rohrkupplung mit ungleichen Kupplungsteilen handelt es sich um eine Kugelkupplung, die eine gegenseitige Abwinkelung der beiden Rohrteile um 15° zuläßt. Der Ausschlag wird durch einen Randanschlag begrenzt. Auch Kugelschnellkupplungen mit Hebel- oder mit Bajonettverschluß sind in ähnlicher Form entwickelt worden. Die weitere Entwicklung führte zu den

312. Symmetrische Rohrkupplung, geöffnet (Lanninger, Frankfurt)

symmetrischen Kupplungen; beim schnellen Aufbau können die beiden Rohrenden ausgetauscht werden. Eine derartige symmetrische Kupplung ist, wenn sie geöffnet ist, im Bild 312 dargestellt. Die symmetrischen Gelenkrohrverbindungen ermöglichen es, Rohrleitungen schlauchartig zu verlegen. Dadurch, daß die Kupplungen nachgestellt werden können, ist die Dichtung und ihre Lebensdauer bedeutend vergrößert worden.

Früher betrieb man Beregnungsanlagen in der Weise, daß von einer Stamm- oder Hauptleitung eine oder mehrere Flügelleitungen abgezweigt wurden, an deren Enden der Regner jeweils angekuppelt wurde. Sollte der Regner an einer anderen Stelle arbeiten, so mußte die Flügelleitung an der Hauptleitung abgestellt und außer Betrieb gesetzt werden. Der Regner wurde abgekuppelt, die Flügelleitung um mehrere Rohre verlängert oder verkürzt, dann wurde der Regner wieder angeschlossen. Bei diesem Verfahren lief das Wasser aus der Flügelleitung heraus und störte den Betrieb. Auch mußten mehrere Rohre an- oder abgekuppelt werden, so daß das Umbauen und Schalten viel Zeit und Mühe kostete. Heute gibt es Schnellkupplungs-T-Stücke mit Absperrschiebern, die an der Stelle, wo ein Regner arbeiten soll, in die Leitung eingekuppelt werden. Der Regner wird, wenn das T-Stück abgesperrt ist, von einem zum anderen T-Stück umgesetzt, ohne daß dabei die Leitung leerläuft oder daß andere umständliche Leitungsumlegungen erforderlich sind. Im Bild 310 wurden bereits verschiedene in die Leitung einzubauende

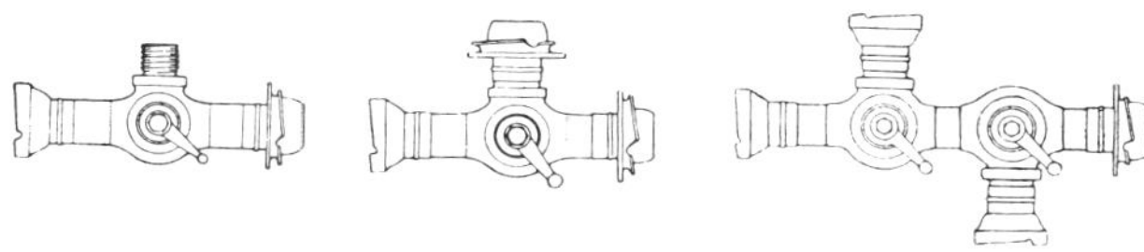

313. Ausführungen verschiedener Dreiwegeschieber
(Hüdig, Quakenbrück)

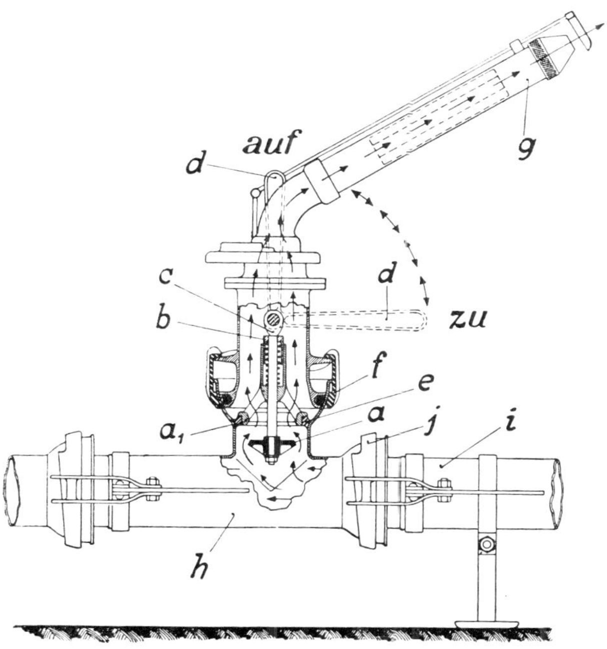

314. Dreiwegestück und Absperrorgan
(Lanninger, Frankfurt)

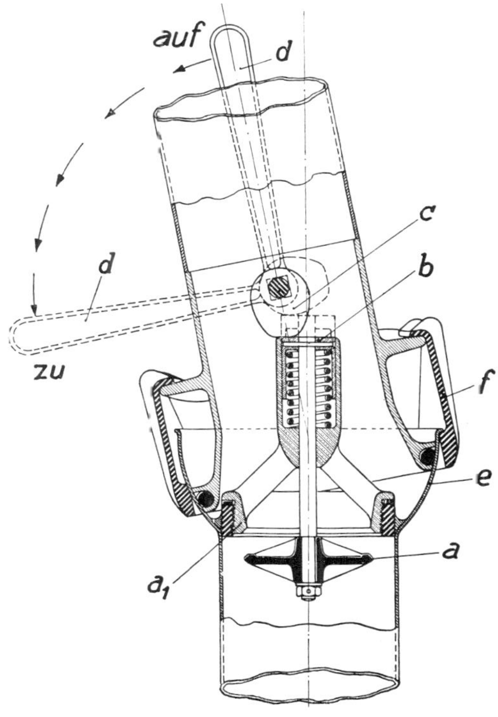

315. Nockenventil mit Außenhebel
(Lanninger, Frankfurt)

a Ventilteller
a_1 Ventilsitz
b federbelastete Ventilspindel
c Steuernocken
d Hebel
e Kugelteil der Kupplung
f nachstellbare, von Hand betätigte Bajonett-Verriegelung
g Regner
h eingebautes Formstück
i Leitungsrohr
j Widerlagerung der Rohrleitungskupplung

Formstücke gezeigt. Das Bild 313 bringt einige verschieden ausgeführte und angewendete Dreiwegeschieber, und zwar zum Aufschrauben, zum Aufkuppeln und als doppelt anwendbare Kreuzstücke. Ein Dreiwegestück mit Absperrorgan, das für Leitungsverzweigungen und auch unmittelbar für den Einbau eines Regners in die Leitung geeignet ist, sei vor allen Dingen wegen des neu eingebauten Ventils mit Nockensteuerung besonders hervorgehoben (Bild 314). Dieses Bild gibt den Einbau des Kupplungsstückes mit aufgesetztem Regner wieder; das Bild 315 zeigt das Nockenventil mit Außenhebel. Das Ventil sitzt in der Kupplung und kann in jeder Winkelstellung betätigt werden, wobei es einen Querschnitt freigibt, der etwa das Zehnfache und mehr des Düsenmundstückes des Regners beträgt. Es können also keine schädlichen Druckverluste eintreten.

316. Kreisflachregner (Hölz, Wangen)

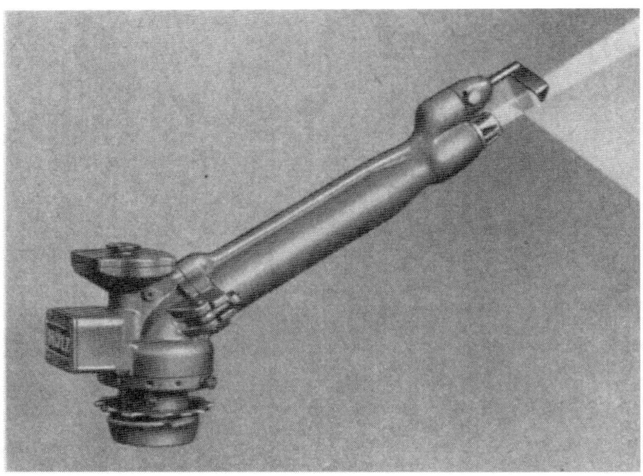

317. Vakuum-Großflächen-Kreis- und Sektorregner (Hölz, Wangen)

3. Flachregner

Das von der Pumpe in die Leitungen geförderte Beregnungswasser muß in bestimmter Art auf die Flächen gebracht werden. In der Leitung befindet sich das Wasser als ein mehr oder weniger dicker Strang zusammenhängend. Es wird durch die Regnerdüsen, je nach ihrer Bau- und Arbeitsweise, durch den Druck, durch die Leitungsgeschwindigkeit, durch die Düsenwandreibung und später durch den Luftwiderstand aufgelöst und wird als Nebel, als Wolke oder als Sprühregen auf entsprechende Entfernung in steter oder unterbrochener Folge auf die Fläche ausgestrahlt. Die feine Tropfenform des künstlichen Regens wird bei der Kleinflächenberegnung, wo der Luftwiderstand nicht so stark wirkt wie auf größere Entfernung, durch Pralldüsen erreicht. Das aus der Leitung unter Druck strömende Wasser, das beim Austritt aus der Düse in einen dünnen Strahl verwandelt wird, prallt auf eine quer zur Austrittsöffnung stehende feste Fläche, es zerstäubt und wird nach allen Seiten hin abgelenkt. Die Form und Ausbildung solcher Düsen ist verschieden. Zur Feldberegnung eignen sich Weitstrahlregner, die die Wassermassen bis auf 50 m und mehr austragen. Die Querschnitte solcher Düsen sind, den größeren ausgestrahlten Wassermassen entsprechend, größer gehalten. Die Düsenquerschnitte bei Kleinstrahlregnern liegen etwa im Bereich von 0,8—8 mm Durchmesser; die Querschnitte bei Weitstrahlregnern sind etwa 10—24 mm Durchmesser bemessen. Ebenso verhält es sich mit dem Wasserdruck, der im ersten Falle etwa zwischen 0,75—2 atü, im zweiten Fall zwischen

3 und 6 atü liegt. Bei der Beregnung — besonders der schwereren Böden — soll man die Wassergaben nicht andauernd geben, sondern sie unterbrechen. Darum sind die Beregnungsanlagen, wenn sie nicht schon durch ihre Bauart fahrbar sind, mit schwenkenden oder kreisenden Regnern ausgestattet. Bei der Landregenanlage (Bild 309) ist die schwenkende Anlage bereits erwähnt worden. Beim Kreisflachregner (Bild 316) wird die umliegende Fläche durch ein vom Wasser angetriebenes Kreiselrad unterbrochen beregnet. Es überträgt die Drehbewegung auf den ganzen Regner und dreht somit den Beregnungsstrahl gleichmäßig. Der Strahlwinkel ist verstellbar und durch ihn auch die Strahlweite. Ein anderer Weg ist bei dem Vakuum-Großflächen-Kreis- und Sektorregner beschritten worden (Bild 317). Bei diesem Regner wird der Strahl durch eine vor der Austrittsöffnung der Düse angebrachte wulstartige Erweiterung beschleunigt. Gleichzeitig wird durch das so entstehende Vakuum ein kleiner Motor betrieben, der den Regner mit regelbarer Drehzahl kreisen läßt. Vor dem Düsenaustritt ist ein Strahlbrecher angebracht, der selbsttätig hin- und herpendelnd den Strahl kreuzt. Die Drehgeschwindigkeit solcher Regner beträgt je Umdrehung etwa 2—7 Minuten. Diese Regner sind auch auf bestimmte Winkelbereiche einzustellen, so daß beliebige Kreisausschnitte von 30° zu 30° oder 60°, 90°, 120° usw. beregnet werden können.

318. Regenkanone (Mannesmann, Düsseldorf)

4. Weitstrahlregner - Regenkanonen

Ein Gerät, das selbständig in gleicher Richtung einen regelbar unterbrochenen Strahl als Weitstrahlregner ausstrahlen kann, ist die Regenkanone (Bild 318). Sie besteht aus einem Drehstrahlregner, dem ein Druckwasserspeicher vorgeschaltet ist. Die im Druckwasserspeicher eingeschlossene Luft wird von dem durch die Zuführungsleitung zufließenden Wasser zusammengepreßt, bis im Druckwasserspeicher der gleiche Druck wie in der Zuführungsleitung entsteht. Wenn der volle Druck erreicht ist, gibt ein automatisch arbeitendes Ventil die gespeicherte Wassermenge durch den Drehstrahlregner ab, so daß die Regenkanone das Wasser in einzelnen „Schüssen" auf das Land schleudert. Eine Wurfweite bis etwa 70 m kann mit der Regenkanone selbst bei einem kleineren Pumpenaggregat von nur 2 PS oder noch weniger erzielt werden. Eine Leitung aus Schnellkupplungsrohren mit mehreren Regnern kann die ausgestoßene Wassermenge auch gleichzeitig auf mehrere Regner verteilen. Durch einen über dem Druckwasserbehälter angebrachten Hilfskessel ist der für die Auslösung des Ventils notwendige Druck zu regulieren.

5. Grundsätze der Beregnungstechnik

Es wurde bereits gesagt, daß die Beregnungstechnik erst seit 30 Jahren bestehe und noch in den Kinderschuhen stecke, obwohl bereits eine gewisse technische Höhe erreicht sei. Was aber noch fehlt, ist das allgemeine Wissen um die Bedeutung und die segenbringende Wirkung der künstlichen Beregnung.

Als wichtigstes Gerät in der Landwirtschaft, als bedeutungsvollstes in der Geschichte der Menschheit überhaupt wurde der Pflug bezeichnet. Der Pionier des Beregnungswesens, Karl Ludwig Lanninger, sagt: „Das Wasser kommt vor dem Pflug." Mit diesem Wort dürfte wohl am besten gekennzeichnet sein, was das Beregnungswesen für unsere Menschheit bedeutet. Es sichert ihr die Nahrungsmittel und vervielfacht sie. Um dieser Bedeutung willen seien einige grundsätzliche Feststellungen aus der Forschungs- und Entwicklungsarbeit Lanningers wiedergegeben:

1. Bei Störungen des kosmischen Wasserkreislaufes muß durch die erdgebundene, technische Physik der künstlichen Beregnung mit dem Bach-, Fluß-, See- und Grundwasser der natürliche Regen ersetzt oder ergänzt werden. Dadurch werden die Kulturen gesichert und die Erträge bis 300% und mehr gesteigert. Das Wasser kommt vor dem Pflug.

2. Ununterbrochene Beregnung (also ohne Intervalle) erzeugt bei manchen Bodenarten stauende Nässe.

3. Leichte, naturtrockene Böden haben durchschnittlich die größte Eindringungstiefe.

4. Der Bauer darf sein Land nicht so stark austrocknen lassen, daß es unverhältnismäßig viel Wasser braucht, um wieder genügend feucht zu werden. Das erhöht nur die Beregnungskosten und schadet den Pflanzen.

5. Je mehr der Boden ausgetrocknet ist, um so geringer sind die Tiefen, in die das Wasser bei der Beregnung eindringen kann.

6. Damit der Wurzelbereich bei mittleren und schweren Böden der Viehweiden und Futterschläge durchdrungen werden kann, sind 60% Wasser mehr zu geben, als bei unbewachsenen Böden.

7. Bei anderen Kulturpflanzen, wie Gemüse und dergleichen, steigt die Beregnungsgabe mit dem Stand des Wachstums der Pflanze.

8. Wenn Böden, die zur Verschlammung neigen, ohne Pflanzen sind und keimfähig werden sollen, so dürfen sie nicht immer durch Weitstrahlregner mit mittlerem oder stärkerem Tropfenfall beregnet werden. Ein starker Wasserstrahl muß in viele feine Strahlen aufgelöst werden durch Feinstregner, die in Massen angeordnet worden sind. Man bewässert also durch Feinstberegnung.

9. Furchenberieselung verringert die Anbaufläche, weil Haupt- und Nebengräben angelegt werden müssen.

10. Bei der Berieselung dringt das Wasser ungleichmäßig in den Boden ein und verteilt sich auch ungleichmäßig.

11. Durch Grabenberieselung wird — je nach Bodenart und Durchlässigkeit (Kieseinstreu und dergleichen) — 6 bis 20mal so viel Wasser bei ungleicher Verteilung benötigt als durch Beregnung bei gleichmäßiger Verteilung.

12. Eine Wassermenge, mit der 2000 Hektar Nährfläche beregnet werden, kann bei Berieselung nur 100 bis 200 Hektar versorgen.

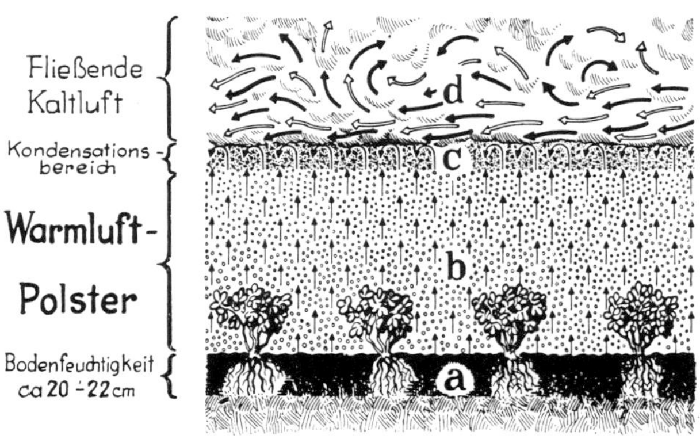

319. Schematische Darstellung des Frostschutzes durch Bodenfeuchtigkeit (Lanninger, Frankfurt)

H. Frostschutz durch Beregnung

Bei der künstlichen Beregnung geht ein physikalischer Vorgang nebenher, der in gewissen Zeiten Hauptzweck künstlicher Beregnung werden kann und, wenn er richtig angewandt wird, reichlich Segen spendet. Nach der Beregnung verdunstet ein Teil der Feuchtigkeit an der Luft und bildet über den Kulturen ein feuchtes Warmluftpolster, das die von oben hereinbrechende Kälte eine gewisse Zeit von den Kulturen abhält. Die Kälte entzieht bei Berührung des Warmluftpolsters der Warmluftschicht die Wärme. Anders gesagt: Die Kälte setzt durch Kondensation die obere Dunstschicht in Wasser um, das der Kultur als feiner Regen wieder zugute kommt. Durch diesen Vorgang wird der unmittelbare, krasse Frosteinbruch auf die Kulturen vermieden. Das Bild 319 veranschaulicht schematisch diesen Vorgang.

Kulturen, die von Frost befallen gewesen sind, erholen sich nur schwer. Es gehen viele Pflanzen ein; die Ernte wird um 3—4 Wochen verzögert. Ein durch Weitstrahlberegnung zur richtigen Zeit unmittelbar vor einem Frost erzeugter Frostschutz kann Ernteverluste von 60—80% verhindern; die Ernte braucht nicht verzögert zu werden. Die beiden Bilder 320 und 321 geben eine vielsagende Gegenüberstellung zweier Kartoffelfelder mit und ohne Frostschutz. Das Frühkartoffelfeld (Bild 320), das drei Tage vor den Eisheiligen mit etwa 300 mm künstlichem Niederschlag beregnet wurde, zeigte nach starken Nachtfrösten keinerlei Schäden; die angrenzenden Kartoffelkulturen der gleichen Wirtschaft (Bild 321), die unberegnet geblieben waren, erfroren und zeigten nach dem Frost starke Abbauerscheinungen. Die Ernte der frostgeschützten Kartoffeln ergab 80 Ztr. je Morgen, die der nicht beregneten nur 30 Ztr., sie konnten zudem erst 4 Wochen später geerntet werden.

320. Beregnete Frühkartoffelkultur ohne Frostschaden trotz starker Nachtfröste (Lanninger, Frankfurt)

321. Nicht beregnete Frühkartoffelkultur nach starken Nachtfrösten (Lanninger, Frankfurt)

J. Düngende Beregnung

Nicht nur das Wasser, sondern auch die flüssige Jauche wird auf den Acker gebracht. Vor allem in bergigem, unwegsamem Gelände wird seit Jahrzehnten die Jauche oder Gülle aufs Land gepumpt. Es lag nahe, die Beregnungsanlagen gleichzeitig für die düngende Beregnung auszunutzen und dadurch wirtschaftlicher arbeiten zu lassen. Die Vorteile bei einer gleichmäßigen Verteilung der Jauche sind hoch zu bewerten. Der oft beschwerliche und unangenehme Transport wird vermieden. Abgesehen von dem Vorteil, im gleichem Arbeitsgang düngen und beregnen zu können, wird dieses Verfahren so wirtschaftlich, weil der Transport wegfällt.

In einigen Gegenden, wo wegen des unwegsamen Geländes der Transport der Jauche in Fässern sehr schwierig ist, ist das neue Verfahren bereits lebensnotwendig geworden. „Früher mußten wir 10 Tage Jauche fahren, wenn wir unsere 60 cbm fassende Jauchegrube mit einem 600-l-Faß leerfahren wollten. Heute haben wir die gleiche Menge nach $2^1/_2$ Stunden draußen an Ort und Stelle, und zwar auch auf solchen Stellen, die mit dem Wagen wegen der Steilhänge nicht befahrbar sind.“ Dieser Bericht eines Betriebes mit Gülle-Beregnung läßt ihre Vorteile klar erkennen.

Jauchepumpen und Rohrleitungen können für die einfache Beregnung mit Gülle ohne weiteres verwendet werden, wenn regelmäßig nach der Gülleberegnung mit klarem Wasser nachgespült wird. Wesentlich dabei ist der Regner, der trotz der Verunreinigung der Gülle arbeiten muß. Damit Siedlung, Straßen usw. nicht durch Geruch belästigt und durch Bakterien gefährdet werden, ist ein neuartiger Reaktionsregner geschaffen worden (Bild 322). Er ist für die Einstrahlberegnung als Weitstrahlregner so ausgebildet, daß er durch sein neigbares Strahlrohr den örtlichen Verhältnissen angepaßt werden kann. Seine Neigbarkeit ist in den Stellungen *I*, *II* und *III* dargestellt. Das Bild 323 zeigt einen Gülleregner mit Klappenmundstück, das sich bei Verstopfung selbsttätig öffnet. Das Mundstück ist in seiner Länge gespalten. Sobald ein Pfropfen vor dem Austritt entsteht, öffnet der innere Druck der Flüssigkeit die Klappe und stößt den Pfropfen hinaus, worauf sich die Klappe wieder selbsttätig schließt. Für den Fall, daß längeres Stroh und stärkere Teile verarbeitet werden sollen, wird das Strahlrohr mit mehreren selbsttätigen Klappen (b_1, b_2) ausgerüstet.

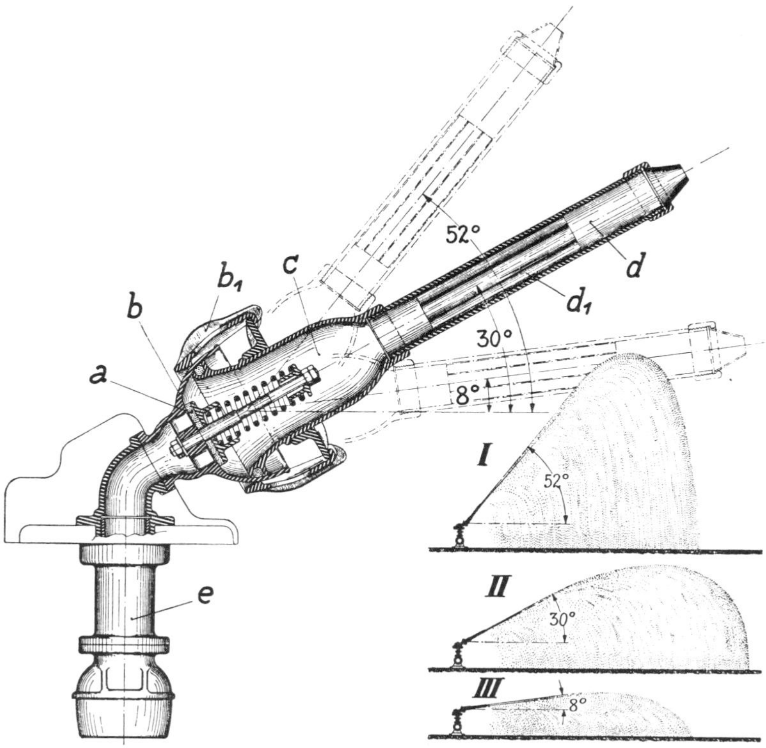

322. Weitstrahlregner mit neigbarem Strahlrohr (Lanninger, Frankfurt)
a Kugel-Kupplungsteil; *b* Bajonettring; *c* Gegenkuppelstück; *d* Strahlrohr; d_1 Gleichrichter; *e* Düsenschaft mit Kuppelstück; *I* höchste Stellung des Strahlrohres; *II* normale Stellung; *III* tiefste Stellung des Strahlrohres.

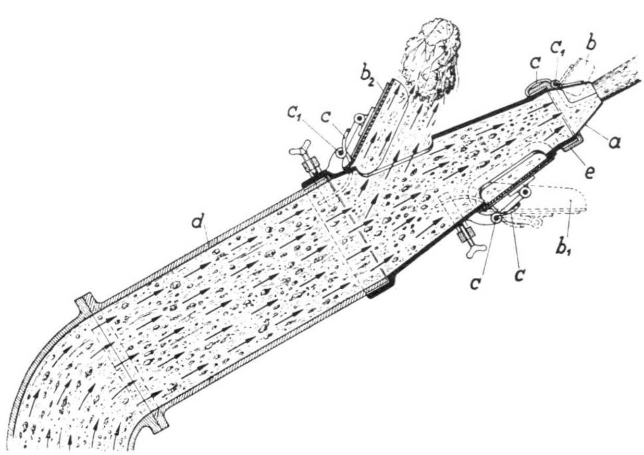

323. Gülleregner mit Klappmundstück (Lanninger, Frankfurt)
a Geteiltes Düsenmundstück; *b* automatisch wirkende Klappe; b_1, b_2 zwei weitere Klappen; *c* Feder; c_1 Klappen-Scharniere; *d* Strahlrohrschaft

K. Stallmistverflüssigungsverfahren

Ein Verfahren, das in der Beregnungstechnik noch einen großen Schritt weitergeht, sich aber noch im Anfangsstadium befindet, ist die Beregnung mit verflüssigtem Stallmist. Es ist als Condux-Verfahren bekannt

324. Fahrbarer Güllewerfer in Betrieb (Condux A.G., Wolfgang)

325. Stallmist-Verflüssigungsanlage von rechts (Condux A.G., Wolfgang)

geworden. Der Stallmist wird so zerkleinert, daß er mit der flüssigen Jauche und einem Wasserzusatz auf das Land gepumpt und durch den Güllewerfer verteilt wird (Bild 324). Bei diesem Verfahren wird der Transport erspart, der flüssige Stallmist fördert sehr stark die Bodengare, der Humus wird angereichert. Schwere Böden können durch Beregnung verschwämmen. Bei der Beregnung mit verflüssigtem Stallmist wird das vermieden; die Krümelung wird besser. Biologisch ist der verflüssigte Stallmist als eine Aufschwemmung bodenverbessernder Bakterien in einer Nährflüssigkeit aufzufassen, die äußerst aktiv ist. Der verflüssigte Stallmist schafft daher sehr schnell die begehrte Krümelstruktur des Ackerbodens und fördert das Wachstum der Wurzeln; es kann mehr Mineraldünger aufgenommen werden. Für dieses Verfahren ist eine Stallmistverflüssigungsmaschine erforderlich, die den Stallmist pump- und spritzfähig macht. Bei der Verflüssigung wird der Stickstoff des Stallmistes an Wasser gebunden und sickert bei der Verregnung gleich in den Boden. Die für die Stallmistverflüssigung, für die Verdünnung mit Wasser und für das Ausbringen aufs Land nötigen Aggregate sind als Anlage entweder fahrbar gemacht auf einem Karren oder auch als Einbauanlage zusammengestellt. Die Bilder 325 und 326 zeigen eine Stallmist-Verflüssigungsanlage auf einem luftbereiften Fahrgestell montiert. Sie besteht aus der Stallmist-Verflüssigungsmaschine, die auf einen Mischkessel von etwa 300 l Fassung aufgesetzt ist. Das Gehäuse besteht aus Stahl und ist mit einem Einwurftrichter und mit einem Wasseranschluß versehen. Für das Ansaugen der

326. Fahrbare Stallmist-Verflüssigungsanlage von links (Condux A.G., Wolfgang)

327. Einbau-Stallmist-Verflüssigungsanlage (Condux A.G., Wolfgang)

Verdünnungsflüssigkeit sorgt eine Klarwasserpumpe, für das Ausbringen des verflüssigten Stallmistes eine Dreikolbenpumpe. Das Aggregat wird durch einen 20-PS-Elektromotor angetrieben. Das Bild 327 zeigt eine Einbauanlage in einem fahrbaren Brückenkran mit Dungaufzug. Der Kran reißt den Mist los und bringt ihn an die Mühle. Sie ist in den Träger des Krans eingebaut, wird also längs der Dunglege mitbewegt und kann dadurch an jeder Stelle mit Stallmist beschickt werden. Der verflüssigte Stallmist läuft in eine Rinne, die längs der Dunglege zum Auffangbehälter führt. Aus ihm wird der Stallmist über Pumpe, Rohre, Regner düngend verregnet. Dem Stallmist wird Flüssigkeit zugesetzt; er wird von der mit 520 U/min umlaufenden Schlägermühle so zerkleinert, daß er sich leicht mit Wasser vermischen läßt und transportabel ist. Er läßt sich mit der Güllepumpe verarbeiten. Als Güllepumpen werden meist Dreikolbenpumpen (Bild 328) verwendet. Sie gewährleisten durch kräftige Bauart

328. Dreikolben-Jauchepumpe (Hölz, Wangen)

und weiträumige Ventile störungsfreies Arbeiten. Das Bild 329 zeigt einen Schnitt durch ein solches Pumpenaggregat. Angetrieben wird die Condux-Anlage entweder durch einen Elektromotor oder einen Schlepper. Die Anlage weist bei 7,5—10 PS Kraftbedarf eine Stundenleistung von 3 bis 6 cbm Stallmistvermahlung auf, je nach Verrottung des Mistes. Das entspricht bei einem Stallmist-Wasserverhältnis von 1:10 einer Förderung und Verspritzung von etwa 30—60 cbm in der Stunde. Ein weiterer Vorteil dieser Gülleanlage ist, daß sie gleichzeitig mit Pumpe und Rührwerk jeder bereits vorhandenen Gülleanlage verbunden werden kann.

329. Schnitt durch die Dreikolben-Jauchepumpe (Hölz, Wangen)

Das Verfahren wird so durchgeführt:

Der Stallmist wird in üblicher Weise gestapelt und macht eine achtwöchige Rotte durch. Dann wird er in der Stallmistzerkleinerungsanlage zerkleinert, so daß er sich mit Wasser und Jauche mischen läßt. Diese Mischung, die in ihrem Verhältnis, je nach der Düngung, variiert werden kann, wird mit der Güllepumpe aufs Land gepumpt. Auf mindestens drei Teile Flüssigkeit kommt ein Teil Stallmist. Der zerkleinerte Stallmist wirkt sehr schnell; das hält aber nicht lange an. Bei diesem Verfahren ist man gezwungen, öfter zu düngen, hat es aber in der Hand, durch spätere Kopfdüngung mit dünnerem Gemisch die Wirkung wesentlich zu steigern. In die Waagschale fällt der schnellere Umsatz des durch den Dünger verkörperten Kapitals.

Gebunden ist die Durchführung dieses Verfahrens an ausreichende Wasserverhältnisse und daran, daß zu den zu düngenden Feldern auch Rohrleitungen verlegt werden können. Dabei spielen örtliche und gutnachbarliche Verhältnisse eine Rolle. Wegen des gut aufgeschlossenen Stallmistes ist die Humusbildung geringer als bei unmittelbar ausgetragenem Stallmist. Man wird gut daran tun, bei diesem Verfahren viel Gründüngung zu geben. Das Stallmist-Verflüssigungsverfahren bringt durch die schnellere Wirkung des verflüssigten Stallmistes betriebswirtschaftlich ein entsprechendes Tempo mit sich. Der Betrieb muß sich diesem Tempo durch Leistungssteigerung anpassen, wenn er den wirtschaftlichen Nutzen aus dieser Intensivierung ziehen will.

L. Schädlingsbekämpfung

1. Allgemeines

Die Kulturpflanzen und ihre Früchte sind unausgesetzt von Schädlingen bedroht. Diese Feinde abzuwehren und zu vernichten, ist der Sinn der Schädlingsbekämpfung. Schädlinge

330. Trockenbeizautomat „Protektor" (Röber, Porta)

treten auf als Bazillen, Pilze, Insekten; Unkräuter machen den Pflanzen den Lebensraum im Garten oder auf dem Acker streitig. Je nach Art der Schädlinge und ihrer Angriffe hat man die Bekämpfungsmittel, meist Chemikalien, zusammengesetzt. Mit ihnen behandelt man den Ackerboden, das Saatgut vor der Aussaat, die Pflanze während des Wachstums oder die Lagerräume. Mit flüssigen Mitteln tränkt, gießt, spritzt, sprüht, nebelt man; trokkene Mittel werden verstäubt und als Beize verwendet. Die mechanische Vernichtung der Unkrautpflanzen durch Eggen, Hacken, Distelstechen usw. soll hier nicht erörtert werden.

Die Geräte für die Schädlingsbekämpfung kann man nach den Verfahren einteilen in: Beizapparate, Spritzen und Stäubeapparate.

2. Beizapparate

Der Weizen ist die Fruchtart, die am meisten durch Brand gefährdet ist. Weizengut wurde daher schon früh mit Kupfervitriol, Jauche und dergleichen behandelt, um Steinbrand zu verhüten. Diese Mittel erwiesen sich bald als unzulänglich und nachteilig. Es entstanden modernere Saatbeizen. Von den giftigen Stoffen strebte man abzukommen und entwickelte metallfreie, völlig ungiftige Trockenbeizen, die dem Saatgut als Pulver beigemengt wurden. In der Beiztrommel (Bild 330) werden sie mit den einzelnen Körnern innig vermischt. Ein bekanntes Mittel ist Trilisan, das in einem Mengenverhältnis von 1 Ztr. Saatgut zu 100 g Trockenbeize etwa 3 Minuten lang in der Beiztrommel gedreht wird, bis alle Körner gut eingestäubt sind. Man kann mit solchen Beizen auch auf Vorrat beizen.

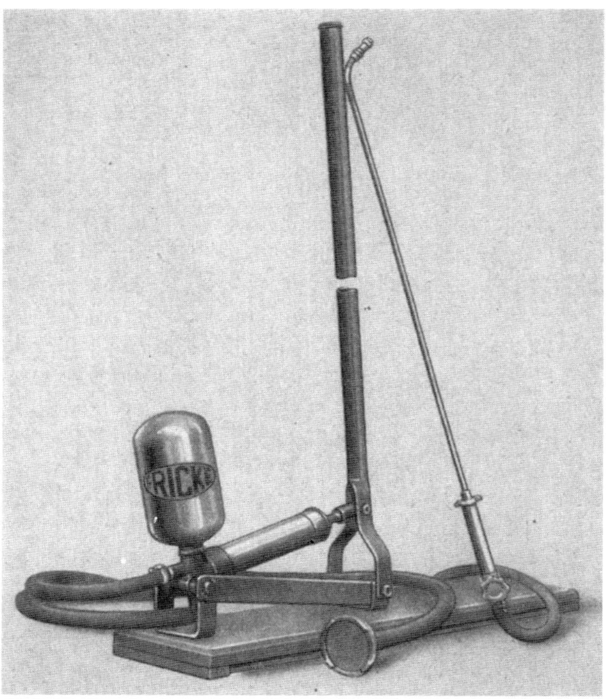

331. Hochdruck-Brettspritze (H. C. Fricke, Bielefeld)

3. Spritzen für flüssige Bekämpfungsmittel

Wassergelöste Mittel werden auf den Acker oder auf die Pflanzen gespritzt. Dafür sind zweckmäßige

Spritzen ausgebildet worden. Die Brühe gegen die Schädlinge des Ackers und der Pflanzen sowie gegen Unkrautsamen (Quecken, Ackersenf, Hederich, Disteln usw.), gegen Rost, Schorf, Brand, Braunfleckenkrankheit, Sauerwurm, Erdflöhe, Blattläuse, Mücken, Käfer, Raupen, Kornkäfer und andere Schädlinge wird in Tropfenform verspritzt, versprüht oder vernebelt. Die Schädlingsbekämpfung muß sehr ernsthaft betrieben werden. In Weinbaugebieten ist die Ernte schon einige Male bis zu vier Fünftel durch Schädlinge vernichtet worden. Das hat die chemische Industrie angeregt, zahlreiche Mittel gegen Schädlinge aller Art zu entwickeln.

Seit langen Jahren haben sich Brettspritzen (Bild 331) bewährt. Sie werden vor allem im Obst- und Gemüsebau angewendet, doch eignen sie sich auch zum Kalken, zur Desinfektion von Schütt- und Kornböden gegen den Kornkäfer. Der Brühebehälter ist unabhängig von der Spritze, so daß jeder beliebige Behälter angeschlossen werden kann; neben ihn stellt man die Spritze. Der Saugschlauch wird in ihn hineingelegt. Durch Hin- und Herbewegen des auf einem Brett gelenkig montierten Pumpenhebels wird die mit einem Gummikolben ausgerüstete Pumpe betätigt. Sie arbeitet auf einem Windkessel; es läßt sich ein gleichmäßiger Spritzdruck von 10—12 atü erreichen. Bei dem hohen Druck kann die Flüssigkeit in die entferntesten und unzugänglichsten Stellen gelangen, zumal der Druckschlauch beliebig lang sein kann.

Für gleiche Verwendung ist eine Rückenspritze (Bild 332) entwickelt worden, die durch 2 Tragriemen leicht und bequem auf dem Rükken getragen werden kann. Um den Druckbehälter zu füllen, wird die Pumpe aus ihm entfernt, der Einfülltrichter mit Filtersieb aufgeschraubt und soweit mit Spritzflüssigkeit gefüllt, bis sie im Trichter sichtbar stehenbleibt. Dann wird die Pumpe wieder eingesetzt. Der mit einem Manometer versehene Druckbehälter wird auf etwa 7 atü gepumpt. Das Absperrventil am Spritzrohr wird geöffnet, es kann dann die ganze Füllung zerstäubt werden, wobei der Druck sich auf etwa 3 atü verringert.

332. Rückenspritze (H. C. Fricke, Bielefeld)

333. Rückenspritze (H. C. Fricke, Bielefeld)

Bei einer anders ausgeführten Rückenspritze (Bild 333) ist die Pumpe in einem Windkessel im Behälter fest eingebaut, so daß ein ausgleichender und lang anhaltender Druck von der Pumpe erzeugt wird. Das erleichtert die Arbeit.

Bei einer auf einem gummibereiften Fahrgestell ruhenden Karrenspritze (Bild 334) liegt die Pumpe außerhalb des Behälters und arbeitet auf einem Windkessel. Im Innern des Behälters ist wegen des großen Füllraumes von 80—100 l ein Rührwerk eingebaut, das gleichzeitig vom Pumpenhebel aus angetrieben wird. Das Bild 335 zeigt das abgenommene komplette Pumpenaggregat mit Windkessel, Manometer und Rührwerk. Es ist besonders praktisch, weil es sich auch in andere Behälter einbauen läßt. Die Karre kann auch einrädrig sein, wie das Bild 336 erkennen läßt.

Wie solche Spritzen arbeiten, wird auch durch das Bild 337 veranschaulicht. Hier treibt der Motor eines kleinen

334 (oben). Karrenspritze
(H. C. Fricke, Bielefeld)

335 (Mitte).
Pumpenaggregat einer Karrenspritze
(H. C. Fricke, Bielefeld)

336 (unten).
Einrädrige Karrenspritze
(H. C. Fricke, Bielefeld)

Einachsschleppers durch Riemenübertragung ein auf ihn montiertes Pumpenaggregat an. Die Spritzflüssigkeit wird von einem Anhänger in den Behälter gepumpt. Sie dient hier zur Bekämpfung von Obstbaumschädlingen.

337. Bekämpfung von Obstbaumschädlingen (Iruswerke, Dusslingen)

Für höhere Leistungen benutzt man auf luftbereifte Anhänger montierte Hochleistungsspritzen (Bild 338), die mit 2 Kolben arbeiten. Durch ein Stufenventil kann der Druck auf 20, 30 und 40 atü eingestellt werden, wobei Leistungen von 40 l/min erzielt werden. Als Antrieb ist auf dem Bild ein direkt geflanschter Benzinmotor vorgesehen, doch kann man die Spritze auch über Zahnrad oder Kette von einem Benzin- oder Dieselmotor oder durch Zapfwelle von einem als Vorspann dienenden Schlepper antreiben lassen. Für Feld- und Obstbau im Großeinsatz ist die in Bild 339 gezeigte Aufsatzspritze, die auf einem Unimog montiert ist, besonders geeignet. Bei einer Leistung von 25 l/min und einem Stufenventil für 30, 40 und 50 atü kann diese Spritze allen Erfordernissen gerecht werden.

338. 2-Kolben-Hochleistungsspritze als Einachsanhänger (H. C. Fricke, Bielefeld)

339. Aufsatzspritze auf einem „Unimog“ (H. C. Fricke, Bielefeld)

340. Aufsatzspritze im Einsatz auf 10 m Arbeitsbreite (Klöckner-Humboldt-Deutz A.G., Köln-Deutz)

Bei einer Spritzbreite von 10 m und einer Fahrgeschwindigkeit von 5 km kann diese Spritze eine Ausstoßmenge von 600—800 l bewältigen. Das Bild 340 bringt ein Beispiel, wie solche Spritzen angewendet werden. Hier werden mit einem Spritz- und Sprühgerät von 10 m Breite Schädlinge in einem hohen Rübenbestand bekämpft.

4. *Stäuber für feste Bekämpfungsmittel*

Zum Zerstäuben trockener Mittel werden Apparate verwandt, die je nach Leistungsbedarf verschieden groß sind. Sehr praktisch sind die auf dem Rücken zu tragenden Rückenstäuber (Bild 341). Bei diesen Stäubern ist im Kasteninnern eine Reibe- und Rührvorrichtung als vertikalschwingender Flügelstern eingebaut, der mit einigen Reibeschienen und Reibeschneiden zusammenarbeitet. Durch diese Vorrichtung wird das Stäubepulver zu einer Luftmischkammer hindurchgearbeitet, so daß keine Pulverklümpchen hindurch können. Bedient wird solch ein Stäuber durch einen Handhebel, der außer dem Rührwerk einen Blasebalg auf der Rückseite in Tätigkeit setzt und so das Pulver mit Luft gründlich durchsetzt. Das Bild zeigt einen Rückenstäuber dieser Bauart mit einem angesetzten Breitstäuberohr bei der Arbeit. Auf diese Art kann man, je nach Pulver und Wind, bis 3 m breit oder 5 Reihen Kartoffeln stäuben. Bei einer Stundengeschwindigkeit von 2,5—3 km kann die erforderliche Menge in 60—65 min auf einen Hektar gleichmäßig verstäubt werden; das entspricht ungefähr einem Drittel der Leistung eines Motorstäubers.

341. Rückenstäube mit Handhebelbedienung (H. C. Fricke, Bielefeld)

Zur Bestäubung großer Flächen dient auch die im Abschnitt „Düngerstreumaschinen" behandelte Stäubemaschine „Spitzenreiter" (s. Bild 302). Durch ihre Arbeitsweise kann sie allen Anforderungen gerecht werden.

V. Maschinen und Geräte zur Aussaat

A. Sämaschinen

1. *Allgemeines*

Früher wurde die Breitsaat mit der Hand ausgeführt. Die Saat wurde von der Saatmulde aus auf den Acker gebracht und untergeeggt. Heute wird nur noch in kleinsten Betrieben mit der Hand gesät und dort, wo die Erntemenge nur eine untergeordnete Rolle spielt oder wo es sich um Saaten handelt, die auch heute noch mit der Maschine in Breitsaat eingebracht werden.

Zur Einsaat in den Boden benutzt man Sämaschinen, die das Saatgut in seiner Menge genau erfassen, ihm die günstigste Tiefe im Boden geben und auch das Saatbett, ob locker oder fest, richtig gestalten. Der Stand- oder Lebensraum der Pflanzen ist stark abhängig von der Samenart und schwankt in weiten Grenzen. Ein Weizenkorn verlangt 40 cm²; der günstigste Standraum eines Reiskorns beträgt etwa 10000 cm². Fruchtarten, klimatische Verhältnisse, Bodeneigenschaften und Nährstoffbedingungen üben einen stark wechselnden Einfluß auf den Standraum des Saatgutes aus. Wenn diese Umstände durch passende

Aussaat auch einigermaßen berücksichtigt werden können, so treten bei gleichmäßiger Aussaat besondere Schwierigkeiten ein, die durch die großen Unterschiede in Größe, Form, Gewicht und Oberflächenbeschaffenheit, selbst bei gleicher Saatgutart, entstehen, wie Tafel 6 erkennen läßt. Die Säorgane sollen die verschiedenen Formen und Größen überwinden. Darum sind im Laufe der Zeit verschiedene Säverfahren und die dazu erforderlichen Maschinen entwickelt worden.

Tafel 6. *Abmessungen und Gewichte des häufigsten Saatgutes*

Saatgut	Breite mm	Länge mm	Dicke mm	1000-Korngewicht g
Weizen	1,5—4,5	5—9	1,5—3,5	15—60
Roggen	1,5—3,5	5—10	1,5—3	13—50
Gerste	2,5—5	7—14	1,5—3	23—58
Hafer	2—3,5	8—20	1—2,5	14—55
Klee	1—2	1,5—3	1—1,5	1,5—3,5

Saatgut	größter Durchmesser mm	mittlerer Durchmesser mm	kleinster Durchmesser mm	1000-Korngewicht g
Zuckerrüben, Erbsen	6,5—8,5	5,5—8	5—7	75—570
Pferdebohnen		10—18		260—1200

Die Saatmenge wird bestimmt durch die Keimfähigkeit des Saatgutes, die heute über 99% liegt. Außerdem sind zu berücksichtigen die nötige Größe des Standraumes; die Vernichtungsgefahren des Saatgutes nach der Aussaat durch Vogel-, Mäusefraß, Auswintern usw. und die klimatischen Verhältnisse, die Säzeit. Neben diesen auf das Werden der Pflanze und die Ernte einwirkenden Einflüssen entsteht bei Maschinensaat eine weitere Unsicherheit durch die Maschine.

Das Säverfahren ist zur Reihen- oder Drillsaat entwickelt, die so bedeutungsvoll ist, weil die Drillmaschine die in verschieden weitem und großem Abstand liegenden Säreihen ganz gleichmäßig mit dem Saatgut belegen kann. Der Reihenabstand läßt eine Hackkultur zu zur Unkrautbekämpfung und zur Durchlüftung des Bodens nach der Saat. Unvollkommen ist nur noch, daß die einzelnen Samenkörner innerhalb der Reihen unregelmäßig liegen. Man will das Drillsaatverfahren weiterentwickeln, so daß auch die gleiche Belegungsdichte innerhalb der Reihen durch eine Gleichstandsämaschine erzielt wird. Das ist eines der schwierigsten technischen Probleme, weil das Saatgut ungleich groß und ungleich geformt ist und ungleich liegt. Man unterscheidet bei den Sämaschinen: Breitsämaschinen, Reihensä- oder Drillmaschinen und Horstsaat- oder Dibbelmaschinen. Dazu werden die Einzelkorn- oder Gleichstandsämaschinen kommen.

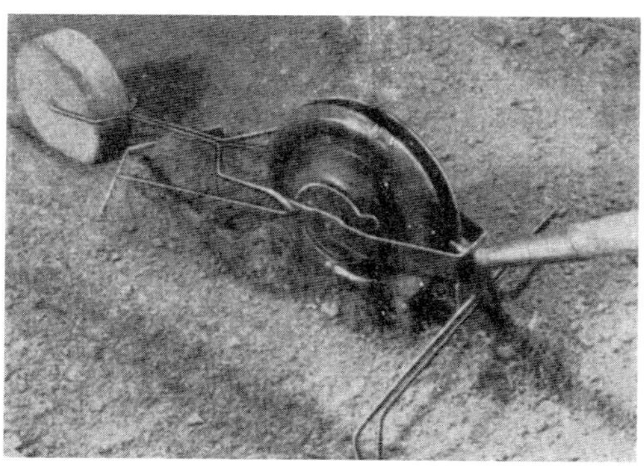

342. Särolle (Wolf-Geräte G.m.b.H., Betzdorf/Sieg)

Die Särolle (Bild 342) ist ein als Handgerät ausgeführter Säapparat für Blumen-, Gemüse-, Feld- und Forstsaaten, der in einem Arbeitsgang die Furche zieht, den Samen streut (z. B. 400 m Erbsen bei einer Füllung), ihn zudeckt, die nächste Reihe markiert und durch eine

Druckrolle die Reihe anwalzt. Die anderen Sämaschinen bestehen alle aus einem fahrbar gemachten Vorratskasten, aus dem das Saatgut durch geeignete Vorrichtungen ausgetragen werden kann. Sie werden von den Fahrrädern angetrieben, sind in ihrer Bewegung zu steuern, damit die Mengen richtig bemessen werden können.

Als Säorgane dienen Räder verschiedener Art, die man nach ihrem Bau und ihrer Arbeitsweise unterscheidet. So gibt es Wühl-, Bürsten-, Schöpf- oder Zellen-, Mitnehmer-, Schubräder und Schubringe. Diese Organe geben meist der Maschine den Namen: z. B. Zellenrad- oder Schubradsämaschine.

2. Breitsämaschinen

Sie sind die ältesten Sämaschinen (Bild 343). Durch eine im Grunde des Saatkastens umlaufende Rührwelle, die mit Rührkörpern und Wühlrädern versehen ist, wird das Saatgut durch verstellbare Bodenöffnungen ausgetragen und so die breitwürfige Handsaat nachgeahmt.

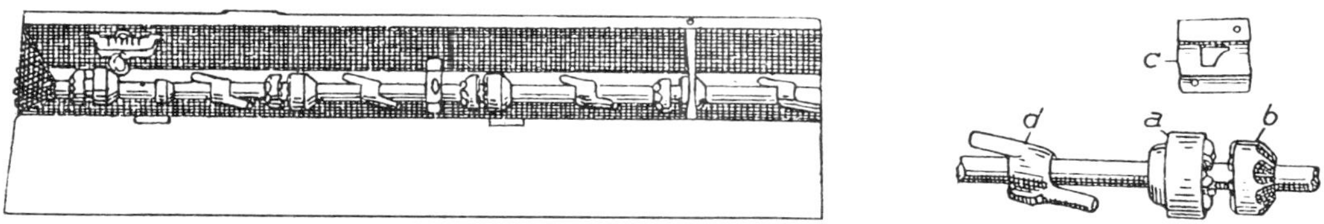

343. Kleesäapparat mit Wühlrädern
a, b Säkörper; *c* Gegenplatte mit Ausflußöffnung; *d* Rührkörper

Solche Maschinen, die heute nur noch für feine Sämereien, wie Klee, verwendet werden, geben dem Saatgut weder gleiche Standräume, noch die bestimmte Tiefenlage. Neuzeitliche Breitsämaschinen sind mit Schubrädern ausgerüstet, so daß die Aussaatmenge gesteuert werden kann.

3. Drillmaschinen

Der Aufbau der Drillmaschinen wird bestimmt durch die von den Austragsorganen (Säorganen) zu den Säscharen führenden Saatleitungen, die das durch diese Organe ausgetragene

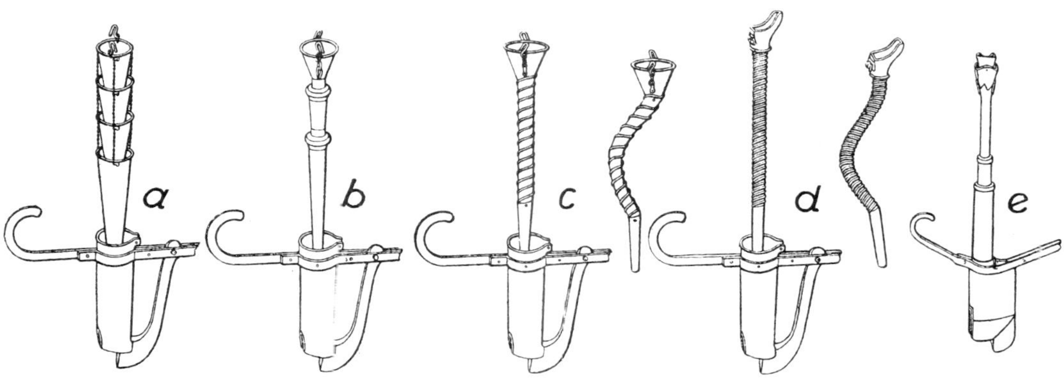

344. Saatleitungsrohre
a Kettentrichter-, *b* Kugelgelenk-, *c* Spiral-(Schraubengang-), *d* Metallschlauch-, *e* Teleskoprohr

Saatgut durch ein Rohr den Säreihen zuführen. Diese verschieden ausgebildeten Saatleitungsrohre (Bild 344) sind allen Drillmaschinen eigen. Alle Saatleitungsrohre sind ein notwendiges Übel der Drillmaschine. Auf ihrem Weg durch die Saatleitungsrohre sind die Körner dem freien Fall ausgesetzt. Beeinflußt durch die unvermeidlichen Erschütterungen der Maschine, schlagen die Körner unregelmäßig an den Wandungen an, so daß dadurch die Belegungsdichte in den Reihen unregelmäßig wird. Die gleichmäßige Arbeit des besten Säorganes wird dadurch zunichte gemacht. Die besten Saatleitungsrohre sind die, die den pendelnden Bewegungen der Säschare ungehindert folgen können und die sich im Betrieb am wenigsten verbiegen, verbeulen, oder andere Schäden erleiden. Das sind die Metallschlauchrohre; sie sind allerdings auch am teuersten.

Die Saatschare sollen beim Drillen die Saatrille im Boden bereiten, also ihr die gewünschte Form, Tiefe und Festigkeit geben. Sie sind mit je einem offenen Trichter versehen, in den das Saatleitungsrohr mündet. Um den Bodenunebenheiten folgen zu können, sind sie an Hebeln aufgehängt; damit sie sich nicht durch Erdbrocken verstopfen, sind sie in 2 Reihen versetzt angeordnet, so daß 2 benachbarte Schare nicht nebeneinander laufen. Damit es gleiche Reihenabstände gibt, sind die Scharhebel in dem Führungsgelenk nach der Seite hin starr. Wegen der verschiedenen Arbeitsverhältnisse sind die Schare sehr verschieden ausgebildet. Die Bilder 345—355 zeigen einige Schare. Die Saatschare sind durch ihre Hebel am Maschinengestell so befestigt, daß alle Hebelaggregate zur Einstellung auf den Reihenabstand verschiebbar sind. Umgestellt werden die Schare mit einem Stellbrett, das mit jeder Maschine mitgeliefert wird. Es hat die Länge der Maschinenbreite und wird an der Innenseite der Hinterräder angelegt. Die Schare werden hierauf nach den auf dem Stellbrett angezeigten Markierungen eingestellt. Bei größeren Reihenweiten müssen einige Schare ausfallen. Sie werden abgenommen und ihre zugeordneten Sägehäuse geschlossen. Die Schare werden so angeordnet, daß zwischen den äußersten Scharen und den Radmitten je ein halber Reihenabstand entsteht, der sich nach dem Wenden zur vollen Reihenweite zusammensetzt.

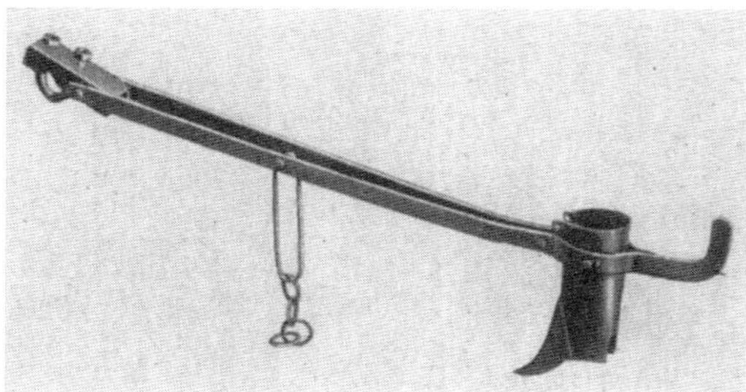

345. Greifschar (Glas, Dingolfing)

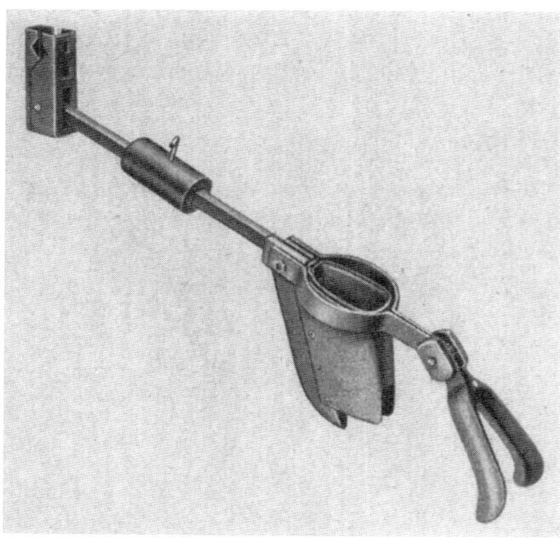

346. Gabelzustreicher (Glas, Dingolfing)

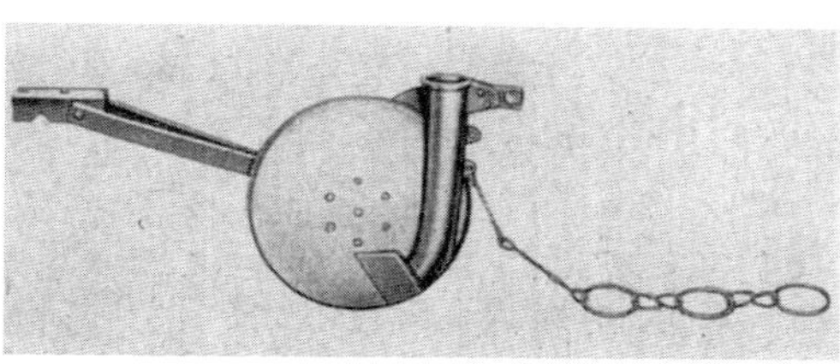

347. Einfache Scheibenschar (Glas, Dingolfing)

Der Scharbalken *a* (Bild 356), der die Hebel trägt, ist meist drehbar gelagert, wie eine in der Skizze dargestellte Ausführungsform zeigt. Die doppelte Scharklaue *b* hat je einen Durchbruch. Da die Schar im Scharklauenniet *c* drehbar ist, ergibt sich eine dreifache Führung. Die Scharklaue ist im Scharklauenniet *c* wie eine Schere auseinanderzuklappen, d. h. die Befestigungsschraube *d* der Scharklaue am Scharbalken braucht nur genügend gelockert zu werden, um die Schar auszuhängen.

Am Scharhebel *e* ist das Belastungsgewicht *f* verschiebbar, damit der Bodendruck nach Belieben eingestellt werden kann. In

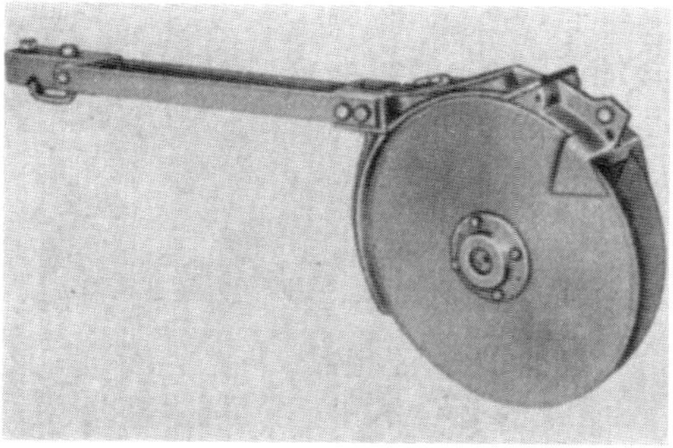

348. Doppelscheibenschar (Glas, Dingolfing)

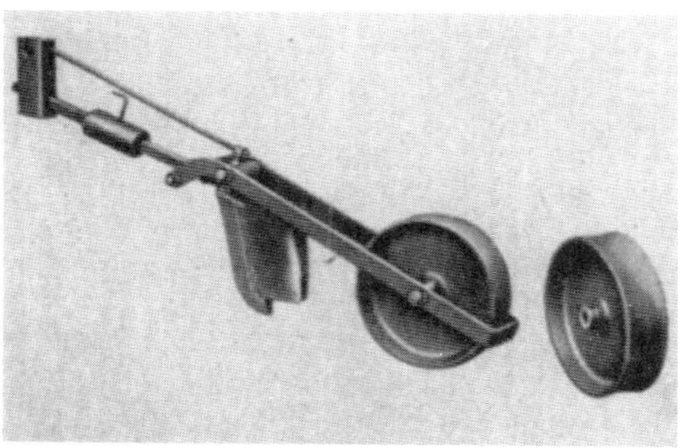

349. Schar mit Druckrolle (Glas, Dingolfing)

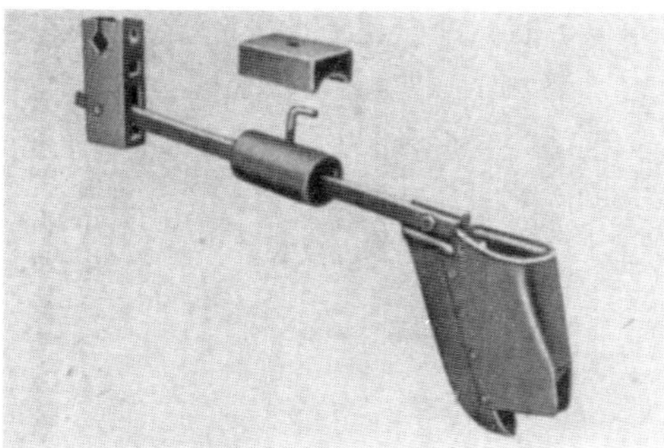

350. Superschar (Glas, Dingolfing)

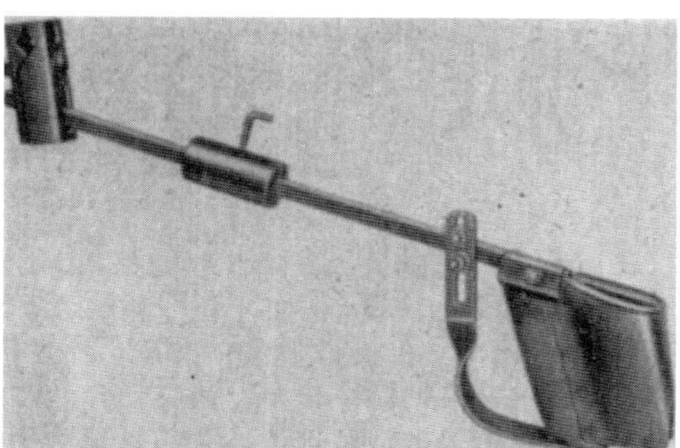

351. Schar mit Tiefenregler (Glas, Dingolfing)

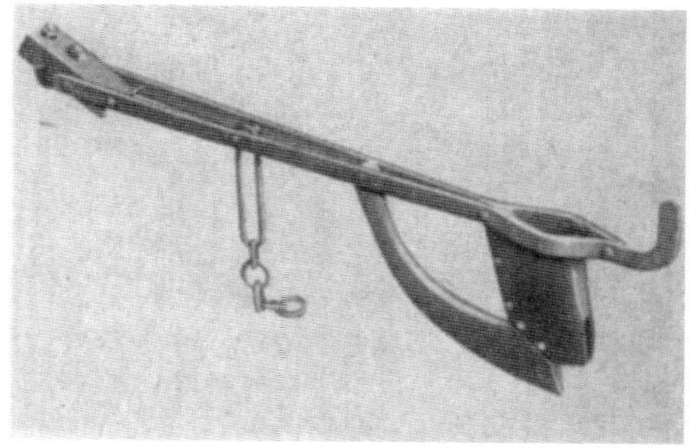

352. Säbelschar (Glas, Dingolfing)

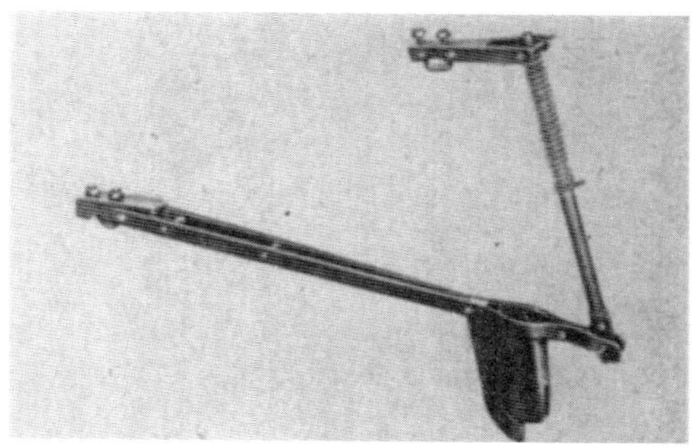

353. Schleifschar mit Federdruck (Glas, Dingolfing)

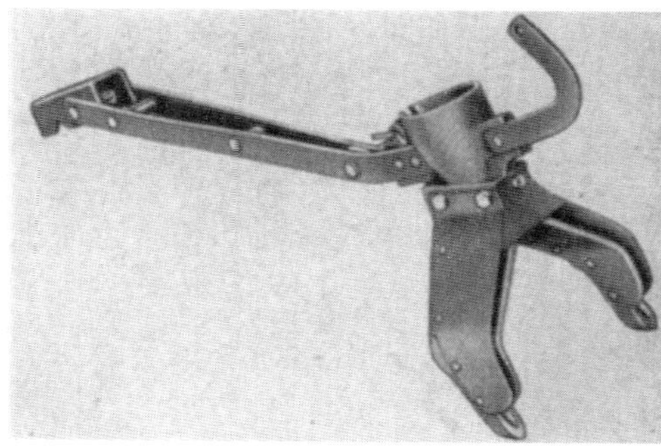

354. Flachschar (Glas, Dingolfing)

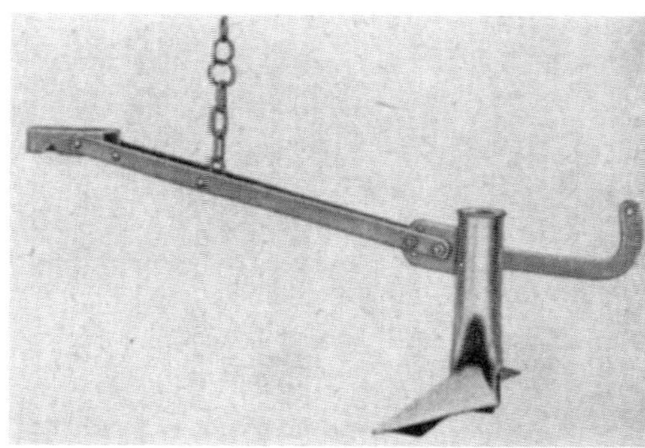

355. Furchenschar (Glas, Dingolfing)

besonderen Fällen kann ein Zusatzgewicht *g* verwendet werden; die Belastung wird dadurch verdoppelt. Die Schare werden meistens durch Verdrehen des Scharbalkens hochgezogen. Bei dem angeführten Ausführungsbeispiel werden die Schare durch Anschlagen an der Scharklaue mit hochgenommen. Bei den Pferdezugmaschinen wird der Scharbalken durch einen Handhebel verdreht, der bei Umstellung auf Schlepperzug entfernt wird. Mit ihm wird der Scharbalken automatisch verdreht. Solche Automatik wird entweder durch Seilzug vom Schlepper aus bedient, oder, falls die Maschine mit Laufbrett versehen ist, von ihm aus.

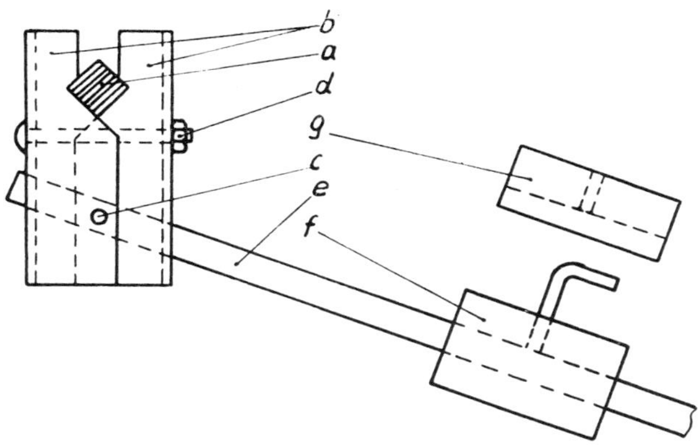

356. Verschiebbare Gewichtsbelastung am Scharhebel (Glas, Dingolfing)
a Scharbalken; *b* Scharklaue; *c* Scharklauenniet; *d* Befestigungsschraube; *e* Scharhebel; *f* Belastungsgewicht; *g* Zusatzgewicht

Das wichtigste Element der Drillmaschine ist das Säorgan, das ihr auch den Namen gibt. Es soll das Saatgut im Säkasten erfassen und in möglichst gleichmäßigen Mengen dem Saatleitungsrohr zuführen. In seiner Entwicklung ist es über Löffel-, Schöpf- und Zellenräder beim Nockenrad und beim Schubrad grundsätzlich stehengeblieben. Die Austragsöffnung ist verstellbar. Die Drehzahlen können in kleinsten Grenzen genau verändert werden. Die Sämengen auf der ganzen Arbeitsbreite der Maschine können darum auf das Gramm

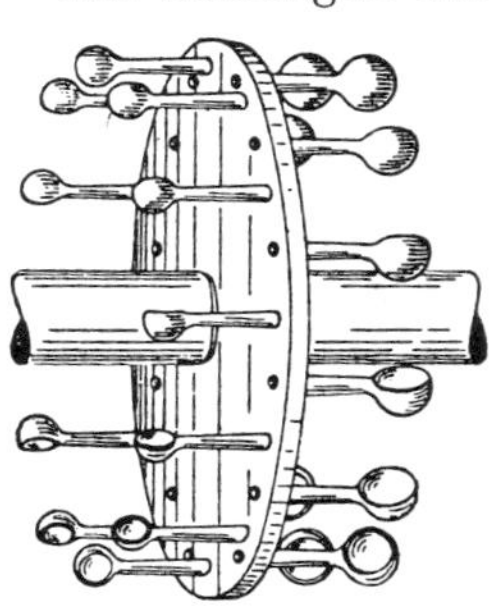
357. Löffelrad

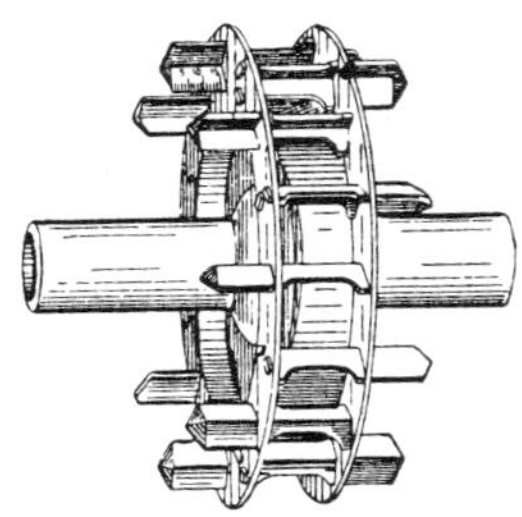
358. Schöpfrad, verstellbar

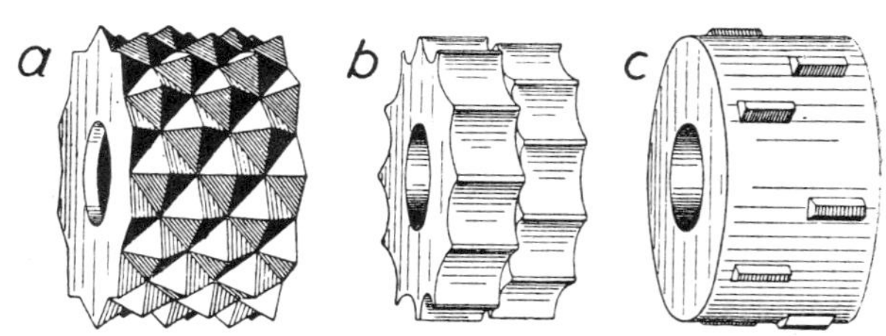

360. Mitnehmerräder
a Diagonal-, *b* Zellen-, *c* Einheitsrad

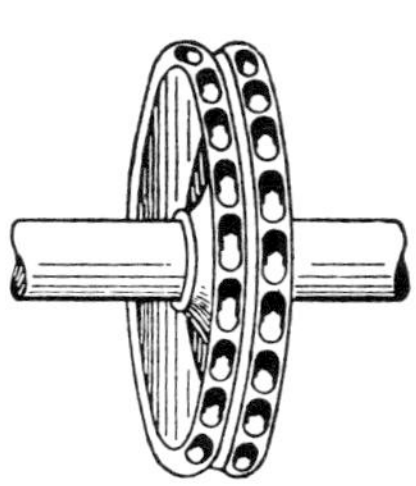
359. Schöpfrad

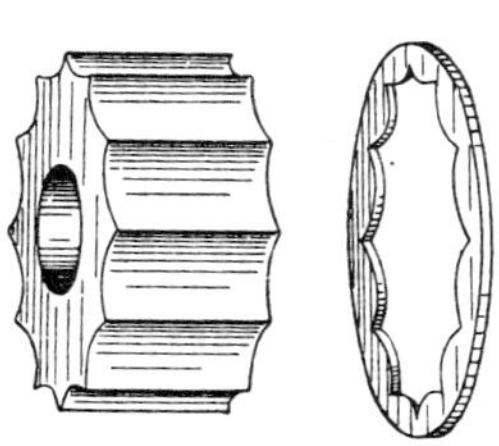
361. Schubrad

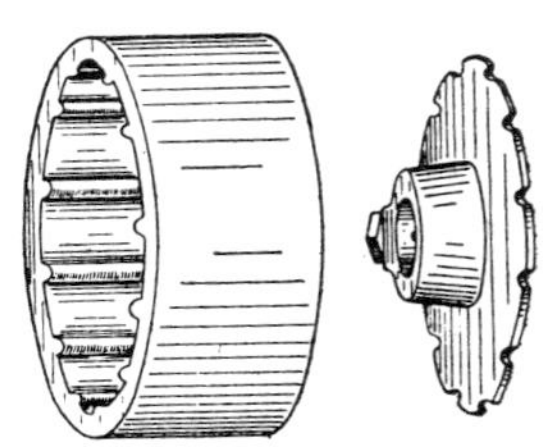
362. Schubring

genau gehalten werden. — Die neuzeitlichen Schubrad- und Nockenradsämaschinen sind am meisten verbreitet. Da die Sämaschinen lange vorhalten, sind noch die älteren Systeme häufig anzutreffen. Außerdem findet man das umgekehrte System des Schubrades vor, den Schubring. Die in den Bildern 357—362 dargestellten verschiedenen Austragsorgane schöpfen oder schieben durch Ober- oder Unterauslauf je nach Löffel, Zellen oder Nocken und ihrer

Drehrichtung und ihrer Umlaufgeschwindigkeit, das Saatgut aus dem Kasten. Je zwangläufiger das Saatgut erfaßt wird, je weniger es der Maschinenerschütterung und Maschinenneigung ausgesetzt ist, um so gleichmäßiger kann es ausgetragen werden.

363. 2-m-Nockenrad-Drillmaschine (Glas, Dingolfing)

a) Nockenradmaschinen

Das Bild 363 stellt eine Nockenradmaschine für 2 m Arbeitsbreite dar. Damit ihr Gang nicht pendelt und dadurch der Antrieb nicht ungleichmäßig wird, werden selbst die schmalsten Drillmaschinen mit Vorderwagen gefahren. Gesteuert werden sie meist durch Hintersteuer, das auch als Seiten- oder Schrägsteuer verwendet werden kann. Der Gespannführer hat seinen Platz hinter der Maschine, damit die Säschare beobachtet werden können.

364. Rollenlagerung von Drillmaschinenrädern (Glas, Dingolfing)

Die in dem Bild gezeigte Maschine ist mit Teleskop-Saatleitungen ausgerüstet. Die 13 Rohre sind in 2 Reihen zu 6 und 7 angeordnet. Damit das Fahrgestell dauernd stabil ohne Seitenschwankungen geht, versieht man die Achsschenkellagerung der Fahrräder mit Kegelrollenlager (Bild 364). Eine sicher wirkende Doppelklotzbremse (Bild 365) ermöglicht es, die Maschine schnell anzuhalten. Die Maschine sät aus durch die in den einzelnen Sägehäusen sich drehenden, auf der angetriebenen Säwelle befestigten Nockenräder. Die den Nockenrädern aus dem Saatkasten zufließende Saatgutmenge wird im Unterauslauf zwischen sich und die verstellbare meist emaillierte Bodenklappe nach hinten geworfen (Bild 366). Dabei werden die Nockenräder durch ein Rührwerk unterstützt. Der Zulauf kann durch Herunterlassen des Absperrschiebers am Sägehäuse geregelt oder ganz unterbunden werden.

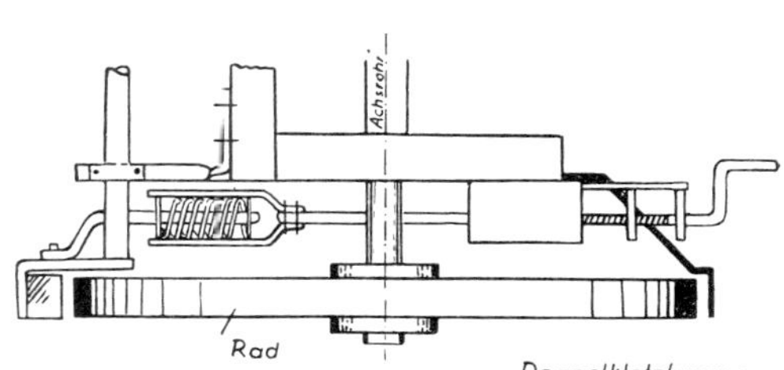

365. Doppelklotzbremse an Drillmaschinen (Glas, Dingolfing)

Angetrieben wird die Säwelle vom rechten Fahrrad aus über ein Mehrfachübersetzungsgetriebe, das 72 verschiedene Drehzahlen ermög-

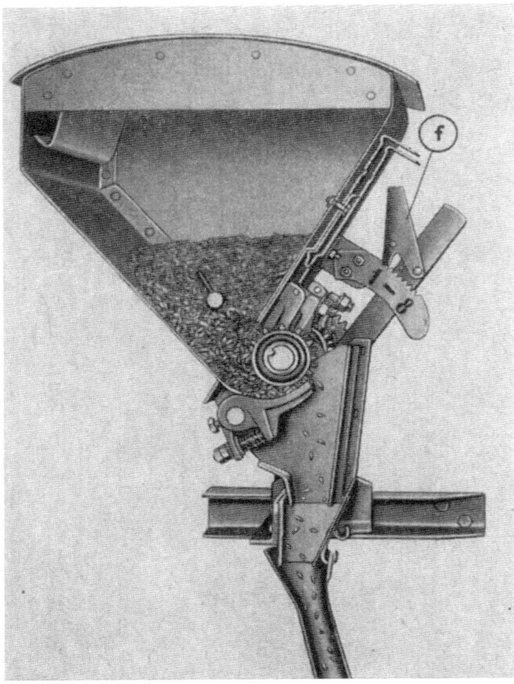

366. Sävorgang bei einer Nockenrad-Drillmaschine (Glas, Dingolfing)

licht. Dieses Getriebe (Bild 367) hat 2 Hebel, Nr. 10 und Nr. 20. Mit Hebel 10 werden Feinsaatgang, langsamer Gang, Normalgang und schneller Gang eingestellt. Mit Hebel 20 kann jeder der 4 Gänge in 18 verschiedene Stufen eingestellt werden. Durch Feinsaatgang und Räderhebelstellung 1 ergibt sich die kleinste Drehzahl der Säwelle und somit die geringste Aussaatmenge. Flach ansteigend erhöht sich die Säwellendrehzahl bis zur Stellung 18. Dann beginnt der langsame Gang mit Räderhebelstellung 1, bis bei Schnellgang und Hebelstellung 18 die Höchstdrehzahl der Säwelle und damit die höchste Aussaatmenge erreicht ist. Ein Schema des Getriebes zeigt das Bild 368.

Am Getriebe wird vielfach eine Abdrehkurbel Nr. 30 angebracht. Die Maschine braucht dadurch bei den Abdrehproben nicht hochgebockt zu werden. Die Umdrehungszahl der Abdrehkurbel ist in solchen Fällen meist an der Seitenwand des Getriebes aufgezeichnet oder sonst aus mitgelieferten Tabellen zu entnehmen.

Soll der Saatkasten entleert werden, so wird die Entleerungsmulde, die auf Bild 363 hochgeklappt ist, heruntergelassen (Bild 369). Danach wird der Klappenhebel *f* (Bild 370) an der linken Kastenwand (s. a. Bild 366) heruntergeschwenkt. Das Saatgut rinnt in die automatisch unter die Sägehäuse geschobene Mulde; die Trichterschiene mit den Saatleitungsrohren auf den seitlichen Auflageflächen gleitet nach vorn. Für die Stellungen der Absperrschieber, wie überhaupt für alle die Saatgutmenge betreffenden Einstellungen von Hebeln und Getriebe, ist die mitgelieferte Sätabelle maßgebend, die aber wegen der Form und des Gewichtes des Saatgutes durch Abdrehproben überprüft werden muß.

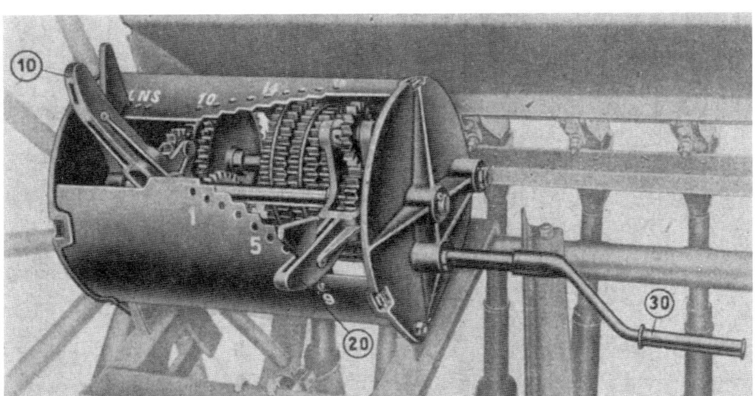

367. Getriebe einer Nockenrad-Drillmaschine (Glas, Dingolfing)

Bei Abdrehproben wird die Maschine normalerweise mit einer Abdrehstütze (Bild 371) hochgebockt bei ausgerückter Maschine und hochgezogenen Scharen. Die Mulde wird heruntergelassen (Bild 372) und das ausgetragene Saatgut gewogen. Beim Aussäen normaler Saatkorngrößen steht der Klappendeckel auf Stellung 1 (Bild 366); bei Grobsaat wie Bohnen, Mais und dgl.

wird der Klappenhebel, dem Saatgut angepaßt, in entsprechende Stellungen gebracht und damit die Bodenklappe gesenkt, um das Saatgut nicht zu verletzen und um einen größeren Auslaufquerschnitt zu bekommen (Bild 373). Ist nicht genügend Saatgut vorhanden, um den Saatkasten zu füllen (z. B. bei Rüben), oder wenn verschiedene Samenarten gleichzeitig, jedoch getrennt zu drillen sind, so kann man sich durch Einsatzkästen helfen (Bild 374). Beim

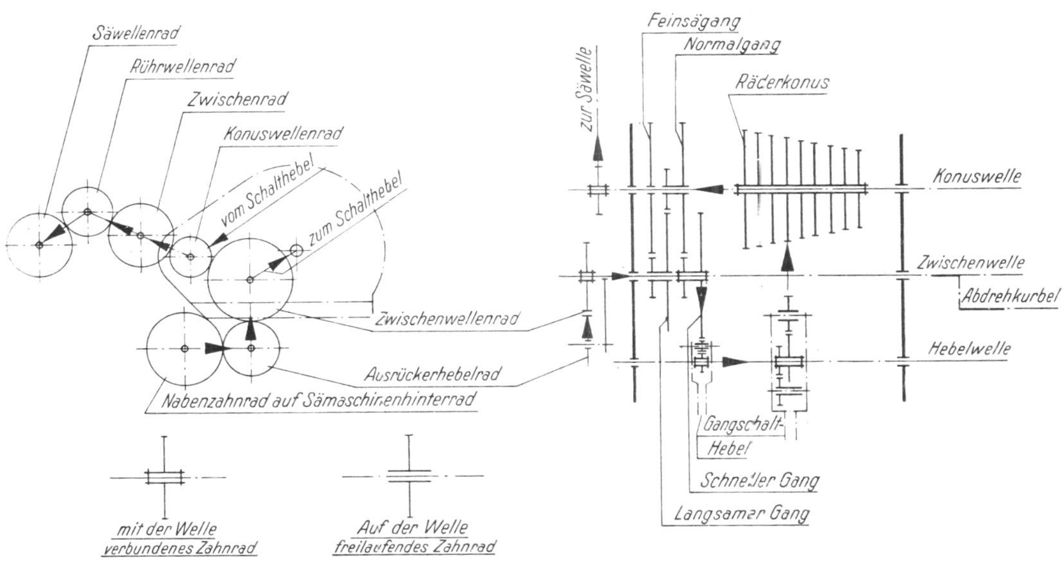

368. Getriebeschema einer Nockenrad-Drillmaschine (Glas, Dingolfing)

Einbau der Einsatzkästen stellt man die Rührwelle mit dem Zinken nach oben. Die Blechspitzen *A* (Bild 375) werden unter die Rührwelle eingeführt und der Einsatzkasten *B* mit den seitlichen Führungen *D* aufgesteckt. Der Einsatzkasten sitzt fest, wenn der Hebel *C* eingepreßt wird.

Sollte die mit dem Feinsaatgang bei Räderstellung 1 des Getriebes veränderte Aussaatmenge nicht niedrig genug sein, so empfiehlt es sich, mit der Einsatzkralle (Bild 376) zu arbeiten. Mit ihr kann die Aussaatmenge um 25 % weiter vermindert werden, weil die Auslaufbreite des Säorgans kammartig unterbrochen wird. Bild 377 zeigt den Sävorgang ohne Einsatzkralle, wobei das Saatgut über die ganze Breite der Bodenklappe hin gefördert wird; Bild 378 zeigt zum Vergleich dazu das Sägehäuse mit eingesetzter Kralle. Das Saatgut wird dadurch auf der glatten Oberfläche des Särades zurückgehalten und nur im Bereich der beiden Nasenkränze des Nockenrades ausgetragen. Diese Krallen werden mit Langlöchern so eingestellt, daß sie

369. Entleeren einer Nockenrad-Drillmaschine (Glas, Dingolfing)

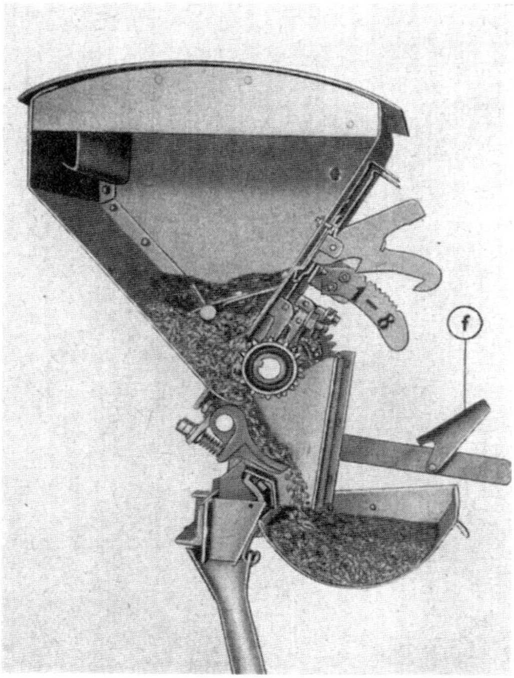

370. Schnitt durch den Säkasten in Entleerungsstellung (Glas, Dingolfing)

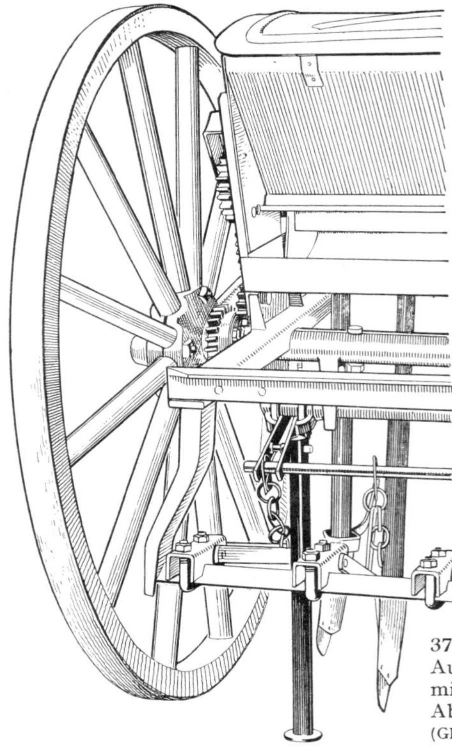

371. Aufbocken mittels Abdrehstütze (Glas, Dingolfing)

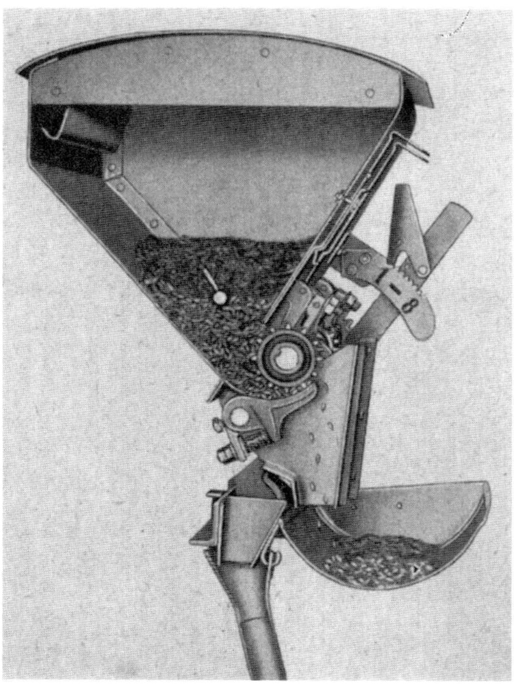

372. Abdrehstellung (Glas, Dingolfing)

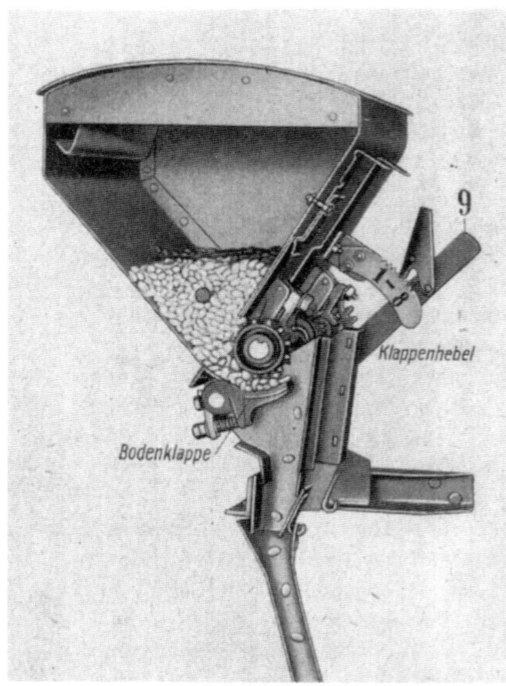

373. Einstellen der Bodenklappe auf Korngröße (Glas, Dingolfing)

374. Einsatzkasten für kleine Sämengen (Glas, Dingolfing)

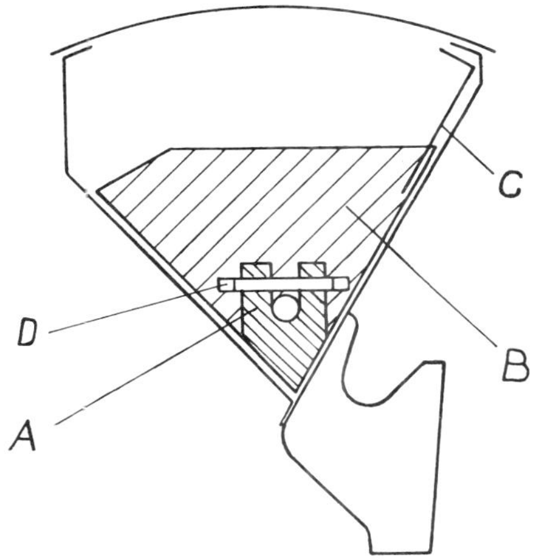

375. Anbringen des Einsatzkastens (Glas, Dingolfing)
A Blechspitze C Hebel
B Einsatzkasten D seitliche Führung

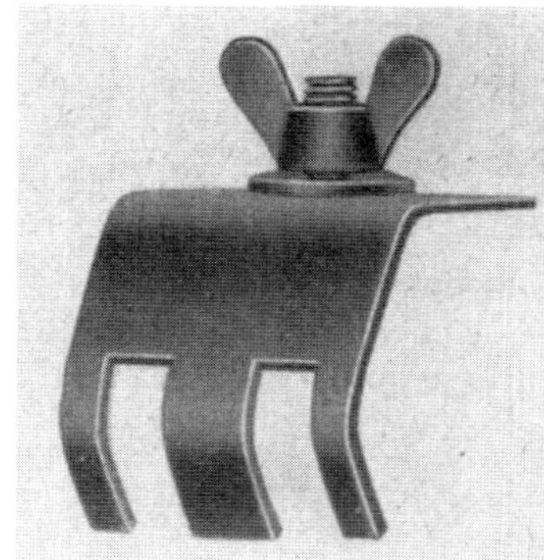

376. Einsatzkralle (Glas, Dingolfing)

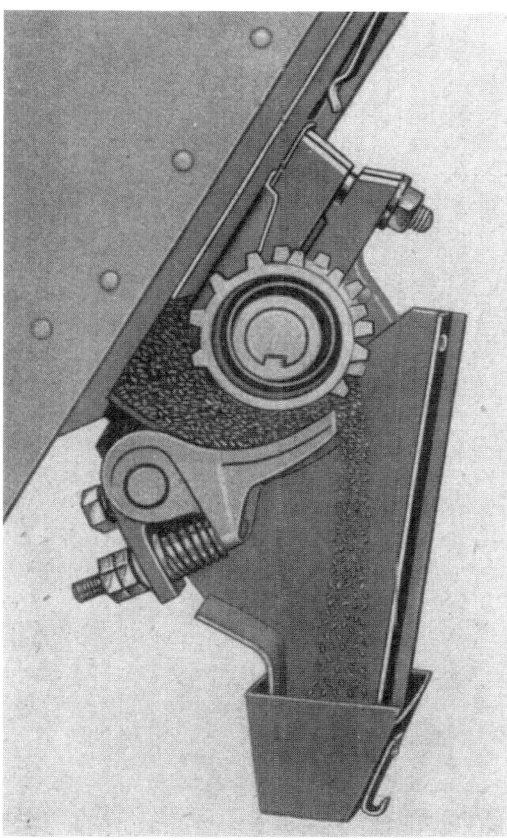

377. Sägehäuse ohne Kralle (Glas, Dingolfing)

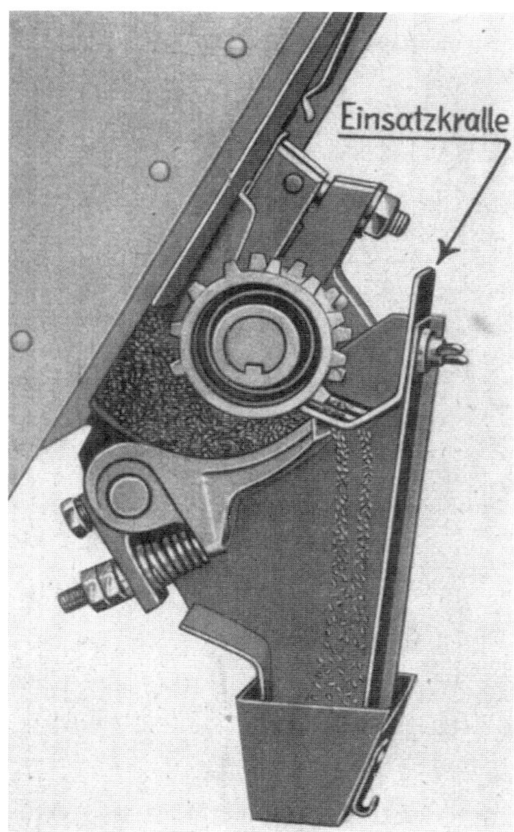

378. Sägehäuse mit Kralle (Glas, Dingolfing)

auf der Bodenklappenspitze aufliegen und nur leicht das Särad streifen. Die Schrauben sind gut anzuziehen, damit sich die Einsatzstücke nicht lockern.

b) Schubradmaschinen

Bei den Schubrad-Drillmaschinen (Bild 379) besteht das Säorgan aus einem Zellenrad, das mit einem massiven zylindrischen Körper eine Einheit bildet. Durch Verschieben der Säwelle (Bild 380) mit einem

379 (oben). Schubrad-Drillmaschine
(Tröster, Butzbach)

380 (unten links). Zwei Säorgane einer Schubrad-Drillmaschine

381 (unten rechts).
Linke Seite einer Schubrad-Drillmaschine mit Bodenklappenhebel
(Tröster, Butzbach)

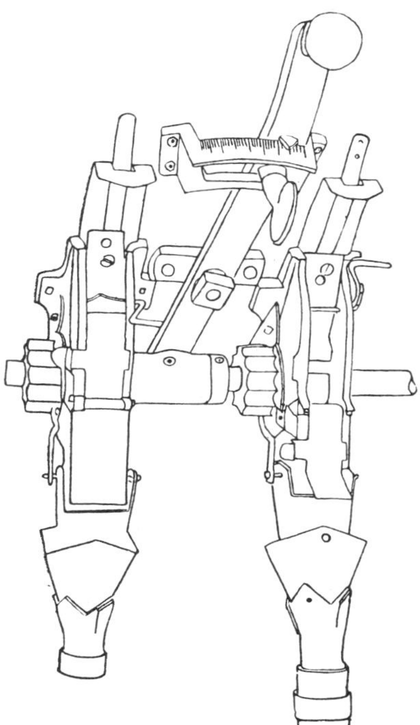

arretierbaren Handhebel kann — je nach Menge des Saatgutes — der Zellenteil in den Bereich des Sägehäuses hineingeschoben werden. Auf diese Weise kann die Förderbreite des Säorgans beliebig verändert werden. Der Aussaatfluß wird durch die veränderliche Säwellendrehzahl wie bei der Nockenradmaschine und durch Einstellen der Bodenklappe geregelt. Sie wird durch einen Hebel links an der Maschine (Bild 381) bedient. Dabei wird die Korngröße des Saatgutes berücksichtigt. Man benutzt die Hebelstellung 0 für Feinsämereien, Stellung 1 und 2 für normales Saatgut wie Getreide usw. und die Stellungen 3 bis 8 für grobes Saatgut. Die richtige Einstellung kann man aus der mitgelieferten Sätabelle ablesen.

382. Neuzeitliches Schubrad mit Feinsäzellen (Tröster, Butzbach)

Bild 382 zeigt ein neuzeitliches Schubrad. Diese Sävorrichtung ermöglicht durch einen eingearbeiteten engen Zellenteil, auch feinste Sämereien auszustreuen, ohne die Säräder auszuwechseln.

Soll die Drillmaschine richtig eingestellt werden, so macht man auf dem Hofe eine Abdrehprobe. Dies geschieht ähnlich wie bei der Nockenrad-Drillmaschine mit der Abdrehkurbel, die in diesem Falle durch die Speichen des rechten Fahrrades angesetzt wird (Bild 383).

383 (Mitte). Rechte Seite einer Schubrad-Drillmaschine mit Abdrehkurbel (Tröster, Butzbach)

384 (unten). Entleerungsstellung einer Schubrad-Drillmaschine (Tröster, Butzbach)

Man dreht eine bestimmte Fläche ab und vergleicht die in der heruntergeklappten Entleerungsmulde aufgefangene Menge mit der Soll-Menge. Die Maschine kann auch über das Antriebs-

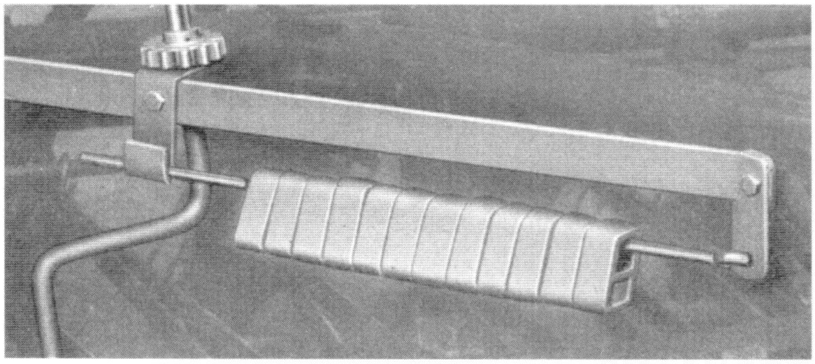

385. Praktische Unterbringung von Zubehör (Tröster, Butzbach)

fahrrad abgedreht werden. Hierbei ist der Radumfang (Durchmesser · 3,14) wichtig, da er sich auf die Länge der überfahrenen Strecke abwickelt und, multipliziert mit der Anzahl der Radumdrehungen und der Maschinenbreite, die bestreute Fläche ergibt. Für die gängigen Fahrraddurchmesser von 1060 und 1150 mm sind in der nebenstehenden Tafel, bezogen auf die verschiedenen Maschinenbreiten, die erforderlichen Radumdrehungen bei einer Abdrehprobe und die entsprechenden Streuflächen errechnet. Die gleichzeitig angegebenen Kurbelumdrehungen sind dabei nicht allgemein gültig, sie richten sich nach dem Übersetzungsverhältnis des von der Kurbel angetriebenen Zahnrades zum Fahrrad. In unserem Fall ist dieses Verhältnis gleich 2:23.

Tafel 7. *Abdrehtabelle*

Spurbreite der Drillmaschine	Fahrraddurchmesser	Umdrehungen pro Hektar		Umdreh./Morgen	
		Fahrrad	Kurbel	Fahrrad	Kurbel
1,50	1060	2000	4470	500	1118
	1150	1850	4130	460	1030
1,75	1060	1720	3850	430	960
	1150	1580	3520	396	885
2,00	1060	1500	3350	375	840
	1150	1380	3080	346	770
2,25	1150	1230	2740	307	685
2,50	1150	1110	2460	277	615

Im allgemeinen führt man die Abdrehproben für kleinere Flächen durch. Für 1 Ar = $^1/_{1000}$ ha oder für 2,5 Ar = $^1/_{10}$ Morgen, so daß statt 4470 nur 45 Kurbelumdrehungen oder statt 500 Fahrradumdrehungen nur 50 gemacht zu werden brauchen. Bevor man mit dem Zählen beginnt, drehe man an, bis das Saatgut gerade aus dem Sägehäuse austritt.

386. Zweckmäßiges Keilprofil der Felgen (Tröster, Butzbach)

387. Anbau-Drillmaschine am „Alldog“ (Tröster, Butzbach)

Zweckmäßig ist es, den Saatkasten nach der Abdrehprobe zu entleeren. Der Saatkasten wird erst auf dem Felde gefüllt, damit sich das Saatgut nicht festrüttelt und Rühr- und Säwelle behindert. Der Kasten wird durch den Bodenklappenhebel entleert, nachdem die Entleerungsmulde (Bild 384) heruntergeklappt worden ist. Zweckmäßig ist es, Zubehör, Abdrehkurbel und Belastungsgewichte nicht mehr im Werkzeugkasten, sondern an besonders dafür vorgesehenen Einrichtungen unterzubringen (Bild 385). — Zweckmäßig ist auch die Ausbildung der Vorderradfelge mit keilförmigem Profil (Bild 386). Solche Maßnahme wirkt wie ein Spurkranz und sichert den Vorderwagen gegen seitliches Abrutschen an Hängen.

388. Drillmaschine für große Arbeitsbreite mit Laufbrett (Claas, Harsewinkel)

Durch die Entwicklung der Geräteträger ist die Drillmaschine ein Anbaugerät geworden. So zeigt Bild 387 den Anbau einer Drillmaschine in den Geräterahmen eines Alldogs. Bei solcher Verwendung bleibt die Maschinenbreite jedoch begrenzt, wie es auch der Sinn der Geräteträger ist. Drillmaschinen mit größeren Arbeitsbreiten (Bild 388) werden für Straßenfahrt mit Langfahrvorrichtung versehen (Bild 389), ähnlich wie Düngerstreumaschinen großer Arbeitsbreite.

389. Groß-Drillmaschine mit Langfahrvorrichtung (Claas, Harsewinkel)

4. *Dibbelmaschinen*

Wenn die Kulturpflanzen größere Standräume brauchen, wobei weite Reihensaat in größeren Abständen ausgesät werden soll, benutzt man Dibbelmaschinen. Sie legen die Samen in Häufchen oder Horsten in den Boden. Man spart hierdurch Saatgut und Arbeitskräfte, da bei solcher Saat — beispielsweise Rübensaat — später das Verhacken, die Beseitigung der in den Zwischenräumen nicht erwünschten Pflanzen, fortfallen kann. Dibbeln kann man mit der gewöhnlichen Drillmaschine, wenn man, wie aus Bild 390 zu ersehen ist, von einem Fahrrad aus gesteuerte Dibbelklappen an den Saatscharen anbringt. Wenn sie geschlossen sind, sperren sie für kurze Zeit den Körnerstrom; beim Öffnen der Klappen werden die angesammelten Körner freigegeben. Um hierbei nicht zu große Horste zu erhalten, wird man die Austrageorgane der Drillmaschine auf kleinste Mengen einstellen müssen. Dibbelapparate an Drillmaschinen sind in Deutschland sehr verbreitet. Es gibt für die Dibbelsaat auch besonders vorgesehene Dibbelmaschinen. Im Prinzip arbeiten sie genauso wie die zugerichteten Drillmaschinen, jedoch wird der Samen meist durch Bürstenräder ausgetragen. Auch bei den Dibbelmaschinen wird die Dibbelklappe durch ein Bodenrad gesteuert. Bild 391 zeigt ein einreihiges Dibbelgerät für Handbetrieb. Der Inhalt des Saatkastens beträgt bei solchen Maschinen für jede Reihe etwa 3 l. Man kann solche Apparate — zu mehreren nebeneinander — an Vielfachgeräten anbringen, um so wirtschaftlicher zu arbeiten (Bild 392).

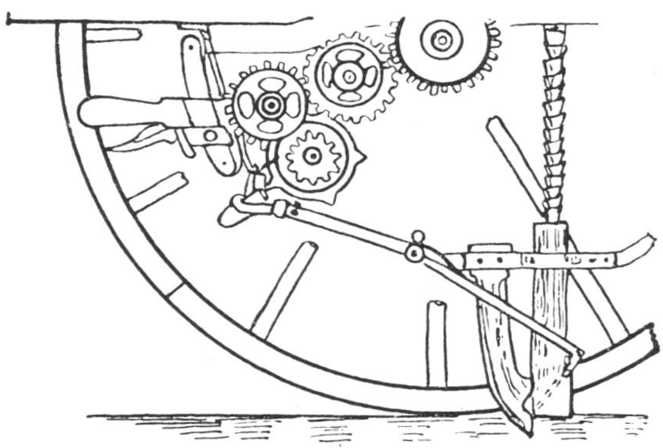

390. Dibbeleinrichtung an einer Drillmaschine

5. *Gleichstandsämaschinen*

Diese Maschinen sind ideale Drillmaschinen, das Schlußglied in ihrer Entwicklungskette. Das Säorgan der Maschinen verlangt die Vereinzelung des Samenkornes und legt es dann in gleichen Abständen (bei Getreide von etwa 2 bis 5 cm) in die Saatrille. Bei mittlerer Fahrgeschwindigkeit von 1m/sec werden 20 bis 50 Körner in der Sekunde in gleichen Zeitabständen vereinzelt und in gleichbleibender Folge ausgesät. Von der ungleichmäßigen Beeinflussung der Saatleitungsröhren ist bereits gesprochen worden. Wenn man bedenkt, daß ein aus 7 cm Höhe fallendes Korn bis zu 9 cm zur Seite fortspringen kann, so ist bei den winzigen Saatabständen klar, daß auch bei tatsächlicher Vereinzelung das gleichmäßige Auslegen in den Boden weitere Schwierigkeiten hat. Seit Jahrzehnten sind, vor allem wegen der Saatgutersparnis und der höheren Erträge bei gleichen Standräumen, viele Anstrengungen gemacht worden, einwandfrei arbeitende Gleichstandsämaschinen zu bauen. Es sind interessante Wege beschritten worden, um entweder durch Greiferräder oder Zellenräder die Samenkörner zu vereinzeln. Das äußerst schwierige Problem ist bis heute nicht restlos gelöst worden. Man hat durch einen Mechanismus erreicht, gleiche Legeabstände von 2,5 cm auf Leimstreifen zu säen, wo also die einzelnen Körner kleben bleiben und nicht fortspringen können. In den normalen Legezeiten wurden hier 40 Körner in der Sekunde gelegt. Aber damit ist das Problem nicht gelöst, da der Mechanismus den Anforderungen der Landwirtschaft an einfache, betriebssichere und vor allem billige Maschinen entsprechen muß. Durch den Kriechgang an Zugmaschinen können derartige Maschinen einfacher gebaut werden. Die endgültige Lösung muß noch gefunden werden. — Zum Abschluß soll noch ein kombiniertes Gerät erwähnt werden, der Drillbugger (Bild 393), der im Zwischenfruchtbau bei der Pflugarbeit gleich die Saat der Zwischenfrucht unterbringt. Es handelt sich um einen mit Drillmaschine ausgerüsteten Dreischarpflug, bei dem die Saat durch die Saatleitungsrohre so geleitet wird, daß sie von der folgenden Schar gleich untergepflügt wird.

391. Einreihige Dibbelmaschine für Handbetrieb (Weyhausen, Delmenhorst)

392. Dibbelapparate an einem Vielfachgerät (Engelbrecht u. Lemmerbrock, Melle)

6. Wirtschaftliche Betrachtungen

Die Größe einer anzuschaffenden Drillmaschine soll im folgenden erörtert werden. Darüber, ob eine Drillmaschine für einen Betrieb tragbar ist, müßte eigentlich eine Rentabilitätsberechnung entscheiden können, wenn die Tageskosten bei Handsaat und bei Maschinensaat rechnerisch gegenübergestellt würden unter Berücksichtigung der Festkosten der Maschine. Solche Tageskosten können in einem landwirtschaftlichen Betriebe wegen der eng ineinandergreifenden Kette der Hand-, Gespann- und Maschinenleistung nie objektiv festgestellt werden. Dazu tritt ein anderer Faktor, der bei einer solchen Rechnung nicht ermittelt werden kann, das ist die Güte der Maschinenarbeit und viele Maßnahmen, die mit der Handarbeit überhaupt nicht verglichen werden können.

Da ist beispielsweise die Drillsaat, die Saatgut spart und die durch Hackarbeit und Standraumeinordnung die Erträge steigert. Daraus ergibt sich ein Vorteil, der in einer bloßen Rechnung nicht erscheint. Nach rein rechnerischem Vergleich ist eine Drillmaschine von 2 m bereits bei 7 ha wirtschaftlich. Die Handarbeit würde soviel kosten, daß die Festkosten der Maschine aufgebracht wären. Bei solchen Überlegungen kann in unserer Zeit nicht mehr gefragt werden, ob eine Drillmaschine wirtschaftlich sei, sondern nur noch, welche Arbeitsbreite für den Betrieb am zweckmäßigsten wäre. Es ist nötig, die Maschine so zu warten und zu pflegen, daß ihre Lebensdauer bei den Berechnungen nicht mit 12 Jahren, sondern mit der doppelten oder dreifachen Zeit angenommen werden kann. Innerhalb dieser Zeit wäre sie längst abgeschrieben; der Anschaffungspreis spielte nicht mehr die ausschlaggebende Rolle. Wichtiger als die Größe ist hier die Einsatzmöglichkeit der Maschine. Sie muß sich in die anderen Gespann- oder auch Schlepperarbeiten einordnen lassen. Wird in dem Betrieb stets zweispännig gefahren, so müssen Drill- und Hackmaschine bei der Arbeitsbreite so abgestimmt werden, daß die Zugkraft am günstigsten ausgenützt wird. Für kleine Bauernwirtschaften, die nur ein Pferd anspannen, sollte die Maschinenbreite genommen werden, die das eine Pferd noch leicht ziehen kann. Verbieten die Verhältnisse — infolge Gebirgslage — einen Maschineneinsatz, so wird man sich mit der Särolle begnügen müssen, aber von der breitwürfigen Handsaat abgehen, schon um zügig hacken zu können.

393. Dreischariger Drillbugger (Gebr. Eberhardt, Ulm)

B. Maschinen und Geräte zur Kartoffelaussaat

1. Allgemeines

Die Kartoffel braucht ein lockeres Saatbett, das die Wurzeln und Triebe begünstigt. Man pflanzt die Kartoffeln in Reihen, damit die Zwischenräume zügig mit Hack- und Häufelwerkzeugen bearbeitet werden können. Die weitere Lockerung des Bodens, die zu wiederholende Anhäufelung sollen das Wachstum fördern und zugleich hochwachsende Unkräuter zerstören.

Die Reihenentfernung schwankt im allgemeinen zwischen 50 und 60 cm; die Abstände innerhalb der Reihen, von Legestelle zu Legestelle, schwanken je nach Bodenart und Erfahrung zwischen 30 und 50 cm. Für das Arbeiten der Maschine zwischen den Hackfruchtreihen strebt man besondere Maße an. Dabei geht man von bestimmten Erwägungen aus. Der Schlepper soll Kartoffelfelder und auch Rübenfelder befahren, die anders besät werden. Es wird zweckmäßig sein, die Reihenabstände so zu wählen, daß Schlepper, angehängte Geräte und Ackerwagen beide Felder befahren können, ohne ihre Spurenweiten zu ändern. Dem entsprechen die Normblattentwürfe. Sie bringen eine Spurweite von 125 cm, die bei einem Reihenabstand von 62,5 cm, den Kartoffeln und bei einem Abstand von 42 cm den Zuckerrüben gerecht wird, indem mit der gleichen Spurweite zwei Reihen Kartoffeln oder drei Reihen Zuckerrüben in den Zwischenräumen befahren werden können. Aus diesem Grunde wird für Kartoffeln die zweckmäßige Reihenweite von 62,5 cm vielfach angewendet, wobei allerdings die nicht verstellbaren mehrreihigen Kartoffelkulturmaschinen gute Schrittmacher waren. Durch die Festlegung des seitlichen Reihenabstandes bleibt es den einzelnen Betrieben immer noch offen, die Standraumfrage durch mehr oder weniger großen Pflanzenabstand innerhalb der Reihen zu lösen. Durchschnittlich rechnet man hierbei mit einem Standraum von 2000 cm² je Pflanze, das würde bei einer Reihenweite von 62,5 cm einem Lege- oder Pflanzabstand von 30 cm entsprechen. Die Pflanzkartoffel wird etwa 10 cm tief in die Erde gelegt. Es werden 4—5 cm dicke Knollen von 50—100 g verwendet. Die Kartoffeln sollen möglichst gleichmäßig tief liegen, damit sie bei der Ernte mit einer eingestellten Maschine restlos erfaßt werden können. Es ist zweckmäßig, die Kartoffeln so hoch wie möglich zu legen, um bei der Erntearbeit an Maschinenzugkraft zu sparen und dabei keine Kartoffeln zu beschädigen. Wird schon ein 10 cm tiefes Saatbett verlangt, so ist es am besten, wenn man das Pflanzloch oder die Pflanzfurche weniger tief anlegt, dafür aber um so höher häufelt. Auf diese Weise liegt die Ernte fast nur im Kartoffeldamm, der — ohne schwere Tiefenarbeit — von der Kartoffelschar nur unterfahren zu werden braucht. Man kann so 6 PS und mehr sparen, bei Gespannarbeit also einen Kartoffelroder von 2 statt von 3 Pferden ziehen lassen.

2. Handaussaat

Die Kartoffelsaat kann verschieden durchgeführt werden. In kleinen Wirtschaften wird auch heute noch in althergebrachter Weise hinter dem Pflug gepflanzt. Eine Person wirft die Saatkartoffeln aus einem umgehängten Sack in die Pflugfurche. Wirtschaftlicher wird diese Methode mit einem Zweischarpflug. Es wird dabei Zeit gespart und gleiche Reihenabstände lassen sich leichter einhalten. Beim Unterpflügen der Kartoffeln wird das Saatbett lockerer; das gibt gute Wachstumsbedingungen. Aber die Kartoffeln liegen dabei zu ungünstig für die maschinelle Ernte.

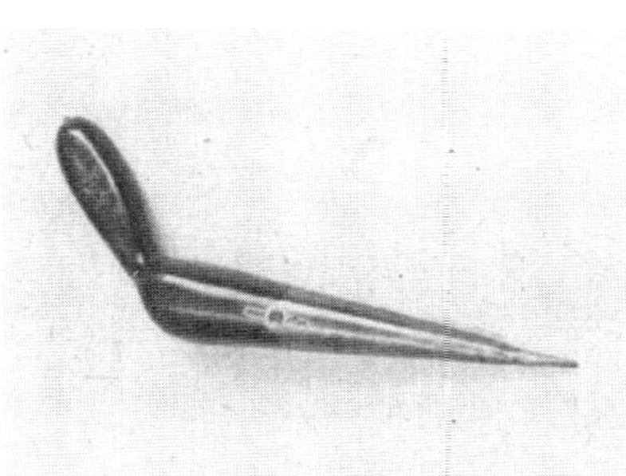

394. Kartoffelpflanzer
(Wolf-Geräte G.m.b.H., Betzdorf/Sieg)

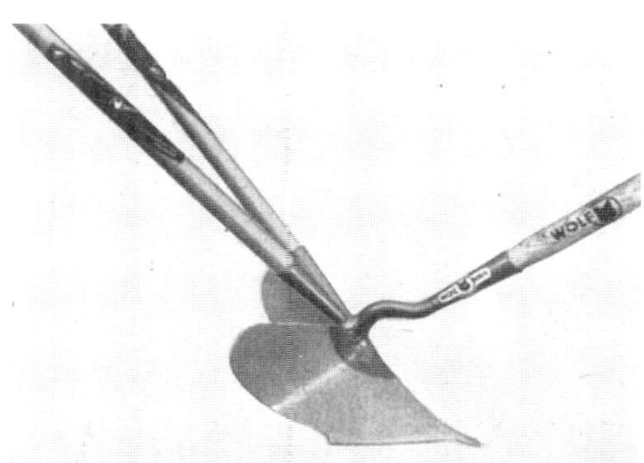

395. Häufelpflug (Wolf-Geräte G.m.b.H., Betzdorf/Sieg)

396. Hohlpflanzer (Wolf-Geräte G.m.b.H., Betzdorf/Sieg)

397. Furchenzieher und Häufler (Gebr. Eberhardt, Ulm)

3. Häufelpflug, Pflanzer, Markör

Besser und gleichmäßiger wird die Arbeit, wenn die Saatrille mit dem Furchenzieher oder mit einem Häufelpflug vorbereitet wird und die einzelnen Knollen mit der Hand in die Furche geworfen werden. Im zweiten Arbeitsgang werden mit dem gleichen, nun versetzten Gerät (Bild 395) die mit Saatkartoffeln versehenen Rillen wieder zugeworfen.

Ein Pflanzverfahren, das den Vorteil verhältnismäßig guter Gleichlage der Kartoffeln mit sich bringt, setzt ein glatt geeggtes Feld voraus. Durch einen Markör—ein oder besser zwei in Reihenabstand nebeneiander angeordnete Räder, die am Umfang mit Markierungszapfen versehen sind—wird das Land überrollt.

An den Eindruckstellen werden mit dem Pflanzer (Bild 394) die Pflanzlöcher in den Boden gestochen, die Kartoffeln hineingeworfen und mit dem Häufelpflug die Dämme hergestellt. Früher benutzte man den massiven Pflanzer, der das Pflanzloch an den Wänden zusammenpreßte. Heute gibt es den Hohlpflanzer (Bild 396), der den Hohlraum des Pflanzenloches herstellt, indem er den Boden herausholt, ohne stark auf die Seitenwände zu pressen.

Alle bisher genannten Pflanzverfahren sind nur für kleinste Betriebe geeignet; es kann nicht mit Kartoffelerntemaschinen gearbeitet werden. Nur 3 Verfahren sind dafür geeignet.

4. Maschinelle Aussaat

a) Furchenzieher

Beim ersten Verfahren stellt man mit Furchenziehern (Bild 397) die Pflanzrillen her. Furchenzieher bestehen aus Vorrichtungen, die dem Häufelkörper ähnlich sind, oder aus je zwei schräggestellten Scheibenscharen. Mehrere Pflanzrillenzieher sind, je nach Zugverhältnissen, an karrenartigen Geräten angebracht, so daß gleich 3—5, oder bei motorischer Zugkraft mehr Pflanzrillen in richtigen Abständen entstehen. In diese Reihen werden die Kartoffeln möglichst in gleichmäßigen Abständen mit der Hand hineingeworfen. Diese Arbeit kann man sich sehr erleichtern, wenn man die Bornimer Legewanne (Bild 398) benutzt. Man kann sie sich bequem selbst herstellen. Sie ist ein nierenförmiger Bügel aus 10 mm starkem Draht, der mit Sacktuch so umnäht wird, daß eine 15—18 kg fassende Wanne entsteht. Dazu kommt ein Traggestell aus 4—5 cm breitem Gurt mit Kettenstück (Bild 399). Die Traggurte verteilen die

Last angenehm auf beide Schultern und das Kreuz (Bild 400). Beide Hände bleiben frei für das Legen. Danach werden von Zudeckmaschinen mit entsprechend eingestellten Zustreichern die Reihen zugedeckt. Zudeckmaschinen sind meist die gleichen Geräte wie die Furchenzieher (siehe Bild 397).

b) Lochsternmaschinen

Das Dreiarbeitsverfahren kann im ersten Teil durch Lochsternmaschinen verfeinert werden, indem statt des Rillenziehers ein Pflanzlocher (Bild 401) eingesetzt wird. Das Arbeitsorgan dieser Maschine besteht aus Lochsternen, die je nach Legeabstand, aus 4—6 an einer Nabe befestigten Löffel- oder Blattspaten gebildet werden. Diese Werkzeuge sind an pendelnd aufgehängten Hebeln befestigt. Sie rollen auf dem vorbereiteten Ackerboden ab und heben

398. Bornimer Legewanne (Tröster, Butzbach)

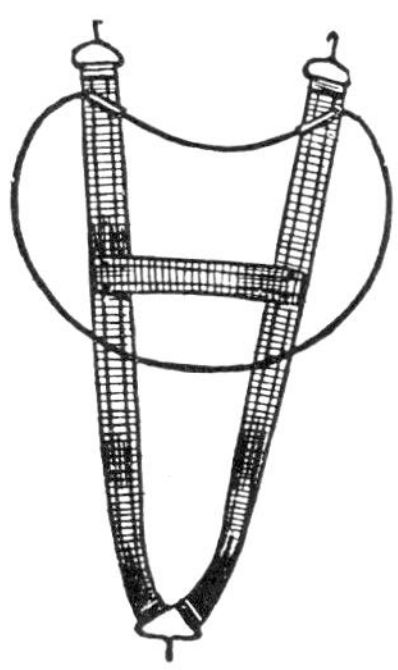

399. Tragegurte der Legewanne (Tröster, Butzbach)

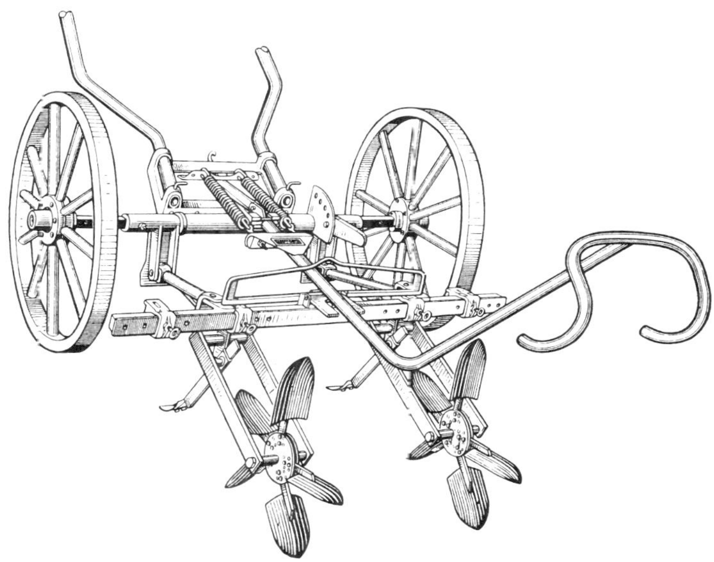

401. Zweireihiger Pflanzlocher (Cramer, Leer)

400. Schultersitz der Tragegurte (Tröster, Butzbach)

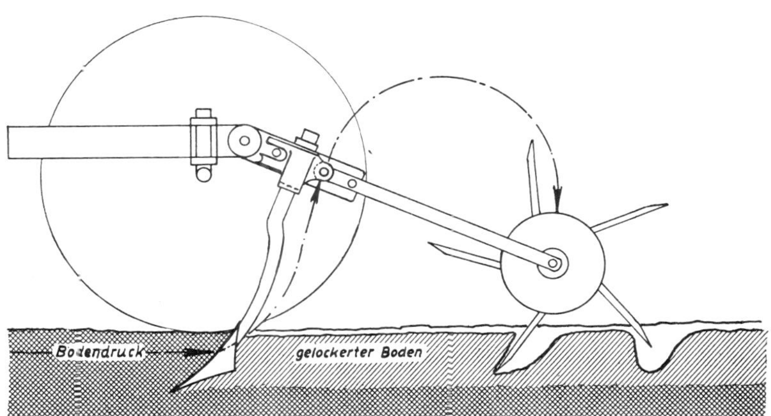

402. Arbeitsweise des Lockerungswerkzeuges vor den Lochern (Gruse, Groß-Berkel)

dabei in regelmäßigen Abständen die Pflanzlöcher aus. Damit der Boden, vor allem an der in Fahrtrichtung liegenden Lochseite, nicht so gepreßt wird, sollen die Spaten unter spitzem Winkel in den Boden stechen. Besonders bei schwerem Boden soll vor dem Spatenstern ein Lockerungswerkzeug vorweglaufen, das den Boden bis unterhalb der Lochtiefe auflockert und den Bodendruck über dieses Werkzeug auf den Lochstern überträgt (Bild 402). Die Lochtiefen lassen sich außerdem durch Belastung der Hebel mit Gewichten oder durch Federn regulieren. Bild 403 zeigt eine vierreihige Pflanzlochmaschine hinter einem Schlepper im Einsatz.

Die Zugkraft der Lochsternmaschine entspricht auf mittleren Böden der Zugleistung eines Pferdes für 2 Lochsterne bei einer mittleren Tagesleistung von 2,5 bis 3 ha. Für das Zudecken und Anhäufeln sowie für

403 (oben).
Vierreihige Lochsternmaschine hinter einem Schlepper (Hanomag, Hannover)

404 (Mitte).
Zudeck- und Häufelgerät (Cramer, Leer)

405 (unten).
Einachsschlepper mit Häufelkörper (Fahr, Gottmadingen)

406. Einachshäufler bei der Arbeit (Fahr, Gottmadingen)

spätere Kultivierungsarbeiten im Kartoffelbau benutzt man die gleichen Maschinen, die sich in den letzten Jahrzehnten zu Vielfachgeräten entwickelt haben. Bild 404 zeigt eine zum Zudecken oder zum Häufeln eingestellte Maschine, deren Streichbleche verstellbar sind. Beim Zudecken werden sie niedriger, beim Anhäufeln steil eingestellt. In der Mitte befindet sich ein Vollkörper, an den Seiten je ein nur zur Mitte arbeitender Halbkörper, der aber zum Vollkörper vervollständigt werden kann, wenn man dreireihig häufeln will. Auch der Einachsschlepper eignet sich für Kartoffelkulturarbeiten. Die mit ebenfalls verstellbaren Häufelkörpern ausgerüstete Maschine für zweireihige Arbeit (Bild 405) ist auf dem Bild 406 beim Anhäufeln bereits aufgegangener Saat zu sehen.

c) Zudecker

Im allgemeinen ist der Zugkraftbedarf der Häufelkörper recht groß. Darum bevorzugt man Scheibenzudecker, besonders dann, wenn Tiere angespannt werden und mit Lochsternen gearbeitet wird. Sie können für gleiche Arbeitsbreiten eingesetzt werden (Bild 407). Die Zudeckscheiben bestehen aus 2 in Fahrtrichtung versetzt angeordneten, drehbar gelagerten Scheibenscharen. Ihre zur Arbeitsseite offenen Hohlscheiben sind aus vergütetem Stahlblech. Sie können an ihrem Lagerschenkel geschwenkt und der Lagerschenkel am Maschinenrahmen verdreht werden. Dadurch ist es möglich, nach jeder Richtung zu verstellen, entsprechend dem Zudecken oder Anhäufeln. Der Durchmesser dieser etwa 30—40° zur Fahrtrichtung geneigt einzustellenden Scheiben beträgt etwa 350 mm.

407. Zudeckscheiben (Tröster, Butzbach)

408. Zweireihige Kartoffellegemaschine (Halbautomat) (Ventzki G.m.b.H., Eisleben)

Sehr wichtig ist, daß die Lagerung dieser dem Staub ausgesetzten Scheiben staubdicht abgekapselt ist. Man verwendet meist Druckschmierung.

d) Halbautomaten — Vollautomaten

Das zweite Kartoffelsaatverfahren wird von einer Maschine in einem Arbeitsgang durchgeführt. Diese Maschine — Kartoffellegemaschine — zieht die Saatfurchen, versieht sie mit Knollen und streicht danach die Furchen gleich wieder zu.

409. Zweireihige Kartoffellegemaschine „Legemeister" Halbautomat (Kleine, Salzkotten)

Die Entwicklung solcher Kartoffellegemaschinen geht auf ein Jahrhundert zurück. Bei der Schwierigkeit, ihr technisches Problem der Vereinzelung automatisch durchzuführen, beschränkt man sich zunächst auf den Bau von Halbautomaten, bei denen das Legen von einem mitfahrenden Jungen kontrolliert wurde. Auch heute sind solche halbautomatischen Kartoffel-Legemaschinen noch am betriebssichersten. Die Bauweise solcher Maschinen (Bild 408) ist in ihrem Vereinzelungsmechanismus und dem von ihm abhängigen Aufbau sehr verschieden. Bei der als luftbereiften Anhängemaschine gezeigten Bauart gelangen die durch Zellenräder vereinzelten Kartoffeln zu einem Leitungsrohr und fallen in die von der Maschine zuvor gezogene Saatfurche, die von Zustreichern gleich wieder zugedeckt wird. Dieser Vorgang kann im Bereich der freigelegten Zellenräder beobachtet werden. Läuft eine unbelegte Zelle vorbei, so wird sie aus dem zu beiden Seiten der einzelnen Zellenräder befindlichen offenen, verlängerten Vorratsbehälter von dem mitfahrenden Jungen nachgefüllt. Bei einer anderen Bauweise (Bild 409), dem „Legemeister“, nimmt für jede Reihe ein Doppelband mit versetzt angeordneten becherförmigen Zellen die einzelnen Kartoffeln aus dem Vorratskasten, der seitlich eine Entnahmestelle für das Nachfüllen hat. Die Kontrolle besorgt bei dieser Maschine für beide Bänder eine mit dem Rücken in Fahrtrichtung sitzende Person. Das Bild 410 zeigt diese

410. Der „Legemeister“ im Einsatz (Kleine, Salzkotten)

411. Einreihige Pflanz- und Legemaschine mit Taststern für den Legerhythmus (Weiste Co., Sieningsen)

412. Zweireihige vollautomatische Kartoffel-Legemaschine (L. Niemeyer, Oese)

Maschine im Einsatz hinter einem Schlepper. Die auf Bild 411 dargestellte Maschine einfachster Bauart kann als Kartoffellege- und als Pflanzensetzmaschine verwendet werden. Die Kartoffeln werden im Rhythmus eines hinter der Maschine mitlaufenden Taststernes von Hand in die Saatrille geworfen.

Die Bestrebungen, vollautomatische Kartoffel-Legemaschinen zu bauen, haben schon vor dem ersten Weltkrieg, vor allem bei den drei Fabrikaten „Lesseria", „Plantektor" und „Erto", zu einem gewissen Erfolge geführt. Diese Maschinen sind vom Markt wieder verschwunden, weil sie unzulänglich waren. Die Fehl- und Doppellegestellen dieser Maschine waren zu häufig, bei der Erto war der Mechanismus zu schwer und zu vielteilig und dadurch wenig betriebssicher.

413. Zweireihige vollautomatische Kartoffel-Legemaschine hinterm Schlepper im Einsatz (Klöckner-Humboldt-Deutz A.G., Köln-Deutz)

Heute baut man auf den alten Systemen wieder auf. Es sind einige Maschinen auf dem Markt, die die Kartoffeln besser abpassen und die ihre Wirkungsgrade dadurch erhöht haben. Das Bild 412 zeigt eine neue Maschine. Vom Vorratskasten dieser Maschine aus gelangen die Saatkartoffeln nach rechts und nach links in einen senkrecht verlaufenden zylindrischen Behälter, der von einem Becherwerk bestrichen wird. Die Becher füllen den Querschnitt des Behälters voll aus, so daß die Kartoffeln im Behälter von den einzelnen Bechern mit hochgenommen werden. Die Becher sind so groß, daß sie eine Kartoffel fassen können. Es bleibt nur eine Kartoffel auf dem muldenförmigen Becher liegen. Die anderen fallen in den zylindrischen Schöpfraum zurück. Nach Überkehr wird das Becherwerk in einem nach unten verlaufenden Rohr geführt. Die Kartoffeln fallen dabei auf die Rücken der vorhergehenden Becher und werden in dieser Lage bis zum Austritt des Becherwerkes aus dem Rohr zum Abwerfen kurz über den Boden geführt. Da die Kartoffeln wegen der Bewegungsrichtung des Becherwerkes nach hinten abgeworfen werden, hebt sich die rückwärts gerichtete Bewegung etwa mit der Fahrtgeschwindigkeit der Maschine auf. Die abgeworfene Kartoffel bleibt an der Abwurfstelle liegen. Der Legemechanismus wird von den mit Greifern ausgerüsteten Fahrrädern des Sattelfahrzeuges angetrieben. Die zweireihig gebaute Maschine ist mit Furchenziehern und Zudeckscheiben versehen. Zudeckscheiben können durch Zudeckschare ersetzt werden (Bild 413). Normal sortierte Pflanzkartoffeln von 3—7 cm Größe haben bei dieser Maschine nach Angaben der Herstellerfirma höchstens 2% Fehlstellen. Im Vergleich zu den früheren Maschinen ist das eine sehr günstige Zahl; es ergaben sich 10% und mehr Fehlstellen.

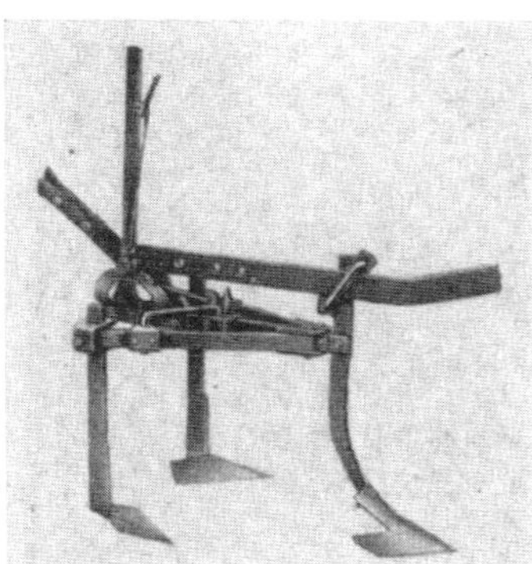

414. Hackschare (Gebr. Eberhardt, Ulm)

C. Hackmaschinen

1. Allgemeines

Wird der Ackerboden für die Saat vorbereitet, so muß er gelockert werden; dabei wird er durchlüftet; der Wassergehalt wird reguliert, der Boden durchwärmt. Das fördert die Bodengare. Der zwischen den Pflanzenreihen liegende Boden muß für die Hackfrüchte auch während der Wachstumszeit gepflegt werden, wie auch die Pflanzen selbst gepflegt werden müssen.

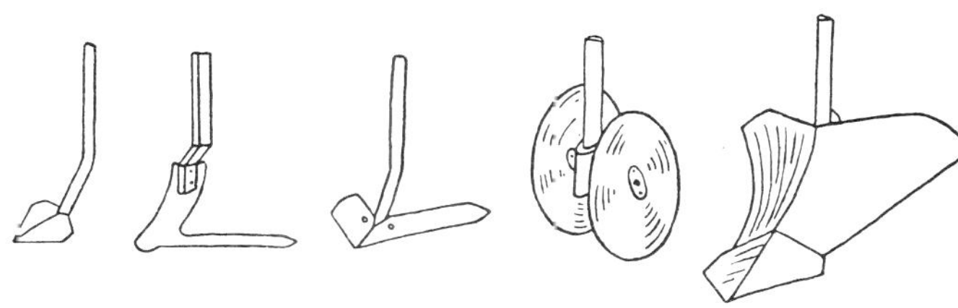

415. Verschiedene Formen von Hackwerkzeugen

Diese Arbeit bezeichnet man mit Hacken. Sie erhält die Bodengare, steigert die Bodenfruchtbarkeit und bringt reichere Ernteerträge durch vollwertigere Früchte. Dieses Hacken sollte bis kurz vor der Reife mehrere Male durchgeführt werden.

Durch den Regen verkrustet die Oberfläche, vor allem auf guten Böden, und schließt die Wachstumsschicht ab von Luft, Wasser und Wärme. Diese Verkrustung wird im Sommer durch heiße austrocknende Sonnenbestrahlung so stark, daß die oberste Schicht sehr verhärtet und sich noch intensiver abschließt. Es ist deshalb zweckmäßig, diesem Verkrusten in einer Zeit vorzubeugen, in der der Boden dafür am günstigsten ist; d. h. wenn er noch so feucht ist, daß er sich krümeln läßt und nicht mehr schmiert. Aber er darf auch noch nicht so trocken sein, daß die Werkzeuge zu schwer arbeiten müssen.

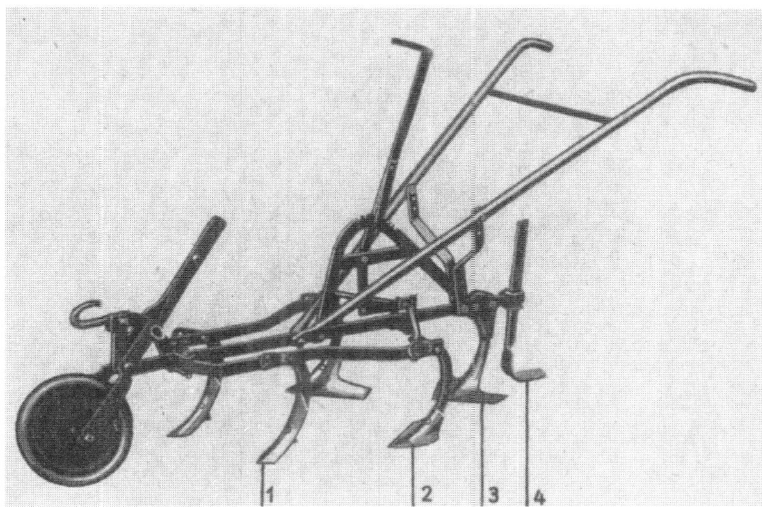

416. Von Hand gesteuerte Schlepphacke (Weyhausen, Delmenhorst)
1 Kultivatorschar; 2 Seitenhackmesser; 3 Gänsefußschar; 4 Schleppschuh als Tiefgangregler

Das eigentliche Arbeitswerkzeug beim Hacken ist die Gänsefußschar (Bild 414) und ihre Abwandlungen (Bild 415). Sie werden in verschiedenen Größen an den Hackgeräten und Hackmaschinen angebracht; die Bodenoberfläche wird flach unter-

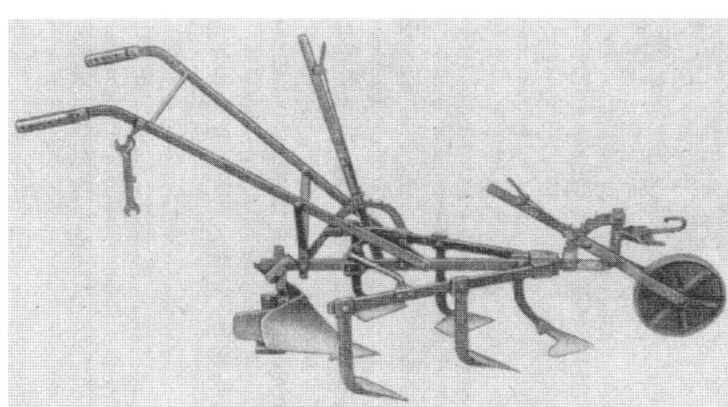

417. Hackgerät mit Häufelkörper (Gebr. Eberhardt, Ulm)

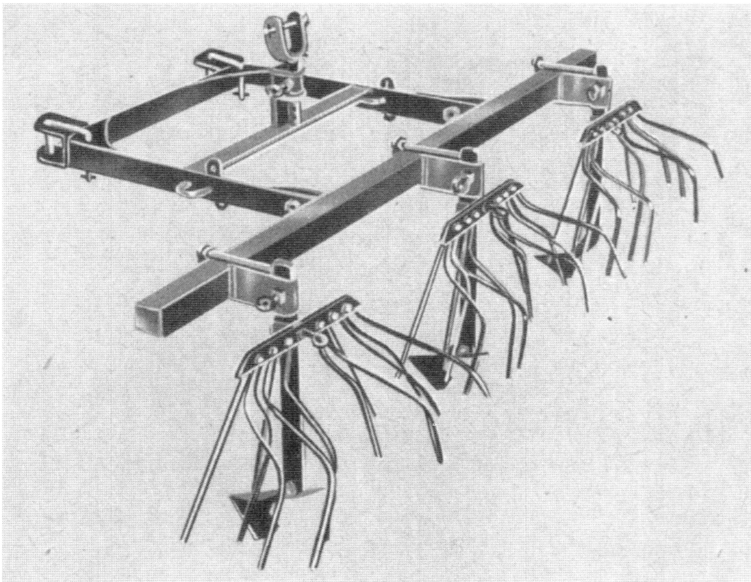

418. Hackrahmen mit Hackmessern und Unkrautstriegeln für Kartoffelkulturen (Köckerling, Varensell)

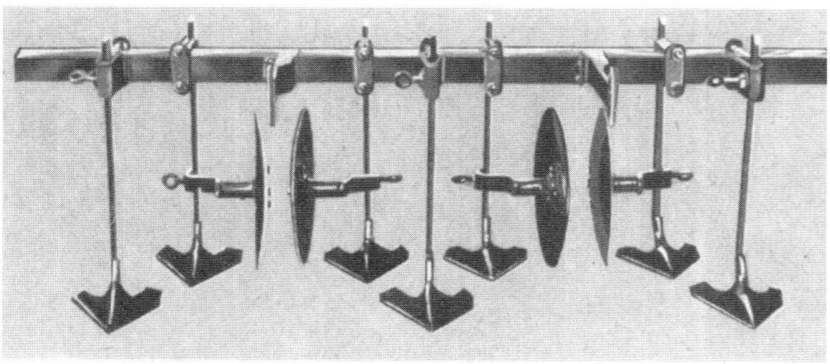

419. Hackausrüstung für Rübenkulturen (Köckerling, Varensell)

fahren, dabei die Verkrustung zerstört und gleichzeitig der Wuchs des Unkrautes unterbrochen.

Auch die Hackgeräte sind sehr verschiedenartig. Das Bild 416 zeigt ein von Hand gesteuertes Schleppgerät. Die Arbeitstiefe der Werkzeuge wird durch ein verstellbares Laufrad geregelt. Die Arbeitswerkzeuge sind kombiniert zusammengestellt, und zwar vorn zwei Kultivatorschare1, in der Mitte zwei Seitenhackmesser 2 und eine breite Gänsefußschar 3 und hinten ein Tiefgangregler als Schleppschuh 4. Beim Häufeln von Kartoffeln wird meist zugleich gehackt. Die dazu eingesetzten Geräte bestehen aus Hackmessern mit einer Häufelschar (Bild 417). Bei diesem Gerät kann das Laufrad durch einen Klinkenhebel verstellt werden. In einer anderen Darstellung (Bild 418) sind an einem Hackrahmen 3 Hackmesser für die Kartoffelkultur gleich mit Unkrautstriegeln versehen; sie bearbeiten die Kartoffeldämme. Bei der Rübenkultur sind die Reihenabstände größer. Es werden gewöhnlich drei große Gänsefußschare für eine Reihe im

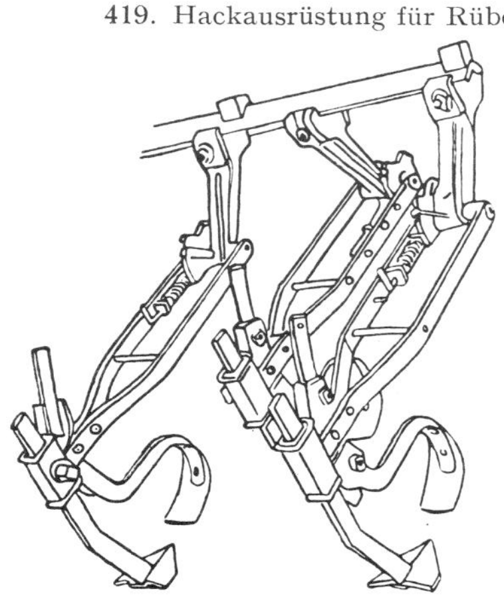

420. Messerführung an der Hebelhackmaschine

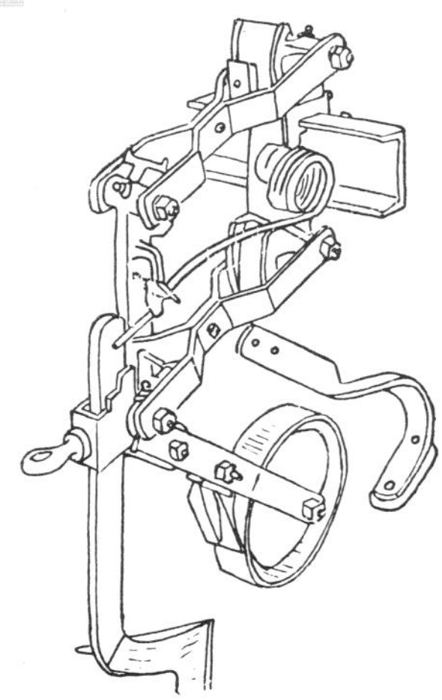

421. Messerführung an der Parallelogramm-Hackmaschine

V-Verband angeordnet (Bild 419). Die dargestellte Ausrüstung zur Bearbeitung zweier Rübenreihen zeigt gleichzeitig die zum Schutz der Pflanzenreihen gegen Zuwerfen angebrachten Schutzscheiben. Diese Scheiben sind einzeln an den benachbarten Scharen befestigt. Meist werden selbständige Scheibenrollen gebraucht.

422. Parallelogramm-Hackmaschine für Gespannzug für Rüben eingerichtet (Bleinroth, Landringhausen)

2. Hebelhackmaschinen

Bei den eigentlichen Hackmaschinen unterscheidet man Hebel- und Parallelogramm-Hackmaschinen, je nachdem diese Maschinen die Arbeitswerkzeuge an einfachen Schlepphebeln oder an Parallelogrammhebeln tragen. Die Maschinen selbst bestehen aus einem Fahrgestell, das mit einem Vorderwagen ausgestattet ist, damit man es zwischen den Pflanzenreihen sicher steuern kann. An dem Fahrgestell ist ein höhenverstellbarer und seitenverschiebbarer Hackrahmen befestigt. Er hat gewöhnlich eine oder zwei Befestigungsschienen, an denen die Hackwerkzeuge — ihrem Arbeitsabstand entsprechend — befestigt werden (Bild 420 und 421).

423. Parallelogramm-Hackmaschine für Getreide eingerichtet (Bleinroth, Landringhause n)

424. Anhänge-Hackrahmen (Bleinroth, Landringhausen)

3. Parallelogramm-Hackmaschinen

Die Stellung der Werkzeuge, ihre Schnittwinkel und ihre Arbeitstiefe haben für gute Hackarbeit große Bedeutung. Bei den Parallelogramm-Hackmaschinen wird der gleiche verstellbare Schnittwinkel in allen Höhenlagen des Werkzeuges gewahrt. Die Tiefe der durch

425. Anhänge-Hackrahmen mit Steuersitz (Bleinroth, Landringhausen)

426. Anhänge-Hackmaschine hinterm Schlepper (Bleinroth, Landringhausen)

427. Anbau-Hackmaschine (Hanomag-Hannover)

die Anschrägung der Schare in den Boden hineingezogenen Arbeitswerkzeuge wird begrenzt durch Schleppschuhe (s. Bild 420) oder durch Rollen (siehe Bild 421). Die Schnittwinkel werden für alle Werkzeuge gleichmäßig mit Rastenhebeln eingestellt. Wichtig für sauberes Hacken ist, daß der Hackrahmen leicht seitlich bewegbar ist, so daß der Bedienungsmann ihn den nicht immer in schnurgerader Linie stehenden Pflanzen schnell anpassen kann. Die Vorrichtungen hierfür sind sehr mannigfaltig. Entweder wird der Hackrahmen durch Gelenkhebel und Kettenaufhängung oder durch Gleitrollen oder sehr empfindliche Verbindung solcher Steuerung mit einer Achsschenkellenkung des Fahrgestells seitlich gesteuert.

Das Gewicht des Rahmens mit den Parallelogrammhebeln ist groß. Das Ein- und Ausheben des Rahmens wird darum durch starke Zugfedern entlastet. Das Bild 422 zeigt eine Parallelogramm-Hackmaschine für Gespannzug mit Vorderwagen, der durch Klapp-Seitensteuer gelenkt wird. Die für Rübenhacken eingerichtete Maschine arbeitet mit Arbeitswerkzeugen, die durch verschieden lange

428. Hackwerkzeuge unterm Schlepper angebaut, hinten Spurlockerer (Allgaier, Uhingen)

Parallelogrammhebel an einer Schiene in versetzter Anordnung befestigt sind. Durch Umbau und Austausch der Arbeitswerkzeuge kann die Maschine auch zum Getreidehacken eingerichtet werden (Bild 423).

Die Hackmaschine als Anhängegerät des Schleppers ist wesentlich vereinfacht (Bild 424). Der Vorderwagen fällt fort. Die Hackmaschine hat Gummibereifung. Damit auch Körperbehinderte die Hackmaschine bedienen können, sind diese Geräte mit rückwärtigem Steuersitz ausgerüstet (Bild 425). Der Bedienende wird dadurch entlastet und kann bei sehr genauem Steuern zwischen den Pflanzenreihen aufmerksam sein. Diese Ausführungsformen sind jetzt sehr häufig (Bild 426).

Nachdem es möglich geworden war, den Hackrahmen von einer mitfahrenden Person zu steuern, konnte auch die Hackmaschine zum Anbaugerät entwickelt werden. Es ist ohne Tragräder und besteht nur noch aus dem mit Steuersitz versehenem Hackrahmen, der an den Schlepper angebaut wird (Bild 427). Noch einfacher gestaltet sich der Anbau der Hackgeräte am Schlepper, wie es das Bild 428 zeigt. Sie können aber nur beschränkt verwendet werden. Die Hackwerkzeuge können nicht so schnell gesteuert werden. Im Hackfruchtbau ist diese Anordnung nicht verwendbar.

D. Vielfachgeräte

Man ist allgemein bestrebt, den Maschinenpark des Landwirtes zu verringern; das läßt sich nur durch ein vielseitig verwendbares Gerät ermöglichen, das für verschiedene, auf gleicher Ebene liegende Arbeiten eingesetzt werden kann. Dieser Gedanke ist nicht neu. Schon vor 50 Jahren besaß man Geräte, die ausgewechselt werden konnten zum Pflügen, Hacken, Eggen usw. Geeignet für solche Zwecke war die in der Kartoffel- und Rübenkultur verwendete Hackmaschine, für die man bereits den Einheitsvorderwagen eingeführt hatte; er ließ sich auch für Düngerstreumaschinen und ähnliche Geräte verwenden. Der praktische Landwirt hatte sehr bald herausgefunden, daß er den Hackrahmen auch zum Häufeln, Pflanzlochen, Zudecken und zu ähnlichen Arbeiten einsetzen konnte, wenn er die erforderlichen Werkzeuge einsetzte. Das wurde von der Industrie aufgegriffen; es wurde das Vielfachgerät entwickelt. Der vorherrschende Gedanke war, ein billiges, vielseitig verwendbares Gerät zu schaffen, das möglichst nur von einem Pferde gezogen zu werden brauchte. Das genügte für nur zwei Arbeitsreihen; es entsprach den Bedürfnissen kleiner Wirtschaften.

Solche Vielfachgeräte werden verwendet:

im Kartoffelbau zum Lochen, Zudecken, Anhäufeln, Hacken und Eggen;

im Getreide-, Zuckerrüben- und entsprechenden anderen Hackfruchtbau zum Drillen und Hacken und zum Kultivieren. Das Vielfachgerät kann von einer Arbeit zur anderen einfach und schnell und meist ohne Hilfsmittel umgestellt werden.

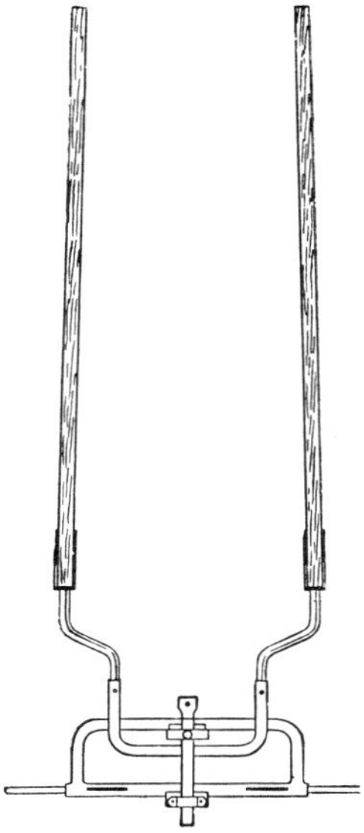

429. Scherbäume für Einspännigfahren
(Tröster, Butzbach)

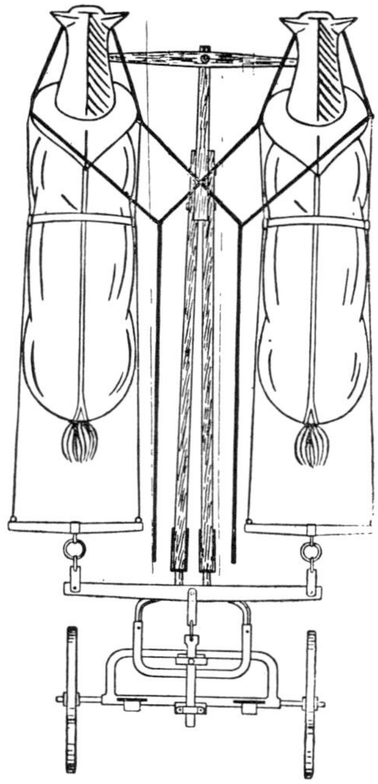

431. Zügelführung beim Vielfachgerät
(Tröster, Butzbach)

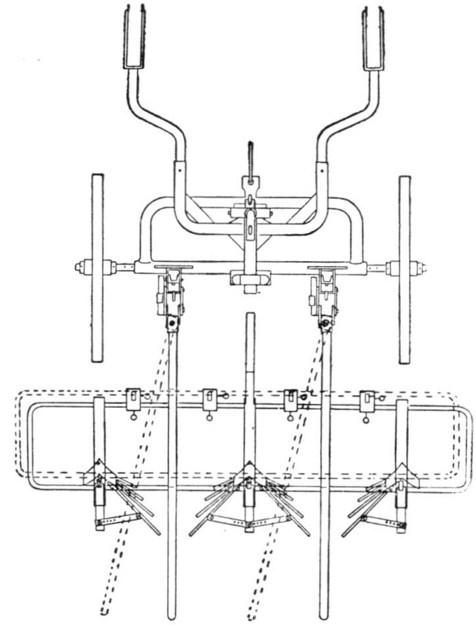

433. Lenkergriffsteuerung beim Häufeln
(Tröster, Butzbach)

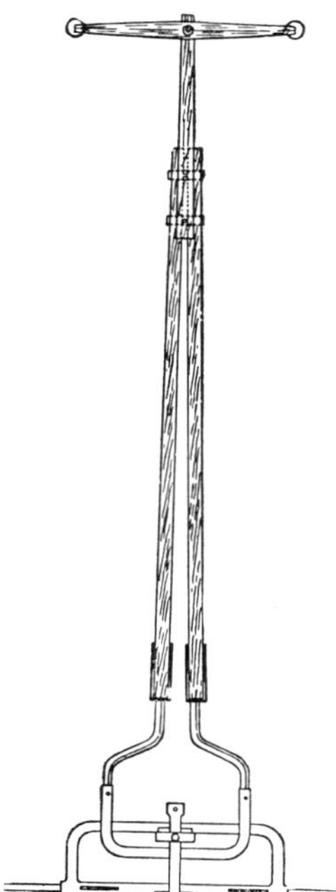

430. Scherbäume mit Brustholz für Zweispännigfahren
(Tröster, Butzbach)

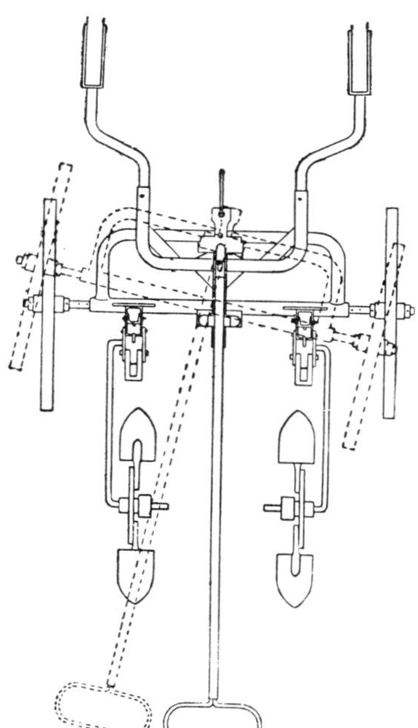

432. Steuerrohrlenkung beim Pflanzlochen mit einem Vielfachgerät
(Tröster, Butzbach)

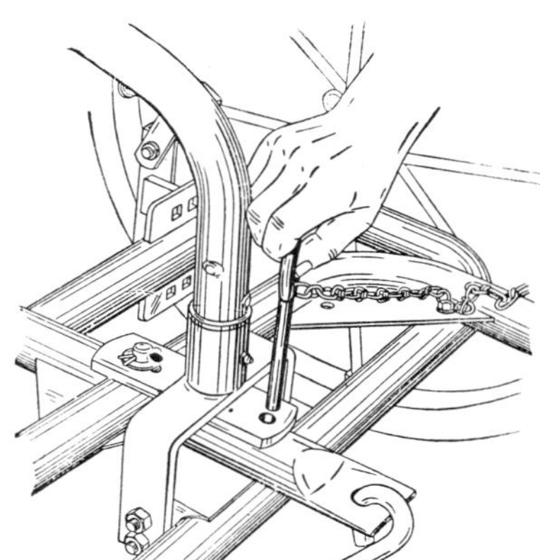

434. Befestigung des Steuerrohres
(Tröster, Butzbach)

Meist ist für Hackwerkzeuge einzelner Kulturen ein besonderer Werkzeugrahmen vorgesehen, so daß die einzelnen Werkzeuge nicht umgebaut zu werden brauchen.

Ein Vielfachgerät bearbeitet meist 1—1,5 ha pro Tag. Für alle Arbeiten genügt die Zugkraft eines Pferdes; nur beim Hochhäufeln der Kartoffeln auf mittlerem und schwerem Boden sind 2 Pferde nötig. Da die Spurweite bei diesen Geräten 1,25 m beträgt, können bei Kartoffeln, Futterrüben und Mais mit einem Reihenabstand von 62,5 cm gleichzeitig 2 Reihen, bei Getreide mit einem Reihenabstand von 14 cm 9 Reihen, bei Zuckerrüben mit einem Reihenabstand von 42 cm gleichzeitig 3 Reihen bearbeitet oder gedrillt werden.

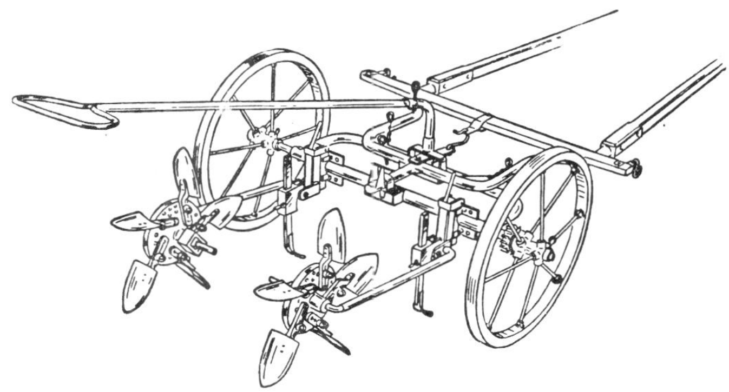

435. Vielfachgerät als Pflanzlochmaschine (Tröster, Butzbach)

Die Einrichtungen dieser Maschinen sollen im einzelnen besprochen werden:

Soll ein Pferd angespannt werden, so werden vorn am Fahrgestell die Scherbäume nach Bild 429, bei zwei Pferden nach Bild 430 in die Rohrenden eingeführt und mit einem Stift festgesteckt. Im zweiten Fall wird noch zwischen die beiden Scherbäume ein Verlängerungsstück mit eingehängtem Brustholz eingeschoben und festgeschraubt. Brustholz und eine entsprechende Zugwaage, die bei der Einpferdanspannung gleichzeitig als Ortscheit dient, sind erforderlich, um die Pferde so einzuspannen, daß sie zwischen den Pflanzenreihen gehen können. Die inneren Zügel sind so zu verlängern, oder die äußeren so zu verkürzen, daß die Köpfe der Pferde nicht nach innen gezogen werden (Bild 431). Die Achse des Vielfachgerätes kann entweder durch ein Steuerrohr (Bild 432), (beim Pflanzen und Drillen), oder durch Lenkergriffe (Bild 433) nur mit dem Rahmen (beim Häufeln und Hacken) gesteuert werden. Das Steuerrohr wird in den Rohrstutzen gesteckt (Bild 434). Damit die Steuerung frei ist, muß der Stecker am Fuße des Rohres herausgezogen bleiben. Beim Steuern mit Lenkergriffen wird

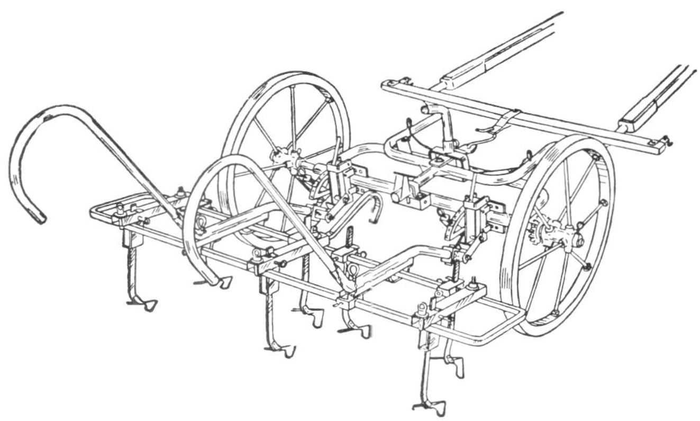

436. Vielfachgerät als Hackmaschine (Tröster, Butzbach)

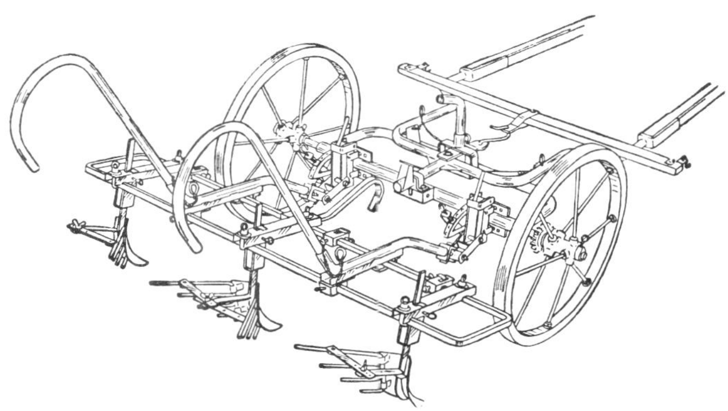

437. Vielfachgerät als Zudeckmaschine (Tröster, Butzbach)

das Steuerrohr beiseite gelegt und der Stecker eingesteckt. Nicht gesteuert wird beim Grubbern. — Die Werkzeuge am Vielfachgerät (Pflanzlochsterne, Rahmenlenker und Rübensäkästen) werden an den Anklemmböcken durch Schnellverschluß verriegelt. Beim Getreidedrillen wird der Drillkasten aufgeschoben.

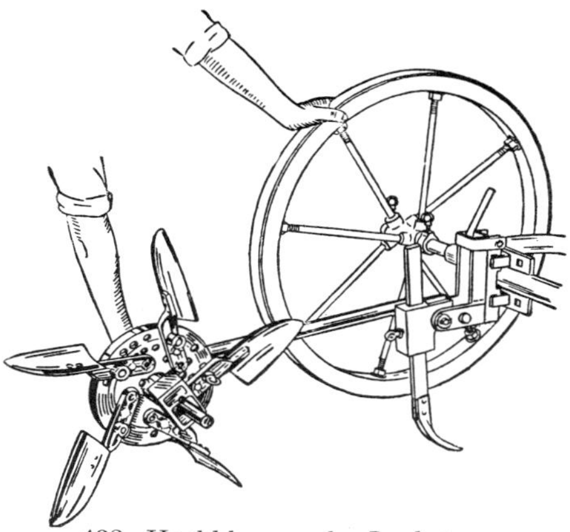

438. Hochklappen des Lochsternes
(Tröster, Butzbach)

Das Vielfachgerät ist in Bild 435 mit Steuerrohrlenkung als Pflanzlochmaschine, in Bild 436 mit Lenkergriffsteuerung als Kartoffel-Hackmaschine und in Bild 437 ebenfalls mit Lenkergriffsteuerung als Zudeckmaschine eingerichtet.

Für den Transport und beim Wenden sind die Pflanzlochsterne einzeln hochzuklappen, wie die Bilder 438 und 439 zeigen. Die Vorschar hebt sich dabei selbständig aus. Bei festem Boden zieht man zweckmäßig vorher die Maschine etwas zurück, um die Vorschar freizubekommen.

Beim Zudecken oder beim Hacken ist auf den richtigen Sitz der Häufelkörper (Bild 440) und der Hackschare zu achten. Als vorteilhaft haben sich die Häufelkörper mit verstellbaren Streichrechen (Bild 441)

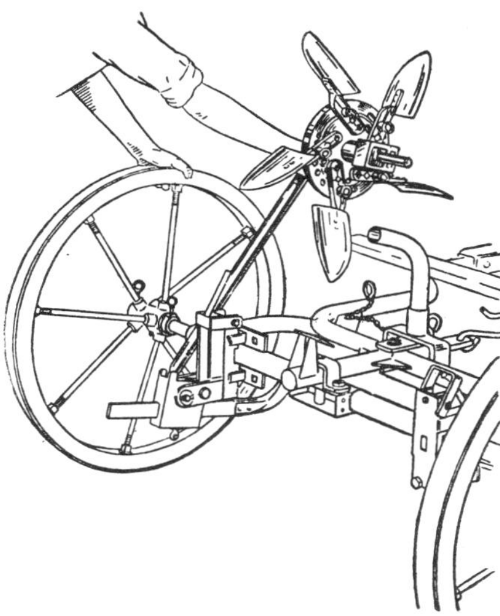

439. Hochklappen des Lochsternes
(Tröster, Butzbach)

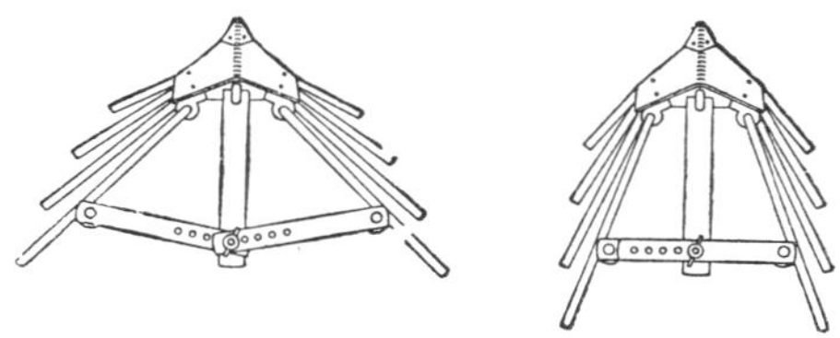

441. Häufelkörper mit verstellbaren Streichrechen (Tröster, Butzbach)

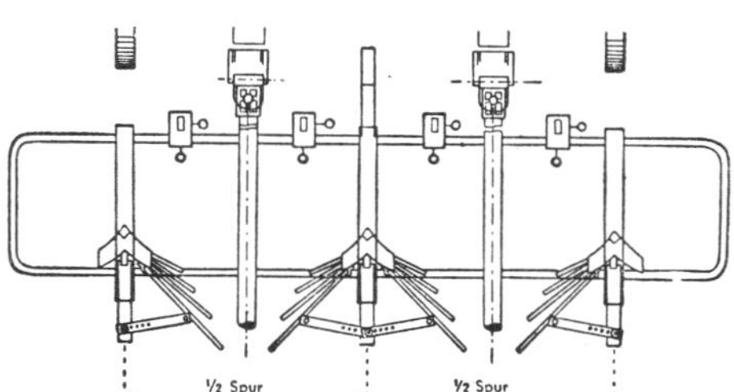

440. Richtiger Sitz der Häufelkörper
(Tröster, Butzbach)

442. Abgewinkelte Hackschar
(Tröster, Butzbach)

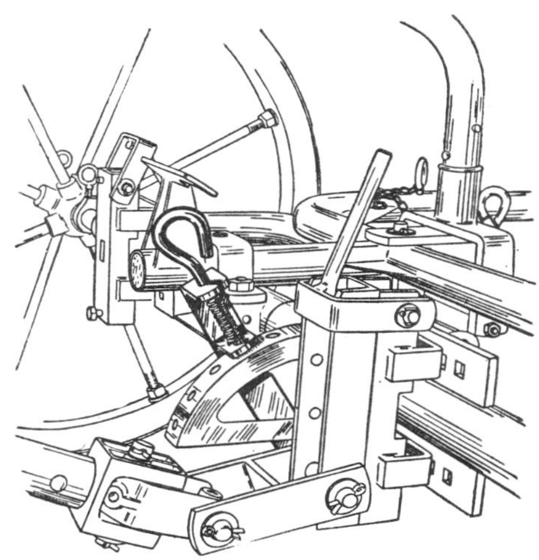

443. Tiefeneinstellung am Hackrahmenlenker
(Tröster, Butzbach)

und die abgewinkelten Hackschare (Bild 442) erwiesen. Mit einem Rastenhebel (Bild 443) wird die Tiefe am Rahmenlenker eingestellt. — Wie auf Bild 444 veranschaulicht ist, muß das Vielfachgerät nach dem Wenden in der gleichen Radspur fahren.

Das Vielfachgerät ist auf Bild 445 als Dibbelmaschine hergerichtet, wozu jedes Drillgerät durch den Schnellverschluß am Anklemmbock befestigt wird. Gesteuert wird durch Steuerrohrlenkung. Das Bild 446 zeigt ein Dibbelgerät mit einem Vorratsbehälter, der etwa 4 l faßt. Die Dibbelsaat wird immer häufiger angewendet, weil man mit ihr $^1/_3$ bis $^1/_2$ Saatgut spart (je nach Keimfähigkeit); man spart auch Verhackarbeit. Zum Dibbeln dient hier eine Klappe, die in den Scharkanal eingebaut ist. Sie wird von Abreißnocken des Antriebsrades bewegt, das auf dem Acker mitläuft (Bild 447). Die Abreißnocken werden nach den Horstabständen umgelegt und können dann nicht eingreifen. Die Saatmenge wird durch Sperrschieber nach einer Skala

444. Spurfahren des Vielfachgerätes (Tröster, Butzbach)

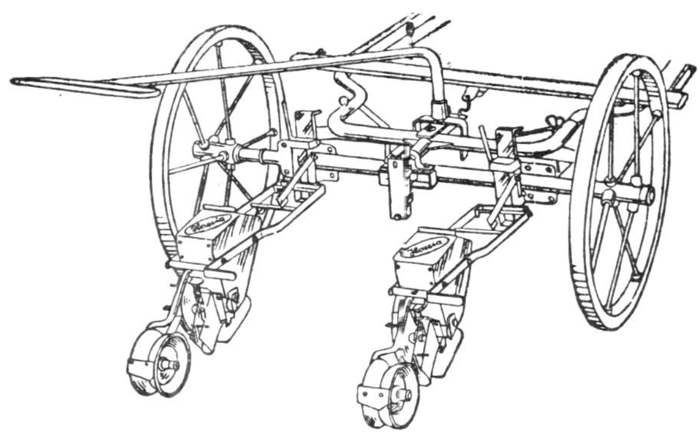

445. Vielfachgerät als Dibbelmaschine (Tröster, Butzbach)

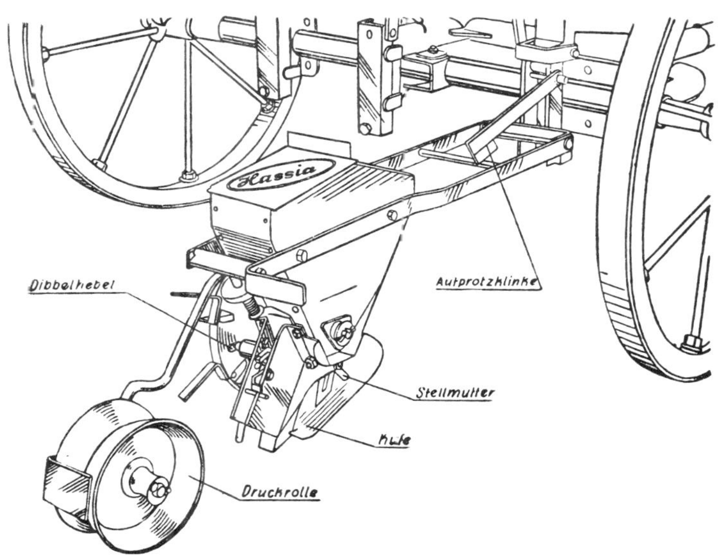

446. Dibbelgerät am Vielfachgerät (Tröster, Butzbach)

eingestellt (Bild 448). Es ist darauf zu achten, daß alle Drillgeräte gleichmäßig eingestellt sind. Beim Drillen muß die Dibbelklappe geöffnet bleiben. Das wird durch einen rechts an der Schar angebrachten Sperrhebel erreicht, der in seiner oberen Stellung verhindert, daß sich die Klappe schließt.

Als Rübenhackmaschine (Bild 449) wird das Vielfachgerät durch Handhebellenkung gesteuert. Den Anbau der Hackwerkzeuge und ihren gleichmäßigen Arbeitsanschluß nach dem Wenden zeigen sehr anschaulich die Bilder 450 in der Anordnung für zweireihiges und 451 für dreireihiges Hacken. Beim Hacken von drei Rübenreihen mit einem

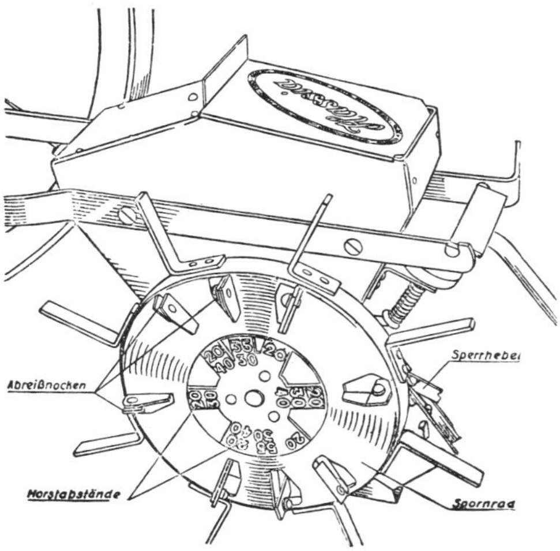

447. Steuerung der Dibbelklappe (Tröster, Butzbach)

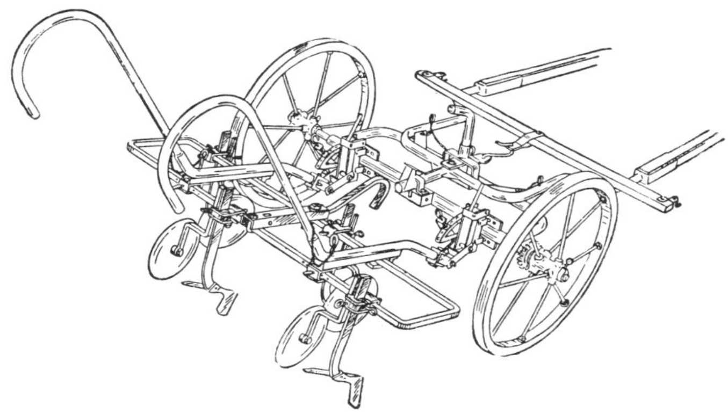

449. Vielfachgerät als Rübenhackmaschine (Tröster, Butzbach)

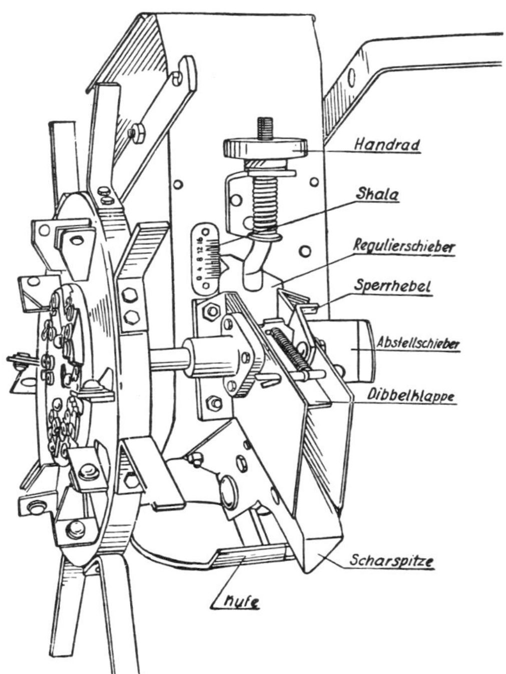

448. Einstellen der Sämenge am Dibbelapparat
(Tröster, Butzbach)

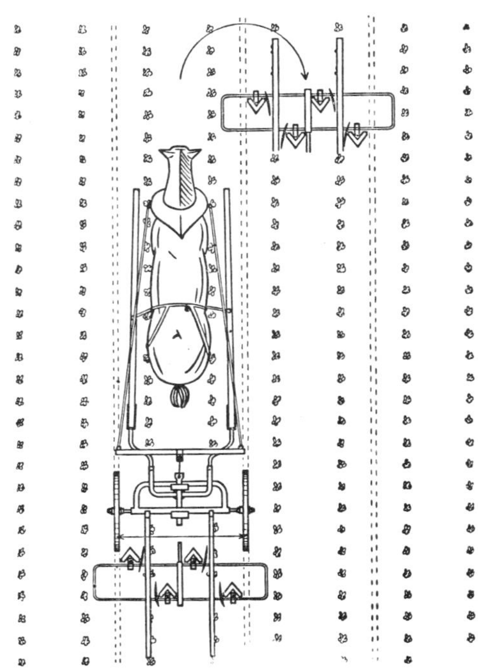

450. Arbeitsanschluß bei zweireihigem Rübenhacken
(Tröster, Butzbach)

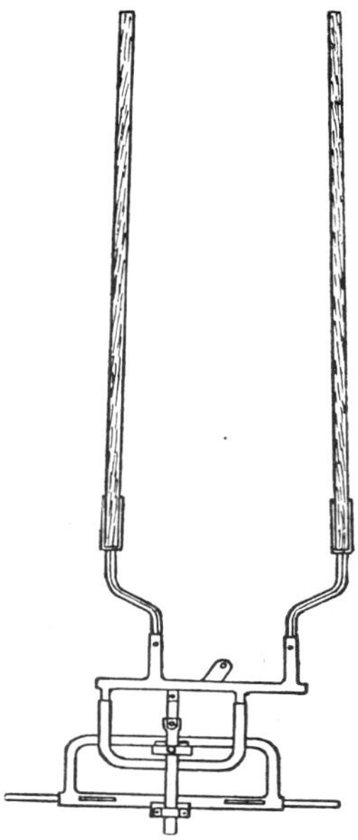

452. Scherenverstellung bei dreireihigem Rübenhacken mit einem Pferd (Tröster, Butzbach)

453. Vielfachgerät mit kombinierter Automobil- und Rahmensteuerung (Köckerling, Varensell)

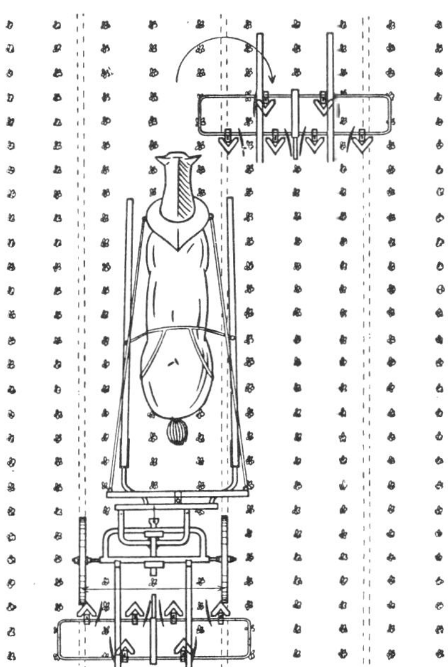

451. Arbeitsanschluß bei dreireihigem Rübenhacken (Tröster, Butzbach)

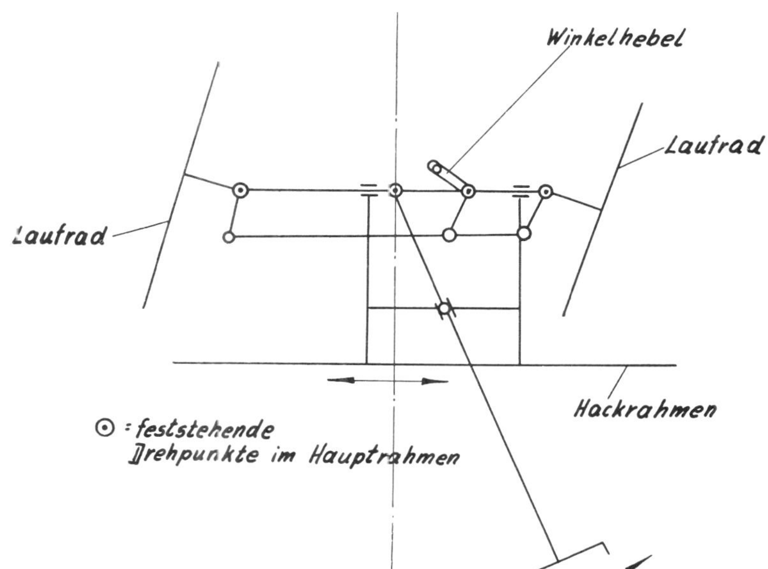

454. Schema der Wirkungsweise der kombinierten Automobil- und Rahmensteuerung (Köckerling, Varensell)

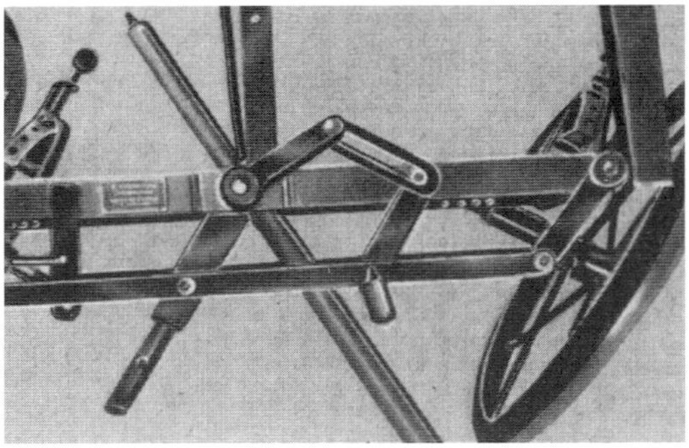

455. Rechtsausschlag der kombinierten Automobil- und Rahmensteuerung (Köckerling, Varensell)

Pferd muß das Vielfachgerät mit einseitiger Scherenverstellung ausgerüstet sein, damit das Pferd im Reihen-Zwischenraum gehen kann. Diese Scherenverstellung wird als Zwischenstück zwischen Schere und Aufnahmerohr eingesetzt (Bild 452).

Das genaue leichtzügige und schnellreagierende Steuern des Hackrahmens ist bei der Entwicklung der Hackmaschine besonders berücksichtigt worden. Die Räder können jetzt gleichzeitig gesteuert werden. In dem Vielfachgerät (Bild 453) ist dieses Prinzip bei der kombinierten Automobil- und Rahmensteuerung angewandt, bei der durch seitliches Verschieben des Hackrahmens gleichzeitig eine Räderlenkung entsteht. Zu diesem Zweck ist die Steuerstange über einen Hebel mit einem Winkelhebel der Fahrzeugachse gelenkig verbunden, so daß der Steuerstangenhebel in einer Kulissenführung des Winkelhebels arbeitet, der wiederum das Steuer-Parallelogramm und damit die Achsschenkel bewegt. Bei einem Ausschlag der Steuerstange und damit des Hackrahmens nach rechts stellen sich auch die Räder nach rechts ein. Die Skizze in Bild 454 gibt die Lenkanordnung in einer Stellung wieder, die auf Bild 455 dargestellt ist. Beim Pflanzlochen (Bild 456)

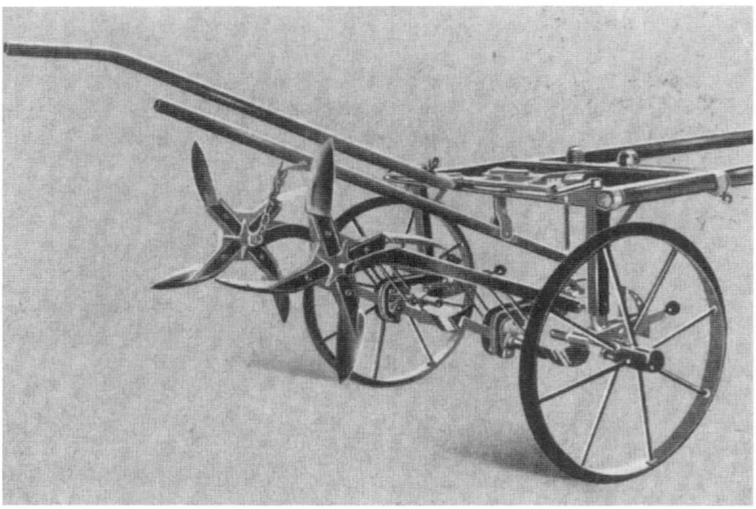

456. Anwendung der Autosteuerung am Vielfachgerät beim Pflanzlochen (Köckerling, Varensell)

457. Anwendung der kombinierten Automobil- und Rahmensteue beim Häufeln (Köckerling, Varensell)

458. Luftbereiftes Anhänge-Vielfachgerät für Schlepperzug (Ventzki G.m.b.H., Eislingen)

wird nur durch Autosteuerung gelenkt; man braucht nur einen Bolzen umzustecken. Beim Hacken und Häufeln (Bild 457) wird das Vielfachgerät auf kombinierte Automobil- und Rahmen-

459. Anbau-Vielfachgerät mit Hackwerkzeugen (Kleine, Salzkotten)

steuerung eingestellt. — Die Vorteile des Vielfachgerätes für kleinere Betriebe sind schnell erkannt worden. Es hat nicht lange gedauert, diese Vorteile auch für größere Betriebe durch entsprechend größere Aggregate auszunutzen. So zeigt Bild 458 ein derartiges luftbereiftes

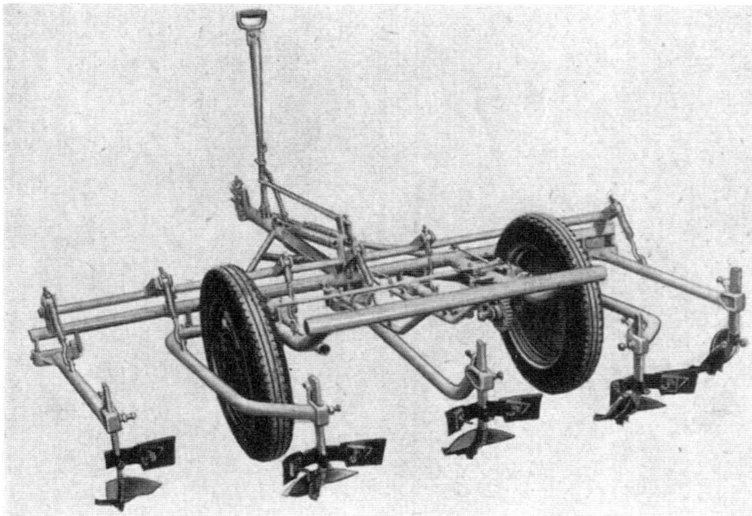

Vielfachgerät als Anhängegerät für Schlepperzug mit angebautem Steuersitz. Aber auch als Anbaugeräte werden heute die Vielfachgeräte hergestellt, wie die Bilder 459 und 460 erkennen lassen.

460. Anbau-Vielfachgerät mit Häufelwerkzeugen (Kleine, Salzkotten)

VI. Erntemaschinen

A. Entwicklungsgeschichtliches über Mähmaschinen

Das mechanische Mähen ist nach den Überlieferungen mindestens schon zu den Zeiten der Römer bekannt gewesen. Die römischen Schriftsteller Plinius und Palladius berichteten über eine mähmaschinenartige Einrichtung, einen altgallischen Mähkarren. Nach dem überlieferten Text hat ihn Woodcroft vor 100 Jahren in einer Zeichnung rekonstruiert (Bild 461). Dieser Karren trug an der zum Mähen ins Feld geschobenen Vorderseite einen Zinkenkamm, der die Halme erfaßte und die Ähren abriß und dann in den Karren fallen ließ. — Ein großer Vorteil scheint aber mit diesem Mähkarren nicht verbunden gewesen zu sein. Es vergingen fast 2 Jahrtausende, ohne daß solche oder ähnliche Geräte weiterentwickelt wurden. Man kann annehmen, daß zu jener Zeit, in der die Industrie fehlte und die Erde noch nicht so dicht bevölkert war, sich niemand für das maschinelle Mähen interessierte.

461. Altgallischer Mähkarren (Rekonstruktion von Woodcroft)

Unsere heutige Mähmaschine ist zu Beginn des vorigen Jahrhunderts zuerst langsam entwickelt worden, nachdem die Dampfmaschine erfunden war. Mit der Dampfmaschine begann die Industrialisierung; sie zog schon damals die Menschen vom Lande weg. Die erste brauchbare Mähmaschine erfand 1828 der schottische Landpfarrer Patrik

Bell. Er übernahm das Scherenschnittprinzip von Meares. 1832 entstand die Mähmaschine des Amerikaners Obed Hussey. Die englische Mähmaschine, die bereits mit einer Haspel versehen war und zum Mähen in das Getreide hineingeschoben wurde, war brauchbar und hielt sich wohl ein halbes Jahrhundert. Doch die amerikanische Maschine von Hussey (Bild 462), deren Bau von Cyrus Hall McCormick aufgenommen wurde, wurde zur Ausgangsform der späteren Mähmaschinen.

462. Erste Getreidemähmaschine von Hussey-McCormick (I. H. C., Neuß)

Dabei handelte es sich zunächst um die Entwicklung und Vervollkommnung einer Mähmaschine von Getreide, die anfangs nur die Halme schnitt und in einem leicht mit der Hand zu bindenden Schwad ablegte, wie es heute noch unsere Grasmähmaschinen tun. Alle anderen Erfindungen, die schließlich zum Bau der heutigen Getreidebindemähmaschine führten, waren einer späteren Zeit vorbehalten.

Den Auftakt dazu gab 1858 John Francis Appleby, der als achtzehnjähriger Landarbeiter den ersten Knüpfer (Bild 463) ersann. Trotz mancher anderer Erfindungen auf diesem Gebiete wird er noch heute an sämtlichen Bindevorrichtungen benutzt; er ist nur vervollkommnet worden. Von der bedeutsamen Erfindung des Zungenknoters bis zur brauchbaren Bindemähmaschine verging etwa noch ein Jahrzehnt. Sie kam in ihrer heutigen Form bereits in den siebziger Jahren auf den Markt und entwickelte sich seitdem durch ständige Verbesserungen und Einrichtungen zu der betriebssicheren Maschine, die heute mithilft, die Nahrung der ständig wachsenden Bevölkerung der Erde zu sichern.

Die Bedeutung der Maschine liegt darin, daß sie gleichmäßig arbeitet und zwanzigmal mehr leistet, als mit der Hand geleistet werden könnte. Mit dieser Maschine wurde es möglich, die ungeheuer großen Anbaugebiete Amerikas als Kornkammern zu erschließen. Die großen Anbauflächen konnte man wohl bei extensiv betriebener Wirtschaft vom Pferd aus besäen, jedoch nicht beernten. Der Aufschwung Amerikas im vorigen Jahrhundert ist die unmittelbare Folge davon, daß man Mähmaschinen einsetzen konnte. Wenn der Pflug als bedeutungsvollstes Gerät der Menschheit angesprochen worden ist, weil er die Bodenkultur zu erhalten vermag, so reiht sich die Mähmaschine in ihrer Bedeutung dem Pfluge an. Die angewachsene Bevölkerung verlangt große Erntemengen. Diese Erntemengen können nur bewältigt werden durch die Mähmaschinen.

Ohne die Sense kommt man aber auch heute noch nicht aus. Man kann sie nicht entbehren auf hängigem Gelände kleinbäuerlicher Betriebe, wo man keine Maschinen ansetzen kann; bei flachlagerndem Getreide würde die Maschine meist versagen. Wenn man Maschinen mit Seitenschnitt einsetzen will, müssen die Getreidefelder zuvor mit der Sense angemäht werden. Sie wird auch zum Mähen anderer Halmpflanzen (Gras) verwendet. Getreide wird mit der Korbsense (Bild 464) gemäht. Sie besteht aus Blatt und Sensenbaum. Zum Beiseiteraffen der geschnittenen Halme zu Schwaden trägt sie einen rechenartigen Korb. Das etwa armlange Messer ist mehr oder weniger schräg nach oben gestellt, je nach Stoppellänge. Sie schneidet bei etwa kreisförmigem Schwingen des Sensenblattes über den Boden hin, wobei der Schnitter sie an den Handhaben führt. Dabei entsteht ein ziehender Schnitt der nach oben gerichteten Schneide (Bleistiftschnitt) durch die einseitig im Boden gehaltenen Halme. Die geschnittenen Halme haben eine schrägliegende Schnittfläche. Die Schneide muß durch Dengeln stets scharf und glatt gehalten werden.

463. Erster Knoter von Francis Appleby aus dem Jahre 1852

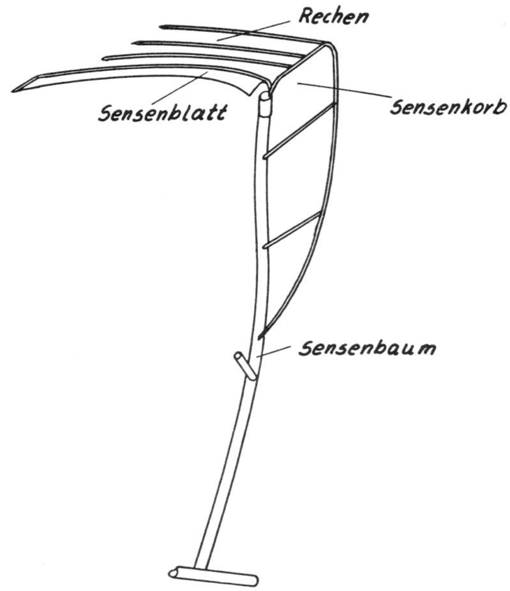

464. Korbsense für Getreideschnitt

Die Schneidwirkung der Sichel gleicht grundsätzlich der der Sense, die übrigens später entstand als die Sichel. Der kurze Schaft der Sichel unmittelbar hinter dem Blatt erfordert rasches Schwingen, was auf die Dauer mühsamer ist als das Sensenschwingen. Die Schnittleistung ist bedeutend geringer; die Sichel kann nur zum Abernten kleiner Flächen benutzt werden.

Die Grasmähmaschine ist späteren Datums. Die erste Maschine dieser Art wurde im Jahre 1848 auf einer Ausstellung in Buffalo· NY gezeigt. Das Interesse an solchen Maschinen waren damals noch nicht vorhanden. Es stellte sich auch sehr bald heraus, daß das Schneiden weichen Grases größere Anforderungen an den Schneidapparat stellte; er verstopfte sich auch leicht. Darum schlug man bei der Entwicklung der Grasmähmaschine zunächst andere Wege ein. Man versuchte, das Schneiden der Sense oder derSichel nachzuahmen.

Die Entwicklung der Grasmähmaschine machte einen bedeutenden Schritt vorwärts, als man das Scherenschnittprinzip auch für den Grasschnitt anwendete. Nachdem 1900 der Tiefschnittbalken erfunden war, durch den man das Gras tiefer schneiden und die Ernteerträge vergrößern konnte, begann eigentlich erst der Siegeszug der Grasmähmaschine. Sie ist nach langjähriger Entwicklung zu einer einheitlichen, von allen Firmen übernommenen Bauform gelangt. Sie ist technisch verbessert; das Schneidwerk ist vollendeter, die Verschleißstellen sind widerstandsfähiger geworden.

B. Grasmähmaschinen

1. Grundlagen

Die Aufgabe der Grasmähmaschine besteht darin, Gras und andere Futterpflanzen zwei- bis dreimal im Jahre zu mähen. Auf den ersten Mähschnitt fallen etwa 50—70% der gesamten Ernte. Man berechnet im allgemeinen den Jahresertrag einer Wiese mit 100—200 dz/ha an frischem Gras. 100 kg Gras nehmen etwa 1 m^3 Raum ein.

465. Gespann-Grasmähmaschine (Fahr, Gottmadingen)

Der erste Schnitt hat etwa 6 cm Höhe. Erst beim letzten Schnitt geht man tiefer herunter (bis etwa 3 cm), um möglichst viel zu ernten.

Es wurde bereits erwähnt, daß die weichen Grashalme dem mechanischen Schnitt größte Schwierigkeiten bereiten. Schnittreife Getreidehalme sind steifer und härter als Grashalme. Wenn man Getreidehalme mit neuzeitlichen Schneidwerkzeugen mäht, so sind Schnittgeschwindigkeiten von durchschnittlich 1,75 m/sec nötig. Die weichen Grashalme verlangen größere Schnittgeschwindigkeiten, die etwa bei 2,40 m/sec liegen. Dazu kommt, daß das Gras mehr als das steifere Getreide, beim Scherenschnitt immer wieder versucht, sich zwischen die beiden Schneiden zu setzen und sie wie bei einer stumpfen Schere auseinanderzuwürgen. Diese unangenehme Eigenschaft, die die Maschine verstopfen läßt, erfordert daher ein Schneidwerk, das nicht nur scharf sein muß, sondern auch entsprechend konstruiert ist. Die Messer dürfen sich nicht voneinander abheben.

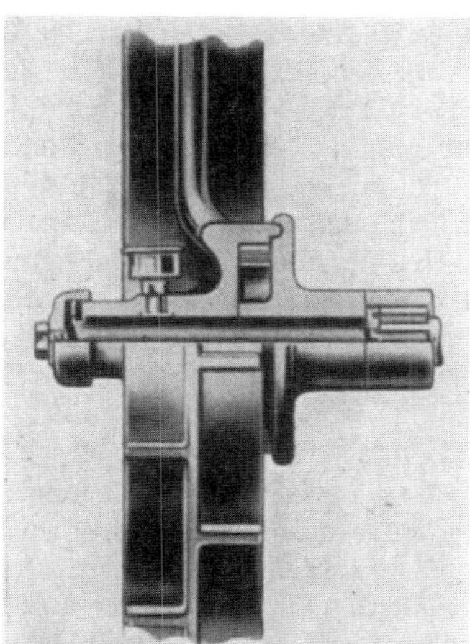

466. Lagerung des Grasmäherrades (Fahr, Gottmadingen)

467. Sperrklinkengetriebe einer Grasmähmaschine (I. H C., Neuß)

468. Geteilte Fahrwelle mit in der Mitte liegendem Sperrklinkengetriebe (I. H. C., Neuß)

Nach ihrem Aufbau ist die Grasmähmaschine (Bild 465) ein mit festangebauter Zweispännerdeichsel versehener zweirädriger Karren. Seine mit Sperrklinkengetriebe ausgerüsteten Räder setzen über die als Antriebswelle ausgestattete Achse — unter Zwischenschaltung von Getrieben und einer Kupplung — eine Kurbel quer zur Fahrtrichtung in Bewegung. Sie treibt das seitlich eingebaute Element für den Schnitt an, das rechts von der Fahrbahn arbeitet. Im Laufe der Entwicklung ist die äußere Gestalt der Maschine zu einer vollkommenen Vereinheitlichung vieler Teilgruppen geworden. Man kann von der Grasmähmaschine sagen, daß sie die erste durchentwickelte Landmaschine war, die genormt werden konnte. Wenn auch heute noch Grasmähmaschinen von einzelnen Herstellerfirmen mit Sonderheiten versehen werden, so ist doch ihr Gesamtaufbau allgemein gleich; die wesentlichen Bauteile sind genormt.

2. *Gespann-Grasmähmaschine*

Die Gespann-Grasmähmaschine wird von den beiden Fahrrädern angetrieben. Sie sind aus Grauguß hergestellt und tragen an den Außenflächen der Felgen Querrippen, damit die Bodenreibung größer wird, für die Straßenfahrt haben sie eine mittlere Längsrippe (Bild 469). Bei den meisten Maschinen trägt das Nabeninnere beider Fahrräder eine Sperrklinkenkupplung (Bild 467), die in der Weise auf die Fahrwelle aufgesetzt ist, daß sie bei Vorwärtsfahrt von den Rädern mitgenommen wird. Bei Rückwärtsfahrt überspringen die durch Federn gegen die Rasten der Nabe gedrückten Mitnehmerklinken die Rasten und folgen der Drehung der Räder nicht. Bei ungleichem Drehen der Räder (beim Kurvenfahren) treibt nur das äußere, schnellere Fahrrad die Welle an; das innere, langsamere Rad läuft rückwärts (relativ zur Welle gesehen) und wird darum nicht tätig. Durch diese Anordnung erreicht man gleichzeitig den Radausgleich, der sonst durch Differentialgetriebe entsteht.

469. Ölbadgetriebe einer Grasmähmaschine (Fahr, Gottmadingen)

Man hat bei einer anderen Ausführung die Antriebswelle geteilt und die Sperrklinkengetriebe zu beiden Seiten in das in der Mitte der Maschine gelagerte große Antriebszahnrad verlegt (Bild 468). Dadurch ist es möglich geworden, die beiden Fahrräder fest auf der Welle aufzukeilen und die beiden Sperrklinkengetriebe gemeinsam mit den Hauptantriebszahnrädern in ein gemeinsames Ölbadgehäuse zu bringen.

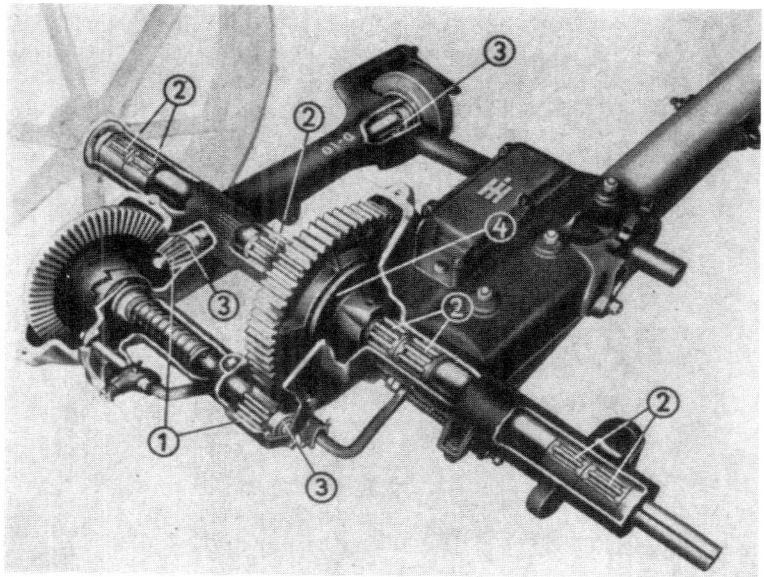

470. Getriebeanordnung einer Grasmähmaschine mit geteilter Fahrwelle
(I. H. C., Neuß)
1 Stahlritzel; 2 extrastarke Rollenlager; 3 doppelseitige Präzisionskugellager; 4 Sperrklinkenplatte

Die Drehbewegung der Fahrwelle wird durch ein auf ihr befestigtes größeres Stirnrad über ein kleines Ritzel auf eine parallel zur Fahrwelle gelagerte Vorgelegewelle übertragen. Eine Ausrückkupplung ist zwischengeschaltet. Von der Ausrückkupplung wird die Bewegung durch ein Kegelradgetriebe auf eine senkrecht zu diesen beiden Wellen unter sie hindurch verlaufende Kurbelwelle übertragen (Bild 469). Sie trägt an ihrem vorderen Ende die Kurbelscheibe mit dem Kurbelzapfen. In den Kurbelzapfen greift die Kurbelstange ein, die mit ihrem anderen Ende am Kopf des Messerbalkens — dem einen der beiden wirkenden Teile der Schneidvorrichtung — gelenkig befestigt ist und ihm die hin- und hergehende Bewegung für den Scherenschnitt erteilt. Der andere der beiden wirkenden Teile des Schneidwerkes ist der die Gegenschneiden tragende Fingerbalken. Er dient gleichzeitig als Lagerung und Führung des Messerbalkens. Die am Messerbalken befestigten Messer legen sich unter stetem Druck auf die als Gegenschneiden dienenden Fingerplatten des feststehenden Fingerbalkens auf. Dadurch entsteht die vom Kurbeltrieb übertragene Hin- und Herbewegung des Messerbalkens und damit auch die der Messer zwischen Balken und Fingerplatten. Das ergibt den Scherenschnitt in beiden Bewegungsrichtungen.

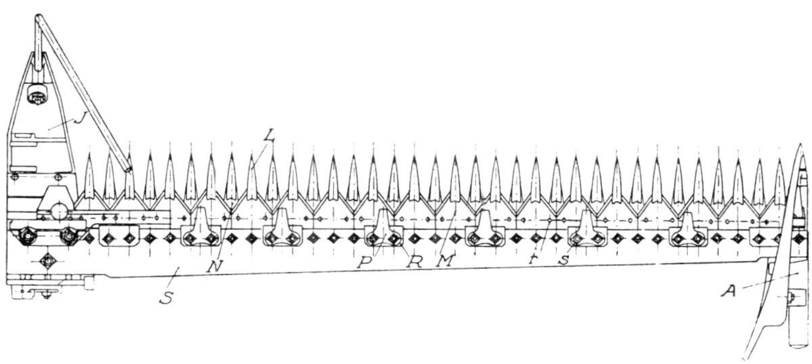

471. Schneidwerk einer Grasmähmaschine

Alle diese Teile sind in dem oder an dem aus Grauguß modernster Gießtechnik gefertigten Maschinenrahmen untergebracht. Er enthält sämtliche Lagerstellen, Getriebekästen, Hebelgestänge für Hand- und Fußbedienung, Deichselansatz und schließlich die Anlage für die Kutschersitzstütze. Das gesamte Getriebe ist so eingelagert, daß der Maschinenrahmen einem einzigen abgekapselten Ölbadgehäuse gleicht. Sämtliche Wellen, Zahnräder und Kupplungen, die außerdem in Kugel- und Rollenlager laufen, werden dauernd von Öl umspült. Demzufolge ist der Gang einer neuzeitlichen Grasmähmaschine leicht und ziemlich leise. Wie die Bauweise mit geteilter Fahrwelle angeordnet ist, kann man aus Bild 470 ersehen.

Das eigentliche Arbeitswerkzeug der Grasmähmaschine, das Schneidwerk (Bild 471), setzt sich aus dem Fingerbalken *S* und dem Messerbalken *M* zusammen. Der Fingerbalken ist mit seinem inneren Schuh durch Lenker und Spannstangen mit dem Maschinenrahmen und mit der Zugdeichsel verbunden. In ihm gleitet der Messerbalken. Der Fingerbalken wird durch eine zur Maschine hin breiter werdende, profilierte Stahlschiene gebildet, an die die zugespitzten, aus Temperguß bestehenden Finger *L* von unten angeschraubt sind. Sie haben die Aufgabe, gemeinsam als weitzähniger Kamm in das stehende Schnittgut einzudringen und es für den Schnitt zwischen sich zu halten, so daß es durch die Messer des Messerbalkens erfaßt und durch Scheren mit den in den Fingern eingelassenen zweischneidigen Fingerplatten *N* geschnitten werden kann. Der Messerbalken ist eine mit einem Messerkopf versehene Vierkantschiene. Er trägt durch Vernietung *r* die genormten Messerklingen *M*. Durch Reibeplatten *R* wird die Vierkantschiene hinten und durch Gegenplatten *P* oben geführt. Beide Platten werden gemeinsam mit den Fingern durch Senkschrauben *s* gehalten. Begrenzt wird das Schneidwerk zu beiden Seiten durch Gleitschuhe, die wegen ihres Verschleißes mit auswechselbaren Sohlen versehen sind. Beim Mähen gleiten sie über den Wiesenboden. Der äußere Schuh, der gleichzeitig als Halmteiler dient, trägt das Schwadbrett. Es hat die Aufgabe, die äußeren geschnittenen Halme zur Seite zu schieben, um für den nächsten Arbeitsgang der Maschine freie Bahn für das rechte Fahrrad zu bekommen und vor allem das Schnittgut nicht zu überfahren. Das Schneidwerk ist durch den inneren Schuh so mit der Maschine verbunden, daß es beim Wenden keine Hindernisse überfährt; mit einer Entlastungsfeder kann es auf der ganzen Breite angehoben werden. Für den Transport kann es in die senkrechte Lage hochgeklappt werden. Das Schneidwerk ist um seine Längsachse verdrehbar, damit die Schnitthöhe reguliert werden kann. Die Lagenverände-

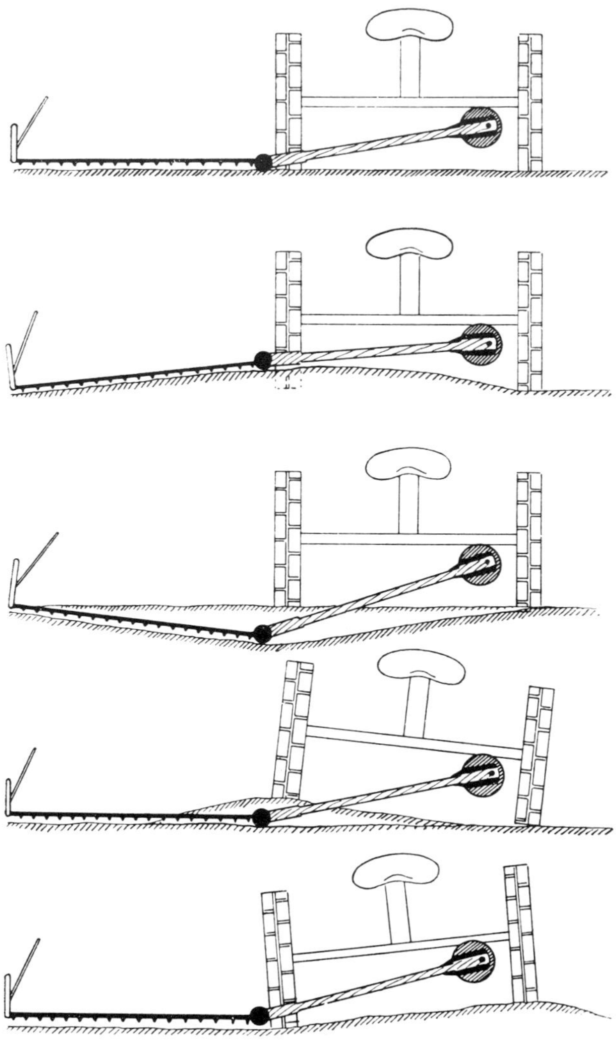

472. Schematische Darstellung der Beweglichkeit des Schneidbalkens bei Geländeneigungen (I. H. C., Neuß)

rungen des Schneidwerkes lassen sich alle bequem vom Kutschersitz aus durch Hand- und Fußhebel herbeiführen. Weil Schneidwerk und Maschinenrahmen gelenkig verbunden sind, kann es in jeder Lage (Bild 472) etwaigen Geländeneigungen folgen. Durch ein weiteres Gelenk kann das Schneidwerk um seine Längsachse schwenken. Beide Gelenke sind im inneren Schuh untergebracht (Bild 473). Er ist in seinem oberen Teil als Bügel ausgebildet, in den von innen her die Zapfen des Fingerbalkens eingreifen, so daß zwischen Schuh und Schneidwerk 3 ein Scharniergelenk gebildet wird. Durch den Handhebel 2 läßt sich das Schneidwerk über das Scharnierstück **5** mit der Öse **6** in Fahrstellung bringen. Das Schneidwerk wird zu diesem Zwecke aufgerichtet. Der Bügel hat in seinem oberen Teil eine zweite Lagerung, um die sich das Schneidwerk kippen läßt, damit die Schnitthöhe eingestellt werden kann. Bild **474** zeigt den Rastenhebel zum Verstellen des Schneidwerkes. Bei der Arbeitsweise des Schneidwerkes müssen die der Schneide weiter entfernt stehenden Halme zur Fingerschneide hin abgebogen werden, damit auch sie noch erfaßt und geschnitten werden können. Darum sind die Stoppeln dieser Halme höher als die Höhenlage der Schneide. Beim zweiten und dritten Schnitt, wo man mit dem Schneidwerk so tief wie möglich geht, um Verluste zu vermeiden, spielt das Abbiegen der Halme deshalb eine große Rolle. Um diesen Nachteil zu vermeiden, hat man für den Grasschnitt die gewöhnlich 76 mm betragenden Abstände der Finger voneinander halbiert, so daß auf eine Messerklinge zwei Finger kommen, die man bei der Herstellung aus einem Stück gießt. Dieser Tiefschnittbalken kann im Gegensatz zu dem mit gleicher Messer- und Fingerteilung von 76 mm ausgerüstetem Normalschnittbalken den Ernteertrag wesentlich steigern. Denn die Halme brauchen geringer abgebogen zu werden; er ist auch nicht so hoch gebaut und kann daher tiefer schneiden. — Da der Tiefschnittbalken für Getreide wenig geeignet ist, Mähmaschinen aber, die für Gras und Getreide einzusetzen sind, gern angeschafft werden, hat man den Mittelschnittbalken geschaffen, bei dem die Fingerteilung 50,8 mm beträgt. Es kommen drei Finger auf zwei Messer. Dieses Schneidwerk ist weniger empfindlich;

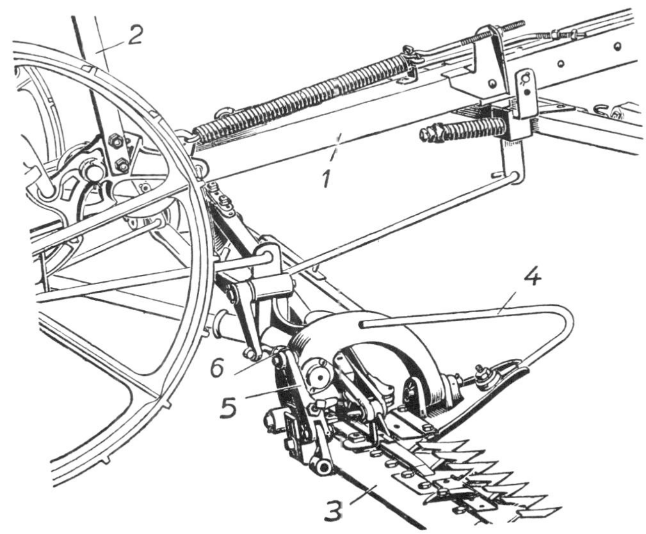

473. Innerer Schuh eines Grasmähers mit Gelenken (Fella, Feucht)

474. Rastenhebel zur Verstellung des Schneidwerkes (I. H. C., Neuß)

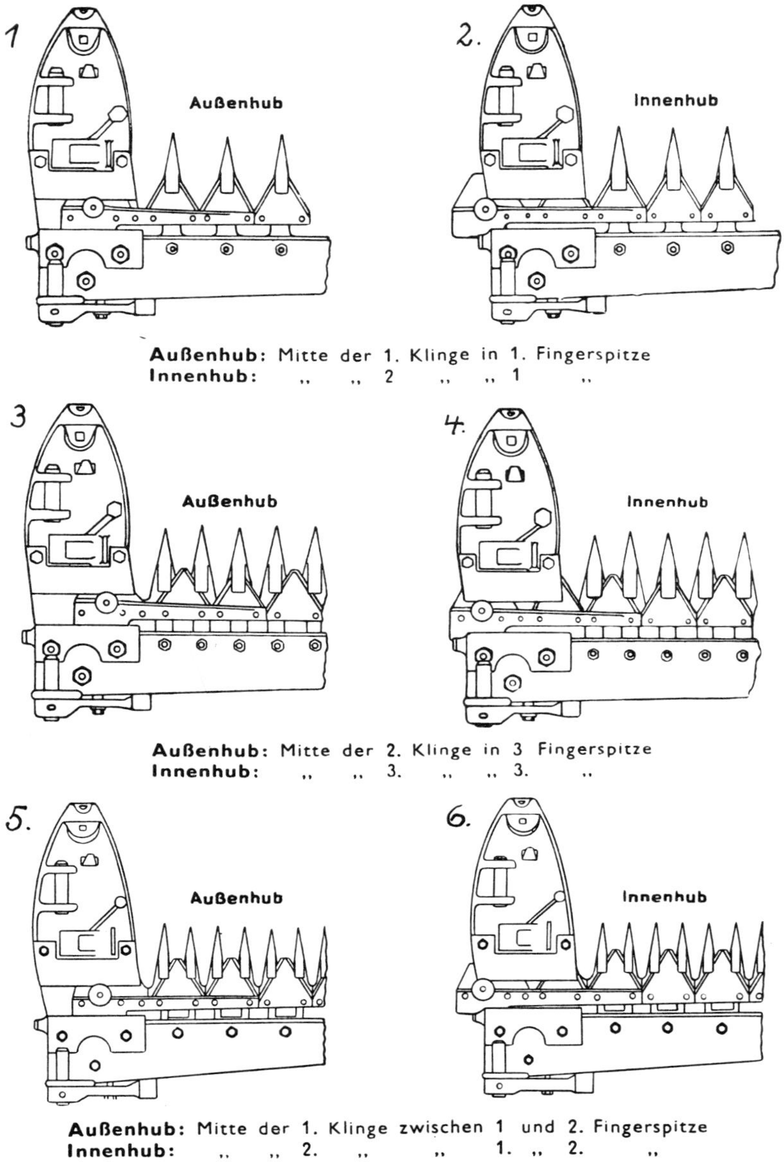

475. Hubwechselstellungen der drei Schneidwerke (Stockey u. Schmitz, Gevelsberg)

es entspricht einigermaßen den Verhältnissen.

Auf dem Bild 475 sind für die drei heutigen Schneidwerke die gegenseitigen Stellungen der Messer zu den Fingern in den Hubwechsellagen dargestellt. Und zwar stellen 1 und 2 den Normalschnitt-, 3 und 4 den Mittelschnitt- und 5 und 6 den Tiefschnittbalken so dar, daß links die äußeren und rechts die inneren Hubwechsellagen festgehalten sind. Bei richtiger Hubeinstellung muß bei der inneren Hubwechsellage des Normalschnittbalkens die zweite Klinge sich in der ersten Fingerspitze, beim Mittelschnittbalken muß sich die dritte Klinge in der dritten Fingerspitze und beim Tiefenschnittbalken muß sich die zweite Klinge zwischen der ersten und der zweiten Fingerspitze befinden.

Die Verstellmöglichkeiten des Schneidwerkes, das sich auch in abgewinkelter Lage einwandfrei bewegen können muß, verlangt eine besondere Ausbildung der Kurbelstangenbefestigung am Messerkopf und auch am Kurbelzapfen. Die Ausführungen sind hier sehr verschieden. Die Befestigung am Messerkopf wird oft durch eine Kugelgelenkverbindung hergestellt. Diese Verbindung erleichtert das Herausschieben des Messerbalkens, wenn die Messer nachgeschliffen werden sollen. Es gibt dafür Schrauben- und Schnellverschlüsse mit Spannfedern (Bild 476). Auch der Riegel-

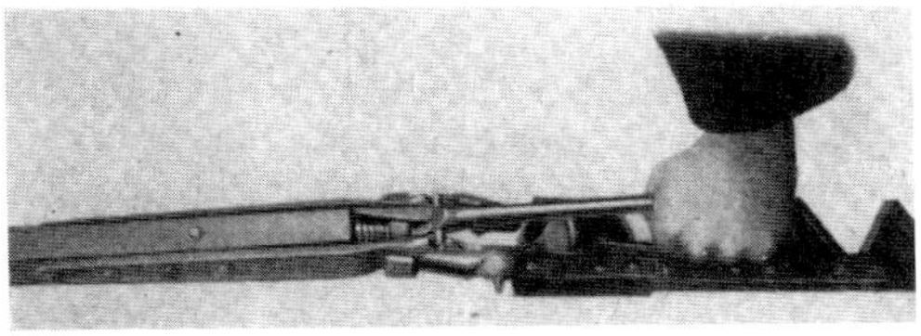

476. Kugelverschluß am Messerkopf (Bautz, Saulgau)

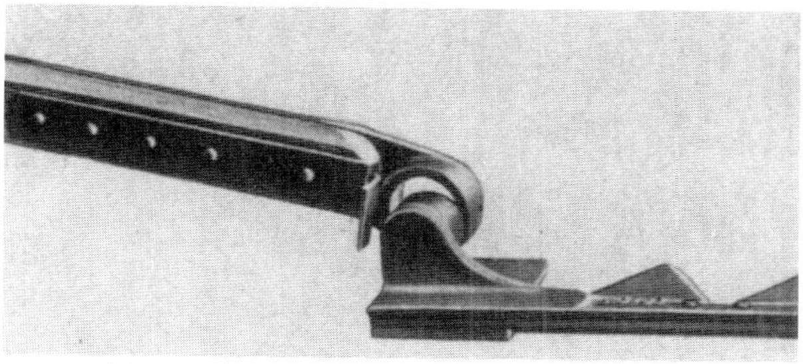

477. Riegelverschluß am Messerkopf, geöffnet
(Fahr, Gottmadingen)

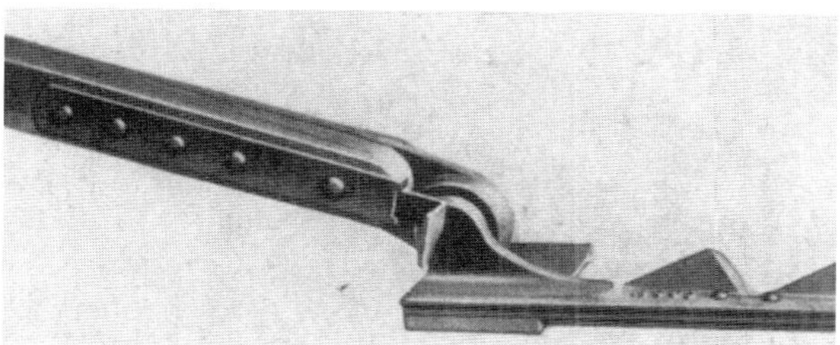

478. Riegelverschluß am Messerkopf, geschlossen
(Fahr, Gottmadingen)

479. Kurbelzapfen mit Pendelkugellager
(Fahr, Gottmadingen)

verschluß (Bild 477 und 478) ist bequem und sehr beliebt. Bei ihm ist die Verbindung zwischen dem — in diesem Fall zylindrisch ausgebildeten — Messerkopf und einem zylindrischen Augenlager der Kurbelstange durch einen leicht verschiebbaren Riegel gesichert. Die Verbindung zum Kurbelzapfen stellt man entweder aus Kardangelenken, Blattfederverbindungen oder durch Pendelkugellager (Bild 479) her, so daß eine Beweglichkeit aus der Kurbelebene möglich ist. Jedoch müssen beide Befestigungen der Kurbelstangen aufeinander abgestimmt sein. Ist, wie beim Riegelverschluß, das Messerkopfgelenk nur in einer Ebene beweglich, so muß die Kurbelzapfenverbindung schwenkbar sein, gegebenenfalls durch ein Pendelkugellager. Die Kurbelstange muß sich in jedem Falle auch bei gekipptem Schneidwerk frei und ohne Spannungen bewegen können.

Die mit zwei Ortscheiten und einer Zugwaage versehene Zugstange ist zur Mähmaschine so angeordnet, daß die beiden Zugtiere bei der Arbeit das durch das Schwadbrett zusammengeschobene Schwad zwischen sich lassen, damit sie es nicht zertreten. Auch ist es wegen der seitlichen Ausladung des Schneidwerks und die dadurch hervorgerufene seitliche Belastung der Maschine vorteilhaft, die Zugdeichsel aus der Mitte der Maschine heraus zum Schneidwerk hin zu verlagern. Zur Entlastung der Zugtiere verwendet man Deichseltragrollen (Bild 480), abgefederte Schleppradstützen, die eine gewisse Beweglichkeit in der Senkrechten und eine

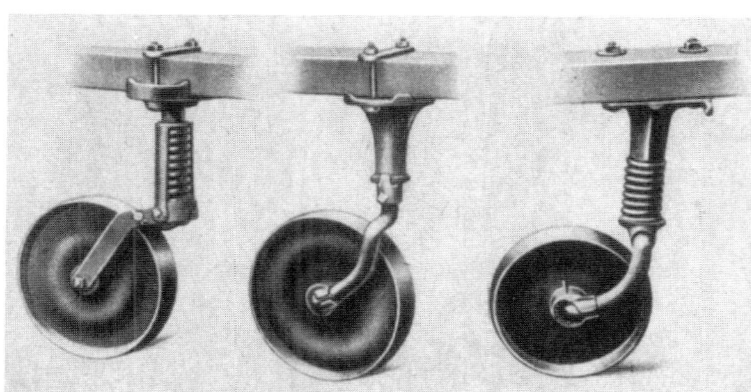

480. Deichseltragrollen (Fahr, Gottmadingen)

Drehung beim Kurvenfahren zulassen und den Nackendruck fühlbar aufheben. Erwähnenswert ist noch, daß durch die weite Seitenauslage des Schneidwerkes die Zugkraft durch die Zugstange teils auf den Maschinenrahmen, teils auf den inneren Schuh des Schneidwerkes übertragen wird. Dadurch wird die Maschine stabiler.

481. Schlepper mit Anbaumähwerk (Klöckner-Humboldt-Deutz A.G., Köln-Deutz)

482. Einachsschlepper mit Anbaumähwerk (Schieferstein, Lich)

3. Anbau-Mähbalken

Schon in den zwanziger Jahren hat man versucht, das Schneidwerk seitlich am Schlepper anzubringen und es von seinem Getriebe betätigen zu lassen. Die Entwicklung hat gezeigt, daß dieser Versuch richtig war. Heute ist es möglich, an jedem Schlepper ein Schneidwerk anzubringen. Dazu ist der Schlepper mit einer Kurbeltriebwelle versehen, auf die die Kurbelscheibe für den Messerantrieb aufgeschraubt wird. In gleicher Weise sind alle Vorkehrungen

483. Motormäher mit Schneidbalkenantrieb in der Mitte (Gutbrod, Plochingen)

484. Motormäher mit Schneidbalkenantrieb an der Seite (Fahr, Gottmadingen)

getroffen, um den ganzen Schneidapparat mit Trage-, Abstütz- und Hebevorrichtungen anbauen zu können, so daß der Schneidapparat vom Fahrersitz aus in gleicher Weise zu bedienen ist wie von der Mähmaschine aus (Bild 481). Wenn auch bei anderer Arbeit das Mähwerk hochgeklappt am Schlepper verbleiben kann, so ist es doch sehr leicht zu entfernen. Es ist darauf zu achten, daß es entfernt wird, wenn es hochgeklappt ist, weil dann die Hebefeder des Schneidwerkes entspannt ist.

485. Motormäher mit Schneidbalkenantrieb an der Seite im Einsatz (Fahr, Gottmadingen)

486. Motormäher mit Schneidbalkenantrieb an der Seite, Schneidwerk hochgeklappt (Fahr, Gottmadingen)

Um auch den kleineren Betrieben die Anschaffung motorisierter Mähvorrichtungen zu ermöglichen, kann das Schneidwerk auch am Einachsschlepper angebaut werden (Bild 482). Der Schlepperführer hat Gelegenheit zum Mitfahren. Im allgemeinen ist aber der Weg beschritten worden, den Frontschnitt des Schneidwerkes zu erreichen, also daß es vor der

Maschine mähen kann. Damit ist der Anbau einer ganzen Reihe von Anbaugeräten verbunden. Heute gibt es bereits Herstellerfirmen, die solche Motormäher entweder mit dem Antrieb des Mähbalkens in der Mitte (Bild 483) und starr oder mit Seitenantrieb (Bild 484 und 485) für

487. Motormäher mit Anhaueblech als Getreidemähmaschine
(Agria, Möckmühl)

488. Motormäher mit Ableger zum Mähen von Getreide
(Fahr, Gottmadingen)

den Transport hochklappbar (Bild 486) bauen. Auch als Getreidemäher mit Anhaueblech (Bild 487) und mit Ablage zur Schonung der Mahd (Bild 488) wird der Motormäher gebaut. Interessant ist dabei, wie der Antrieb des Ablegers von einem Schlepperrad aus abgeleitet wird (Bild 489), das durch einen exzentrisch aufgesetzten Wellenstumpf (Bild 490) bei der Drehung des Rades dem Ableger die erforderliche Bewegungsbahn erteilt.

489. Antrieb der Ablegevorrichtung (Fahr, Gottmadingen)

C. Getreidemähmaschinen

Um die Grasmähmaschine vielseitig verwenden zu können, wurden kombinierte Einrichtungen geschaffen. Die Grasmähmaschine mit Rechtsschnitt konnte zum Beispiel in eine Getreidemähmaschine mit Linksschnitt umgebildet werden. Durch die Normung ist man jetzt allgemein auf den Rechtsschnitt eingestellt und benutzt Grasmähmaschinen mit Mittelschnittbalken auch für den Getreideschnitt, indem man den äußeren Schuh mit einem Halmteiler versieht. Entweder wird das Schneidwerk bei der Handablage (Bild 491) nach hinten rostartig verlängert oder ein Anhaueblech (Bild 492) paßt sich den Eigenschaften des Getreides an.

Das Getreidemähen stellt (abgesehen vom Halmteiler und der größeren Fingerteilung) an die Bauweise der Maschinen weitere Anforderungen. Das Schneiden des Getreides ist nicht so schwierig, wie das Schneiden des weichen Grases. Benutzt man Grasmähmaschinen mit Zusatzeinrichtungen, so muß vor jeder neuen Arbeitsbahn das geschnittene Getreide fortgeräumt werden, damit die Bahn für die Maschine frei wird. Dieser Nachteil muß beseitigt werden. Man will auch das Getreide mindestens in gleichen Haufen abgelegt haben, so daß die Garben schnell gebunden werden können. Die Maschine darf auch bei ungleichem Halmstande nicht versagen. Eine solche Maschine ist der Flügelmäher (Bild 493), heute allgemein zum Unterschiede zur Bindemähmaschine mit Getreidemähmaschine bezeichnet. Diese mit Halmteiler und Normalschnittbalken versehene Maschine trägt hinter dem Schneidwerk einen viertelkreisförmigen Sammeltisch. Durch gesteuerte kreisende Rechen wird das noch stehende Getreide dem Schneidwerk entgegengedrückt, nach dem Schnitt über den Sammeltisch geschoben und nach hinten seitlich in einzelnen Haufen so abgelegt, daß die nächste Bahn der Maschine frei bleibt. Die meist zu vieren vorhandenen Rechen aus Holz werden durch den Rechenkopf (Bild 494) gesteuert, an dem sie gelenkig befestigt sind und durch den sie ihre kreisende Bewegung erhalten. Durch die

490. Wellenansatz für die Ablegevorrichtung (Fahr, Gottmadingen)

am Rechenkopf angebrachte Kurvenbahn wird die Höhenlage der Rechen bestimmt, die kurz hinter dem Gelenk durch Rollen dieser Kurvenbahn aufliegen. Durch diese Führung taucht der einzelne Rechen vor dem Schneidwerk in das Getreide ein, geht über dem Schneidwerk tiefer, streicht über den Sammeltisch hinweg und geht wieder hoch, wenn er den Sammeltisch verlassen hat, um dem Fahrer auf seinem Sitze auszuweichen. In die Kurvenbahn ist eine Weiche eingebaut. Durch sie können die Rechen so gesteuert werden, daß bei kleinen Haufen jeder Rechen zum Ablegen heruntergeht. Bei weniger dichtem Halmstand oder bei größeren Getreidehaufen kann man mit einem Stellwerk die Weichensteuerung so beeinflussen, daß entweder jeder zweite oder jeder dritte Rechen usw. ablegt, während die nicht ablegenden Rechen über das eingeschaltete Weichenstück laufen und nicht heruntergehen. Der Antrieb der Rechen und des Schneidwerkes ist heute meist in einem Getriebe vereinigt, das staub- und öldicht abgekapselt ist und sich durch die Ölfüllung selbst schmiert (Bild 495).

Der Sammeltisch kann durch eine Höhenverstellvorrichtung gehoben und gesenkt und für die Transportstellung durch Gelenkverbindung mit dem Maschinenrahmen hochgeklappt werden. Er besteht meist aus einem mit Stahlblech verkleideten Holzrahmen.

491. Grasmähmaschine mit Handablage für Getreide

492. Grasmähmaschine mit Anhaueblech für Getreide

493. Getreidemähmaschine mit Selbstablage (Fahr, Gottmadingen)

494. Rechenkopf einer Getreidemähmaschine (I. H. C., Neuß)

D. Bindemähmaschinen

1. Aufbau und Arbeitsweise

Die Bindemähmaschine (Bild 496) schließt die Entwicklung der Getreidemähmaschinen ab. Sie können voll dem Verlangen der Landwirtschaft entsprechen, in der Erntezeit Arbeitskräfte freizubekommen. Bei Ein-Mann-Bedienung mähen sie in einem Arbeitsgang das Getreide, sammeln zu Garben bestimmbarer Größe, binden sie außerhalb des Arbeitsbereiches der Maschine und werfen sie einzeln oder in zu bestimmender Zahl ab. In den siebziger Jahren des vergangenen Jahrhunderts banden sie schon selbständig Garben und leisteten auch sonst grundsätzlich brauchbare Arbeit. Seitdem sind an ihnen manche Verbesserungen und Zusatzeinrichtungen angebracht worden, die sich im Laufe langer Jahre ausgereift haben. Heute ist auch die Bindemähmaschine in vielen Teilgruppen genormt. Wegen des großen Gewichtes der mit zahlreichen Sonderaggregaten belasteten Maschine und der betriebssicheren, stabilen Arbeitslage ist, im Gegensatz zur Grasmähmaschine, das eigentliche Fahrgestell über den Bereich des Schneidwerkes hinausgezogen. Die Maschine wird unter dem großen Halmteiler durch ein Stützrad gehalten. Das Hauptantriebsfahrrad liegt verdeckt etwas über die Mitte hinaus auf der anderen Seite der Maschine. Dieses Fahrrad ist wegen der vielen von ihm abgeleiteten Antriebe besonders stark ausgeführt. Es ist ein mit Doppelsturz ausgeführtes Speichenrad und ist mit einem Antriebskettenrad starr verbunden (Bild 497), das den Antrieb durch eine Stahlbolzenkette über eine Rollenkupplung (Bild 498) weiterleitet. Dieser Antrieb wird durch das Kegelradhauptgetriebe aus Stahl auf die in Fahrtrichtung verlaufende Kurbelwelle für das Schneidwerk (Bild 499) und von ihr gleichzeitig auf einen quer zu ihr verlaufenden Kettentrieb übertragen, der unmittelbar oder unter Zwischenschaltung weiterer Kegelräderpaare die Bewegung der Haspel und Fördertücher, der Packerwelle, der Bindevorrichtung, also aller bewegten Organe einleitet (Bild 500). Um den ineinandergreifenden Arbeitsmechanismus begreiflich zu machen, sei

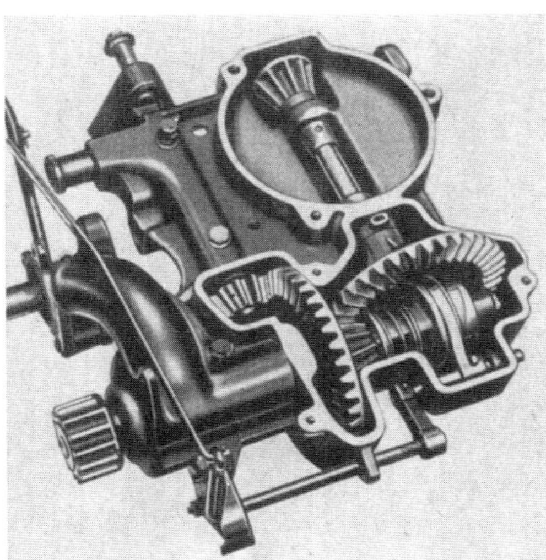

495. Ölbadgetriebe der Getreidemähmaschine (I. H. C., Neuß)

496. Gespann-Bindemähmaschine (Lanz, Mannheim)

zunächst der Gang des Schnittgutes durch die Maschine, die sowohl rechts- wie auch linksschneidend gebaut wird, in allen seinen Phasen und die Handhabung der einzelnen Organe beschrieben.

Das Getreide wird von der in seiner Höhe und Greifweite verstellbaren Haspel erfaßt, durch ihre Drehbewegung dem zwischen Halmteiler und innerem Ährenheberblech arbeitenden Schneidwerk entgegengebogen und nach dem Schnitt so auf die hinter dem Schneidwerk angeordnete Plattform geworfen, daß die einzelnen Halme ziemlich parallel mit den Ähren nach hinten liegen. Die Plattform ist quer zur Fahrtrichtung mit einem mit Latten versehenen Segeltuch umspannt. Es bewegt sich um die beiden Plattformwalzen aus Holz herum und fördert dadurch das Schnittgut nach innen. Hier wird es von den unteren Hebetüchern gleicher Ausführung erfaßt und in dem von dem unteren und dem oberen Hebetuch gebildeten, durch Federung anpassungsfähigen Kanal unter etwa 45° hoch befördert. Am Ausgang dieses Kanals wird es meist durch eine zusätzliche Übergangswalze auf den etwa unter 60° abfallenden Bindetisch aus Stahlblech geführt (Bild 501). An der vorderen Seite des Bindetisches befindet sich ein in gleichmäßigem Rhythmus gegen die Stoppelenden des Schnittgutes wippenartig stoßendes Blech (Stoppelendenglätter), das die ungleichmäßig liegenden Halme in ihrer parallelen Längslage zur Maschine ordnet. Die Schnittenden liegen dann ziemlich in gleicher Höhe. In gegenläufiger Arbeitsrichtung übernimmt auf der entgegengesetzten Seite der Ährenglätter die Aufgabe, zu weit vorstehende Ähren zurückzustoßen. Während dieses Vorganges greifen, durch Lenker geführt,

497. Hauptantrieb einer Bindemähmaschine (Fahr, Gottmadingen)

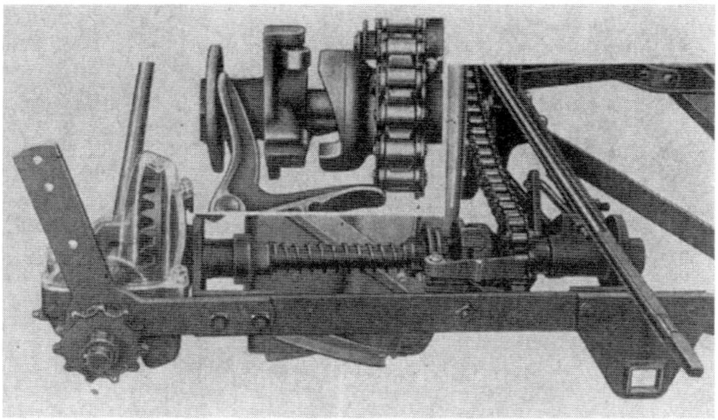

498. Hauptgetriebe mit Rollenkupplung (I. H. C., Neuß)

499. Kegelrad-Hauptgetriebe (Bautz, Saulgau)

mehrere parallel nebeneinander, doch abwechselnd eingreifende Pakker von unten durch den Bindetisch und schieben das Schnittgut, dessen Führung oben durch einen Blechschirm gesichert ist, einem bügelartigen Gegenhalter zu. Er steht unter regulierbarem Federdruck und rückt bei bestimmter Halmansammlung durch den von den Packern über das angesammelte Schnittgut auf ihn übertragenen Druck die Bindevorrichtung ein. Da der Gegenhalter in seiner Stellung verändert werden kann, läßt sich die Menge der angesammelten Halme und damit auch die Größe der Garben regulieren. Die Bindevorrichtung besteht aus Nadel, Knoter oder Knüpfer, Messer und Schnurhaltung. Sie ist mit der Auswurfvorrichtung verbunden, die als kreisende Arme nach dem Binden die Garbe aus der Maschine wirft. Damit nicht einzelne wirr liegende Halme sich mit der folgenden Halmmasse verstricken und dadurch die gebundenen Garben festhalten, kann als Zusatzorgan ein Garbentrenner vorgesehen werden. Seine beiden Wurfarme werden durch Kurbel- und Lenkerführung gesteuert. Sie werfen noch so fest eingeklemmte Garben aus.

500. Kettentrieb einer Bindemähmaschine (Bautz, Saulgau)

2. *Halmteiler*

Beim Beginn des Mähens schiebt sich als erstes tätiges Organ der Bindemähmaschine der das Schneidwerk außen begrenzende Halmteiler in das Schnittgut. Er besteht aus einem nach oben gewölbten, konisch nach vorn sich verjüngenden Blech, das vorn eine nach oben leicht umgebogene Stahlspitze und meist nach außen einen Abweisestab oder ein Abweiseblech trägt (Bild 502). Bei wirrem,

501. Bindetisch einer Bindemähmaschine (I. H. C., Neuß)

stark verunkrautetem, aber auch bei stark lagerndem Getreide, hat der von Harms anfangs der dreißiger Jahre erfundene und später in verschiedenen Abarten nachgebildete Drehhalmteiler (Bild 503) gute Dienste geleistet. Er dreht sich von unten nach oben zur Maschine hin, trennt die Schnitthalme von den stehenbleibenden in zügiger Weise, ohne zu reißen und bringt so die Schnitthalme sicher in den Bereich des Schneidwerkes. Er richtet auch das in seinem Bereich lagernde Schnittgut in idealer Weise auf. Der Abweiserstab oder -stock ist in seiner Höhen- wie Seitenlage verstellbar angeordnet und entsprechend den Getreideverhältnissen einzustellen. Bei Überhang kurzen Getreides nach innen (also zum ungemähten hin), stellt man den Abweiserstock tief und weit nach außen; bei Überhang besonders langen Getreides nach außen (also zur Maschine hin), gibt man ihm eine höhere Stellung, damit die überhängenden Ähren nicht abgeschnitten werden. Die Spitze des Abteilers muß bei der Arbeit mit dem ihm folgenden Stütz- oder Getreiderad fluchten, damit das ungeschnittene Getreide nicht über-

502. Feststehender Halmteiler (Bautz, Saulgau)

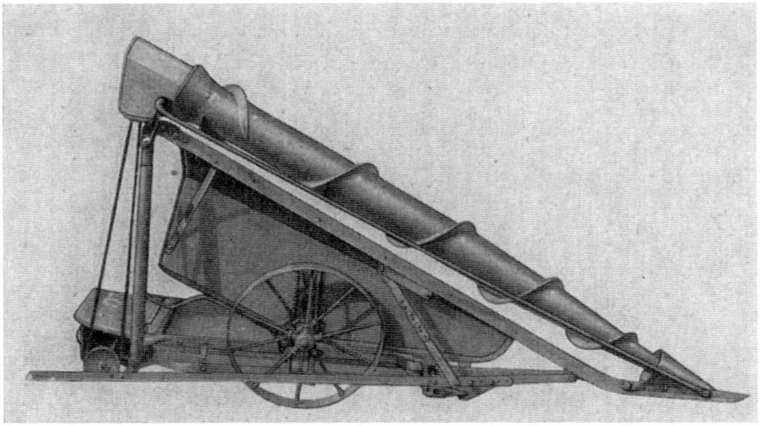

503. Drehhalmteiler mit Blechspirale (Fella, Feucht)

fahren oder das erfaßte Schnittgut nicht zu weit abgelenkt wird.

3. *Haspel*

Als nächstes Organ tritt die Haspel mit dem Getreide in Berührung. Sie hat die Aufgabe, die Getreidehalme auf der ganzen Schnittbreite dem Schneidwerk zuzuführen. Die mit ihren unteren Querlatten zur Maschine hinreichende Haspel muß so hoch gestellt werden, daß sie das Getreide unterhalb der Ähren trifft; sie muß so weit vorgestellt werden, daß nach vorn übergeneigte Halme aufgerichtet werden können, ehe sie geschnitten werden (Bild 504). Das muß bei der oft wechselnden Höhe und Lage des Getreides vom Maschinenführer beachtet werden, der von seinem Sitz aus die Haspel bedient (Bild 505). Die Haspel wird nach vorwärts und rückwärts bewegt durch Hochheben des Handhebels *a* und durch Verschieben des Haspelhebels *b*. Beim Einstellen der Höhe wird die Klinke *c* ausgelöst; der Haspelhebel *b* wird auf die entsprechende Höhe gebracht und wieder eingeklinkt. Diese Verstellung der Haspel während ihrer Bewegung wird durch einen besonderen Haspelantrieb ermöglicht, der es gestattet, einen Kegeltrieb längs der angetriebenen Vierkantantriebswelle (Bild 506) zu verschieben.

504. Wirkungsweise der Haspel (Lanz, Mannheim)

505. Bedienung der Haspel (Lanz, Mannheim)
a Handhebel, *b* Haspelhebel, *c* Klinke

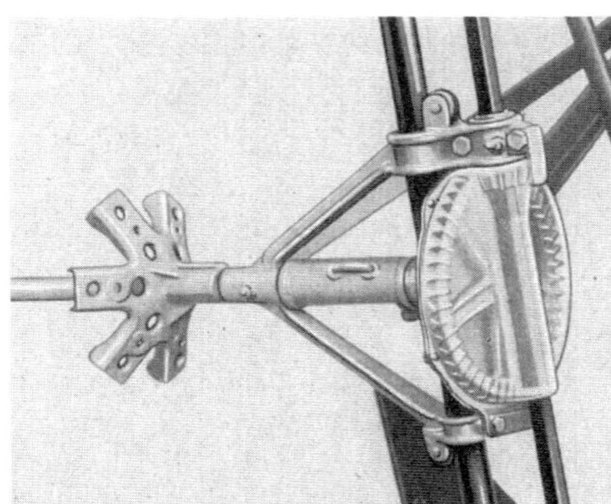

506. Haspelgetriebe
(Bautz, Saulgau)

4. *Ährenheber*

Diesen beiden Führungsorganen reiht sich als drittes das die innere Begrenzung des Schneidwerkes bildende innere Ährenheberblech an. Es soll die aus dem Getreidefeld heraushängenden Halme vor allem bei lagerndem Getreide unterfahren und so weit aufrichten, daß sie nach dem Schnitt auf die Plattform gelangen und nicht durch ihr Gewicht über Bord fallen.

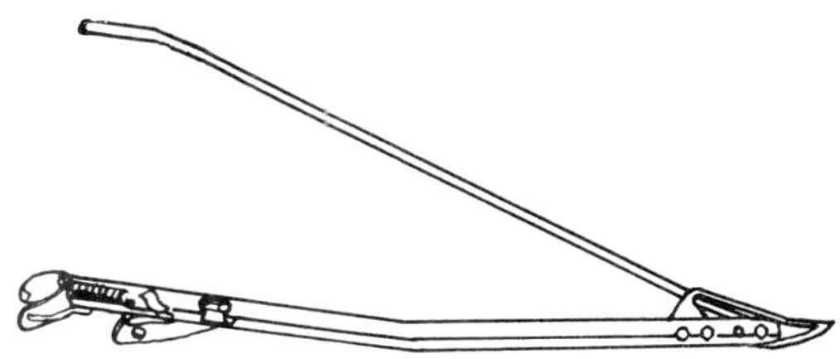

507. Ährenheber

Eine ähnliche Aufgabe übernehmen bei lagerndem Getreide und wirrem Unkraut im Mittelfeld des Schneidwerkes die ihm vorzuschaltenden Ährenheber (Bild 507). Sie können über die Breite des Schneidwerkes im Abstand von je etwa 50 cm, gewissermaßen als Verlängerung einzelner Finger, angebaut werden (Bild 508). Sie unterfahren die am Boden liegenden Halme, richten sie auf und ermöglichen, daß das Schnittgut zur Plattform geführt wird. Wichtig ist, daß sie mit ihren Spitzen etwas vom Boden weg und alle in gleicher Höhe stehen. Sie müssen frei von Rost und Farbe sein, damit Reibung vermieden wird und die Halme nicht abreißen.

Sichere Getreidezuführung bei Lagergetreide gewährleistet der Lagerfruchtbinder durch eine besonders ausgebildete Stabhebevorrichtung (Bild 509). Bei dieser Einrichtung werden durch einen großen, geneigt und seitlich des Schneidwerks liegenden, sich drehenden

508. Befestigung der Ährenheber am Schneidwerk (Bautz, Saulgau)

Ring und durch eine Ringösenführung die Arbeitsstäbe besonderer Form so bewegt, daß sie wie Arme unter das lagernde Getreide greifen, es hochraffen und sicher dem Schneidwerk entgegenführen. An dem Ring sind drei Arbeitsstäbe drehbar befestigt. Die Halme werden einwandfrei geschnitten, wenn sie genügend trocken und wieder steif genug geworden sind. Lagergetreide aber braucht zum Abtrocknen längere Zeit, da die Luft schwer an die meist wie ein Brett liegenden Halme heran kann. Ähnlich wie die Haspel kann auch die Stabhebevorrichtung reichlich verstellt werden, um allen Verhältnissen gerecht zu werden. Das

509. Lagerfruchtbinder (Fella, Feucht)

Stabkreuz kann vor und zurück, auf- und abwärts und nach der Seite verstellt werden. Der Getreidedichte sich anpassend, kann es durch Austausch der Antriebskettenräder schnell oder langsam laufen.

5. *Schneidwerk*

Als Schneidwerk wird für den Getreideschnitt nur der Normalschnittbalken mit gleicher Messer- und Fingerteilung von 76 mm angewendet (Bild 510).

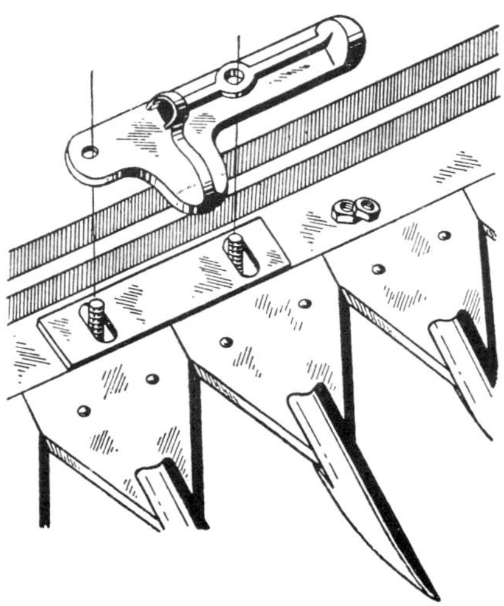

510. Ausschnitt eines Normalschnitt-Schneidwerkes (Lanz, Mannheim)

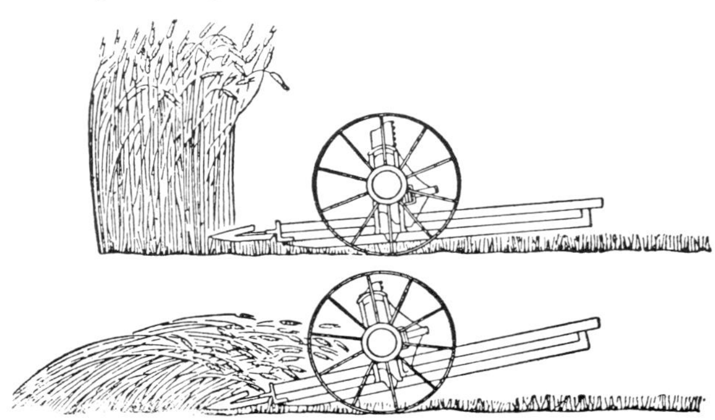

511. Kippstellung der Plattform bei Lagergetreide durch Hochkurbeln an den Rädern stärker (unten) als bei stehendem Getreide (oben) (Lanz, Mannheim)

Das Messer muß sich dabei mit der Hand leicht verschieben lassen, ohne daß es viel Spiel hat. Schneidwerk und Plattform bilden ein einheitliches Ganzes, das durch den Kipphebel in die günstigste Lage gebracht werden kann.

6. *Plattform*

Bei normalem Stand des Getreides stellt man die Plattform leicht nach vorn geneigt. Bei Lagergetreide und bei stark wirrem, mit Unkraut durchsetztem Getreide gibt man der Plattform eine höhere Lage, damit man sie durch Niederdrücken des Kipphebels stärker nach vorn geneigt stellen kann. So wird das Getreide vom Schneidwerk besser erfaßt (Bild 511). Die geschnittenen, auf die Plattform umgelegten Halme werden zum Bindetisch gefördert, durch drei Fördertücher aus Baumwollgewebe (Bild 512), die in 20—25 cm Abstand mit durch Kupfernieten oder -krampen befestigten Eschenleisten versehen sind, damit die Halme sicherer mitgenommen werden. Sie laufen mit etwa 1 m Geschwindigkeit um, wobei sich die Elevatortücher etwas schneller bewegen. Das erste Fördertuch bewegt sich horizontal auf der Plattform; die beiden anderen schließen sich etwa unter 45° so an, daß sie mit den inneren Laufflächen einen Förderkanal zwischen sich bilden. Die mit Lederriemen 3 oder Gurten mit Schnallen versehenen Fördertücher liegen um je zwei Holzwalzen 1, 2, von denen je eine angetrieben wird, die andere als Spannvorrichtung mit Klappgelenk 4 ausgebildet ist. Heute werden die Fördertücher vielfach aus Gummistoff hergestellt und mit Patentstangenverschluß nach dem Umlegen um die Walzen zu endlosen Bändern verbunden. Die Elevatorwalzen werden von der Hauptantriebskette aus, heute meist über ein staubdicht in Öl laufendes Elevatorgetriebe (Bild 513), angetrieben, von dem durch Gelenkwelle gleichzeitig der Haspelantrieb abgeleitet wird.

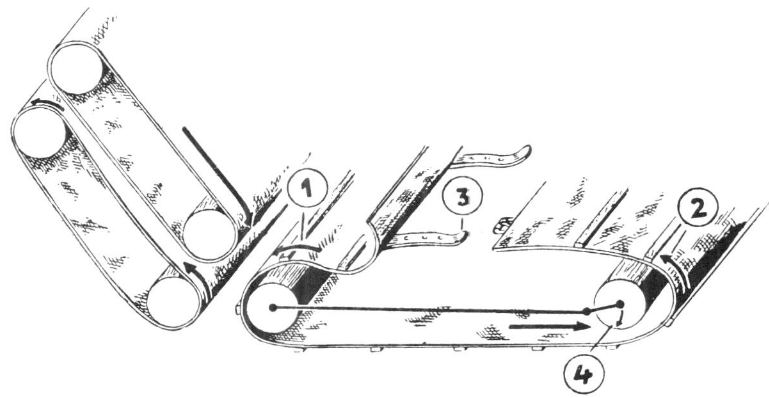

512. Anordnung der Fördertücher (Lanz, Mannheim)
1 u. 2 Holzwalzen; 3 Schnalle des Fördertuches; 4 Klapp-Gelenk

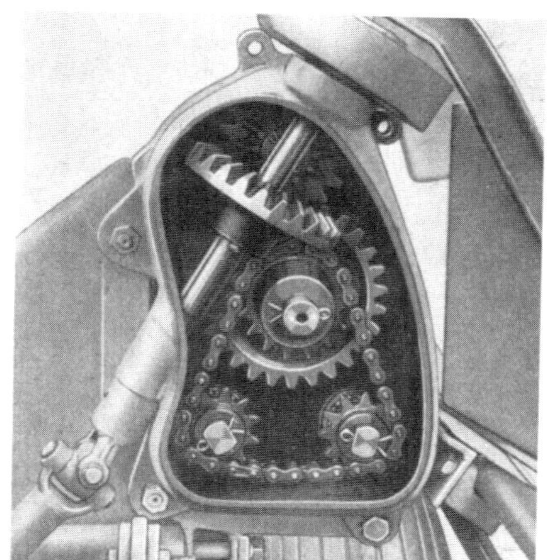

513. Elevatorgetriebe (Bautz, Saulgau)

7. *Bindetisch*

Der aus Stahlblech gebildete Bindetisch schließt in abfallendem Winkel von etwa 60° an den oberen Auslauf des unteren Elevatortuches an. Eine Übergangswalze ist meist zwischengeschaltet. Um die Führung des Schnittgutes nach oben zu sichern, ist der Bindetisch vom

Elevator bis zur Bindevorrichtung mit einem Schirmblech überdeckt, so daß der von den Elevatortüchern gebildete Kanal weitergeführt ist. Seitlich wird der Kanal von dem Stoppelendenglätter (Bild 514) und von dem Ährenglätter (Bild 515) begrenzt. Der durch eine Kurbel über einen Lenkerzapfen bewegte Stoppelendenglätter (ein senkrechtes, gelenkiges Schwing-

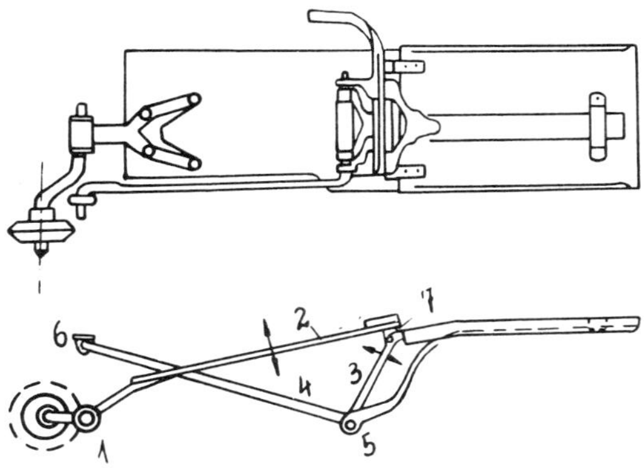

514. Stoppelendenglätter
1 Kurbel; 2 schwingender Glätter; 3 Schwinge; 4 Steg; 5, 6 u. 7 Gelenk

515. Ährenglätter (Lanz, Mannheim)

blech) bewegt sich den Stoppelenden (kurz hin- und herschwingend) entgegen und ordnet die Halme, in der Horizontalen stoßend, wie man Stäbe in der Senkrechten durch Aufstoßen gegen eine Unterlage ordnet. Der Ährenglätter, ein auf der Gegenseite pendelndes Brett, soll weit herausstehende Ähren in den Bereich des Kanals zurückbringen.

516. Bindetisch im Schnitt (I. H. C., Neuß)

Durch die allseitigen Führungen des Kanals, durch die Neigung des Bindetisches, unterstützt vom nachdrängenden Schnittgut, gelangt es in den Bereich der Packer (Bild **516**), aus Temperguß geformte Greifer. Die Packer führen durch eine Kurbelwelle (der Packerwelle) und durch Lenkerführung bei leicht pendelnder Lage eine kreisende Bewegung aus, so daß ihre greiferartigen Teile in ihrer oberen Bahn durch im Bindetisch eingearbeitete Schlitze durchstoßen, das Schnittgut in Flußrichtung weiterschieben und sich nach unten wieder durch die Schlitze zurückziehen. Je ein Packer ist rechts und links der Bindevorrichtung symmetrisch angeordnet, ein dritter zu dem schweren Ende der Stoppeln hin. Ihre Lage in Arbeitsrichtung ist gegeneinander durch die Anordnung der Kurbelkröpfungen der Packerwelle versetzt, so daß sie im regelmäßigen Rhythmus hintereinander eingreifen und dadurch für steten Getreidefluß sorgen. Sie werden von der bei eingeschalteter Maschine ständig mitlaufenden Packerwelle angetrieben. Die von den Packern P_1, P_2 (Bild **517**) den Bindetisch hinuntergeschobenen Halme finden an dem Gegenhalter H ihren Widerstand und sammeln sich hier zu einem Bund entsprechender Größe, je nach Einstellung des versetzbar angeordneten Gegenhalters. Mit größer werdender Ansammlung der Halme steigt der von den Packern auf das Sammelgut ausgeübte Druck, der auf die abgefederte Zunge D weitergeleitet wird, bis die eingestellte Bunddicke die Zunge nach unten drückt. Hierdurch wird die mit dem Packerwellenantrieb in Verbindung stehende Binderwelle für eine Umdrehung eingekuppelt. Die Binderwelle liegt über dem Bindetisch. Zu gleicher Zeit wird die Nadelwelle W tätig und führt die Nadel N mit dem Bindegarn der Bindevorrichtung zu. Mit der anlaufenden Bindevorrichtung durch die Binderwelle beginnen die Auswerfer A_1 und A_2 zu kreisen. Sie werfen die gebundene Garbe nach unten aus der Maschine. Dabei weicht gleichzeitig der Gegenhalter aus.

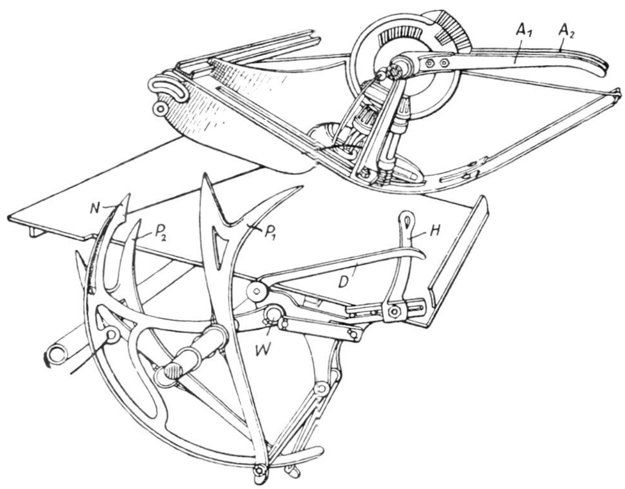

517. Organe der Bindevorrichtung mit Bindetisch
A_1, A_2 Auswerfer; P_1, P_2 Packer; N Nadel; W Nadelwelle; D Zunge; H Gegenhalter

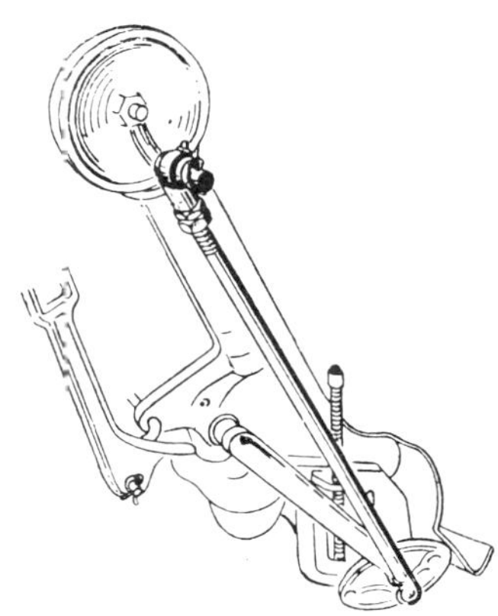
518. Nadeltreibstange überträgt Bewegung der oberen Knoterwelle auf den Lenker der Nadelwelle unten (Lanz, Mannheim)

8. Bindevorrichtung

Die eigentliche Bindevorrichtung besteht aus dem über den gesammelten Halmen liegenden Knoter, der Schnurhaltung und dem Messer. Diese Teile sind im Knoterbock zusammengefaßt und werden von der auf der Knoterwelle befestigten Knoterantriebsscheibe über Kegelritzel angetrieben, wenn die Bindevorrichtung ausgelöst ist. Zur Bindevorrichtung gehört die unter dem Bindetisch auf der Nadelwelle befestigte Nadel, die während des Bindens den Bindetisch durchstößt, damit der eingefädelte Faden um das Getreidebund geschlungen wird und in den Knoter legt, der das Bund verknotet. Gebunden wird in dieser Weise: Von der Schnurhaltung verläuft (von der letzten Bindung her) ein in ihr festgeklemmter Faden über den Knoterschnabel hinweg zur Nadelspitze (Bild 517 zeigt den Augenblick, wo sie nach dem letzten Binden im Begriff ist, sich wieder unter den Bindetisch zurückzuziehen). Die nachdrängenden Halme legen sich gegen diesen Faden an und schieben ihn mit sich gegen den Gegenhalter, wobei Bindegarn über die Nadel aus dem Garnbehälter unter geringer Spannung nachgezogen wird. Beim Einschalten der Zunge *D* setzt sich die Binderwelle in Bewegung. Durch Kurbelstangenübertragung (Bild 518) der Binderwelle auf die Nadelwelle stößt die Nadel nach oben, schlingt damit den Faden beim Durchstoßen der Halmmasse um das Halmbund, das dadurch gleichzeitig von den nachkommenden Halmen getrennt wird und führt den Faden wiederum über den Knotenschnabel und in die Aussparung der Schnurhaltung. In diesem Augenblick hat sich durch Drehung der Binderwelle die Knoterantriebsscheibe so weit gedreht, daß ihre Zähne in das Knoterritzel greifen. Der Knoter bildet dabei aus den beiden über seinem Schnabel liegenden Fadenenden den Knoten; die Schnurhaltung klemmt den zuletzt zugeführten Faden ein und der Knoten entsteht bei einmaliger Umdrehung des Zungenknoters. Durch die besondere Form des Knoters und die schräg von unten nach oben über seinen Schnabel verlaufenden Fäden bilden sie während der Umdrehung des Knoters eine Schlinge, die über die von dem gesteuerten Knotermaul wiedererfaßten Fäden abrutscht und so einen geschürzten oder einen normalen Knoten bilden. Die Schlinge rutscht vom Knoterschnabel gewöhnlich schon durch den Zug beim Auswerfen der Garbe ab. Der Vorgang wird aber sicherheitshalber oft durch ein besonderes Abstreiforgan unterstützt. Der Vorgang vollzieht sich im Bruchteil einer Sekunde und ist darum mit den Augen schwer zu verfolgen. Bei Bindestörungen ist zu beachten, daß die Knotenverknüpfung bei langsamem Durchdrehen von Hand nicht den bei der schnell ausgeführten Knüpfung abspielenden Vorgängen entspricht. Die aufeinander abgestimmten Arbeiten der einzelnen Organe, vor allem der gegenseitige Klemm- und Lösevorgang, der sich zwischen Knoterschnabel und Schnurhaltung abspielt, ist auf die geringe Zeit abgestellt. Nach der Knotenknüpfung in oberer Lage der Nadel zieht sie sich, den neuen Faden über

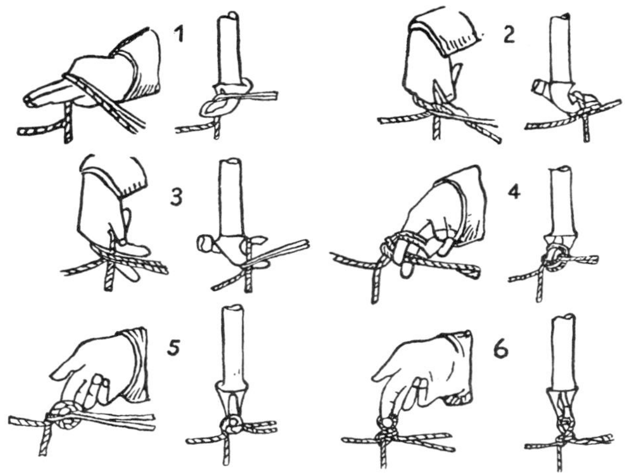

519. Einzelvorgänge beim Binden eines Knotens, veranschaulicht durch Gegenüberstellung zur manuellen Bindung in 6 Phasen

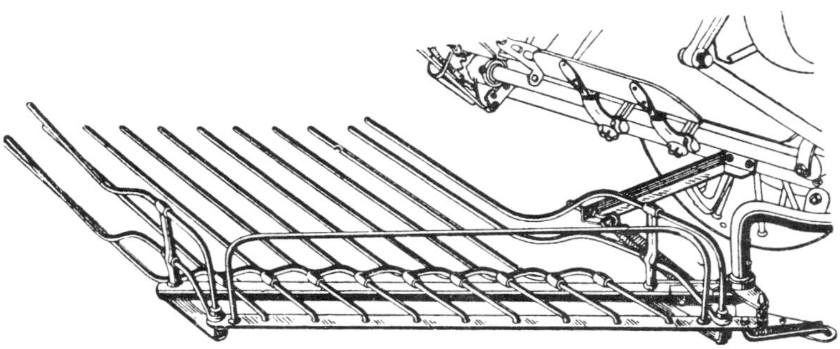
520. Garbensammler (Lanz, Mannheim)

521. Eckgarbenträger (Fella, Feucht)

den nun freigewordenen Knotenschnabel legend, wieder unter den Bindetisch zurück.

Die heute an Bindemähmaschinen üblichen Bindevorrichtungen gleichen sich alle bis auf die Schnurhaltung, die entweder als Scheiben- oder (unter Anlehnung an die von McCormick) als Trommelschnurhaltung ausgebildet sind. Die Trommelschnurhaltung ist jetzt vielfach verbessert worden. Die Verschiedenartigkeit macht sich bemerkbar in der Drehung der Trommel, die eine ganze oder eine halbe Umdrehung bei einem Bindevorgang macht. Im letzteren Falle sind alle für das Klemmen und Abschneiden des Fadens erforderlichen Einrichtungen doppelt vorhanden. Ein weiterer Unterschied liegt in der Art des Schnittes. Entweder wird nur der zuletzt eingelegte Faden geschnitten oder beide Fäden werden geschnitten, was bedeutet, daß vom ersten Fadenende ein kleines Stück übrigbleibt, das nach dem Schnitt als Abfall aus der Schnurhaltung herausgedreht wird. Wird im Augenblick des Abziehens der Schlinge geschnitten, so entsteht kein geschürzter Knoten. Die Schlaufe zieht sich aus und es entsteht ein wirklicher Knoten. Aus dem Bild 519 können die einzelnen Phasen der Knotenbildung ersehen werden.

9. Garbensammler

Um das Zusammentragen der einzeln abgeworfenen Garben besonders bei dünnem Halmstand zu ersparen, kann an der Bindemähmaschine ein Garbensammler (Bild 520) angebracht werden, der 7 oder 8 Garben aufnehmen kann. Solche Garbensammler, die auch zum Freihalten der Fahrbahn an den Ecken des umfahrenen Getreidefeldes vorteilhaft als Eckgarbenträger (Bild 521 und 522) angewandt werden, sind verschieden ausgebildet worden. Abgeworfen werden die gesammelten Garben, wenn ein Fußhebel vom Führersitz aus (Bild 523) betätigt wird.

10. Garbentrenner

Bei liegendem und bei sehr wirrem Getreide lassen sich die Halme

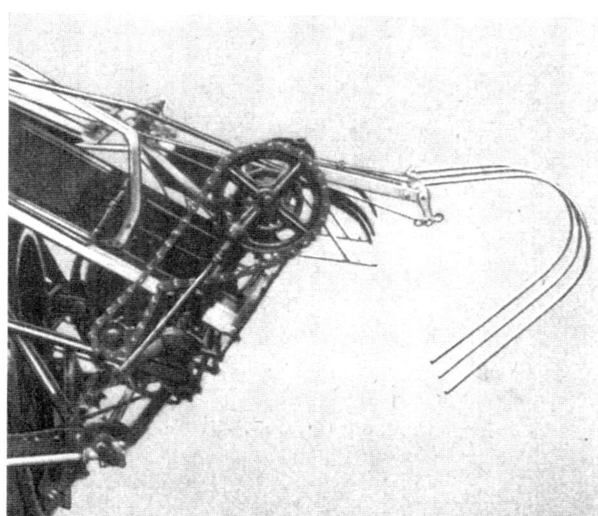

522. Eckgarbenträger (Bautz, Saulgau

zwischen den gebundenen Garben schwer trennen. Trotz der Auswerfer bleibt oft eine Garbe hängen und verursacht zeitraubende Betriebsstörungen. Um sie zu verhindern, bedient man sich des Garbentrenners (Bild 524), eines Stabsystems, das durch Lenkerführung mit dem Auswerfen der Garbe tätig wird und die fertig gebundene Garbe vom Bindetisch abreißt, sie entweder einzeln fallen oder auf einem Garbensammler liegen läßt.

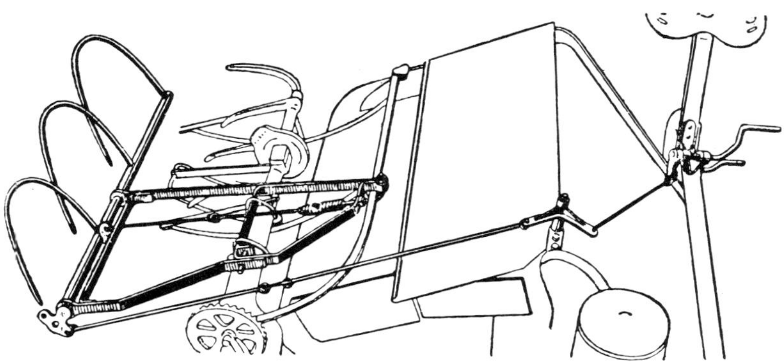

523. Der Eckgarbenträger wird vom Kutschersitz aus durch Niedertreten eines Fußhebels, der die Bewegung über Winkelhebel und Gestänge weiterleitet, zum Abwerfen der Garben gehoben (Lanz, Mannheim)

11. Fahrvorrichtungen

Das verhältnismäßig schwere Gewicht der Bindemähmaschine, das während des Mähens nur auf dem Hauptantriebsfahrrad und auf dem Stützrad lastet, kann bei den Schwankungen nicht so in der Waage gehalten werden, daß es nicht auf die Tiere drückt. Darum fährt man die Gespannbinder mit Vorderwagen (Bild 525), einem kleinen, zweirädrigen Karren mit Achsschenkellenkung, der den Deichseldruck aufnimmt und dem Binder auch eine seitlich stabile Lage gibt. Die Seitenmaße der Bindemähmaschine und das in dieser Richtung starre System vom Halmteiler bis zum zwar einklappbaren Garbenträger machen es unmöglich, die Getreidebindemähmaschine in Arbeitsrichtung auf der Straße zu transportieren. Darum sind die Maschinen mit besonderen Transportvorrichtungen versehen. Sie ermöglichen es, die Maschine quer zur Arbeitsrichtung zu fahren. Am Maschinenrahmen sind zu beiden Seiten, etwa in der Schwerpunktslinie, zwei Halter angebracht, in die je eine Achse gesteckt werden kann. Dazu ist die Plattform in die höchste Stellung zu bringen, so daß das große Hauptantriebsfahrrad frei schwebt. Die Transportdeichsel *o* (Bild 526) wird mit dem Einhängeschloß *p* eingehängt. Auf diese Weise kann die Maschine mit nicht zu großer Ausladung quer gefahren werden. Es ist selbstverständlich, daß alle beweglichen Teile, wie Haspel und sonstige Vorrichtungen, so weit wie möglich eingezogen oder eingeklappt

524. Der Garbentrenner vollführt durch Lenkerführung eine schaufelnde Bewegung, sticht dabei von oben hinter die fertige Garbe und reißt sie von nachfolgenden Halmen los (Fella, Feucht)

und festgelegt werden. Der Halmteiler wird durch Einhängen der Lasche *l* in den Schutzbügel *m* gegen Herunterkippen gesichert.

Wo durch Schlepperkraft die Arbeitselemente der Getreidebindemähmaschine von einer Zapfwelle (Bild 527) angetrieben werden, ist der Antrieb unabhängig von der Bodenreibung des Hauptantriebsfahrrades. Abgesehen von der Gleichmäßigkeit ist sie auch leistungsfähiger. Damit die Bindemähmaschine an den Schlepper angehängt werden kann, muß er mit einer Anhängeschiene ausgerüstet sein, die gleichzeitig als Anschlag dient, damit in Kurven die Gelenkwelle nicht zu weit abgebogen wird (Bild 528). Sie darf nicht an einer gefederten Zugvorrichtung angehängt werden. Um Brüche oder große Widerstände bei Störungen zu vermeiden, ist als Sicherung in die Gelenkwelle eine Rutschkupplung (Bild 529) eingebaut. Liegen die Rutschringe 2, die des öfteren bei sehr starkem oder feuchtem Getriebe ein Rutschen verursachen, zu lose an, so ist die Spannmutter 1 der Kupplungsfeder etwa um eine Umdrehung anzuziehen. Der von der Zapfwelle in die Bindemähmaschine hineingeleitete Antrieb wird unmittelbar auf die quer zu ihr verlaufende Antriebskette übertragen (Bild 530).

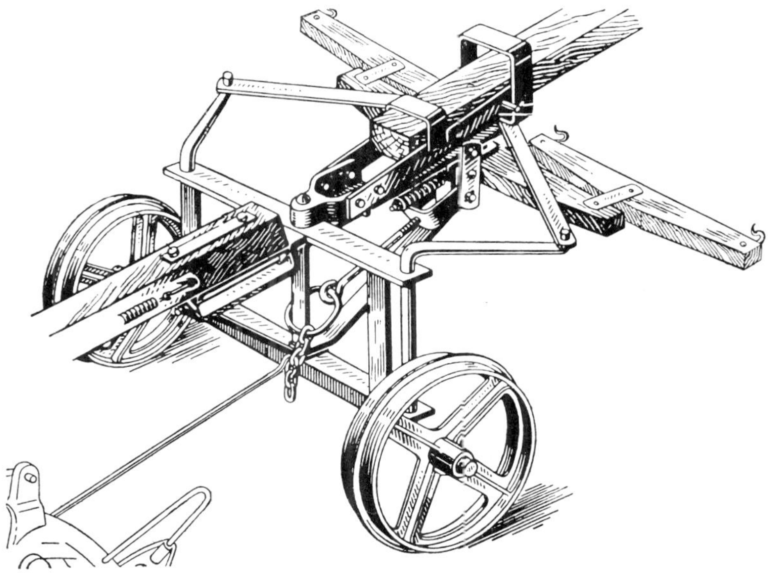

525. Vorderwagen für Mähbinder mit Achsschenkellenkung und abgefederter Zugwaage (Lanz, Mannheim)

12. Zapfwellenantrieb

Der Zapfwellenantrieb hat sich im Laufe der Zeit auf die Bauweise der Bindemähmaschine insofern ausgewirkt, als durch Fortfall des Antriebsrades, das nun zum Stützrad geworden ist, dessen Bauhöhe und

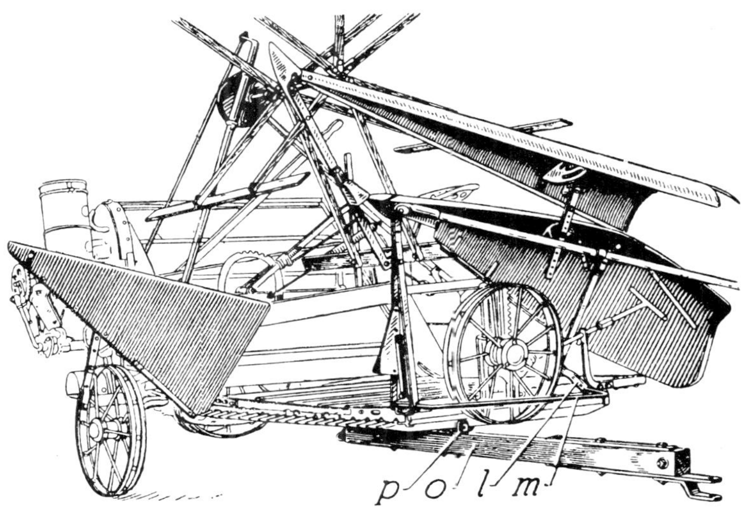

526. Mähbinder in Transportstellung (Lanz, Mannheim)

o Transportdeichsel
p Einhängeschloß
l Lasche sichert durch Einhängen in Schutzbügel
m ein Herunterkippen des Halmteilers.

527. Zapfwellenbindemähmaschine (Fahr, Gottmadingen)

damit auch die des Elevators verringert werden konnte und die vom Schlepper aus mit größerer Kraftreserve und mit unbeeinflußt gleichen, zum Teil erhöhten Geschwindigkeiten gespeisten Arbeitselemente stärker und für größere Arbeitsgeschwindigkeiten und -breiten ausgebildet werden konnten. So konnte die Arbeitsbreite der von 2 Pferden gezogenen Gespannbindemähmaschine von 1,50 auf 2 m und mehr bei der Zapfwellenmaschine erhöht werden.

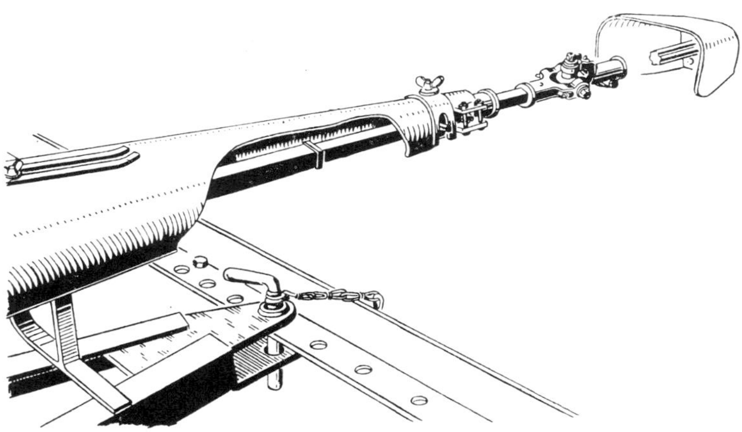

528. Anhängung eines Zapfwellenbinders (Lanz, Mannheim)

E. Maismähmaschinen

Maismähmaschinen werden in Deutschland zum Ernten nicht ausgereiften Silomaises und nur unter den südlichen klimatisch günstigen Verhältnissen eingesetzt. Der Mais, dessen bis 30 mm dicke Stengel 1,50 bis 2 m lang werden, werden in Reihen von 1 m gepflanzt. Wegen der schwierigen Sensenarbeit sind einreihig arbeitende Maismähmaschinen entwickelt worden, die der Vollständigkeit halber hier kurz nach einer schematischen Darstellung (Bild 531) behandelt werden sollen. Maismähmaschinen wirken ähnlich wie Getreidebindemähmaschinen. Durch 2 Halmteiler von beiden Seiten erfaßt, wird die Maisreihe, unterstützt von beiden Seiten durch Greiferketten, dem Schneidwerk zugeführt. Es arbeitet ähnlich wie bei Getreide, aber nur mit einer Klinge, die mit zwei Gegenschneiden zusammenwirkt und die Halme schneidet. Sie werden durch ein zweites Greiferkettenpaar, unterstützt von Packern, einer senkrecht arbeitenden Bindevorrichtung zugeleitet, wo die Halme gebündelt werden. Die Garben gelangen

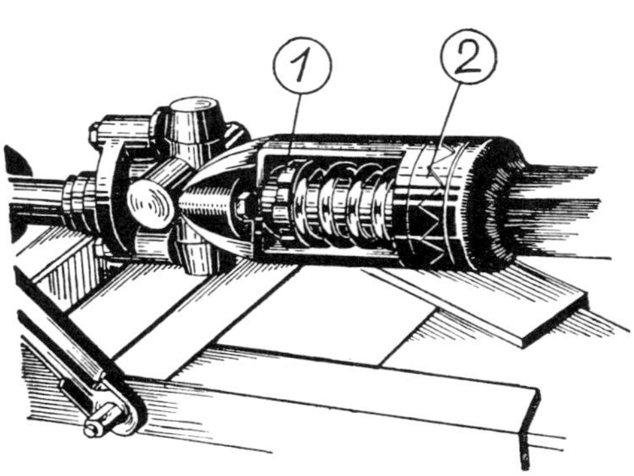

529. Gelenkwellenkupplung (Lanz, Mannheim)
1 Spannmutter; 2 Rutschringe

auf einen mit einem Förderboden versehenen Sammeltisch, der sie durch Einschalten der Fördervorrichtung (mit Fußhebel) seitlich ablegt.

Solche Maismähmaschinen, kombiniert mit Häckselmaschinen, sind zu Maishäckslern entwickelt worden.

530. Kettentrieb beim Zapfwellenbinder (Bautz, Saulgau)

F. Heuerntemaschinen

1. Allgemeines

Die Heuerntezeit erfordert verhältnismäßig die größte Arbeit des Jahres. Die Ernte ist in unseren feuchten Gegenden oft mit einem großen Risiko verbunden. Durch zur richtigen Zeit eingesetzte Maschinen kann die Trocknungszeit bedeutend herabgesetzt werden, was zur besseren Heuernte und zur Entlastung der Arbeitskräfte führt. Das Gras muß zur richtigen Zeit geschnitten, getrocknet und geborgen werden, damit sein hoher Nährwert erhalten bleibt.

Der Anbaumähbalken hat die Schnittleistung vergrößert; das ist sehr vorteilhaft. In letzter Zeit sind Heuwerbungsmaschinen entwickelt worden. In einem gut organisierten Betriebe kann mit ihnen jede Heuernte gemeistert werden.

Die gemähten, nicht gleich verwerteten Futterpflanzen machen bei der Trocknung eine

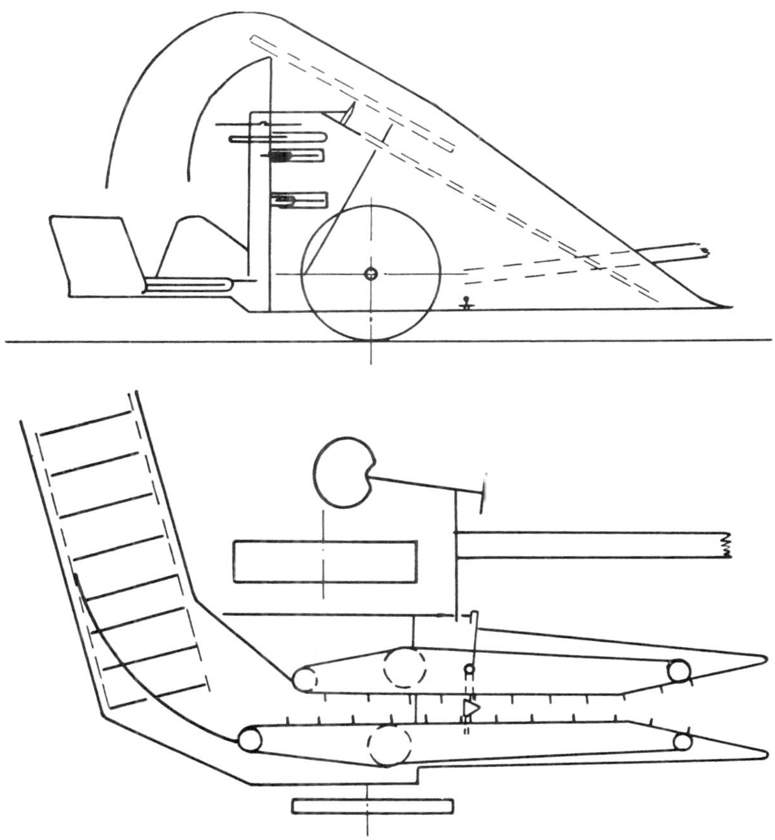

531. Schematische Darstellung einer Maismähmaschine

leichte Gärung durch und geben dabei etwa 70 bis 80 % ihrer Feuchtigkeit ab. Die Trocknung wird durch Wenden, Lockern und Umlagern auf ausgetrocknete Stellen beschleunigt. Dadurch kommen abwechselnd die feuchten Teile nach oben, werden der Sonne und dem Wind ausgesetzt, die Feuchtigkeit steigt durch die aufgelockerten Halme nach oben und man vermeidet neue Durchfeuchtung, wenn man das Futter auf ausgetrocknete Stellen umsetzt.

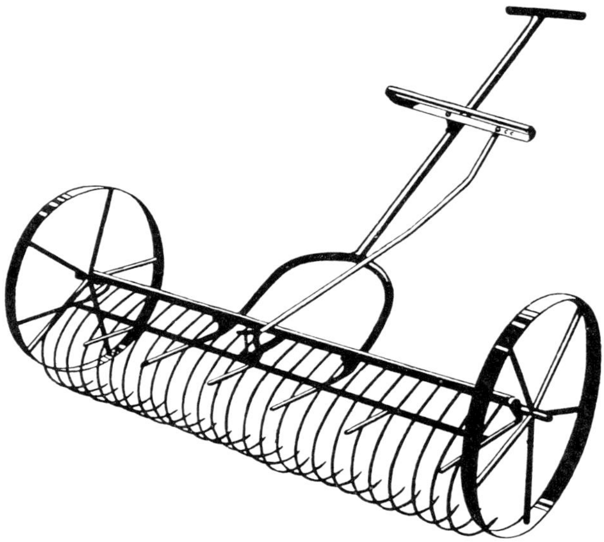

532. Fahrbarer Handrechen mit Entleerungsvorrichtung (Rau, Kirchheim unter Teck)

Die ursprünglich für diese zeitraubenden Arbeiten benutzten Handgeräte wie Forken und Handrechen, die auch heute in kleinsten Wirtschaften und auf bergigem Gelände nicht ganz durch Maschinen zu ersetzen sind, werden durch Heuwender, Zettelmaschinen und Schwadenrechen verschiedener Bau- und Arbeitsweise ersetzt. Oft sind sie als kombinierte Maschinen ausgebildet. Die Verfahren mit diesen Maschinen sind verschieden, bezwecken aber alle, das Schnittgut durch Lüften, Wenden, Streuen, Zusammenraffen und Versetzen möglichst schnell zu trocknen. Das Heu wird heute auch durch Maschinen geborgen. Zerstreut liegengebliebenes Gut wird zuletzt mit dem Heu- oder Pferderechen, auch Pferdeharke genannt, zusammengeharkt. Da dies Gerät auch zum Nachharken abgeernteter Getreidefelder verwendet wird, so soll die Pferdeharke zunächst behandelt werden.

2. Handrechen

Als leichtes Gerät ist es auch als Handrechen entwickelt worden (Bild 532). Er besteht aus einem mit Doppelzinken versehenen zweirädrigen, fahrbaren Karren, dessen gebogene, geführte Zinken in einem über der Achse liegenden Zinkenbalken befestigt sind. Dieser Zinkenbalken hat in der Mitte eine an der Handdeichsel durch Hebel bewegliche Zugstange. Wenn man sie anzieht, so kippt der Rechenkorb bis zu einer gewissen Höhe hoch und entleert sich; wenn stärker angezogen wird, so geht er über seine Totpunktlage nach vorn über in die Transportstellung. Damit die Handrechen besser arbeiten, muß die Zugstange gegenüber dem

533. Halbautomatischer Pferderechen (Fahr, Gottmadingen)

Zinkenbalken, je nach Größe der ziehenden Person, durch einen Segmentbügel so eingestellt werden, daß die Zinken den Boden berühren. Die Zinkenspitzen müssen aber etwa einen

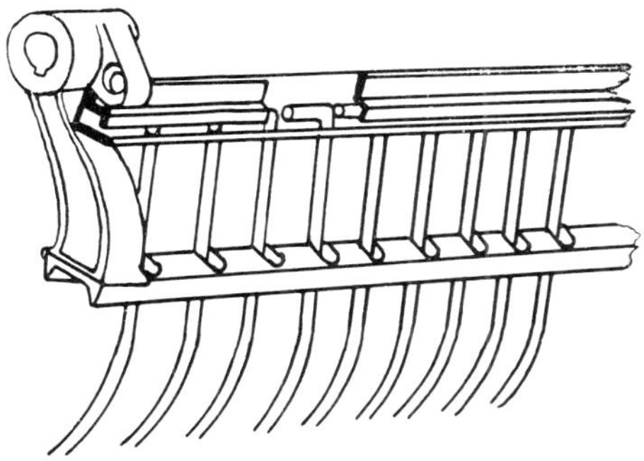

534. Führung der Rechenzinken durch Profilschienen

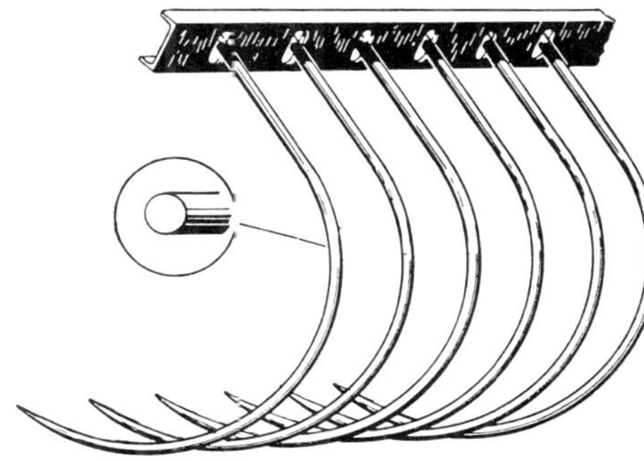

535. Rundes Zinkenprofil (Lanz, Mannheim)

Zentimeter über dem Boden stehen. So kann der Zinken nicht in den Boden einhaken. Die Wartung dieses sehr leichtzügigen Gerätes ist nicht schwierig. Vor und nach jeder Gebrauchsperiode sind die Laufräder abzunehmen, die Fettkammern der Radachse mit Fett zu füllen und die Lagerbolzen des Entleerungshebels zu ölen.

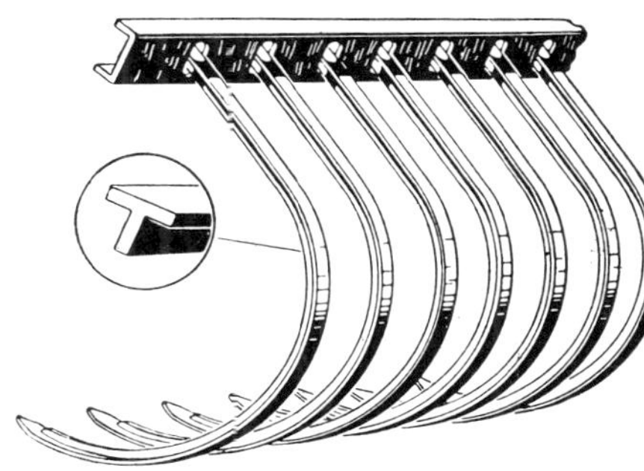

536. T-Zinkenprofil (Lanz, Mannheim)

3. *Pferderechen*

Stärker verbreitet sind die Pferderechen, die heute wohl in keinem landwirtschaftlichen Betriebe fehlen. Im Laufe einer hundertjährigen Entwicklung sind die verschiedensten Ausführungen mit bequemer, betriebssicherer und selbsttätig wirkender Entleerungsvorrichtung entstanden. Bei einfachen Geräten ist ein Fußhebel angebracht, durch dessen Niedertreten der Korb sich für die Entleerung und auch für den Transport anhebt. Bei den halbautomatisch arbeitenden Pferderechen (Bild 533) wird der Rechenkorb gleich-

537. Gabelheuwender (Heag, Misburg)

538. Gabelheuwender mit Stirnradübertragung (I. H. C., Neuß)

falls durch eine Fußraste ausgehoben; sie überträgt die Bewegung auf eine in die Fahrradnabe eingreifende Klinke, so daß der Korb durch die Umdrehung des Fahrrades angehoben und nach einer gewissen Höhe, die nötig ist, den Korb zu entleeren, wieder fallengelassen wird. Mit Vollautomaten bezeichnet man Pferderechen, die einstellbare, selbsttätige, ähnliche Vorrichtungen einklinken, so daß der Entleerungsabstand je nach Dichte des zu sammelnden Gutes verschieden eingestellt werden kann. — Die mit Gabeldeichsel für einspänniges Fahren eingerichteten Rechen sind in ihrem ganzen Aufbau stabiler als die Handrechen; trotz ihrer größeren Arbeitsbreite von 2—3 m treten keine größeren Belastungen auf. Auch bei den Pferderechen hat man Doppelzinken oder einzeln angeordnete Zinken, die einmal geführt werden (Bild 534). Sie werden mit rundem (Bild 535) und auch mit T-Querschnitt (Bild 536) hergestellt.

Der vom Grasmäher hinterlassene Schwad wird von Gabel-, Trommelheuwendern oder von Zettlern (Zettelmaschinen) gewendet, aufgelockert und gelüftet.

4. *Gabelheuwender*

Der Gabelheuwender (Bild 537) hat als Arbeitselement mehrere, meist 6 Stück, für eine Arbeitsbreite von 1,50 m vorgesehene Wurfgabeln, die vom Fahrrad aus über eine Kurbelwelle angetrieben und durch je einen Lenker geführt werden. Die Bewegungsbahnen der Wurfgabeln mit je 4 abgefederten Zinken sind wegen der Lenker- und Kurbelführung so gestaltet, daß die Zinken von oben in das zu wendende oder zu lockernde Gut unter flachem Winkel hineinstoßen, es mit einem Schwung nach hinten werfen und sich dann wieder herausziehen. Wegen der versetzten Anordnung der Kurbel-

539. Gabelheuwender mit Kegelradübertragung (Heag, Misburg)

540. Trommelheuwender (Fahr, Gottmadingen)

kröpfungen werden die Rechen hintereinander eingesetzt, so daß der Gang der Maschine ziemlich gleichmäßig ist. Die Bewegung von der Fahrradachse zur Kurbelwelle wurde früher vielfach durch Kettentrieb übertragen. Dieser neigte, vor allem bei Wind, leicht zu Verstopfungen. Heute hat man abgedeckte Stirnradübertragung (Bild 538), die schon viel betriebssicherer ist. Eine vorbildliche Lösung bringen die Konstruktionen, die durch Kegelradübertragung in abgedichteten Ölgehäusen (Bild 539) jede Berührung von Halmen mit dem Getriebe ausschließen und dabei wegen der Kugellagerung in den Kurbellagern und wegen der Fettpreßschmierung in den Achsenlagern leicht zu warten und leicht zu ziehen sind. Hand- und Fußhebel werden vom Kutschersitz aus bedient. Die neuzeitlichen Maschinen sind in ihrer Arbeitshöhe durch Kippen des hinteren Maschinenteils zu regulieren.

5. *Trommelheuwender*

Beim Trommelheuwender (Bild 540) wird das Heu auf der ganzen Arbeitsbreite der Maschine von drei nacheinander eingreifenden Zinkenkämmen (Bild 541) erfaßt und durch die verstellbaren Zinken im Verein mit der kreisenden Bewegung der die Zinkenkämme tragenden Zinkentrommel nach hinten geworfen. Dabei wird die Zinkentrommel entweder durch Kettentrieb (Bild 542) oder durch Kegelräder angetrieben. Dabei bleibt, wenn nicht mit Abstreifschiene gearbeitet wird, die Richtung der Zinkenkämme wegen der Exzentersteuerung gleichgerichtet nach unten, so daß die Zinken sich nach ihrem Eingriff von dem Heu leicht wieder lösen. Die Exzenterführung (Bild 543) wirkt so, daß die von den Fahrrädern oder wie im Bild 562 von der Zapfwelle aus angetriebene Trommelwelle eine lose, in ihrer Lage jedoch gesicherte Exzenterscheibe trägt. Auf ihr läuft ein mit 3 Armen versehener Ring. Jeder Arm ist mit seinem Endauflager durch eine Kurbel mit einer Welle verbunden, die die Zinken trägt.

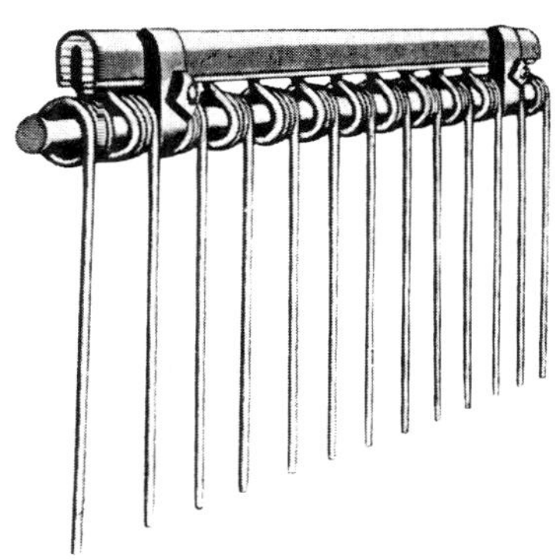

541. Zinkenkamm (Fahr, Gottmadingen)

Dreht sich die Trommel, so werden die einzelnen Kurbeln gegenläufig gedreht; die Richtung der Zinken bleibt dadurch gleich. Die lose Exzenterscheibe kann durch einen Hebel in ihrer Lage verstellt werden, wodurch sich die Steillage der Zinken ändert.

542. Trommelheuwender mit Kettenantrieb (Bautz, Saulgau)

6. *Graszettler*

Bei den bisher behandelten Heuwendemaschinen ist die Arbeitsrichtung der Arbeitsorgane parallel zur Fahrtrichtung und nach hinten wirkend gerichtet. Der Graszettler (Bild 544) arbeitet mit zwei schräg zueinander gestellten Zinkenhaspeln, die das frische Schnittgut mit ihren nach vorn kreisenden Zinken nach vorn mit hochnehmen, durch eine Haube führen und nach hinten überwerfen. Dabei wird (je nach Schrägstellung der Trommelwellen) das Wendegut gleichzeitig gezettelt, d. h. in dünner, loser Schicht auf größere Breite auseinander geworfen. Wegen der für diese Arbeit nötigen hohen Drehzahl der Zinkenhaspeln und der dadurch erforderlichen gleichmäßigen Antriebskraft wird diese Maschine als Zapfwellenmaschine für den Schlepper gebaut. Sie ist dadurch sehr stabil. Die Zinkentrommel bei der im Bild gezeigten Maschine ist in einen kurzen und einen langen Haspelteil eingeteilt, und dreht sich in Fahrtrichtung von unten nach oben, so daß das zu zettelnde Heu vom Boden weg entlang der Zettelhaube auf der Zinkenhaspel hochgetragen wird. Die Trommel wird von der Zapfwelle aus angetrieben mit einem über zwei Umlenkrollen laufenden Keilriemen. Die Höhenlage der Arbeitsorgane ist durch einen Rastenhebel so zu verstellen, daß die Maschine, die mit einer Zugstange gelenkig an der Ackerschiene des Schleppers befestigt ist, beim Verstellen des Rastenhebels um die Stützräder kippt (Bild 545), auf diese Weise paßt sich der Zettler den Unebenheiten des Bodens an. Als Anbaugerät wird die Arbeitshöhe und die Transporthöhe durch den Kraftheber des Schleppers eingestellt. Die Zinkentrommel ist geteilt, um die beim Mähen entstandene ungleich starke Halmansammlung gleichmäßig zu verstreuen. Dabei ist der Zettler so an den Schlepper anzuhängen, daß der Teilpunkt der Haspel genau über der Schwadenmitte liegt.

543. Exzenterführung für die Trommelzinken (Fahr, Gottmadingen)

7. *Schwadenrechen*

Zum Zusammenraffen des verstreuten Schnittgutes und zum Verlagern der Schwaden auf ausgetrocknete Streifen dient der Schwadenrechen. Das Kennzeichnende dieser in vielen Abarten auf dem Markt befindlichen Maschine ist, daß sie durch ein schräg zur Fahrtrichtung umlaufendes Rechensystem arbeitet. Durch den gegen die Fahrtrichtung gerichteten Drehsinn des Rechensystems wird das gemähte Gut schräg vorgeschoben und in einem zusammengerechten oder zur Seite versetzten Schwad liegen gelassen.

544. Graszettler (Fahr, Gottmadingen)

8. Vereinigte Heuwender und Schwadenrechen

Wegen der bei der Heuwerbung abwechselnden und wiederholten Arbeiten des Zusammenraffens durch Schwadenrechen und des Auseinanderziehens und Auflockerns durch Heuwender sind Maschinen entwickelt worden, die beide Arbeiten ausführen können. Sie erfordern ja ähnliche Vorrichtungen. Durch diese Maschinen wird die Arbeit vereinfacht und verbilligt. Der Maschinenpark wird um eine Maschine entlastet. So sind die vereinigten Heuwender-Schwadenrechen entstanden, die, je nach Einstellung, entweder als Trommelheuwender oder als Schwadenrechen (Bild 546) arbeiten. Der Drehsinn der Zinkentrommel kann geändert werden; sie kann zur Fahrtrichtung verstellt werden. Durch die Gelenkverbindung einer Trommelseite und durch Anbringung eines besonderen Kegelradwechselgetriebes (Bild 547) hat man erreicht, daß sich die Trommel bei Geradestellung (Bild 548) als Heuwender nach rückwärts und bei

545. Einstellvorrichtung am Graszettler (Fahr, Gottmadingen)

Schrägstellung der Trommel (Bild 549) als Schwadenrechen nach vorwärts dreht. Die Festigkeit des Rahmens wird durch ein verstellbares Rahmenrohr gesichert, dessen Ende mit einer Verbindungsmuffe versehen ist und mit einer Führungsschiene den Umbau erleichtert.

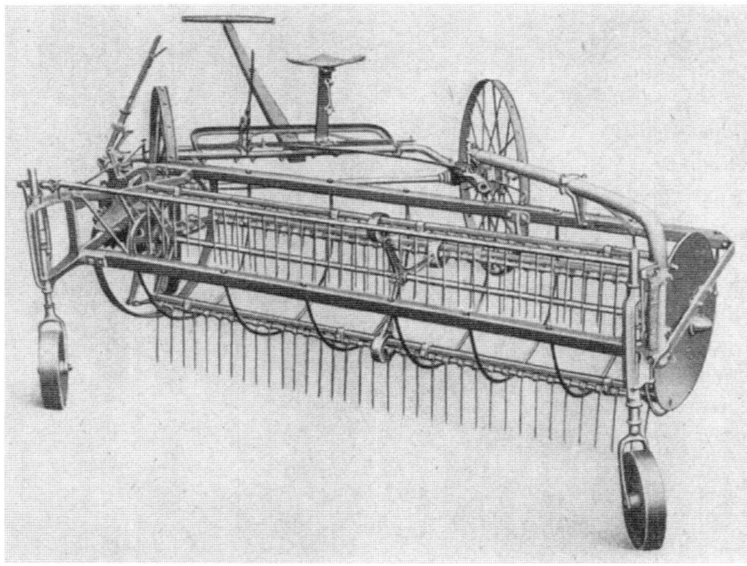

546. Vereinigter Heuwender-Schwadenrechen (Fahr, Gottmadingen)

547. Heuwender-Schwadenrechen mit Kegelrad-Wechselgetriebe
(Bautz, Saulgau)

Die Umkehr der Bewegungsrichtung der Trommel ist durch verschiedene Konstruktionen erreicht worden; beispielsweise durch Winkelgetriebe, das durch Verschieben einer Kupplungsmuffe mit beidseitig angebrachten Klauen den gewünschten Drehsinn der Rechentrommel bewirkt (Bild 550).

9. *Vielfach-Heugerät*

Diese Maschinengattung ist zum Vielfach-Heugerät weiterentwickelt worden, das als Gespanngerät mit hinter der Trommel angebrachtem Führersitz (Bild 551) und als Zapfwellengerät für halbstarre Schlepperanhängung (Bild 552) neuerdings auf dem Markte ist. Dieses Gerät wird vielseitig verwendet als Schwadwender, Schwadrechen, Heuwender und Schwadlüfter. Die Rechenkämme, die bei dieser Maschine mit abgefederten Zinken besetzt sind, können schräg bewegt werden durch zwei als Windschutz mit Blechscheiben versehene Arm-

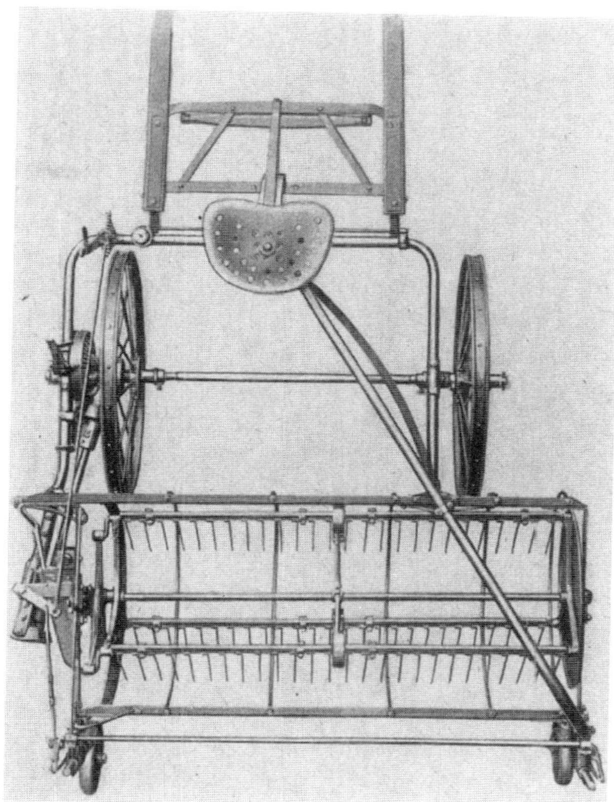

548. Heuwender-Schwadenrechen in Wenderstellung
(Fahr, Gottmadingen)

kreuze. Sie stehen parallel verschoben zueinander. Ihre entsprechend gleichgerichteten Armenden sind durch die Zinkenträger so verbunden, daß die Rechen bei Drehung des Trommelkörpers infolge entsprechender Drehverbindung mit den Armen die Oberfläche eines schiefen Zylinders beschreiben, wobei die Zinken stets nach unten gerichtet sind. Dabei ist vorteilhaft, daß der Schub, trotz der gedrungenen Trommel, stark zur Seite wirkt und daß eine verhältnismäßig große Arbeitsbreite erreicht wird.

Angetrieben wird das dreirädrig gefahrene Gerät im Gespannzug von einem der großen Fahrräder aus. Eine Kupplung ist zwischengeschaltet.

Das Schleppergerät besteht aus einem Rohrrahmen, der von drei höhenverstellbaren, luftbereiften Rädern getragen wird. Angetrieben wird von der Zapfwelle aus über eine Gelenk-

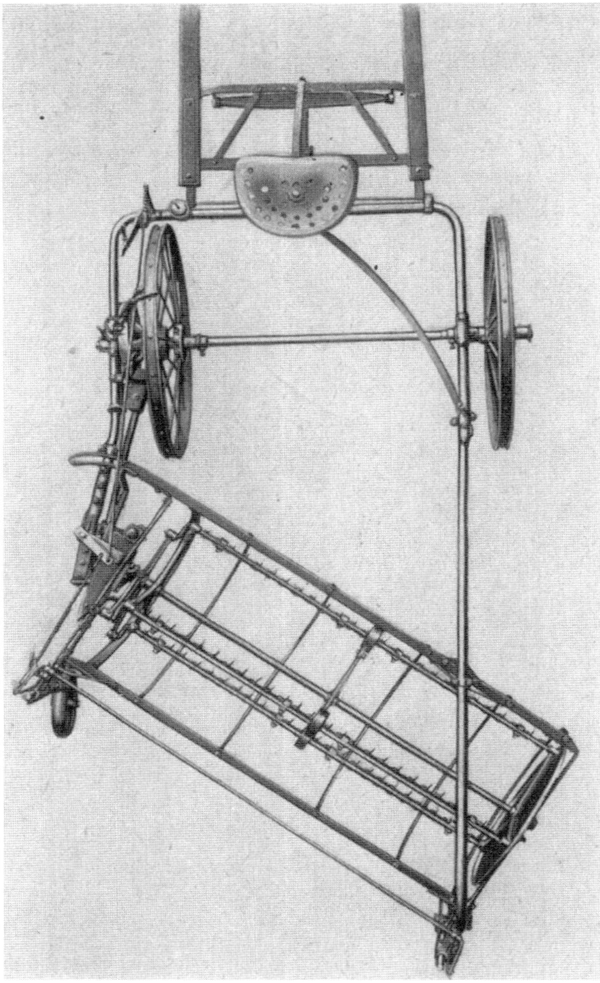

· 549. Heuwender-Schwadenrechen in Schwadstellung
(Fahr, Gottmadingen)

welle, die mit dem einen oder dem anderen der beiden vorgesehenen Wellenstümpfe am Getriebekasten verbunden werden kann. Wird die Gelenkwelle am linken Wellenstumpf angeschlossen, so dreht sich die Zinkentrommel langsam in der Arbeitsrichtung nach vorn, wie es für das Wenden und Rechen des Heues verlangt wird. Wenn die Gelenkwelle an den rechten Wellenstumpf angeschlossen wird, so läuft die Zinkentrommel mit erhöhter Drehzahl nach hinten, wie es für das Verteilen, Auflockern und Breitstreuen erforderlich ist. Dabei wird die Bewegung auf die Zinkentrommel durch einen Keilriemen übertragen, der durch Verschieben des Getriebes gespannt werden kann.

Das Vielfach-Heugerät verlangt oft die Abkehr vom üblichen Arbeitsverfahren. Es ist nicht gut, das Gras gleich nach dem Mähen in voller Breite zu verteilen. Man läßt die zwischen den Schwaden liegenden Streifen erst abtrocknen, um eine trockene Unterlage für das Schnittgut zu haben (Bild 553).

Es lassen sich mit dem Vielfach-Heugerät drei verschiedene Arbeitsgänge durchführen, und zwar wendende, streuende und sammelnde. Bei wendenden und sammelnden Arbeitsgängen läuft die Zinkentrommel mit kleiner Drehzahl vorwärts, bei streuenden läuft sie mit hoher Drehzahl, nach hinten arbeitend. Es ist auch möglich, die verschiedenen Zinkenfelder hoch oder tief einzustellen, sie teilweise ganz hochzuklappen zur Unterbrechung der Arbeitsbreite. Schließlich kann man mit diesem Gerät die verschiedenen Fahrgeschwindigkeiten des Schleppers ausnutzen und den Arbeitsgang beeinflussen.

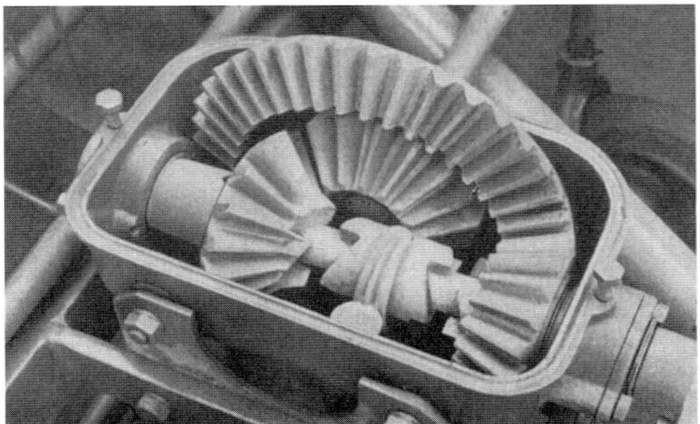

550. Umschaltbares Winkelgetriebe für Heuwender (Fahr, Gottmadingen)

Der Schwad wird gelüftet, um die Stengelenden nach oben zu bringen, so daß die wasserhaltigen Teile zuerst abtrocknen und die unten liegenden Blätter vor zu schnellem Trocknen und Abbrechen geschützt werden (Bild 554). Gelüftet kann der Schwad werden, wenn er unter dem Schlepper liegt (Bild 555) und auch, wenn er unter dem Mähbalken liegt (Bild 556). Im

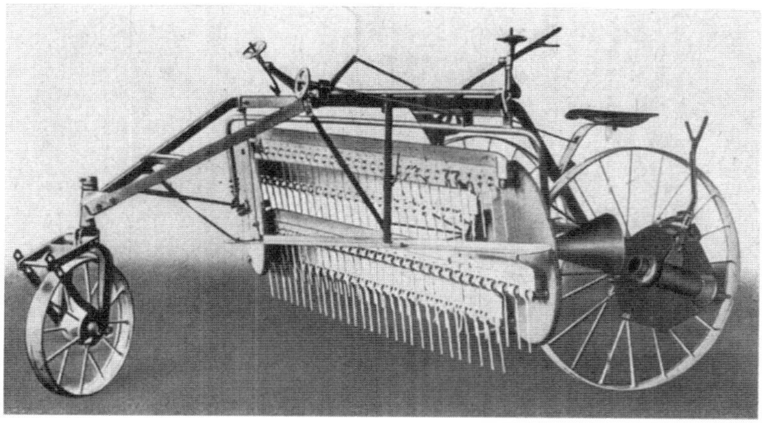

551. Vielfach-Heugerät für Gespannzug (Landmaschinenfabrik Essen, Essen)

allgemeinen lüftet man besser den unter dem Schlepper liegenden Schwad, damit er beim nächsten Umgang nicht überfahren wird. Beim Lüften des unter dem Schlepper liegenden Schwads wird der linke äußere Zinkenteil der Zinkentrommel heruntergeschlagen; alle anderen Zinken bleiben oben. Dabei wird der gemähte Schwad nur so viel gewendet, daß die Stengel-

552. Vielfach-Heugerät für Zapfwellenbetrieb (Landmaschinenfabrik Essen, Essen)

enden oben sind. Sollten Reste des Schwads nicht erfaßt werden, so schlägt man auch den linken hinteren Zinkenteil nach unten. Es ist günstiger, mit dem äußeren Zinkenteil allein zu arbeiten.

Beim unmittelbaren Lüften hinter dem Mähbalken klappt man das rechte äußere Zinkenfeld nach unten. Der Schwad soll nicht zu weit nach links verlagert werden, damit beim nächsten Umgang der Schlepper eine freie Gasse vorfindet. Eine weitere Linksverlagerung nimmt man vorsichtig vor, indem man vom rechten, mittleren Zinkenfeld nur einen Doppelzinken durch Lösen der Befestigungsschraube mit nach hinten klappt. Beim Herunterklappen des ganzen rechten, mittleren Zinkenfeldes könnte sonst der gemähte Schwad nicht gelüftet, sondern so stark gewendet werden, daß die Blätter wieder nach oben gelangen.

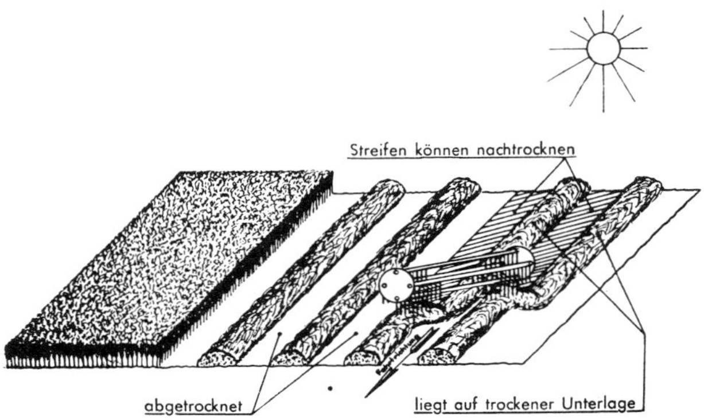

553. Trocknen des geschnittenen Grases in Streifen zwecks Austrocknung der Zwischenräume
(Landmaschinenfabrik Essen, Essen)

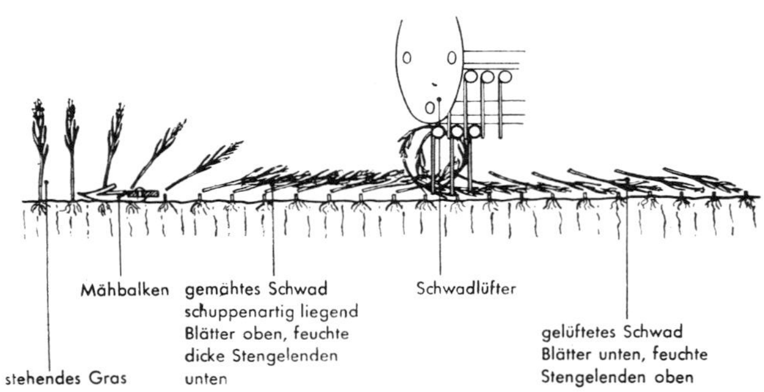

554. Lüften des Schwads (Landmaschinenfabrik Essen, Essen)

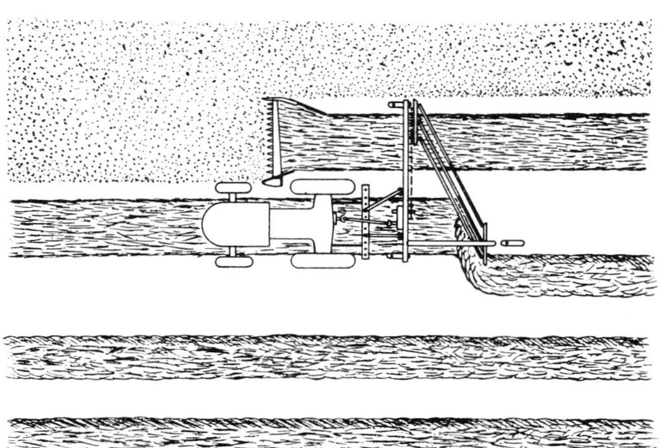

555. Lüften des unter dem Schlepper liegenden Schwads
(Landmaschinenfabrik Essen, Essen)

Beim Wenden ist es bei der Arbeitsbreite der Maschine vorteilhafter, gleich zwei Schwaden zu wenden (Bild 557). Hierbei fährt der Schlepper an einem Schwad entlang. An der Zinkentrommel werden die äußeren Zinkenfelder heruntergeklappt, so daß die Trommel aus zwei Arbeitshälften besteht, die je einen Schwad wenden. Ein Ineinanderlaufen der beiden Mähschwaden vermeidet man durch nicht zu schnelles Fahren im 3. oder auch noch im 4. Gang.

Der Schwaden kann in verschiedener Weise auseinandergestreut werden. Ist beispielsweise das Heu von etwa 8 Mähschwaden zusammengelegt worden, um es nachts vor dem Tau zu schützen, so kann man es zum Auseinanderstreuen mit Schleppern noch überfahren, ohne daß sich der Wender verstopft. Die Gelenkwelle wird an dem rechten Wellenstumpf angeschlossen und die Maschine arbeitet nach hinten als Heuwender, indem sie den Schwad kräftig nach hinten auseinanderstreut (Bild 558). Die Zinken dürfen nur wenig in das Heu hineintauchen, also nicht zu tief eingestellt werden. Beim Auseinanderstreuen zweier, kleinerer Mähschwaden läßt der Schlepper einen Schwad unter sich. Zweckmäßig klappt man hierzu die mittleren Zinken hoch, so daß beide Schwaden getrennt auseinandergestreut werden. Ist ein Mehrfach-Schwad so stark, daß der Schlepper ihn nicht mehr überfahren kann, ohne zu stauen, so fährt man den Schwad mit dem Schlepper einmal von der rechten (Bild 559) und einmal von der linken Seite an, löst ihn auf diese Weise auf und kann ihn durch mehrfaches Überfahren über einen breiten Streifen des Feldes verteilen. Um einen möglichst weiten Eingriff in den Schwad zu bekommen, ist es zweckmäßig, das Vielfach-Heugerät möglichst weit links an den Schlepper anzuhängen.

Bei den sammelnden Arbeitsgängen sind sämtliche Zinken des Vielfach-Heugerätes nach unten geklappt und müssen auf der ganzen Arbeitsbreite gleich tief in das Heu eingreifen, damit es ganz erfaßt wird. Bei nicht zu rascher Fahrt, die beim Zusammenschlagen mehrerer Schwaden (Bild 560) noch weiter herabgemindert wird, arbeitet die Zapfwelle auf dem linken Wellenstumpf, so daß die Zinkentrommel nach vorn arbeitet.

Um frisch zu verfütterndes Grünfutter leicht aufzuladen, läßt man das Vielfach-Heugerät, als Schwadenrechen eingestellt, zweckmäßig gleich hinter dem mit Mähwerk ausgerüsteten Schlepper laufen. Man schaltet den Rechen erst beim dritten Mähschwad ein, so daß der zweite und der dritte Schwad auf den ersten gelegt werden und eine 2—2$^1/_2$ m breite Gasse entsteht, in die der so bequem von beiden Seiten zu beladende Wagen hineinfahren kann (Bild 561).

Weiterhin sei noch der Einsatz des Einachsschleppers für die Heuwerbung erwähnt, der durch den Anbau eines Schwadenrechens mit einem Führersitz (Bild 562) zu einer besonderen Maschine wird. Er hat Arbeitsbreiten von 1,60 m und ist ein praktisches Gerät. Er kann vor allem durch seine Wendigkeit auch in schwierigem Gelände ein willkommener Helfer sein. Die Maschine

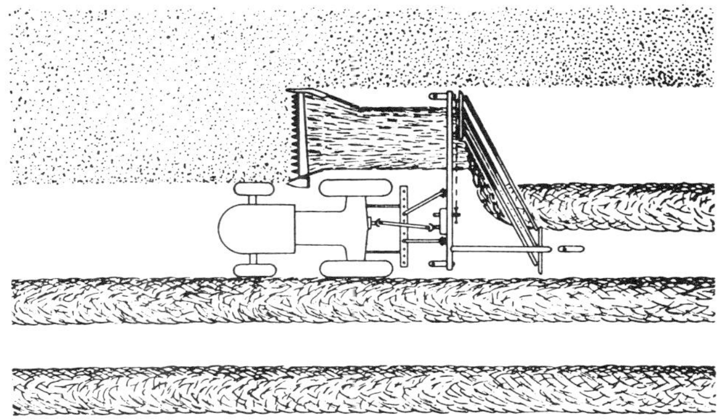

556. Lüften des unter dem Mähbalken liegenden Schwads
(Landmaschinenfabrik Essen, Essen)

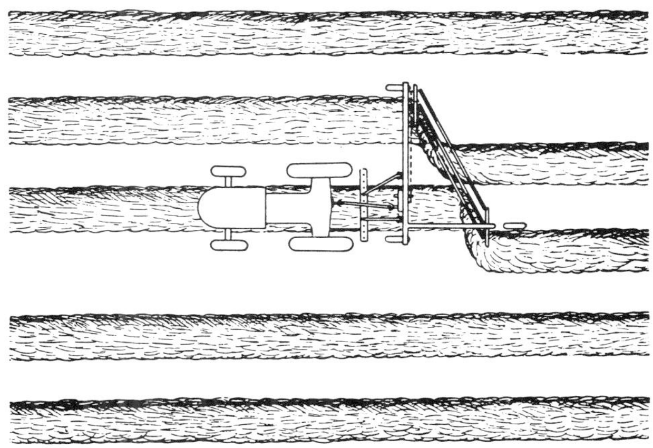

557. Wirtschaftlicheres Arbeiten
beim gleichzeitigen Wenden von zwei Schwaden
(Landmaschinenfabrik Essen, Essen)

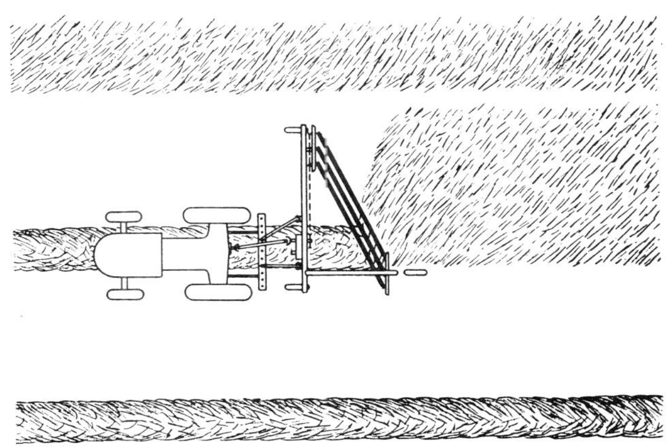

558. Auseinanderstreuen
durch Überfahren bis zu 8 zusammengelegten Mähschwaden
(Landmaschinenfabrik Essen, Essen)

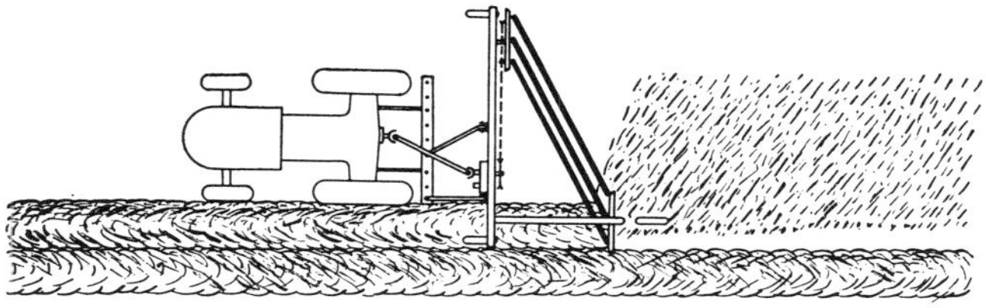

559. Bei größeren Mehrfach-Schwaden arbeitet man einmal von rechts und einmal von links den halben Schwad auseinander
(Landmaschinenfabrik Essen, Essen)

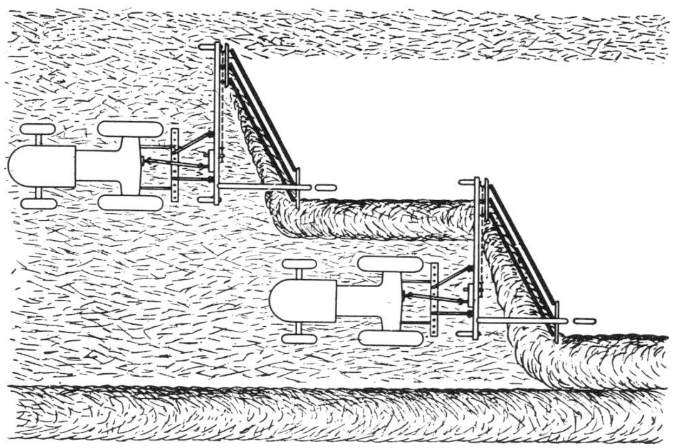

560. Zwei Heugeräte beim Schwadziehen
(Landmaschinenfabrik Essen, Essen)

561. Arbeiten von Gassen bei frisch zu verfütterndem Grünfutter
(Landmaschinenfabrik Essen, Essen)

wird auf Arbeitsstellung durch eine Handkurbel eingestellt, mit der die beiden Tragrollen gleichzeitig hochgewunden werden. Die wie üblich gebaute Zinkenhaspel wird mit Zapfwelle von dem 8,5-PS-Einachsschlepper aus bei normaler Zapfwellendrehzahl von 540 U/min angetrieben. Die Haspelzinken sollen den Boden nur leicht streifen; dann arbeitet die Maschine einwandfrei und wird zugleich geschont.

Solange die zu Heu bestimmten Futterpflanzen noch genügend weich und feucht sind, üben die Maschinen beim Lüften, Verteilen und Sammeln kaum einen schädlichen Einfluß auf die Pflanzen aus. Bei den hohen Geschwindigkeiten werden sie kaum von den Zinken beschädigt. Anders verhält es sich bei zunehmender Austrocknung, die bei den feinen Stengelteilen und Blättern beginnt. Bei besonders empfindlichen Futterpflanzen (Rotklee) kann bei großen Geschwindigkeiten der Haspeln und Trommeln großer Schaden angerichtet werden. Trockene Pflanzenteile können zerschlagen und zerkrümelt werden. Dadurch gehen wertvolle Nährstoffe verloren. Es kann nicht oft genug vor zu großen Arbeitsgeschwindigkeiten (vor allem der Zettler) gewarnt werden, wenn die Futterpflanzen abgetrocknet sind.

562. Einachsschlepper mit Schwadenrechen
(Fahr, Gottmadingen)

10. Heuwerbungsmaschine „Heuma“

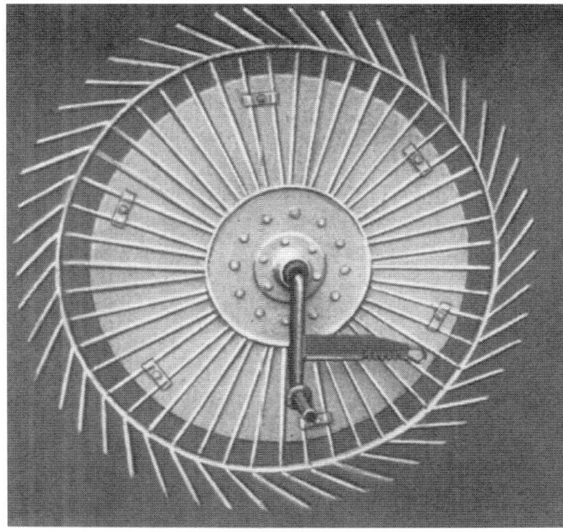

563. Arbeitsorgan der „Heuma“ (H. Niemeyer Söhne, Riesenbeck)

Schon deshalb ist eine Maschine zu begrüßen, die die Futterpflanzen bei allen Arbeiten der Heuwerbung mit ihren eigenartigen Arbeitselementen wie ein Kehrbesen schonend angeht. So arbeitet die Heuwerbungsmaschine „Heuma“, ein kombinierter Schwadenwender und -rechen neuartiger Konstruktion und Arbeitsweise. Er ist für Gespannzug und Schlepperbetrieb geeignet und arbeitet ohne besonderen Antrieb.

Die Arbeitselemente werden von einer Reihe (meist 6 Stück) besonders geformter Zinkenräder (Bild 563) gebildet, die hintereinander, sich überschneidend, federnd und drehbar gelagert sind. Diese Zinkenräder sind so an einem fahrbaren Gestell angebracht, daß sie mit ihren außen abgebogenen Zinkenenden in Arbeitsrichtung stehen und frei drehbar den Widerständen am Boden folgen können. Durch die nachgiebige Federung in der Vertikalen passen sich die Zinkenräder den Unebenheiten des Bodens an.

Ist die Maschine als Wender (Bild 564) eingestellt, so sind die Zinkenräder zu je 3 in 2 Reihen ausgerichtet. Sie können in einem Arbeitsgang zwei Mähmaschinen-Schnittbreiten von je

564. „Heuma“, als Schwadenwender eingestellt (H. Niemeyer Söhne, Riesenbeck)

5 Fuß wenden. Dadurch wird die angetrocknete Mahd auf den trockenen Zwischenraum gelegt. Die Maschine ähnelt in ihrer Arbeit dem Vielfach-Heugerät. Beim Wenden fährt man mit der Heuma so, wie gemäht worden ist. Es wird also nach außen gewendet. Beim zweiten

565. Beim Schwadwenden stehen die „Heuma“-Räder in zwei parallelen Reihen angeordnet
(H. Niemeyer Söhne, Riesenbeck)

Wenden fängt man zweckmäßig von der Mitte aus an. Ist das Gras gezettelt, so zieht man mit der Heuma kleine Schwaden (Bild 565); der Boden trocknet ab; die Trocknungszeit wird bedeutend abgekürzt.

Beim Mähen mit Mähbalken wird die Heuma hinter dem Schlepper angehängt; sie stellt die geschnittene Mahd hoch (Bild 566), so daß sie auslüften kann. Damit die Mahd nicht zusammengezogen wird, muß das Hinterrad vorteilhaft eingestellt werden.

Wenn hohe Schwaden zusammengezogen werden, sitzen alle 6 Zinkenräder einseitig hintereinander am rechten Rahmen (Bild 567) und ermöglichen, die Arbeitsbreite bis auf 2,80 m einzustellen.

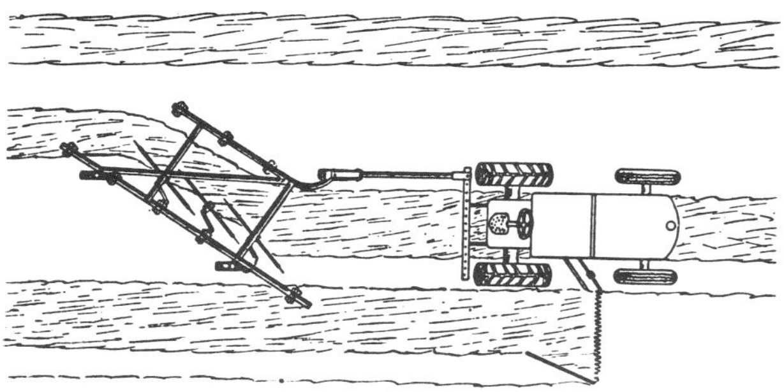

566. Als Mahdlüfter stellt die „Heuma“ bei entsprechender Hochstellung der nur in einer Reihe arbeitenden „Heuma“-Räder die Mahd hoch (H. Niemeyer Söhne, Riesenbeck)

567. Beim Zusammenziehen der Schwaden ermöglichen die in einer Reihe angeordneten 6 „Heuma“-Räder eine Arbeitsbreite von 2,80 m
(H. Niemeyer Söhne, Riesenbeck)

Bei diesem Gerät erfassen die Zinkenräder das Heu schräg mit ihren Breitseiten. Beim Fahren werden die Zinkenräder durch die Bodenberührung angetrieben. Dadurch ist es möglich, ohne Schlagwirkung auf die Mahd, die höchsten Geschwindigkeiten des Schleppers auszunutzen. In hängigem Gelände kann das Gerät noch mit einem Bergstützrad ausgerüstet werden, damit es nicht rutscht. Die Zinkenräder können mit Windschutzscheiben versehen werden (siehe Bild 563).

Die Heuma kann nicht nur zur Heuwerbung, sondern auch zu vielen anderen Arbeiten verwendet werden. Man kann mit ihr z. B. abgeerntete Getreide- und Kartoffelfelder abharken, geköpfte Rübenblätter zusammenraffen; doch ist das nicht zu empfehlen, weil die Rübenblätter verfüttert werden, also sauber bleiben müssen.

G. Maschinen und Geräte für die Kartoffelernte

1. *Allgemeines*

Die Kartoffelernte ist schwieriger als die Halmfruchternte. Die Kartoffeln müssen aus dem Kartoffeldamm herausgeholt werden. Der Damm muß aufgebrochen und die Kartoffeln müssen von Erde und Steinen getrennt werden. Auch wenn die Kartoffeln völlig reif sind, hängen sie noch lose mit dem Kartoffelkraut zusammen. Das dient nicht dazu, die Kartoffelernte zu erleichtern. Am schwierigsten ist es, die Kartoffeln vom Erdreich zu trennen, wenn es feucht ist; denn dann „backt" und schmiert es. Je schwerer der Boden ist, um so unangenehmer wirkt er. Kartoffeln sollten daher nur auf leichtem, sandigem Boden angebaut werden. Die Ernte wäre leichter.

2. *Kartoffelkralle — Kartoffelpflug — Kartoffelroder*

Bei der Kartoffelernte wird sehr verschieden verfahren. Allgemein wird maschinell geerntet. Doch findet man in kleineren Betrieben und auf ungünstig gelegenen, hängigen Flächen das alte primitive Rodeverfahren vor. Mit dem Pflug, gegebenenfalls mit dem Handpflug, werden die Kartoffeldämme aufgerissen und mit der Kartoffelkralle (Bild 568) die Kartoffeln ausgebuddelt. Hier könnte der Kartoffelpflug (Bild 569) verwendet werden, ein Karrenpflug mit Kettenverbindung, der mit einem Kartoffelrodekörper (Bild 570) den Damm symmetrisch nach beiden Seiten aufreißt und durch einen rostförmigen Ansatz das aufgebrochene Erdreich gleich absiebt. 90% der gerodeten Kartoffeln werden dabei zum Aufsammeln freigelegt. Es braucht nur noch mit der Kralle nachgelesen zu werden. Die Kartoffeln werden leichter mit einem Rodekörper aufgenommen, der in der Form dem wendenden Streichblech nachgebildet ist. Die Kartoffeln werden dabei nur nach einer Seite abgelegt.

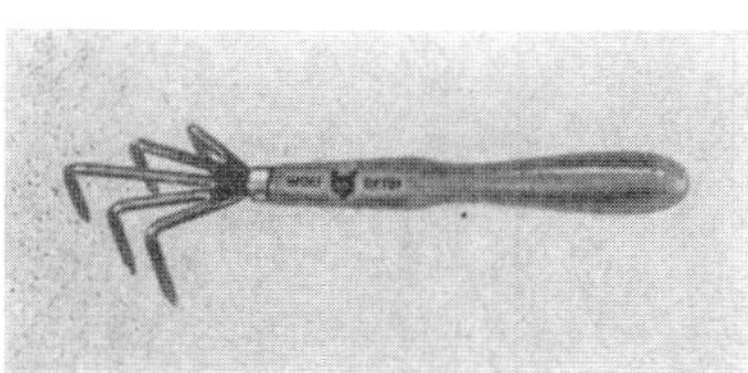

568. Kartoffelkralle zum Ausbuddeln bzw. Nachlesen der Kartoffeln von Hand (Wolf-Geräte G.m.b.H., Betzdorf/Sieg)

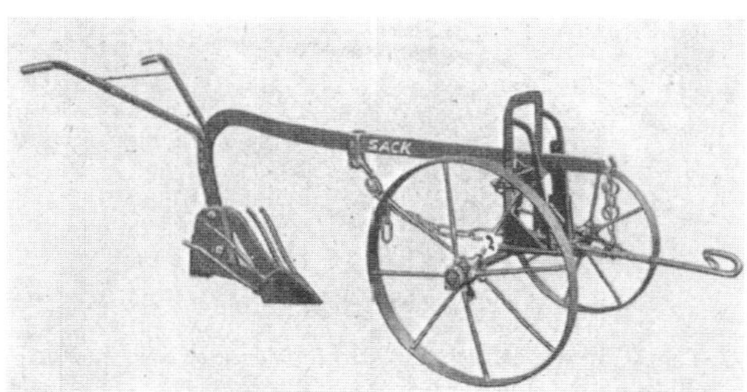

569. Kartoffelrodepflug (Sack, Hannover)

Die mühsame, zeitraubende Kartoffelernte hat schon in den Zeiten, wo auf dem Lande noch reichlich Arbeitskräfte vorhanden waren, aus rein arbeitswirtschaftlichen Gründen. Kartoffelerntemaschinen hervorgebracht. Sie arbeiten alle mit einer Schar, die den Kartoffeldamm unterfährt und aufbricht. Verschieden entwickelte Vorrichtungen dienen dazu, die Erde von den Kartoffeln zu trennen. Voraussetzung für die Arbeit aller Maschinen ist, daß in der Legezeit die Reihen genau ausgerichtet und die Saatkartoffeln gleichmäßig und nicht zu tief gelegt worden sind. Wenn die Kartoffeln hoch im gehäufelten Kartoffeldamm liegen, so werden auch tiefer liegende nicht zerschnitten. Wenn die Kartoffelschar ziemlich flach eingestellt werden kann, braucht die Maschine nicht allzu große Zugkraft.

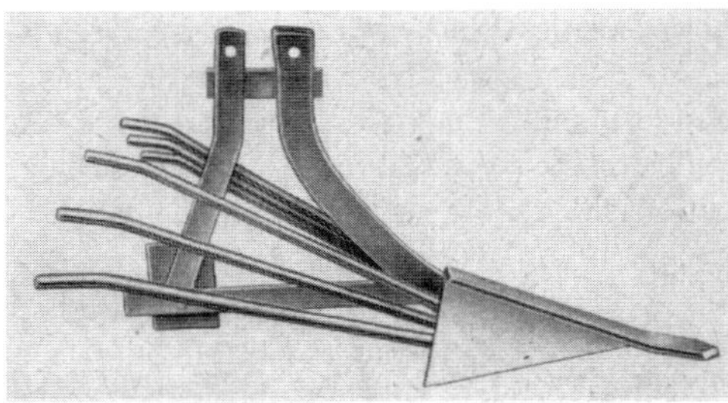

570. Kartoffelrodekörper (Gebr. Eberhardt, Ulm)

Bereits in der Mitte des vergangenen Jahrhunderts baute v. Kobylinski seine Kartoffelerntemaschine (Bild 571). An die noch spitz in den Boden einstechende Schar, die seitlich zur Mulde hochgezogen war, setzte er ein rostartiges Förderwerk an. Es nahm den aufgebrochenen Damm auf, siebte das Erdreich ab und ließ die Kartoffeln hinten über eine rostartig ausgebildete Ablegerutsche abfallen. In der Idee ist dieses System bis auf den heutigen Tag erhalten geblieben und es hat in verschiedenen Ausführungen seinen Weg in die Landwirtschaft gefunden. Als Vorratsroder hat die Maschine in verschiedenen Bauformen ihren Platz im heutigen Kartoffelbau (Bild 572 und 573) (s. a. Bild 187 u. 201). Die Maschine gestattet es, die in geschlossener Reihe abgelegten Kartoffeln beim Roden der nächsten Reihe liegen zu lassen, ohne sie zu überfahren; sie werden nicht wieder von der Erde zugedeckt. — Neue Gedanken haben den Bau dieser Maschine gewandelt. Die Erde wird durch Stufen, die in die Bahn des Förderrostes (Bild 574) eingebaut sind, wirkungsvoll abgesiebt. Es ist dadurch möglich geworden, sonst schwer auszusortierende Steine herauszubringen, die zwischen den einzelnen Stufen herausfallen können. Durch andere Förderungseinrichtungen konnte dieses System auch als Vollerntemaschine (Bild 575) ausgeführt werden.

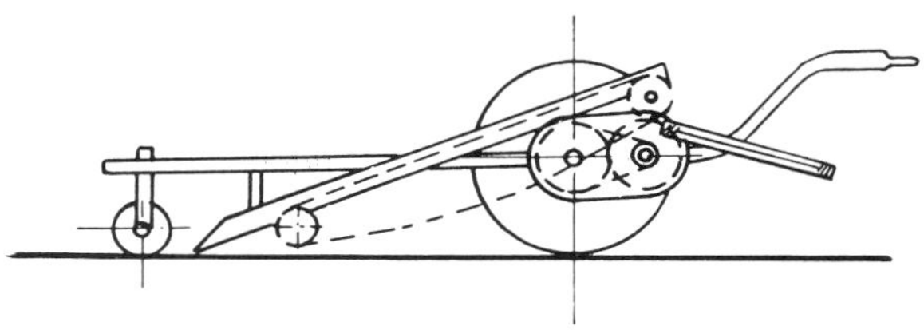

571. Schema der Kartoffelerntemaschine von v. Kobylinski etwa um 1850

572. Neuzeitlicher Kartoffel-Vorratsroder (Stille, Münster)

Die Kartoffelerntemaschine entwickelte sich sonst über die Ausbildung des Trennorgans als Schleuderradstern. Hinter der Schar bewegte sich, gleich anschließend angeordnet, quer zu ihm in der senkrechten Ebene kreisend, ein Schleuderstern, der über ein mit Kupplung versehenes Kegelradgetriebe von den Fahrrädern aus über die Fahrwelle angetrieben wird.

573. Neuzeitlicher Kartoffelvorratsroder als Anbaumaschine in den Alldog eingebaut (Lanz, Mannheim)

Die freien, als Gabeln oder als Zinken ausgebildeten, zunächst starren Arme schlugen auf den von der Schar aufgebrochenen Kartoffeldamm und streuten das getroffene Gemisch aus Erde und Kartoffeln 2—3 m weit zur Seite über den Acker. Die Wucht des Aufschlages war für die empfindlichen Kartoffeln zu groß; sie wurden verletzt. Die Maschinen verlangten auch einen Krauträumer, damit das auf die Schar gelangte Kraut nicht durch das Schleuderrad herumgewirbelt wird und den Betrieb verstopft und stört.

574. Schema der Arbeitsweise des Kartoffelroders „VR 2" (Lanz, Mannheim)

575. Kartoffelvollerntemaschine mit weiteren Fördereinrichtungen
(Stille, Münster)

3. *Fünfstab- und Schleuderradmaschinen*

Der zu kräftige Aufschlag auf den Kartoffeldamm wurde durch Maschinen besonderer Bauweise beseitigt. In der Fünfstabmaschine (Bild 576) wurden die Wurfgabeln durch Stäbe geführt oder die Zinken wurden gegenseitig abgefedert (Bild 577). Dadurch wurde die Wucht der Arbeitsorgane gemäßigt.

Die Fünfstabmaschine ist kaum noch anzutreffen. Das Schleuderrad-System mit seinen weiteren Verbesserungen ist auch heute noch öfter zu finden. Seine einfache Konstruktion mit teilweise aufgedecktem Antrieb zeigt das Bild 578. Dazu wurde ein Pendelrost (Bild 579) angebracht, der einen Teil der Erde durchläßt; dadurch wird das Kartoffelgut zusammengehalten.

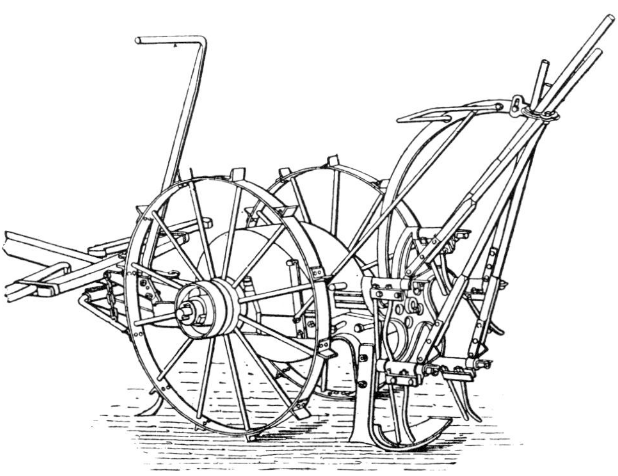

576. Der Fünfstab-Kartoffelroder

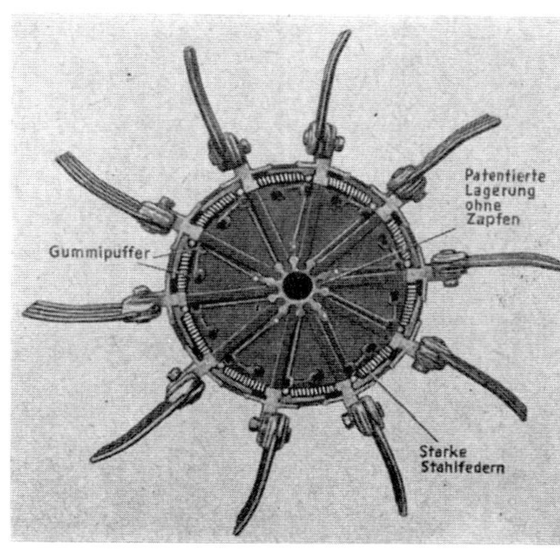

577. Schleuderrad mit gegenseitig abgefederten Zinken (Kuxmann, Bielefeld)

4. *Kartoffelgraber mit Planetengetriebe*

Eine ähnliche Wirkung wie die Fünfstabmaschine erzielte die Maschine mit Planetengetriebe (Bild 580), bei der die Wurfgabeln so gesteuert werden, daß sie sich von oben sanft an den

578. Schleuderradroder mit gegenseitig abgefederten Zinken (Kuxmann, Bielefeld)

Kartoffeldamm herantasten und beim Durchstreichen des Dammes zunächst beschleunigt, dann verzögert, mehr grabend, wie die Zinken der Fünfstabmaschine, sich gegebenenfalls aus dem Kraut nach oben zurückziehen (Bild 581).

579. Schleuderradroder mit Pendelrost zum Zusammenhalten des Karoffelgutes (Kuxmann, Bielefeld)

5. *Schleudersternmaschinen*

Diese verbreiteten Kartoffelerntemaschinen haben einen Schleuderstern aus gebogenen Stahlzinken (Bild 582), die mit einem Krauthaken und mit Scharverstellung versehen sind. Der Krauthaken arbeitet mit dem Fahrrad zusammen. Zwischen Deichselbefestigung und

15*

580. Kartoffelroder mit durch Planetengetriebe gesteuerten und abgebogenen Wurfgabeln graben schonend die Kartoffeln aus (Hagedorn, Warendorf)

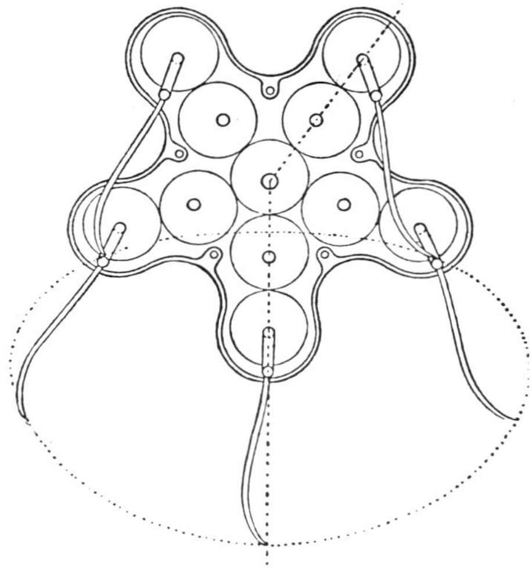

581. Schema des Planetenantriebs (Hagedorn, Warendorf)

Maschinenrahmen ist ein Gelenk vorgesehen, das es erlaubt, durch einen Handhebel die Maschine für den Transport mit ihrem hinteren Arbeitsteil hochzukippen. Dabei wird gleichzeitig der Antrieb ausgerückt.

6. Vorratsroder

Die neuzeitlichen Bestrebungen, Kartoffelerntemaschinen als Vorratsroder arbeiten zu lassen, um beim Sammeln zeitlich vom Roden unabhängig zu sein, ist in verschiedener Weise gelöst worden. Der einfachste Weg war, die vom Schleuderstern seitlich geworfenen Kartoffeln nach hinten durch Leitrost (Bild 583) rückwärts zu leiten. Hier wird gezeigt, wie die Planetenmaschine sich zum zapfwellengetriebenen Anhängegerät entwickelt hat.

Auch bei anderen Schleuderradmaschinen ist dieser Weg gegangen worden (Bild 584). Ähnlich wie bei den pendelnd aufgehängten Stabrosten wird das zur Seite geschleuderte Gemenge aufgefangen; das Erdreich wird durchgelassen und die Kartoffeln werden in Reihen abgelegt.

582. Schleuderrad-Kartoffelroder mit Stahlzinken (Amazonenwerk, Gaste)

In einer anderen Weise wurde die für das Vorratsroden nötige Reihenablage durch seitlich mitlaufende Siebtrommeln konischer (Bild 585) und zylindrischer Art (Bild 586) gelöst. Die Wurferde wird besser durchgelassen und für das Absieben mehr Zeit gewonnen. Bei den konischen Trommeln rollen die Kartoffeln zur Öffnung wieder zurück, wenn sie abgesiebt sind und werden in Reihen abgelegt. Die zylindrische Trommel hat in der genannten Ausführungsform in ihrem Inneren an der Einwurfseite stillstehende Hubklappen aus Rohren, die geteilt sind. Durch den schrägen Teil werden die Kartoffeln in der Siebtrommel zum Rollen gebracht. An der hinteren Austrittsseite fördern Mitnehmerplatten die Kartoffeln und den Rest der Erde nach oben auf ein Schüttelsieb im Innern der Trommel; es scheidet die restliche Erde ab. Mitgeführtes Kraut und Steine können am unteren Teil des Siebes bequem abgelesen werden. Die in dem Bild gezeigte Maschine ist als Sammelroder ausgebildet und befördert die Kartoffeln durch ein kurzes Förderband in einen 5—6 Zentner fassenden Schwadkasten, der durch Handhebel während der Fahrt geöffnet werden und dadurch die Kartoffeln — etwa alle 200 m — in Querschwaden ablegen kann. Bei dieser Maschine kann statt des Schwadkastens ein Tieflagewagen neben der Maschine herfahren, der die aufgenommenen Kartoffeln gleich abfährt. Die Maschine wird auch mit einem höheren Verladeband gebaut, damit die Kartoffeln mit normalen Ackerwagen abgefahren werden können. Diese Maschine wird durch Zapfwelle vom vorgespannten Schlepper aus angetrieben mit einem Kraftbedarf von 18—20 PS.

583. Planeten-Kartoffelroder als Anbaumaschine mit Leitrost
(Hagedorn, Warendorf)

584. Schleuderrad-Vorratsroder als Anbaumaschine im Einsatz
(Hanomag, Hannover)

7. Doppelsiebradroder

Bei den Doppelsiebradrodern (Bild 587) werden die gesiebten Kartoffeln durch ein entsprechend gestelltes zweites Siebrad und das Leitsieb in Reihen abgelegt. Die Kartoffeln werden den Sieben ohne besonderen Schlag ausgesetzt. Während des Siebens werden sie in die Ablegerichtung umgelenkt.

585. Vorrats-Kartoffelroder mit Fangkorb (Amazonenwerk, Gaste)

Siebräder wirken auf die Kartoffeln wie eine in kurze Schwingungen versetzte Fläche. Es wird eine zwar scharf trennende, also siebende, aber doch nur sanfte mechanische, weniger schlagende als reibende Wirkung auf die Kartoffeln ausgeübt. In neuester Zeit macht man sich diesen Umstand immer mehr zunutze. So ist auch der Siebrad-Vorratsroder „Kuli" (Bild 588) auf diesem Prinzip aufgebaut. Er wird durch Zapfwelle angetrieben. Den Kartoffeldamm leitet er unmittelbar zwei senkrecht zueinander stehenden Siebrädern stoßfrei zu. Er siebt gründlich ab und führt einem Doppelschüttler zu, der die Kartoffeln von Kraut und restlicher Erde trennt und in schmaler Reihe ablegt. Die Maschine ist, je nach Arbeitsverhältnissen, auf zwei verschiedene Geschwindigkeiten einzustellen. Das Siebrad kann mit 60 oder 70 U/min umlaufen. Die Bewegungen des Schüttlers verhalten sich entsprechend. Bei gut siebfähigen Böden (trockenem, leichtem Sandboden) genügt die niedrigere Drehzahl und der kleinste Hub des zweiten Schüttlers. Die Maschine ist mit einem mit Zapfwellen-Drehzahl

586. Vollernte-Kartoffelroder mit Siebtrommel und Ablage-Förderwerk (Amazonenwerk, Gaste)

umlaufenden sägeblattartigen Krautschneider versehen. Mit diesem umlaufenden Krautschneider, der gleichzeitig als Abweiser tätig ist, wird das abgeschnittene Kraut auf die gerodete Ackerfläche geworfen.

587. Doppelsiebradroder mit Leitsieb als Vorratsroder (Kuxmann, Bielefeld)

8. Schwingsiebroder

Zum Schluß dieses Abschnittes sei eine ebenfalls nach dem Siebverfahren arbeitende neuzeitliche Maschine, der „Schatzgräber", genannt (Bild 589). Durch eine zweiteilige Schar in gewölbter Form mit Federung wird der Kartoffeldamm auf ein Schwingsieb gefördert. Beim Absieben werden die Kartoffeln rechts neben der Radspur in Reihe abgelegt (Bild 590). Der von einem 15-PS-Schlepper gezogene Roder wird von der Zapfwelle des Schleppers aus angetrieben und kann, je nach Bodenart und Reihenabstand, 2–2,5 ha in 10 Stunden roden.

H. Maschinen und Geräte für die Zuckerrübenernte

1. Der Arbeitsaufwand

Die Zuckerrübenernte stellt von allen Ernten die höchsten Anforderungen an Mensch und Maschine. Die Zuckerrübe, eine durchschnittlich etwa 25 cm lange kegelförmige, harte Frucht mit einem Wurzelschwanz, verlangt einen tiefgründigen, schweren Boden, in dem sie fest verankert ist. Die Rüben bei der Ernte loszulösen, ist schwer und erfordert viel Kraft und darum auch schwere, stabile Maschinen. Da die Ernte erst im Oktober beginnt und sich oft bis in den Dezember hineinzieht, zu einer Jahres-

588. Kartoffel-Vorratsroder „Kuli" mit Siebrädern und Schwingrost-Schüttlern (L. Niemeyer, Oese)

589. Kartoffel-Vorratsroder „Schatzgräber" von vorn
(Maschinen-Fabrik Grevenbroich)

zeit, in der sich oft starke Niederschläge mit Schnee und Frost einstellen, so werden die Maschinen bei feuchtem Boden, aber auch bei völlig ausgetrocknetem Boden (nach heißen und trockenen Sommern) oft bis an die Grenze ihrer Leistungsfähigkeit beansprucht. In sehr nassen Jahren ist man u. U. gezwungen, mit der maschinellen Ernte zeitweise auszusetzen, weil die schweren Maschinen auf dem durchfeuchteten Boden überhaupt nicht eingesetzt werden können.

Einen weiteren Arbeitsaufwand erfordert die Ernte der Rübenblätter, die in der Futterwirtschaft eine große Rolle spielen und deshalb möglichst sauber und ohne große Verluste gewonnen werden müssen. Die gedrillten oder gedibbelten, verhackten und verzogenen Rüben werden in Reihen von durchschnittlich 40—50 cm Weite und in einem Abstand in der Reihe von 20—25 cm angesetzt, so daß man normal mit 100000 Rüben je ha rechnet. Da man bestrebt ist, die Radspuren gleichzeitig den Kartoffel- und Rübenreihen anzupassen, ist es zweckmäßig, die Rüben auf 42 cm Reihenweite zu säen, so daß 3 Rübenreihen 2 Kartoffelreihen von 62,5 cm entsprechen. Das ist wichtig zu berücksichtigen, da es für den einmal darauf eingestellten

590. Kartoffel-Vorratsroder „Schatzgräber" von hinten
(Maschinen-Fabrik Grevenbroich)

Betrieb arbeitswirtschaftlich große, zeitersparende Vorteile bringt. Der Schlepper- und Geräteindustrie wird es dadurch möglich, die Maschinen wirtschaftlicher herzustellen und sie zu verbilligen. Standraumverhältnisse und Monogermsaat können dadurch berücksichtigt werden, daß die Dichte innerhalb der Reihe dann noch immer variiert werden kann.

Die Verfahren der Rübenernte sind sehr verschieden. Im allgemeinen hat sich im Laufe der letzten 20 Jahre das Pommritzer Rübenernteverfahren mit neuzeitlichen Maschinen durchgesetzt. Doch gibt es Betriebe, die durch die Eigenart des Bodens gezwungen sind, die Rüben erst zu lockern und dann am Blatt herauszuziehen.

591. Griffel

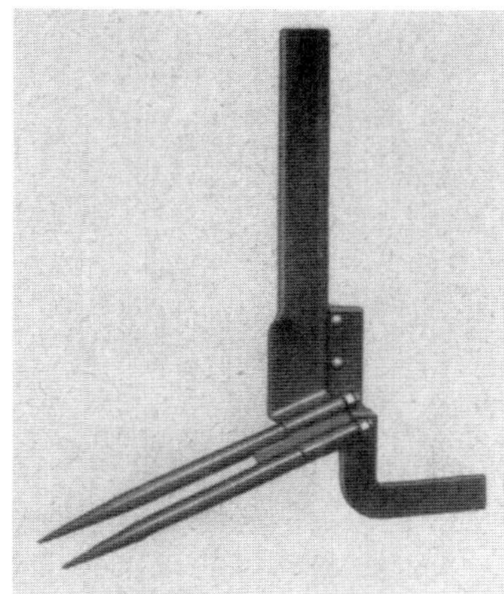

592. Rübenheber mit spitzen Zinken
(Petermann-Werke, Warendorf)

2. Griffelspaten und Rübenheber

Die Rüben werden entweder primitiv durch gewöhnlichen Spaten oder besser durch den Griffel (Bild 591) gelockert oder durch neuzeitliche Rübenheber (Bild 592), die die Rüben mit dem Kraut unterfahren, dabei das Erdreich mit der Rübe, die etwas angehoben wird, lockert, aber sie nicht rodet. Zweckmäßig verwendet man bei mehrreihigen Rübenhebern Ausleger und erreicht dadurch eine Versetzung der Rübenheber in zwei Reihen, wie man es von den Kultivatorzinken kennt. Dadurch wird ein guter Krautdurchgang erzielt, Verstopfungen zu dicht nebeneinander arbeitender Werkzeuge werden vermieden.

Die so gelockerten Rüben werden, je nach Arbeitsverhältnissen, am Blatt von Hand herausgezogen. Die herausgezogenen Rüben werden ausgerichtet, nebeneinander gelegt und mit dem Spaten geköpft, d. h., das Blatt wird etwa 2 cm unterhalb des Blattansatzes abgestochen. Es ist dabei wichtig, daß die Blätter möglichst fest am Kopf sitzenbleiben, da die abgebrochenen Blätter meist für die Ernte verloren sind und auf dem Felde zurückbleiben. Zum Köpfen kann man sich bei diesem Verfahren auch der Sichel bedienen, jedoch ist das zeitraubender. Wichtig ist auch (wegen der Nachtfröste), daß von den gelockerten Rüben nicht mehr gerodet werden, als am gleichen Tage abgefahren werden können.

3. Pommritzer Rübenernte-Verfahren

Das Pommritzer Verfahren, kurz Pommritzen genannt, nutzt den festen Halt der Rüben im Boden aus. Sie werden geköpft, und erst, wenn das Blatt vom Feld abgefahren ist, werden sie mit dem Rübenrodepflug gerodet.

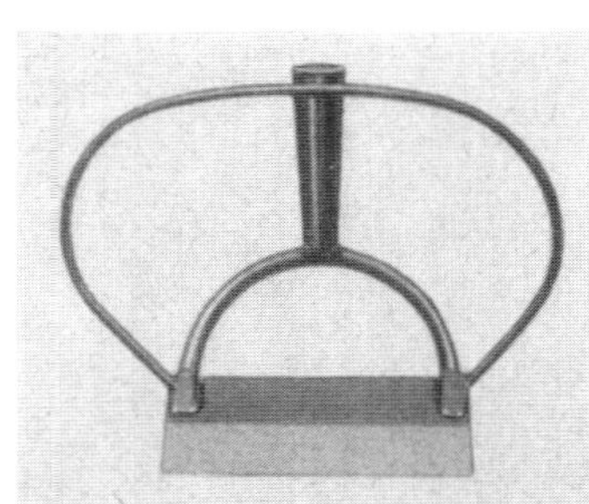

593. Köpfschippe
(Petermann-Werke, Warendorf)

4. Köpfen von Hand mit der Köpfschippe

Die Rüben werden (bei Handbedienung) mit der Köpfschippe (Bild 593) geköpft, mit einem an einem arbeitsgerechten Stiel befestigten Messer mit Bügel, das unter dem Blatt an die Rübe angesetzt wird. Das Köpfen von Hand erfordert in größeren Rübenbaubetrieben viel Personal. Es gehört auch eine gewisse Geschicklichkeit und große Gewissenhaftigkeit dazu. Man kann rechnen, daß eine fleißige Person bei achtstündiger Tagesarbeit etwa 1/8 ha köpfen kann.

5. *Maschinelles Köpfen*

Fremdes Personal ist oft unzuverlässig. Die sonst im Rübenbau tätigen polnischen Landarbeiter fallen aus, der Leutemangel ist stark bemerkbar. Das alles drängt dazu, das Köpfen von Hand durch maschinelles Köpfen zu ersetzen. Schon in den zwanziger Jahren gab es

594. Zweireihiger zweispitziger Rübenköpfschlitten mit federnden Messerhebeln (Gruse, Groß-Berkel)

Rübenköpfmaschinen, die mit einem Tastrechen die Rüben über dem Blatt abtasteten und mit einer von der Tastvorrichtung der Höhe nach gesteuerten rotierenden Messerscheibe die Rüben köpften. Inzwischen sind leichtere, billigere und einfachere Geräte auf den Markt gekommen, die durch Hebeltaster feststehende, mit ihrer Schneide schräg zur Arbeitsrichtung

595. Zweispitziger Rübenköpfkarren für zwei Reihen (Bleinroth, Landringhausen)

liegende Messer an die Rüben heranbringen und in einem Arbeitsgang gleichzeitig zwei Rübenreihen köpfen. Die Leistung solcher Köpfschlitten, die auch hinten mit Stützrädern versehen sind, entspricht ungefähr der von 20 Handköpfern, so daß aus arbeitswirtschaftlichen Gründen die Köpfschlitten in jedem Rübenbaubetriebe benutzt werden.

Die Ausführungen der Köpfschlitten sind verschieden. Fast alle stützen sich mit ihren 2 Kufen in den beiden Reihenzwischenräumen ab, die den bearbeiteten Rübenreihen nach außen benachbart sind. Sie führen den Schnitt mit Messern aus, die nach innen gerichtet sind, und zwar von außen an den beiden Rübenreihen. Auch die mit Stützrädern versehenen Köpfkarren verfolgen das gleiche Prinzip. Um mit dem Messer an die Rüben heranzukommen, muß das Blattwerk angehoben werden. Darum haben diese Köpfgeräte für jeden zu durch-

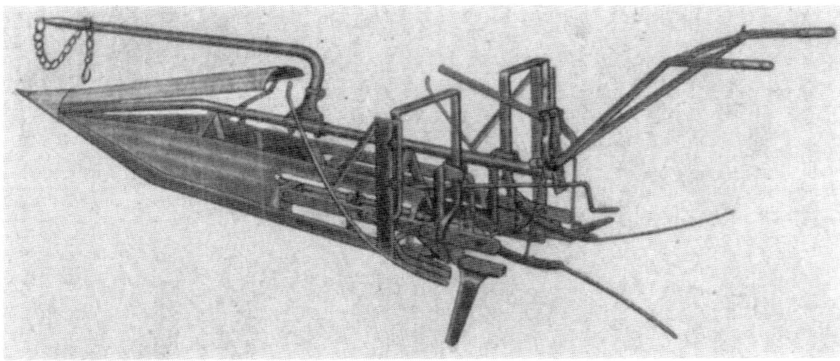

596. Einspitziger Rübenköpfschlitten für zwei Reihen mit Außen-Blattablage (Bleinroth, Landringhausen)

stoßenden Reihenzwischenraum je eine als Torpedoblech oder aus Leitstäben gebildete Spitze (Bild 594). Die Rüben werden durch je einen Bügel oder eine Tastplatte über dem Blatt abgetastet, die Höhentastung wird durch eine starre Verbindung auf den Messerhebel über-

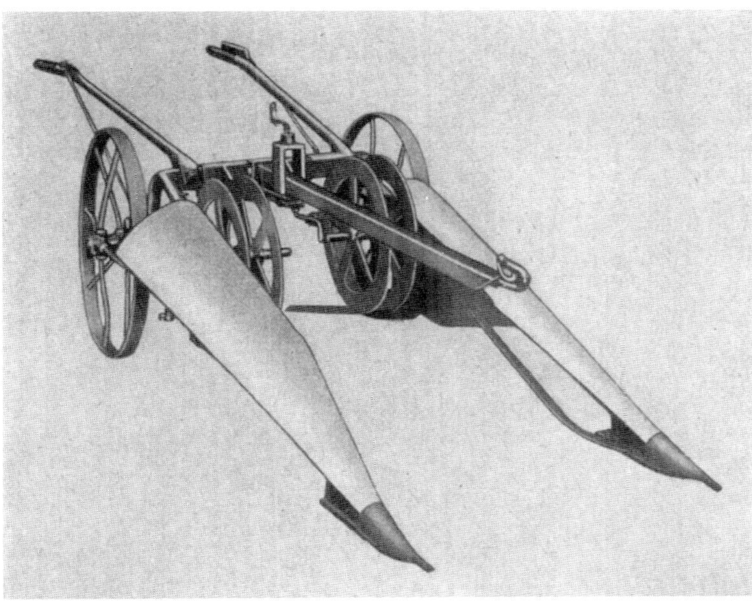

597. Zweispitziger zweireihiger Köpfkarren mit Tastscheiben (Petermann-Werke, Warendorf)

tragen. Der Messerhebel trägt an seinem hinteren Ende das leicht auswechselbare und im Schnittwinkel einstellbare Köpfmesser. Die in der Verlängerung der Kufen nach innen eingebogenen Blattabweiser legen die Köpfe beider Reihen ab zu einem zur Mitte hinter dem Köpfgerät liegenden Schwad.

Statt der durchgehenden Kufen verwenden manche Firmen hinten Räder als tragendes Element (Bild 595). Solche Köpfkarren stützen sich außer auf diese Räder auch auf die

Spitzen. Im Vergleich zu den beim Wenden schwer zu lenkenden breiten Schlitten haben die Köpfkarren, die man beim Wenden an den Sterzen nach hinten herunterdrückt, gewisse Vorteile, doch können die Räder bei klebrigem Boden leicht verschmieren.

Der Köpfschlitten „Rustica" (Bild 596) ist nur mit einer Spitze ausgebildet. Seine beiden Kufen laufen zwischen 2 benachbarten Rübenreihen; seine Messer sind nach außen gerichtet; er durchstößt bei seiner zweireihigen Arbeit jeden zweiten Reihenzwischenraum nur einmal. Sein niedriger Bau ermöglicht es ihm, gewissermaßen unter dem Blatt durchzukriechen. Das sehr empfindliche Blatt wird nur wenig angehoben und bricht selten ab. Außerdem legt dieser Köpfschlitten das Blatt nach außen ab, so daß hinter dem Schlitten blattfreie Zwischenräume entstehen, in denen das Zugtier bei der nächsten Fahrt leicht geführt werden kann. Es zertritt keine Blätter. Wegen seines gedrungenen Baues ist er beim Wenden leicht zu führen.

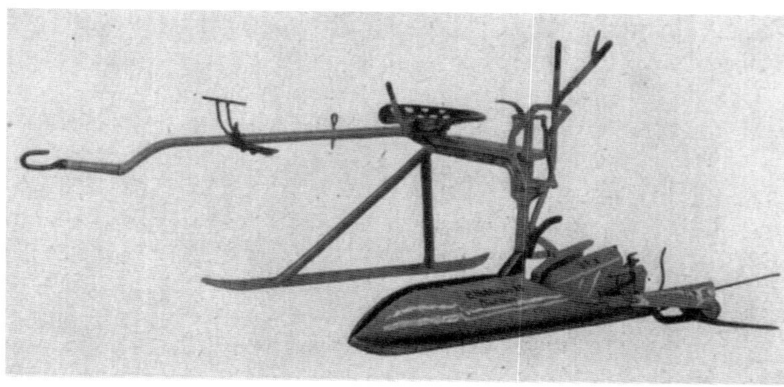

598. Einspitziger zweireihiger Köpfschlitten mit Unterblatt-Taster, Sitz und Wendevorrichtung (Holthaus, Dinklage)

Das Abtasten der Rüben über dem Blatt durch den Bügel wird schwierig, wenn es durch Regen und Frost nicht mehr steif genug ist, so daß die Bügeltaster leicht zur Seite abrutschen und nicht mehr sicher tasten. Um das zu verhindern, haben einige Firmen den gabelförmigen Zusatztaster entwickelt, der an dem normalen Bügeltaster als Zusatz angeschraubt werden kann. Ein anderer Weg ist beschritten worden: der Bügel wird durch mehrere Rollen und Scheiben (Bild 597) ersetzt. Wegen ihrer Breitenwirkung verhindern sie das Abrutschen.

Alle Taster, die die Rüben über dem Blatt abtasten, haben den Nachteil, daß bei starken Blattstengeln der Taster nicht bis auf den eigentlichen Rübenkopf durchdringt. Bei starken Blattstielen wird das Blatt oberhalb des Rübenkopfes geschnitten, ohne daß die Rübe getroffen wird. Ein neu entwickeltes Tastsystem tastet darum durch schräg liegende Zinkenräder die Rüben unter dem Blatt so ab, daß die Zinken unmittelbar auf den Rübenkopf aufstoßen (Bild 598). Die seitliche Führung der Tasträder wird durch seitlich nach außen federnde Messerhebel gewährleistet, wie sie auch bei dem Köpfschlitten von Bild 594 (von außen nach innen wirkend) durch elastisch wirkende Seitentaster bewirkt wird. Durch Grundtaster tasten sie den Fuß der Rüben an. Dieser mit Außenschnitt arbeitende Köpfschlitten arbeitet mit einer Arbeitskufe, die mit zwei Köpfmessern versehen ist und einer Stützkufe, die zwischen Reihen bereits geköpfter Rüben läuft. Die durch seine Breite (den anderen breiten Köpfschlitten entsprechende Bauweise) bedingte Sperrigkeit beim Wenden spielt keine Rolle, weil beim Wenden die hochstellbare Arbeitskufe mit der Zugstange im Gestell dreht. Das Schlittengestell braucht nicht zu wenden.

Die Anpassung an die verschiedenen, heute noch stark schwankenden Arbeitsbreiten wird bei allen Köpfgeräten durch Verstellvorrichtungen erreicht, die entweder durch Stellschrauben oder, eleganter, durch Spindelverstellung gelöst sind. Bei den Köpfschlitten der Bilder 594 und 598 braucht nur der seitliche Federdruck der seitlich elastischen Messerhebel reguliert zu werden.

Die Rübenblätter werden meist zu Haufen zusammengeworfen und dann mit der Forke auf den Ackerwagen geladen. Dadurch entstehen erhebliche Verluste an Blattfutter, weil die Blätter abbrechen und auf dem Acker liegen bleiben. Außerdem wird das Futter durch öfteres Herumwerfen auf dem Acker stark verschmutzt. Diese Mängel werden in gut geführten Rübenwirtschaften beseitigt durch die voll mechanisierten Geräte. Sie werden in einem besonderen Abschnitt besprochen.

6. Rübenrodekörper

Früher wurden die Rüben mit stiefelknechtförmigen Körpern gerodet. Diese Körper waren symmetrisch ausgebildet. Sie gingen die Rüben mittlings an, die Rüben wurden von den gabelförmigen Körpern aus dem Boden herausgerissen. Der fest im Boden verankerte untere Teil der Rübe, ihr zuckerhaltiger Schwanz blieb oft im Boden sitzen, dadurch entstanden große Verluste. Der heute übliche Rübenrodekörper (Bild 599) hat zwei nach hinten weit offene Zinken oder Meißel, die nicht symmetrisch zueinander stehen, so daß die Rübe nicht aus dem Boden herausgerissen wird. Sie wird mehr von der Seite angegangen und zur Seite herausgedrückt. Sie legt sich dabei schräg auf die Zinken und wird als ganze Rübe durch die an die Meißel anschließenden rostartigen Stäbe zur Seite abgelegt. Diese Rodekörper können — wie die Kartoffelpflugkörper — in einfacher Weise an einem Kartoffelpfluggrindel angebracht werden (Bild 600 und Bild 601). Sie werden für Rechts- oder Linksablage angefertigt.

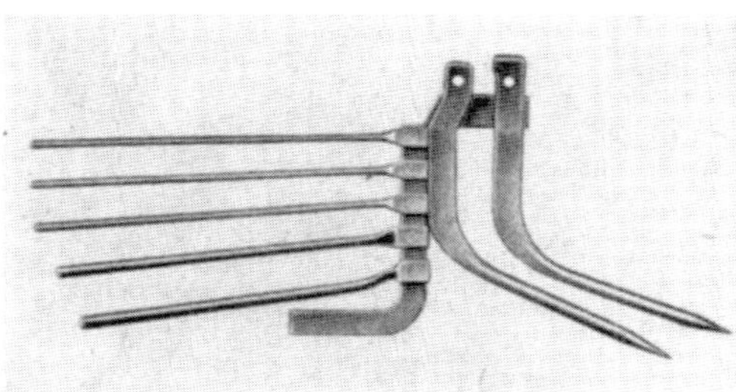

599. Rübenrodekörper (Gebr. Eberhardt, Ulm)

Der Drehrost-Rodekörper (Bild 602) kann durch seinen leicht umlegbaren Wenderost entweder nach rechts oder nach links ablegen.

600. Rübenrodekörper an einem Karrenpflug (Rabewerk, Linne)

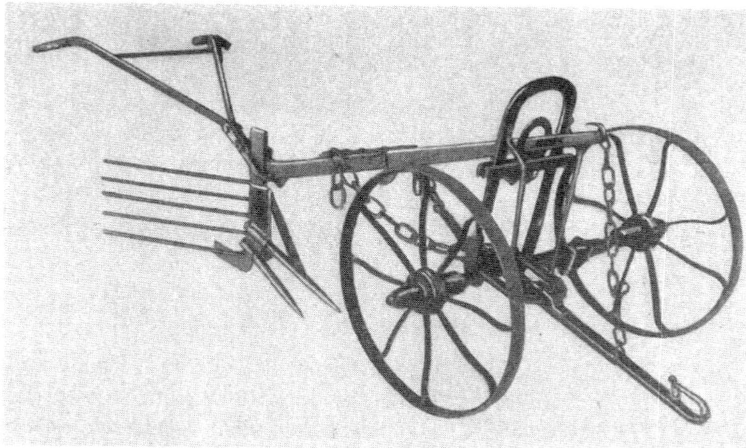

601. Rübenrodekörper an einem Karrenpflug (Petermann-Werke, Warendorf)

Die Rodekörper arbeiten einwandfrei, wenn sie genügend Tiefgang haben. Sind sie zu flach eingestellt, so werden die Rüben zu weit oben erfaßt, also an ihrer dicksten Stelle; sie können sich dann leicht einklemmen. Die Rüben sollten stets etwas von der Seite angesteuert werden, da sie dann nach der anderen Seite hin um so sicherer abgelegt werden können. Bei leichten Böden arbeitet man flach, bei schweren Böden tiefer. — Das Rübenrodegerät verlangt eine sichere Seitenführung, um Seitenkräfte abzufangen. Ein zweckmäßiges Mittel hierfür sind die Spurscheiben (Bild 603), eiserne Reifen, die hochkantig um die Radfelgen gelegt und durch Schellen festgehalten werden.

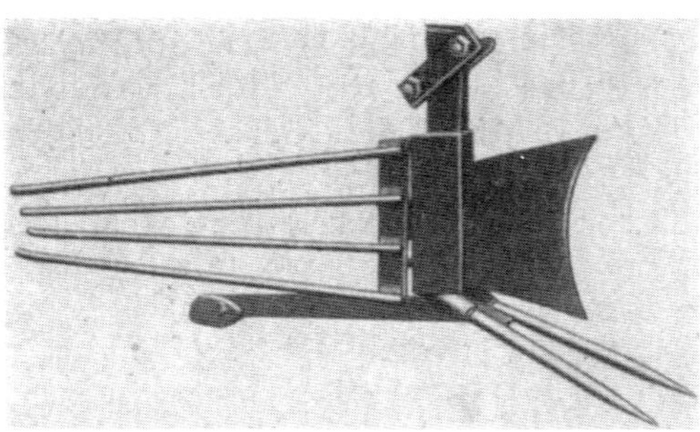

602. Drehrost-Rodekörper mit umlegbarem Ablegerost zum wahlweisen Ablegen nach rechts oder links
(Petermann-Werke, Warendorf)

603. Spurscheiben sichern die Seitenführung durch Abfangen auftretender Seitenkräfte
(Petermann-Werke, Warendorf)

7. Rübenroder

Das Rübenroden und das Kartoffelroden gleichen sich sehr. Für den Kleinbesitz lohnt sich eine besondere Rübenrodevorrichtung mit Selbstlenkung. Sie kann an die neuzeitlichen Kartoffelroder angebaut werden; mit ihr wird Arbeit und Geld gespart. Die Schleudersterne (Bild 604) dieses „Au"-Gerätes und die Siebtrommel (Bild 605) sorgen für gleichzeitige Reinigung der Rüben von anhaftender Erde. Diese Maschine erfordert die Zugkraft zweier Pferde.

In ausgesprochenen Rübenbaubetrieben kommt man ohne Rübenroder nicht aus. Sie bestehen aus einem für Schlepperzug eingerichteten, stabilen Maschinenrahmen, an dem für 3 oder mehr Rübenreihen die gleichen, oben behandelten Rübenrodekörper in starker Armierung angebracht sind (Bild 606 und Bild 607). Damit sie sich an die Rübenreihen genau anpassen, sind die Geräte mit besonderer Steuervorrichtung versehen, die von einem Mitfahrenden bedient werden. Besondere Beachtung verdienen Rübenroder, die mit einer

604. Rübenrodegerät an einem Kartoffelroder verbilligt die Anschaffungskosten
(Kleine, Salzkotten)

605. Das „Au"-Gerät an einem Kartoffelroder mit Fangtrommel im Einsatz
(Kleine, Salzkotten)

Schleudervorrichtung versehen sind (Bild 608) und durch Führungsroste die Rüben mehrerer Reihen zu einem Schwad hinter der Maschine ablegen.

8. *Vorratsroder*

Auch im Rübenbau hat das Vorratsroden seine Bedeutung erlangt. Die bei einer Hinfahrt gerodeten Rüben sind so abzulegen, daß sie bei der nächsten Fahrt von Schlepper und Gerät nicht überfahren werden; die gerodeten Rüben werden in möglichst wenigen Reihen abgelegt. Das Aufladen und Abfahren wird dadurch wirtschaftlicher.

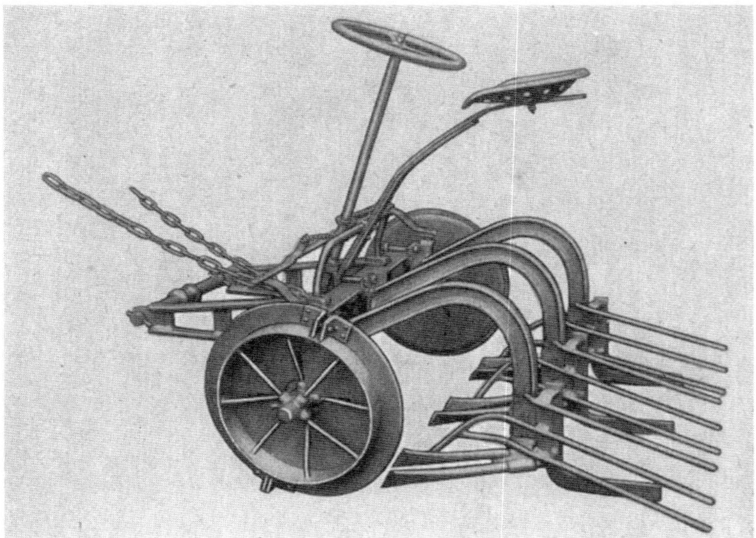

606. Dreireihiges Rübenrode-Anhängegerät (Rabewerk, Linne)

607. Fünfreihiges Rübenrode-Anhängegerät (Petermann-Werke, Warendorf)

Hier ist zunächst der Vorratsroder VR 2 zu nennen. Er ist ein umgebauter Kartoffelroder (siehe Bild 573). Durch die Möglichkeit, auch Rübenrodewerkzeuge anzubauen, ist dieses Gerät zweifach anwendbar geworden. Die mit dem Rodekörper freigelegten Rüben werden durch umlaufende Mitnehmersterne dem Siebrost zugeführt (Bild 609). Gelenkt wird dieses Gerät von einem seitlich angebrachten Steuersitz aus über ein Schneckengetriebe. Bei diesem

608. Rübenroder mit Schleudersternen (Rabewerk, Linne)

Gerät wird hinten durch ein Leitblech abgelegt; es verhindert, daß die Rüben in die Nähe der den Rüben zugewandten Radspur fallen (Bild 610). Dieses Gerät ist zum Schwadroder entwickelt worden; an der hinteren Abwurfstelle ist ein der Seite nach verschiebbarer Querförderer angebracht worden (Bild 611). Er ermöglicht es, nach rechts und links die von 6 bis 8 Reihen gerodeten Rüben in einem Längsschwad abzulegen.

Auch der in Bild 589 wiedergegebene Kartoffelvorratsroder „Schatzgräber“ läßt sich zum Vorratsroden zweier Rübenreihen verwenden (Bild 612). Die Schare und Siebe sind auszuwechseln; ein Schleppschuh muß eingebaut werden zur Tiefenregulierung; eine Feinsteuerung ist anzubringen. Der Schlepper fährt dabei mit den rechten Rädern in der Vorspur und ist daher leicht zu steuern, auch wenn die Rüben schlecht sichtbar sind. Auf den beiden gegenläufigen Schüttelsieben wird die Erde abgesiebt und die Rüben werden mehrmals sanft abgeklopft. Vom Ende des Siebes werden die Rüben von oben auf das Feld zu einem Schwad rechts neben der Schlepperspur abgelegt. Die Feinsteuerung wird durch ein Lenkrad betätigt. Der Bedienungsmann sitzt oben in der Mitte der

609. Arbeitsschema des Vorratsrübenroders „VR 2“ (Lanz, Mannheim)

610. Rübenroder „VR 2“ im Einsatz (Lanz, Mannheim)

gummibereiften Maschine in Fahrtrichtung; er kann die Rodearbeit genau kontrollieren.

9. Sammelroder

Eine Maschine besonderer Bau- und Arbeitsweise für das Vorratsroden ist der Zuckerrüben-Sammelroder „Rübenmeister“. Diese Maschine besteht aus 2 getrennten Geräten: der Rodemaschine und der Auffang-Reinigungs-Sammeltrommel (Bild 613). Die Maschine ist nur für das einreihige Roden bestimmt und wird — für Zapfwellenantrieb gebaut — von einem Kleinschlepper gezogen. Der eigentliche Roder, dessen Aufbau der Kartoffelwurfradmaschine ähnelt, ist mit automatischer Lenkung ausgerüstet. Zwei Gleitschienen liegen zu beiden Seiten der Rübenreihe federnd auf dem Boden und gleiten an der Rübenreihe entlang. Sie sind in einem Übersetzungsverhältnis mit der Spurstange der Achsschenkellenkung verbunden und lenken dadurch die Maschine selbsttätig. Die gerodeten Rüben werden durch den Wurfradmechanismus in die Sammeltrommel geworfen, die sie wegen der rollenden Bewegung und der aus dünnen Stahlstäben bestehenden Außenwand von ihren Schmutzresten befreit. Die innen an der Außenwand der Trommel angebrachten Leitschlangen heben die gereinigten Rüben in einen etwa 100 kg Rüben fassenden Sammelbehälter, der sich in der Trommel befindet. Aus diesem Sammelbehälter werden die Rüben bei der ersten Umfahrt der Maschine durch Seilzug vom Schlepperführer ausgeworfen, so daß sie gesammelt auf einen Haufen fallen. Bei den folgenden Umfahrten wird durch Antasten der vorher abgelegten Rübenhaufen automatisch entleert, so daß die Rüben (in Querschwaden gesammelt) geerntet und mit modernen Ladegeräten leicht verladen werden können. Diese Maschine leistet etwa 2 ha/Tag.

611. Rübenroder „VR 2“ mit verschiebbarem Querförderer zum Ablegen der Rüben mehrerer Reihen in einem Schwad (Lanz, Mannheim)

10. Siebrad-Rübenroder

Die neueste Entwicklung auf dem Gebiet des Rübenrodens ist der Siebrad-Rübenroder mit Fördereinrichtung (Bild 614). Dieser als Schlepperanhängemaschine mit Zapfwellenantrieb arbeitende Rübenroder leitet die mit normalen Rübenmeißeln gerodeten Rüben einem rotierenden, horizontal arbeitenden Siebrad zu. Das mit einer inneren und einer äußeren Umleitungsführung versehene Sieb befreit während der Umleitung die Rüben von Erde, bis sie von einer Förderschnecke aufgenommen und eine Siebmulde hinaufbefördert werden. Sie fallen dann in einen Sammelbehälter. Aus diesem etwa 3 Zentner Rüben fassenden Sammelbehälter können sie von Zeit zu Zeit als Querschwad abgelegt werden. Die auf Gummi fahrende Maschine wird von einem Sitz aus über eine Achsschenkellenkung gesteuert. Der Mitfahrer legt durch Hebelbedienung die Rüben ab. Diese Maschine kann mit einer verlängerten Transporteinrichtung versehen werden, so daß die von der Förderschnecke hochgeleiteten Rüben nicht in den Sammelbehälter, sondern auf ein Transportband fallen, das sie einem vorgespannten Triebachsanhänger zuleitet.

612. Zweireihiger Rübenroder „Schatzgräber“ (Maschinen-Fabrik Grevenbroich)

613. Einreihiger Rüben-Sammelroder „Rübenmeister“ (Kleine, Salzkotten)

Trotz der Schwierigkeiten, die bei feuchter Witterung entstehen, wurden kombinierte Maschinen entwickelt, die in einem Arbeitsgange die Rüben köpfen und roden. Schon in den zwanziger Jahren wurden solche Maschinen für zweireihigen Betrieb gebaut, doch waren die Zugverhältnisse für die schweren Maschinen zu ungünstig, so daß man die kombinierten Maschinen wieder teilte. Heute ist man grundsätzlich davon abgegangen, kombinierte Maschinen, die an sich schon auf dem schweren Rübenboden starke Zugkräfte brauchen, zweireihig zu bauen, wenn auch die Arbeitsorgane heute so entwickelt sind, daß sie mit geringerer Zugkraft auskommen.

614. Siebrad-Rübenroder mit Schnecken-Fördervorrichtung und Sammelbehälter für 3 Zentner als Anhängegerät (Schmotzer, Windsheim)

11. Rübenvollerntemaschinen

Die in Verbindung mit dem Alldog gebaute Rübenvollerntemaschine ARRV (Bild 615) ist eine Konstruktion, die zur Bedienung 2 Personen braucht. Sie kann die Rüben einer Reihe in einem Arbeitsgange köpfen und roden und Blatt und Rüben getrennt in Querschwaden ablegen. Als Rodegerät ist der VR 2 Vorratsroder verwendet worden, der mit Gleitschuhen aus-

615. Rübenvollerntegerät ARRV für Blatt und Rüben (Lanz, Mannheim)

616. Rübenvollerntegerät ARRV im Einsatz. Es entstehen abwechselnd Blatt- und Rübenquerschwaden
(Lanz, Mannheim)

gerüstet ist und an der Abwurfstelle einen Sammelbehälter trägt. Als Köpforgan dient ein einreihiger mit Tasträdern versehener Köpfer. Das geköpfte Blatt wird von einem Förderband wieder aufgenommen und durch einen Querförderer einem Fangkorbe zugeführt. Er legt die Blätter von Zeit zu Zeit ab, so daß bei dieser Maschine sich Querschwaden von Blättern und Rüben in wechselnder Folge über das Feld ziehen (Bild 616), die von mechanischen Ladevorrichtungen bequem verladen werden können. Die Tagesleistung dieser Vollerntemaschine beträgt etwa 1 ha.

VII. Dreschmaschinen

A. Entwicklung der Dreschmaschine aus dem Handdrusch, Ausschlagen/Austreten/Auswalzen, Flegel-, Stampf-, Walzmaschinen

Die Getreidekörner werden aus den Ähren herausgedroschen; ebenso die Samen anderer Feldfrüchte, die in Kolben, Kapseln und Köpfen sitzen: Rübsamen, Erbsen, Bohnen. Die Maisfrucht wird herausgerebelt.

Die Dreschverfahren haben sich langsam und mühsam bis zum heutigen Maschinendrusch entwikkelt. Früher wurden die Körner mit der Hand aus den Ähren gelöst. Die gebündelten Halme schlug man mit den Ähren gegen feste Unterlagen und Kanten (Bild 617). Bequemer, aber immer noch sehr primitiv, wurden die Körner durch Tiere gelöst. Das auf der Dreschfläche ausgebreitete Getreide wurde von Ochsen oder Pferden ausgetreten. Aus dieser Zeit stammt das biblische Wort: „Man soll dem Ochsen, der da drischt, nicht das Maul verbinden". Einen kleinen Fortschritt brachten die Schlitten und Walzen

617. Ausschlagen von Getreide in der Urzeit
(Dechentreiter, Bäumenheim)

618. Frühere Körnergewinnung durch Scheibenwalzen
(Dechentreiter, Bäumenheim)

619. Frühere Körnergewinnung durch Leistenwalzen
(Dechentreiter, Bäumenheim)

620. Körnergewinnung durch Dreschflegel
(Dechentreiter, Bäumenheim)

verschiedener Art (Bild 618 und 619), die von Tieren über das Druschgetreide hinweggezogen wurden. Das Ausschlagen der Körner mit Schlaghölzern nach Art der Teppichklopfer und mit Dreschflegeln (Bild 620) durch Menschen ist bis in unsere Tage erhalten geblieben. Hierbei wurden die Getreidegarben mit den Ähren nach innen im Kreis auf der Tenne ausgebreitet, die harten Erdboden als Unterlage hatte. Im Takt wurde das Getreide meist von 3 oder 4 Männern bearbeitet. Beim Arbeiten mit dem Dreschflegel, einem an einem Arbeitsstiel gelenkig befestigten Schlagholz oder Klöppel von etwa 50 cm Länge (Bild 621) nutzte man zur Schonung der Arbeitskraft die Fliehkraft des im Kreise schwingenden Schlagholzes aus. Bei diesen primitiven Dreschverfahren mußte das entkörnte Stroh mit der Forke geschüttelt werden, damit die Körner sich völlig vom Stroh trennten und auf den Boden fielen.

Die Anfänge des maschinellen Dreschens liegen etwa im 17. Jahrhundert. Man versuchte, die bisher bekannten Dreschmethoden maschinell durchzuführen. Es entstanden Flegelmaschinen, Stampfmaschinen und Walzenmaschinen; alle waren auf dem Gewohnten aufgebaut. Sie brachten zwar eine Erleichterung für Mensch und Tier, doch hatten diese Vorläufer des Maschinendrusches mit dem heutigen Verfahren nichts gemein. Das Getreide verharrte an Ort und Stelle, während die Arbeitsorgane es bearbeiteten. Erst Ende des 18. Jahrhunderts ging man den umgekehrten Weg und schickte das Dreschgut durch einen von einer Walze und einem Korb gebildeten Dreschkanal. Wenn auch die Drehzahl dieser Walze gering war, mit ihren 150 Umdrehungen in der Minute, so beginnt doch mit dieser Dreschart die Entwicklung unserer heutigen Dreschmaschine. Bei der geringen Drehzahl mußten Zuführwalzen das Getreide einlegen; die Walzen führten das Dreschgut der eigentlichen Dreschwalze zu. Im Laufe der Jahre versuchte man, mit der Drehzahl höher zu gehen, wagte aber lange den Sprung nicht, über die kritische Drehzahl der Walze hinauszugehen, bei der Eigenschwingungen auftreten. Erst 1850 erreichte man die heute üblichen Drehzahlen von etwa 1000 U/min und konnte damit auf die Speisewalze verzichten, da die schnell laufende Walze (heute Trommel genannt) das Dreschgut selbsttätig einzog.

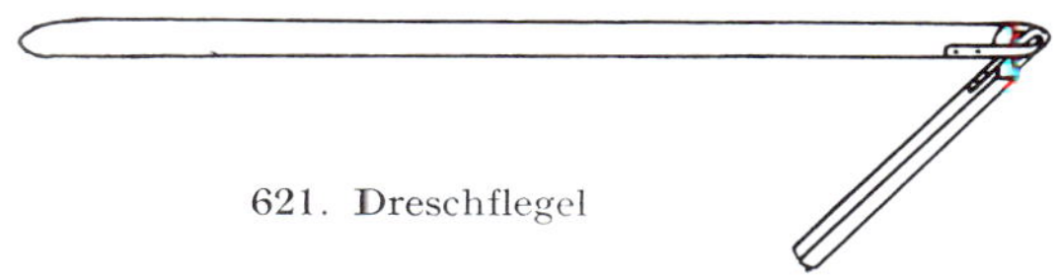

621. Dreschflegel

Wenn auch die Dreschmaschine keine unmittelbar produzierende, sondern mehr eine aufbereitende, verarbeitende Arbeit ausführt, so muß doch in unserer heute intensiv betriebenen Landwirtschaft die ganze Getreideernte ihren Weg durch diese Maschine nehmen. Ihre große Bedeutung für unsere Volksernährung wird dadurch klar. Es ist wichtig und lehrreich, wenn man sich vorstellt, welche Mengen allein an Getreide alljährlich von der Dreschmaschine erdroschen werden. Im ungetrennten Deutschen Reich waren es etwa 25 Millionen Tonnen im Werte von rund 4 Milliarden Reichsmark. Die Dreschmaschine ist heute so weit durchentwickelt, daß sie bei richtiger Wartung und Einstellung das Getreide fast restlos ausdreschen kann; bei unsachgemäßem, nachlässigem Betrieb arbeitet sie mit 4—6 und mehr Prozent Verlust. Man kann leicht ausrechnen, welche Werte dadurch verlorengehen können. $^1/_{10}$ % auf die oben genannten Erntezahlen bezogen sind etwa 4 Millionen Mark. Abgesehen von diesem Verlust, reicht unsere Getreideernte, vor allem unter den heutigen Verhältnissen in der Westzone, lange nicht für die Ernährung aus, so daß Getreide eingeführt werden muß. Ernteverluste, die durch mangelnde Wartung der Dreschmaschine entstehen, bedeuten demnach notwendige Mehreinfuhr von Getreide, also ins Ausland gehende Devisen.

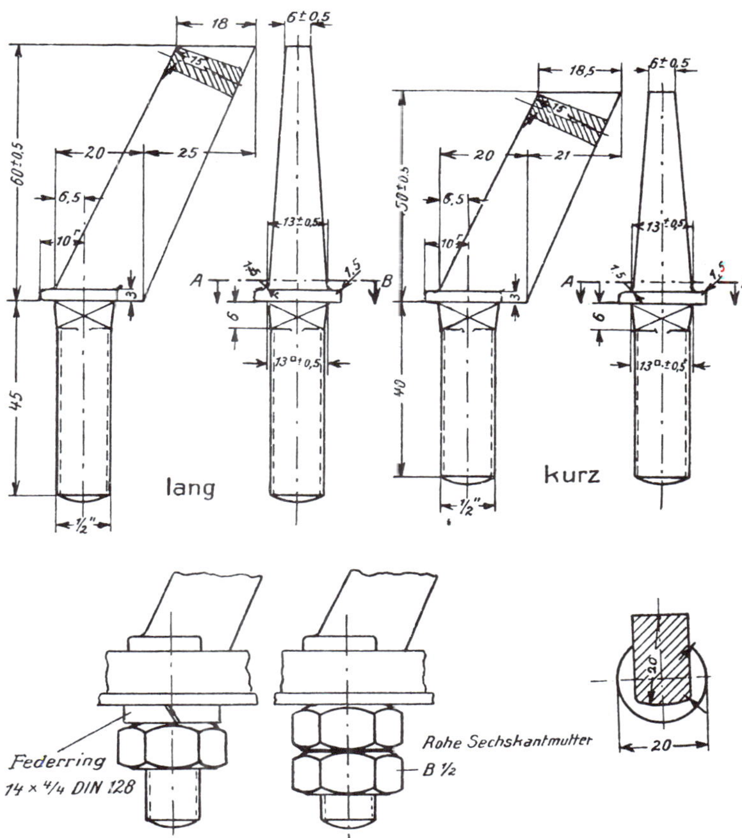

622. Genormte Dreschmaschinenstifte

Die Notwendigkeit, das erdroschene Getreide von den Beimengungen (Stroh, Kurzstroh, Kaff, Unkrautsamen und Staub) zu befreien und die gereinigten Körner zu marktfertiger Ware zu sortieren, Körnerbruch beim Dreschen abzusondern, hat dazu geführt, die Dreschmaschine zu einem Aggregat zu entwickeln, das in einem Arbeitsgang das Getreide drischt, die Körner reinigt und sortiert. Die heutige Dreschmaschine ist demnach eine kombinierte Maschine, deren Arbeitsvorgänge zwar getrennt voneinander, jedoch in einem Arbeitsfluß kontinuierlich durchgeführt werden.

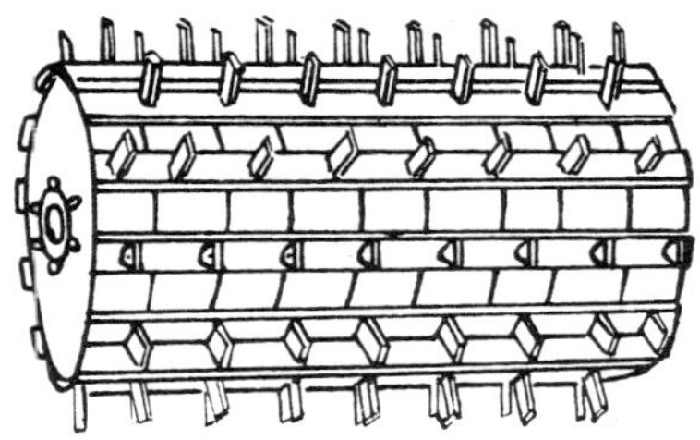

623. Offene Stiftentrommel

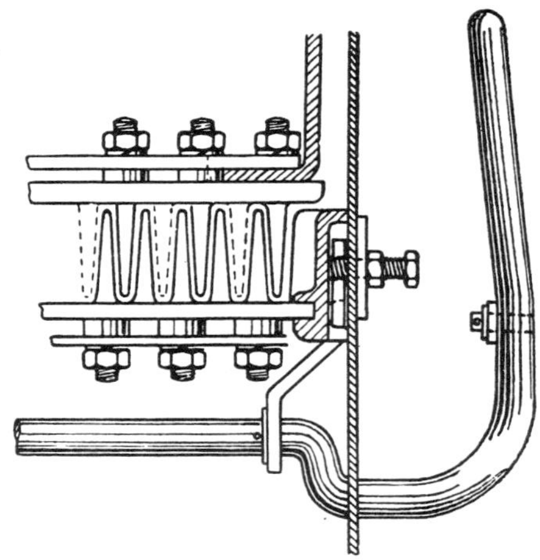

624. Kämmen der Stifte bei der Stiften-Dreschmaschine

Wegen des freien Wettbewerbes in der Entwicklung und der konservativen Eigenart der Landbevölkerung sind zahlreiche Dreschmaschinentypen entstanden, die teils dieser, teils jener Auffassung gerecht werden. Im großen ganzen aber sind es grundsätzlich nur 2 Systeme, die sich durchgesetzt haben, das Stiften- und das Schlagleistensystem. Von den für unsere Verhältnisse belanglosen Sonderbauweisen, wie beispielsweise der mit Schlägern ausgerüsteten Dreschmaschine von Schlayer-Heliaks, ist dabei abgesehen.

B. Stiften-Dreschmaschine

Die Dreschwerkzeuge beider Systeme sind grundsätzlich verschieden ausgebildet worden und arbeiten verschieden. Die Werkzeuge des Schlagleistensystems behandeln das Dreschgut im Längs- oder Querdrusch schonender, so daß vor allem das Stroh ziemlich ungeknickt den Dreschkanal verläßt. Die Stifte des Stiftensystems reißen mehr, so daß das Dreschgut nur längs einzuführen ist, um große Widerstände zu vermeiden.

Die Werkzeuge dieses Systems werden durch Stifte (Bild 622) gebildet, die einmal auf den Umfang einer geschlossenen oder offenen Trommel (Bild 623) in Schraubenlinien versetzt und

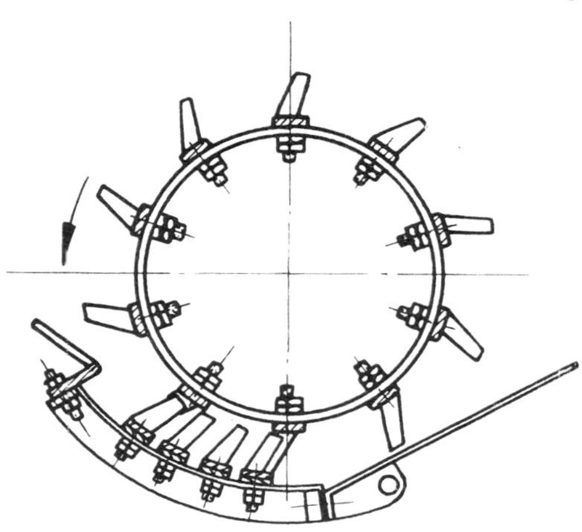

625. Schnitt durch Stiften-Dreschwerkzeuge

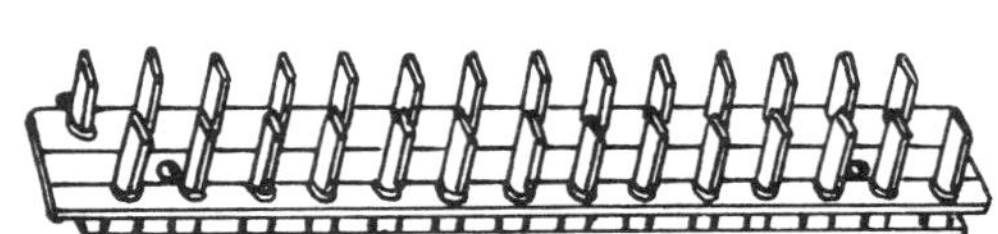

626. Stiftenschiene erleichtert das Einsetzen der Stifte

auf dem Bogen eines Korbes in mehreren Reihen so angeordnet sind, daß die Stifte der Trommel bei Umdrehung mit den Stiften des Korbes kämmen (Bild 624 und 625).

Das Dreschgut wird zwischen den Stiften ausgerieben. Die einzelnen Stifte sind in ihrer Form dem Dreschgut angepaßt und werden durch starke Muttern mit einem konischen Vierkant verdrehungssicher und fest eingezogen. Damit die Stifte leichter ausgewechselt werden können, befestigt man sie neuerdings auf Schienen (Bild 626), die dann auf die Trommel oder in den Korb aufgeschraubt oder eingeschoben werden (Bild 627).

Die Garben werden den Stiftenwerkzeugen mit den Ähren nach vorn zugeführt (Bild 628), so daß die Baubreite der Stiften-Dreschmaschine wesentlich schmaler als die der Schlagleistenmaschinen sein kann. Man spricht daher bei diesen Maschinen von Schmaldreschern. Das Bild 629 zeigt eine neuzeitliche Stiften-Dreschmaschine in der Ausführung der Stahl-Lanz im Längsschnitt; das Bild 630 die gleiche Maschine im Querschnitt durch die wichtigsten Arbeitsorgane. Da abgesehen vom Dreschorgan die Arbeit und die Bauweise der anderen Organe grundsätzlich ähnlich ist wie bei der Schlagleisten-Dreschmaschine, so sei auf die später folgende Behandlung dieser Maschine hingewiesen.

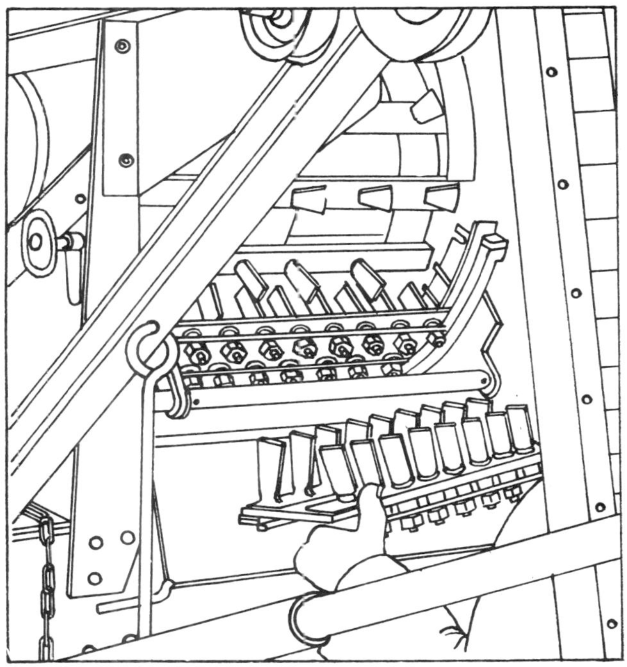

627. Das Einsetzen der Stiftenschienen (Lanz, Mannheim)

C. Schlagleisten-Dreschmaschine

Da die Dreschtrommel sehr massig ist und eine hohe Drehzahl von 950 bis 1 500 U/min hat — je nach Trommeldurchmesser — und da ihre vielen Arbeitsorgane durch Riemenantrieb verbunden sind, besonders durch den Hauptantrieb, gehört die Dreschmaschine zu den gefährlichsten Maschinen im landwirtschaftlichen Betriebe. Die landwirtschaftlichen Berufsgenossenschaften haben daher streng zu beachtende Unfallverhütungsvorschriften herausgegeben, auf die besonders hingewiesen wird (S. 651).

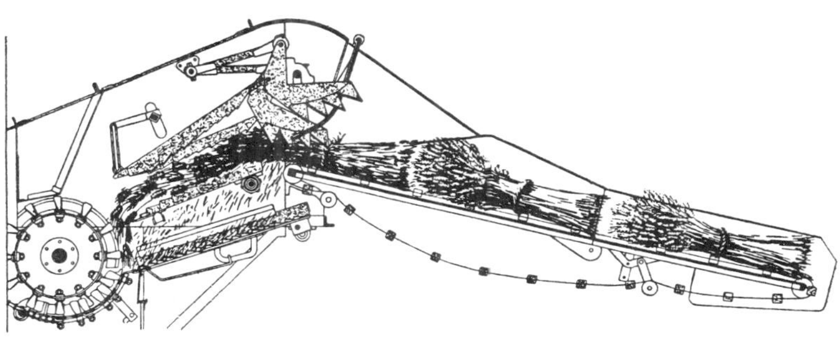

628. Spitzzuführung der Garben bei der Stiften-Dreschmaschine (Lanz, Mannheim)

Die Landmaschinenindustrie ist bemüht, die Konstruktionen durch Zusatzeinrichtungen (Selbsteinleger, automatische Garbenaufschneider u. ä.) zu verbessern und die Gefahren immer mehr zu verringern. Auch der neuzeitliche Antrieb der Dreschmaschinen durch eingebaute Elektromotore soll die Gefahr vermindern helfen.

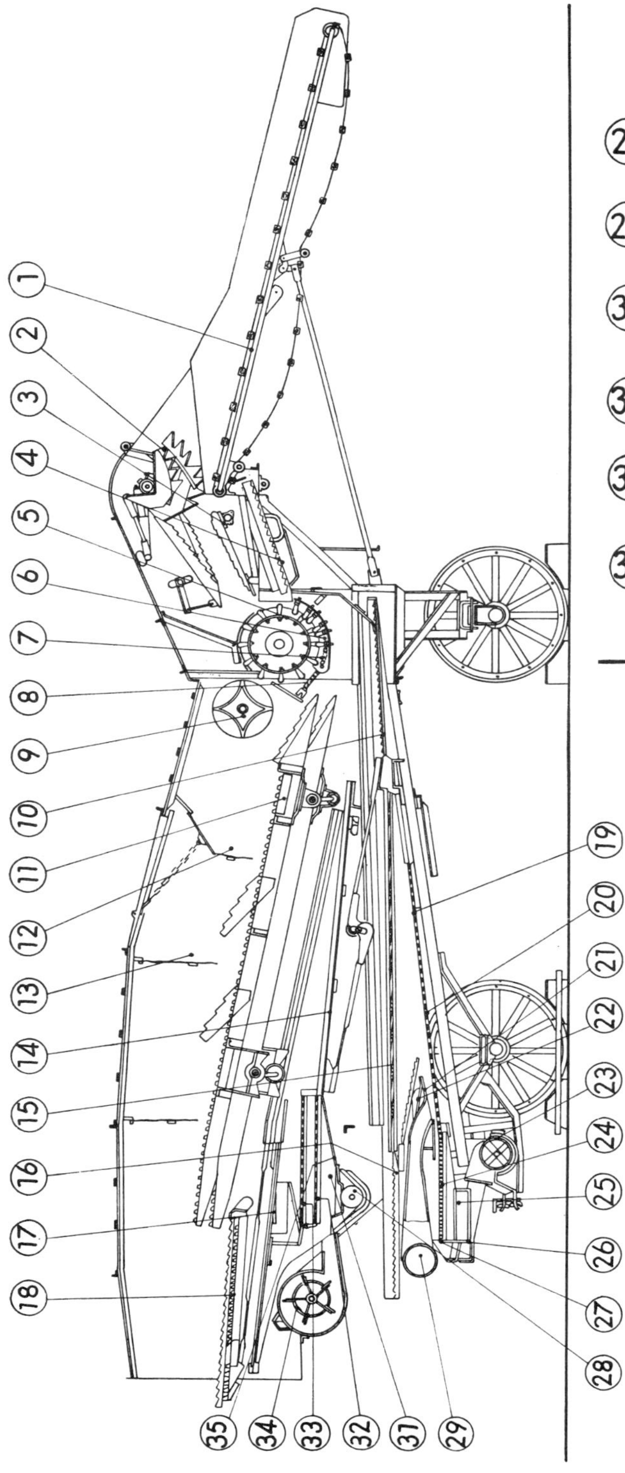

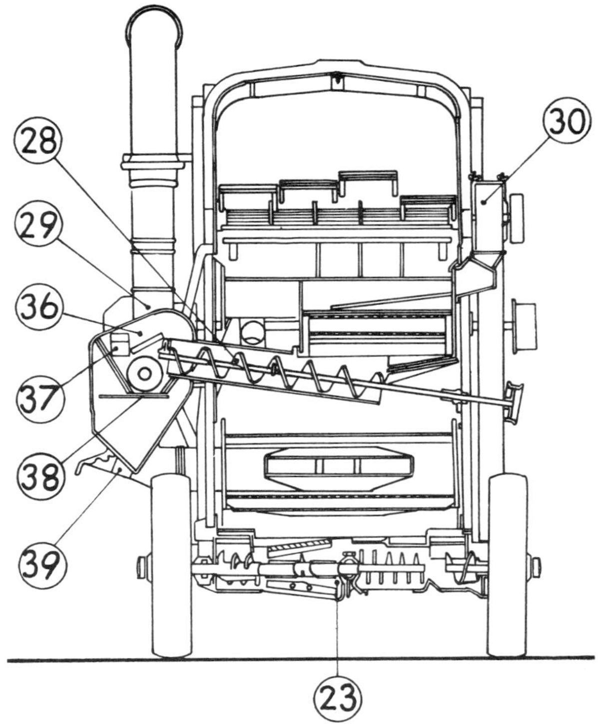

630. Querschnitt durch die „Stahl-Lanz"-Stiften-Dreschmaschine (Lanz, Mannheim)

1 Garbenförderer	21 Saugrüssel
2 Garbenaufschneider	22 Saugrüsselverstellung
3 Zuteiler oben und unten	23 Entgranner
4 Zuteilerboden	24 Wechselsieb 1. Putzwerk
5 Dreschtrommel	25 Sammelboden
6 Dreschkorb	26 Auslaufrinne
7 Dreschkorbrost	27 Saugmundstück
8 Auswurfrost	28 Körnerschnecke
9 Strohleittrommel	29 Saug- und Spreugebläse
10 Sammelboden	30 Becherwerk
11 Hordenschüttler	31 2. Putzwerk
12 Strohschüttlerklappe	32 Wechselsieb unten
13 Spritztücher	33 Wechselsieb oben
14 Sammelboden	34 2. Gebläse
15 Kurzstrohsieb	35 Sammelboden
16 Schüttelboden	36 Sortierzylinder
17 Sammelboden	37 Saugvorrichtung
18 Nachschüttler	38 Schieber unter Sortierzylinder
19 Sandsieb, hinterer Teil	39 Sackeinläufe
20 Sandsieb, vorderer Teil	

629. Längsschnitt durch die „Stahl-Lanz"-Stiften-Dreschmaschine (Lanz, Mannheim)

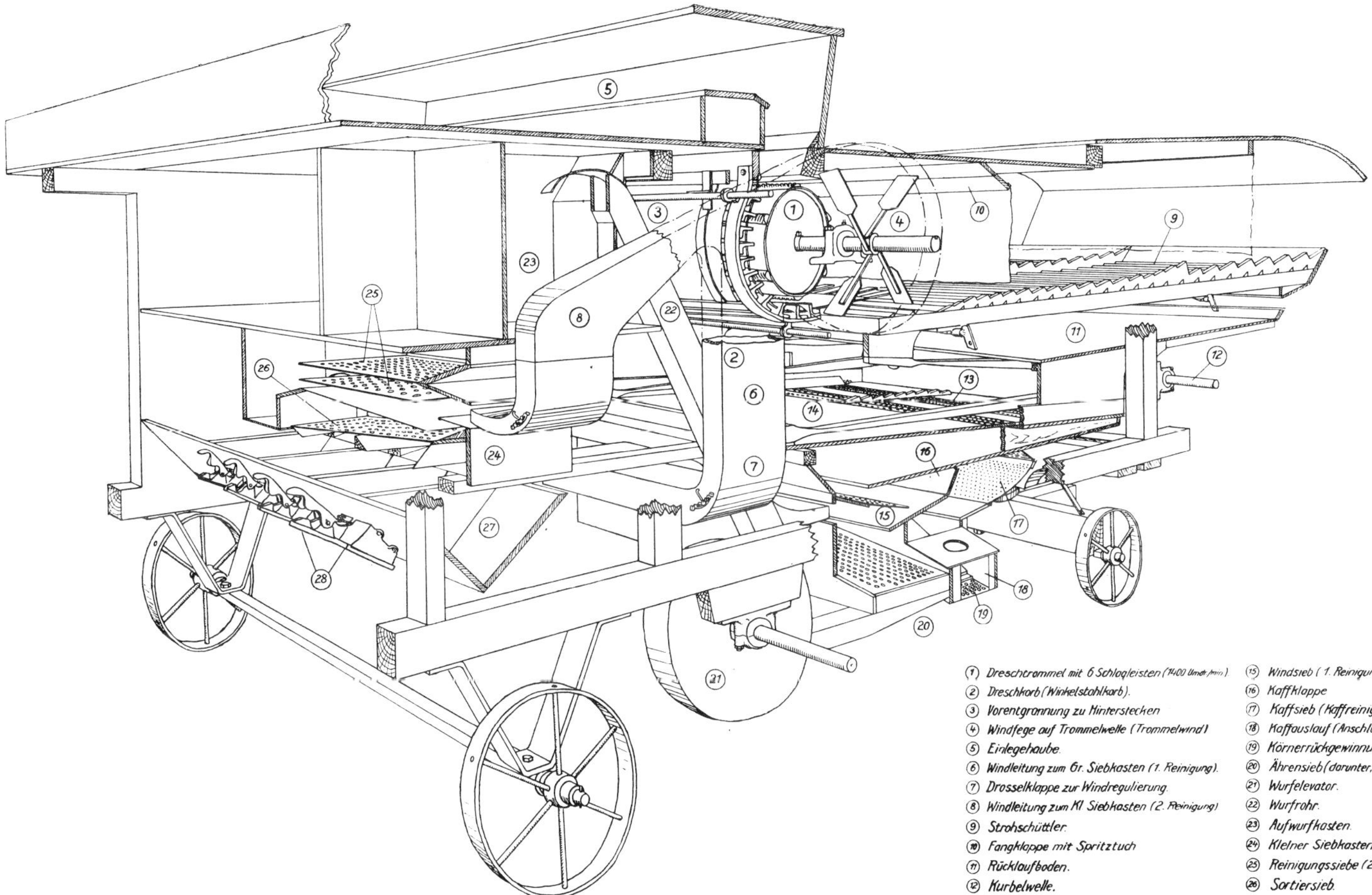

631. Perspektivische Darstellung einer Schlagleisten-Dreschmaschine (Fricke, Lamspringe)

(1) Dreschtrommel mit 6 Schlagleisten (1400 Umdr./min).
(2) Dreschkorb (Winkelstahlkorb).
(3) Vorentgrannung zu Hinterstecken
(4) Windfege auf Trommelwelle (Trommelwind)
(5) Einlegehaube.
(6) Windleitung zum Gr. Siebkasten (1. Reinigung).
(7) Drosselklappe zur Windregulierung.
(8) Windleitung zum Kl. Siebkasten (2. Reinigung)
(9) Strohschüttler.
(10) Fangklappe mit Spritztuch
(11) Rücklaufboden.
(12) Kurbelwelle.
(13) Kurzstrohsieb.
(14) Schubfeder.
(15) Windsieb (1. Reinigung)
(16) Kaffklappe
(17) Kaffsieb (Kaffreinigung).
(18) Kaffauslauf (Anschluß and. Ansaugstutz. d. Kaffgebl.
(19) Körnerrückgewinnungs-Sieb.
(20) Ährensieb (darunter, hier nicht sichtbar, Unsamensieb).
(21) Wurfelevator.
(22) Wurfrohr.
(23) Aufwurfkasten.
(24) Kleiner Siebkasten.
(25) Reinigungssiebe (2. Reinigung).
(26) Sortiersieb.
(27) Sackrohrkasten.
(28) Sackrohre.

D. Der Weg des Getreides durch die Dreschmaschine

An der perspektivischen Darstellung einer Schlagleisten-Dreschmaschine, die einen Einblick in die einzelnen Arbeitsorgane der sonst von allen Seiten verschalten Dreschmaschine gestattet, soll ihre Arbeitsweise erläutert werden (Bild 631).

Das Getreide wird entweder von Hand mit der Forke oder maschinell durch den Selbsteinleger auf die Dreschbühne befördert. Der Selbsteinleger ist heute allgemein mit einer Garbenaufschneidevorrichtung versehen; es braucht also nicht mehr auf der Dreschmaschine hantiert zu werden. Fehlt der Selbsteinleger, so befinden sich auf der Dreschbühne vor der Einlegehaube 5 ein bis zwei Mann, je nach Größe und Leistung der Dreschmaschine. Auf dem Einlegetisch unter der Einlegehaube werden die heraufgereichten Garben einzeln mit dem Messer aufgeschnitten, möglichst gleichmäßig auseinandergezogen, und mit den Ähren voran, etwa unter 45°, in die Einlegeöffnung oberhalb der Trommel 1 geschoben. Von ihr werden sie wegen der hohen Drehzahl sogleich erfaßt. Die Dreschtrommel bildet mit dem feststehenden (die Trommel zu einem Drittel umschließenden) Dreschkorb 2 das eigentliche Dreschwerkzeug. Beide bilden zwischen sich den sogenannten Dreschkanal, in dem sich das Dreschen abspielt. Durch die Wucht der Schlagleisten und die scharfkantigen Korbleisten werden die Körner aus den Ähren gelöst, das Stroh wird teilweise abgerissen und die Ähren teilweise von ihren Fruchtblättern, dem Kaff, befreit. Im Dreschkanal entsteht ein Gemisch dieser Einzelteile.

Etwa 85% der ausgedroschenen Körner verlassen mit dem größten Teil der Beimengungen durch die Zwischenräume des siebartigen Dreschkorbes den Dreschkanal. Der Rest des Gemenges von Langstroh, Kurzstroh, Kaff und Körnern wird durch die Umfangsgeschwindigkeit der Trommel schnell weitergeleitet; er durcheilt den Dreschkanal in seiner ganzen Länge, kommt über das an den Dreschkorb anschließende Korb- oder Auswurfblech, das dem Gemenge eine günstige Auswurfrichtung gibt. Es wird auf die anschließende Schüttlerfläche 9 geworfen. Anstelle des Bleches ist bisweilen (wie auch in der Darstellung) ein Stabrechen vorgesehen.

Der Schüttler trennt durch seine hochwerfende und gleichzeitig fördernde Bewegung das Langstroh von den kleineren Gemengeteilen, die durch die Öffnungen des als großmaschiges Sieb ausgebildeten Schüttlers hindurch auf den Rücklaufboden 11 gelangen. Das Langstroh wird aus der Maschine hinausbefördert. Der Rücklaufboden, eine zur Maschinenmitte geneigte, geschlossene Lade, schwingt entgegengesetzt zur Schüttlerbewegung. Dadurch wird eine blasebalgähnliche Wirkung erzeugt, die zur Auflockerung des über den Schüttler gelangenden Gemenges beiträgt. Wegen der Neigung und der Schwingbewegung des Rücklaufbodens wird das durch den Schüttler fallende, aus kleineren Gemengeteilen: Kurzstroh, Körner, Kaff, Unkrautsamen und Staub bestehende Gemenge dem Kurzstrohsieb 13 zugeführt. Zuvor hat es sich etwa bei der Zahl 14 mit dem unmittelbar durch den Dreschkorb gelangten Gemisch aus Körnern und Kaff wieder vereinigt.

Auf dem Kurzstrohsieb 13, einem zum Auslaufende geneigt liegenden, in der Horizontalen kurz schwingenden Sieb besonderer Ausführung, wird das Kurzstroh abgesiebt. Kurzstroh sind abgeknickte, etwa bis 15 cm lange Halmteile, die am Ablaufende die Dreschmaschine verlassen. Das durch die Sieböffnungen hindurchgelassene Gemenge von Körnern, Kaff, Unkrautsamen, abgeschlagenen Ährenteilen und Staub wird über einen zweiten schwingenden Rücklaufboden (hinter der Zahl 16) der ersten Reinigung zugeführt. Die erste Reinigung arbeitet außer mit Sieben noch mit Wind. Auf der Darstellung wird er durch das auf der Trommelwelle angebrachte Gebläse 4 erzeugt und durch die Windleitung 6 der in dem horizontalschwingenden großen Siebkasten untergebrachten ersten Reinigung zugeleitet. Das vom zweiten Rücklaufboden kommende Gemenge fällt auf das schräggestellte Windsieb 15, das das Gemenge so aufschließt, daß es dem Wind, der unter das Sieb bläst, eine möglichst große Angriffsfläche bietet. Das Gemisch fällt in den Windstrom, der die leichten Kaffteile über die Kaffklappe 16 leicht fortblasen kann; die schwereren Körner gelangen zurück über die Kante bei der Zahl 15 auf das darunterliegende Ährensieb. Hier werden abgeschlagene Ährenteile — die oft noch ungedroschene Körner enthalten — und Beimengungen abgesiebt. Sie werden außerhalb der Dreschmaschine, meist auf einem untergelegten Laken, aufgefangen und später nochmals durch die Maschine geschickt. Unter dem Ährensieb befindet sich ein weiteres Sieb mit kleinerer Lochung, das Unkrautsamensieb, das alle kleineren Bestandteile (Unkrautsamen, Staub) durchläßt, so daß in dem Raum zwischen den beiden Sieben nur noch Körner verbleiben, die dem Elevator 21 (Wurfelevator) zugeleitet werden.

Das über die Kaffklappe 16 geblasene leichte Kaff enthält noch Beimengungen von Unkrautsamen. Um zu verhindern, daß sie auf unkontrollierbaren Wegen mit dem Kaff wieder auf den Acker gelangen, werden sie durch das Sieb 17 ausgeschieden. Das von Unkrautsamen gereinigte Kaff wird über das Körnerrückgewinnungssieb 19 befördert, das noch etwa verbliebene Körner ohne schädliche Beimengungen durchläßt. Das Kaff wird, restlos von Körnern befreit, über das geneigt angeordnete und mit dem großen Siebkasten horizontalschwingende Körnerrückgewinnungssieb 19 aus der Maschine gefördert.

Der Wurfelevator 21, der bei Gerste, die entgrannt werden soll, an der unteren, inneren Gehäuseseite noch mit einem Entgrannerblech versehen werden kann, wirft durch ein Flügelkreuz das aus der ersten Reinigung ihm zugeführte Korn durch das Wurfrohr 22 in den Auswurfkasten 23. Von hier aus gelangt es in die zweite Reinigung, in der sich der Abwinde- und Absiebevorgang der ersten Reinigung wiederholt. Durch die Windleitung 8 wird der Wind zwischen und unter die schwingenden Siebe 25 geleitet. Die Siebe hemmen das Durchfallen der abzuwindenden Körner. Sie gelangen in den Windstrom, so daß leichte Teile noch bequem abgewindet werden können. Die Windstärke für beide Reinigungen wird bei der Zahl 7 und oberhalb der Zahl 24 durch Klappen reguliert. Das Regulieren ist wichtig, weil sich das Gewicht der Körner je nach Sorte und Feuchtigkeit sehr ändert und die Stärke des Windstromes dem schwankenden Gewicht angepaßt werden muß.

Das zweimal gereinigte Korn gelangt aus der zweiten Reinigung auf das schräg angeordnete, mit dem ganzen Siebkasten der zweiten Reinigung horizontal in Längsrichtung der Maschine schwingende Sortiersieb 26. Es sortiert die Körner beim Überlauf durch die nach dem Ablaufende zu größer werdenden Löcher nach Größe und läßt sie in die einzelnen Sortenfächer des Sackrohrkastens fallen. Aus ihm werden die einzelnen, nach Größe getrennten Sorten abgesackt durch Sackrohre 28, vor die die Säcke geklemmt werden.

Die Arbeitsgüte einer Dreschmaschine richtet sich nach dem prozentualen Ausdrusch. Dabei ist zu berücksichtigen, daß die Körner aus den Ähren gelöst werden, daß die gelösten Körner durch die Reinigungsvorrichtungen gereinigt werden und bei den Reinigungsvorgängen möglichst keine Körner in den absortierten Beimengungen verbleiben und verlorengehen. Soll die Maschine gut arbeiten, so sind alle Teile richtig einzustellen und zu beschicken. Es ist äußerst wichtig, die Dreschmaschine während ihres Betriebes zu beobachten. Es genügt nicht eine Probe, sondern bei den sich beim Dreschen oft ändernden Verhältnissen, die eine Verstellung des Dreschkorbes, ein Auswechseln der Siebe, Veränderung der Windstärken erforderlich machen, muß der Dreschvorgang dauernd kontrolliert werden. Um die Maschine auf die günstigsten Arbeitsverhältnisse einstellen zu können, sind die Stellen, an denen die Absonderungen die Maschine verlassen, dauernd zu beobachten. Es ist zu untersuchen, ob noch Kornreste in den Ähren verblieben sind, ob sich überhaupt noch Körner in den Absonderungen befinden.

Verluste können entstehen im Langstrohauslauf hinter dem Schüttler. Ob der Drusch rein ist und wie überhaupt die Werkzeuge arbeiten, macht sich dadurch bemerkbar, daß die Ähren entweder vollkommen leer sind oder daß sie einzelne Körner enthalten. Wenn man das Langstroh abschüttelt, so bekommt man einen Überblick über die Schüttlerarbeit.

Verluste können sich auch beim Kurzstrohüberlauf hinter dem Kurzstrohsieb bilden, wenn das Kurzstrohsieb Körner mit übergehen läßt, weil Siebe mit falscher Lochung eingebaut oder die Siebe verstopft sind.

Dritte Verluststelle ist der Kaffauslauf. Bei starkem Wind in der ersten Reinigung können Körner mit ins Kaff gelangen. Es kann das Kaff- oder Körnerrückgewinnungssieb unsauber arbeiten.

Mehr als 1—2% Verluste brauchen bei modernen Dreschmaschinen nicht zu entstehen. Das macht auf einen Doppelzentner Korn 1—2 kg aus.

Die Arbeit der Dreschmaschine wird nach Stundenkörnerleistung bewertet; das ist sachlich nicht richtig. Denn was die Maschine leistet, hängt von den durch den Dreschkanal hindurchwandernden Massen ab. Diese Massen bestehen hauptsächlich aus Stroh. Sie müssen von dem Dreschorgan verarbeitet werden. Sachlich müßte eigentlich nach Garbengewicht gemessen werden. Da das Stroh-Korn-Verhältnis nach Sorten, Feuchtigkeit und Wachstumsbedingungen von Jahr zu Jahr schwankt, bekommt man nur einen wirklichen Überblick über die Leistung einer Dreschmaschine, wenn man das jeweilige Stroh-Korn-Verhältnis, das sich leicht ermitteln läßt, bei dem erdroschenen Korn berücksichtigt.

E. Der Dreschvorgang

Lange wußte man nichts über die Vorgänge, die sich beim Dreschen im Dreschkanal abspielen; bei der rasenden Arbeitsgeschwindigkeit der Dreschtrommel war es nicht möglich, sie zu beobachten. Man wußte nur, wie sich das Dreschgut vor dem Drusch befand, und wie es den Dreschkanal verließ. Nach Zeitlupenaufnahmen mit 3000 Aufnahmen in der Sekunde, die dem Verfasser 1937 gelangen, wodurch die Umfangsgeschwindigkeit von 30 m/sec im Film auf 10 cm/sec verlangsamt werden konnte, stellt sich der Dreschvorgang so dar: Wenn eine Garbe erfaßt wird, wird sie durch die Schlagleisten der Dreschtrommel bei der hohen Umfangsgeschwindigkeit so auseinandergezogen, daß sie den Dreschkanal wie ein dünner Schleier durcheilt. Dabei pendeln die sehr elastischen Halme auf dem Wege durch den Dreschkanal, der in $^1/_{10}$ sec bewältigt wird, etwa 7mal zwischen den Schlagleisten und den Korbleisten hin und her. Beim ersten Auftreffen einer Schlagleiste auf die Ähre, die sich durch den Trommelwind sogleich senkrecht zu den Schlagleisten in Durchgangsrichtung stellt, gibt sie explosionsartig ihre Körner ab, die größtenteils durch die Zwischenräume der oberen Korbleisten den Dreschkanal verlassen (Bild 632 und 633). Teilweise angeschlagene Ähren werden zerrissen, im weiteren Lauf durch den Dreschkanal werden die restlichen Körner aus den Ähren geschlagen. Ungeschützte Körner, die den Dreschkanal durcheilen, laufen Gefahr, beim Hin- und Herprallen zwischen den Schlag- und Korbleisten zerschlagen zu werden.

Der Einleger, der die Dreschmaschine bedient, muß also der Dreschtrommel einen möglichst gleichmäßigen, ununterbrochenen Teppich des Dreschgutes in einer Stärke vorlegen, die sie noch gerade verarbeiten kann, damit im unteren Teil des Dreschkanals stets genügend dämpfendes Strohmaterial vorhanden ist. So wird der Körnerbruch vermindert.

Größe und Ausführung der Dreschmaschine richtet sich nach den Ansprüchen des Betriebes. Darum gibt es kleine, einfache Maschinen mit einer Stundenkörnerleistung von 8 Ztr. Sie sind sehr handlich, weil vom Flur aus eingelegt wird. Sie kommen mit wenig Bedienungspersonal aus. An Antriebskraft verlangen sie 2—3 PS. Der normale Dreschmaschinentyp hat eine Stundenkörnerleistung von etwa 20 Ztr. Größere Maschinen leisten 40—80 Ztr. Entsprechend ihrer Güte und Leistung sind solche Maschinen in ihren einzelnen Arbeitsorganen verschieden ausgebildet. Sie haben eine oder zwei Reinigungen, einfache Fingerschüttler, Schwingschüttler oder Ladenschüttler; oft sind diese Schüttler kombiniert. Die Schüttler sind kürzer oder länger gehalten; etwaige Einstellungen, beispielsweise für den Dreschkorb, sind entweder sehr empfindlich oder robust; sortiert wird durch Schwingsiebe oder Sortierzylinder.

Bei großen Maschinen hat es sich als zweckmäßig erwiesen, besondere Zusatzorgane (Selbsteinleger, Schneideeinleger, eingebaute Strohbinder oder Strohpressen usw.) anzubringen, so daß der Vielseitigkeit im Dreschmaschinenbau keine Grenzen gesetzt sind, und die Typenzahl mancher Herstellerfirmen oft sehr groß ist.

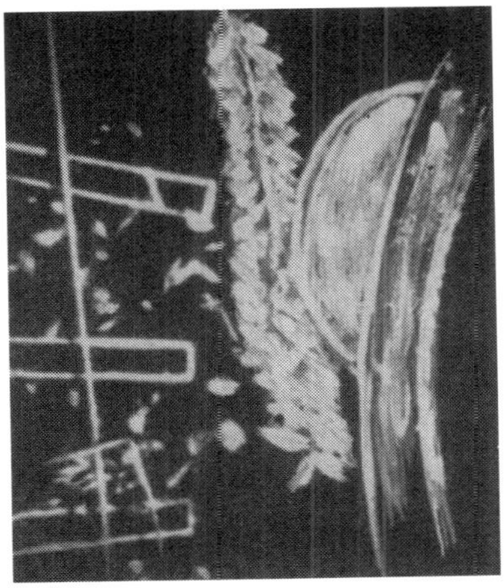

632. Der Dreschvorgang, erstes Auftreffen einer Schlagleiste auf eine volle Ähre (Aus dem Überzeitlupenfilm des Verfassers: Der Dreschvorgang)

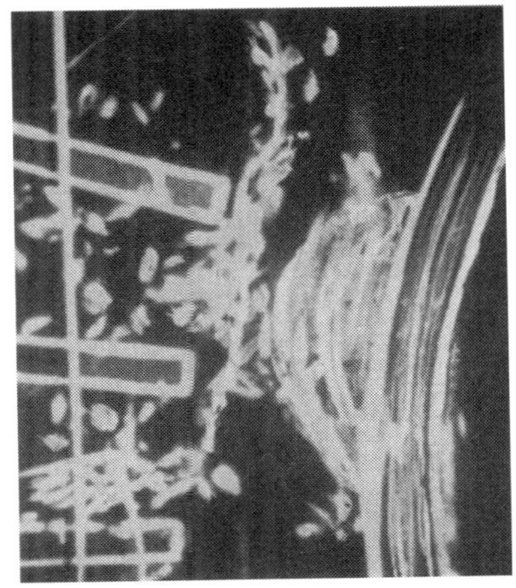

633. Der Dreschvorgang, $^1/_{1500}$ sec später als auf Abb. 632

F. Die einzelnen Organe der Dreschmaschine

Es sollen zunächst die einzelnen Organe der Dreschmaschine in ihrer Bau- und Arbeitsweise unter Berücksichtigung des Schlagleistensystems behandelt werden, und dann die Zusatzorgane so, wie sie im Betriebe eingesetzt werden.

1. Einlegestand

Schon der Einlegestand der Dreschmaschine hat Sonderheiten. Abgesehen von den kleinen Dreschmaschinen, die vom Flur aus beschickt werden und daher keinen besonderen Einlegestand haben, werden zwei Arten von Einlegeständen gebraucht, die sich im Laufe der Zeit

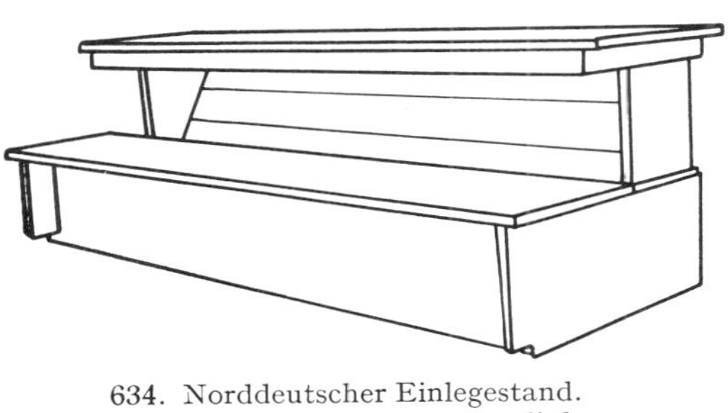

634. Norddeutscher Einlegestand. Einlegen des Dreschgutes von links

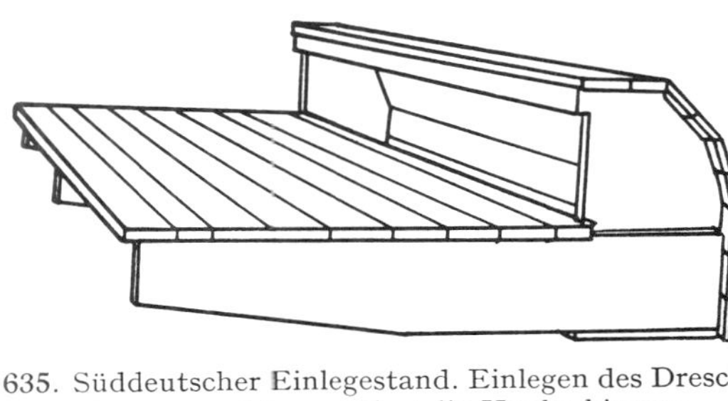

635. Süddeutscher Einlegestand. Einlegen des Dreschgutes von rechts aus über die Haube hinweg

eingebürgert haben und an denen mit konservativer Beharrlichkeit festgehalten wird. Es handelt sich um den norddeutschen und um den süddeutschen Einlegestand. Der norddeutsche Einlegestand (Bild 634) wird aus 2 Etagentischen gebildet, zwischen denen die Einlegeöffnung als ein breiter Spalt nach unten geht, je nach Bauweise der Maschine, unter

Beobachtung der Unfallverhütungsvorschriften des Gesamtverbandes landwirtschaftlicher Berufsgenossenschaften (siehe Seite 670). Der Einleger oder — bei größeren Maschinen — die Einleger hantieren vor dem unteren Tisch, auf dem die Garben aufgeschnitten und von dem aus sie dann, geöffnet, mit den Ähren schräg nach vorn in die Einlegeöffnung geschoben werden. Dieser Einlegestand ist vorteilhaft, weil eine Person auf dem oberen Tisch die Garben aufschneiden und dem Einleger zuschieben kann, wodurch schneller gearbeitet werden kann; es wird auch gleichmäßiger eingelegt, da die Aufmerksamkeit des Einlegers nicht durch Aufschneiden abgelenkt wird. Die Breite des Einlegetisches entspricht meist der ganzen Trommelbreite, so daß die Trommel in ihrer ganzen Breite ausgenutzt werden kann.

Anders hat sich der süddeutsche Einlegestand entwickelt (Bild 635). Der obere Tisch ist als Haube ausgebildet; hinter ihr hat der Einleger seinen Platz. Er beugt sich über die Haube und legt die Garbe ein. Die Haube hat oben eine horizontale Fläche zum Aufschneiden der Garben und ist genau so breit wie der norddeutsche Einlegestand.

Unterhalb der Einlegeöffnung befinden sich entweder in hoher, in tiefer Lage oder in verdeckter Anordnung (siehe Seite 682) die aus Dreschtrommel und Dreschkorb bestehenden Arbeitsorgane, die den eigentlichen Drusch durchführen.

2. Trommel

Die Dreschtrommel hat an ihrem Umfang 6—10 Schlagleisten; ihr Durchmesser beträgt — je nach Leistung — 350 bis 600 mm. Da ihre günstigsten Arbeitsgeschwindigkeiten zwischen 28

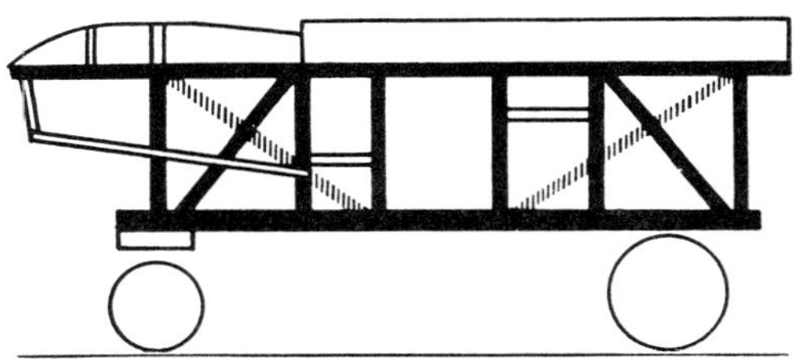

636. Gestellkonstruktion einer Dreschmaschine aus Holz mit Diagonalstreben aus Stahl (Petermann-Werke, Warendorf)

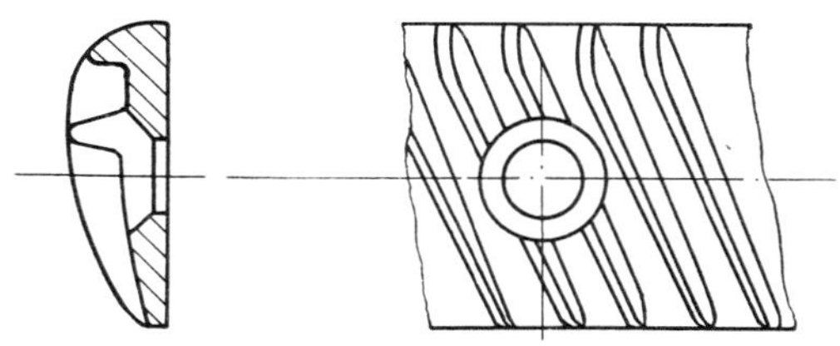

638. Einfache Schlagleiste für kleine geschlossene Trommeln

und 32 m Umfangsgeschwindigkeit liegen, bewegen sich die Drehzahlen der Trommel im umgekehrten Verhältnis zu ihren Durchmessern zwischen 1650 und 950 U/min, d. h., eine Trommel von 350 mm Durchmesser läuft etwa mit 1650, eine Trommel von 600 mm Durchmesser nur mit 950 U/min. Sinkt die Trommelumfangsgeschwindigkeit unter 28 m/sec, so läßt der Ausdrusch an Güte nach; steigt sie über 32 m/sec, so ist erhöhter Körnerbruch zu befürchten. Ein geübter Einleger hört am Ton des Trommelgeräusches, ob seine Trommel die richtige Drehzahl hat. Er sucht sie dadurch zu halten, daß er gleichmäßig einlegt.

637. Gestellkonstruktion einer Dreschmaschine aus Stahl (Badenia, Weinheim)

3. Gestell

Die hohen Drehzahlen der Trommel und die vielen schwingenden Arbeitsorgane, die bei der Weiterverarbeitung des gedroschenen Gutes tätig sind, bedingen ein schwingungsfestes Gestell als Träger der Arbeitselemente. Bei Holzkonstruktionen (Bild 636) besteht es aus verzapften Harthölzern, die nach Art des Fachwerkverbandes einen in sich verstrebten Kasten bilden, und durch Diagonalstreben aus Stahl (gestrichelt) einen festeren Halt bekommt. Stahlkonstruktionen werden durch Profileisen und unbedingt biegungsfeste Rohre (Bild 637) ausgeführt. Sie werden in moderner Elektroschweißtechnik verbunden.

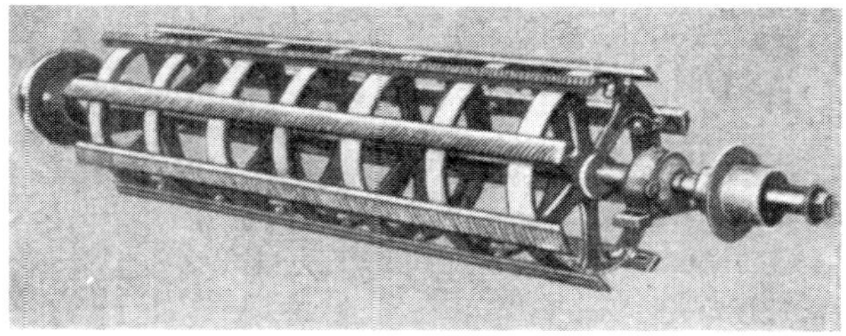
639. Offene Schlagleistentrommel
(H. Hummel Söhne, Ehrenstein-Ulm)

Die Trommeln werden (ihrem Verwendungszweck und der Leistung der Maschine entsprechend) verschieden gebaut. Grundsätzlich werden die Trommeln so aufgebaut, daß die Hauptschwungmassen dem Umfang zu angebracht sind, damit sie gleichförmig laufen. Bei Maschinen mit kleiner Leistung begnügt man sich mit Stahltrommeln geschlossener Form, auf deren Mantel die einfachen, heute genormten Schlagleisten (Bild 638) mit abwechselnder Rechts- und Linksrippung aufgeschweißt sind. Zu Maschinen größerer Leistung verwendet man meist nur noch offene Trommeln (Bild 639 und 640), bei denen Winkelschlagleisten (Bild 641), meist unter Zwischenlage einer federnd und weicher wirkenden Holzleiste, auf die Trommelscheiben aufgeschraubt werden. Die geschlossenen, geschweißten Stahltrommeln müssen durch neue Trommeln ersetzt werden, wenn sie zu sehr abgenutzt sind. Bei Trommeln mit aufgeschraubten Schlagleisten braucht in solchem Falle nur die eine oder die andere Schlagseite ersetzt zu werden.

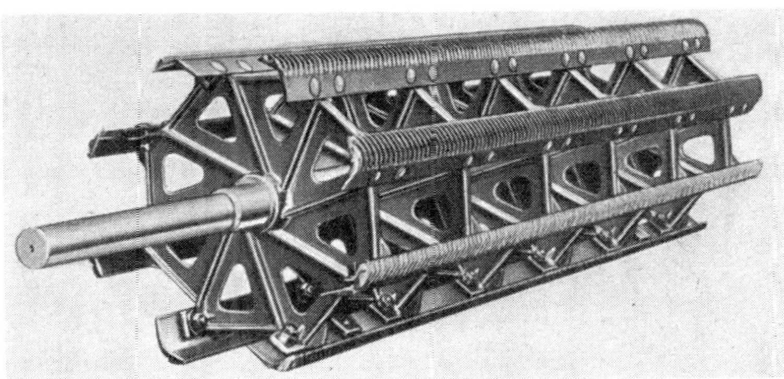
640. Offene Schlagleistentrommel (Dechentreiter, Bäumenheim)

Die Dreschtrommeln sind heute durchweg in Pendelkugellagern gelagert, die der großen Beanspruchung wegen besonders stark ausgebildet sind (Bild 642). Die beiderseitige

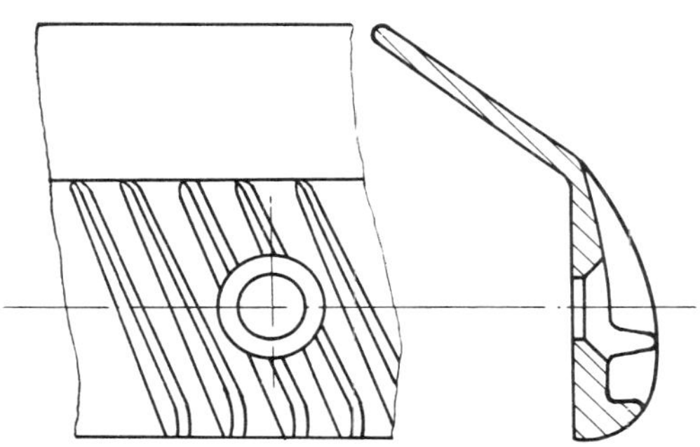
641. Winkelschlagleiste
(Dechentreiter, Bäumenheim)

642. Trommellager einer Dreschmaschine
(Dechentreiter, Bäumenheim)

Abdichtung mit Filzringen macht das Eindringen von Fremdkörpern unmöglich; bei normaler Pflege und rechtzeitigem Schmieren halten sie sehr lange.

Dreschtrommel und Dreschkorb vollenden gemeinsam das Dreschen. Die Trommel schleudert dem Korb die Ähren entgegen. Im Dreschkorb sind Korbleisten angeordnet, um deren scharfe Kanten sich die senkrecht zu ihnen aufprallenden Ähren biegen (s. a. Bild 633). Die sehr elastischen Ähren werden dadurch wieder der Trommel zugeführt und im wiederholten Hin und Her von den Schlagleisten bearbeitet, so daß sie, völlig ausgedroschen, die Maschine verlassen können.

4. Dreschkorb

Auch die Dreschkörbe sind verschieden ausgebildet, entsprechend den Leistungen und den Anforderungen an die Dreschmaschine. Ihr Aufbau besteht in zwei äußeren gebogenen Rahmen und mehreren inneren gebogenen Flacheisen- oder auch Rundeisensegmenten, die den Korbleisten Halt geben. Parallel zu diesen Segmenten sind zum Schließen der großen freien Durchgänge durch die Zwischenräume der radialstehenden Korbleisten 6 mm starke Korbdrähte im Abstand von 15 bis 20 mm gezogen. Sie sollen den Durchtritt abgeschlagener Ährenteile verhindern. Körner und Kaff sollen frei hindurchgehen. Nach längerer Benutzung sind die Korbleisten nicht mehr scharf genug, darum gibt es heute schon Körbe, bei denen durch Schraubenverbindung die symmetrisch ausgebildeten Korbleisten gelöst und umgekehrt oder durch neue ersetzt werden können. Das sind Vorteile, die besonders hoch zu bewerten sind, weil der Landwirt solche Arbeiten mit einem Schraubenschlüssel selbst durchführen kann.

643. Einteiliger Dreschkorb (Dechentreiter, Bäumenheim)

5. Korbeinstellungen

Bei kleineren Maschinen hat man einteilige Körbe (Bild 643); bei größeren Maschinen ist der größere Umführungsbogen zum genaueren Anstellen des Korbes an die Dreschtrommel zweiteilig mit einem Gelenk ausgebildet (Bild 644). Der Korb ist an zwei oder drei durch die Ösen der Rahmenstücke führenden Korbstäben aufgehängt, deren verstellbare Lagerungen zu beiden Seiten der Maschine es gestatten, dem Dreschkorb immer die richtige Lage zur Trommel zu geben. Die Korbeinstellung ist ausschlaggebend für das richtige Arbeiten der Dreschmaschine und darum auch für das Druschergebnis. Der Dreschkorb ist so einzustellen, daß er (von oben nach unten gleichmäßig eng an die Trommel angestellt) sie umspannt (Bild 645). Die Weiten des dadurch entstehenden Dreschkanals können nur ungefähr angegeben werden, da

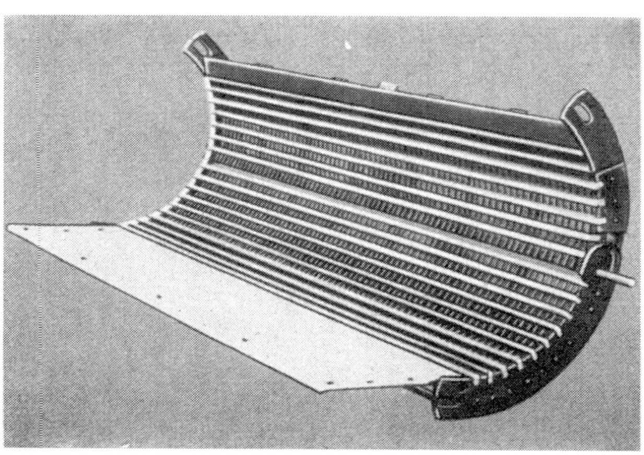

644. Zweiteiliger Dreschkorb (Petermann-Werke, Warendorf)

das Dreschgut nach Sorte, Reife und Feuchtigkeit seine Dreschfähigkeit sehr ändert. Nur durch eine Dreschprobe kann die genaue Einstellweite ermittelt werden. Als ungefährer Anhalt der Einstellweiten des Dreschkorbes möge folgende Tafel dienen:

Tafel 8. *Korbeinstellungen bei verschiedenen Fruchtarten*

Fruchtart	oben	Mitte	unten
Roggen	12—20 mm	7 mm	3—6 mm
Weizen	12—20 mm	7 mm	3—5 mm
Hafer	10—15 mm	6—8 mm	3—6 mm
Gerste	10—12 mm	6—8 mm	2—4 mm
Klee	so eng wie möglich		
Bohnen, Erbsen	so weit wie möglich u. Bohnenblech einleg.		
Raps und Rübsen	etwa 35 mm	25—30 mm	12—20 mm
Rübensamen	etwa 40 mm	30—35 mm	20—25 mm

645. Korbanstellung bei einer Dreschmaschine
(Petermann-Werke, Warendorf)

Im allgemeinen stellt man den Korb um so weiter, je sperriger das Dreschgut ist; um so enger, je fester die Körner in den Ähren sitzen. Bei feuchtem Dreschgut stellt man den Korb oben etwa 15 mm und am Auflaufende etwa 3 mm enger, ganz gleich, bei welcher Fruchtart. Wichtig ist, daß der Dreschkorb an beiden Seiten der Maschine gleichmäßig eingestellt ist. Zur bequemen Einstellung sind Moment-Korbverstellungen entwickelt worden (Bild 646), mit denen man während des Dreschens durch einen Handgriff den Abstand zwischen Dreschkorb und Dreschtrommel einstellen kann. Zu diesem Zweck ist an jeder Seite der Maschine je ein Griff angebracht. Beim Verstellen mit diesen Griffen verlagert sich der Dreschkorb exzentrisch, so daß die allmähliche Verengung des Dreschkanals bei allen Stellungen gewahrt ist. Bei gleicher Einstellung der Griffe zu beiden Seiten ist ein gleicher Abstand von der Trommel über die ganze Breite des Dreschkanals zu erzielen.

Von den Schlag- und Korbleisten wird das Dreschgut in Bruchteilen von Sekunden hin- und hergeschlagen. Es hat dabei etwa 85 % seiner Körner bereits durch die Durchlässe des Korbes verloren. Wenn es den Dreschkanal verlassen hat, wird das Langstroh mit den restlichen 15 % Körnern auf den Schüttler geschleudert, wobei das an das Korbende anschließende Korb- oder Auswurfblech ihm eine günstige Wurfrichtung gibt.

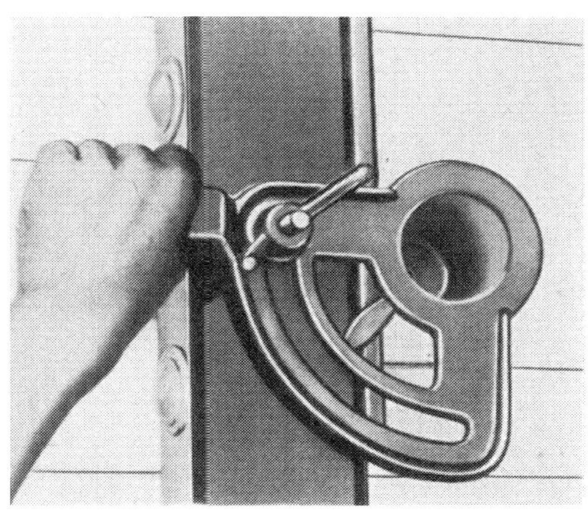

646. Moment-Korbverstellung
(Dechentreiter, Bäumenheim)

6. *Schüttler*

a) Allgemeines

Der Schüttler hat die Aufgabe, diese 15 % Körner aus dem Langstroh herauszuholen. Alle Schüttler sind siebartig ausgebildet und vollführen (durch Kurbelwellen angetrieben) eine das Langstroh hochwerfende und gleichzeitig fördernde Bewegung. Die im Langstroh festsitzenden Körner werden gelockert, durch die Wurfbewegung nach unten gebracht. Sie fallen durch die Öffnungen im Schüttlerbelag. Wegen der großen Strohmasse ist die Trennarbeit nur auf einem langen Wege möglich. Darum nehmen die Schüttler einen großen Raum der Dreschmaschine ein; oft macht er $^3/_4$ der ganzen Maschinenlänge aus.

Man unterscheidet Schaufel- oder Kasten-, Schwing- und Fingerschüttler; Fingerschüttler sind heute meist an Schwingschüttlern als Nachschüttler zu finden. Bei kleinen Maschinen wirken sie mit Kurzstrohsieben zusammen.

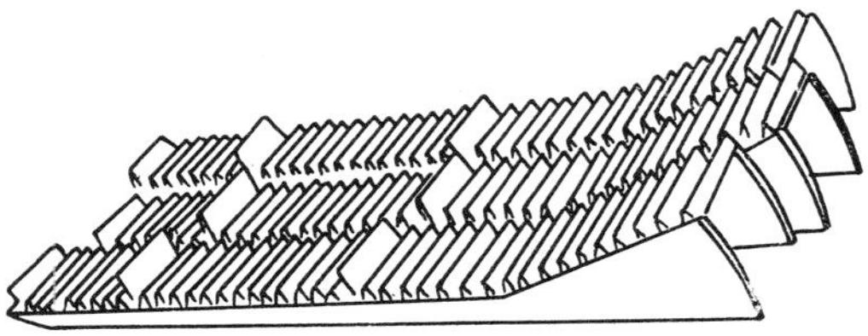

647. Dreiteiliger Schaufelschüttler

b) Kastenschüttler

Der Kastenschüttler besteht aus mehreren schmalen Kästen (meist 3—5), die parallel zueinander gerichtet, jedoch um 180° versetzt sind. Sie werden von den Kröpfungen einer Kurbelwelle angetrieben, schwingen in Federn und sind mit Dreikantquerleisten besetzt (Bild 647). Durch die Federführung (Bild 648) sind die Bewegungsbahnen dieser Kästen hinter der Trommel zum Zweck der erforderlichen Förderwirkung ziemlich gestreckt; über der Kurbel sind sie kreisförmig; zum Ablaufende werden sie mehr werfend. Durch gegenwirkendes Hoch- und Tiefgehen der Kästen wird das Langstroh kräftig durchgeschüttelt; die Körner in ihm lösen sich und fallen durch die Zwischenräume der Dreikantleisten nach unten. Anordnung und Wirkungsweise eines fünfteiligen Kastenschüttlers mit einem Nachschüttler ist aus Bild 649 zu ersehen. Es wird auf die Fangklappe aufmerksam gemacht, gegen die das von der Trommel abgeschleuderte Langstroh geworfen wird. Die Fangklappe soll das von der Trommel fortgeschleuderte Spritzkorn auffangen, damit es nicht aus der Maschine fliegt.

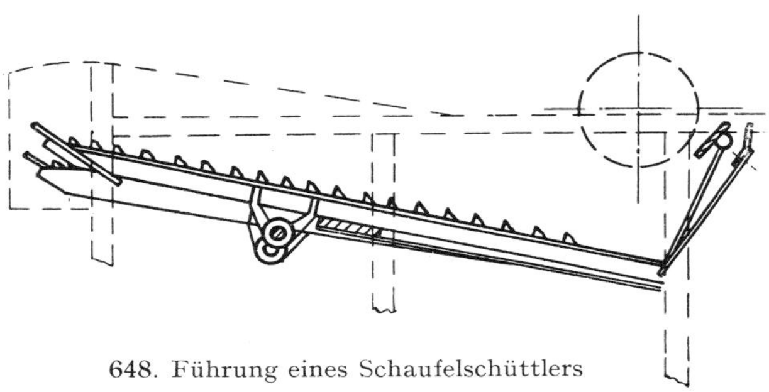

648. Führung eines Schaufelschüttlers

Um die Leistung der Kastenschüttler zu erhöhen, verwendet man bei Großdreschmaschinen in gleicher Weise wirkende Doppelschüttler (Bild 650), die aber den Nachteil haben, zwei Kurbelwellen zu benötigen.

649. Schnitt durch eine Dreschmaschine mit 5teiligem Kastenschüttler (Ködel u. Böhm, Lauingen)

c) Schwingschüttler

Seit einigen Jahrzehnten ist der in seiner Bau- und Arbeitsweise bedeutend einfachere Schwingschüttler entwickelt worden, ein einteiliger Schüttler, dessen Bewegungsbahnen durch je 2 geneigt angeordnete Federpaare so geregelt werden, daß der Schüttler am Trommelende durch senkrechter verlaufende Federn mehr horizontal schwingt, damit das Schüttelgut schneller aus dem Trommelbereich fortbefördert wird.

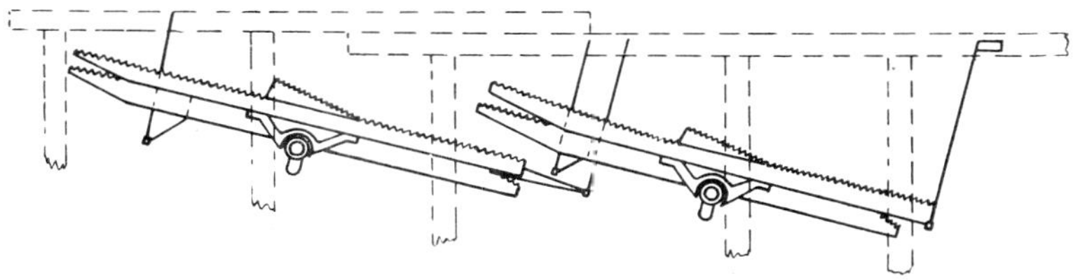

650. Aufhängung von Doppelschüttlern

Am Ablaufende vollführt er durch geneigter angeordnete Federn steilere Bewegungsbahnen. Dadurch wird das Langstroh kräftiger ausgeschüttelt (Bild 651). Der aus einem offenen Rahmen, meist mit Profilwangen und Verstärkungswangen in der Mitte gebildete Schwingschüttler ist am Trommelende mit Querleisten quadratischen Querschnittes, sonst mit dreieckigen Querleisten versehen, die zwischen sich genügend Raum lassen, um die Körner frei durchzulassen. Oft findet man gezackte Längsstege auf dem Schüttelbelag, die das Langstroh von der unmittelbaren Durchgangsebene abweisen, damit der Körnerdurchgang nicht durch Strohmassen gehemmt wird. Je größer der freie Durchgang (also die Öffnungsfläche des Schüttlers) ist, um so wirkungsvoller ist bei richtiger Anordnung der Federn die Schüttelarbeit. Darum ist der Graepelschüttler-Siebbelag (Bild 652) entwickelt worden eine Blechkonstruktion, bei der das zu Querstegen gefalzte Blech das Stroh von den Durchgangsöffnungen fernhält (Bild 653); durch Verkanten der Längsstege in die Senkrechte (Bild 654) wird die Öffnungsweite des Belages möglichst groß gehalten.

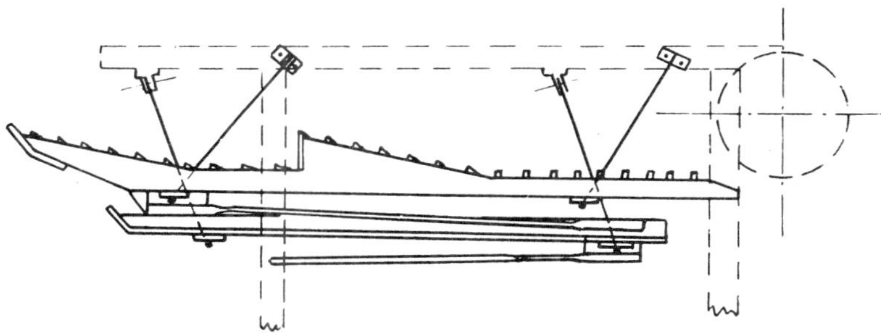

651. Gegenläufige Arbeitsweise von Schwingschüttler und Rücklaufboden, Blasebalgwirkung

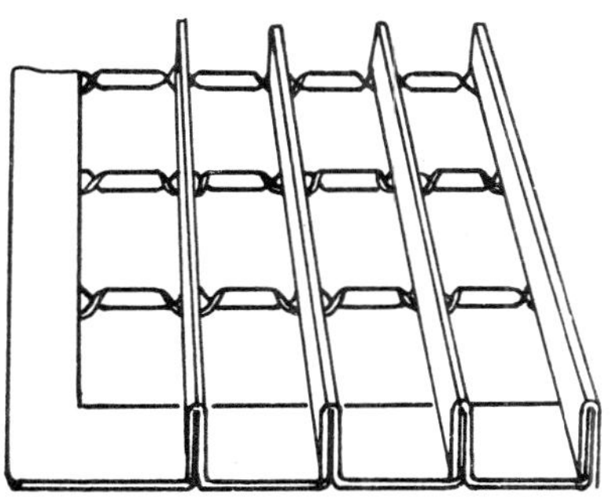

652. Graepelschüttler-Siebbelag (Graepel, Löningen)

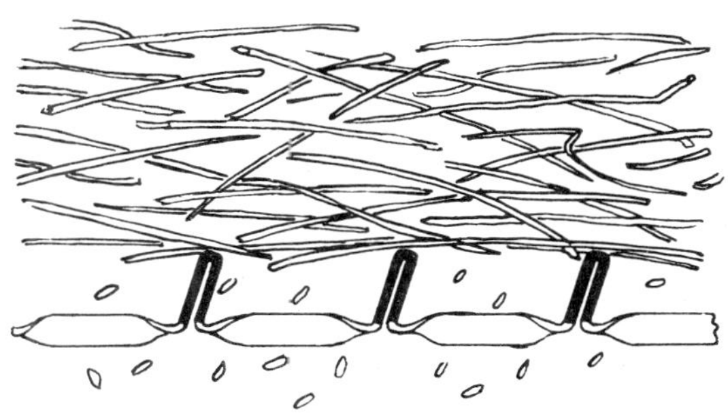

653. Querstege beim Graepelschüttler-Siebbelag halten die Durchgangsöffnungen frei (Graepel, Löningen)

Der Schwingschüttler wirkt mit dem ebenfalls in Federn — aber entgegengesetzt — schwingenden Rücklaufboden zusammen. Er nimmt das durch die Öffnungen des Schüttlers hindurchgegangene Körner-Kurzstroh-Kaffgemisch auf und leitet es weiter. Durch das Gegeneinanderarbeiten entsteht eine Blasebalgwirkung, die das Schüttelgut auf dem Schüttler stark auflockert. Das ist ein Vorteil des Schwingschüttlers. Bei der großen wirkenden Fläche des Rücklaufbodens, der sich über die ganze Maschinenbreite erstreckt, ist die Windwirkung bedeutungsvoll.

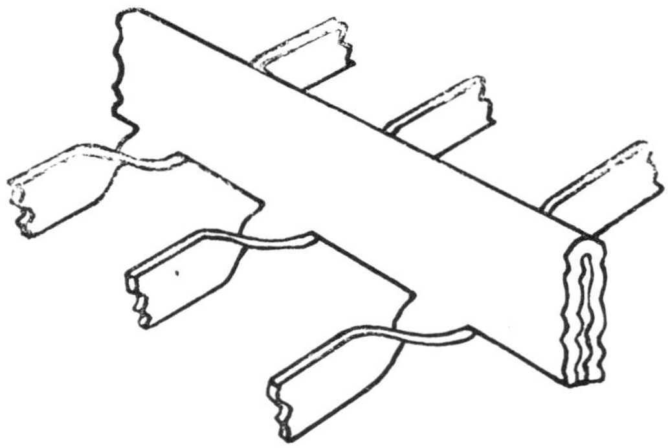

654. Verkantete Stege des Siebbelages ergeben große Durchlaßöffnungen (Graepel, Löningen)

d) Fingerschüttler

Wie die Fingerschüttler angeordnet sind, zeigt Bild 655. In 2 Reihen sind die Fingerschüttler über einem Schüttler besonderer Bauart (für kleinere Leistungen) angebracht. Die mit den Federn fest verbundenen gezackten Finger schwingen mit dem Schüttler. Wenn er hoch geht, schlagen die Finger unter das Langstroh und schütteln dadurch die Körner aus. Der Schüttlerbelag besteht hier aus Doppelnasensieben; er hat gleichzeitig das Kurzstroh mit abzusieben, so daß nur die kleinen Teile des Gemenges, also Körner, Kaff und Unkrautsamen durch ihn gelangen. Einen Blick auf die in 3 Reihen angeordneten Fingerschüttler gewährt das Bild 656. Die eigentliche Siebfläche wird von Langstroh vollkommen freigehalten.

655. Schwingschüttler mit über den Siebflächen arbeitenden Fingerschüttlern (Dechentreiter, Bäumenheim)

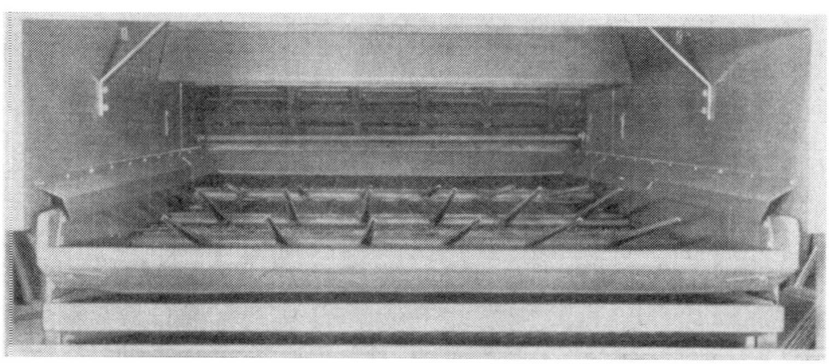

656. Blick in eine Dreschmaschine mit drei Fingerschüttlern (Dechentreiter, Bäumenheim)

e) Schüttlerantriebe

Die Schüttler werden von der Trommelwelle aus über Riemenscheiben (durch Riemen) auf die mit Kröpfungen versehene Schüttlerwelle angetrieben. Handelt

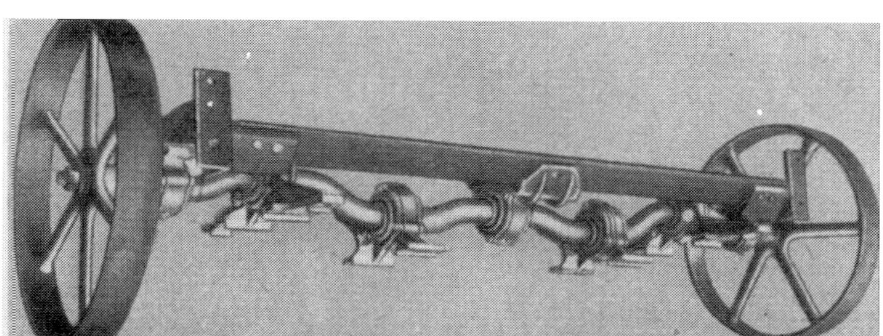

657. Schüttlerwelle mit Riemenscheibe (H. Hummel Söhne, Ehrenstein-Ulm)

es sich um Schaufelschüttler, so sind die Lager (Bild 657) unmittelbar an den Schüttlerelementen befestigt; bei Schwingschüttlermaschinen dagegen sind Schubstangen zwischen Lagerung und Schüttler geschaltet (Bild 658), so daß die Kurbelwelle durch eine Schubstange den Rücklaufboden und der Rücklaufboden durch eine zweite Schubstange den Schüttler in Bewegung setzt. Die Schüttlerwelle treibt meist auch die übrigen in der Dreschmaschine schwingenden Organe (Kurzstrohsieb und Siebkasten). Da die Übersetzung zwischen Trommel und Kurbelwelle durch den Riementrieb konstant ist, kann man durch Feststellen der Kurbelwellendrehzahl (die für eine Maschine eine bestimmte Größe hat und meist an der Maschine vermerkt ist und normal etwa 220 beträgt) auf die richtige Drehzahl der Trommel schließen.

658. Schüttlerwelle mit Schubstangenkopf
(Dechentreiter, Bäumenheim)

7. *Kurzstrohsiebe*

Der geneigt liegende Rücklaufboden führt das unmittelbar durch den Dreschkorb und das durch den Schüttler gelangte Gemisch aus Kurzstroh, Kaff, Körnern und Unkrautsamen dem Kurzstrohsieb zu, damit das Kurzstroh abgesondert wird. Außer dem nur wenig verwendeten Holzsieb (Bild 659 und 660), das ein Treppensieb ist, mit in Querrillen liegenden, senkrechten, etwa 16—20 mm großen, auf Lucke stehenden runden Durchgangsöffnungen, und unter etwa 10 % Neigung mit Schüttlerschwingzahl horizontal schwingt, wird allgemein das Graepelsieb verwendet, ein Doppelnasensieb verschiedener Ausbildung (Bild 661). Diese aus dekapiertem Blech hergestellten Kurzstrohsiebe haben eine große Durchgangsöffnung: die Körner können nicht überlaufen. Die nach unten und nach oben abwechselnd durchgedrückten Nasen lassen wegen ihrer taschenartigen Einsenkung das Korn sicher durchfallen. Die nach oben durchgedrückten Nasen geben dem ganzen Sieb einen einseitigen Rauhigkeitsgrad in

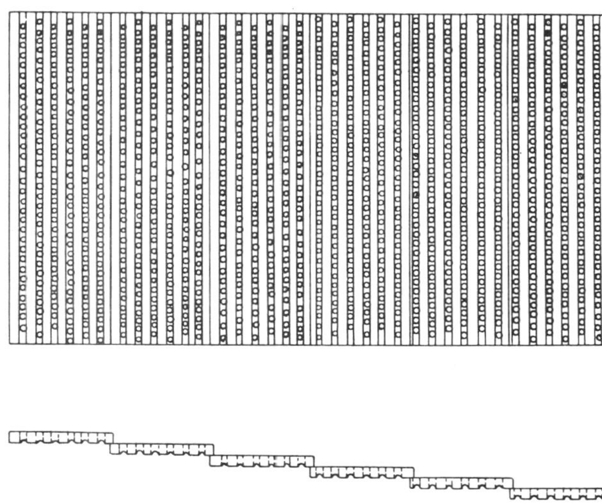

659. Kurzstrohsieb aus Holz

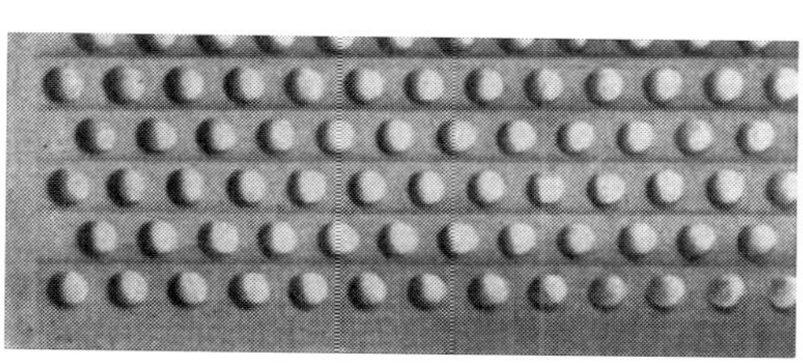

660. Belag eines Holzsiebes

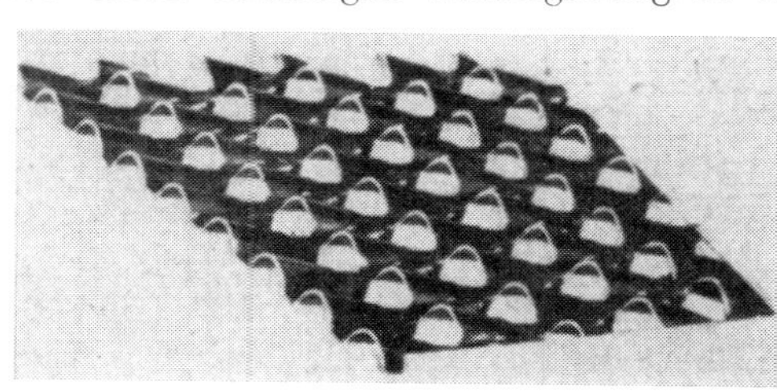

661. Doppelnasensieb aus Eisenblech
(Dechentreiter, Bäumenheim)

662. Neuzeitliches Kurzstrohsieb mit Zwischenschaltung der Körnerfalle (Graepel, Löningen)

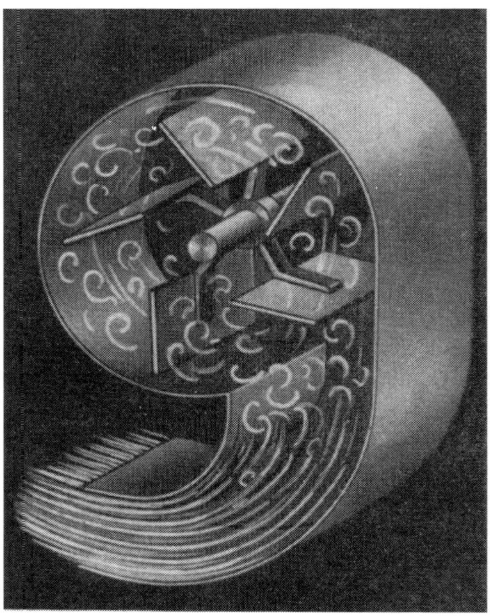

663. Dreschmaschinen-Gebläse (Petermann-Werke, Warendorf)

Übergangsrichtung. Dadurch kann es bei verhältnismäßig schwacher Neigung durch seine Horizontalschwingungen das Kurzstroh sicher über das Sieb hinwegführen. Es ist erwünscht, die Leistung des Kurzstrohsiebes zu erhöhen, vor allem aber den Übergang des Kurzstrohes über das Sieb zu beschleunigen, damit nicht so viel davon durch das Sieb tritt. Deshalb ist eine kombinierte Siebfläche entwickelt worden. Im mittleren Drittel des Siebes sind die nach oben durchgedrückten Nasen fortgefallen bis auf die seitlichen Ansätze, die als Förderkanten das Sieb in Überlaufrichtung rauher machen (Bild 662). Das Graepel-Kurzstrohsieb arbeitet (mit Schüttlerschwingungszahl horizontal schwingend) mit einer Neigung von nur 4—6%. Damit diese Metallsiebe nicht flattern, sind sie in der Mitte und an den Seiten fest auf dem Siebrahmen montiert. Die früher über dem Sieb angeordneten dreikantigen Befestigungsleisten liegen jetzt durchweg unter dem an diesen Stellen hochgebogenen Sieb. Sie können sich nicht verstopfen, auch nicht durch Gerstengrannen. Das Kurzstrohsieb, dessen Rahmen meist mit dem Windkasten der ersten Reinigung starr verbunden ist, wird von der Kurbelwelle aus angetrieben. Die beim Absieben nötigen Schwingungen wirken sich gleichzeitig auf den unter dem Sieb angebrachten Kurzstrohsieb-Rücklaufboden aus. Das durch das Sieb gelangte Körner-Kaff-Unkrautsamengemisch wird so zur ersten Reinigung befördert.

8. Erste Reinigung

Die erste Reinigung ist eine kombinierte Wind- und Siebreinigung im großen Siebkasten, der mit Schüttlerschwingungszahl horizontal schwingt. Bauart, Anbringungsort, Arbeitsweise und Antriebsvorrichtungen des großen Siebkastens sind so verschieden, wie die große Zahl der auf dem Markt befindlichen Dreschmaschinentypen. Für Bauart und Anbringungsort sind vor allem die Lage des winderzeugenden Gebläses und die Ausrichtung der Windreinigung auf Druck- oder Saugluft ausschlaggebend. Um einfache Konstruktionen mit möglichst wenig Wellen und Riementrieben herzustellen, wird das Gebläse oft (wie auch in der Darstellung von Bild 631) auf der Trommelwelle angeordnet und der Wind in Leitkanälen der wirkenden Reinigungsstelle zugeführt. Das Gebläse der Dreschmaschine besteht meist aus einem 4- bis 5-flügeligen Läufer im Windgehäuse (Bild 663), der den Wind durch seitliche, in ihrer Öffnungsweite verstellbare Seitenklappen ansaugt und in die Windleitung drückt, die eine Verlängerung des Gebläsegehäuses ist.

a) Druckwind

Bei Reinigung mit Druckwind bläst der Wind unter das oberste Sieb im Windkasten, das sogenannte Windsieb (Bild 664).

Der hier quer zur Windrichtung schwingende Siebkasten ist so ausgebildet, daß er bei seinen Bewegungen nicht gegen die feststehende Winddüse stoßen kann. Das vom Rücklaufboden des Kurzstrohsiebes auf das Windsieb gelangende Gemisch wird wegen der leichten Neigung und der Schwingbewegung des Siebes über es hinweggeleitet; dabei fallen schon auf der Siebfläche die meisten Bestandteile hindurch, werden vom Wind erfaßt, und das leichte Gut, hauptsächlich Kaff, wird mit dem Wind fortgeblasen. Die schwereren Körner und auch die größeren, an der Überkehr des Siebes herabfallenden Teile (abgeschlagene Ährenteile), gelangen, vom Kaff befreit, auf das nächste Sieb, das Ährensieb, das die größeren Bestandteile infolge seiner Neigung aus der Maschine herausbefördert. Die Körner und kleineren Beimischungen, die der Wind nicht mit fortnehmen konnte, fallen durch das Ährensieb hindurch auf das Unkrautsieb. Es hält die Körner zurück und sondert alle kleineren Bestandteile ab (Unkrautsamen, Sand und Staub).

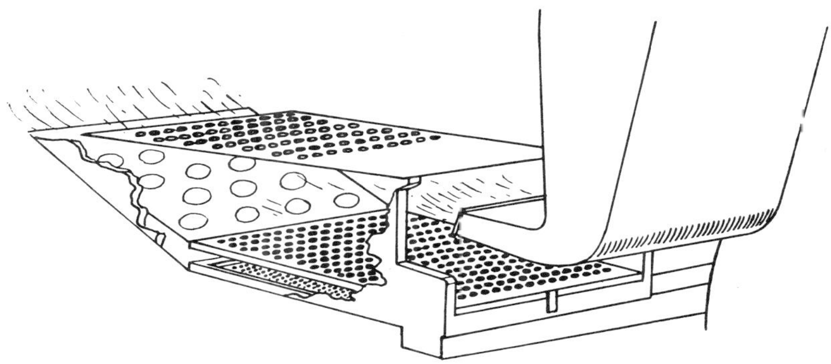

664. Erste Windreinigung in der Dreschmaschine mit Druckluft
(Dechentreiter, Bäumenheim)

Die Siebe der ersten Reinigung sind durchweg Metall-Rundlochungssiebe, und zwar benutzt man heute nur Hochleistungssiebe (Bild 665), deren Stege zwischen den einzelnen Löchern so klein sind, wie es die Lochtechnik zuläßt, so daß der freie Durchgang groß ist. Die Lochweiten richten sich nach dem Dreschgut. Das mit Wind- oder auch Spreusieb bezeichnete obere Sieb hat für Getreidedrusch etwa 16 mm, für Drusch von Hülsenfrüchten etwa 23 mm Lochweite. Wichtiger bei sauberer Kornabscheidung ist das Ähren- oder auch Wechselsieb. Das Unkrautsieb hat für alle Fruchtarten einen Lochdurchmesser von 2 mm.

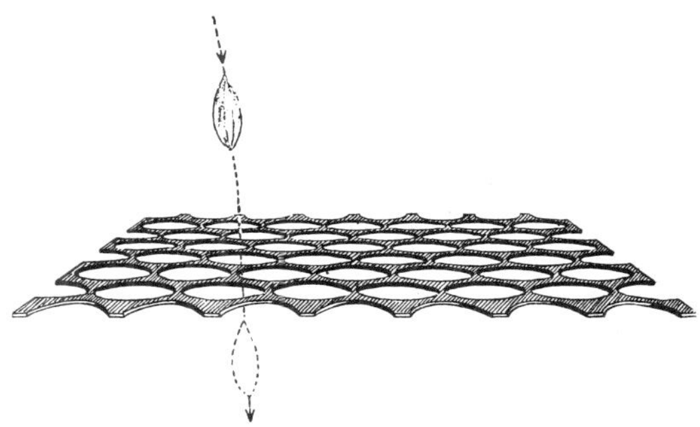

665. Hochleistungs-Rundlochsieb mit schmalen Stegen
(Graepel, Löningen)

Die Lochweiten des Ährensiebes für den Getreidedrusch betragen bei Weizen 8 bis 10 mm, Roggen 6 bis 8 mm, Gerste 10 bis 11 mm, Hafer 12 bis 15 mm. Hülsenfrüchte verlangen je nach Sorte 16 bis 23 mm, bei Rübensamen geht man auf 12 bis 15 mm, bei Raps und Rübsen auf 5 mm und bei Klee sogar auf 3 mm herunter. Vor jedem Drusch ist zu prüfen, ob das richtige Sieb eingeschoben ist.

Die Windstärke muß dem Gut angepaßt sein. Weil Getreide, Hülsenfrüchte, Raps und Klee verschieden starken Wind brauchen, so muß der Wind so eingestellt sein, daß Körner mit dem Kaff nicht übertreten können. Auch die Feuchtigkeit des Dreschgutes übt hier einen

Einfluß aus. Der Wind wird entweder an der in die Windleitung eingebauten Drosselklappe oder an der Ansaugeöffnung des Gebläses verstellt. Dabei muß auch die hinter dem Windsieb verstellbar angeordnete Einstellung der Kaffklappe geregelt werden. Wenn auch keine genauen Einstellungen angegeben werden können, da die richtige Einstellung nur ausprobiert werden kann, so gilt doch, daß bei schwerem und besonders feuchtem Korn die Kaffklappe tiefer stehen, der Wind indes stärker blasen muß.

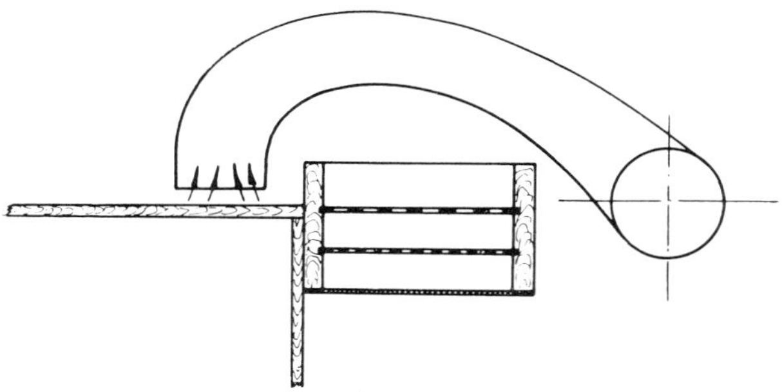

666. Reinigung durch Saugwind

b) Saugwind

Bei der Reinigung durch Saugwind wird der durch Gebläse erzeugte Saugwind über das Windsieb geleitet; die Reinigung ist anders gebaut; das Sieb ist aus dem Siebkasten herausgenommen worden. Der in seiner Zustellung verstellbare Saugrüssel (Bild 666) wird, je nach der Stärke des Saugwindes, mehr oder weniger dicht über dem Windsieb eingestellt. Bei Druckwind liegen die abzuwindenden Teile regellos im Windstrom. Die längs im Winde liegenden Teile brauchen einen stärkeren Windstrom. Bei Saugwind bieten die auf dem Windsieb liegenden Teile dem Wind durchweg ihre größte Angriffsfläche dar. Darum braucht die Saugwindeinrichtung bedeutend geringere Windstärken. Die Gefahr des Abwindens von Körnern ist hier weit geringer. Hinzu kommt, daß bei Druckwind die Windstärke mit der Entfernung von der Winddüse nachläßt; bei Saugwind bleibt der Saugdruck gleichmäßig.

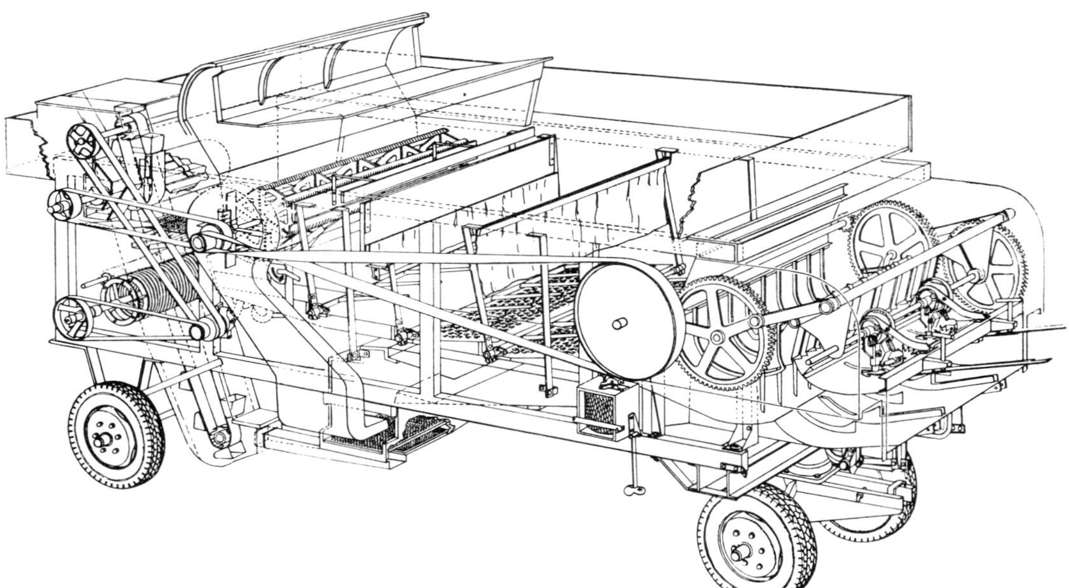

667. Blick in eine Schlagleisten-Dreschmaschine mit Becherelevator (Dechentreiter, Bäumenheim)

Das in der ersten Reinigung vorgereinigte Dreschgut gelangt durch die Rüttelbewegung des großen Siebkastens, unterstützt durch leichte Neigung des Führungskanals, zum Elevator. Zur weiteren Reinigung befördert er es zu dem höher gelegenen zweiten, kleinen Siebkasten.

Der heutige Dreschmaschinenbau kennt grundsätzlich 2 verschiedene Bau- und Arbeitsweisen von Elevatoren, den älteren Becher- und den neueren Wurfelevator.

668. Verstellbares Elevatorlager
(Petermann-Werke, Warendorf)

9. Becher- und Wurfelevator

Bild 667 zeigt eine Dreschmaschine mit Becherelevator. Er besteht aus einem Bechergurt, der oft durch ein nachspannbares oberes Elevatorlager (Bild 668) straff gehalten wird; außerdem hat er eine Schnallenverbindung. Die Länge des Förderers (und damit auch die Anzahl der auf den Gurt aufgenieteten Becher) richtet sich nach der Bauart der Maschine. Der Gurt läuft etwa mit 1 m/sec. Die etwa 200 g Körner fassenden Becher schöpfen das im unteren Teile der Umkleidung zusammenfließende Reinigungsgut aus dem Schöpfraum und befördern es (mehr oder weniger steil) nach oben. Die Becher sind so geformt, daß sie sich bei der Überkehr leicht und ganz entleeren.

Viel verbreitet sind in den letzten Jahrzehnten die Wurfelevatoren (Bild 669). Die 2- bis 5flügeligen Läufer erfassen das ihnen von der ersten Reinigung her zufließende Korn und schleudern es (je nach Bauart der Maschine), etwa unter einem Winkel von 50 bis 70°, bis 2 m hoch in die zweite Reinigung. Zum Schutze gegen eine besonders in trockenen Sommern leicht mögliche Beschädigung des Fördergutes sind die Flügel mit Leder- oder Gummibelag versehen. Die Umdrehungsgeschwindigkeit dieser Flügel beträgt etwa 20—25 m/sec.

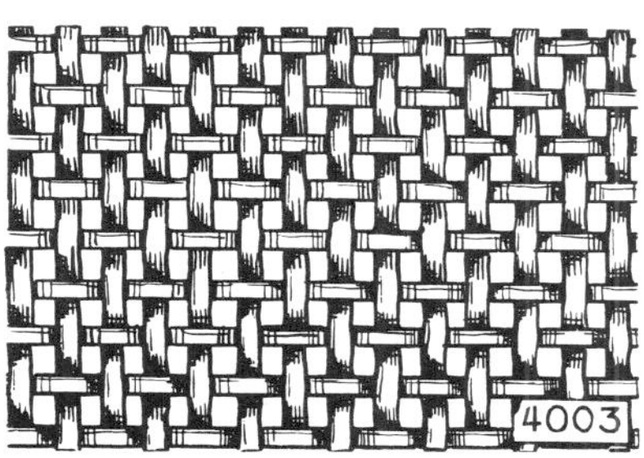

670. Entgrannerblech (Graepel, Löningen)

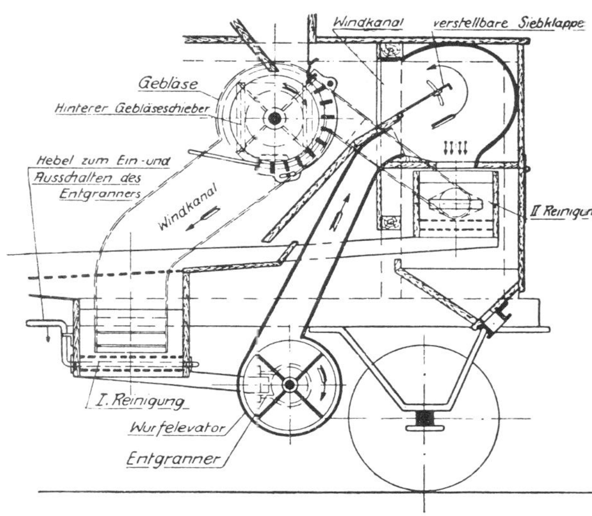

669. Anordnung eines Wurfelevators
(Standardwerk Wilh. Schulze, Bevensen)

Der Wurfelevator ist in seiner Bauweise einfacher als der Becherelevator. In die äußere Wandung des Wurfgehäuses kann ein Entgrannerblech eingelegt werden. Damit kann das Dreschgut gleich entgrannt werden. Das Entgrannerblech (Bild 670), ein aus Draht oder Blechbandgeflecht bestehendes Element, wirkt durch seine rauhe Oberfläche auf das darübergeführte Getreide.

Am oberen Ende des Steigrohres, oberhalb des zweiten Siebkastens, befindet sich eine verstellbare gelochte Klappe, die den vom Wurfelevator erzeugten Wind zur Trommel hin ableiten soll, die geförderten Körner aber zur zweiten Reinigung gelangen läßt. Die Siebklappe muß so eingestellt werden, daß keine Körner mit dem Windstrom an der Trommel vorbei wieder auf das Kurzstrohsieb gelangen.

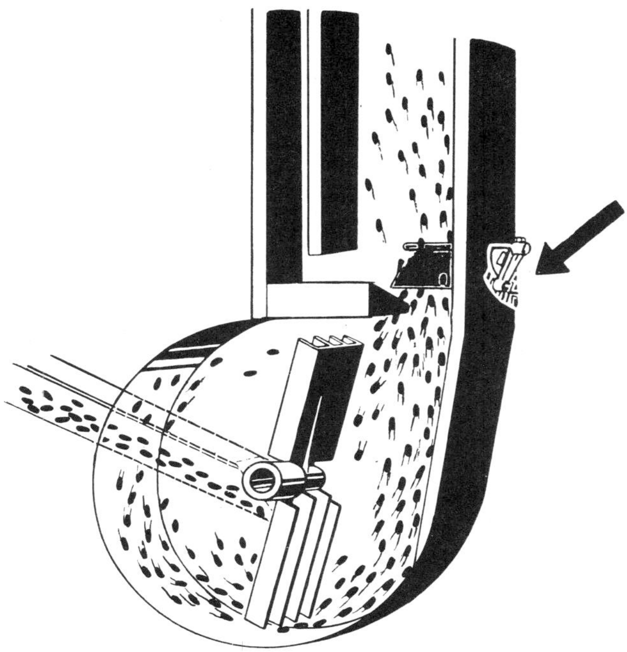

671. Wurfelevator mit regelbarer Entgrannung durch entsprechende Einstellung der Entgrannerklappe (Dechentreiter, Bäumenheim)

Eine regulierfähige Entgrannung mit dem Wurfelevator zeigt Bild 671, bei der in das Steigrohr eine schwenkbar einzustellende Entgrannerklappe eingebaut ist. Ihre Schärfe wird dadurch reguliert, daß sie entsprechend schräg gestellt wird.

Bei Dreschmaschinen mit Becherelevator ist gegen Ausgang des Elevators zu, zwischen den beiden Reinigungen, ein besonderer Entgranner eingebaut. Er kann für jedes Dreschgut eingeschaltet werden. Die Zuführung kann aber auch umgangen werden. Wenn die Klappe der Kornführung entsprechend eingestellt wird, so kann das Korn auch unmittelbar zur zweiten Reinigung gelangen. Die Bauarten der Entgranner gleichen sich im großen ganzen. Sie bestehen aus einer Förderschnecke, einem Messerentgranner und einem Schlagkreuzentgranner, die je nach Schaltung hintereinander auf das Korn wirken oder bei empfindlichem Gut (Braugerste) nur im ersten Teil benutzt werden, wenn eine Bodenklappe im Entgrannergehäuse geöffnet wird (Bild 672). Die Messerentgranner sind entweder aus einem Stück vierflügelig gegossen (Bild 673) oder einflügelig

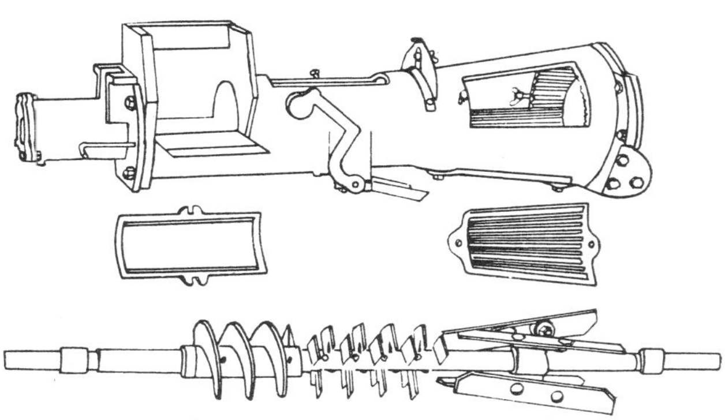

672. Entgranner einer normalen Dreschmaschine

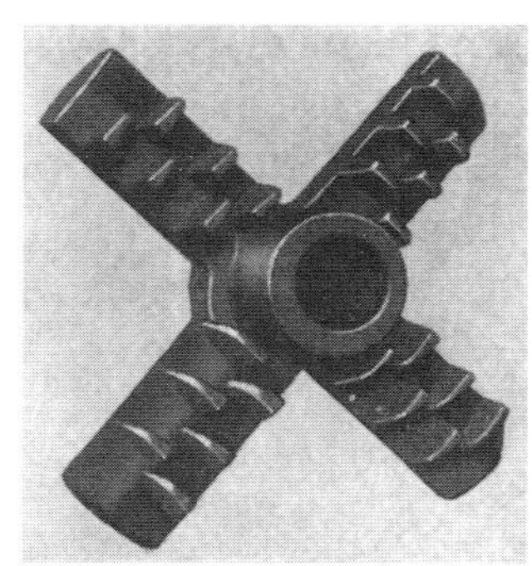

673. Messerkreuz eines Entgranners (Petermann-Werke, Warendorf)

versetzt auf der Entgrannerwelle aufgesetzt, die mit etwa 950 U/min umläuft. Besonders stark wirkt der in einem gerippten Gehäuse laufende Schlagkreuzentgranner. Das Entgrannergehäuse ist aus Gußeisen, die Einlagen sind aus Hartguß.

10. Zweite Reinigung und Sortierung

Die auf dem Arbeitswege hinter dem Entgranner eingebaute zweite Reinigung soll durch schärfere Windwirkung die restlichen Beimengungen aus dem Getreide entfernen, vor allem auch die im Entgranner anfallenden Grannen fortblasen. Die zweite Reinigung wirkt ähnlich wie die erste durch Wind und Siebe (Bild 674). Da der Wind die abgeblasenen Teile dem Kurzstrohsieb zuführt, kann er hier etwas stärker eingestellt werden, ohne daß Körner verlorengehen; doch ist zu starker Wind nicht ratsam, da sonst die Körner im Kreise laufen; das würde die Reinigung überlasten. Bei kleineren Maschinen fällt das Getreide von dem Windsieb auf ein auswechselbares Sortiersieb, auf dem es nach Größe sortiert wird. Die Reinigungen größerer Maschinen gleichen den ersten Reinigungen. An sie schließt sich dann meist ein Sortierzylinder an, der aus ausziehbaren Drahtwindungen besteht und etwa die gleiche Arbeit verrichtet wie ein Sortiersieb (Bild 675). Das nach Größe sortierte Korn fällt in die Taschen der Absackvorrichtung; es kann getrennt abgesackt werden. Dieses Bild zeigt 5 Absackstellen. Die am weitesten links liegende Absackstelle birgt das durch den Zylinder gelangte Korn erster Sorte, das wegen seiner Größe nicht durch die Windungen des Sortierzylinders hindurchgelangen konnte. Nach rechts zu verkleinert sich die Korngröße. Gewöhnlich hat man nur 3 Absackstellen eingeschaltet, die für die erste und für die zweite Sorte und eine für Bruchkorn.

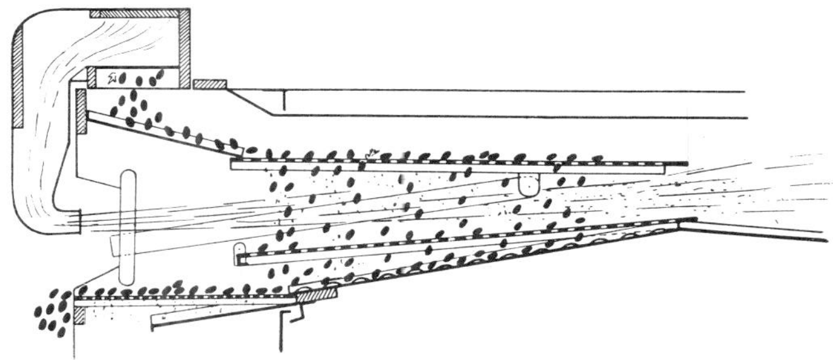

674. Zweite Reinigung einer Dreschmaschine
(Dechentreiter, Bäumenheim)

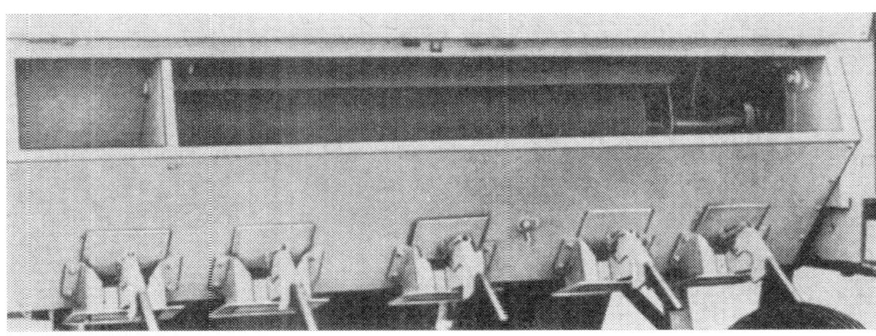

675. Sortierzylinder über der Absackung arbeitend (Dechentreiter, Bäumenheim)

11. Kaffgebläse

Das Kaffgebläse erleichtert die Arbeit des Bedienungspersonals. Es beseitigt das Kaff und mildert die Staubbelästigung. Das Gebläse am Kaffauslauf wird durch Riemen von der Schüttlerwelle aus angetrieben (Bild 676) und führt das Kaff einem in der Nähe der Dreschmaschine

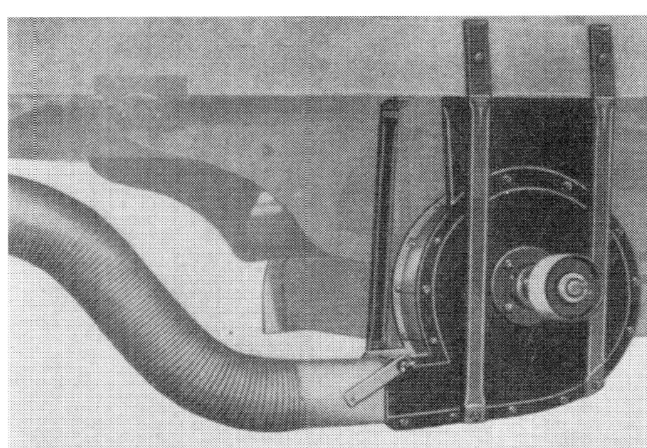

676. Kaffgebläse mit Stahlblechrohr
(Petermann-Werke, Warendorf)

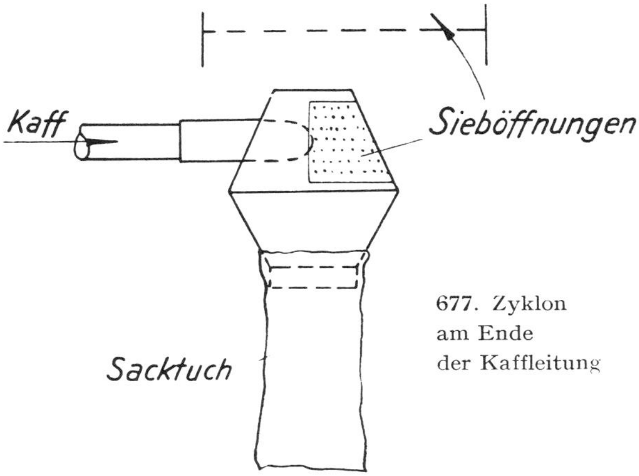

677. Zyklon am Ende der Kaffleitung

aufgestellten Zyklon (Bild 677) zu, von dem es in Behälter oder auf Kaffwagen gelangt, ohne die Arbeiter zu belästigen. Das Kaffgebläse ist ein normales, meist mit einem vierflügeligen Läufer versehenes Gebläse; es ist heute als Kaff-Fördergebläse ausgebildet, das das Kaff bis 80 und mehr Meter weit durch ein angeschlossenes Rohrsystem gleich auf den Kaffboden bläst.

12. Fern-, Selbst- und Schneideinleger

Das Dreschverfahren ist durch den Ferneinleger vervollkommnet worden

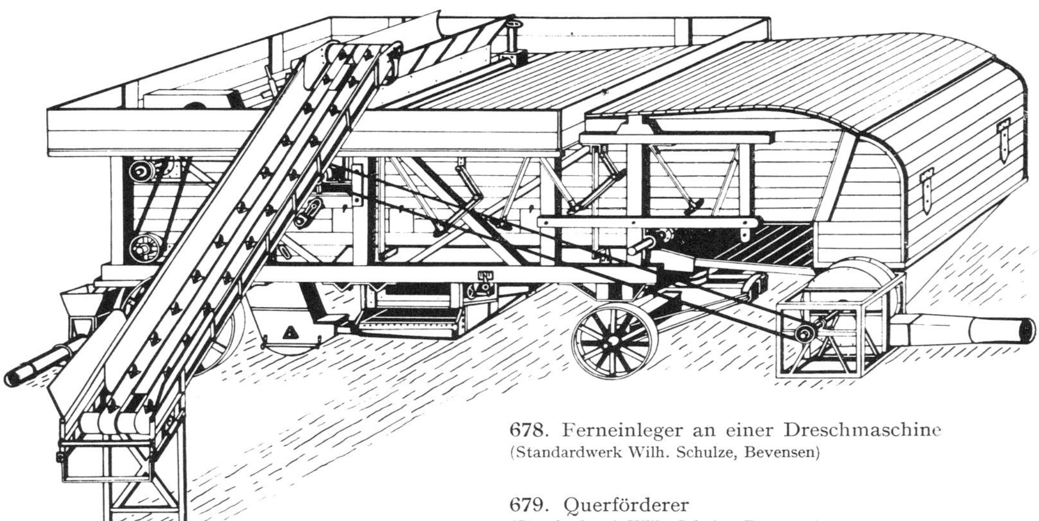

678. Ferneinleger an einer Dreschmaschine
(Standardwerk Wilh. Schulze, Bevensen)

679. Querförderer
(Standardwerk Wilh. Schulze, Bevensen)

(Bild 678). Mit ihm können Arbeitskräfte gespart werden. Die Garben können entweder vom Fuder oder von der Miete aus in die Fördermulde des Ferneinlegers geworfen werden, der sie sicher dem Dreschorgan zuführt, ohne daß ein Bedienungsmann auf der Maschine zu sein braucht. Mit den Ferneinlegern, die gleichzeitig von beiden Seiten die

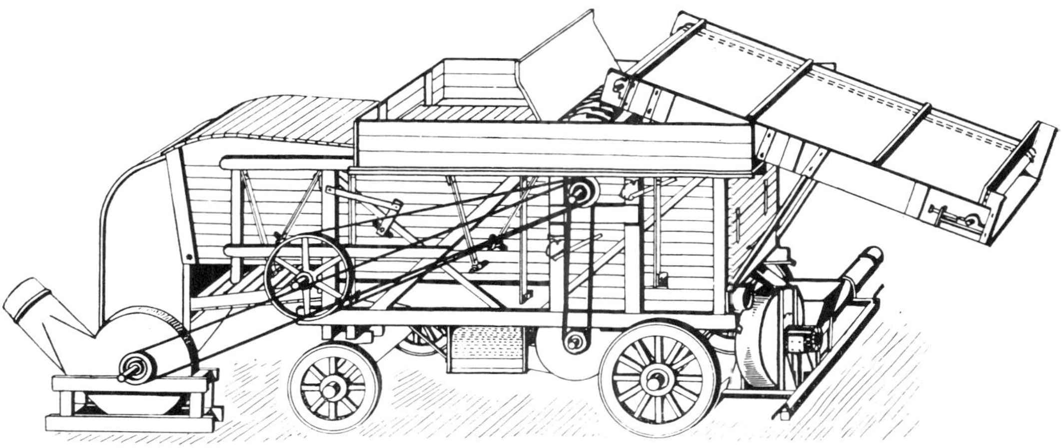

680. Längsförderer an der Schmalseite der Dreschmaschine (Standardwerk Wilh. Schulze, Bevensen)

Maschine beschicken können, sind oft automatische Öffner verbunden, die die Garben sicher aufschneiden. Solche Ferneinleger werden als Quer- (Bild 679) und als Längsförderer (Bild 680) gebaut. Bei der Stahl-Dreschmaschine ist der Längsförderer gleich mit der Maschine verbun-

681. Stahl-Dreschmaschine mit angebautem Längsförderer (Lanz, Mannheim)

den (Bild 681); er kann für den Transport eingeschlagen werden. Ferneinleger können die sonst beim Wagenwechsel entstehenden Dreschpausen leicht überbrücken; durch pausenloses Einlegen wird erheblich an Arbeitszeit gespart.

Auch das rucklose Einlegen der Garben in die Dreschorgane ist durch maschinelle Einrichtungen verschiedener Formen möglich geworden. Damit die Garben gleichmäßig zugeführt werden können, hat man Selbsteinleger gebaut, die entweder mit einer oder mit zwei Zuführwalzen ausgerüstet sind (Bild 682). Die Zuführwalzen laufen mit verschiedenen Geschwindigkeiten um.

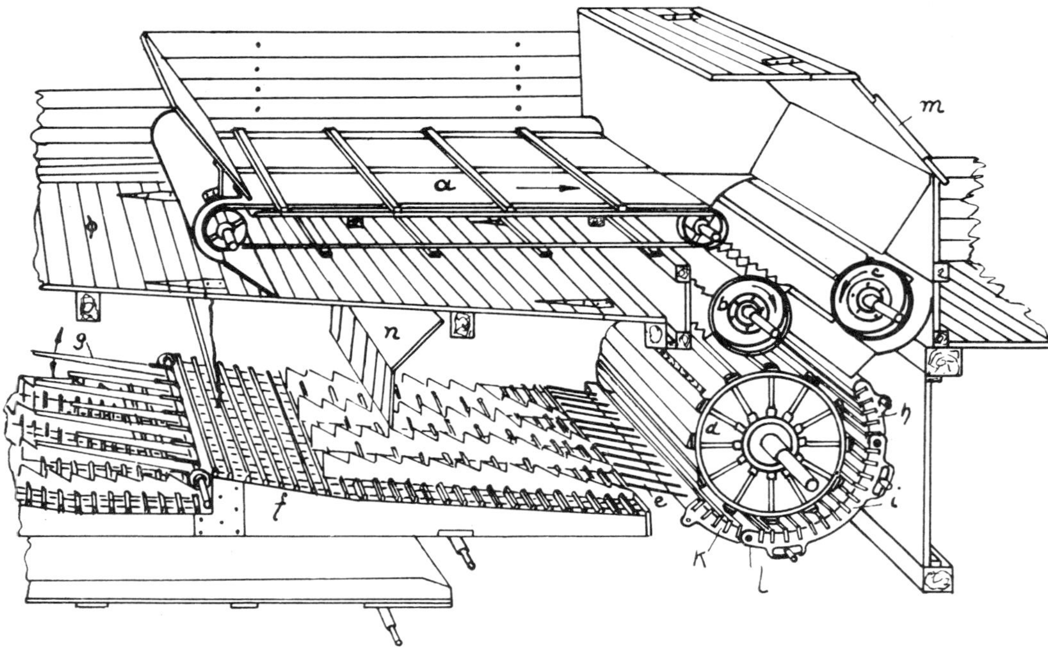

682. Selbsteinleger mit zwei Zuführwalzen (Standardwerk Wilh. Schulze, Bevensen)

a horizontaler Zubringer
b, c Einlegetrommeln
d Trommel
e Abwurfrechen
f Schwingschüttler
g Fingerschüttler
h oberer Dreschkorb
i unterer Dreschkorb
k unterer Dreschkorb
l Gelenk
m Einlegehaube
n Fangklappe

In letzter Zeit hat man den Häckseldrusch gefördert. Daraufhin ist der Schneideinleger entstanden, der die Garben vor dem Drusch nicht nur aufschneiden, sondern auch in Strohteile zerschneiden kann. Diese Einrichtung ist vielfach verwendbar. Es ist ein Einleger geschaffen worden, der Unfälle verhütet, auch wenn er nicht zum Häckseldrusch verwendet wird. Er wirkt meist so, daß mit Greifaussparungen versehene Doppelscheiben das Dreschgut gegen feststehende keilförmig oder scheibenförmig ausgebildete Messer drücken (Bild 683); dabei wird das Stroh zerschnitten. Solche Schneideinleger können auf jeder Dreschmaschine aufgebaut werden. Sie haben einen besonderen Antrieb durch eine Fest- und eine Lochscheibe. Die Messer können teilweise entfernt werden, wenn größere Strohlängen erwünscht

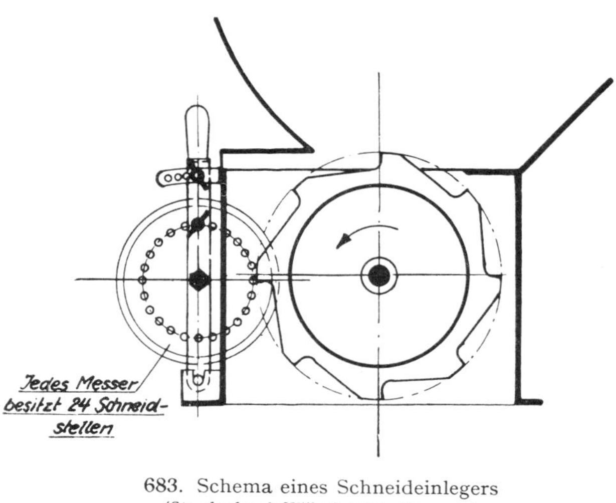

683. Schema eines Schneideinlegers (Standardwerk Wilh. Schulze, Bevensen)

sind; sie können alle entfernt werden, wenn man Glattstroh haben will. Die Bilder 684 und 685 zeigen einen Schneideinleger, wenn er geschlossen und wenn er geöffnet ist. Eine andere Ausführung ist mit verstellbaren Messern versehen, die auf einer verdrehbaren Welle befestigt sind und, je nach Stellung, in feststehende gezackte Scheiben eingreifen (Bild 686). Die Messer zerschneiden das Dreschgut, das von den zwischen Scheiben rotierenden Einlegetrommeln eingezogen worden ist. Die Messer greifen nicht in die gezackten Scheiben, wenn sie durch Hebel umgestellt werden (Bild 687).

Wie der Häckseldrusch durchgeführt wird, zeigt die Anordnung auf Bild 688. Die durch einen Alleshäcksler geschnittenen Garben werden durch ein Gebläse in die geschlossene Einlegehaube der Dreschmaschine geblasen. Nachdem in gewohnter

684 (oben). Schneideinleger, geschlossen
(Petermannwerke, Warendorf)

685 (Mitte). Schneideinleger, geöffnet
(Petermannwerke, Warendorf)

686 (unten links). Schneideinleger mit anstellbaren Messern, angestellt
(Engelbrecht u. Lemmerbrock, Melle)

687 (unten rechts). Schneideinleger mit anstellbaren Messern, abgestellt
(Engelbrecht u. Lemmerbrock, Melle)

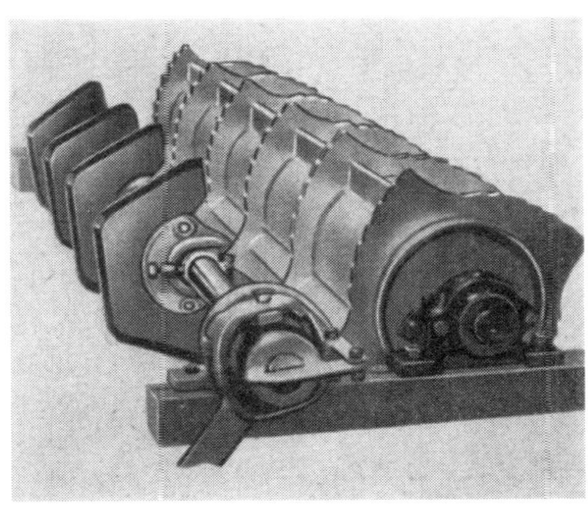

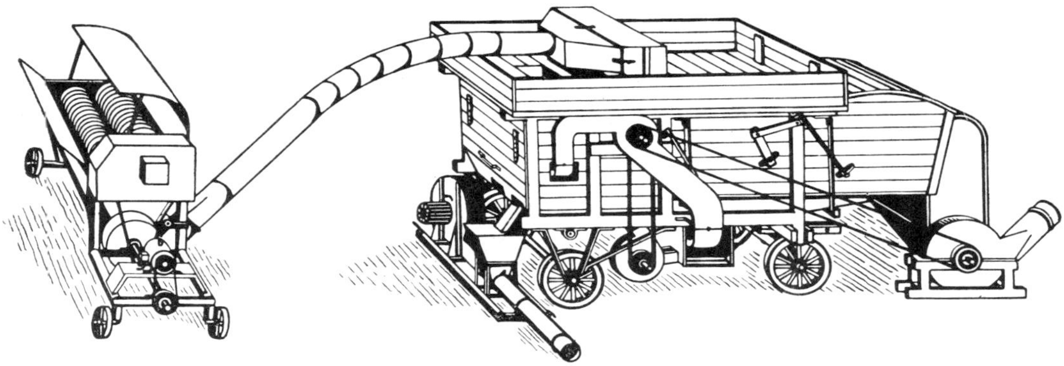

688. Beispiel eines Häckseldrusches (Standardwerk Wilh. Schulze, Bevensen)

Weise gedroschen worden ist, wird das gehäckselte Stroh unmittelbar an Ort und Stelle geblasen, während das Korn ebenfalls durch ein Gebläse zum Kornboden geführt wird. Wie Bedienungspersonal gespart wird, ist in dem Häckseldruschverfahren in Bild 689 dargestellt. Eine Person gibt das Dreschgut in den Trog eines Gebläsehäckslers; das ist die einzige Stelle, bei der menschliche Arbeitskraft eingesetzt wird. Der Gebläsehäcksler führt das gehäckselte Gut durch ein Zusatzgebläse den Dreschorganen der Maschine zu. Weitere Gebläse der Dreschmaschine sorgen für automatische Fortleitung des Langstrohes und des Kaffs; das Häckslergebläse liefert den Windstrom für das am Absackstand in die Kornleitung eingeschleuste Korn.

689. Vollautomatischer Häckseldrusch mittels Gebläsehäcksler. Nur eine Person legt ein (Badenia, Weinheim)

690. Kleine Dreschmaschine für 400—500 kg (Dechentreiter, Bäumenheim)

G. Dreschmaschinen verschiedener Bauweisen

Es haben sich Dreschmaschinen verschiedener Größe und Form entwickelt, weil von ihnen unterschiedliche Leistungen benötigt werden. Als Baumaterial wird entweder Holz oder Stahl verwendet. Wenn auch im Grunde der gleiche Charakter gewahrt wird, so weisen die verschie-

691. Verbund-Dreschmaschine für 3000 kg (Holthaus, Dinklage)

denen Bautypen doch große Unterschiede auf; vor allem in der Ausrichtung und Unterbringung der Arbeitsorgane und der zusätzlichen Organe (Anbaupressen, Sackheber, Antriebsarten usw.). Es sollen daher verschiedene neuzeitliche Dreschmaschinen im Bilde gezeigt und ihre Sonderheiten behandelt werden.

1. Bild 690 zeigt eine kleine Dreschmaschine für eine Stundenleistung von 400—500 kg Körner, die einen Kraftbedarf von 2—3 PS hat. Sie ist mit süddeutscher Einlegehaube versehen. Ihre Länge mit Strohtisch beträgt 3,80 m, ihre Betriebsbreite etwa 2,75 m, ihre Höhe 2,35 m. Die Trommel von 40 cm Durchmesser ist mit 6 Schlagleisten besetzt und hat eine Arbeitsbreite von 170 cm. Erste und zweite, mit Druckwind arbeitende Reinigung sind durch einen Wurfelevator mit regulierbarer Entgrannung versehen. Das Langstroh wird durch einen dreireihigen Fingerschüttler ausgeschüttet, der über dem Kurzstrohsieb arbeitet. Das Kaff wird durch ein Gebläse abgeführt.

2. Bild 691 bringt einen Verbund-Dreschsatz mit angebauter Strohpresse, Selbsteinleger, fünfteiligem Kastenschüttler, Schwingnachschüttler mit Fingerschüttler, Becherelevator, Entgranner,

692. Stahlbauweise der Dreitrommel-Dreschmaschine DP 16 (Lanz, Mannheim)

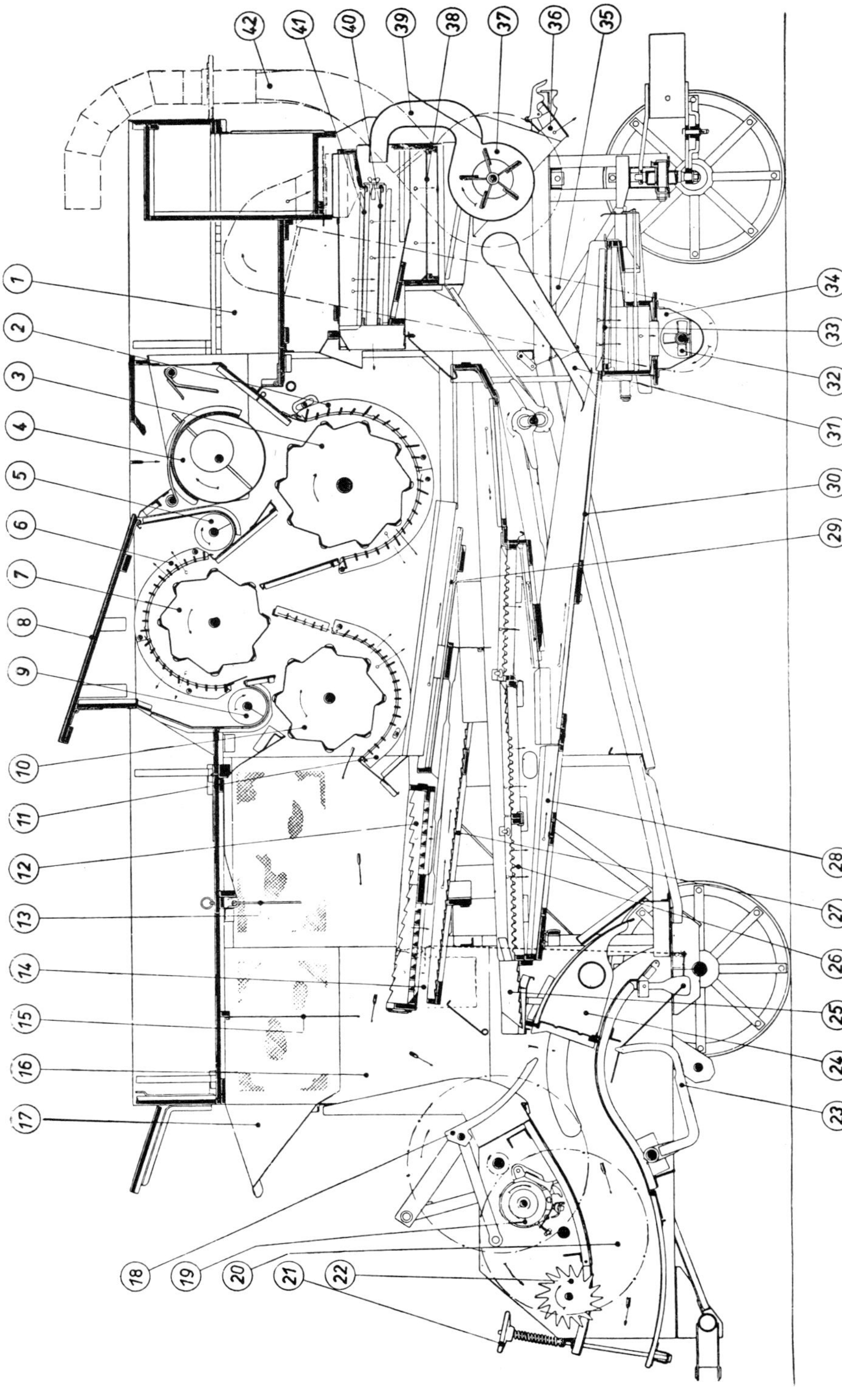

693. Längsschnitt durch die Dreitrommel-Dreschmaschine DP 16 (Lanz, Mannheim)

1 Einlegerstand
2 Dreschkorb 1
3 Dreschtrommel 1
4 Selbsteinleger
5 Körnerschnecke
6 Dreschkorb 2
7 Dreschtrommel 2
8 Einlegerhaube
9 Körnerschnecke
10 Dreschtrommel 3
11 Dreschkorb 3
12 Strohzacken-transportleiste
13 Fangklappe
14 Nachschüttler
15 Spritztuch
16 Stroheinlauf-trichter
17 Einfüllhaube für Kurzstroh
18 Zubringer
19 Knüpfapparat
20 Preßkanal
21 verstellbare Spindel für Preßboden
22 Zackenrad
23 Bindernadel
24 Preßkolben
25 Kurzstroh-Überlauf
26 Kurzstrohsieb
27 Körnerrücklauf vom Nachschüttler
28 Sammelboden
29 Körnersammelboden unter Trommel
30 Sandsieb
31 Saugrüssel 1. Reinigung;
32 Entgrannerkreuz
33 Lochsieb 1. Reinigung
34 Entgrannergehäuse
35 Becherelevator
36 Körnerabsackung
37 Gebläse 2. Reinigung
38 Sand- und Unkrautsieb
39 Windkanal 2. Reinigung
40, 41 Siebe 2. Reinigung
42 Spreubläserleitung

Sortierzylinder für etwa 3000 kg Stundenkörnerleistung. Besonders fällt an dieser Maschine der eingebaute elektromotorische Antrieb und die Automobilsteuerung der gummibereiften Vorder- und Hinterräder auf. Die Maschine kann vom Schlepper vorwärts und rückwärts gezogen werden; ein Räderpaar ist dafür zu blockieren. Die Trommel hat einen Durchmesser von 55 cm und ist mit 8 Schlagleisten besetzt. Sie hat eine Arbeitsbreite von 170 cm. Allein der Schüttler hat eine Länge von 4,60 m. Ihre Leistung ist groß, ihr Kraftbedarf beträgt 15 bis 20 PS.

694. Holzkonstruktion einer Dreschmaschine mit Flacheisen- und Sprengwerkverstärkung (Badenia, Weinheim)

695. Preßdrescher für 700—900 kg mit 5,5—7,5 PS (Dechentreiter, Bäumenheim)

3. Bild 692. Man kann wenig von den in der Umkleidung steckenden Arbeitsorganen einer Dreschmaschine bei oberflächlichem Blick erkennen. Ein Beispiel dafür ist die nach Stahlrahmen-Bauweise mit Stahlblech-Verkleidung gebaute Drei-Trommel-Lanz DP 16. Weil es sich um eine besondere Konstruktion handelt, soll anhand einer Schnittzeichnung (Bild 693) auf ihre Bau- und Arbeitsweise näher eingegangen werden.

Die zuvor behandelte Maschine hatte einen Strohschüttler von 4,60 m Länge. Die Dreitrommel-Maschine Lanz DP 16 kann auf lange Strohschüttler verzichten und dadurch an Baulänge sparen. Das fällt bei den mit Strohpresse kombinierten Dreschmaschinen sehr ins Gewicht. Diese Dreitrommel-Maschine arbeitet wie folgt: Das dem Selbsteinleger zugeführte Dreschgut wird von ihm der ersten Trommel zugeleitet, wird von dieser erfaßt und durchläuft nacheinander die 3 von je 3 Dreschtrommeln und 3 Dreschkörben gebildeten Dreschkanäle. Dabei werden die Körner restlos ausgedroschen und vom Stroh befreit. Auf dem langen Wege durch das Dreitrommel-Dreschsystem werden sie genügend durch die Dreschkörbe hindurchgeschleudert. Sollten in besonders schwierigen Fällen doch noch einzelne Körner übergehen, so werden sie auf dem mehr als Transporteinrichtung für das Stroh gedachten schüttlerartigen kurzen Teil ausgeschieden und gelangen mit den Hauptmassen der Körner über den Sammelboden 29 auf das dreiteilige Kurzstrohsieb. Das Langstroh und der Überlauf des Kurzstrohsiebes, also das Kurzstroh, werden der angebauten Schwingkolbenpresse zugeleitet. Sodann vollenden die durch das Kurzstrohsieb gelangenden Körner ihren Reinigungsweg durch die erste, mit Saugluft arbeitende und die zweite, mit Druckluft arbeitende Reinigung. Durch einen

696. Mit einem Fräsdrescher gefrästes Stroh (Dechentreiter, Bäumenheim)

Becherelevator gelangen sie in bekannter Weise zum Sackeinlauf, von einem Sortiersieb nach Größe sortiert.

Diese mit Trommeln von 610, 500 und 500 mm Durchmesser und mit zehn, acht und acht Schlagleisten ausgestattete Maschine hat eine Stundenkörnerleistung von 1600 kg. Die Trommeldrehzahlen betragen 800, 1025 und 1025 U/min. Ihre Arbeitsbreite beläuft sich auf 1480 mm. Der Kraftbedarf einschließlich Presse beträgt 20—25 PS.

4. Bild 694 stellt eine normale neuzeitliche Dreschmaschine in Holzkonstruktion dar, die durch Flacheisenverstrebungen und durch Sprengwerke verstärkt wird. Auch an diese Maschine ist eine Strohpresse in moderner Weise angebaut. Bei einer Arbeitsbreite von 170 cm, einer mit 8 Schlagleisten besetzten Trommel von 530 mm Durchmesser, hat diese Maschine eine Stundenkörnerleistung von 1500—2000 kg und einen Kraftbedarf (einschließlich Strohpresse) von 15—20 PS.

697. Fräsdrescher für 500—700 kg mit 20 PS (Dechentreiter, Bäumenheim)

5. Bild 695 zeigt einen in sich geschlossen erscheinenden Preßdrescher, wie er meist für den bäuerlichen Betrieb gebraucht wird. Die Körnerstundenleistung dieser Maschine beträgt 700—900 kg, bei einem Kraftbedarf von 5,5 bis 7,5 PS. Bei einer Arbeitsbreite von 170 cm beträgt der Durchmesser der mit 6 Schlagleisten besetzten Trommel 40 cm. Die Gesamtmaße dieser Maschine sind: Länge 566 cm, Breite 255 cm, und Höhe 276 cm. Das Gewicht solcher Dreschmaschinen beträgt etwa 3000 kg.

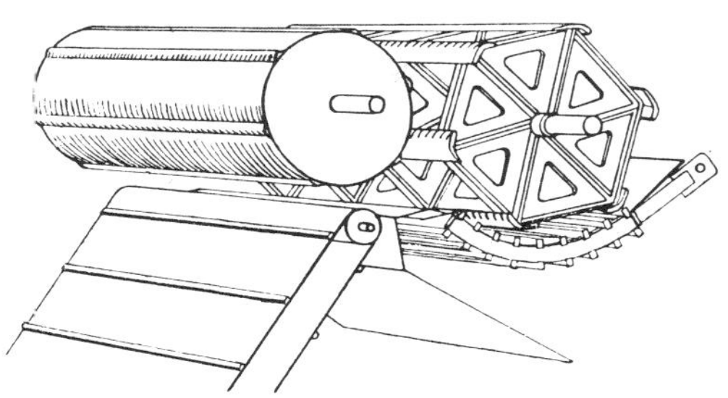

698. Selbsteinleger und Zubringer bei einem Fräsdrescher (Dechentreiter, Bäumenheim)

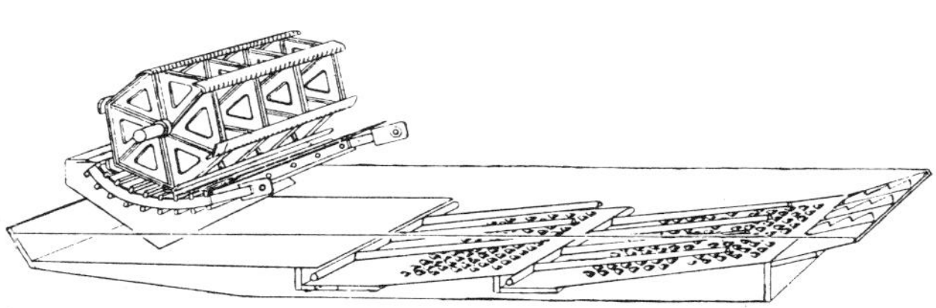

699. Ausschütteln durch Fingerschüttler (Dechentreiter, Bäumenheim)

H. Fräsdreschmaschinen

Wo das Stroh als Futter verwendet wird, ist es zweckmäßig, die äußere, recht widerstandsfähige Schicht des Strohes zu zerstören. Das wird nicht erreicht, wenn man die Halme einfach zerkleinert oder zerreißt. Es ist notwendig, sie der Länge nach aufzuspalten. Das besorgt die Strohfräse, die das Stroh zerquetscht und gleichzeitig die Halme zu beliebiger Länge verarbeitet. Frässtroh hat keine scharfen Schnittkanten, die das Vieh verletzen. Es ist vollkommen aufgespalten und sehr weich (Bild 696), so daß es vom Viehmagen gut aufgenommen wird.

Der Fräsdrescher ist eine kombinierte Dreschmaschine mit Strohfräse. Das Getreide wird in einem Arbeitsgang gedroschen, gereinigt und sortiert und das Stroh gefräst. Die Maschine braucht wenig Personal, da die Garben mit einem Ferneinleger bequem vom Boden aus eingelegt und Kaff sowie das gefräste Stroh abgeblasen werden (Bild 697). Das vom Ferneinleger hochgeförderte Dreschgut wird von einer Zubringertrommel (Bild 698) den Dreschorganen zugeführt; das gedroschene Langstroh wird durch Fingerschüttler ausgeschüttelt (Bild 699) und durch eine Führung aus 2 Quetschwalzen den Fräswerkzeugen zugeführt (Bild 700). Sie bestehen aus einer Frästrommel mit scharfkantigen Querleisten. Die Trommel arbeitet mit Korbleisten zusammen, die aus U-Eisen gebildet sind. Die Fräslänge des Strohs läßt sich mit einem Handrad schnell und bequem (auch während des Betriebes) einstellen. Das Stroh wird bei diesem Fräsvorgang zerquetscht und in einer Länge von $1^1/_2$—15 cm abgerissen und gefräst. Nach dem Fräsen ist jeder Halm mehrfach aufgespalten und das Stroh zu einem weichen Viehfutter umgewandelt.

Bei dieser Dreschmaschine wird das gereinigte Korn durch Druckwind unter Ausnutzung des spezifischen Gewichtes der Körner sortiert (Bild 701). Der Sortierwind trägt die Körner, je nach ihrer Schwere, in die einzelnen Sackausläufe der verschiedenen Sorten und bläst die leichteren Verunreinigungen bis ins letzte Abteil.

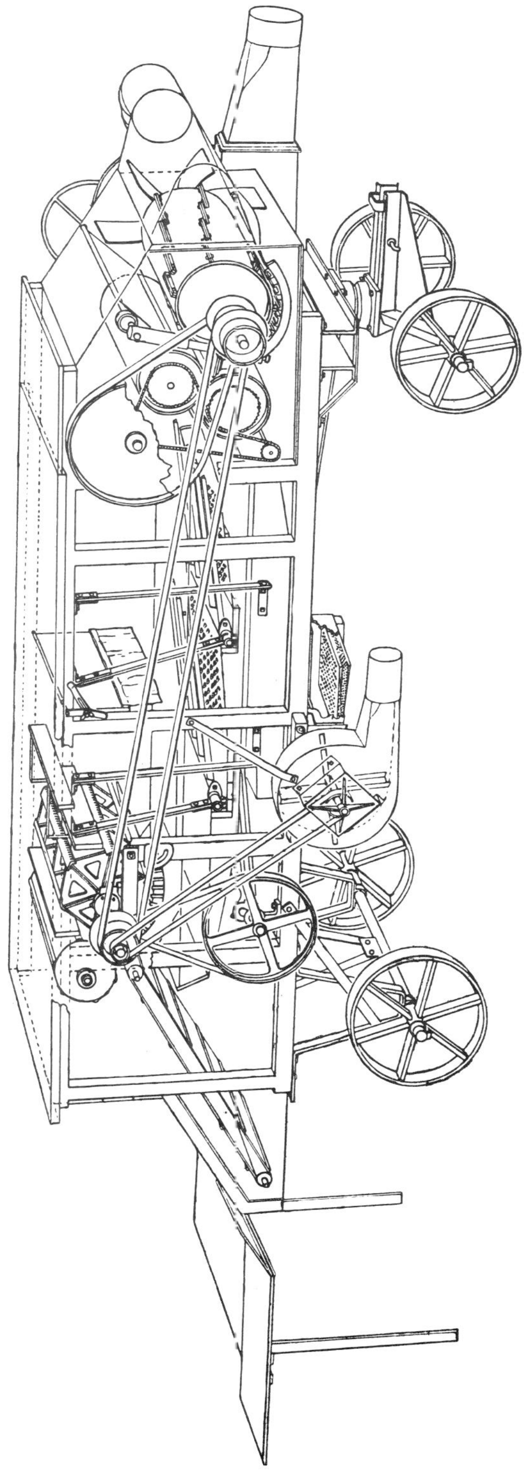

700. Längsschnitt durch einen Fräsdrescher (Dechentreiter, Bäumenheim)

Die Stundenkörnerleistung dieses Fräsdreschers beträgt 600—700 kg bei einem Kraftbedarf von etwa 20 PS, die Arbeitsbreite ist nur 1000 mm; die Baubreite der Maschine wirkt sich im Betrieb auf 2200 mm aus.

Die Fräsvorrichtung wird auch als eigenes Aggregat als Strohfräse (Bild 702) gebaut. Dabei arbeitet der Ferneinleger unmittelbar mit den Quetschwalzen zusammen. Diese Maschine verarbeitet nicht nur Stroh, sondern auch andere getrocknete Güter, wie Heu, Schilf, Luzerne, Kartoffelkraut usw. Die Stundenleistungen solcher Strohfräsen belaufen sich etwa auf 800 bis 2000 kg Stroh bei einem Kraftverbrauch von 10—20 PS.

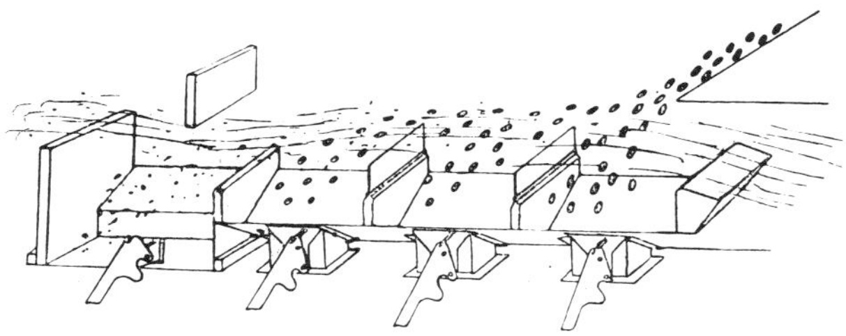

701. Getreidesortierung in der Dreschmaschine durch Wind (Dechentreiter, Bäumenheim)

VIII. Mähdreschmaschinen

A. Mähdrescher allgemein

Diese kurz mit Mähdrescher bezeichneten Maschinen sind in Jahrzehnten als extensiv arbeitende Maschinen in Nordamerika entwickelt worden. Sie sind dann auch in anderen extensiv wirtschaftenden Gebieten Rußlands und Australiens mit großem Vorteil eingesetzt worden. Lange bevor der Schlepper seinen Siegeszug durch die ganze Welt antrat, wurden diese Maschinen, damals noch Kolosse, mit einem Vorspann von Dutzenden von Pferden durch die endlosen Getreidefelder Amerikas gezogen.

Sie boten arbeitstechnisch Erleichterungen; mit ihnen konnten die riesigen Ernteflächen in verhältnismäßig kurzer Zeit bewältigt werden. Sie gaben den Anlaß dazu, den Weltmarktgetreidepreis, der bereits nach Einführung der Mähmaschine gesunken war, nochmals beträchtlich zu drücken.

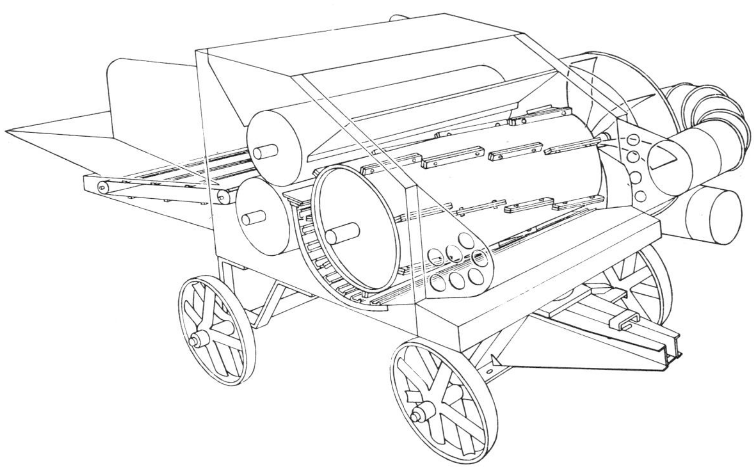

702. Strohfräse (Dechentreiter, Bäumenheim)

Im Mähdrescher sind Mäh- und Dreschmaschine vereinigt; das reife Getreide wird in einem Arbeitsgang vom Halm bis zum marktfertigen Getreide verarbeitet. In Ländern, wo die Witterungsverhältnisse es erlauben, das Korn bis zur Totreife auf dem Halm zu belassen, und es dann mit dem Mähdrescher völlig trocken in Säcken zu gewinnen, bedeutet der Einsatz eines Mähdreschers kein Risiko mehr, zumal wenn unter bedeutend leichteren Verhältnissen nur die oberen Teile der Halme mit den Ähren abgeschnitten werden und die Maschine durchlaufen. Bei extensiven Wirtschaften kommt es nicht so sehr darauf an, ob ein Prozentsatz an Körnern verlorengeht, als hauptsächlich darauf, die weiten Flächen überhaupt abzuernten.

In Deutschland liegen die Verhältnisse völlig anders. Der deutsche Landwirt will das ganze Stroh ernten. Das schafft für den Mähdrescher völlig andere Bedingungen, als sie in

Amerika gelten, wo man die Dreiviertelstoppeln abbrennt oder unterpflügt. Was den Mähdreschereinsatz in Deutschland unter völlig anderen Gesichtspunkten erscheinen läßt, ist die feuchte Witterung, die in den seltensten Fällen ermöglicht, das Korn auf dem Halm so reifen zu lassen, daß man es trocken im Sack gewinnt. Wird die Ernte zu lange hinausgeschoben, so geht durch Regen, Sturm und Hagel viel Korn verloren. Das erträgt keine intensiv betriebene Wirtschaft. Wenn auch arbeitswirtschaftlich in Mähdrescherjahren der Gestehungspreis des Getreides auch in deutschen Gebieten erheblich gesenkt werden kann, so mußte das Verfahren für hiesige Verhältnisse doch grundsätzlich gewandelt werden, um das Kornverlustrisiko zu vermeiden.

Das zügige Mähdreschverfahren ist bestechend; es ermöglicht, die auf 5—6% geschätzten Umlagerungsverluste bei der üblichen Körnerernte zu vermeiden; sie entstehen auf dem Wege vom Halm bis zur Dreschmaschine. Die Bemühungen, eine für intensive landwirtschaftliche Betriebe geeignete Maschine zu entwickeln, ließen deshalb nicht nach. Heute werden bereits Tausende von Mähdreschmaschinen in Deutschland verwendet. Das Mähdreschverfahren ist, abgesehen vom Mähen des ganzen Halmes und der Züchtung ausfallsicherer Getreidesorten, allerdings insofern abgeändert, als nicht totreif gemähtes und gedroschenes Getreide seiner Feuchtigkeit wegen in den allermeisten Fällen sofort nachgetrocknet werden muß. Die Möglichkeit, sofort nachzutrocknen (entweder in den Mühlen oder in den Wirtschaften selbst), macht das Mähdreschen für unsere Gebiete segensreich. Durch den in neuester Zeit geförderten Bau von Kleinmähdreschern, die bedeutend billiger sind, wird es auch dem mittleren Betriebe ermöglicht, den Mähdrescher einzusetzen.

Wenn im folgenden vom Mähdrescher die Rede ist, so ist nur der für europäische Verhältnisse entwickelte gemeint, der bei der Mäharbeit den ganzen Halm erfaßt; die später angeführten Zusatzeinrichtungen sind auf diesen Mähdrescher ausgerichtet.

Auf den Mähdrescher beginnt man sich in Deutschland allgemein einzurichten. Das wird auf die deutschen Ernteverhältnisse umwälzend einwirken, so daß ihm in diesem Buche größere Aufmerksamkeit gewidmet werden muß.

Die Entwicklung brauchbarer Mähdrescher war von Beginn darauf abgestellt, sie analog der Mähmaschine mit Seitenschnitt auf die Verarbeitung von Langstroh umzustellen. Anfänglich versuchte man, der Dreschtrommel nur den auszudreschenden oberen Teil der Halme mit den Ähren von der Seite aus zuzuführen, um die Reinigung zu entlasten. Man erkannte bald, daß nur besonders scharfe und dem jeweiligen Getreidezustand sich anpassende Reinigungsvorrichtungen der Mähdrescher den Anforderungen gerecht werden können. Man kann bei den ausgeführten Maschinen zwei Richtungen unterscheiden. Bei der einen ist der Dreschteil von amerikanischen Vorbildern übernommen; bei der anderen sind die Maschinen unter grundsätzlicher Beibehaltung ihres Dreschprinzips nach einheimischen Vorbildern umgestaltet worden. Im ersten Fall arbeiten die Maschinen meist nur mit einer Reinigung, sehen dafür aber eine Nachlesevorrichtung für den Überlauf vor. Im zweiten Fall sind die normalen Reinigungen vorgesehen. Diese Maschine fährt während der Arbeiten über das Feld, muß also möglichst leicht gebaut sein. Das ist möglich, wenn mit der Kaffauslese bei der ersten Reinigung gleich die Strohabsonderung verbunden werden kann. Bisher sind dafür aus Amerika übernommene, verstellbare jalousieartige Siebe angewendet worden, die nach den jeweiligen Verhältnissen eingestellt werden mußten. Bei unsachgemäßer Einstellung entstanden große Körnerverluste. Wie das Graepelsieb als Kurzstrohsieb aus der Dreschmaschine nicht mehr wegzudenken ist, so wird für den Mähdrescherbau das neue Graepel-Mähdreschersieb in Zukunft ausschlaggebend sein. Ohne Siebverstellung kann es bei allen Verhältnissen Kurzstroh und Spreu in einem Arbeitsgang absondern. Das ist sehr vorteilhaft und erhöht die Betriebssicherheit selbst bei ungeschultem Personal.

B. Graepel-Mähdreschersieb

Das Graepel-Mähdreschersieb (Bild 703) ist mit Düsennasen und Windfang-Taschen versehen und arbeitet auf seiner oberen Fläche wie ein Kurzstrohsieb in der normalen Dreschmaschine. Die Nasenkanten geben in Überlaufrichtung eine große Rauhigkeit; durch die durch die Schwingbewegung hervorgerufene Auflockerungs- und Verteilungsarbeit wird das Kurzstroh in dünner Schicht (auch bei feuchtem Dreschgut) gleichmäßig über das Sieb befördert. Zu dieser Kurzstrohabsiebung kommt die gleichzeitig durch ein Gebläse erzeugte und durch die besondere Ausbildung der Nasen erreichte düsenartige Windeinwirkung (Bild 704), die durch den schräg von unten kommenden Windstrom bei ungehindertem günstigem Durchlaß die leichteren Kaffteile herausbläst. Diese Wirkung wird durch die düsenförmige Aufkuppung der oberen Nasen und durch die taschenförmige Gestaltung der unteren Nasen erreicht (Bild 705). Damit das Sieb auch am Hang einwandfrei arbeitet und das Dreschgut nicht abrutscht, ist es mit Längsfalten (siehe Bild 704) versehen. Für die Windarbeit ist es bei diesem Sieb bedeutungslos, ob es, wie in Bild 704 dargestellt, teilweise mit Oberwind arbeitet, oder ob es unmittelbar Anschluß an den Rücklaufboden ohne Spalt hat. In diesem Falle sind die Längsfalten nach dem Zulaufende hin abgeschrägt. — Das Mähdreschverfahren bietet wegen der verschieden entwickelten Maschinen einige Möglichkeiten. Entscheidend hierfür ist die Lage des Anschnittes, ob seitlich oder vor der Maschine, man spricht von Seitenschnitt oder von Frontschnitt; auch die Art des Antriebes ist bedeutungsvoll, ob vom Schlepper gezogen oder selbstfahrend.

703. Ausschnitt aus einem Graepel-Mähdreschersieb (Graepel, Löningen)

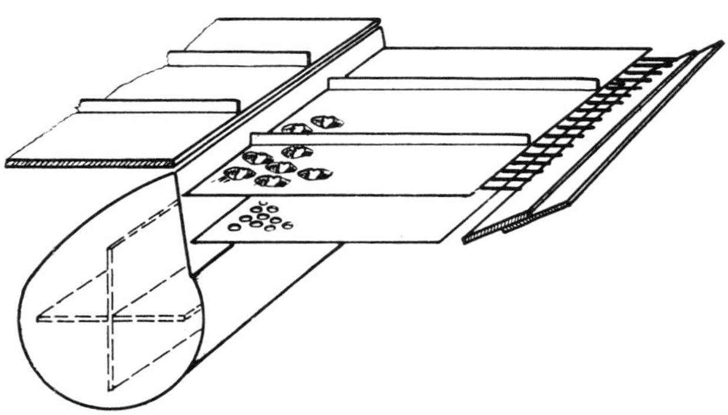

704. Anordnung des Graepel-Mähdreschersiebes (Graepel, Löningen)

705. Nasenform des Graepel-Mähdreschersiebes mit düsenförmiger Aufkuppung der oberen und taschenförmiger Gestaltung der unteren Nase (Graepel, Löningen)

C. Seitenschnitt

Bei dem von der Getreidemähmaschine übernommenen Seitenschnitt (Bild 706) muß das geschnittene Gut quer zur Dreschvorrichtung hin befördert werden. Es hat sich als zweckmäßig erwiesen, die Dreschtrommel in Fahrtrichtung zur Maschine zu stellen, damit das Dreschgut ungehindert zur Maschine geführt werden kann (Bild 707). Das Dreschgut wird von der Trommel im Breitdrusch verarbeitet. Für den zügigen Transport des gedroschenen Langstrohs nach hinten bedarf es allerdings einer Wendevorrichtung, die das Langstroh nach Verlassen des Dreschorganes um 90° nach hinten umlenkt.

D. Frontschnitt

Beim Frontschnitt (Bild 708) gelangt das geschnittene Dreschgut, mit den Ähren voran, unmittelbar zur Trommel. Unterstützt wird es bei seiner Weiterbeförderung durch Fördertuch und Haspel. Es legt sich nach dem Schnitt nur um und wird im Spitzdrusch von der Trommel verarbeitet, ganz gleich, ob der Mähdrescher von einem seitlich angespannten Schlepper gezogen wird oder als selbstfahrende Maschine in das Getreide hineinfährt (Bild 709).

Die selbstfahrende Maschine mit Frontschnitt hat den Vorteil, ohne vorheriges Anmähen des Feldes gleich mit dem Mähdreschen zu beginnen. Auch bei den anderen Mähdreschern ist es nicht mehr erforderlich, vorher mit der Handsense anzumähen, wenn man sie mit einer auf der Deichsel aufmontierten Zusatzeinrichtung für die Lenkung versieht und den Mähdrescher dann durch den Schlepper ins Feld schieben kann (Bild 710). Abgesehen von dem Anschaffungspreis für das Selbstfahrgerät hat dieses Verfahren große arbeitswirtschaftliche Vorteile.

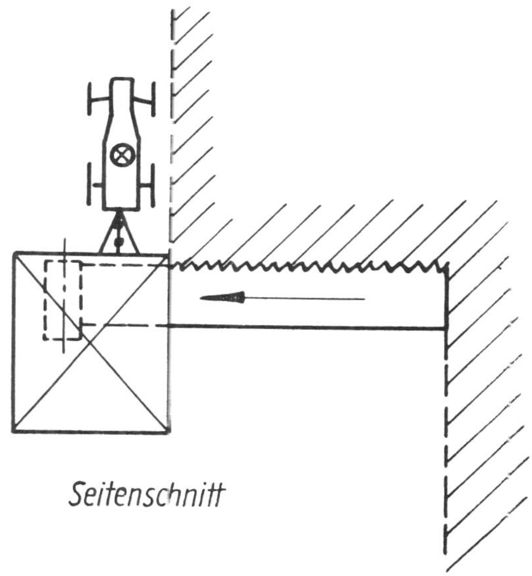

706. Schema der Arbeitsweise eines Mähdreschers mit Seitenschnitt

E. Verschiedene Ausführungsformen von Mähdreschern

Bei Mähdreschern, die von Schleppern gezogen werden, wird der Antrieb meist durch die Zapfwelle des Schleppers auf den Mähdrescher hinübergeleitet, wenn nicht durch besondere Aufbaumotoren die Leistung eines nicht ausreichenden kleinen Schleppers ergänzt werden muß. Bei Zapfwellenübertragung der Mähdrescher mittlerer Leistung muß die Zapfwelle 15—18 PS übertragen können, so daß der Durchmesser der Zapfwelle mindestens 35 oder 42 mm betragen muß.

Sehr wichtig ist der richtige Anschluß der Zapfwelle. Ist der Mähdrescher hinten an dem Schlepper angehängt, wie

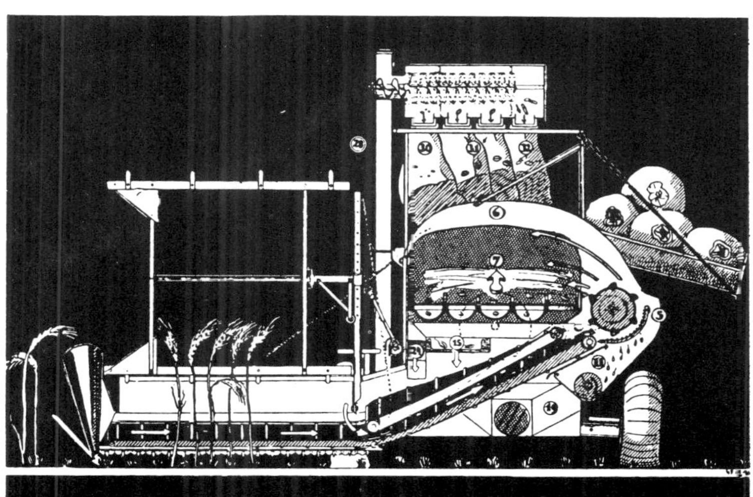

707. Schnitt durch einen Mähdrescher mit Seitenschnitt (Claas, Harsewinkel)

es beispielsweise bei dem Mähdrescher „Super“ der Fall ist, so ist besonders darauf zu achten, daß er genau hinter dem Zapfwellenaustritt am Schlepper angehängt wird. Der Anhängepunkt

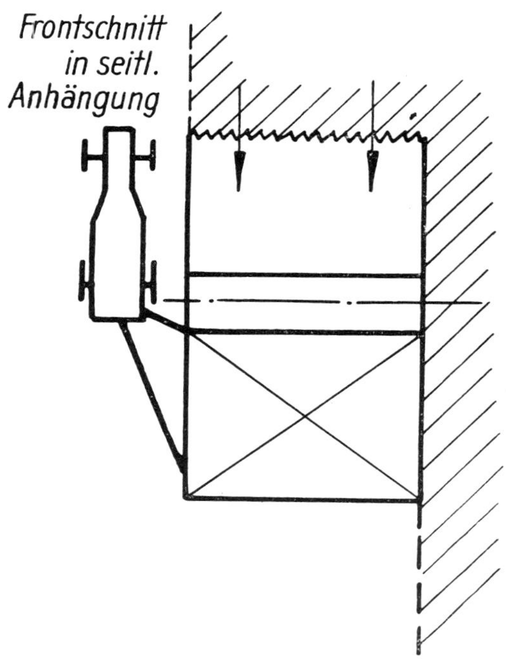

708. Schema der Arbeitsweise eines Mähdreschers mit Frontschnitt in seitlicher Anhängung

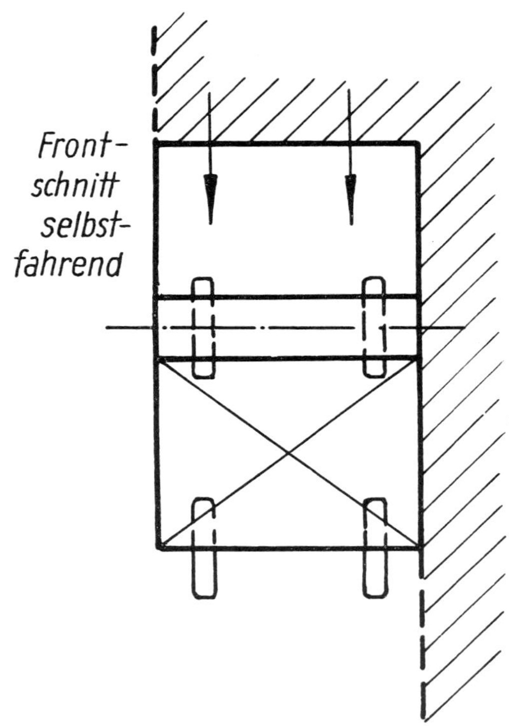

709. Schema der Arbeitsweise eines selbstfahrenden Mähdreschers mit Frontschnitt

soll etwa in der Mitte unter den beiden Kardangelenken liegen, so daß die Gelenke beim Wenden geschont werden (Bild 711). Die Gelenkwelle besteht aus einer Vierkantwelle mit darübergeschobenem Vierkantrohr. Der Zug darf nur durch den Zughaken übertragen werden,

710. Durch Schieben erreichter Frontschnitt bei einem normal zu ziehenden Mähdrescher (Dechentreiter, Bäumenheim)

deshalb muß sich beim Wenden die Gelenkwelle den verschiedenen Stellungen anpassen können, die eine Längenveränderung der Gelenkwelle bedingen. Aus diesem Grunde muß oft von dem Vierkantstück, das gewöhnlich länger geliefert wird, so viel abgesägt werden, daß es auch bei starken Wendungen genügend Platz im Vierkantrohr hat und nicht anstößt. Für ein ununterbrochenes Rundummähen ist es empfehlenswert, eine Dreigelenkwelle zu verwenden, mit der man ohne zu große Belastung der Gelenke auch um Ecken von 90° fahren kann.

Da der Mähdrescher besonders aufmerksam gewartet und gepflegt und das ganze Verfahren umgestellt werden muß, so sei hier auf den Abschnitt Mähdrescher in dem Kapitel Wartung und Pflege ganz besonders hingewiesen.

Das Mähdruschverfahren läßt für die Abgabe gedroschenen Kornes und bei der Stroh- und Kaffbergung verschiedene Möglichkeiten offen.

Das Korn wird entweder in Säcke gefüllt und von Zeit zu Zeit auf dem Acker abgesetzt, so daß dort lange Sackreihen entstehen, die unabhängig von der Mähdruscharbeit abgefahren werden können. Ist der Mähdrescher mit einem Korntank versehen, so wird er von Zeit zu Zeit mit eingebauter Förderschnecke oder durch ein Gebläse während der Arbeit auf einen mitfahrenden Kornwagen entleert. Es entstehen bei dieser Art, das Korn zu bergen, keine Zeitverluste.

711. Richtiger Zapfwellenanschluß beim Mähdrescher durch Anordnung der Anspannung in der Mitte unter Zapfwellenverbindung (Claas, Harsewinkel)

Die Strohbergung richtet sich stark nach der Feuchtigkeit des Strohes. In trockenen Jahren ist es vorteilhaft, das Stroh durch die angebaute Strohpresse in Preßbunden zu gewinnen, die in regelmäßiger Folge abgesetzt und beliebig abtransportiert werden können. Man tut dabei gut, den Preßdruck nicht sehr stark einzustellen, damit das Stroh auch im Bund noch nachtrocknen kann und nicht muffig wird. Die Presse kann dabei so schwach eingestellt werden, daß die Preßbunde den Bunden eines Strohbinders ähneln. In sehr feuchten Jahren

712. Gezogener Mähdrescher mit Seitenschnitt im Einsatz (Lanz, Mannheim)

ist es zweckmäßig, das Stroh vom Schüttler lose aufs Feld zu geben, und, wenn es genügend abgetrocknet ist, mit der Pickup-Presse zu sammeln und zu pressen. Diese Art, Stroh zu bergen, wird in unseren klimatisch feuchten Gegenden am meisten anzuwenden sein.

713. Mähdrescher mit Korntank beim Entleeren desselben (Claas, Harsewinkel)

Das beim Mähdrusch wie beim normalen Drusch anfallende Kaff wird des Unkrautsamens wegen durch das Kaffgebläse während der Fahrt gleich in einen angehängten Kaffwagen geblasen, der von Zeit zu Zeit durch einen leeren Wagen ersetzt wird. Manche Mähdrescher lassen das Kaff mit dem Stroh in die Strohpresse gelangen. Da es hierbei nicht zu vermeiden ist, daß Unkrautsamen aufs Feld kommen, muß rechtzeitig eine saubere Schälfurche gezogen werden.

Die Korn-, Stroh- und Kaffbergung wird sehr anschaulich in dem Bild 712 gezeigt. Bei dem von einem Schlepper gezogenen mit Seitenschnitt arbeitenden Mähdrescher wird das Korn auf der Korn- oder Absackbühne wie beim normalen Dreschverfahren an den Absackstellen in Säcken gewonnen, die regelmäßig aufs Feld abgesetzt werden. Die von der eingebauten Strohpresse gewonnenen Strohbunde werden durch eine Wendevorrichtung zur Seite der Maschine abgeworfen. Das Kaff gelangt durch eine biegsame Gebläseleitung in den angehängten Kaffwagen. Damit der Kaffwagen schneller entleert werden kann, ist er im Innern mit einem rechenartigen Entlader versehen, der mit der Hauptkaffmenge herausgezogen wird, wenn die Türen geöffnet worden sind.

Die Übernahme des Kornes durch einen mitfahrenden Kornwagen zeigt das Bild 713.

Amerikanische Mähdrescher werden in Holland mit dem dort hohen, feuchten Stroh nicht fertig. Man geht daher dazu über, die Trocknung des Getreides dadurch zu erleichtern, daß man statt des Mähdrusches den sogenannten Hockendrusch durchführt. Man fährt von Stiege zu Stiege und drischt das durch Wind getrocknete Getreide. Wenn man die Mähvorrichtung abnimmt oder stillegt, so kann der Mähdrescher auch den Standdrusch auf dem Felde oder auf dem Hofe durchführen (Bild 714).

Der hohe Anschaffungspreis des Mähdreschers hat die Frage auf-

714. Mähdrescher beim Standdrusch (Claas, Harsewinkel)

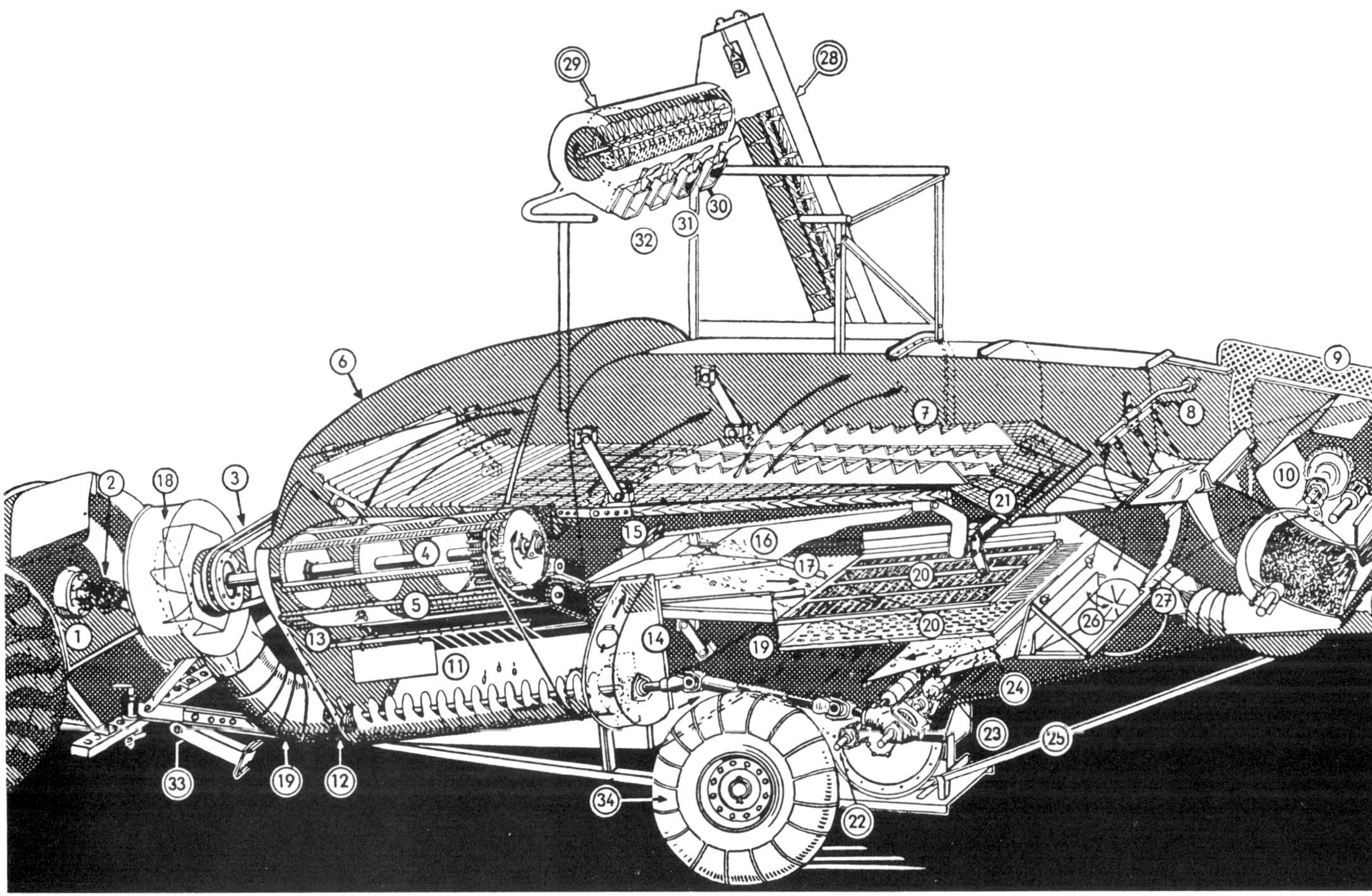

715. Perspektivische Innensicht des Mähdreschers „Super“ (Claas, Harsewinkel)

1 Schlepper von 35 PS an, möglichst luftbereift, Vorfahrt: 1. Gang nicht über 3,6 km; 2 Zapfwellenantrieb; 3 Trommelantrieb; 4 Dreschtrommel; 5 Korb; 6 Wendekopf; 7 Schüttler; 8 Pressenzubringer; 9 leichte Strohpresse, 45 Kolbenstöße; 10 Knoter; 11 Körner-Sammelmulde; unter Dreschtrommel; 12 lange Förderschnecke; 13 Vorentgrannerblech (nur für Gerste einsetzen); 14 Wurf zur Reinigung; 15 Rücklaufboden für Schüttlerabgang; 16 wahlweise bei 15 auf die Tücher oder auf den 17 Siebboden für die Körner; 18 Gebläse; 19 Windleitung und Düse; 20 Lamellensieb und Untersieb; 21 Schwingwelle zum Antrieb für Schüttler und Siebe; 22 Schnecke für gereinigte Körner; 23 Schnecke für Überkehr, die bei 24 in den Überkehrelevator mündet, der die Überkehr über die Tücher zur Dreschtrommel bringt; 25 Keilriemen zum Antrieb der Strohpresse; 26 Spreumulde; 27 Spreubläser; 28 Kornelevator für reines Korn; 29 Siebsortierer; 30 Auslauf für Feines; 31 zwei Ausläufe für 1. Sorte; 32 Auslauf für Grobes; 33 Klappstütze zum leichten Einhängen am Schlepper; 34 große Luftreifen

geworfen, ob es nicht zweckmäßiger sei, zugunsten einer billigeren Bauweise nur den eigentlichen Mähdrusch auf dem Felde durchzuführen, dagegen das grob gereinigte Getreide aber auf dem Hofe marktfertig zu reinigen und zu sortieren, wenn es abgetrocknet ist. Die letzte Entwicklung zeigt, daß durch den Bau kleiner Mähdrescher der Preis so gesenkt werden kann, daß auch der bäuerliche Betrieb das Mähdreschverfahren anwenden kann. Da die Trocknung in unserem feuchten Gebiet immer ein Problem ist, müssen die weiteren Entwicklungen abgewartet werden.

Im folgenden sollen Bau und Arbeitsweise einiger wichtiger Mähdrescher behandelt werden.

Ein Mähdrescher mit Seitenschnitt ist der bereits in Bild 707 dargestellte Super. Man erkennt durch die Schnittdarstellung seinen Arbeitsverlauf im Innern. Bei dieser Maschine wird das Getreide wie beim Garbenbinder gemäht oder bei Stand- und Felddrusch auf einem Brett den Tüchern zugeführt (siehe Bild 714). Über den Schrägförderer gelangt es im Maschinengehäuse zur Trommel, die das Korn in normaler Weise ausdrischt und das abgedroschene Stroh nach oben in den Wendekopf schleudert, der die Halme aus der Längsrichtung der Maschine in die Querrichtung zu bringen hat. In dieser Lage passieren sie den Schüttler, um anschließend von der Presse quer verarbeitet zu werden, so daß die einzelnen Preßbunde nicht zusammenhängen.

Eine Sonderheit der Mähdrescher ist es, die Drehzahl der Trommel den jeweiligen Arbeitsverhältnissen anzupassen. Beim Super arbeitet die Trommel normal mit 1200 U/min. Die Drehzahl kann durch Wegnehmen oder durch Zulegen der Beilagen in den Keilriemenscheiben (für Erbsen auf 1000 U herabgesetzt oder für schwer entgrannbare Wintergerste bis auf 1300 U gesteigert) verändert werden. Aufbau und Arbeitsweise des Super sind aus der Schnittzeichnung (Bild 715) zu ersehen. Der Trommelantrieb wird unmittelbar von der Zapfwellenübertragung auf Keilriemenscheiben übertragen, von denen eine auf der Trommelwelle lagert. Für den richtigen Lauf der Trommel ist daher die richtige Zapfwellenübertragung sehr wichtig. Die Maschine ist auf die normale Zapfwellendrehzahl von 540 U/min eingestellt, eine Drehzahl, die heute fast von allen Schleppern eingehalten wird. Muß dabei eine zu langsame oder zu schnelle Zapfwellendrehzahl des Schleppers korrigiert werden, so geschieht es durch Aufstecken eines anderen Kettenritzels an der langen, unterhalb der Trommel arbeitenden Förderschnecke. Die normale Drehzahl von 540 U/min ist für ein Ritzel mit 23 Zähnen vorgesehen; bei langsamer Zapfwellendrehzahl wird ein Ritzel mit 22 Zähnen und bei besonders schneller Drehzahl ein Ritzel mit 25 Zähnen eingesetzt. Der Kettenspanner wird gelöst, ohne daß die Kette abgenommen wird.

Der Schüttler ist ein mit 225 Stößen arbeitender, in Federn aufgehängter Schwingschüttler, der von einer Schwingwelle angetrieben wird. Die ausgedroschenen Körner sammeln sich in einer unter dem Dreschkorb vorgesehenen Mulde und werden von einer langen Förderschnecke über einen kleinen Wurfelevator zur Reinigung befördert.

Vor der Reinigung vereinigen sich die durch den Schüttler gelangten Teile mit den unmittelbar von der Trommel durch den Dreschkorb geschleuderten und von der langen Förderschnecke hochgeförderten Teile, wenn nicht für den Schüttlerdurchgang bei schwer zu entgrannendem Getreide oder bei Klee eine Schüttlerrundlaufeinrichtung eingeschaltet wird, die den Schüttlerdurchgang zum abermaligen Drusch auf das Mähtuch zurückbringt.

Im anderen Falle tritt das auf dem Siebboden vereinigte Gut seinen Weg zur Reinigung an. Sie besteht aus einem oberen Lamellensieb, das durch die Lamellen enger oder weiter gestellt werden kann und einem für die verschiedenen Fruchtarten auswechselbaren Untersieb, das entweder 4,5 mm durchgehende Langlochung oder 6—16 mm durchgehende Rundlochung hat. Beide von der Schwingwelle mit 225 Stößen bewegten Siebe steigen zum Auslaufende an, so daß das schwere Gut mit den leichteren, durch Druckwind abzuwindenden Teilen, bergauf läuft. Dadurch ist es hinreichend dem Wind ausgesetzt. Der durch ein auf der Trommelwelle angeordnetes Gebläse erzeugte Wind bläst zwischen beide Siebe. Das gereinigte

Getreide gelangt in die Förderschnecke zum Elevator, der es nach oben zu dem auf der Maschine angebrachten Siebsortierer leitet. Er führt es den Absacktaschen für Feines, für erste Sorte und für Grobes zu.

Der Überlauf der Reinigung macht zu seiner nochmaligen Verarbeitung einen Rundlauf durch und wird durch eine Schnecke dem Überkehrelevator zugeleitet, der es über die Tücher zur Dreschtrommel bringt. Beide Rundlaufeinrichtungen sind für die gute Arbeit der Maschine bedeutungsvoll. Die von der Reinigung abgeblasenen leichteren Teile können in der Spreuwanne aufgefangen und mit dem Spreugebläse in den angehängten Spreuwagen befördert werden.

Das Korn wird in drei Sorten marktfertig gereinigt in Säcke gebracht, die entweder mit der Sackrutsche zweckmäßig nach jeder Runde, also etwa 10—15 Zentner, an ein und derselben Stelle des Feldes abgesetzt und dann vom Wagen aufgeladen werden oder besser unter kurzem Anhalten des Mähdreschers auf einen bereitgestellten Kornwagen herübergerutscht werden. In diesem Falle steht der Kornwagen am günstigsten mit seinem hinteren Kopfende quer zum Mähdrescher.

Ist der Mähdrescher nicht mit Absackstand, sondern mit einem Korntank ausgerüstet, so sind einige korndichte Wagen bereitzustellen, in die das gesammelte Getreide entleert werden kann. Das Fassungsvermögen des Tanks beträgt etwa 20 Zentner.

716. Der Mähdrescher „Super" im Einsatz (Claas, Harsewinkel)

Der Mähdrescher verlangt einen Schlepper von mindestens 35 PS mit Luftbereifung und ist im 1. Gang nicht über 3,6 km zu fahren.

Bei Standdrusch in der Scheune wird das Schneidwerk des Mähdreschers abgenommen und dafür ein Kurzeinleger angesetzt. Der Mähdrescher ist dann nicht breiter als eine normale Dreschmaschine. Zweckmäßig stellt man vor dem Einlegetrog einen geräumigen Holztisch auf, auf dem man die Garben aufschneiden und zur gleichmäßigen Trommelarbeit auseinanderziehen kann. Bei Standdrusch kann diese Maschine etwa 25 Zentner in der Stunde dreschen, bei einem Antrieb von 25 PS.

Das Bild 716 zeigt den Super bei der Arbeit. Außer dem Schlepperführer genügt ein Mann zur Bedienung. Auch bei schwerem Lagergetreide ist die Maschine einzusetzen (Bild 717).

717. Der Mähdrescher „Super“ beim Einsatz in Lagergetreide (Claas, Harsewinkel)

Bei Straßenfahrt wird das Mähwerk mit dem Mähtuch hochgeklappt. Da die Maschine in der Schlepperspur fährt, ist sie so breit wie ein normaler Binder.

Die Industrie bemüht sich, den Gestehungspreis des Mähdreschers durch kleinere Baumaße zu senken und ihn auch für kleinere Betriebe wirtschaftlich zu gestalten. Darum ist der Super-Junior entwickelt worden. Der Super hat eine Schnittbreite von 9 Fuß; die Schnittbreite des Junior ist auf 5 Fuß herabgesetzt worden. Er ist ganz auf Leichtgängigkeit gebaut und dadurch mit einem 25-PS-Schlepper über die Zapfwelle anzutreiben (Bild 718).

Auch diese Maschine arbeitet mit Seitenschnitt auf eine querbeschickte, in der Fahrtrichtung liegende Schlagleistentrommel. Die Maschine arbeitet mit einer einfachen Reinigung, die mit doppeltem, verstellbarem Windsieb ausgerüstet ist. Die Trommel ist so angeordnet, daß die ausgedroschenen Strohmassen durch einen Wendekopf umgelenkt werden können.

718. Der Klein-Mähdrescher „Super-Junior“ (Claas, Harsewinkel)

719. Der Klein-Mähdrescher „Super-Junior" im Einsatz (Claas, Harsewinkel)

Abgesehen von einigen Umstellungen, wie beispielsweise der Absackvorrichtung, ist der Durchgang des Dreschgutes ähnlich wie beim Super.

Die durchschnittliche Körnerstundenleistung ist 1250 kg. Als Maße der Maschine gelten: Länge 5,30 m, Breite in Arbeitsstellung 4,20 m, Transportbreite 2,80 m und Gesamthöhe 2,80 m. Wenn ein Zusatzmotor von 10—12 PS angebracht wird, kann die Maschine auch bei leichteren Schleppern von etwa 20—22 PS angewendet werden. Das Bild 719 zeigt den Super-Junior bei der Arbeit.

720. Der Mähdrescher „JD 4200" (Dechentreiter, Bäumenheim)

Als weiterer Mähdrescher sei eine der Dechentreiter-Typen, und zwar die JD 4200 behandelt (Bild 720), ein Mähdrescher mit Frontschnitt, mit einer Schnittbreite von 1750 mm (6 Fuß), als Anhänger auf zwei Rädern für Zapfwellenantrieb hinter einem 30-PS-Schlepper.

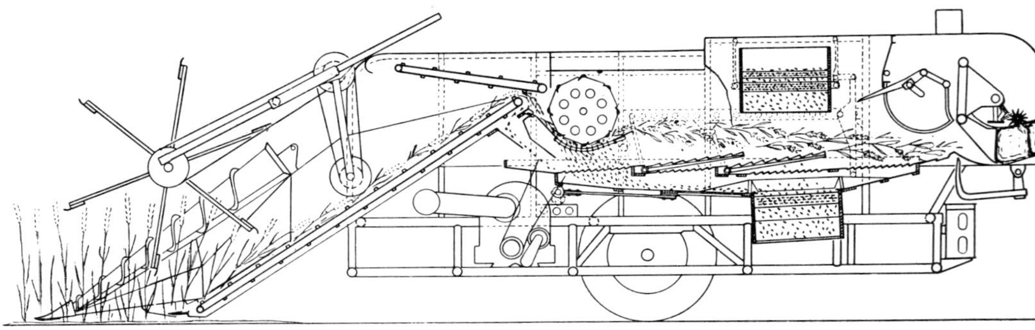

721. Längsschnitt und Arbeitsweise des Mähdreschers „JD 4200“ (Dechentreiter, Bäumenheim)

Bei eingebautem Motor von 24 PS genügt für diese Maschine ein Schlepper von 15—20 PS, der in den meisten bäuerlichen Betrieben vorhanden ist.

Zwei Schnittzeichnungen (Bild 721 und 722) veranschaulichen den Gang des Dreschgutes. Das von Halmteiler und Haspel dem Schneidwerk zugeführte Getreide legt sich nach dem Schnitt mit den Ähren voran auf das Fördertuch und wird von ihm (im oberen Teil von einem kleinen Kopfförderer unterstützt) dem Dreschorgan zugeführt, einer mit 8 Schlagleisten ausgerüsteten Trommel von 500 mm Durchmesser und 1400 mm Länge und einem Dreschkorb mit Momentverstellung. Während ein mit doppelreihigem Fingerschüttler und Doppelnasensieb versehener Schwingschüttler das Langstroh ausschüttelt und dem Auslauf oder einer Schwingkolbenpresse zuführt, gelangt der Korb- und Schüttlerdurchgang zur ersten mit Druckwind und verstellbaren Sieben arbeitenden Reinigung. Nach Abwinden der leichten Kaffteile gelangen die vorgereinigten Körner durch Wurfelevator zur zweiten Reinigung, die gleichfalls mit Druckwind und Sieben arbeitet. Dann werden sie durch Sortiersiebe nach Größe sortiert und seitlich abgesackt.

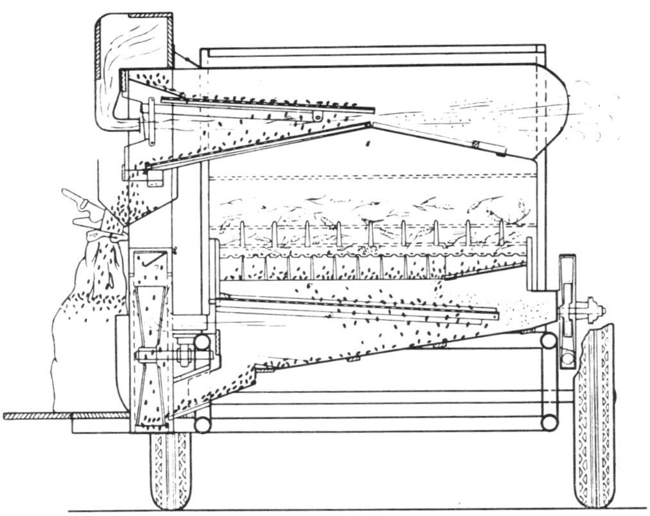

722. Querschnitt und Arbeitsweise des Mähdreschers „JD 4200“ (Dechentreiter, Bäumenheim)

Die Maschine kann mit Sonderausrüstungen verschiedener Art versehen werden. Durch eine Lenkvorrichtung kann sie, ohne daß angemäht zu werden braucht, in das Getreidefeld hineingeschoben werden (siehe Bild 710), oder durch eine Pickup-Vorrichtung Schwadendrusch durchführen. Mit dieser Maschine kann auch Standdrusch vorgenommen werden. Das Bild 723 zeigt die Maschine im Einsatz.

Auch bei dem Mähdrescher D 64 für 6 Fuß Schnittbreite läuft das im Frontschnitt gemähte Getreide in voller Schnittbreite durch die ganze Maschine. Aus dem Bild 724, das einen Blick in die Maschine und ihre Arbeitsorgane gestattet, sind die Einzelheiten zu ersehen. Interessant ist die zweckmäßige Zugvorrichtung. Wenn die Maschine mit einem 22,5-PS-Aufbaumotor und ohne Zapfwellenanschluß arbeitet, so kann sie im Nu aus der Transportstellung in die Arbeitsstellung gebracht werden. Man löst eine Spindel und läßt den Schlepper leicht anziehen (Bild 725). Umgekehrt geht es ebenso schnell und einfach. Soll die Maschine mit Zapfwellenanschluß arbeiten, so ist ein Schlepper von 35 PS erforderlich. Die Geschwindigkeit der Dreschtrommel ist je nach Dreschgut in den Grenzen von 600—1600 U/min

723. Der Mähdrescher „JD 4200" im Einsatz (Dechentreiter, Bäumenheim)

zu regulieren. Dieser Mähdrescher kann mit Absackvorrichtung oder mit Körnertank ausgerüstet werden. In gleicher Weise kann das Stroh lose oder durch eine angebaute, zweimal bindende Schwingkolbenpresse gebunden, abgeworfen werden.

Von den in letzter Zeit entwickelten Kleinstmähdreschern sei der für $4^1/_2$ Fuß Schnittbreite vorgesehene Reform-Mähdrescher genannt. Die Arbeitsweise dieses Mähdreschers ist insofern interessant, als man mit ihm in einem Arbeitsgang (zur Entlastung der ganzen Maschine) zwei Schnitte durchführen kann, ohne daß etwa das übliche Verfahren unmöglich wäre. Mähen kann man auf Stoppellängen von 5—50 cm. Wird auf größere Stoppellängen gemäht, wobei die abgeschnittenen Halme mit den Ähren durch die Maschine gehen, so kann im gleichen Arbeitsgang mit dem unter dem Schlepper angebrachten Mähwerk auf eine Stoppelhöhe bis 5 cm nachgemäht werden. Das Bild 726 zeigt den Mähdrescher ohne Haspel und Drehabteiler. Dieser Frontschnitt-Mähdrescher ist an der rechten Seite eines üblichen Schleppers mit dem Absackstand als Anhängevorrichtung und einer Anhängekupplung an der Ackerschiene angebracht. Die Seitenführung ist am Schlepperrahmen vor dem Hinterrad ebenfalls durch eine Vorrichtung als Seitenführung und als Anhängekupplung ausgeführt.

Angetrieben wird über eine Gelenkwelle von der Zapfwelle zur Dreschtrommel oder durch einen Aufbaumotor mit Keilriemen zur Dreschtrommel.

Der rahmenlose Mähdrescher ist ganz aus Stahl. Die Gebläse auf der Trommelwelle mit ihren Rohrleitungen, der Kornauslaufkasten und der Elevator dienen dabei als Träger.

Die Arbeitsweise dieses Kleinstmähdreschers: Das Getreide wird von den Halmteilern und einer dreiarmigen Parallelhaspel dem Mähwerk zugeführt. Hier übernimmt ein gummiertes Fördertuch die Zuführung zur Trommel. Der mit drei Fingerschüttlern ausgerüstete

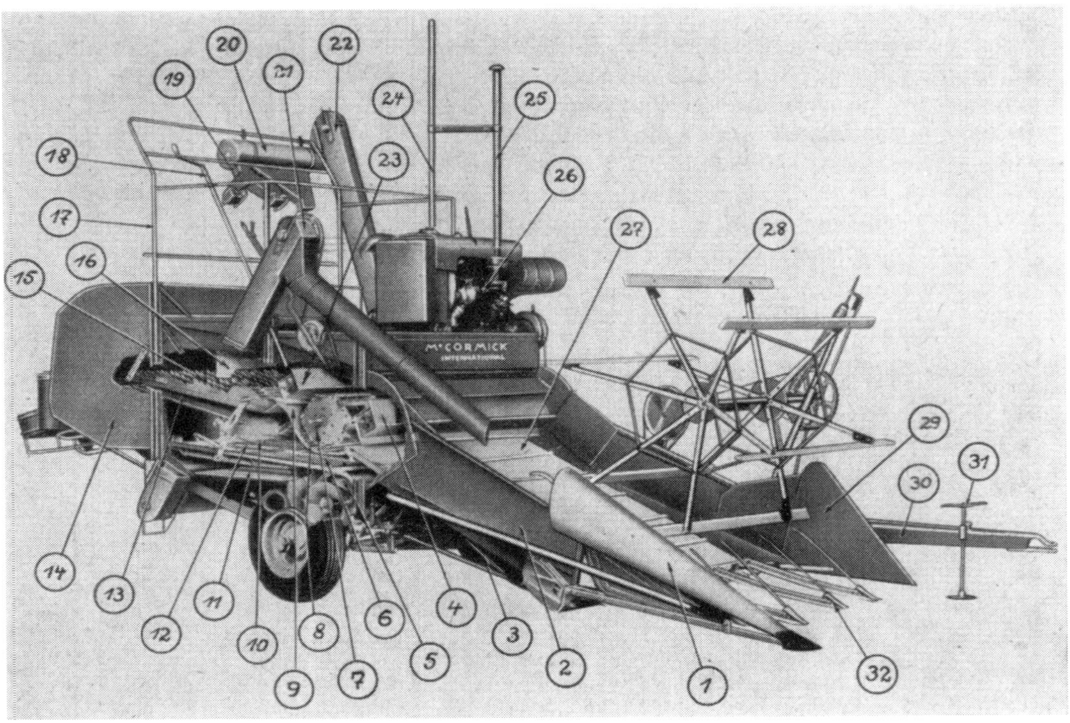

724. Der Mähdrescher McCormick D 64 (I. H. C., Neuß)

1 Einteiliger Stahlaußenteiler
2 Fördertisch 1,64 m breit mit nur max. 28° Steigung
3 Ausgleichfeder für Fördertisch
4 Vierflügelige Dreschgut-Einlegetrommel 1,63 m lang, 31 cm Durchmesser, in selbstschmierenden und selbstausrichtenden Kugellagern laufend
5 Sechsflügeliges Ganzstahl-Reinigungsgebläse, dessen Windstärke und Windrichtung regulierbar sind
6 Körnerboden
7 Mit 6 Schlagleisten ausgerüstete Dreschtrommel, Trommelbreite 1,63 m, Durchmesser 39 cm
8 Die Stäbe des Dreschkorbes sind zum Ausgleich des Verschleißes umkehrbar
9 Dreschtrommelleitblech
10 Kurzstrohschüttler, bestehend aus Körnerboden, Kaffsieb und Kaffsiebverlängerung
11 Regulierbare Siebvorrichtung für die endgültige Reinigung mit 0,77 m² Reinigungsfläche
12 Leitbleche (das vordere Leitblech ist durchsichtig gezeigt)
13 Körnerrücklaufboden
14 Strohpresse
15 Einteiliger Ganzstahl-Strohschüttler
16 Spritztuch, verstellbar
17 Absackstand (das Geländer ist für Transport versenkbar oder ganz abzunehmen)
18 Hoch- und Tiefstellkurbel für Schneideapparat und Fördertisch vom Absackstand aus zu betätigen
19 Verstellhebel für die Haspel
20 Absackvorrichtung
21 Überkehr-Elevator
22 Körner-Elevator für das gereinigte Getreide
23 Eine Führungstrommel führt das Stroh von der Dreschtrommel zum Strohschüttler
24 Auspuff des Motors (kann beim Transport abgenommen werden)
25 Ansaugstutzen des Luftfilters (ebenfalls abnehmbar)
26 Vierzylinder-Dieselmotor, 25 PS
27 1,61 m breites Fördertuch
28 Die vom Motor angetriebene Haspel arbeitet wahlweise mit 4 oder 6 Haspellatten. Sie kann vom Absackstand aus eingestellt werden
29 Aufklappbarer Innenteiler
30 Für Transport einschwenkbarer Zugrahmen
31 Verstellbare Zugrahmenstütze
32 4 große Ährenheber

Schüttler gibt das Langstroh an die angebaute leichte Schwingkolbenpresse weiter, die es (einmal gebunden) in die Fahrbahn des Schleppers seitlich abwirft. Korn und Kaff fallen durch den Schüttler über Ablaufböden auf die Siebe. Der Druckwind in der ersten Reinigung bläst mit der Reinigung der Körner das Kaff in den Ansaugekanal des Kaffgebläses, das es ansaugt und durch die Rohrleitung in einen Zyklon bläst, an den ein Kaffsack angehängt wird. Wenn Krümmer und Zyklon verstellt werden, so läßt sich das Kaff auch in die Presse oder (nach Entfernung des Zyklons) durch den Krümmer aufs freie Feld blasen. Durch einen Elevator gelangen die Körner mittelbar über einen Entgranner oder unmittelbar über eine

Förderschnecke zur zweiten Reinigung, die ebenfalls mit Druckwind und Sieben arbeitet. Bei einem Wenderadius von nur 1,2 m ist diese Maschine sehr wendig. Die Körnerstundenleistung beträgt etwa 1000 kg bei einer Antriebs- und Zugleistung von 16—22 PS bei Zapfwellenantrieb oder von 16-PS-Schlepper und 12-PS-Aufbaumotor.

F. Selbstfahrer-Mähdrescher

Einen besonderen Platz in der Entwicklung der Mähdrescher nehmen die mit Eigenantrieb zur Fortbewegung versehenen Selbstfahrer ein, deren besonderer Vorzug es ist, mit dem Frontschneidwerk ohne Anmähen sofort ins Feld hineinzufahren. Dabei wird Zeit und Arbeit gespart. Der Fahrer hat das Schneidwerk unmittelbar vor sich liegen und kann die Arbeitsverhältnisse immer übersehen. Der Anschaffungspreis dieser idealen Maschine ist hoch. Das motorisierte Fahrgestell kann nur für diese Maschine verwendet werden. Solche Selbstfahrer sind darum nur in großen Betrieben und im Lohneinsatz wirtschaftlich. Doch werden bereits Konstruktionen erprobt, bei denen der Mähdreschaufbau normalen Schleppern übergestülpt wird, um den Selbstfahrer auch für mittlere Betriebe wirtschaftlich zu gestalten. Im folgenden sollen einige der bekanntesten Selbstfahrer in ihrer Arbeitsweise und in ihren Einzelheiten besprochen werden.

Der Massey-Harris-Mähdrescher Nr. 780 (Bild 727) mit Eigenantrieb hat einen eingebauten Motor von 56 PS und ist dadurch unabhängig

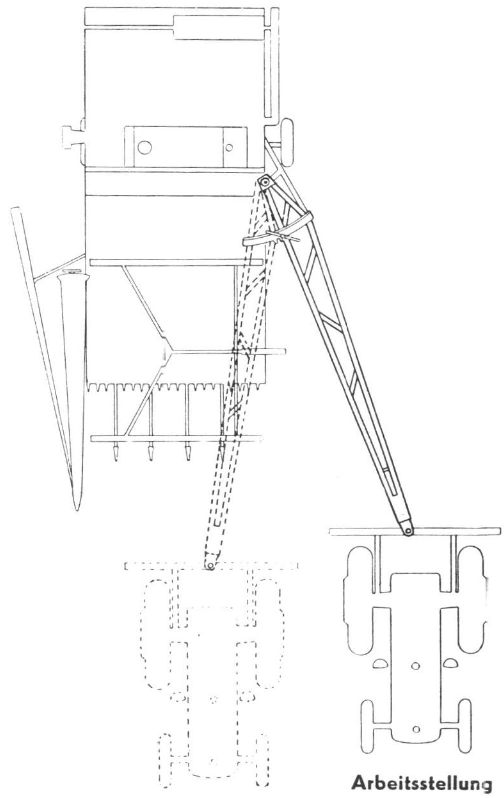

725. Zugverstellung beim Mähdrescher D 64
(I. H. C., Neuß)

726. Klein-Mähdrescher „Reform“
(Holthaus, Dinklage)

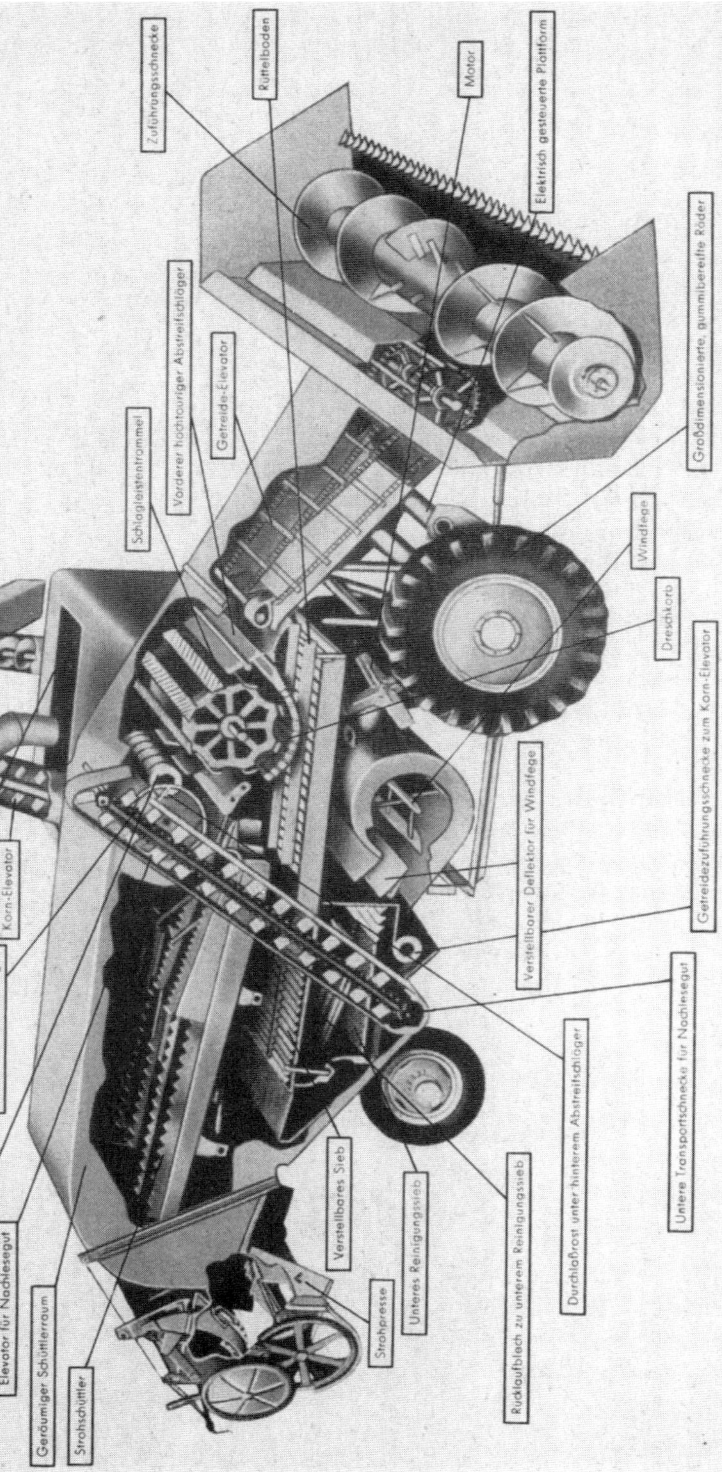

727. Massey-Harris-Mähdrescher mit Eigenantrieb
(Massey-Harris, Köln)

von einer besonderen Zugmaschine. Wegen des im Frontschnitt arbeitenden Schneidwerkes kann der Mähdrescher eingesetzt werden, ohne daß zuvor angemäht wird. Durch breite Strohdurchgänge und große Siebflächen ist die Maschine allen Getreideverhältnissen gewachsen. Das Getreide wird normal durch eine Lattenhaspel (Bild 728) zwischen den Halmteilern dem Schneidwerk zugeführt. Diese Haspel ist mit einigen Handgriffen gegen eine Spezialhaspel für Lagergetreide (Bild 729) auszuwechseln, die bei stärkstem Lagergetreide jeden Halm aufnimmt, so daß ein vollkommen sauberer Schnitt erzielt wird. Die Spezialhaspel ist als Zinkentrommel mit exzentrisch gesteuerten Zinken ausgebildet.

Wenn Getreide oder Sämereien aus dem Schwad aufgenommen werden sollen, so kann statt der Haspel eine Pickup-Einrichtung (Bild 730) eingebaut werden. Sie ist besonders geeignet für Grassaaten oder sonstige Samenarten, die im allgemeinen ungleichmäßig reifen und bei denen die Druschreife abgewartet werden muß.

Das geschnittene Dreschgut wird von einer symmetrisch nach innen

728.
Massey-Harris-Mähdrescher mit Lattenhaspel im Einsatz (Massey-Harris, Köln)

arbeitenden Schnecke erfaßt und ohne Tücher durch einen sich selbst einstellenden, aus Querstäben bestehenden Elevator der Schlagleistentrommel zugeführt. Sie ist als offene Trommel von 55 cm Durchmesser und 82 cm Breite mit 8 Schlagleisten versehen und ermöglicht Drehzahlen von 380 bis 1160 U/min. Die sichere Zuführung des Gutes vom Elevator zur Trommel wird von einem vorderen hochtourigen und die Weiterführung beim Austritt aus der Trommel durch einen hinteren Abstreifschläger bewerkstelligt.

729. Spezialhaspel für Lagergetreide (Massey-Harris, Köln)

Ein Hordenschüttler schüttelt das Langstroh kräftig aus und führt es einer angebauten Strohpresse zu. Das Dreschgut fällt auf das verstellbare Sieb; es scheidet das Kurzstroh aus, das mit in den Preßkanal gelangt. Das so von den größeren Beimengungen befreite Getreide geht über das Rücklaufblech zum unteren Getreidesieb, das mit dem Ährensieb der normalen Dreschmaschinen verglichen werden kann. Eine Windfege bläst die leichteren Kaffteile fort; die Körner gehen durch das untere Reinigungssieb hindurch und werden durch die Getreidezuführungsschnecke seitwärts zum Kornelevator geführt, der sie einem Korntank (mit einem Fassungsvermögen von 1100 kg) zuleitet. Die Überkehr des unteren Reinigungssiebes (vornehmlich zerschlagene Ähren) gelangt mit dem Elevator für Nachlesegut zur oberen Transportschnecke und macht zur besseren Auslese einen nochmaligen Rundlauf durch die Reinigung durch.

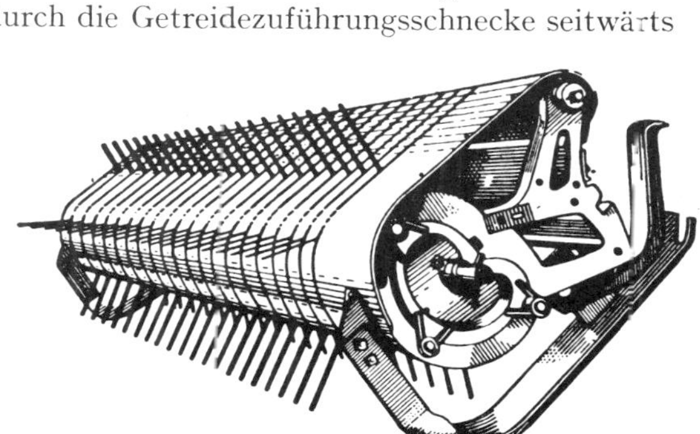

730. Pick up-Einrichtung (Massey-Harris, Köln)

Statt des Kornsammeltanks kann die Maschine auch mit einer normalen Absackvorrichtung versehen werden. Was die

731. Strohverteiler (Massey-Harris, Köln)

Bedienung dieser Maschine so sehr erleichtert, ist die mit einfachem Fingerdruck zu betätigende Hebe- und Senkvorrichtung der Plattform. Mit ihr kann im Augenblick auf jede beliebige Schnitthöhe (von 7 cm ab) eingestellt werden; der Tisch kommt leicht in die Transportstellung.

Die Schwingkolbenpresse stellt Preßbunde von 8—12 kg mit zweifacher Bindung her; man kann aber auch einen Strohverteiler benutzen (Bild 731). Er kann zweckmäßig angewendet werden, wenn das Stroh nicht geborgen wird, sondern für Düngezwecke auf dem Feld bleibt. Da dieses Stroh durch die Zuführungsschnecke auf dem Schneidtisch und dann durch die Dreschtrommel und die Schlägertrommel bereits gründlich zerschlagen ist, so wird eine Schneidvorrichtung überflüssig. Der Strohverteiler wirkt wie ein rotierendes Schlagkreuz.

Wesentlich ist, daß das Ganggetriebe vom Dreschmaschinenantrieb unabhängig ist. Durch einfache Vor- und Rückwärtsbewegung eines Handhebels kann man 24 verschiedene Geschwindigkeiten von $1^1/_2$ bis $11^1/_2$ km/Std. einstellen. Dabei wird die Motordrehzahl nicht herabgemindert. Weder das Schneidwerk noch, was von größter Bedeutung ist, der Dreschmechanismus werden in der Antriebsgeschwindigkeit verändert, so daß die Dreschtrommel mit konstanten Drehzahlen läuft, wenn die Fahrgeschwindigkeit verändert wird. Das Fahrgestell wird durch die Hinterräder gesteuert.

Die durchschnittliche Stundenkörnerleistung dieser Maschine liegt etwa bei 30 Ztr., doch kann sie bei günstigen Verhältnissen auf 50 Ztr. kommen. Die stündliche Flächenleistung beträgt etwa $2^1/_2$ bis $3^1/_2$ Morgen, bei einem Brennstoffverbrauch von 8 bis 10 Liter Benzin je Stunde.

732. Selbstfahrender Mähdrescher JD 460 (Dechentreiter, Bäumenheim)

Die Maße des Mähdreschers (in Arbeitsstellung) betragen: Länge 8,60 m, Höhe (bei Ausrüstung mit Kornsammeltank) 3,40 m, Breite 3 m.

Fahr- und Dreschantrieb sind auch in dem selbstfahrenden Dechentreiter-Mähdrescher ID 460 voneinander unabhängig durch zwei eingebaute, gleichstarke Unimog-Diesel-

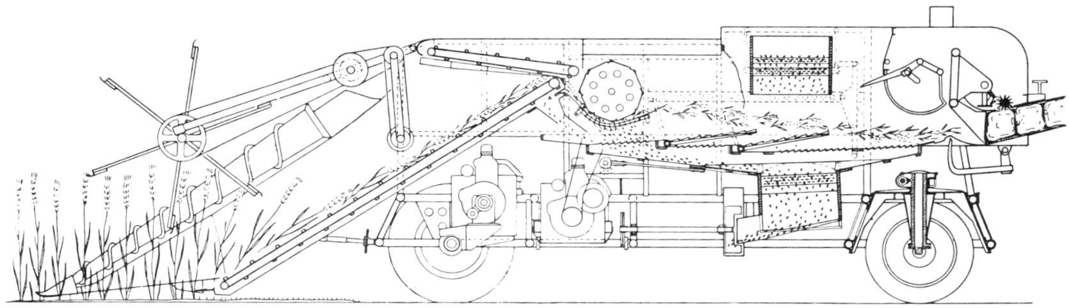

733. Längsschnitt und Arbeitsweise des Mähdreschers ID 460 (Dechentreiter, Bäumenheim)

Motoren der Daimler-Benz-Werke von je 30 PS (Bild 732). Durch zwei rotierende Halmteiler und eine Haspel, die nach Art der Bindemäher in der Horizontalen und in der Vertikalen verstellt werden können, wird das Getreide dem mit Ährenhebern versehenen Schneidwerk zugeführt. Dann wird es, mit den Ähren voran, durch ein mit Latten besetztes Fördertuch der Dreschtrommel in stetigem Fluß vorgelegt, wobei ein oberes Fördertuch den sicheren Einzug in die Trommel unterstützt (Bild 733). Der Aufbau des Reinigungsteiles entspricht den normalen Dreschmaschinen der gleichen Firma. Durch Finger- und Schwingschüttler gelangt das ausgeschüttelte Langstroh in die angebaute Schwingkolbenpresse, die mit zweifacher Bindung arbeitet. Zum Unterschied von dem normalen Reinigungsgang wird das Kurzstroh hier gleich mit abgesondert, so daß

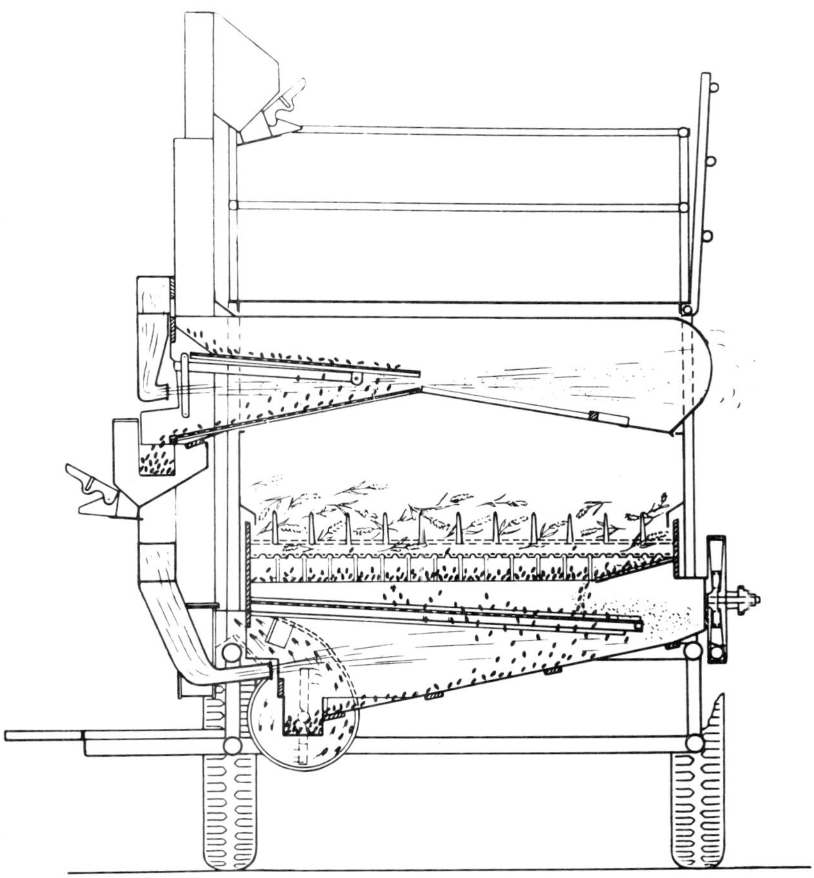

734. Querschnitt des Mähdreschers ID 460 (Dechentreiter, Bäumenheim)

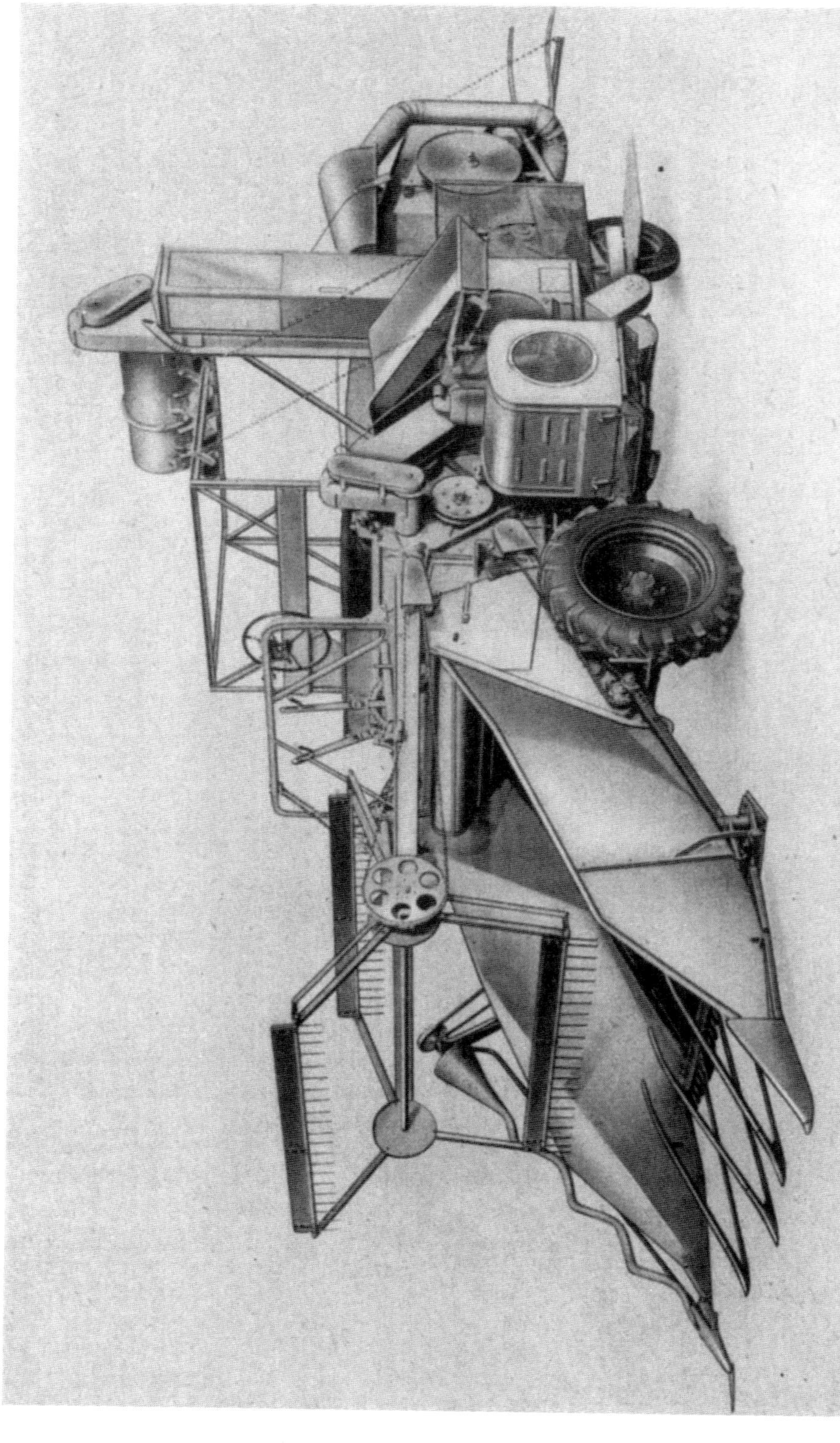

735. Selbstfahrender Mähdrescher Fahr (Fahr, Gottmadingen)

736. Regel-Keilriementrieb zur Veränderung der Drehzahl der Dreschtrommel (Fahr, Gottmadingen)

die beiden Reinigungen, die durch Wurfförderer verbunden sind, die Sieb- und Druckwindreinigung des Kornes vornehmen (Bild 734). Es wird durch eine obere oder eine seitliche Absackvorrichtung in Säcke gefüllt.

Die Fahrgeschwindigkeiten dieses mit einem Schneidwerk von 2,25 m Breite ausgerüsteten Mähdreschers betragen 0,4—12 km/Std. Die Maße dieser Maschine (in Transportstellung) betragen: Länge 8,30 m, Breite 2,83 m, Höhe 3,45 m.

Ein besonders für europäische Verhältnisse entwickelter Selbstfahrer ist der Fahr-Mähdrescher MD 2 (Bild 735). Er hat eine hydraulische Plattformverstellung. Durch sie kann die Plattform von 5—58 cm eingestellt werden. Es bedarf für den Arbeitsbeginn keiner besonderen Umstellung der Maschine von Transport- auf Mähstellung, so daß die mit Frontschnitt arbeitende Maschine sogleich in das Getreidefeld hineinfahren kann, ohne daß zuvor angemäht werden muß. Die mit einem 45-PS-Vierzylinder-Diesel-Motor ausgerüstete Maschine hat 5 Vorwärtsgänge von 1,4—9 und einen Rückwärtsgang von 1 km/Std. Die Drehzahl aller Maschinenorgane ist auf den mit einer Drehzahl von 2400 laufenden Motor abgestimmt; die Fahrgeschwindigkeit wird getrennt gesteuert, so daß der Dreschmaschinenteil auch unabhängig weiterläuft, wenn die Maschine stillsteht oder wenn die Fahrgeschwindigkeit geändert wird.

737. Spreu-Sammelvorrichtung am Mähdrescher (Fahr, Gottmadingen)

Weil der Fahr-Mähdrescher eine exzentergesteuerte dreiarmige Parallelzinkenhaspel, einen Drehhalmteiler und große Ährenheber hat, kann selbst längstes Lagergetreide sicher bewältigt und nach dem Schnitt durch ein 2,10 m breites Schneidwerk dem Dreschorgan zugeführt werden.

Die 1500 mm breite Dreschtrommel (410 mm Durchmesser) ist mit 8 Schlagleisten ausgerüstet und arbeitet mit einem Gitterdreschkorb zusammen, der vorn und hinten mit einer Handhebel-Schnellverstellung eingestellt wird. Unabhängig von der Fahrgeschwindigkeit ist die Drehzahl der Dreschtrommel durch ein Regel-Keilriemengetriebe (Bild 736) stufenlos zwischen 700 und 1700 U/min

738. Angebaute Schwingkolbenpresse (Fahr, Gottmadingen)

einzustellen. Das Langstroh wird ausgeschüttelt von einem 2,10 m langen Schwingschüttler mit Graepel-Belag. Gereinigt wird mit Sieb- und Windreinigung, mit einem 1 m breiten, verstellbaren Kurzstrohsieb und durch einen, je nach Dreschgut auswechselbaren Hochleistungszylinder, in den ein Gersten-Entgrannzylinder eingesetzt werden kann. — Um die Felder von Unkraut freizuhalten, wird das Kaff in handliche Spreusäcke geblasen (Bild 737). Das Langstroh gelangt entweder vom Schüttler lose aufs Land, damit es geborgen werden kann, wenn es genügend abgetrocknet ist. Es kann aber auch gleich in einer an den Mähdrescher angebauten Schwingkolbenpresse mit zweifacher Bindung gebunden werden (Bild 738), die die Preßbunde über eine Schurre abwirft. Das marktfertige Getreide wird oben auf der Maschine abgesackt auf einem Absackstand von 500—600 kg und 2—3 Mann Tragfähigkeit. Die vollen Säcke werden einer Schurre zugeführt, von der sie von Zeit zu Zeit in einen Wagen geladen oder aufs Feld abgesetzt werden (Bild 739).

Die Leistung dieses Selbstfahrers beträgt bei Normalbestand im Dauerbetrieb etwa 200 kg Weizen/Std. und etwa 0,5 ha/Std. bei einem Kraftstoffverbrauch von etwa 6 bis 7 kg/Std. Die Maße betragen (mit angebauter Presse): Länge 8 m, Breite 2,65 m, Höhe 3,35 m.

Als weiterer Vertreter dieser Maschinengruppe sei der Claas-Selbstfahrer genannt, der in den Bildern 740 und 741 in beiden Ansichten wiedergegeben ist. Diese Maschine wird durch einen 56-PS-Benzin- oder auf Wunsch auch durch

739. Absackstand des Selbstfahrer-Mähdreschers Fahr (Fahr, Gottmadingen)

einen Hochleistungs-Dieselmotor angetrieben. Völlig unabhängig von der Fahrgeschwindigkeit arbeitet die Drescheinrichtung; beide Antriebe können stufenlos geregelt werden. Durch vollhydraulische und elektrische Einrichtungen ist die Bedienung der Maschine äußerst

740. Claas-Selbstfahrer-Mähdrescher von links (Claas, Harsewinkel)

bequem. Die Steuerung wird durch Einzelradbremsen sehr erleichtert. Das 8 Fuß breite Schneidwerk ist hydraulisch für Stoppellängen von 6—60 cm einstellbar. Zwischen den Abteilern sorgen große Ährenheber und eine gleichfalls hydraulisch heb- und senkbare zinkenbesetzte Pick up-Haspel dafür, daß auch lagerndes Getreide sicher dem Schneidwerk zugeführt wird.

741. Claas-Selbstfahrer-Mähdrescher von rechts (Claas, Harsewinkel)

Die Fahrgeschwindigkeiten sind stufenlos in den Grenzen von 0—18 km/Std. zu regulieren. Die gleichfalls stufenlos regelbaren Trommeldrehzahlen liegen in einem Bereich von 650 bis 1350 U/min. Vom unmittelbar hinter dem Schneidwerk liegenden Führerstand aus ist die Maschine sehr übersichtlich. — Die mit 6 Schlagleisten versehene Dreschtrommel von 1250 mm Breite arbeitet mit einem mit Momentverstellung ausgerüsteten Korb zusammen. Die Maschine hat zweifache

Reinigung und sortiert zu 3 Sorten, die auf dem Dach der Maschine abgesackt werden. Auf Wunsch kann die Maschine mit einem Korntank ausgerüstet werden.

Der Claas-Selbstfahrer kann alle Getreidearten und auch Feinsämereien ernten; diese erfordern allerdings Zusatzsiebe. Seine normale Stundenleistung beträgt bis 40 dz Korn, die Flächenleistung etwa 0,75—1 ha/Std. Die Maße dieser Maschine betragen: Länge 7 m, Breite 2,6 m, Höhe 3,8 m.

IX. Strohpressen

A. Grundsätzliches

Im Landwirtschaftsbetriebe will man Heu, Stroh und ähnliche Güter gepreßt haben. Das liegt an dem großen Volumen dieser Stoffe. Sie sind nur handlich, wenn sie gepreßt sind. Sie nähmen beim Transport zu großen Laderaum ein und machten ihn dadurch unwirtschaftlich. Wenn sie ungepreßt in Scheunen lagerten, so reichte deren Aufnahmevermögen nicht aus.

Ihr Eisenbahntransport lohnte nur, wenn sie den Laderaum der Eisenbahnwagen dem Gewicht nach ausfüllten. Lose geschichtetes Heu wiegt je Kubikmeter etwa 60 kg und loses Stroh nur etwa 40 kg. Für den Eisenbahntransport werden meist Rungenwagen für 10—15 t Ladegewicht verwendet. Wenn dieser Laderaum voll ausgenutzt werden soll, müßten Heu und Stroh so stark gepreßt werden, daß 1 Kubikmeter etwa 140 kg wiegt, d. h., daß das Fördergut auf etwa $^1/_3$ seines Volumens zusammengepreßt wird.

Das gleiche gilt für das Einlagern in Scheunen. Hierfür brauchen die Massen nicht so stark gepreßt zu werden wie für den Transport mit der Eisenbahn oder anderen Beförderungsmitteln. Immerhin kann das Fassungsvermögen der Lagerräume ausschlaggebend beeinflußt werden.

Je nach Verdichtung der Stroh- und Heumassen verwendet man für Stroh, meist im Anschluß an das Dreschen, die Strohbinder und Strohpressen. Wenn auch der Strohbinder in erster Linie das lose, von der Dreschmaschine kommende Stroh binden und die Arbeit erleichtern und beschleunigen soll, so preßt er das Stroh doch auf etwa 70 kg/m³. Aus diesem Grund und weil in diesem Abschnitt die auch am Strohbinder wirkende Bindevorrichtung behandelt wird, soll auch der Strohbinder mit angeführt werden.

742. Strohbinder (Claas, Harsewinkel)

B. Strohbinder

Der Strohbinder (Bild 742) hat als Hauptarbeitselement den Bindetisch einer Bindemähmaschine; er hat einen Einlauftrichter für das Stroh. Die gesamte Vorrichtung ruht auf einem mit Einspännerdeichsel versehenem Fahrgestell. Damit Unfälle verhütet werden, ist die Bindevorrichtung durch einen aufklappbaren Drahtkorb verschlossen, der beim Hochklappen automatisch den Antrieb des Strohbinders außer Betrieb setzt. Der Strohbinder erhält seinen Antrieb von der Schüttlerwelle der Dreschmaschine aus, unter deren Schüttlerauslauf er zum Empfang der ausgeschüttelten Strohmassen mit seinem Trichter geschoben wird. Die Schwingkolbenpresse ist zu einer Maschine leichter und billiger Bauart entwickelt worden; deshalb wird der Strohbinder in den letzten Jahren immer weniger verwendet.

Zum dichteren Pressen von Stroh und Heu werden Langstrohpressen verwendet, die einen Verdichtungsgrad von 140—160 kg/m³, und Ballenpressen, die einen Verdichtungsgrad von 170—200 kg/m³ und darüber erreichen.

Diese Strohpressen sind aus der amerikanischen Baumwollpresse entwickelt worden, mit der während des Unabhängigkeitskrieges das Heu für die Armee gepreßt wurde.

Diese Baumwollpressen waren sehr verschieden ausgebildet. Es gab Schraubenpressen, Kniehebelpressen und andere mit Unterbrechung arbeitende Vorrichtungen. Die Strohpresse nahm ihren Ausgang von den ununterbrochen arbeitenden Stempelpressen. Daraus gingen die Ballenpressen hervor. Diese Pressen banden in den siebziger Jahren des vergangenen Jahrhunderts mit Draht, der in den gewünschten Längen mit passenden zurechtgedrehten Verschlußenden von der Fabrik geliefert wurde (Bild 743). Nach Umschlingen des Preßballens wurde er geschlossen, wie die innere Figur zeigt. Der Erfolg der Baumwollpresse

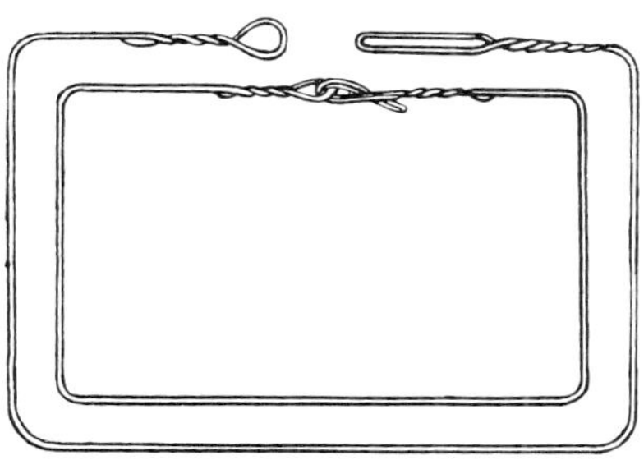

743. Bindedrahtschlinge, offen und geschlossen

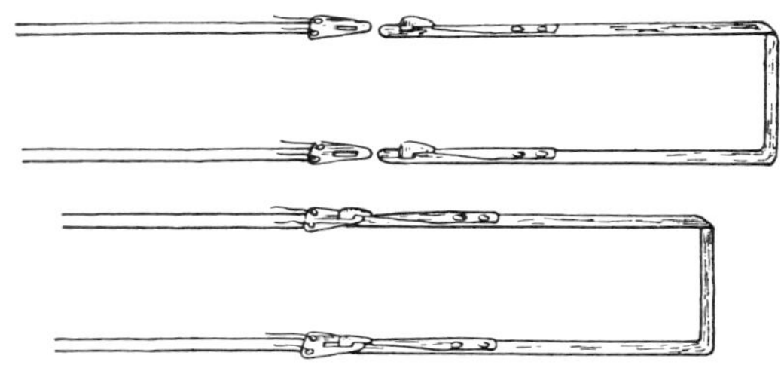

744. Stahlbügel für Drahtbindung

regte dazu an, an ihrer Vervollkommnung weiterzuarbeiten. Man gab der horizontal arbeitenden Stempelpresse den Vorzug. Sie kam als Howard-Presse im Jahre 1883 durch Gottfried Welger-Seehausen nach Deutschland.

Diese Howard-Presse war höchst einfach gestaltet und bestand aus nichts weiterem als einem Kolben, der durch Kurbelantrieb bewegt wurde, und einem einfachen Preßkasten. Die Räder fehlten noch, und so mußte man die Presse für den Betrieb auf Böcken befestigen. Als Gegenlager für das Preßgut waren hinter die Preßbunde einzusetzende Bretter vorgesehen. Durch diese Bretter, die mit Kerben versehen waren, die das Bindematerial hindurchließen, teilte man gleichzeitig die einzelnen Bunde voneinander. Mit Ausnahme der Kolbenbewegung wurde die Presse mit der Hand bedient; das war recht gefährlich.

Hier setzten die deutschen Verbesserungen ein, die im Laufe der Zeit so bedeutend wurden, daß man mit Recht behaupten kann, mit Ausnahme der ersten, in Amerika erfundenen Garnbindevorrichtung sei die Strohpresse wesentlich durch deutsche Erfindungs- und Entwicklungsarbeit vervollkommnet worden.

Die Firma Klinger baute die Maschine zur Langstrohpresse um. Sie behielt die äußere Form bei und verbreiterte den Preßkanal. Die Gebrüder Böhmer und Welger schufen den selbsttätig arbeitenden Stopfer. Bis dahin mußte ein auf der Maschine stehender Arbeiter das Stroh mit einer Holzgabel einlegen. Das war nicht ungefährlich.

C. Bindevorrichtungen

Gebunden wurde in den neunziger Jahren mit Draht. Die Teilbretter, die man anfangs mit der Hand einsetzte, wurden 1896 durch die Gebrüder Welger, Wansleben, so angeordnet, daß der Kolben sie selbsttätig gegen ein fertiges Preßbund schob.

Dann ging man dazu über, zum Abteilen und Binden einen offenen Stahlbügel (Bild 744) durch den Preßraum zu stoßen, an dessen Enden Haken angebracht waren. An diesen Stahlbügel, der für doppelte Bindung vorgesehen war, wurden nach dem Durchstoßen die beiden Schlußdrähte des fertig gepreßten Ballens und die beiden Anfangsdrähte für den neuen Ballen mit kleinen Plättchen aufgehakt und hierauf der Bügel mit den Drähten zurückgezogen. Dadurch wurden die Drähte um die Ballen geführt und auf einer Seite mit der Hand verdrillt und untergeschoben.

Diese Art zu binden und andere ähnliche Vorrichtungen wurden noch bis in das erste Jahrzehnt dieses Jahrhunderts angewendet. Im Jahre 1900 erschien auf der großen DLG-Ausstellung zu Posen zum ersten Male eine Strohpresse der Gebrüder Welger, Wolfenbüttel, mit Garnbindung. Das Bindegarn wurde von Rollen oder Knäueln selbsttätig eingeführt, nachdem ein Arbeiter einen Hebel gestellt hatte. 2 Jahre später war diese Presse so verbessert, daß sie vollkommen selbsttätig arbeiten konnte.

745. Ballenpresse (Welger, Wolfenbüttel)

Von nun an begann ein starker Konkurrenzkampf zwischen Pressen mit Draht und Pressen mit Garnbindung. Die schweren Ballenpressen, bei denen das Garn nicht stark genug ist, behielten schließlich die Drahtbindung bei, die später ebenfalls vollautomatisch arbeiten konnte. Die leichteren Langstrohpressen wurden samt und sonders mit Garnbindung versehen.

Im Preßkanal der Ballen- oder Krummstrohpressen wird das Stroh auf einem verhältnismäßig geringen Querschnitt wirr zusammengepreßt. Der horizontalliegende, durch schwere Profileisen gebildete Preßkanal (Bild 745), wird abwechselnd von den von oben herunterschwingenden Stopfern und von dem auf Rollen geleiteten Kolben befahren, der das heruntergestopfte Stroh in dem sich schwach verjüngenden Kanal zusammenpreßt. Die Pressung wird reguliert, indem man die unter Federdruck stehenden vorderen Kanalschienen verstellt. Wegen des hohen Preßdruckes muß zur Bindung Draht verwendet werden. Krummstroh läßt sich wegen der wirr durcheinanderliegenden Halme schwer häckseln. Zu Futterzwecken eignet sich das Stroh, das mit Draht gebunden ist, nicht; abgebrochene Drahtenden werden vom Vieh leicht mitgefressen. Daher werden Ballenpressen hauptsächlich dort verwendet, wo Stroh für den Transport zur strohverarbeitenden Industrie (Papier- und Pappenindustrie) gepreßt wird.

Bei der Krummstrohpresse fällt das von der Dreschmaschine anfallende Lang- und Kurzstroh auf ein aus Gliederketten gebildetes Förderwerk und gelangt (gemischt) in den Füllrumpf, der zum Preßkanal führt. Seine Maße betragen etwa 400×500 mm². Derartige Pressen verarbeiten etwa 18—30 dz Stroh in der Stunde. Seit langer Zeit wird versucht, die Preßballen durch eine selbständig wirkende Bindevorrichtung mit Draht zu binden. Es sind im Laufe der Zeit verschiedene Lösungen gefunden worden. Da sich aber diese Vorrichtungen auf eine Verdrillung der Drahtenden beschränken, so ist es ratsam, von Hand oder besser mit der Zange die verdrillten Drahtenden durch Unterstecken zu sichern, damit die Ballen sich nicht lockern.

Wo Stroh verfüttert werden soll, verwendet man die Glatt- oder Langstrohpresse. Sie hat einen breiteren Kanalquerschnitt und führt das vom Schüttler der Dreschmaschine kommende ungeknickte Langstroh quer. Es wird bei geringerer Pressung zu Preßbunden verarbeitet, in denen es verhältnismäßig wenig leidet, so daß es auch noch gut gehäckselt werden kann. Diese Glattstrohpressen waren früher nach dem gleichen Prinzip wie die Krummstrohpressen gebaut, jedoch legte man den Kanal schräg (Bild 476), um gleichzeitig den Preßdruck zur Beförderung der fertigen Preßbunde auszunutzen. Um das Jahr 1930 wurde die Strohpresse entscheidend weiterentwickelt. Hermann Raußendorf, Singwitz-Bautzen, konstruierte eine Schwingkolbenpresse und ging von der schweren Horizontalbauweise unter Ausnutzung der Schweißtechnik zur Leichtbauweise über. Die Strohpressen wurden dadurch um die Hälfte leichter und entsprechend billiger, so daß die schwere Bauweise (mit Ausnahme der Ballenpressen) von sämtlichen Firmen aufgegeben werden mußte. Dadurch wurde die Möglichkeit geschaffen, Strohpressen als Anbaupressen an Dreschmaschinen und an Mähdreschern zu verwenden.

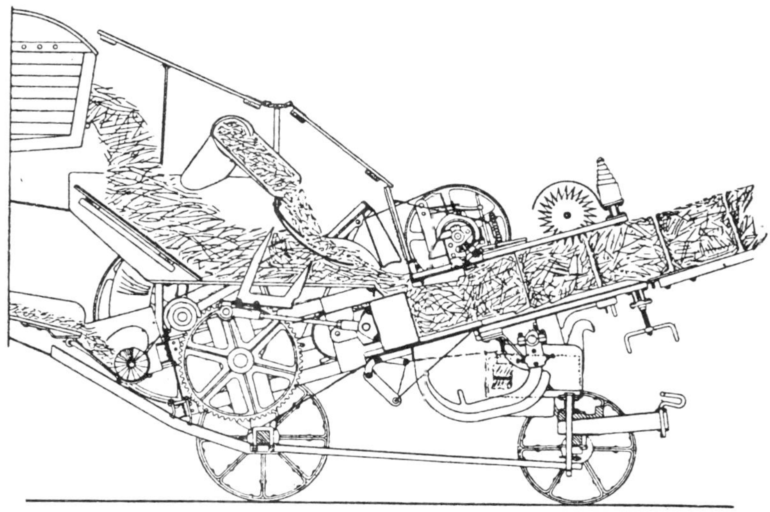

746. Glattstrohpresse alter Art

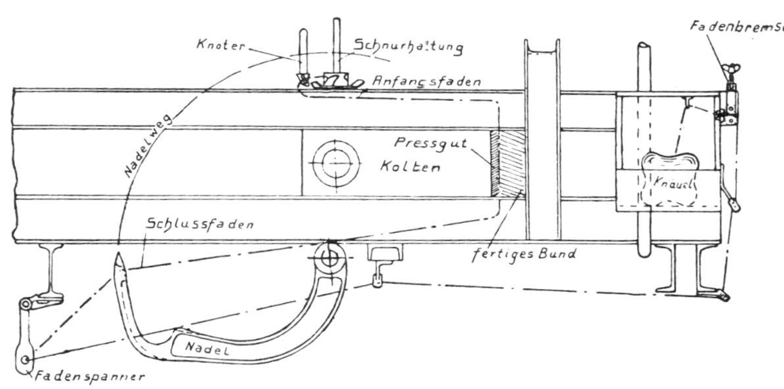

747. Bindevorgang bei der Strohpresse

Als es gelang, die bei den selbstbindenden Mähmaschinen längst bekannte Selbstbindevorrichtung auch für die Strohpressen nutzbar zu machen, konnten auch selbstbindende Strohpressen gebaut werden. Im Grunde handelt es sich bei beiden Maschinenarten um den gleichen Bindevorgang. Bei der Strohpresse entstehen jedoch beim Binden größere Fadenspannungen, mit denen die Bindevorrichtungen der Bindemähmaschine nicht fertig wurden. Fadenführung, Fadenspannung und Schnurhaltung verlangten andere Mittel. Am Bild einer Langstrohpresse soll der Bindevorgang als zusammenhängendes Ganzes betrachtet werden (Bild 747). Um das Verständnis zu erleichtern, ist eine Presse mit horizontalem, gestrecktem Preßkanal gewählt worden. Die Nadel ist zurückgegangen, nachdem sie den Anfangsfaden in die Schnurhaltung und beim Rückgang über den Knoter gelegt hat. Der Kolben hat mit dem ersten Hub Stroh und mit dem Stroh den

Anfangsfaden in den Preßkanal getrieben, als Gegenlager beim Pressen die fertigen Bunde benutzend. Ist genügend Stroh eingepreßt und das Preßbund stark genug, so geht die durch eine Einrückvorrichtung ausgelöste Nadel hoch und führt durch den Preßkanal den Schlußfaden um das Bund herum, dem Knoter und darauf der Schnurhaltung wieder zu. Der Knoter knotet nun den Anfangs- und den Schlußfaden zusammen.

D. Zusammenarbeit von Nadel, Knoter und Schnurhaltung

Der aus dem Appleby-Knoter (siehe Bild 463) hervorgegangene Knüpfer besteht aus einem Haken, der mit dem Führungszapfen ein Stück bildet, und einer beweglichen Zunge, die sich schnabelartig auf den Haken legen kann. Das Bild 748 zeigt einen solchen Knoter einfachster

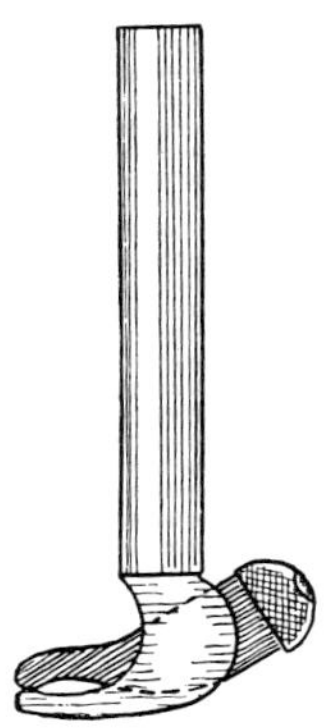

748. Knoter, nach Hornsby

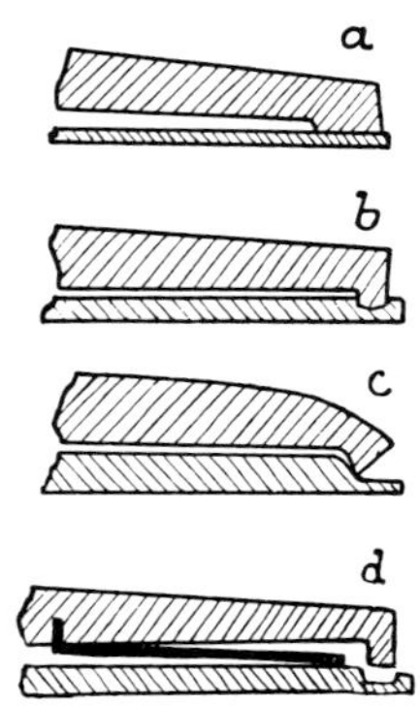

749. Schnitt durch verschiedene Knüpfer

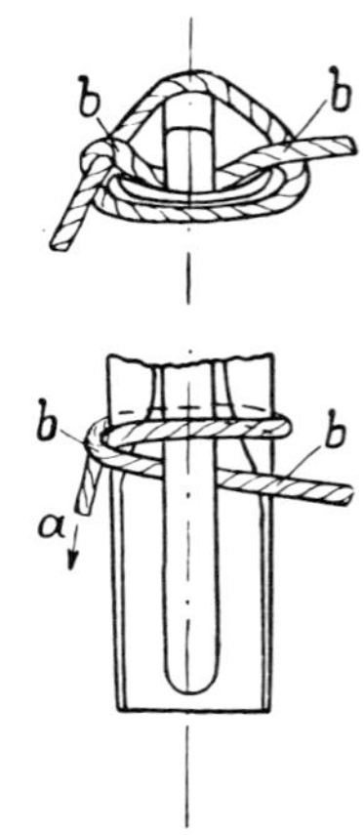

750. Darstellung der Schlaufenbildung
a Schlinge; *b* Schlaufenfaden

Form, wie ihn Hornsby in den neunziger Jahren verwendete. Die am Rücken befestigte lose Rolle läuft bei der Umdrehung des Knoters auf einer Bahn, deren Gestalt das Öffnen und Schließen der Zunge steuert. Geknotet wird, indem die beiden Fadenenden von vorn rechts oben nach hinten links unten über die geschlossene Zunge gelegt werden, worauf der Knoter sich rechts herumdreht und die Fäden zu einer Schlinge formt. Bevor der Knoter eine volle Umdrehung gemacht hat, öffnet sich die Zunge, greift die nach rechts oben führenden Fäden und klemmt sie in den Knoterschnabel ein. Diese um den Knoter liegende Schlinge wird angezogen in Richtung der Zungenspitze; dabei wird aus den im Knoterschnabel festgehaltenen Fäden eine Schlaufe gebildet, über die die Schlinge abrutscht. Nach Verlassen des Knoters zieht sich die Schlinge zu und schnürt die Schlaufe ein. Auf diese Weise wird ein geschürzter Knoten gebildet. So einfach das alles klingt, so schwierig war seine Ausführung an der arbeitenden Maschine. Die Knoten herzustellen ist so schwer, daß man einen gutgehenden Knüpfer als ein Meisterwerk der Technik ansehen muß.

Ausschlaggebend ist die äußere Gestalt des Knoters. Während des Knüpfvorganges wird erhebliche Reibungsarbeit geleistet. Es müssen daher nicht nur scharfe Kanten vermieden werden, sondern die Fäden sollen auch bei jeder Knoterstellung tangierend an ihn heranlaufen. Außerdem sollen bei der Bildung der Schlinge die Fäden nicht plötzlich zurückweichen, sondern allmählich nachlassen. Das Zurückweichen der Fäden kommt daher, daß die Schlinge zunächst in der waagerechten Ebene gebildet wird, bei weiterer Drehung des Knoters auf dessen Rücken abrutscht und in die senkrechte Ebene umklappt. Da der Knoterumfang in der ersten Lage größer ist als in der zweiten auf dem Schnabel, so werden die Fäden vom

Knoter teilweise freigegeben. Aus diesem Grunde hat der Knoter an der mit den Fäden zusammenkommenden Seite eine sich nach unten zu verjüngende, gewundene Form; die andere Seite ist abgeflacht.

Der Knoterschnabel wurde früher in verschiedener Weise ausgestaltet. Wenn auch heute noch verschiedene Formen anzutreffen sind, so kommt der Schnabelform heute keine größere Bedeutung mehr zu, weil die Fadenführungen besser ausgearbeitet sind und die Fäden unbedingt sicher eingelegt werden. Das Bild 749 zeigt den Schnitt durch verschiedene Ausführungen. Wichtiger für die Knotenbildung ist das Verhältnis der Breite des Knoterschnabels zur Höhe der aufliegenden Zunge (Bild 750), um beim Abrutschen der Schlinge *a* an beiden Seiten der Zunge genügend Raum für die sich längslegenden Schlaufenfäden *b* zu lassen und um zu vermeiden, daß sie durch die abgezogene Schlinge aus der Knoterzunge herausgeschoben werden.

Die Schnurhaltung der Strohpresse muß den ihr von der Nadel eingelegten Faden sicher festklemmen. Der Klemmdruck muß leicht verstellbar sein und das Klemmen und Lösen des Fadens muß zu ganz bestimmter Zeit stattfinden. Dieser Anforderungen wegen haben sich an Strohpressen zwei Arten von Schnurhaltungen durchgesetzt: die Schnurhaltungen mit kegelförmiger und die mit trommelartiger Klemmvorrichtung.

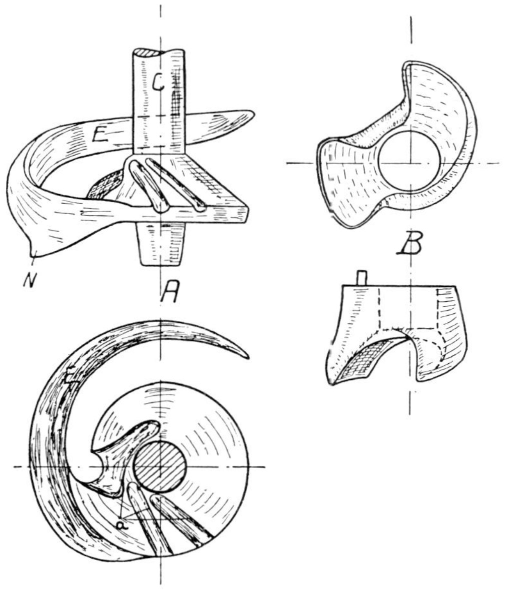

751. Kegelschnurhaltung

A unterer Konus, *B* oberer Konus, *C* durchgehende Welle, *E* Einlegefinger, *N* Nase, *a* Klemmkanten

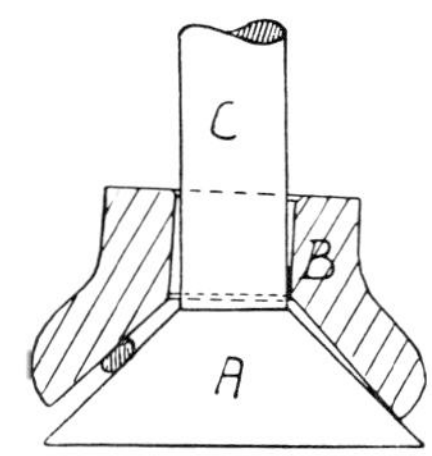

752. Klemmvorgang bei der Kegelschnurhaltung

A unterer Konus, *B* oberer Konus, *C* durchgehende Welle

Die erste Art der Schnurhaltungen ist der Plano-Bindevorrichtung entnommen. Der Faden wird von einem markanten, schraubenzieherartigen Einlegefinger zwischen zwei unter Federdruck aufeinandergleitenden Kegelflächen eingeklemmt (Bild 751). Der mit dem Einlegefinger *E* und mit der für den Schnitt bestimmten Nase *N* versehene Konus *A* ist drehbar gelagert und wird durch Kegelradübertragung von der Knoter-Antriebsscheibe angetrieben. Durch eine Blattfeder, deren Spannung durch eine Schraubenfeder geregelt werden kann, wird der Konus *A* in den darübergelagerten Konus *B* hineingezogen. Er hat Spiel mit der durchgehenden Welle *C*, die mit dem unteren Konus aus einem Stück gedreht ist. Durch einen Stift ist der Konus *B* gegen Verdrehen gesichert. Durch seinen losen Sitz auf der Welle *C* kann er sich beim Einklemmen des Fadens aus seiner axialen Lage herausbewegen, so daß der ganze Klemmdruck nicht nur an der Klemmstelle übertragen wird, sondern auch auf die gegenüberliegende Konusfläche (Bild 752).

Die große Zuverlässigkeit dieser Schnurhaltung liegt in der gleichmäßigen Klemmung, die nicht ruckweise sogleich ganz angreift, sondern die den Faden an einer Stelle erfaßt und ihn dann in gleichmäßiger Steigerung fester und fester klemmt, bis die ganze Klemmlänge eingezogen ist. In gleicher Weise wird gelöst.

Damit der Faden sicherer und gleichmäßiger erfaßt und in die Klemme eingelegt werden kann, sind in die untere Konusfläche 2 Kerben eingearbeitet; auf diese Weise entstehen 3 Einlegekanten *a* (siehe Bild 751). Sie verlaufen die Welle tangierend. Die Kanten sind noch aus einem zweiten Grunde schräg gestellt. Durch die Drehbewegung der unteren Klemmfläche würde der Faden das Bestreben haben, sich an die Achse heranzuschieben. Dadurch würde die Klemmstrecke kürzer werden, aber der Faden würde an der Bohrungskante des oberen Konus aufrauhen und reißen. Die schrägliegenden Kanten heben diesen Nachteil auf und suchen den Klemmfaden nach außen zu schieben. Wenn die Klemme durch Garnreste verunreinigt wird, übernehmen sie außerdem zusammen mit dem oberen Konus die Aufgabe, die Verunreinigungen durch die Kerbe nach außen abzuschieben.

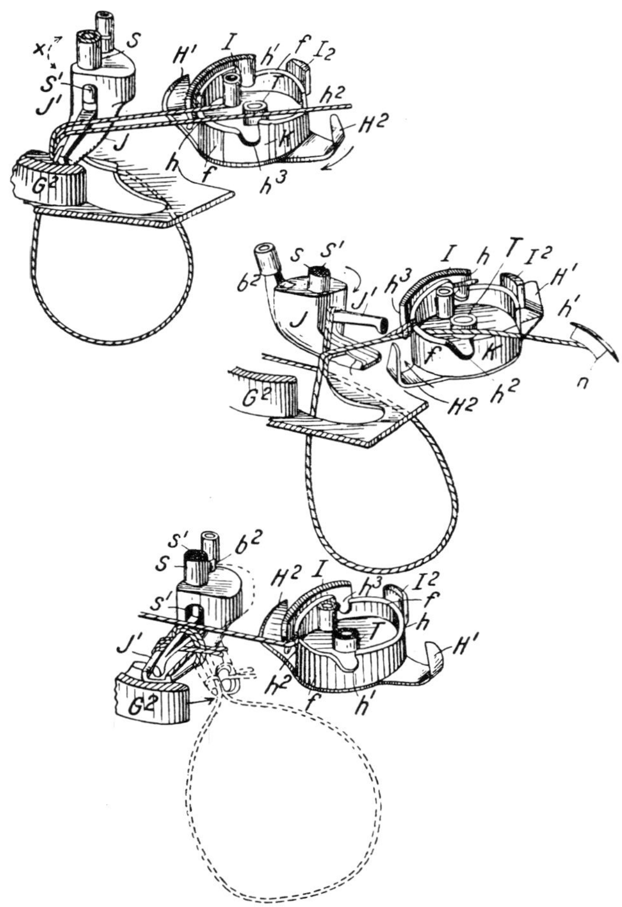

753. Darstellung des Knüpfvorganges an einer Bindevorrichtung mit Trommelschnurhaltung (Patentzeichnung)

Damit das Klemmen nicht scherenschnittartig wirkt, sind die Kanten der beiden Klemmkegel abgerundet.

Die Schnurhaltungen mit trommelartiger Klemmvorrichtung gleichen denen von McCormick, die in verschiedenen Abarten und Verbesserungen von den meisten Strohpressenfirmen verwendet werden.

Die Arbeitsweise dieser Klemmvorrichtung erklärt sich aus Bild 753. Sie gibt einen guten Überblick über das Zusammenarbeiten von Knüpfer und Schnurhaltung. Es handelt sich in der Darstellung um die Bindevorrichtung des Engländers Newman und bringt im wesentlichen die Schnurhaltung von McCormick. Sie ist so ausgebildet, daß ein genügend langes Stück Garn zwischen der aufwärts gebogenen Seitenwand *f* eines drehbaren Tisches *T* und dem äußeren Klemmschuh *I* eingeklemmt werden kann, dessen Klemmdruck durch eine verstellbare Schraubenfeder hervorgerufen wird. Zum Erfassen des Fadens sind 4 Nuten in die zylindrische Seitenwand eingelassen. Bei der vorliegenden Schnurhaltung wird der Faden dadurch besonders sicher gehalten, daß außer der äußeren Klemmvorrichtung noch ein innerer, gefederter Klemmfinger angebracht ist, der den Faden an die innere Seitenwand andrückt. Die erste Figur des Bildes zeigt den Augenblick, da die Nadel den Faden um das Bund gelegt und in die Schnurhaltung eingeführt hat, also gerade, bevor der Knoter tätig wird. Man sieht den Anfangsfaden eingeklemmt.

Bei der zweiten Figur hat der Knoter sich gedreht und greift gerade wieder die Fäden, um sich dann zu schließen und sie festzuklemmen. Auch die Schnurhaltung hat sich gedreht. Der Schlußfaden wird nun von der folgenden Klemmwand festgeklemmt. Die Nadel ist noch oben geblieben und der Schlußfaden ist während der Drehung des Tisches an der abgeschrägten Kante der Trommel entlanggeglitten und hat sich in die Nute *h* gelegt. Trommel und Knoter drehen sich noch. Im nächsten Augenblick wird der Nadelfaden zum Anfangsfaden; er wird eingeklemmt; die Nadel beginnt, sich nach rückwärts zu drehen; der Knoter schließt sich; die Fäden werden vom Messer H^2 abgeschnitten; die Nadel geht zurück. Die dritte Figur zeigt den erfolgten Vorgang.

Zu beachten ist, daß im Gegensatz zu der kegelförmigen Schnurhaltung, die soeben beschriebene während eines Bindevorganges (also während einer Knoterumdrehung) nur eine halbe Drehung ausführt. Aus diesem Grunde sind alle an dem drehenden Teil der Schnurhaltung angeordneten Vorrichtungen doppelt vorhanden.

Die Nadel hat das Bindegarn beim Hingang über den Knoter in die Schnurhaltung hineinzulegen, beim Rückgang über den Knoter zu legen. Da die Einlegeräume, besonders bei den trommelartigen Schnurhaltungen, verhältnismäßig schmal sind, muß sich die Nadel streng in einer Ebene bewegen. Eine leicht verbogene Nadel kann darum schon schwere Betriebsstörungen veranlassen. Die Bindung soll unabhängig von der Pressung bleiben. Während des letzten Kolbenhubes wird durch das Meßrad, das über den Preßbunden läuft, die Bindevorrichtung und mit ihr die Nadelbewegung ausgelöst. Um die Nadel nicht dem Widerstand des Strohes auszusetzen, durchstößt sie den Preßkanal innerhalb des vorgehenden Kolbens in einem in den Kolben eingelassenen Schlitz. Und zwar darf die Nadel die untere Wand des Preßkanals erst durchstoßen, wenn die vordere Kolbenfläche beim Hingang bereits diesen Durchstoßpunkt überfahren hat. Umgekehrt muß die Nadel unter der unteren Wand des Preßkanals wieder verschwunden sein, wenn die vordere Kolbenwand auf dem Rückweg diese Stelle erreicht.

Wegen dieses Zusammenwirkens mit dem Kolben ist die Nadel eigentümlich gebogen. Die Nadel soll in dem Kolbenschlitz eine möglichst kleine Fläche beschreiben, damit der Schlitz und damit die Kolbenlänge klein gehalten werden können. Dies erreicht man dadurch, daß man die Nadel in der zweiten Hälfte des auslaufenden Kolbenhubes mit großer Nadelgeschwindigkeit durchstoßen läßt.

Der ganze Bindevorgang vollzieht sich im Bruchteil einer Sekunde (ungefähr $^3/_{10}$ sec). Sollen alle beweglichen Organe, die an der Knotenbildung beteiligt sind, Hand in Hand arbeiten (eine Vorbedingung für eine einwandfreie Bindung), so müssen sie sich zeitlich und örtlich genau bewegen. Um das Bindegarn zu schonen, muß bei den hohen Anfangsgeschwindigkeiten darauf geachtet werden, daß die Fadenspannungen nicht zu groß werden, zumal dort, wo der Faden bei Kanten und Klemmstellen (außer auf Zug) auf Bruch und Druck beansprucht wird.

E. Der Bindevorgang in 5 Stellungen

An einem Bindevorgang sollen die Punkte behandelt werden, die beim zeitlichen und örtlichen Zusammenarbeiten der Einzelteile für die Knotenbildung und für die Schonung des Bindegarnes maßgebend sind. Es ist eine kegelförmige Schnurhaltung herangezogen worden (Bild 754), damit der Leser sich besser einfühlen kann.

Zunächst beginnt die Nadel; sie legt den Faden in die Schnurhaltung ein. Ihr Bewegungsverhältnis zu dem Kolben ist bereits besprochen worden. Während die Nadel sich in der obersten Stellung befindet, umdrehen sich Knoter und Schnurhaltung. Und zwar soll die Knoterbewegung fast gleichzeitig mit dem Rückgang der Nadel beginnen. Kurz nachdem die Knoterbewegung begonnen hat, fängt auch die Schnurhaltung an, sich zu drehen. Auf diese Weise ist es möglich, den Faden beträchtlich zu entlasten; die Nadel nähert sich in ihrer Rückbewegung

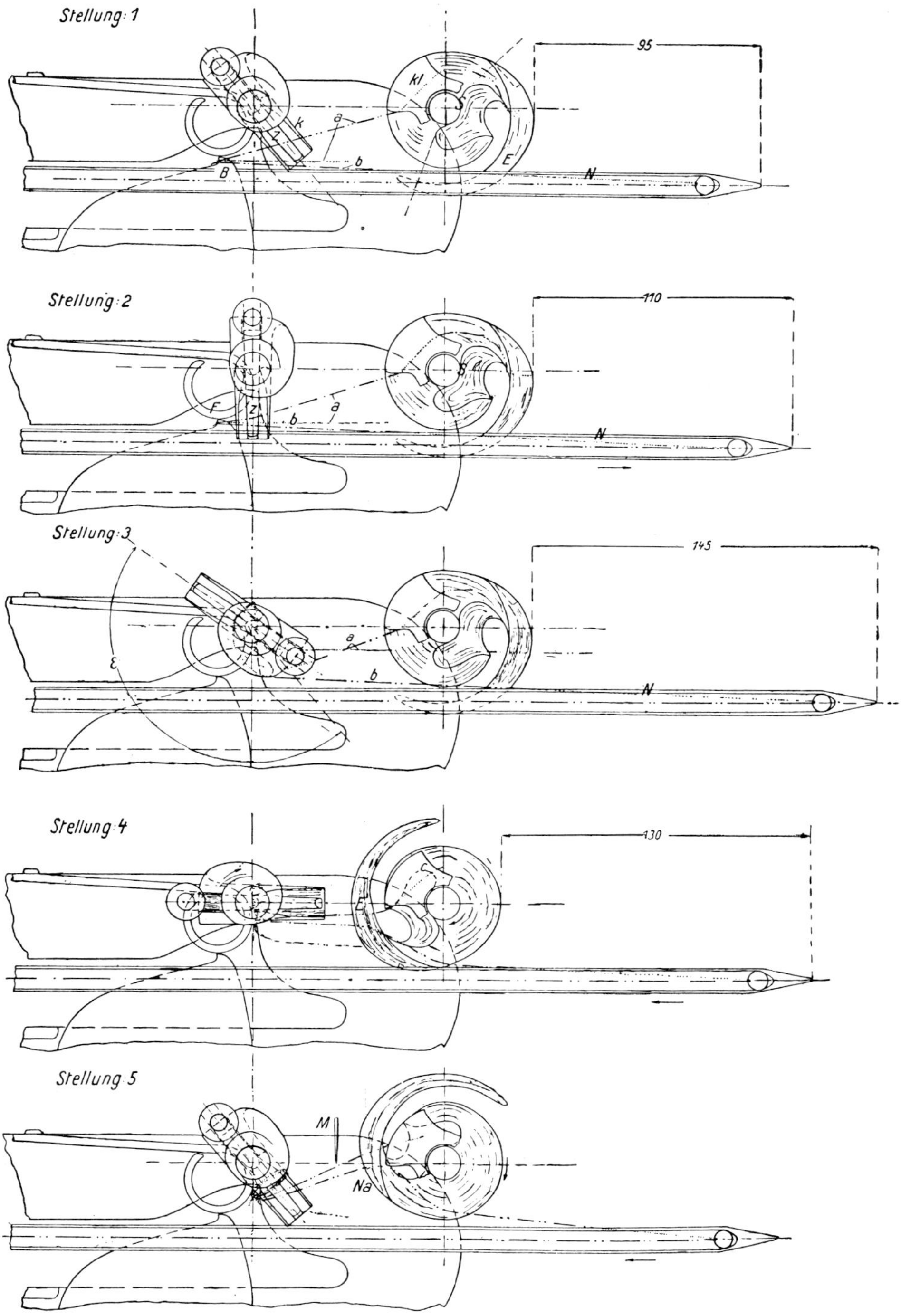

754. Darstellung des Bindevorganges in 5 Phasen an einer Bindevorrichtung mit Kegelschnurhaltung

dem Knoter und auch der Schnurhaltung und kann dadurch den Faden mit verminderter Spannung nachliefern. Die Nadelbewegung ist wegen des Kurbelantriebes harmonisch. In der Höchstlage verzögert sie sich; nach Umkehr beschleunigt sich die Nadelbewegung.

Die Knoterzunge muß, während Anfangs- und Schlußfaden aufgelegt werden, noch geschlossen sein. Ist aufgelegt, so tritt dem Öffnen kein Grund entgegen. Die größte Öffnungsweite muß erreicht sein, wenn der Knoter nach etwa $^4/_5$ Umdrehung die beiden Fäden zu erfassen hat. Kurz darauf muß sich der Knoter schließen, aber noch bevor die Schnurhaltung den Anfangsfaden losläßt und das Messer den Schlußfaden abschneidet. Bevor der Schlußfaden abgeschnitten wird, muß die Schnurhaltung, damit kein Abfallende des Fadens entsteht, den Anfangsfaden gelöst und den Schlußfaden eingeklemmt haben, der nach dem Schnitt zum Anfangsfaden beim nächsten Binden wird. — Um das Zusammenarbeiten der Einzelteile zu veranschaulichen, ist der Bindevorgang in 5 Stellungen wiedergegeben. Die Lage des Fadens ist eingezeichnet. Dadurch wird es dem Vorstellungsvermögen wesentlich erleichtert, dem Vorgang zu folgen.

755. Knoterbock einer Bindevorrichtung mit Trommelschnurhaltung (Dechentreiter, Bäumenheim)

Stellung 1. Der Anfangsfaden a liegt nach dem letzten Nadelhochgang in der Klemme Kl der Schnurhaltung S und ist beim Nadelrückgang über die Knoterzunge Z und über Brustplattennase B gelegt worden. Durch den Preßvorgang ist das Preßgut auf die Verlängerung des Fadens gedrückt worden, der der Strohbewegung gefolgt ist und das Preßbund teilweise umschlungen hält. Nach dem Preßvorgange oder, genauer ausgedrückt, beim letzten Kolbenhub, ist die Nadel hochgegangen; die Umführung ist vervollständigt. Der Faden, der nun als Schlußfaden b bezeichnet ist, ist wieder über die Brustplattennase B und teilweise über den Knoter K gelegt worden. Diese Lage ist in der Stellung 1 festgehalten. Die Nadel befindet sich also auf dem Hingang und ist bereits an der Schnurhaltung vorbei, der sie den Faden auf den Finger E gelegt hat. Der Knoter ist noch in Ruhe, wird aber im nächsten Augenblick mit der Drehung beginnen.

Stellung 2. Der Knoter K hat $^1/_8$ Umdrehung ausgeführt. Dadurch ist der Schlußfaden b günstiger auf der Zunge Z zu liegen gekommen. Bei weiterer Drehung werden sich Anfangs- und Schlußfaden gegen die Feder F drücken, von der Brustplattennase B ab- und zwischen beide hindurchziehen. Die Nadel N ist weiter hochgegangen, die Schnurhaltung S befindet sich noch in Ruhe

Stellung 3 zeigt, wie die Schnurhaltung sich zu bewegen beginnt. Die Nadel N hat ihre höchste Stellung erreicht. Der Knoter hat die beiden Fäden zur Schlinge in der waagerechten Ebene gebildet. Sie wird bei weiterer Drehung des Knoters an seinem Rücken abrutschen und in die senkrechte Ebene umschlagen. Aus der Abbildung ist der Voreilwinkel ε zu ersehen, den der Knoter der Schnurhaltung gegenüber hat.

Stellung 4 zeigt Knoter, Schnurhaltung und Nadel in voller Bewegung. Der Knoter hat sich geöffnet, um die beiden Fäden a und b ergreifen zu können. Die Schnurhaltung ist im Begriff, den Anfangsfaden a zu lösen. Nur noch ein kleiner Teil des Fadens (bei c) ist noch festgeklemmt. Der Schlußfaden ist vom Einlegefinger E sicher erfaßt und wird gemeinsam mit dem Anfangsfaden durch den Finger nach unten gedrückt, damit der Knoter sicherer eingreifen kann. Die Nadel befindet sich auf dem Rückgange und kann nun den Faden der Knoter- und der Schnurhaltungsbewegung folgen lassen.

Stellung 5. Der Knoter ist gerade in seiner Ruhelage wieder angelangt und hat sich geschlossen, die beiden Fäden zwischen Zunge und Schnabel festklemmend. Die Schnurhaltung hat den Schlußfaden gelöst. Er ist nun spannungslos und wird am Messer M vorbeigleiten können, ohne geschnitten zu werden Der Schlußfaden wird bei weiterer Drehung eingeklemmt und darauf durch die Nase Na gegen das Messer M gedrückt werden, das ihn durchschneidet. Das eingeklemmte Fadenende des Schlußfadens wird zum Anfangsfaden der folgenden Bindung. Die Nadel befindet sich weiter auf dem Rückgang.

In neuerer Zeit wird die Schlinge vom Knotenschnabel nicht mehr durch den Vorschub des Preßbundes abgezogen, das durch Kolbenstöße ruckartig vorbewegt wird, sondern durch eine von der Knoterscheibe nach der Bindung angetriebene Abstreifvorrichtung. Das Bild 755 zeigt eine solche Vorrichtung an einer trommelartigen Bindevorrichtung, bei der der Führungszapfen (der bei dieser Schnurhaltung durch Wikkeln oft den Betrieb störte) ersetzt ist durch einen von unten gegen die Klemmplatte gedrückten, seitlich gelagerten federnden Arm.

756. Schwingkolbenpresse mit horizontalem Auslauf (Claas, Harsewinkel)

757. Schwingkolbenpresse mit schrägem Auslauf (Welger, Wolfenbüttel)

F. Schwingkolbenpressen

Die heute in jeder Form und Größe gebrauchten Schwingkolbenpressen bestehen aus einem aus Flußstahl gefertigten Rahmen, der auf der Hinterachse abgefedert ist und sich vorn am Ende des Preßkanals auf einen Drehschemel der Vorderachse auflegt. Der kurz nach oben geschwungene Preßkanal verläuft am Auslaufende entweder horizontal (Bild 756) oder ist wegen der Bundförderung schräg nach oben gerichtet (Bild 757). Der von der (sich mit etwa 200 bis 300 U/min bewegenden) Hauptwelle *a* (Bild 758) über ein Stirnradvorgelege übertragene Antrieb treibt die Kurbelwelle *b* an. Von hier aus entsteht über eine beidseitige Lenkerverbindung die um den Drehpunkt *c* schwingende Bewegung des Schwingkolbens *d* in den kreisbogenförmig geschwungenen oberen Teil des Preßkanals hinein. Durch bogenförmige Ausschnitte in den Seitenwänden des Preßkanals bleibt dem Gestänge die unbehinderte Bewegungsfreiheit. Mit der Schubstange wird gleichzeitig die Bewegung der Raffer *e* von Lenkern durchgeführt, die mit der Schubstange in Verbindung stehen. — Die Raffer erfassen das von den Schüttlern der Dreschmaschine ausgeworfene Langstroh und das vom Kurzstrohsieb überfallende Kurzstroh rafferartig von unten und führen es dem Bereich des Preßkolbens zu. Darum vollzieht sich die Bewegung eines solchen Raffers durch die Lenkeranordnung so, daß er unter dem Räumtisch in seiner Rückbewegung verbleibt, um in der Vorbewegung durch einen der Schlitze aus dem Tisch herauszustoßen und das Preßgut mitzunehmen.

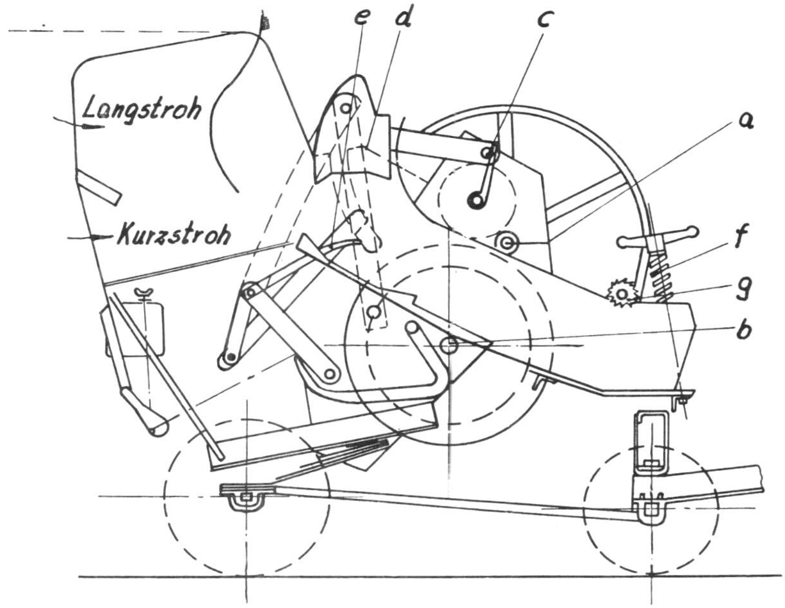

758. Querschnitt durch eine Schwingkolbenpresse (Claas, Harsewinkel)
a Obere Antriebswelle; *b* untere Antriebswelle; *c* Lagerung des Kolbenarmes; *d* Kolben; *e* Zubringerzinken; *f* Kanalspannfeder; *g* Strohrad

Die Pressung wird durch die Höhe des Preßkanals am Auslaufende eingestellt durch 2 Schraubenspindeln *f*, wodurch die Lage des verstellbar angeordneten Kanalbodens entweder gehoben oder gesenkt wird. Die Bundstärke wird durch das die Bindevorrichtung auslösende Meßrad *g* geregelt, das entweder durch verstellbare Schraubennocken oder durch Zwischenschaltung eines mehrstufigen Getriebes den Bindemechanismus früher oder später auslösen kann.

759. Anbau-Strohpresse am Mähdrescher (Welger, Wolfenbüttel)

Bei der Schwingkolbenpresse fallen die großen bewegten Massen fort, dadurch war es möglich, das Gewicht zu verringern. Der Kolben bewegt sich auf einer Kreisbahn; dadurch konnte die Strohpresse kürzer werden. Früher war sie übermäßig lang. Es konnte also beim Bauen Material gespart werden. Die leichter gewordene Presse wurde bedeutend billiger. Die Schwingkolbenpresse in ihrer leichten und wenig ausladenden Bauart kann als Anbauorgan an Dreschmaschinen verwendet werden. In der Zeit des Mähdreschers spielt diese Anbauweise (Bild 759) eine ganz besondere Rolle.

Die Maße der Schwingkolbenpressen sind sehr verschieden und passen sich, ihrem Verwendungszweck entsprechend, den Maßen der Dreschmaschine an, hinter denen sie arbeiten. Im allgemeinen beträgt ihre Baubreite, die sich aus der Kanalbreite ergibt, zwischen 1300 und 1500 mm. Erst durch das Anbauen dieser Pressen an Dreschmaschinen und vor allem an die Klein-Mähdrescher ist man in letzter Zeit auf kleinere Kanalbreiten von 1000 mm und darunter gegangen. Dementsprechend schwankt auch die Zahl der Bindevorrichtungen, die bei den kleineren Kanalbreiten eine, bei größeren Breiten zwei beträgt. Die Pressen sind 2—3 m lang.

Der Kraftbedarf der Schwingkolbenpresse richtet sich abgesehen von der Breite der Bunde nach der eingestellten Pressung. Man kann den Kraftverbrauch bei den schmalen Kanälen bis zu 1000 mm mit etwa 1 PS und bei den breiteren Ausführungen mit 2 PS ansetzen.

Die Strohleistung liegt, je nach der Größe der Presse, zwischen 1200 und 5000 kg/Std.

760. Pickup-Presse mit Aufnahmetrommel im Einsatz (Claas, Harsewinkel)

761. Pickup-Presse mit Aufnahmeband (Dechentreiter, Bäumenheim)

Wichtig ist, daß die Kräfte auf die Strohpressen auch sicher übertragen werden und die zum Antrieb verwendeten Riemen bei großem Kraftverbrauch nicht zu rutschen anfangen. Darum sind die Durchmesser der Antriebsriemenscheiben ziemlich groß und liegen bei 900—1000 mm Durchmesser bei Riemenbreiten von 60—100 mm, so daß die Auflagefläche für die Kraftübertragung gut ausreicht. Die Pressen wiegen als schmale Anbaupressen etwa 300 kg; die fahrbaren Pressen mit Kanalbreiten von 1500 mm wiegen etwa 2000 kg.

762. Pickup-Presse mit Aufnahmeband im Einsatz (Dechentreiter, Bäumenheim)

G. Pickup-Pressen

Die auf dem Acker in Schwaden liegenden trocken gewordenen Halme (Getreidestroh, Heu usw.), die gepreßt werden sollen, werden zweckmäßig von einer besonderen Aufnahmevorrichtung der Strohpresse zugeführt und die gepreßten Bunde im gleichen Arbeitsgang durch Kolbenkraft auf einen Wagen gehoben.

Die für diese Arbeit entwickelten Maschinen bezeichnet man mit Pickup-Pressen nach dem Auflesevorgang, der mit regelrechtem Aufpicken verglichen werden kann. Aufgepickt werden die Halme von verschiedenartig gebauten Vorrichtungen. Es sind Pickup-Trommeln oder mit

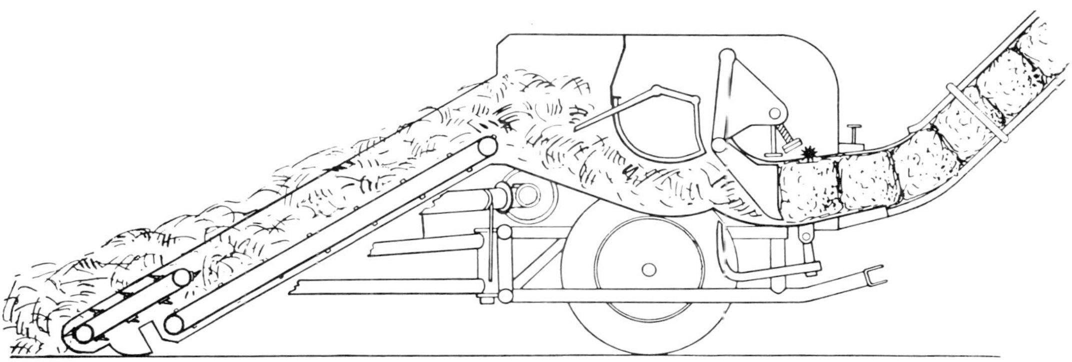

763. Längsschnitt durch eine Pickup-Presse mit Aufnahmeband (Dechentreiter, Bäumenheim)

Zinken besetzte kurze Aufnahmebänder. Bei den Trommeln treten exzentrisch gesteuerte Zinken aus einem mit Schlitzen versehenen, sich drehendem Blechzylinder hervor, die das Preßgut aufnehmen und sich dann wieder in den Zylinder hineinziehen. Das Preßgut gelangt auf ein Förderband, das als unmittelbares Zuführorgan zum Presseneingang dient. Dort wird das Preßgut von den Zuführarmen erfaßt und dem Preßkanal zugeleitet. Das Bild 760 zeigt eine derartige Anordnung im Einsatz. Die zweite Art ist an der in Bild 761 dargestellten Pickup-Presse durchgeführt worden und wird in ihrer praktischen Anwendung in Bild 762 gezeigt. Das von dem endlosen Förderband aufgenommene Preßgut gelangt auf ein weiteres, nur mit Querlatten besetztes längeres Fördertuch (Bild 763), das die weitere Förderung zur Presse übernimmt. Das Bild zeigt im Schnitt den Verlauf des Preßgutes durch die Schwingkolbenpresse und das Hochschieben der gepreßten und gebundenen Preßbunde.

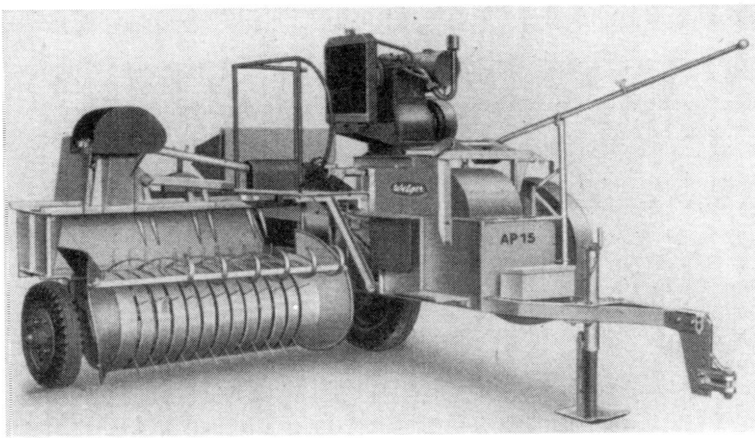

764. Pickup-Ballenpresse (Welger, Wolfenbüttel)

Solche Pickup-Pressen werden auch für größeren Preßdruck als Ballenpressen gebaut und sind bei der Bergung von Heu besonders wirtschaftlich. Bei dieser Art Pressen wird das hochgebrachte Preßgut quer zu der daneben angebrachten Presse befördert (Bild 764). Die Aufnahmetrommel ist besonders ausgebildet. Die Presse ist wie andere Ballenpressen mit geradem, horizontal liegendem Preßkanal ausgebildet; dessen Maße sind 360×480 mm². Die Länge der Preßballen ist zwischen 0,5—1,0 m stufenlos einstellbar, so daß Preßballen mittleren Gewichts von 20—30 kg erzielt werden können.

X. Getreidetrocknung durch Kalt- und Warmlufttrocknung und Belüftung

A. Allgemeines

Das durch Mähdreschen gewonnene Getreide ist in klimatisch ungünstigen Gegenden oft zu feucht. Es muß nachgetrocknet werden, so daß es einen Wassergehalt von etwa 15% hat. Bei dem bisher üblichen Verfahren, das Getreide mit der Mähmaschine zu ernten und es in Hocken oder Stiegen an der Luft oder in der Scheune trocknen zu lassen, boten sich keine Schwierigkeiten, das Korn auf 15% zu trocknen. Nur in besonders feuchten Jahren konnte das Getreide leicht auswachsen. Wird ein Mähdrescher eingesetzt, so wird die Gefahr des Auswachsens dadurch überwunden, daß man vor dem Auswachsen noch mähdrischt. Das zu feuchte Getreide ist allerdings nicht lagerfähig; es muß sogleich nachgetrocknet werden. Feucht eingelagertes Getreide erwärmt sich, wird muffig, vor allem, wenn es fremde Beimengungen enthält. Es neigt dazu zu schimmeln. Dabei verliert es an Keimkraft und wird auch für die Vermahlung unbrauchbar. Besonders empfindlich sind Weizen und Roggen.

Bei der Feuchtigkeit des Getreides ist zu unterscheiden die Quellfeuchtigkeit, die bei ausgereiftem Korn durch Regen, Nebel oder feuchte Luft hervorgerufen wird und die vegetative Feuchtigkeit. Das ist die innere Feuchtigkeit des unreifen Kornes; die Wachstumssäfte sind noch nicht ausgereift. Diese Feuchtigkeit ist die gefährlichere, da sie in kurzer Zeit das Korn verfallen läßt. Und gerade diese Feuchtigkeit herrscht nur zu oft beim Mähdrescher-Getreide vor. Will man solches Getreide erhalten, so muß es schnell nachgetrocknet werden. Bisher gab es Trocknungsanlagen bei Mühlen und Lagerhäusern. Sie trocknen mit Warmluft und schleusen das angelieferte Getreide durch zur Einlagerung in Silos. Sie sind errichtet worden, um in feuchten Jahreszeiten das quellfeuchte Getreide durchzuschleusen. Darum brauchten sie wegen ihres Standortes keine Rücksicht auf längere Transportwege zu nehmen. Das quellfeuchte Getreide hält diese Wege ohne Gefahr durch. Mähdrescher-Getreide wird zur Zeit noch in verhältnismäßig geringen Mengen angeliefert; denn das Mähdruschverfahren entwickelt sich erst. Bald aber werden die Mengen größer und außerdem müssen die Trocknungsanlagen mehr in den unmittelbaren Bereich der Landwirtschaft verlagert werden. Für die einzelnen landwirtschaftlichen Betriebe, vor allem für die mittleren und bäuerlichen Betriebe, ist die Warmlufttrockenanlage meist unrentabel. Aus diesen Gründen sind bereits Kaltlufttrockenanlagen entstanden, deren weitere Entwicklung in vollem Gange ist.

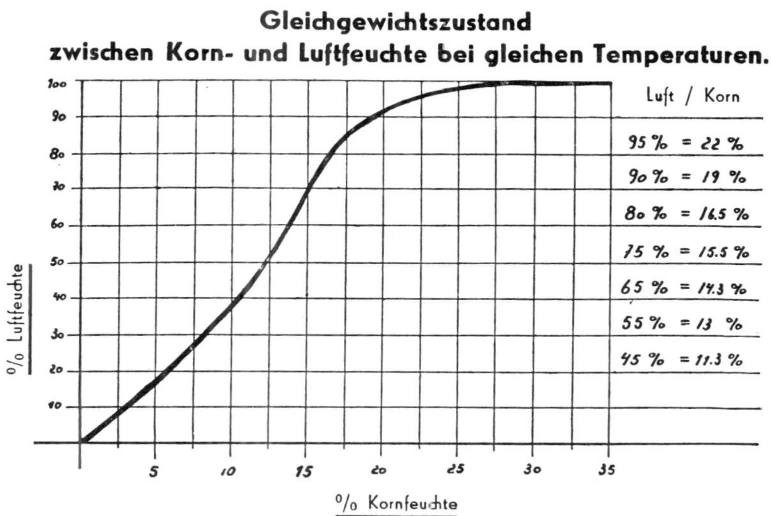

765. Abhängigkeit von Korn- und Luftfeuchtigkeit (Rietberg-Werke, Rietberg)

Bei den Warmluftanlagen handelt es sich darum, das Korn durch vorgewärmte und trockene Luft in verhältnismäßig kurzer Zeit lagerfähig zu machen, so daß die Trocknungsanlage sehr schnell für weiteres Trocknungsgut frei wird. Das Korn kann auf etwa 40° erhitzt werden, ohne daß es Schaden nimmt. Die Kaltluftanlagen arbeiten grundsätzlich anders. Für die Kaltlufttrocknung ist der Feuchtigkeitsgehalt der Außenluft maßgebend. Die Außenluft kann so lange dem Getreide Feuchtigkeit entziehen, als sie noch für solche aufnahmefähig ist und bis ein Gleichgewichtszustand zwischen Luft und Getreide vorhanden ist (Bild 765). Dieser Gleichgewichtszustand schwankt allerdings in verhältnismäßig kleinen Grenzen mit der Temperatur. Bei etwa 15° C und einer Feuchtigkeit von 60% kann die Außenluft feuchtes Getreide trocknen, bis es lagerfähig ist. Bei höherem Feuchtigkeitsgehalt der Luft wird die Trocknungsmöglichkeit immer ungünstiger, so daß bei relativer Luftfeuchtigkeit von 90% das Getreide nur höchstens

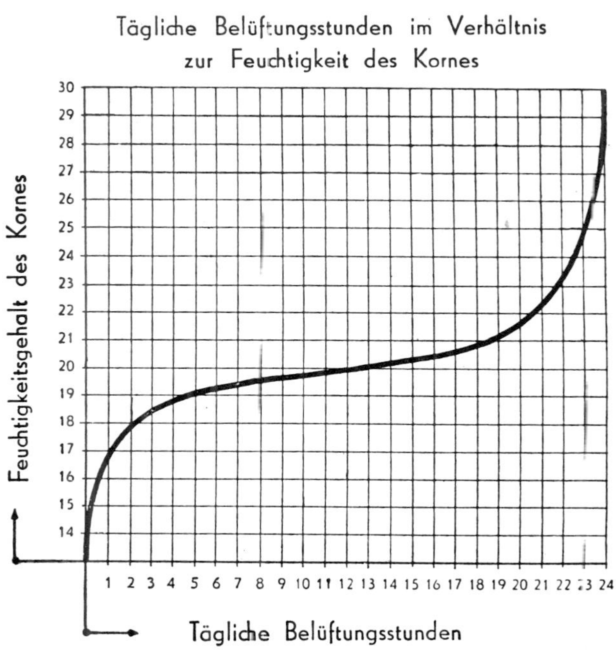

766. Belüftungszeiten im Verhältnis zur Kornfeuchtigkeit (Rietberg-Werke, Rietberg)

noch bis zu etwa 20% abtrocknet. Diese Feststellung ist wichtig, weil in Gebieten mit durchschnittlicher relativer Luftfeuchtigkeit von über 60% (das sind in Deutschland besonders die Gebirgslagen und die Küstengebiete) die Kaltlufttrocknung meist nicht ausreicht.

Bei der Kaltlufttrocknung wird mit einem Gebläse und entsprechender Luftführung die Außenluft durch das geerntete, in Behältern oder auf Kornböden gesammelte Getreide geblasen oder gesaugt. Die Luftgeschwindigkeit soll dabei nicht über 5 m/sec betragen, damit keine Körner fortgeblasen werden. Der durchblasende Wind trocknet von der Eintrittsstelle des Windes aus langsam fortschreitend. Er ist aber auch durch die andauernde Kühlung ein Wärmeableiter für die noch feuchten Schichten. Damit konserviert er diese Schichten, so daß bei angestelltem Wind auch bei nur langsamer Trocknung die feuchten Schichten nicht verderben. Damit für das Durchblasen der Winddruck nicht zu groß wird und um Antriebskraft zu sparen, soll die vom Wind durchblasene Strecke nicht zu groß sein. Als Durchschnitt kann man etwa 1,0 bis 2,0 m rechnen, so daß ein von unten angeblasener Trockensilo nur etwa 2 m hoch gefüllt werden soll.

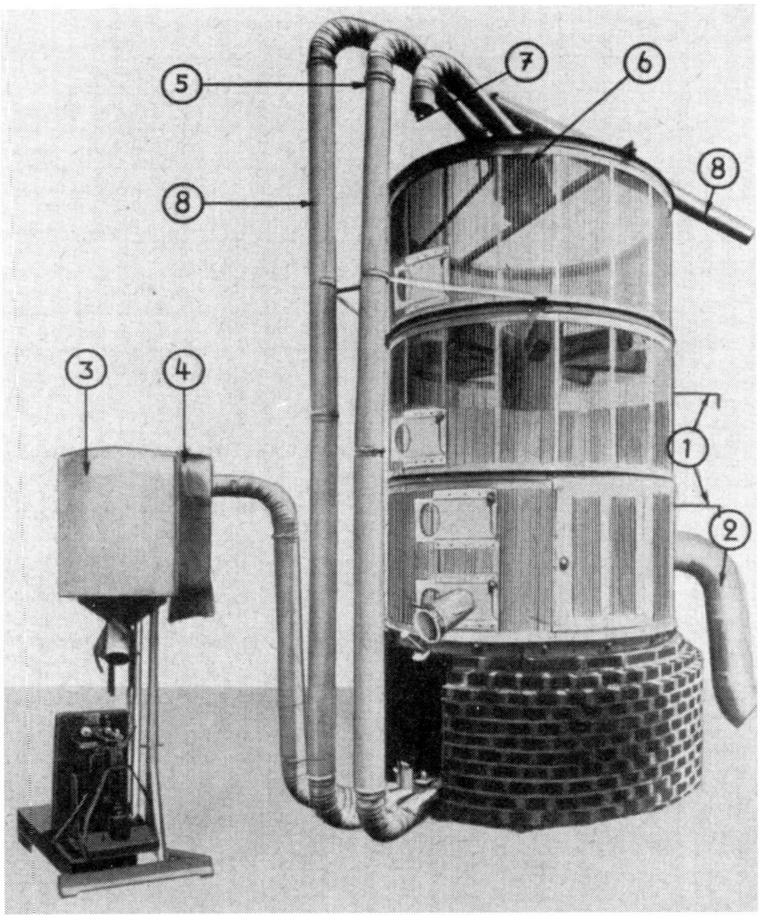

767. Graepel-Silo für Kalt-, Warmlufttrocknung und Belüftung
(Graepel, Löningen)
1 Griffe zur Bedienung der Regulierklappen im Beblaseturm; 2 Zuführungsrohr für Beblasungsluft; 3 Sackfüller; 4 Entstaubung; 5 Umrieselungsleitung; 6 Zyklon; 7 Entstaubungsrüssel; 8 Überleitung zum anderen Silo.

Um das Gut schnell zu trocknen, empfiehlt es sich, während der Tagesstunden zu belüften, weil die relative Luftfeuchtigkeit dann am niedrigsten ist. Das gilt im allgemeinen für die Zeiten von 10—22 Uhr. Bei sehr feuchtem Trocknungsgut ist eine Dauerbelüftung erforderlich, die solange dauern muß, bis die Feuchtigkeit unter 20% gesunken ist. Das Bild 766 gibt in Diagrammform Aufschluß über die für einen Feuchtigkeitsgehalt erforderliche Belüftungszeit.

Hartschalige Früchte wie Mais, Soja, Lupinen usw. trocknen bei kalter Luft sehr viel langsamer als Getreide, Rübensamen, Grassamen usw., aber sie verderben durch eine Belüftung nicht.

Bei günstigen Zeiten kann ein Trocknungsgut mit 28—38% Feuchtigkeit durch Kaltlufttrocknung in 3—4 Tagen auf etwa 15% Feuchtigkeit getrocknet werden. Dabei wirkt sich die Außentemperatur insofern auf die Trocknungszeit aus, als an kalten Tagen die Luft trockener ist als an warmen Tagen.

Die für Kaltlufttrocknung vorgesehenen Silos sind sehr verschieden ausgeführt. Es sollen verschiedene Ausführungsformen behandelt werden.

B. Graepel-Silo

Das Graepel-Silo ist eine Anlage, die als Lager-, als Frischhalte-Silo für später zu trocknendes quellfeuchtes Getreide und als Trocknungssilo verwendet werden kann. Das Bild 767 zeigt dieses aus 3 Ringen bestehende Silo auf gemauertem Sockel. Es kann für vollautomatische Füllung, Entleerung, Umrieselung, als Frischhaltesilo für Belüftung oder als Trocknungssilo für Beblasung mit Kaltluft eingerichtet werden. Dabei kann gleichzeitig umgerieselt

768. Blick in den Siloturm des Graepel-Silos (Graepel, Löningen)

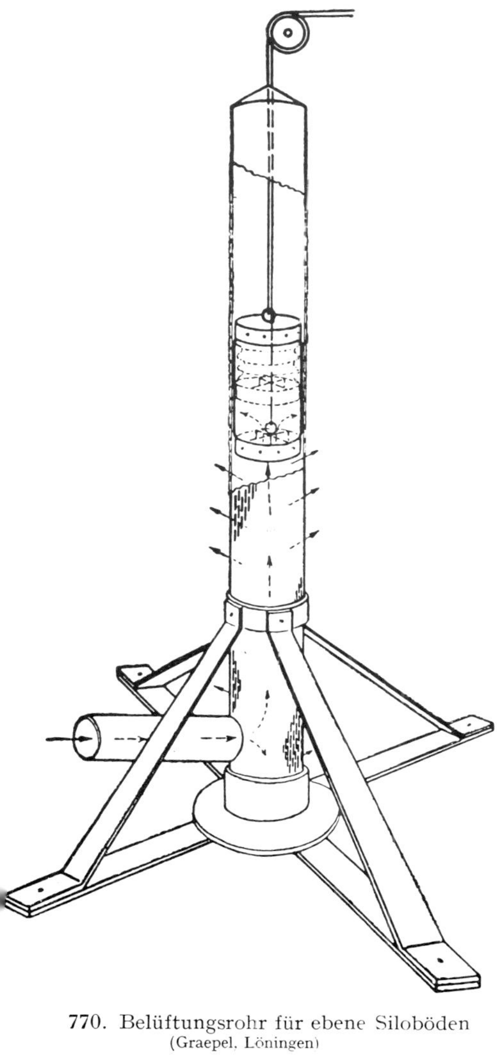

770. Belüftungsrohr für ebene Siloböden (Graepel, Löningen)

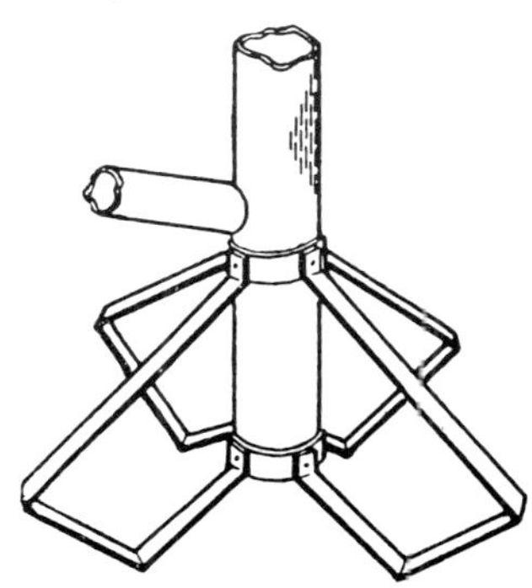

769. Belüftungsrohr für Trichterböden (Graepel, Löningen)

771. Ortsbeweglicher Silo-Untersatz mit Körnergebläse (Graepel, Löningen)

und geblasen werden. Zur Belüftung genügt dabei ein leichtes Körnergebläse; zur Beblasung ist ein starkes Gebläse, z. B. ein Allesförderer zu empfehlen.

Für die Trocknung befindet sich im Innern des Silos der Beblaseturm, der durch das Zuführungsrohr 2 gespeist wird. Er hat, je nach Höhe des Silos, 1—2 Gruppen sternförmig angeordneter, steildachförmiger Beblasungsrohre, deren Öffnungen nach unten geneigt sind (Bild 768). Bei Frischhaltesilos genügt ein Belüftungsrohr, das (je nach unterem Siloabschluß) entweder für einen Trichterboden (Bild 769) oder für ebenen Boden (Bild 770) ausgebildet ist. Der Wind wird beim Beblaseturm durch Ein- oder Abschalten mit Griffen 1 (Bild 767) reguliert; beim Belüftungsrohr, das aus einem durchgehend siebartigen Blech gebildet ist, wird der Wind entsprechend der Belegungshöhe durch ein Zugventil reguliert (siehe Bild 770).

772. Einzelteile eines Siloringes zum Graepel-Silo (Graepel, Löningen)

Der Trocknungssilo, der entweder auf gemauertem Sockel (Bild 767) oder auf einem ortsbeweglichen Untersatz (Bild 771) aufzubauen ist, kann von jedem landwirtschaftlichen Arbeiter ohne Fachkenntnisse zusammengebaut werden. Die aus einzelnen Teilen bestehenden, 1 m hohen Ringe sind lose aufeinandergestellt, ohne Schrauben, Nieten usw. Man kann die einzelnen Teile (Bild 772) eines Siloringes auf schmalen Stiegen und durch enge Türen mühelos tragen und mit wenigen Handgriffen zum Silo zusammensetzen. Man beginnt mit dem vierteiligen unteren Reifen,

773. Zusammensetzen des Fußringes (Graepel, Löningen)

dessen Stoßenden mit angebrachten Zapfen ineinandergesteckt werden (Bild 773). Das Profil dieses Reifens ist so gestaltet, daß man beim weiteren Zusammenbau der einzelnen Wandstücke diese in einen Falz des Ringes einrastet (Bild 774). Die einzelnen Wandstücke sind mit einer luftdurchlässigen, siebartigen Bespannung mit kleinen Öffnungen versehen (Bild 775). Man kann sie wie genutete Fußbodenbretter ineinanderreihen. Das Bild 776 zeigt das Einschieben des letzten Wandstückes als Schlußglied eines Ringes. Darauf wird der Kopfring in ähnlicher Weise wie der Fußring aufgesteckt (Bild 777), der durch seine Lage in der als Nute ausgebildeten oberen Begrenzung der Wandstücke dem ganzen Ring einen besonderen Halt verleiht, so daß Vorrichtungen (Türen zur Begehung des Ringes) (Bild 778) oder Stutzen für Rohrleitungen in den Wandstücken angebracht werden können.

774. Einrasten des ersten Wandstückes (Graepel, Löningen)

775. Siebbespannung der Wandstücke (Graepel, Löningen)

776. Einschieben des letzten Wandstückes (Graepel, Löningen)

Der Trocknungssilo wird durch ein Körnergebläse (Bild 771) über die Rohrleitung 5 (Bild 767) beschickt, die in gleicher Weise für die Umrieselung benutzt wird. Zur Entstaubung des oben einlaufenden Getreides ist über dem Silo ein Zyklon 6 mit Entstaubungsrüssel 7 angebracht. Das Gebläse kann außer dieser Getreideförderung durch die im Sockel in die Leitung eingebaute Drei-Wege-Abzweigung (durch Einschaltung der Rohrleitung 8) das Getreide in einen anderen Silo umleiten oder durch Einschaltung der hinteren Leitung über eine Entstaubung bei 4 und den Sackfüller 3 den Silo entleeren.

Das Bild 779 gestattet einen Blick in den gemauerten Sockel mit dem Trichterboden, der Injektorschleuse und der Drei-Wege-Abzweigung. Bei Störungen in der Injektorschleuse entfernt man den Deckel mit Handgriff und kann dann, wie in Bild 780 schematisch dargestellt ist, die ganze Injektorschleuse herausziehen.

777 (links). Aufstecken des Kopfringes
(Graepel, Löningen)

778 (Mitte). Fertiger Siloring
(Graepel, Löningen)

779 (links unten). Blick in den gemauerten Silo-Sockel mit Trichterboden, Injektor und Dreiwege-Abzweigung
(Graepel, Löningen)

780 (rechts unten). Schema für das Herausziehen der Injektorschleuse
(Graepel, Löningen)

Zum Betrieb der Anlage als vollautomatisch wirkender Trocknungssilo für Heruntertrocknung auf 15% Feuchtigkeit sind erforderlich: der Siloturm, der infolge der von innen nach außen verlaufenden Windrichtung nicht an eine Beschickungshöhe von 2 m gebunden ist; auf Wunsch ein Deckel; der Trichterboden; die Injektorschleuse; eine Drei-Wege-Abzweigung; ein Sackfüller-Zyklon mit Entstaubungsvorrichtung; eine Rohrleitung zum Sackfüller; Umleitungsrohrleitungen, je nach örtlichen Verhältnissen; ein Körnergebläse für Beschickung, Entleerung und Umrieselung; ein kleiner Zyklon

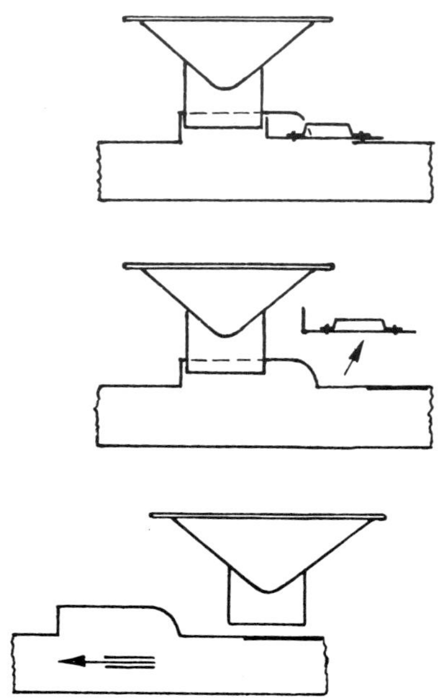

781. Jalousie-Trocknungsspeicheranlage (Dechentreiter, Bäumenheim)

mit Entstaubung; ein Beblasungsturm mit für je Ring auszurüstenden Beblasungssternen und schließlich: ein starkes Gebläse mit Zuleitungsrohr.

Um diese Trocknungssilos auch für Gebiete mit mehr als 60% relativer Luftfeuchtigkeit anwenden zu können, wird ein Warmluftbereiter (kombiniert mit Gebläse) entwickelt, so daß diese verhältnismäßig einfachen Trocknungssilos auch in besonders feuchten Gegenden verwendet werden können.

C. Jalousie-Trocknungsspeicher

Ein vollkommen anderer Weg ist bei der Entwicklung des Jalousie-Trocknungsspeichers beschritten worden (Bild 781).

Er ist im wesentlichen aus Holz hergestellt und hat dadurch eine korrosionsfreie Materialgrundlage, die leicht instand zu halten ist und die sich für die Getreidetrocknung als sehr zweckmäßig erwiesen hat. In der Mitte des Speichers befindet sich ein ebenfalls aus Holz mit jalousieartigen Austrittsöffnungen versehener Belüftungsschacht (Bild 782 und 783). Dieser Belüftungsschacht kann (je nach Beschickungshöhe) im Speicher von außen durch einen im Luftschacht höher verstellbaren Abschlußkolben in seiner Ausblasehöhe reguliert werden. Es ist wichtig, daß dieser Abschlußkolben im Luftschacht sich etwas unterhalb der Lagerhöhe des Trocknungsgutes befindet. Der Belüftungsschacht ist zur Speicheraußenwand um 45°

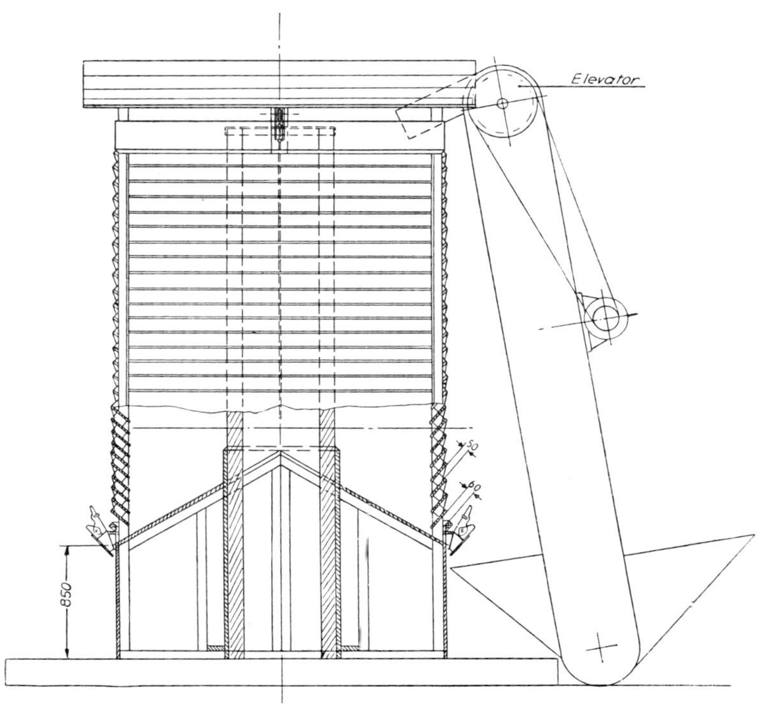

782. Vorderschnitt eines Jalousie-Trocknungsspeichers (Dechentreiter, Bäumenheim)

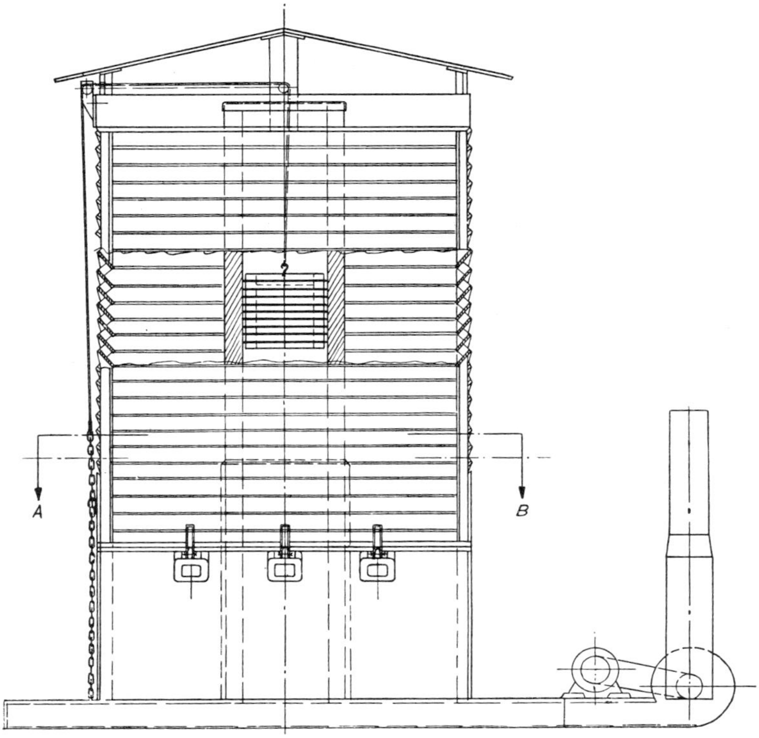

783. Seitenschnitt eines Jalousie-Trocknungsspeichers (Dechentreiter, Bäumenheim)

verdreht angeordnet (Bild 784), damit das Trocknungsgut gleichmäßig verteilt durchblasen wird. Wegen der großen Ein- und Austrittsquerschnitte, der jalousieartigen Anordnung des Belüftungsschachtes und der Speicherwände kann das Getreide schnell und intensiv trocknen, ohne daß besonders große Gebläse eingesetzt zu werden brauchen. Es wird mit einem Radialgebläse geblasen, das mit einem 8-PS-Elektromotor gekoppelt ist.

Durch den in der Mitte des Trocknungsspeichers angeordneten Belüftungsschacht ist der Weg, den die Luft durch das Getreide zurückzulegen hat, verhältnismäßig kurz, so daß Kaltluft und auch Warmlufttrocknung gut wirken.

Beschickt wird der Trocknungsspeicher durch einen Elevator von etwa 300 Ztr. Std.-Leistung. Diese Elevatoren werden an der Absackseite verschiebbar angebracht und können dadurch bei einer Batterie von mehreren Speichern (siehe Bild 781) sämtliche Speicher bedienen. Sie können ebenfalls zum selbsttätigen Umlauf des Lagergutes zur besseren und schnelleren

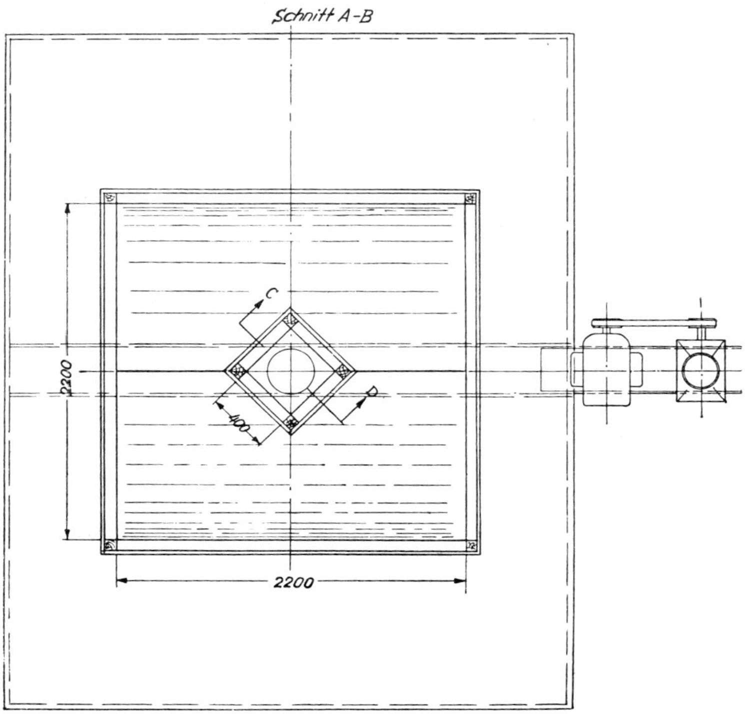

784. Querschnitt eines Jalousie-Trocknungsspeichers (Dechentreiter, Bäumenheim)

Belüftung verwendet werden. Der Antrieb eines Elevators erfordert einen 1,5-PS-Elektromotor. Zum Beschicken des Trocknungsspeichers wird das Getreide in den an der Außenseite des Elevators angebrachten Einschüttrumpf geschüttet. Für den Umlauf ist ein zweiter Schütt-Trichter an der Innenseite des Elevators angebracht, in den das Getreide unmittelbar nach Öffnen der Sackausläufe hineinläuft.

Nach Füllung wird die Kaltbelüftung eingeschaltet. Die angesaugte Luftmenge steigt durch den Luftkanal in den Belüftungsschacht und trifft hier auf den Abschlußkolben, der die großen Luftmengen in das Getreide leitet. Es wird von innen nach außen und auch von unten

785. Warmluft-Trocknung in einem Jalousie-Trocknungsspeicher mittels Dieselöl
(Dechentreiter, Bäumenheim)

nach oben getrocknet. Da der Weg der Luft von innen nach außen nur 1 m beträgt und die äußere Holzwandung keine Möglichkeit zur Kondensation bildet, so ist die Trocknung ziemlich zügig. Bei hoher relativer Luftfeuchtigkeit kann ein Elektro- oder Ölheizgerät dazwischengeschaltet werden. Bild 785 zeigt einen mit Dieselöl gespeisten Warmlufterzeuger, der die Warmluft mit dem danebenstehenden Radiallüfter in den Trocknungsspeicher bläst. Bei wechselnder Kalt-Warm-Belüftung ist es möglich, Getreide mit 20 % Feuchtigkeit nach 36 Std. auf 16 % Feuchtigkeit herunterzudrücken.

Die Böden der Speicher sind so ausgebildet, daß schnell und restlos, ohne zusätzliche Maßnahme geleert werden kann. Der Speicher ist denkbar einfach und kann von jedem ungelernten Arbeiter aufgestellt werden. Bauveränderungen sind dabei nicht erforderlich. Man stellt die Speicher auf glatte Böden, am besten auf Zement. Nur für die Gebläseleitung ist gegebenenfalls ein entsprechender Kanal herzustellen.

Die Jalousie-Trocknungsspeicher werden in Größen von etwa 25—150 dz hergestellt und können batterieweise nach dem Kastenbausystem zusammengeschlossen werden. Ein Speicher für 150 dz hat einen quadratischen Querschnitt von 2,70 m, eine Höhe von etwa 4 m.

786. Fahrbarer Rieseltrockner (Rietberg-Werke, Rietberg)

D. Rieseltrocknung

Überall dort, wo größere Mengen Körnerfrüchte während einer längeren Zeit anfallen und zu trocknen sind (bei Mühlen, Speichern, Genossenschaften usw.), ist der Rieseltrockner am Platze. Er ist sehr wirtschaftlich wegen seiner großen Leistung. Er arbeitet fast automatisch und behandelt das Trocknungsgut schonend. Mit ihm kann man Getreide und andere Trocknungsgüter, die einen Feuchtigkeitsgehalt bis zu 40 % haben, in einem Arbeitsgang auf 15 % heruntertrocknen, ohne daß dabei die Güte herabgemindert wird. Der Rieseltrockner, System Gronert, ist unbegrenzt haltbar, weil er ganz aus Stahl konstruiert ist. Er setzt aber eigentlich einen Dauerbetrieb voraus, und er eignet sich nicht für kleinere Mengen, wie sie in landwirtschaftlichen Betrieben anfallen. Er verlangt eine ganze Füllung. Bild 786 zeigt einen fahrbaren Rieseltrockner kleinster Type mit einer Stundenleistung bis zu 1500 kg. Diese Rieseltrockner können auch stationär draußen am Gebäude (Bild 787) und auch innerhalb der Räume (Bild 788) angeordnet werden.

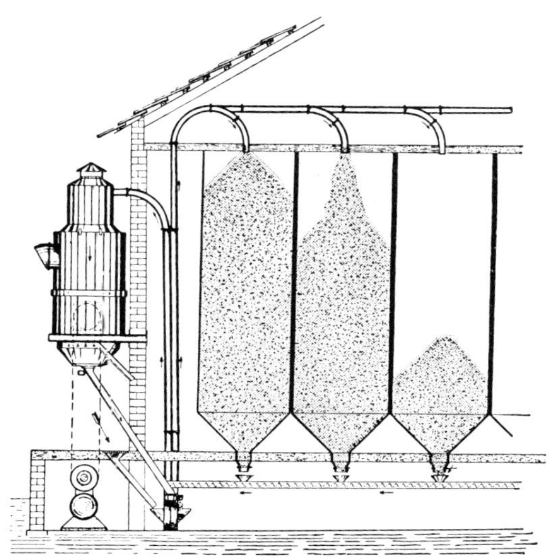

787. Stationäre Rieseltrocknungsanlage mit an der Außenwand des Gebäudes angebrachtem Rieseltrockner (Rietberg-Werke, Rietberg)

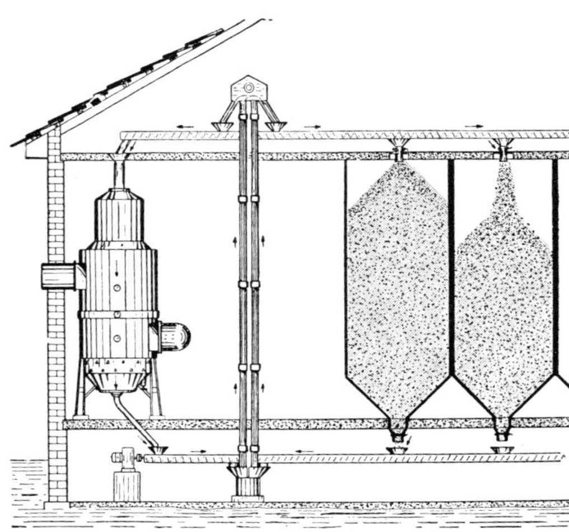

788. Stationäre Rieseltrocknungsanlage mit an der Innenwand des Gebäudes angebrachtem Rieseltrockner (Rietberg-Werke, Rietberg)

Derartige Anlagen arbeiten so, daß das Trocknungsgut aus den Behältern durch Elevatoren in den Rieseltrockner befördert wird. Nachdem es dort eine drehende Rieseltrommel entsprechend getrocknet hat, wird es dem Behälter wieder zugeführt.

Für dieses Trocknungsverfahren ist der elektrische Strom im allgemeinen unwirtschaftlich; es wird darum mit Öl gefeuert. Man hat ortsfeste und fahrbare Warmlufterzeuger in Gebrauch, die auch unabhängig von Rieseltrocknern verwendet werden können.

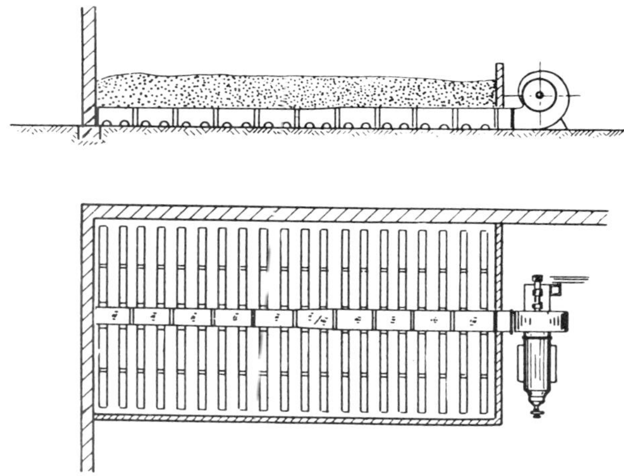

789. Trocknung von Getreide zu ebener Erde mittels eines ölbeheizten Warmlufttrockners (Rietberg-Werke, Rietberg)

E. Tacco-Trocknung

Wo in kurzer Zeit kleinere oder größere Mengen Körnerfrüchte anfallen, die nachbelüftet oder getrocknet werden müssen, also besonders in landwirtschaftlichen Betrieben, kann mit Vorteil ein Trocknungsverfahren angewendet werden, das für Belüftung und Trocknung mit Kaltluft und auch für Trocknung mit Warmluft geeignet ist und sich „Tacco"-Speicherbelüftung mit Warmluftzusatz nennt.

Sie behandelt das Korn, wenn es ruht, trocknet sehr langsam in 15—20 Stunden jede Feuchtigkeit herunter und kühlt das Gut nach der Trocknung auf Lagertemperatur herab. Diese Trocknung erfordert verhältnismäßig geringe Anschaffungskosten und ist sehr wirtschaftlich. Die Anlage kann als Kaltbelüftung auch für Kartoffeln und fast alle anderen landwirtschaftlichen Erzeugnisse verwendet werden.

Im Gegensatz zu dem Rieseltrockner arbeitet diese Anlage nicht fortlaufend, sondern partienweise. Will man also damit einen durchgehenden Betrieb erreichen, so kann man durch eine getrennte Doppelanlage abwechselnd trocknen und belüften und umlagern. Das Trocknungssystem beruht darauf, daß man das zu trocknende Getreide in etwa 0,8 m Schütthöhe auf eine (je nach Raumverhältnissen zusammengestellte) Boxe gibt, die von Belüftungsröhren oder Heizröhren untergangen wird. Eine Box-Grundfläche von je 50 m² faßt etwa 30 t Schwergetreide, das in etwa 24 Std. getrocknet und auf Lagertemperatur gebracht werden kann.

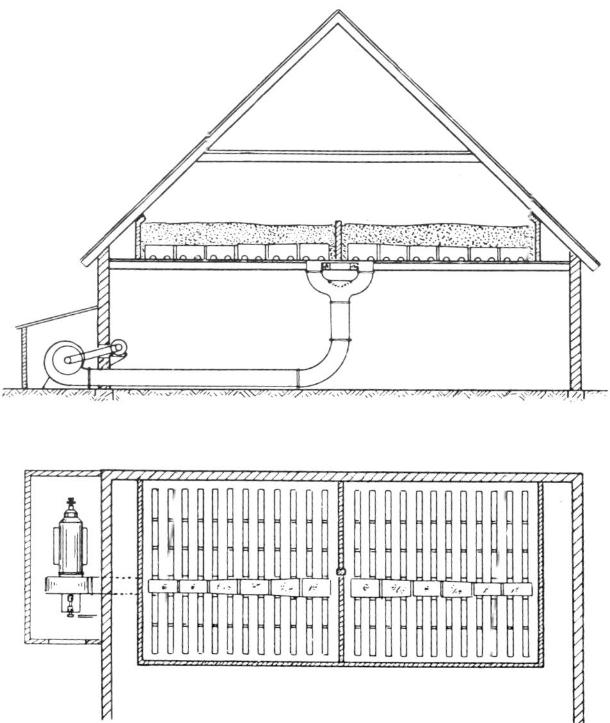

790. Warmluft-Trocknung in 2 hochgelagerten Boxen (Rietberg-Werke, Rietberg)

Eine Boxe von 50 m² Bodenfläche, auf ebener Erde aufgestellt (Bild 789), ist die einfachste Art, mit geringen Anschaffungskosten eine größere Körnermasse schnell und schonend zu trocknen. Allerdings erfordert das Räumen der Boxe größere Handarbeit. Einfacher zu bedienen sind 2 derartige Boxen, nebeneinander, ein Stockwerk hoch (Bild 790). Durch eine Umschaltklappe im Gabelrohr kann man die Warmluft in die eine oder in die andere Boxe oder auch gleichzeitig in beide Boxen strömen lassen. Bei einer Anlage von 2 Stockwerken (Bild 791) mit 200 m² Bodenfläche können 3 Boxen ständig in Betrieb sein, während die vierte entleert und wieder gefüllt wird.

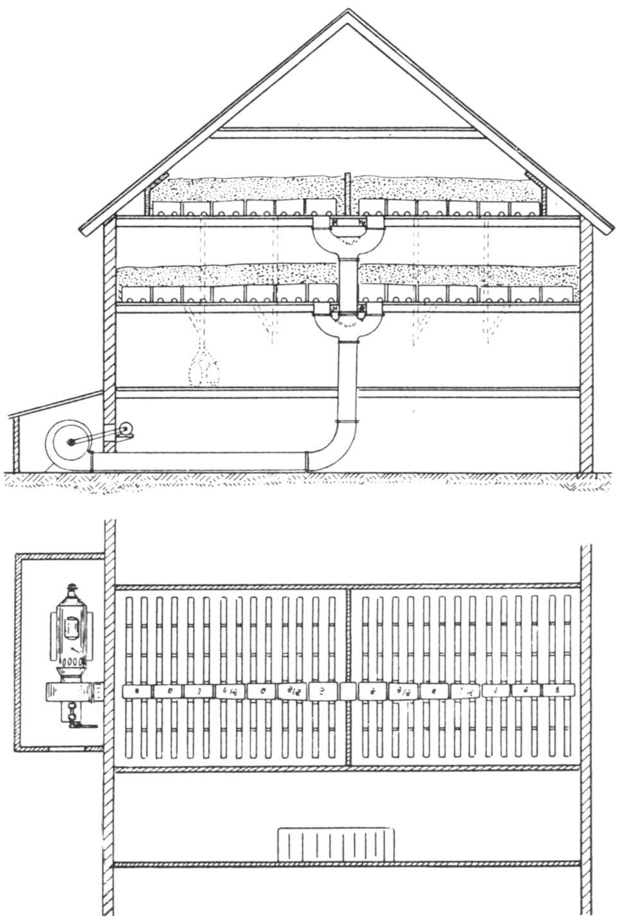

791. Warmluft-Trocknung in vier Boxen
(Rietberg-Werke, Rietberg)

Auf einem ähnlichen Prinzip beruht die „Tacco"-Kalt-Belüftung. Die Anlage besteht aus einer Anzahl kleinerer und größerer Kanäle, die aneinandergereiht auf dem unbeschütteten Fußboden ausgebreitet werden, und zwar ohne jede Befestigung oder feste Verbindung (Bild 792). Jeder Kanal ist mit einer Deckmuffe oder einem Band zum Überdecken des vorhergehenden Kanalstückes versehen. Sind die einzelnen Kanalstücke richtig verlegt, so kann kein Saatgut oder sonstiges Trocknungsgut in das Innere des Kanals gelangen.

Die Anlage auf dem Fußboden wird so ausgelegt, daß man am Gebläseträger anfängt und von dort zuerst die größten Hauptkanäle auslegt, immer so, daß die Deckmuffe nach dem Gebläse hinzeigt (Bild 793). Das gleiche gilt auch für die kleineren Kanäle, bei denen die Deckmuffen wieder zum Hauptkanal hinweisen müssen. Die einzelnen Kanäle haben Abzweigstellen zum Aufbau der ganzen Verlegung. Vor jeder Abzweigung befindet sich im Innern jedes Kanals eine Zunge, die Luft in die Abzweigung hineinleitet. Die Enden der Haupt- und Seitenkanäle sind durch aufgezogene Enddeckel bis auf einen Spalt von 1—2 cm verschlossen. Nach dem ordnungsmäßigen Verlegen der Kanäle wird der Boden beschickt. Wenn Bohlen über die Kanäle

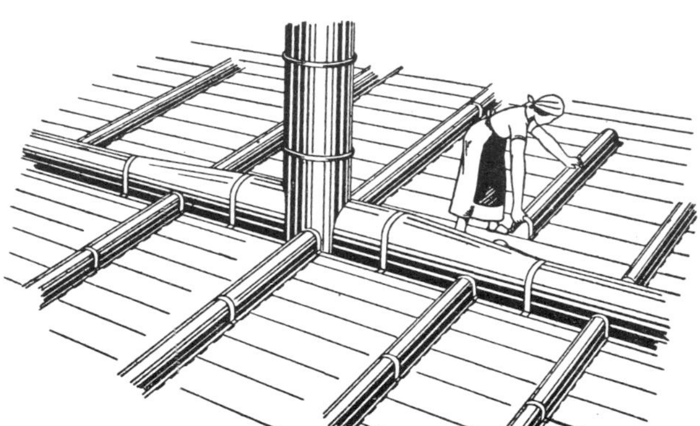

792. „Tacco"-Kaltbelüftung (Rietberg-Werke, Rietberg)

hinweggelegt werden (Bild 794), kann das Beschicken mit Trocknungsgut sehr erleichtert werden. Bei mechanischer Beschickung ist es zweckmäßig, das Gut zuerst mit der Schaufel in einer flachen Schicht so auszubreiten, daß die kleinen Kanäle eben bedeckt sind. Das ist nötig, damit die Kanäle von dem herunterrieselnden Gut nicht zur Seite gedrängt werden. Sonst läge die Gefahr nahe, daß sie sich verschieben, und Öffnungen entstehen, durch die Trocknungsgut in die Kanäle eindringt, sie verstopft und für die durchblasende Luft unwirksam macht.

793. Verlegen der Kanäle der „Tacco"-Belüftungsanlage (Rietberg-Werke, Rietberg)

Für die Kaltbelüftungsanlagen werden (je nach Größe der Bodenfläche) Gebläse verschiedener Art erforderlich. Für 100 m² Bodenfläche reicht ein mit dem Motor direkt gekuppeltes Gebläse von etwa 1,8—2,2 kW aus, um jedes Körnergut, gleich welcher Feuchtigkeit, zu lagern. Dabei ist es sehr wichtig, die Drehung des Motors so zu richten, daß das Gebläse die Luft durch das Trocknungsgut hindurchdrückt und nicht etwa ansaugt, da sonst angesaugte Körner in den Kanal gelangen, ihn blockieren und dadurch die Belüftung unwirksam machen.

794. Beschickung der Anlage durch Überbrückung der Kanäle mit Laufstegen (Rietberg-Werke, Rietberg)

Die Wirkung derartiger Belüftungsanlagen beruht auf genügender Zufuhr von Frischluft, so daß das Trocknungsgut natürlich atmen kann. Die Atmung steigt mit zunehmender Feuchtigkeit des Trocknungsgutes. Damit die Belüftung gut wirkt, muß der Raum über dem lagernden Gut stets mit guter, frischer Luft versehen sein und man muß dafür sorgen, daß die verbrauchte, durch das Gut geblasene Luft frei abziehen kann. Darum ist es unerläßlich, Türen oder Fenster zu öffnen, um Abluftöffnungen herzustellen, die mindestens einen viermal so großen Querschnitt wie die Gebläseleitungen haben (Bild 795).

Manchmal sind die Anschaffungskosten billiger, wenn der Hauptkanal vertieft in den Erdboden verlegt und fest ausgemauert wird. Das ist für die Lagerung von Kartoffeln günstig, bei denen die Seitenkanäle größeren Abstand voneinander haben können als bei Getreide (Bild 796). Feucht hereingebrachte Kartoffeln werden zuerst 3×24 Std. Tag und

795. Die verbrauchte Luft muß entweichen können (Rietberg-Werke, Rietberg)

Nacht gelüftet, um die Kartoffeln und die mithereingebrachte Erde zu trocknen. Wenn sie abgetrocknet sind, sorgt man nur noch für Kühlhaltung, die man durch Belüftung während einiger Nachtstunden erreicht. Es bildet sich Kohlensäure, die abgeleitet wird, wenn die Kartoffeln 1- oder 2mal in der Woche einige Minuten lang belüftet werden. Auf diese Weise können die Kartoffeln und andere landwirtschaftliche Erzeugnisse verlust- und keimlos gelagert werden. Das Bild 797 zeigt schematisch die geschützte und doch belüftete Einlagerung von Kartoffeln in einem mit Belüftungsanlage versehenen Kartoffelhaus.

796. Der Hauptkanal kann vertieft verlegt werden (Rietberg-Werke, Rietberg)

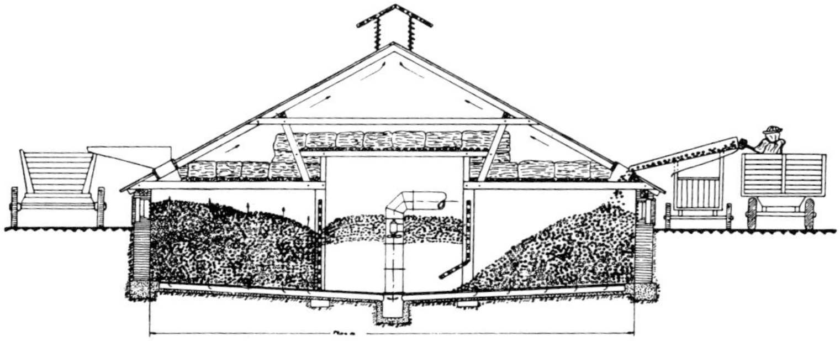

797. „Tacco"-belüftete Kartoffeleinlagerung im Kartoffelhaus (Rietberg-Werke, Rietberg)

XI. Reinigungs- und Sortieranlagen

A. Allgemeines

Wir haben Vorrichtungen an der Dreschmaschine kennengelernt, die die von den Dreschorganen kommenden Körner durch Wind-, Sieb- und Entgrannerwirkung von den beigemengten Staub-, Grannen-, Unkrautsamen-, Kaff-, Kurzstroh- und Langstroh-Massen reinigen und durch Sieb- oder andere Einrichtungen nach Größe sortieren. Das so von der Dreschmaschine gereinigte und vorsortierte Korn ist an sich marktfertig und könnte vermahlen werden. Im landwirtschaftlichen Betriebe kommt es aber vor, daß die Dreschmaschine einmal nicht ganz sauber arbeitet (wenn ihre Reinigungsorgane beschädigt oder überaltert sind) oder daß das Korn aus irgendwelchen Gründen wieder verunreinigt wird, so daß es aufs neue gereinigt und sortiert werden muß. Aus wirtschaftlichen Gründen läßt man dann das Korn nicht nochmals durch die ganze Dreschmaschine laufen, die zudem Saatgetreide nur vorreinigen kann. Darum gehört zum landwirtschaftlichen Maschinenpark eine ganze Reihe Reinigungs-, Sortier-, Trenn- und Veredelungsanlagen. Sie bearbeiten das Korn unabhängig von der Dreschmaschine und bringen es auf die zu Saatzwecken erforderliche Güte. Sie arbeiten mit Wind, Sieben und anderen Vorrichtungen und nutzen dabei die physikalischen Eigenschaften des Kornes aus: Schwere, Größe und Oberflächenbeschaffenheit; beim Ausscheiden der Beimengungen werden diese Eigenschaften ausgenutzt.

B. Putzmühlen

Eine von altersher in jedem landwirtschaftlichen Betrieb vorhandene Getreidereinigungs-Maschine ist die Putzmühle (Bild 798), vielfach auch wegen ihres Arbeitsgeräusches mit

Klapper bezeichnet. Sie ist in verschiedenen Größen anzutreffen und soll durch Windwirkung das Getreide von leichten Beimengungen wie Kaff, Staub, Unkrautsamen und Ähnlichem reinigen.

798. Ansicht einer Putzmühle (Dreyer, Wittlage)

Das Bild 799 zeigt eine solche Putzmaschine im Querschnitt. Durch eine Handkurbel wird über eine Stirnradübersetzung ein Flügelrad *a* bewegt. Der so erzeugte Wind, dessen Stärke durch verstellbare Ansaugeklappen geregelt wird, bläst gegen einen in Rüttelbewegung gehaltenen Siebkasten *b*. Diese Rüttelbewegung wird von der Flügelradwelle mit einem Kegeltriebe auf eine längs verlaufende Welle und von dieser Welle aus durch Riementrieb auf den Siebkasten übertragen. Das Getreide wird in den Einschüttkasten *c* gegeben; es fließt durch eine Öffnung und durch den Siebkasten *b*; die Öffnung kann mit einem Schieber verstellt werden. Der Getreidefluß wird unterstützt durch den schwingenden Boden des Einschüttkastens, der schräg angeordnet und mit dem Siebkasten verbunden ist. Um eine möglichst große Seitenverteilung zu erzielen, fällt das Reinigungsgut zuvor auf einen auf- und abschwingenden Rechen *d*.

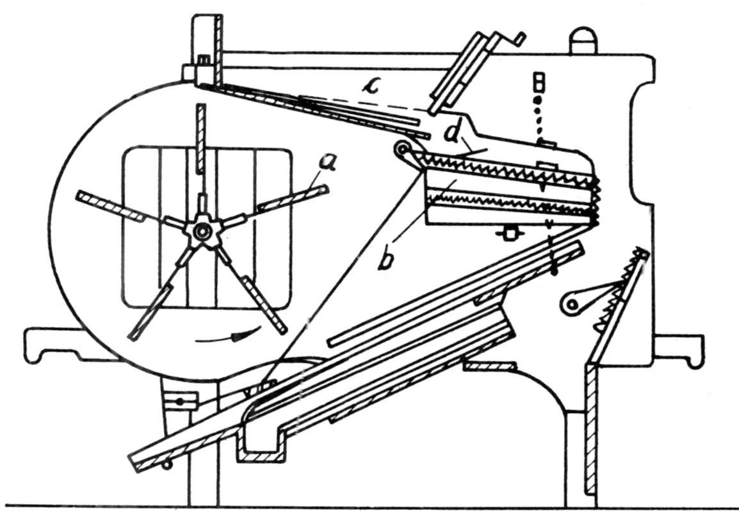

799. Schnittzeichnung einer Putzmühle

Der Siebkasten hat ein oberes und ein unteres Spreusieb. Bereits im oberen Spreusieb ist das Reinigungsgut so verteilt, daß es dem Windstrom eine möglichst große Angriffsfläche bietet, wodurch Halmteile, Kaff und andere leichte Beimengungen fortgetragen werden. Dieser Reinigungsvorgang wird auf dem Wege durch das zweite, untere Spreusieb auf der ganzen aufgeschlossenen Breite des durchlaufenden Getreides fortgesetzt, so daß es gereinigt auf den Ablaufboden kommt. Damit ist die Reinigung beendet. — Die Putzmühlen sind vorn und hinten mit Handgriffen versehen, so daß sie von zwei Personen leicht getragen werden können.

Die Leistung solcher Putzmühlen richtet sich nach der lichten Weite des Gebläses. Wenn sie 60—90 cm groß sind, so reinigen sie zwischen 10—20 dz in der Stunde; dabei soll die

Windgeschwindigkeit zwischen 5 und 6 m/sec. liegen. Bei größeren Windgeschwindigkeiten könnten die Getreidekörner mit dem Windstrom fortgetragen werden und verlorengehen.

C. Windfegen

Diese Gefahr ist nicht so groß bei den Windfegen, in denen der Windstrom die Körner nach ihrem Windwiderstand sichtet, also nach ihrer Schwere, Größe und Oberfläche sortiert. Bei solchen Anlagen muß die Windgeschwindigkeit größer sein; sie liegt für Weizen etwa zwischen 8 und 10, bei Hafer etwa zwischen 6 und 7 m/sec. Das Grundprinzip der Windfegen beruht auf der Ablenkung der in den Windstrom fallenden Körner. Für die Ablenkung ist das Gewicht des Kornes ausschlaggebend und die Zeit, während der es dem Windstrom ausgesetzt ist. Darum ist es günstiger, wenn das Korn nicht aus großen Höhen, sondern möglichst aus der Ruhelage in den Windstrom kommt. Zur scharfen Sichtung ist ein gleichbleibender Windstrom erforderlich. Größere Schwierigkeiten bereiten die Unregelmäßigkeiten und die sehr verschiedenen Größen der Körner. Da das Korn länglich geformt ist und sich im Winde dreht, so bietet es dem Winde mal die Längs- und mal die Querseite. Durch die wechselnden, dem Wind ausgesetzten Angriffsflächen wird ein und dasselbe Korn im Wind bald mehr bald weniger weit fortgeblasen. Dadurch, daß die Körner sich dauernd im Wind drehen, gleichen sich diese wechselnden Angriffsflächen ziemlich aus. Es wird tatsächlich nach Größe und Gewicht sortiert. Da es sich bei der Sichtung des Getreides immer um die gleiche Sorte handelt, deren Körner ungefähr gleich schlank geformt und deren Oberflächen gleich rauh sind, so spielen die sonst für die Ablenkung geltenden aerodynamischen Einflüsse nur eine untergeordnete Rolle.

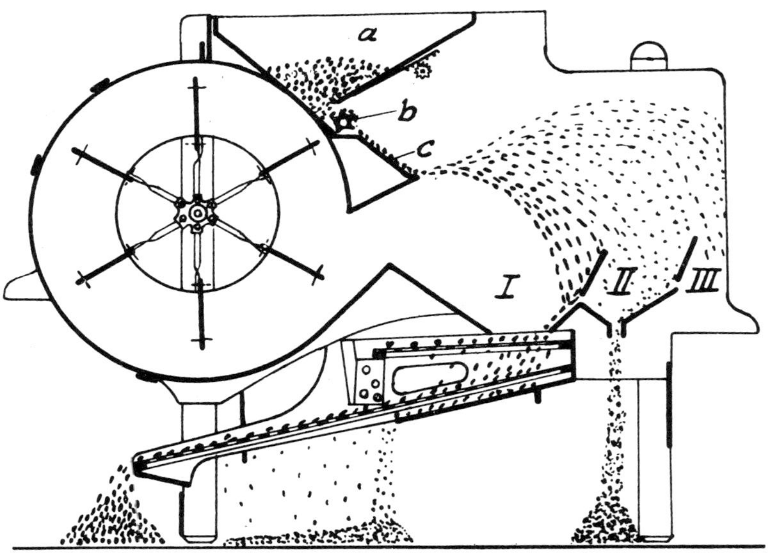

800. Schnittzeichnung einer Windfege
a Einschüttkasten; *b* Speisewalze; *c* Ablaufblech; *I, II, III:* Sorten.

Nach diesen Überlegungen sind die Windfegen zu Sichtmaschinen entwickelt worden, die mit ziemlicher Genauigkeit das Getreide in verschiedene Sorten gleicher Größe und Schwere sortieren. Das Bild 800 stellt den Querschnitt einer solchen Maschine dar, die ähnlich wie die Putzmühle angetrieben wird. Da eine unbedingt gleiche Luftgeschwindigkeit vorausgesetzt wird, die niemals durch Handbetrieb erreicht werden kann, so läßt man die Windfege zweckmäßig durch einen kleinen Elektromotor antreiben. Aus dem Einschüttkasten *a* fließt das Getreide durch eine mit Stellschieber versehene Öffnung einer geriffelten Speisewalze *b* zu, die die gut verteilten Körner auf ein Ablaufblech *c* fördert. Dieses Ablaufblech hat seine besondere Bedeutung. Es ist mit Querrillen versehen, die das Abrutschen der Körner verzögern sollen. Durch eine Krümmung des Ablaufbodens wird erreicht, daß die Körner nicht senkrecht nach unten in den Wind fallen, sondern etwa in Windrichtung. Dadurch kommen sie ohne Fallgeschwindigkeit in den Windstrom, der zur besseren Sichtung längere Zeit auf sie einwirken kann. Der vom Flügelrad erzeugte Wind nimmt die Körner (je nach ihren Eigenschaften) mehr oder weniger weit mit. Durch verstellbare Querwände können die verschieden schweren Sorten, die mehr oder weniger weit abgelenkt werden, in Sorte I, II und III aufgefangen werden. Die wertvollste I. Sorte wird einer angebauten Siebsortierung zugeführt, um die dicksten Körner auszusortieren. Zu diesem Zwecke befindet sich unter dem Auslauf der I. Sorte ein schwingender Siebkasten.

Die gute Sichtung einer Windfege hängt von ihrer Bauart und davon ab, wie sie bedient wird. Es ist bereits davon gesprochen worden, daß gleichmäßige Windstärke erforderlich ist. Notwendig ist aber auch, daß der Wind auf der ganzen Breite gleichmäßig ist. Darum sollte man sehr breite Gebläse nicht benutzen. Wichtig ist auch, welche Körnermenge verarbeitet wird. Es ist einleuchtend, daß bei zu großen Mengen die Körner sich gegenseitig im Fluge stören; dadurch wird die Sichtung ungenau. Die Windfegen dürfen daher nicht überlastet werden.

Wie bei der Putzmühle, so hängt auch hier die Maschinenleistung von der lichten Weite ab. Bei einer Maschine, die 60 cm breit ist, kann man mit einer Stundenleistung von 18 dz Getreide rechnen. Das Getreide soll vorgereinigt sein.

Die Windfege kann das Litergewicht ungesichteten Getreides (je nach Zustand und Sorte) um 5—10% erhöhen, wodurch die 2. und 3. Sorte entsprechend minderwertiger wird.

D. Steigsichter

Die Erkenntnis, daß der Wind bessere Arbeit leistet, wenn ihm die Körner lange ausgesetzt sind, hat zum Bau von Steigsichtern geführt. Das Grundprinzip der Steigsichter beruht darauf, daß man in einen senkrecht nach oben geführten Windstrom von der Seite her das zu sichtende Gut einschleust. Bei genügend großer Windgeschwindigkeit scheidet sich die nach oben mitgerissene leichte Frucht von der schwebenden oder niedergehenden schweren Frucht. Durch das längere Verweilen der Körner im Windstrom können sie ihre Drehung im Winde ausgleichen und die Angriffsflächen wechseln, so daß genauer gesichtet werden kann. Die Körner

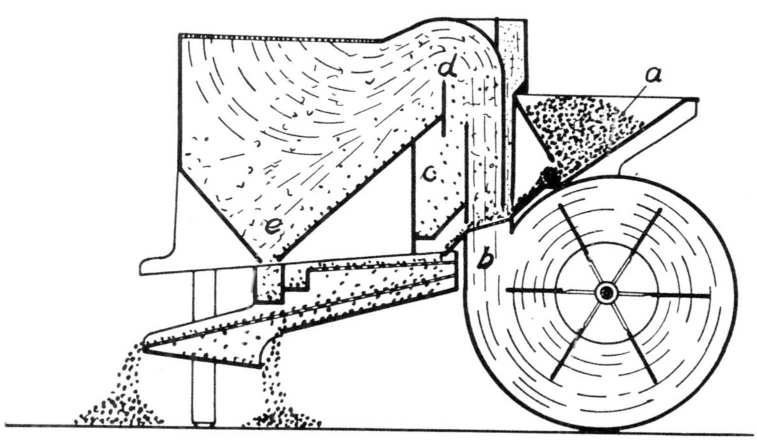

801. Schnittzeichnung eines Steigsichters

a Einschütt-Trichter; *b* schräges Sieb; *c* Auffangkanal für mittelschweres Korn; *d* Überkehr; *e* Leichtkorn

werden bei diesem Verfahren im Winde abgewogen. Deswegen nennt man dieses Verfahren im Gegensatz zum Ablenkverfahren bei der Windfege auch Abwägeverfahren. Wenn Steigsichter gut arbeiten sollen, muß der Windstrom gleichgerichtet und immer gleich stark sein. Um immer gleichgerichteten Windstrom zu haben, baut man Gleichrichter (Siebe, Lamellenkreuze u. ä.) in die Windleitung ein. Das Bild 801 zeigt einen Querschnitt durch eine Ausführungsform des Steigsichters. Aus dem Einschütttrichter *a* werden die Körner durch eine rotierende Speisewalze über einen Zulaufboden auf ein schräg angeordnetes Sieb *b* geleitet, das den unteren Abschluß des Steigsichterkanals bildet. Er wird von einem Flügelradgebläse mit Wind versorgt. Die schweren Körner, die dem Windstrom nicht folgen können, verlassen sogleich den Kanal nach der entgegengesetzten Seite. In einem Siebkasten werden diese Körner nochmals sortiert. Das im Siebkasten eingebaute Obersieb sondert die größeren Bestandteile ab; über das Untersieb verlassen die von den kleineren Körnern befreiten kräftigen Körner die Maschine. Sie dienen als Saatgut. Alles andere Sichtgut wird mit dem Wind im Steigsichterkanal nach oben geführt. An der Stelle, wo sich der Kanal erweitert und die Windgeschwindigkeit abnimmt, werden die mittelschweren Körner in den Kanal *c* geschleust und gelangen gleichfalls auf die Siebe. Die leichte Frucht und die sonstigen leichten Beimengungen gelangen über die Überkehr *d*. Hier erweitert sich der Windquerschnitt abermals, so daß die leichteren Körner in den trichterförmigen Raum *e* fallen. Staub und übrige Bestandteile werden abgeschieden.

Die Windgeschwindigkeiten, die für die einzelnen Saatgutarten erforderlich sind, schwanken, und zwar nach der Sorte des Getreides. Für Weizen liegen sie etwa bei 3 m/sec. Bei dieser Windgeschwindigkeit bleiben die schweren Körner vom Winde unbeeinflußt. Erst bei der dreifachen Geschwindigkeit beginnen sie zu schweben. Bei dieser Geschwindigkeit kann keines der wertvollen Körner verlorengehen; sämtliche unerwünschten Beimengungen werden abgeschieden. Die Leistung solcher Steigsichter ist beschränkt durch die begrenzte Weite des Steigsichterkanals; sie liegt bei etwa 5—10 dz in der Stunde. Die Windverteilung nimmt mit wachsendem Querschnitt an Gleichmäßigkeit ab.

E. Siebe

Zur Sortierung des Getreides und anderer harter Körnerfrüchte werden Siebe verschiedener Art verwendet, meist in Verbindung mit anderen Siebvorrichtungen. Man unterscheidet Plan- und Zylindersiebe. Beide Arten verlangen eine gewisse Neigung und eine Bewegung, um die Lage des Siebgutes auf der Siebfläche zu verändern, damit es abgesiebt werden kann. Bei Plansieben bewegt sich das Siebgut in Überlaufrichtung durch Vor- und Zurückschwingen. Eine kreisende Siebbewegung hat sich als unzweckmäßig erwiesen. Man kann die Überlaufgeschwindigkeit des Siebgutes über das Sieb verändern durch andere Hubgröße, durch größere Hubzahlen und durch Neigung. Die Siebwirkung läßt mit zunehmender Überlaufgeschwindigkeit nach, gründlich zu sein. Beim Sieben wird das Siebgut nach der Dicke sortiert. Durch die Relativbewegung zwischen Sieb und Siebgut tastet das Sieb mit seinen Öffnungen gleichsam die einzelnen Körner nach ihrer Dicke ab; kleinere Dicken werden durchgelassen, größere zurückgehalten und im Überlauf gewonnen. Plansiebe können bei feineren Sämereien aus Geweben bei etwas größeren Früchten aus Draht sein. Da Garne und Drähte sich verschieben könnten, wobei vier benachbarte Maschen betroffen würden, so kann nicht genau abgesiebt werden. Das aber wird bei Saatgetreide verlangt. Daher verwendet man hierfür Bleche mit eingestanzten Öffnungen, die so geformt sind, daß sie sich der ungefähren Form des Siebgutes anpassen. Für rundes Korn verwendet man Rundlochung; bei länglichem erreicht man mit Langlochsieben die besten Ergebnisse. Oft läßt man beide Siebarten hintereinander wirken. Bei Langlochsieben legt man die Sieböffnungen in Schwingrichtung oder Überlaufrichtung. Zylindersiebe bestehen aus rohrförmig gebogenen Blechsieben, sie rotieren um ihre Längsachse und stehen geneigt. Eine Hubbewegung ist darum nicht erforderlich. Bei diesen Sieben legt man die Langlochung quer zur Zylinderachse.

Das Kriterium für ein Sieb ist der prozentuale freie Durchgang der Siebfläche. Das ist das Verhältnis der summierten Lochquerschnitte zur ganzen Siebfläche. Befinden sich beispielsweise auf einer Fläche von 1 m² 3300 Rundlöcher von je 2 cm² Querschnitt, so ist der freie Durchgang des Siebes gleich $\frac{6600}{10000} = \frac{66}{100} = 66\%$. Dieser freie Durchgang wächst mit der Verringerung der Stege zwischen den Löchern. Die Siebe müssen schon wegen der Schwingungen so fest sein, daß sie nicht flattern. Dadurch ist der freie Durchgang begrenzt, der bei den Hochleistungssieben zu einem Maximum wird.

Zu den Sichtvorrichtungen gehören auch die fast ausschließlich in Dreschmaschinen benutzten Sortierzylinder; sie bestehen aus schraubenförmig gebogenen Stahldraht-Windungen, deren Abstände voneinander geändert werden können, wenn man sie auseinanderzieht oder zusammenschiebt. Die anfangs kleinen Drahtzwischenräume vergrößern sich stetig, nachdem sie eingestellt sind. Da diese Sortierzylinder keine Neigung haben, erhält das Korn durch eine Transportschnecke den nötigen Vorschub, so daß der drehende Sortierzylinder zunächst die kleineren Bestandteile durchläßt und mit zunehmendem Drahtzwischenraum die größeren; die ganz großen laufen schließlich über. Im ersten Teil wird dünner Draht verwendet. Durch ihn werden die Zwischenräume enger. Die so nach Größe sortierten Bestandteile werden in den unter der Sortiertrommel angeordneten Taschen aufgefangen.

F. Schleudersiebmaschinen

In der Schleudersiebmaschine werden die Körner geschleudert und dadurch gesichtet. Diese Maschine ist von der Entwicklung überholt. Da sie aber noch oft anzutreffen und sehr eigenartig ist, soll sie hier mit erwähnt werden.

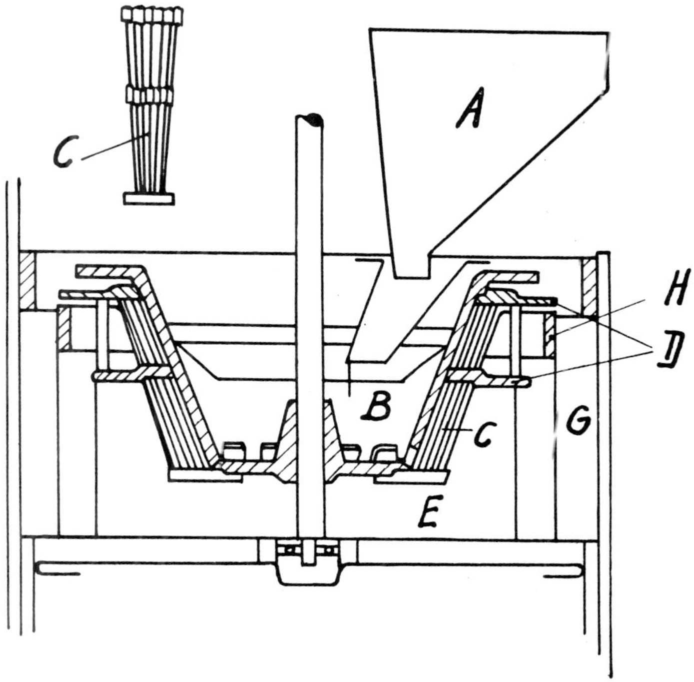

802. Schnitt durch eine Getreide-Zentrifuge

A Einschütt-Trichter; *B* Trommelraum; *C* konischer Siebmantel; *D* Trennringe; *E* Sammelraum; *F* Ringkammer; *G* äußere Ringkammer; *H* verstellbarer Ring

Bei dieser Siebmaschine (Bild 802) gelangen die Körner aus dem Einschütt-Trichter *A* in den von einer Welle gedrehten, konisch gestalteten Trommelraum *B*. Im Grunde seiner Seitenwandungen hat er Öffnungen, durch die das Gut nach außen geschleudert wird. Hier gelangt es gegen einen ebenfalls konisch gestalteten Siebmantel *C*, der aus Stahlstäbchen besteht. Sie sind so angeordnet, daß je zwei benachbarte Stäbchen einen nach oben sich erweiternden Spalt bilden. Durch die Schleuderkraft rutschen die Körner von unten an diesen Spalten so lange nach oben, bis sie (der Spaltweite entsprechend) hindurch können. Auf diese Weise gelangen kleinere Körner unten, größere Körner mehr oben durch den Siebmantel. Um die verschieden großen Körner zu trennen, sind flache Ringe *D* in verschiedenen Höhenlagen angeordnet, die die Siebfläche der Höhe nach unterteilen. Dadurch gelangen die dünneren Körner in den Sammelraum *E*, mittlere Körner treten über den ersten, diesen Raum nach oben abschließenden Ring in die mittlere Ringkammer. Die schweren Früchte gelangen über den oberen, diese Kammer wiederum nach oben abschließenden Ring in die äußere Ringkammer *G*. Verschiebt man einen Ring *H*, so kann man die nach oben gelangende erste Sorte regulieren, daß nicht nur der Überlauf, sondern (je nach Schnitt) bereits Körner, die im oberen Teil des Siebmantels durchtreten, mit in die erste Sorte gelangen.

G. Schneckentrieure

Eine Vorrichtung, durch die Körner gleichfalls durch Zentrifugalkraft getrennt werden, ist der Schneckentrieur oder auch Wendelrutsche genannt (Bild 803). Seine Aufgabe und Wirkungsweise besteht darin, Körner verschiedener Form nach ihrer verschiedenen Rollfähigkeit zu trennen: Rundkorn und Langkorn; oder bei Erbsen: schrumpfelige, minderwertige von vollwertigen, vollrunden. Der Vorteil solcher Vorrichtungen besteht darin, daß sie ohne jeden Antrieb, allein durch die Schwere des Gutes, arbeiten, das durch die Führungen in Schraubenwindungen nach unten gleitet oder rollt und dabei wegen der bei der kreisenden Bewegung auftretenden Schleuderkraft an den Führungen hinaufgleitet. Dabei fliegen die rollfähigsten Körner über Bord und werden gesondert aufgefangen. Das Bild 804 stellt eine schematische Skizze des Querschnittes eines solchen Schneckenauslesers dar, an der die Arbeitsweise erläutert werden soll. Das in den Schütt-Trichter *A* aufgegebene Sortiergut gelangt (meist durch eine von Hand zu bedienende, der Menge nach gesteuerte Reguliervorrichtung) auf den Verteilerkegel *B*, der unmittelbar unter der Auslauföffnung des Trichters liegt. Der Verteilerkegel soll das Gut gleichmäßig auf 3 Wendelrutschen *C*, *D*, *E* verteilen, die gewissermaßen als dreigängige Schraube sich mit ihren unter 45° geneigt stehenden Wänden um eine innere Spindel schraubenartig nach unten winden. Von den mit zunehmender Geschwindigkeit nach unten rutschenden Körnern werden die rollfähigeren, runden (durch die gleichfalls zunehmende Fliehkraft), an den Wänden immer höher steigen, bis sie schließlich über den Rand fliegen und in die größere Wendelrutsche *F* gelangen. Auf diese Weise erhält man aus den unteren Ausläufen zwei getrennte Sorten. Wenn man in die große Wendelrutsche eine verstellbare Zunge einbaut, kann das auslaufende, rollfähige Gut nach seiner Höhenlage an der Wandung nochmals getrennt werden, so daß man oben laufendes, schweres und rollfähigeres, und unten laufendes, leichteres, weniger rollfähiges Gut erhält.

803. Wendelrutsche
(Seemann, Bremen)

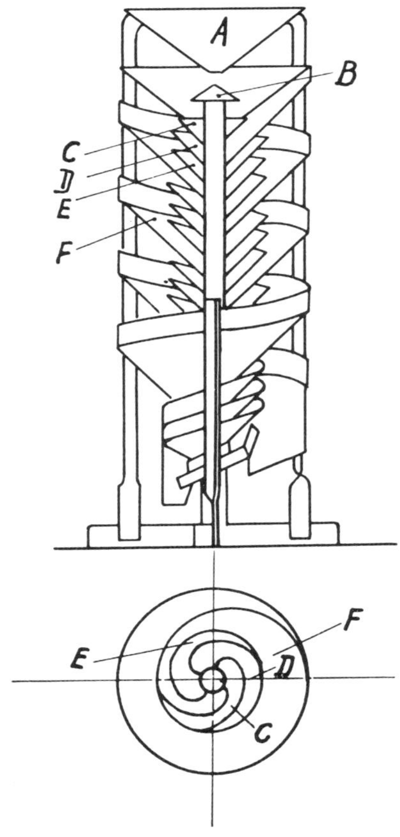

804. Schnitt durch eine Wendelrutsche
A Einschütt-Trichter; *B* Verteilerkegel;
C, *D*, *E* kleine Wendelrutschen;
F große Wendelrutsche

Die Leistung der Schneckentrieure ist von der Höhe und dementsprechend von der Zahl der Windungen abhängig. Ein Trieur von 2 m Höhe leistet stündlich 300 kg. Die Leistung kann bei besonders großen Anforderungen erhöht werden, wenn man mehrere Apparate zusammenbaut. Die Apparate werden von oben von einem übergeordneten größeren Einschütt-

Trichter beschickt. Durch einen Verteilerkegel wird das auslaufende Gut dann auf die Einschütt-Trichter der Einzelapparate gleichmäßig verteilt. Auf diese Weise erhält man durch mehrfach zusammengebaute Apparate Stundenleistungen von 2000 kg und mehr.

H. Schrägtischausleser

In Schneckentrieuren kann die Rollfähigkeit nicht ausgenutzt werden, wenn Stengelteile u. dergl. abgesondert werden sollen. Dazu eignen sich besonders Schrägtischausleser, die vor allem bei der Reinigung rollfähigen Rübensamens eine Rolle spielen. In Bild 805 ist die Arbeitsweise der Schrägtischausleser dargestellt. Das Gut gelangt aus dem Einschütt-Trichter *A* durch eine mit Mitnehmerzinken besetzte Speisewalze *B* auf ein schräggestelltes Ledertuch *C*, das sich um zwei Walzen aufwärts bewegt. Je nach Rollfähigkeit ist dabei die Neigung dieses Auslesetisches zu verstellen. Beim Auftreffen des Gutes rollen die runden Samenkörner nach unten; die nicht rollfähigen Stengelteile usw. wandern mit der Förderbewegung des Tuches nach oben. Das Tuch hat etwa 0,8 m/sec Umlaufgeschwindigkeit. Stengelteile und sonstige Beimengungen wandern in Pfeilrichtung nach oben und fallen als Überkehr ab. Die Neigung des Tisches wird festgestellt, indem man die Auslese beobachtet. Es soll kein Samenkorn mit nach oben genommen werden, aber auch kein Stengelteil mit den Körnern nach unten rollen.

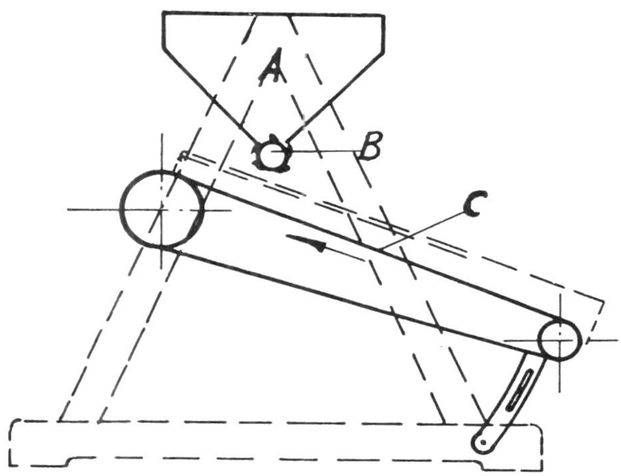

805. Schrägtischausleser
A Einschütt-Trichter; *B* Speisewalze; *C* Schrägtisch aus rotierendem Ledertuch

Die Leistung solcher Anlagen ist von der Breite des Tuches abhängig. Bei einer Tuchbreite von 1,20 m ist durchschnittlich mit einer Leistung von 150 kg/Std. zu rechnen. Größere Leistungen erreicht man, wenn man das Tuch statt längs-, quer laufen läßt, so daß die Körner an der unteren Längsseite des Tuches in eine Rinne fallen; die Stengelteile wandern bis zur Überkehr mit. Bei dieser Anordnung wird das Tuch für die Beschickung nicht so sehr überlastet.

I. Zellenausleser

Die Auslese von Beimengungen aus Saatkorn stößt auf Schwierigkeiten, wenn Körner verschiedener Länge, aber von gleicher Dicke und gleichem Gewicht, oder runde Unkrautsamen und Bruchkorn von Getreidekörnern getrennt werden sollen. Das besorgt der Zellenausleser. Das Arbeitsprinzip dieser Vorrichtung beruht darauf, daß die Körner nach der Länge ausgelesen werden. Wenn man zur Erklärung des Auslese- und Trennvorganges im Zellenausleser sich zwei gleiche, in eine ebene Platte eingearbeitete kugelige Vertiefungen von etwa halber Kornlänge vorstellt und legt in die eine Vertiefung ein Weizen-, in die andere ein Haferkorn, so wird bei langsamem, stetigem Neigen dieser Platte bei einem bestimmten Neigungswinkel der Schwerpunkt des längeren Haferkornes über die Kante der Vertiefung gelangen. Dieses Korn wird herausfallen. Das kürzere Weizenkorn wird erst bei viel stärkerer Neigung dem Haferkorn folgen. Ähnlich wird es sich verhalten, wenn man Bruchkorn und vollwertiges, heiles Korn in dieser Weise behandelt.

Beim Zellenausleser ist die ebene Platte mit einem Zylinder vertauscht, in dessen innere Wandung viele Vertiefungen eingearbeitet sind, die bei Drehung des Zylinders sich mit Körnern verschiedener Länge füllen und sie bei einem gewissen Drehungsgrad (je nach Länge des Kornes) wieder fallen lassen. Da die kürzeren Beimengungen (Unkrautsamen, Bruchkorn, kürzeres, nicht vollwertiges Korn oder Fremdkorn) später aus den Zellen herausfallen, kann

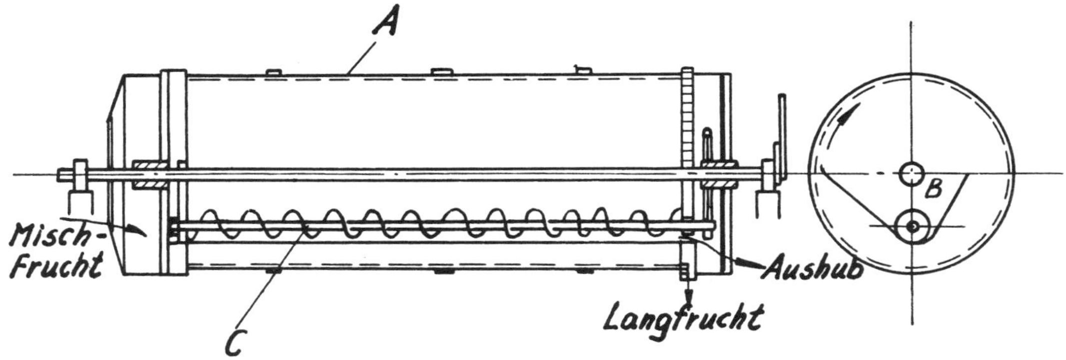

806. Zellenausleser
A Metallzylinder; *B* verstellbare Auffangmulde; *C* Schnecke

man sie durch ein Fangblech abfangen. Es kommt nicht wieder mit dem hochwertigen, größeren Korn zusammen.

Das Bild 806 stellt einen Schnitt durch einen solchen Zellenausleser dar, der auch einfach Trieur genannt wird. Er besteht aus einem durch Endscheiben auf einer drehbaren Welle lose gelagerten Metallzylinder *A*, in dessen innere Wandung Zellen gleicher Größe eingearbeitet sind und der unter einer leichten Neigung von etwa 5° steht. Größe und Form der Zellen richten sich nach dem Getreide. Roggen und Weizen kommen mit einer Zellengröße aus, ebenso Gerste und Hafer; andere Fruchtarten bedingen besondere Zellengrößen, so daß die Trieurzylinder auswechselbar sind. Im Innern der Trieurtrommel befindet sich eine in ihrer Lage zu den Zellen verstellbare Mulde *B*, in der die später abfallenden Beimengungen aufgefangen und mit einer in dieser Mulde umlaufenden Schnecke *C* aus dem Trieur herausgefördert werden. Bei hochgestellter Mulde wird die Absonderung geringer, bei tiefer eingestellter Mulde größer sein. Im letzteren Fall ist die Auslese um so hochwertiger. Die in den Zylinderraum zurückfallende lange Frucht durchwandert ihn wegen der Zylinderdrehung und dessen leichter Schrägstellung bis zum Ende und gelangt durch entsprechende Öffnungen im Zylindermantel ins Freie. Die Umfangsgeschwindigkeiten solcher Trieure liegen etwa bei 0,2—0,5 m/sec.

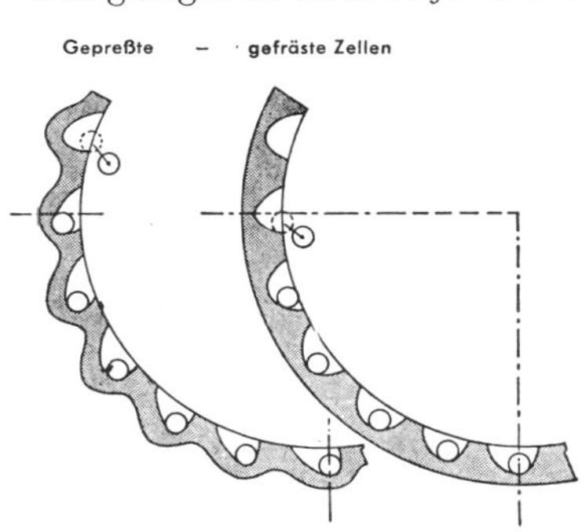

807. Gepreßte und gefräste Zellen eines Zellenauslesers (Schule, Hamburg)

Die Zellen können durch Pressen oder durch Fräsen ausgeführt werden; die in Stahlblech gepreßten Zellen werden bevorzugt, weil dadurch die Unkrautkörner fast ausnahmslos bis zur höchsten Abwurfstelle gehoben werden, also vom Anfang der Einlagerung bis zum Abwurf in die Mulde eine unverrückbare, feste Lage einnehmen. Dadurch wird besser und gleichmäßiger ausgelesen, als mit schräggefrästen Zellen, in denen die runden Unkrautsamen während der Aufwärtsbewegung der Zellen ihre Lage verändern, dabei rollen und teilweise frühzeitig aus den Zellen heraus- und in das Saatgut zurückfallen. Der Grund dafür, daß die gepreßten Zellen besser arbeiten, ist in den bei ihnen genau senkrecht zur Blechoberfläche stehenden Auslaufwandungen (Bild 807) zu suchen, was sich durch Einfräsen der Zellen schwer erreichen läßt.

Um den runden Unkrautsamen und das Bruchkorn aus den 4 Getreidearten ohne Zellenausleserwechsel einwandfrei auszulesen, sind Hochleistungszellenausleser mit zwei verschiedenen, taschenförmig gepreßten Zellenlochungen entwickelt worden. Sie sind vor allem dort vorteilhaft, wo häufig nur kleinere Mengen verschiedener Fruchtarten verarbeitet werden. Bei der Reinigung kurzkörnigen Getreides kann die große Zellenlochung ausgeschaltet werden, wenn einfach eine Klappe umgelegt wird.

K. Tischausleser

1. Über die Entwicklung des Tischauslesers

Die bisher behandelten Sicht-, Auslese- und Reinigungsvorrichtungen trennen die verschiedenen Bestandteile des Auslesegutes, indem sie augenfällige Eigenschaften der Fruchtarten und der Beimengungen wie Schwere, Dicke und Größe, Form und Rollfähigkeit ausnutzen. Die Vorrichtungen arbeiten mit Wind, Sieben, Zellen und geneigten Flächen.

Alle diese Maschinen können das Getreide und auch die anderen Fruchtarten nur bedingt reinigen und sortieren. Für die peinlich genaue Auslese, wie sie beim Saatgut verlangt wird, benutzt man den Tischausleser, eine Maschine, die die zu trennenden Körper in feinster Abstufung trennt, wobei das spezifische Gewicht, das Prallvermögen und die Sickerfähigkeit ausschlaggebend sind. Selbst Körper fast gleicher Größe und Form werden auseinandersortiert.

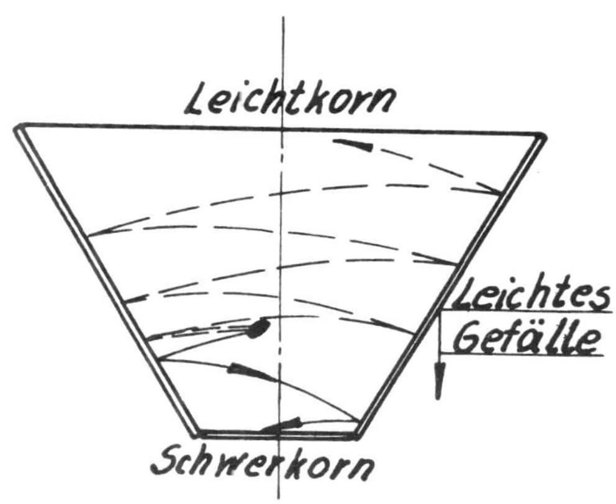

808. Schematische Darstellung der Wirkungsweise eines Tischauslesers

Vor etwa 80 Jahren wurde dieses Prinzip von dem Franzosen Josse in dem von ihm erfundenen Tischausleser angewendet. Josse bediente sich dazu einer etwa dreieckigen Platte, die an zwei Seiten durch senkrechte Wände begrenzt und an der oberen dritten Seite und an der abgeschnittenen Spitze offen war. Auf dieser Platte lockerte er das Getreide durch Hin- und Herbewegen. Dadurch, daß er der Platte zur Spitze hin eine leichte Neigung gab, trennte sich das Korn so, daß die leichte Frucht ihren Weg bergauf und die schwere Frucht zur Spitze nach unten nahm (Bild 808). Während der hin- und hergehenden Bewegung trennt sich das Korn nach der Schwere, so daß die Schichtung des Kornes auf dem Brett im Verein mit der Bewegung dem Gesetz der Schwere folgt. Die schweren Körner sickern nach unten und die leichteren schwimmen obenauf. Dabei ist diese Schichtung sehr fein ausgewogen. Sie tritt in erhöhtem Maße an den Umkehrpunkten der Bewegung auf, also an den senkrechten Begrenzungsflächen, wo die Masse des Kornes sich staut und teilt. Die Tendenz der Körner, in einem Gemenge nach unten zu gelangen, nimmt zu mit der Festigkeit, Glätte der Oberflächen und der Form, die zwischenraumfreies Aneinanderliegen gestattet. Da die schweren Körner in geschlossenen Schichten liegen, wird die vom Brett übertragene Bewegung sehr gehemmt; die leichteren, obenauf gleitenden Körner werden durch die Reibung an der unter ihnen liegenden Körnerschicht nur leicht gehemmt. Die verschiedenen Bewegungsumstände bewirken mit der ungleichen Schwere der Körner, daß sie beim Hin und Her unter verschiedenem Winkel auf die schrägstehenden Begrenzungswände treffen. Unterstützt von der Oberflächenelastizität, werden die leichteren Körner bergauf und die schwereren bergab geworfen. Bei andauernder Wiederholung dieses Vorganges gelangen die leichteren Körner langsam über die offene, breite, und die schweren über die kleinere Brettkante der abgeschnittenen Dreieckspitze.

809. Frontansicht eines Tischauslesers (Schule, Hamburg)

810. Seitenansicht eines Tischauslesers (Schule, Hamburg)

Anfangs der neunziger Jahre des vergangenen Jahrhunderts gelang es dem Deutschen F. H. Schule, aus diesem Prinzip eine Maschine zu konstruieren, die es ermöglichte, mechanisch geschälten Reis von ungeschältem Reis zu trennen. Durch diese Erfindung wurden die Kulturländer mit hülsenfreiem Reis besser und billiger versorgt. Der Ausleser wirkte seinerzeit revolutionierend in der Reismühlenbranche und es dauerte nicht lange, bis diese Maschine auch auf anderem Gebiete, besonders auch in der Landwirtschaft, erfolgreich angewendet wurde. Die Saatkörner von annähernd gleicher Größe, Form und gleichem absolutem Gewicht konnten nun sauber sortiert werden. Es war nicht möglich, diese Körner mit den bisherigen Vorrichtungen durch Saug- und Druckluft oder Sieben und geneigten Ebenen zu trennen. Der Tischausleser kann in Saatzuchtbetrieben keimfähiges, triebkräftiges Schwergut und keimschwaches, leichteres Gut trennen, aus Saatgetreide, Hülsenfrüchten und Feinsämereien den Auswuchs und schwer zu entfernenden Unkrautsamen ausscheiden. In Getreidespeichern und Getreidehandlungen wird er eingesetzt, um Fruchtmischungen, z. B. Gerste oder Hafer, aus Weizen oder Roggen auszuscheiden, um das Hektolitergewicht durch Auslese zu erhöhen und schließlich, um Steinchen und Ackerkrume aus den Früchten aller Art zu entfernen.

Die Entwicklung hat im Laufe der Jahre eine Maschine großer Leistung und peinlichst genauer Arbeit aus den anfänglich einzelligen Vorrichtungen erstehen lassen. Das ursprüngliche Arbeitsprinzip wurde hierbei beibehalten und damit wurden Maschinen besonders großer Leistung mit mehreren übereinanderliegenden Tischplatten geschaffen, die durch eine Reihe vignettenartiger, senkrechter Schrägwände aufgeteilt wurden. Man ließ diese Platten senkrecht zu den Schrägwänden planparallel zur Horizontalen schwingen (Bild 809 und 810).

2. Die Arbeitsweise des Tischauslesers

Beim Tischausleser sind 3 Hauptteile zu unterscheiden: die Speisevorrichtung, der Auslesetisch mit den Auslesekammern und Abläufen, das Untergestell mit dem Antriebsmechanismus.

Wenn der Tischausleser einwandfrei arbeiten soll, so muß er ununterbrochen gleichmäßig gespeist werden. Darum wird an den neuzeitlichen Anlagen durch eine Speisevorrichtung dafür

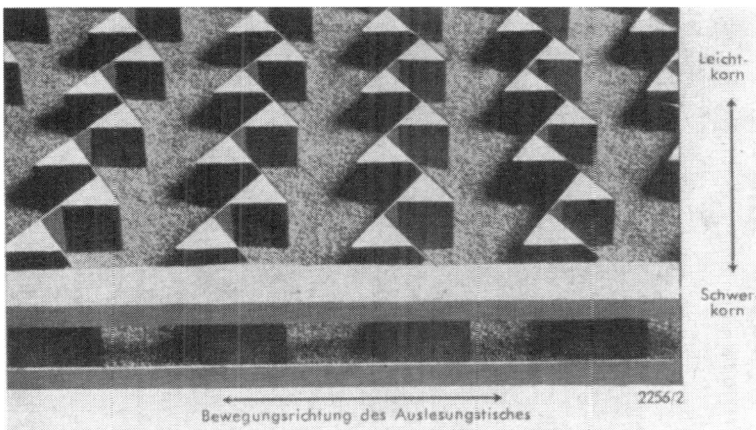

811. Blick auf den Kammerboden eines Tischauslesers (Schule, Hamburg)

gesorgt, daß allen Kammern die gleiche Menge Aufschüttgut in gleichem Mischungsverhältnis zugeführt wird und daß es nicht bereits im Speisetrog vorsortiert wird. Die Speisevorrichtung ist als Aufsatz auf dem Auslesetisch ausgebildet. Durch einstellbare Schieber kann die Zuflußmenge jeder Kammer unabhängig reguliert werden. Auch können bei kleinen Mengen einzelne Kammern gesperrt werden. Außerdem ermöglicht eine gemeinsame, durch Handrad von der Bedienungsseite aus auch während des Betriebes zu betätigende Stellvorrichtung so viel Aufschüttgut zuzuführen, wie zu einer optimalen Leistung der Maschine nötig ist.

Die Arbeitskammern des Auslesetisches, in denen die Aufschüttgüter getrennt werden, sind aus rechtwinklig zur Bewegungsrichtung verlaufenden zickzackförmigen Stahlblechprallflächen, den sogenannten Vignetten, gebildet. Sie sind in bestimmten Abständen auf dem Tisch- oder Kammerboden befestigt (Bild 811). Der Auslesetisch selbst ist ein kastenförmiger, verwindungssteifer Körper, der um seine Längsachse in erforderlichen Grenzen drehbar gelagert ist und dessen Neigung durch ein Handrad über Gewindespindel und Hebel sicher verstellt werden kann. Durch eine Skala wird die Stellung des Tisches angezeigt.

Die Tragbalken des Tisches ruhen auf drehbar gelagerten Rollstützen, deren Füße kreisbogenförmig ausgebildet sind, so daß der Tisch während des Abrollens der Füße auf der Unterlage horizontal bleibt.

Durch die gleichmäßige, begrenzte Schüttelbewegung des Tisches (Bild 812), der durch einen Exzentertrieb hervorgerufen wird, fließen vom Speisetrog 3 fortlaufend Sortierprodukte 4. Der Boden 5 der Kammer ist, von der Auslaufseite des Schwergutes aus gesehen, etwa $^2/_3$ seiner

Länge oder genau bis unterhalb des Gemengezulaufes **6** gerade gebaut. Hier hat der Boden einen Knick und geht unter einem schwachen Winkel aufwärts. Die Kammerwände **7** aus

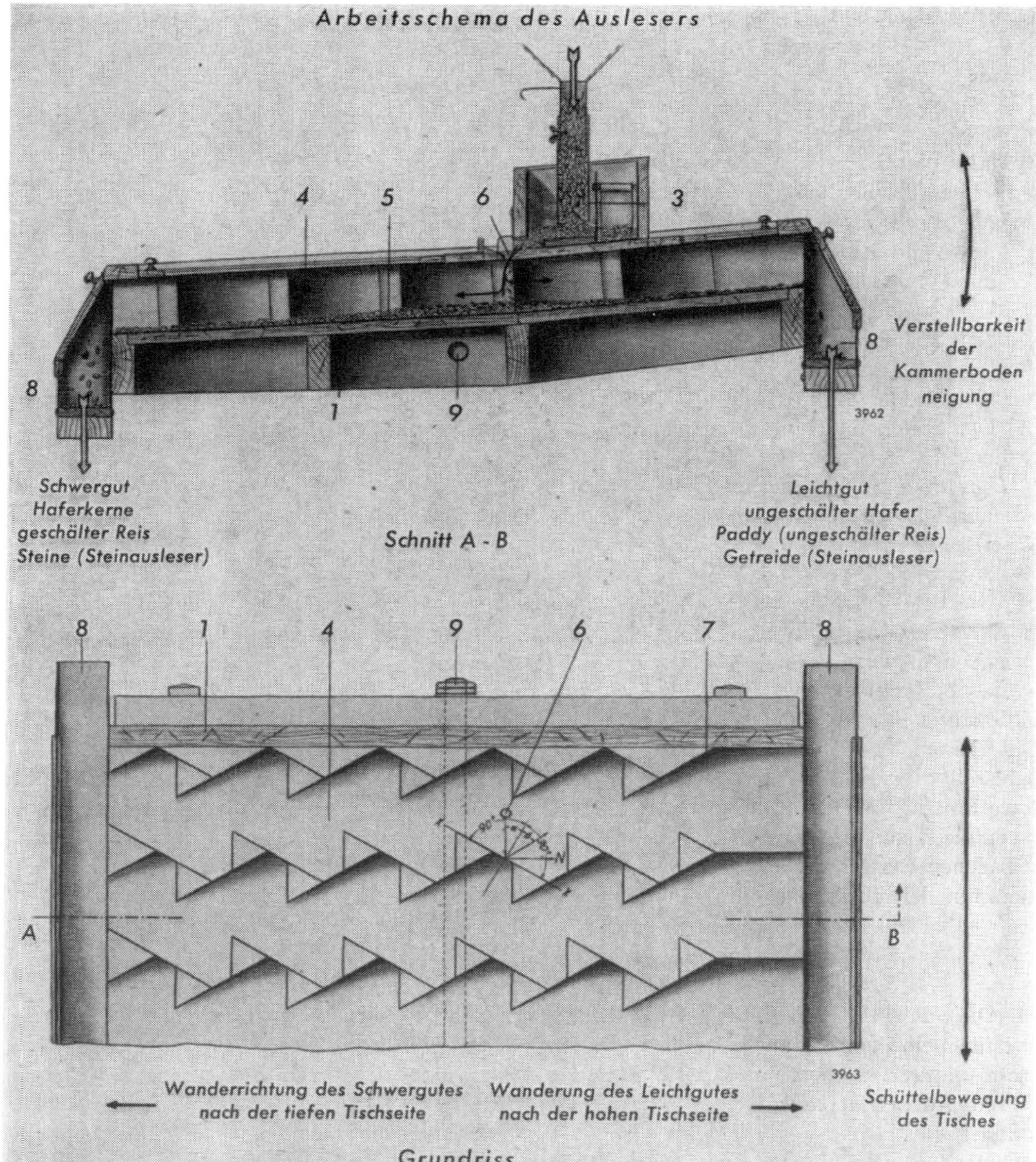

812. Arbeitsschema des Tischauslesers in Schnitt und Grundriß (Schule, Hamburg)
1 Tisch; 3 Speisetrog; 4 Auslesekammer; 5 Kammerboden; 6 Gemengezulauf; 7 Kammerwand; 8 Ablaufrinnen; 9 Längsachse

Stahlblech sind als Prallflächen ausgebildet und sind so geformt, daß von zwei benachbarten Wänden aneinandergereihte Jossesche Dreieckflächen gebildet werden. Die Schüttelbewegung des Tisches geht senkrecht zur Durchlaufrichtung des Sortiergutes innerhalb der

Kammern. Der Tisch 1 einschließlich der Speisevorrichtung 3 und der seitlich angeordneten Ablaufrinne 8 ist um seine Längsachse 9 leicht verstellbar angeordnet.

Wenn die Maschine arbeitet, so sammelt sich das Sortiergut in den Auslesekammern an und häuft sich dort in bestimmter Höhe über dem Kammerboden an; nach den Kammerausläufen nimmt die Höhe ab. Die angehäuften Körner drücken entsprechend dem Schütt- oder Böschungswinkel des Gemenges auf die benachbarten Körner. Hierzu kommen die durch die Kammerbewegung an den Prallwänden übertragenen Stoßkräfte. Durch die Schüttelbewegung wird, wenn die Kammern ausreichend gefüllt sind, deutlich in vertikaler Richtung geschichtet, gemäß den zuvor erwähnten physikalischen Eigenschaften der Körner. Die oberste Schicht besteht hauptsächlich aus großen, spezifisch leichten, die untere aus verhältnismäßig kleinen, spezifisch schwereren Körnern. Im Aufgabegemenge verläuft nach strenger Gesetzmäßigkeit ein Schicht- und Entmischungsvorgang. Durch die Wirkung der Prallflächen sowie durch die Tischneigung verläuft dieser Vorgang gesetzmäßig, wodurch gleichzeitig die Körner zu den beiden Tischausläufen transportiert werden. Das Prallverhalten (wegen der Oberflächenelastizität) und das spezifische Gewicht der Körner hängen unmittelbar zusammen. Die Prallflächen üben auf die Körner Stoßkräfte aus, so daß die oberen von den unteren Schichten getrennt werden; es wird zugleich transportiert.

Der Knick im Kammerboden soll den Trennungsstrich zwischen schweren und leichten Früchten von Beginn der Auslesearbeit an schärfer ziehen; der Kammerboden begünstigt diesen Trennungsstrich durch Intensität. Der indirekte Transport der spezifisch schwereren Körner zum unteren Auslauf wird durch ihre größere Masse und ihre dichtere und weniger rauhe Oberfläche günstig beeinflußt. Das Material, aus dem der Kammerboden besteht, ist den Trennungsgütern angepaßt.

Die Beschaffenheit des Kammerbodens, die gleichmäßige Zuführung und die Beschaffenheit des Trennungsgutes sind bestimmend für den Auslesevorgang. Aber die sichere, in engsten Grenzen mögliche Verstellbarkeit des Tisches und die stufenlose, in weiten Grenzen genaue und einfache Veränderlichkeit der Hubzahl des Tisches sind ausschlaggebend. Der Einfluß der Hubzahl ist am größten. Änderungen von 1—2% sind hier schon von großer Bedeutung.

Das einwandfreie Arbeiten eines Tischauslesers, der auf derartige feine Änderungen seiner Einstellungsorgane reagiert, setzt voraus, daß er nach der Wasserwaage aufgestellt wird. Zweckmäßig läßt man solche Anlagen durch einen Fachmonteur aufstellen, der gleichzeitig auch die ersten Unterweisungen geben kann, wie die Anlage zu bedienen ist. Wegen der empfindlichen Einstellung ist der Tischausleser treffend mit einem Klavier verglichen worden, auf dem nur der Musik machen kann, der zu spielen versteht.

3. Die Antriebsarten

Die Schwingbewegung des Tischauslesers entsteht durch eine Exzenterwelle, deren Exzenter über eine Schubstange den Tisch unmittelbar bewegt. Die Exzenterwelle ist mit einem Schwungrad versehen, damit die Maschine ruhiger läuft und die Massen ausgeglichen werden.

Als Antriebsarten werden angewendet: der Einzelantrieb, der Frontantrieb und der Unterantrieb.

Der Einzelantrieb mit seinem unterhalb des Tisches eingebauten Elektromotor ist der modernste und zweckmäßigste Antrieb. Er erfordert den geringsten Platz, ermöglicht leichte Bedienung und Wartung von allen vier Seiten der Maschine her, läuft am erschütterungsfreiesten und kann wirklich stufenlos, fein eingestellt werden (siehe Bild 809).

Der Frontantrieb wird vorgezogen, wenn am Aufstellungsort der Maschine bereits eine Transmission vorhanden ist, von der der Antrieb auf die Antriebsriemenscheibe an eine Schmalseite des Auslesers übertragen wird. Je nach Drehzahl der Transmissionswelle wird meist ein

Zwischenvorgelege erforderlich, um die nötigen Hubzahlen zu erreichen. Beim Frontantrieb (s. Bild 813) sind Exzenter und Lager leicht zu schmieren; diese Anordnung braucht den meisten Platz.

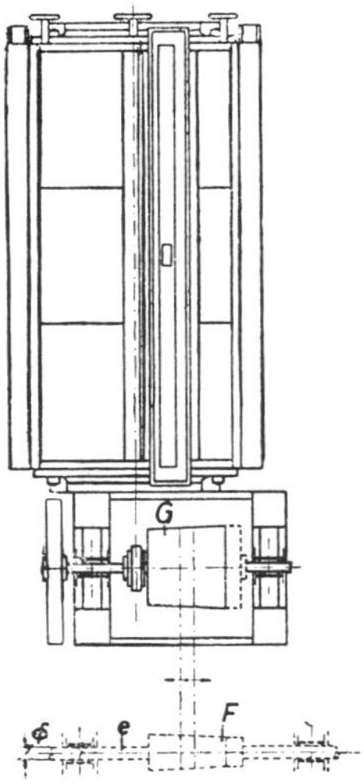

813. Tischausleser mit Frontantrieb (Schule, Hamburg)
G angetriebene Riemenscheibe; *F* Antriebsscheibe; *e* Transmissionswelle

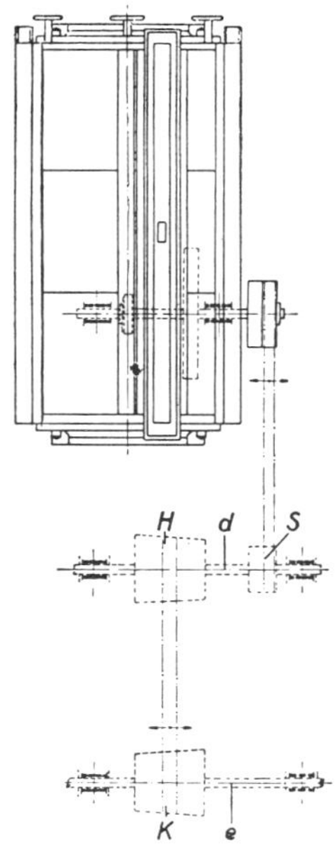

814. Tischausleser mit Unterantrieb (Schule, Hamburg)
K konische Antriebsscheibe; *H* konische Gegenscheibe; *e* Transmissionswelle; *d* Vorgelegewelle; *S* Festscheibe

815. Stufenloser Regler eines Tischauslesers (Schule, Hamburg)

Der Unterantrieb (s. a. Bild 814) wird von einem Deckenvorgelege seitwärts in die Maschine geleitet und ist raumsparender als der Frontantrieb. Die Bedienung der Maschine wird aber an der Seite durch Riemen und Riemenscheibe behindert.

Der Tischausleser arbeitet nicht stets mit gleichbleibender Drehzahl, damit er der Beschaffenheit des Aufschüttgutes angepaßt werden kann. Die Drehzahl soll bei guten Tischauslesern innerhalb 90 bis 120 U/min stufenlos geregelt werden können. Man kann diese stufenlose Drehzahländerung verschieden erreichen, und zwar durch konische Riemenscheiben, durch Zwischenschaltung eines Deckenvorgeleges und, bei elektromotorischem Antrieb, durch stufenlose Regler.

In Bild 813 ist ein Frontantrieb mit konischen Riemenscheiben dargestellt. Die angetriebene Riemenscheibe *G* sitzt auf der Exzenterwelle des Auslesers; die Antriebsscheibe *F* ist auf der antreibenden Transmission oder auf der Vorgelegewelle angebracht. Durch Verschieben des Riemens mit einem Riemenschieber wird die Drehzahl des Auslesers erhöht oder herabgesetzt. Um den Ausleser bei laufender Transmission stillsetzen zu können, ist meist neben der konischen Riemenscheibe *G* eine Losscheibe angebracht. Da die Drehzahlen der Transmissionswellen verschieden sind, ist es bei Einbau einer Anlage erforderlich, die Drehzahl und auch den Durchmesser dieser Welle *e* anzugeben, damit die richtige Gegenscheibe *F* geliefert wird.

Auch bei Unterantrieb (Bild 814) ist die Exzenterwelle mit der Antriebsscheibe und mit einer Losscheibe ausgerüstet. Stufenlos geregelt wird auch hier durch Zwischenschalten konischer Scheiben. Auf der Transmissionswelle *e* ist die Antriebsscheibe *K* angebracht, die ihre Bewegung durch einen verschiebbaren Riemen auf die angetriebene Gegenscheibe *H* überträgt und der Vorgelegewelle *d* die jeweils nötige Drehzahl stufenlos erteilen kann. Durch die Riemenscheibe *S* wird mit einem zweiten Riemen die unter dem Tischausleser arbeitende Exzenterwelle angetrieben. Die Drehzahl wird bei elektromotorischem Antrieb entweder durch einen eingebauten, auf einem Schlitten montierten, stufenlosen Regler (Bild 815) oder durch ein stufenloses Spezial-Regelgetriebe stufenlos geregelt (Bild 816). In beiden Fällen wird die Kraft vom Elektromotor zum Regler und vom Regler auf die Exzenterwelle des Auslesers durch endlose Keilriemen übertragen.

816. Stufenloses Spezialgetriebe für Tischausleser (Schule, Hamburg)

4. Vorarbeiten

Wenn die heute zum Hochleistungstischausleser entwickelte Maschine gut arbeiten soll, so wird vorausgesetzt, daß das Sortiergut, ehe es den Auslesern zugeführt wird, mit Sieben, Windfegen oder Steigsichtern und Zellenauslesern von Verunreinigungen aller Art, Kleinkorn, Bruchkorn usw. befreit, also gründlichst vorgereinigt und möglichst auch vorsortiert ist. Unter dieser Voraussetzung beträgt die durchschnittliche Leistung jeder Kammer eines neuzeitlichen Hochleistungs-Tischauslesers beispielsweise bei Saatroggen, -weizen, -mais und -bohnen bei der Auslese von keimschwachen Körnern und schwer zu entfernenden Unkrautsämereien in der Stunde 75 kg.

5. Wahl der Größe

Es kann angenommen werden, daß die Reinigungsabgänge durch die Vorreinigung und Sortierung etwa 10% des ursprünglichen Aufschüttgutes betragen. Danach kann man bestimmen, wie groß die Maschine sein muß, die ein Betrieb anschaffen will. Dementsprechend wählt man für einen Saatgutbereiter von 2000 kg katalogmäßiger Stundenleistung, wenn schweres Getreide gereinigt werden soll, einen Tischausleser von

$$2000 - 10\% = 1800 : 75 = 24 \text{ Kammern.}$$

Der Kraftverbrauch des Tischauslesers liegt etwa zwischen 1—3 PS, jedoch ist es angebracht, um eine Kraftreserve zu haben, bei elektromotorischem Antrieb Motoren von 3—4 PS zu verwenden.

Die Gesamtleistungen der Tischausleser liegen (je nach Anzahl der Kammern, die von 10—45 schwanken) zwischen 600 und 2250 kg/Std.

Die Abmessungen richten sich nach der Kammerzahl und -anordnung übereinander. Kleine Maschinen mit 12 Kammern in einer Etage sind etwa 2,5 m lang, 1,5 m breit und 1,4 m hoch. Werden die Kammern und die Etagen vermehrt, bis zu 3 Etagen, so wachsen die Abmessungen bis zu den größten Maschinen mit 45 Kammern in 3 Etagen, die etwa 5,0 m lang, 2,0 m breit und 1,5 m hoch sind.

L. Entgranner

Bei der Saatgutaufbereitung spielt die Entgrannung eine bedeutende Rolle. Zwar sind die Dreschmaschinen mit Entgrannungsvorrichtungen ausgerüstet, doch ist eine weitere Entgrannung unerläßlich. Es sind nicht nur die borstenförmigen Ansätze am Ende oder am Rücken der Körnerfrüchte (vor allem bei Gerste und Hafer) zu entfernen, sondern es müssen aneinanderhängende, im Ährenverbande fest haftende Haferkörner getrennt werden. Ohne Entfernung der Grannen und ohne Trennen der zusammenhängenden Körner läßt sich weder reinigen noch zuverlässig nach der Größe sortieren. Außerdem bereiten besonders bei Hafer Doppelkörner (eine Mißbildung) in den Schälmühlen und auch bei der Saatgutaufbereitung Schwierigkeiten. Sie müssen im Entgranner unschädlich gemacht werden.

Der Entgranner (Bild 817) besteht aus einem zylindrischen, gußeisernen Gehäuse, das an der Ober- und Unterseite mit je 2 innen geriffelten Hartgußdeckeln abgeschlossen ist. Die in Kugellagern laufende Schlägerwelle (vergleiche auch Bild 672) ist mit einer gußeisernen Ein-

817. Entgranner (Schule, Hamburg)

laufschnecke und einer bestimmten Anzahl Stahlschlägern versehen. Sie sind in Schraubengängen um die Welle angeordnet und aus verschleißfestem Material gefertigt. Die Schläger sind so befestigt, daß sie leicht ausgewechselt werden können. Die Körner werden kräftig an den Stahlschlägern und an den geriffelten Innenwandungen der Gehäusedecke gegeneinandergerieben und dadurch entgrannt und getrennt. Dabei wird das Getreide nicht beschädigt; bei Hafer fallen die Kerne nicht aus den Spelzen. Eine selbsttätige Reguliervorrichtung am Auslauf gestattet, die Körner gleichmäßig, leichter oder stärker zu bearbeiten. Damit die losgelösten Grannen und die freigewordenen Staub- und Schalenteilchen besser entfernt werden, empfiehlt es sich, den Entgranner einzusetzen, bevor die anderen Reinigungs- und Sortiermaschinen angewendet werden. Der Entgranner wird über eine fest angebaute Riemenscheibe angetrieben. Bei 800 Umdrehungen in der Minute ist eine Kraft von 5 PS erforderlich. Die stündliche Leistung beträgt bei Hafer ungefähr 1000, bei Gerste etwa 1300 kg.

M. Kombinierte Saatgutreinigungsanlagen

Das Saatgut ist bisher nach verschiedenen Verfahren gereinigt und sortiert worden. Die Entwicklung in der Saatgutaufbereitung hat dazu geführt, daß die wesentlichsten Auslese- und Sortiervorrichtungen heute zu einem Aggregat zusammengebaut werden, so daß die Körner in einem Arbeitsgange alle Vorrichtungen durchlaufen. Das ist natürlich viel wirtschaftlicher als das bisherige Verfahren. Der Arbeitsvorgang in den einzelnen Teilvorrichtungen ist der gleiche; doch sind Saatgutreinigungsanlagen verschiedener Art entstanden. Sie berücksichtigen die vielen abweichenden Verhältnisse; sie nutzen den Zusammenbau praktisch aus; sie sind so gebaut, daß Raum gespart wird. Eine Auswahl dieser Anlagen soll hier behandelt werden. Die Windreinigung stimmt bei allen Anlagen überein; sie arbeitet entweder mit Druck- oder mit Saugwind. Die Siebreinigung, die durch verschieden große Siebflächen und die Anzahl der Siebe die Raumgröße bestimmt, gleicht sich in allen Anlagen. Schließlich haben die Anlagen die gleiche Auslesung durch Trieure oder Zellenausleser. Es soll vermieden werden, diese Anlagen zu bewerten, schon deshalb, weil solche Anlagen nur gut arbeiten, wenn sie richtig bedient und gepflegt werden.

Zunächst sei der neue Petkus-Selektor (Bild 818) genannt. Das aus dem Einschütt-Trichter *A* dieser Anlage auf ein Rüttelsieb gelangende Schüttgut wird hier von allen groben Beimengun-

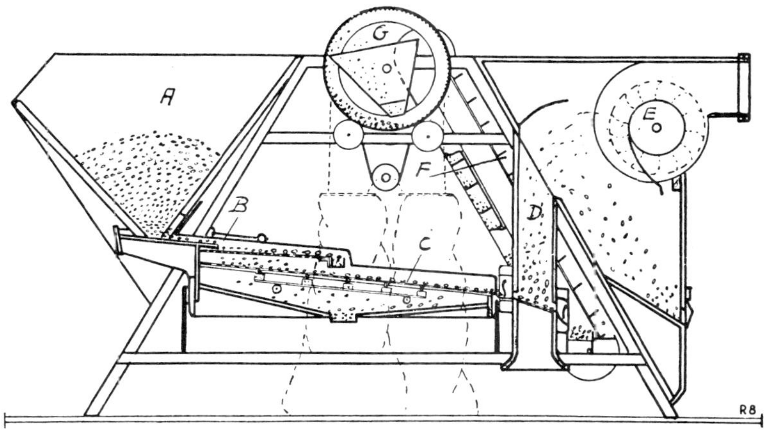

818. Petkus-Selektor (Röber, Porta)

A Einschütt-Trichter *B* Klopfwerk *C* großes Hauptsieb *D* Steigsichter *E* Gebläse *F* Fördervorrichtung *G* Zellenausleser

gen (Wicken, Hederichknoten u. dergl.) befreit. Sie verlassen durch eine Querrinne die Maschine. Ein Klopfwerk *B* sorgt dabei für eine kräftige Auslese und für Sauberhaltung des Siebes. Das durchfallende Gut gelangt auf das große Hauptsieb *C*. Es sichtet mit seiner genau gestanzten Lochung alles schwache Korn aus. Dabei sorgt eine automatisch arbeitende Bürstvorrichtung dafür, daß dieses Sieb rein gehalten wird und fähig ist, dauernd die Leistung zu halten. Dies sehr vorgereinigte Getreide gelangt in den Steigsichter *D*; von dem vom Gebläse *E* erzeugten Saugwind wird alles keim- und leistungsschwache Korn ausgeschieden. Das Gut gelangt nun durch eine Fördervorrichtung *F* in den im Kopfteil der Maschine untergebrachten Trieur *G* zur

819. Saatgutreinigungsanlage Schule BA (Schule, Hamburg)

Unkrautauslese. Alle runden Unkrautsamen und alles Bruchkorn wird hier bis zu einem Reinheitsgrad von 99 % ausgelesen, soweit es bisher nicht ausgeschieden werden konnte.

Eine weitere Reinigungsanlage ist die Schule „BA" (Bild 819). Bei ihr ist die Windreinigung vor den Sieben angeordnet. An Hand des Arbeitsschemas im Bild 820 soll der Gang des Getreides durch die Anlage verfolgt werden. — Die Anlage besteht aus Aspirateur, kombiniertem Vor- und Sortiersieb und Zellenausleser, die in übersichtlicher Anordnung in einem stabilen Kantholzgestell vereinigt sind. Der Aspirateur ist mit einer Speisewalze versehen, die das Aufschüttgut 1 gleichmäßig über die ganze Maschinenbreite verteilt. Die Maschine wird von einem oberen Boden aus unmittelbar beschickt, oder das Aufschüttgut gelangt durch einen Elevator in den Vorratsbehälter. Die Zuflußmenge ist durch einen Speiseschieber genau einstellbar; er kann durch ein seitlich an der Maschine angebrachtes Handrad reguliert werden. Der Wind des eingebauten großen Sauglüfters reinigt durch zweimalige Besaugung das Getreide sehr scharf. Die Saugwirkung kann durch einen Schieber genau reguliert werden; er wird gleichfalls durch Handrad betätigt. Staub und Spreu 2 werden in einen Staubsammler (Schlauchfilter oder Staubkammer) geblasen. Taube Körner und sonstige leichte Teile 3 werden entkernt und lagern sich im Separator (Abscheider) ab, fallen durch Fingerklappen

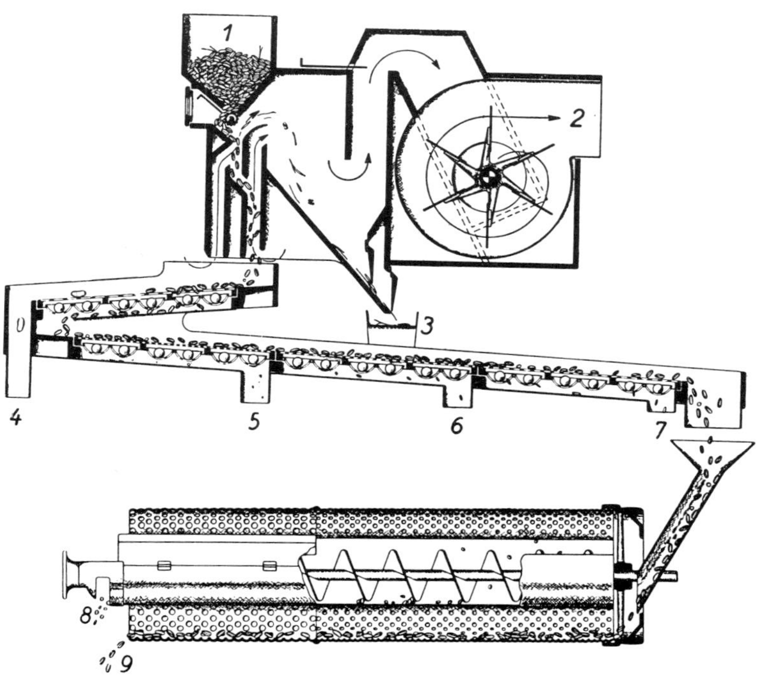

820. Arbeitsschema der Saatgutreinigungsanlage Schule BA (Schule, Hamburg)

1 Aufschüttgut, Staub und Spreu
3 leichte Teile
4 grobe Unreinigkeiten
5 kleine Unkrautsämereien
6 Kleinkorn
7 Mittelkorn
8 Bruchkorn
9 Saatgut

auf die auf dem Schüttelsieb angebrachte Rinne und werden einem Absackstutzen zugeführt. Die Fingerklappen verhindern, daß falsche Luft angesaugt wird.

Wenn das Getreide den Luftstrom im Einlaufkanal passiert hat, fällt es auf das Vorsieb. Es ist mit einem großgelochten Blech bespannt und hält sehr große Unreinigkeiten (Steine, Schrollen, Stroh, Sackbänder, Distelköpfe usw.) 4 zurück und führt sie als Überlauf einem Sackstutzen zu. Das durch die Lochungen fallende Getreide gelangt auf das darunter angeordnete erste Sortiersieb, dessen Bespannung kleinlochig ist und die nur Sand und kleine Unkrautsämereien 5 durchfallen läßt. Durch die Schräglage des in Eschenholzfedern hängenden Siebes und die durch Exzenterantrieb erreichte Schüttelbewegung gleitet das Getreide über das zweite und dritte Sortiersieb. Durch das zweite Sieb wird das Kleinkorn 6 und durch das dritte Sieb das als zweite Sorte bezeichnete Getreide, das Mittelkorn 7, ausgeschieden.

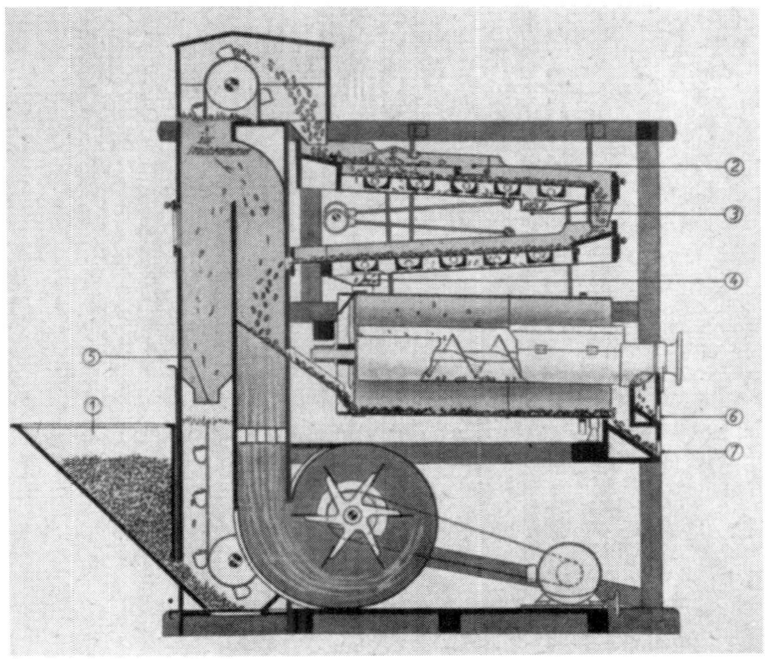

821. Arbeitsweise der Saatgutreinigungsanlage ,,Saat Schule 15" an Hand eines Querschnittes (Schule, Hamburg)

1 Einschüttbehälter; 2 grobe Beimengungen; 3 Abscheidung von Sand, Staub und Kleinkorn; 4 Mittelkorn; 5 leichte Körner; 6 Bruchkorn und runde Sämereien; 7 fertiges Saatgut

Es soll der von der gleichen Firma hergestellte Saatgutbereiter ,,Saat-Schule 15" behandelt werden, der im Schnitt auf Bild 821 dargestellt ist.

Von einem niedrigen, großen Einschüttbehälter (1) gelangt das Getreide durch einen Regulierschieber zum Elevator, der es den Schüttelsieben zuführt. Auf dem Vorsieb wird es gleichmäßig verteilt. Grobe Beimengungen (Wicken, Distelköpfe u. dergl.) werden als Übergang (2) ausgeschieden. Das Getreide fällt durch die Lochungen des Vorsiebes auf das obere Sortiersieb; es entfernt Sand, Staub und Kleinkorn (3). Dann gelangt das Getreide auf das untere Sortiersieb, durch das die übrigen schwachen Körner (Mittelkorn) ausgeschieden werden (4). Die Siebe werden wirkungsvoll durch automatisch klopfende Gummikugeln immer saubergehalten. Nach dem Sieben gelangen die Körner in einen durch den Ventilator erzeugten, regulierbaren wirbelfreien Luftstrom, der sie im Abwägeverfahren nach Schwere und Keimkraft sortiert. Die spezifisch leichten Körner werden ausgeschieden (5). In einem Hochleistungs-Zellenausleser (Trieur) werden schließlich Bruchkörner und runde Sämereien (Wicken, Raden usw.) durch die einstellbare Mulde durch eine Förderschnecke abgeschieden (6). Die verschiedene Zellenlochung ermöglicht dabei, Lang- und Kurzgetreide ohne Zylinderwechsel auszulesen. Wenn der Zellenausleser durchwandert ist, verläßt das nunmehr fertig aufbereitete Saatgut 7 die Maschine.

Die „Stahl-Neusaat“ ist eine leicht in ihre Einzelteile zerlegbare Saatgut-Reinigungsmaschine. Sie ist aus Stahl gebaut; ihre einzelnen Elemente sind zusammengeschraubt. Sie arbeitet staubfrei, ohne Anschluß an Staubkammer oder Filter, da sie durch ein Staubsieb entstaubt, das dem Reinigungsprozeß vorgeschaltet ist.

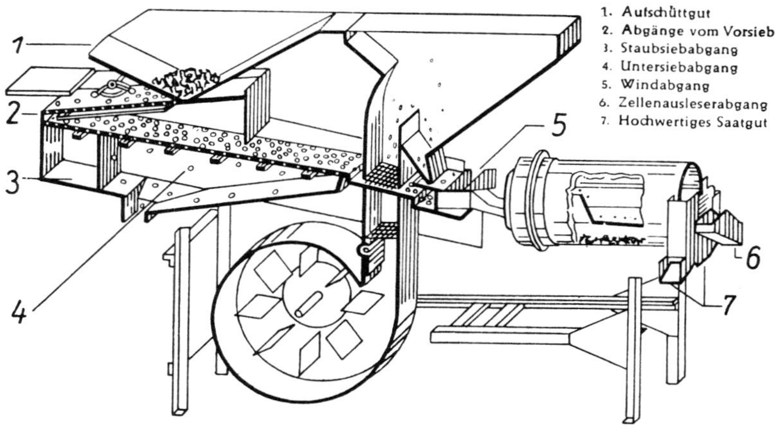

822. Saatgutaufbereitungsanlage „Stahl-Neusaat 10“ (Neusaat, Solingen)

An Hand des Bildes 822 ist der Gang des Aufschüttgutes durch die Maschine und deren Arbeitsweise leicht zu verfolgen. Aus dem Einschütt-Trichter gelangt das Aufschüttgut 1 auf ein Vorsieb, das die gröberen Beimengungen absondert 2; durch das Vorsieb hindurch gelangt es auf das Staubsieb mit enger Lochung. In dem unter dem Staubsieb befindlichen Abgang 3 wird der Staub abgefangen. Das Untersieb sortiert alle kleineren, keimschwachen Körner aus 4. Sodann gelangt das Saatgut in den Steigsichter, der mit gleichmäßiger Windgeschwindigkeit nach dem Abwägeverfahren ausliest 5. Nach einer weiteren Auslese im Zellenausleser verläßt das von Körnerbruch und runden Unkrautsamen befreite Saatgut völlig gereinigt und sortiert bei 7 die Maschine. Der Zellenausleser ist als Hochleistungs-Schütteltrieur ausgebildet; mit seiner achsialen Schüttelbewegung leistet er das Vielfache eines normalen Trieurs.

823. „Stahl-Neusaat 10“ mit Aufgabe-Elevator und Beizapparat (Neusaat, Solingen)

Durch die offene Bauweise dieser Anlage und den zentral angeordneten freistehenden Steigsichter liegt der gesamte Reinigungs- und Sortierprozeß frei vor Augen, so daß man sich leicht davon überzeugen kann, ob die Maschine richtig arbeitet. Das Saatgut wird innerhalb der Maschine bei geringstem Gefälleverlust auf schnellschwingenden Flachsieben transportiert. Da auch der Steigsichter mit geringer Windgeschwindigkeit arbeitet, so ist der Kraftverbrauch dieser „Stahl-Neusaat 10“ sehr gering und beträgt nur 0,5 PS. Da die schwingenden Siebe und die Schüttelbewegungen des Trieurs entgegengesetzt verlaufen, so werden die schwingenden

Massen vollkommen ausgeglichen. Ohne Verankerung steht die Maschine ruhig.

Die Einschütthöhe beträgt etwa 1,50 m; es empfiehlt sich, mechanisch durch einen Elevator einzuschütten. Vom Fußboden aus wird am bequemsten mit einem Kettenelevator beschickt, dessen Einschüttrumpf etwa 0,75 m hoch liegt, so wie Bild 823 es an dieser Maschine zeigt. Falls direkt vom Fußboden aus beschickt werden soll, so kann ein Elevator nach unten verlängert und auf Fußbodenhöhe gebracht werden. Dieses Bild zeigt die Maschine mit einem vereinigten Kurznaß- und Trockenbeizer kombiniert, der mit einem Griff wahlweise auf Kurznaß- oder auf Trokkenbeizung umstellbar ist.

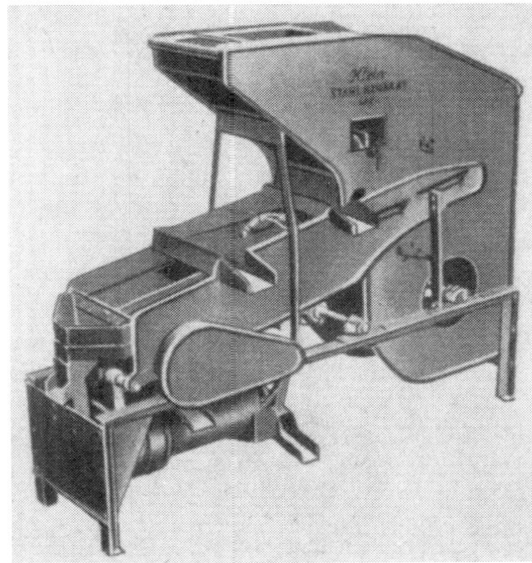

824. Saatgutaufbereitungsanlage „Klein-Stahl-Neusaat" für Leistungen von etwa 350 kg Schwerfrucht in der Stunde (Neusaat, Solingen)

Eine für mittlere und kleinere Betriebe gedachte Anlage ist von der gleichen Firma entwickelt; sie wird „Klein-Stahl-Neusaat" genannt (Bild 824). Bei der Verarbeitung schwerer Frucht leistet sie etwa 350 kg/Std. Bei dieser Anlage läuft das Getreide aus dem Einschütttrichter durch eine mit Schieber zu regulierende Austrittsöffnung gleichfalls zunächst über ein vorgeschaltetes Staubsieb, gelangt aber dann in den senkrechten Windkanal eines Steigsichters. Wenn hier die leichten Teile und die Spreu abgesondert sind, gelangen die schweren Körner über Obersieb und Untersieb durch einen Fallschacht zum Schüttel-Zellenausleser, aus dem das fertige Saatgut durch einen Absackelevator in Absackhöhe gefördert wird. Die Anlage wird mit einem Elektromotor von 0,45 PS betrieben.

825. Saatgutveredelungsanlage auf Lastkraftwagen montiert für Lohnbetrieb oder genossenschaftliche Gemeinschaftsarbeit (Schule, Hamburg)

Die Motorisierung auf allen Gebieten hat auch vor der Saatgutveredelung nicht haltgemacht. Wo es im Lohnbetrieb oder bei genossenschaftlicher Zusammenarbeit wirtschaftlich ist, Veredelungsanlagen nicht stationär, sondern ortsbeweglich in den Betrieben einzusetzen, werden fahrbar gemachte Anlagen verwendet. Diese Anlagen sind mit allen neuzeitlichen Einrichtungen leicht zu vervollständigen. Das Bedienungspersonal hat dauernd mit der gleichen Anlage zu tun und ist mit deren Einrichtungen bekannt. Es kann die besten Leistungen erreichen. In Bild 825 ist eine solche Anlage dargestellt; sie ist auf einem Lastkraftwagen montiert.

N. Kartoffelsortieranlagen und -verlesebänder

Kartoffeln werden in verschiedenen Größen geerntet. Das bedingt das natürliche Wachstum. Ein Kartoffelstrang hat neben mittelgroßen Knollen auch kleinere und an den unteren Wurzelfasern kleinste Ansätze. Nach oben zu kann er übergroße Knollen haben. Wenn auch durch Sortenzucht normale Größen erzielt werden können, so sind doch nach der Ernte die Speise- und Pflanzkartoffeln nach Größen zu sortieren. Nicht einwandfreie Knollen müssen ausgelesen werden, bevor die brauchbaren Kartoffeln in Mieten aufbewahrt werden; dabei dürfen die Kartoffeln nicht beschädigt werden.

826. Einfache Kartoffel-Sortiermaschine für Handantrieb für Leistungen von 80 Ztr./Std. (Dreyer, Wittlage)

Selbst in mittleren und kleineren Betrieben ist es wegen der mehr und mehr steigenden Kosten nicht mehr wirtschaftlich, die Kartoffeln mit der Hand zu verlesen. Durch Maschinen können Kartoffeln nicht nach äußerem Aussehen verlesen werden; es ist also nicht möglich, mit ihnen einwandfreie Kartoffeln auszuscheiden. Darum werden die Kartoffeln zunächst rein maschinell auf Sortiermaschinen nach ihrer Größe getrennt und dann auf maschinell betriebenen Verlesebändern sortiert. Die Sortierbänder erleichtern dem Auge und der Hand das Auslesen wesentlich und beschleunigen die Arbeit. Dabei werden auch die Steine entfernt, die sonst nicht erfaßt werden.

Man unterscheidet bei den Maschinen für Kartoffelaufbereitung nach ihrer Arbeit: Kartoffelsortiermaschinen und Kartoffelverlesebänder, die getrennt oder kombiniert gebaut werden und mit oder ohne Transport versehen sind. Die Kartoffelsortiermaschinen arbeiten mit rotierenden Zylindern oder mit schwingenden Plansieben. Die Plansiebe sind aus einem Maschendrahtgeflecht gebildet, dessen Maschen sich nicht verlagern können, so daß, wenn die einzelnen Drähte gespannt sind, die quadratischen Durchgangsöffnungen sich nicht verschieben können. Die Durchgangsöffnungen haben Drahtweiten von 30—50 mm. Um Verletzungen zu vermeiden, dürfen die Drähte nicht zu fein sein; vor allem dürfen an den Spannstellen keine Drahtenden die Kartoffeln berühren.

Das Bild 826 stellt eine neuzeitliche Kartoffelsortiermaschine einfacher Bauart dar. Das Kartoffelgut gelangt von der im Bilde rechts gelegenen Einschüttstelle über ein Siebrost, das es vorreinigt und absiebt von noch anhaftender oder sonstiger Erde und kleinen Steinen. Dann gelangt es auf das obere, großmaschige Sieb. Die größten Kartoffeln wandern über das Sieb hinweg zu den durch eine Schwenkvorrichtung abwechselnd zu beschickenden Korbausläufen;

das kleinere Kartoffelgut gelangt auf das untere der beiden Siebe. Es hält die Saatkartoffeln (die Pflanzer) zurück und fördert sie zu dem unteren Auslauf am Ende der Maschine. Das kleinere Gut gelangt durch das zweite Sieb über einen Siebboden zu dem Auslauf unter dem Sieb.

Die beiden Siebe, die unter einer Neigung von 10° schwingen, stützen sich an ihrem Auslaufende auf zwei Federn, die in Siebrichtung hin- und herschwingen; die Bewegung wird von zwei doppelarmigen Hebeln zu beiden Seiten der Einlaufseiten der Siebe bewirkt. Sie werden

827. Die gleiche Maschine mit 0,5-PS-Motor mit vorgestelltem Verleseband (Dreyer, Wittlage)

durch Kurbeltrieb hin- und herbewegt. Dadurch, daß der Kurbeltrieb bei dieser Maschine am Auslaufende liegt, wird der Auflader nicht durch den Dreher behindert. Die Größe der Siebflächen beträgt 100 × 50 cm² bei einer Leistung bis zu 80 Ztr. in der Stunde. Bei größeren Typen dieser Maschinengattung steigert sich die Leistung entsprechend den größeren Siebflächen. Bei Siebgrößen von 160 × 70 cm² kann die Leistung auf etwa 130 Ztr./Std gesteigert werden. Auf die Kartoffelsortiermaschine kann ein Elektromotor mit selbständigem Antrieb aufgebaut werden. Zu diesem Zwecke wird über das Ablaufende ein Motor von 0,5 PS aufgesetzt und durch Keilriemen mit einer austauschbaren Keilriemenscheibe verbunden.

Solche mit elektrischem Antrieb versehene Kartoffelsortiermaschine stellt das Bild 827 dar. Ihr ist ein Verleseband vorgestellt. Diese Maschine ist für den kleineren landwirtschaftlichen Betrieb gedacht. Auf das Verleseband gelangen die Pflanzkartoffeln vom unteren Sieb der Sortiermaschine. Das in der Mitte durch eine Trennwand zum besseren Verlesen von beiden Seiten aufgeteilte Band besteht aus einem endlosen Holzleistengurt. Damit die Kartoffeln von allen Seiten besser beobachtet werden können, werden sie in der Mitte des Bandes durch eine eingebaute Wende umgewälzt, so daß sie nicht mit der Hand umgedreht zu werden brauchen. Das erleichtert die Auslesearbeit wesentlich.

Mit der Zeit sind die Ansprüche an gut verlesene Kartoffeln für Aussaat und Verzehr sehr gestiegen. Darum sind auch für größere Anbaubetriebe entsprechende Maschinen entwickelt worden. So ist die in Bild 828 dargestellte Anlage eine fahrbare, kombinierte Sortier- und Verlesemaschine. Das Verleseband wird in der Mitte mit der ersten und der zweiten Sorte der von der Maschine kommenden Kartoffeln beschickt. Durch zwei eingebaute Wenden kann noch schärfer ausgelesen werden. Die schlechten Kartoffeln und die ausgelesenen Steine werden in zwei außen vorgesehene Rinnen geworfen und gesondert aus der Maschine gefördert.

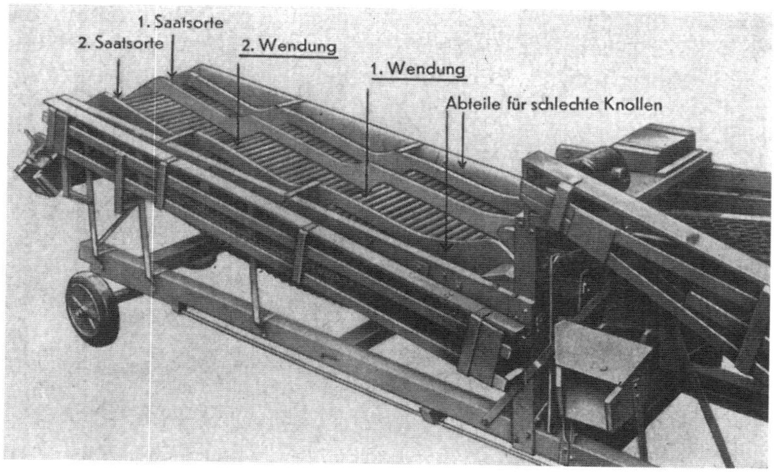

828. Fahrbare kombinierte Sortier- und Verlesemaschine (Dreyer, Wittlage)

Nach anderen Grundsätzen ist das Rollenbandsystem aufgebaut. Es ist der auf Bild 829 gezeigten Sortier- und Verlesemaschine angeschlossen. Bei dieser Maschine können zunächst die großen Kartoffeln vor der Verlesebahn seitlich abgeleitet oder auf das eine der beiden Abteile geleitet werden. Das Verleseband besteht aus einer Anzahl Rollen, die die Kartoffeln bei ihrem Transport ununterbrochen wenden und dadurch das Verlesen sehr erleichtern.

Der in Bild 830 gezeigte Verlesetisch arbeitet mit 2 hintereinander angeordneten Verlesebändern (mit dazwischenliegender Rollenbahn), so daß ein vorderes Verleseband A, ein Rollentisch B und ein Nachverleseband C gebildet wird. Dieser neue kombinierte Band-Rollen-Verlesetisch vereinigt die bisher erreichten Vorzüge. Die Kartoffeln liegen ruhig auf einem laufenden Band, sie werden ununterbrochen auf den Verlesерollen gewendet, auf denen unendlich viele Wendestellen nach allen Richtungen vorhanden sind. Die auszulesenden Kartoffeln können leicht ausgemacht, und dann in die Arbeitskästen D für schlechte Kartoffeln gebracht werden. Die schematische

829. Kombinierte Sortier- und Verlesemaschine mit Rollenband-Verlesetisch (Amazonenwerk. Gaste)

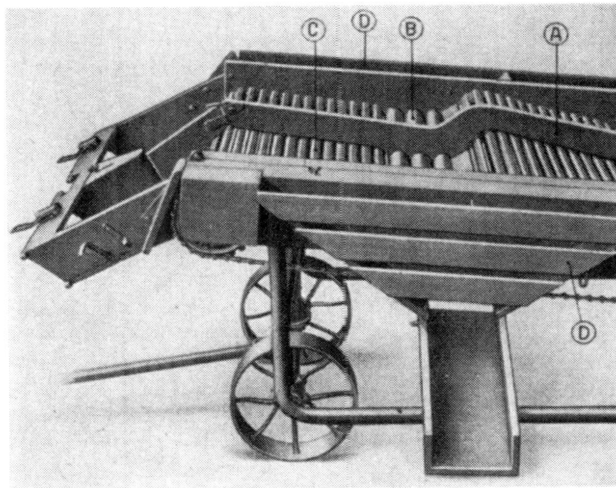

830. Kartoffelverlesemaschine mit Rollentisch-Verleseband (Amazonenwerk, Gaste)
A Verleseband; B Rollentisch; C Nachverleseband; D Ableitkästen

Anordnung des Rollentisch-Verlesebandes mit den Wenderollen zeigt Bild 831. *A* stellt das zubringende vordere Verleseband, C_1 und C_2 stellen die beiden in gleichem Sinn nach hinten drehenden Wenderollen und *B* stellt das ableitende Nachverleseband dar. Bei kleineren Verlesemaschinen sind 2 Verlesebänder und ein Rollentisch vorhanden. Größere Anlagen arbeiten mit 3 Verlesebändern mit 2 dazwischengeschalteten Rollen-Verlesetischen, auf denen die Kartoffeln sicher gewendet werden, so daß man die Knollen unter allen Umständen und von allen Seiten sehen kann. Solche Großsortieranlagen für höchste Ansprüche können bei einer Leistung bis zu 130 Ztr./Std. die Kartoffeln zu **5** Größen sortieren. Die Anlagen sind mit Zubringerband und mit Rüttelvorrichtung versehen, die etwa in den Maschen der Siebe festsitzende Kartoffeln wieder befreit. Das Bild **832** zeigt schematisch die Anordnung einer mit Verladebändern versehenen Kartoffelgroßsortieranlage. Bei dieser Anlage (in der Darstellung sehr klein wiedergegeben) können die vom Feld abgefahrenen Kartoffeln sogleich vom Wagen in den Trichter des Zubringerbandes *A* geschüttet werden. Schon im Trichter, der aus Stäben gebildet ist, und dann auf dem Zubringerband, wird mitgebrachte Erde vollkommen beseitigt. Durch die entsprechende Fördergeschwindigkeit wird das Förderband der Leistung der Sortiermaschine *B* angepaßt, so daß die sorgfältige Sortierung nicht durch Überlastung beeinflußt werden kann. An die Sortiermaschine schließt sich das mit

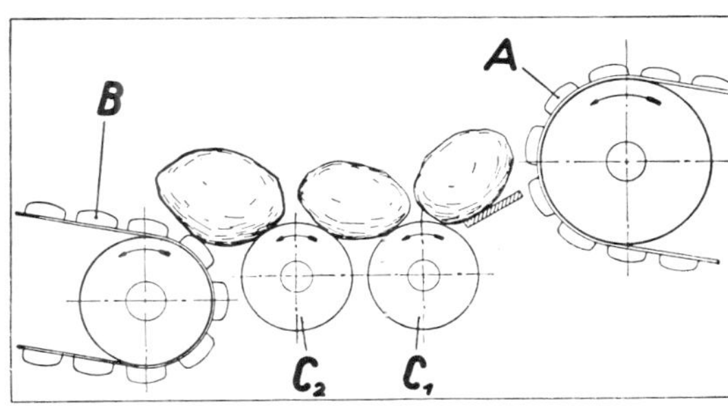

831. Schematische Darstellung des Rollentisch-Verlesebandes (Amazonenwerk, Gaste)
A Zubringendes Verleseband; *B* ableitendes Nachverleseband; C_1, C_2 in gleichem Sinn nach hinten drehende Wenderollen

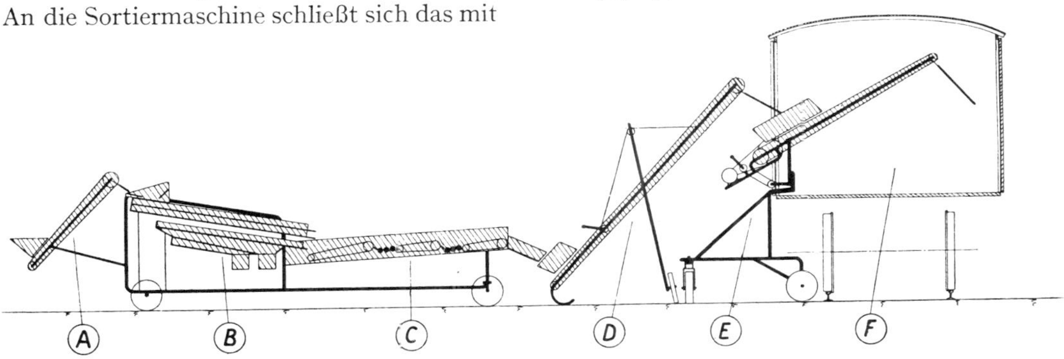

832. Großsortier- und Verleseanlage für Kartoffeln mit Verladebändern (Amazonenwerk, Gaste)
A Zubringerband; *B* Sortiermaschine; *C* Verleseaggregat; *D* Verladeband; *E* Waggon-Verladeband; *F* Waggon

3 Verlesebändern und zwei Wenderollen-Tischen ausgerüstete Verleseaggregat *C*. Das Verladeband *D* nimmt die für den Transport bestimmten Kartoffeln auf und gibt sie an ein Waggon-Verladeband *E* ab. Es steht mit seinen Rädern außerhalb des Waggons *F* und ragt mit seinem Förderband in den Waggon hinein. Es kann mit einer Handkurbel beliebig nach rechts oder links, nach oben oder nach unten verstellt werden, so daß der Waggon bis in die äußersten Ecken vollautomatisch beladen werden kann. Durch Höhenverstellung können die Kartoffeln so niedrig fallen, daß sie nicht beschädigt werden.

Wenn mit der Forke verladen wird, werden die Kartoffeln oft beschädigt. Die Beschädigungen werden beanstandet; es entstehen Verluste. Das alles wird jetzt vermieden.

833. Groß-Sortier- und Verleseanlage mit angebautem Verladeband (Dreyer, Wittlage)

Die Großanlagen sind je nach den örtlichen Belangen sehr verschieden gebaut. Beispielsweise stellt die in Bild 833 wiedergegebene Anlage eine fahrbare Sortier- und Verleseanlage mit angebautem Zubringerband und fest angebautem Verladeband dar, dessen Kopf nach allen Richtungen hin verschwenkbar ist. Mit dieser Anlage werden 4 Größen sortiert; sie arbeitet mit zweimaliger Wendung auf dem Verlesetisch. Damit die Saatware auf beide Seiten des Verlesebandes gelangt, können bei der Maschine die dicken Kartoffeln seitlich aus der Maschine geleitet werden, wodurch sie wesentlich leistungsfähiger wird. Die Saatkartoffeln können auch auf die eine Seite des Verlesebandes, und die dicken Knollen auf die andere Seite gebracht werden, wenn man einen Umleitungskeil wechselt.

Wegen der Förder- und Verladeeinrichtungen sei auf das bezügliche Kapitel dieses Buches verwiesen.

XII. Maschinen und Geräte zur Futterbereitung

A. Die Futterarten

Manche Stoffe müssen erst zubereitet werden, bevor sie an das Vieh verfüttert werden können; sie müssen schmackhaft und bekömmlich sein, um vom Vieh besser verwertet werden zu können.

Der Zubereitung dienen trockene Maßnahmen: Zerschneiden, Häckseln, Quetschen, Schroten, Mahlen und Musen; oder feuchte Maßnahmen: Wässern (damit die Stoffe aufquellen), Kochen, Dämpfen, Einsäuern usw. Stroh, Heu und Grünfutterpflanzen können zerschnitten oder gehäckselt werden. Dadurch sind sie leichter zu kauen und werden bekömmlicher. Der Häcksel soll nicht übertrieben klein sein; dann würde er ungekaut verschlungen werden. Die Häckselgröße richtet sich nach dem Futterstoff und der Tiergattung und auch danach, wie er den Tieren schmeckt. Die Strohlängen für Pferde betragen etwa 1,5—2 cm, für anderes Vieh bis 4 cm. Grünfutter bleibt etwas länger (etwa 10 cm), wenn man es nicht vermust. Aus gleichem Grunde werden Futterrüben geschnitzelt, wobei sich die Größe der Schnitzel gleichfalls nach den Tieren und den Fütterungsverhältnissen richtet. Im allgemeinen schnitzelt man auf Größen von 2—4 cm Dicke.

Die Korn- und Schalenhärte des Körnerfutters (Hafer, Mais, Hülsenfrüchte) verringert man, wenn man es quetscht. Dadurch ist es leichter zu kauen, was bei jungen und auch bei kranken Tieren sehr vorteilhaft ist. Die gequetschten Körner werden durch die Magensäfte schneller aufgeschlossen und sind dadurch leichter verdaulich. Für die Mast werden diese Futterstoffe geschrotet oder gemahlen; dadurch werden die Nährstoffe wirkungsvoller aufgenommen. Wenn das Vieh besonders viel Kalkzusatz zur Nahrung verlangt (Geflügel), so verschrotet man frische Knochen. Dazu dürfen keine Röhrenknochen verwendet werden, weil sie splittern.

Knollenfrüchte (Kartoffeln) werden für die Fütterung gedämpft. Dadurch werden sie weich und können zerquetscht werden. Den Schalen und Keimen wird durch das Dämpfen schädlicher Giftstoff entzogen.

Zur Verfütterung der sehr nahrhaften eiweiß- und fetthaltigen Ölkuchen (hartgepreßte Platten aus Rückständen der Ölpressen) ist es erforderlich, sie in kleine, leicht zu zerkauende Brocken zu zerbrechen, die anderem Futter beigemischt werden.

In letzter Zeit werden besonders für die Schweinemast einige Futterstoffe (Rüben mit und ohne Kraut), Kartoffeln und Grünfutter, auf kaltem Wege vermust. Auf diese Weise werden die Futtermittel so fein zerkleinert, daß die Magensäfte sie leicht aufschließen. Dadurch wird die Mast beschleunigt.

B. Strohschneider

Das einfachste Gerät, mit dem man das Stroh der Preßballen und -bunde zerkleinern kann, ist der Strohschneider (Bild 834). Er kann in kleineren Betrieben wegen seines geringen Preises wirtschaftlich arbeiten. Er besteht aus einem auf einem Brett montierten Gestell, das den um den Befestigungspunkt *P* drehbaren Messerhebel *H* trägt und gleichzeitig in seinem Ausschnitt als Gegenschneide *G* ausgebildet ist. Der sich nach unten verjüngende Ausschnitt verhindert, daß das Stroh während des Schneidens ausweicht. Der Schnitt wird von einem kurvenartig ausgebildeten Messer *M* geführt, das an dem Messerhebel angeschraubt ist. Er braucht keinen großen Schnittwiderstand, solange das Messer scharf ist und beim Schnitt fest an dem Gestell der Gegenschneide anliegt. Bei den meisten Strohschneidern wird das durch einen Bügel selbsttätig erreicht. Wegen der Form des Messerhebels führt das Messer einen ziehenden Schnitt aus. Das Stroh wird glatt geschnitten, ohne daß die Halme zerquetscht werden. Um Unfälle zu verhüten, ist das Gestell vorn als Messerschutz *S* hochgezogen. Das Messer legt sich beim Hochklappen des Messerhebels so hinter den Bügel der hinteren Messerschutzvorrichtung *S*, daß die Schneide auf ihrer ganzen geschärften Länge von diesem Bügel gedeckt

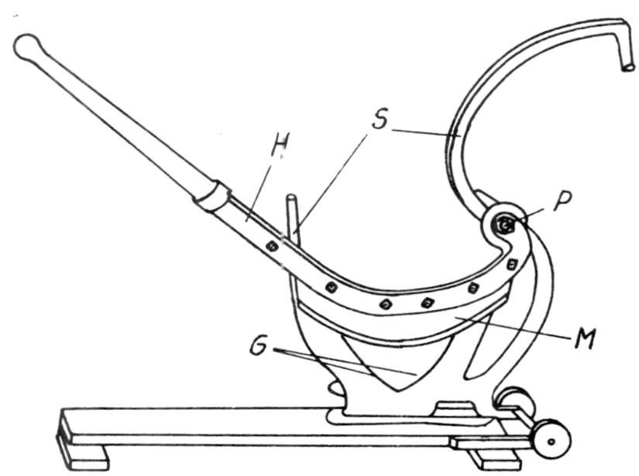

834. Strohschneider
H Messerhebel; *P* Drehpunkt desselben; *G* Gegenschneide; *M* Messer; *S* Messerschutz

wird. Wenn die Messerklinge geschärft werden soll, wird sie abgenommen, indem man die Befestigungsschrauben löst. Der Transport des leichten Gerätes kann, wie im Bild gezeigt wird, durch zwei hinten angebrachte Laufrollen noch bequemer gemacht werden.

C. Radhäckselmaschinen

Um Stroh, Heu und Grünfutter zum Verfüttern oder für das Silo zu zerkleinern, bedient man sich der Häckselmaschinen, die in ununterbrochenem Betrieb diese Futterstoffe in regelbare Längen genau schneiden. Die Schnittlängen richten sich nach der Art des Schnittgutes und danach, wie es verwertet werden soll. Der Vorschub und die Messerfolge sind entsprechend einzustellen. Beim Zerkleinern des Strohes zu Häcksel schwanken sie, je nachdem es an Pferde oder Rindvieh verfüttert wird, zwischen 0,6 bis 4,5 cm; beim Grünfutter sind sie bis 20 cm lang und darüber.

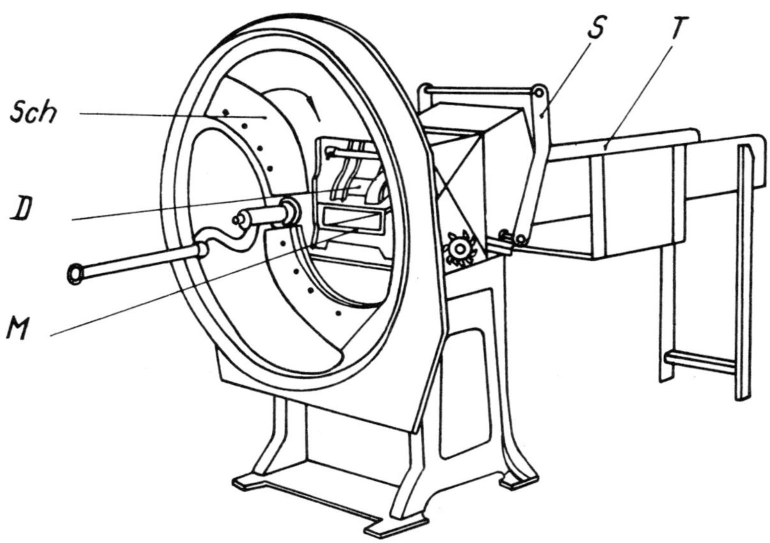

835. Einfache Messerrad-Häckselmaschine für Handantrieb
Sch Messer; *M* Mundstück mit Gegenschneide; *D* Preßdeckel; *T* Beschickungstrog; *S* Sicherheitsbügel zur Bewirkung der Umschaltung des Getriebes

Das Schnittgut wird in einem Trog möglichst verdichtet einem mit mehreren Messern ausgerüsteten Schneidwerk entgegengeführt. Zusammen mit der Gegenschneide zerkleinern die Messer das Häckselgut im ziehenden Schnitt. Die Gegenschneide bildet zugleich das Ende des Troges. Infolgedessen hängt die gute Schnittarbeit und der Kraftbedarf der Häckselmaschine von der Schärfe ihrer Messer und von der richtigen Stellung der Messer zur Gegenschneide ab.

Diese Maschinen sind vor allem dort gefährlich, wo der Einlegetrog von Hand gespeist wird; darum sind sie mit Sicherheitsvorrichtungen versehen; der Einleger kann nicht mit den Armen zu tief in den Einlegetrog gelangen.

Man unterscheidet Rad- und Trommelhäckselmaschinen danach, wie ihre Messer ausgebildet und angeordnet sind. Bei den Radhäckselmaschinen bilden die Messer gewissermaßen die Speichen eines Rades, dessen Umfang gleichzeitig als Schwungmasse dient. Das Bild 835 zeigt eine Radhäckselmaschine einfacher Konstruktion für Handbetrieb. Das zweischneidige Messerrad hat nach außen gekrümmte (konvexe) Messer *Sch*, die beim Drehen mit dem Mundstück *M* fluchten, dessen untere Kante die Gegenschneide bildet. Die mit der Handkurbel gedrehte Messerradwelle liegt seitlich zu dem Beschickungstrog *T* und treibt über ein Wechselkegelradgetriebe 2 im Trog arbeitende Förderwalzen an, durch die das Schnittgut dem Mundstück entgegengeführt wird. Durch einen unter Federdruck stehenden Preßdeckel *D* wird erreicht, daß der den Messern zugeführte dichte Strang überall gleich lang geschnitten wird. Damit der Einleger nicht von den Förderwalzen erfaßt wird, ist ein Sicherheitsbügel *S* angebracht, der sofort angedrückt wird, wenn der Arm des Einlegers zu tief in den Trog hinein-

836. Messerrad-Häckselmaschine für Riemenantrieb (Speiser, Göppingen)

gelangt. Dadurch wird das Wechselgetriebe sofort umgeschaltet, so daß das Schnittgut rückwärts läuft.

Das Bild 836 zeigt eine Häckselmaschine ähnlicher Bauart für Riemenantrieb, bei der das Messerrad durch eine (im Bild aufgeklappte) Schutzhaube verdeckt ist. Das geschnittene Gut fällt bei solchen Häckselmaschinen nach unten; darum ist oft ein Führungskasten nach unten angeschlossen (Bild 837). Man stellt die Maschine auf den sogenannten Häckselboden und läßt das geschnittene Gut (je nach örtlichen Verhältnissen) entweder frei oder besser durch einen Häckselkanal nach unten in das nächste Stockwerk fallen.

Die Messer müssen richtig angestellt werden, damit sie ordnungsmäßig schneiden. Sie werden durch Kopfschrauben an den Radarmen befestigt; die Kopfschrauben werden in Schlitzen oder Vierkantlöchern geführt. Außerdem dienen Druckschrauben dazu, das Messer schräg zur Schnittebene zu stellen, damit das noch ungeschnittene Schnittgut wegen des dauernden Vorschubes nicht gegen das Messer drücken kann. Man wählt für diese Anstellung etwa 5°. Außerdem müssen die Messer so angestellt werden, daß sie noch gerade das Mundstück mit einem leicht hörbaren, gleichmäßigen Klang streifen.

Die Schneidkanten der Messer sind meist konvex ausgebildet. Damit wird mancherlei

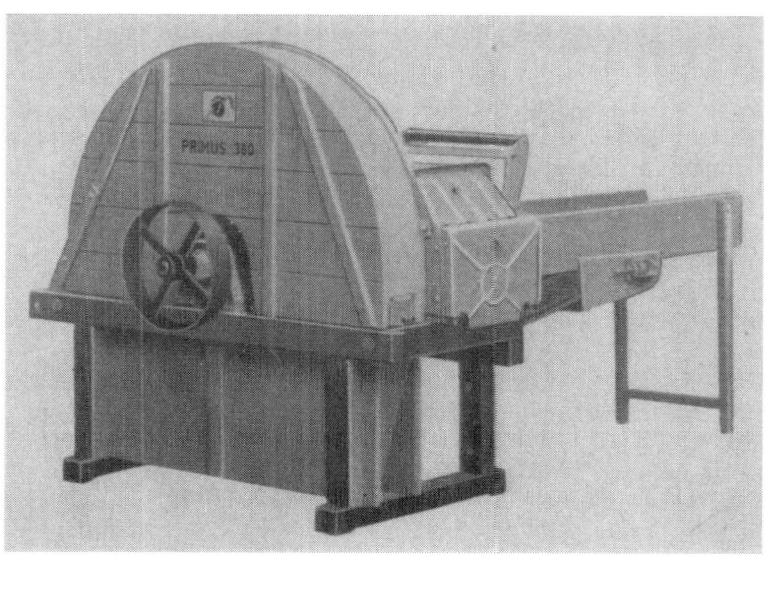

837. Messerrad-Häckselmaschine „Primus" mit Führungskasten für das gehäckselte Gut nach unten (Speiser, Göppingen)

bezweckt: Bei radial angeordneten Messern würde sich der Schnitt gleichzeitig auf der ganzen Messerlänge abspielen; die Häckselmaschine würde sehr ruckweise arbeiten. Wegen der bogenartigen Form der Schneide wandert aber der Schnitt an der Schneide entlang, so daß die Schneidenteile nacheinander wirken. Dadurch wirkt das Schneiden gleichmäßiger. Außerdem ermöglicht die gebogene Form einen ziehenden Schnitt. Beide Erscheinungen machen sich beim Kraftverbrauch wesentlich bemerkbar; der mit der Gegenseite gebildete Schnittwinkel bleibt während der Drehung des Messerrades ungefähr gleich, je nach Führung der Schneidenkurve. Eine unliebsame Erscheinung bei solchen Messerrädern ist der Unterschied der Schnittgeschwindigkeiten in den einzelnen Messerbereichen während einer bestimmten Drehzahl des Messerrades. Damit muß man sich aber abfinden, weil es in der Natur der kreisenden Bewegungselemente liegt. Die Messergeschwindigkeit nimmt mit dem Abstand vom Drehpunkt zu, so daß im äußeren Schnittbereich eine etwa 4- bis 5mal größere Schnittgeschwindigkeit besteht als im inneren Bereich. Bei stumpfen Messern wirkt sich das dadurch aus, daß das Schnittgut innen abgerissen wird, während außen noch glatt geschnitten wird. Bei der Pflege von Radhäckselmaschinen muß daher der Schnitt an der Innenseite genau beobachtet werden. Gegebenenfalls müssen die Messer nachgeschliffen werden. Die Messer sind aus Werkzeugstahl hergestellt und auf der ganzen Fläche gehärtet. Die Schneiden müssen ganz besonders sorgfältig behandelt werden. Beim Nachschleifen ist darauf zu achten, daß der Stahl sich nicht zu sehr erwärmt. Darunter leidet das innere Gefüge und damit die Schneidhaltigkeit.

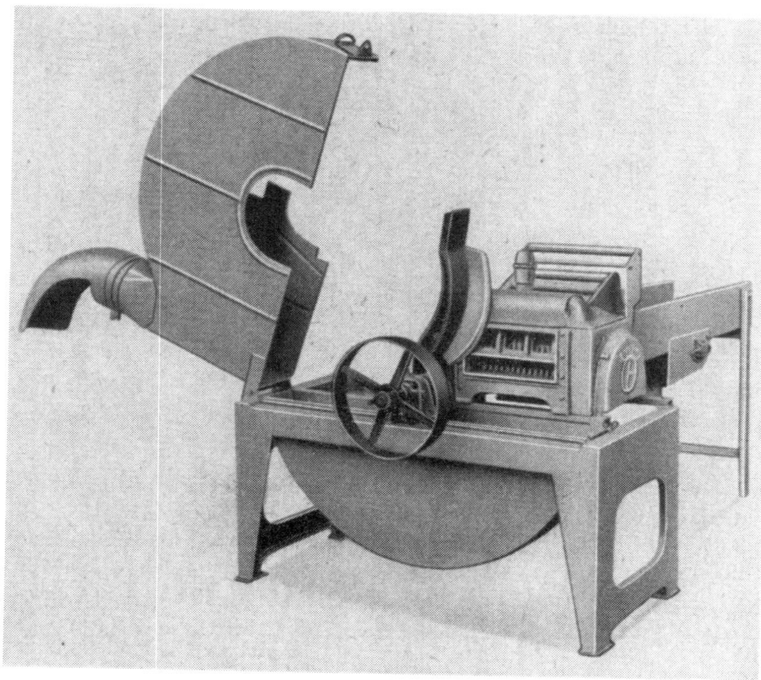

838. Radhäcksler mit Schaufeln (Speiser, Göppingen)

Die Gegenschneide der Messer ist entweder aus Hartguß oder sie besteht aus einem geschliffenen Gußstahlrahmen, der angeschraubt ist und ausgewechselt werden kann.

Den bei Radhäckselmaschinen durch die rotierende Bewegung der Schneidvorrichtung entstehenden Wind hat man ausgenutzt; die Messerarme sind besonders ausgebildet, das geschnittene Gut wird vom Wind fortgeblasen. Um die Windwirkung zu erhöhen, hat man die als Schwungmasse wirkende Radfelge fortgenommen, die Messerarme zu Schaufeln verbreitert (Bild 838). Durch einen Gebläsestutzen wirkt das Schutzgehäuse dann gleichzeitig als Windführung für das entstandene Gebläse.

Das Bild 839 läßt die Befestigung des Messers und die Druckschrauben für eine Anstellung des Messers erkennen. Auf der vorn und hinten gelagerten Messerwelle ist das Wendegetriebe verschiebbar angeordnet; wenn der Sicherheitsbügel herübergedrückt wird, wird das Ritzelpaar zum Messer hin verschoben, so daß die Drehrichtung des großen Kegelrades umgelenkt und der Vorschub des Schnittgutes in einen Rückschub verwandelt wird. Eine große Erleichterung für das richtige Einstellen der Messerwelle bietet das mit 4 Druckschrauben versehene vordere Wellenlager (Bild 840), das die Welle und damit die Schnittebene des Schneidaggregates in leichten Grenzen verschieben kann, ohne daß das Wellenlager verschoben wird. Das Bild gewährt gleichzeitig einen Blick auf die gezahnte obere Preßwalze, die in dem durch verstellbaren Federdruck nach unten wirkenden Deckel gelagert ist und mit einem Transportband zusammenarbeitet (Bild 841).

839. Schaufeln mit Messerbefestigung und Druckschrauben für die Anstellung des Messers (Speiser, Göppingen)

Eine andere Ausführung zeigt das Bild 842, bei dem eine mit Zackenleisten versehene Trommel, ebenfalls mit einem Förderwerk zusammenarbeitend, das Schnittgut dem Mundstück zuschiebt. Durch abgefederte Schwinghebel drückt die Trommel nach unten.

840. Lagerverstellung durch vier Druckschrauben (Speiser, Göppingen)

Die gesteigerten Ansprüche und vor allem der Leutemangel haben dazu beigetragen, die Radhäckselmaschinen durch Vorschalten von Einlegevorrichtungen zu vollautomatisch arbeitenden Maschinen zu machen. Der Gabeltrommel-Selbsteinleger ist eine Einrichtung, die der mit Förderband arbeitenden Häckselmaschine vorgeschaltet wird (Bild 843). Dieser Selbsteinleger besteht aus einer mit abgefederten, langen Zinken versehenen Trommel. Die Zinken erfassen das ihnen von dem Förderband zugeführte Schnittgut und leiten es sicher der hinter dem Einleger arbeitenden Einzugswalze zu. Erst dann kommt es in den Bereich der Preßwalze und zum Schneidwerk. Auch die Trommel des Selbsteinlegers ist schwingend gelagert, so daß sie sich der Einlegemenge jederzeit

841. Blick auf das Mundstück und die federnd gelagerte Preßwalze (Speiser, Göppingen)

anpassen kann. Da hier nicht mit der Hand eingelegt zu werden braucht, ist die Sicherheitsvorrichtung überflüssig. Die Trommel ist mit dem Wechselgetriebe verbunden und schaltet es ebenso wie die Sicherheitsvorrichtung um, sobald die Einlegemenge so groß wird, daß die Maschine sie nicht mehr verarbeiten kann. Bei zu hohem Ausschlag der Schwingarme setzt die Maschine mit ihrer Vorschubbewegung aus.

In Bild 844 ist der angewendete Gabeltrommel-Selbsteinleger im Simplex-Gebläsehäcksler dargestellt. Diese Maschine ist für den Großhäckselbetrieb gedacht. Das der Maschine in den sehr breit gehaltenen Fördertrog zugeworfene Schnittgut wird durch das Förderband dem Gabeltrommel-Selbsteinleger zugeleitet, der es sogleich erfaßt und der Einzugstrommel zuleitet, die, wie der Selbsteinleger, schwingend gelagert ist. Dann gelangt es zur Preßwalze und wird darauf von den Messern erfaßt. Das gehäckselte Gut, besonders schweres Grünfutter, wird durch

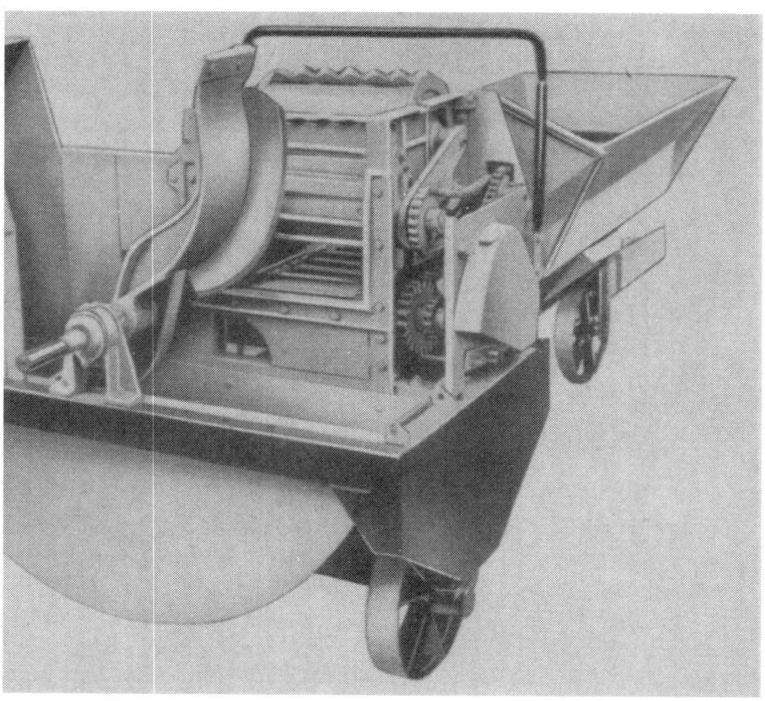

842. Zuführung des Schnittgutes durch Zusammenarbeit einer mit Zakkenleisten versehenen Trommel mit dem unteren Förderwerk (Speiser, Göppingen)

843. Einziehen des Schnittgutes durch einen Gabeltrommel-Selbsteinleger (Speiser, Göppingen)

ein angebautes Gebläse mit größerer Geschwindigkeit fortgeblasen. Eine andere Bauart zeigt das Bild 845. Die Maschine wird durch einen angebauten Elektromotor angetrieben. Das Bild 846 stellt einen solchen fahrbaren Gebläsehäcksler beim Häckseln von Rübenblättern dar, die für einen Silo bestimmt sind. Solche Zusatzgebläse überbrücken bei Trockenfutter bis 100 m Förderweiten senkrecht und waagerecht zusammen; und bei Grünfutter, wie es das Bild zeigt, Förderhöhen bis 18 m, senkrecht vom Erdboden gemessen.

Die Schnittleistungen der Radhäckselmaschinen richten sich nach Bauart und Größe. Bei zweimesserigen Maschinen mit einer Schnittbreite von 320 mm und einer Drehzahl bis zu 220 U/min kann man mit einer Schnittleistung von etwa 20 Ztr. Trockenfutter und etwa 60 Ztr. Grünfutter in der Stunde rechnen, bei einem Kraftverbrauch von 2—2,5 PS. Größere Maschinen verlangen schon wegen ihrer Größe und der

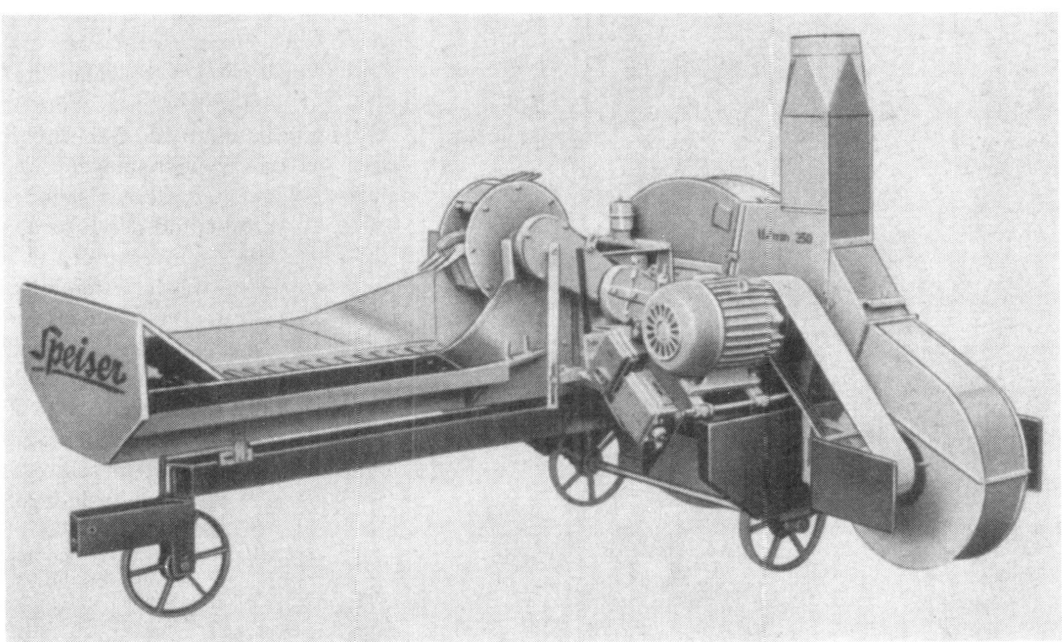

844. „Simplex"-Großgebläsehäcksler (Speiser, Göppingen)

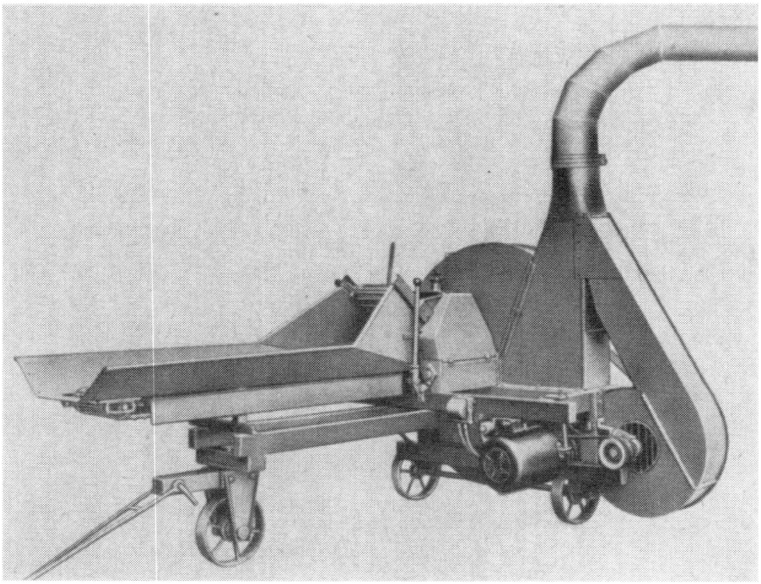

845.
Normaler Gebläsehäcksler
(Badenia, Weinheim)

Zusatzorgane (Selbsteinleger und Zusatzgebläse) bedeutend größere Kraft. Die in Bild 846 gezeigte Maschine arbeitet bei einer Schnittbreite von 380 mm, einer Drehzahl der Messerwelle von 400 U/min und einer Drehzahl der Gebläsewelle von 1900 U/min. Die Schnittleistung beträgt bei Trokkenfutter etwa 110 Ztr., bei Grünfutter etwa 280 Ztr. in der Stunde bei einem Kraftbedarf von etwa 20 PS. Dabei ist zu berücksichtigen, daß sich der Kraftbedarf um etwa 2—3 PS vergrößert, wenn ein Gabeltrommel-Selbsteinleger eingebaut worden ist. Da das geschnittene Gut der Häckselmaschinen meist weiter fortzutransportieren ist, sind für einfache Häckselmaschinen besondere, nicht angebaute Gebläse entwickelt worden.

Ohne weiter auf die in dem entsprechenden Abschnitt behandelten Fördergebläse einzugehen, seien hier einige Ausführungen besprochen. Bei Bild 847 handelt es sich um eine Häckselschleuse, die (mit Handhaben und Rollen versehen) leicht an eine Häckselmaschine herangefahren werden kann. Man spart so eine teurere Maschine und kann außerdem das Gebläse auch zu anderen Zwecken verwenden. Ähnlich verhält es sich bei der in Bild 848 dargestellten Anordnung, die eine feste Rohrverbindung zwischen

846. Gebläsehäcksler beim Häckseln von Rübenblatt mit anschließender Silobeschickung
(Speiser, Göppingen)

Häckselmaschine und einem fahrbaren Gebläse zeigt. Die Förderwirkung der Häckselmaschine reicht aus, das Schnittgut bis zu dem Gebläse zu fördern, zumal das Gebläse noch durch seinen Stutzen ansaugt.

D. Trommelhäckselmaschinen

Die Radhäckselmaschinen haben den Nachteil, mit ungleichmäßiger Schnittgeschwindigkeit zu häckseln; die Trommelhäckselmaschinen haben diesen Nachteil nicht, sie haben gebogene Trommelmesser, die über die ganze Breite gleichmäßig wirken und sich dem Trommelumfang anpassen, sich aber schwerer schleifen lassen. Darum sind die neuzeitlichen Trommelhäcksler mit angebauten Messerschleifern versehen. Wegen ihrer einfacheren Bauweise und des einfachen Antriebes sind sie aber vorteilhaft. In den anderen Organen und Vorrichtungen unterscheiden sie sich nicht wesentlich von den Radhäckselmaschinen.

Das Bild 849 zeigt die Einzugsöffnung einer mit Förderband und Einzugstrommel versehenen Trommelhäckselmaschine. Das Kennzeichnende dieser Maschinengattung ist das Trommelgehäuse im Anschluß an den Zuführungstrog, das die Messertrommel beherbergt (Bild 850). Auch diese Maschine ist mit einem Zusatzgebläse versehen; man erkennt,

847 (oben). Häckselschleuse (Speiser, Göppingen)

848 (Mitte). Häckselmaschine mit Beisatzgebläse (Speiser, Göppingen)

849 (unten). Trommelhäckselmaschine mit Einzugswalze (Speiser, Göppingen)

850. Trommelhäckselmaschine mit Anbaugebläse (Speiser, Göppingen)

daß der Antrieb einfach ist, der von einer fliegenden Riemenscheibe auf die Hauptantriebswelle geleitet wird; von hier wird das Gebläse direkt und die Trommelwelle durch Keilriemen angetrieben.

Die Messertrommel kann, je nach den Erfordernissen, mit einem Messer, zwei oder mit vier Messern ausgerüstet werden. Sie ergibt bei stufenloser Einstellung der Schnittlängen mit vier Messern Pferdehäcksel von 12—25 mm, mit 2 Messern Viehhäcksel von 25—50 mm und mit einem Messer Streustroh von 50—100 mm Länge. Bei einer Schnittbreite von 355 mm und einem Kraftbedarf von 4—5 PS liegen die Schnittleistungen für Trockenfutter etwa bei 40 Ztr. und bei Grünfutter etwa bei 120 Ztr. in der Stunde.

E. Feldhäcksler

Um in Zeiten, da die Arbeit sich häuft, Arbeitskräfte für alle Aufgaben zu haben, ist ein Feldhäcksler entwickelt worden. Er ist als Anhängegerät für den Schlepper gedacht und arbeitet

851. Feldhäcksler hinter Anbau-Mähbalken (Fahr, Gottmadingen)

entweder für sich oder gleich hinter dem Anbaumähbalken des Schleppers. Das Futter nimmt er durch eine Aufnehmevorrichtung vom Boden auf, führt es durch eine Fördervorrichtung dem Häckselaggregat zu und kann so in einem Arbeitsgang mähen, häckseln und durch ein Gebläse auch das geschnittene Gut auf den Futterwagen blasen. Ein Mann kann also in kürzester Zeit frisches, gehäckseltes Futter gleich vom Felde nach Hause fahren.

852. Aufnehmevorrichtung eines Feldhäckslers (Fahr, Gottmadingen)

Auf Bild 851 ist ein hinter dem Anbaumähbalken eines Schleppers angehängter Feldhäcksler dargestellt, der von der Zapfwelle des Schleppers angetrieben wird. Das geschnittene Grünfutter wird von einer (bereits vom Mähdrescher her bekannten) Aufnehmevorrichtung mit gesteuerten Zinken (Bild 852) der Fördervorrichtung zugeleitet, die es dem Häckselaggregat zuführt. Das Häckselaggregat arbeitet mit einer Messertrommel (Bild 853). Durch ein Regel-Keilriemengetriebe kann die Schnittlänge stufenlos verstellt werden (Bild 854). Eine Schleifvorrichtung für die sonst schwierig

853. Häckseltrommel (Fahr, Gottmadingen)

854. Regel-Keilgetriebe zur Veränderung der Schnittlänge (Fahr, Gottmadingen)

zu schleifenden Trommelmesser (Bild 855) sorgt in einfacher Weise für glatten Schnitt, ohne daß die Messer ausgebaut zu werden brauchen.

Das Bild 856 zeigt den Feldhäcksler bei der Heuhäckselgewinnung. Bei sperrigem Stroh ist es vorteilhaft, über der Aufnehmewalze eine Haspel laufen zu lassen (Bild 857).

Wenn dem Feldhäcksler eine Riemenscheibe aufgesteckt wird, kann er auch auf dem Hof als Gebläsehäcksler verwendet werden.

Der in den Bildern wiedergegebene Feldhäcksler FH 1 hat eine Aufnehmetrommel, die 1,28 m breit ist. Die eigentliche Häckseleinrichtung besteht aus dem Trommelhäcksler, der mit Vorpreßwalze arbeitet. Die Drehzahl der Messerwelle beträgt 800 U/min bei einem Trommeldurchmesser von 400 mm. Die Anzahl der mit 710 mm Schnittbreite arbeitenden Messer kann wahlweise auf 4 oder auf 2 (je nach gewünschter Schnittlänge) gehalten werden, so daß damit auch die Schnittleistung der Maschine zwischen 45 und 65 Ztr. bei Trokkenfutter und zwischen 200 und 250 Ztr. bei Grünfutter schwankt.

855. Aufgesetzte Schleifvorrichtung zum Schärfen der Trommelmesser (Fahr, Gottmadingen)

Das stufenlos zu schaltende Gebläse läuft mit Drehzahlen von 490 bis 880 U/min. Die stufenlos veränderbare Drehzahl des Gebläses ermöglicht es, immer mit geringstem Energieaufwand zu arbeiten, je nachdem Grün- oder Trockenfutter verarbeitet wird.

Der Kraftbedarf des Feldhäckslers liegt bei Feldarbeit etwa bei 25 PS; bei stationärem Betrieb etwa bei 15 PS. Hierbei kann das Gelenkstück am Hauptantrieb gegen eine Riemen-

856. Feldhäcksler im Einsatz im Heu (Fahr, Gottmadingen)

857. Der Einsatz des Feldhäckslers in Stroh verlangt eine Haspel
(Fahr, Gottmadingen)

scheibe ausgewechselt und der Häcksler mit Elektromotor angetrieben werden, wenn man ihn nicht durch Riemenscheibe vom Schlepper aus antreibt.

Bei einer Gesamthöhe von 1,50 m beträgt die größte Länge der Maschine (in Transportstellung) 2,90 m und die Breite 1,50 m.

F. Kartoffel- und Rübenwaschmaschinen

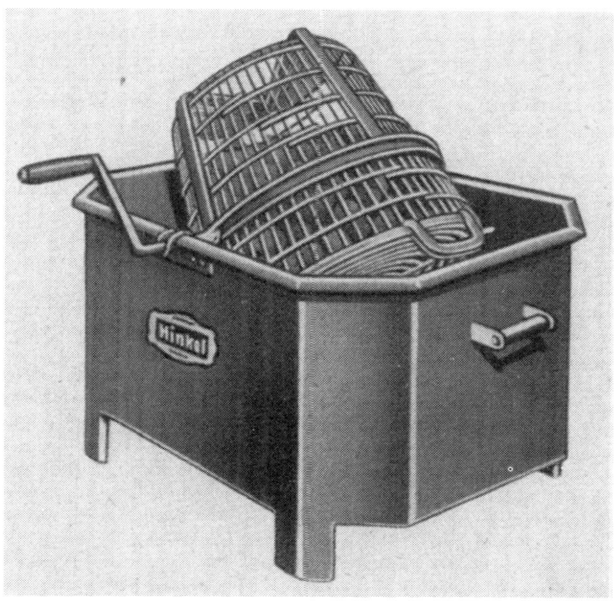

858. Kartoffel- und Rübenwäscher (Hinkel u. Co., Geisweid)

Um Knollenfrüchte, Kartoffeln und Rüben für die erforderliche Zerkleinerung zu Futter zuzubereiten, kann man sich mancherlei Vorrichtungen bedienen. Sie befreien die Früchte vom anhaftenden Erdreich; man kann entweder trocken oder naß reinigen. Die Naßreinigung in Rüben- oder Kartoffelwaschmaschinen ist vorzuziehen, weil sie gründlicher reinigen. Bei abgelagerten Früchten, die durch Ein- oder Umlagerung den größten Teil ihrer Schmutz- und Erdmassen bereits verloren haben, wird man mit der Trockenreinigung auskommen. Der Schmutzgehalt der Knollen hängt ab von der Zusammensetzung des Ackerbodens und vom Wetter in der Erntezeit. Es sind die gleichen Verhältnisse, die die maschinelle Ernte von Kartoffeln und Rüben gelingen lassen oder behindern.

Man hat diese Reinigungsmaschinen oft mit dem Zerkleinerungsaggregat kombiniert, um auf diese Weise doppelte Anschaffungskosten für das tragende Gestell zu sparen. Nur die mit

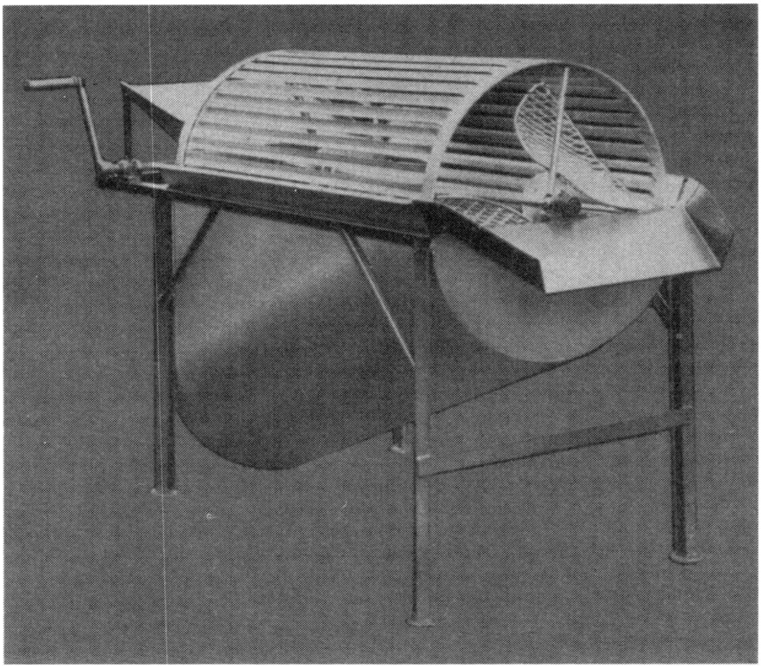

859. Rübenwaschmaschine (Bruns, Bad Zwischenahn)

einem Wasserbad arbeitenden Waschmaschinen führt man als Aggregat für sich aus.

Ein sehr einfach gebautes und praktisches Gerät ist der in Bild 858 dargestellte Kartoffel- und Rübenwäscher. Er besteht aus einer tragbaren Metallwanne, in deren oberen Rand ein mit Drehkurbel versehenes Aufnahmegestell drehbar gelagert ist. In diesem Drehgestell wird der nicht ganz mit Kartoffeln oder Rüben gefüllte Waschkorb durch einen Überwurf befestigt; die mit einem Wasserablaßventil versehene Spülwanne wird mit Wasser gefüllt. Der Korb dreht sich mehrere Male um, dabei wird das Reinigungsgut kräftig umgeschüttelt und restlos von Schmutz und Erde befreit. Um größere Mengen ununterbrochen zu reinigen, sollte man mehrere Spülkörbe zur Hand haben, so daß während des Waschens ein anderer Korb bereits gefüllt werden kann. Wenn die Drehvorrichtung von der verzinkten Spülwanne abgehoben wird, kann sie für andere Zwecke auf dem Hofe oder im Haushalt verwendet werden. — Die Maße der Spülwanne betragen bei einer Höhe von 400 mm 850 × 600 mm; der Spülkorb faßt etwa 37,5 kg, so daß in einer Stunde etwa 20—25 Ztr. Kartoffeln leicht gereinigt werden können. Eine für Rüben eingerichtete Waschmaschine bringt Bild 859. Bei dieser Rübenwaschmaschine gelangen die zu waschenden Rüben von einem Einschütt-Trichter in eine horizontal liegende Trommel, die mit Handkurbel gedreht wird. In ihrer unteren Hälfte bewegt sie sich durch eine mit Wasser gefüllte Spülwanne. Im Innern der

860. Naßreiniger mit Musmühle (Reinermann, Dortmund)

Trommel bewegen sich Flügel, die die Rüben während der Trommelumdrehung gründlich säubern. Nach einigen Umdrehungen wird die Kurbel entgegengesetzt gedreht, wodurch die gewaschenen Rüben dem Auslauf zugeschoben und aus der Waschmaschine hinausbefördert werden. Die Auslaufhöhe ist so angeordnet, daß die Rüben bequem in einem daruntergestellten Behälter aufgefangen werden können. Damit besser und schneller gereinigt wird, ist die Waschmaschine mit einer Schrägmulde ausgerüstet, an deren tiefstem Punkt sich eine Reinigungsöffnung befindet. Die Trommel ist etwa 1,50 m lang, die gesamte Maschine ist 1,30 m hoch. Sie kann auch mit einem 1-PS-Motor betrieben werden. In einer Stunde reinigt sie 15 Ztr. Rüben.

Bei der als Trocken- und auch als Naßreinigungsmaschine arbeitenden, in Bild 860 dargestellten Konstruktion besteht die Reinigungstrommel aus einem geschlossenen Korb aus Streckmetall. Er greift die Hackfrüchte gut an, beschädigt sie aber nicht. Die Reinigungstrommel läuft durch eine zu etwa zwei Drittel mit Wasser gefüllte Wanne, die an ihrem tiefsten Punkt mit einem Schlammschieber versehen ist. Mit ihm kann man die Wanne entleeren. Für Wasserleitungsdruck ist an der oberen Kante der Anlage entlang ein $^3/_4$ Zoll starkes Wasserrohr angebracht, in dem alle 5 cm eine Spritzdüse sitzt, so daß ständig frisches Wasser zugeführt werden kann. Das verbrauchte Wasser fließt durch den zu ein Viertel geöffneten Schlammschieber ab. Das Bild zeigt diese Waschanlage mit einer Musmühle verbunden. Die Leistung solcher Waschmaschinen beträgt etwa 20 Ztr. in der Stunde. — Die Trockenreiniger sind meist als

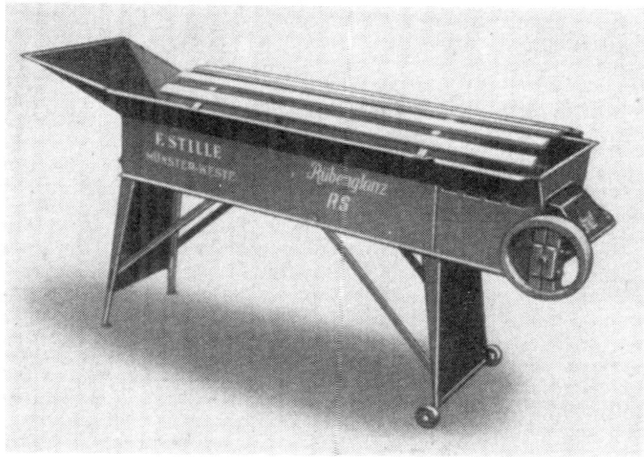

861. Trockenreiniger „Rübenglanz" (Stille, Münster)

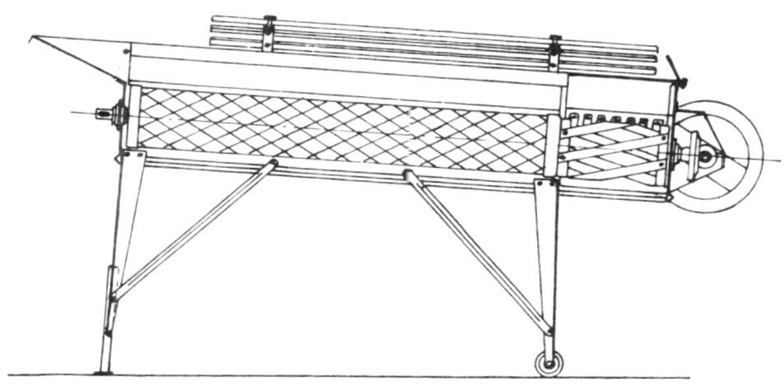

862. Inneres des Trockenreinigers „Rübenglanz" (Stille, Münster)

863. Trockenreiniger „Lobenswert" (H. C. Fricke, Bielefeld)

kombinierte Maschinen zusammen mit einem Rübenschneider entwickelt worden. Diese Maschinen reinigen durch kräftiges Rütteln und Umwälzen der Rüben durch Trommeln aus Latten und Profilstäben. Innen- und Außenwandungen scheuern die Rüben ab. Auch Bürsten werden gebraucht. Damit kontinuierlich gereinigt werden kann, wird entweder durch schraubenförmig angeordnete Mitnehmer oder durch schräggestellte Reinigungstrommeln das Reinigungsgut automatisch vorgeschoben.

Einen Trockenreiniger einfacher Art zeigt das Bild 861; er ist gleichzeitig mit einer Schnitzelvorrichtung versehen. Die Reinigungstrommel ist aus Streckmetall und fördert

864. Rüben-Trockenreiniger „Biber" (Weyhausen, Delmenhorst)

schräggestellt das Reinigungsgut vom Einschütt-Trichter bis zur Schnitzeleinrichtung. Das Bild 862 läßt diese Vorrichtung erkennen; die Vorderwand ist abgenommen. Damit die Rüben während der Reinigung nicht über Bord fallen, ist der Rübenreiniger nach oben durch einen Lattenverschluß abgedeckt. Die Maschine reinigt und schnitzelt etwa 80 Ztr. in der Stunde, bei einem Kraftbedarf von 1,1—1,5 PS.

Eine ähnliche Anlage, jedoch mit einer Trommel aus Winkelschienen, zeigt das Bild 863. In einem Arbeitsgang reinigt und schnitzelt sie bei leicht geneigt stehender Trommel.

Bei dem „Biber"-Rüben-Trockenreiniger (Bild 864) gelangen die Rüben in den Innenraum einer mit 27—28 U/min umlaufenden Trommel aus Profilstäben, so daß die Rüben schonend behandelt werden. Durch eine Nockenspirale, die den Umdrehungen der Trommel entgegenläuft, werden die Rüben immer gewendet und von den Nocken in den Vertiefungen gereinigt. Die Durchlaufsgeschwindigkeit läßt sich regulieren durch Ausziehen der Füße und entsprechende Schrägstellung der Maschine.

Eine Rübenreinigungsmaschine, gleichfalls mit angeschlossenem Rübenschneider, ist der mit einer Stürzwelle arbeitende Westfalia-Rübenreiniger (Bild 865). Die Rüben gelangen durch den Einschütt-Trichter in eine Mulde aus Stahlschienen und werden auf ihrem Grunde durch Rübenstürzer gewendet, gereinigt und durch die schräggestellte Maschine dem Rübenschneider zugeleitet. Die Rübenstürzer säubern auch die Kopf- und Wurzelenden der Rüben. Angetrieben wird sie durch eine Riemenscheibe, die zu beiden Seiten der Maschine angebracht werden kann. Ein Trennblech sorgt für saubere Trennung von Futter und Schmutz. Da die Füße verstellbar sind, kann sie leicht schräggestellt werden.

Die Reinigungstrommel ist 1,50 m lang; die Umdrehungszahl liegt bei 100 U/min.

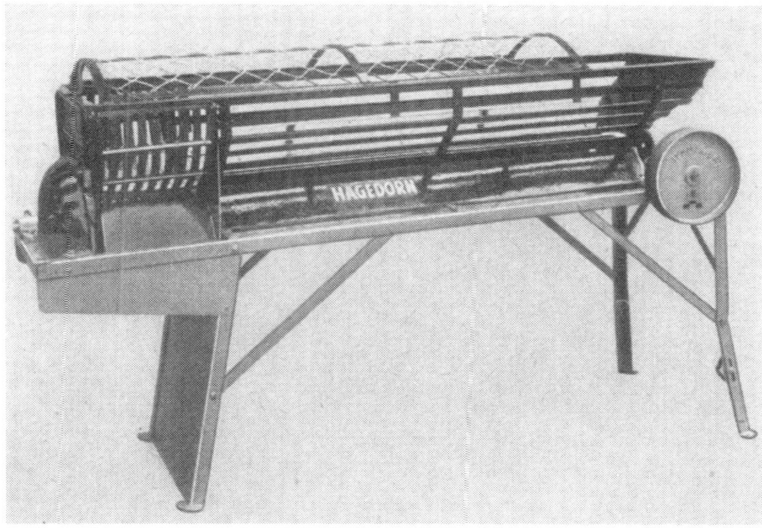

865. Rübenreiniger „Westfalia" (Hagedorn, Warendorf)

G. Silagemaschinen

Das Rübenblatt ist ein wichtiges Futtermittel. Am Blattansatz haftet noch ein 2—3 cm starker Teil des Rübenkopfes. Wenn Rübenblätter nicht verfüttert werden können, solange sie frisch sind, müssen sie eingesäuert werden; dann sind sie wertvolles Zusatzfutter für das Rindvieh. Sollen die Blätter zu schmackhaftem, gesundem und bekömmlichem Futter eingesäuert werden, so müssen sie peinlich sauber sein. Es ist nicht zweckmäßig, bei der Blatternte Verfahren anzuwenden, bei denen das Blatt immer wieder die Erde berührt und zertreten und beschmutzt wird. Die Technik hat Maschinen entwickelt, durch die ein silagesauberes Blatt gewonnen wird. Ein mit nur einem Torpedoblech versehener Köpfschlitten, der das Blatt nach außen ablegt und für einen blattfreien Zwischenraum hinter dem Gerät sorgt, verhindert, daß das Blatt weder vom Zugtier zertreten, noch vom Gerät wieder aufgerührt wird. Wird dann ein Blattauflader aufgesetzt, der es gleich auf den Ackerwagen bringt, so wird das Blatt einwandfrei sauber geborgen.

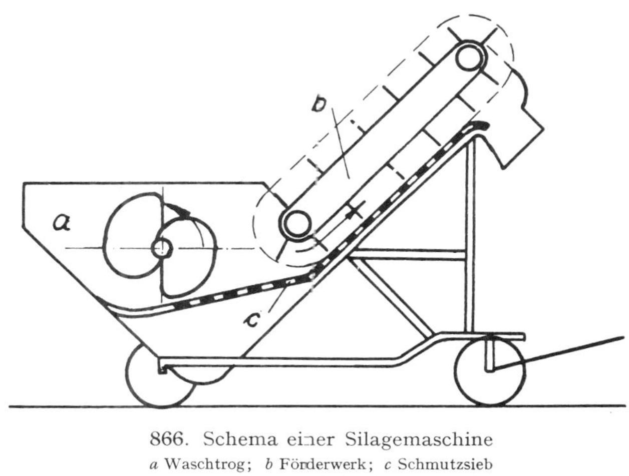

866. Schema einer Silagemaschine
a Waschtrog; *b* Förderwerk; *c* Schmutzsieb

Bei anderen Verfahren, bei denen die Blätter mit der Erde unwirtschaftlich zu Haufen geworfen werden, ist besonders bei nassen Erntezeiten nur eine Ernte schmutziger Blätter möglich. Sie müssen in Silagemaschinen gründlich gereinigt werden.

Silagemaschinen sind verschiedenartig gebaut; die Bauart richtet sich nach den örtlichen Verhältnissen. Ihre Arbeitsweise ist in Bild 866 schematisch dargestellt. Die Rübenblätter werden in einen Waschtrog *a* gegeben, in dem sie andauernd mit Wasser bespritzt werden. Mit einer Flügelwelle werden sie gerührt und einem Förderwerk *b* zugeführt. Auch hier werden sie meist noch mit Wasser behandelt. Durch ein unten angeordnetes Schmutzsieb *c* wird der gelöste Schmutz abgesondert. Silagemaschinen sind meist mit einem lenkbaren Fahrgestell ausgerüstet. Zur Beschickung höherer Silotürme läßt man sie auf einem weiteren Förderer arbeiten.

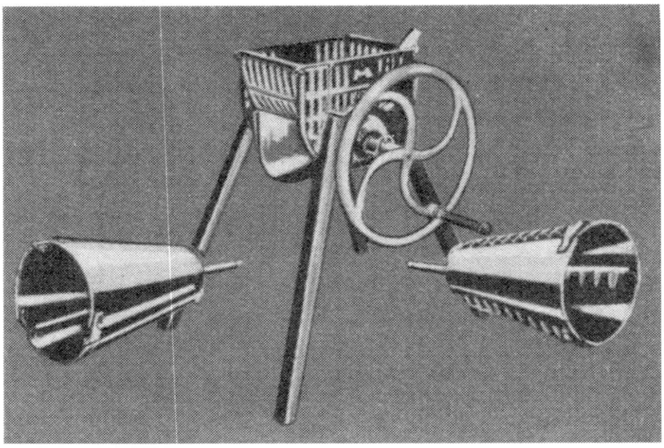

867. Rübenschneider mit konischer Trommel (Hagedorn, Warendorf)
Links Trommel mit glatten, rechts Trommel mit getollten Messern

H. Rübenschneider

Die Rüben werden mit Rübenschneidern geschnitzelt oder in Scheiben geschnitten und so verfüttert. Sie können aber auch vermust werden.

Man kann 2 Arten dieser Zerkleinerungsmaschinen unterscheiden: die eine arbeitet mit einer kegelförmigen Trommel, in deren Mantel glatte oder getollte Messer angebracht sind und die Rüben zu gewölbten Scheiben oder fingergleichen Schnitzeln verarbeiten; die andere ist mit einer zylindrischen Messertrommel versehen, deren glatte Messer je ein oder zwei Stiftmesser tragen und die Rüben mit kreuz- und quergestellten schneidenden Werkzeugen zu würfelförmigen Brocken zerkleinern.

868. Rübenschneider mit zylindrischer Messertrommel (H. C. Fricke, Bielefeld)

Beide Arten sind im Grunde gleich aufgebaut. So weit sie nicht motorisch angetrieben werden, wird die Messertrommel durch eine gleichzeitig als Schwungmasse ausgebildete Handkurbel gedreht. Bei den konischen Trommeln gelangen die geschnittenen Zerkleinerungen in den inneren Raum der Trommel, der gleichzeitig als Auswurfführung dient; bei den zylindrischen Trommeln fallen die Schnitzel nach unten durch.

Das Bild 867 zeigt einen Rübenschneider mit konischen Trommeln; links ist eine Trommel mit glatten und rechts eine mit getollten Messern zu sehen. Die Maschine ist für kleinbäuerliche Betriebe gedacht und kann mit 3 glatten Messern bis 60 Ztr. in der Stunde und mit 3 getollten Messern bis etwa 30 Ztr. in der Stunde schneiden.

Die Bilder 868 und 869 zeigen einen Rübenschneider mit zylindrischer Messertrommel; er wird am häufigsten verwendet. Rübenschneider dieser Bauart haben glatte

Trommelmesser mit jeweils versetzten hauenartigen Stiftmessern. Der Einschütt-Trog ist gitterförmig gehalten, damit etwaige Schmutzteile durchfallen können. Die Trommel hat 6 glatte, gewundene Messer, die durch Schrauben befestigt sind. Die Rübenschneider können (je nach Größe) 70 Ztr. Rüben und mehr in der Stunde schnitzeln.

869. Seiten-Innensicht eines Rübenschneiders mit zylindrischer Messertrommel (H. C. Fricke, Bielefeld)

I. Maschinen zum Zerkleinern von Hartfutter

Die Futterrüben werden zerkleinert, um die verhältnismäßig großen Rüben mundgerecht zu formen. Die sogenannten Kraftfutterstoffe in Gestalt von Körnern und Hülsenfrüchten, Knochen und Ölkuchen, können von den Freßwerkzeugen nicht genügend zerkleinert werden, um sie den Speise- und Verdauungssäften für die Aufschließung der in ihnen enthaltenen hohen Nährstoffe zugänglich zu machen. Entweder sind diese Stoffe in sich hart wie die Knochen und Ölkuchen, oder sie sind von einer harten Schale umgeben, die zertrümmert werden muß, bevor sie dem Vieh verabreicht werden. Oft zertrümmert man die Körner auch, um sie aufnahmefähiger zu machen. Die Maschinen, die für diese Arbeiten angewendet werden, unterscheidet man nach der Art, in der sie zerkleinern oder zertrümmern und nach der Feinheit des Endproduktes, die nicht so weit getrieben werden sollte, wie wir es von den Mehlmühlen her kennen. Außerdem besteht hier noch der Unterschied, daß für die Zerkleinerung das gesamte Futtergut verwendet wird und keine Kleie und keine anderen Stoffe ausgeschieden werden.

Zum Zertrümmern der Schalenoberflächen des Hafers, Maises und der Hülsenfrüchte benutzt man Futterquetschen; das entspricht dem eigentlichen Arbeitsvorgang, bei dem die Früchte nur gequetscht werden.

Das weitere Zerkleinern der Körner und Hülsenfrüchte bezeichnet man mit Schroten. Die Maschinen, die die Körner verschroten, werden Schrotmühlen genannt. Die Schrotverfeinerung kann mehr oder weniger weit getrieben werden, so daß man als Ergebnis, je nach Einstellung der Maschine, Fein-, Mittel- oder Grobschrot erhalten kann. Bestimmend hierfür ist der Futterstoff und Art und Alter der damit zu fütternden Tiere.

Knochen und Ölkuchen werden auf besondere Art zerkleinert. Da die harten Knochen splitterfrei und so fein zerkleinert werden müssen, daß keine scharfen Kanten mehr die Wände der Verdauungsorgane verletzen können, so sind besondere Zerkleinerungsvorrichtungen, die sogenannten Knochenmühlen, entwickelt worden.

Die harten Ölkuchen, die nicht besonders fein zertrümmert zu werden brauchen, werden in Ölkuchenbrechern zerkleinert.

1. Futterquetschen

Die Arbeitswerkzeuge der Quetschen bestehen aus 2 verhältnismäßig großen Glattwalzen aus Hartguß. Der Einzugswinkel ist möglichst klein gehalten, damit auch größere Körner in die Walze eingezogen werden und nicht vor den glatten Walzen unerfaßt herrutschen. Für die Leistung solcher Quetschen ist die Umfangsgeschwindigkeit der Walzen maßgebend, die etwa bei 5 m/sec liegt, so daß sich mit kleiner werdendem Walzendurchmesser die Drehzahl steigern muß.

Angetrieben wird die Quetsche meist so über eine Riemenscheibe, daß nur die eine der Walzen bewegt wird, die fest gelagert ist. Die andere Walze ist, je nach der Feinheit der Quetscharbeit, an diese Walze anstellbar. Wenn harte Gegenstände zwischen die Walzen geraten, könnte die Quetsche beschädigt werden; darum steht die Anstellwalze unter Federdruck, so daß sie gegebenenfalls ausweichen kann (Bild 870). Seitlich sind die Walzen abgedichtet, damit keine ganzen Körner durchfallen können.

Die Futterquetschen sind mit einer Schüttelspeisung oder mit einer Speisewalze versehen, die das Futter in gleichmäßigem Fluß über die ganze Breite der Walzen verteilen; sie verarbeiten es zu einem platten, mehlfreien Quetschgut. Die Leistungen normaler Futterquetschen liegen etwa zwischen 200 und 250 kg Hafer in der Stunde. Der Kraftbedarf beträgt etwa 3 PS.

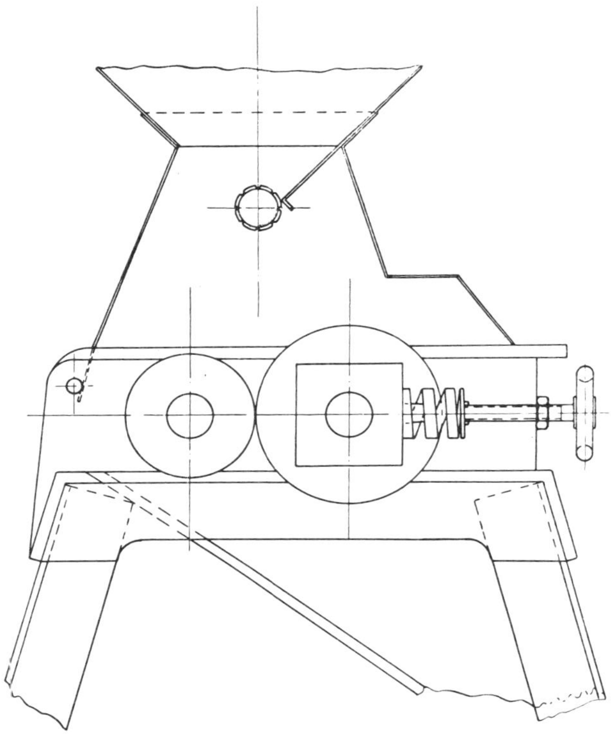

870. Schema einer Futterquetsche (Schmotzer, Windsheim)

2. *Schrotmühlen*

Die Schrotwerkzeuge sollen die Körner und Hülsenfrüchte nicht nur zerdrücken (wie die Quetschen), sondern sollen sie zerkleinern, soweit es zweckdienlich ist. Die Vorgänge dabei sind sehr verschiedenartig, dem Angreifen der Werkzeuge entsprechend. Wo Metallwerkzeuge mit scharfen Schneiden wirken, werden die Körner noch zerschnitten, sonst werden sie zerquetscht und hauptsächlich zerrissen und zerrieben.

Danach, wie die verschieden angewendeten Werkzeuge eingreifen, unterscheidet man einmal die Feinheit des Zerkleinerns, dann aber (was für die Aufnahmefähigkeit der Verdauungsflüssigkeiten besonders wichtig ist) die Oberflächenbeschaffenheit der zerkleinerten Teilchen. Ist beim Zerkleinern geschnitten worden, wie es bei Metallwerkzeugen der Fall ist, so sind die kleinen Teile scharfkantig und das Schrot fühlt sich hart und körnig an. Ist aber mehr durch reißende und reibende Werkzeuge zerkleinert worden, so ist das Schrot weich und wollig und kann besser von den Säften aufgeschlossen werden.

Als Schrotwerkzeuge benutzt man entweder Mahlsteine, die in senkrechter oder waagerechter Lage arbeiten und entsprechend angeordnet sind, oder man verwendet meist in senkrechter Lage arbeitende Mahlscheiben aus Hartguß; auch mit scharfen Rillen versehene Walzen und schließlich auch rotierende Schlagwerkzeuge aus Metall werden verwendet.

Nach den Werkzeugen der Schrotmühlen unterscheidet man Steinschrotmühlen, und zwar Horizontal- und Vertikalmühlen, Hartguß-Ring-Schrotmühlen, Walzen-Schrotmühlen und schließlich Schlag- oder Hammermühlen.

a) Steinschrotmühlen

Das Arbeitswerkzeug dieser Schrotmühlen besteht aus 2 Mahlsteinen, die mit ihren Arbeitsflächen mehr oder weniger eng aufeinander liegen und wegen ihrer besonders gestalteten Oberfläche bei einseitiger oder auch doppelseitiger Drehung gegeneinander schrotend auf das Gut wirken. Die Oberfläche dieser Mahlsteine besteht aus einer Reihe nach innen zu und in Drehrichtung geneigter Flächen (Bild 871). Durch die Neigung der Flächen nach innen wird gleichsam ein Einziehraum für das von innen eingeführte Schrotgut geschaffen, es gelangt (während die Steine sich drehen), unterstützt durch die zur Drehrichtung geneigte Fläche, in immer enger werdende Zwischenräume nach außen. Dabei wird es durch die rauhen Oberflächen des Steinmaterials zerrieben. Die Luftfurchen sollen das Schrotgut nach außen fördern; durch die bei der Drehung erzeugte Luft wird es gekühlt. Denn Schrot darf beim Mahlen nicht heiß werden.

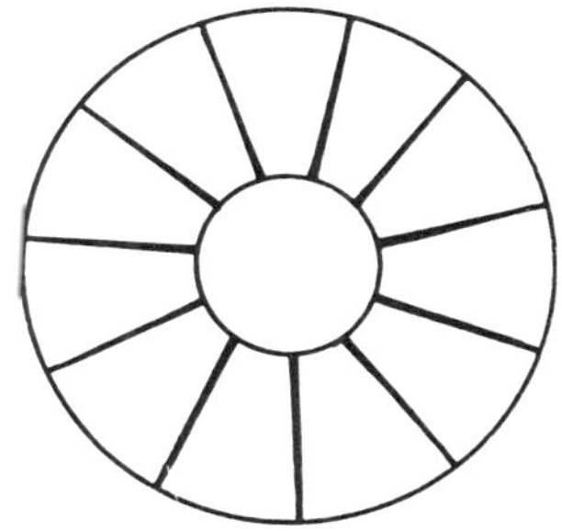

871. Mahlstein mit Luftfurchen

An einer Horizontalmühle (Bild 872), die in Bild 873 im Schnitt dargestellt ist, soll der Schrotvorgang und der Weg des Gutes durch die Mühle erörtert werden. Bei dieser Schrotmühle steht der obere Mahlstein (der Oberstein) fest, während der untere Mahlstein (der Läuferstein) durch die senkrecht stehende Läufersteinwelle durch einen Riemenantrieb gedreht wird, und zwar mit etwa 400 U/min. Das Schrotgut gelangt aus dem Einfülltrichter, der bei niedriger Einschütthöhe ein verhältnismäßig großes Fassungsvermögen hat, über einen

872. Horizontal arbeitende Steinmühle
(Stille, Münster)

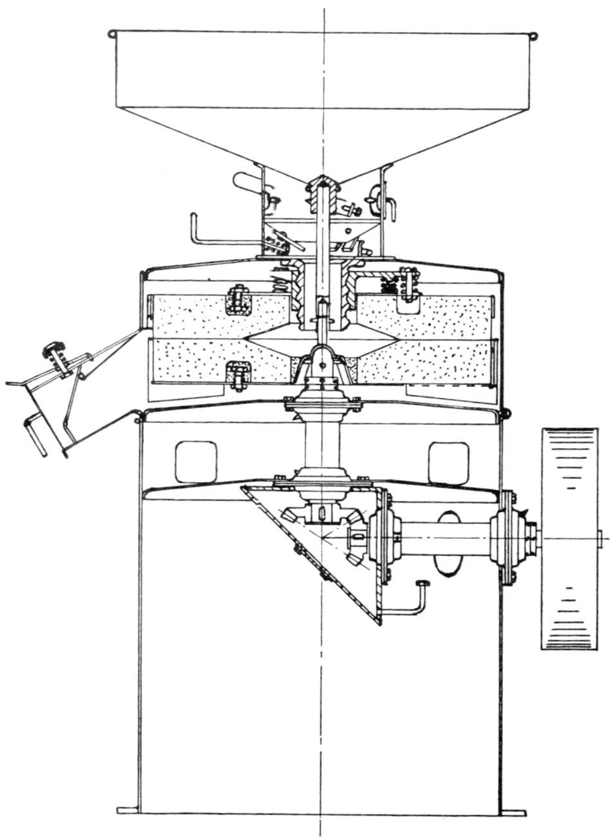

873. Schnitt durch eine horizontal arbeitende Steinmühle
(Stille, Münster)

kegelartigen Mahlgutzulauf, dessen Einstellung genau reguliert werden kann. Dann gelangt es durch eine durch den federnd aufgehängten Oberstein geführte Zuleitung in den Einzugsraum zwischen den beiden Steinen und wird durch die Drehbewegung des Läufersteins geschrotet. Dabei läßt sich die Feinheit der Verschrotung dadurch regulieren, daß der Läuferstein nach oben mehr oder weniger angezogen wird. Das fertige Schrot kann dann von der Absacköffnung entnommen werden.

Damit die Schrotmühlen einwandfrei arbeiten, müssen die Mahlsteine stets scharf sein. Wegen ihrer reibenden Oberflächen nutzt das Material sich, vor allem an den vorspringenden Teilen, während des Betriebes ab, so daß die Wirkung der schrägen Flächen immer geringer wird. Früher verwendete man Natursandstein. Er hat den Fehler, daß sein Gefüge nicht gleichmäßig gewachsen und dadurch ungleichmäßig hart ist. Die Folge davon war, daß die Arbeitsfläche oft sehr ungleichmäßig abgenutzt wurde. Heute benutzt man fast durchweg Kunststeine, die den Natursteinen durch größere Härten und vor allem durch ihre Gleichmäßigkeit überlegen sind, wodurch man wesentlich leichter nachschleifen kann.

874. Schrotmühle mit Seitenantrieb (Cramer, Leer)

Zum Nachschärfen muß man die Mahlsteine leicht aus der Maschine ausbauen können. Außerdem haben die Mahlsteine nur eine beschränkte Lebensdauer, so daß sie, wenn die dicke Mahlschicht abgenutzt ist (bis auf etwa 4 cm), ausgewechselt werden müssen. Bei der oben beschriebenen Schrotmühle ist darum das Obergehäuse mit dem Untergehäuse durch einen Klemmring verbunden, so daß man das Obergehäuse abnehmen kann, nachdem die Klemmschraube gelöst worden ist. Wenn das Obergehäuse abgehoben ist, kann man den Oberstein wegnehmen und den Läuferstein nach oben abnehmen. Nach dem Schärfen wird in gleicher Weise wieder zusammengebaut. Sollen die Mahlsteine ausgewechselt werden, so löst man die Muttern der Steinhalteschrauben und nimmt die Steinhalteplatten ab, die man dann auf die neuen Steine wieder aufschraubt.

Die Steindurchmesser der Mahlsteine betragen 600 mm. Bei einem Kraftverbrauch von etwa 7—10 PS (der sehr nach dem Zustand des Mahlgutes schwankt) kann diese Maschine stündlich 400—600 kg Schrot erzeugen.

Eine größer gebaute Schrotmaschine mit ebenfalls horizontal laufenden Mahlscheiben, die zweckmäßig durch einen Zuführungsschacht von einem oberen Stockwerk aus beschickt wird, ist in Bild 874 mit Seitenantrieb, in Bild 875 mit Unterantrieb für geschränkte Riemen oder für unmittelbaren Antrieb von einer Motorkarre dargestellt. Die erste Ausführung erfordert den Einbau eines Kegelradgetriebes, damit die Drehbewegung umgeleitet werden kann; bei der zweiten Ausführung wird die Läufersteinwelle unmittelbar angetrieben.

Diese Schrotmühlen werden in verschiedenen Größen gebaut, was sich besonders im Durchmesser der Mahlsteine auswirkt, der zwischen 330 und 700 mm liegt. Dementsprechend schwanken die Leistungen nach der Größe der Maschine zwischen 150 und 1000 kg in der Stunde, bei einem Kraftbedarf von 2 PS und mehr, wobei mit zunehmender Feinheit des Schrotes der Mahlwiderstand und damit der Kraftverbrauch wächst.

875. Schrotmühle mit Unterantrieb (Cramer, Leer)

Um die Mahlsteine vor Beschädigungen durch etwa mit dem Mahlgut hineingelangende harte Eisenteile zu schützen, läßt man bei besonders guten Maschinen das Mahlgut beim Einlauf über einen Magnetapparat laufen, der alle Eisenteile festhält.

Da die Mahlsteine gegen Feuchtigkeit empfindlich sind, stellt man die Schrotmühle zweckmäßig nicht in feuchten oder offenen Räumen auf. Damit die Mahlsteine gleichmäßiger arbeiten und sich gleichmäßiger abnutzen, muß die Schrotmühle gut ausgerichtet werden, wobei man am besten eine Wasserwaage zu Hilfe nimmt.

Damit der Treibriemen gut durchzieht, ist zwischen Schrotmühle und Motor eine Mindestentfernung einzuhalten, die bei geringem Kraftbedarf (2—5 PS) möglichst nicht unter 2,5 m, bei größerem Kraftbedarf (5—10 PS) möglichst nicht unter 3,3 m sein sollte. Der Riemen läßt sich leicht spannen, wenn man einen Pfosten oder dergleichen zwischen Motor und Schrotmühle festklemmt.

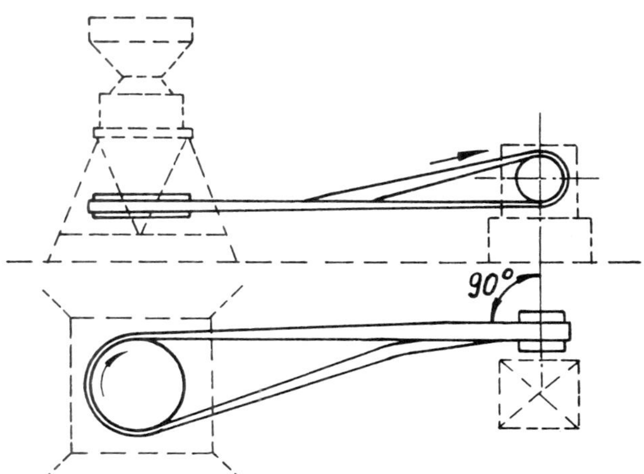

876. Bei Unterantrieb mit halbgeschränktem Riemen muß dieser horizontal auf die Riemenscheibe der Schrotmühle auflaufen

Bei Schrotmühlen mit Seitenantrieb kann man meist die Riemenscheibe auf die gegenüberliegende Seite verlegen. Dabei ist streng darauf zu achten, daß die Schrauben nach dem Umbau wieder fest angezogen werden.

Bei Schrotmühlen mit Unterantrieb, bei denen die Antriebsverbindung durch einen halbgeschränkten Riemen durchgeführt wird (Bild 876), muß der Riemen immer horizontal auf die Riemenscheibe der Schrotmühle auflaufen, d. h., der

Riemenablauf von der Motorscheibe muß sich in gleicher Höhe mit der Mitte der Mühlenriemenscheibe befinden. Da der Riemen durch sein Eigengewicht nach unten zieht, ist es zweckmäßig, den Motor etwas höher zu stellen, so daß die Unterkante der Motorriemenscheibe etwa 1—2 cm höher liegt als die Mitte der Mühlenriemenscheibe. Auch der von der Mühle kommende Riemen muß rechtwinklig auf die Motorscheibe auflaufen.

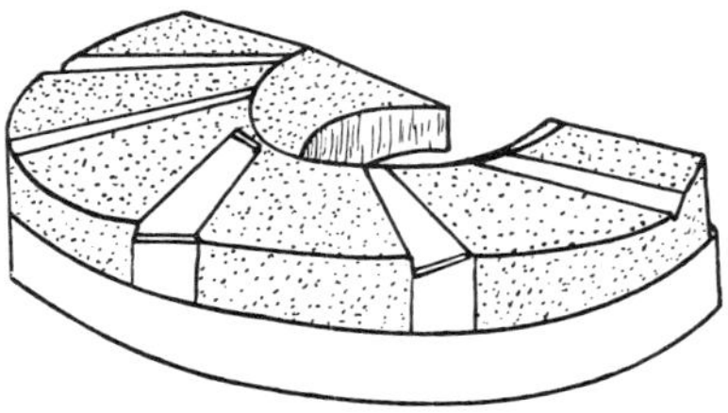

877. Selbstschärfender Mahlstein
(Cramer, Leer)

Um die richtigen Höhenverhältnisse einzuregulieren, kann meist die Mühlenriemenscheibe auf der Läufersteinwelle nach oben oder nach unten verschoben werden. Erst, wenn diese Verschiebung nicht ausreicht, sollte mit Unterlagen unter Motor oder Mühle die erforderliche Höhe ausgeglichen werden. Der Motor kann hinter oder neben der Schrotmühle aufgestellt werden. Dabei ist wichtig, daß der Riemen auf keinen Fall das Gestell berührt. Schlimmstenfalls muß die Mühle etwas verdreht werden.

Verwendet man zum Antrieb, wie in Bild **875** dargestellt, eine Motorkarre, so wird sie an die Mühle herangefahren und so hoch gestellt, daß das linke Rohr in den Ausschnitten der Anschlagbleche liegt. Darauf wird die Spannschraube so weit zurückgeschraubt, daß der Riemen aufgelegt werden kann; dann dreht man die Spannschraube so weit an, bis der Riemen genügend gespannt ist.

878. Vertikal arbeitende Schrotmühle
(Stille, Münster)

Die verschiedenen Feinheitsgrade des Malgutes erfordern verschiedene Durchlaufzeiten, weshalb einem bestimmten Grad der Verschrotung auch eine bestimmte Zulaufmenge zukommt. Die Rührwerke und Schüttelwerke arbeiten unabhängig davon, jedoch wird die Menge des zulaufenden Mahlgutes mit dem am Einlauftrichter angebrachten Schieberhebel geregelt. Mit feiner werdendem Schrot darf um so weniger Mahlgut nachfließen, da sonst die Maschine überlastet werden könnte. Ob sie überlastet ist, zeigt sich bei längerem Riemen durch dessen Flattern an. Bei Anbaumotoren kann der straffgespannte Riemen nicht rutschen, so daß hierbei die Gefahr einer Überlastung besonders groß ist.

Eine weitere Gefahr, die Maschine zu überlasten, liegt in einer zu feinen Einstellung. Außerdem werden die Mahlsteine übermäßig zusammengepreßt und zu sehr erhitzt, wodurch sie leicht brüchig werden. Außerdem sinkt bei allzu feinem Schroten die Leistung der Maschine ab; der Stromverbrauch erhöht sich. Der Schrot erhitzt sich übermäßig und bildet Kleister. Wird ein besonders feiner Schrot unbedingt verlangt, so erreicht man das in einfacher Weise dadurch, daß man den Schrot zweimal durch die Mühle gehen läßt.

Die neuzeitliche Mahltechnik hat selbstschärfende Mahlsteine herausgebracht, die immer rauh und körnig bleiben, so daß sie bei normalem Betrieb kaum nachgeschärft zu werden brauchen. Sie können bei andauerndem Schroten weichen und feuchten Getreides bis zu einem gewissen Grade an Rauhigkeit verlieren, doch läßt sich durch Verschroten einiger Zentner harten Getreides die alte Rauhigkeit leicht wieder herstellen. Nur wenn das erfolglos bleiben sollte, muß mit dem Steinhammer aufgerauht werden.

Da die Mahlflächen dieser Mahlsteine, abgesehen von den inneren Einzugsflächen, nicht geneigt stehen (Bild 877), bleiben sie auch bei einer gewissen Abnutzung unverändert. Nur die Luftfurchen werden allmählich immer flacher, so daß sie mit dem Steinhammer, der Mühlenpicke, nachgearbeitet werden müssen. Dazu benutzt man zweckmäßig die mit der Maschine mitgelieferte Furchenschablone. Es ist ratsam, die Furchen nach dem äußeren Rand etwas flacher zu halten, als die Schablone es angibt.

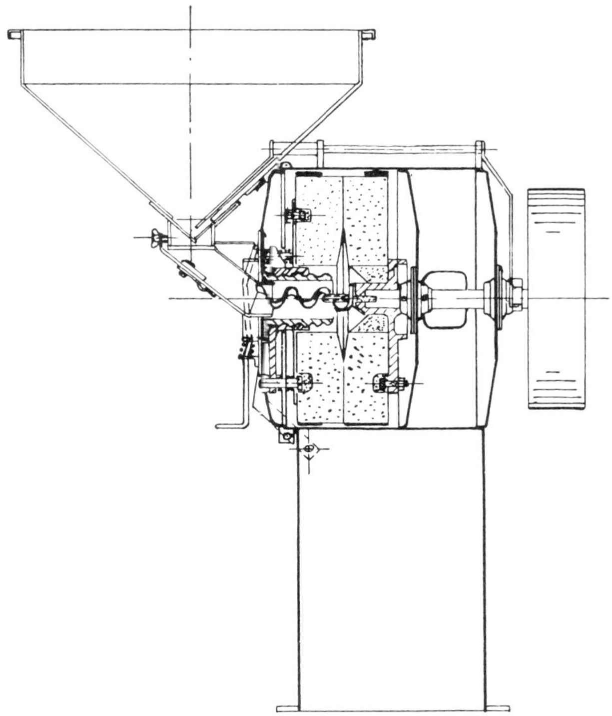

879. Schnitt durch eine vertikal arbeitende Schrotmühle (Stille, Münster)

Trotz der ebenen Mahlflächen werden die Steine wegen der intensiveren Schrotarbeit nach innen zu mehr beansprucht als außen. Besonders bei längerem Schroten harten oder steinhaltigen Getreides nutzen sich die Steine nach der Mitte zu mehr ab, so daß sie nur in der äußeren Zone mahlen können, während die inneren Mahlflächen auch bei noch so starkem Anziehen der Steine nicht mehr mahlen, so daß nur noch grober Schrot zu erzielen ist. Dann müssen die Steine mit dem Steinhammer abgerichtet werden, wobei auch die innere Abschrägung nachbearbeitet werden muß. Sodann setzt man die Steine wieder ein, läßt sie bei enger Einstellung einlaufen und arbeitet die restlichen kleinen Unebenheiten, die sich glattgeschliffen haben, nochmals nach.

880. Blick in eine Vertikal-Schrotmühle (Tröster, Butzbach)

Nach den Horizontalschrotmühlen sind die Vertikalmühlen entwickelt worden (Bild 878), bei denen die Mahlsteine auf einer horizontalen Welle gelagert sind. Das Arbeitsprinzip unterscheidet sich nur durch die Lage der Mahlsteine. Sie werden vom Einlauftrichter aus gespeist in ähnlicher Weise wie die Horizontalmühlen, jedoch mit dem Unterschied, daß das Mahlgut von dem festen Mahlstein durch eine Schnecke dem Einzug zugeleitet wird (Bild 879). Der große Vorteil dieser Bauweise äußert sich vor allem in dem einfachen Antrieb, der kein weiteres Umlenkungsgetriebe erfordert, so daß diese Mühlen auch wenig Raum beanspruchen. — Das Bild 880 läßt erkennen, daß die Mahlsteine sehr handlich ausmontiert werden können; man nimmt sie heraus, nachdem der seitliche Deckelverschluß gelöst worden ist. Das Bild 881 zeigt eine Mühle im Schnitt, bei der die Anstellung des linken Läufersteines durch Verdrehen eines zu sichernden Handrades leicht bewerkstelligt werden kann.

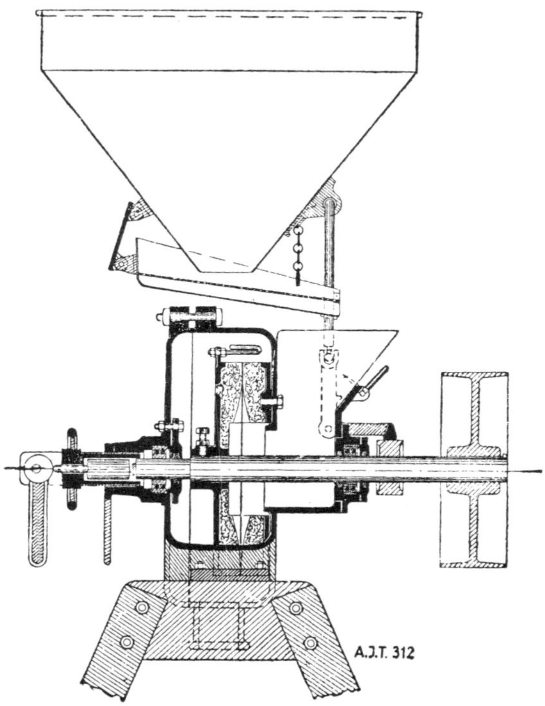

881. Schnitt durch eine Vertikal-Schrotmühle
(Tröster, Butzbach)

b) Hartgußring-Schrotmühlen

Neben den Steinschrotmühlen haben sich auch immer mehr Mühlen durchgesetzt, die statt mit öfter nachzuschärfenden Mahlsteinen mit Werkzeugen arbeiten, die ihre Schneidfähigkeit lange halten, weil sie sehr hart sind; sie können meist doppelseitig benutzt werden und verursachen keine hohen Kosten, wenn sie ersetzt werden müssen.

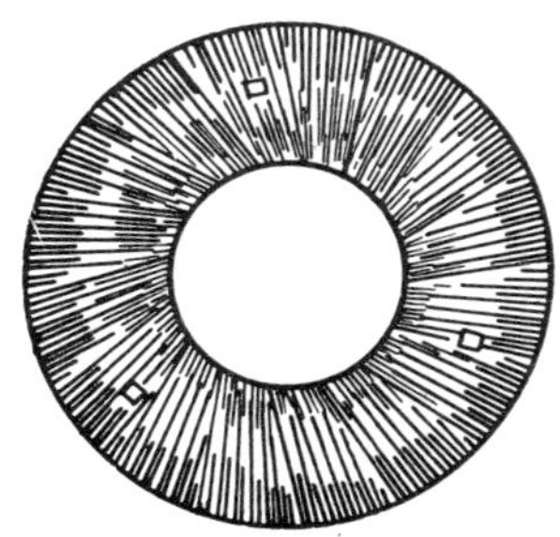

882. Hartgußring einer Schrotmühle
(Tröster, Butzbach)

Diese Werkzeuge bestehen aus glasharten Hartgußringen (Bild 882), in deren Oberflächen feilenartige Riffeln und Zähne mit eingegossen sind. Sie wirken mehr schneidend als reibend auf das Mahlgut und lassen demzufolge scharfkantige Schrotteilchen entstehen. Hierdurch fühlt sich der Schrot nicht wollig, wie bei den Steinmühlen, sondern körnig und hart an.

Die Mahlprofile sind bei den verschiedenen Fabrikaten sehr verschieden ausgeführt. Sie verfolgen alle den Grundsatz, für das Einziehen des Schrotmaterials zwischen den beiden zusammenwirkenden Ringen innen einen mehr oder weniger großen freien Raum zu lassen, was durch eine Abschrägung der Ringe nach innen erreicht wird. Weiter nach außen wird durch zunächst gröbere Teilung der Riffeln vorzerkleinert; mit zunehmender Entfernung nach außen wird durch feinere Riffelung und durch die nach außen zunehmende Arbeitsgeschwindigkeit das Korn feiner zerkleinert.

Die Ringe sind glashart und nutzen sich darum nur wenig ab. Werden sie schließlich stumpf, so müssen sie ausgewechselt werden, was sich sehr leicht bewerkstelligen läßt, denn es brauchen meist nur 3 Befestigungsschrauben gelöst zu werden. Da mit der Härte eine große Sprödigkeit Hand in Hand geht, so brechen die Ringe leicht bei Stößen und Schlägen. Man darf sie infolgedessen nicht auf harten Boden fallen lassen.

Da die Mahlringe viel niedriger gebaut sind als die Mahlsteine, so können die mit diesen Ringen arbeitenden Schrotmühlen zierlicher hergestellt werden. Diese Ringe arbeiten fast nur in vertikaler Anordnung (Bild 883), sonst nach gleichem Prinzip wie die Mahlsteine. Beschickt werden sie von einem Einwurftrichter aus, der durch Speise- und Rüttelvorrichtung das Mahlgut von innen dem Einzugsspalt zwischen den Ringen zuführt.

Hartgußring-Schrotmühlen arbeiten mit Drehzahlen von etwa 350—450 U/min und Mahlringdurchmessern von 180—300 mm. Die Leistungen solcher Maschinen betragen, je nach Baugröße, 75—300 kg in der Stunde; sie haben einen Kraftbedarf von 1—6 PS.

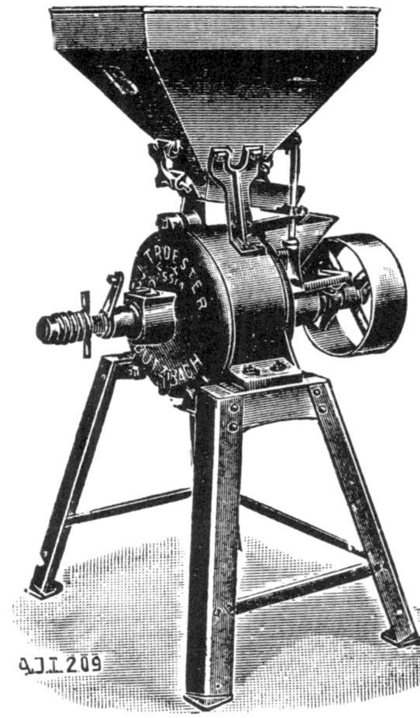

883. Hartgußring-Schrotmühle (Tröster, Butzbach)

Außer den motorisch betriebenen Schrotmühlen dieser Art findet man auch Handschrotmühlen, die durch Handkurbel angetrieben und in kleinsten Betrieben verwendet werden können. Die Mahlringe haben noch kleinere Durchmesser, etwa 150 mm, und leisten etwa 15—20 kg in der Stunde.

Da die Hartgußringe gegen Witterungseinflüsse sehr widerstandsfähig sind, können diese Schrotmühlen in nicht trockenen Räumen aufgestellt werden, bedürfen daher nur der üblichen Maschinenpflege, soweit es sich um die Schmierung der Lagerstellen und die allgemeine Sauberhaltung handelt.

c) Walzenschrotmühlen

Diese Schrotmühlen verarbeiten das Korn mit 2 zylindrisch geriffelten Hartgußwalzen, die mit verschiedenen Umfangsgeschwindigkeiten umlaufen. Die Rillen dieser Walzen verlaufen in leichter Schraubenlinie so um den Walzenmantel, daß sich die Riffeln beider Walzen während der Drehung kreuzen. Da die Bewegungsrichtung der Walzen in der Berührungslinie gleich ist, aber wegen der verschiedenen Umfangsgeschwindigkeiten die schnellere Walze der anderen voreilt, wird das Korn durch die scharfen Riffelkanten zunächst vorzerkleinert und an der engsten Stelle in kleinere und kleinste Teilchen zerschnitten, je nach Anstellung der Walzen.

Da die Zerkleinerung durch die geriffelten Walzen allein für Feinschrot ungenügend ist, hat die schneller umlaufende Walze unter dem ersten Arbeitsbereich noch einen Mahlmantel, ein ebenfalls aus Hartguß hergestelltes Segment. Es ist mit Riffeln versehen und legt sich an die Walze mehr oder weniger dicht an und kann so gewissermaßen in einem zweiten Arbeitsgang feineren Schrot herstellen. Durch diesen Mantel und dadurch, daß die Schrotmühle mit Walzen feiner Riffelung versehen werden kann, kann sie das Gut bis zu feinsten Graden vermahlen.

Außerdem kann man die Walzen mit gleicher Umdrehungsgeschwindigkeit laufen lassen und die Maschine als Quetschmühle verwenden. In Bild 884 ist eine Walzen-Schrotmühle im Schnitt dargestellt. Aus dem Einfülltrichter 1 gelangt das Mahlgut über eine Einlaßschüttelklappe 2 (die Einlaufmenge kann durch den Einlaßschieber 3 reguliert werden), über Ausscheidungsmagnete 4 zu einem Sieb 5, das die Aufgabe hat, größere Verunreinigungen (Steine usw.) zurückzuhalten. Nach Passieren dieses Siebes gelangt das Mahlgut in den Bereich der vorderen schnellaufenden Walze 6 und wird von ihr mitgenommen und zwischen dieser und der hinteren, langsamer laufenden Walze 7 zunächst vorzerkleinert und beim Durchgang geschrotet.

Der Verschrotungsgrad richtet sich dabei nach der Anstellung der Walze 7, die durch das Stellrad 12 über eine abgefederte Spindel in ihrem Abstand von der Walze 6 eingestellt werden kann. Die rechts im Bild sichtbare Feder dient als Sicherheitsorgan; sollten harte Gegenstände zwischen die Walzen gelangen, so ermöglicht es die Feder der hinteren Walze, auszuweichen. Zu diesem Zweck ist der Andrückhebel oben drehbar gelagert.

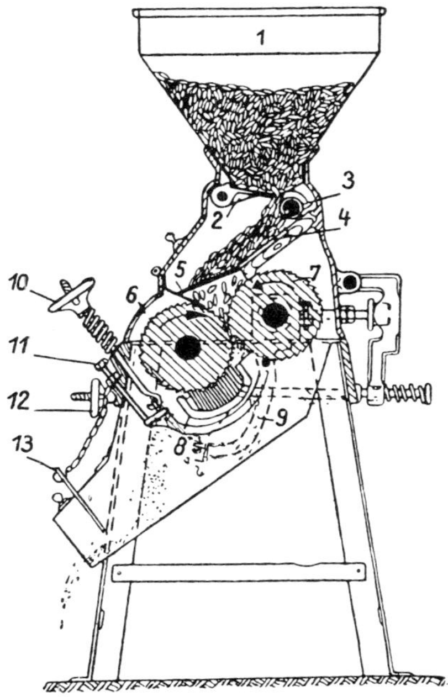

884. Schnitt durch eine Walzen-Schrotmühle. (Stille, Münster)

1 Einfülltrichter
2 Einlaßschüttelklappe
3 Einlaßschieber
4 Ausscheidungsmagnete
5 Sieb
6 schnell laufende Walze
7 langsam laufende Walze
8 Mahlmantel
9 Abschaltstellung des Mahlmantels
10 Stellrad
11 Anschlag
12 Stellrad für Anstellung der Walze
13 Absperrschieber

Nach dem Durchgang durch die beiden Hartgußwalzen wird das geschrotete Gut von der vorderen Walze mit zu dem Mahlmantel 8 genommen, der durch das Stellrad 10 angezogen oder gelockert werden kann, wobei der Anschlag 11 dafür sorgt, daß die Anstellung nicht über ein Mindestmaß hinausgehen kann. Für die Herstellung groben Schrotes oder für die Herrichtung der Maschine zum Quetschen wird der Mahlmantel nicht gebraucht und in Stellung 9 zurückgeschlagen. Der Absperrschieber 13 erleichtert, daß die Absackung verlustlos umgesteckt werden kann.

Solche Walzen-Schrotmühlen können von Personen ohne Fachkenntnisse bedient werden; wichtig ist, daß die von den Lieferfirmen meist rot markierten Schrauben, die mit der Maschineneinstellung nichts zu tun haben, nicht verstellt werden. Die Walzen werden geschont, wenn man sie durch zu dichte Einstellung nicht aufeinanderlaufen läßt, wodurch auch noch so hartes Material verschleißt; dazu kommt in diesem Falle aber noch die Sprödigkeit des Hartgusses, der bei rohen Kräften brechen kann.

Auf den Walzen-Schrotmühlen können alle nicht ölhaltigen Getreidearten und Früchte: Gerste, Mais, Hafer, Weizen, Bohnen, Erbsen vermahlen, verschrotet und gequetscht werden. Ölhaltige Früchte verschmieren in sehr kurzer Zeit die Riffeln, werden hart und machen die Maschine unbrauchbar.

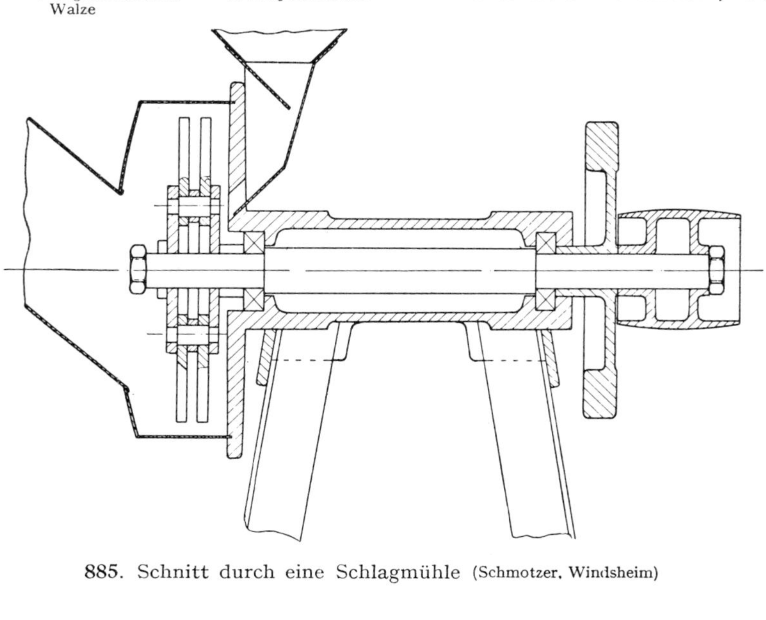

885. Schnitt durch eine Schlagmühle (Schmotzer, Windsheim)

Für die Leistungsfähigkeit der Walzen-Schrotmühlen ist die Breite der Arbeitsfläche maßgebend, die mit breiter werdenden Walzen wächst. Sie liegen etwa zwischen 200 und 450 mm, wobei breitere Walzen auch einen größeren Durchmesser verlangen, der etwa 135 bis 225 mm sein soll. Die Drehzahl der Walzen ist allgemein 450 U/min; entsprechend der Größe der Maschinen bewegt sich ihre Leistung zwischen 100 bis 1000 kg in der Stunde bei einem Kraftbedarf von etwa 1,5 bis 10 PS, wobei der Feinheitsgrad und der damit verbundene Kraftaufwand einflußgebend ist, der mit feinerer Einstellung wächst.

d) Schlagmühlen

Sie zerkleinern und mahlen neben Getreidekörnern und Hülsenfrüchten auch ölhaltige Früchte wie Lupinen, Leinsamen, Kastanien, Sojabohnen usw., bei denen die anderen bisher behandelten Schrotmühlen versagen.

Solche Schlagmühlen wirken dadurch, daß pendelnd aufgehängte Metallschläger durch eine horizontal gelagerte Antriebswelle in hochtourige in der Senkrechten kreisende Bewegung

886. Schlagmühle mit Riemenscheibe
(Schmotzer, Windsheim)

887. Schlagmühle mit Einbaumotor
(Schmotzer, Windsheim)

versetzt werden und dabei die Früchte zertrümmern. Das spielt sich in einem trommelartigen Gehäuse ab, das (in geringer Entfernung von seiner Wandung) mit einem meist aus Teilstücken bestehenden Siebzylinder versehen ist, dessen Sieblochung dem Feinheitsgrad des Mahlvorganges angepaßt werden kann.

Das Bild 885 zeigt einen Schnitt durch eine derartige Schlagmühle. Eine zweifach gelagerte Welle dreht sich hierbei durch eine rechts angebrachte Riemenscheibe. An der linken Seite befindet sich in einem Gehäuse das Arbeitsorgan, das von rechts oben und auch von links gespeist werden kann. Oben läuft von einem Einfülltrichter aus feinkörniges Mahlgut (Getreide) zu; der linke Stutzen dient zur Speisung mit grobkörnigem, nicht leicht fließendem Mahlgut.

Das Bild 886 zeigt eine Maschine für Riemenantrieb. Der Zuführungsschieber für den Einfülltrichter ist mit Momentverstellung versehen und läßt sich leicht regulieren. Das Mahlwerkzeug wird durch freischwingende, rotierende Hämmer aus Stahl gebildet, deren etwa mit 2300 bis 3300 U/min umlaufende Antriebswelle in Präzisionskugellagern läuft und dadurch eine erhöhte Betriebssicherheit und Lebensdauer verbürgt. Damit der gleichmäßige Lauf der Maschine gefördert wird, ist eine Schwungscheibe angebracht.

Das Bild 887 zeigt eine Maschine ähnlicher Konstruktion, die von einem unter dem Gestell eingebauten Motor angetrieben wird. Diese Maschine ist mit Fein- und Grobauslauf ausgerüstet. Es ist ein Schauglas eingebaut, damit man den Einlauf der Körner beobachten kann. Für die verschiedenen Schrotsorten werden entsprechende Siebe verwendet: Siebe mit 3 mm Rundlochung für feinsten Schrot; mit 4 mm für Mittelschrot, Feinschrot von Hafer und Luzerne sowie mit 6 mm Lochung für Knochen und Grobschrot von Hafer und Luzerne. Die Leistung solcher Maschinen schwankt sehr nach den Antriebsverhältnissen und der Beschaffenheit des Mahlgutes und dem Feinheitsgrad. Man kann im Durchschnitt bei einem Kraftbedarf von etwa 7,5 bis 10 PS rechnen:

bei Mais 200 bis 500 kg in der Stunde,
bei Weizen, bei Gerste, bei Roggen: 150 bis 400 kg in der Stunde,
bei Hafer 100 bis 250 kg in der Stunde.

Kleinere Maschinen arbeiten bereits bei einem Kraftbedarf von nur etwa 3 PS, wobei die Leistung entsprechend niedriger einzusetzen ist.

Das Bild 888 zeigt eine Hammermühle, deren Hammerwelle direkt vom Motor angetrieben wird. Zur Feinbeschickung wird auch hier der große Einschütt-Trichter verwendet; für Grobgut wird entweder ein kleiner Speisetrichter oder eine Schüttrutsche für Langfasergewächse in die aufklappbare Vorderwand der Maschine eingesetzt.

Durch den angebauten Motor macht die Maschine einen kompakten Eindruck (Bild 889), da sie nur aus einem kräftigen gußeisernen Lagerbock und dem aufgesetzten Motor mit dem mit ihm vereinigten Hammerwerk besteht. Das in das Schleudergehäuse (Bild 890) eingeführte Mahlgut wird von den umlaufenden breiten Hämmern des Schlagwerkes so lange

888. Hammermühle „Debus“ (Debus, Frankfurt)

889. Hammermühle mit Anbaumotor (Debus, Frankfurt)

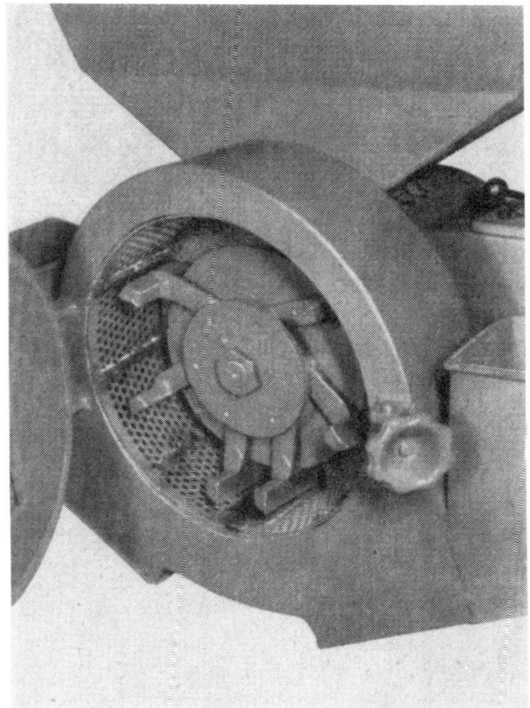

890. Blick auf das Hammerwerk (Debus, Frankfurt)

in der Siebtrommel zerschlagen, bis es genügend fein ist und durch die Sieblochungen nicht weiter dem Schlagwerke ausgesetzt wird.

Das Schleudergehäuse verfügt über zwei Ausläufe, so daß gleichzeitig an zwei Stellen abgesackt werden kann. Die Maschine arbeitet mit einem 5,5-PS-Motor. Wenn man die richtigen Siebe einsetzt (von 1 mm bis 13 mm), kann man etwa 100 bis 1000 kg in der Stunde schroten, je nach Feinheit des Schrotes. Bei Mais kann man die Siebe fortlassen und erhält dann in der Stunde 1150 kg Kükenfutter fast ohne Mehlanteil.

3. Ölkuchenbrecher

Diese Maschinen sind nur dafür bestimmt, die verhältnismäßig harten Ölkuchen so zu zerkleinern, daß sie den Tieren genehm sind. Ölkuchen sind ein Rückstandsprodukt der Ölerzeugung, das wegen seiner nährstoffhaltigen Bestandteile gern als Kraftfutter gegeben wird.

Die Arbeitswerkzeuge bestehen in einer auf der Antriebswelle durch Haftsitz verbundenen Brechwalze und einem Brechkorb. Durch eine Führung, die dem tafelförmigen Ölkuchen entspricht, werden sie in den Bereich der Brechwalze gebracht. Sie arbeitet dem Brechkorb entgegen. Die auf der Brechwalze sitzenden Hauenzähne zerstückeln die Ölkuchen in kleine Brocken.

Gelangen harte Fremdkörper in die Maschine hinein, so rutscht die Brechwalze wegen des entstehenden Widerstandes auf der weiterlaufenden Antriebswelle, weil eine Reibverbindung zwischen Brechwalze und Antriebswelle besteht. Die Brechwalze bleibt stehen. Ist der Fremdkörper entfernt, so hat man die Reibkupplung nur durch zwei Mutterschrauben wieder anzuziehen; zuvor ist die Maschine stillzusetzen.

Der Brechkorb ist zweiteilig. Im allgemeinen läßt man für Feinbruch den ganzen Korb eingreifen. Soll aber Grobbruch erzielt werden, so klappt man die untere Hälfte des Korbes nach unten.

Der besonders stark und kräftig gebaute Brechkorb wird durch einen Hebel auf Bruchkörnungsgröße eingestellt. Damit die Maschine

891. Ölkuchenbrecher „Tiger“ (Claussen, Koppeln)

892. Cramer-Rübenmusmühle (Cramer, Leer)

ganz gleichmäßig arbeitet, und um härtere Brocken leichter brechen zu können, ist sie (Bild 891) mit einem Schwungrad versehen.

Die Brechwelle läuft mit etwa 180 U/min um. Die Leistung solcher Ölkuchenbrecher beläuft sich bei Feinbruch etwa auf 800 bis 1500 kg, bei Grobbruch auf etwa 2000 bis 4000 kg in der Stunde; der Kraftbedarf ist gleichbleibend etwa 1,5—2 PS.

K. Musmühlen

Bereits seit längerer Zeit werden Futter- und Nahrungsmittel von schnell arbeitenden Werkzeugen zerkleinert. Es sei auf den Starmix verwiesen. Diese Technik hat man besonders beim Futter zur Schweinemast zu verwerten getrachtet und die Musmühle konstruiert.

Ihre Aufgabe ist, Zuckerrüben, Runkeln, Steckrüben usw. zu einem schmackhaften Mus zu verarbeiten, das ungedämpft verfüttert werden kann. Die Rübenschnitzel, die beim Rübenschneiden entstehen, sind für die Schweinemast zu groß. Das Schweinefutter muß möglichst klein geformt sein, damit es auf dem kurzen Verdauungswege gründlichst ausgenutzt werden kann. Dadurch wird die Mastzeit nicht unerheblich verkürzt. — Die Musmühlen können gleichzeitig verschiedene Früchte zu einem einheitlichen Brei vermusen und deshalb auch als Futtermischmaschinen eingesetzt werden.

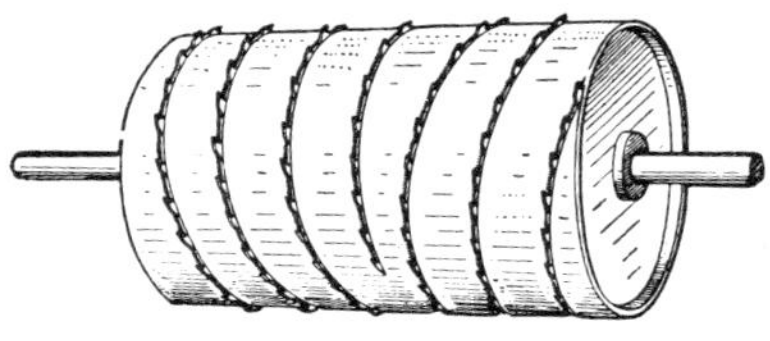

893. Fräswalze der Cramer-Musmühle (Cramer, Leer)

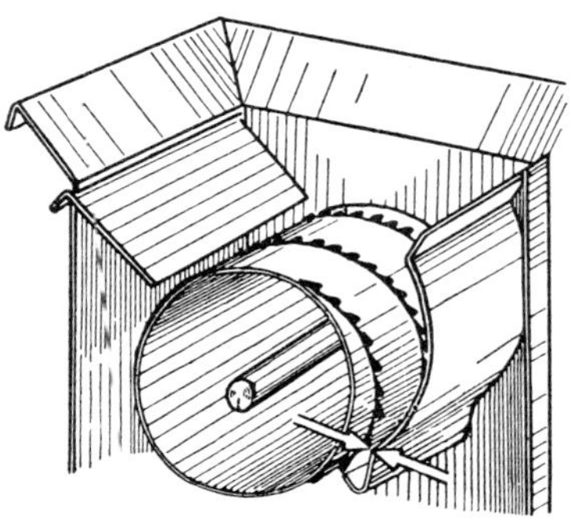

894. Arbeitsraum der Cramer-Musmühle (Cramer, Leer)

Bei der Cramer-Rübenmusmühle (Bild 892), die durch Riementrieb mit oder ohne angebautem Motor betrieben wird, dient als Arbeitselement eine mit 500 U/min umlaufende Frästrommel (Bild 893). Die gehärteten Zähne dieser Trommel laufen in zwei gegenläufigen Windungen um die zylindrische Trommel herum. Das in den Einfülltrichter gelangende Zerkleinerungsgut wird durch die Trommelzähne erfaßt und gewissermaßen abgeraspelt und geht in den von Trommel und Druckklappe gebildeten verengten Raum, der durch Pfeile gekennzeichnet ist (Bild 894). Durch einen außen angebrachten Handhebel (siehe Bild 892) ist die Druckklappe zu lösen. Sie soll so eng wie möglich an die Trommelzähne angestellt werden, doch dürfen keinesfalls die Zähne die Klappe berühren. Um den Abstand zu regulieren, was nötig ist, wenn eine neue Trommel eingesetzt wird, sind die Lager der Trommelwelle (Bild 895) durch Lösen der Befestigungsschrauben so lange zu verschieben, bis beim Drehen der Riemenscheibe die Trommelzähne leicht an der Druckklappe schleifen. Dann setzt man die Trommel wieder um eine Kleinigkeit zurück, so daß sie frei läuft.

Damit kein Bruchschaden entsteht, wenn größere, harte Gegenstände in die Mühle geraten, ist die Antriebsriemenscheibe durch einen Abscherstift gesichert, der in einem solchen Fall durchbricht, so daß die Riemenscheibe leerläuft, während die Trommel stehenbleibt. Wenn der Motor abgestellt und die Störung beseitigt ist, löst man die Stellschraube von der Riemenscheibe, zieht sie ab und schlägt den abgescherten Stift mit einem Durchschlag heraus (Bild 896), setzt einen neuen Abscherstift ein und baut die Riemenscheibe wieder ordnungsgemäß mit dem Stellring ein. Abscherstifte werden mit der Maschine von den Firmen mitgeliefert.

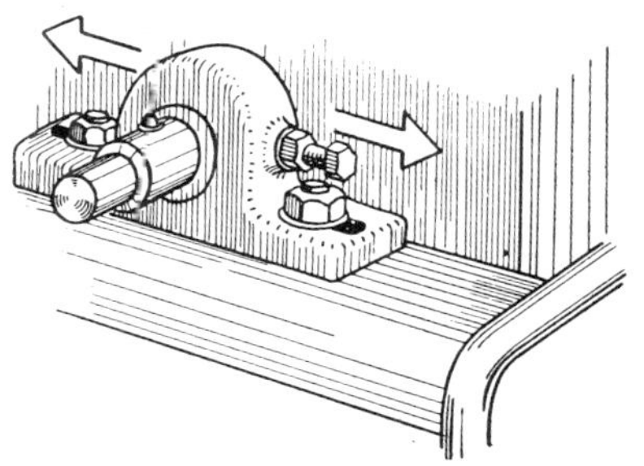

895. Die Regulierung des Trommelabstandes erfolgt durch Verschieben der Lager der Trommelwelle (Cramer, Leer)

Wenn mit der Zeit die Zähne der Frästrommel stumpf werden, muß sie ausgebaut werden, weil man die glasharten Zähne nicht nachschärfen kann. Man muß also die Trommel ausbauen und neu verzahnen lassen oder eine neue Trommel einbauen. In beiden Fällen muß die alte Trommel gelöst werden. Zu diesem Zweck werden 4 Schrauben gelöst und das Hauptgehäuse abgenommen; dann schlägt man mit einem Durchschlag den Kerbstift heraus (Bild 897), der die Trommel mit der Welle verbindet und kann dann die Welle herausziehen, so daß die Trommel frei wird. Diese Maschine muß ordnungsmäßig gewartet werden; es sind nicht nur die Lagerstellen zu schmieren, sondern die ganze Maschine ist nach dem Gebrauch sachgemäß zu pflegen. Die Fruchtrückstände bilden nach kurzer Zeit Säure, die die Eisenteile und die mit Lack überzogenen Teile der Maschine angreift. Daher ist sie nach dem Gebrauch stets zu durchspülen und mit einem Eimer reinen Wassers zu reinigen. Da das Mus dieser Maschine nicht besonders fein ausfällt, kann sie bei einem Kraftbedarf von etwa 2 PS bis zu 70 Ztr. in der Stunde vermusen.

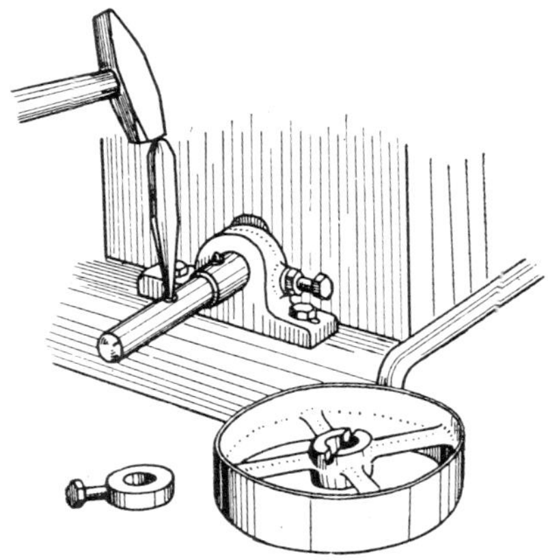

896. Sicherung der Riemenscheibe durch einen Abscherstift. Bei Bruch Herausschlagen des abgescherten Stiftes mittels Durchschlag (Cramer, Leer)

Auf völlig anderer Basis arbeitet die „Panag"-Musmühle (Bild 898), die in einem vertikalen Zylinder durch einen mit einer Drehzahl von 1500 U/min rotierenden, mit Messern versehenen Boden das Gut zunächst zerkleinert. Dann wird es durch eine am Umfang des Bodens mit Schlitzen versehene Blende, die mit einer stehenden äußeren Blende schert, in feinstes Mus zerkleinert. Die Maschine wird mit angeflanschtem Motor oder auch ohne Motor geliefert, doch ist es wegen der schupflosen Kraftübertragung zweckmäßig, einen angeflanschten Motor zu verwenden.

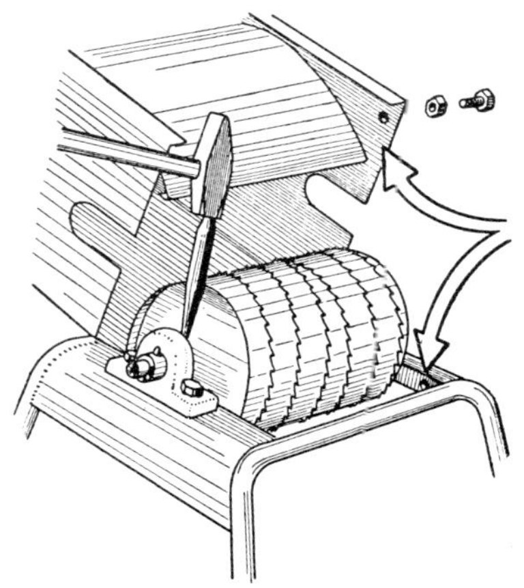

897. Ausbau der Trommel durch Herausschlagen des Kerbstiftes aus der Trommelwelle (Cramer, Leer)

Bei der intensiveren Verarbeitung der Rüben usw. beträgt der Kraftbedarf etwa 5,5 PS; es werden bis zu 100 Ztr. in der Stunde vermust.

898. Panag-Musmühle (Holthaus, Dinklage)

Die Maschine, deren Arbeitselemente aus dem im Bild 899 dargestellten Querschnitt zu erkennen sind, gestattet beliebige Einstellung, um die gewünschten Feinheitsgrade beim Musen und auch beim Schroten zu erzielen. Bei einem Kraftbedarf von 5,5 PS erreicht sie bei Feinstvermusung von Hackfrüchten und gedämpften Kartoffeln etwa 50 Ztr. in der Stunde, bei der Feinstvermusung von Gras, Klee und Rübenblättern etwa 15—20 Ztr. ohne Wasserzusatz. Ebenso kann sie getrocknetes Grünfutter zu größter Feinheit vermahlen. Die Leistung beim Schroten liegt etwa bei 6 Ztr. in der Stunde; Hackfrüchte schnitzelt sie bis zu 100 Ztr. in der Stunde.

Die Weiterentwicklung der genannten Type hat zur Konstruktion der Panag-Standard geführt, einer Musmühle, die bei kleinerer Bauart und geringerem Kraftbedarf für mittlere und kleinere Betriebe sämtliches Futter aufbereitet von Stoffen jeglicher Art, ohne Wasserzusatz zu benötigen. Die Stundenleistung dieser Maschine beträgt, je nach Futterart, bis zu 50 Ztr. in der Stunde, bei einem Kraftbedarf von etwa 3 PS.

Die bisherigen Leistungen der Musmühlen haben eine ganze Reihe von Firmen veranlaßt, Musmühlen zu bauen, die sich in ihren Arbeitselementen und teilweise auch in der Arbeitsweise sehr voneinander unterscheiden.

In der neuen Cramer-Musmühle wird ähnlich vermust wie in der Panag-Musmühle. Statt der beiden Blenden ist nur eine feststehende, nach unten gezackte Blende (Bild 900) vorgesehen, an der 2 auf dem rotierenden Boden befestigte Doppelmesser entlangarbeiten und vermusen. Auch diese Maschine hat einen angeflanschten Motor.

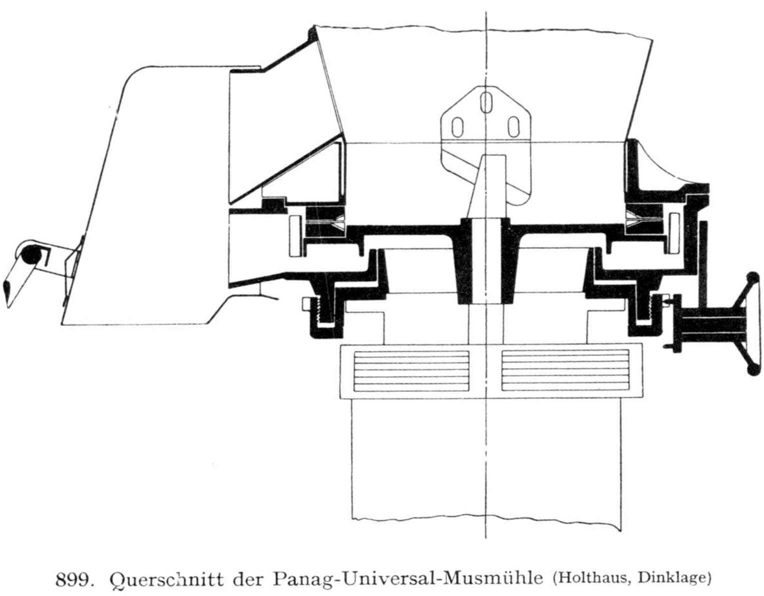

899. Querschnitt der Panag-Universal-Musmühle (Holthaus, Dinklage)

Eine weitere neue Konstruktion ist die ‚Reido'-Musmühle (Bild 901), die in 3 verschiedenen Ausführungen hergestellt wird und die Bezeichnungen I, II, III trägt. Die beiden ersten Ausführungen können auf Wunsch mit einem eingebauten Grünfutterschneider und Messerschutz versehen werden. Diese Bauweise bedingt allerdings, daß bei der Größe I statt des vorgesehenen 1,5-PS-Motors ein solcher von 2 PS und bei der Größe II anstatt des vorgesehenen 1,2-PS-Motors ein solcher von 1,5 PS verwendet wird. Diese Maschine arbeitet mit einer rotierenden Platte, die 4 Reihen nach oben löffelförmig durchgebogener Löcher hat. Sie wird als Messerschutz eingelegt. Messer, die nicht gerade benutzt werden (wenn gedämpfte Kartoffeln zu bearbeiten sind), können nicht von Steinen beschädigt werden, die in die Maschine mit hineingeraten. Die gelochte Platte ermöglicht auch einen zweiten Mahlgang mit außergewöhnlicher Feinheit, da das Gut nicht von den Messern erfaßt wird, sondern von der gelochten Platte zu Mus zerrieben wird, was aber die doppelte Arbeitszeit beansprucht.

900. Neue Cramer-Musmühle (Cramer, Leer)

901. Reido-Musmühle (Reinermann, Dortmund)

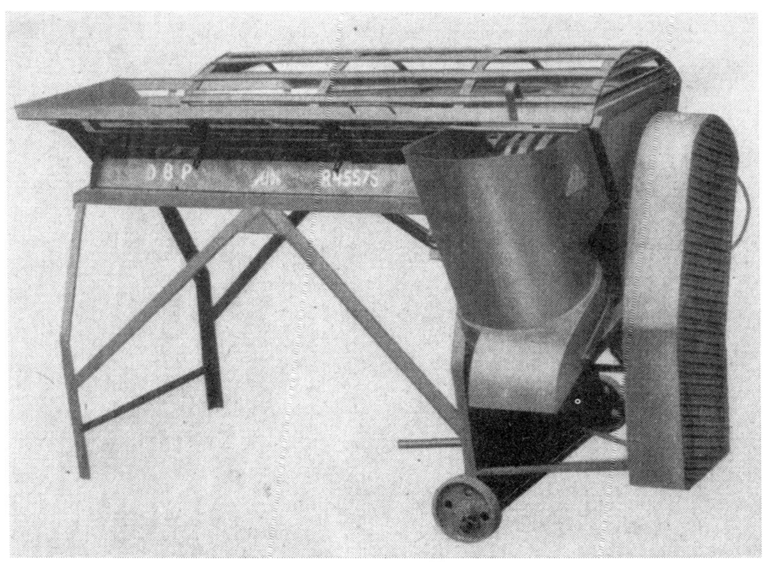

902. Reido-Kombi. — Rübenreiniger mit angebauter Musmühle (Reinermann, Dortmund)

Die Maschine vermust etwa 30 Ztr. Hackfrüchte in der Stunde, eine Leistung, die bei feinerer Vermusung bis auf 20 Ztr. herabgeht. Für gedämpfte Kartoffeln, Silo-Kartoffeln und Grünfutter liegt die Leistung bei etwa 15 Ztr. in der Stunde.

Wenn die Maschine gut und störungsfrei vermusen soll, müssen die Früchte, vor allem die Rüben, sauber sein. Darum wird die Musmühle oft statt des sonst üblichen Rübenschneiders an die Rübenreinigungsvorrichtung angebaut.

In der in Bild 902 gezeigten Darstellung, die eine „Reido-Kombi", einen Rübenreiniger mit Grobschneider und Rübenmusmühle, bringt, wird ohne Zahnräder vom Motor aus durch Keilriemen angetrieben. Sämtliche Lagerstellen sind kugel- und rollengelagert und daher leicht abzuschmieren. Darum verschleißt diese Anlage äußerst gering. Die Reinigungstrommel

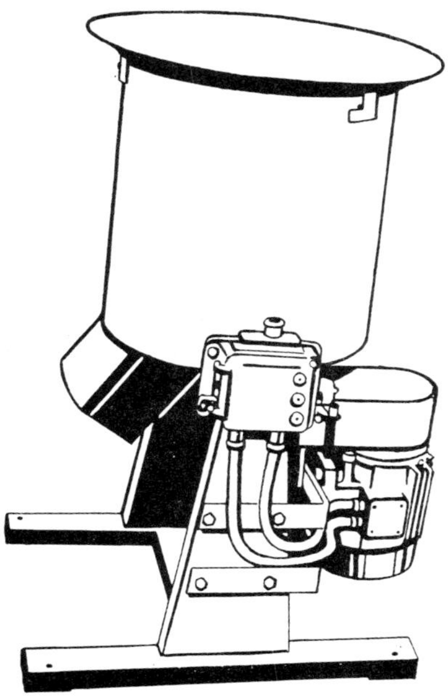

903. „Mastfreund" mit Anbaumotor
(Stille, Münster)

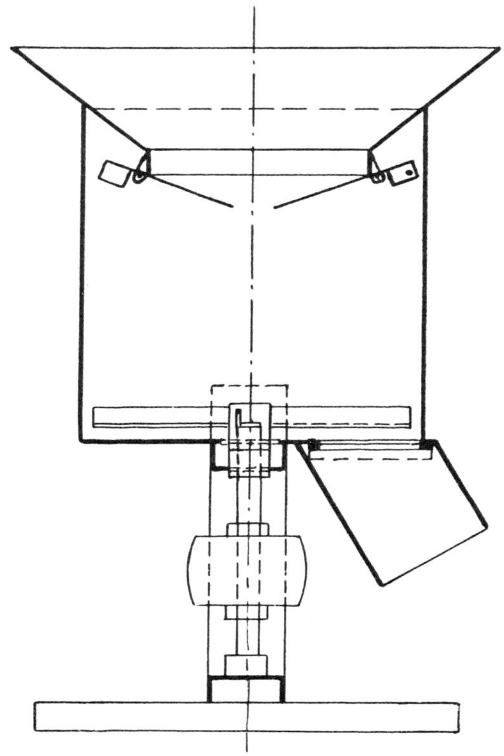

904. „Mastfreund"-Musmühle mit Riemenantrieb
(Stille, Münster)

besteht aus einem geschlossenen Korb aus Streckmetall, der sich infolge der schonenden Behandlung, vor allem der Rüben, sehr bewährt hat. Die Reinigerwandung ist einseitig verstellbar; die Reinigung kann auf die Größe der Rüben eingestellt werden. Dadurch vermeidet man, daß kleine Rüben in dem spitzen Winkel zerdrückt werden. Die Leistung dieser kombinierten Anlage beträgt etwa 25 Ztr. in der Stunde.

Weitere Musmühlen ähnlicher Bauart und Antriebsweisen sind die in verschiedenen Größentypen gebauten Musmühlen „Mastfreund". Diese Maschinen arbeiten mit einem Schlagkreuz. Das Bild 903 zeigt eine größere Type für 5—7 PS Leistung mit Anbaumotor; das Bild 904 die gleiche Type mit Riemenscheibenantrieb; das Bild 905, die kleinste Type, für 1,1 PS bei einer Leistung von 40 Ztr. in der Stunde. Die schräggestellte Art der Maschine ist gewählt worden, damit der Ablauf sich erhöht. Sie findet sich bei verschiedenen Bauarten vor (Bild 906).

Die bisher behandelten Musmühlen hatten kontinuierlichen Betrieb, d. h. das oben hineingegebene Zerkleinerungsgut lief in beständigem Fluß unten aus der Auslauföffnung in einen

Behälter ab. Da beim Vermusen oft verschiedene Futterstoffe vermischt werden, die unter Umständen in einem bestimmten Mischungsverhältnis zu verabreichen sind, so sind Musmaschinen ohne kontinuierlichen Betrieb entwickelt worden, die die Bezeichnung Futter-Mus- und Mischmaschinen verdienen. Eine solche Musmühle ist in Bild 907 dargestellt. Ihr Kennzeichen ist der unten vollkommen geschlossene Behälter. Dem zu zerkleinernden und zu mischenden Futter entsprechender Zusammensetzung wird Flüssigkeit beigefügt; dann wird es in den Behälter gegeben und der Motor angestellt; es wird gemust und gemischt. Dann stellt man den Motor ab und kippt den Inhalt des Behälters aus. Zu diesem Zweck ist der

905. „Mastfreund MH"
(Stille, Münster)

906. Schrägstehende Musmühle mit Anbaumotor
(H. C. Fricke, Bielefeld)

Behälter kippbar gemacht worden; die Verbindung mit dem Motor wird durch eine besondere Kupplung erreicht, die sich beim Kippen durch eine Handhabe löst.

Ein ähnlicher Mus- und Misch-Vorgang geht auch beim „Mast-Mix" vor sich, der in Bild 908 im Schnitt dargestellt ist. Bei dieser Maschine ist der Behälter mit einem Auslaufventil versehen, das zum Ablassen des fließbaren Futters dient.

Der Mast-Mix wird in 3 Größen mit 60, 80 und 100 l fassendem Behälter und mit 3-, 5- und 6,5-PS-Motor gebaut; er läßt das Vermusungswerkzeug mit 3000 U/min umlaufen, zerkleinert das Futter feinstens und mischt es innig in kürzester Zeit. Man kann etwa rechnen, daß das Futter für 50 Schweine in 15—20 Minuten bereitet werden kann. Zur Bereitung des Futters für 30 Schweine wird die kleinste Type genügen, für 100 Schweine die mittlere und über 100 die größte Type.

Musmühlen sind Maschinen mit hoher Drehzahl. Wenn diese Maschine geringen Umfanges mit der Hand beschickt wird, so besteht besonders bei sperrigem Futter (Rübenblätter und ähnliche Futterstoffe) die Gefahr, daß Hände und Arme von den rasend schnell umlaufenden Messern erfaßt werden. Darum ist es strikt verboten, solche Maschinen von Hand aus zu beschicken. Auch können in die Maschine hineingeratene Steine oder andere harte Fremdkörper, ja selbst harte Futterstoffe, während der Vermusung aus dem Behälter nach oben herausfliegen und in der Nähe stehende Personen schwer verletzen. Daher ist auch in dieser Hinsicht besondere Obacht erforderlich. Das Personal muß auf diese Gefahren aufmerksam gemacht werden, bevor die Maschine in Betrieb genommen wird.

Bei Musmühlen, die durch Riemen angetrieben werden, sollten Mühle und Motor gegenseitig durch eine Bohle so verspannt werden, daß der Riemen unbedingt straff sitzt und nicht

907. Mus- und Mischmühle
(H. C. Fricke, Bielefeld)

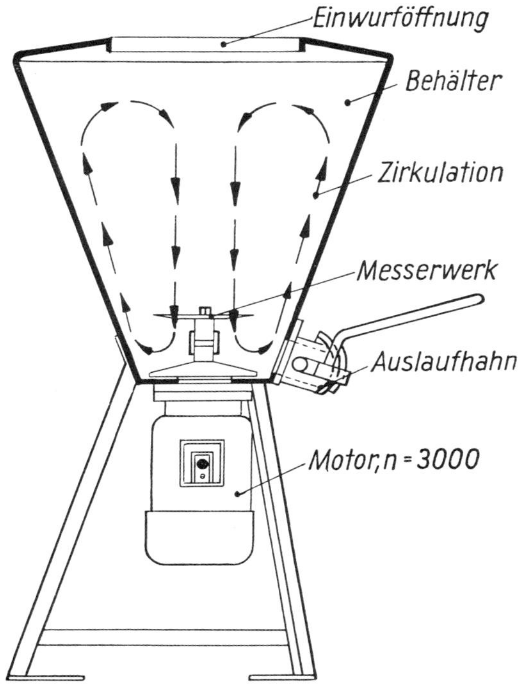

908. Schnitt durch den „Mast-Mix"
(Hüttenwerk Michelstadt)

rutschen kann. Rutschende Riemen setzen die Leistung der Maschine herab; sie läuft nicht mit der erforderlichen Drehzahl und liefert kein einwandfreies Mus. Steine werden meist von den Arbeitsorganen ohne weiteres mitverarbeitet, dabei bleibt nicht aus, daß die Messer schartig werden und zu früh abstumpfen. Auch bei normalem Betrieb sind die Messer von Zeit zu Zeit herauszuschrauben und nachzuschärfen. Verbogene Messer sind zu richten, gegebenenfalls durch neue zu ersetzen. Sollte sich die Maschine verstopfen, weil beim Anlaufen die Maschine noch nicht die erforderliche Drehzahl hat und zu früh beschickt worden ist, so stellt man sofort den Motor ab, behebt die Störung und beschickt die Maschine erst, wenn der Motor auf vollen Touren ist.

L. Kartoffeldämpfer

Wenn hauptsächlich Kartoffeln verfüttert werden müssen, sollten sie zuvor gekocht oder gedämpft werden, weil sie schädliche Stoffe enthalten. Die schädlichen Stoffe werden durch Wärme vernichtet.

Beim Kochen der Kartoffeln wird viel Feuerung verbraucht; das Dämpfen ist bedeutend wirtschaftlicher. Die Technik hat in langer Entwicklungszeit Kartoffeldämpfer geschaffen, die das Futter zweckmäßig und einfach zubereiten.

Das Wesentliche des Dämpfens ist, daß man für die Durchheizung der Kartoffeln nur wenig Wasser in einem geschlossenen Kanal zu verdampfen braucht und dadurch Feuerung und Zeit spart; die Kartoffeln lassen sich dann durch Drücken und Quetschen leicht vermusen.

Die Dämpfapparate sind in jeder Größe, je nach erforderlicher Fütterungsmenge, als kleine eimerartige Apparate, als größere Dämpfer und als Großanlagen auf dem Markt zu haben. Die Großanlagen haben sich als fahrbar eingerichtete Dämpfkolonnen in Genossenschaften und im Lohneinsatz als besonders wirtschaftlich erwiesen.

Kohle, Holz und auch elektrische Energie sind für das Dämpfen verwendbar.

Es sollen zunächst die verschiedenen Bauarten der Kartoffeldämpfer behandelt werden:

909. Schnelldämpfer
(Ventzki G.m.b.H., Eislingen)

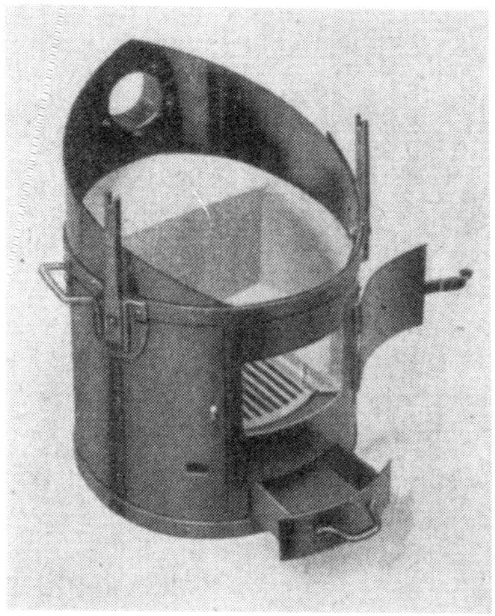

910. Feuerraum des Ventzki-Schnelldämpfers
(Ventzki G.m.b.H., Eislingen)

Für kleinste und mittlere Betriebe ist der Ventzki-Schnelldämpfer ein sehr zweckmäßiges und bequem zu bedienendes Gerät, das als Kipp-Dämpfer besonders handlich ist (Bild 909). Der Dämpfer gleicht einer größeren Milchkanne und wird in acht verschiedenen Größen mit einem Fassungsraum von 80 bis 450 l hergestellt; das kommt einem Kartoffelraum für 45 bis 270 kg gleich.

Der Dämpfer besteht aus dem unteren Feuerraum und dem oberen, auf ihm kippbar aufgesetzten Dämpfkessel. Der Feuerraum (Bild 910) ist sehr groß, so daß der Kesselinhalt durchgedämpft wird, ohne daß Brennmaterial nachgelegt zu werden braucht. Trotz der niedrigen Gesamthöhe des Dämpfers ist die Höhe der Feuerung so groß gehalten, daß die Flamme sich gut entwickeln kann. Eine gemauerte Feuerbrücke sorgt für zweckmäßige Feuerführung, so daß die Heizgase ins Rauchrohr gelangen. Die Feuerung ist mit einem Schamotteschutz als Wärmeisolierung umgeben, damit die Hitze besser ausgenutzt wird. Er soll gleichzeitig die feuerbestrichenen Eisenteile gegen Verzunderung schützen und haltbarer machen. Der Zug wird durch einen unten angebrachten Aschenkasten reguliert; der Dämpfer ist leicht zu warten.

911. Schnelldämpfer, gekippt mit Einsatz und Deckel (Ventzki G.m.b.H., Eislingen)

912. Elektrodämpfer (Mauser-Werke, Waldeck)

Der Dämpfkessel (oder auch das Dämpffaß) ist völlig ausbalanciert und kann mühelos gekippt werden (Bild 911). Er ist sehr breit, weniger tief und beschleunigt das Dämpfen durch die große Berührungsfläche des Bodens mit dem Feuer. Auf dem Boden wird vor dem Füllen ein Einsatz eingeführt, der den Schmutz beim Dämpfen unter sich läßt. Das eingefüllte Wasser, das nur einige Zentimeter hoch im Dämpfkessel steht, steigt durch das in der Mitte des Einsatzes angebrachte Dämpfrohr nach oben in einen mit einem Deckel verschlossenen Dämpfraum. Die Zeit vom Anheizen bis zur Dampfbildung ist verschieden, je nach Größe des Dämpfers. Auch spielt dabei eine Rolle, ob eine erste Füllung gedämpft wird oder ob die Anlage noch vom letzten Dämpfen heiß ist. Für das Anheizen braucht man durchschnittlich 20—40 Minuten; für das Dämpfen etwa 15 Minuten. Der Verbrauch an Feuerungsmaterial hängt sehr vom Zustand der Anlage ab; Schlamm und Kesselstein sind für die Wärmeleitfähigkeit des Kesselbodens ausschlaggebend. Um Feuerung zu sparen, ist der Dämpfkessel stets sauber zu halten. Durchschnittlich werden 3—6 kg Steinkohlen zum Dämpfen eines Doppelzentners Kartoffeln benötigt.

Das Bild 912 stellt einen Elektro-Dämpfer dar, der mit jeder Art elektrischen Stromes beheizt werden kann. Bei dieser Bauweise wird durch Heizplatten geheizt, doch gibt es auch Dämpfer mit Mantelbeheizung oder mit Siederohren. Der Dämpfkessel hängt in einem Drehgestell und kann in verschiedenen Stellungen durch einen Rastenhebel festgestellt werden. Im Innern befindet sich, wie bei anderen Dämpfern, ein Schlammeinsatzboden mit einem

Dämpfrohr. Der Verschluß ist durch hitzebeständige Dichtungen abgedichtet.

913. Fahrbare Dämpfkolonne (Bruns, Bad Zwischenahn)

Solche Elektro-Dämpfer werden in Größen von 100—250 l Inhalt hergestellt, was einem Füllraum von 50 bis 150 kg Kartoffeln ungefähr gleichkommt. Die Wasserfüllung soll bei diesen Dämpfern, den Größen entsprechend, etwa $^1/_{20}$ des Inhaltes betragen, so daß bei einem Kessel von 100 l Inhalt etwa 5 l Wasser zum Dämpfen nötig sind. Andere Firmen bauen Elektro-Dämpfer mit kleinerem Inhalt. Bei ihnen ist mehr Dämpf-Wasser nötig. Bei einem 40-l-Dämpfer braucht man beispielsweise 3 l Wasser. Die Dämpfzeit bei Elektro-Dämpfern beträgt ungefähr 4 Stunden. Es ist sehr zweckmäßig, den Deckel erst 3—3$^1/_2$ Std. nach Ausschalten des Stromes zu öffnen, denn beim Nachdämpfen bilden sich Vitamine.

Beim Elektro-Dämpfer stellt man den Strom erst an, wenn der Deckel des gefüllten Kessels fest verschraubt ist. Bei nicht gefülltem Behälter werden die Wandungen so heiß, daß die Heizwiderstände verschmoren und die ganze Anlage zerstört wird.

Elektro-Dämpfer sind besonders wirtschaftlich, wenn billiger Nachtstrom ausgenutzt werden kann. In solchem Fall sollte man mit einer Schaltuhr arbeiten, die den Strom zur bestimmten Zeit ausschaltet, so daß der Dämpfer nachts ohne Aufsicht arbeiten kann. Bis zum nächsten Morgen ist dann das Futter gedämpft und nachgedämpft. Elektro-Dämpfer der oben angegebenen Leistungen verbrauchen etwa 1,8—3,6 kW Strom.

Das Bild 913 zeigt eine Dämpfkolonne mit einer Stundenleistung von 1500 kg Dämpfgut, wie

914. Stationäre Großdämpfanlage (Bruns, Bad Zwischenahn)

sie für die Gemeinschaft verwendet werden kann. Die Anlage besteht aus einem vierrädrigen, kräftigen Fahrgestell mit Hinterachsfederung, auf dem ein stehender Dampferzeuger von 9 m² Heizfläche und 3 Dämpffässer von je 5 kg fest eingebaut sind. Die Dämpffässer laufen nach unten konisch zu und sind auf einem Drehgestell befestigt, so daß sie nach jeder Seite auf dem mit einem starken Kugellager-Drehkranz versehenen Drehgestell verdreht werden können. Die Fässer können unmittelbar an die Grube oder an andere Behälter herangefahren und entleert werden. Die konische Form der Dämpffässer gewährleistet deren vollkommene Entleerung.

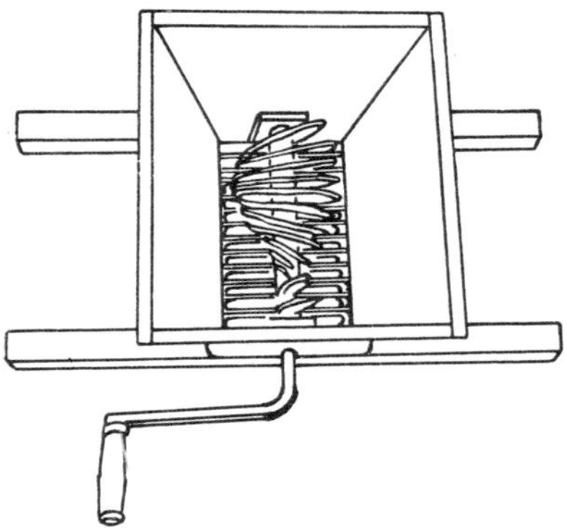

915. Kartoffelquetsche

Eine ähnliche, jedoch stationäre Anlage für 900 Ztr. Tagesleistung ist die in Bild 914 dargestellte Dämpfanlage, die durch eine schwenkbare Beschickungsanlage vervollständigt wird. Solche Anlagen, deren Dämpfbehälter noch vergrößert werden können, kommen jedoch nur für Großmästereien in Frage.

M. Kartoffelquetschen

Die gedämpften, nur noch lose zusammenhängenden Kartoffeln werden von Kartoffelquetschen, durch die sie hindurchgedreht werden, zu einer breiigen Masse vermust, sobald sie den Dämpfer verlassen haben.

Die Kartoffelquetschen bestehen aus einem Einfüll-Trichter (Bild 915), auf dessen Grund ein Eisenrost liegt. Über ihm ist eine Vierkantwelle mit einer Handkurbel drehbar gelagert, auf der sich einzelne Quetschfinger so angeordnet befinden, daß sich ihre beiderseitigen freien Enden auf einer Schraubenlinie bewegen und durch die Schlitze des Rostes hindurchgreifen. So greift nach Füllen des Trichters mit gedämpften Kartoffeln bei der Wellendrehung ein Finger nach dem anderen ein und drückt scherend das Quetschgut durch den Rost hindurch.

Diese sehr einfache Vorrichtung ist als Quetsche für sich auf zwei Unterlegehölzern gelagert, so daß man sie bei der Arbeit auf den Behälter setzen kann, der das Quetschgut aufnehmen soll.

Es gibt Dämpffässer, die in ihrem unteren Auslaß eine nach gleichem Prinzip arbeitende Quetschvorrichtung fest eingebaut haben. Bei stationären Anlagen findet man Anbauquetschen größerer Dimensionen.

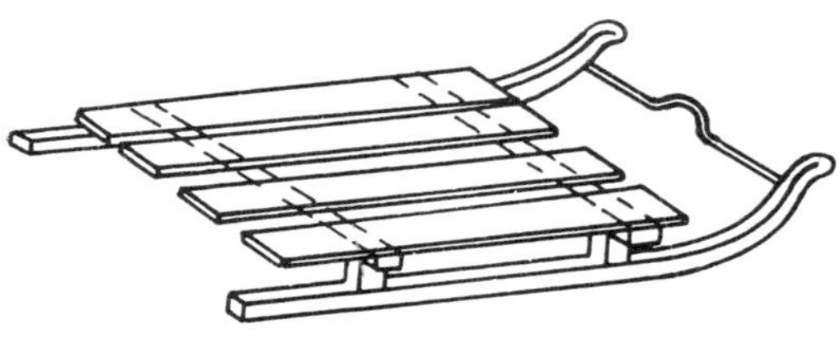

916. Schlitten

Wesentlich ist, daß das Dämpfgut ungehemmt durch die Quetsche fließt, so daß nicht nachgestopft zu werden braucht.

Solche Quetschen sind aus Gußeisen hergestellt; die sonstigen Teile, Trichter und Unterlegehölzer, sind aus Holz.

XIII. Transportanlagen

Im Landwirtschaftsbetrieb beansprucht der Transport die meiste Zeit und Kraft. Landwirtschaftliche Erzeugnisse, Geräte, Dünger jeder Art usw. sind vom Acker, aus den Ställen, von der Bahn usw. abzutransportieren; in die Ställe, auf den Acker, zur Bahnstation oder zu sonstigen Umschlagstellen zu bringen. Diese vielfachen Transporte belasten Tier, Mensch und Maschine; die weitaus größte Arbeit in der Landwirtschaft verursacht der Transport. Es ist daher erklärlich, daß die Landwirtschaft von jeher bemüht war, ihre Transportvorrichtungen möglichst wirtschaftlich zu gestalten.

A. Schlitten

Das einfachste Transportgerät, das sich schon immer in allen möglichen Formen und Größen als brauchbar erwiesen hat, ist der Schlitten (Bild 916). Meist aus rohen Hölzern gezimmert, mit und auch ohne Stahlbänder unter den beiden Kufen, ist er ein robustes Transportgerät, das für alle möglichen Transporte, zumeist nur auf dem Hofe, auch heute noch viel verwendet wird. Die einfachen, billigen und zweckmäßigen Kufen haben sich bei schwer auszurichtenden Maschinen (Pumpen, Elektro- und Dieselmotor usw.) sehr bewährt. Sie lassen eine Ortsveränderung verhältnismäßig leicht zu, gleiten aber

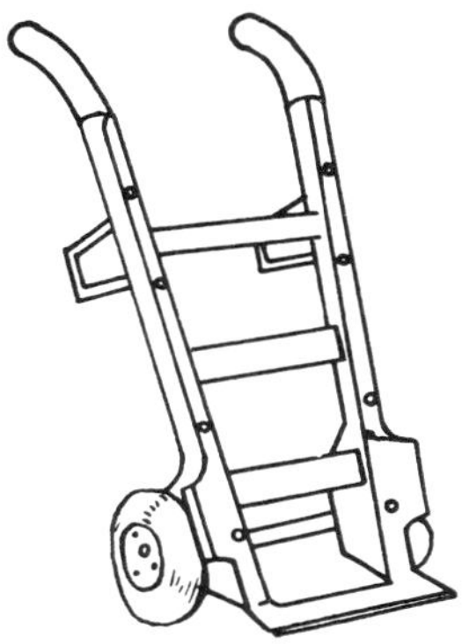

917. Sackkarre

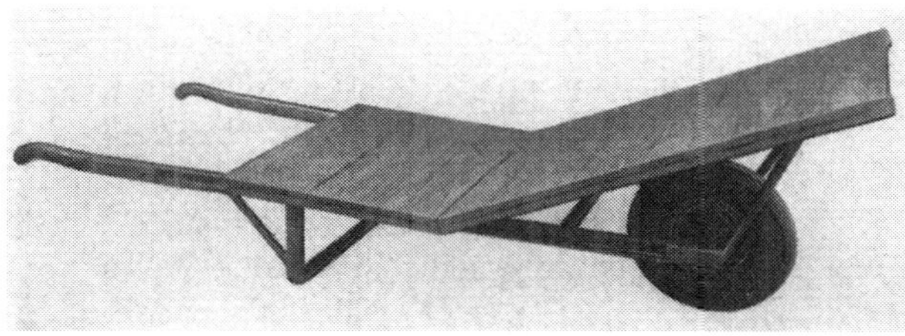

918. Luftbereifte Pritschenkarre (Bruns, Bad Zwischenahn)

wegen der schweren (ihnen aufmontierten) Objekte und der dadurch hervorgerufenen Bodenreibung nicht fort. Auch ist bei genügendem Kufenabstand die stabile Lage stets gewahrt.

B. Karren

Für nicht zu massige und schwere Güter hat man von Hand gezogene oder geschobene Karren, die sich den Gütern anpassen, und ausschließlich auf dem Hofe verwendet werden. In der heutigen Zeit hat man die billigeren Holzräder mit Gummibereifung versehen, um den Boden der Hofanlagen zu schonen. Vor allem bei kurzen Wendungen radieren die Eisenreifen der

919. Luftbereifte Muldenkarre (Bruns, Bad Zwischenahn)

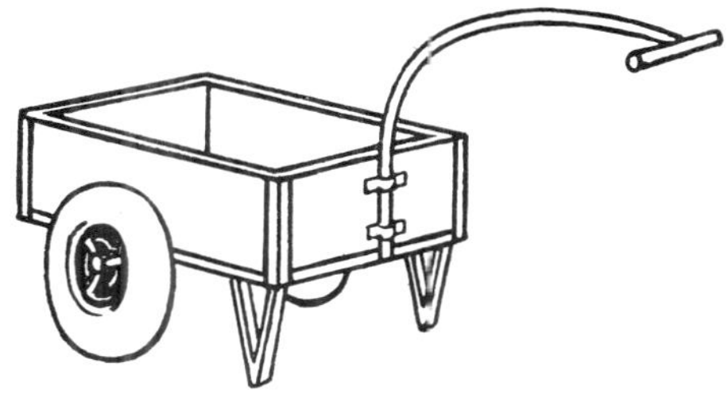

920. Luftbereifter Milchkannenwagen (Gorr, Oberhone)

Holzräder leicht den Boden auf und beeinträchtigen die Lebensdauer der Holzdielen. Milchkannen und anderes empfindliches Gut können dadurch geräuschloser und schonender transportiert werden.

Zum Transport der Getreide- und Düngersäcke, schwerer Kisten und sonstiger Ladegüter verwendet man auf jedem Bauernhof die Sackkarre (Bild 917). Mit ihr kann man ohne Anstrengung die schwersten Lasten laden. Die Last wird unterschoben; mit den Handhaben wird eine Kippbewegung ausgeführt. Die Sackkarren sind über dem Holzrahmen mit Eisenbändern armiert. Leichter sind die Schiebkarren ausgeführt, die als Pritschenkarren (Bild 918) für

Stückgüter und als Kastenkarre (Bild 919) für Schüttgut bestimmt sind. Kastenkarren werden mit Holzkästen oder mit Stahlblechkästen gebaut. Milchkannen befördert man mit Milchkannenwagen (Bild 920). Der Vollständigkeit halber sei noch die gestellförmig gebaute Gärtnerkarre erwähnt, die vom Gärtner wegen ihrer offenen Bauweise (Bild 921) vielseitig verwendet werden kann.

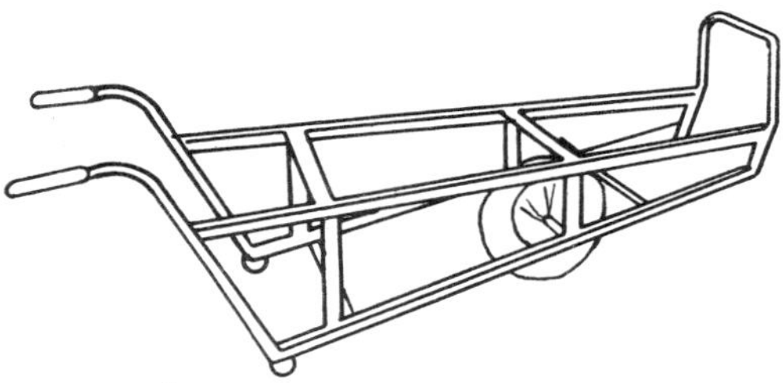

921. Gärtnerkarre (Bruns, Bad Zwischenahn)

C. Wagen

1. Ackerwagen

Zum Laden und Befördern umfangreicherer Lasten, die auch auf weiteren Wegen zu befördern sind, hat man vierrädrige Wagen. Auch solche Wagen sind sehr verschieden ausgeführt und vor allem im Zeitalter der Motorisierung und Gummibereifung zweckmäßig umgewandelt worden. Die althergebrachten Ackerwagen werden allerdings auch heute noch in nichtmotorisierten Betrieben gebraucht. Bei allen Fahrzeugen unterscheidet man den Unterbau, das eigentliche Fahrgestell, und den Oberbau, mit Rungen und Leitern oder mit einem niedrigen oder höherem Kasten, je nach den Lasten, die befördert werden sollen.

Das Fahrgestell der Wagen ist sehr unterschiedlich ausgebildet. Es sind die Fahrgeschwindigkeiten zu berücksichtigen, die davon abhängen, ob der Wagen von Tieren oder von Schleppern gezogen wird; das Gelände ist zu berücksichtigen, seine Unebenheiten, seine Steigungen im Gebirgsland oder seine Ebenen im Flachland. Das Fahrgestell besteht aus Rädern; den beiden Achsen, die je zwei Räder verbinden; aus dem Gestell, das die Achsen verbindet; bei einfachen Wagen aus dem Langbaum mit der Lenkvorrichtung. Die Lenkvorrichtung gestattet der vorderen Achse eine gewisse horizontale Bewegungsfreiheit zum Lenken mit der Deichsel, auch eine vertikale Bewegungsfreiheit, damit Schlaglöcher oder andere Unebenheiten durchfahren werden können.

Das Rad, ursprünglich aus dem nicht bandagierten, klobigen Scheibenrad entstanden, besteht aus der inneren Nabe, der äußeren Felge und aus den Speichen, die Felge und Nabe starr verbinden. Ausführungsformen und Herstellungsweise der Räder sind sehr verschieden. Soweit es sich um die bei Gespannfahrzeugen verwendeten Räder handelt, gibt es im allgemeinen zwei Ausführungen.

Die eine Art hat eine einteilige, hölzerne Nabe aus Eichen- oder besser noch aus Rüsterholz, das im Wechsel von Naß und Trocken nicht reißt. In diese Nabe wird eine konische, gußeiserne Buchse geschlagen, die gegen Verdrehen gesichert ist. Nach Anzahl der aus Eichen- oder besser aus elastischerem Eschenholz gefertigten, mit Zapfen versehenen Speichen hat die Nabe entsprechende Stemmlöcher, in die die Speichenzapfen hineingetrieben werden. Außen werden die Speichenenden durch Felgenstücke gezapft verbunden; sie sind in Faserrichtung gebogen. Die Felgenstücke werden von einem stählernen Radreifen zusammengehalten; dieser Reifen wird auf die Felgen aufgezogen, wenn er noch heiß und gedehnt ist. Beim Erkalten des Radreifens wird das Rad sehr fest; durch Witterungswechsel und durch das Arbeiten des Holzes wird das Gefüge allmählich wieder locker, so daß die Räder von Zeit zu Zeit nachgespannt werden müssen. Entweder wird ein neuer, etwas engerer Reifen auf das Rad gezogen oder der alte Reifen wird gestaucht. Um diese zeit- und geldraubende Reparatur zu vermeiden, werden Räder mit stählerner Nabe und Doppelfelge verwendet, die auf Radsetzmaschinen genauestens hergestellt werden. Bei diesen Rädern trägt die Nabenbuchse an der einen Seite einen Flansch; zwischen ihm und einem losen Flansch an der anderen Seite werden die keilförmig zugespitzten und unmittelbar aneinanderliegenden Speichenenden durch Bolzen fest verschraubt. Beim

Verschrauben werden die Speichen auf der Radsetzmaschine gleichmäßig stark nach innen gedrückt, so daß eine unbedingt feste Verbindung entsteht, die auch bei Witterungswechsel erhalten bleibt, denn die Speichen können in radialer Richtung nach innen arbeiten, ohne daß der von den Flanschen getragene Halt leidet. Außen liegen die Speichen in einem U-förmigen Felgenkranz und dazwischen gelegten hölzernen Paßstücken. Über den stählernen Felgenkranz wird der warme Radreifen aufgezogen. Auch die Räder sind verschieden groß; für die Radgröße sollte die erforderliche Zugkraft bestimmend sein. Man kann den ruhenden Wagen als auf 4 senkrechten Speichen stehend ansehen, die als Hebelarme abgestützt sind. Beim Anziehen des Wagens drehen sich gewissermaßen diese Hebelarme wegen des Bodenwiderstandes um die unteren Unterstützungspunkte der als Kraftarme wirkenden Speichen. Je länger die Kraftarme sind, um so geringer braucht nach den Hebelgesetzen die Kraft für das Fortziehen des Wagens zu sein. Dieser Vorgang wiederholt sich von Speiche zu Speiche beim Abrollen des Rades. Darum lassen sich Wagen mit großen Rädern leichter ziehen, als Wagen mit kleinen Rädern. Bei angetriebenen Rädern wird dagegen der Kraftarm der Speiche zum Lastarm, so daß man bei Kraftwagen allgemein kleine Räder verwendet. Wenn Schlepper mit großen Antriebsfahrrädern gebaut werden, so spielen hier die durch die größeren Auflageflächen erzielten besseren Adhäsionsverhältnisse die ausschlaggebende Rolle, denen allerdings die erforderliche größere Zugkraft entsprechen muß. Wenn Fahrzeuge bergauf gezogen werden, ändert sich das oben angeführte Beispiel; auch hier wird die Speiche zum Lastarm. Auf ebener Unterlage fällt das Gewicht des Wagens gewissermaßen von Speiche zu Speiche. Wird bergan gezogen, so muß es von Speiche zu Speiche gehoben werden. Darum ist es hier günstiger, wenn der Lastarm klein ist. In bergigen Gegenden werden Wagen mit kleineren Rädern gefahren.

Holzspeichenräder mit konischer Achsbuchse werden zumeist auf Sturz gebaut, d. h. die Speichen stehen innen schräg aus der Radebene heraus. Das hat einen doppelten Zweck: das Rad wird durch den Sturz widerstandsfähiger und elastischer, vor allem bei seitlichen Stößen und beim Fahren am Hang. Die Nabenbuchse liegt schräg. Durch einen gleichfalls bedingten Achssturz wird verhindert, daß das Rad von der Achse ablaufen kann. Achssturz und Radsturz wirken also zusammen. Die Sturzwinkel sind verhältnismäßig klein; für den Achssturz beträgt der Winkel α etwa 2°, der Radsturz β wird stets etwas größer genommen und beträgt etwa 2,5°. Ein weiterer Vorteil der gestürzten Hinterräder ist der breitere Laderaum, da die Radfelgen im oberen Teil vom Wagen abstehen (Bild 922).

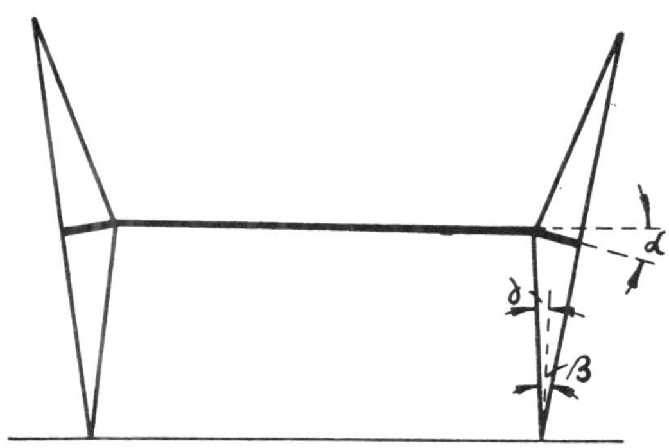

922. Rad- und Achssturz

Bei konischen Radlagerungen können die Räder leicht aufgesetzt werden. Ihre Führung ist so lange gesichert, wie das Rad nicht gegen den inneren Stoß läuft und die inzwischen abgenutzte Radbuchse sich nicht weiter auf den konischen Achsschenkel aufschieben kann. In neuerer Zeit gibt es zylindrische Achsschenkel mit eingearbeiteten Schmiernuten. Der Staub wird durch Nabenkappen und durch Filzscheiben gesichert, die am Stoß laufen. Besonders leichten Lauf und größere Lebensdauer haben Radlagerungen mit Rollenlagern (s. a. Bild 364). Sie werden mit der Fettpresse durch Schmiernippel geschmiert, die in die Nabe eingelassen sind.

2. Spannagel-, Drehscheit- und Achsschenkel-Lenkung

Wesentlich für die Führung des Wagens ist die Lenkvorrichtung, die verschieden ausgebildet sein kann. Das einfachste, bei Ackerwagen gewöhnlicher Bauart vorherrschende

System, ist das Spannagel-System (Bild 923). Bei ihm ist der zweiteilige Unterbau durch den Spannagel *b* (der den starr mit der Hinterachse verbundenen Langbaum *a* mit der Vorderachse verbindet) in der Horizontalen verdrehbar, und zwar da, wo der Spannagel durchgeführt wird. Durch die lose Verbindung zwischen Langbaum und Vorderachse ist aber auch eine gewisse Beweglichkeit in der vertikalen Ebene zugelassen, so daß bei unebenem Gelände die Bodenberührung aller 4 Räder gewahrt bleibt. Abgesehen von der verhältnismäßig primitiven Art dieser Verbindung, deren Sicherheit

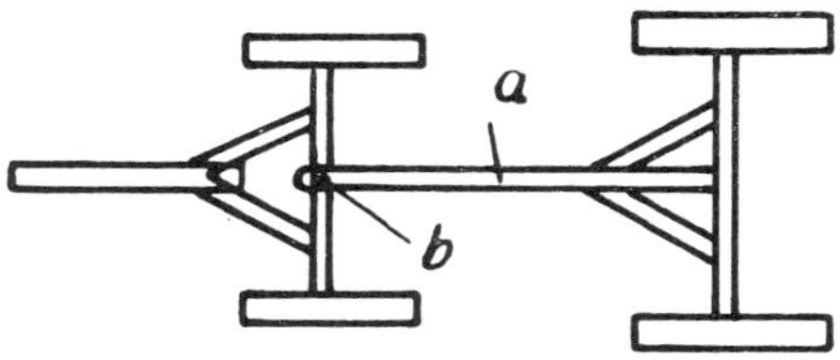

923. Spannagelsystem
a Langbaum, *b* Spannagel

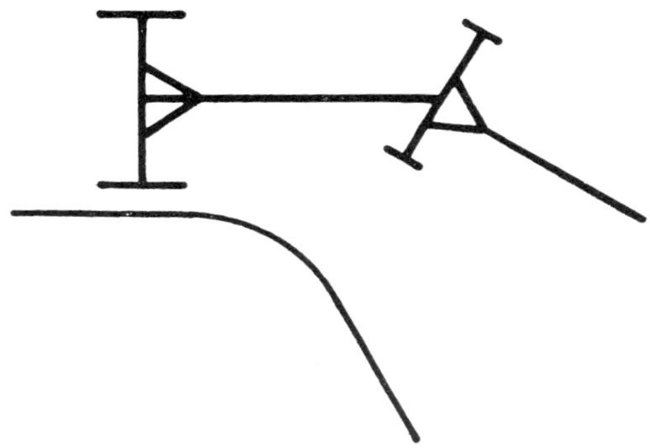

924. Lenkung beim Spannagelsystem

sich nur auf den Halt des Spannagels beschränkt und die sich sehr leicht abnutzt, hat dieses Lenksystem den Nachteil, daß die Hinterachse bei Kurvenfahrt nur schwerfällig der Vorderachse in veränderter Richtung folgt und daß darum sehr weit ausgeholt werden muß, was bei engen Straßen und Wegen oft schwierig ist, wenn das hintere innere Rad auf der Fahrbahn bleiben soll (Bild 924). Ein weiterer Nachteil dieses Systems ist, daß der Oberteil mit der Vorderachse nur in einem Auflagepunkte verbunden ist, so daß besonders beim Einschlagen der Vorderräder der vordere Wagenteil leicht kippt. Daher muß sehr gleichmäßig geladen und besonders vorsichtig gefahren werden.

925. Vorderrad mit Spurzapfen (Imbert, Köln)

Eine schon wesentliche Verbesserung in dieser Beziehung bietet das Drehschemelsystem, bei dem die Auflagefläche durch ein ringförmiges Element erweitert ist; beim Einschlagen der Räder wird der Neigung zum Kippen größerer Widerstand entgegengesetzt. Dieses System ist in allen Formen mit mehr oder weniger großem Lenkkranzdurchmesser an den meisten Ackerwagen zu finden. Es ist so ausgebildet worden, daß der mit der Vorderachse fest verbundene Lenkkranz auf einer gleichen, am Oberwagen befestigten Fläche beim Einschlagen gleitet. Um die Reibung zu vermindern, ist bei hochwertigeren Fabrikaten zwischen diesen beiden Gleitflächen eine Rollenlagerung angeordnet.

Durch den Drehschemel bleibt zwar die Auflage des Obergestells auf das Untergestell bei jeder Stellung der Deichsel gleich, doch wird beim Einschlagen der Räder die Unterstützungsfläche im Bereich der Vorderachse kleiner. Dadurch wird der Wagen weniger standsicher. Wenn der Wagen ungleich beladen ist und wenn Kurven schnell durchfahren werden, kann er leicht kippen. Um diese Gefahr zu beseitigen und um überhaupt leichter und feiner lenken zu können, wurde auch für diese

926. Achsschenkel-Lenkung (Imbert, Köln)
1 Achsschenkel; 2 Lenkarm; 3 Spurstange; 4 Deichselstumpf

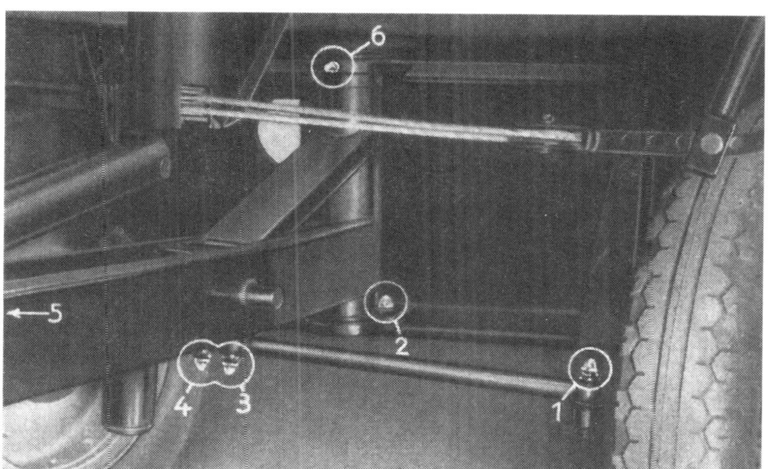

927. Schmierstellen am Lenkgestänge (Imbert, Köln)

Wagen die Automobilsteuerung verwendet. Es werden die vorderen, schwenkbar eingerichteten Achsschenkel gelenkt, die wegen der nicht verdrehbaren Vorderachse beim Einschlagen der Vorderräder die Unterstützungsfläche in nur ganz geringem Maße verändern. Mit der Gummibereifung an neuzeitlichen Ackerwagen hat man auch die Achsschenkel-Lenkung übernommen und vermeidet, daß die Deichsel schlägt. Dadurch werden die Zugtiere geschont.

Die Achsschenkellenkung ist in ihren Elementen verschieden ausgebildet. Das Grundsätzliche bei ihr besteht in den Achsschenkeln, die je einen in der Horizontalen, meist rechtwinklig abgewinkelten (Bild 926) Lenkarm haben, der starr mit den Achsschenkeln verbunden ist und sich in einer Spurlagerung in der Horizontalen drehen kann. (Bild 925). Die Enden der Lenkarme sind je durch ein Lenkgestänge mit dem Deichselstumpf gelenkig verbunden (Bild 926), so daß die Deichsel immer die Stellung der Achsschenkel und damit der Räder bestimmt. Das Bild 927 betont die bei der Achsschenkellenkung nicht zu vernachlässigenden Schmierstellen, die monatlich mit der Fettpresse abzuschmieren sind. Zu diesen 6 Schmierstellen kommen bei dieser Konstruktion 4 Schmierstellen an den Spurzapfen der Vorderräder (siehe Bild 925) und zwei an der Bremstrommel der Hinterräder (siehe Bild 936). Wichtig bei dieser Lenkung ist, daß die Räder nicht parallel einschwenken, wie es beim Drehschemelsystem der Fall ist. Dadurch würde ein Rad radieren. Daher ist das Lenkgestänge so angeordnet, daß die beiden Achsen der Vorderräder sich in ihrer Verlängerung stets auf der Verlängerung der Hinterachsen treffen sollen, so daß sich gewissermaßen beim Wenden oder beim Einschlagen der Deichsel alle 4 Räder um einen Punkt *D* kreisend bewegen (Bild 928). Man kann das feststellen, wenn man die Deichsel auf verschiedene Schwenkwinkel einstellt. Das innere Rad, das den kleineren Wendekreis zu fahren hat, schlägt immer etwas mehr ein als das äußere (Bild 929).

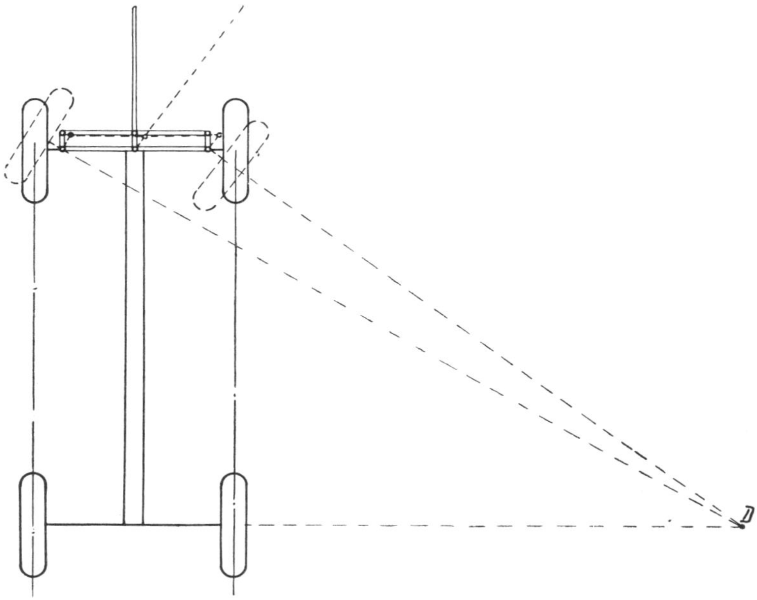

928. Schema der Achsschenkel-Lenkung
D Drehpunkt, um welchen im Augenblick sämtliche Räder kreisen.

929. Deichseleinschlag bei der Achsschenkel-Lenkung. Das innere Rad schlägt mehr ein als das äußere (Imbert, Köln)

3. Ladehöhe und Schüttgewicht von Ladegütern

Die Spurweite neuzeitlicher Ackerwagen ist genormt und paßt sich mit 1250 mm der Schlepperspur an. Der Oberbau ist kastenförmig und je nach Tragkraft in seinen Abmessungen verschieden. Als Gespannwagen ist er

930. Luftbereifter Kastenwagen (Bruns, Bad Zwischenahn)

meist mit Kutschersitz ausgerüstet (Bild 930). Der Kasten eines Dreitonners hat ungefähr folgende Abmessungen: Länge 4 m, Breite 1,8 m, Höhe 0,4 m. Ist er mit Zuckerrüben voll beladen, so trägt er gerade 3 t. Mit normalen Gütern kann der Wagen nicht überladen werden, sofern man die Seitenbretter nicht durch Aufsatzbretter erhöht. Bei schwereren Gütern (Handelsdünger, Sand, Kies, Ziegelsteinen und anderem) ist nachstehende Tafel unbedingt zu beachten.

Tafel 9. *Ladehöhe und Schüttgewicht von Ladegütern*

Ladehöhe in cm	Schüttgewicht in kg/m³	Ladegut
120	35	Gras, Klee, Holzscheite
88	475	Hafer, Koks
67	625	Futterrüben
60	680	Kartoffeln, Zuckerrüben
46	900	Stalldung, Steinkohle
38	1100	Handelsdünger, gel. Kalk
26	1600	Erde, Sand, Lehm, Kies Zement (trocken)
23	1800	Ziegelsteine
21	2000	Erde, Sand, Lehm, Kies (naß), Kalk, Bruchsteine
19	2150	Thomasmehl

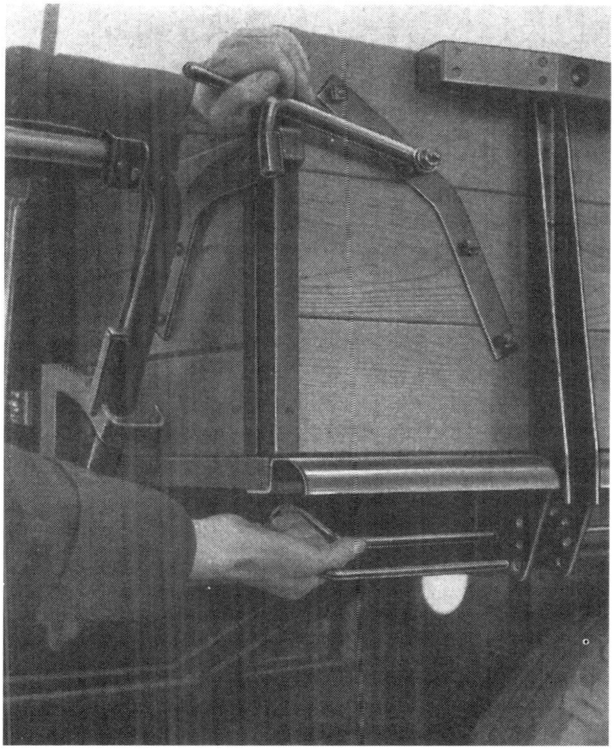

931. Nach Lösen der Seitenwand kann diese durch unter dem Kastenboden angebrachte Stellsegmente in drei verschiedenen Lagen eingestellt werden (Imbert, Köln)

Die Seitenwände und auch die Rückwand des Kastens können heruntergeklappt werden. Die Seitenwände können in drei verschiedenen Lagen festgestellt werden. Zu diesem Zweck werden die abgefederten Stellstangen in die entsprechenden Löcher der rechts und links unter dem Kastenboden angebrachten Stellsegmente eingeschoben (Bild 931). Auf diese Weise ist es möglich, zum Fuderladen (Bild 932) die Ladefläche stark zu vergrößern. Verwendet man Ladegatter (Bild 933), so wird die Ladefläche des Wagens um 50 cm verlängert, wenn man seine Rückwand auf die Ladegatterstützen legt. Die vollkommen gerade Lage der Seitenwände dient zum Transport sperrigen Gutes oder zum Laden an Rampen und an Waggons; durch schräg abwärts gerichtete Seitenwände erleichtert man das Abladen von Schüttgut (Kartoffeln usw.) (Bild 934).

Die Ackerwagen sind mit Hinterradbremsen versehen. Sie werden vom Führersitz aus durch einen Rastenhebel über ein sich hinten teilendes und in seiner Spannung zu regelndes Zugseil

932. Seitwärts gestellte Seitenwände vergrößern die Ladefläche bei Plattformwagen (Welger, Wolfenbüttel)

(Bild 935) bedient, das beim Anziehen die in den Bremstrommeln der Hinterradnaben angeordneten Bremsen wirken läßt (Bild 936).

Bei den verschiedenen Verwendungsmöglichkeiten der Ackerwagen als Gespann- oder schleppergezogene Fahrzeuge spielt die Ausführungsform der Deichsel eine große Rolle. Sie ist entweder als besondere Gespanndeichsel für einspänniges oder zweispänniges Fahren, als ausgesprochene Schlepperdeichsel oder als universell verwendbare Ausziehdeichsel für Gespann- und Schlepperzug entwickelt worden (Abb. 937). Sie wird mit einem Bolzen (der durch Splint gesichert ist) am Deichselstumpf befestigt.

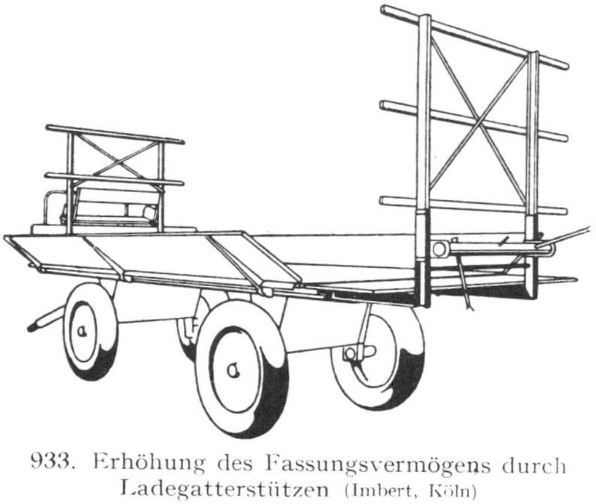

933. Erhöhung des Fassungsvermögens durch Ladegatterstützen (Imbert, Köln)

934. Abwärts gerichtete Seitenwände erleichtern das Abladen (Imbert, Köln)

935. Handbremse (Imbert, Köln)
1 Handbremshebel; 2 Splint; 3 Bolzen; 4 Seilspanner

936. Hinterrad mit Bremstrommel (Imbert, Köln)
S Seilklemmen

Die ausschiebbare Deichsel hat gewöhnlich drei verschiedene Einstellungsmöglichkeiten, die an einem ausgeführten Beispiel beschrieben werden sollen.

Soll für Gespannzug die Deichsel in den Deichselstumpf eingebaut werden, so wird sie (ganz nach vorn gezogen) eingesetzt und durch Montage des vorderen Deichselbolzens (Bild

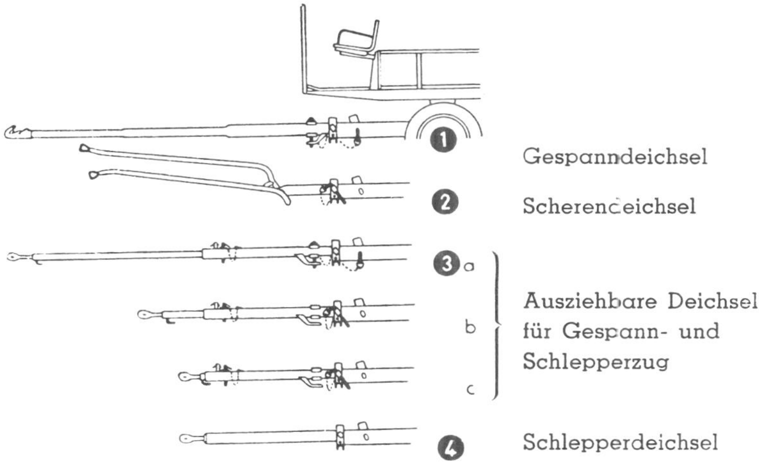

937. Verschiedene Deichselarten (Imbert, Köln)

938) befestigt. Der Deichselbolzen wird durch einen Splint gesichert. Außerdem wird der Bolzen 2 durch Deichselstumpf und Deichselende gesteckt und hält so die Deichsel in waagerechter Lage.

938. Deichseleinstellung für Gespannzug (Imbert, Köln)
1, 2 beim Ein- und Ausbau zu bedienende Bolzen.

940. Verwindungsfähiger Allzweckwagen
(Holthaus, Dinklage)

Wenn zwei Wagen hintereinander angehängt werden sollen, so wird das Deichselrohr bis zum letzten Loch herausgezogen und nur durch den vorderen Bolzen gehalten. Dadurch kann beim Wenden freier gelenkt werden.

Der Deichselstumpf ist am Vorderachsbock drehbar gelagert. Er ist durch den abnehmbaren oberen Lagerring *L* (Bild 939) und durch einen Splint *S* oben und durch einen unteren festen Lagerring unten gesichert. Beim Ausbau wird der Splint herausgezogen und der obere Lagerring nach oben herausgenommen. Durch Anheben und seitliches Kippen kann der Deichselstumpf, wie es auf dem Bild veranschaulicht ist, herausgenommen werden.

939. Beim Ausbau des Deichselstumpfes ist der Splint *S* herauszuziehen, der obere Lagerring *L* nach oben herauszunehmen, der dann lose Deichselstumpf durch Anheben und seitliches Kippen herauszunehmen (Imbert, Köln)

Ein Wagen wird danach beurteilt, ob er, besonders auch bei kurzem Einschlagen, standsicher ist; wie seine Bremsen wirken; ob es möglich ist, ihn von Gespann- auf Schlepperzug umzustellen; ob er sich den unebenen Fahrbahnen anpassen kann. Das eigentliche Fahrgestell, der Unterbau des Wagens, muß darum verwindungsfähig sein. Der Langbaum besteht darum aus zwei in sich bis zu einem gewissen Grade verdrehbaren Rohrteilen, die ineinander-

941 (oben). Auch der Oberwagen muß verwindungsfest sein, was durch Prüfstandsversuche festgestellt wird (Imbert, Köln)

942 (Mitte). Beim Kipper wird der Kasten zwecks Erleichterung des Abladens einseitig hochgewunden (Welger, Wolfenbüttel)

943 (unten). Kipper, der über einen Kurbelmechanismus mit Zahnstange gekippt wird (Bruns, Bad Zwischenahn)

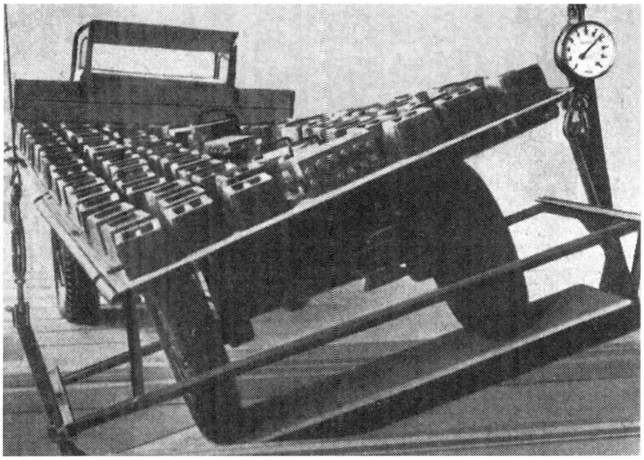

geschoben sind, und dadurch gleichzeitig die Länge des Wagens verändern lassen (Bild 940).

Auch der Oberwagen muß durch die Verwindungen des Unterwagens verwindungsfähig sein, wie das Bild 941 zeigt, die einen beladenen Wagen auf einem Verwindungsprüfstand sehr anschaulich darstellt.

4. Kipper

Auch die Ackerwagen können jetzt gekippt und dadurch leicht entladen werden. Verschiedenartig sind die Systeme, nach denen entweder von einer Seite, nach zwei Seiten (Doppelseitenkipper) und nach drei Seiten (Dreiseitenkipper) gekippt werden kann. Gekippt wird entweder durch Kurbelmechanismus mit einer Zahnstange (Bild 942 u. 943), durch einfache Hebel mit Hilfe der Schwerkraft oder durch einfaches „Nach-der-Seite-Rollen" des ganzen Wagenkastens, bis er Übergewicht bekommt, wie beim Rollkipper. Auch Kippvorrichtungen mit hydraulischem

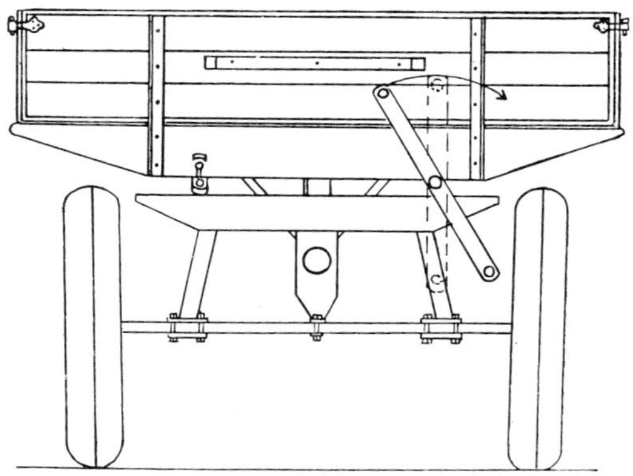

944. Zweiseiten-Kipper mit labiler Lagerung des Wagenkastens, zum Kippen vorbereitet (Maak, Visselhövede)

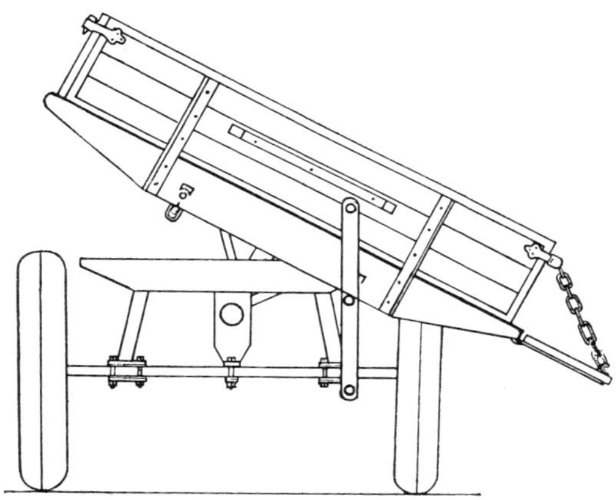

945. Zweiseiten-Kipper mit labiler Lagerung in gekippter Lage (Maak, Visselhövede)

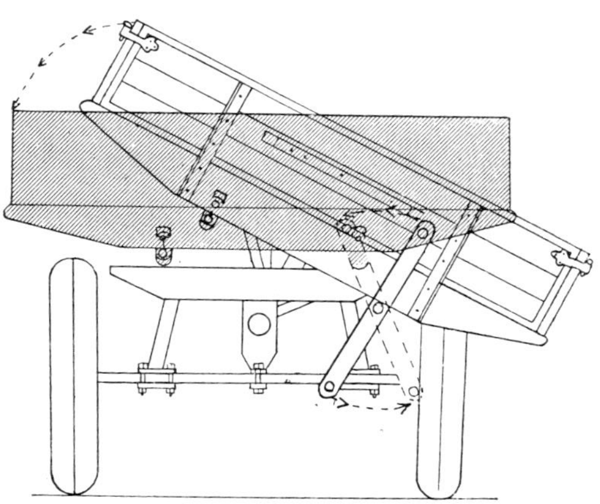

946. Zweiseiten-Kipper mit labiler Lagerung vor dem Hochkippen (Maak, Visselhövede)

Öldruck werden verwendet. — An einem Zweiseiten-Kipper, der wegen seines labil gelagerten Wagenkastens leicht durch einen Hebeldruck aus seiner Gleichgewichtslage zu bringen ist, soll das Entladen beschrieben werden: Man löst zum Kippen nach rechts die Sicherungsbolzen rechts, die den Wagenkasten auf der rechten Seite stützen und setzt hinten die Kurbel auf (Bild 944). Darauf werden die Halteketten für die rechte Seitenwand vorn und hinten eingehakt, die Spannkette wird rechts gelöst und links unter der Plattform mit dem letzten Glied eingehakt. Schließlich wird vorn der Kastenverschluß gelöst.

Darauf bewegt man die aufgesetzte Kurbel am oberen Griff ruckartig nach außen, wobei man im gleichen Augenblick mit der anderen Hand den hinteren Kastenverschluß öffnet, so daß sich die nun freie Seitenwand bis zum Straffen der Halteketten öffnet und als Verlängerung des Kastenbodens das Schüttgut genügend weit von den Rädern abhält. Der Kasten kippt nun nach rechts über (Bild 945).

Nach dem Kippen fährt man eine Wagenlänge vor, bringt mit der Kurbel (Zurückdrehen, mit der rechten Hand unten mit der linken Hand oben) den Kasten wieder in die waagerechte Lage, sichert ihn in dieser Lage durch die Bolzen, schließt die Seitenwand und die Kastenverschlüsse und spannt die Spannkette (Bild 946).

Zugkraftmessungen an Ackerwagen, bei denen die Räder angetrieben werden, haben ergeben, daß es vorteilhafter ist, angetriebene Wagen zu ziehen, die von einer Zapfwelle eines Schleppers aus ihre Bewegung erhalten. Einige Firmen haben bereits Triebachsanhänger (Bild 947) herausgebracht. Das Bild zeigt einen Einachsanhänger, bei dem die Wagenachse vom ziehenden Schlepper aus von einer verlängerten Zapfwelle aus angetrieben wird.

D. Stallbahnen

1. Allgemeines

Um die Transporte in den Ställen mittlerer Betriebe zu erleichtern (Anfuhr und Verteilung des Futters auf die Viehstände, Ausbringen des Stalldunges usw.), werden Stallbahnen eingerichtet. Sie machen sich bezahlt, denn man kann mit ihnen viel Zeit und Mühe sparen, und wenn man sie an die Dungstätte anschließt, ermöglichen sie eine saubere Düngerwirtschaft.

947. Mit Rüben beladener Triebachsanhänger, ein Einachser, dessen Achse durch Zapfwelle vom Schlepper aus angetrieben wird (Welger, Wolfenbüttel)

Die Stallbahnen werden nach den örtlichen Verhältnissen des Betriebes eingerichtet. In größeren Wirtschaften, wo vor der Motorisierung Zuckerrüben u. ä. von Feldbahnen befördert wurden, hat man hier und da die Feldbahngleise gleich durch die Ställe verlegt, und zwar versenkt in den Fußboden. Als Fahrzeuge benutzte man kleine Feldbahnloren, die für Futtertransport mit Kästen versehen waren, deren Wände sich herunterklappen ließen; für die Dungbeförderung waren sie als Muldenkipper ausgebildet. Nachteilig war dabei, daß die in dem Boden verlaufenden Gleise leicht verschmutzten; das Vieh konnte darauf ausrutschen. Mit den auf dem Boden verlegten Gleisen läßt sich die Dungstätte nicht gut beschicken. Man ist von solchen Stallbahnen gänzlich abgekommen und verwendet heute weit vorteilhafter die Hängebahn, deren Gleise über den Stallgassen angebracht sind und draußen über die Dungstätte geleitet werden können, wenn die Stallmiststreuwagen nicht unmittelbar vor dem Stall beladen werden sollen. Die Laufschienen werden, je nach den örtlichen Verhältnissen, an Holzbalken mit Balkenklammern, an Doppel-T-Trägern mit Trägerklammern oder durch Anschweißen und mit Tragrohren befestigt.

2. *Dunggreiferanlagen*

Das Transportgerät, das auf diesen Laufschienen auf Rollen läuft, kann ein Dunggreifer-Laufwagen (Bild 948) sein; dann muß

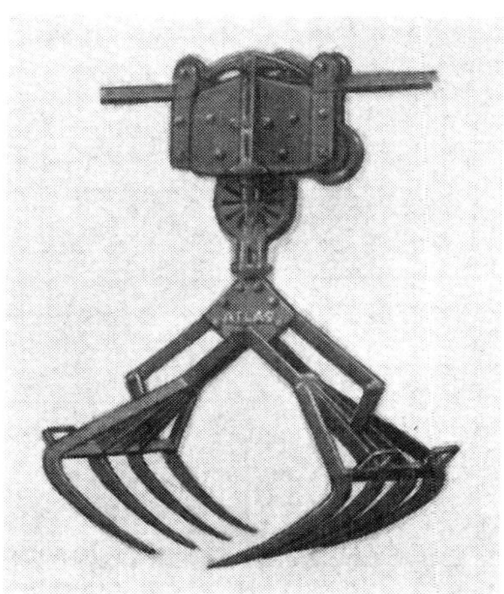

948. Dunggreifer-Laufwagen (Weyhausen, Delmenhorst)

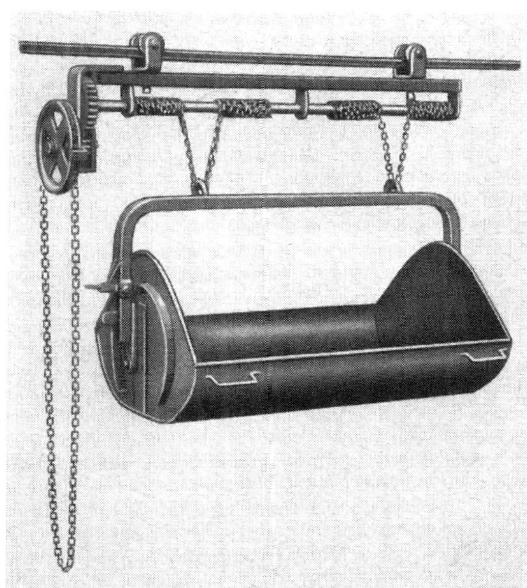

949. Dungtransportwagen (Weyhausen, Delmenhorst)

950 (oben). Dunggreiferanlage
(Weyhausen, Delmenhorst)

951 (Mitte). Dunggreiferanlage über freier Düngerstätte
(Weyhausen, Delmenhorst)

952 (unten). Fahrbarer Torkran mit 14 m Spannweite
(Weyhausen, Delmenhorst)

die Stallbahn als Dunggreiferanlage ausgebildet sein; oder es kann ein Dungtransportwagen sein (Bild 949) oder auch ein Futtertransportwagen, wenn die Anlage regelrecht als Stallbahn ausgebildet ist.

Die fest eingebaute Dunggreiferanlage ist dort angebracht, wo die Dungstätte überdacht ist, da an dem Dachgebälk die Laufschienen befestigt werden können. Die lichte Höhe der Überdachung muß so bemessen sein, daß 1,50 m frei bleibt für den Durchgang des gefüllten Greifers. Wenn bei tiefgelegenen Ställen die Höhe zum Beladen der Wagen nicht ausreicht, so sind die Gleise außerhalb des Stallgebäudes hochzuleiten (Bild 950). Bei dieser Anlage steigt die Laufschiene, die aus einem niedrigen Tiefstall kommt, außerhalb des Stallgebäudes schräg nach oben und wird gleichzeitig in einem Bogen herumgeführt, so daß die leeren Dungwagen ohne weiteres (der Länge nach) unter die Schiene fahren können.

Auch bei freiliegenden Dungstätten läßt sich eine Anlage fest einbauen, wenn ein entsprechendes Holz- oder Eisengerüst errichtet wird (Bild 951). Bei einer Dungstätte, die etwa 9 m breit ist, kommt man mit einem Schienenstrang aus; bei größeren Breiten sind zwei Schienenstränge mit eingebauter Weiche erforderlich. Bei breiten und auch bei langen freiliegenden Dungstätten kann es unter Umständen vorteilhafter sein, einen fahrbaren Torkran (Bild 952) zu verwenden. Der Torkran wird quer über den Dungstapel gebaut und läuft mit seinen 4 Laufrädern auf 2 längs der Dungstätte verlaufenden Feldbahnschienen. Durch die beiden senkrecht zueinander verlaufenden Fahrtrichtungen der Laufkatze und des Torkrans ist die Arbeitsweise sehr vorteilhaft wegen der großen Beweglichkeit und weil jede Stelle der Dungstätte bequem und

953. Schienenlaufwagen mit Seilrolle für die Betätigung
(Weyhausen, Delmenhorst)

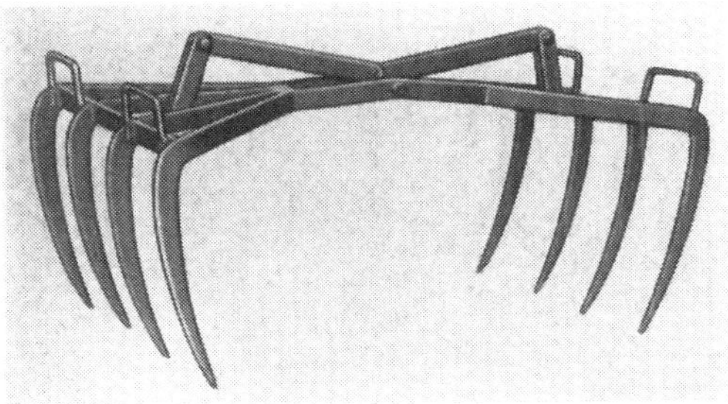

954. Dunggreifer mit starren Zinken
(Weyhausen, Delmenhorst)

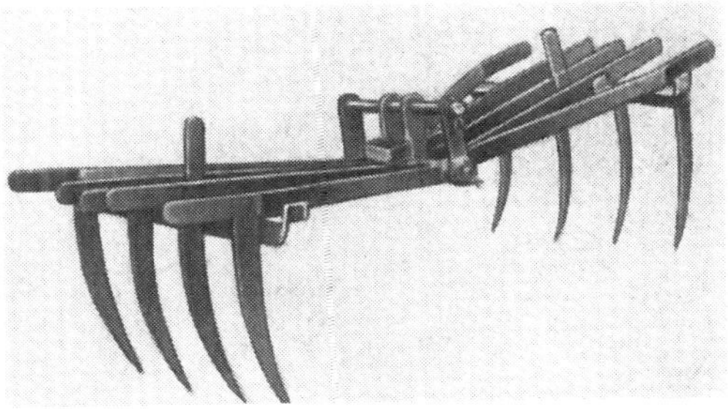

955. Dunggreifer mit Einzelzinkenbetätigung
(Weyhausen, Delmenhorst)

schnell erreicht werden kann. — Das Transportgerät dieser Anlagen besteht aus einem Laufwagen (Bild 953), der sich auf zwei Rollen auf der Laufschiene bewegen kann. An ihm

956. Entleerungsbock mit Feder
(Weyhausen, Delmenhorst)

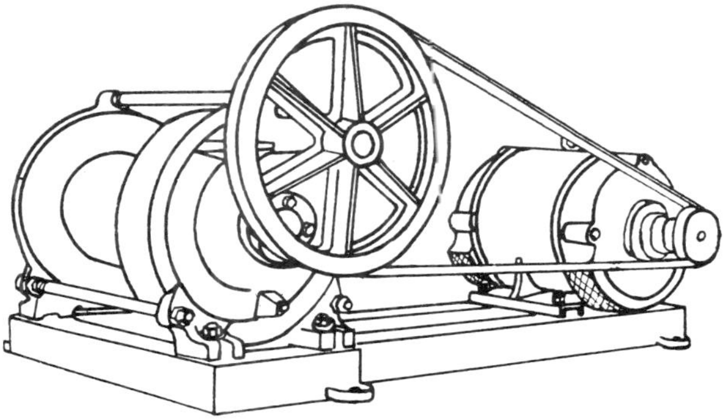

957. Antriebsmotor mit Seilwinde für Greiferanlagen (Weyhausen, Delmenhorst)

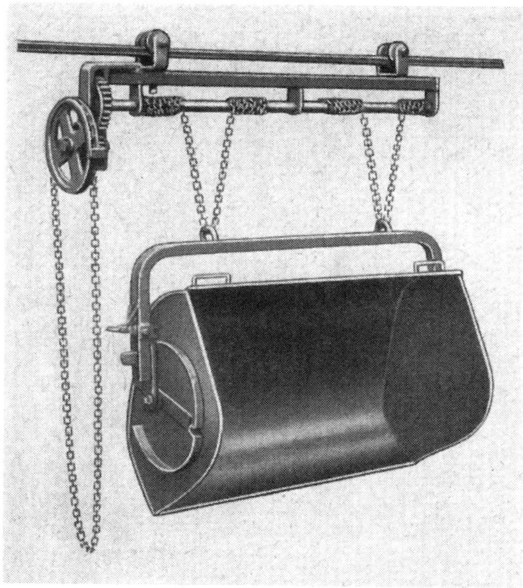

958. Dungtransportwagen in gekippter Stellung
(Weyhausen, Delmenhorst)

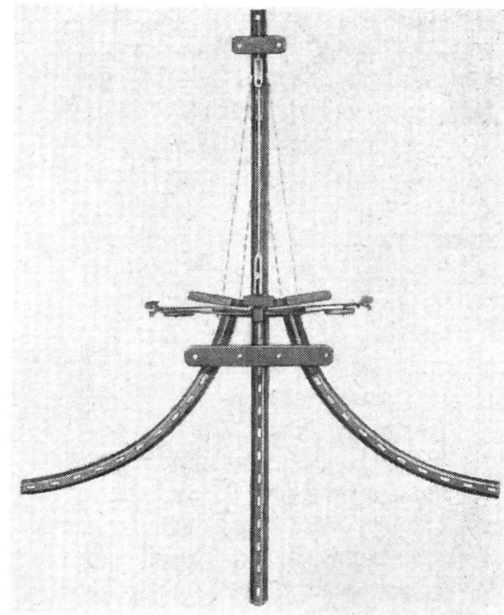

960. Dreiwege-Weiche
(Weyhausen, Delmenhorst)

hängt der Dunggreifer, der mit starren Zinken (Bild 954) oder mit Einzelzinkenbetätigung (Bild 955) ausgerüstet sein kann. Die Spannweite der geöffneten Greifer beträgt durchschnittlich 1 m; die Greifer haben gewöhnlich 8 Zinken. Für kurzen Dung erhöht man die

959. „Atlas"-Stallbahn mit Schwenkarm (Weyhausen, Delmenhorst)

Zinkenzahl bei kleineren Abständen. Die Einzelzinkenbetätigung eignet sich besonders für sehr fest liegenden und stark verfilzten Dung, in den die einzelnen Zinken leicht eindrücken können. Die Laufwagen sind meist mit einer automatisch wirkenden Zangenentleerung versehen. Sie wird eingeleitet durch Entleerungsböcke, die an der Entleerungsstelle auf den Laufschienen angebracht sind (Bild 956).

Die Dunggreiferanlagen betätigen sich durch Seilwinden, die als einfache oder als Doppelseilwinden von einem Elektromotor meist über Keilriemen angetrieben werden (Bild 957).

Die regulären Stallbahnen sind stabiler ausgeführt und entsprechend zu handhaben. Sie werden mit Transportwagen (mit Dung- oder Futterkübel) beschickt. Die Kübel sind mit Kettenwindwerk versehen und labil gelagert, so daß sie leicht kippen können, nachdem eine Arretierung gelöst worden ist (Bild 958). Zweckmäßig und wirtschaftlich ist es, den Stallbahnen für die Entladung über der Dungstätte einen Schwenkarm anzuschließen (Bild 959), der über den ganzen Bereich der Dungstätte hin und her geschwenkt werden kann, so daß der Dungkübel an jeder beliebigen Stelle über dem Dung entleert werden kann. Der Schwenkarm ist mit dem fest eingebauten Schienenende durch ein Gliedergelenk verbunden, so daß die Transportwagen selbst bei einer Schwenkung von 90° nach links oder rechts über das verbindende Gelenk fahren können, da die auf Kugellagern laufenden Rollen sich selbsttätig der Schienenrichtung anpassen.

Um solche Stallbahnen bestmöglich auszunutzen, sind die Schienen zweckmäßig zu verlegen. Eine große Rolle spielen dabei die einzubauenden Weichen und Schienenkreuzungen. Die veralteten Drehscheiben sind heute durch verschieden ausgeführte Weichenkombinationen ersetzt, die Zweiwege-Weichen (Bild 961), Dreiwege-Weichen (Bild 960), Schienenkreuzungen (Bild 962) und die Kombinationen dieser Ausführungen, die (Bild 963 und 964) das lästige und

961. Zweiwege-Weiche (Weyhausen, Delmenhorst)

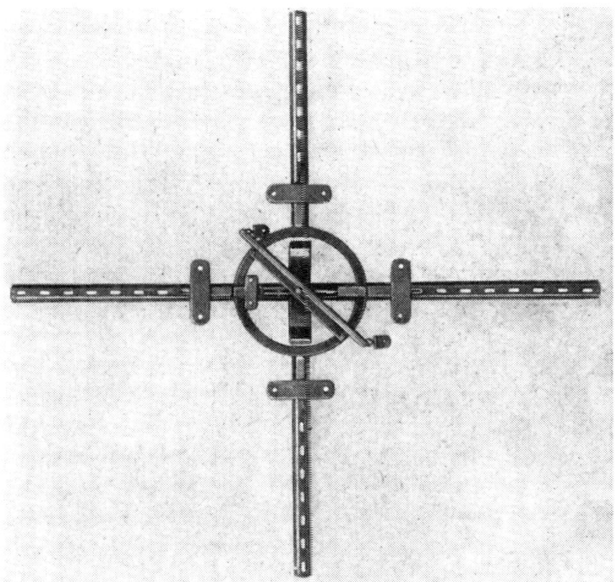

962. Schienenkreuzung (Weyhausen, Delmenhorst)

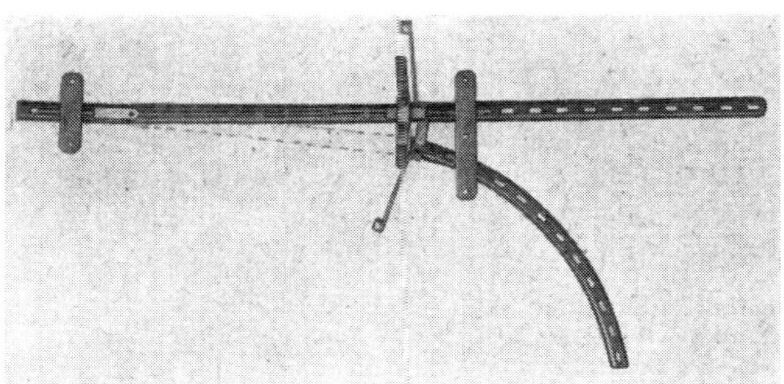

963. Endweiche ersetzt Drehscheibe (Weyhausen, Delmenhorst)

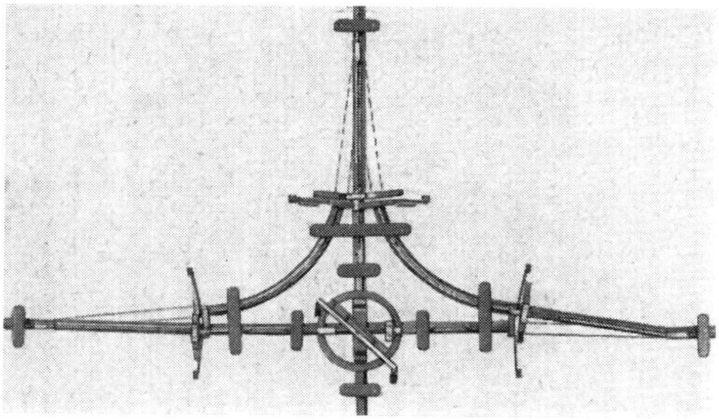

964. Weichenkombination mit Schienenkreuzung
(Weyhausen, Delmenhorst)

zeitraubende Drehen der Kübel vermeiden und die Wagen schnell und leicht durch die bequem verstellbaren Weichen fahren lassen.

Die Weichen werden durch Züge von unten her geschaltet (Bild 965).

E. Greiferaufzüge

Diese den Dunggreiferanlagen im Prinzip ähnlichen Vorrichtungen werden zum Transport von Heu, Getreide, aber auch anderer Lasten benutzt; sie werden für motorischen Antrieb über eine Seilwinde oder auch für Pferdeantrieb gebaut. Als Arbeitsgerät dient wieder ein Laufwagen, der in diesem Fall mit einer geräumigen Heuzange ausgerüstet ist. Solche Heuzangen haben, wenn sie geöffnet sind, Spannweiten von 1,20—1,60 m und fassen etwa 3—8 Zentner.

Die Gleisanlage wird meist unter dem First eingebaut, damit sie einen möglichst großen Laderaum unter sich hat. Anordnungen und Betrieb solcher Greiferaufzüge sind sehr verschieden, je nach örtlichen Verhältnissen. Das Bild 966 zeigt schematisch eine Ausführung, bei der der Greiferaufzug von der Giebelseite des Gebäudes aus lädt, er kann aber auch in der Scheune entladen; sein Schienenzug ist über den Giebel hinaus verlängert. Angetrieben wird er durch eine motorisch betriebene Doppelseilwinde, die durch Seilzug gesteuert wird. Doch kann auch eine einfache Winde verwendet werden, die mit Gegengewicht arbeitet (Bild 967). Es wird hier im Innern der Scheune durch die Bodenluke entladen. Es ist zweckmäßig, die Luke nicht zu klein zu machen, damit der Wagen beim Entladen nicht verschoben zu werden braucht. Als ungefähres Maß sei eine Breite von 220 cm und eine Länge von 250 cm angegeben.

965. Weichenbedienung durch Seilzug
(Weyhausen, Delmenhorst)

Solche Heuaufzüge können in Scheunen aller Art eingebaut werden; Bild 969 zeigt den Aufzug an einer Längsseite des Gebäudes. Die beladenen Fuder werden der Länge nach unter das seitlich überstehende Dach gefahren und vom Heuaufzug entladen, dessen Gleisanlage durch

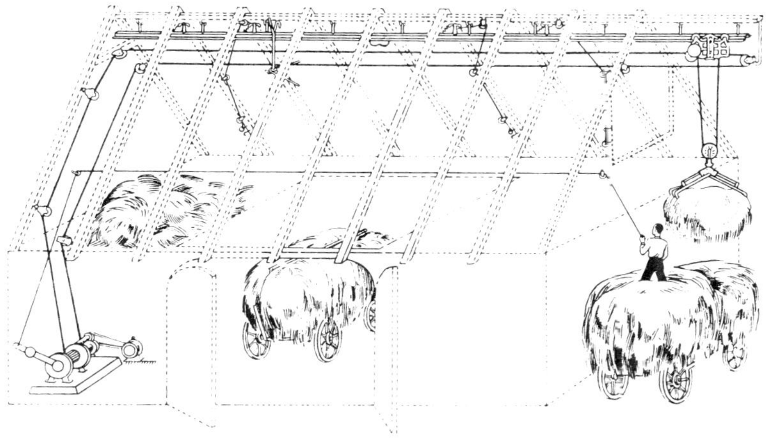

966. Heugreiferanlage (Weyhausen, Delmenhorst)

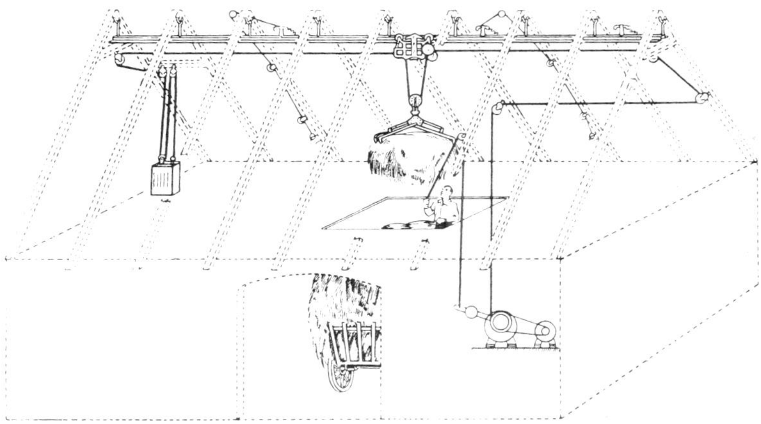

967. Laden durch Bodenluke (Weyhausen, Delmenhorst)

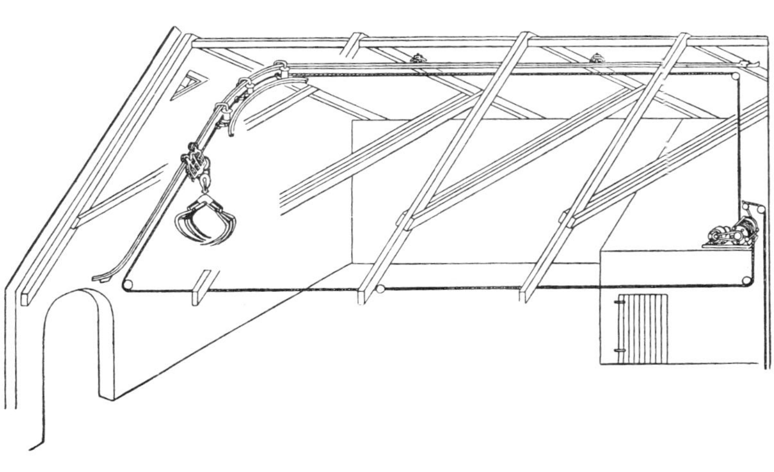

968. Heugreifer-Anlage mit seitlich schräger Bahn (Weyhausen, Delmenhorst)

Bogenbahn schräg verläuft. Wenn kein Überdach vorhanden ist, kann die schräg ansteigende Bogenbahn auch durch eine entsprechende Luke seitlich aus dem Gebäude herausgeführt werden oder, bei seitlich liegender Durchfahrt (Bild 968), direkt schräg seitwärts zur Toreinfahrt heruntergezogen werden.

Bestimmend für den Einbau solcher Anlagen ist die Konstruktion des Dachgebälkes. Ist ein einfaches Dach im Dreieckverband konstruiert, das keinen Firstbalken hat, so werden zum Aufhängen der Laufschienen Sparrenklammern verwendet. Hat bei gleicher Konstruktion der Dachstuhl einen Firstbalken, so befestigt man mit Hakenschrauben. Wesentlich ist, daß der

969. Aufzug für Heu und Getreide
(Weyhausen, Delmenhorst)

970. Doppelaufzug
(Weyhausen, Delmenhorst)

Dreieckverband frei von anderen Streben und Stützen ist, die die beladene Heuzange nicht behindern können. Nur bei sehr hohen Scheunen lohnt es sich, die Schienen unter den Querbalken anzubringen, wenn man nicht (um mehr Laderaum unter der Abwurfhöhe zu bekommen) die Dachkonstruktion umbauen will, was meist sehr schwierig und kostspielig ist.

F. Sackaufzüge

Wo das erdroschene Korn in Säcken zum Kornboden geschafft wird, ist ein Sackaufzug unerläßlich. Es sind die verschiedensten Konstruktionen auf dem Markte, die durch Elektromotor angetrieben werden. Sie erleichtern den Betrieb ganz wesentlich und ersparen Zeit. Entweder sind diese Aufzüge als Seilwinde ausgebildet oder sie arbeiten mit einer Kette als Lastenträger. Sehr zweckmäßig sind Doppelaufzüge, die dadurch einen ununterbrochenen Betrieb ermöglichen, daß stets ein Kettenende zur Aufnahme der Last bereit ist, während das andere Ende die Last abgibt (Bild 970).

971. Eingebauter Senkrechtförderer für Schüttgut
(Osterrieder, Memmingen)

Für Rüben, Kartoffeln, Silogut usw. werden feststehende Förderanlagen bevorzugt, die die Förderbehälter zwischen 2 geführten Ketten tragen (Bild 971) und allein oder, mit horizontal arbeitenden Förderanlagen kombiniert (Bild 972), den Transport zeit- und kräftemäßig bedeutend erleichtern.

G. Zinkenförderer

Garben und Preßballen werden mit Einrichtungen verschiedener Art befördert, die entweder fest eingebaut oder als fahrbare Höhenförderer mit Zinken oder Rechen das Fördergut senkrecht, schräg oder horizontal fördern können.

973. Senkrechtförderer mit einer Kette für Garben und Ballen
(Osterrieder, Memmingen)

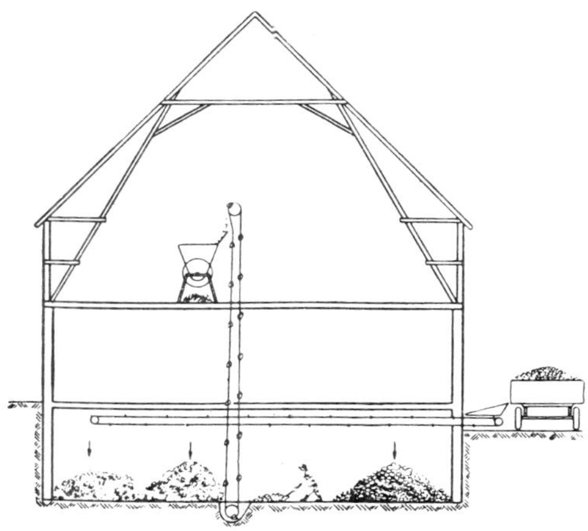

972. Schema der Einbauweise eines Senkrechtförderers und eines Horizontalförderers
(Weyhausen, Delmenhorst)

974. Höhenförderer „Zwo 10" in einer Scheune arbeitend
(Osterrieder, Memmingen)

976. Höhenförderer „Zwo 10" in senkrechter Förderstellung (Osterrieder, Memmingen)

Das einfachste Fördergerät, das als Senkrechtförderer angewendet wird und in jeder Scheune benutzt werden kann, ohne daß diese umgebaut zu werden braucht, ist der in verschiedenen Größen hergestellte Garben- und Preßballenförderer von Acker. Sein Förderband besteht aus einem über zwei Riemenscheiben laufenden, mit Fördergabeln (etwa alle zwei Meter) besetzten Gurt, das mit Verbindungsschlössern versehen ist. Es kann auf gewünschte Förderhöhen eingerichtet werden, wenn man entweder einige Stücke herausnimmt oder einige Stücke hinzufügt. Die Fördergabeln sind gelenkig so

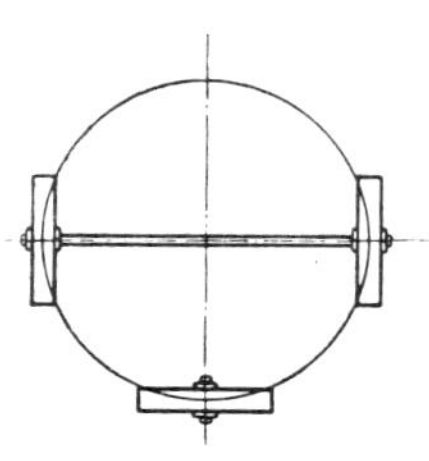

975. Räderstellung bei „Zwo 10"
(Osterrieder, Memmingen)

mit dem Förderband verbunden, daß sie sich beim Abwärtslaufen anlegen. Als Antrieb dient ein Motor von etwa $1-1^1/_2$ PS, der in einem mit Spannvorrichtung für das Förderband versehenen Gestell eingebaut ist; er treibt die Riemenscheibe in dem Gestell an. Da die obere Umführungsscheibe leicht von einer Stelle zur anderen gesetzt werden kann und der Antrieb fahrbar ist, kann der Förderer an vielen Abladestellen verwendet werden. Wenn man das Förderband abgenommen hat, kann man das Antriebsaggregat auch für andere Maschinen verwenden (Häckselmaschinen, Rübenschneider u.ä.). Die Anlage ist vielseitig und sehr wirtschaftlich.

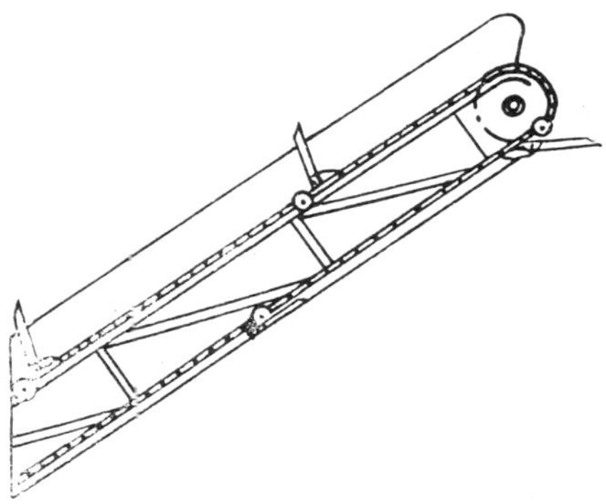

977. Die Förderzinken klappen beim Abwärtsgang ein (Osterrieder, Memmingen)

In ähnlicher Weise arbeiten einkettige Senkrechtförderer, deren Mitnehmer die Garben aufspießen, an einer Leitwand emporführen (Bild 973) und nach beiden Seiten hin abwerfen können.

Eine Maschine zur Beförderung von Heu, Stroh, Garben und Preßballen, die wegen ihres besonderen, zusammenziehbaren Fahrgestells in senkrechter und schräger Förderrichtung arbeitet, ist der Ganzstahlförderer „Zwo 10". Bei senkrechter Förderung kann er auf kleinstem Raum eine Förderhöhe von 10 m erreichen. Das Fahrgestell ist dreirädrig ausgebildet; dadurch kann der aufgestellte Förderer um den Mittelpunkt der Achse drehbar gemacht werden, ohne daß er umzufallen droht; er wird dadurch beweglicher. Zu diesem Zweck wird nur das Vorderrad gedreht (Bild 974). Die drei Fahrräder beschreiben also bei jedem Drehen

978. „Zwo 10" in Transportstellung hinter einem Schlepper (Osterrieder, Memmingen)

einen Kreis (Bild 975), so daß die Maschine in jeder Stellung vollständig um ihren Mittelpunkt gedreht werden kann. Die dreizinkigen Mitnehmer sind an einer Stahlgelenkkette befestigt, die auf Rollen in einem angewinkelten Fördertrog geführt wird (Bild 976). Das Aufreißen und Zurückreißen der Garben wird dadurch verhindert, daß die Mitnehmer nach der Überkehr zwangläufig eingeklappt werden. Dadurch braucht der Förderer weniger Raum und es wird möglich, ihn unmittelbar auf die Balken zu legen (Bild 977). Für den Transport wird das Fahrgestell wieder auseinandergezogen und die obere Hälfte des Fördertroges in den unteren Teil geschoben (Bild 978).

979. Fahrbarer Höhenförderer (Osterrieder, Memmingen)

H. Höhenförderer

Für den anspruchsvollen Mittel- und Großbetrieb sind die durch zwei Ketten geführten Rechenförderer (fahrbare Höhenförderer) entwickelt worden (Bild 979). Sie werden von vier Fahrrädern auf großer Unterstützungsfläche getragen. Der um sein hinteres Ende drehbare Fördertrog kann (der gewünschten Förderhöhe entsprechend) durch Aufrichten und Ausschieben des um die Hinterachse drehbaren Tragarmes eingestellt werden. Die Last des Auslegers ruht dadurch vollkommen auf der Hinterachse. Hierdurch und durch die Achsschenkel-Lenkung der Vorderräder wird die stabile Lagerung des Förderers auf der stets gleich

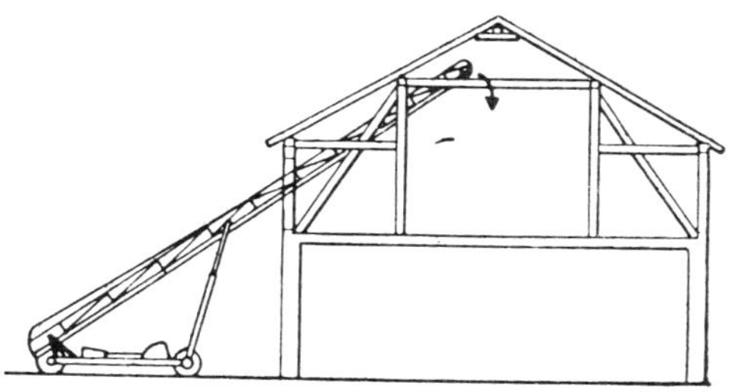

980. Förderung durch Seitenluke
(Osterrieder, Memmingen)

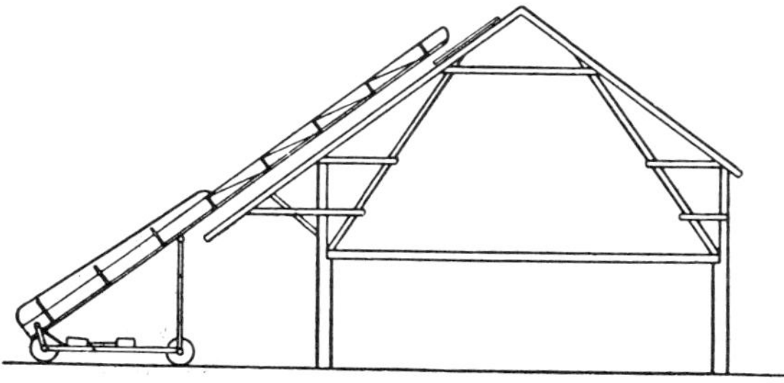

981. Förderung durch Dachluke
(Osterrieder, Memmingen)

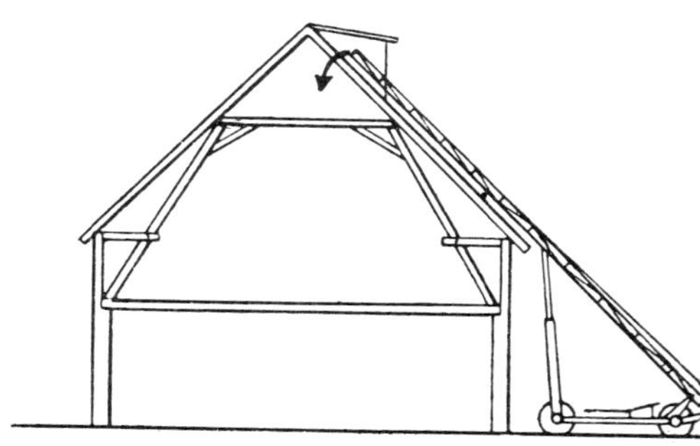

982. Förderung durch Aufbauten
(Osterrieder, Memmingen)

groß bleibenden Unterstützungsfläche gesichert; er kann nicht kippen. Früher gab es Konstruktionen, bei denen während des Betriebes die Fördertröge ein- und ausgeschoben werden konnten, deren Förderkette durch Schleifenführung in ihrer Länge ausgeglichen wurde. Von dieser Konstruktion ist man abgegangen, weil sie im Betriebe unsicher war. Heute hat der Trog (je nach Förderhöhe) eine bestimmte Länge. Für den Transport schiebt man den Obertrog ein, wobei die Kette im Fördertrog zusammengeschoben wird.

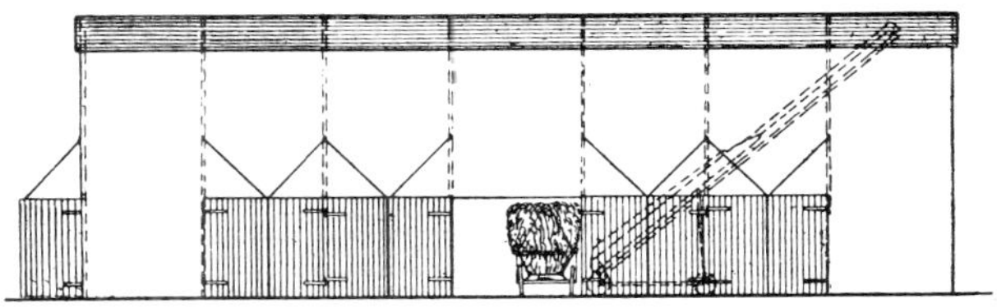

983. Förderung im Innern einer Scheune
(Osterrieder, Memmingen)

Diese Höhenförderer werden durch Benzol-, Diesel- oder Elektromotoren angetrieben, die nach den Vorschriften feuersicher eingebaut werden. Der Kraftbedarf der in verschiedenen Größen gebauten Höhenförderer für etwa 10—14 m Förderhöhe beträgt 2,5 bis 4 PS. Angetrieben werden sie vom Motor über Vorgelege auf die über der Vorderachse des Höhenförderers gelagerte Antriebswelle, die über Kettenräder die beiden Förderketten mit etwa 1 m/sec bewegt. Am Gegenende sind die Ketten über frei umlaufende Umlaufräder geführt, die meist für den Ausgleich der Kettenspannung mit einer gemeinsamen Spannvorrichtung versehen sind.

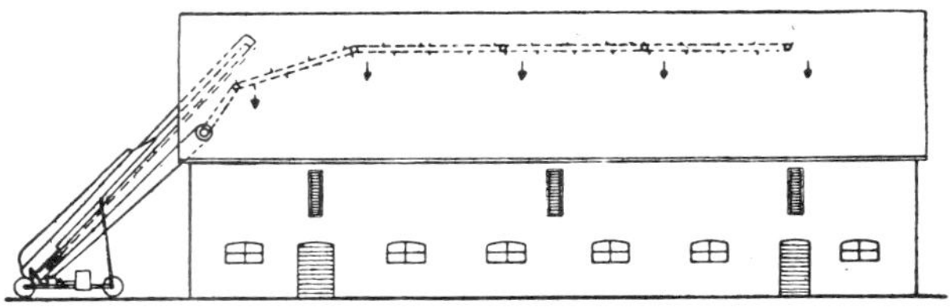

984. Förderung in Zusammenarbeit mit Längsförderer
(Osterrieder, Memmingen)

Solche fahrbaren Höhenförderer können vielfach verwendet werden. Beim Beschicken von Scheunen können sie durch Luken (Bild 980 und 981), durch Aufbauten (Bild 982), aber auch im Innern der Scheune (Bild 983) als selbständige Förderanlagen arbeiten, sie können Diemen setzen und Silos beschicken; dabei werden Arbeitskräfte und Zeit gespart. Zusammen mit Einbauanlagen eignen sie sich vorzüglich dazu, zu beschicken und gleichzeitig Längsförderer anzutreiben (Bild 984).

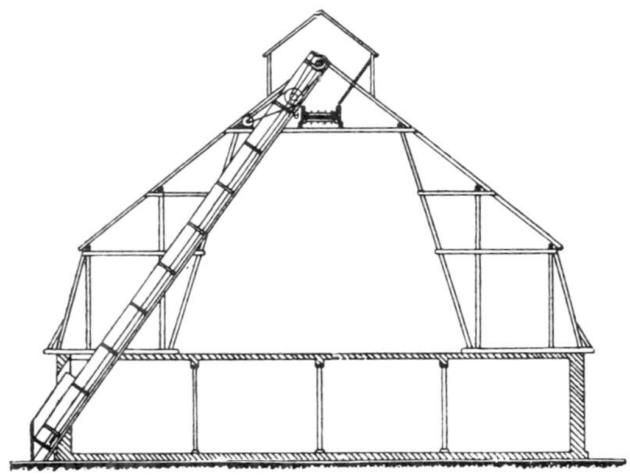

985. Einbauweise von Höhen- und Seitenförderer
(Claussen, Kappeln)

I. Einbau-Förderanlagen

Das Prinzip der fahrbaren Höhenförderer (Rechen) wird seit vielen Jahrzehnten auch bei festeingebauten Förderanlagen angewendet, deren Fördertröge aus Holz gefertigt sind. Je nach

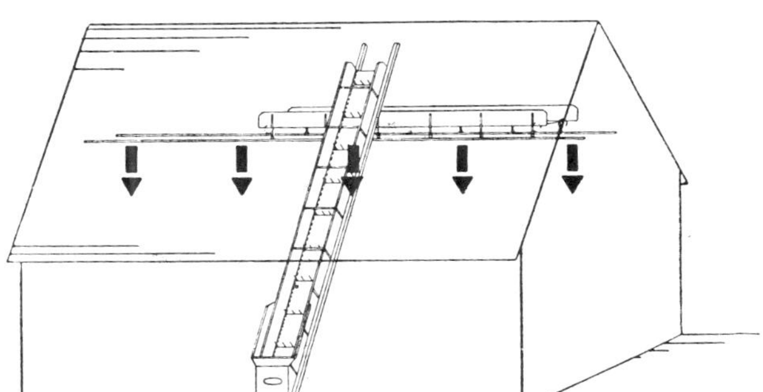

986. Schema der Arbeitsweise
von eingebautem Höhenförderer mit Seitenförderer
(Osterrieder, Memmingen)

Beschickungs- und Förderart unterscheidet man einfache Schrägförderer, die entweder ganz in der Scheune eingebaut sind oder deren Beschickungströge (gegen Witterung abgedeckt) aus der Scheune herausragen, also gleich vom Wagen aus beschickt werden können. Sie lassen ihr Ladegut an der höchsten Stelle fallen: entweder frei nach unten, oder auf eine verstellbare Leitrutsche oder auf einen weiteren, fest eingebauten, unter dem First der Scheune entlangführenden Förderer (Bild 985).

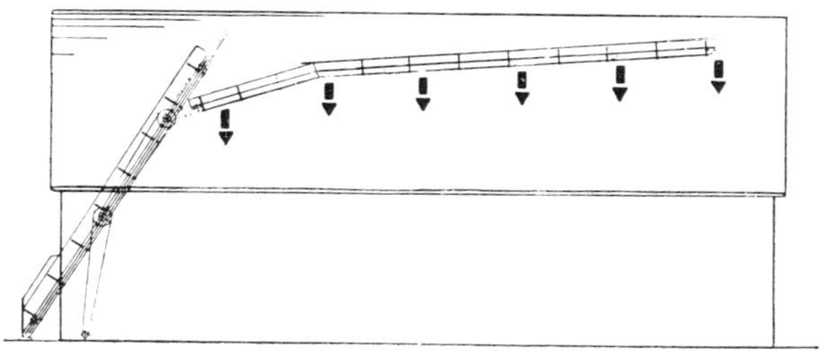

987. Schema der Arbeitsweise von eingebautem Höhenförderer mit Längsförderer (Osterrieder, Memmingen)

Wird der Schrägförderer an die Scheunenmitte angestellt, so ist es zweckmäßig, ihn mit einem verschiebbaren Seitenförderer zusammenarbeiten zu lassen, der durch ein Wendegetriebe angetrieben wird und dadurch entweder nach rechts oder nach links weiterfördern kann. Um Stauungen zu vermeiden, ist der Förderquerschnitt, das heißt, entweder seine Breite oder seine Fördergeschwindigkeit, um einiges größer als die des Schrägförderers, der ihn beschickt. Je nach Abwurfstelle wird der Seitenförderer (Bild 986) seitlich verschoben.

988. Allesförderer (Osterrieder, Memmingen)

Ist der Schrägförderer aus örtlichen Gründen an der Giebelseite des Gebäudes einzubauen, so arbeitet er am zweckmäßigsten mit einem festeingebauten Längsförderer zusammen (Bild 987). Um an verschiedenen Stellen der Scheune abwerfen zu können, sind in den Boden des Fördertroges abnehmbare Bodenklappen eingebaut, die an der Abwurfstelle fortgenommen werden; die Rechenkette arbeitet über den ganzen Bereich des Längsförderers. Der Wagen des Seitenförderers braucht nur etwa die Hälfte der Scheunenlänge lang zu sein, der Längsförderer muß durch die ganze Länge der Scheune geführt werden.

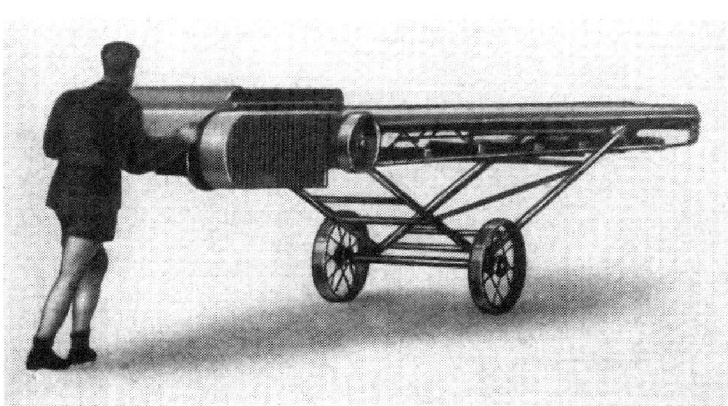

989. Allesförderer, von Hand geschoben (Osterrieder, Memmingen)

Die beiden Förderer der Einbauanlagen werden meist von einem Elektromotor angetrieben, dessen Größe sich nach der Länge der Förderer und darum nach deren Reibungswiderständen während der Arbeit richtet. Die hoch oben in der Scheune angebrachten Förderer werden durch Seilschaltung bedient; die Seitenverschiebung des Seitenförderers geschieht durch den Motor. Bei den Seitenförderern in sehr langen Scheunen mit langen, schweren Wagen ist die Motorstärke ausschlaggebend dafür, daß die Förderanlage einwandfrei arbeitet; die Getriebe müssen entsprechend stark ausgeführt und unbedingt verwindungsfest an dem starken Gebälk der Scheune verankert sein.

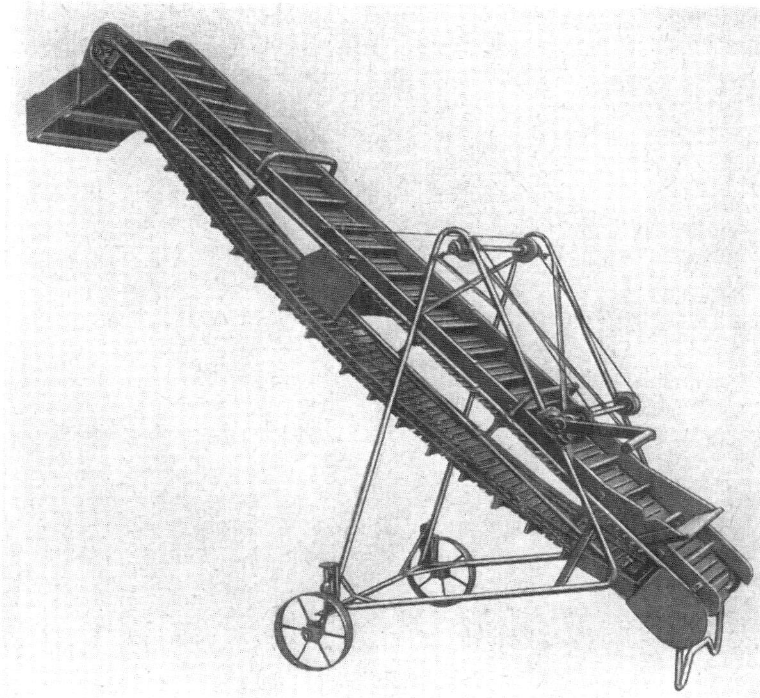

990. Verladeband (Dreyer, Wittlage)

Die Konstruktion der Scheune muß für den Einbau einer Förderanlage geeignet sein. Längs- und Seitenförderer brauchen zum Einbau eine Möglichkeit für die Unterzüge, die den Trog des Längsförderers oder die Laufbalken für die Schienen des Seitenförderers zu tragen haben; sie brauchen auch einen über dem Förderer liegenden hohen Raum von mindestens 1,20 m. Ist es unerläßlich, das Gebälk umzubauen, so ist ein Baufachmann zu Rate zu ziehen.

991. Mehrzweck-Ladegerät „Diadem" beim Heuladen hinterm Schlepper als Zwischenspann (Dreyer, Wittlage)

Neben diesen Förderanlagen sind fahrbare Fördervorrichtungen verschiedener Art entwickelt worden, die zu den verschiedensten Zwecken eingesetzt werden. Das Bild 988 stellt einen kleinen Allesförderer dar, ein fahrbar gemachtes Verladeband, das mit Querleisten besetzt ist, und mit Handhaben leicht von einer Person gefahren werden kann (Bild 991). Ein ähnlich arbeitendes Verladeband, besonders für Kartoffeln geeignet, zeigt das Bild 990.

K. Heuauflader

Um Grünfutter, Heu usw. auf den fahrenden Wagen zu laden, ist bei dem Mehrzweckladegerät Diadem eine Aufnahmewalze vorgeschaltet worden. Da dieses Gerät nach hinten arbeitet, muß es vor dem Wagen in den Zug gespannt werden (Bild 991). Damit der Wagen auch die Spur einhalten kann, besonders bei großer Zugkraft, werden die Aufladegeräte hinter dem Wagen angehängt, so wie es bei den Heuaufladern geschieht (Bild 992). Solche Geräte arbeiten mit zwei gekröpften Wellen, die eine Anzahl mit Zinken und rechenartigen Harken besetzte Stäbe senkrecht zur Förderbahn in kreisende Bewegung versetzen. Da je zwei nebeneinander arbeitende Stäbe in ihren Bewegungsbahnen um 180° versetzt angeordnet sind, fördern sie das Heu auf breiter Bahn ohne Unterbrechung nach oben und lassen es an der Überkehr in den Wagen gleiten (Bild 993). Bei derartigen Geräten sollen die Heuschwaden wesentlich kleiner gemacht werden als bei der Handaufgabe, da sonst gleichzeitig zu viel auf den Wagen kommt. Auch dann wird ein Wagen in 18 bis 20 Minuten beladen.

992. Arbeitsweise eines Heuladers (Osterrieder, Memmingen)

993. Heulader (Osterrieder, Memmingen)

L. Rübenblatt-Auflader

Die schwer zu ladenden Rübenblätter, die als Blattfutter verwendet werden sollen, müssen restlos und auch sauber vom Felde kommen. Man hat Verladebänder konstruiert, die quer zu den Reihen arbeiten und in ihrem horizontalen Teil von mitgehenden Personen beschickt werden. Sie leiten dann durch einen Knick seitlich das Fördergut einem nebenher fahrenden Wagen zu. Derartige Ladevorrichtungen werden von einem im Kriechgang fahrenden und das Ladegerät antreibenden Schlepper gezogen. Es müssen große mensch-

994. Ladegerät „Ackos" lädt in Querfahrt. Bei der Rübenernte (Osterrieder, Memmingen)

liche, tierische und maschinelle Kräfte eingesetzt werden (Bild 994). — Ein Gerät, das das Rübenblatt durch eine hinter dem Wagen gespannte Fördervorrichtung in einfacher Weise nach vorn auf den Wagen lädt, ist ein in dem Bild 995 dargestellter Rübenblatt-Auflader. Er nimmt das Blatt automatisch durch einen besonders gestalteten Rechenförderer hoch und wirft es durch eine winkelförmige Knickung des Förderers nach vorn auf ein zweites Förderband, das das Blatt unmittelbar auf den Wagen bringt. Dieses gummibereifte Gerät wird von den Fahrrädern aus angetrieben. Damit es sich an die Bodenverhältnisse anpassen kann, ist der Aufnahmeförderer in seiner Lage der Höhe nach verstellbar.

M. Front- und Hecklader

Um das Verlangen der Landwirtschaft nach zweckmäßigen Ladegeräten zu erfüllen, sind in den letzten Jahren verschiedene Geräte neu konstruiert worden, die wie die Anbaugeräte das Ladegerät gleich mit dem Schlepper vereinigen. Es sind dabei grundsätzlich zwei Systeme angewendet worden, je nachdem das Ladegerät vor dem Schlepper oder hinten

995. Rübenblatt-Auflader als Anhängegerät hinterm Ackerwagen (Heag, Misburg)

am Schlepper angebaut wird. Beim ersten System ist der Wittenburg-Frontlader, beim zweiten der Atlas-Hecklader als Beispiel herangezogen worden.

Der Frontlader ahmt in seiner Arbeitsweise das Schaufeln nach; gleichzeitig transportiert er das Ladegut durch die Bewegung des Schleppers und durch das hochgebrachte Ladegerät. Die Bewegung, die der Mensch beim Schaufeln macht, ist das Grundprinzip dieses Frontladers. Die Schaufel oder Forke des Frontladers senkt sich zu Boden, schiebt sich durch die Bewegung des Schleppers in das Ladegut hinein, hebt es an, zieht sich beladen durch Rückwärts- und Bogenfahrt des Schleppers wieder zurück, fährt erneut an, um sich dem Wagen zu nähern, kippt die Schaufel oder die Forke und belädt den Wagen. Der etwa 3,5 m lange Auslader wird

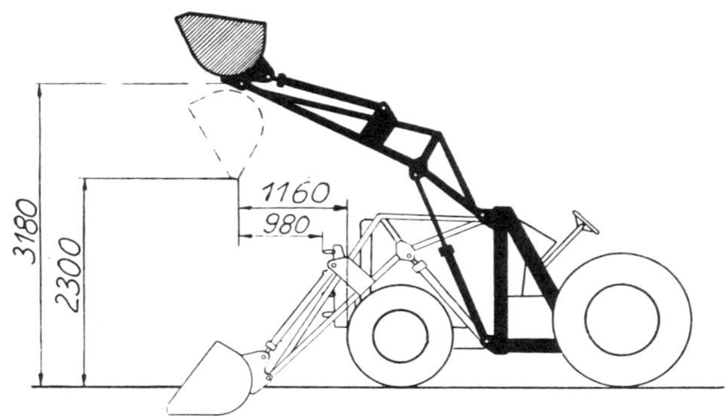

996. Grundprinzip des Frontladers (Hanomag, Hannover)

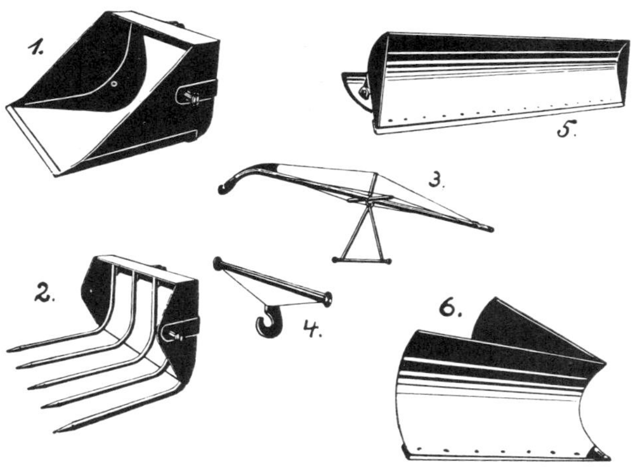

997. Arbeitswerkzeuge des Frontladers (Hanomag, Hannover)
1 Schaufel; 2 Mistgabel; 3 Kranausleger; 4 Lasthaken; 5 Planierschild oder Erdhobel; 6 Schneepflug

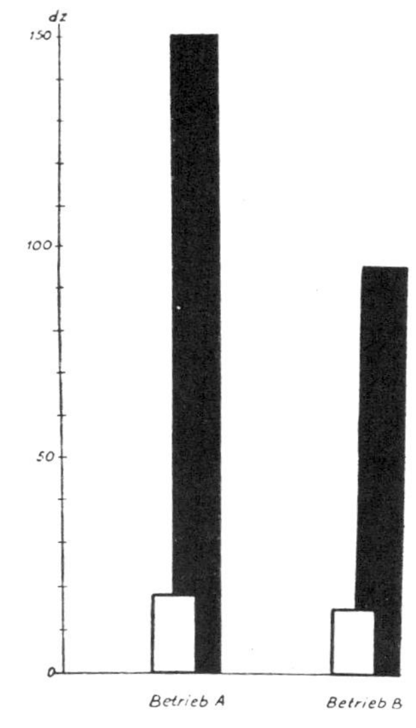

998. Vergleich der Arbeitsleistung bei Handarbeit (weiß) und bei Einsatz des Frontladers (schwarz) (Hanomag, Hannover)

durch ein kräftiges, am Schlepper angebrachtes Profileisengestell getragen und hydraulisch in seiner Hubbewegung betätigt. Die am Ende angebrachte Schaufel oder Forke wird ebenfalls hydraulisch oder auch mechanisch betätigt. Das Grundprinzip ist aus dem Bild 996 zu erkennen. Der Fahrer bedient vom Führersitz aus ein kleines Steuerventil, wodurch der Auslader gehoben, gesenkt oder in Haltestellung gebracht wird. Die Bedienung der Schlepperbewegung und ein Ladevorgang, bei dem der Ladeinhalt der Schaufel von etwa 0,5 cbm befördert wird, dauern nur knapp eine Minute, so daß bei einer Hubfähigkeit von rund einer Tonne Gewicht (abgesehen von der Ein-Mann-Bedienung) ganz beträchtlich an Ladezeit gespart werden kann. Außer den genannten Ladegeräten (Schaufel und Forke) kann der Frontlader andere Vorrichtungen für andere Arbeiten betätigen, wie das Bild 997 zeigt; es bedeuten

999. Frontlader im Einsatz beim Verladen von Rübenblatt (Hanomag, Hannover)

1000. Hecklader im Einsatz beim Verladen von Zuckerrüben mittels Zinkengreifer (Weyhausen, Delmenhorst)

1 Schüttgutschaufel, 2 Forke (die auch mit seitlichen Zinken besetzt ausgeführt ist), 3 Kranausleger, 4 Lasthaken, 5 Erdhobel und 6 Schneepflug. Das Bild 998 stellt einen Vergleich der Ladeleistung je Person und Stunde zur Ladeleistung eines Wittenburg-Laders bei günstigem Betrieb *A* und bei ungünstigem Betrieb *B* dar, woraus der Vorteil des Gerätes klar erkennbar ist. Das Bild 999 zeigt das Ladegerät beim Verladen von Rübenblättern und Bild 1000 beim Verladen von Zuckerrüben.

Das Grundlegende des Heckladers ist, im Gegensatz zum Frontlader, daß der mit einem Greiferkran ausgerüstete Schlepper wegen der nach allen Richtungen hin drehbaren Schwenkmöglichkeit des Kranes während der Ladearbeit stillstehen kann und dadurch die Unterlage geschont wird. Es entstehen also nicht viel Spuren, was beim Arbeiten auf dem Acker wesentlich sein kann. Der vollhydraulisch betätigte Kraftarm, der um die Königssäule drehbar und durch ein Gelenk auf- und abschwenkbar ist, trägt an seinem Ende ein dem Ladegut angepaßtes Greiferelement, das für Schüttgut als geschlossener Kastengreifer oder für loses oder für großstückiges Ladegut als Zinkengreifer ausgebildet ist, wie ihn das Bild 1001 beim Laden von Zuckerrüben zeigt. Ladegut können sämtliche Güter des Landwirtschaftsbetriebes sein: Rüben, Rübenblätter, Getreide, Säcke, Heu (Bild 1002), Stroh, Ballen. Vorzüglich eignet sich dieses Ladegerät dazu, den immer schwer zu ladenden Stallmist aus der Dungstätte auf den

Wagen zu laden. Die Vielseitigkeit, die bequeme Handhabung und die Möglichkeit, ihn an allen Schleppern anbauen zu können, gelten als seine großen Vorzüge. Da der Lader nur mit Steckbolzen befestigt ist, kann er in kurzer Zeit an- und abgebaut werden. Er bedarf Schlepper mit etwa 25 PS.

1001. Frontlader im Einsatz beim Laden von Zuckerrüben (Hanomag, Hannover)

1002. Hecklader im Einsatz beim Laden von Heu (Weyhausen, Delmenhorst)

N. Dunggreifer

Für das schwierige und oft unangenehme Laden des Stallmistes sind stationär an der Dungstätte eingebaute Dunggreifer nach dem Schwenkkransystem entwickelt worden (Bild 1003). Diese in dem Bild dargestellte Konstruktion aus Stahlrohr wird durch Spannseile gehalten und ist mit ihrer Säule ohne toten Winkel um 360° schwenkbar. Darum braucht der Wagen beim Verladen nicht verschoben zu werden. Der in Schweißkonstruktion hergestellte Greifer, der ein Fassungsvermögen von etwa 7 Ztr. hat, ist mit einem automatisch wirkenden Zungenschloß versehen. Das Ladegut wird nicht abgeworfen, sondern erst mit dem Aufsetzen des Greifers auf den Wagen sanft abgesetzt. Dadurch wird der Wagen geschont und gleichmäßig beladen. Als Antriebskraft kann ein im Betrieb vorhandener Motor von einer Mindeststärke von 3 PS verwendet werden.

Damit der Dunggreifer auch bei anderen Ladegütern angewendet und dabei gleichzeitig Bedienungspersonal gespart werden kann, sind auch fahrbare Dunggreifer mit gleichem Schwenkbereich entwickelt worden; sie sind in verschiedenen Ausführungen und Größen zu haben. Solche Greifergeräte arbeiten mit einem Ausleger, der durch eine weitere Winde verstellbar ist, so daß er in der Höhe und in der Ausladung verändert werden kann. Zusammen mit dem um 360° drehbaren Schwenkwerk läßt der 6—7 m reichende Ausleger eine universelle Lademöglichkeit zu. Die Greiferzange des in dem Bild 1004 dargestellten Laders hat ein Gewicht von 130 kg und eine Spannweite von 1,10 m. Der Ausleger ist bis auf 6 m verstellbar. Mit solchem Lader können in 5 Minuten 40—60 Ztr. Mist geladen werden.

Wenn die auswechselbaren Zinken abgenommen sind, kann auch an diese Zange eine Rüben- oder Kartoffelschale angebracht werden, so daß jeweils 4 Ztr. Ladegut einwandfrei bewältigt werden können. Die Düngerzange mit den Zinken kann auch zum Laden von Schüttgut mit einer Blechverkleidung versehen werden, so daß auch kleinförmige Güter gegriffen und gefaßt werden können: Kompost, Sand, Kies usw.

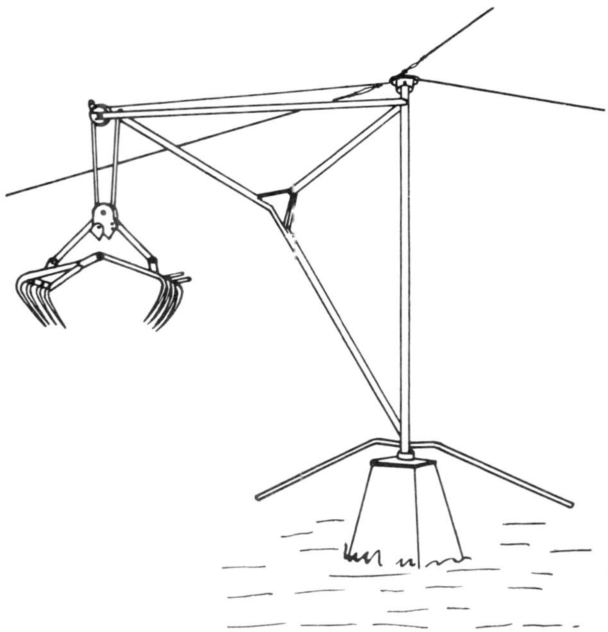

1003. Schwenkkran als Dunggreiferkran mit unbeschränktem Drehbereich (Keil, Fulda)

O. Gebläseförderanlagen

1. Allgemeines

Bereits in der Dreschmaschine sind uns in den Reinigungen und im Kaffgebläse Vorrichtungen bekannt geworden, die mit Gebläsen das Kaff abwinden oder fortblasen. Auch bei den Häckselmaschinen wurden die Windwirkungen der Radhäckselmaschinen und die Zusatzgebläse für die weitere Förderung des gehäckselten Gutes behandelt. In diesem Abschnitt sollen die Gebläseförderanlagen behandelt werden, wie sie sich als selbständige Förderorgane für Heu, Stroh und Körner in Jahrzehnten entwickelt haben.

Der Gedanke, Wind als Förderenergie zu benutzen, ist vom Kaffgebläse ausgegangen, das ursprünglich nur den Zweck hatte, das Kaff beim Dreschen zu beseitigen, das wegen seines großen Volumens und noch mehr wegen seines leichten Gewichtes bei windigem Dreschwetter unbequem und lästig fiel. Einige Meter von der Dreschmaschine entfernt wurde das Kaff dann in Säcken oder in Kaffwagen gesammelt und belästigte den Dreschbetrieb nicht mehr.

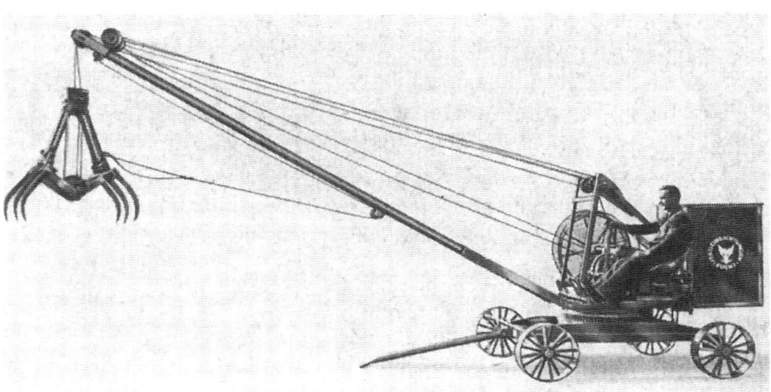

1004. Fahrbarer Dunggreiferkran (Keil, Fulda)

Findige Landwirte erweiterten den Wirkungsbereich dieser mit etwa 15 m Windgeschwindigkeit arbeitenden Kaffgebläse. Sie erhöhten die Läuferdrehzahl und dadurch die Windgeschwindigkeit auf das Doppelte und mehr und bliesen durch verlängerte Rohrleitungen das Kaff gleich in die Kaffkammer. Heute ist es selbstverständlich, daß die Kaffgebläse, die etwa mit 200 U/min umlaufen, das Kaff bis 100 m weit von der Dreschmaschine fortführen, so daß sich das Kaffgebläse zu einer ausgesprochenen Gebläseförderanlage entwickelt hat.

Die günstigen Erfahrungen damit haben die Technik veranlaßt, die Windförderung auch auf andere Güter: Kurzstroh, Langstroh, Heu, Körner usw. auszudehnen und die dazu erforderlichen Maschinen zu schaffen. Die Art des Beförderns kann verschieden sein. Entweder wird die Ansaugeöffnung des Gebläses benutzt, mit dem Sog gleich das Fördergut durch das Gebläse hindurch in die Druckleitung zu ziehen, wie es auch bei der in Bild 848 dargestellten Häckselmaschine geschieht, oder das Fördergut wird hinter der Gebläsedüse in die Druckleitung gegeben. Diese beiden Gebläseförderungen werden je nach den Belangen verwendet. Die erste Art wird als Einzugsförderung, die zweite als Schleusenförderung bezeichnet.

1005. Gebläseanlage für geschnittenes Stroh
(Engelbrecht u. Lemmerbrock, Melle)

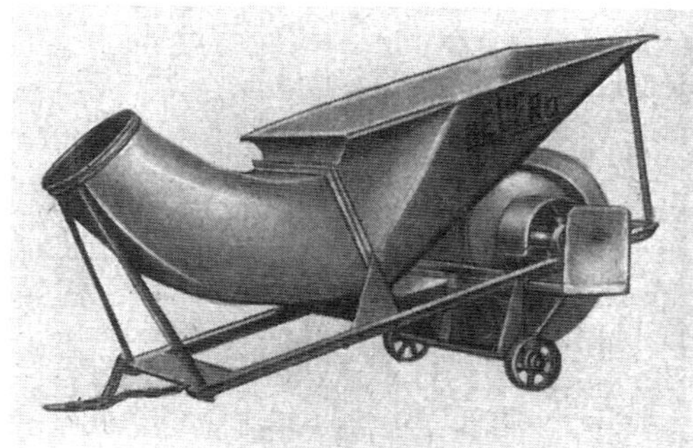

1006. Schleusen-Gebläseförderer
(Engelbrecht u. Lemmerbrock, Melle)

2. *Einzugsförderer*

Die Einzugsförderung hat einen verhältnismäßig engen Förderkanal beim Passieren des Gebläses, damit die Spaltverluste nicht zu groß werden und die Blaswirkung nicht zu sehr herabgesetzt wird. Die Folge davon ist, daß das Fördergut von den Läuferflügeln des Gebläses erfaßt und leicht beschädigt wird. Diese Art Gebläse ist daher nur bei einigermaßen kurzem Fördergut anzuwenden, das auch gegen Schlag unempfindlich ist.

Bei der Schleusenförderung kommt das Fördergut mit dem Gebläse nicht in Berührung. Das Gebläse kann daher ohne Rücksicht auf das Fördergut nach wirtschaftlichen Gesichtspunkten arbeiten; das Fördergut kann unbeschränkt groß sein.

Demzufolge verwendet man die Einzugsförderung heute fast nur noch für Kaff, Häcksel und Kurzstroh; für alle anderen Fördergüter: Heu, Garben, Stroh und empfindlicheres Körnergut verwendet man nur noch die Schleusenförderung.

Das Bild 1005 zeigt eine für geschnittenes Stroh bestimmte Gebläseanlage, die an einer Strohschneidemaschine angebaut ist. Aus dem Trichter der Strohschneidevorrichtung, die ähnlich wie der Schneideinleger arbeitet, wird das geschnittene Stroh durch die Einsaugeöffnung des Gebläses eingesogen und von dem Druckwind in die Leitung zum bestimmten Platz geblasen. Der Vorteil dieser Anlage besteht darin, daß an der Schneid- und Einzugsstelle kein Staub entsteht, weil er vom Gebläse mit eingesogen wird. Der Druckstutzen des Gebläses kann dabei waagerecht, wie im Bild, aber auch sonst in jeder Richtung angeordnet sein, je nachdem die Rohrleitung verlegt wird.

Das Gebläse besteht aus dem im Gehäuse mit etwa 1300—1400 Umdrehungen in der Minute sich drehenden Läufer, einem Flügelrad, das durch die auf eine Stahlscheibe aufgesetzten Flügel (die zur Einzugsöffnung hin abgerundet sind) das kurze Schnittgut einziehen und in die Druckleitung schleudern. Bei einem Rohrdurchmesser der Förderleitung von 250 bis 380 mm können solche Anlagen bei einem Kraftbedarf von 5—10 PS (je nach Größe der Anlagen) eine Stundenleistung von 35—90 Ztr. Stroh vollbringen.

3. Schleusenförderer

Bei dem Schleusenförderer (Bild 1006) befindet sich das Gebläse hinter der Einführungsstelle des zu fördernden Gutes. Durch die Düsenwirkung am Eintritt der Gebläseluft in die Förderleitung wird das in den Schleusentrichter gegebene Fördergut sogleich kräftig vom Windstrom erfaßt und in die Druckleitung geblasen. Bei dieser Art Gebläse können die Läufer symmetrisch ausgebildet sein und von beiden Seiten die Gebläseluft einziehen. Infolgedessen werden solche Läufer mit einer in der Mitte stehenden Scheibe ausgerüstet, die nach beiden Seiten hin Flügel trägt. Wenn die gegenseitigen Flügel versetzt werden, wird der Windstrom gleichmäßiger.

1007. Rohrbauteile (Cramer, Leer)

Die Rohrleitungen der Gebläseförderer müssen richtig und dicht verlegt sein; ihr Durchmesser muß einen Querschnitt haben, der dem Fördergut entspricht, und sie müssen so verlegt sein, daß keine Stauungen während des Betriebes entstehen. Zu scharfe Ecken müssen vermieden werden. Verengungen dürfen nicht vorhanden sein, und vor allem müssen die einzelnen Rohrstöße innen in Förderrichtung glatt verlaufen, d. h. das nächste Rohr muß am Ansatz über das vorhergehende greifen, damit keine scharfe Kante entsteht, die das Fördergut hemmt und dem Luftstrom Gelegenheit zum Austreten geben könnte. Um das zu vermeiden, stellen manche Firmen die Rohranschlüsse durch Schellen her, wobei die Rohre gleichmäßig aneinanderstoßen. Das Bild 1007 zeigt eine Zusammenstellung fertiger Rohreinbauteile, die in dieser Form gleich fertig von den Firmen bezogen werden können.

Die Schleusenförderer können bei ihrer Arbeitsweise alle in der Landwirtschaft vorkommenden Fördergüter (einschließlich Preßballen) durchschleusen. Die anschließend wiedergegebenen Zusammenstellungen geben am besten Aufschluß über die bei den zu fördernden Gütern nötigen technischen Daten: Rohrweiten, Kraftverbrauch, Leistung usw. Die Tafel 10 bringt

Tafel. 10. *Technische Daten verschiedener Allesförderer-Schleusen*

Rohrdurchmesser	Einfall-		Ungefähre Drehzahl pro Minute, Kraftbedarf in PS Rohrleitungslänge einschl. 2 Bogen 45°										Ungefähre Leistung in Fuder Heu	Gewicht
	Höhe	Breite	7,5 m		15 m		30 m		50 m		75 m			
mm	mm	mm	Umdr.	PS	Umdr.	PS	Umdr.	PS	Umdr.	PS	Umdr.	PS		etwa kg
500	1750	1300	900	5,5	1000	7,5	1100	10					2—3	320
500	1820	1300	900	5,5	1000	7,5	1100	10					2—3	325
500	1685	1870	900	5,5	1000	7,5	1100	10	1200	15	1250	18	2—4	380
570	1890	1920	900	7,5	1000	10	1100	15	1200	20	1250	25	4—6	480
630	2050	1920	900	10	1000	15	1100	20	1200	25	1250	30	6—8	570

(Engelbrecht u. Lemmerbrock, Melle)

die Zusammenstellung von 5 verschiedenen Typen der Allesförderer-Schleusen, ihre Rohrdurchmesser, ihre Förderlängen und ihre Leistungen.

Die Tafel 11 bringt eine Zusammenstellung der Leistungs- und Kraftbedarfswerte vier verschieden großer Körnerförderer mit Einbau verschiedener, rechtwinkliger Bogen für eine Förderhöhe von 8 m. Es ist dabei die Förderung von Roggen zugrunde gelegt worden, die Leistung liegt bei Hafer etwa 25%, bei Trockenschnitzel etwa 50% niedriger.

Tafel 11. *Leistungs- und Kraftbedarfswerte verschiedener Körnerförderer bei 8 m Förderhöhe*

Modellgröße	PS	Rohrleitungslänge in mm	stündliche Förderleistung Korn (Roggen) ca. kg bei rechtw. Bogen 2	3	4
150/5	4,1	25	1850	1730	1650
	4,1	50	1520	1450	1400
	4,1	75	1270	1200	1120
	4,1	100	1020	970	920
150/7	7,5	25	2760	2600	2470
	7,5	50	2280	2200	2150
	7,5	75	2060	1900	1780
	7,5	100	1660	1530	1410
210/5	7,5	25	3800	3550	3180
	7,5	50	3380	3170	2900
	7,5	75	2850	2600	2450
	7,5	100	2300	2100	1900
210/7	10	25	4450	4120	3750
	10	50	4000	3700	3500
	10	75	3400	3150	2950
	10	100	2800	2600	2350

(Engelbrecht u. Lemmerbrock, Melle)

Das Bild 1008 zeigt einen Allesförderer bei der Beschickung eines Silos. Dieser Schleusenförderer ist mit einer Zerreißvorrichtung versehen, so daß durch diese Kombination ermöglicht wird, Grünfutter zu zerreißen und für das Gebläse transportfähig zu machen und das zerrissene Grünfutter in Hochsilos zu befördern. Solche Zerreißer zerkleinern etwa 200 Ztr. Grünfutter in der Stunde; es wird nicht zerschnitten, sondern wirklich zerrissen. Hierdurch bleibt das Grünfutter langfaserig und wird deshalb vom Vieh gern gefressen und besser verdaut und lagert sich im Silo fester ein.

Zerreißer können auf jeden Schleusenförderer durch wenige Handgriffe mit 4 Schrauben aufgesetzt werden und, wenn die Schleuse für andere Zwecke verwendet werden soll, ebenso leicht wieder abgenommen werden.

Beim Füllen von Scheunen und Bansen haben sich sogenannte Endverteiler bewährt, bogenförmige, aus Rohrblechen gefertigte Stücke, die wie eine leicht gekrümmte Hand an das letzte Ende des Förderrohres drehbar angesetzt werden können. Durch seitlich angebrachte Ösen läßt sich der Endverteiler nach rechts und links drehen, so daß das Fördergut (je nach Einstellung des Endverteilers) nach rechts oder links ausgeworfen wird. Außerdem hat der Endverteiler eine Schraubenspindel, über deren Schnurscheibe ein besonderes Seil läuft, durch dessen Bedienung von unten der schalenartige Endverteiler gehoben und gesenkt werden kann, um kurz oder weit ausblasen zu können.

1008. Schleusenförderer mit Zerreißer bei der Beschickung eines Hochsilos (Engelbrecht u. Lemmerbrock, Melle)

XIV. Maschinen und Geräte zur Viehhaltung

A. Viehtränken

1. Allgemeines

Die Versorgung des Viehes beansprucht das landwirtschaftliche Personal außerordentlich stark. Um es zu entlasten, sind Tränkanlagen geschaffen worden, an denen das Vieh zu jeder Tages- und Nachtzeit seinen Durst stillen kann, allein, ohne Wartung. Solche Selbsttränkeanlagen ersparen nicht nur Arbeit, sondern das Vieh kann jederzeit ungezwungen Wasser aufnehmen. Durch menschliche Wartung ließe sich das nie erreichen. Das wirkt sich hygienisch günstig aus und auch der Ernährungszustand des Viehs wird besser, was sich bei der Mast und beim Milchertrag sehr bemerkbar macht.

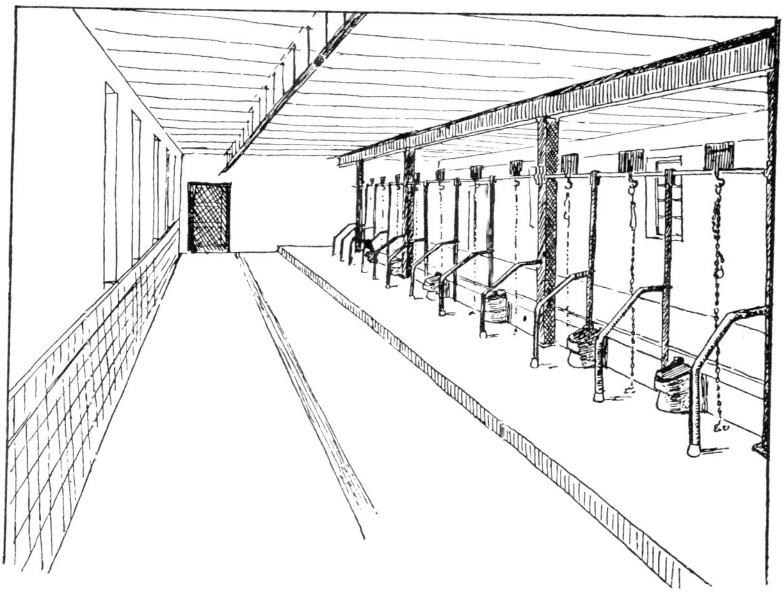

1009. Selbsttränkeanlage in einem Viehstall (Aschenbrenner, Kötzting)

Beim bisherigen Tränken aus Rinnen, Trögen und Eimern konnten die Tiere erst trinken, wenn das Personal Wasser eingefüllt hatte. Das Wasser bleibt längere Zeit stehen, es bleibt nicht frisch und wird unsauber; Wasserverschwendung ist oft nicht zu vermeiden.

Die Selbsttränke-Anlagen unterscheidet man nach ihrer Ausführung und Wirkungsweise in Anlagen, die von Wasserleitungen gespeist und in Viehställen eingebaut werden und in Tränkanlagen für den Weidebetrieb, die entweder durch Windkraft oder durch die Tiere selbst bedient werden.

2. Selbsttränkebecken

Das Bild 1009 zeigt die Anordnung einer Selbsttränke-Anlage in einem Kuhstall. Zwischen je zwei Ständen ist ein Tränkebecken aufgestellt, das von zwei benachbarten Tieren benutzt wird.

Die mit (Bild 1010) und auch ohne Deckel (Bild 1011) gefertigten Tränkebecken bestehen

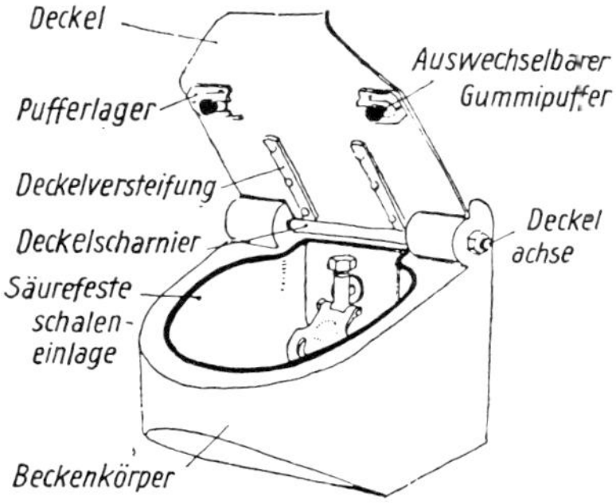

1010. Selbsttränkebecken mit Deckel (Aschenbrenner, Kötzting)

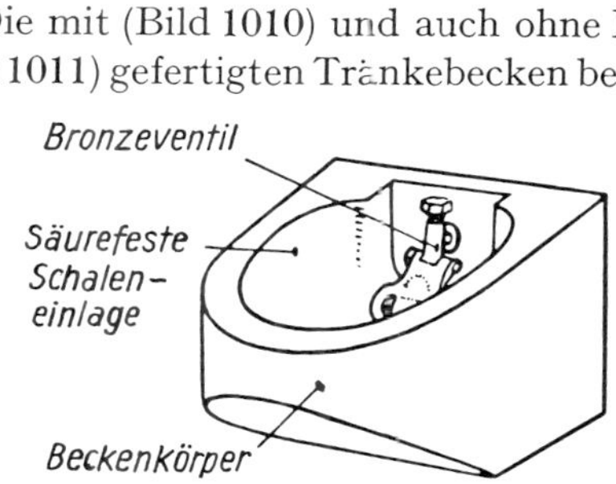

1011. Selbsttränkebecken ohne Deckel (Aschenbrenner, Kötzting)

aus Kunststein mit Schaleneinlage und sind auf diese Weise gegen Bruchgefahr gesichert. Die Wasserleitung wird von hinten zugeführt und kann, je nach örtlichen Verhältnissen, von einer freiliegenden Leitung gespeist werden (Bild 1012) oder durch eine unter Flur verlegte Leitung, die an den Becken hochgezogen und im gemauerten Sockel verlegt ist.

Das an der Rückwand im Tränkeboden angeordnete Selbsttränkeorgan besteht aus dem oben mit einer Verschlußschraube geschlossenen Bronze-Ventil-Gehäuse, das unten eine zur Bedienung des Ventils schwingbare, ebenfalls aus Bronze oder Messing gebildete Zunge trägt (Bild 1013). Die Ventilzunge hat

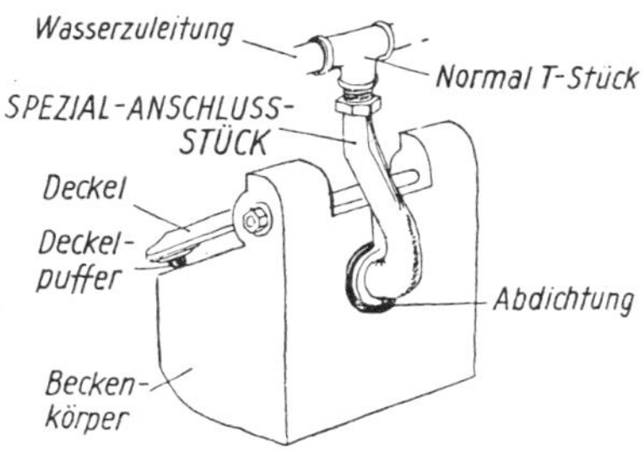

1012. Wasseranschluß an der Rückseite des Beckens (Aschenbrenner, Kötzting)

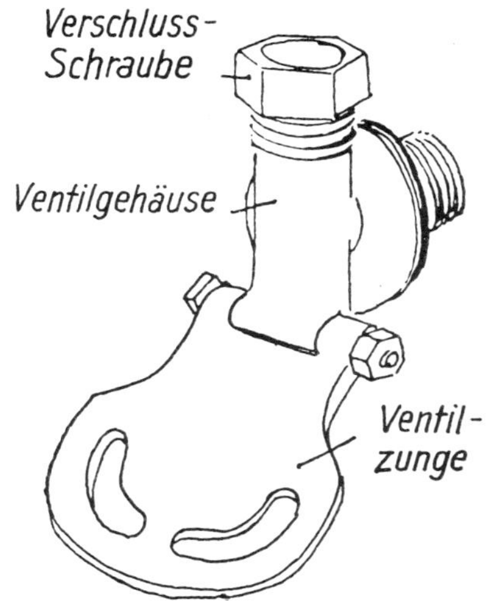

1013. Ventil an der inneren Rückwand des Tränkebeckens (Aschenbrenner, Kötzting)

auf ihrer Unterseite einen abgefederten Rollenhebel; wird die Zunge niedergedrückt, so drückt die Rolle die unten aus dem Ventilgehäuse herausragende Ventilstange nach oben (Bild 1014). Damit hebt sich der Ventilkegel nach oben vom Ventilsitz ab (Bild 1015 und 1016), so daß das mit der Leitung verbundene Ventilgehäuse sich unten öffnet und das Wasser ausströmen kann. Läßt der Druck auf die Ventilzunge nach, so schließt die Ventilfeder das Ventil automatisch.

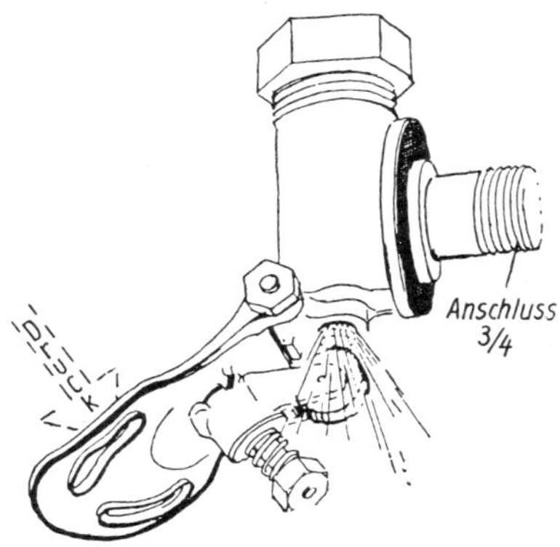

1014. Ein Druck auf die Ventilzunge öffnet das Ventil (Aschenbrenner, Kötzting)

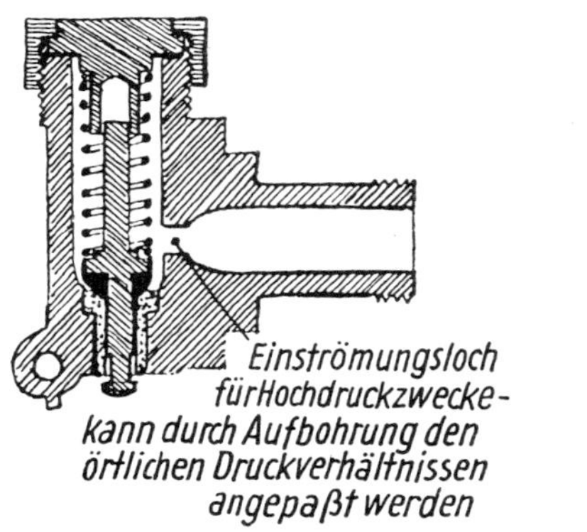

1015. Schnitt durch das Ventilgehäuse (Aschenbrenner, Kötzting)

Das dürstende Tier, das nach ganz kurzer Zeit an diese Einrichtung gewöhnt wird, drückt mit dem Maul auf die Ventilzunge und entnimmt der Wasserleitung selbständig so viel Wasser, wie es braucht.

Durch eine Drehung des Rollenhebels kann mit einem Griff das Ventil außer Betrieb gesetzt werden (Bild 1017).

Der Ventilsitz ist ausschlaggebend dafür, daß das Ventil unbedingt sicher abgedichtet ist. Die Kegeldichtung legt sich bei geschlossenem Ventil auf die Sitzfläche der Ventilsitzbüchse.

Wenn die Ventilsitzbüchse abgenutzt ist, läßt sie sich durch einige wenige Griffe ohne fremde Hilfe ersetzen. Man schraubt die Ventilschraube los und kann dann das ganze Ventil herausnehmen. Setzt man eine neue Büchse ein, so ist das ganze Ventil wieder wie neu.

Selbsttränkebecken können auf verschiedenste Art in die Ställe eingebaut werden. Entweder baut man sie auf konische Sockel aus Beton oder Mauerwerk vor der Krippe auf, oder man läßt sie in die Rückwand der Krippe ein. In diesem Fall vermauert man sie rundherum mit Betonmörtel. Die Leitung kann dann parallel zur Krippe nach Bild 1012 verlegt werden. Läßt es der Stall nicht anders zu, so können die Tränkebecken auch hinter der Krippe auf dem Futtergang aufgestellt und, wenn notwendig, auch darin eingelassen werden. Durch den Anschluß der Leitung hinter den Becken ist ihre Anordnung unbeschränkt, da die Zuleitung kaum hinderlich sein könnte.

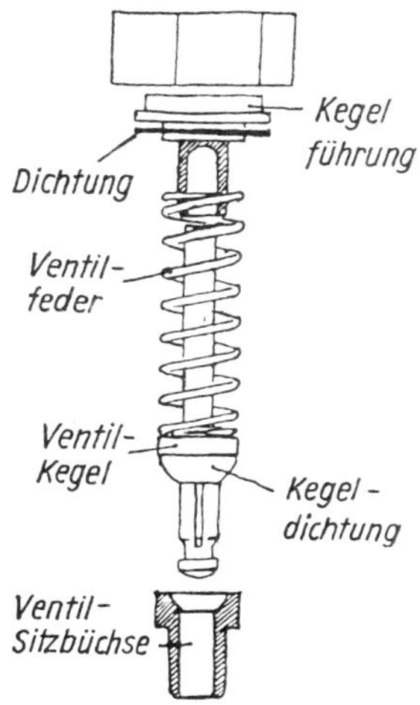

1016. Einzelteile des Ventils (Aschenbrenner, Kötzting)

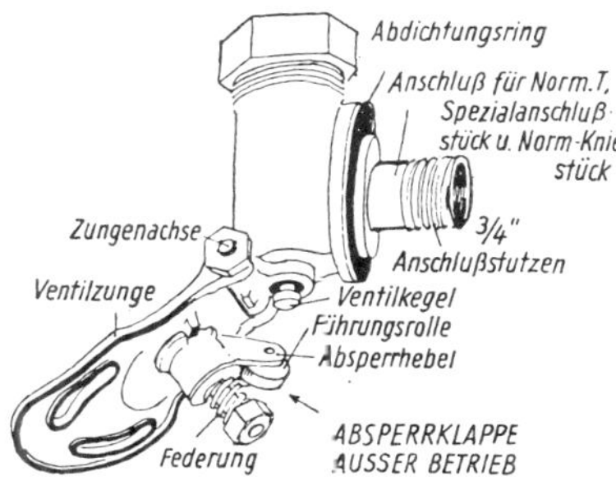

1017. Außerbetriebsetzung des Ventils durch Verdrehen des Absperrhebels (Aschenbrenner, Kötzting)

Zweckmäßig geht man bei der Herrichtung der Tränkeanlage so vor, daß man zuerst die Leitung verlegen läßt. Dann säubert man die Stellen, wo die Becken stehen sollen. Am besten gleicht man den Boden durch eine dünne Betonschicht aus und schließt die Becken von innen aus an die Leitung an, da sich das Ventil jederzeit vom Innern des Beckens ein- und ausschrauben läßt. Die Ventile werden ebenfalls von innen aus geradegestellt.

Wenn die Becken aufgesetzt sind, werden sie von einem Maurer rundherum bis auf 2 bis 3 cm nach ihrer Form mit Betonmörtel umhüllt und dann schräg abgezogen. Auf diese Weise sind sie vor Verletzungen durch die Tiere geschützt und umgekehrt können sie nie die Tiere verletzen.

Bevor das Ventil eingesetzt wird, empfiehlt es sich, die Leitung gut durchzuspülen, da während des Bauens immerhin Fremdkörper in die Rohre gelangen und sie verstopfen können.

Bei späteren Betriebsstörungen beachte man, ob die Kegeldichtung des Ventils in Ordnung ist und ob das innere Ventilgehäuse frei von Fremdkörpern ist. Dazu ist zunächst die Leitung abzustellen und die Ventilschraube zu öffnen. Das Ventil arbeitet richtig, wenn es sich ohne Hemmungen beim Druck auf die Ventilzunge öffnet und beim Nachlassen des Druckes sich sogleich wieder vollkommen schließt. Klemmt der Ventilkegel, so kann man den Ventilkegel mit Schmirgelpapier leicht abschmirgeln.

Nach längerem Gebrauch der Tränkeanlage kann es vorkommen, daß der Rollenhebel hinter der Ventilzunge nicht mehr in richtiger Stellung ist und sich festgesetzt hat. Dieser Mangel ist leicht zu beseitigen, wenn man den Hebel säubert und einfettet.

3. *Windtränke*

Zur Wasserversorgung des Viehes auf der Wiese, aber auch gleichzeitig für Gärtnereien, Siedlungshäuser usw. ohne Wasseranschluß dient die Nordwind-Windtränke (Bild 1018), die in verschiedenen Ausführungen (Bauhöhe und Saugtiefe betreffend) auf dem Markte ist.

Ein sechsflügeliges Windrad betreibt über eine Nockenwelle eine Saugpumpe, die das Wasser aus einer Tiefe bis zu 7 m ansaugt und je nach Windgeschwindigkeiten zwischen 3 und 7 m/sec 175—450 l Wasser in der Stunde fördert. Die Windtränke kann nicht nur auf Ring- oder Bohrbrunnen, sondern auch auf ein Rammrohr aufgesetzt werden und ist daher gerade für die Wasserversorgung des Viehes auf der Weide geeignet.

1018. Bei der Windtränke treibt ein Windrad über eine Nockenwelle eine Saugpumpe. Förderleistung bei 3 m Windgeschwindigkeit bis 450 l/Std. (Nordwind GmbH., Uhingen)

Die widerstandsfähige Windtränke auf stabiler Dreipunkt-Aufstellung braucht kaum gewartet zu werden, da alle drehenden und beweglichen Teile im Innern des Mastrohres und des Mastkopfes wasserdicht sind und kugelgelagert liegen, und der Betrieb vollkommen automatisch ist. Die Windtränke kann sich selbsttätig ausschalten, sie kann aber auch durch Seilzug mit der Hand ausgeschaltet werden.

Bei Sturm schwenkt das Windrad automatisch mehr und mehr aus dem Wind bis zum Stillstand und kommt beim Nachlassen des Sturmes selbsttätig wieder in den Wind zurück. Zur Überbrückung ganz windfreier Tage schließt man zweckmäßig einen genügend großen Wasserbehälter an die Pumpe an, der als Tränkbecken dient.

In Gegenden mit Buschbestand, der dem Wind hinderlich ist, sollte man die Windtränke in doppelter Höhe über dem Erdboden bauen, damit das Windrad die Buschgruppen überragt.

Damit die Windtränke für Tiefbrunnen von 25 oder 15 m verwendet werden kann, ist eine Spezial-Tiefbrunnenpumpe entwickelt worden, deren Messingkolben durch ein 5 mm starkes, verzinktes Drahtseil betätigt wird. Diese Anlage läuft bei 3 m Windgeschwindigkeit an und leistet bei dieser Windgeschwindigkeit (je nach Förderhöhe) bei 25 m 100 l/Std. oder bei 15 m 130 l/Std. Mit höherer Windgeschwindigkeit steigen diese Leistungen; bei 7 m Windgeschwindigkeit steigen sie auf 220 oder 300 l/Std. an.

4. *Schiebegitter-Pumpwerk*

Eine Weidepumpe besonderer Art ist das Schiebepumpwerk „Rekord", das mit einem an einer Membranpumpe angebrachten Pumpenschwengel, der durch ein Schiebegitter bewegt wird, das Wasser doppelwirkend ansaugt und hochdrückt und so Wasser aus 10 m Tiefe nach oben pumpen kann (Bild 1019). Das Schiebegitter, das durch das Maul des Tieres seitlich hin- und herbewegt wird, befindet sich über einer nach beiden Seiten vertieften Saufkrippe und ist durch Rollenlagerung leicht zu bewegen (Bild 1020). Das Wasser läuft nach den beiden Seiten des Troges und wird durch das aus drei Stäben gebildete Schiebegitter bedeckt. Nur durch einen in seiner Mitte eingearbeiteten Saufring kann das Tier, wenn es das Gitter nach der betreffenden Seite schiebt, das Wasser erreichen. Steht der Ring in der Mitte, so erblickt das Tier das Wasser an den Seiten und wird den Ring mit dem Gitter nach der einen oder der anderen Seite schieben. Hiermit wird aber der Pumpenschwengel in Tätigkeit gesetzt, der die Membrane der Pumpe nach rechts oder nach links drückt und so erneut Wasser pumpt (Bild 1021).

1019. Schiebegitter-Pumpwerk. Pumpen durch Hin- und Herschieben des Gitters durch das Maul des Tieres (Meyer, Sulingen)

Das Schiebepumpwerk ist aus dem Gedanken entwickelt, an den Lippen druckempfindlichen Tieren das Selbstpumpen zu erleichtern. Es ist für offene Ringbrunnen, Bohrbrunnen, geschlagene Brunnen, Kuhlen, Gräben usw. verwendbar. Die Wasserleistung reicht für etwa 25 Kühe oder 50 Jungtiere.

Für die Einrichtung eines solchen Schiebepumpwerkes werden gebraucht: 2 kurze Pfähle (etwa 10 cm im Quadrat und 80—90 cm lang), 6 gewöhnliche Weidepfähle (etwa 1,70—1,80 m lang) für die Umzäunung, dazu etwa 20 m Umzäunungsdraht und einige Abfallbretter oder alte Bretter (etwa 90 cm lang).

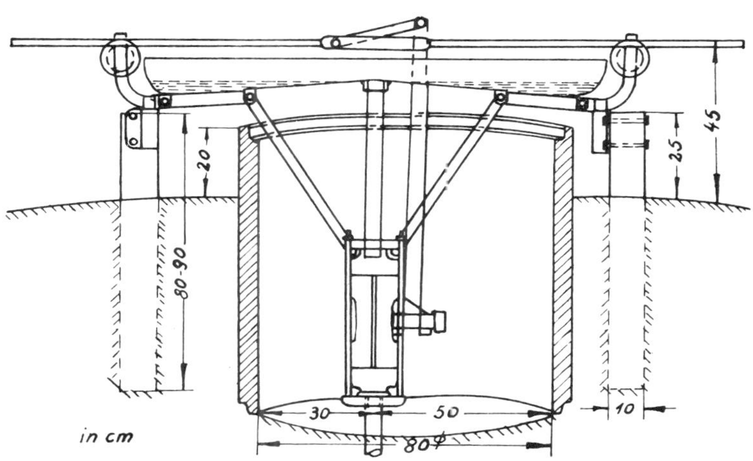

1020. Querschnitt durch das Schiebegitter-Pumpwerk mit Brunnenring (Meyer, Sulingen)

Bei Bohr- und geschlagenen Brunnen, oder auch bei offenen Wasserstellen, wo das Ansaugrohr seitwärts gelegt werden muß, kann mit einigen Brettern ein Holzkasten um die in der Erde stehende Pumpe gebaut werden. Um die Pumpe vor Verschmutzung zu schützen und den Tieren gleichzeitig einen besseren

Zutritt zu gewähren, sollte bei den Wasserentnahmestellen ein Zementring von etwa 80 cm lichter Weite verwendet werden.

Um die Pumpanlage vor Zerstörung durch das Vieh zu bewahren und damit sie richtig benutzt wird, sollte sie umzäunt werden. Die 6 Pfosten bringt man in der auf Bild 1022 gezeigten Weise an und versieht sie mit Draht. Die 4 mittleren Pfosten werden von innen etwa bis in Gitterhöhe mit Brettern verkleidet, damit das Vieh möglichst nahe an die Saugöffnung herangeführt werden kann, wobei eine etwa freiliegende Öffnung des Brunnenringes leicht mit Brettern verschalt werden kann.

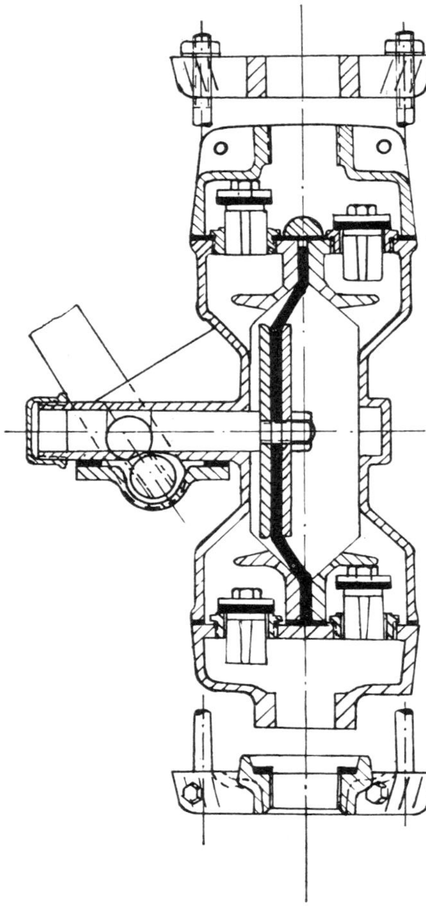

1021. Querschnitt durch die doppelt wirkende Membranpumpe des Schiebegitter-Pumpwerkes (Meyer, Sulingen)

Damit die Tiere sich an das Selbstpumpen gewöhnen, darf die Saufkrippe nicht ganz gefüllt sein. Man stellt den Saufring auf Mitte und kann den Tieren anfangs leicht nachhelfen, indem man das Gitter mitschieben hilft, aber nur, wenn das Tier selbst drückt. In kurzer Zeit haben sich die Tiere an das Selbstpumpen gewöhnt.

Das Schiebepumpwerk wird nur gestört, wenn zwischen Schiebegitter und Pumpenschwengel die Pumpe verdreht wird und sich klemmt. Es ist dann zu prüfen, ob der Pumpenschwengel in allen Stellungen des Schiebegitters richtig steht. Unter Umständen muß die Pumpe etwas verdreht werden. Da in dem Gelenk zwischen Schwengel und Schiebegitter ein verhältnismäßig großes Spiel besteht, so liegt die Gefahr solcher Störungen nur vor, wenn einzelne Teile verbogen sind, was sich leicht feststellen läßt.

Nach längerem Gebrauch der Pumpe kann es vorkommen, daß Luftblasen gefördert werden. Dann ist meist die Saugleitung undicht geworden, was man beseitigen kann, wenn man die Kupplungsbolzen anzieht. Werden nur einseitig Luftblasen gefördert, so muß die Stopfbüchse gleichmäßig angezogen werden.

Bei unregelmäßigem Pumpen, wie es durch ungleichmäßiges Fördern oder durch Absinken des Wassers entstehen kann, sind meist die Ventile verstopft. Wenn das auch nur selten vorkommt, da Membranpumpen wegen der hin- und hergehenden Stöße sich meist selbst wieder reinigen, so ist dann die Pumpe auseinanderzunehmen und zu reinigen.

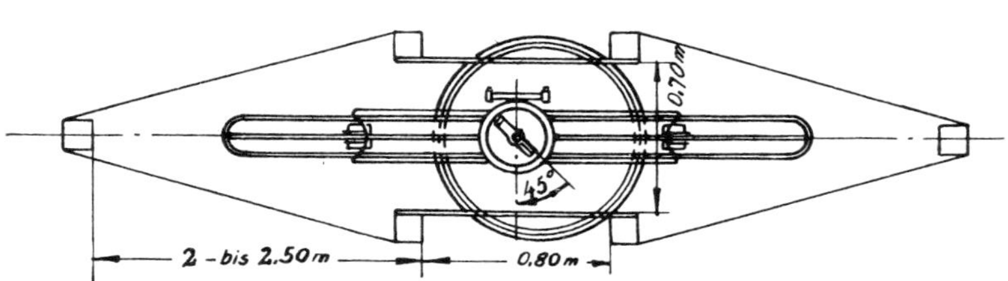

1022. Einfriedigung eines Schiebegitter-Pumpwerkes (Meyer, Sulingen)

Um das Pumpwerk im Winter vor Frost zu schützen, baut man es nach dem Abtrieb des Viehes zweckmäßig aus, reinigt es, läßt es neu anstreichen und hängt es für die Winterzeit an einem geeigneten Ort an der Wand auf.

5. Weidepumpe

Eine Weidepumpe einfachster Art ist die Pionier-Weidepumpe. Bei ihr ist das Wasserleitungsrohr als Pumpenschwengel ausgebildet und trägt an seinem Ende das Saufbecken. (Bild 1023). In ihm befindet sich unter einem Rost der Rest des vom letzten Saufen übriggebliebenen Wassers, das als Reizwasser das nächste Tier veranlaßt, mit dem Maul das Becken niederzudrücken. Damit tritt der Pumpenschwengel in Tätigkeit, der den Kolben einer Pumpe nach oben bewegt und das über dem Kolben stehende Wasser anhebt und in das Zulaufrohr zum hohlen Pumpenschwengel und durch dieses Rohr in das Saufbecken fließen läßt (Bild 1024). Wenn der Pumpenkolben hochgeht, saugt er aus dem Saugrohr beim Öffnen des Bodenventils den nächsten Hub Wasser nach oben, der beim Niedergehen des Kolbens durch ein Gegengewicht über den Kolben gelangt und beim nächsten Niederdrücken des Saufbeckens es wieder füllt. Ein Hub fördert etwa $1^1/_2$—2 l Wasser aus Tiefen bis 7 m, so daß eine Weidepumpe etwa 30 Stück Großvieh versorgen kann.

Eine solche Weidepumpe kann auf Ramm- oder Bohrbrunnen (Bild 1025), auf Ringbrunnen (Bild 1026) oder an Wasserläufen (Bild 1027) angebracht werden.

Um die Pumpe gegen das Vieh zu schützen, friedigt man die Weidepumpe zweckmäßig durch Holzpflöcke und Draht nach der in Bild 1028 angegebenen Skizze ein und führt die Seiteneinfriedigung so hoch, daß das Vieh nur von vorne an die Pumpe herankann. Wenn die Pumpe auch für angrenzende Doppelweiden verwendet werden soll, so läßt sich durch ent-

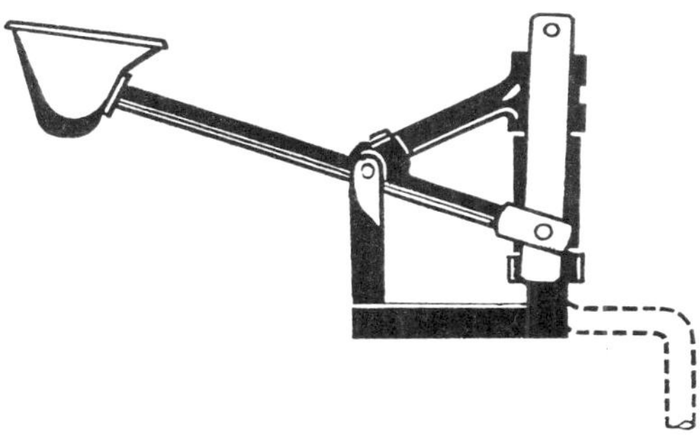

1023.
Pionier-Weidepumpe
(Pionier, Dinklage)

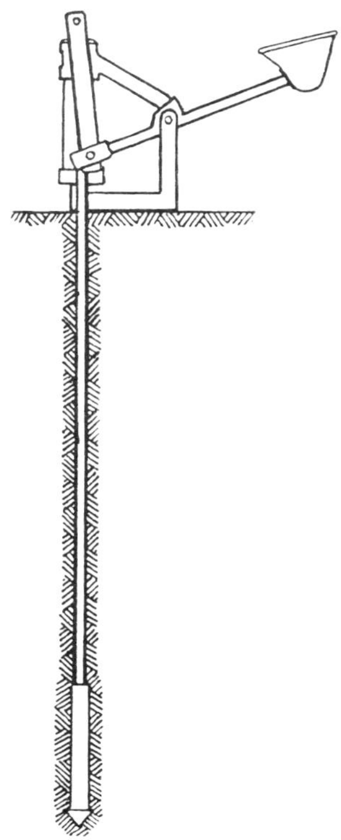

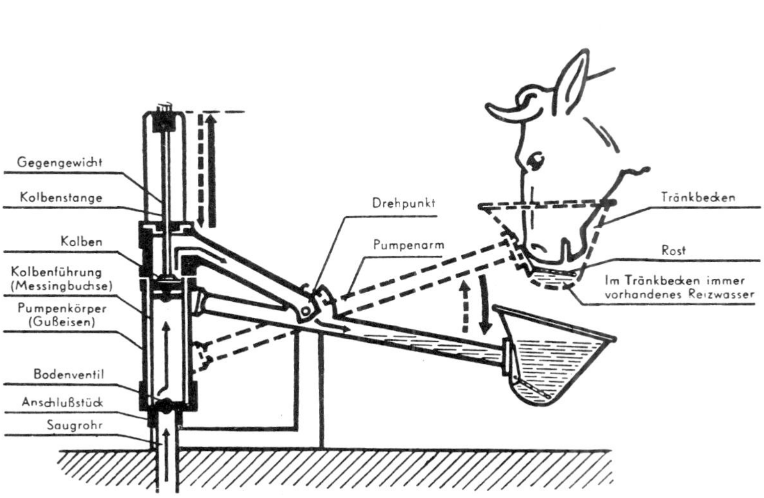

1024. Wirkungsweise der Pionier-Weidepumpe (Pionier, Dinklage)

1025. Weidepumpe auf Ramm- oder Bohrbrunnen (Pionier, Dinklage)

sprechende Führung der Weidezäune mit Gattern die Pumpe in die eine oder die andere Weide einschalten. Die Pumpe kann auch auf ein Drehgestell gesetzt werden, so daß sie nach 4 Seiten zu 4 anstoßenden Weiden gedreht werden kann.

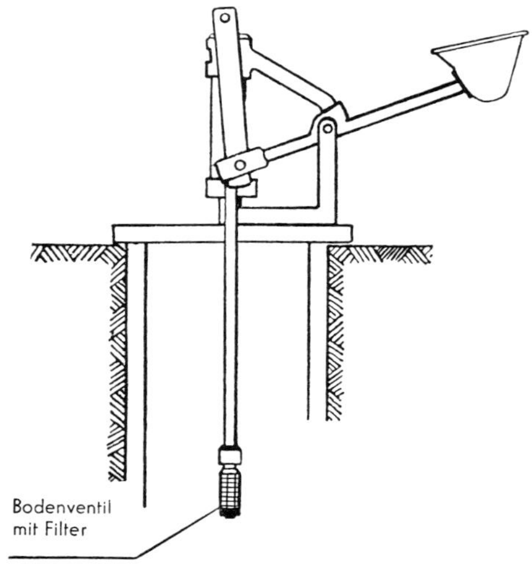

1026. Weidepumpe auf Ringbrunnen aufgesetzt
(Pionier, Dinklage)

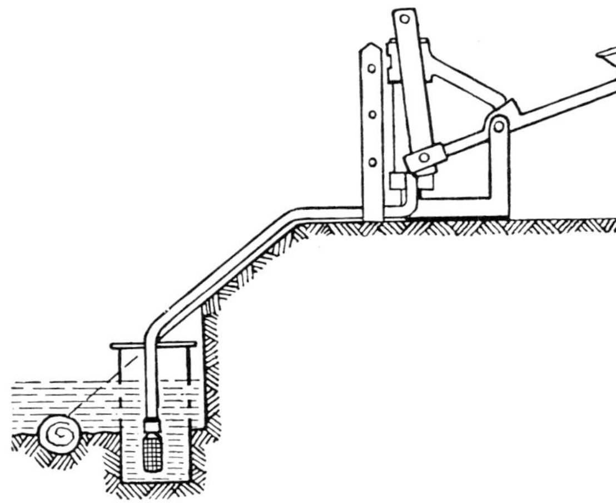

1027. Weidepumpe aus Wasserlauf arbeitend
(Pionier, Dinklage)

B. Elektro-Weidezäune

1. Allgemeines

In der fortschrittlichen Weidewirtschaft ist der Elektro-Weidezaun zu einem unentbehrlichen Helfer geworden. Diese neue Art der Grünlandeinfriedigung hat kurz vor dem letzten Kriege in Deutschland mit zaghaften Versuchen begonnen, die, begünstigt durch die Materialnot, bald zu guten Erfolgen führten. Weil aber Baubestimmungen fehlten, konnten auch minderwertige Fabrikate aufkommen, die aber mehr geschadet als genutzt haben. Heute sind die damals nur schwach erkannten Möglichkeiten der Elektro-Weidezäune bereits ziemlich ausgeschöpft; die große Bedeutung für die Weidewirtschaft ist voll erkannt.

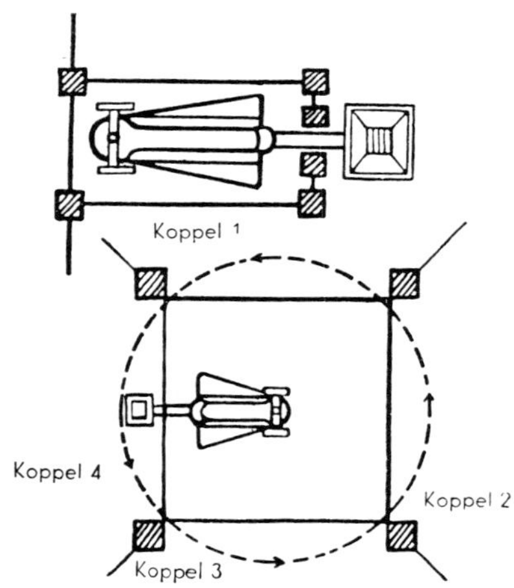

1028. Skizze für die Anfertigung einer Einfriedigung der Weidepumpe
(Pionier, Dinklage)

Die Wirkung des Elektrozaunes liegt im Gegensatz zu den bisher bekannten Weidezäunen darin, daß er nicht durch eine Sperrwand von Drähten und Stacheldrähten als starker Zaunverband den weidenden Tieren verwehrt, auszubrechen, sondern daß er durch einen elektrisch gespeisten, an nur armdicken, weit auseinandergezogenen Pfählen isoliert befestigten Draht wirkt. Die Tiere gewöhnen sich an ihn; seine bloße Anwesenheit genügt, daß sie nicht ausbrechen. Bei der Berührung des Drahtes geht von ihm ein elektrischer Schlag aus, den die Tiere so unangenehm empfinden, daß sie den Draht ängstlich meiden. Selbst mutwillige Tiere wagen es nicht, den Zaun zu zerstören.

Wie er nach innen auf das weidende Vieh wirkt, wirkt er auch nach außen in der Abwehr von Wild. Außer den dünnen Pfählen (die alle 10—20 m zu setzen sind und mit je einem

Isolator versehen sein müssen) und dem Gerät besteht die ganze Anlage nur aus dem (am besten verzinkten) 2-mm-Eisendraht, der so hoch gezogen sein muß, wie es für die Weidetiere paßt. Dieser Draht, der nicht zu einer Ringleitung geschlossen zu werden braucht, erhält an einer geeigneten Stelle den Anschluß an das stromliefernde Gerät. Die Weiden können auf diese Weise sehr leicht eingefriedigt werden; der Materialaufwand bleibt weit hinter dem der sonst üblichen Einfriedigungen zurück. Es sind aber auch unbegrenzte Möglichkeiten gegeben, den Weidezaun zu verlegen, eine große Weidefläche in mehrere zu unterteilen oder abgeteilte Stücke wandern zu lassen, je nach dem Weideplan.

Gerade weil sich die Weidezäune leicht verlegen lassen und weil sich Teile des Drahtes unter Strom setzen oder abschalten lassen, sind sie so viel vorteilhafter als die alten starren Weideeinfriedigungen. Die Leistungen der Weidewirtschaft steigen dabei, das macht sich in der Zunahme von Milch, Fett und Fleisch bemerkbar.

Die Elektro-Weidezäune ermöglichen:

1. die Dauerweiden in Koppeln zu unterteilen. Dabei stehen der ganze Außenzaun und die unterteilenden Zwischenräume unter Strom;

2. Portions- oder Umtriebsweiden einzurichten, wobei die gesamte Koppel durch elektrische Zwischenzäune unterteilt wird. Da die Weidetiere nicht länger als zwei Tage auf einer Abteilung weiden sollen, deren Größe nach der Zahl der Tiere zu bestimmen ist, wird in regelmäßiger Folge das Vieh von der abgeweideten Grasfläche zur frischen umgetrieben;

3. sie als fliegende oder Wanderzäune zu verwenden, vor allem beim Abweiden von Futterflächen (Klee und ähnlichen Futterstoffen), die in nur kurzer Zeit abgeweidet werden sollen. Hierbei wird täglich der Zaun versetzt und nur die unbedingt erforderliche Weidefläche freigegeben; das bisher abgeweidete Gelände bleibt den Tieren als Auslauf;

4. sie als Wildzäune zu benutzen, um Wildschaden abzuwenden.

2. *Anlage der elektrischen Weidezäune*

Bei Anlage elektrischer Weidezäune ist die Größe der Weidetiere zu berücksichtigen. Die Drähte müssen entsprechend hoch gezogen werden, ihre Zahl muß der Art der Tiere entsprechen. Man benutzt normale, armdicke Pfähle; nur bei öfter umzusetzenden Zäunen verwendet man zweckmäßig hierfür gefertigte Spezial-Weidezaunpfähle. Für die Anlage von Elektrozäunen sei als ungefährer Anhalt die Tafel 12 angeführt, die Aufschluß über Viehart, Drahtzahl, Drahtart, Drahthöhe und Pfahlabstand gibt.

Tafel 12. *Übersicht über verschiedene Elektrozaun-Typen*

Viehart	Drahtzahl	Drahtart	Drahthöhe	Pfahlabstand
Kühe (a)	1	Glattdraht 2 mm	70—80 cm	10—20 m
Pferde (b)	1	Glattdraht 2 mm	80—90 cm	10—20 m
Haus- und Wildschweine (c)	2	Glattdraht 2 mm oder Stacheldraht	25 u. 50 cm	5—10 m
Schafe (d)	1	Glattdraht 2 mm	50 cm	10—15 m
Dam- und Rotwild (e)	3	Glattdraht 2 mm	30, 75, 120 cm	8—10 m
Dam-, Rot-, Reh- und Schwarzwild (f)	4	Glattdraht 2 mm	30, 50, 75, 120 cm	8—10 m
Kaninchen (g)	2	Glattdraht 2 mm	10 und 20 cm	5— 8 m

(Utina, Eutin)

Diese verschiedenen Zauntypen sind im Bild 1029 zu erkennen.

Um auch den sogenannten „Ausbrechern" Respekt vor dem Elektrozaun beizubringen, erhalten sie für eine kurze Zeit eine Art Antenne, eine Drahtschlaufe, um den Hals mit einem etwa 40 cm langen, nach oben stehenden Drahtende (Bild 1030), das durch ein kleines, unter dem Hals befindliches Gewicht immer nach oben gehalten wird. Sie können den Zaun dann nicht unterkriechen. Bei den „Springern" hilft man sich durch einen Schleppdraht aus Antennenlitze, der um den Hals des Tieres gelegt wird und etwa bis 10 cm über den Boden reicht. Legt man eine Drahtschlaufe an, so ist es auch möglich, kleinere Tiere hinter dem Elektrozaun weiden zu lassen. Man spart dabei einen zweiten Draht.

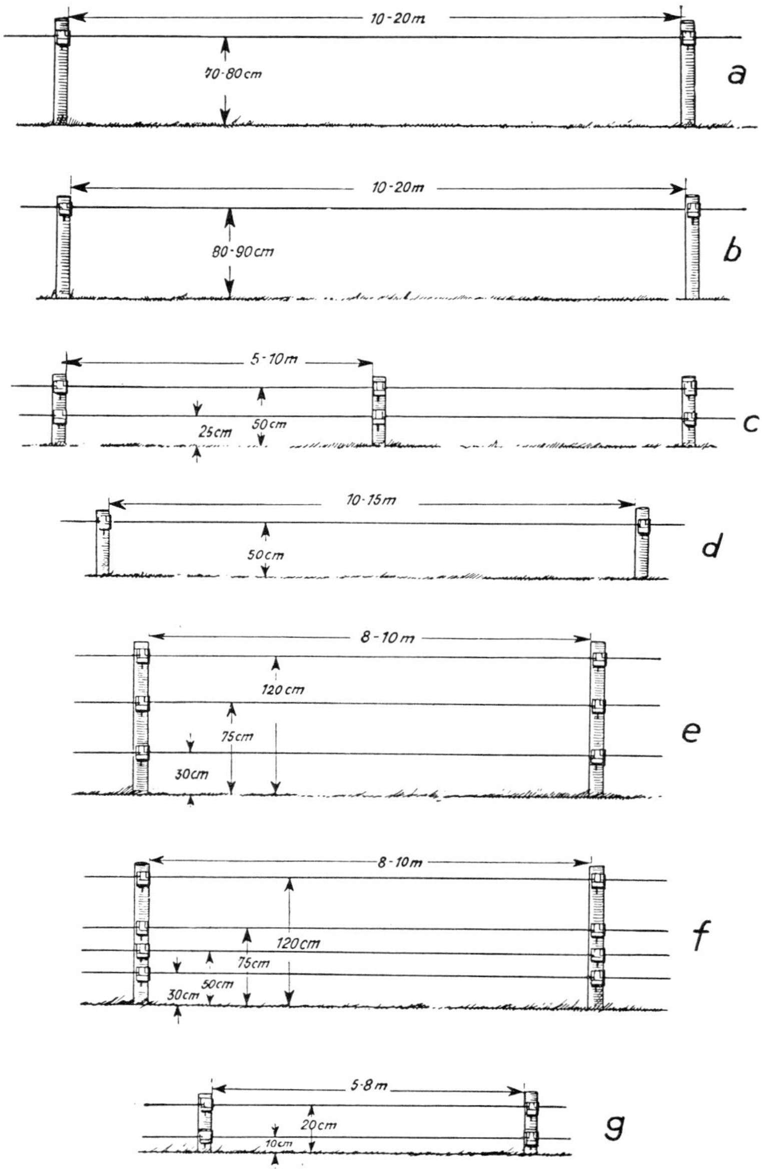

1029. Verschiedene Ausführungsarten des Elektro-Weidezaunes entsprechend den Tiereigenarten (Utina, Eutin)

Bei Anlage des Zaunes ist sorgfältig darauf zu achten, daß der später stromführende Weidezaundraht frei von Pfahl zu Pfahl gespannt werden kann, daß keine Zweige, Büsche oder sonstige Gegenstände ihn in Berührung mit der Erde bringen, wodurch die Wirkung aufgehoben oder mindestens stark abgeschwächt wird. End-, Eck- und Torpfähle wählt man etwas stärker und sorgt für eine zweckmäßige Verspannung.

Die Isolatoren für die Aufnahme des Drahtes werden an den Pfählen so angebracht, daß sie zur Weide hinzeigen. Solche Isolatoren sind verschieden ausgeführt; doch dienen sie überall dem Zweck, mit der Drahtführung oder -befestigung zugleich zu verhindern, daß der Draht auch bei Regenwetter nicht zur Erde leitet. Je nach der Befestigung an den Pfählen werden sie mit Holzgewinde für Holzpfähle (Bild 1031a), mit Flügelmutter für Metallpfähle (b) oder mit einer besonderen Halterung (c) für die Wanderzaunpfähle hergestellt. Die Köpfe der Isolatoren bestehen aus einem nahezu unzerbrechlichen, nichtleitenden Kunststoff; in den Schlitzen werden die Drähte gehalten.

Für die Eck- und Endpfähle eignen sich besonders solche Isolatoren, die auf der Stütze eine drehbare Rolle aus gleichem Kunststoff haben, deren Stütze (je nach Art des Pfahlmaterials)

1030. „Ausreißer“ mit „Antenne“, einem Drahtbügel, der ein Unterkriechen des Zaunes verhindert (Utina, Eutin)

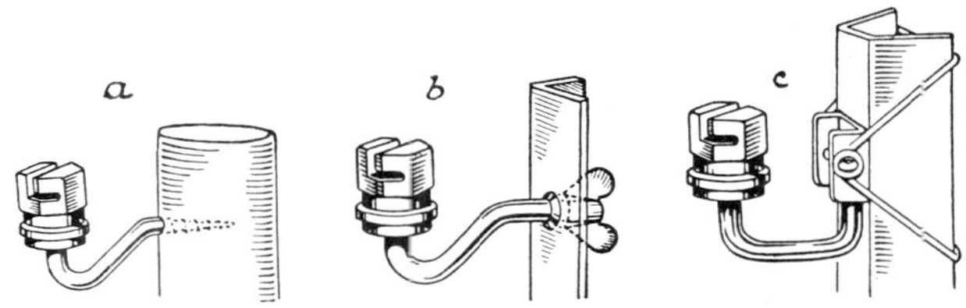

1031. Isolatoren für die Drahtführung an den Weidezaunpfählen
Utina, Eutin)
a Für Holzpfähle; *b* für Metallpfähle; *c* für Wanderzaunpfähle

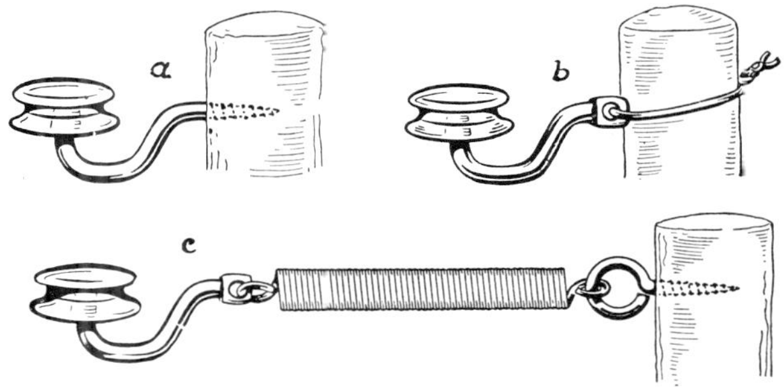

1032. Isolatoren mit Rollenscheiben für Eck- und Endpfähle
(Utina, Eutin)
a Für Holzpfähle; *b* für Metallpfähle und Obstbäume;
c mit Federung zur Erhöhung der Elastizität des Weidezaunes

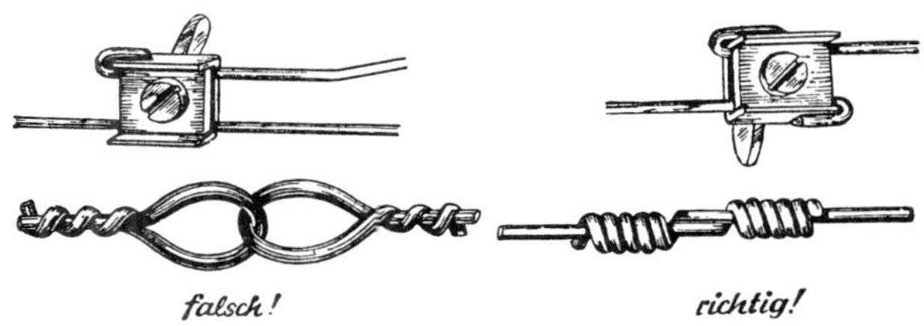

1033. Falsche und richtige Verbindung des Weidezaundrahtes mittels Klemme oder durch Verdrehen (Utina, Eutin)

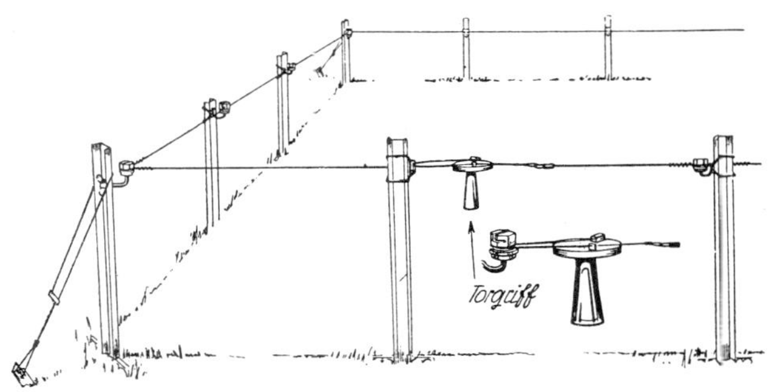

1034. Weidetor und Torgriff (Utina, Eutin)

in Holz hineingeschraubt werden (Bild 1032a) oder durch eine Bohrung mit einem Bindedraht überall angebunden werden kann (b). Diese Isolatoren eignen sich vor allem auch, wenn Obstbaumbestände abgeweidet werden sollen. Man braucht die Bäume, die als Weidepfähle dienen, nicht anzubohren und zu beschädigen. Um die Weidezäune elastischer zu machen, ist es zweckmäßig, an den Eck- und Endpfählen eine Spannfeder mit dem Isolator zu verbinden (Bild 1032c). Die Pfähle macht man nicht länger als unbedingt nötig ist, damit sie von den Tieren nicht als Scheuerpfähle benutzt und dadurch leicht umgeworfen werden. Je nach der Höhe des obersten Drahtes läßt man die Pfähle etwa nur 10 cm über den Draht hinausragen.

Wichtig ist, daß die Drahtenden innerhalb des Leitungsbereiches des Weidezaunes richtig verbunden werden, damit die Leitung nicht durch Wackelkontakt gestört oder gänzlich unterbunden wird, wenn die Drähte rosten oder nicht fest aufliegen. Dadurch sänke die Leistung des Weidezauns beträchtlich und verursachte außerdem Rundfunkstörungen. Zweckmäßig verbindet man zwei Drahtenden mit Drahtklemmen, die eigens dafür konstruiert sind, und biegt die Drahtenden um, oder man dreht die Drähte, nachdem sie gut gesäubert sind, so zusammen, daß eine einwandfreie elektrische Verbindung entsteht. Auf keinen Fall dürfen die Drähte in offenen Schlingen zusammengehalten werden, die sich jederzeit voneinander entfernen und dadurch einen Wackelkontakt hervorrufen können (Bild 1033).

Zum Betreten der mit elektrischem Weidezaun eingefriedigten Weidefläche muß ein Durchgang geschaffen werden. Dafür sind verschiedene Möglichkeiten vorhanden. An der Torstelle verschließt man die Leitung durch eine über den einen begrenzenden Isolator gehängte Drahtschlinge, die mit einem isolierten Torgriff (Bild 1034) zu betätigen ist. Wird das Tor bei eingeschaltetem Strom längere Zeit offen-

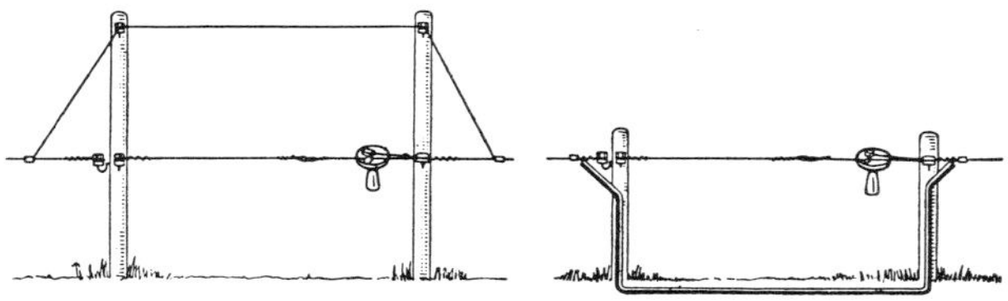

1035. Über- und Unterführung des Weidezaundrahtes am Tor (Utina, Eutin)

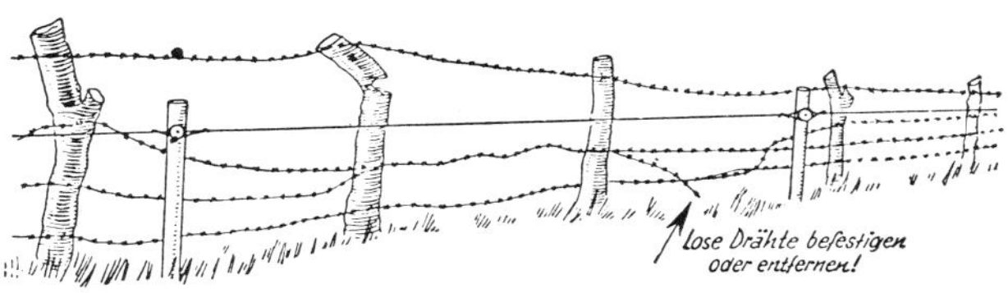

1036. Sicherung eines alten Zaunes durch einen Weidezaun (Utina, Eutin)

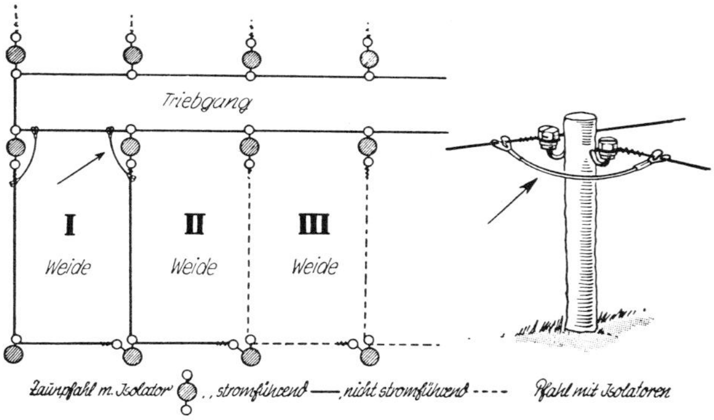

1037. Wahlweises Unterstromsetzen einzelner Weidestücke (Utina, Eutin)

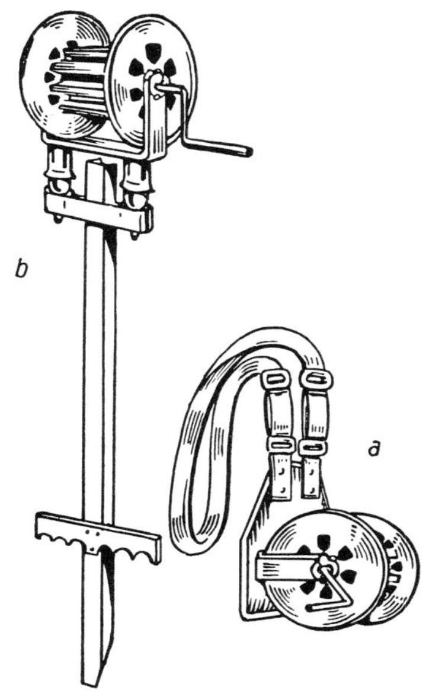

1038. Montiertrommel für Weidezaundraht (Utina, Eutin)

gehalten, so ist es selbstverständlich, daß man den Tordraht nicht mit der Erde in Berührung bringt. Man hängt dann den Torgriff auf den anderen Begrenzungsisolator.

Eine andere Möglichkeit, die Leitung nicht zu unterbrechen, besteht darin, daß man den Leitungsdraht oberhalb oder unterhalb in einem Kabel isoliert durch die Erde verlegt (Bild 1035). In diesem Fall besteht bei geschlossenem Tor gewissermaßen eine Doppelleitung.

Bei alten, defekt gewordenen Einfriedigungen kann man mit geringen Mitteln die Schadenstellen ohne wesentliche Veränderungen sichern, wenn man etwa im Abstand von einem halben Meter einen Elektro-Weidezaun zur Weide hin vorherzieht. Dabei ist darauf zu achten, daß keine Teile des alten Zaunes mit dem Elektrozaun in Berührung kommen. Lose Drahtenden sind zu befestigen oder zu entfernen (Bild 1036).

Bei der Unterteilung größerer Weideflächen in kleinere Parzellen, die nicht gleichzeitig abgeweidet werden, ist es erwünscht, die Stromführung durch Drahtverbinder nach Belieben einrichten zu können, so daß dann nur die Leitungen unter Strom stehen, die wirklich für die augenblickliche Weidebegrenzung gebraucht werden. Das Bild 1037 bietet ein Beispiel für eine derartige Handhabung. Hier ist der mittlere Triebgang durch den ihn umgebenden, durchgehenden Draht dauernd unter Strom. Die anderen Leitungen werden durch je zwei an den Pfählen angebrachte Isolatoren getrennt geführt und können durch Drahtverbinder wahlweise an den inneren Stromkreis angeschlossen werden.

Solche Drahtverbinder haben meist an den beiden Enden herzförmig geformte Drahtstücke, die wie Büroklammern auf die zu verbindenden Drähte aufgeklemmt werden.

Der Vorteil der Drahtverbinder, die allerdings mehr Isolatoren erfordern, liegt in der geringen Belastung der stromliefernden Geräte, und in stärkeren Schlägen bei geringeren Leitungsverlusten. Bei Störungen kann man die Stromkreise systematisch abschalten und schnell die Fehlerstellen herausfinden.

Zum Auf- und Abbau der Elektrozäune verwendet man zweckmäßig Drahttrommeln, die etwa 600 m Weidedrahtschnur aufnehmen können. Beim Auslegen von Wanderzäunen verwendet man am besten Drahttrommeln mit Brustschild (Bild 1038a), beim Herrichten von Portionsweiden ist die Drahttrommel mit Pfahl (b) vorzuziehen. Die Trommel ist gegen den Pfahl durch Isolatoren abgeschirmt. Sie wird an die feste Leitung angeschlossen und während des Abrollens durch einen Erdanker entspannt. Da die ganze Trommel unter Strom steht, kann der nicht benötigte Rest des Drahtes auf der Trommel belassen werden, die durch eine Feststellvorrichtung gegen weiteres Abrollen gesichert ist.

3. Die Betriebsarten

a) Batteriegeräte

Die Weidezäune werden durch zweipolige Netz- oder Batteriegeräte betrieben. Der eine Pol wird mit einer Erdleitung, der andere durch Zaunzuleitung mit dem Draht des Weidezaunes verbunden. — Die elektrische Einrichtung dieser Geräte ist sehr verschieden. Alle bezwecken aber, den ihnen aus dem Netz oder aus der Batterie zugeführten Strom durch einen eingebauten Transformator auf eine hohe Spannung, meist über 1000 Volt, bei geringster Stromstärke von Bruchteilen von Ampere zu bringen, und diesen Strom bei Berührung des Weidezaundrahtes in kurzen Impulsen von Bruchteilen einer Sekunde oder auch ohne Berührung des Drahtes in ständig wirkenden, kurzen Impulsen in die Leitung zu schicken. Da sie sekündlich pulsieren, wird ein Tier, das den Draht berührt, in jedem Falle einen empfindlichen, aber keinesfalls gesundheitsschädlichen Schlag erhalten, weil es den Strom zum Boden hinleitet.

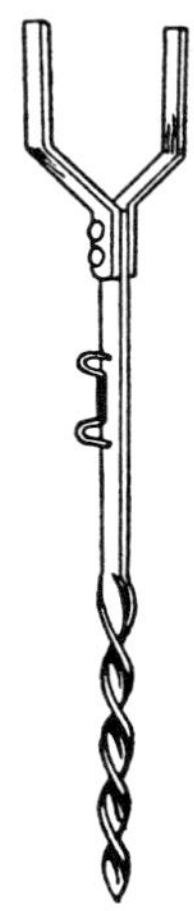

1039. Erdgabel als Träger u. Erdleitung für ein Batteriegerät (Utina, Eutin)

Die Gefährlichkeit des elektrischen Stromes wird durch die Amperezahl bestimmt. Ein Mensch verträgt (je nach Konstitution) im allgemeinen 6—10 Ampere, wobei allerdings die Leitverhältnisse eine Rolle spielen, die mit zunehmender Oberflächenfeuchtigkeit günstiger werden. Ein Hund, der mit seiner feuchten Schnauze auf eine Leitung von nur 4 Ampere beißt, ist sofort tot. Beim Weidezaun dagegen wird die Stromstärke in Milliampere gemessen. Wenn auch der Schlag bei Regenwetter, wo die nasse Haut der Tiere den Strom intensiver leitet, besonders kräftig ausfällt, so liegt hier, vor allem auch durch die nur in Bruchteilen einer Sekunde wirkenden Schläge, keine gesundheitsschädigende Gefahr vor. Ein Tier, das ein- oder zweimal mit dem Draht Bekanntschaft gemacht hat, meidet ihn vorsichtig.

Um ein Batteriegerät an die Weidezaunleitung anzuschließen, sucht man sich an der Führung des Zaunes einen Platz mit günstigen Erdleitungsverhältnissen aus; dabei ist ein möglichst feuchter Untergrund zu wählen. Ist für das Gerät eine besondere Erdgabel vorgesehen (Bild 1039), so bohrt man sie möglichst tief in die Erde hinein (Bild 1040) und setzt das Batteriegerät in die Gabel (Bild 1041). Ist das Gelände nicht besonders feucht, so daß der Schlag gedämpft werden könnte, so schließt man zweckmäßig eine zweite Erdleitung an. An besonders trockenen Tagen lohnt es sich, das Erdreich mit Wasser zu befeuchten.

1040. Einbohren der Erdgabel
(Utina, Eutin)

1041. Aufsetzen des Batteriegerätes auf die Erdgabel (Utina, Eutin)

Die beiden Klemmen des Gerätes tragen die Bezeichnungen Zaun und Erde und sind durch Verbindungsschnüre entsprechend mit dem Draht des Weidezaunes und der Erdgabel zu verbinden.

Batteriegeräte werden meist mit einem Akkumulator von 6 V Spannung (Motorradbatterie) gespeist. Um diesen Akkumulator möglichst lange zu erhalten, sollte er nicht überlastet werden. Ein Akku gibt im Laufe der Zeit (im Betrieb und auch außer Betrieb) langsam seine Spannung ab. Die Spannung darf nicht unter 5,4 V sinken. Er muß dann wieder auf seine alte Spannung aufgeladen werden. Bei ununterbrochenem Dauerbetrieb ist das nach etwa 20 Tagen, bei Tagesbetrieb nach etwa 40 Tagen notwendig. Manche Geräte haben zur Überwachung der Akku-Spannung Kontroll-Lampen, die bei einwandfreiem Betrieb etwa 58- bis 70mal in der Minute aufleuchten. Mit abnehmender Spannung wird diese Impulszahl höher. Erreicht sie 75 Impulse in der Minute, so ist es höchste Zeit, den Akku wieder aufzuladen.

Bei einem Batterie-Gerät ist der Akku das Herz der ganzen Anlage, von seiner richtigen Wartung und Pflege hängt die Wirtschaftlichkeit und Betriebssicherheit der ganzen Anlage ab. Auch wenn der Weidebetrieb ruht, muß der Akku mindestens alle 4—6 Wochen aufgeladen werden. Der vollgeladene Akku soll nicht ungenutzt stehen, es ist sehr zweckmäßig, ihn in den Wintermonaten mit einer Lampe zu versehen und ihn in dieser Zeit als Leuchtbatterie zu verwenden.

Geladene Akkumulatoren müssen sehr sorgfältig behandelt werden; vor allem müssen die Klemmen saubergehalten und mit Vaseline eingefettet werden, damit sich keine Fremdkörper ansetzen oder die Oberflächen unmetallisch werden und dadurch Leitungsverluste entstehen.

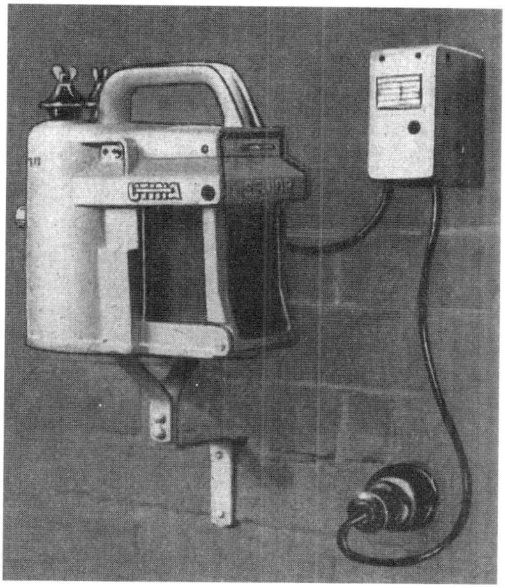

1042. Batteriegerät beim Aufladen (Utina, Eutin)

b) Netzgeräte

Batteriegeräte können oft auch als Netzgeräte verwendet werden. Man montiert sie dann zweckmäßig innerhalb des Gebäudes neben dem Ladegerät (Bild 1042).

1043. Kombiniertes Netz- und Batteriegerät mit Schutzhaube (Holthaus, Dinklage)

Eine andere, gleichfalls als Batterie- und Netzgerät zu verwendende Ausführung zeigt das Bild 1043 (abgedeckt) und das Bild 1044 (geöffnet). Dieses mit Röhrenrelais arbeitende empfindliche Gerät muß wetterdicht abgekapselt werden. Man stellt die Abdeckung auch transparent her, damit der Mechanismus beobachtet werden kann. Auf Bild 1045 ist das Prinzip der Anlage eines durch Netzgerät betriebenen Weidezaunes dargestellt, wie er besonders bei hofnahen Weiden benutzt wird, wenn Stromanschluß vorhanden ist. Das Gerät ist durch Schutzkontaktdose an die Lichtleitung angeschlossen. Von dem Gerät führen die beiden Anschlüsse für Erde und Zaun über einen Trennschalter. Die Zaunleitung ist nach ihrem Austritt aus der Hauswand durch einen Blitzschutzautomaten

1044. Inneneinrichtung des Netz- und Batteriegerätes (Holthaus, Dinklage)

abgesichert und verläuft, an Isolatoren geführt, in einer gewissen Höhe, die sich nach den örtlichen Verhältnissen richtet, bis zum Weidedraht.

4. VDE-Vorschriften

Jeder Elektro-Weidezaun muß, wie es heute Vorschrift ist, zum Schutz der Isolatoren und der gesamten Weideanlage mit Blitzschutzisolatoren ausgerüstet sein. Zweckmäßig baut man dafür besonders entwickelte Isolatoren (Bild 1046) mehrfach in die Leitung ein. Da bei atmosphärischen Entladungen überspringende

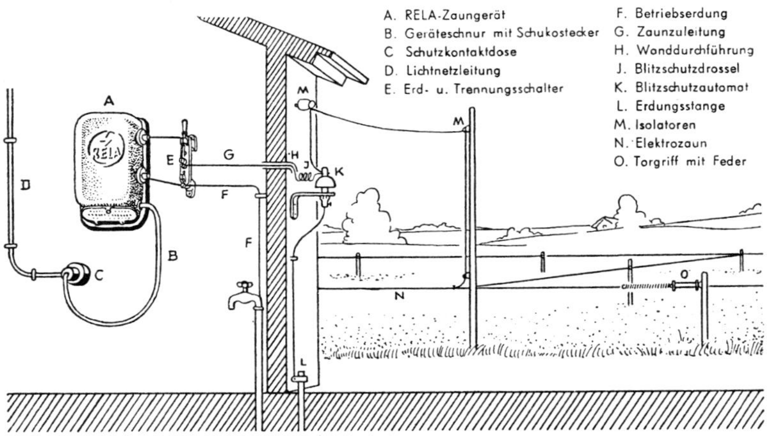

1045. Schematische Anlage eines Weidezaun-Netzgerätes
(Rela, Flensburg)

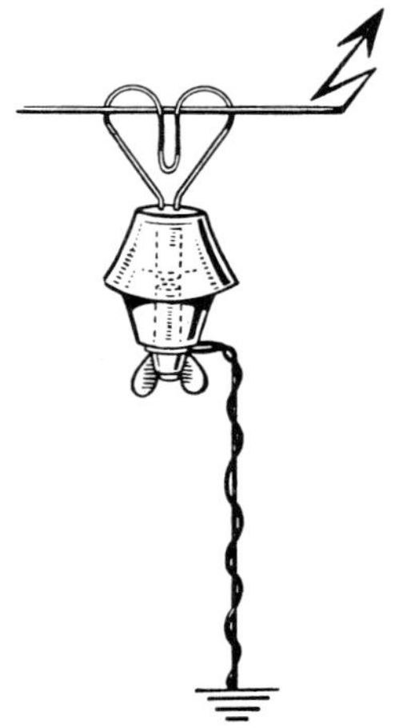

1046. Blitzschutzisolator, zweckmäßig an mehreren Stellen in der Leitung
(Utina, Eutin)

Funken den Isolationsschutz meist zerstören, hat man die Schutzisolatoren heute aus durchsichtigem Kunststoff gebaut, so daß man leicht erkennen kann, ob sie noch in Ordnung sind oder durch neue ersetzt werden müssen.

Werden Elektrozäune verlegt, so sind nach den seit dem 1. Januar 1952 geltenden VDE-Vorschriften verschiedene Punkte zu beachten, von denen die wichtigsten angeführt werden:

a) Elektrozaun

I. Von Verkehrswegen aus darf ein Elektrozaun nicht berührt werden können. An Wegen und an Einmündungen von Wegen muß der Zaun ein Warnschild haben mit der Aufschrift: „Vorsicht! Elektrozaun!“ (Bild 1047). Es ist in Abständen von 200 m anzubringen.

1047. Schutzschild
(Utina, Eutin)

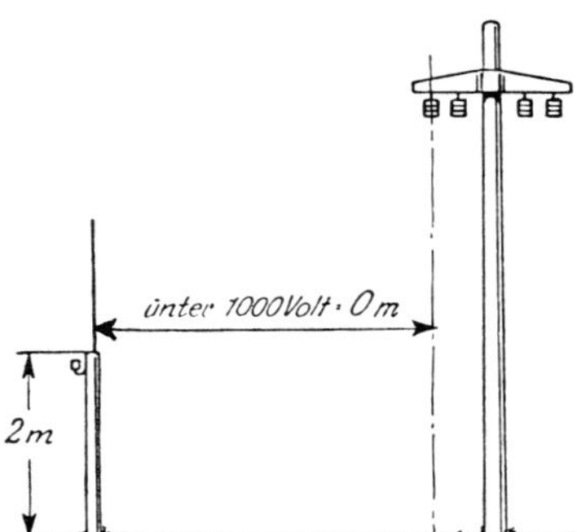

1048. Bei Freileitungen unter 1000 V darf der Elektrozaun eine Bauhöhe von 2 m nicht überschreiten
(Utina, Eutin)

II. Die Elektrozäune dürfen eine Bauhöhe von 2 m nicht überschreiten, wenn sie an Freileitungen mit Betriebsspannungen unter 1000 V entlanggeführt werden oder sie kreuzen (Bild 1048). Bei Betriebsspannungen über 1000 V darf die Bauhöhe 1 m nicht überschreiten.

Innerhalb eines Schutzstreifens zu beiden Seiten von je 10 m von den äußersten Leitungen an der Kreuzungsstelle muß wiederum an sichtbarer Stelle das Warnschild angebracht werden (Bild 1049 und 1050).

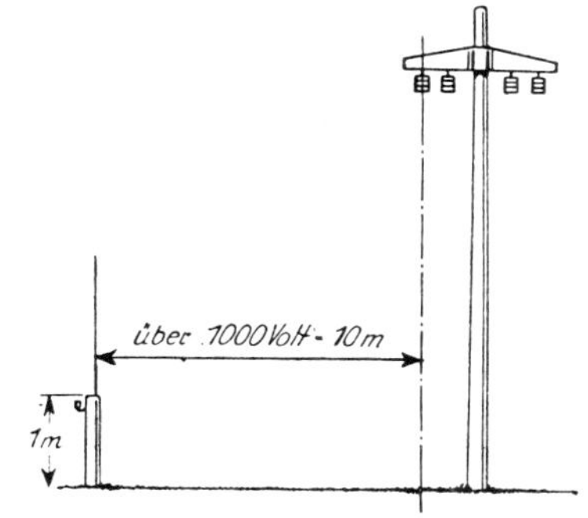

1049. Bei Freileitungen über 1000 V darf der Elektrozaun Bauhöhen von 1 m nicht überschreiten (Utina, Eutin)

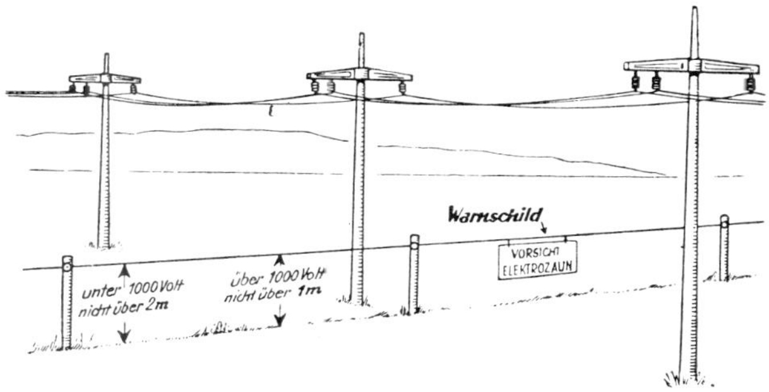

1050. Kreuzung von Starkstromleitungen (Utina, Eutin)

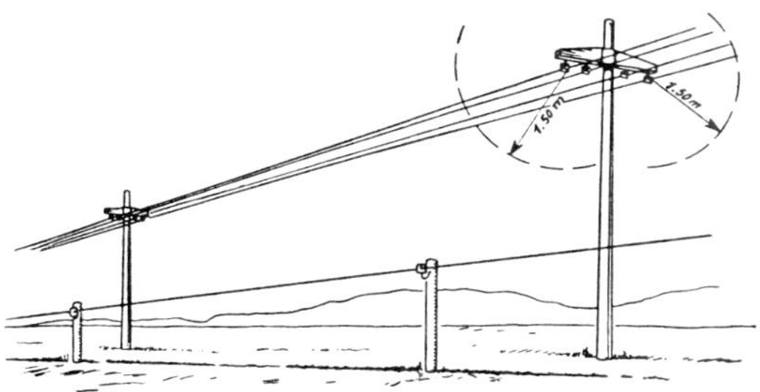

1051. Zaunzuleitungen bei Freileitungen unter 1000 V müssen einen allseitigen Abstand von 1,50 m haben (Utina, Eutin)

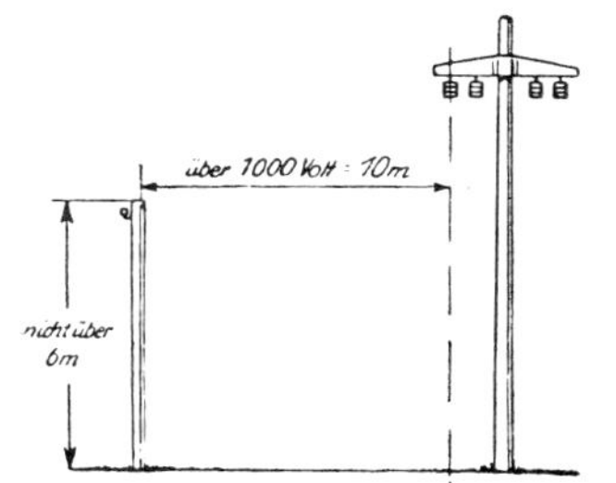

1052. Zaunzuleitungen bei Freileitungen über 1000 V müssen einen Abstand von 10 m haben und dürfen eine Bauhöhe von 6 m nicht überschreiten (Utina, Eutin)

III. Trennstellen innerhalb des Zaunes, die das Betreten der eingezäunten Weidefläche ermöglichen, sind mit einem isolierten Torgriff zu versehen, so daß sie ohne Gefahr benutzt werden können.

IV. An Niederspannungs-, Hochspannungs- und Fernmeldemasten darf der Elektro-Zaundraht nicht befestigt werden.

b) Zaunzuleitung

I. Auch die Zaunzuleitung darf nicht an Niederspannungs-, Hochspannungs- und Fernmeldemasten befestigt werden.

II. Nähert sich die Zaunzuleitung Freileitungen unter 1000 V Betriebsspannung, so muß von ihnen ein allseitiger Abstand von 1,5 m eingehalten werden (Bild 1051). Bei Betriebsspannungen über 1000 V muß ein waagerechter Abstand von 10 m vom äußersten Leiter eingehalten werden, wobei die Bauhöhe 6 m nicht überschreiten darf (Bild 1052).

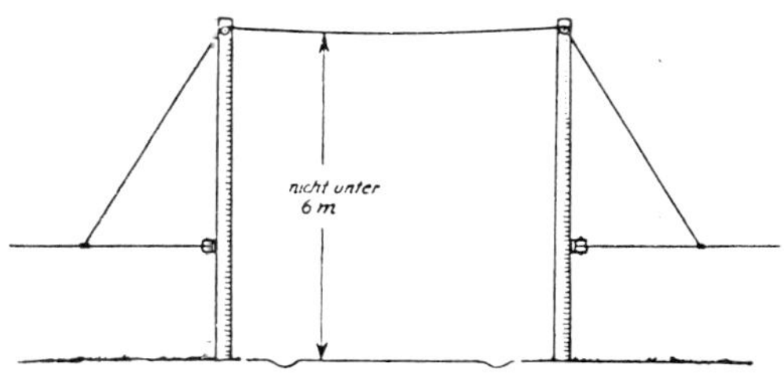

1053. Überkreuzung von Wegen mit Hochspannung (Utina, Eutin)

III. Überkreuzt die Zaunzuleitung Wege mit Hochspannungs-, Niederspannungs- oder Fernmeldeleitungen, so muß gemäß § 36 der VDE-Vorschriften 0210/2—52 überwegt werden. In solchen Fällen empfiehlt es sich, einen Fachmann zu Rate zu ziehen (Abb. 1053). Oft ist es zweckmäßig, bei Kreuzungen Spezial-Kabel unterirdisch zu verlegen. Bei Überkreuzung öffentlicher Verkehrswege ist die Zustimmung des zuständigen Straßenbauamtes einzuholen. Überirdische Kreuzungen von Bundesautobahnen sind grundsätzlich untersagt.

IV. Da, wo ein Teil der Zaunzuleitungen im Innern des Gebäudes verlegt ist, sind hierbei die Vorschriften des VDE (§ 21) zu beachten. (In diesem § ist darauf hingewiesen, daß die Zaunzuleitung innerhalb des Handbereiches mit isoliertem Draht auf Isolatoren verlegt werden muß.)

Der Erfolg, den die Elektro-Weidezaun-Anlagen durch ihre abweisende Wirkung erzielt haben, hat veranlaßt, diese Art hochgespannter Ströme auch bei anderen Anlagen in der Tierhaltung anzuwenden, auf die hier kurz eingegangen werden soll.

1054. Das Elektro-Freßgitter läßt die Kühe, solange der Draht gespannt ist, still verharren (Utina, Eutin)

C. Elektro-Freßgitter

Die bisher bekannten Freßgitter in Ställen und deren Bedienung sind mit kostspieligem Materialaufwand und Unbequemlichkeiten verbunden gewesen, vor allem bei alten Stallbauten. Die mit elektrischer Hochspannung betriebenen Freßgitter beseitigen in verblüffend einfacher Weise diese Schwierigkeiten und gestatten ohne besonderen Material- und Zeitaufwand in einfachster Weise die Freßzeiten zu bestimmen und die Futterkrippe bei der Reinigung oder beim Melken abzuriegeln.

Wie das Bild 1054 darstellt, besteht das Elektro-Freßgitter nur aus einer an einer Seite des Futterganges isoliert befestigten Drahtrolle, auf der ein der Länge des Futterganges entsprechender, gut leitender Stahldraht aufgewickelt ist. An seinem Ende trägt er einen isolierten Handgriff. Weiter gehören dazu eine oder zwei Umlenkrollen, ähnlich den Isolatorrollen des Weidezaunes, und am anderen Ende des Futterganges befinden sich entsprechende Einhängekontakte, die mit einem Gerät verbunden sind, das den Strom liefert.

Soll das Freßgitter in Tätigkeit treten, so zieht man an dem Handgriff den Draht in der gewünschten Höhe um die entsprechende Umlenkrolle an der Futterkrippe entlang und hängt den Griff in den Einhängekontakt. Damit steht die Leitung sofort unter Strom und die freßbegierigen Tiere erhalten bei Berührung des Drahtes einen leichten, aber empfindlichen Schlag, der sie sogleich von der Futterkrippe zurückschrecken läßt. Sollen die Tiere fressen, so wird der Draht ausgehängt und aufgerollt; damit ist die Futterkrippe wieder freigegeben.

D. Elektro-Kuhbügel

Zu einer hygienischen Milchwirtschaft gehört, daß die Stände im Kuhstall saubergehalten werden. Bei sauberen Standplätzen können auch die Kuheuter leicht saubergehalten werden, wenn die Kuh gezwungen wird, weit genug nach hinten in die Mistrinne zu misten. Sie kann dann auf nicht verschmutzter Streu liegen.

Das wird ganz einfach durch den Elektro-Kuhbügel erreicht (Bild 1055), der nach dem Prinzip des Elektro-Weidezauns funktioniert und über jeder Kuh angebracht wird. Der Bügel wird 5 cm oberhalb der Schulter der Kuh aufgehängt. Da die Kuh beim Misten stillsteht und bei diesem Geschäft den Rücken nach oben durchkrümmt, stößt sie, wenn sie zu weit nach vorn steht, mit dem Rücken gegen den Bügel, erhält einen leichten, empfindlichen Schlag, der sie sofort veranlaßt, bis an die Kante der Mistrinne zurückzutreten und den Mist außerhalb des Standes abzuladen.

1055. Elektro-Kuhbügel zwingen die Kühe, beim Misten weit genug nach hinten zu treten (Utina, Eutin)

Für die Zuleitungen beim Freßgitter und bei den Kuhbügeln sind die bereits beim Weidezaun genannten Vorschriften über ihre isolierte Verlegung zu befolgen, um die Schlagwirkung nicht durch sonstige Berührungspunkte der Leitung mit der Erde zu mindern und um das Personal zu schützen, wenn es unbeabsichtigt die Leitungen berührt. Werden Netzgeräte verwendet, so dürfen sie wegen der Blitzgefahr nicht gleichzeitig auch für den Betrieb eines Weidezauns angeschlossen werden.

E. Elektro-Viehtreiber

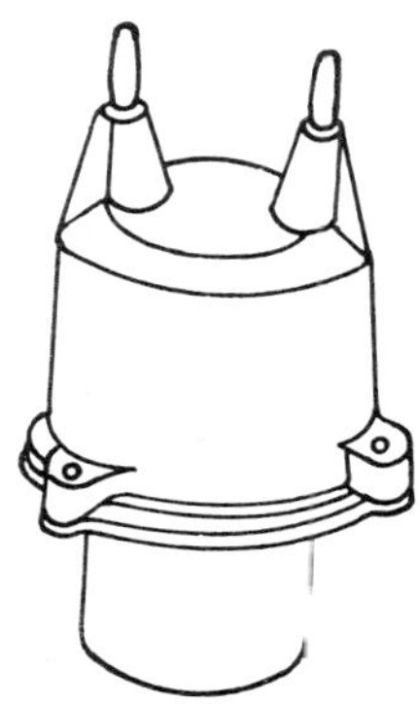

1056. Elektro-Viehtreiber

Ein an sich unscheinbares Gerät, das auf eine Metall-Taschenlampe aufgesetzt wird, ist der Elektro-Viehtreiber (Bild 1056). Mit ihm wird beispielsweise das umständliche, oft sehr schwierige Dirigieren des Viehes erleichtert, wenn es verladen werden soll.

Auf ähnlichem Prinzip wie beim Elektro-Weidezaun beruhend, wird das Vieh beim Dirigieren mit den beiden Kontaktstiften nur eben berührt. In diesem Moment fließt ein hochgespannter Induktionsstrom, den das Tier als sehr unangenehmen Schlag empfindet; es läßt sich dadurch leicht leiten.

Der Viehtreiberkopf wird aus widerstandsfähigem, elastischem Material hergestellt, so daß nur die Taschenlampen-Batterie verschleißt, die sonst für den auszutauschenden Scheinwerfer benutzt werden kann.

XV. Geräte und Maschinen in der Milchwirtschaft

A. Melkmaschinen

1. Die Entwicklung der Melkmaschinen

Sie geht bis in die letzten Jahrzehnte des vergangenen Jahrhunderts zurück. Das Handmelken verursacht große Arbeit, und darum versuchte man, das Melken maschinell durchzuführen. Bei den ersten Melkmaschinen führte man in die Striche der Kühe Melkröhrchen hinein und saugte die Milch aus dem Euter heraus. Dieser Vorgang lief der natürlichen Milchentnahme zuwider. Beim Säugen junger Kälber wird unterbrochen gesaugt; dabei werden die Striche massiert. Eutererkrankungen waren die Folge des Melkens mit Melkröhrchen. Die späteren, zweckmäßiger entwickelten Maschinen konnten darum nur sehr schwer in Deutschland eingeführt werden. Dazu kam die ablehnende Haltung der unentbehrlichen Melker, die die Melkbetriebe beherrschten; sie befürchteten, daß ihre Berufsstellung durch die Melkmaschinen geschwächt werde. In den zwanziger Jahren war die Melkmaschine soweit durchentwickelt, daß sie allgemein eingesetzt werden konnte. Jedoch nur das Ausland erkannte die großen Vorteile der Melkmaschinen; in Deutschland ließ das Interesse nach kurzer Zeit wieder nach. Durch den Krieg mit seinen Folgeerscheinungen hörte das Interesse an diesen Maschinen gänzlich auf.

Die jährliche Milchproduktion im Bundesgebiet hat einen Wert von etwa 4 Milliarden Mark. Es ist daher zu begrüßen, daß die Behörden die Melkbetriebe über die Bedeutung des Maschinenmelkens aufklären, sie beraten, Maschinen vorführen und prüfen lassen. Auch die Industrie bemüht sich, die Vorurteile zu beseitigen, die noch immer in der Landwirtschaft gegen Melkmaschinen bestehen. Diese Bemühungen sind bisher durchaus erfolgreich gewesen, denn seit 1949 werden zehnmal mehr Melkmaschinen benutzt als zuvor, so daß der Vorsprung des Auslandes bald eingeholt sein dürfte.

2. Vorteile des Maschinenmelkens

Die Vorteile des Maschinenmelkens liegen, abgesehen von der bedeutenden Arbeitsersparnis und dem großen Zeitgewinn, in der hygienisch sauber gewonnenen Milch, sofern die Melkmaschine sachgemäß und sauber behandelt wird. Die Milch wird von gröberen, mit dem Auge wahrnehmbaren Schmutzteilen freigehalten, wie sie bei offenen Melkeimern leicht in die Milch hineingelangen können; der Gehalt an Keimen, vor allem an Milchsäurebakterien, ist niedriger. Die Teile der Maschine, die von der Milch durchströmt werden, sind vollkommen abgeschlossen; die Milch muß also sauber bleiben. Die Sauberkeit wird danach bewertet, wieviel Keime ein cm^3 Milch enthält. Keime sind nur durch mikroskopische Untersuchungen im Milchlaboratorium festzustellen oder durch Säuerungsversuche. Je mehr Keime die Milch enthält, desto schneller säuert sie. Die Anzahl der Keime liegt bei einer guten, keimarmen Milch etwa bei $15000/cm^3$ und steigt bei ihrer Vermehrung besonders bei mittlerer Temperatur sehr bald, so daß die Milch in ein paar Stunden bereits eine Million Keime und darüber enthalten kann. Solche Milch ist sauer und kann als Frischmilch nicht verwendet werden. Um keimschwach gewonnene Milch keimschwach zu erhalten, muß sie sogleich nach dem Melken in Kühlanlagen gebracht werden, so daß die Keimvermehrung unterbunden wird. Wenn auch bei sauberem Handmelken ebensogut Milch mit niedrigen Keimzahlen gewonnen werden kann, so ist doch Milch mit Keimzahlen unter 50000 leichter und sicherer mit der Maschine zu gewinnen, wenn sie sachgemäß eingesetzt und peinlich saubergehalten wird. Während des Melkens und nach dem Melken muß sie mit Desinfektionsmitteln stets keimfrei gehalten werden.

Selbstverständlich ist, daß die Kühe gesund sein müssen, wenn keimschwache Milch gewonnen werden soll. Von euterkranken Tieren ist keine keimschwache Milch zu erwarten. Hier wirkt sich das Maschinenmelken besonders vorteilhaft aus. Es ist eine bekannte Tatsache, daß 80% der Handmelker (unkundige und auch gute Melker) beim Melken ermüden und an den Strichen reißen oder zerren und dadurch die Gewebe der sehr empfindlichen Milchdrüse langsam und sicher zerstören. Dazu kommen Mißbildungen unsachgemäß behandelter Euter. Beides führt zu Eutererkrankungen. Die Kühe vermelken dann bereits nach einigen Jahren; es ist fraglich, ob dann noch keimschwache, gesunde Milch gewonnen werden kann. Die Melkmaschine hingegen läßt beim Melken nicht nach und belastet die Euter gleichmäßig bei allen Kühen des Stalles. Die schonende und gleichmäßige Behandlung der Striche erhält die Tiere gesund.

Wird der Melker vom eigentlichen Melkvorgang befreit, so gewinnt er Zeit, die Euter vor und nach dem Melken sorgfältig zu pflegen, ohne daß der Melkakt in die Länge gezogen wird. Die kürzeste Melkzeit erbringt die höchste Milch- und Milchfettleistung. Die Euterpflege vor dem Melken, die Massage und das warme Waschen des Euters, das die Drüsentätigkeit anregen soll, ist beim Hand- und Maschinenmelken gleich. Beim Maschinenmelken muß die fühlende Hand feststellen, ob das Euter leergemolken ist; gegebenenfalls muß mit der Hand nachgemolken werden. Das Nachmelken beansprucht nur etwa 1 Minute und bedeutet darum keine besondere Arbeit; es verlangt aber eine Person, die das Handmelken versteht, damit die zu Ende des Melkens fettreichere Milch noch gewonnen und das Euter restlos ausgemolken wird. Wird nicht restlos ausgemolken, so kann das Tier erkranken.

3. Die Arten der Melkmaschinen und ihre Teile

In den letzten Jahrzehnten ist eine ganze Reihe verschiedener Melkmaschinen auf dem Markt erschienen. Abgesehen von Sonderheiten in der Konstruktion der verschiedenen Anlagen, liegt allen das gleiche Prinzip zugrunde. In einer motorisch betriebenen Pumpe wird Saugluft erzeugt, die in gesteuerter, unterbrochener Folge auf die Melkbecher wirkt, die an die Striche der Kühe angesetzt werden. Durch die zeitweise sich ansaugenden Gummi der Melkbecher wird Milch aus den Eutern angesaugt und die Striche werden massiert. So wird auf mechanischem Wege das natürliche Säugen der Kälber an den Strichen nachgeahmt. Dabei fließt die Milch von den 4 gleichzeitig angeschlossenen Melkbechern im Rhythmus der Saugimpulse in die Saugleitung und in die eingeschalteten Melkeimer. Im folgenden sollen Aufbau und Arbeitsweise der einzelnen Teile der Melkmaschine besonders betrachtet und dabei an einigen markanten Ausführungen das für den Gebrauch Wesentliche erläutert werden.

a) Vakuumpumpen

Die Pumpen der Melkmaschine, die die nötige Saugluft erzeugen, sind sehr verschieden ausgeführt. Diese Vakuum-Pumpen werden als Kolben- und als Rundlaufpumpen ausgebildet und können (je nach örtlichen Verhältnissen) durch einen Elektro-Motor oder durch einen Verbrennungsmotor betrieben werden. Der Verbrennungsmotor wird meistens bei transportablen Anlagen für den Weidemelkbetrieb erforderlich.

Kolbenpumpen arbeiten ausnahmslos auf einem Vakuum-Behälter. Dieser Vakuum-Behälter ist beim Kolbenpumpenbetrieb erforderlich, um bei den unterbrochen saugenden Pumpen einen gleichmäßigen Saugdruck zu erhalten. Er ist an dem ruhigen Stand des Vakuum-Meterzeigers zu erkennen, der selbst beim Wechsel von einer Kuh zur anderen nicht schwanken soll. Pumpe und Vakuum-Behälter richten sich in ihren Größen nach den gleichzeitig betriebenen, angeschlossenen Melkmaschinen. Hierbei ist für Anlagen mit zwei Einzelmelkmaschinen ein kleineres Aggregat mit 0,5-PS-Motor, für Anlagen bis zu 4 Maschinen ein größeres mit einem etwa 1-PS-Motor erforderlich.

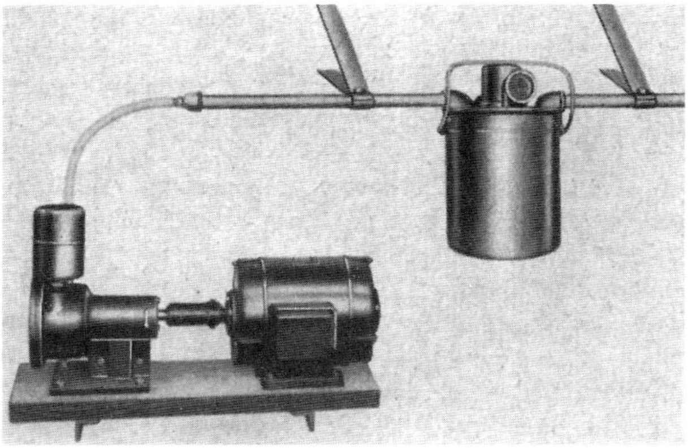

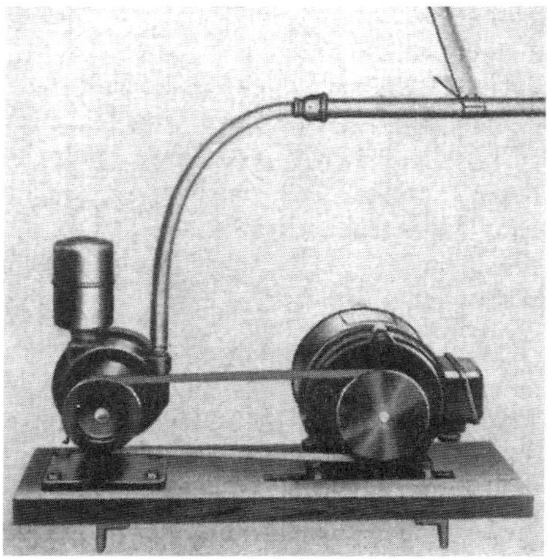

1057. (oben) Antrieb der Vakuumpumpe durch Flanschmotor (Alfa Laval, Bergedorf)

1058. (Mitte) Vakuumpumpe mit Keilriemenantrieb (Alfa Laval, Bergedorf)

1059. (unten) Motor, Pumpe und Vakuumbehälter in einem Block (Westfalia, Oelde)

Kolbenpumpen müssen geschmiert werden. Öl wechselt man zweckmäßig, nachdem die Pumpe gearbeitet hat. Der Ölwechsel richtet sich nach der Größe der Pumpe. Bei Pumpen mit einer Drehzahl von über 500 U/min soll das Öl viermal jährlich, bei Pumpen mit geringerer Drehzahl dagegen nur zweimal jährlich gewechselt werden. Hingegen muß alle vierzehn Tage der Ölstand am Ölstandsmesser kontrolliert und gegebenenfalls Öl nachgefüllt werden, bis es zur gekennzeichneten Marke des Ölmeßstabes reicht.

Wird der Motor ausgewechselt, so muß die vorgeschriebene Drehzahl der Pumpe peinlichst genau eingehalten werden. Gegebenenfalls ist die Riemenscheibe auszuwechseln und anzupassen. Ölverluste werden vermieden, wenn die Pumpe nicht bei geöffneten Hähnen läuft. Außerdem muß die Staufferbüchse monatlich um eine Umdrehung angezogen oder nötigenfalls frisch aufgefüllt werden.

Bei den Rundlaufpumpen, die gleichfalls der Größe des Melkbetriebes angepaßt sein müssen, werden durch eine exzentrisch gelagerte Welle 4 radialbewegte Flügel durch die Zentrifugalkraft an der Gehäusewand der Pumpe entlanggeführt. Dadurch werden während des Betriebes 4 sich in ihrem Fassungsraum dauernd ändernde Kammern gebildet, die während ihrer Vergrößerung luftverdünnte Räume entstehen lassen. In laufender Folge üben diese luftverdünnten Kammern einen Sog auf die angeschlossene Saugleitung aus. Diese Vakuum-Pumpen sind verschieden groß und auch in ihrer Schmierung verschieden. Bei Vakuum-Pumpen, die nicht geölt zu werden brauchen, bestehen die 4 Flügel aus einer selbstschmierenden Graphitmasse; alle anderen Pumpen werden bis zum Öleinguß mit Öl gefüllt. Durch die schnelle Flügelfolge liefern die Vakuum-Rundlaufpumpen ein gleichmäßiges Vakuum, so daß besondere ausgleichende Vakuumbehälter, wie sie bei Kolbenpumpen unbedingt nötig sind, nicht verwendet zu werden brauchen. Auch Umlaufpumpen, die auf einem Vakuum-Behälter arbeiten, brauchen nicht gewartet zu werden. Sollte bei solchen Pumpen trotz geschlossener Leitungshähne und fehlerloser Vakuumleitung das erforderliche Vakuum nicht erzielt werden, so ist der Schalldämpfer abzuschrauben und der Verbindungsschlauch von der Pumpe zum Vakuum-Behälter, vom Nippel des Behälters abzunehmen. Durch diesen Schlauch läßt man bei laufender Pumpe etwa einen Fingerhut voll Petroleum ansaugen und stellt dann den ursprünglichen Zustand wieder her.

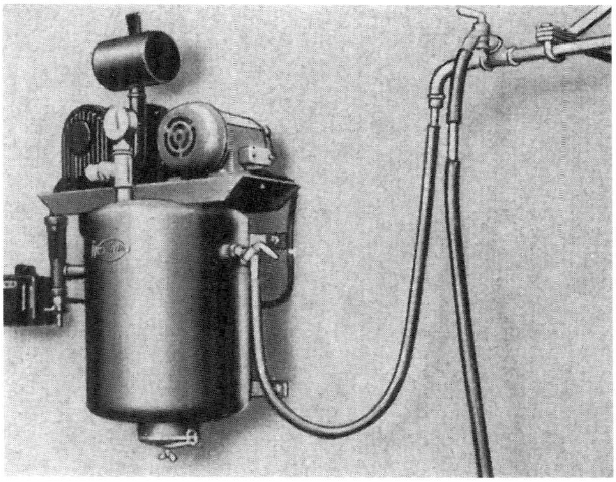

1060. Geschlossenes Antriebsaggregat mit Keilriemenübertragung (Westfalia, Oelde)

Die Vakuum-Pumpe wird entweder direkt (Bild 1057) oder über Keilriemen angetrieben (Bild 1058). Der Keilriemen für den Pumpenantrieb muß straff gespannt sein und darf nicht rutschen, weil dadurch die Umdrehungszahl sinken und die Pumpwirkung vermindert wird. Außerdem verschleißen locker gespannte Keilriemen schneller.

1061. Fahrbarer Pumpenblock (Alfa Laval, Bergedorf)

Bei kleineren Aggregaten baut man Motor, Pumpe und, wo ein Vakuum-Behälter erforderlich ist, auch ihn in einem Block zusammen, entweder stationär (Bild 1059 und 1060) oder auch fahrbar (Bild 1061). Dadurch wird der Antrieb sicherer und gleichmäßiger und die Anlage kann schneller und leichter montiert werden. Um die Pumpe vor Spül- und Schwitzwasser zu schützen, wie es in der zur Pumpe hingeneigten Saugleitung entstehen kann, ist ein nach Größe der Anlage in seinem Fassungsvermögen schwankender Wassertopf einzubauen (Bild 1057), der mindestens einmal wöchentlich abgenommen und gereinigt werden muß. Ebenfalls nach jedem Spülen muß die Leitung gereinigt werden. Der Deckel des Wassertopfes trägt gewöhnlich ein Schutzventil (Bild 1062 und Bild 1063), um bei unregelmäßiger Saugarbeit einen etwas zu großen Sog zu vermeiden, der sich auf die Striche der Tiere schädlich auswirken müßte, und um das Vakuum zuverlässig regulieren zu können. Darum müssen der Ventilkegel, der Ventilsitz und das Staubsieb 2- bis 3mal im Monat gereinigt werden. Ist das Sieb beschädigt, so ist es sofort durch ein neues zu ersetzen.

Die Vakuum-Rundlaufpumpen der Melkmaschinen sind je nach ihrer Art zu behandeln. Die ölfreien Pumpen brauchen meist erst nach Jahren gereinigt zu werden. Hierbei oder wenn ein zerbrochener Flügel erneuert werden muß, werden die 4 Halteschrauben gelöst und der Deckel abgenommen. Dann sind die freiliegenden Pumpenflügel vorsichtig zu entfernen. Da sie leicht ausbrechen können, achte man darauf, daß sie nicht auf Steinfußboden fallen können. Das innere Pumpengehäuse wird mit einem Stäbchen, das mit einem Tuch umwickelt ist, oder mit einem kleinen Pinsel gereinigt. Darauf setzt man die gereinigten oder die neuen Pumpenflügel wieder ein und achtet dabei darauf, daß die abgeschrägten Kanten der Flügel voll an der Innenfläche des Pumpengehäuses anliegen. Um Undichtigkeiten zu vermeiden, ist der Deckel hierauf wieder gut und gleichmäßig zu befestigen.

1062. Wassertopfdeckel mit Schutzventil (Alfa Laval, Bergedorf)

1063. Schutzventil (Alfa Laval, Bergedorf)

Vollkommen anders sind die in Öl laufenden Rundlaufpumpen zu behandeln. Etwa nach 4 Wochen des Betriebes soll das erste Mal Öl gewechselt werden. Später genügt es, vierteljährlich das Öl zu wechseln. Dazu entfernt man die drei Ölablaßschrauben und dreht die Riemenscheibe langsam einige Male entgegen der Pfeilrichtung, bis das Öl abgeflossen ist. Dann füllt man Petroleum ein, läßt die Pumpe etwa 10—20 sec laufen, läßt das Petroleum ab, schraubt die Ölablaßschrauben wieder fest und füllt dann frisches Öl ein.

b) Die Saugleitung

Die Saugleitung soll die von der Vakuum-Pumpe erzeugte Saugluft ohne Druckverluste sicher an den Melkstand heranführen. Die Leitung wird so angeordnet, wie die Umstände der Melkanlage es erfordern. Das Bild 1061 zeigt eine kleine fahrbare Anlage, bei der die Saugleitung in dem Anschlußhahn endet, an den die eigentliche Melkmaschine angeschlossen wird. Meist wird eine solche Saugleitung als stationäre Anlage im Kuhstall oder auf dem Melkstand der Weide verlegt. Die Rohre der Leitung verlaufen an den Ständen entlang und sind, je nach örtlichen Verhältnissen, an den Deckenbalken oder an den Ständern befestigt. Sie sollen möglichst so hoch sein, daß die in den ungeraden Standzwischenräumen in die Leitungen eingeschalteten Anschlußhähne, auf die der Melkmaschinenschlauch aufgeschoben wird, leicht zu erreichen sind. Die Rohrleitungen sollen aber nicht so tief

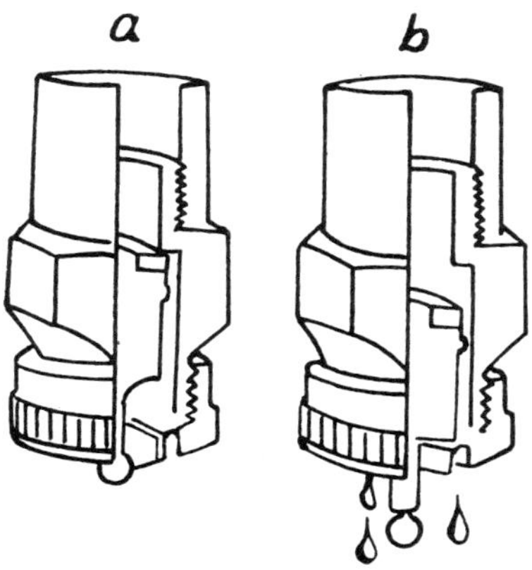

1064. Entwässerungsventil (Alfa Laval, Bergedorf) *a* geschlossen *b* geöffnet

verlaufen, daß sie von den Tieren mit dem Kopf berührt werden können. Durchschnittlich wählt man etwa 1,70 m Höhe.

Die Saugleitung wird in Richtung auf die Vakuum-Pumpe mit einem leichten Gefälle von etwa 5% verlegt. An der tiefsten Stelle eines jeden Rohrstranges ist ein selbsttätig wirkendes Entwässerungsventil angebracht, damit Spül- und Schwitzwasser ablaufen können. Wenn die Pumpe in Betrieb ist, wird der nach oben schließende Ventilkegel angezogen (Bild 1064a), so daß die Leitung geschlossen ist. Bei ruhender Pumpe, wenn also kein Unterdruck in der Leitung besteht, fällt der Ventilkegel herunter und öffnet damit das Ventil, um etwa vorhandenes Wasser durchzulassen (Bild 1064b). Diese Entwässerungsventile sieht man von Zeit zu Zeit nach und überzeugt sich davon, daß sie ordnungsgemäß arbeiten und nicht etwa ein Ventilkegel festgeklemmt ist. Zu diesem Zwecke muß der Schraubdeckel des Ventils abgenommen werden.

Soll die an die Saugleitung angeschlossene Melkmaschine einwandfrei arbeiten, so muß in der Saugleitung ein ganz bestimmter Unterdruck bestehen. Ist er zu hoch, so wirkt er sich nachteilig auf die Striche der Kühe aus; ist er zu niedrig, so sinkt die Milchleistung der Maschine, der Melkakt dauert zu lange, die nur eine bestimmte Zeit wirkende Milchdrüsentätigkeit läßt nach und es wird ungenügend ausgemolken. Es ist daher nötig, daß in die Saugleitung ein Unterdruckmesser, ein Vakuum-Meter, eingebaut ist, das den Unterdruck anzeigt. Meist haben diese Vakuum-Meter auf ihrem Skalenblatt zwei rote Striche, zwischen denen der Zeiger bei richtigem Unterdruck stehen muß. Der erforderliche Unterdruck beträgt etwa 30 cm Quecksilbersäule, das entspricht einem Unterdruck von 0,5 kg/cm². Damit die Pumpe diesen Unterdruck gleich voll erzeugen kann, müssen vor Einschalten des Motors sämtliche Leitungshähne, und wenn ein Vakuum-Behälter vorhanden ist, so muß auch dessen Deckel geschlossen sein. Der Betriebsunterdruck wird dadurch genau reguliert, daß das in die Saugleitung eingebaute Vakuum-Ventil unter Beobachtung des Vakuum-Meters eingestellt wird. Nachdem reguliert ist, wird das Vakuum-Ventil festgestellt, damit es seine Stellung während des Betriebes nicht ändert.

Eine Melkanlage bildet mit ihrem Rohrsystem und dem Antrieb zusammen ein metallisches Ganzes. Um bei elektromotorischem Antrieb grundsätzlich elektrische Spannungen auf das Leitungssystem zu verhindern, schließt man es kurz hinter dem Antriebsaggregat zweckmäßig durch eine Gummi-Isolierungsmuffe an (Bild 1065).

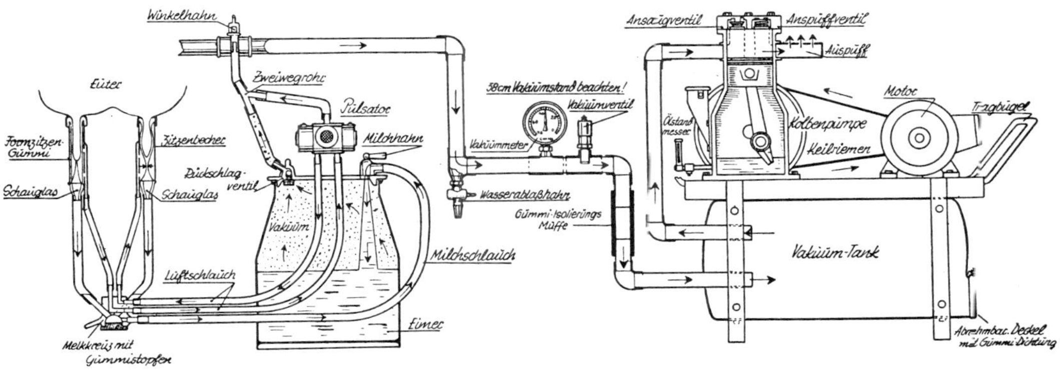

1065. Ansicht einer Melkanlage (Utina, Eutin)

c) Die Melkmaschine

Die durch einen Schlauch an einen der Saugleitungshähne anzuschließende Melkmaschine besteht aus dem Melkeimer, dessen Deckel die Durchlässe für Milch und Saugluft enthält

1066. Einmelker (Alfa Laval, Bergedorf)

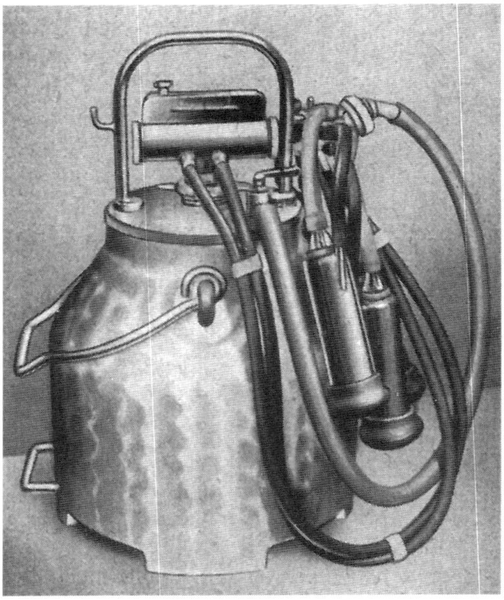

1067. Einmelker (Westfalia, Oelde)

(ein Ventil und den die Saugimpulse steuernden Pulsator trägt), und aus dem Gehänge. Unter Gehänge (oder auch Melkzeug) versteht man die vier Melkbecher mit den unter Zwischenschaltung eines Verteilerstückes, des Melkkreuzes, zum Melkeimer führenden Anschlußschläuchen für Milch und Saugluft. Je nachdem die Melkmaschine ein Einmelker oder ein Doppelmelker ist, mit dem gleichzeitig 2 Kühe gemolken werden können, sind Pulsator und Anschlüsse entsprechend ausgebildet. Die Bilder 1066—1068 zeigen je einen Einmelker, die Bilder 1069 und 1070 je einen Doppelmelker verschiedener Bauweise. Beide Geräte haben ihre Vorzüge. Der Einmelker kann, weil er nur 20 l faßt, von schwächeren Personen leichter gehandhabt werden als der Doppelmelker, der 30 l faßt. Der Doppelmelker ist aber wirtschaftlicher.

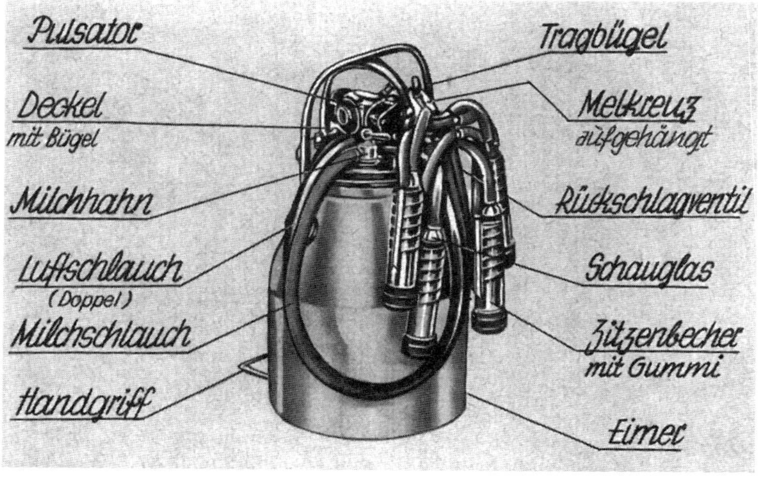

1068. Bezeichnung der Teile eines Einmelkers (Utina, Eutin)

Beim Einmelker gelangt die von der Saugleitung abgenommene Saugluft durch einen Anschlußstutzen des Eimerdeckels in den Melkeimer und wird bei den meisten Bauweisen einmal durch den langen Milchschlauch ununterbrochen zum Verteilerstück, andererseits durch den Pulsator abwechselnd in dessen beide obere Stutzen (Bild 1071) und von dort aus zum Verteilerstück geleitet. Dieses Verteilerstück (Bild 1072) verteilt die ununterbrochen saugende Luft aus dem langen Milchschlauch auf die nach oben gerichteten 4 Stutzen für die kurzen Milchschläuche, die zu den Milchschlauchstutzen *f* (Bild 1084) der 4 Melkbecher führen. Das Verteilerstück ist bei den verschiedenen Bauarten der Melkmaschine verschieden ausgeführt. Meist ist es aus massivem Messing gebildet und verchromt und

1069. Doppelmelker (Alfa Laval, Bergedorf)

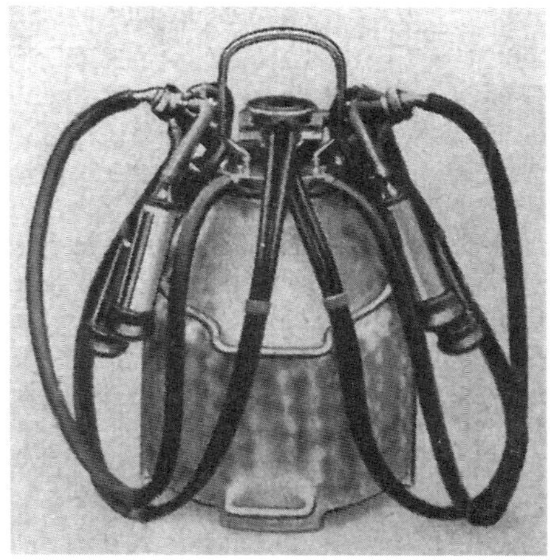

1070. Doppelmelker (Westfalia, Oelde)

kann leicht auseinandergenommen werden, wenn es gereinigt werden soll. Bei der im Bild 1076 wiedergegebenen Darstellung trägt das Verteilerstück auf der einen Seite ein Kugelgewicht *K*. Es soll als Gegengewicht gegen die vom Melkeimer kommenden Schläuche wirken, damit das Verteilerstück stets senkrecht unter dem Euter hängt. Die Kugel ist gleichzeitig als Luftventil ausgebildet. Bei einer kleinen Drehung der Kugel läßt das Ventil etwas Luft in den Milchfluß eintreten. Das kann bei Kühen mit besonders glatten Strichen erforderlich werden. Die wechselseitig unterbrochene, vom Pulsator kommende Saugluft, die durch den

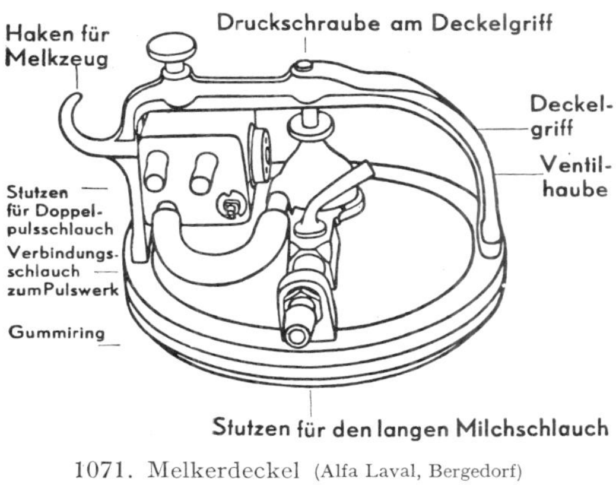

1071. Melkerdeckel (Alfa Laval, Bergedorf)

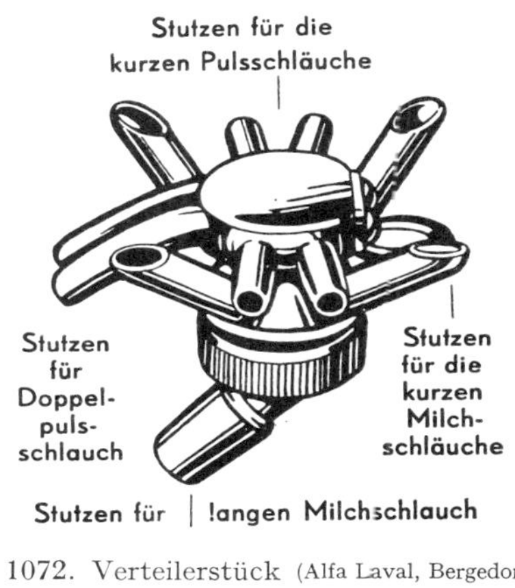

1072. Verteilerstück (Alfa Laval, Bergedorf)

Doppelpulsschlauch zum Verteiler gelangt, wird in ihm so auf die Pulsschlauchstutzen verteilt, daß je zwei stets den gleichen Impuls erhalten. Die kurzen Pulsschläuche leiten diese Impulse zu den Pulsschlauchstutzen *g* (Bild 1084) der Melkbecher, so daß sie mit ununterbrochener Saugluft von unten und mit wechselseitig unterbrochener Saugluft von der Seite angesaugt werden. Der am Pulsator einzustellende Pulswechsel beträgt (je nach Bauweise) etwa 72—80 in der Minute, demzufolge erhalten je 2 Melkbecher minütlich 36—44 Melkimpulse.

Da der Melkmaschinendeckel unbedingt dicht abschließen muß, so soll an einer auf Bild 1071 dargestellten Ausführung ein Beispiel dafür gebracht werden, wie der Deckel zusammengesetzt wird. Zuerst wird der Deckeldichtungsring auf den Flansch des Deckels gelegt. Dann wird der Pulsator am Melkdeckel befestigt, indem man ihn mit dem ausgefrästen Schlitz auf den Steg am Deckelgriff setzt und mit der im Deckelgriff angebrachten Druckschraube fest anschraubt. Auf den unteren Stutzen des Pulsators und auf den Stutzen auf der Ventilhaube schiebt man den kurzen Verbindungsschlauch; die oberen Stutzen werden mit den entsprechenden Stutzen am Verteilerstück durch den Doppelpulsschlauch verbunden. Darauf verbindet man mit dem langen Milchschlauch den dafür bestimmten Stutzen des Verteilerstückes und den Stutzen am Eimerdeckel. Bei Doppelmelkern sind am Pulsator zwei Paar Stutzen für die Doppelpulsschläuche und am Melkdeckel zwei Stutzen für die langen Milchschläuche vorgesehen. Nach diesen Anschlüssen setzt man den Deckel auf den Melkeimer und klemmt den Eimerhenkel fest, indem man ihn auf den Handgriff des Deckels überschiebt. Zum Schluß schiebt man den Hauptanschlußschlauch auf den noch freien Stutzen an der Ventilhaube.

Da die Arbeitsweise der Melkmaschinenfabrikate sich sehr gleicht, kann ihre Darstellung bis auf wesentliche Sonderheiten allgemein gehalten werden. Die wesentlichsten Unterschiede an den Melkmaschinen zeigen sich in der Konstruktion des Melkeimerdeckels, je nachdem, wie der Pulsator ausgeführt und angeordnet ist und wie er wirkt, und in der Form und Zusammensetzung der Melkbecher. Die Teilstücke des Pulsators und der Melkbecher sind bei den Fabrikaten verschieden ausgebildet. Sie müssen besonders behandelt und gewartet werden. Die Handhabung verlangt ganz bestimmte Griffe, die nur an den ausgeführten Konstruktionen erläutert werden können. Da in der letzten Zeit eine Menge verschiedener Fabrikate angeboten wird, sollen als Beispiele einige markante Ausführungen herangezogen werden, um die Arbeitsvorgänge der Melkmaschine verständlich zu machen und um für ihre Behandlung und Wartung wesentliche Richtlinien zu geben. Im großen ganzen können diese Ausführungen sinngemäß auch für andere Konstruktionen gelten.

Der Pulsator soll die in den Pulsschläuchen zu den Melkbechern geführte Saugluft in gleichmäßigem Rhythmus so steuern, daß sie abwechselnd den einen und den anderen der beiden Pulsschläuche unter Unterdruck hält. Dadurch wird erreicht, daß das Zitzengummi im Melkbecher, das durch den Milchschlauch im Innern stets unter Unterdruck steht, auch außen im Rhythmus der Pulsatortätigkeit unterbrochen Unterdruck erhält. In diesen Momenten wird also der Druck ausgeglichen. Dadurch wird ein normaler, gestreckter, spannungsloser Zustand des Zitzengummis bewirkt. In den Unterbrechungsmomenten fällt der äußere Unterdruck fort, so daß sich das Zitzengummi massierend an den Strich anlegen kann.

Der Steuervorgang im Pulsator kann durch eine Membrane in Verbindung mit einem Ventil oder durch einen in einem Zylinder hin- und hergehenden Kolben ausgelöst werden. Entsprechend diesen beiden Arten ist die Bauweise der Pulsatoren verschieden. Man unterscheidet Membran- und Kolbenpulsatoren verschiedener Bauweise. Das Bild 1071 läßt erkennen, wie ein Membran-Pulsator auf dem Melkeimerdeckel angeordnet ist. Durch einen Verbindungsschlauch wird die Saugluft aus dem Innern des Melkeimers an den unteren Stutzen des Pulsators geführt. Durch eine Selbstumsteuerung der im Innern des Pulsators arbeitenden Membran wird diese Saugluft abwechselnd zu den oberen beiden Stutzen des Doppelpulsschlauches geleitet.

Davon, daß der Pulsator richtig eingestellt und die Pulszahl eingehalten wird, hängt die regelmäßige Melkarbeit der Maschine ab. Die Zahl der Melktakte der Maschine kann man leicht feststellen, indem man einen Daumen in einen Melkbecher steckt. Sobald die Pulszahl höher oder tiefer als 72—76 liegt, wird langsamer gemolken. Die Pulstakte bei dieser Ausführung werden durch die am Pulsator vorhandene Regelschraube reguliert (Bild 1073). Mit dem Pulsatorschlüssel lockert man die stets fest anzuziehende Gegenmutter. Die Regelschraube läßt sich dann leicht verdrehen. Bei zu hoher Pulszahl dreht man die Regelschraube rechts, bei zu niedriger Pulszahl links herum. Man bedient sich dabei der im Pulsatorschlüssel vorhandenen ovalen Öffnung. Damit die Regelschraube sich nicht selbst verstellt, ist die Gegenmutter nach dem Einstellen fest anzuziehen. Es kann vorkommen, daß der Pulsator auf dem toten Punkt steht, so daß er beim Öffnen des Lufthahnes nicht anläuft. Dann wird ein Druck auf den Regelstift (Bild 1073) genügen, um den Pulsator sofort in Tätigkeit zu setzen.

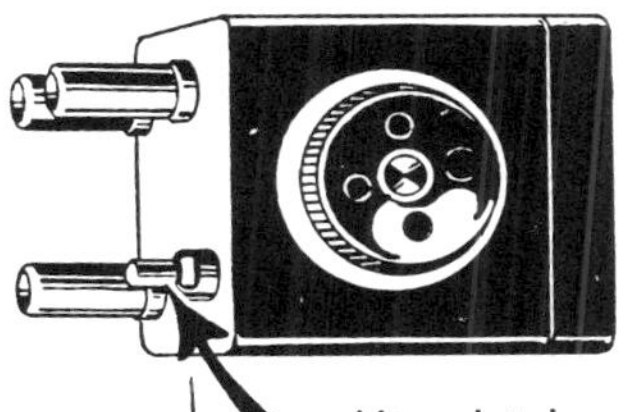

1073. Pulsator für Einzelmelker
(Alfa Laval, Bergedorf)

1074. Membran-Pulsator mit Ventil
(Holthaus, Dinklage)

Der Pulsator ist sehr empfindlich und deshalb sorgfältig zu pflegen. Er ist nach jedem Melken abzunehmen, bevor die Melkmaschine gereinigt wird; man löst die Druckschraube auf dem Deckelgriff. Dann reibt man ihn mit einem trockenen Tuch ab. Mindestens alle zwei Monate muß der Pulsator gereinigt und auseinandergenommen werden. Auch der Regelstift wird dabei herausgenommen und Schraubdeckel und Staubsieb

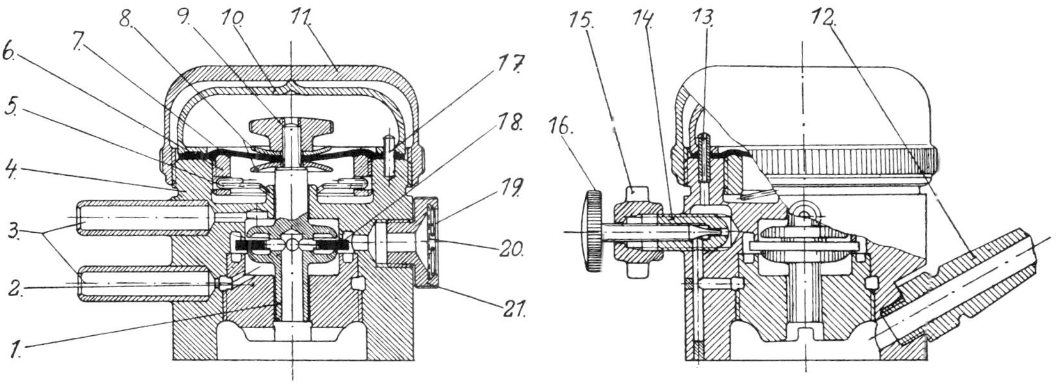

1075. Schnitt durch einen Membran-Pulsator einer Melkmaschine (Holthaus, Dinklage)

1 Ventilspindel; 2 Sitzstöpsel; 3 Luftstutzen für doppelten Luftschlauch; 4 Pulsatorgehäuse; 5 Schließfeder für Stellring; 6 Stellring für Gummimembrane; 7 Gummimembrane; 8 Spannscheiben der Membrane; 9 Fingerschraubenmutter der Membrane; 10 Zwischendeckel; 11 Schraubendeckel; 12 Luftstutzen für Hauptschlauch; 13 Führungszapfen mit Luftloch; 14 Gewindestutzen für Stellschraube; 15 Spannschraubenmutter für Stellschraube; 16 Stellschraube; 17 Führungszapfen für Zwischendeckel; 18 Herzklappe; 19 Schließfeder für Luftfilter; 20 Luftfilter; 21 Luftfiltergehäuse

herausgeschraubt. Gereinigt wird das Gehäuse mit einem weichen Lappen, den man mit einem Holzstäbchen in die Öffnungen und Kanäle des Gehäuses schiebt. Auch die Einzelteile werden mit einem weichen Lappen oder, wenn es nötig ist, mit einer Bürste gereinigt. Es darf kein Öl an die Teile des Pulsators kommen; er könnte sonst nicht einwandfrei arbeiten. Aufgequollene und eingetrocknete Ventilringe müssen bei der Reinigung erneuert werden. Beim Zusammensetzen ist sehr darauf zu achten, daß sich in den Kanälen weder Schmutz noch Milchreste befinden. Die Ventilbuchsen müssen fest eingeschraubt werden. Die Ventilspindeln sind mit den Schlitzen zur Mitte zu drehen, damit der Membranteller eingeschoben werden kann. Um vollkommen abzudichten, sind die Schrauben des Deckels sorgfältig anzuziehen. Muß eine neue Membrane eingelegt werden, so bringt sie neue Druckverhältnisse mit sich. Der Pulsator muß dann stets neu eingestellt werden. Wird der Pulsator einmal außer der Reihe verunreinigt, weil Milch oder Wasser eingedrungen sind, so muß er sofort wieder gründlich gereinigt werden.

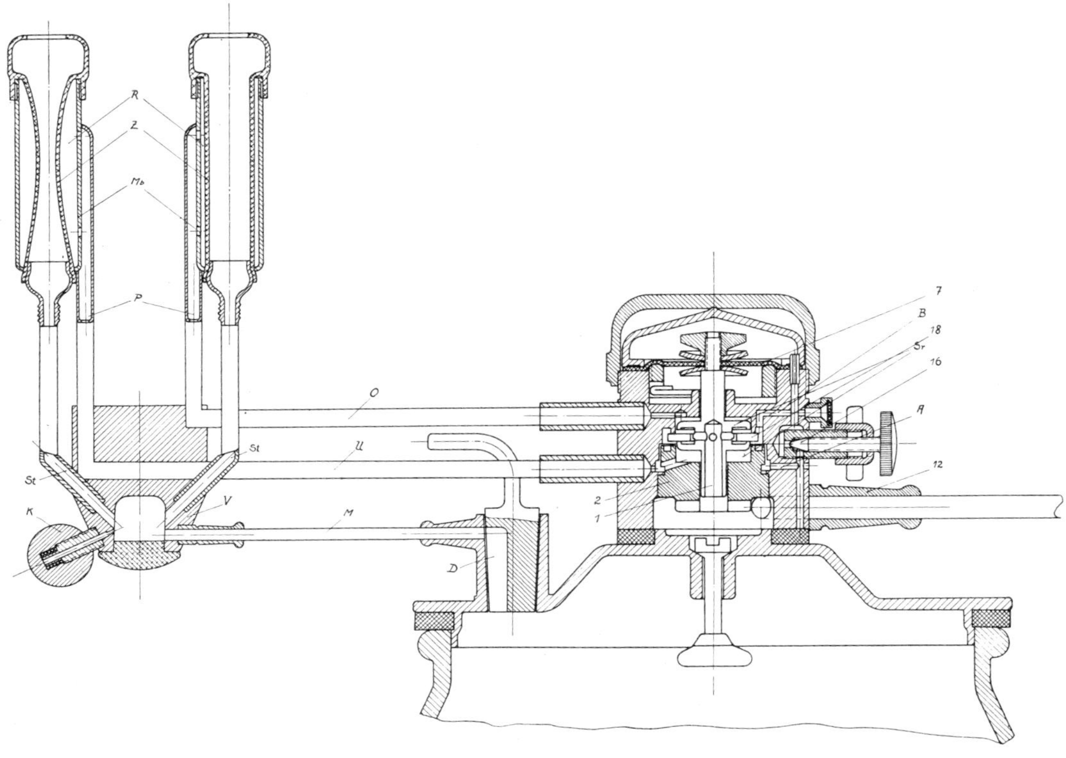

1076. Wirkungsweise des „FF"-Pulsators (Holthaus, Dinklage)

A, *B* Wirkungswege der Saugluft; *D* Deckelventil; *K* Kugelgewicht und Luftventil zum Milchfluß; *M* Saugmilchleitung; *Mb* Melkbecher; *O* Obere Pulsleitung; *U* Untere Pulsleitung; *P* Pulsstutzen; *R* Lufträume außerhalb der Zitzengummi; *Sr* Steuerraum; *St* Milchschlauchstutzen; *V* Verteilerstück; *Z* Zitzengummi; Bedeutung der Zahlen wie in Bild 1075.

Einen Membranpulsator anderer Bauart zeigt das Bild 1074. Er hat seinen Platz in der Mitte des Melkeimerdeckels und zeichnet sich durch kurze lotrechte Bewegungen seines Steuerorgans aus, der im Bild besonders dargestellten Herzklappe. Das Bild 1075 gibt die Einzelteile dieses Pulsators im Schnitt wieder. Beweglich im Pulsator ist nur die Ventilspindel 1 mit den dazugehörenden Spannscheiben 8, der Fingerschraubenmutter 9, der Herzklappe 18 und der Membrane 7. Die Ventilspindel bewegt sich in senkrechter Richtung auf einem kleinen Weg von nur 1 mm. Mit der Stellschraube 16 wird der Durchflußquerschnitt der Saugluft verändert und die minütlichen Pulszahlen werden reguliert, die bei dieser Maschine erfahrungsgemäß bei 76—84, also bei 38—42 Doppelschlägen in der Minute, das beste Melkergebnis liefern. Damit sich die Stellschraube während des Melkens nicht verstellt, wird sie durch die Spannschraubenmutter 15 festgehalten.

Beim Zusammensetzen des Pulsators muß darauf geachtet werden, daß die Spannschrauben 8 richtig eingelegt werden. Die Fingerschraubenmutter 9 und der Schraubendeckel 11 sind sehr fest aufzuschrauben, damit keine Flüssigkeit eindringen kann. Auch bei diesem Pulsator kann die Maschine auf dem toten Punkt stehen. Wenn man das Luftfilter 20 einen Augenblick zuhält, läuft die Maschine sofort an.

Bild 1076 erläutert die Wirkungsweise dieses Pulsators. Dabei sind für die Bezeichnung der einzelnen Teile die gleichen Zahlen wie für das Bild 1075 maßgebend.

Die von der Saugleitung über den Hauptschlauch kommende Saugluft tritt in den Luftstutzen 12 des Pulsators ein und gelangt in den Raum unter dem Sitzstöpsel 2, der mit dem unter ihm befindlichen Melkeimer und durch einen Steigkanal (über die Stellschraubenspitze regulierbar) mit dem eigentlichen Steuerraum *Sr* in Verbindung steht. Der Weg der Saugluft wird hier also geteilt. Durch den Eimer wird die Saugluft nach Öffnen des Deckelventils *D* durch die in der Darstellung untere Leitung *M* ununterbrochen zu den Milchstutzen des Verteilerstückes *V* und von dort aus durch das Verteilerstück zu den Milchschlauchstutzen *St* und weiter in den Innenraum der Melkbecher *Mb* unmittelbar an die Zitzen herangeführt. Die in den Steuerraum gelangte Saugluft wirkt dort auf die von der Ventilspindel 1 geführte Herzklappe 18. Weil zwei Zuleitungswege *A* und *B* vorhanden sind, kann die Saugluft, je nach Stellung der Herzklappe, von unten oder von oben auf die Herzklappe einwirken. Wirkt die Saugluft von unten, also bei oberer Lage der Herzklappe, so kann die Saugluft unbehindert in die untere *U* der beiden zum Verteilerstück verlaufenden Pulsleitungen *U* und *O* gelangen. Damit aber zieht die Saugluft die Herzklappe sogleich nach unten und verschließt den Zugang zum unteren Steuerraum. Mit gleichem Vorgang wird der Zugang zum oberen Steuerraum freigegeben und die Saugluft kann durch die obere Pulsleitung *O* zum Verteilerstück gelangen. Durch dieses Wechselspiel wird die in die Steuerkammer gelangte Saugluft durch das von ihr bewirkte Auf und Ab des Herzstückes (dessen Bewegungen durch die Membrane 7 gedämpft werden) abwechselnd durch die beiden Pulsleitungen zum Verteilerstück geführt. Von hier gelangt sie an die Pulsstutzen *P* der Melkbecher und weiter in die die Zitzengummi *Z* umgebenden Räume *R*. In der Darstellung ist der Moment gezeigt, in dem die Saugluft durch die obere Pulsleitung strömt. Dadurch gleichen sich Innen- und Außendruck des rechten Zitzengummis aus. Dagegen führt die untere Pulsleitung keine Saugluft, so daß der Zitzengummi des linken Melkbechers durch den von der Milchleitung herrührenden Unterdruck nach innen gesaugt wird.

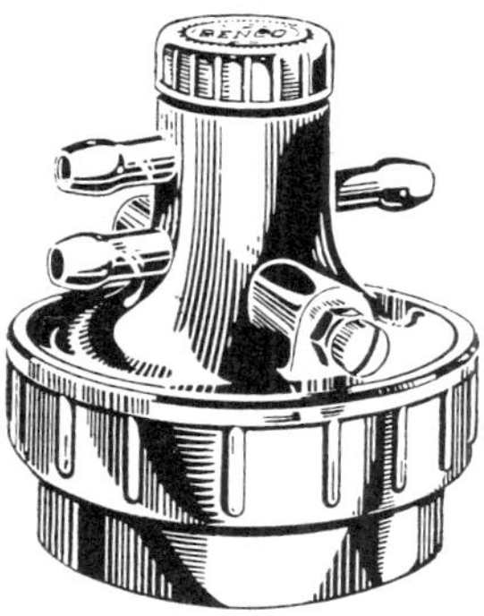

1077. Membran-Pulsator mit Steuerkolben (Benco, Kopenhagen)

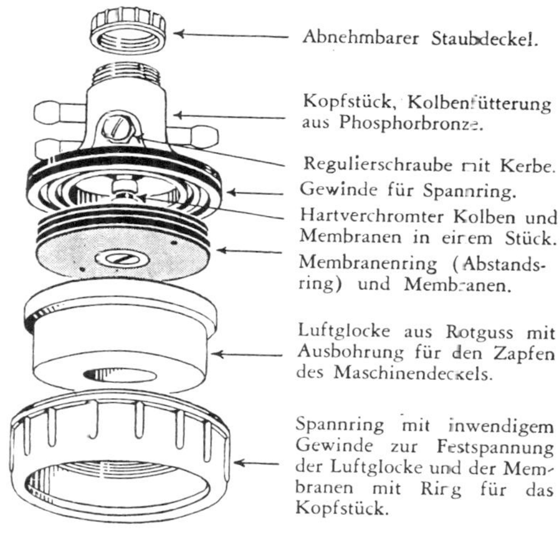

1078. Einzelteile des Membran-Pulsators mit Steuerkolben (Benco, Kopenhagen)

In anderer Weise ist der Membranpulsator gebaut, der in Bild 1077 dargestellt wird. Er wird auf dem Zapfen des Melkmaschinendeckels aufgesteckt. Dieser Pulsator hat in seinem Kopfstück den Stutzen für den Hauptanschlußschlauch und gegenüber die beiden Stutzen für den doppelten Pulsschlauch, außerdem eine Regulierschraube, mit der die Maschine eingestellt wird. Die Maschine arbeitet mit 76—80 Schlägen in der Minute. Wie alle Membranpulsatoren bedarf er keiner Schmierung und ist unempfindlich gegen Temperaturschwankungen. Da er keine Feder hat, läßt er sich leicht reinigen. Der oben aufgeschraubte Staubdeckel und der Spannring, der die auf dem Kolben befestigte Membran zwischen der unteren Luftglocke und dem Ring des Kopfstückes festklemmt, werden abgeschraubt (Bild 1078). Man trocknet dann mit einem trockenen oder mit einem mit Spiritus befeuchteten Tuch den Kolben ab und reinigt die kleinen unter dem Deckel befindlichen Luftlöcher. Dieser Pulsator kann nie falsch zusammengesetzt werden, weil er in Absätzen konstruiert ist. Er kann ohne Werkzeug auseinandergenommen und zusammengesetzt werden; es wird nur der Spannring abgeschraubt. Durch die einfache Bauweise des Pulsators und den übersichtlichen Deckel wirkt die ganze Melkmaschine (Bild 1079) sehr einfach.

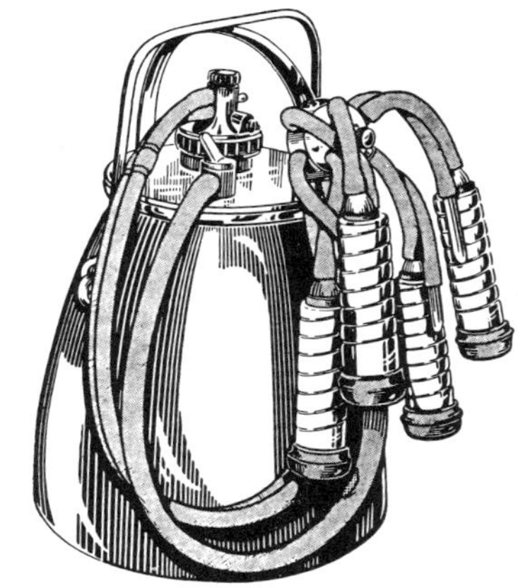

1079. Melkmaschine mit Membran-Pulsator (Benco, Kopenhagen)

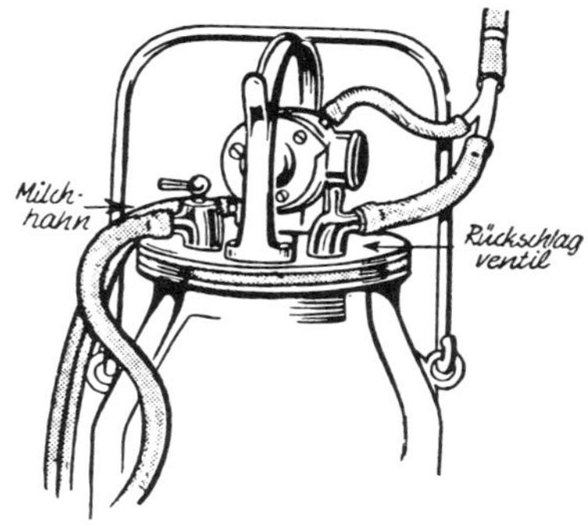

1080. Melkmaschine mit Kolben-Pulsator (Utina, Eutin)

Einen Kolben-Pulsator hat die in dem Bild 1080 dargestellte Melkmaschine. Abweichend von anderen Bauweisen teilt sich hier die Hauptsaugleitung kurz vor dem Melkeimer in ein Zweiwegerohr. Die dikkere Ableitung führt über ein Rückschlagventil zum Melkeimer; die dünnere Leitung wird zu dem Einzelnippel des Pulsators geleitet. Er wird auf einen Stutzen in der Mitte des Melkeimerdeckels gesteckt und ist leicht auf- und abzumontieren. Der quer zum Deckelgriff stehende Tragebügel kann heruntergeklappt, ohne dabei von Schläuchen behindert zu werden.

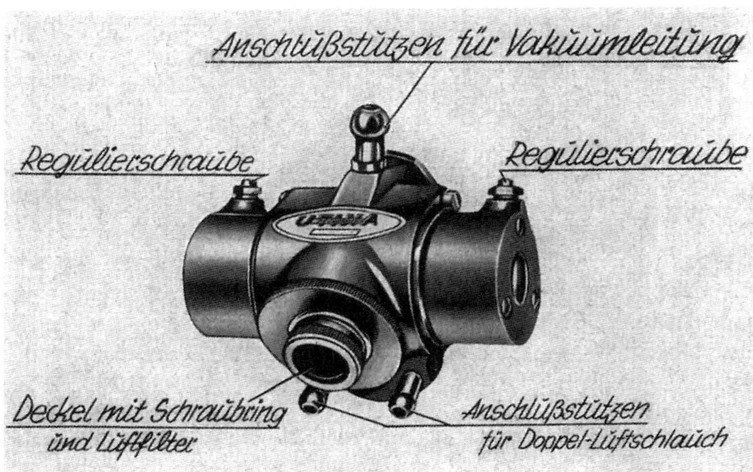

1081. Kolben-Pulsator (Utina, Eutin)

Der Pulsator hat oben den Anschlußstutzen für die dünne Saugleitungsabzweigung (Bild 1081) und unten gegenüber die beiden Anschlußstutzen für den Doppelpulsschlauch, der zum Verteilerstück führt. Dieser Kolben-Pulsator ist mit einer Schiebersteuerung zu vergleichen. Er hat in seinem Inneren auf jeder Seite einen Kolben, der durch eine Kolbenstange verbunden ist (Bild 1082). Die Kolben werden nach Art der Luftpumpe mit Ledermanschetten je in einem Zylinder geführt. In der Stellung, die in dem Bild gezeigt wird, hat die vom oberen Stutzen kommende Saugluft den linken Kolben angesaugt und damit auch den rechten nach links gezogen. Während dieses Vorganges konnte die Saugluft gleichzeitig durch den linken unteren Stutzen ungehindert zum Verteilerstück und von dort zu den beiden, diesem Luftweg entsprechenden Melkbechern gelangen. Mit dieser Grenzlage der Kolben kann die Saugluft frei zum rechten Kolben und zum rechten Anschlußstutzen gelangen. Denn mit der Kolbenstange ist auch der Mitnehmer nach links gekommen, der die Luftwege umsteuert. Dafür wird aber der Zugang zum linken Kolben und zum linken Anschlußstutzen gesperrt. Nach dieser Umsteuerung saugt die weitere Saugluft den rechten Kolben nach rechts und kann gleichzeitig durch den rechten Anschlußstutzen zu den beiden anderen Melkbechern gelangen. Durch das Hin und Her der Kolben nimmt also die Saugluft einmal ihren Weg über den linken und einmal über den rechten Anschlußstutzen. Um eine Kompressionswirkung an den Außenflächen der Kolben in den Zylinderräumen zu vermeiden, sind diese Räume durch die beiden Regulierschrauben mit der Außenluft verbunden. Mit den Regulierschrauben können auch die Pulshübe ausgeglichen werden. Wegen verschiedener Reibungsverhältnisse beider Kolben und weil die Luft ungleich durch die Regulierventile gehen kann, werden die Schrauben gegenseitig einreguliert und so die Pulshübe ausgeglichen. Gleichzeitig wird in dem Raum zwischen den beiden Kolben jeglicher Druck vermieden, da er durch eine Filterschraube stets mit der Außenluft in Verbindung steht. Die Betriebspulszahl soll bei dieser Maschine bei 44 Doppelschlägen in der Minute liegen. Um auf diese Zahl einzustellen, schließt man zunächst die beiden Regulierschrauben, dreht sie nach rechts, bis der Pulsator wegen der Luftabsperrung stehenbleibt. Dann werden beide Schrauben wechselweise langsam nach links gedreht und geöffnet, bis ein gleichmäßiger Gang von 44 Doppelschlägen erreicht ist. Ist der Pulsator stark verschmutzt, so muß er mit Waschbenzin (nicht etwa mit Kraftstoff!) gereinigt werden. Dazu werden die beiden Regulierschrauben geöffnet, die beiden Luftstutzen für den doppelten Luftschlauch durch einen kurzen Milchschlauch verbunden, das Zweiwegerohr wird abgenommen und der Pulsator an den Hauptschlauch gesteckt, der mit der Vakuumleitung verbunden ist. Wenn die Pumpe eingeschaltet ist, öffnet man den Vakuumhahn und läßt den Pulsator mit schnellen Touren laufen. Dabei kippt man ein Schnapsglas voll Waschbenzin in das Pulsatorgehäuse und läßt den Pulsator etwa 2 Minuten laufen, bis das Benzin abgesaugt ist. Dann gießt man etwa einen kleinen Fingerhut voll Pulsatoröl nach und achtet darauf, daß es gut verteilt wird, wobei man den Pulsator noch etwa eine Minute laufen läßt. Nach dieser gründlichen Reinigung darf man nicht vergessen, den Hauptschlauch wieder zu reinigen.

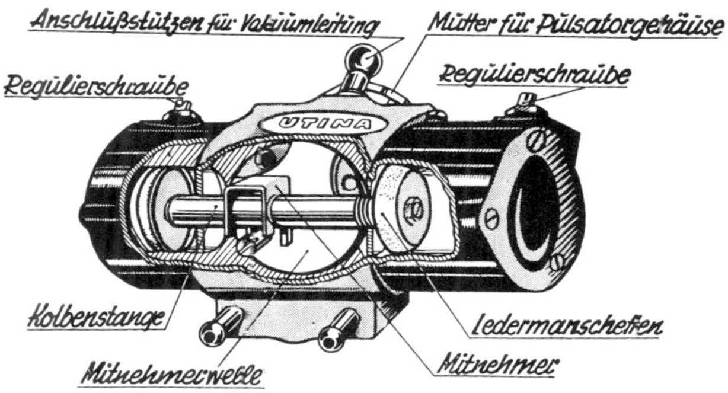

1082. Innensicht in den Kolben-Pulsator (Utina, Eutin)

Die Melkbecher sind aus mehreren Teilen so zusammengesetzt (Bild 1084), daß ein starrer äußerer Metall- und ein innerer Gummizylinder gebildet wird, zwischen denen sich ein Luftraum befindet. Während der dauernd wirkende Saugstrom des Milchschlauches in den inneren Zylinderraum geleitet wird, sind die Pulsschläuche an den Zwischenraum zwischen beiden Zylindern angeschlossen. Wird beiden Räumen Saugluft zugeführt, so ist auf beiden Seiten des Gummizylinders der Druck ausgeglichen. Der innere Saugraum ist offen und die Milch kann frei durch den Milchsaugstutzen abfließen, wie es bei dem linken Melkbecher des Bildes 1083 dargestellt ist. Wird durch den Pulsator im Pulssaugstutzen das Saugen unterbrochen, so entsteht im inneren Zylinder Unterdruck, der elastische Gummizylinder (Zitzengummi) folgt dem inneren Unterdruck, schließt den Innenraum und das Absaugen der Milch wird unterbunden, wie es der rechte Melkbecher der Darstellung zeigt. Durch die dauernde Hin- und Herbewegung des Zitzengummis werden die Striche gleichzeitig sanft massiert.

Die Melkbecher können einfach und schnell zusammengebaut werden. Die Handgriffe dabei sind, je nach den Fabrikaten, ein wenig verschieden. Der in Bild 1084 unter *a* dargestellte Melkbecher besteht aus der Becherhülse *b*, dem Zitzengummi *c*, der Überwurfmutter *d* und der Bodenkappe *e*. Beim Zusammenbauen wird der Zitzengummi von oben in die Becherhülse gesteckt und die Hülse mit ihrem oberen Rand in die Rille des Gummikragens gedrückt. Darauf zieht man das freie Ende des Zitzengummis kräftig an und legt es über den unteren Rand der Hülse um. Das läßt sich am leichtesten und schnellsten durchführen, wenn man den rechten Daumen in den Gummi hineinsteckt und zunächst eine Seite mit Daumen und Zeigefinger herauszieht und um den Rand der Hülse biegt. Dann zieht man mit der linken Hand den Gummi über den ganzen Rand. Hierauf wird die Bodenkappe aufgesetzt und mit der Überwurfmutter festgeschraubt.

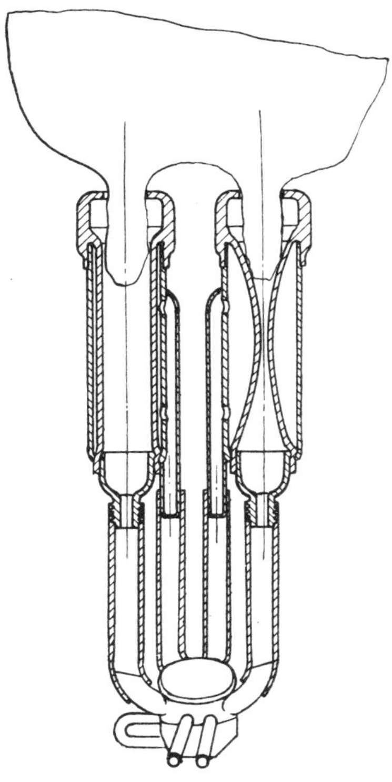

1083. Wirkung der Melkbecher

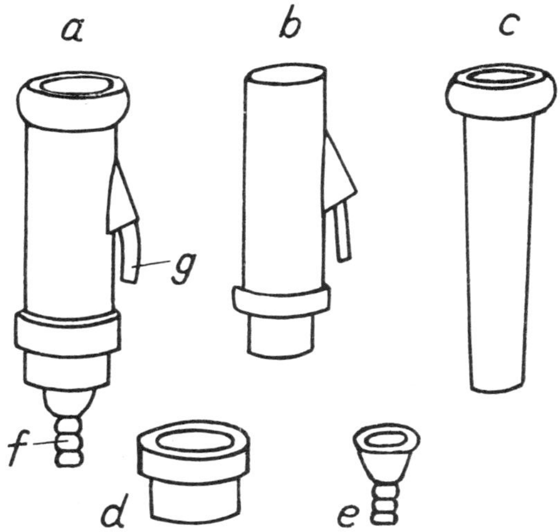

1084. Einzelteile des Melkbechers
(Alfa Laval, Bergedorf)
a Kompletter Melkbecher; *b* Becherhülse; *c* Zitzengummi; *d* Überwurfmutter; *e* Bodenkappe; *f* Stutzen für den Milchschlauch; *g* Stutzen für den Pulsschlauch

Der so betriebsfertig zusammengesetzte Melkbecher wird mit dem Stutzen *f* der Bodenkappe in den kurzen Milchschlauch und mit dem Stutzen *g* der Becherhülse in den kurzen Pulsschlauch gesteckt. Sind sämtliche 4 Melkbecher soweit vorbereitet, so werden sie mit dem Verteilerstück in der Weise verbunden, daß man die kurzen Milchschläuche auf die Milchstutzen und die Pulsschläuche auf die zugeordneten Pulsstutzen des Verteilerstückes steckt.

Besondere Beachtung verdient der Zitzengummi, weil nur dann mit ihm gleichmäßig gemolken werden kann, wenn er immer straff im Melkbecher sitzt. Da der Gummi sich allmählich ausreckt, so muß er von Zeit zu Zeit gekürzt werden. Man feuchtet ihn mit Wasser an, damit er sich beschneiden läßt, schneidet mit scharfer Schere durch einen Schnitt so viel ab (Bild 1085), daß er wieder seine ursprüngliche Länge hat. Er ist stets 5 cm länger als die Zitzenbecherhülse (Bild 1086, Fig. 1). Dieses Bild bringt ein Beispiel für einen anders zusammengesetzten Melkbecher, bei dem die Bodenkappe aus durchsichtigem Kontrollglas ist. Dieser Melkbecher wird so montiert:

Das Kontrollglas *a* (Bild 1086) wird naß in den Zitzengummi *d* eingezogen (Fig. 2). Der Hilfsring *c* (auch Montierring genannt) wird aufgesetzt, wie Fig 3 zeigt. Darauf wird der Zitzengummi mit Kontrollglas und Montierring in die Zitzenbecherhülse *d* eingesetzt und der Kragen des Zitzengummis über das Ende der Zitzenbecherhülse gestülpt (Fig 4). Die Fig. 5 zeigt den Zitzengummi mit Glas und Montierring in der Zitzenbecherhülse. In Fig. 6 wird gezeigt, wie der Zitzengummi mit einem Montierstab gestreckt wird. Dabei hält man den Montierstab am besten gegen die Brust und drückt mit beiden Händen den umklammerten Zitzenbecher gegen sich, bis der Gummi sich zwischen dem Rand der Hülse und dem Kontrollglas einklemmt und man den Gummi sehen kann. Durch weiteres ständiges Drücken auf den Montierstab entfernt man die Montierhülse. Wenn

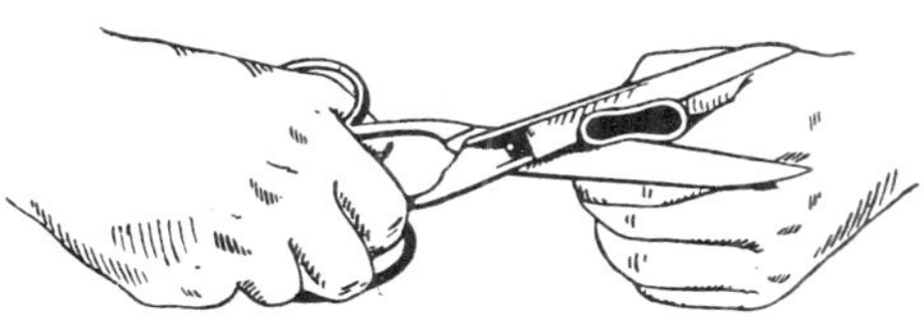

1085. Abschneiden der Zitzengummis mittels Schere unter Anfeuchten des Gummis
(Alfa Laval, Bergedorf)

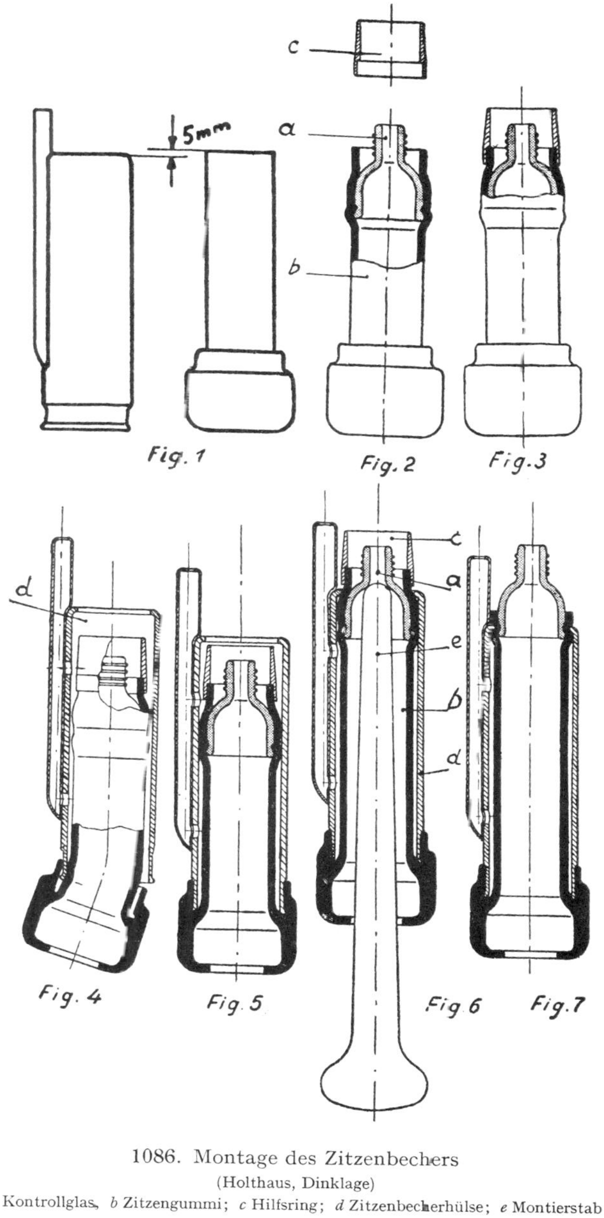

1086. Montage des Zitzenbechers
(Holthaus, Dinklage)
a Kontrollglas, *b* Zitzengummi; *c* Hilfsring; *d* Zitzenbecherhülse; *e* Montierstab

sie entfernt ist, drückt man nochmals auf den Montierstab, bis das Kontrollglas auf seinen Platz gleitet, wie es aus Fig. 7 zu ersehen ist.

Der Zitzengummi hat einen besonders großen Lufthohlraum an der oberen Kante. Dadurch wird das Melken gleichmäßiger und kräftiger. Auch bei verbildeten Strichen, bei besonders glatten Strichen und bei frischmelkenden Kühen mit prallen Eutern bleibt dadurch der Melkbecher sicher hängen.

4. Der Melkbetrieb

Wer die vielen Handgriffe noch nicht kennt, die an der Melkmaschine schnell auszuführen sind, sollte sie so lange üben, bis er sie sicher beherrscht. Erst dann sollte er eine Melkmaschine bedienen. Vor allem müssen die Melkbecher schnell und richtig angelegt werden.

Der Melkbetrieb beginnt, wenn der Motor eingeschaltet ist; dann wird die Vakuumpumpe sofort tätig.

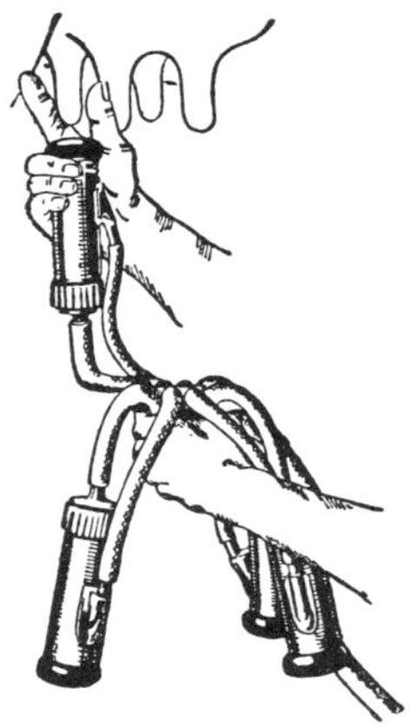

1087. Anlegen der Zitzenbecher
(Alfa Laval, Bergedorf)

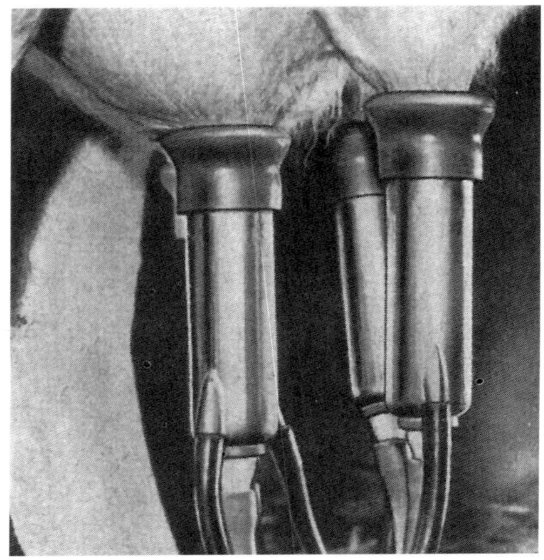

1088. Richtigsitzende Zitzenbecher
(Westfalia, Oelde)

Damit sie richtig arbeiten und den nötigen Betriebsunterdruck erzeugen kann, muß der Spülhahn am Vakuum-Behälter geschlossen sein. Wenn die Anlage ruht, muß der Spülhahn am Boden des Vakuum-Behälters immer offen stehen, damit gegebenenfalls Kondenswasser sofort abtropfen kann. Dann kontrolliert man alle Hähne der Saugleitung, das Milchventil am Melkeimer und die Entwässerungsventile an den Enden der Rohrstränge, die alle geschlossen sein müssen. Die Druckkontrolle wird ergeben, ob der Zeiger des Vakuum-Meters (je nach seiner Bauart) zwischen den beiden roten Strichen oder auf dem roten Strich steht und ob die Luft vorschriftsmäßig verdünnt ist.

Wenn die Pumpe richtig arbeitet, vorschriftsmäßiger Unterdruck in der Leitung ist, kann die Melkmaschine mit dem Hauptanschlußschlauch an den Hahn der Saugleitung angeschlossen werden. Der Pulsator beginnt sofort zu arbeiten, so daß man seine richtige Pulszahl sogleich feststellen oder einregulieren kann. Dann kann mit dem Melken begonnen werden.

Auch hierbei ist zunächst manches zu beachten, wenn man den Keimgehalt der Milch möglichst herunterdrücken will. Man reibt das Euter vor dem Melken mit einem rauhen Tuch mit lauwarmem Wasser sauber ab. Da sich in den Strichen nach dem letzten Melken besonders viel Bakterien angesammelt haben, die erste Milch zudem sehr wässerig und wertlos ist, melkt man zuerst mit der Hand einige Striche in ein besonderes Gefäß. Dadurch wird der Melkreiz des Tieres angeregt, so daß gleich erfolgreich mit der Maschine gemolken werden kann. Wenn die Melkbecher angesetzt werden, ist darauf zu achten, daß sie nach unten hängen, wodurch automatisch das Vakuum geschlossen bleibt und keine Nebenluft angesaugt wird. Hierbei hält man das Melkzeug in der linken Hand. Wenn der Milchhahn am Melkeimerdeckel geöffnet ist, setzt man mit der rechten Hand, an den entfernten Zitzen beginnend, die einzelnen Melkbecher schnell hintereinander an (Bild 1087) und sorgt dafür, daß sie möglichst gerade und nicht verdreht angesetzt werden (Bild 1088). Bei Doppelmelkern ist besonders darauf zu achten, daß keine Nebenluft angesaugt wird, wenn die zweite Garnitur angesetzt wird, damit der Melkgang der ersten Garnitur nicht gestört wird.

Die Melkmaschine wird stets neben den Vorderbeinen der Kuh aufgestellt, so daß die von der Maschine zum Verteilerstück laufenden Schläuche zur Kuh hingewandt sind. Erst wenn der Hahn auf dem Maschinendeckel geschlossen ist, wird der Hauptschlauch an die Saugleitung angeschlossen.

Im allgemeinen ist eine Kuh nach 4—5 Minuten mit der Maschine ausgemolken. Da die letzte Milch spärlicher kommt, nutzt man die Maschine nicht bis zur Gewinnung des letzten Tropfens aus, um nicht zu viel Zeit an der einzelnen Kuh zu verwenden. Man kann das Ausmelken gegen Schluß etwas beschleunigen, wenn man etwas massiert und das Melkzeug herunterdrückt. Mit Schluß des Melkens hört der Milchstrom auf, was man an den heute meist mit Schaugläsern versehenen Organen der Melkmaschine gut beobachten kann. Man schließt dann den Milchhahn am Deckel, worauf sich die Melkbecher leicht abnehmen lassen.

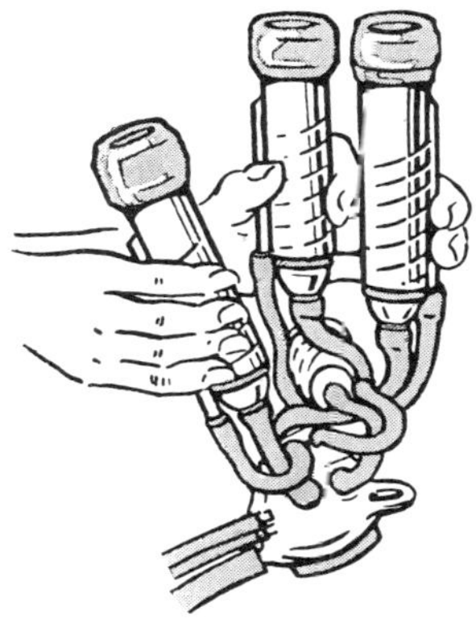

1089. Dreistrichiges Melken (Utina, Eutin)

Um zu verhindern, daß die Pumpe zurückläuft, wenn der Motor abgeschaltet ist, öffnet man vor dem Abschalten einen nahegelegenen Leitungshahn, schaltet dann erst den Motor ab, und schließt den Hahn sofort wieder, wenn der Motor stillsteht.

Um Zeit zu gewinnen, wenn man mit mehreren Melkmaschinen melkt, muß man einen Wechseleimer verwenden. Dabei ist der Arbeitsrhythmus so einzuteilen, daß mit Maschine 1 die erste und die zweite Kuh und mit Maschine 2 die dritte und vierte Kuh jeweils vom gleichen Vakuum-Hahn gemolken wird. Nachdem bei der ersten Kuh zuerst der Melkbecher angesetzt worden ist, muß man etwa 4 Minuten warten, ehe die dritte Kuh vorgenommen werden darf, die von der zweiten Maschine gemolken werden soll. Diese Pause entsteht aber nur bei der ersten Kuh, da von nun an in stetiger Folge nach dem Ansetzen bei der dritten Kuh die zweite, vierte, fünfte, siebente, sechste und achte usw. gemolken wird. Die Melkeimer werden dabei immer so umgesetzt, daß eine Maschine in Betrieb ist. Während des Wechsels wird der gefüllte Eimer gegen einen Wechseleimer ausgetauscht. Auf diese Weise wird der flüssige Melkbetrieb nicht unterbrochen.

Bei dreistrichigen Kühen legt man den nicht benötigten Melkbecher quer auf das Verteilerstück und steckt das obere Ende dieses Bechers zwischen Luft- und Milchschlauch des gegenüberliegenden Bechers (Bild 1089). Dadurch wird der Milchschlauch des stillgelegten Melkbechers abgeknickt.

Wenn das Melken beendet ist, wird die Maschine gereinigt. Zuvor wird der Pulsator vom Eimerdeckel abgenommen und an seinen Aufbewahrungsplatz gelegt. Das Melkzeug: der Melkbecher, das Verteilerstück und die Schläuche können auf verschiedene Weise gereinigt werden.

Bei der abgebildeten Ausführung (Bild 1080) läßt sich der Melkdeckel für die geschilderte Reinigung dicht abschließen; man kann beispielsweise so vorgehen: Ist der Pulsator abgenommen, so wird der dünne Vakuumschlauch frei. Man setzt ihn auf den massiven Nippel des

Rückschlagventils am Deckel, um die Saugluft zu sperren; einen der doppelten Luftschläuche setzt man auf den Griff des Milchhahnes. Das Verteilerstück wird nun so erfaßt, daß die Melkbecher nach unten hängen und so in einen Eimer mit kaltem Wasser getaucht werden (Bild 1090). Nachdem der Motor angestellt ist und der Milchhahn am Deckel geöffnet ist, saugt die Saugleitung das Wasser in den Melkeimer. Die bisher von Milch durchflossenen Leitungen werden nun von dem kalten Wasser durchspült. Damit diese Reinigung noch gründlicher wird, zieht man ab und zu die Melkbecher hoch und läßt Luft ansaugen. Nach dem kalten Durchspülen wiederholt man diesen Vorgang mit warmer Alka-Rei-Lauge. Dafür ist auf 10 l Wasser ein Meßbecher voll Alka-Rei zu nehmen.

Die Melkmaschine, wie sie das Bild 1076 zeigt, kann man reinigen, ohne den Pulsator abzunehmen. Man muß dann durch die Stellschraube den Zuweg der Saugluft durch den Pulsator absperren.

1090. Reinigen des Melkzeuges durch Saugleitung (Utina, Eutin)

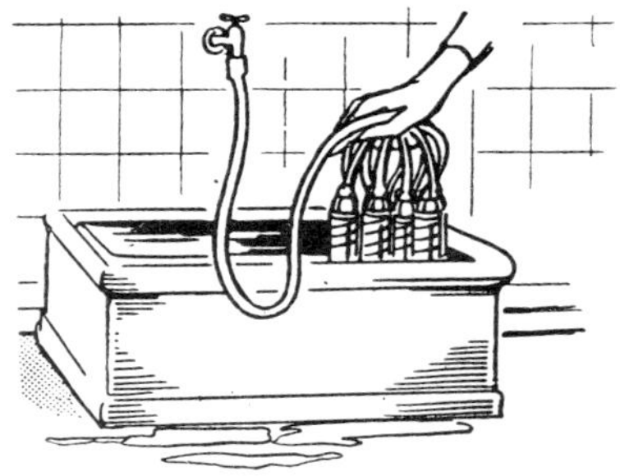

1091. Reinigen des Melkzeuges durch Wasserleitung (Utina, Eutin)

Die Kaltwasser-Reinigung ist gleichfalls ganz einfach, wenn man den vom Verteilerstück kommenden langen Milchschlauch unmittelbar an einen Wasserhahn anschließt und das Wasser in umgekehrter Richtung durch die nach unten gehaltenen Melkbecher strömen läßt (Bild 1091).

Nach dieser Reinigung bürstet man die Schläuche und die Melkbecher von außen mit einer sauberen Bürste naß ab.

Es ist wöchentlich eine Generalreinigung nötig. Das gesamte Melkzeug, also Melkbecher, Verteilerstück, Schläuche und Melkeimerdeckel, wird hierbei zerlegt. Die Einzelteile sind mit heißer Alka-Rei-Lauge gründlich abzubürsten, mit kaltem, frischem Wasser nachzuspülen und gründlich abzutrocknen, bevor sie wieder zusammengebaut werden. Die Reinigungsbürsten dürfen für nichts anderes verwendet werden. Um die Gummiteile zu schonen und länger zu erhalten, wechselt man sie aus; man arbeitet mit 2 Garnituren. Da die Gummiteile verschleißen, so muß öfter geprüft werden, ob sie gebrauchsfähig sind. Die Zitzengummis werden mit der Zeit länger und müssen auf ihre Gebrauchslänge zurückgeschnitten werden (s. auch Bild 1085). Es können aber auch Stellen porös werden, so daß Wasser und Milch in die Luftschläuche und in den Pulsator eindringen können. Undichtigkeiten im Zitzengummi und im Luftschlauch kann man leicht feststellen, wenn man das Verteilerstück mit den angeschlossenen Melkbechern so in einen mit Wasser gefüllten Eimer legt, daß alle Teile davon bedeckt sind und man durch den doppelten Luftschlauch Luft einbläst. Bei Undichtigkeiten steigen an den betreffenden Stellen Luftblasen aus dem Wasser nach oben (Bild 1092).

Nach der Wasserreinigung werden die Zitzenbecher mit den Schläuchen in den Sterilisationsapparat gehängt. Seine Hähne werden geöffnet, die Sterilisationsflüssigkeit läuft in Schläuche und Becher, die dadurch rein gehalten werden, daß ständig Flüssigkeit nachläuft. Die Sterilisationsflüssigkeit stellt man sich aus einem mit der Maschine gelieferten Reinigungspulver her; für jede Reinigung braucht man einen Eßlöffel voll auf 5 l Wasser.

Das Bild 1093 zeigt einen Sterilisationsapparat, der gleichzeitig dazu dient, die Melkmaschinendeckel unterzubringen. Die umgestülpte Flasche mit der Sterilisationsflüssigkeit hängt offen über einem kleinen Behälter. Da der äußere Luftdruck und das Vakuum über der Flüssigkeit in der Flasche sich das Gleichgewicht halten, fließt die Flüssigkeit nur so lange aus der Flasche, bis der Flüssigkeitsspiegel in dem kleinen Gefäß die Flaschenöffnung erreicht hat. Die Melkbecher werden rechts und links so eingehängt, daß ihre oberen Öffnungen mit der

1092. Prüfen des Melkzeuges auf Dichte
(Utina, Eutin)

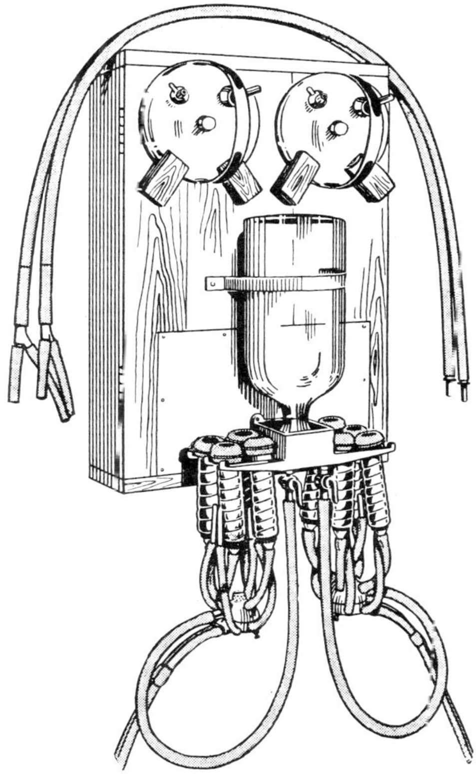

1093. Benco-Melkmaschine im Sterilisationsapparat
(Benco, Kopenhagen)

Flaschenöffnung in einer Höhe liegen. Die Milchschläuche werden an die beiden Hähne unter dem Gefäß angeschlossen. Werden diese Hähne geöffnet, so läuft die Sterilisationsflüssigkeit in die Milchschläuche und steigt in den Milchbechern bis zum Flüssigkeitsspiegel im Gefäß.

Das Bild 1094 zeigt, wie die Melkmaschine in den Zwischenmelkzeiten aufbewahrt wird. Die Aluminiumeimer sind (mit der Öffnung nach unten) in einem Gestell aufgehängt; die beim Melken luftdicht abzuschließenden Deckelverschlüsse werden geschont, wenn die Eimer nie auf die obere Kante gestellt werden. Über den Eimern befindet sich die Aufhängung der gebrauchsfertigen Melkbecher, gleich in der Nähe des Sterilisationsapparates. Weiter oben sind die Aufhängevorrichtungen für die Eimerdeckel und für den langen Milchschlauch. Jedes Teil hat seinen bestimmten Platz. Zweckmäßig ist es, diesen Unterbringungsplatz an einer lackierten weißen oder gekachelten Wand vorzusehen. Eine derartige äußere Sauberkeit beeinflußt den ganzen Melkbetrieb.

Auch das Rohrsystem der Melkanlage muß gepflegt werden. Alle zwölf Monate soll sie mit heißer Reinigungslauge durchspült und mit heißem Wasser nachgespült werden. Das wird auch erforderlich, wenn einmal Milch in die Vakuum-Leitung kommen sollte. Durchgespült wird so, daß man einen Hauptschlauch an dem der Pumpe entferntesten Hahn aufsteckt und das andere Ende des Schlauches in einen mit heißer Lauge gefüllten Eimer steckt. Wird die Pumpe angelassen, so wird die Flüssigkeit durch die Rohrleitung hindurch in den Vakuum-Behälter gesaugt. Ist die Lauge aus dem Vakuum-Behälter abgelassen, so spült man in gleicher Weise einige Male mit kaltem Wasser nach. Nach dem Durchspülen der Saugleitung werden sämtliche Hähne geöffnet, damit die Leitung gut austrocknen kann. Bei der Pumpe wird das Öl gewechselt.

Es ist sehr zu empfehlen, einen Reinigungs- und Warteplan aufzustellen. Dieser kann beispielweise so aussehen:

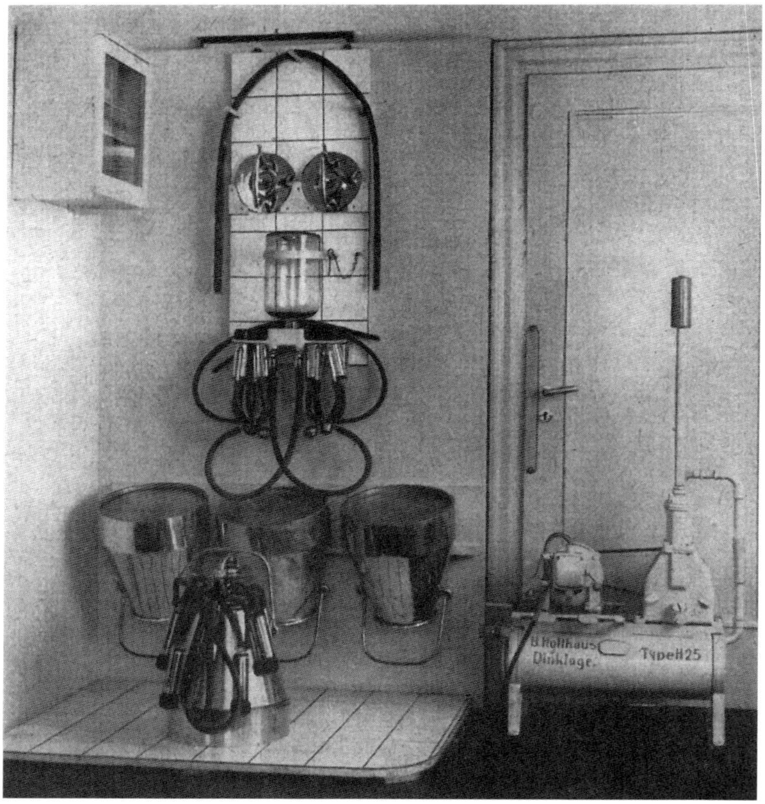

1094. Aufbewahrung einer Melkmaschine (Holthaus, Dinklage)

1. *Nach jedem Melken* ist das Melkzeug mit kaltem Wasser und anschließend mit heißer Reinigungslauge zu durchspülen und in den Sterilisationsapparat zu hängen.

2. *Alle 8 Tage* Generalreinigung! Zitzengummis, die kurzen Milch- und Luftschläuche sind zu wechseln.

3. *Alle 14 Tage* ist der Pulsator zu ölen und gegebenenfalls der Stoff-Filter auszuwechseln. Der Ölstand in der Kontrollpumpe ist zu kontrollieren. Wenn nötig, ist Öl nachzufüllen.

4. *Alle 4 Wochen* ist die Staufferbüchse an der Vakuum-Kolbenpumpe um eine Umdrehung anzuziehen. Bei leerer Büchse ist frisch aufzufüllen.

5. *Alle 2 Monate* ist das Wasserablaßventil zu reinigen.

6. *Alle 3 Monate* ist das Öl bei der Pumpe zu wechseln.

7. *Alle 12 Monate* ist die Vakuum-Leitung zu durchspülen.

8. Vakuum-Leitung ist bei Übermelken sofort zu durchspülen.

9. Pulsator ist bei Verschmutzen sofort mit Waschbenzin zu reinigen.

Der Wartungsplan muß genaue Notizen über die Zeit der Reinigungen, Kontrollen, des Ölwechsels enthalten, zumal wenn das Personal wechselt. Nur regelmäßige Pflege verbürgt lange Lebensdauer und gute, saubere Arbeit der Melkmaschine.

5. Der Melkbetrieb auf der Weide

Landwirtschaftliche Betriebe, die in der warmen Jahreszeit auf der Weide melken, müssen für richtige Antriebsorgane sorgen.

Am einfachsten und billigsten ist es, wenn Kraftstrom in der Nähe ist oder sich ohne große Kosten auf den Melkplatz verlegen läßt. Schwierigkeiten entstehen dabei, wenn der Melkplatz öfter wechselt.

Meistens sind solche Schwierigkeiten zu überwinden. Soll beispielsweise die Anlage, außer auf der Weide, auch auf dem mit Kraftstrom versehenen Hof verwendet werden, so ist es zweckmäßig, einen batteriegespeisten Elektromotor zu verwenden. Die Batterie kann auf dem Hof aufgeladen werden.

Eine andere Möglichkeit bietet der unbedingt zuverlässige Benzinmotor.

Man kann auch durch Trecker, Volkswagen oder durch sonstige kleinere motorische Fahrzeuge die Vakuum-Pumpe antreiben lassen. Nur muß ein solches Antriebsaggregat dann auch stets zu den regelmäßigen Melkzeiten zur Stelle sein.

Man kann auch das Vakuum für die Saugleitung durch die Ansaugeluft eines Verbrennungsmotors erzeugen, der in diesem Falle die Pumpe der Melkanlage ersetzt und auf einen Vakuum-

1095. Bauernschlepper betreibt Melkanlage (Deutz)

Behälter zum Ausgleich der Druckstöße arbeitet. Das Bild 1095 zeigt ein Beispiel dafür. In diesem Falle dient ein Deutz-Motor als Antriebsaggregat, der aus dem Vakuum-Behälter eines Weidemelkstandes seine nötige Ansaugeluft zieht. Das Bild läßt auch erkennen, mit wie einfachen Mitteln solch ein Weidemelkstand hergestellt werden kann. Auf stabilen Ständern ruhen Vakuum-Behälter und Saugleitung in entsprechender Höhe. Rundum ist aus Rohren die Anbindevorrichtung für die Kühe hergestellt.

6. *Milchkammern*

Wichtig für die Milchhaltung ist eine zweckmäßig eingerichtete Milchkammer. Der Fußboden der Milchkammer soll möglichst nicht aus Zement, sondern aus hochgestellten Klinkern bestehen; besser ist es noch, wenn er mit Fliesen belegt ist. Die Wände müssen wenigstens weiß lackiert sein. Besser und sauberer sind Wände, die mit weißen Kacheln belegt sind. Stauluft kann vermieden werden, wenn mindestens ein Fenster bis zur Decke hochgezogen und dadurch der Raum stets gut durchlüftet wird. Eine Holzwanne dient zum Waschen der Eimer und anderer Melkgeräte, eine zweite ausschließlich zu deren Desinfektion. Der Abfluß muß mit Geruchverschluß versehen sein. An den Wänden sind Vorrichtungen anzubringen, an denen die Milchkannen aufgehängt werden können. Zum Kühlen der Milch soll ein Bassin vorhanden sein, wenn nicht eine besondere Kühlanlage vorgezogen wird. Silos und Dungstätten dürfen nicht in der Nähe der Milchkammer liegen. Aus gleichen Gründen soll die Milchkammer keinen Zugang vom Kuh- oder vom Pferdestall haben. Die Milchkammer soll möglichst so liegen, daß sie vor einfallenden heißen Sonnenstrahlen geschützt und von Natur aus schon kühl ist. Das Bild 1096 gibt einen Plan zur Einrichtung einer Milchkammer.

7. *Kostenvergleich zwischen Hand- und Maschinenmelken*

Zum Abschluß des Abschnittes Melkmaschinen soll eine Kostenvergleichsrechnung zwischen Handmelken und Maschinenmelken mit einer Westfalia-Melkmaschine gebracht werden, die von Karl Röber, VDI Ölde, aufgestellt wurde. Bei diesem Beispiel ist davon aus-

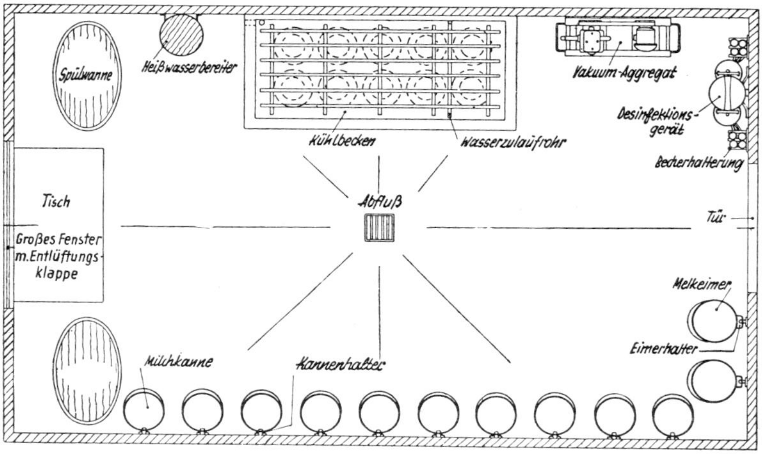

1096. Schema einer Milchkammer (Utina, Eutin)

gegangen, daß ein Kuhstall mit 12 Milchkühen bisher von einer männlichen Hilfskraft betreut wurde. Die Melkanlage soll von dieser Person oder einer Magd, die für das Handmelken zu schwach ist, bedient werden.

1. Kosten beim Handmelken:
   Gesamtdauer 2 × 12 Kühe bei 8 Stück je Stunde = 3 Std. pro Tag. Handmelkkosten für die männliche Hilfskraft bei einem veranschlagten Jahreslohn von 1800 DM, entsprechend einem Stundenlohn von 0.60 DM (etwa 3000 Std.) = 365 × 3 Std. × 0.60 DM = 660.— DM im Jahr.
2. Kosten beim Maschinenmelken:
   Angenommen, es wird folgende Melkanlage in Betrieb genommen:
   „Westfalia"-Melkanlage C 700, Kraftbedarf 0,37 kW, mit zwei Einzelmelkeimern, 1 Reinigungsgerät, 18 m Rohrleitung und 6 Anschlußhähnen.
   Anschaffungspreis: fertig eingebaut, etwa 2100.— DM.
   Dann Gesamtdauer: 2 × 12 Kühe bei 16 Stück je Stunde = 1,5 Std. pro Tag, dazu Reinigungszeiten:

2 × 4 × 365/60 =	50 Std./Jahr
und 25 × 20/60 =	8 Std./Jahr
etwa	60 Std./Jahr

Der Jahreslohn für eine männliche Hilfskraft und ebenfalls für eine Magd bleiben wie vorstehend unverändert, dann umfassen

a) die festen Kosten:

Tilgung in 20 Jahren (5%)	105.— DM
Verzinsung (3%)	63.— DM
Mehrkosten für die Reinigung von 2 Melkeimern im Jahr 60 × 0,60 DM =	36.— DM
	204.— DM

b) die beweglichen Kosten:

Für Strom: Preis für eine Kilowattstunde 0,10 DM	
365 Tage × 1,5 Std. × 0,37 × 0,10	= 20.— DM
Für Ersatzteile u. Gummiersatz 40.—	
Für Schmiermittel . . . . . 4.—	
Für Reinigungsmittel . . . . 16.—	60.— DM
(20 g P_3/Tag × Gerät × 1,30 kg)	
Maschinenmelklohn:	
365 Tage × 1,5 Std. × 0,60	= 330.— DM
	410.— DM
Kosten insgesamt: 204.— + 410.—	= 614.— DM/Jahr

3. Vergleich der Kosten beider Verfahren:

Handmelken	660.— DM
Maschinenmelken	614.— DM
also um etwa 45.— DM billiger	

4. Vergleich der beweglichen Kosten je Kuh:

Handmelken . . . . 660.—/12	= 55.— DM
Maschinenmelken . 410.—/12	= 34.20 DM
Beweglicher Kostenunterschied je Kuh	20.80 DM

5. Wirtschaftlichkeitsgrenze für diese Melkanlage:
Sie ergibt sich aus:

$$\frac{\text{Feste Kosten beim Maschinenmelken}}{\text{Beweglicher Kostenunterschied je Kuh}} = \frac{204.\text{— DM}}{20.80} = \text{etwa 10 Kühe}$$

6. Vergleich der täglichen Melkdauer:

Handmelken	3 Std. pro Tag
Maschinenmelken	1 Std. 40 min pro Tag.
einschließlich Reinigungsdauer	

Diese Melkmaschine ist also bei 10 und mehr Kühen wirtschaftlich, wenn die Arbeitskraft den veranschlagten Lohn erhält. Obwohl das Reinigen der Maschine jährlich 60 Stunden erfordert, wird dennoch Zeit gespart.

Das Maschinenmelken ist im Jahre um etwa 45 Mark billiger als das Handmelken.

B. Milchzentrifugen

1. Geschichtliche Entwicklung

Die Weiterverarbeitung der Milch zu den Milchprodukten: Sahne, Butter und Käse erfordert, daß die Milch entrahmt oder aufgerahmt wird.

Man muß dazu wissen, daß das Fett in der Milch kleine und kleinste Kügelchen bildet, die leichter sind als die übrige, wässerige Milchmasse und deshalb bei stehender Milch nach der Oberfläche streben und dort den Rahm bilden. Vollmilch macht also dabei einen inneren Verlagerungsprozeß durch, indem die aufsteigenden Fettpartikelchen den unteren Flüssigkeitsteil entrahmen, entfetten und die obere Schicht fetthaltiger machen, also aufrahmen.

Aufgerahmt wurde früher in verschiedener Weise unter dem Namen Sattenverfahren. Entweder wurde, wie im Holsteinischen Aufrahmeverfahren, die Milch in flachen Schalen oder Satten aus Holz oder anderem Stoff in 4—6 cm hoher Schicht bei einer Temperatur von 10—15° C aufgestellt und nach Aufrahmung, die etwa 24—36 Std. dauerte, durch besondere Kellen oder Schöpflöffel abgerahmt; oder man benutzte tiefere Gefäße und erhielt in kürzerer Zeit eine stärkere Rahmschicht.

Diese Verfahren verlangten viel Zeit. Wegen des inneren Reibungswiderstandes in der Flüssigkeit kamen nur Fettpartikelchen bestimmter Größe nach oben, die durch ihren Auftrieb den Widerstand überwinden konnten. Die unteren Flüssigkeitsschichten behielten noch immer einen gewissen Fettgehalt, und schließlich ließ sich die aufgerahmte Schicht nur höchst unvollkommen trennen.

Die Nachteile des Sattenverfahrens führten dazu, die Milchschleuder zu entwickeln. Der Grundgedanke der Milchschleuder ist, durch die Zentrifugalkraft die Geschwindigkeit der Fettpartikel zu erhöhen und dadurch die Ent- oder Aufrahmung bedeutend zu beschleunigen; aber auch die kleineren Fettpartikel zu bewegen, den Reibungswiderstand mit der Flüssigkeit zu überwinden, so daß durch Schleudern gründlicher entrahmt wird.

So baute der deutsche Ingenieur Lefeld 1874 die erste Eimer-Zentrifuge, die er in den nächsten Jahren schon durch eine Trommelzentrifuge verbesserte. Diese Zentrifugen arbeiteten nicht ununterbrochen. Je nach Fassungsvermögen wurden sie gefüllt, der Rahm wurde gewonnen und die Maschine mußte geleert und nach der Entrahmung wieder gefüllt werden.

Dieser durch eine bedeutend schnellere und bessere Entrahmung erzielte Fortschritt wurde 1879 durch die von dem schwedischen Ingenieur de Laval entwickelte Zentrifuge für ununterbrochenen Betrieb erweitert; aber erst durch die von dem deutschen Ingenieur Freiherrn von Bechtolsheim erfundenen Tellereinsätze wurde das Grundprinzip der Zentrifuge völlig durchgeführt, so daß die Sattenverfahren bedeutungslos wurden. Die Zentrifugen leisten viel und entrahmen gründlich; sie sind heute vielfach noch verbessert worden.

2. Die Gewinnung des Rahms

Bei der Entrahmung der Milch entstehen der fetthaltige Rahm und die entfettete Magermilch. Sie wird heute mit neuzeitlichen Zentrifugen durchschnittlich bis auf 0,04% Fettgehalt gewonnen. Der Fettgehalt des Rahmes richtet sich naturgemäß nach seiner prozentualen Entrahmung zur Milchmenge; man stellt den Magermilch- oder Rahmabfluß aus der Zentrifuge entsprechend ein. Entnimmt man prozentual größere Rahmmengen, so ist der Fettgehalt des Rahms geringer, entnimmt man geringere Prozentmengen Rahm, so steigt der Fettgehalt. Beispielsweise beträgt bei einer Vollmilch mit 3% Fettgehalt bei einem Entzug von nur 10% der Vollmilchmenge der Fettgehalt des Rahms 30%, bei 20% wird sich das Fett auf die doppelte Menge Rahm verteilen, so daß der Fettgehalt dieses Rahms nur 15% beträgt. Die obere Grenze eines sehr fetthaltigen Rahms liegt etwa bei 30% Fettgehalt. Treibt man durch geringeren prozentualen Entzug von Rahm den Fettgehalt höher, so leidet die Entrahmungsschärfe, es wird also dann ein Teil des Rahms mit der Magermilch abfließen.

Für den hohen Grad der mit den neuzeitlichen Zentrifugen erreichten Entrahmung ist die sogenannte Zähflüssigkeit der Milch ausschlaggebend. Denn diese Zähflüssigkeit bestimmt den Reibungswiderstand der aus der Milch auszuscheidenden Fetteilchen. Wärmere Milch wird dünnflüssiger und damit verringert sich der Widerstand, und es vergrößert sich die Auftriebsgeschwindigkeit der Fetteilchen. Bei 40° C ist sie etwa viermal so groß wie bei 10° C. Die günstigste Temperatur liegt bei etwa 61° C, doch nutzt man sie bei der Entrahmung nicht voll aus, damit die Tellereinsätze nicht zu sehr verschlammen. Infolgedessen liegt die Temperatur der zu entrahmenden Milch bei etwa 50—55° C.

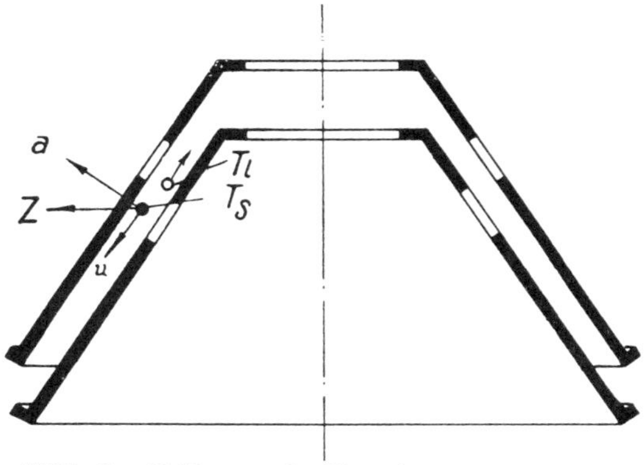

1097. Zur Erklärung des Entrahmungsvorganges in der Zentrifuge

3. Wirkungsweise der Zentrifugen

Um zu erklären, wie in der Zentrifuge entrahmt wird, seien 2 Teller des etwa 12 Teller umfassenden Einsatzes herausgenommen (Bild 1097). Diese beiden Teller bilden in der Maschine eine abgeschlossene Trennkammer. Wenn die Zentrifuge vollkommen mit Vollmilch angefüllt ist, so wird auch die Milch eine kreisende Bewegung ausführen, wenn sich die Teller drehen, da sie durch die Wandungsreibung von dem Teller mitgenommen wird. Von der Zentrifugalkraft Z wird sie nach außen geschleudert. Dabei sind die einzelnen Teile der Milch, je nach ihrer Schwere, einer verschieden großen Zentrifugalkraft ausgesetzt. Dadurch werden die schwereren Teile T_s der Milch, wie in dem Bild dargestellt, durch die Teilkraft a und gleichzeitig durch die abwärtsgerichtete Teilkraft u nach unten in den unteren Raum des Tellerzwischenraumes geschleudert. Die leichteren Teile dagegen werden durch diese Wirkung zurückgedrängt, legen sich an die äußere Wandung des unteren Tellers und steigen in dem Tellerzwischenraum nach oben. Die schwereren Teile der Milch sind die Bestandteile der Magermilch, also in erster Linie Wasser und die Verunreinigungen, die mit der Magermilch gleichzeitig nach unten gelangen; die leichteren Bestandteile dagegen sind die Fettpartikel, die nach innen hochsteigen. Bei etwa 6500—7000 U/min ist es leicht verständlich, daß sehr gründlich und auch sehr schnell entrahmt wird, so daß die Milch während des Betriebes kontinuierlich durchfließt.

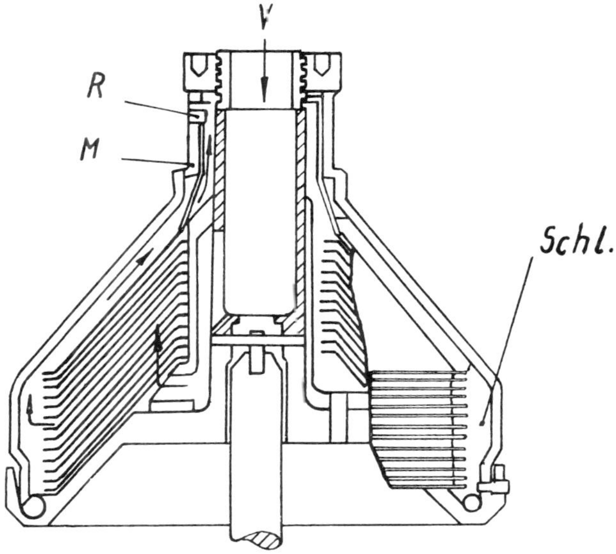

1098. Schnitt durch eine Zentrifuge

Sie wird bei den ausgeführten Zentrifugen meist durch die hohe Vertikalwelle in den Mittelraum unter den Einsatztellern des Zentrifugengehäuses geleitet, steigt von dort durch die etwa im ersten inneren Drittel der Einsatzteller vorgesehenen runden Öffnungen und füllt die Tellerzwischenräume. Während der Umdrehungen der Teller wandern die schweren Bestandteile der Milch die Tellerzwischenräume hinab nach außen. Den gleichen Weg nehmen die Schmutzteile, die sich in dem meist geräumig gehaltenen Schlammraum *Schl.* (Bild 1098) absetzen, während die Magermilch nach oben steigt und bei M die Maschine verläßt. Damit sie sich über den obersten Teller nicht wieder mit dem innen abwandernden Rahm vermischen kann, hat der

1099. Zentrifuge und Butterfaß (Astra-Werke, Bergedorf)

oberste Deckteller keine Öffnungen und bildet somit eine Scheidewand zwischen den beiden abfließenden Flüssigkeiten. Der kontinuierliche Entrahmungsbetrieb verlangt eine stets gefüllte Zentrifuge, damit gleichmäßig entrahmt wird. Darum sind die Zentrifugen mit einem Zulaufbehälter versehen. Die Vollmilchzufuhr wird also nicht unterbrochen. Wenn die Zentrifuge nach Öffnen des Zulaufhahnes gefüllt ist, wird die Maschine angestellt. Da sogleich getrennt wird, kann nach 1—2 min mit einem ausgeglichenen Betrieb gerechnet werden, der aus dem oberen Auslauf *R* Rahm entsprechender Güte und aus dem unteren Auslauf Magermilch mit geringfügigstem Fettgehalt liefert. Die erste Milch gibt man zweckmäßig dem Vollmilchbehälter wieder zu.

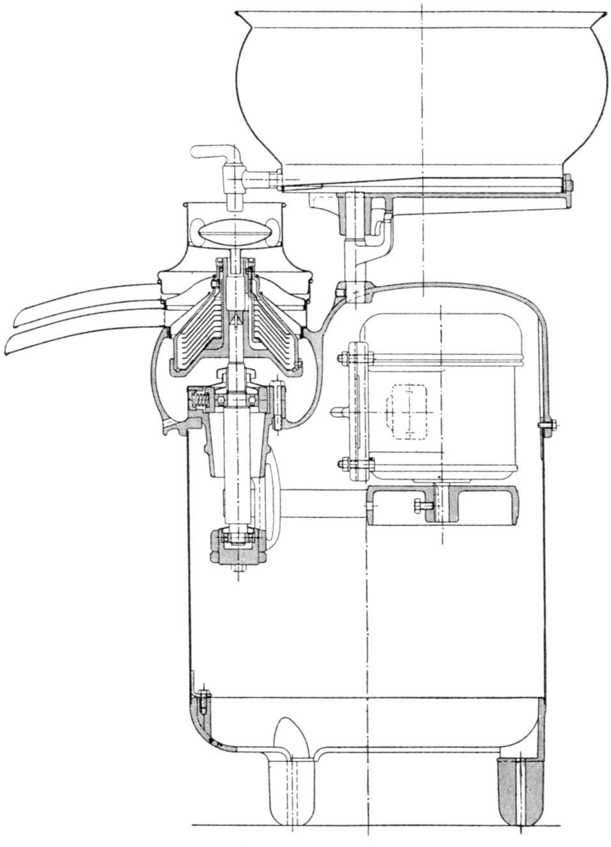

1100. Elektrozentrifuge (Westfalia, Oelde)

Die Zentrifugen werden durch Elektromotoren über Riemenscheiben angetrieben. Je nach Größe und Ausführung hat man die beiden Aggregate getrennt (Bild 1099) oder in einer Maschine vereinigt (Bild 1100). Dabei nimmt die eigentliche Zentrifuge den geringsten Raum ein. Die Leistungen der Zentrifuge schwanken nach Bauart und Größe und liegen etwa zwischen 100 und 400 l in der Stunde.

Ein Nachteil der Zentrifugen war, daß während des Betriebes die Rahmschraube nicht verändert werden konnte. Man mußte also, wenn man auf einen anderen Rahm mit anderem Fettgehalt übergehen wollte, den Betrieb unterbrechen. Bei den neuzeitlichen Maschinen ist in die Rahmleitung ein Regulierhahn eingesetzt, so daß man auch während des Betriebes den Fettgehalt oder die Menge des abzunehmenden Rahmes verändern kann. Ein anderer Nachteil bei offenen Zentrifugen ist auch heute noch der Schaum in der Magermilch, der dadurch entsteht, daß während des Entrahmens Luft hineingearbeitet wird. Der Schaum läuft leicht über und verunreinigt die Milch. Schaumige Magermilch brennt leicht an. Auch dieser Übelstand ist bei neuzeitlichen Zentrifugen behoben. Der Ablauf der entrahmten Milch wird geschlossen ausgeführt. Oft hat man aber auch Zentrifugen, bei denen sämtliche Zu- und Abläufe geschlossen sind.

C. Milchleistung und Milchverbrauch

Obwohl die Milch wegen ihres Nährwertes zu den gesündesten und gehaltvollsten Nahrungsmitteln gehört, ergibt die Statistik, daß, verglichen mit dem Verbrauch in anderen Kulturländern, im Bundesgebiet beschämend wenig frische Milch getrunken wird. In anderen Ländern wird doppelt oder gar dreimal so viel Frischmilch getrunken, was sich naturgemäß in der Gesundheit der Völker äußert. Der Milchverzehr fördert nicht nur die Gesundheit des Volkes, er hat auch für die Volkswirtschaft große Bedeutung; nicht etwa nur für die Landwirtschaft, sondern für alle Zweige der Milchwirtschaft vom Erzeuger bis zum Verbraucher. Es lohnt also, den Ursachen des Mißverhältnisses nachzuspüren, das sich im Bundesgebiet beim Milchverbrauch zeigt und zu prüfen, wie der Milchverbrauch erhöht werden könnte.

Im Bundesgebiet liefern jährlich etwa 5 Millionen Milchkühe 11 Milliarden l Milch, die ungefähr 4 Milliarden Mark wert sind. Von dieser Milch wird nur ein Drittel als Frischmilch konsumiert. Wenn es auch nötig ist, einen großen Teil der übrigbleibenden Milch zu Butter, Käse und anderen Milcherzeugnissen zu verarbeiten, so wird doch ein verhältnismäßig großer Teil gezwungenermaßen verarbeitet, weil besonders an wärmeren Tagen die Milch an die Molkereien so angeliefert wird, daß sie als Frischmilch nicht mehr zu verwerten ist. Das ist die Folge davon, daß die Milch auf dem Wege vom Melkstand bis zur Molkerei unsachgemäß oder gleichgültig behandelt wurde. Wenn durch Belehrung, durch gewisse Vorschriften und durch fortschrittliche technische Mittel auch schon manches besser geworden ist, so wird die Milch in der Landwirtschaft noch lange nicht so gepflegt, wie es unbedingt erforderlich ist. Es gibt noch weite Kreise, die aus ästhetischen Gründen oder weil sie fürchten krank zu werden, keine frische Milch verzehren. Diese Kreise müssen noch bekehrt werden.

Es wird verschiedenwertige Milch gewonnen und gehandelt: Marken- und Vorzugsmilch. An sie ist hier nicht gedacht. Es handelt sich hier darum, ganz allgemein hochwertige Milch zu erzeugen, die frei von Schmutz, vor allem aber durch Kühlung gegen Säuern beständig ist und zu jeder Jahreszeit mit Appetit getrunken werden kann.

D. Milchkühlung

Beim Melken hat die Milch eine Temperatur von 37° C, eine Wärme, die etwa der Bluttemperatur gleichkommt und das Wachstum der Bakterien in der Milch besonders begünstigt. Da praktisch eine vollkommen bakterienfreie Milch nicht zu gewinnen ist, da sie bereits im Euter, und noch mehr durch Berührung mit der Außenluft von Bakterien verschiedenster Art befallen wird, so besteht nur die Möglichkeit, durch Kühlung zu verhindern, daß die Bakterien sich schnell vermehren.

Denn bereits bei 15° C wird die Vermehrung sehr stark gehemmt, bei Temperaturen von 10—12° C hört sie praktisch schon auf. Bei günstigen Wachstumstemperaturen kann man rechnen, daß die Vermehrung durch Zellenteilung etwa eine halbe Stunde braucht, um die Bakterien zu verdoppeln. Ist durch Kühlung die Wachstumsgeschwindigkeit sehr verlangsamt, so wird es an den örtlichen Verhältnissen liegen, wie weit die Milch abzukühlen ist, um sie noch mit einer Temperatur von 10° C abliefern zu können.

Darum ist die Milch gleich nach dem Melken auf etwa 10° C zu kühlen, auf dieser Temperatur zu halten und noch tiefer zu kühlen, weil sie sich auf dem Wege zur Ablieferungsstelle wieder etwas erwärmt.

Gewisse Schutzkräfte in der Milch verhindern, daß sie sich mit der Vermehrung der Bakterien sogleich zersetzt. Darum kann die Morgenmilch, wenn sie innerhalb einer halben Stunde abgeliefert wird, ungekühlt bleiben, da sie an der Ablieferungsstelle sogleich sachgemäß auf die erforderliche Temperatur abgekühlt wird. Diese Milch darf aber nicht mit der Abendmilch vermischt werden.

Die Milch kann entweder durch Wasser, das auf dem Hofe meist vorhanden ist, aber auch durch Eis oder durch besondere Kühlmaschinen gekühlt werden.

Am einfachsten und billigsten ist es, die gefüllten Milchkannen in kaltes Wasser zu stellen, das die Kannen so hoch umsprudeln muß, wie die Milch in den Kannen steht. Dabei ist es sehr zweckmäßig, die Kannen auf eine Unterlage zu stellen, so daß auch der Boden vom Wasser gekühlt wird. Am einfachsten ist ein Holzrost. Die Deckel der Kannen sind nur lose aufzulegen, damit die Milch nicht erstickt.

1. Kühlbecken

Das Bild 1101 zeigt ein Kühlbecken für Milchkannen, das je nach Größe des Betriebes und nach Art der Milchkannen verschieden groß gehalten werden kann. Solche Kühlbecken mauert man am besten aus Ziegelsteinen und einer Isolierschicht *e*, die man zweckmäßig aus zwei Lagen Teerpappe herstellt, so daß die Stöße versetzt übereinander gelegt werden. Als Untergrund dient eine Lage von etwa 5 cm Beton. Die Ecken des Beckens werden überall abgerundet. Den Grund legt man mit einem Lattenrost *h* aus. Der Wasserlauf *g* wird bis kurz über den Rost geführt, damit Spritzwasser vermieden wird. Ein Überlaufrohr *f* sorgt dafür, daß das Becken nicht überlaufen kann. Damit die Kannen leichter übergehoben werden können, macht man die Brüstung *d* nur etwa 53 cm hoch und geht mit dem Grund des Beckens, je nach Größe der Kannen, etwa 40—50 cm von der Oberkante des Beckens in den Boden hinein. Die Breite *b* beträgt bei 20-Liter-Kannen 70 cm, bei 40-Liter-Kannen 85 cm. Die Länge *a* wird der Anzahl der Kannen angepaßt, die in dem Becken Platz finden sollen. Und zwar erfordern 4 Kannen einen Platz von 70 oder bei 40-Liter-Kannen 85 cm, 6 Kannen 105 cm oder 130 cm, da sie versetzt gestellt werden. Damit die Kühlbecken völlig entleert werden können, bildet man den Überlaufabschluß so aus, daß das Rohr herausgezogen werden kann. Während der Kühlzeit läuft das kalte Wasser von unten in das Becken und fließt oben ab. Auf diese Weise entsteht ein dauernder Durchfluß durch das ganze Becken; die Milch gibt ihre Wärme ab. Die Kühlung ist noch wirkungsvoller, wenn man von Zeit zu Zeit die Milch in den Kannen umrührt, doch ist dabei streng sauber zu verfahren.

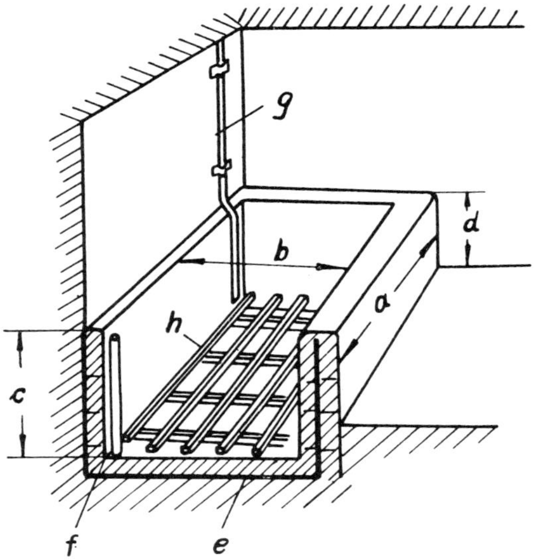

1101. Kühlbecken für Milchkannen

2. Kühlringe

Kühlringe kühlen nicht so intensiv wie das Wasserbad, doch sind sie sehr bequem und handlich (Bild 1102). Sie werden um den Hals der Milchkannen gelegt (Bild 1103) und an die Wasserleitung angeschlossen. Die Umführungsringe haben eine große Zahl Bohrungen, durch die das kalte Leitungswasser austritt und an den Kannen herunterrieselt. Auch bei Kühlringen kühlt die Milch schneller und gleichmäßiger, wenn sie in Abständen von 5—10 Minuten umgerührt wird.

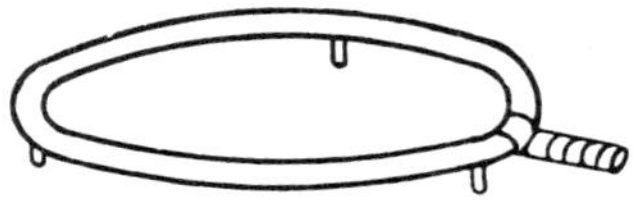
1102. Kühlring

1103. Aufgesetzter Kühlring

3. Milchkannenkühler

Das Umrühren erspart man sich, wenn man den Milchkannenkühler verwendet.

Der Milchkannenkühler wird auf die gefüllte offene Milchkanne aufgesetzt (Bild 1104) und mit seinem Stutzen an die Wasserleitung angeschlossen. Das unter gewissem Druck in das Gehäuse des Milchkühlers eintretende Wasser trifft auf ein Schaufelrad, setzt es in Drehung und damit den an dem Schaufelrad befestigten, in die Milch hineinragenden Rührflügel (Bild 1105). Nachdem das Wasser seinen Druck an das Schaufelrad abgegeben hat, sammelt es sich im unteren Teil des Gehäuses und tritt wie beim Kühlring durch eine Anzahl kleiner Bohrungen aus dem Gehäuse aus und rieselt an der Milchkanne herunter.

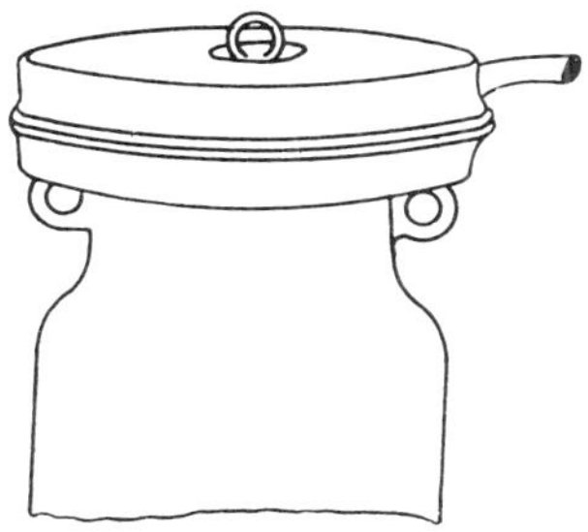

1104. Milchkannenkühler

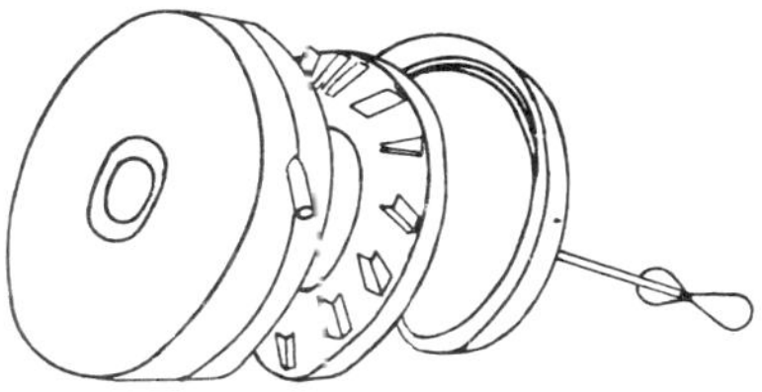

1105. Einzelteile des Milchkannenkühlers

Man stellt die Milchkannen in das Kühlbecken, aus dem das Überlaufrohr herausgenommen ist, damit das Rieselwasser gleich abrieseln kann.

1106. Flacher Frisch milchkühler (Astra-Werke, Bergedorf)

1107. Flacher Rieselkühler (Astra-Werke, Bergedorf)

Wenn eine Kanne gefüllt ist, wird der Kannenkühler aufgesetzt und an die Wasserleitung angeschlossen. Nach dem Kühlen mit dem Kannenkühler wird er abgenommen, die Milchkannendeckel werden lose aufgelegt, das Überlaufrohr wird in das Becken wieder eingesetzt und die Kannen werden bei geringem Wasserdurchfluß im Kühlbecken bis zum Abtransport kühlgehalten.

Für je 4 Milchkannen braucht man 2 Geräte.

4. Rieselkühler

a) Flachkühler

Wirkungsvoller als die bisher behandelten Verfahren sind die Milchkühler, bei denen die Milch offen über ein Wand- oder Schlangensystem herabrieselt, das durch Kühlwasser kalt gehalten wird. Der Wärmeaustausch bei solchen Apparaten ist bedeutend intensiver, außerdem wird die Milch gleichzeitig gründlich durchlüftet.

Solche Rieselkühler werden als Flach- oder als Rundkühler gebaut, sie enthalten entweder eine meist durch Eis gekühlte Flüssigkeit oder werden im Gegenstromprinzip an eine Wasserleitung angeschlossen, d. h., man läßt das Wasser von unten nach oben steigen. Die Bilder 1106 und 1107 stellen flache Frischmilchkühler dar, die für eine stündliche Leistung von 200 bis 1000 l gebaut werden. Das Kühlwasser wird an den unteren Stutzen angeschlossen; durch den Leitungsdruck wird es durch ein hin- und hergehendes Rohrsystem hindurch nach oben zu dem Austrittstutzen gedrückt. Die Milch wird in die obere Wanne gegeben und rieselt durch Öffnungen außerhalb der Rohre herunter, gibt dabei ihre Wärme ab und tropft in die untere Auffangwanne, aus der sie dann aufgefangen werden kann.

1108. Rundkühler (Astra-Werke, Bergedorf)

b) Rundkühler

Bei den Rundkühlern (Bild 1108) wird die Kühlleitung aus den Rippen eines Kühlleiters gebildet. Die schraubenförmige Anordnung dieser Kühlrippen zwingt die Milch, nicht senkrecht herunterzurieseln, sondern mehr schräg herabzugleiten. Dadurch wird der Kühlweg länger. Solche mit Leitungswasser betriebenen Kühlvorrichtungen können die Milch nur bis etwa 2—3° über der Wassertemperatur abkühlen. Da die Wassertemperatur durchschnittlich 9—12° beträgt, so ist es nicht möglich, die Milch unter 10° zu kühlen. Diese Kühlanlagen sind meist mit einem Behälter versehen, aus dem das Auslaufen der Milch und das Überlaufen über die Kühlwandungen durch einen Hahn so reguliert werden kann, daß nur eine dünne Schicht überrieselt. Dadurch wird der Wärmeaustausch inniger und die Abkühlung intensiver.

5. Kühlung mit Eis, Eiswasser und Kältemischung

Wird Roheis zum Kühlen verwendet, so ist es unzweckmäßig, das Eis dem ersten Kühlwasser beizugeben. In einem solchen Fall kühlt man erst die Milch mit kaltem Wasser auf etwa 12° herunter und läßt dann erst die Eiskühlung wirken.

Noch wirkungsvoller ist eine Kältemischung mit einem Zusatz von Viehsalz. Eiswasser hat nur eine Temperatur von 0°; in der Natur der Kältemischung liegt es, daß sie, je nach Salzzusatz, Kältegrade weit unter 0 annimmt, bei Viehsalz etwa bis —21°. Diese Wirkung beruht darauf, daß beide Teile, Eis und Salz, beim Zusammentreffen flüssig werden und dabei die dazu erforderliche Wärme ihrer Umgebung entziehen. Bei dieser Kälteerzeugung spielt das Mischungsverhältnis von Eis zu Salz eine ausschlaggebende Rolle. Bei Viehsalz sinkt die Temperatur mit zunehmendem Anteil, bis bei einem Zusatz von 33% Salz die tiefste Temperatur von etwa —21° erreicht ist. Jedoch wird es für die tiefe Milchkühlung genügen, durch weniger Salzzusatz Temperaturen von —5° zu erreichen.

Die Kühlwirkung solcher Kältemischungen oder Kühlsolen wird in dem Montana-Kühler ausgenutzt, der für Wasser und auch für Solekühlung eingerichtet ist. Das Prinzip dieser Kühlanlagen beruht darauf, durch einen mit Kühlwasser oder Kühlsole gefüllten Behälter die Milch in Rohrschlangen wiederholt hindurchzuleiten, wobei die Rohrschlangen durch die Kälteflüssigkeit gekühlt werden. Solche Kühlapparate gibt es als Einzelapparate oder auch zusammengebaut zu jeder beliebigen Zellenzahl und -leistung. Jede Zelle hat (je nach Größe) 8—20 Kühlrohre, die in das mit Leitstück versehene Kopfstück eingewalzt sind. Das Bild 1109 zeigt einen Kühler mit einer geöffneten Zelle. Die Milch-Ein- und Austritte sind gleich an die Kopfstücke angegossen; sie sind mit Verschlußdeckeln versehen,

1109. Montana-Kühler mit geöffneter oberer Wasser-Kühlzelle (Astra-Werke, Bergedorf)

1110. Milchtiefkühler „Nordmark“ (Klaus, Flensburg)

die in Scharnieren gelagert sind. Die Deckel werden beim Verschließen durch eine Bügelschraube mit Bügel gegen Gummidichtungen gepreßt, die in die Kopfstücke eingelegt sind. Die Wasser- und Soleanschlüsse befinden sich seitlich.

Bei diesen Kühlern baut man, wie auf der dargestellten Anlage, Zellen mit Wasser- und mit Solekühlung zusammen ein, wobei die obere Zelle Wasserkühlung hat. Die etwa 30° warme Milch durchläuft zunächst die obere Wasserkühlung und wird auf etwa 13° abgekühlt; sodann wird in der unteren Solezelle mit einer Sole von —5° die Milch von 13° auf 3° abgekühlt. Die Leistungen solcher Kühler richten sich nach der Größe der Zellen und liegen bei etwa 2000—7000 l in der Stunde, so daß sie besonders zum Kühlen der Morgenmilch in den Molkereien eingesetzt werden.

Ein Milch-Tiefkühler in geschlossener Ausführung ist der Durchfluß-Milchtiefkühler „Nordmark" (Bild 1110). Die Kühlrohre sind aus nichtrostendem Stahl, innen poliert, so daß die Kälte sehr intensiv übertragen wird. Auch die aufklappbaren Deckel sind aus gleichem Material und erleichtern außerdem die Sauberhaltung. Die Kühlrohre können entweder mit Frigen, mit Eiswasser oder einer Kältemischung gekühlt werden. Das Bild zeigt eine Anordnung von 3 Zellen mit einer Leistung von je 5000 l in der Stunde von 13° auf 3° C.

6. Kältemaschinen, Kühltruhen, Kühlräume

Auch die künstliche Kälte durch Kältemaschinen, wie wir sie von den Kühlschränken kennen, wird im Kleinen vom Erzeuger und auch in den Molkereien, im Großbetrieb, zum Kühlen der Milch verwendet.

Die Wirkung der Kältemaschinen beruht darauf, daß man einen gasförmigen Körper unter Druck verflüssigt und den verflüssigten Stoff in dem Kühlorgan verdampfen läßt. Bei diesem Verdampfungsvorgang entzieht der Stoff seiner Umgebung ähnlich wie bei der Verflüssigung von Salz und Eis die für die Verdampfung erforderliche Wärme, so daß dadurch gekühlt werden kann.

1111. Kompressor einer Kältemaschine (Astra-Werke, Bergedorf)

Als Kühlmittel dienen verschiedene Stoffe, die bei normaler Temperatur gasförmig sind, sich unter Druck verflüssigen lassen und bei Temperaturen unter 0° beim Nachlassen des Druckes verdampfen. Am günstigsten liegen die Verhältnisse beim Ammoniak, das eine besonders große Verdampfungswärme braucht. Ammoniak greift aber Metalle (außer Kupfer) an und hat einen stechenden Geruch. Darum wird es seltener verwendet. Häufiger wird trotz des notwendigen großen Kompressionsdruckes Kohlendioxyd verwendet, das geruchlos ist. Daneben wird u. a. besonders Schwefeldioxyd verwendet.

Entsprechend der Umwandlung des Stoffes in den flüssigen und der bei der Kühlarbeit wieder zurückgeführten Umwandlung in den gasförmigen Zustand, sind die Kältemaschinen so angeordnet: Durch einen sogenannten Kompressor, einer Kolbenmaschine, die wie eine große Luftpumpe wirkt, wird das gasförmige Kühlmittel angesaugt und im Zylinder auf den nötigen Druck gebracht. In die Druckleitung ist ein Kondensator oder Verflüssiger eingebaut, ein vom Kühlwasser umspültes Rohrsystem, das das unter hohem Druck sehr erwärmte Kühlgas so weit abkühlt, daß es beim Druck verflüssigt; es verläßt nun eine unter hohem Druck stehende Flüssigkeit den Kondensator.

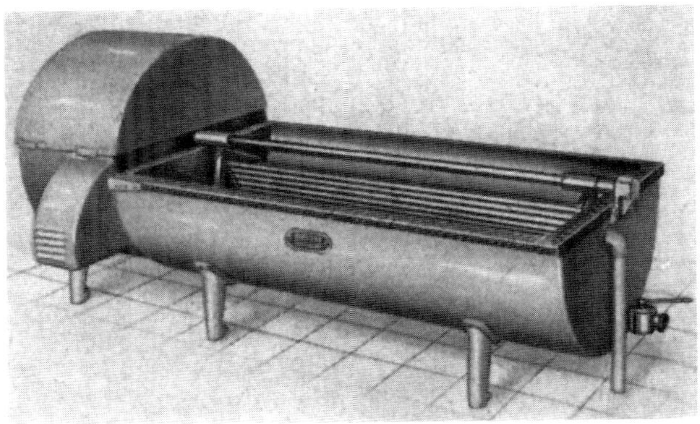

1112. Kühlwanne (Roth, Stuttgart)

Diese Flüssigkeit wird in den sogenannten Verdampfer geleitet und gibt hier, durch ein Drosselventil aus der Druckleitung ausströmend, ihren Druck ab, indem sie sich in Dampf umsetzt. Die erforderliche Verdampfungswärme wird der nächsten Umgebung entzogen, so daß der Verdampfer nách außen Kälte ausstrahlt, die zur Kühlung der Milch verwendet wird. Da die Leitung hinter dem Drosselventil unter der Wirkung des Ansaugens durch den Kompressor steht, ist die Verdampfung sehr intensiv. Nach der Verdampfung wird der gasförmige Kühlstoff wieder angesaugt, so daß das Kühlmittel in der Kältemaschine verlustlos kreist. Die Energie, die vom Kompressor in das Kühlmittel hineingegeben wird, setzt sich bei der Verdampfung in Kälte um.

1113. Milchtiefkühlanlage mit Flächenkühler (Klaus, Flensburg)

Das Bild 1111 zeigt einen Kompressor mit teilweise freigelegtem Zylinder, Kolben und Ventilen. Das Gehäuse besteht meist aus gasdichtem Zylinderguß und wird bei den kleineren Typen zusammen mit dem Zylinder in einem Stück gegossen.

Der Zylinderkopf hat einen Kühlwassermantel, der den Kompressionsraum mit dem abfließenden Kühlwasser kühlt. Die Arbeitsventile sind Plattenventile aus Spezialstahl. Die Saugventile sind auswechselbar auf dem Kolbenboden angeordnet; die Druckventile liegen im Zylinderkopf durch Federpressung elastisch an und können Flüssigkeitsschlägen nach oben ausweichen. Die Bauweise der Kompressionskältemaschinen, der Kühlanlagen und Apparate ist sehr verschieden, und richtet sich danach, ob sie für Rieselkühlung oder für Raumkühlung bestimmt sind.

Zum Milchkühlen in Wannen dient die Kühlwanne (Bild 1112), die 400—2500 l fassen kann. Sie ist mit einem Röhren-Pendelrührwerk für direkte Verdampfung ausgerüstet. Als Kältemittel dient hier Chlormethyl oder Frigen. Wenn kein Wasser zur Kühlung der Kondensation vorhanden ist, so genügt für die Kleinkühlanlage auch Luftkühlung. Bei den kleinen Kühlwannen ist das Kälteaggregat eingebaut, bei den größeren wird die Kältemaschine getrennt aufgestellt.

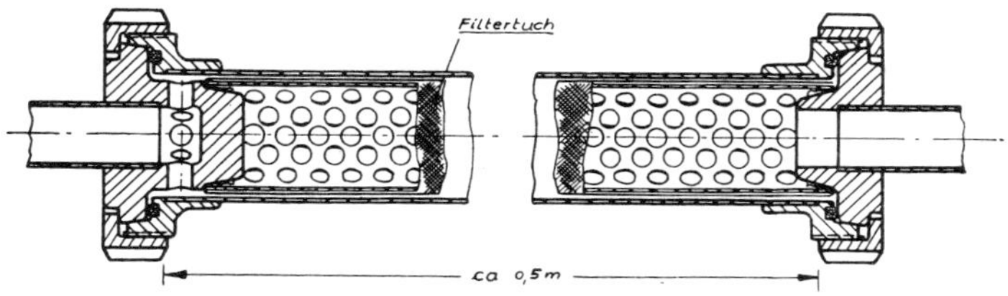

1114. Durchfluß-Milchfilter
(Klaus, Flensburg)

Wenn man kein Pendelrührwerk will, so kann dafür ein Propeller-Rührer eingebaut werden. Gekühlt wird in diesem Fall durch die Wandung des Innenbehälters, der aus Chrom-Nickel-Stahl hergestellt wird. Auch das Röhrenrührwerk besteht aus Chrom-Nickel-Stahl oder aus verzinntem Kupfer.

Das Bild 1113 zeigt eine auf einen wassergekühlten Benzinmotor aufgebaute Milchtiefkühlanlage mit einem durch Verdampfungskälte gekühlten Flächenkühler.

Die frische Milch wird in den Aufnahmebehälter geschüttet und hier durch ein feinmaschiges Sieb von gröberen Verunreinigungen befreit. Eine als Kreiselpumpe ausgebildete Milchpumpe drückt die Milch durch einen Filter hinauf in die Verteilerrinne des Flächentiefkühlers. Eine in die Druckseite der Milchleitung eingebaute Stauscheibe läßt nur soviel Milch durch, wie es der Kühlerleistung entspricht.

1115. Astra-Milchtiefkühler (Astra-Werke, Bergedorf)

Der Durchfluß-Milchfilter (Bild 1114) ist ganz aus nichtrostendem Stahl und kann leicht mit chemischen Mitteln gereinigt werden. Der Filter besteht aus einem gelochten Siebrohr, das mit dem Filtertuch überzogen ist. Beim Auswechseln wird nur eine Überwurfmutter gelöst, worauf das gelochte Siebrohr mit dem Filtertuch herausgenommen werden kann.

Durch seine besondere Bau- und Arbeitsweise kann der Astra-Milch-Tiefkühler mit Verdampfungstemperaturen von nur —2,5 bis 0° arbeiten und trotzdem die Milch von etwa 13—15° auf etwa 2° herunterkühlen. Diese Kühler, die für stündliche Milchleistungen von 500—5000 l gebaut werden, arbeiten mit Ammoniak als Kältemittel und verdampfen unmittelbar.

1116 (oben). Wirkungsweise des Astra-Milchtiefkühlers (Astra-Werke, Bergedorf)

1117 (Mitte). Geschlossener Kühler für direkte Verdampfung (Astra-Werke, Bergedorf)

1118 (unten). Wasser-Kühlanlage (Maschinenfabrik Sürth/Köln)

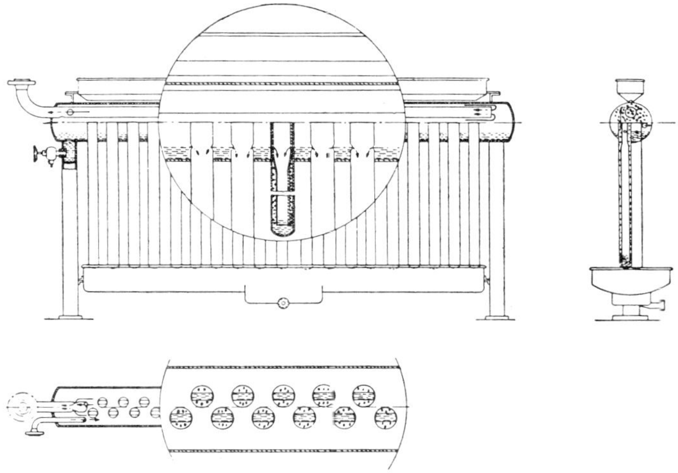

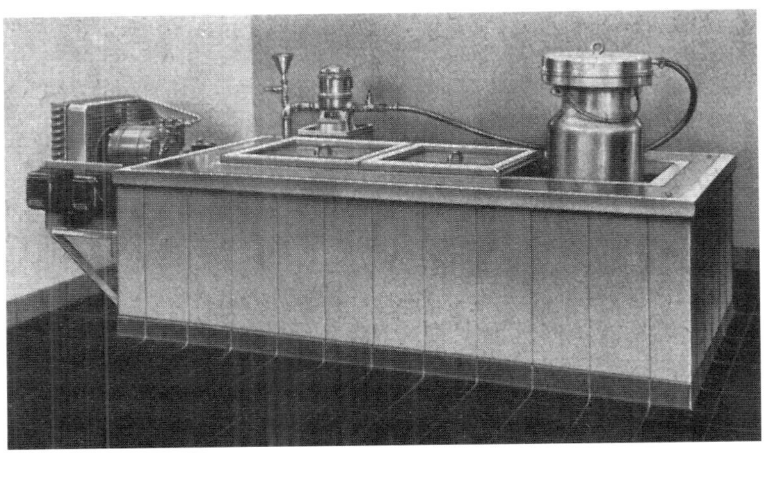

Der Kühler (Bild 1115) besteht aus einem waagerechten Sammelrohr, an das senkrechte engere, versetzt stehende Rohre angeschweißt sind. Das Sammelrohr enthält im Innern das Verteilerrohr für das Kältemittel, das von ihm aus durch senkrechte Innenrohre bis in den unteren Raum der senkrechten Rieselrohre geleitet wird und noch ein wenig in den Zwischenraum zwischen diesen beiden Rohren ansteigt (Bild 1116). Hier wird das Ammoniak so verdampft, daß wegen der engen Querschnitte mit den verdampfenden Gasen gleichzeitig ein Teil des noch flüssigen Ammoniaks nach oben geschleudert wird. Hierdurch werden die äußeren Rieselrohre in ihrer ganzen Höhe benetzt. Dadurch verdampft das Ammoniak nicht nur im unteren Verdampfungspunkt, sondern über der gesamten Länge des Röhrensystems, das Sammelrohr eingerechnet. Darum wirkt die Kühlung sehr intensiv.

Wenn auch die mithochgeschleuderten Flüssigkeitsteile völlig verdampfen, so werden sie doch von den Kältemitteldämpfen im Sam-

1119. Milchkannenkühlung mit Eiswasser
(Maschinenfabrik Sürth/Köln)

melrohr restlos dadurch abgeschieden, daß diese Dämpfe an beiden Seiten des Sammelrohrs abgesaugt werden. Dadurch wird verhindert, daß Flüssigkeitsteile mit in das Absaugrohr gerissen werden; das Sammelrohr ist gleichzeitig als Flüssigkeitsabscheider anzusehen.

Über dem Sammelrohr ist abnehmbar die Verteilerrinne für die Milch angebracht, aus der sie, ohne zu spritzen, an den Röhren aus nichtrostendem Stahl herunterläuft und in einer gleichfalls abnehmbaren Milchauffangschale mit reichlich bemessenem Sammelkasten aufgefangen wird.

Dieser Milchkühler wird zu beiden Seiten von 2 starken Rohrsäulen getragen, die als Ölsammeltopf wirken. Einen anders gebauten, geschlossenen Kühler für einfache Verdampfung zeigt das Bild 1117.

Durch die Kältemaschinen ist die Art der Milchkühlung fast unbeschränkt. Wesentlich ist in bäuerlichen Betrieben, daß die Kältemaschinen durch einen Thermostaten vollautomatisch betrieben werden können und nicht besonders gewartet zu werden brauchen. Weil jederzeit beliebige Kühltemperaturen erzeugt werden können, hat man ein sehr praktisches Kühlverfahren entwickelt. Von der Kältemaschine wird eiskaltes Wasser hergestellt. Damit wird die Milch durch einen Milchkannenkühler mit Rührwerk auf etwa 10° abgekühlt, was bei 20-Liter-Kannen in etwa 10—15 min, bei 40-Liter-Kannen in etwa 15—20 min durchzuführen ist. Darauf werden die vorgekühlten Kannen in das Eiswasser der Kühlwanne hineingestellt. Die Milchtemperatur sinkt auf 4° herab. Bis zum Abtransport läßt man die Milchkannen im Wasser stehen.

1120. Kühltruhe für 4 Kannen
(Astra-Werke, Bergedorf)

Das Bild 1118 stellt eine derartige Anlage für etwa 150 l Milch Tagesleistung dar. Durch eine angeschlossene Kältemaschine wird das die Kühlwanne umgebende, isolierte Kühlsystem gespeist und kühlt das Wasser auf etwa 1—2° herab. An dieses Eiswasser wird die Leitung für die Kannenkühler angeschlossen. Das Bild 1119 zeigt die Milchkannenkühlung bei einer Anlage für 500 l Tagesleistung. Solche Anlagen sind da besonders vorteilhaft, wo es sich um die Lieferung von Vorzugsmilch handelt, doch lohnt sich die Anlage auch in anderen Betrieben. Die Mittags- und Abendmilch wird durch Kühlbecken tiefgekühlt; für die Morgenmilch erreicht man durch die Kannenkühler Transporttemperaturen von 10°. — Im Kleinen kann man ähnlich mit einer Kühltruhe kühlen, wie das Bild 1120 zeigt. Ein

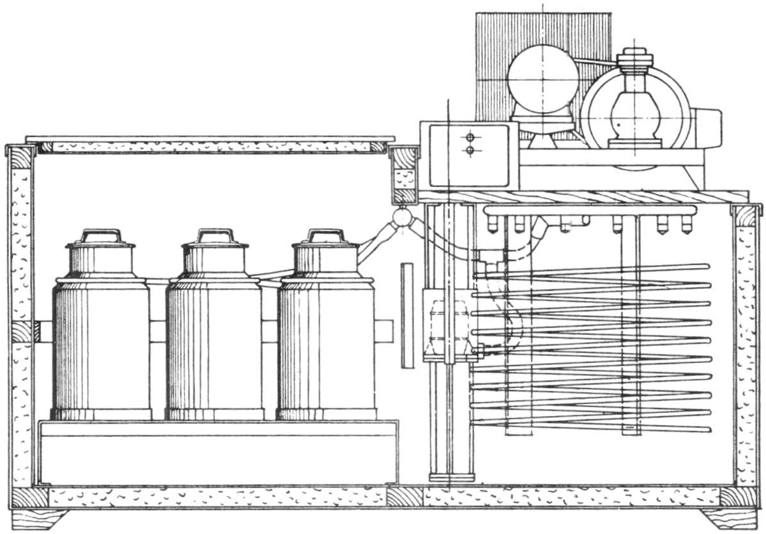

1121. Schnitt durch eine Kühltruhe für 6 Kannen (Astra-Werke, Bergedorf)

1122. Kühlschrank für Kleinverteiler (Frigidaire, Rüsselsheim)

verhältnismäßig kleines Kälteaggregat berieselt durch Kühlringe die Kannen mit Eiswasser; im Kühlraum der Truhe werden die Kannen kühl gehalten. Wie ein Schnitt durch eine derartige Anlage zeigt (Bild 1121), können solche Kühltruhen in beliebiger Größe hergestellt werden, ganz den Betrieben angepaßt.

1123. Milchkühltruhe (Frigidaire, Rüsselsheim)

1124. Kompressoranlage (Frigidaire, Rüsselsheim)

Saure Milch wird den Molkereien und Sammelstellen erfahrungsgemäß am meisten in den Übergangszeiten, also im Frühjahr angeliefert, wenn zu spät mit der Milchkühlung begonnen wird, und im Herbst, wenn durch vorübergehende kältere Witterung zu früh aufgehört wird, die Milch zu kühlen. Schon damit die Milch gut durchlüftet, ist es zweckmäßig, unabhängig von der Jahreszeit, die Milch stetig zu kühlen, um sie auf ihrem Wege bis zum Verbraucher

1125. Kühlraum einer landwirtschaftlichen Metzgerei (Frigidaire, Rüsselsheim)

(der Weg ist mit Ablieferung an die Molkerei noch nicht abgeschlossen) trinkfähig und schmackhaft zu erhalten. Denn auch auf dem Wege zum Kleinverteiler können die Bakterien in der Milch sich stark vermehren. Auch beim Kleinverteiler (Milchhandlungen in den Städten) wird die Kältetechnik in immer größerem Maße angewendet. In Kühlschränken wird die Milch in Kannen und Flaschen (Bild 1122), in Kühltruhen (Bild 1123) mit angeschlossenen Zapfständen und automatischen Meßhähnen in Behältern gekühlt. Es werden alle Maßnahmen getroffen, um der Bakterienvermehrung entgegenzuwirken.

Kühlräume werden in landwirtschaftlichen Betrieben nur in besonderen Fällen wirtschaftlich sein, obwohl ihre Betriebskosten verhältnismäßig gering sind. Solche Anlagen arbeiten so, daß in einem vom Kühlraum getrennten Raum die Kompressoranlage untergebracht ist (Bild 1124) und von dort aus die Kühlleitungen in das im Kühlraum oben angebrachte Kühl-

1126. Kühlraum einer Gärtnerei (Frigidaire, Rüsselsheim)

aggregat geleitet werden. Die wiedergegebenen Bilder 1125 und 1126 zeigen Beispiele solcher Art, und zwar zeigt das Bild 1125 den Kühlraum einer landwirtschaftlichen Metzgerei und das Bild 1126 den Kühlraum einer Gärtnerei.

E. Maschinen und Geräte für die Butterherstellung

1. Rahmerhitzer

Der aus der Zentrifuge kommende Rahm wird verbuttert; sein Fettgehalt beträgt etwa 20—30%. Da dieser Rahm Bakterien aller Art enthält, die auf die Haltbarkeit und den Geschmack der Butter ausschlaggebenden Einfluß haben können, so muß er sogleich erhitzt werden. Da das Fett gegen Hitze sehr unempfindlich ist, wird der Rahm in sogenannten Rahmerhitzern (Bild 1127) bei Temperaturen von 90—100° erhitzt. Zwar nimmt der Rahm dadurch wegen des Rahmzuckers einen Kochgeschmack an, der sich aber in der Butter in sehr kurzer Zeit wieder verliert.

a) Trommelerhitzer

Als Rahmerhitzer werden neben den bekannten Plattenerhitzern die Trommelerhitzer benutzt, deren Teile, die mit dem Rahm in Berührung kommen, entweder aus verzinntem Kupfer oder besser aus nichtrostendem Stahl sind. Die Erhitzer wirken so, daß in einem mit Heizmantel versehenen Zylinder eine sogenannte Verdrängertrommel (motorisch angetrieben) umläuft, die den in dem Raum zwischen Trommel und Heizmantel geleiteten Rahm durch schräggestellte Leisten am Trommelmantel in innige Berührung mit dem Heizmantel bringt, wobei die schrägen Leisten den Rahm gut durchquirlen, so daß er nicht anbrennt.

1127. Trommel-Rahmerhitzer
(Astra-Werke, Bergedorf)

Die Trommel ist durch eine konische Führung auf der Trommelwelle gut geführt und wird mit kräftigen Spannschrauben auf der Welle befestigt. Damit die Trommel ruhig und vibrationsfrei läuft, muß die Trommelwelle oben und unten in Kugellagern gelagert sein. An der Austrittsstelle der Welle ist sie durch eine Schleifringdichtung abgeschlossen, die verhindert, daß Rahm und Wasser nach unten austreten und Schmiermittel in die Trommel eindringen. Beim Warten der Trommelerhitzer ist diese Dichtung besonders zu beachten.

Die Trommelerhitzer sind mit einem Deckel versehen, der ein offenes Entlüftungsrohr hat. Wenn besonders guter Rahm nicht entlüftet zu werden braucht, so kann der Stutzen des Entlüftungsrohrs mit einer Klappe versehen werden. Dadurch wird weitere Schaumbildung vermieden. In solchem Fall wird der Rahm dem Erhitzer unter Druck zugeführt. Mit offenem Deckel werden Temperaturen von 98° erreicht; bei geschlossenem Deckel lassen sich die Temperaturen auf 108° und mehr steigern.

Soll der Erhitzer gereinigt werden, so wird die Trommel mit einem Gewindeschlüssel vom Konus gelöst; sie kann dann leicht herausgenommen werden.

Der zuverlässige Betrieb eines Rahmerhitzers hängt davon ab, daß die nötige Erhitzungstemperatur eingehalten wird. Daher ist ein einwandfreies, geeichtes Thermometer nötig. Früher mußte man die Erhitzer beaufsichtigen und durch einen von Hand bedienten Dreiwegehahn den Rahmablauf leiten — je nach der Temperatur. Heute ist an diese Stelle ein automatisch betriebenes Umschaltventil getreten. Es schaltet bei Betriebsbeginn oder, wenn die Mindesttemperatur unterschritten wird, oder bei Betriebsunterbrechung so, daß ungenügend erhitzter Rahm nicht verarbeitet werden kann.

Diese Umschaltvorrichtung wird am Rahmauslauf in die Leitung eingebaut und besteht aus einem Thermometer, das die Temperatur des auslaufenden Rahms anzeigt und gleichzeitig mit einer Einrichtung verbunden ist, die bei entsprechenden Temperaturen eine gegabelte Leitung steuert, so daß bei nicht erreichten Mindesttemperaturen der Rahm aus dem Erhitzer in eine Umlaufleitung geführt wird; bei den geforderten Temperaturen läuft der Rahm in die Leitung zur Weiterverarbeitung.

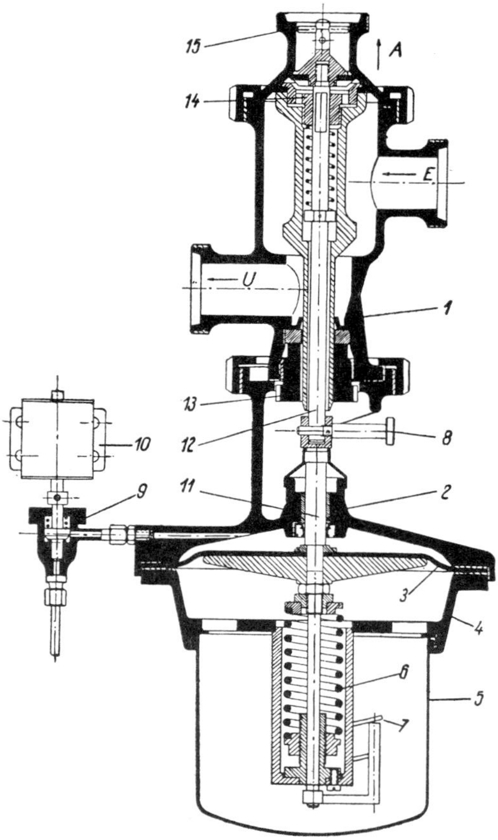

1128. (links) Schnitt durch eine Umschaltvorrichtung (Dreyer, Rosenkranz u. Droop, Hannover)
1 Ventilgehäuse; 2 Laterne; 3 Membrane; 4 Überwurfflansch; 5 Haube; 6 Feder; 7 Rückmeldekontakt; 8 Regulierschraube; 9 Magnetventil; 10 Schreibthermometer; 11, 12 Spindeln; 13 Dichtung

1129. (unten) Plattenerhitzer (Astra-Werke, Bergedorf)

Solche Umschaltvorrichtungen sind verschieden ausgeführt, doch bezwecken sie alle mit ähnlichen Mitteln dasselbe. In dem Bild 1128 ist eine Umschaltvorrichtung im Schema dargestellt. Sie besteht aus dem Ventilgehäuse 1 und der als Tragkonsole ausgebildeten Laterne 2, unter der sich als Betätigungsvorrichtung eine Membrane 3 befindet, die die Spindeln 11 und 12 nach unten drückt; die Feder 6 drückt sie nach oben. Der vom Erhitzer kommende Rahm tritt bei *E* in den Ventilraum und wird von dort aus (je nach Stellung der Ventilspindel) bei *A* oder *U* weitergeleitet. Die Ventilspindel wird durch das Thermometer gesteuert, das hier als Schreibthermometer 10 ausgebildet ist und auf ein Steuerluftventil wirkt. Während des ordnungsmäßigen Betriebes ist die Steuerspindel unten, so daß der Rahm bei geschlossenem Ventil (bei *U*) nach unten zum Umlauf und bei geöffnetem Ventil (bei *A*) nach oben zur Weiterverarbeitung austritt. Sinkt die Erhitzungstemperatur unter eine Mindesthöhe, so wird über einen Kippschalter vom Schreibgerät des Thermometers ein Stromkreis geöffnet und das Ventil 9 läßt die Luft im Raum über der Membrane ausströmen, wobei die Feder 6 mitwirkt.

Dadurch wird die Ventilspindel gehoben, das Ventil *A* geschlossen und das bei *U* geöffnet, so daß der nicht genügend erhitzte Rahm dem Umlauf zufließt. Ist dagegen die erforderliche Erhitzungstemperatur wieder erreicht, so pumpt das Luftsteuerventil durch einen Impuls vom Schreibthermometer wieder genügend Luft in den Raum über der Membrane, so daß die Ventile umgesteuert werden.

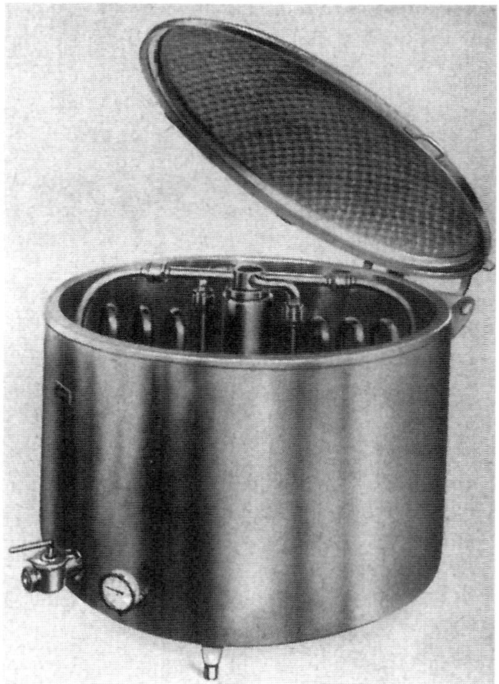

1130. Runder Rahmreifer (Astra-Werke, Bergedorf)

b) Plattenerhitzer

Bei Plattenerhitzern wird der Rahm in dünne Flächen aufgeteilt innerhalb zweier benachbarter Platten. Die Oberfläche der Platten ist gewellt oder mit eingepreßten Kalotten versehen. So wird der Rahm sehr gleichmäßig erhitzt (Bild 1129). Auch beim Plattenerhitzer ist eine Umsteuerungsvorrichtung unerläßlich.

Wenn der Rahm erhitzt ist, müssen Rahmkühler eingesetzt werden, die ihn schnellstens abkühlen. Man kühlt in Rundkühlern, wie sie bereits bei den Milchkühlapparaten beschrieben

1131. Moderne Butterei mit zwei Mulden-Rahmreifern (Astra-Werke, Bergedorf)

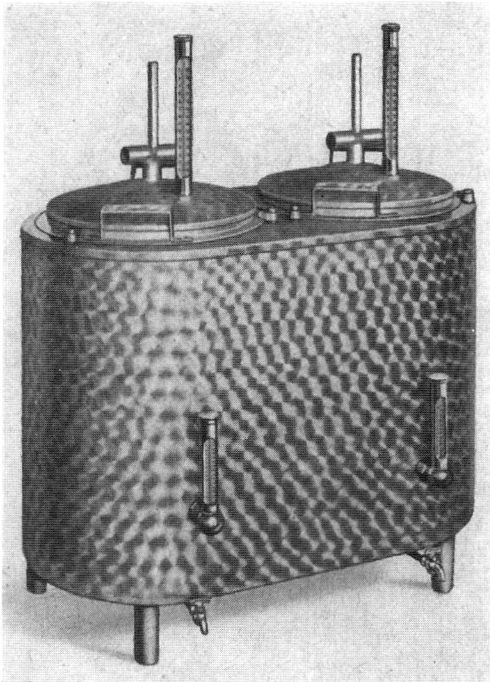

1132. Säure-Entwickler (Roth, Stuttgart)

worden sind. Besser sind aber die Flachkühler, die den Rahm zugleich entlüften. Dadurch werden die Gerüche beseitigt, die oft den Geschmack der Butter ungünstig beeinflussen.

2. *Rahmreifer*

Für die bei der Butterbereitung nötige Säuerung und Rahmreifung werden so-

1133. Stoßbutterfaß (Astra-Werke, Bergedorf)

genannte Rahmreifer angewendet, die entweder zylindrisch (Bild 1130) oder muldenförmig (Bild 1131) ausgebildet und mit einem Rührwerk versehen sind. In diese Behälter gelangt der Rahm vom Rahmkühler mit etwa 15—18° und wird hierin gesäuert. Es wird ein Säuerungsmittel im Säure-Entwickler (Bild 1132) hergestellt. Vor allem zu Ende des Säuerungsvorganges ist die Temperatur genau zu beobachten, da sie eine ausschlaggebende Rolle spielt. Wenn zu stark gekühlt worden ist, muß der Säuerungsvorgang unterbrochen werden.

3. *Butterfässer*

Beim Buttern wird der Rahm in Behältern dauernd geschlagen, wobei sich Schaum bildet. Dabei ballen sich die verschieden großen Fettkügelchen zusammen und es bilden sich nach und nach immer größere zusammenhängende Teile, die wir Butter nennen.

Die hierzu benutzten Behälter sind verschieden groß und müssen auch verschieden gehandhabt werden. Man unterscheidet Stoß-, Schlag-, Sturz- und Rollbutterfässer.

a) Stoßbutterfässer

Die Stoßbutterfässer sind wohl die ältesten und waren vor der Entwicklung des Molkerei-

1134. Sturzbutterfaß (Astra-Werke, Bergedorf)

wesens in jedem landwirtschaftlichen Haushalt zu finden. Sie bestehen aus einem zylindrischen Holzgefäß, in dessen Innern eine an einem Stab befestigte durchlöcherte Holzscheibe beim Buttern im Rahm auf- und abbewegt wird. Dadurch wird der Rahm geschlagen und verteilt sich in den Löchern, so daß er schaumig wird und die Butterung beschleunigt. Damit er nicht spritzt, sind diese Fässer oben durch einen Deckel geschlossen und lassen nur Platz für eine reibungslose Führung des Stößels. Man verengt diese Öffnung noch dadurch, daß man ein sauberes Tuch auflegt. Ein älteres Stoßbutterfaß zeigt das Bild 1133.

1135. Rollbutterfaß (Astra-Werke, Bergedorf)

b) Sturzbutterfässer

Bei den Sturzbutterfässern wird in einem um die Querachse aufgehängten Faß gebuttert, das durch eine Kurbel gedreht wird, wobei der Rahm an den Faßwänden aufschlägt (Bild 1134). Das Faß darf nicht ganz gefüllt sein. Es muß genügend Raum sein, damit das Umschütteln auch wirksam wird.

c) Schlagbutterfässer

Die Schlagbutterfässer stehen fest und werden mit einem Schlagwerk versehen, das entweder durch Handkurbel oder motorisch über eine Riemenscheibenübertragung bewegt wird. Sie können etwa 8—60 l fassen, wobei zu berücksichtigen ist, daß sie nur zu $^1/_4$—$^1/_3$ mit Rahm gefüllt werden dürfen. Diese Butterfässer sind vorteilhafter als die Stoßbutterfässer, weil sie vollkommen geschlosssen sind und daher der Rahm nicht spritzen oder ausfließen kann.

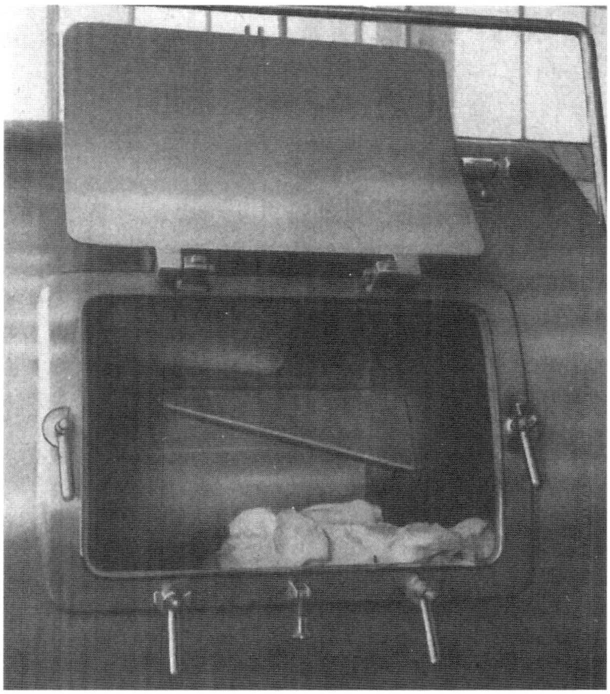

1136. Blick in ein Rollbutterfaß (Astra-Werke, Bergedorf)

d) Rollbutterfässer

Wenn größere Mengen Rahm zu Butter verarbeitet werden sollen, so benutzt man ausschließlich Rollbutterfässer. Zu den bisher erwähnten Butterfässern wird meistens Eichenholz verwendet; für die Rollfässer können nur ganz feinporige, gleichmäßige Hölzer wie Teak-, Eichen- und Mahagoniholz verwendet werden. Moderne Rollbutterfässer werden aus nichtrostendem Stahl hergestellt. Sie werden um ihre Längsachse gedreht und werden wegen ihrer Größe (Gesamtinhalt etwa 600—4000 l) durchweg motorisch angetrieben (Bild 1135).

1137. Butterfertiger mit Knetwalzen (Astra-Werke, Bergedorf)

1139. Schnitt durch ein Walzen-Butterfaß (Astra-Werke, Bergedorf)

Im Innern sind sie entweder mit festen Flügeln bestückt, die beim Drehen die Schlagwirkung hervorrufen (Bild 1136), oder sie haben Knetwalzen, die außer der Schlagwirkung auch noch die Butter auskneten (Bild 1137). Rollbutterfässer werden entleert, nachdem der Faßdeckel in unterer Lage geöffnet worden ist (Bild 1138).

Auch Rollbutterfässer dürfen nicht über 40 % gefüllt werden, d. h., in ein 100-l-Faß darf bis 40 kg Rahm eingefüllt werden. Wieviel Butter daraus entsteht, richtet sich nach dem Fettgehalt des Rahms. Beispielsweise liefern 100 kg Rahm mit 20 % Fettgehalt etwa 24 kg, mit 30 % Fettgehalt etwa 34 kg Butter. Bild 1139 stellt einen Schnitt durch einen derartigen Butterfertiger dar, der die Anordnung der Walzen und das Schauglas erkennen läßt. Vor allem bei Butterfässern mit Knetwalzen muß bei sehr fetthaltigem Rahm Rücksicht darauf genommen werden, daß nicht zu viel eingefüllt wird, weil sonst die Knetwalzen leicht überlastet werden können. Rollbutterfässer haben durchschnittlich eine Drehzahl von 35 bis 45 U/min. Die Butterungszeit ist von verschiedenen Einflüssen abhängig. Bei fettreichem Rahm und höheren Temperaturen ist sie geringer. Im Durchschnitt kann man mit etwa 35 bis 45 min rechnen.

1138.. Entleeren eines Butterfasses (Astra-Werke, Bergedorf)

Der Butterungsvorgang wird durch ein seitlich angebrachtes Schauglas verfolgt und solange fortgesetzt, bis das Schauglas frei von Rahm ist. Die Butter findet sich dann in stecknadelgroßen Klümpchen vor, dem Butterkorn. Erscheint das Butterkorn, so setzt man die Maschine still, läßt das Gemisch aus Butterkorn und Buttermilch sich scheiden und läßt durch einen Ablaßhahn die Buttermilch ab (Bild 1140). Nachdem das zurückgebliebene Butterkorn mehrmals gewaschen ist und mit einer Salzlake im ständigen Kneten gesalzen ist, wird aus dem Butterkorn schließlich die fertige Butter.

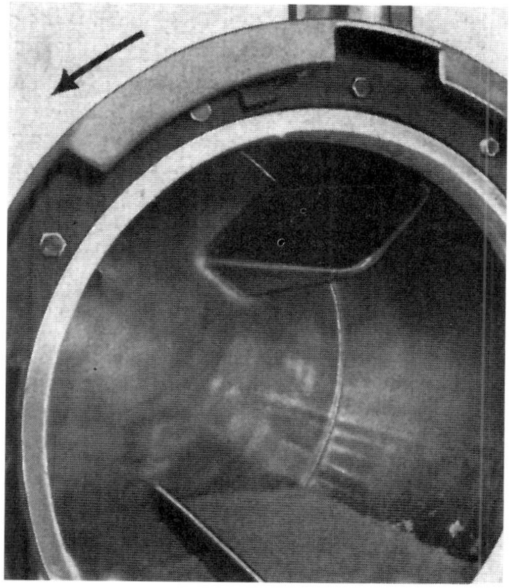

1140. Butterkorn nach Ablassen der Buttermilch (Astra-Werke, Bergedorf)

4. Butterungsmaschine

Die Erfahrungen bei den Butterungsverfahren haben gezeigt, daß Süßrahmbutter mindestens so lagerfähig ist wie die nach dem oben beschriebenen Verfahren hergestellte Sauerrahmbutter. Da die Milchsäure in der Sauerrahmbutter mit der Zeit ungünstig wirkt und vor allem einen mangelhaften Geschmack hervorruft, so hat man zunächst versucht, Süßrahmbutter einzulagern, die nach gewissen Arbeitsverfahren hergestellt ist.

Bei diesen Versuchen entstand eine Butterungsmaschine, die nach einem Verfahren von Dr. Fritz arbeitet. Mit ihr kann Süßrahm in einem ununterbrochenen Verfahren verbuttert werden. Hierbei wird ein Rahm mit etwa 50 % Fettgehalt zunächst in der bisherigen Weise bis zur Säuerung verarbeitet. Dann aber kommt er in die Butterungsmaschine. Sie hat einen motorisch angetriebenen Butterungszylinder, in dem in geringem

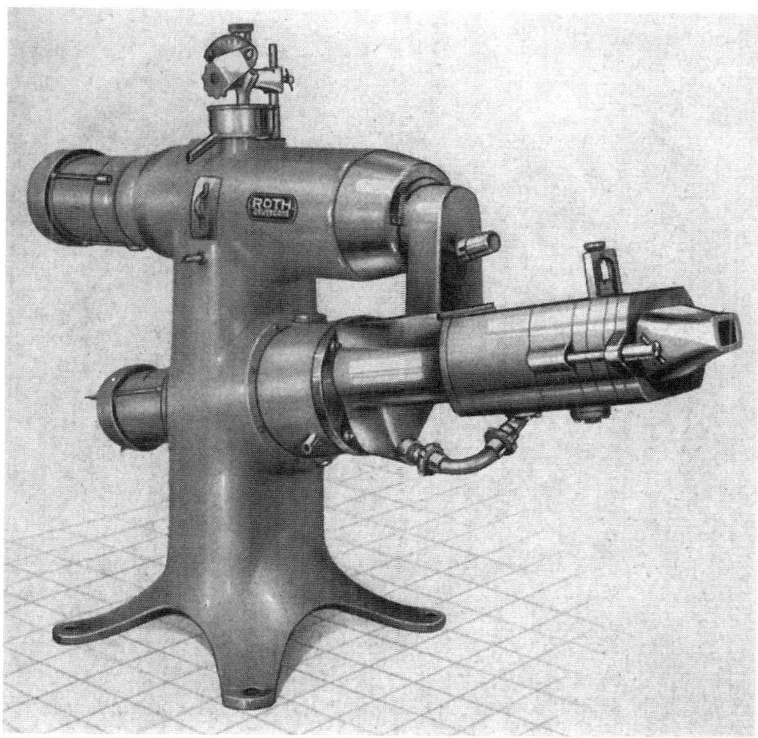

1141. Butterungsmaschine, System Fritz (Roth, Stuttgart)

Abstand von der Zylinderwandung 4 starre, an einer Schlägerwelle befestigte Schlagleisten umlaufen, die den Rahm in kürzester Zeit in ein Gemisch von Butterkorn und Buttermilch verwandeln. Dies Gemisch kommt in einen Abpreßzylinder, der mit 2 ineinandergreifenden Schnecken schräg nach oben gegen ein sich verjüngendes Mundstück arbeitet. Während unter dem Preßdruck die Buttermilch aus der Buttermasse herausgepreßt wird und im geneigten Preßzylinder nach hinten abfließt, wird die fertige Butter in einem Strang durch das Mundstück herausgeschoben. Bild 1141 und Bild 1142 zeigen eine derartige Butterungsmaschine.

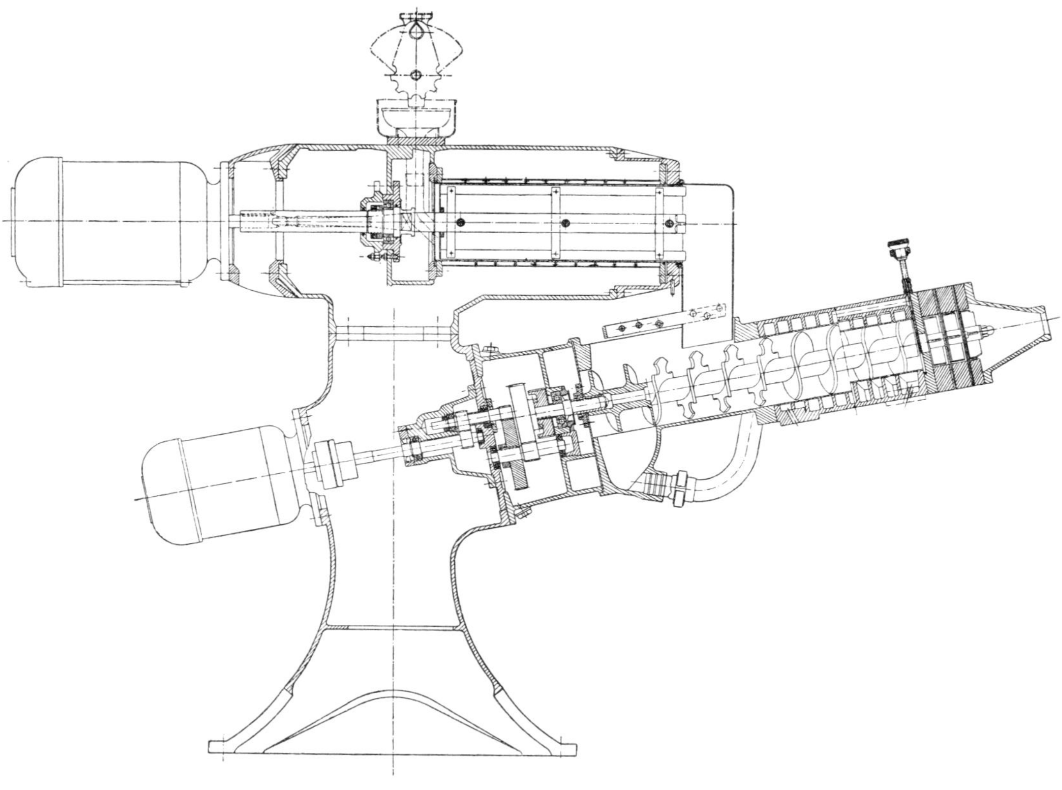

1142. Schnitt durch die Butterungsmaschine (Roth, Stuttgart)

Durch dieses kontinuierliche Butterungsverfahren wird die Arbeitszeit bedeutend verkürzt. Bei diesem Verfahren fallen die Apparate für die Säuerung fort, es wird also Platz gespart und auch die mit dem sorgfältigen Waschen zusammenhängende Arbeit. Nachteilig ist, daß der Fettgehalt der Buttermilch höher ist, was aber dadurch wettgemacht werden kann, daß man sie entrahmt.

5. *Butterform- und -teilmaschinen*

Um die Butter zu formen, benutzt man Butterform- und -teilmaschinen (Bild 1143). Die Buttermasse wird in einen Trichter geleitet und von einer Schnecke aus Teakholz oder nichtrostendem Stahl erfaßt und durch ein der Butterform entsprechendes Mundstück gedrückt.

Es entsteht ein vierkantiger Strang, wie bei der Ziegelpresse; durch einen herunterklappenden, mit Stahldrähten bespannten Rahmen wird der Strang in Stücke gleicher Größe geteilt. Solche Maschinen können Stücke von $^1/_2$—10 kg ausformen; sie sind entsprechend einzustellen.

Die Stundenleistung richtet sich nach der Größe der Maschinen und liegt etwa zwischen 500 und 1500 kg.

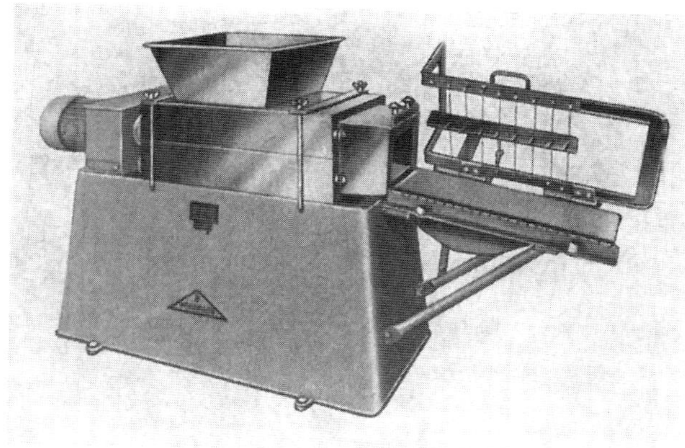

1143. Butterform- und -teilmaschine
(Klaus, Flensburg)

F. Maschinen und Geräte zur Käseherstellung

Da die vielen Verfahren zur Käseherstellung sehr verschieden sind, kann von den dazu verwendeten Maschinen und Geräten hier nur in ganz großen Zügen ein einigermaßen übersichtliches Bild gegeben werden.

1. Käsewannen

Bei der Käseherstellung wird der Käsestoff der Milch gewonnen und nach verschiedenen Verfahren behandelt. Dazu bedarf es der Käsewanne, ganz gleich, ob der Käse aus Voll- oder Magermilch gewonnen wird. Sie hat gewöhnlich die Kastenform, neuerdings auch die Rahmreiferform, weil sich bei ihr der Fußboden unter der Wanne besser reinigen läßt. Die Käsewannen (Bild 1144) sind doppelwandig und werden mit Dampf beheizt, um die nötige Wärme beim Käsen zu erzielen. Die Käsewannen lassen die Flüssigkeit durch einen Ablaufstutzen ablaufen. Die Wannen werden aus Aluminium oder die Innenwand auch aus rostfreiem Stahl hergestellt und haben ein Fassungsvermögen von 500—3000 l und darüber. Für kleinere Mengen werden auch Käsekessel oder für noch größere Einsatzmengen die holländischen Käsewannen mit Rührwerken bis zu 5000 l angewandt. Käsefertiger mit Vorrichtungen für die Bruchabfüllung baut man als hohe zylindrische Kessel für Inhalte von 5000 l.

Da die Käsegewinnung meist aus Erwärmung, Säuerung, Gärung, also mehr aus chemisch-technologischen Arbeitsprozessen besteht, sind vor allem Behälter nötig, in denen sich diese Vorgänge abspielen. Doch wendet man zum Abfüllen in kleinere, weiter zu verarbeitende Portionen neuzeitlich eingerichtete Fließbänder an. Es geht oft darum, eine größere Oberflächenwirkung für Schimmelansatz besonderer Käsesorten zu erzielen.

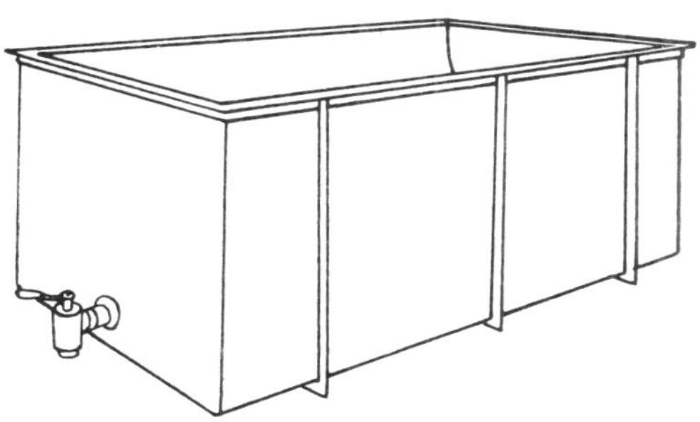

1144. Käsewanne

1145. Käsewalzwerk (Klaus, Flensburg)

2. *Käsewalzwerke*

Zum Durchkneten und Durchwalzen von Käsesorten zähester Entstehungsart verwendet man Käsewalzwerke (Bild 1145); zum Formen und Schneiden der Sauermilchkäse benutzt man den Käsewolf. Der Käsewolf preßt den Käse durch eine Schnecke zu einem Strang, der von einer Schneidvorrichtung in gleich große Teile geschnitten wird, für die Verpackung und für den Versand.

3. *Speisequarkfertiger*

Eine wesentliche Erleichterung hat bei der Herstellung von Speisequark der Speisequarkfertiger gebracht, da das Schöpfen des Quarkbruches eine anstrengende, nasse Arbeit ist, die sehr sorgfältig durchgeführt werden muß, wenn die Ausbeute lohnend sein soll. Beim Speisequarkfertiger (Bild 1146) hat man die Käsewanne drehbar gemacht und mit einem abnehmbaren, gelochten Deckel versehen, der für das Trennen mit einem Tuch ausgelegt wird. Statt des Schöpfens ahmt der Speisequarkfertiger den primitiven Vorgang des Durchseihens nach, wie ihn die Hausfrau ausführt. Die ganze Wanne wird um 180° gekippt, so daß die langwierige Arbeit des Schöpfens fortfällt. Durch die schonende Behandlung wird der Quarkbruch hochwertiger. Die Ablaufmenge der Molke kann genauestens reguliert werden, indem man den Ablaufvorgang unterbricht und zwischendurch den Wassergehalt bestimmt.

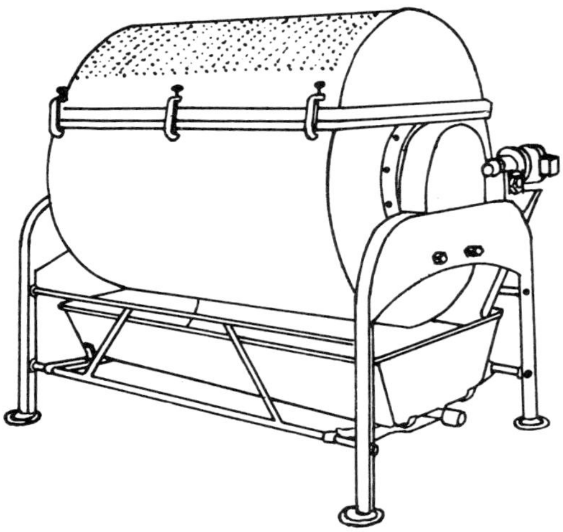

1146. Speisequarkfertiger

Wenn eine Schaltuhr verwendet wird, kann der ganze Quarkfertigungsvorgang mitsamt dem Wenden in die Nachtstunden verlegt werden. Es kann dadurch Zeit und Betriebspersonal gespart werden.

4. *Kochkäsemaschinen*

Zum Schluß dieses Abschnittes sei noch auf die Kochkäsemaschine eingegangen, ein mit Doppelwandung versehener, mit Rührwerk ausgestatteter Kessel, der mit Dampf geheizt wird. Die Temperaturen können dem Kochprozeß angepaßt werden, die Käsemasse brennt deshalb nicht an.

Wesentlich bei sämtlichen Käseherstellungsverfahren ist die schonende Wärmebehandlung der Käsereimilch, damit das Reifungsvermögen der Milch nicht geschwächt wird. Aus diesem Grunde darf nie auf direktem Feuer erhitzt werden; Käsebereitungsbehälter haben alle Doppelwandungen, die meist mit Dampf beheizt werden.

Wichtig ist ferner die Sauberhaltung der mit dem entstehenden Käse in Berührung kommenden Gegenstände: Gefäßwandungen und Rührvorrichtungen. Wenn sie auch meist aus nichtrostendem Stahl hergestellt sind, schon um das Material gegen chemische Einflüsse zu schützen, so kann doch eine unsaubere Oberfläche dieses Materials schädigend auf den Verlauf der Käsung wirken und vor allem auch auf den Geschmack. Die Oberflächen sind darum glatt, glänzend, und die Konstruktionen sind eckenlos, so daß sie leicht gereinigt werden können.

ZWEITER ABSCHNITT:

TECHNIK IN DER LANDWIRTSCHAFT

I. Technische Grundlagen für die Maschinenhaltung

Der Maschinenpark des landwirtschaftlichen Betriebes ist wegen der mannigfachen Arbeiten, die für jeden Vorgang besondere Geräte und Maschinen verlangen, ein recht beachtliches Kapital. Die gesamten Maschinen repräsentieren einen stattlichen Teil des Volksvermögens. Sachwalter dieses Vermögens sind die Landwirte, und das verpflichtet sie, dieses Vermögen gewissenhaft zu verwalten und durch sachgemäße Wartung und Pflege zu erhalten.

Hierbei wird der Werkmann oft helfen müssen, wenn es sich darum handelt, Landmaschinen sachgemäß zu reparieren, Betriebsstörungen an Maschinen sogleich zu erkennen und abzustellen und schließlich den Mann, der neue Maschinen zu bedienen hat, richtig und genau zu unterweisen.

Auch der Landmaschinenhändler trägt einen nicht geringen Teil der Verantwortung mit. Er soll dem Landwirt nicht nur Maschinen verkaufen, sondern ihn sachgemäß beraten, so daß der Landwirt nur Maschinen erhält, die seinen Betriebsverhältnissen angepaßt sind und er soll auch Anweisungen darüber geben, wie die Maschinen eingesetzt, gepflegt und gewartet werden müssen.

Die neue, in leuchtenden Farben prangende Landmaschine trägt ihren Farbanstrich nicht um der Schönheit willen. Ihre Bauelemente sind meist Holz und Eisen. Beide können bei schlechter Behandlung und mangelnder Wartung schnell verfallen. Sie müssen bei Wind und Wetter arbeiten. Der grobe landwirtschaftliche Betrieb beansprucht sie stark; oft werden sie von technisch ungeschulten Kräften bedient und übermäßig abgenutzt. Dieser starke Verschleiß muß zum Nutzen des Betriebes in tragbaren Grenzen gehalten werden. Das ist aber nur möglich durch Sachkenntnis. Wer mit Landmaschinen zu tun hat, muß die Grundlagen des Maschinenwesens beherrschen, damit er bei der Behandlung, Wartung, Pflege, Instandhaltung und Reparatur folgerichtig technisch denken und handeln kann. Paart sich mit dem in der heutigen Zeit der Mechanisierung der Landwirtschaft unbedingt erforderlichen technischen Verständnis der Wille zur Ordnung und Gründlichkeit, so braucht uns um die Erhaltung des Maschinenparkes nicht bange zu sein.

Die Mechanisierung des landwirtschaftlichen Betriebes bringt es mit sich, daß der Mensch, der mit der Landmaschine zu tun hat, sich auf sie einstellen muß. Sie hat bei Wellen und Achsen tragende Querschnitte; bei beweglichen Maschinenteilen hat sie Geschwindigkeiten und Drehzahlen; der Verbrennungsmotor hat ein Hubvolumen, der Elektromotor hat eine Leistung, die in elektrischen Begriffen ausgedrückt wird. Voraussetzung für die mit technischem Verständnis zu behandelnden Landmaschinen ist also, daß man die Eigenschaften und die Grundstoffe, aus denen die Maschinen gebaut sind, sowie ihr Verhalten beim Gebrauch und bei Reparaturen kennt. Auch die Grundgesetze der Mechanik, soweit sie das Ineinandergreifen der Maschinenteile und die technischen Grundsätze verständlich machen, müssen zum festen Bestandteil des Wissens werden.

Darum gliedert sich dieser Abschnitt in 2 Teile, von denen der erste die Grundstoffe der Landmaschinen und der zweite die mechanischen und technischen Grundlagen behandelt.

Dann wird im nächsten Abschnitt auf die Wartung und Reparatur der Landmaschinen eingegangen. In beiden Abschnitten wird auf alle häufig vorkommenden Fälle des praktischen Betriebes eingegangen, da es wichtiger ist, eine Frage gleich erschöpfend zu behandeln, als die Einteilung des Stoffgebiets bei der Darstellung einzuhalten.

II. Die Grundstoffe der Landmaschinen

A. Allgemeines

Aus welchen Werkstoffen eine Maschine oder ihre Teile zu bauen sind, wird nach Erkenntnissen und Erfahrungen bestimmt.

Da der Maschinenpark eines landwirtschaftlichen Betriebes verhältnismäßig groß ist, so müssen die Preise der Maschinen gering genug sein, um wirtschaftlich mit ihnen arbeiten zu können. Ihr Preis setzt sich aus den Kosten für das Material, den Werkstoff und aus dem Arbeitslohn bei der Herstellung zusammen. Der Konstrukteur einer Landmaschine kann unter Umständen gezwungen sein, hochwertigen, teuren Werkstoff zu verwenden, weil er sich leichter verarbeiten läßt und darum weniger Arbeitslöhne erfordert, so daß die Herstellungskosten geringer bleiben, als wenn ein billiger Werkstoff verwendet würde. Selbstverständlich ist, daß der Werkstoff die Eigenschaften hat, die den Anforderungen an ihn entsprechen: Festigkeit, Oberflächenbeschaffenheit, Verschleißfestigkeit usw.

Die neuzeitlichen Herstellungsverfahren haben die landwirtschaftlichen Maschinen entscheidend beeinflußt. Bei der Leichtbauweise und der Schweißtechnik wird Werkstoff gespart; durch serienweise Anfertigung der Maschinen wird Zeit und Lohn gespart. Es sei nur an die Glattstrohpresse erinnert, die heute als Schwingkolbenpresse etwa die Hälfte des Gewichts früherer Pressen hat.

Im allgemeinen werden als Werkstoffe für die Landmaschinen Eisen und Holz verschiedener Arten verwendet. Werden besondere Eigenschaften gefordert, wie etwa besonders beständige Oberfläche einzelner Teile, die bei Feuchtigkeit arbeiten oder besondere Leichtigkeit, so wird auf Kupfer, Messing, Bronze, Zink, Aluminium und auch auf Leder, Gummi und in jüngster Zeit immer mehr auf Kunststoffe zurückgegriffen.

Um das technische Verständnis für sachgemäße Behandlung und Wartung dieser Werkstoffe bei der Benutzung der Maschinen und bei Reparaturen zu wecken, sollen sie hier dargestellt und besonders ihre Eigenschaften behandelt werden, soweit sie im Landmaschinenbau interessieren.

B. Eisen

1. Eigenschaften und Festigkeit

Das Eisen ist seiner hervorragenden technischen Eigenschaften wegen das tragende Element der meisten Landmaschinen und dient darum dazu, die in sie hineingeleiteten Kräfte zu übertragen. Die technischen Eigenschaften: Festigkeit, Härte, Verschleißbarkeit usw. bei fertigen Maschinenteilen; Schmiedbarkeit, Schweißbarkeit, Gießbarkeit usw., wichtig für die Verarbeitung der Werkstücke, beruhen auf der inneren Struktur des Eisens, die man bei der Herstellung der Eisensorten weitgehend beeinflussen kann. Ausgangsmaterial sämtlicher Eisensorten ist das von den Hochöfen der Hüttenwerke gelieferte Roheisen, ein Zwischenerzeugnis der Eisen- und Stahlgewinnung. Nach verschiedenen Verfahren kann man unerwünschte Beimengungen ganz oder teilweise ausscheiden und durch geeignete Zusätze anreichern. Solche Beimengungen sind besonders Kohlenstoff, aber auch Schwefel, Phosphor, Silizium, Mangan. Wie sie auf die technischen Eigenschaften des Eisens wirken, soll kurz behandelt werden.

2. Beimengungen zum Eisen

a) Kohlenstoff

Chemisch reines Eisen ist für die Technik nicht verwendbar. Seine technischen Eigenschaften erlangt es erst durch den Kohlenstoff. Dessen Einfluß ist so groß, daß man nicht zu Unrecht von Eisen-Kohlenstoff-Legierung spricht. Der Kohlenstoff kann, je nach dem Gewinnungsverfahren (abgesehen von seiner verschieden zu bestimmenden Menge), entweder chemisch an Eisen gebunden sein, zu Eisenkarbid, oder als Eisenkarbid in Eisenkristallen gelöst, oder schließlich als Graphit, also als reiner Kohlenstoff in der Legierung enthalten sein. Das dadurch entstehende Gefüge zeigt sich im metallographischen „Schliff" des Materials und läßt Schlüsse auf die hierdurch bedingten technischen Eigenschaften zu. Kohlenstoff gibt dem Eisen Härte und Oberflächenbeständigkeit, aber auch eine mit der Härte zunehmende Sprödigkeit. Beispielsweise hat Roheisen neben anderen Beimengungen einen sehr hohen Kohlenstoffgehalt, etwa 5 %. Dadurch ist es so hart und spröde, daß es von den anderen unerwünschten Beimengungen gereinigt und erst auf einen geringeren Kohlenstoffgehalt gebracht werden muß, damit es technisch verwendbar wird. Der Kohlenstoffgehalt liegt (je nach Eisensorte) zwischen 0,05 und 3,5 %; er bestimmt auch den Schmelzpunkt der Eisensorten. So wird der Schmelzpunkt, der bei chemisch reinem Eisen bei 1520° C liegt, durch zunehmenden Kohlenstoffgehalt auf 1500—1150° C herabgedrückt.

b) Schwefel

Schwefel ist ein unerwünschter Bestandteil der Eisenlegierungen. Er kommt während des Hochofenprozesses durch den schwefelhaltigen Koks in das Eisen. Schwefel macht das Eisen warmbrüchig, d. h. er wirkt sich im Eisen so aus, daß es beim Ausschmieden oder bei anderer heißer Behandlung Risse bildet. Der Schwefel wird aus dem Eisen während des Frischens bei der Verarbeitung zu Stahl bis auf einen Höchstgehalt von etwa 0,06 % entfernt. Schwefel macht das Eisen dickflüssig, so daß auch beim Gattieren für die Herstellung von Grauguß ein zu hoher Schwefelgehalt vermieden werden muß.

c) Phosphor

Phosphor macht das Eisen dünnflüssig. Aus diesem Grunde kommt dem Phosphor vor allem bei dünnwandigen Querschnitten eine gewisse Bedeutung in der Gießerei zu. Zu großer Phosphorgehalt ruft den sog. Kaltbruch hervor, eine unangenehme Eigenschaft, die das kalte Eisen bruchempfindlich macht. Phosphor ist daher als schädliche Beimengung anzusehen. Sein Gehalt soll 0,06 % nicht übersteigen.

d) Silizium

Silizium in größerer Menge macht das Eisen faulbrüchig. Es beeinträchtigt dadurch die Verarbeitungsfähigkeit des warmen Eisens. Jedoch ist ein Zusatz von Silizium bis etwa 3 % bei Grauguß günstig, da es den Kohlenstoff als Graphit auszuscheiden hilft.

e) Mangan

Mangan wirkt sich als besonders günstige Beimengung im Eisen aus, weil es die Festigkeit und Härte erhöht und die Schmelzbarkeit günstig beeinflußt. Im Gegensatz zum Silizium wirkt Mangan kohlenstoffbindend und wird daher zur Rückkohlung bei den Stahlerzeugungsverfahren verwendet. Seine Beimengungen schwanken zwischen 0,5 und 1 %, je nachdem, welche Eigenschaften man erzielen will.

3. Eisenarten und Stahlarten

Der Begriff „Eisen" ist sehr umfassend. Da in der Technik wandelbare Begriffe unmöglich sind, ist durch die seit dem Jahre 1917 geschaffene Deutsche Industrie-Normung auch das Eisen genormt worden. Dadurch sollen Vereinheitlichungen geschaffen werden als Grundlage für die Ordnung, Leistungssteigerung in Technik, Verwaltung, Wirtschaft und Wissenschaft. Da auch der Begriff Eisen genormt ist, kann jede Eisensorte, die entsprechend ihrer Entstehung, ihrer Zusammensetzung und ihrer Eigenschaft im technischen Sinne ihren besonderen Namen oder ihre besondere Bezeichnung trägt, in den Blättern 1600—1699 der Deutschen Industrienormung (DIN) aufgefunden werden. In dieser Normung ist die frühere Unterteilung in Schmiedeeisen und Stahl fallen gelassen, so daß nur die einheitliche Bezeichnung „Stahl" für beide Eisenarten geführt wird. Neben den oben genannten Blattnummern ist die DIN 17006 geschaffen worden, die zur grundlegenden Benennung der einzelnen Eisenarten unterscheidet: unlegierte Stähle, legierte Stähle, Stahlguß, Grauguß, Hartguß und Temperguß.

Die Bezeichnung Flußstahl, die ausdrückt, daß der Stahl in flüssiger Form erzeugt wurde, ist fallengelassen. Im veralteten Puddelverfahren wurde der Schweißstahl teigig hergestellt. Heute wird der gesamte Stahl flüssig erzeugt.

a) Unlegierte Stähle

Bei den unlegierten Stählen handelt es sich um Kohlenstoff-Stähle, deren technische Eigenschaften besonders vom Kohlenstoffgehalt bestimmt sind. Andere Legierungsbeimengungen sind hier nur gering. Diese Stähle werden praktisch durch die Benennung und den Ausdruck „St" (Stahl) mit einer angehängten Gütezahl bezeichnet, die die Zugfestigkeit in kg/mm² angibt. So hat der Stahl „St 37·11" eine Mindestzugfestigkeit von 37 kg/mm², seine Herstellung und Zusammensetzung ist aus dem DIN-Blatt 1611 zu ersehen.

Da die Druck-, Biege- und Torsionsfestigkeiten eines Materials größer sind als die Zugfestigkeit, so genügt es, nur Zugfestigkeit für die Bestimmung der Güte anzugeben.

In den Bereich der Kohlenstoff-Stähle fällt die durch den Kohlenstoff bestimmte Grenze, durch die früher die Härtbarkeit mit Schmiedeeisen und Stahl gekennzeichnet wurde. Diese liegt bei etwa 0,4 %. Bis 0,3 % ist der Stahl gut zu schmieden und zu schweißen, über 0,4 % setzt die Härtbarkeit ein. Mit zunehmendem Kohlenstoffgehalt steigt die Härte und auch die Feinkörnigkeit der hellgrauen Bruchfläche. Da Härte und Festigkeit der Kohlenstoffstähle schnell abnehmen, wenn sie erwärmen, ist man gezwungen, bei warmlaufenden Maschinenteilen legierte Stähle zu verwenden.

b) Legierte Stähle

Um die technischen Eigenschaften des Stahles zu verbessern, werden außer dem Kohlenstoff noch andere Stoffe hinzugesetzt (Legierungszusätze). Als Legierungszusätze dienen Chrom (Cr), Mangan (Mn), Nickel (Ni), Wolfram (W), Molybdän (Mo), Vanadium (V) und Kobalt (Co). Diese Zusätze wirken sich auf den Stahl verschieden aus und werden je nach der gewünschten Wirkung in entsprechenden Mengen zugesetzt.

So hat Chrom die Eigenschaft, den Stahl unter Umständen bis zur Glashärte zu härten. Dadurch wird er verschleißfest und die Oberfläche wird widerstandsfähiger gegen chemische Einflüsse. Im Landmaschinenbau macht man sich diese Vorteile zunutze bei den Drei-Schichten-Streichblechen der neuzeitlichen Pflugkörper. Die äußere glasharte Schicht verschleißt weniger beim Pflügen. Auch die Rostgefahr ist geringer. Chromstähle mit 12 % Chromgehalt rosten kaum. Um aber die große Sprödigkeit abzuschwächen, setzt man hier entsprechend der Menge des Chromzusatzes dem Stahl noch Nickel hinzu, der die Festigkeit weiter erhöht. Chrom-Nickel-Stahl hat sich als rostfreier Stahl vor allem bei milchwirtschaftlichen Geräten gut bewährt, wo unbedingte Sauberkeit verlangt wird. Gleich günstig, hart, fest, zäh und verschleißfest wirkt sich Mangan aus. Manganstahl eignet sich daher gut für die Federzinken der Grubber und es hält die Schneideschärfe der Schare.

Von anderen Legierungszusätzen, die die Schneiden erhalten und für Werkzeuge angewendet werden, sei besonders Wolfram erwähnt, das die hohe Schneidhaltigkeit auch beibehält, wenn sich die Werkzeuge sehr erwärmen. Es ist daher besonders für Schnellstähle geeignet.

Oft erlebt man im landwirtschaftlichen Betrieb, daß nach den Reparaturen, meist nach Schweißarbeiten an Maschinenteilen mit höherer Festigkeit, die reparierten Maschinenteile brechen, wenn sie normal belastet werden. Ganz gleich, ob es sich um Kohlenstoffstähle mit hohen Festigkeitszahlen oder um legierte Stähle handelt, alle sind sie Legierungen, Lösungen sämtlicher Bestandteile in fester Form. Die hochwertigen Eigenschaften dieser Legierungen werden aber nur garantiert, wenn die Legierung homogen ist, d. h. wenn die Legierungsbestandteile in ihrem Legierungsverhältnis durch das ganze Material gleichmäßig verteilt sind. Bei der Herstellung ist die Legierung flüssig gewesen, alle Legierungsteile waren gleichmäßig verteilt. Durch vorsichtige Wärmebehandlung während des Abkühlens oder des Erstarrens ist diese Gleichmäßigkeit erhalten geblieben. Erhitzt man nun, wie es beim Reparaturschweißen notwendig wird, örtlich in einem kleinen Teile das Werkstück, so treten Seigerungen auf, die gleichmäßige Verteilung der Legierungszusätze wird in dem erwärmten Teile gestört. Hier ziehen sie sich zusammen, dort ziehen sie sich zurück und das um so mehr, je größer und je plötzlicher die Temperaturunterschiede sind. Dementsprechend verhalten sich die technischen Eigenschaften. Es entstehen schwache Stellen, die der normalen Beanspruchung nicht mehr gewachsen sind, so daß sie an solchen Stellen unweigerlich brechen. Müssen solche Teile warm behandelt werden, so ist es geboten, vorsichtig und langsam und gleichmäßig zu erwärmen und abzukühlen. Am besten ist es, einen Fachmann zuzuziehen.

Stahl mit einem Kohlenstoffgehalt von 0,04—1,5 % härten zu können, liegt in der Art der Kristallisation der Eisen-Kohlenstoff-Legierung begründet, die je nach Abkühlungsgeschwindigkeit eine verschiedene Struktur bildet und dementsprechend verschiedene Härtegrade erreicht. Im Glühzustand befindet sich der Kohlenstoff gleichmäßig feinst verteilt im Eisen gelöst. Bei langsamer Abkühlung geht der Kohlenstoff chemische Verbindungen mit dem Eisen ein und es entstehen (je nach Kohlenstoffgehalt): Zementit, Perlit und Ferrit, die in ihrer Kristallbildung dem Stahl das charakteristische Gefügebild geben. Dieser Stahl ist weich und läßt sich gut verarbeiten durch Zerspanung und durch spanlose Formung. Kühlt man dagegen den glühenden Stahl plötzlich ab, so wird dem Eisen-Kohlenstoff keine Zeit gelassen, die genannten Gefüge zu bilden. Der Kohlenstoff bleibt in fester Lösung in den Eisenteilen eingelagert. Man hat dieses Gefüge mit Martensit bezeichnet. Die beim schnellen Abkühlen nicht wirkende Verbindung der Eisen- und Kohlenstoffteilchen ist gewissermaßen abgedrosselt worden. Die Energie dieser Teilchen aber besteht weiter und ruft innere Spannungen hervor; der Stahl ist außerordentlich hart. Solch ein gehärteter Stahl kann nicht mehr bearbeitet werden.

Durch Abschreckungsintervalle kann man diese inneren Spannungen, d. h. die Härte des Stahls, in gewissen Grenzen regulieren. Da mit der Härte auch eine zunehmende Sprödigkeit verbunden ist, so kann man nach dem Abschrecken wieder erwärmen und durch das Anlassen dem Stahl die zu große Härte und Sprödigkeit nehmen. Hierbei bieten die zwischen 200 und 400° C auf der Oberfläche erscheinenden Anlauffarben eine große Unterstützung. Abschrecken und nachfolgendes Anlassen des Stahls bezeichnet man mit Vergüten. Man kann damit auch billigere, unlegierte Stähle für stärker beanspruchte Teile verwenden, wobei es vorteilhaft ist, daß man die Stähle vor dem Härten noch leicht bearbeiten kann. Außerdem werden durch das Vergüten unerwünschte Spannungen beseitigt, die beim Bearbeiten im Stahl leicht auftreten können.

c) Stahlguß

Stahlguß unterscheidet sich nur durch die Art der Herstellung der Werkstücke, die aus Stahl gegossen werden, von den übrigen Stahlsorten. Wenn das Gießmaterial aus Roheisen, Gußbruch und Stahlabfällen in Schmelzöfen normaler Stahlerzeugung verschmolzen worden ist, wird der flüssige Stahl sogleich in die endgültigen Formen gegossen. Diese Formen müssen aus besonders widerstandsfähigem Material sein. Außerdem ist wegen der hohen Gießtemperatur das Schwindmaß bei Stahlguß etwa doppelt so groß wie bei Grauguß und beträgt 2%.

Im Landmaschinenbau wird Stahlguß verhältnismäßig wenig verwendet; man wendet ihn nur dort an, wo aus Grauguß gefertigte Teile den Beanspruchungen nicht genügen, z. B. an Kraftfahrzeugen.

d) Grauguß

Grauguß, auch Gußeisen genannt, ist eine leicht schmelzbare Eisen-Kohlenstoff-Legierung, die im Gießerei-Schmelzofen aus Roheisen, Gußbruch, Stahlabfällen und sonstigen geringeren Abfällen erschmolzen und in Formen gegossen wird. Der hohe Kohlenstoffgehalt von 2,8 bis 3,6 % bestimmt die Härte und die niedrige Schmelztemperatur, die zwischen 1150 und 1250° C liegt. Die erwünschten Eigenschaften sind durch Zusätze von Silizium und Mangan so zu regeln, daß der Kohlenstoff sich entweder als Zementit oder Perlit bindet oder als Graphit ungebunden bleibt. Durch das feine Gefüge des Zementits wird eine große Härte, aber auch eine mit ihr ansteigende große Sprödigkeit erreicht. Begünstigt wird die Gefügebildung durch Mangan, das in Mengen von 0,3—1 % zugesetzt wird.

Damit kein zu harter Guß entsteht, setzt man 0,5—3 % Silizium zu. Das hilft, den Graphit auszuscheiden. Dadurch, daß Graphit zwischen den Eisenkristallen eingelagert ist, wird der Zusammenhang des metallischen Gefüges unterbrochen; es wird weniger hart, fest und spröde.

Ein Zusatz von Phosphor von 0,3—1 % macht den Guß dünnflüssig und spielt überall da eine Rolle, wo es sich um Vergießen von Formen mit langen Gießwegen und engen Querschnitten handelt. Wenn der Guß zu schnell erstarrt, würde in solchen Fällen die Form nicht voll ausgefüllt.

Eine schädliche Beimengung zum Guß ist auch der Schwefel, da er die Graphitbildung ungünstig beeinflußt. Man sucht daher den Schwefelgehalt möglichst unter 0,1 % zu halten.

Auch Grauguß ist heute genormt. Die DIN 1691 bringt 6 verschiedene Gußklassen, die Festigkeiten von 12—30 kg/mm² haben.

Zum Unterschied von den Stahlsorten ist Grauguß weder schmiedbar noch schweißbar, noch biegsam. Weil er so spröde ist, darf er nicht mit Hammerschlägen bearbeitet werden; er würde brechen. Wegen seiner Herstellungsart hat Grauguß eine besonders harte Gußhaut, die seine Oberfläche gegen mechanische und chemische Einflüsse (Rosten) widerstandsfähig macht. Erst wenn diese Gußhaut entfernt ist, läßt er sich mit der Feile, der Säge und anderen Werkzeugen gut bearbeiten, jedoch darf dabei nicht geschlagen werden. Beim Bohren entstehen keine Späne, sondern Bohrmehl, da das spröde Material beim Bohren schnell bricht.

Im Landmaschinenbau hat man die Vorteile des Graugusses vielfach nutzbar zu machen verstanden. Grauguß ist billig herzustellen, da die einmal hergestellten Formen-Modelle beliebig oft verwendet werden können. Die hervorragende Oberflächenbeständigkeit ist gerade geeignet, den starken Anforderungen des landwirtschaftlichen Betriebes standzuhalten. Den Eigenschaften des Graugusses kommt die gießtechnische Fertigung dadurch entgegen, daß Maße und Gestalt der Gußstücke genau beachtet werden; sie brauchen nicht weiter bearbeitet zu werden. Das verbilligt die Anfertigung und die Gußhaut bleibt erhalten. Landmaschinen haben viele Getriebeteile mit Zahnrädern, Kegelrädern und Kupplungen, dazu kommen (um nur einen Teil zu nennen) schwere Gußräder, Räder für Häckselmaschinen, Naben, Gehäuse, Druckrollen, Belastungsgewichte, Walzenringe der verschiedensten Form. Bei den guten Reibungseigenschaften zwischen Stahl und Grauguß ohne Gußhaut verwendet man, wo es eben möglich ist, Augenlager aus Grauguß. Zu diesen Vorteilen kommt die mühelose Wartung und Instandhaltung. Die Wartung erstreckt sich nur darauf, daß die Maschine leicht arbeitet, also, daß genügend geschmiert wird; weniger geht es darum, die ziemlich unverwüstlichen Gußteile zu erhalten. Bricht aus irgendwelchen Gründen ein Zahnrad, so ist es leicht und ohne große Kosten durch ein neues zu ersetzen. Es soll sofort ersetzt werden, um nicht andere Maschinenteile zu beeinträchtigen.

e) Hartguß

Wenn die Abkühlungsgeschwindigkeit beeinflußt wird, so läßt sich die Struktur des Gußeisens während des Erstarrens in der Form regulieren. Mangan erschwert die Ausscheidung von Graphit und trägt dazu bei, ein hartes Gußeisen zu gewinnen. Noch mehr wird die Graphitausscheidung durch schnelles Abkühlen verhindert und man erhält den sog. Hartguß. Er kann völlig hart sein, wenn schnell und durchgehend abgekühlt werden kann, vor allem bei begrenzten Querschnitten. In manchen Fällen genügt es, daß nur ein Teil der Oberfläche des Gußstückes besonders hart und widerstandsfähig ist, damit er nicht leicht verschleißt. Dann läßt man nur diesen Teil schnell erkalten, indem ein wärmeableitendes Metallstück in die Formoberfläche eingebaut wird, so daß nur an dieser Stelle Hartguß entsteht. In ähnlicher Weise entsteht durch Vergießen in Kokillen der Kokillen- oder auch Schalenguß, dessen Außenschicht nur aus Hartguß besteht. Die Bruchfläche des Hartgusses bleibt weißlich, fein gekörnt, weil die Graphitausscheidung unterbunden wurde, im Gegensatz zum Grauguß. Hartguß ist sehr verschleißfest. Im Landmaschinenbau stellt man deshalb solche Gegenstände aus Hartguß her, die (wie bei Mahlscheiben und Mahlwalzen) durch geringen Verschleiß ihre Schärfe und ihre Gleichmäßigkeit lange halten sollen. Aus Kokillenguß fertigt man Schleifsohlen u. ä. an, Maschinenteile, die nur oberflächlich an bestimmter Stelle verschleißfest zu sein brauchen. Die mit der Härte verbundene große Sprödigkeit der Hartgußteile erfordert, daß man sie vor Stoß und Schlag bewahrt, damit sie nicht zerbrechen.

f) Temperguß

Im Landmaschinenbau gibt es viele bizarr geformte Maschinenteile, die als Lenker, Nasen, Hebel usw. oft verwickelte Vorgänge zu steuern haben. Diese Maschinenteile haben Beanspruchungen auszuhalten, für die Grauguß nicht geeignet wäre, wegen der stoßenden oder ausladenden Kraft- und Bewegungsübertragung. Stahlguß wäre zu teuer. Um hier die einfache Formgebung durch Gießen auszunutzen, stellt man solche Teile aus Temperguß her, der fest genug und dabei nicht so spröde ist wie der Grauguß, so daß diese Teile auch bei der Bearbeitung, beim Richten mit dem Hammer, nicht brechen, daß sie sogar ausgeschmiedet werden können.

Die Tempergußteile, die man aus weißem Roheisen genau so wie Grauguß in Formen gießt, werden bei der weiteren Behandlung in Roteisensteinpulver ausgeglüht. Beim Ausglühen, das je nach Stärke der Stücke mehrere bis 8 Tage dauert, wird durch den Sauerstoff des Roteisensteins dem Eisen der Kohlenstoff allmählich durch Oxydation entzogen. Zum Tempern eignen sich besonders Teile, die bis zu etwa 15 mm stark sind. Bei stärkeren Teilen verbleibt im Innern ein harter Kern, der die Zähigkeit ungünstig beeinflußt. Der nach dem üblichen Temperverfahren hergestellte Guß hat eine weiße Ober- und Bruchfläche, im Gegensatz zu dem nach amerikanischem Verfahren hergestellten Schwarzguß.

4. Rostschutz

Die Natur des Eisens bringt es mit sich, daß es an feuchter Luft rostet. Das Rosten wird begünstigt, wenn das Eisen nach Regen und Schnee nicht getrocknet wird. Dabei verbindet sich das metallische, feste Eisen an seiner Oberfläche mit dem Sauerstoff der Luft zu einem porösen, blätterigen, rötlichen bis braunen Stoff, der nicht fest ist und den wir mit Rost bezeichnen. Rost ist anfangs nur ein dünner Hauch, der sich noch leicht fortwischen läßt; er frißt sich langsam und stetig in die Eisensubstanz hinein und nimmt ihr vom tragenden Querschnitt und von der glatten Oberfläche. Beide aber sind nötig, damit das Eisen seine Aufgaben an den Geräten oder Maschinen erfüllen kann. Der tragende Querschnitt sorgt für den Halt, für die Stabilität des Maschinenteils; die glatte Oberfläche vor allem für die an den Geräten und Maschinen angebrachten Werkzeuge und gleitenden oder reibenden

Elemente: Schare, Streichbleche, Messer, Gleitstücke, Walzenoberflächen, Lagerstellen usw. Um diese Teile vor Rost zu schützen, sind sie (soweit es sich um tragende Bauteile handelt) mit Ölfarbe gestrichen. Der Farbton hat keinen anderen Zweck, als schön zu sein. Damit die Farbanstriche haltbar bleiben, grundiert man sie zweckmäßig mit Mennige vor. Die auf die zuvor metallisch saubere und von jeglichem Fett befreite Oberfläche des Eisens aufgetragene Rostschutzfarbe nimmt der Feuchtigkeit und der Luft jede Möglichkeit, das Eisen unmittelbar zu berühren und anzugreifen, solange die schützende Farbschicht nicht durch äußere, mechanische Einflüsse, Stoß, Reibung oder Verbiegen, verletzt oder (wie beispielsweise bei Düngerstreumaschinen) nicht durch ätzende Düngemittel zerstört ist. In solchen Fällen sollte der Anstrich der verletzten Stellen sofort erneuert werden. Zuvor ist jedoch die beschädigte Stelle gründlich zu säubern. Ist längere Zeit verstrichen und hat sich bereits Rost angesetzt, so ist er zuvor restlos abzuschmirgeln. Denn nicht völlig entfernter Rost frißt unter der Farbschicht weiter. Auch muß die Anstrichstelle vollkommen trocken sein, bevor die Farbe aufgestrichen werden darf. Feucht überstrichene Stellen neigen dazu, Blasen zu bilden, wenn die Sonne sie bestrahlt, so daß der Farbanstrich erneut zerstört werden könnte.

Oberflächenteile, die blank bleiben, Schare, Streichbleche, Getriebeteile, Lagerstellen, Wellen usw., werden nicht angestrichen. Bodenbearbeitungswerkzeuge werden seit einigen Jahren mit Farbanstrich geliefert, doch handelt es sich hier nur um einen rostschützenden, meist leichten Zaponlackanstrich, der die Oberfläche während der Lagerzeit bis zum Verkauf schützen soll, der aber sofort verschwindet, wenn das Gerät benutzt wird. Doch wird es auch hier vorteilhaft sein, die Oberfläche nach der Benutzung gründlich zu säubern und zu trocknen und dann einzuölen oder dünn mit Kalk anzustreichen. Wellen, Lagerungen und Getriebeteile werden nur geölt oder geschmiert, und zwar (je nach Feinheitsgrad und Betriebstemperatur) mit dünnflüssigem oder dickflüssigem Maschinenöl oder mit konsistenten Fetten wie Staufferfett, Wagenschmiere u. ä.

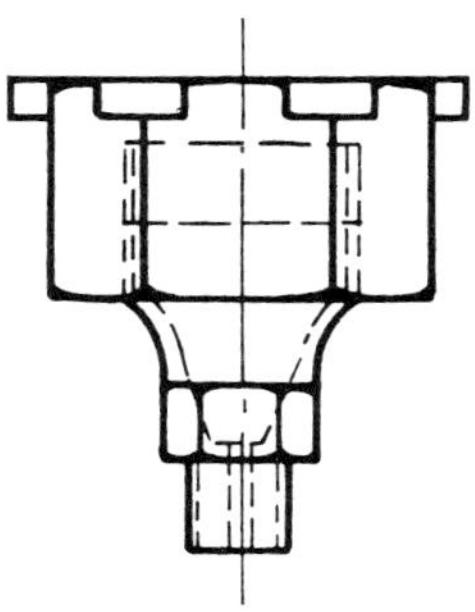

1147. Staufferbüchse

1148. Füllen einer Fettpresse
(Lanz, Mannheim)

Die Technik hat für konsistente Fette für die Schmierstellen Staufferbüchsen (Bild 1147) entwickelt; das sind Schmiertöpfe mit Schraubstutzen, die in die Schmierlöcher hineingeschraubt werden. Die Staufferbüchsen haben einen schraubbaren Verschlußdeckel, der von Zeit zu Zeit nachzuziehen ist. Staufferbüchsen werden wirkungslos, wenn man sie nicht rechtzeitig nachfüllt und nachzieht. Sie müssen eben gewartet werden, um so mehr, als man die Füllung der Staufferbüchsen von außen nicht beobachten kann.

Sicherer ist die heute allgemein benutzte Preßschmierung mit Schmiernippel und Fettpresse. Die Schmierstelle, also das Schmierloch, ist mit einem eingeschraubten Schmiernippel versehen, das durch eine unter Federdruck nach außen wirkende Kugel geschlossen gehalten wird. Das ist vorteilhaft, weil auch bei Schmierlöchern, die nach unten gerichtet sind oder herumschleudern, das Schmieröl nicht herauslaufen kann. Geschmiert wird durch Fettpressen, mit deren Schmierstutzen man die Kugel des Schmiernippels niederdrückt, um gleichzeitig das Fett (Vaseline oder Kugellagerfett) in den so geöffneten Schmierraum zu drücken. Fettpressen, die mit Kolbenpumpen vergleichbar sind, werden so gefüllt, daß man nach Abschrauben des Deckels den Kolben ganz hochdrückt, darauf mit dem Daumen den Schmierstutzen zuhält, den Kolben herunterzieht, so daß der Füllraum der Presse sich aus einem Fettbehälter vollsaugen kann (Bild 1148). Den nicht voll ausgefüllten Raum streicht man vor dem Zuschrauben mit einem Holzspan aus. Auf diese Weise verhindert man, daß Luft in dem Füllraum eingeschlossen wird, was bei der Schmierung nachteilig wäre.

Öl und Fett schützen nicht nur vor Rost, sondern sie gestalten die Reibungsverhältnisse in Lagern und Getrieben günstig. Die Wirkung des Schmiermittels beruht darauf, daß es sich wie ein Film zwischen die beiden aufeinandergleitenden Maschinenteile legt; dadurch wird die Reibung geringer, die Maschine geht leichter, die reibenden Teile verschleißen weniger und erwärmen sich weniger. Wo Metallteile aufeinandergleiten, damit sie gegeneinander reiben (Bremsen oder Reibungskupplungen) darf Öl und Fett nicht verwendet werden, um die Reibung nicht wirkungslos zu machen. Um solche Teile gegebenenfalls zu entfetten, verwendet man zweckmäßig Benzin oder Terpentin.

C. Nicht-Eisenmetalle

1. Aluminium

Von den Nicht-Eisenmetallen hat sich im Landmaschinenbau das Aluminium wegen seiner besonderen Eigenschaften auf manchen Gebieten einen dauernden Platz erobert. Als Leichtmetall mit einem spezifischen Gewicht von 2,7 (etwa nur $^1/_3$ des Stahles) eignet es sich für Gegenstände, die umhergetragen werden müssen: Milchkannen, Melkmaschinen und dergleichen, oder für Gegenstände, die geringes Gewicht haben müssen: Melkbecher. Aus gleichem Grunde wird es dort verwendet, wo bei oft beschleunigten und verzögerten Maschinenteilen die Massen klein gehalten werden müssen, um zu große Kraftstöße zu vermeiden: bei Kolben und Kolbenstangen von Motoren oder Pumpen, wenn auch hier wegen der Festigkeit Aluminiumlegierungen verwendet werden.

Weil die Oberfläche des Aluminiums beständig ist, wird es auch aus diesem Grunde vielfach verwendet. Aluminium überzieht sich an seiner Oberfläche mit einer dünnen Oxydschicht, die es schützend gegen weitere Zerstörung abschließt. Diese Schicht ist unempfindlich gegen Witterungseinflüsse und gegen die meisten Säuren, daher ist das Aluminium besonders geeignet für Behälter und Kühlapparate der Milchbetriebe, wobei seine große Wärmeleitfähigkeit sehr vorteilhaft ist.

Reines Aluminium ist aber nur wenig fest, seine Festigkeit liegt bei etwa 10 kg/mm². Es läßt sich aber sehr leicht in jeder Hinsicht bearbeiten. Dadurch kann man die Festigkeit auf das Doppelte erhöhen, allerdings wird es dadurch etwas spröde. Aluminium läßt sich löten und schweißen. Bei der zerspanenden Bearbeitung neigt das Aluminium zum Schmieren, weswegen die Werkzeuge für die Aluminiumbearbeitung besonders spanleitend geformt sind. Wenn in Aluminiumbleche Löcher gebohrt werden sollen, reichen aber die normalen Werkzeuge aus.

Viel wichtiger ist bei der Behandlung des Aluminiums seine große chemische Verwandtschaft zu den anderen Metallen. Besonders bei Feuchtigkeit entstehen zwischen ihm und anderen Metallen sogleich elektrische Spannungen, die das Aluminium zersetzen. Aluminium darf nie mit anderen Metallen in dauernde, feste Berührung kommen. Läßt sich das nicht umgehen, so sind isolierende Stoffe wie Gummi oder bitumenhaltige Gewebe dazwischenzulegen, um eine unmittelbare Berührung mit anderen Metallen zu vermeiden, vornehmlich mit Eisen, Kupfer, Zink und Messing. Aber auch beim Löten, Nieten und Schweißen ist darauf zu achten, daß die verbindenden Teile, also auch das Lot oder die Niete, von gleicher Zusammensetzung sind wie das Aluminiumblech, oder daß man keine Bleche verschiedener Zusammensetzung zusammenschweißt.

Um die Festigkeit zu erhöhen, setzt man dem Aluminium Kupfer, Zink, Mangan, Nickel, Magnesium und Silizium hinzu und erhält Aluminiumlegierungen, deren wichtigste in dem Normblatt 1725 zusammengestellt sind. Auch bei den Legierungen besteht die Gefahr der Korrosion, so daß Aluminiumlegierungen mit Kupfer und Zink am wenigsten beständig sind. Vorteilhafter ist es, die Festigkeit nicht durch Kupfer, sondern durch Mangan zu erhöhen; man erreicht dadurch außerdem eine leichtere Zerspanungsmöglichkeit. Silizium eignet sich besonders für Gußlegierungen.

Schließlich sei noch erwähnt, daß Aluminiumpulver zur Herstellung von Aluminiumfarben verwendet wird. Sie ergeben einen festen Metallüberzug, wenn das Bindemittel eingetrocknet ist, und daher ein vorzügliches Rostschutzmittel.

2. *Kupfer*

Kupfer wird im Landmaschinenbau hauptsächlich wegen seiner besonderen Leitfähigkeit für Wärme bei Kochgeräten, Kältemaschinen, Kühl- und Heizschlangen, wegen seiner Weichheit und guten Dichtungsfähigkeit zu Flanschdichtungen und schließlich wegen seiner hohen elektrischen Leitfähigkeit zu elektrischen Maschinen und Leitungen verwendet.

Man muß wissen, daß Kupfer durch mechanische Bearbeitung seine Weichheit verliert und so spröde wird, daß es bei Weiterverarbeitung leicht bricht. Dieser Nachteil ist aber durch Glühen und nachfolgendes Abschrecken leicht zu beseitigen, so daß die Bearbeitung von Kupfer dadurch nur zeitraubend wird.

Die Oberfläche des Kupfers ist außerordentlich beständig, da es sich an der Luft durch Kohlensäure mit einer schützenden Schicht Patina überzieht. Kohlensäure ist stets in der Luft vorhanden. Aber auch gegen andere Chemikalien verhält es sich ähnlich, die gleich eine schützende Schicht von Kupfersalzen entstehen lassen.

3. *Bronze*

Bronze ist eine Legierung aus Kupfer und Zinn und wird verwendet, wenn Maschinenteile ständig mit Wasser in Berührung kommen und wo Hitzebeständigkeit gefordert wird, also z. B. an Pumpenventilen und Dämpfapparaten. Bronze bildet außerdem einen guten Grundstoff für vernickelte Apparate, die der Sauberhaltung wegen besonders für milchwirtschaftliche Geräte verwendet werden. Auch Bronze braucht kaum gewartet zu werden, zumal wenn durch entsprechende Legierungszusätze verhindert wird, daß das Kupfer Grünspan bildet, oder wenn die Oberfläche vernickelt wird und dadurch metallisch sauber bleibt.

4. *Nickel*

Vernickelte oder auch verchromte Geräte werden im Landmaschinenbau verwendet, wo nicht nur der schöne blanke Überzug wirken soll, sondern wo peinlichste Sauberkeit verlangt wird, die mit solchen Geräten zu erreichen und leicht zu überwachen ist; also im milchwirtschaftlichen Betrieb bei Melkeimern, Pulsatoren, Verteilerstücken, Zentrifugen usw. Wenn solche Geräte nicht aus massivem Messingblech hergestellt sind, oder ihr Grundstoff nicht aus Kupfer oder Bronze besteht, werden sie verkupfert, dann vernickelt und schließlich verchromt, damit sie haltbar werden wobei der Chromüberzug porös ist und nicht gegen Rost schützt.

5. *Zink*

Schließlich sei von den im Landmaschinenbau verwendeten Metallen noch das Zink erwähnt, das man zum Überziehen säurefester Behälter benutzt. So werden beispielsweise Jauchefässer aus Stahlblech innen und außen feuerverzinkt.

D. Holz

Holz ist wie Eisen dem Einfluß der Feuchtigkeit ausgesetzt, aber mit dem Unterschied, daß beim Holz das Wasser nicht nur die Oberfläche beeinflußt, sondern in die Tiefe der Holzschicht eindringen und wirken kann. Zwar wird Holz vor seiner Verarbeitung zu Maschinenteilen getrocknet und praktisch „tot" gemacht, doch bleibt die Gefäßstruktur des Holzes erhalten und noch so gut präpariertes Holz hat die unangenehme Eigenschaft, zu „arbeiten", d. h. durch Feuchtigkeitsaufnahme oder -abgabe, vor allem quer zur Faserrichtung, seine Maße zu verändern. Durch Ölfarbenanstrich kann man diesen Vorgängen bis zu einem gewissen Grade begegnen; man kann verhindern, daß sich Wasser im Holz festsetzt und es faulen läßt. Zu diesem durch äußeren Anstrich erzielten Schutz kommt die Imprägnierung besonders des Splintholzes. In Deutschland haben sich die beiden letzten Kriege für die Holzversorgung ungünstig ausgewirkt, so daß ein empfindlicher Mangel besteht. Es steht nur noch verhältnismäßig jungwüchsiges Holz zur Verfügung. Das ist aber wegen seines hohen Splintanteils besonders anfällig gegen holzzerstörende Pilze und Insekten. Das einzige, einfache und billige Mittel gegen diese Einflüsse ist der chemische Holzschutz. Die chemische Industrie hat in den letzten Jahrzehnten verschiedene Mittel hervorgebracht, mit denen das Holz ganz durchtränkt wird, wie beispielsweise mit Karbolineum oder Xylamon; oder man streicht das Holz mit dem schützenden Witoxyl an, einem auf Chlor-Naphthalin aufgebauten Mittel.

Im Landmaschinenbau werden Hartholz und Weichholz verwendet, je nach den verlangten Eigenschaften. Wenn man festes, tragfähiges Holz braucht, z. B. für Maschinenrahmen, Gestelle der Dreschkästen, für Streben und Stützen, verwendet man Hartholz, meist Buche, seltener Eiche. Zum Verschalen (Verkleidungen) werden weniger feste Hölzer verarbeitet; hier sind die Nadelhölzer, Tanne und Kiefer, vorherrschend. Außer diesen Holzarten aber wird als besonders elastisches Holz die Esche verwendet, und zwar, wenn es sich um Maschinenteile handelt, die auf Biegung beansprucht werden: Stiele von Handgeräten, Federn für Dreschmaschinen, die die Schwingbewegungen der Schüttler und der Siebkästen vermitteln u. ä. Ulmenholz ist geschätzt für Radnaben der Holzräder, da es bei wechselnder Nässe und Trockenheit nicht reißt, eine seltene Eigenschaft bei Hölzern. Der Landwirt muß auch die aus Holz hergestellten Teile seiner Maschinen und Geräte stets sorgfältig prüfen und überwachen, seien es die Stiele der Geräte, seien es Zugdeichseln, Wagenkästen, Maschinengestelle und Verkleidungen, vor allem dort, wo an Verschleißstellen die Oberflächen oder gar die tragenden und stützenden Querschnitte in Mitleidenschaft gezogen werden. Hier kann nur durch Aufmerksamkeit viel gespart werden. Wichtig ist auch, die Bruch- oder Faulstellen zu erkennen, die oft unter dem Farbanstrich nicht zu sehen sind. Ein erfahrener Landwirt weiß, daß gesundes Holz klingt, und daß Unterbrechungen im Holz, durch Bruch und Fäulnis hervorgerufen, ein klapperndes oder dumpfes Geräusch ergeben. Splitter, die zu Verletzungen führen können, sind abzulösen, die Schadenstellen mit Glaspapier zu glätten und wieder mit Farbe anzustreichen. Verschiedene Holzarten spalten sich leicht längs der Faserrichtung, vor allem, wenn es sich um kleine Querschnitte handelt. Darauf ist bei Reparaturen, beim Einziehen von Holzschrauben und auch beim Eintreiben von Nägeln vorsorglich zu achten. Bei Schrauben bohrt man weit und tief genug vor; die Nagelspitze stumpft man ab, um dem Nagel die auftreibende Keilwirkung zu nehmen. Holz läßt sich längs der Faserflächen gut und haltbar verbinden, wenn man es verleimt. Zweckmäßig ist bei solchen Verbindungen, daß man die Holzteile mit Einkerbungen oder Zapfen versieht, damit sie sich nicht verschieben und größeren Halt haben. Auf Verleimung beruht auch das Sperren des Holzes, damit es nicht arbeitet. Die Hölzer werden so aufeinandergeleimt, daß ihre Faserrichtungen sich kreuzen. Die aus Holzfurnieren hergestellten Sperrholzplatten beruhen auf demselben Prinzip und sind unempfindlich gegen Arbeiten und Spalten.

E. Gummi

In zunehmendem Maße wird auch Gummi im Landmaschinenbau verwendet. Der aus dem Rindensaft der Heveen gewonnene Rohkautschuk, der wegen seiner klebenden Eigenschaften bei Wärme und seinem Brüchigwerden bei Kälte praktisch nicht zu verwenden ist, wird durch das Vulkanisieren, d. h. durch Behandlung unter Druck, Wärme und Schwefelzusatz mit anderen, sog. Füllstoffen, zu einem technisch vielseitig zu verwendenden Material verarbeitet, das wir heute mit Gummi bezeichnen.

Die Eigenschaften des Gummis, die man durch Vulkanisierungsvorgänge in weiten Grenzen beeinflussen kann, sind seine große Elastizität und Zähigkeit bei besonders großer Dichtigkeit, Festigkeit, Wetterbeständigkeit, Oberflächensauberkeit und unter anderem auch seine isolierende Eigenschaft gegen elektrische Ströme. Dazu kommen Eigenschaften, die für die Wartung besonders bedeutend sind. Man kann verschiedene Gummiteile durch eine Lösung von Gummi in Benzin oder ähnlichen Stoffen unbedingt fest zusammenkleben. Gummi läßt sich mit nasser, scharfer Schneide glatt zerschneiden.

Wegen dieser Eigenschaften wird Gummi in der Landwirtschaft verwendet bei Luftreifen, Fördertüchern, Spannschnüren, Schläuchen, Melkbechern, Dichtungen, Pumpenmembranen, Keilriemen, als Isolierstoff an elektrischen Geräten usw.

Da Gummi in Benzin, Benzol und ähnlichen Stoffen löslich ist, also von solchen Stoffen angegriffen wird, ist bei der Pflege dafür zu sorgen, daß solche Stoffe von ihm ferngehalten werden. Obwohl die Lebensdauer des vulkanisierten Gummis heraufgesetzt wird, wird er doch mit der Zeit brüchig und verliert langsam seine wertvollen Eigenschaften. Man kann die Beständigkeit erhöhen, wenn man ihn mit Glyzerin behandelt, doch wird es nach gewisser Zeit notwendig, die Gummiteile zu ersetzen, weil sie doch porös werden.

F. Leder

Leder entstammt der tierischen Haut. Für technische Zwecke, im Landmaschinenbau, besonders für Treibriemen, werden gutgestellte Rindshäute verwendet, die lohgar gegerbt werden. Die besten, kräftigsten Stücke aus der oberen Rückengegend liefern das Kernleder, das nach dem Gerben und der Zurichtung in Stücke zerschnitten wird. Durch Egalisieren der Fleischseite und gegebenenfalls durch Spalten erzielt man die gewünschten Stärken. Das abfallende Spaltleder, das im Gegensatz zum Voll-Leder keine Narben mehr besitzt, ist minderwertig, da die große Festigkeit des Leders durch die Narbenschicht entsteht. Die in Streifen zerschnittenen Lederstücke werden, zu Treibriemen verleimt, aneinandergereiht. Dabei werden die Stöße auf etwa 15 cm abgeschrägt, um große Klebeflächen zu erhalten. Darum spielt die Laufrichtung der Riemen eine wichtige Rolle. Außer diesem lohgaren Leder werden in der Technik auch chromgare Ledersorten benutzt, die gegen Feuchtigkeit widerstandsfähiger sind.

Für Zahnrädergetriebe, die geräuschlos laufen sollen, verwendet man aus Rohhaut hergestellte sog. Rohhautritzel. Hierfür wird die enthaarte, getrocknete Haut mit einem Bindemittel unter hohem Druck zusammengepreßt, geformt und mit einem gegen Feuchtigkeit schützenden Mittel überzogen.

G. Kunststoffe

Kunststoffe sind nichtmetallische Werkstoffe, die von der Natur nicht unmittelbar geliefert werden. Sie bilden entweder durch Mischung und Verarbeitung Körper mit anderen Eigenschaften oder sie entstehen auf chemischem Wege durch Aufbau (Synthese) und sind als synthetische Kunststoffe bekannt.

Diesen Kunststoffen kommt eine besondere Bedeutung zu, als sie oft als Ersatzstoffe für Mangelwaren oder als Ersatz für ausländische Stoffe eintreten und dadurch Devisen gespart werden. Sie haben meist einen verhältnismäßig niedrigen Preis; bei der Verarbeitung sind sie wegen der guten technischen Eigenschaften manchem Naturprodukt weit überlegen. Darum ist die ursprüngliche Bezeichnung „Ersatzstoff" längst nicht mehr am Platze. Zu der zuerst genannten Art der Kunststoffe gehören die Preßstoffe. Sie bestehen aus einem Füllstoff (Gesteins-, Holzmehl; Papier- oder Textilfasern), der, ohne aufgelöst zu werden, mit einem harz- oder bitumenhaltigen Bindemittel vermischt und bei Temperaturen von etwa 125—180° C (je nach Grundstoff und erwünschten Eigenschaften des Kunststoffes) zu Stäben, Röhren, Platten oder sonstigen Formen gepreßt wird. Sie zeichnen sich durch eine meist glatte und harte Oberfläche aus und sind gut zu bearbeiten.

Im Landmaschinenbau sind solche Preßstoffe als Hartfaserplatten bekannt. Da sie bis zu einem gewissen Grade biegsam sind, verwendet man sie gern als Ersatz für teure Feinbleche bei Windgehäusen und -führungen, also dort, wo weiter keine besonderen mechanischen Beanspruchungen während des Betriebes an sie gestellt werden. Da die Kunststoffe hervorragende technische Eigenschaften haben, gibt es kaum ein Gebiet, auf dem sie nicht verwendet werden und kaum einen Gegenstand, der nicht aus Kunststoff hergestellt werden könnte. So macht selbst der Maschinenbau nicht davor halt und stellt heute bereits Lagerschalen, Gleitplatten, Achslager, geräuschlos laufende Zahnräder usw. aus Kunststoffen her, die unter den verschiedensten Namen wie Novotext, Pertinax, Plexiglas, Igelit, Buna, Nylon, Perlon usw. bereits als ganz bestimmte Stoffe mit ganz bestimmten Eigenschaften bekannt sind. Die Weiterentwicklung dieses, auch den Landmaschinenbau angehenden Gebietes ist nicht abzusehen.

III. Mechanische und technische Grundlagen

Dieser Abschnitt soll dem, der mit Landmaschinen zu schaffen hat, in leichtverständlicher Form technisches Wissen vermitteln. Dabei soll als Richtlinie gelten, daß zur richtigen Behandlung und Wartung einer Landmaschine ihr Zweckaufbau und ihre Arbeitsweise völlig verstanden werden; daß die Ursachen einer Betriebsstörung klar erkannt und zu deren Beseitigung die richtigen Maßnahmen getroffen werden können, oder bei Reparaturen sachgemäß vorgegangen werden kann.

Eine Maschine wird leichter und besser begriffen, wenn man die Zeichnung, die Sprache der Technik, versteht, weil sie allein jedes Maschinenteil, seine Form und seine Maße eindeutig erklären kann. Selbst wenn nur Reparaturteile anzufertigen sind, wird gezeichnet; beim Anreißen von Blechstücken wird der Zeichenstift durch die Reißnadel ersetzt. Da jeder, der mit Landmaschinen zu tun hat, ob Landwirt, Bedienungsmann, Werktätiger oder Händler, heute mindestens die Maßskizze eines Maschinenteils richtig anfertigen und eine technische Zeichnung richtig lesen können muß, soll zunächst auf das Wesentliche des Zeichnens eingegangen werden.

A. Zeichnungswesen

Wie jede Sprache, so hat auch die Sprache der Technik (die technische Zeichnung) eine Rechtschreibung, die in einer ganzen Reihe von Normblättern festgelegt ist und dauernd ergänzt wird. Diese Normung bezieht sich auf alles, was mit der Zeichnung zusammenhängt, also auf Blattgrößen, Schrift, Darstellungsart, Strichart und -stärken, Zeichen usw., so daß (abgesehen von einer gewissen Freizügigkeit bei der Wahl der Anordnung darzustellender Teile) die Darstellung selbst eindeutig festliegt und keine Zweideutigkeiten bei der Form, den Abmessungen oder sonstigen Sonderheiten auftreten können.

Dabei wird nach der Methode der Parallelprojektion dargestellt. Man betrachtet hierbei den mit einer seiner Hauptflächen parallel zur Darstellungsebene gehaltenen Körper mit einem Auge senkrecht in Richtung dieser Ebene und läßt das Auge über jede Ecke und Kante des

Körpers wandern. Man lotet also sämtliche Ecken und Kanten des Körpers durch parallel zueinander verlaufende Projektionslinien (daher die Bezeichnung „Parallelprojektion") auf die Darstellungs- oder Projektionsebene. Diesen im Geiste mit dem Auge vollführten Projektionsvorgang führt man praktisch mit dem Zeichenstift durch, entweder freihändig oder mit Lineal und Winkel und erhält so von dem darzustellenden Körper auf der Darstellungsebene (dem Zeichenpapier) die Vorderansicht oder den Aufriß des Körpers entweder als Freihandskizze oder als Linealzeichnung. Da ein Körper in seinen drei Ausdehnungsebenen drei verschiedene Ansichten ergibt, führt man den oben beschriebenen Vorgang in diesen drei Ebenen durch, wie es in dem Bild 1149 dargestellt ist; so erhält man außer dem Aufriß den Grundriß und den Seitenriß. Um diesen Vorgang, der die Risse auf drei zueinander senkrecht stehenden Darstellungsebenen entstehen läßt, auf dem nur in einer Ebene sich ausdehnenden Zeichenpapier zu erhalten, klappt man die Darstellungsebenen des Grundrisses und des Seitenrisses in die Zeichenebene um. Dadurch befindet sich auf dem Papier der Grundriß genau unter und der Seitenriß genau auf gleicher Höhe neben dem Aufriß. Damit keine Zweifel entstehen, ob beispielsweise eine Schraubenbohrung an der linken oder an der rechten Seite des Körpers angebracht ist, wird stets in Sehrichtung geklappt. Die linke Ansichtsfläche *a* (Bild 1150) muß stets rechts vom Aufriß, die Draufsicht *b* stets unter dem Aufriß liegen.

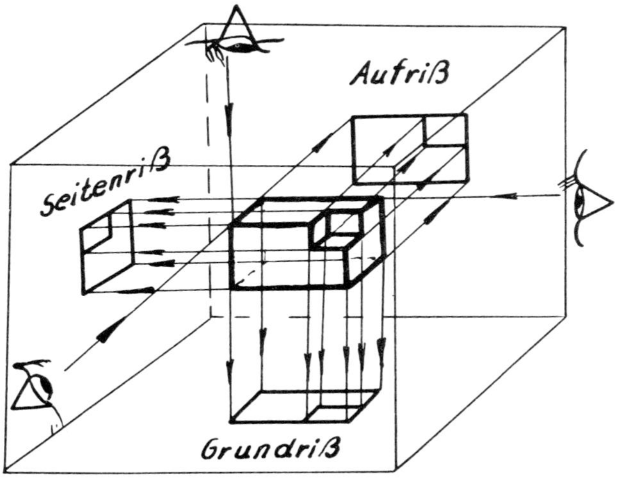

1149. Entstehen der einzelnen Risse bei der Parallelprojektion

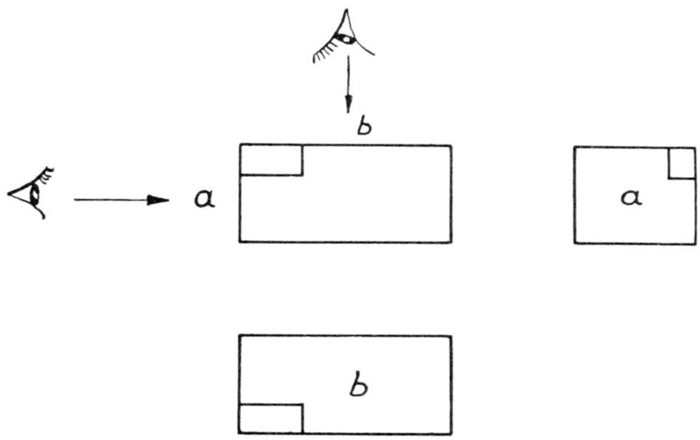

1150. Grundriß und Seitenriß werden in Sehrichtung geklappt

Bei Körpern, die sich in zwei Ansichten gleichen, wie beim Quader (Bild 1151), werden zwei Ansichtsdarstellungen genügen. Bei Rundkörpern (Bild 1152) genügt sogar eine Darstellung, die dann allerdings das Durchmesserzeichen tragen muß, um erkennen zu lassen, daß es sich um einen runden und nicht um einen vierkantigen Körper handelt.

Die Darstellungsweise in Parallelprojektion hat, abgesehen von seiner zeichentechnischen Einfachheit, den Vorteil, daß sämtliche Größen- und Bezugsverhältnisse unverändert übertragen werden. Zeichnet man bei kleineren Körpern im natürlichen Maßstab 1:1, so kann man durch Abmessen der entsprechenden Längen den Körper (nicht mehr skizzenhaft) in wirklicher Größe zu Papier bringen.

Wichtig für die richtige und eindeutige Zeichnung ist die Ausführung der Linien. An einer zeichnerischen Darstellung eines Augenlagers (Bild 1153) soll sie hier eingehend erläutert werden.

Alle sich dem Auge beim Projizieren bietenden, also sichtbaren Kanten werden durchgezogen. Dabei wählt man als Aufriß gewöhnlich die Ansicht des Körpers, die bereits die wesentliche Form erkennen läßt, in diesem Falle also die Breitseite des Lagers. Diese sichtbaren Kanten werden kräftig ausgezogen. Kreislinien zieht man auch beim freihändigen Zeichnen mit dem Zirkel und beginnt zweckmäßig mit diesen Kreislinien zuerst, da es leichter ist, Anschlußlinien an Kreislinien zu ziehen, als umgekehrt.

Verdeckt liegende Kanten werden in halber Strichstärke in Strichlinien dargestellt, wobei die Striche nicht zu kurz gehalten werden sollen. Fällt dabei eine verdeckt liegende Kante

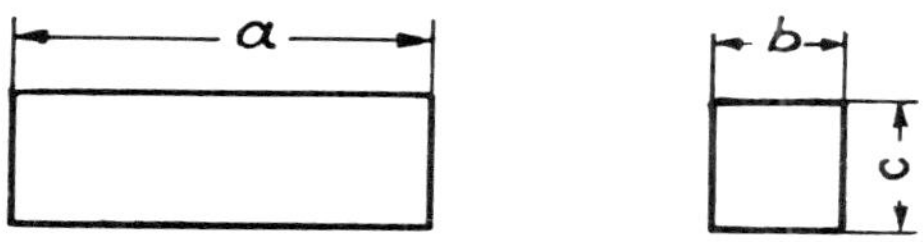

1151. Darstellung eines Körpers in zwei Ansichten

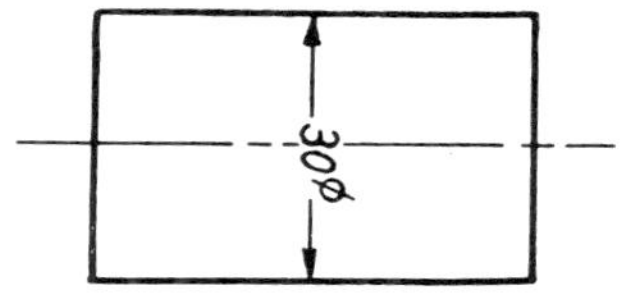

1152. Darstellung eines Rundkörpers in nur einer Ansicht

mit einer sichtbaren zusammen, so bleibt die verdeckt liegende im Bereich der sichtbaren Kante unberücksichtigt.

Symmetrisch ausgebildete Teile erhalten in der Symmetrieebene eine Mittellinie. Mittellinien zeichnet man dünn und strichpunktiert. Kreisdarstellungen erhalten zwei aufeinander senkrecht stehende Mittellinien. In der vorliegenden Darstellung des Augenlagers erhält so in der Aufrißdarstellung die Lagerbohrung zwei und die seitlichen Schraubenbohrungen je eine Mittellinie. Im Grundriß, wo sich diese Bohrungen in einer um 90° gedrehten Ebene zeigen, erhält die Lagerbohrung nur eine und die seitlichen Schraubenbohrungen erhalten zwei Mittellinien.

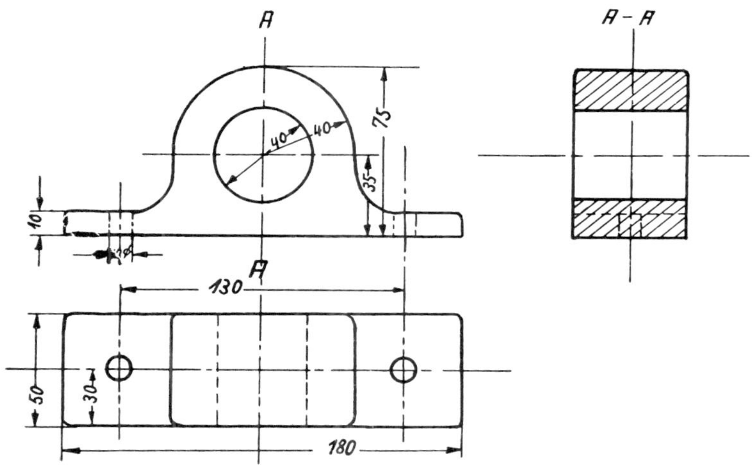

1153. Darstellung eines Augenlagers nach den Grundsätzen einer technischen Zeichnung

Oft ist es anschaulicher, einen oder auch mehrere Risse durch Schnittzeichnungen darzustellen, wie es bei der Darstellung des Seitenrisses geschehen ist. Dadurch erscheinen sonst verdeckt liegende Kanten sichtbar. Die geschnittenen Flächen werden durch Schraffieren in dünnen Linien gekennzeichnet, die unter 45° verlaufen. Besonders wichtig sind auf der technischen Zeichnung die Maßangaben. Genügt es bei einer Freihandskizze, wenn trotz krummer Begrenzungslinien das Bild des Körpers zu erkennen ist, so müssen die Maße unbedingt stimmen und richtig eingetragen sein. Da sind zunächst die Hauptmaße, die die Gesamtlängen des Körpers in seinen drei Ausdehnungsebenen angeben: die Höhe, Länge und Breite. Dazu kommen die Fertigungsmaße, Maßangaben, die für die Herstellung des Körpers erforderlich sind. Die Angabe der Maße setzt die Kenntnis des Herstellungsverfahrens voraus. Im vorliegenden Falle wird das Augenlager aus Grauguß hergestellt. Dazu ist die Herstellung des Modells erforderlich, das unter Berücksichtigung des Schwindmaßes die Abmessungen des gewünschten Augenlagers hat. Dabei werden sogenannte Restmaße nicht angegeben. Wohl ist es wesentlich, daß die Lagerwandung stark genug ist, sie erscheint aber bei der Herstellung nicht und bleibt nach der Festlegung des Außendurchmessers und der Lagerbohrung als Restkörper übrig. Ähnlich verhält es sich mit dem Abstand der Flanschbohrungen vom Außenrand. Nur die notwendigen Maße müssen in der Zeichnung enthalten sein, dabei genügt es, wenn jedes Maß, ganz gleich auf welchem Riß, nur einmal angegeben ist.

Die Maße werden entweder als Abstand von zwei Kanten unmittelbar angegeben, oder, damit die Zeichnung übersichtlich bleibt, durch Verlängerung solcher Kanten, durch sogenannte Maßhilfslinien, aus der Zeichnung herausgezogen. Maßlinien und Maßhilfslinien werden dünn gezogen. Die Maßlinien selbst werden durch Pfeile begrenzt. Die Maßhilfslinien werden, damit sie deutlicher erscheinen, über diese Pfeile ein kleines Stück hinaus verlängert. Die Maße selbst werden in eine Unterbrechung der Maßlinien gesetzt. Die Maßzahlen stehen so, daß sie bei senkrechten Maßlinien von rechts, sonst von unten oder halbrechts oder halblinks von unten zu lesen sind. Niemals soll es notwendig werden, die Zeichnung zum Lesen der Zahlen ganz umzudrehen. Bei Kreisdarstellungen gibt man das Maß als Durchmesser an und setzt es in die Unterbrechung eines mit Pfeilen versehenen Durchmessers als Maßlinie. Halb-, Viertelkreise werden durch Halbmesser mit einem nach außen gerichteten Pfeil angegeben. Erscheinen Bohrungen in der Darstellung nur in ihren Wandungen, wie beispielsweise die Schraubenbohrungen im Aufriß, so ist dem Maß das Durchmesserzeichen hinzuzufügen.

Außer den genannten Maßen gibt es noch Gebrauchsmaße, die sich zwar aus der Fertigung ohne weiteres ergeben, die aber zweckmäßig zusätzlich eingetragen werden. Als Beispiel dient der Abstand der beiden Schraubenbohrungen im Lagerflansch, der hier mit 130 mm angegeben ist. Dieses Maß ist wichtig, um das Lager befestigen zu können. Die Auflage, beispielsweise ein U-Eisen, muß mit zwei entsprechenden Bohrungen in diesem Abstand versehen werden, und es ist sehr praktisch, wenn man dieses Maß gleich aus der Zeichnung ablesen kann.

B. Normalisierung, Typisierung und Spezialisierung

Anschließend sei auf einige heute geläufig gewordene Begriffe eingegangen, die aus dem technischen Geschehen nicht mehr fortgedacht werden können. Es handelt sich um die Ausdrücke: „Normalisierung", „Typisierung" und „Spezialisierung", also um Bezeichnungen, deren Bedeutung jeder kennen muß, der mit Maschinen umgeht.

1. Normalisierung

Wiederholt stößt der Leser auf dieses Wort und auf die mit ihm zusammenhängend gebildeten Begriffe. Das Wort „Norm" bedeutet Richtschnur. Unter Normalisierung versteht man die Ausrichtung der Einzelteile einer Maschine oder eines Gerätes in der fabrikatorischen Fertigung auf ganz bestimmte Richtlinien, die in den Maßen, der Form, der Oberflächenbeschaffenheit, der Befestigungsmöglichkeit genau eingehalten werden. Auf diese Weise wird ein Maschinenteil immer gleich ausfallen. Man sagt: das Teil ist genormt. Die Richtlinien für diese Normung sind bereits an anderer Stelle erwähnt und sind in den Normblättern zu finden.

Der große Vorteil dieser Maßnahme liegt, abgesehen von der vereinfachten Herstellung und der damit verbundenen betriebswirtschaftlichen Vorteile durch Senkung der Gestehungskosten, für den Betrieb in der für eine Serienfabrikation möglich werdenden Austauschbarkeit der Teile, in der Verringerung der Sortenzahl; damit wird die Lagerhaltung von Ersatzteilen günstiger.

Dem Verbraucher vereinfacht die Normalisierung es, Ersatzteile zu beschaffen. Er ist nicht mehr an eine bestimmte Lieferfirma gebunden.

Daß Normung und Normalisierung sich im Landmaschinenbau gut auswirken, wird verständlich, wenn man weiß, daß es vor der Normung beispielsweise etwa 300 verschiedene Mähmesserklingen gab. Jedes Fabrikat hatte eigene, besondere Klingen, die an einem anderen Fabrikat nicht verwendet werden konnten. Noch klarer wird der Vorteil bei den Schraubengewinden. Wegen der verschiedenen Durchmesser und in der Steigung und im Profil schwankenden Gewinde war die Zahl der Schraubengewinde so groß, daß man es als ein Glück bezeichnen mußte, wenn man für eine bestimmte Schraubenbohrung die richtige und passende Ersatzschraube bekam. Heute haben sich, abgesehen von den gleichfalls genormten Zollgewinden für besondere Zwecke, allgemein die genormten metrischen Gewinde durchgesetzt. Sie weisen für bestimmte Durchmesser eindeutig festgelegte Steigungen mit bestimmten Profilen auf und werden in bestimmt abgestuften Längen hergestellt. So paßt jede 5-mm-Schraube in jede 5-mm-Gewindebohrung. Außerdem sind solche Schrauben in jeder Eisenhandlung zu haben, die nun bei der beschränkten Sortenzahl ein vollständiges Lager halten kann.

Die gleichen Vorteile zeigen sich in den Maßen der Schraubenköpfe und Muttern, so daß auch die passenden Schraubenschlüssel stets zur Hand sein können.

2. *Typisierung*

Dieser Begriff bezieht sich auf die ganze Maschine oder auf eine ihrer Baugruppen, z. B. der Räder. Um den besonderen Wünschen und Forderungen des Käufers entsprechen zu können, stellt eine Firma von einer Maschinengattung oder Baugruppe verschiedene Typen her. Beispielsweise wird eine sonst gleiche Hackmaschine in verschiedenen Arbeitsbreiten gebaut. Damit die Fertigung wirtschaftlich bleibt, fallen Zwischengrößen aus, auf die sich vielleicht eine Konkurrenzfirma eingestellt hat.

Nur auf diese Weise wird es der Firma möglich, wenn sie genormte Einzelteile, unter Umständen sogar typisierter Baugruppen verwendet, den Gestehungspreis der Maschinen bedeutend herabzusetzen. Man denke auch an das auf verschiedenen Gebieten mögliche Baukastensystem. Eine typisierte Maschine kann nicht vollkommen den Wünschen des Käufers entsprechen, weil sie auf einen größeren Käuferkreis ausgerichtet ist und in ihr nur allgemein vorwiegende Forderungen erfüllt sein können. Sie ist dadurch verbilligt worden, und es ist daher erforderlich, daß der Käufer sich auf den Typ einstellt und auf diesen oder jenen oft belanglosen Wunsch verzichtet.

Wie arg die Zustände im Landmaschinenbau vor der Typisierung waren, geht aus einem Beispiel hervor: Im Jahre 1928 gab es im Landmaschinenbau noch 15500 verschiedene Radtypen, von denen allein 11300 auf Pflugräder entfielen.

3. *Spezialisierung*

Dieser Begriff betrifft die Herstellerfirmen, die sich (wieder wegen der wirtschaftlichen Fertigung) auf einen ganz bestimmten Fabrikationszweig eingestellt haben. Der Nutzen einer solchen Spezialisierung kommt dem Hersteller und auch dem Käufer zugute, da der Hersteller auf einem eng begrenzten Gebiet besondere Erfahrungen sammeln kann, aus denen sich hochwertige Erzeugnisse entwickeln. Der Leistungskampf zwingt zur Spezialisierung, zumal bei der fortschreitenden Entwicklung und des ständig zunehmenden Umfangs einzelner Fachgebiete. So haben wir im Landmaschinenbau Firmen, die nur Bodenbearbeitungsgeräte oder nur Erntemaschinen usw. herstellen. Bei größeren Firmen ist es aber nicht ausgeschlossen, daß sie mehrere Spezialfabrikationen in getrennten Abteilungen haben.

C. Passungen und Grenzlehren

Die neuzeitliche Reihen- und Massenfabrikation ist nur möglich, wenn gleiche Arbeitsstücke zum Zusammenbau gleicher Maschinen so gleichmäßig ausfallen, daß sie wahllos und ohne weitere Nachbearbeitung verwendet werden können. Das ist besonders dort erforderlich, wo zwei Teile entweder fest oder mehr oder weniger lose beweglich ineinander passen müssen. Dieses „Ineinanderpassen" ist das Kennzeichnende des Begriffes „Passung". Dazu kommt allerdings noch die ausschlaggebende Bedingung, daß das Ineinanderpassen je nach Umständen immer gleich ist, daß die Passungen also genormt sind. Hierbei soll gleich darauf hingewiesen werden, daß die bisher geltenden DIN-Passungen durch die ISA-Passungen (die internationale Geltung haben) ersetzt oder ihnen angeglichen sind.

Für das verschiedene „Passen-müssen" gibt es entweder Preß-, Übergangs- oder Spielpassungen. Beispielsweise kann zwischen einer Welle und einer Bohrung viel Spiel sein, so daß sich die Welle ohne besonderen Kraftaufwand leicht drehen läßt (Spielpassung); es kann weniger Spiel vorhanden sein und die Welle läßt sich nur schwer drehen (Übergangspassung); endlich kann die Welle aber auch ohne jegliches Spiel vollkommen fest in der Bohrung sitzen (Preßspannung). Je nach der Art, in der ineinanderpassende Teile ausgebildet sind, spricht man bei Wellen und Bohrungen von Rund- und bei flachen Paßteilen bei ineinandergleitenden Flächen von Flachpassungen. Um immer gleiche Paßverhältnisse der Maschinenteile bei einer Austauschbarkeit gleicher Arbeitsstücke zu erreichen, müssen sie sehr genau hergestellt werden. Das wird erreicht, wenn die dem Gütegrad der betreffenden Passung entsprechende Toleranz berücksichtigt wird, das ist die zulässige Abweichung von dem Bearbeitungsmaß. Sie kann nach oben und unten, oder nur nach einer Richtung festgelegt werden. Die Toleranz wird mit Toleranzeinheiten i gemessen und steht im Verhältnis zu der Größe der jeweiligen Durchmesser d. Es ist: $i = 0{,}45 \sqrt[3]{d}\, 0{,}001\ \mu$ (d in mm, μ in $= {}^1/_{1000}$ mm). An einem Beispiel soll der Sinn der Toleranzen und die Auswirkung der Passungen für die Austauschbarkeit der Teile erläutert werden: eine Welle von 40 mm Durchmesser soll in einem Augenlager laufen. Man kann, um die erforderliche Passung zu erzielen, entweder die Welle nach dem Maß der Lagerbohrung oder auch umgekehrt: das Lager nach der Welle bearbeiten. Ausschlaggebend für das eine oder das andere sind die Betriebsverhältnisse. Im Landmaschinenbau, der im allgemeinen die fertigen Wellen bezieht, paßt man die Bohrungen den Wellen an und arbeitet so nach dem Prinzip der Einheitswelle (EW) im Unterschied zum Arbeiten nach Einheitsbohrung (EB). Die Wellen werden mit einer dem Gütegrad der Maschinengattung entsprechenden Toleranz geliefert und nicht weiter bearbeitet. In unserem Falle hat die Welle das Nennmaß von 40 mm; das ist zugleich das Höchstmaß und damit die obere Begrenzung der Toleranz, die nur nach unten zulässig ist. Bei Annahme einer ISA-Qualität h 12 wird die Toleranz dieser Welle gleich 160 i $= 310\ \mu = 0{,}003$ mm betragen. Um in Reihenherstellung für eine Spielpassung gleicher Güte die entsprechende Lagerbohrung herzustellen, darf sie wegen der verlangten Austauschbarkeit in ihrer unteren Toleranzbegrenzung nur so weit nach unten gehen, daß zwischen Welle und Bohrung stets ein der Passung entsprechendes Spiel bleibt, wie das Bild 1154 erkennen läßt. Die jeweiligen Passungen mit ihren zugehörigen Toleranzen sind dabei aus den Schaubildern zu entnehmen, die dem Paßsystem entsprechen.

Wesentlich für ein wirtschaftliches Paßsystem ist eine, den feinen Toleranzen entsprechende genaue Bearbeitung der Werkstücke, ohne zu großen Arbeits- und Zeitaufwand. Daher baut sich diese Bearbeitung auf ein besonderes Meßwesen auf, das mit sogenannten Grenzlehren durchgeführt wird. Grenzlehren sind Meßlehren mit je zwei, die Toleranzgrenzen genau erfassenden, geschliffenen Meßflächen (Bild 1155). Für Wellen bedient man sich der Grenzrachenlehren, mit denen man während der Bearbeitung den Durchmesser der Welle abtastet. Die Welle hat den richtigen Durchmesser, wenn die Gutseite der Lehre sich über die Welle schieben läßt, die rotmarkierte Ausschußseite hingegen noch nicht. Bei den Bohrungen bedient man sich in gleicher Weise der Grenzlehrdorne. Die Grenzlehren bestehen aus Stahl, sind glashart, entspannt und genauestens auf Maß geschliffen. Die Grenzlehren müssen sorgfältig und schonend behandelt werden, wenn das Paßsystem sachgemäß durchgeführt werden soll.

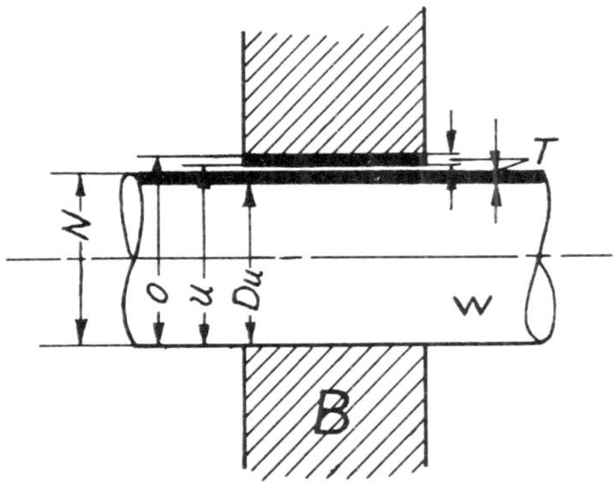

1154. Beispiel von der Darstellung einer Spielpassung
W = Welle, B = Bohrung, N = Nennmaß der Welle, Du = unteres Abmaß der Welle, O = oberes Abmaß der Bohrung, U = unteres Abmaß der Bohrung, T = Toleranzen der Welle und der Bohrung

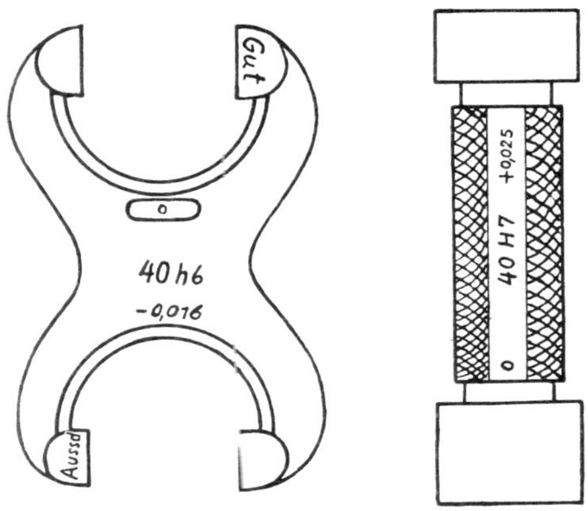

1155. Grenzlehren
links Grenzrachenlehre; rechts Grenzlehrdorn

D. Messen der Längen, Flächen und Körper

Bei allen Vorgängen handwerklicher oder betriebswirtschaftlicher Art ist das Messen von Gegenständen wichtig. Das Messen ist stets ein Vergleichen, das unmittelbar durch einen Maßstab oder mittelbar durch Abtasten der zu messenden Strecke mit einem Taster durchgeführt wird. Ein solches Messen hat immer gewisse Fehlerquellen, die in der Ungenauigkeit der Meßvorrichtungen und im ungenauen Ablesen liegen. Je genauer gemessen werden muß, um so hochwertiger, genauer müssen Maßstäbe, Tasterlehren usw. sein und um so genauer muß abgelesen werden. Zu diesem Zweck benutzt man Stahlmaßbänder und sorgt dafür, daß sie immer in Räumen mit Zimmertemperatur (etwa 15° C) aufbewahrt werden. Zollstöcke ohne Schnappgelenke werden nach kurzem Gebrauch ungenau, da die Gelenke ausleiern. Zentimetermaße, wie sie von den Schneidern gebraucht werden, sind gänzlich unzulänglich, da sie sich längen, wenn sie gezogen werden. Abgelesen soll so werden, daß das Auge senkrecht auf die abzulesende Stelle blickt.

Grundsätzlich werden, je nach den Größenverhältnissen, Längen in Millimetern (mm), Zentimetern (cm), Metern (m) oder Kilometern (km) gemessen. Eisenlängen mißt man in Millimetern, Holzlängen in Zentimetern, weil das Holz „arbeitet“ und dadurch Ungenauigkeiten entstehen. Bei Gewinden und bei manchen vom Ausland übernommenen Maschinen wird neben den metrischen Maßen das Zoll- oder Fußmaß verwendet. So werden z. B. Schneidwerke von Mähmaschinen noch oft in Fuß angegeben. Auch Zollgewinde, besonders Feingewinde, haben ihre Maßeinheit behalten. Diese Maße sind aber leicht umzurechnen, wobei ein Zoll = 25,4 mm und 12 Zoll = 1 Fuß = 30,5 cm beträgt.

Die einfachste Meßvorrichtung, mit der man Außen- und Innenmaße abgreifen kann, ist der Taster (Bild 1156). Er besteht aus zwei durch eine Anziehschraube verbundenen Metallschenkeln. Die Schraube ist so anzuziehen, daß die beiden Schenkel ohne Kraftaufwand sich verdrehen lassen, die Reibung aber beim Verdrehen noch so groß ist, daß die Schenkel in ihrer gegenseitigen Lage stehenbleiben, wenn das Maß abgenommen ist. Um das abgetastete Maß festzustellen, wird die Tasterentfernung der Meßkanten mit einem Maßstab gemessen. Damit das richtige Tastmaß ermittelt werden kann, muß der Taster feinfühlig und in der rechten Lage an die Meßflächen herangeführt und vorsichtig abgezogen werden, ohne die Schenkelstellung zu verändern.

Ein in der Werkstattpraxis unentbehrlich gewordenes Meßgerät ist die Schieblehre (Bild 1157). Man kann sehr genau die gemessenen Maße sogleich an einem angebrachten Maßstab ablesen; die Schieblehre läßt es zu, Außen-, Innen- und Tiefenmaße zu messen. So werden bei *A* zwischen den Meßschnäbeln die Dickenmaße, bei *B* Hohlmaße und bei *C* Tiefenmaße gemessen. Auch die Schieblehre ist ein empfindliches Meßgerät, das seine Präzision leicht verliert, wenn es nicht sorgfältig behandelt wird. Bevor man es benutzt, ist darauf zu achten, daß bei geschlossener Lehre die beiden Schnäbel bei *A* ohne Zwischenraum dicht gegeneinander liegen und die beiden 0-Marken sich decken. Das genaue Messen bis zu $^1/_{10}$ mm wird durch den an den verschiebbaren 0-Strichen anschließenden Nonius *N* erreicht, einer Einteilung von 10 Teilstrichen, die das Maß von nur 9 Teilstrichen der feststehenden Millimeterskala haben, so daß ein Noniusteil um $^1/_{10}$ mm kleiner ist, als ein Teil der feststehenden Millimeterskala. Verschiebt man demnach, von der 0-Stellung beginnend, den Nonius, so werden sich in folgender Reihe der erste, zweite, dritte usw. der Nonius-Teilstriche mit entsprechenden Teilstrichen der feststehenden Skala decken. Dabei rückt der 0-Punkt des Nonius um je $^1/_{10}$ mm weiter. Deckt sich beispielsweise der 7. Nonius-Strich mit einem Teilstrich der feststehenden Skala, so ist der 0-Punkt des Nonius um $^7/_{10}$ mm weitergerückt. In dem Bild 1158 ist eine Nonius-Stellung festgehalten, bei der der 0-Punkt des Nonius zwischen 28 und 29 mm der feststehenden Millimeterskala steht. Das abgegriffene Maß der Schieblehre beträgt hier demnach 28 mm zusätzlich $^9/_{10}$ mm, da der 9. Nonius-Strich, von der Zahl 28 aus gerechnet, sich mit der feststehenden Millimeterskala deckt. Das genaue Maß beträgt also 28,9 mm.

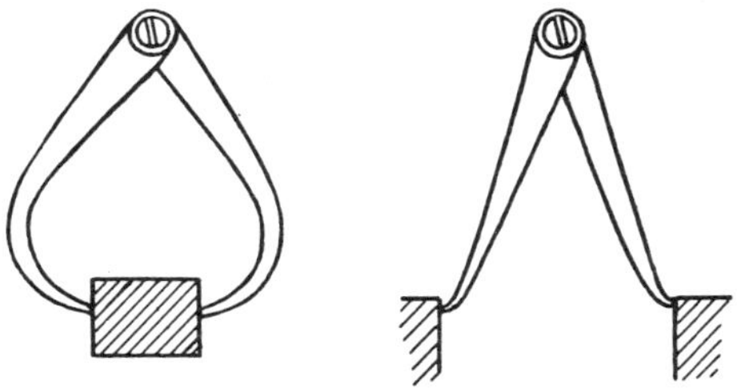

1156. Taster zum Abgreifen von Innen- und Außenmaßen

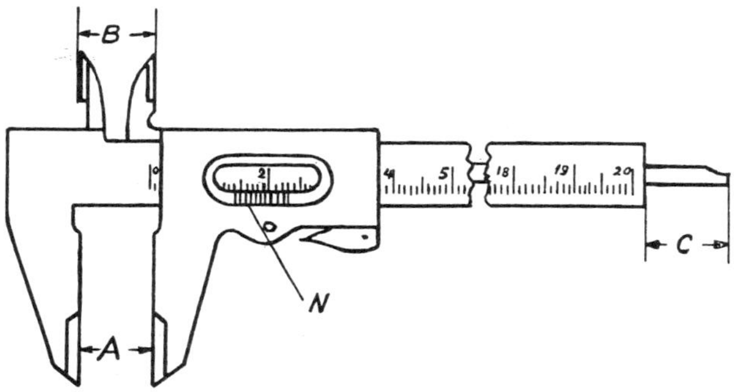

1157. Schieblehre

A Meßstelle für Außenmaße; *B* Meßstelle für Innenmaße; *C* Meßstelle für Tiefenmaße; *N* Nonius

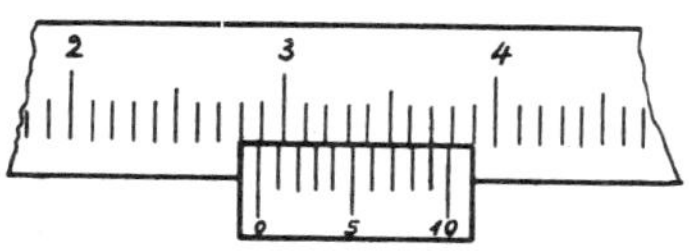

1158. Nonius, ermöglicht ein Ablesen der Maße auf $^1/_{10}$ mm Genauigkeit

Die Einheit des Flächenmaßes ist das Quadratmeter (m²). Wegen der verschiedenen Flächenbezeichnungen in der Landwirtschaft seien einige Umrechnungsmaße angegeben:

1 Quadratkilometer = 100 Hektar (ha) = 1000 Ar (a)
1 ha = 100 a = 10000 Quadratmeter (m^2)
1 preußischer Morgen = 25,53 a
1 württemberg. Morgen = 31,52 a, 1 badischer Morgen = 36 a
1 hannoversch. Morgen = 26,1 a, 1 hess. Morgen = 25 a
1 bayerisches Tagewerk = 34,07 a
1 ha = 2 holsteinische Tonnen = 4 Morgen

Bei regelmäßigen Flächen ist es mit den Inhaltsformeln leicht, den Flächeninhalt zu ermitteln. Bei einer rechteckigen Fläche ist der Flächeninhalt das Produkt der beiden Seiten. Schwieriger ist es bei unregelmäßigen Flächen. Bei ihnen geht man so vor, daß man die ganze Fläche in regelmäßige Flächen unterteilt, in Rechtecke oder Dreiecke, die einzelnen Inhalte ausrechnet und addiert. Dabei ist der Inhalt eines Dreiecks das Produkt aus Grundlinie und Höhe, dividiert durch 2. Als Beispiel sei die Flächenberechnung eines unregelmäßigen Feldstückes (Bild 1159) durchgeführt. Die Eckpunkte werden dadurch sichtbar gemacht, daß Pflöcke aufgesteckt werden und zunächst die beiden Diagonalen a und b, die das Fünfeck in 3 Dreiecke (A, B und C) unterteilen, festgelegt und als Entfernungen zwischen je 2 Punkten gemessen. Es ergeben sich für a die Länge von 100 m und für b die Länge von 90 m. Durch Einfluchten zieht man von den gegenüberliegenden Ecken die drei Lote h_1, h_2 und h_3. Deren Längen werden gemessen und ergeben für $h_1 = 30$ m, $h_2 = 80$ m, $h_3 = 25$ m. Es ergibt sich demnach für die entstandenen Dreiecke

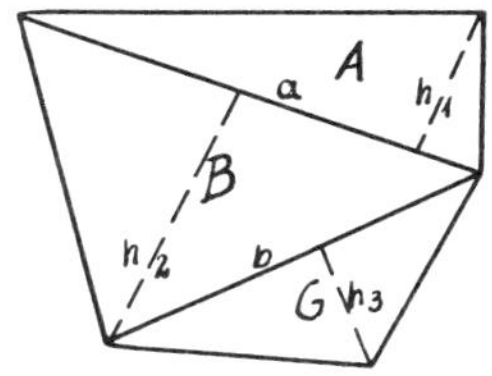

1159. Ermittlung des Inhaltes eines unregelmäßigen Fünfecks durch Zerlegen in Dreiecke

$$A = \frac{100 \times 30}{2} = 1500\,\text{m}^2,\quad B = \frac{100 \times 80}{2} = 4000\,\text{m}^2,\quad C = \frac{90 \times 25}{2} = 1125\,\text{m}^2.$$

Der Gesamtinhalt der Fünfeckfläche ergibt sich demnach als Summe der 3 Dreiecke zu 6625 m².

Auch beim Ausgleich gebrochener Grenzlinien bedient man sich der Dreiecksberechnung. In dem Bild 1160 ist ein derartiges Beispiel angeführt. Man legt durch die zickzackförmig verlaufende Grenze eine ungefähr richtig erscheinende Linie A und B und verschiebt sie parallel, bis die Summe der entstandenen Dreiecke 1 — 3 — 5 gleich der Summe der Dreiecke 2 — 4 ist.

Den Rauminhalt von Körpern und Behältern mißt man in Kubikmetern (m³), Kubikdezimetern (dm³) oder Litern, Kubikzentimetern (cm³) und Kubikmillimetern (mm³). Meist kommen für solche Messungen Behälter mit senkrechten Wänden (Silos) in Betracht. Man errechnet dazu die Grundfläche in der zuvor angegebenen Weise und multipliziert sie mit der Höhe des Behälters.

Zur Berechnung von Flächen und Körpern mit regelmäßigen Umgrenzungen sei auf die in den meisten Taschenkalendern angegebenen Formeln verwiesen.

Unregelmäßige Körper sucht man nach Möglichkeit in regelmäßige zu unterteilen und dann zu addieren. Gegebenenfalls muß man, unter Anlehnung an die regelmäßigen Körper, schätzen, und dabei sind kleinere Fehler in Kauf zu nehmen. Kommt es aber auf große Genauigkeit an, so kann man sich oft dadurch helfen, daß man den auszumessenden Körper (falls er nicht zu riesig ist) mit Wasser füllt und es mißt.

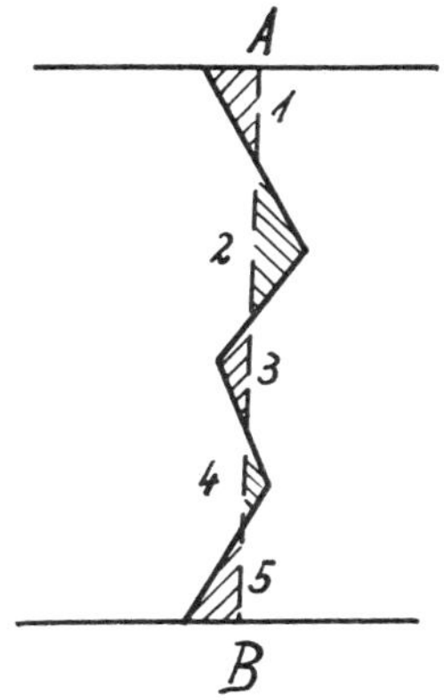

1160. Begradigung einer gebrochenen Grenzlinie durch Ausgleich von Dreiecksflächen

E. Verbindungen von Maschinenteilen

1. Lösbare Verbindungen

Bei der Maschinenpflege, Reinigung, Überholung und Reparatur läßt es sich nicht umgehen, die Maschinen in ihre Einzelteile zu zerlegen. Sie sind teils durch lösbare, teils aber auch durch unlösbare Verbindungen zu einem Ganzen vereinigt und man muß wissen, wo und wie man vorgeht, die lösbaren Verbindungen zu finden und daß man sich nicht mit Gewalt an unlösbare Verbindungen heranmacht. Man kann damit viel Unheil anrichten. Man muß also die Verbindungen kennen und wissen, wie die lösbaren gelöst und auch, wie sie wieder verbunden werden.

a) Keile

Lösbare Verbindungen werden durch Keile, Schrauben, Splinte, Stifte und Stecker verschiedenster Art gehalten; unlösbare sind meist Nietverbindungen, doch sind auch Schweiß- und Lötverbindungen dazuzurechnen, wenn sie auch weniger der Gefahr ausgesetzt sind, mit Gewalt zerstört zu werden.

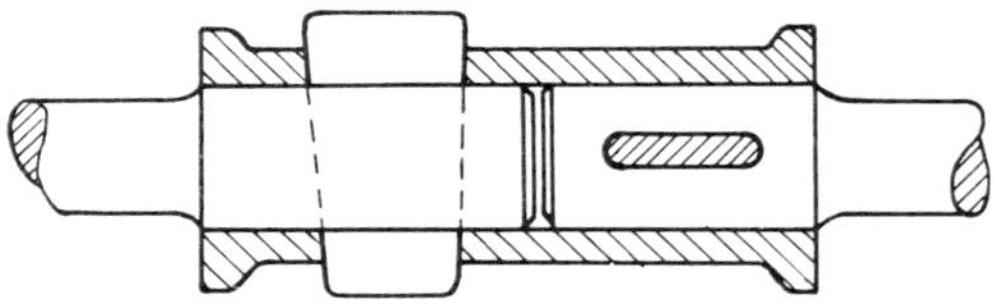
1161. Muffenverbindung durch Keile

Bei den Keilen hat man zunächst die Querkeile, die besonders zur Verbindung von Wellen dienen oder zur Übertragung der Drehbewegung der Wellen auf Maschinenteile wie Naben, Flansche oder Buchsen, die auf Wellen auf-, oder an Wellen angesetzt sind (Bild 1161). Sodann verwendet man sie zum Nachstellen von Lagerschalen durch Anziehen einer Spindel (Bild 1162). Solche Keile sind gut eingepaßt und beim Auseinandernehmen merkt man sich (am besten durch Zeichen), wo und wie der Keil gesessen hat. Das erspart beim Wiedereinbau Zeit und Mühe. Solche Keile werden mit einem Holzhammer gelöst. Ist kein Holzhammer vorhanden, so benutzt man vorsichtig einen normalen Hammer, legt aber ein Stück Holz zwischen Maschinenteil und Hammeraufschlag, um die sauber bearbeiteten Kanten der Keile nicht zu verwürgen. Sitzt ein Keil durch verhärtetes Schmiermittel oder gar Rost zu fest, so sucht man ihn mit Petroleum zu lösen; man muß es eine Zeit wirken lassen.

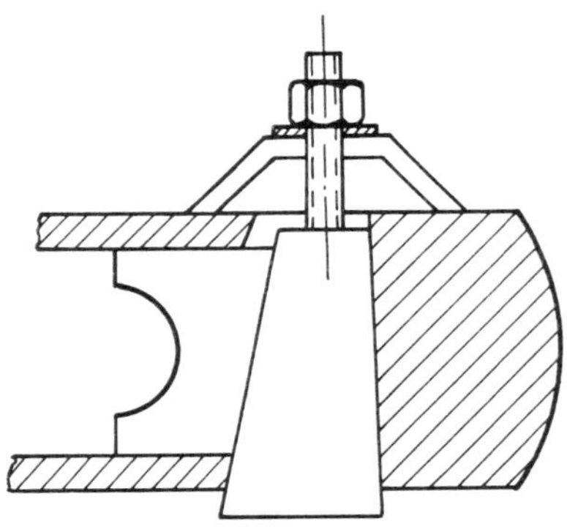
1162. Stellkeil
zum Nachstellen der Lagerschalen

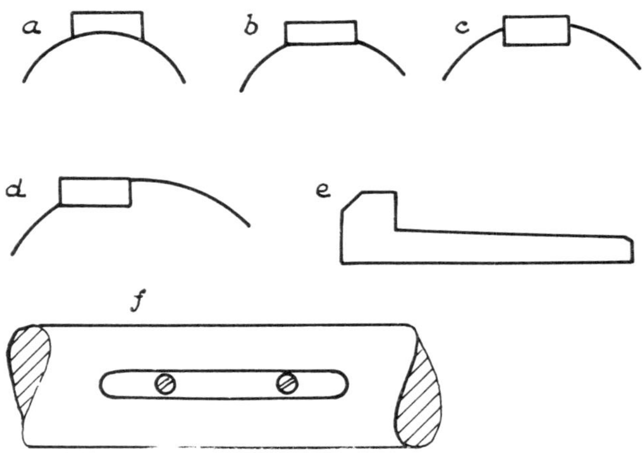

1163. Verschiedene Keilverbindungen
a Hohlkeil; *b* Flachkeil; *c* Nutenkeil; *d* Tangentialkeil; *e* Nasenkeil; *f* Federkeil

Längskeile liegen in Richtung der Wellen und werden angewandt, um von den Wellen mitzunehmende Maschinenteile, wie Zahnräder, Riemenscheiben, Kupplungsmuffen und dergleichen entweder starr oder verschiebbar auf den Wellen zu befestigen. Ausbildung und Anwendung der Längskeile ist verschieden (Bild 1163). Es gibt Hohlkeile *a*, Flachkeile *b*, Nutenkeile *c* und Tangentialkeile *d*, um die gebräuchlichsten zu nennen. Keile, die starr verbinden, können angezogen werden, so daß beim Eintreiben eine Keilwirkung zwischen Welle und dem zu befestigenden Maschinenteil hervorgerufen wird. Als Nutenkeil für starre Verbindungen wird oft der Nasenkeil verwendet *e*, der aber eine längere Nute benötigt, damit er eingeführt werden kann. Beliebter ist der mit Versenkschrauben eingelassene Federkeil *f*, zumal er auch bei Maschinenteilen aus Guß ohne Spannungsgefahr benutzt werden kann. Als seitliche Sicherung gegen Abrutschen vom Keil müssen Anschläge, wie beispielsweise Stellringe, vorgesehen werden, wenn das Maschinenteil nicht durch andere Teile in seiner axialen Richtung gegen Verschieben gesichert ist. Solche Federkeile können ohne Schwierigkeiten gelöst werden, da das Maschinenteil über den Keil aufgeschoben wird. Daher ist beim Zusammenbauen auf die Folge der einzubauenden Teile

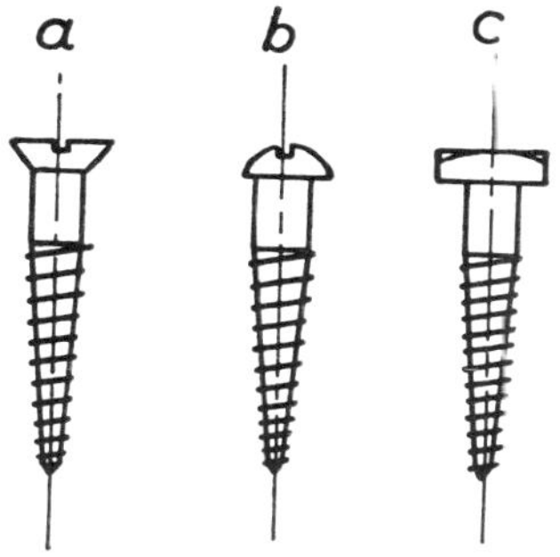

1164. Holzschrauben
a Versenkschraube; *b* Halbrundschraube; *c* Vierkantschraube

1165. Nagelbohrer

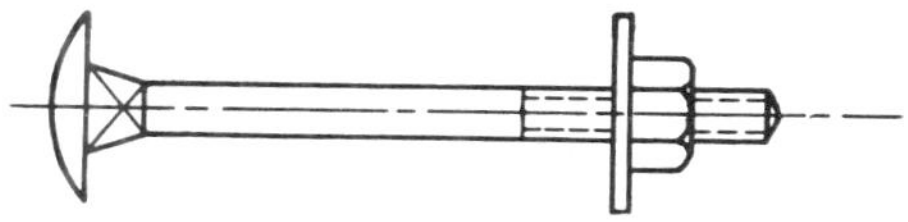

1166. Schloßschraube

zu achten. Mit Anzug versehene Keile erfordern Gefühl für das Material, damit sie nicht verletzt werden. Nasenkeile löst man dadurch, daß man einen Keil zwischen Nase und Maschinenteil eintreibt. Nasenlose Anzugskeile schlägt man aus der Nut, indem man ein Treibeisen vorsetzt.

b) Schrauben und Splinte

Bei anderen lösbaren Verbindungen unterscheidet man grundsätzlich Eisenschrauben und Holzschrauben; die Bezeichnungen deuten auf die Verwendung der Schrauben hin.

Wenn sich Holzschrauben auch meist leicht wieder herausschrauben lassen, so sollte man sie nicht zu oft herausschrauben. Die Holzschrauben sind konisch zugespitzt und schneiden und pressen sich beim Einschrauben in das Holz hinein. Werden sie gelöst, so wird die innige Befestigung immer leiden, wenn sie nicht etwas nachgezogen werden können. Hat die Holzschraube keinen Halt mehr, so kann man sich oft dadurch helfen, daß man in nicht zu dichter Entfernung von der ersten Schraubstelle die Schraube erneut einzieht. Oft kann man die erste Schraubstelle dadurch ausbessern, daß man einen kleinen Pflock eintreibt. Es kommt auf die Bedeutung der Halteverhältnisse an. Hängt von einer Schraube für den Halt einer Maschine sehr viel ab, so sollte man sich, wenn die Schraubstelle schadhaft geworden ist, überlegen, ob man nicht den ganzen Holzteil auswechselt oder eine andere Verbindung wählt.

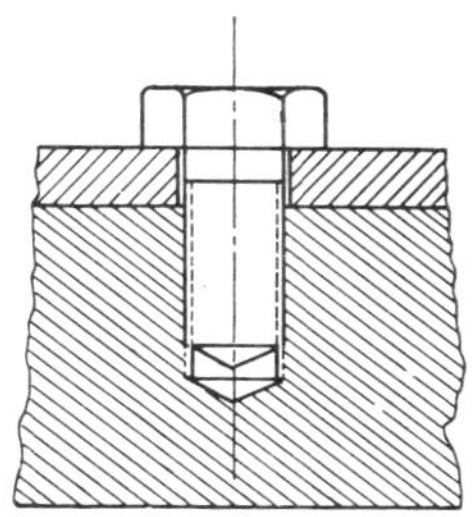

1167. Befestigung von Eisenteilen durch Einschrauben einer Maschinenschraube

Holzschrauben (Bild 1164) werden mit versenktem *a*, mit halbrundem *b* und mit Vierkantkopf *c* (Kopfschrauben) hergestellt und im Landmaschinenbau verwendet. Gewöhnlich werden Schrauben aus Flußeisen, aber auch Messing- und Leichtmetallschrauben benutzt. Wichtig ist beim Einschrauben, daß zuvor mit einem passenden Nagelbohrer (Bild 1165) tief, aber nicht zu tief, vorgebohrt wird, um die Schraube genau an die verlangte Stelle zu bekommen und um sie bei hartem Holz nicht abzuwürgen und das Holz nicht zu spalten.

Eine andere Schraubenart für Holzverbindungen ist die Schloßschraube (Bild 1166). Diese Schrauben werden in vorgebohrte zylindrische Löcher eingezogen und von der Gegenseite mit Muttern festgezogen und gesichert. Sie haben einen Halbrundkopf ohne Nut, der unter sich (dem Schaft zugewandt) einen leicht konischen Vierkant hat. Wenn die Mutter angezogen wird, so zieht er sich als Sicherung gegen Verdrehen in das Holz hinein. Der Gewindeteil dieser Schrauben erstreckt sich nur auf den Bereich der Mutter; der restliche Teil des Schraubenbolzens ist glatt und ruht in dem vorgebohrten glatten Loch der verbundenen Holzteile. Wichtig ist, daß die Mutter nie ohne Unterlegscheibe aufgeschraubt wird, damit sie sich beim Anziehen nicht in das Holz hineinarbeitet. Hierauf ist besonders bei Reparaturen und überhaupt beim Auseinandernehmen von Maschinenteilen zu achten, und die abgenommenen Unterlegscheiben werden am besten mit den abgenommenen Muttern bis zum Wiederzusammenbau auf einen Bindfaden oder einen dünnen Draht aufgezogen, und zwar in der Reihenfolge, wie sie abgenommen wurden.

Maschinenschrauben sind zylindrische Schrauben, die man benutzt, um Eisen- oder andere Metallteile miteinander zu verbinden. Dabei erhält das Teil, auf dem das andere (beispielsweise eine Lasche) festgeschraubt wird, eine Gewindebohrung; das aufgeschraubte Teil erhält nur eine etwas größere, zylindrische, glatte Bohrung (Bild 1167). Die Gewindebohrung wird durch einen, dem Kerndurchmesser der Schraube entsprechenden Metallbohrer vorgebohrt und darauf mit einem, zu der Bohrung gehörenden Satz Gewindebohrer (meist drei Stück) das Gewinde eingeschnitten. Hierzu gehört viel Fingerspitzengefühl, da die Gewindebohrer aus glashartem Stahl sind, die leicht abbrechen, wenn sie beim Eindrehen überbeansprucht werden. Da Gewindebohrer sehr teuer sind, so ist vorsichtig mit ihnen zu verfahren und beim Gewindeschneiden gut zu ölen. Beim Gewindebohren ist darauf zu achten, daß die Bohrung etwas tiefer wird, als der einzuschraubende Gewindeschaft der Schraube, um sie auch anziehen zu können.

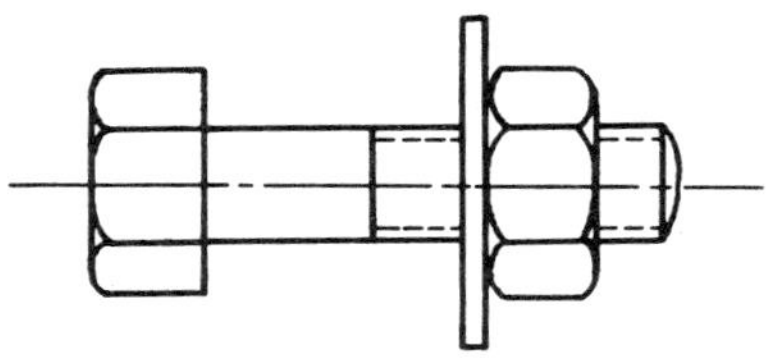

1168. Befestigen von Eisenteilen durch eine Maschinenschraube mit Mutter

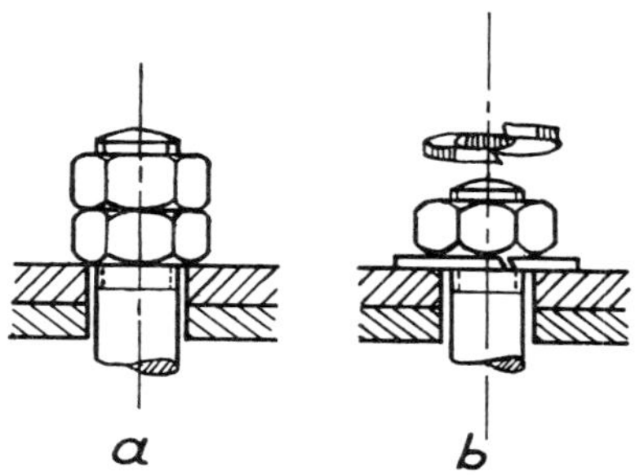

1169. Schraubensicherungen
a Doppelmutter; *b* Federring

Ähnlich wie die Schloßschraube bei Holz wird bei Eisen die Maschinenschraube mit Mutter und Unterlegscheibe verwendet (Bild 1168), die in glatte Bohrungen gesteckt und auf der Gegenseite durch Muttern angezogen wird.

Bei Landmaschinen, die Erschütterungen ausgesetzt sind, müssen die Schrauben gesichert sein, so daß sie sich nicht lösen können. Bei Holzschrauben besteht diese Gefahr wegen des Gewindedruckes nicht so sehr, doch ist es zweckmäßig, sie von Zeit zu Zeit zu überprüfen und gegebenenfalls nachzuziehen. Bei allen anderen Schrauben ist es ratsam, durch Doppelmuttern oder Federringe (Bild 1169) dafür zu sorgen, daß die Schraube sich in ihrem Gewinde mit ihren Gewindegängen gegen die der Bohrung preßt und ebenso die Mutter durch die Gegenmutter oder den Federring. Brauchen die Muttern nicht wieder gelöst zu werden, so kann man sich gegen Lösen dadurch helfen, daß man Mutter und Schraube mit einem Körner verkörnt.

Schrauben werden normal rechtsgängig verwendet, d. h., man schraubt sie in der Richtung des Uhrzeigers ein. Wo bei einem sich drehenden Maschinenteil sich die Schraube herausdrehen könnte, wie beispielsweise beim rechten Fahrradpedal, verwendet man besser Linksgewinde. Beim Lösen schwer herauszudrehender Schrauben (beim Auseinandernehmen der Maschinen) muß man sich davon überzeugen, ob die Schrauben auch wirklich rechtsgängig sind.

Zu den lösbaren Verbindungen gehören schließlich noch die Splinte, wenn sie auch nicht unmittelbar verbinden, sondern mehr halten, sichern sollen. Sie wirken beispielsweise auf Wellen durch ihren vorstehenden Kopf und ihren umgelegten, gespaltenen Schaft in der

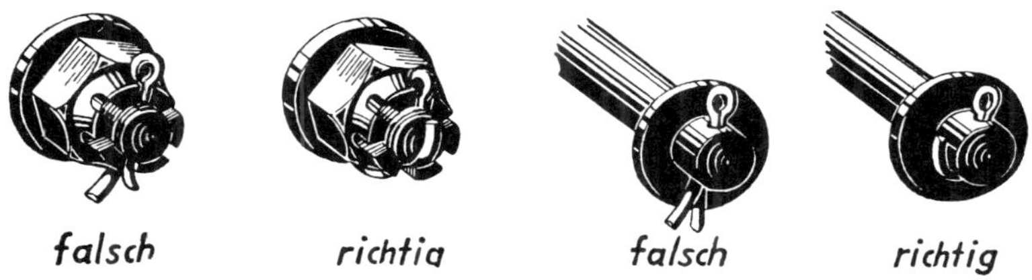

1170. Falsche und richtige Splintsicherungen (Lanz, Mannheim)

Weise, daß sie das Abgleiten angeordneter Maschinenteile auf ihnen verhindern oder Muttern sichern, so daß sie sich nicht lösen können. Dabei ist vor allem bei drehenden Maschinenteilen darauf zu achten, daß die Splintenden richtig umgelegt werden, damit Verletzungen vermieden, betriebstörende Dinge nicht mitgenommen werden (Bild 1170).

2. Unlösbare Verbindungen

a) Drahtstifte oder Nägel

Von den nicht lösbaren Verbindungen ist zunächst der Drahtstift, der Nagel, zu nennen. Dieses einfachste Verbindungselement ist angespitzt, so daß es wie ein Keil wirkt, wenn es eingetrieben wird. Bei schmalen Querschnitten und trockenem, leicht spaltbarem Holz ist es daher sehr zweckmäßig, diese Keilwirkung dadurch aufzuheben, daß man die Spitze abstumpft.

b) Niete

Für Metalle wird eine unlösbare Verbindung durch Nieten hergestellt. An einem Niet (Bild 1171) unterscheidet man den Setzkopf *A* und den Schaft *S* von der Länge *l*. Bei der Reparatur von Landmaschinen handelt es sich meist um Vernietungen von Blech und von Eisenlaschen. Beim Nieten müssen Nietlöcher vorhanden sein, Bohrungen für die einzuziehenden Niete. Diese Nietlöcher kann man entweder durch Ausstanzen oder durch Bohren herstellen. Beim Stanzen werden zwar die Löcher schneller hergestellt, das Material wird aber durch den Drückvorgang verformt und bildet Risse. Am besten und in der Praxis am einfachsten ist es, die Löcher zu bohren. Vorher sind die Löcher anzukörnen und hinterher von Bohrgrat zu entgraten. Man bohrt am besten 1 mm kleiner, als dem Nietdurchmesser entspricht und reibt nach Aufeinanderlegen der zu vernietenden Teile mit der Reibahle die Löcher auf den Nietdurchmesser auf. Da der aus Flußeisen bestehende Niet beim Vernieten gestaucht wird, legt er sich dicht an die Wandungen des Nietloches an. Dazu gehören aber dem Nietdurchmesser angepaßte kräftige Schläge, die den Schlag auch bis in den Schaft hinein fortleiten; zu vorsichtige Schläge bilden zwar den Nietkopf gleich, stauchen aber nicht den ganzen Niet, der dann bei solchem Vorgehen lose sitzt und nur geringen Schluß mit

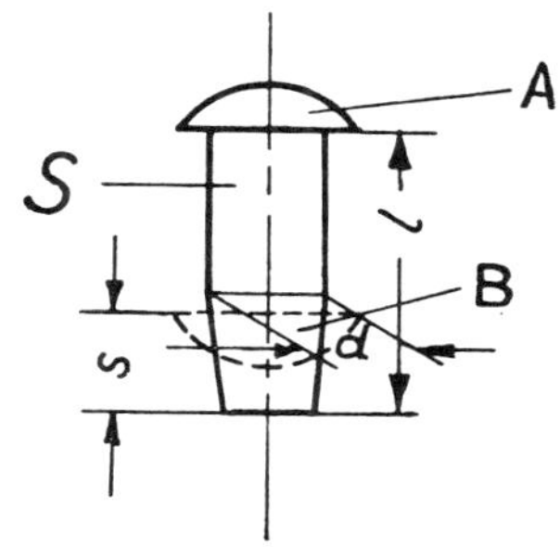

1171. Niet

A Setzkopf
B nach der Nietung entstehender Schließkopf
S Nietschaft
l Schaftlänge
s für den Schließkopf erforderliches überstehendes Nietende
d Nietdurchmesser
$s = 1{,}5—1{,}75\ d$

der Wandung des Nietloches hat. Nieten bis zu 26 mm zieht man von Hand ein. Dazu gehören, wenn man sie bei kleinen Teilen nicht auf der Werkbank vernieten kann, zwei Mann: ein Zuschläger und ein Vorhalter. An Werkzeug benötigt man einen Schellhammer mit einem Gesenk für den Schließkopf, einen Hammer zum Zuschlagen und einen Vorhalter zum Gegenhalten, damit der Niet nicht herausfliegt und richtig gestaucht werden kann.

Kalt genietet kann bis zu 10 mm Nietdurchmesser werden. Niete über 10 mm Durchmesser werden auf Rotglut gebracht; bis zu 13 mm auf einer glühenden Platte, da sie für das Schmiedefeuer zu klein sind; über 13 mm im Schmiede- oder Gasfeuer.

Bei einer ordentlichen Nietung muß der Schließkopf rundherum aufliegen und der Niet muß vollständig fest sitzen, was man am hellen Klang beim Draufschlagen mit dem Hammer hört. Der Niet darf beim Nieten nur so lange gestaucht werden, bis er fest sitzt, weitere Schläge lockern ihn wieder; der Nietkopf kann auch abspringen; vor allem, wenn mit Unterbrechung geschlagen wird und der kalt eingeschlagene Niet, der sich durch das Stauchen erwärmt und fließt, zwischendurch erkaltet. Wichtig ist, daß die zu vernietenden Teile während der Nietung fest und ohne Zwischenraum aufeinanderliegen. Je nach der geforderten Festigkeit der entstehenden Nietverbindung und anderen Verhältnissen vernietet man ein-, zwei- und mehrreihig in Überlappungs-, Laschen- und Doppellaschennietung. Das Bild 1172 zeigt einige Beispiele solcher Nietungen.

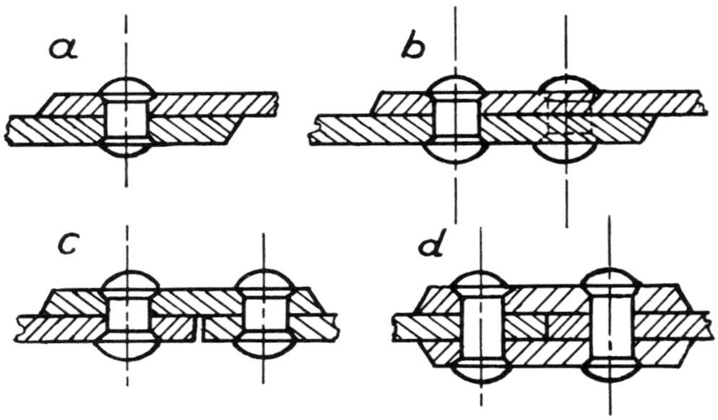

1172. Beispiele einiger Vernietungen

a einreihige überlappte Nietung *c* einfache zweireihige Laschennietung
b zweireihige überlappte Nietung *d* zweireihige Doppellaschennietung

c) Löt-, Hartlöt- und Schweißverbindungen

Eine weitere unlösbare Verbindung, die aber bei der Landmaschinenreparatur nur an Blechgehäusen angewendet wird, ist die Verbindung metallischer Stücke, hauptsächlich der Bleche durch Löten. Hierbei werden die Teile, die auch aus verschiedenen Metallen bestehen können, durch ein metallisches Bindemittel verbunden, dem Lot. Voraussetzung dafür, daß das Lot fest haftet, ist, daß die Verbindungsflächen unbedingt metallisch sauber sind. Man behandelt sie zuvor so, daß sie metallisch glänzen durch Feilen, Schmirgeln usw. und nach dieser mechanischen Bearbeitung mit beizenden Mitteln und während des Lötens mit Flußmitteln, dem Lötwasser, um eine chemische Verbindung der Oberflächen durch Oxydation zu verhindern. Nachdem die Lötstelle mit einem auf Salmiak geriebenen Lötkolben erwärmt worden ist, trägt man mit dem Lötkolben das Lot (Zinn oder Zinnlegierungen) in flüssiger Form auf die Lötstelle auf. Die beiden Lötstellen müssen gut aufeinanderpassen und während des Lötens aufeinandergepreßt werden. Nach dem Löten empfiehlt es sich, schnell abzukühlen.

Beim Hartlöten von festen Verbindungen benutzt man Hartlote mit höheren Schmelzpunkten und als Flußmittel Borax. Da die Lötstelle durch den Lötkolben nicht in der erforderlichen Höhe erhitzt werden kann, bedient man sich einer Gebläseflamme.

Weit häufiger wird bei Reparaturen von Landmaschinen geschweißt. Durch dieses Verfahren werden ohne fremdes Bindemittel Teile gleichen Materials zu einer unlöslichen Einheit verbunden. Es wird besonders die Feuerschweißung angewendet, auch Hammerschweißung genannt, und noch öfter die Schmelzschweißung.

Bei der Feuerschweißung werden die auf Schweißglut (etwa 1300°) gebrachten Teile innig zusammengehämmert. Die bei der Erwärmung entstehenden Oxydationsschichten werden vor dem Verschweißen mit Borax oder Quarzsand entfernt.

Beim Schmelzschweißen, das häufig angewendet wird, weil es auch selbst durchgeführt werden kann, ohne daß die Maschine auseinandergenommen zu werden braucht, werden die Stellen mit einem Schweißbrenner bis zum Schmelzpunkt erhitzt, so daß beide Teile ineinanderfließen. Die Schweißfuge wird dabei durch Zusatzmaterial (meist Schweißdraht) ausgefüllt. Die Schmelzschweißung wird vielseitig angewendet, weil man mit ihr so ziemlich sämtliche Metalle schweißen kann, selbst das Gußeisen nicht ausgeschlossen, nur muß man beim Gußeisen darauf achten, daß das flüssige Gußeisen nicht fortläuft, weil es beim Erhitzen nicht erst zähflüssig wird. Es handelt sich bei Gußeisen meist darum, Bruchrisse wieder zusammenzuschweißen. Man legt dann zweckmäßig das Gußstück mit der zu schweißenden Stelle nach oben.

Die vielen anderen Möglichkeiten des Verschweißens, die in den elektrischen Schweißverfahren in Fertigungsbetrieben und Werkstätten heute angewendet werden, kommen für die Selbstreparaturen an Landmaschinen kaum in Frage und sollen daher hier übergangen werden.

F. Kraft, Arbeit, Leistung im technischen Sinne

1. Allgemeines

Landwirtschaftliche Maschinen und Geräte sollen durch Kraft, die in sie hineingeleitet wird (Zugtier, Motor), eine Arbeit durchführen mit starren oder an sich unbewegten Werkzeugen, wie beim Pflug, bei der Egge u. ä. Man spricht hier von Geräten. Bei angetriebenen, sich bewegenden Werkzeugen spricht man von Maschinen. Immer gehört eine Kraft dazu, die sich beim Gerät unmittelbar auf einem bestimmten Weg in landwirtschaftliche Arbeit umsetzt oder bei der Maschine über den Weg angetriebener Maschinenteile mittelbar Arbeit leistet. Es ist zweckmäßig und lehrreich, solche Begriffe wie Kraft, Arbeit, Leistung und weitere Begriffe, die mit diesen Ausdrücken in mittelbarem oder unmittelbarem Zusammenhang stehen, eingehender zu betrachten, weil sie die Grundlage für das technische Denken bilden.

Mit dem Ausdruck „Kraft" bezeichnet man allgemein die physikalische Ursache für jede Bewegungsänderung, wobei einschränkend bemerkt werden muß, daß sich Kraft nicht immer in Bewegung äußern muß. Die Bewegungsänderung kann verschiedener Natur sein.

Ein Körper kann aus der Ruhe in Bewegung kommen; diese Bewegung kann gleichmäßig verlaufen; sie kann zunehmen, also beschleunigt werden, sie kann wieder abnehmen, also verzögert werden; sie kann wieder zur Ruhe kommen. Die Ursache für solche Bewegungsänderungen bezeichnet man mit Kraft, deren Größe und Richtung verschieden sein kann.

Die Größe einer Kraft empfindet man beispielsweise beim Anheben eines Gewichtes. Sie kann groß und klein sein, je nach der Schwere des Gewichtes. Die Schwere ist wiederum eine Kraft, nämlich die Anziehungskraft der Erde, die bestrebt ist, den Körper nach unten zu ziehen und gegen die die Kraft des Anhebens wirkt. Die Richtung dieser beiden Kräfte ist entgegengesetzt. Während des Anhebens überwiegt die Größe der Anhebekraft. Beim Loslassen des Gewichtes fällt diese Kraft fort und es wirkt nur noch die Erdkraft, die das Gewicht mit Erdbeschleunigung nach unten bewegt. Diese Beschleunigung der Erde ist im großen ganzen immer gleich, sie ändert sich mit dem Abstand vom Erdmittelpunkt, so daß sie an den etwas abgeplatteten Polen etwas größer ist, als am Äquator. Lassen wir diese geringen Unterschiede fort, so ist die Erdbeschleunigung immer gleich auf der Erdoberfläche. Tatsächlich fällt im luftleeren Raum eine Feder gleich schnell zu Boden wie ein Stück Eisen.

Der Unterschied, den wir beim Anheben eines leichten und eines schweren Gewichtes empfinden, ist daher in etwas anderem zu suchen, als in der gleichen Erdbeschleunigung. Es ist die Masse, die sich im spezifischen Gewicht des Körpers und in seiner Raumgröße äußert. Wir bezeichnen sie mit leicht und schwer und bestimmen sie mit der Waage objektiv. Nach dem dynamischen Grundgesetz ist Kraft gleich Masse mal Beschleunigung. Bei unserem Beispiel mit dem leichten und dem schweren Gewicht übt also die Erdanziehung bei gleicher Erdbeschleunigung mit wachsender Masse der Gewichte eine größere Kraft auf sie aus. Die Waage ist also nichts anderes als ein Massenmesser. Bei der gleichbleibenden Erdbeschleunigung messen wir die auf die verschiedenen Körper einwirkenden Kräfte der Erdanziehung durch Vergleich mit uns bekannten Maßen (Gewichten) und dadurch bekannten Erdanziehungskräften.

Andere Kräfte, die uns auch bei den Landmaschinen zur Verfügung stehen, sind die menschliche und die tierische Muskelkraft und vor allem die Kraft des im Schlepper wirkenden Dieselmotors. Zugkräfte mißt man durch Zugkraftmesser, die in den Zug eingeschaltet werden. Drehkräfte durch Kurbelkraftmesser, durch vergleichende Gewichtsbelastung, durch geeignete Meßinstrumente, bei denen durch die Kraft eine Feder beansprucht wird, die ihre Veränderung auf einen Zeiger überträgt.

Von dem Begriff „Kraft" ist der Begriff „Arbeit" in der Technik streng zu unterscheiden. Unter Arbeit versteht man immer das Ergebnis einer wirkenden Kraft auf einer bestimmten Wegstrecke, was man durch das Produkt aus Kraft und Weg ausdrückt. Also Arbeit gleich Kraft mal Weg. Bleiben wir bei dem Beispiel des Gewichthebens. Wird ein Gewicht von 10 kg, das beim Anheben eine gleichgroße Kraft von 10 kg benötigt, 2 m hoch angehoben, so wird dabei eine Arbeit von $10 \text{ kg} \times 2 \text{ m} = 20 \text{ mkg}$ geleistet. Es ist dabei gleichgültig, ob das Gewicht schnell oder langsam gehoben, ob die Arbeit schnell oder langsam geleistet wird. Oder umgekehrt: Läßt man dasselbe Gewicht aus 2 m Höhe frei, so kann es wegen seiner Energie, die es durch seine erhöhte Lage erhalten hat, entweder durch unmittelbares Herunterfallen oder wenn man es auf eine langsam heruntergehende Auflage setzt, auf dem 2 m langen Weg nach unten, diese Energie wieder in gleichgroße Arbeit von 20 mkg umsetzen.

Der Begriff Energie bedeutet dabei das Vermögen, Arbeit zu leisten. In diesem Falle setzt sich die Energie der Lage in Energie der Bewegung um, die, je mehr das Gewicht die 2 m durchlaufen hat, aufgezehrt oder in beschleunigte Bewegung umgesetzt wird. Man spricht im ersten Fall von potentieller (ruhender) Energie, im zweiten Fall von kinetischer (beweglicher) Energie.

Da sich die Arbeit aus zwei Faktoren zusammensetzt, kann man eine bestimmte Arbeit so ausführen, daß sie der zur Verfügung stehenden Kraft angepaßt ist. Beispiel: eine Person kann eine Last von 400 kg nicht anheben. Um diese Last 2 m hoch anzuheben, bedarf es einer Arbeit von $400 \text{ kg} \times 2 \text{ m} = 800 \text{ mkg}$. Wenn man diese Last mit einer mit Übersetzung versehenen Winde hochbefördert, so kann man (je nach Art der Winde) mit einer sehr geringen Kraft, z. B. mit 20 kg, die Last hochwinden, muß dann allerdings an der Kurbel einen Weg von $\frac{800}{20} = 40 \text{ m}$ machen, d. h. bei einem Kurbelradius von 30 cm etwa 22 Kurbelumdrehungen vollführen, um die Last auf 2 m Höhe zu bekommen. Was also an Kraft gespart wird, geht an Weg verloren. Ähnlich verhält es sich bei der Arbeitsübertragung des Schleppermotors auf die Getriebe. Durch hohe Drehzahlen werden die Arbeitsstöße auf langem Wege in Grenzen gehalten, die der Festigkeit der Maschinenteile angepaßt sind. Man kann mit Schaltungen die Arbeitsleistungen auf langen Wegen des Getriebes einsetzen, d. h. mit kleinen Fahrgeschwindigkeiten, 1. Gang, wie man es beim Bergauffahren, bei schweren Lasten und bei Fahrwiderständen macht; oder auf kürzeren Wegen des Getriebes, d. h. mit größeren Fahrgeschwindigkeiten.

Die wahlweise Zusammensetzung der beiden Faktoren der Arbeit erhellt aus den Hebelgesetzen, die auch bei der Übertragung durch Zahnräder, Kurbeln usw. gelten. Beim Hebel gilt das Gesetz: Last × Lastarm = Kraft × Kraftarm. Will man an Kraft sparen, so macht man den Kraftarm groß und den Lastarm klein, hebt dafür die Last nur wenig bei einem verhältnismäßig langen Weg des Kraftarms.

Ein weiterer Begriff ist die „Leistung". Wenn jemand etwas leistet, arbeitet er meistens schnell. Die Zeit ist hier das Ausschlaggebende. Man kann eine Arbeit in einer Stunde, man kann sie auch in zwei Stunden verrichten. In der Technik ist das Maß für die Leistung die in der Zeiteinheit verrichtete Arbeit. Das im Beispiel genannte Gewicht von 10 kg, in 2 sec auf die Höhe von 2 m hoch gebracht, bedeutet eine Leistung von 20 mkg/2 sec. Die gleiche Arbeit, nur in 1 sec ausgeführt, verdoppelt die Leistung auf 20 mkg/sec. Als Einheit der Leistung hat man die Pferdestärke (PS) festgelegt. Dabei ist 1 PS = 75 mkg/sec. Der Mensch kann auf kurze Zeit 1 PS leisten, doch nicht auf die Dauer. Beispielsweise kann man leicht ein Gewicht von 37,5 kg in $^1/_2$ sec 1 m hochreißen, aber nicht oft hintereinander.

2. *Reibung*

Bei allen Vorgängen, die Kraft und Bewegung vermitteln, spielt die Reibung eine ausschlaggebende Rolle. In den allermeisten Fällen werden die Vorgänge erst durch die Reibung ermöglicht. Es handelt sich dabei stets um das Aufeinanderhaften oder -gleiten zweier Flächen, die unter einem mehr oder weniger großen Druck gegeneinander gepreßt werden.

Man kann sich die aufeinanderwirkenden Flächen so vorstellen, als ob sie wegen ihrer rauhen Oberflächen mit ihren kleinsten Erhebungen und Vertiefungen ineinandergreifen und so dem gegenseitigen Verschieben einen Widerstand entgegensetzen. Im Groben kann dieser Vorgang mit der Ratschenkupplung verglichen werden. Die Ratschenzähne (Bild 1173) liegen durch Federdruck kämmend ineinander. Beim Drehen eines Teiles wird der andere Teil mitgenommen, da die gezahnten Oberflächen durch Reibung aufeinander haften. Bei größerem Widerstand des mitgenommenen Teiles kommen die schrägen Zahnflanken, weil die Feder nachgibt, ins Rutschen, bis die Zähne übereinander fortspringen.

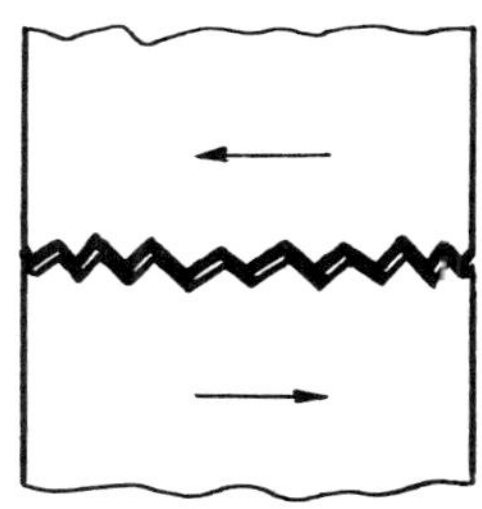

1173. Erklärung der Haft- und Bewegungsreibung an einer Ratschenkupplung

Solange die Zähne ineinandergriffen, bestand sogenannte Haftreibung. Im Augenblick, wo sie übereinander fortspringen, geht diese Haftreibung in Bewegungsreibung über. Es reiben dann nur noch die überspringenden Zahnspitzen gegeneinander.

Hieraus ist leicht zu erkennen, daß wir es mit 2 Arten der Reibung zu tun haben und daß die Haftreibung größer ist als die Bewegungsreibung.

Diese beiden Reibungsarten und ihre Größen spielen in der Technik eine große Rolle. Das Wissen von diesen Reibungen erleichtert es wesentlich, sich in den Ablauf vieler Vorgänge einzufühlen. Im einfachsten Fall tritt uns die Reibung schon beim Gehen entgegen. Ohne sie würden wir uns nicht fortbewegen können. Die Fußsohle haftet mit ihrer Oberfläche unter dem Gewicht des Körpers auf dem rauhen Erdboden, so daß das schräggestellte Bein nicht ausgleitet. Werden die Auflageflächen glatt, wie beim Gehen mit glatten Gummisohlen, auf Schnee oder spiegelglatter Eisfläche, so geht die Haftreibung in Bewegungsreibung über und man gleitet aus.

Eine Haftreibung will man bei der Reibungskupplung erzielen. Es ist daher darauf zu achten, daß die Haftreibung weder durch zu große Beschleunigungen oder Verzögerungen, noch durch zu geringen Druck abreißen darf, wenn die Reibwirkung gewahrt bleiben soll.

Auch die rollende Reibung an den Radreifen der Räder gehört zur Haftreibung, die aber, besonders auf glatter Fahrbahn, durch plötzliches scharfes Bremsen sofort in Bewegungsreibung übergehen kann, so daß das Fahrzeug schleudert. Diese Gefahr wird bei Vorderradbremsung vermieden, da die Hinterräder wegen der bei ihnen noch wirkenden Haftreibung nicht ins Gleiten kommen und so das vorn gleitende Fahrzeug durch die hinten wirkende Haftreibung davor bewahrt zu schleudern.

Die Nutzanwendung für Gespann-Fahrzeuge auf abschüssigen Straßen besteht darin, die Bremsen nicht so weit anzuziehen, daß die Räder blockiert werden und gleiten. Sie müssen sich stets noch leicht drehen, um die stärker bremsend wirkende Haftreibung zu erhalten.

3. Kraftübertragung

Es wurde zu Beginn dieses Abschnittes bereits betont, daß sich eine Kraft nicht immer in Bewegung zu äußern braucht. Ist der Gegenstand, auf den eine Kraft ausgeübt wird, fest gelagert und aus festem Material (beispielsweise ein Küchenbord mit daraufgestellten Konservendosen), so wird die Kraft, das Gewicht der Dosen, von der festen Unterlage aufgenommen und von deren Unterstützung an den beiden Auflagepunkten (also auf die beiden Seitenleisten) übertragen. Stehen die Dosen genau symmetrisch verteilt, so trägt jede Leiste die halbe Last, bekommt also die halbe Kraft der Dosen zu spüren. In anderen Fällen verteilt sich die Kraft im Verhältnis des Abstandes der Dosen von den Leisten.

Diese Kraftübertragung auf die Seitenleisten ist nur möglich, weil das Brett fest ist, das sich, je nach Dicke, mit größer werdender Belastung wegen seiner begrenzten Festigkeit mehr und mehr durchbiegt. Dabei bleibt aber die Kraftübertragung auf die Seitenleisten in gleicher Weise bestehen, ob sich das Brett durchbiegt oder nicht. Die von den Konservendosen ausgeübte Kraft wird also in Druck auf das Brett umgesetzt. Ist das Holz weich, so kann der Druck auf dem Brett Eindrücke hinterlassen, ist es dagegen hart, fest und dick genug, so wird der Druck nur auf die Leisten weitergeleitet. Das Brett wird auf Biegen beansprucht; wird die Belastung des Brettes größer als seine Festigkeit, so bricht es; die von den Dosen ausgeübte Kraft setzt sich in Bewegung und läßt die Dosen herunterfallen. Im gleichen Augenblick hört die von den Dosen ausgeübte Kraft auf.

Es ist wichtig, daß die Nägel oder Schrauben, mit denen die Seitenleisten befestigt sind, im Querschnitt stark genug sind, diese Teilkraft auch zu übertragen. Auf sie wirkt sich die Kraft als Scherkraft aus, indem die anliegende Fläche der Leiste zusammen mit der Wangenfläche, die die Nägel (oder Schrauben) hält, den Querschnitt der Nägel (oder Schrauben) abzuscheren versucht. Ist das Leistenholz sehr hart, oder, nehmen wir an, es trüge an seiner Unterseite eine Metallschiene und wäre das Wangenholz ebenfalls unnachgiebig, so werden die Nägel oder die Schrauben bei übergroßer Belastung tatsächlich abgeschert und das Brett verlöre seine Auflagefläche und fiele herunter. Da Holz aber, verglichen mit dem Metallmaterial der Schrauben und Nägel, etwas weich ist, so wird es bei solchen Belastungen nachgeben, die Nägel und Schrauben werden sich durch die Scherwirkung eindrücken und aus der eigentlichen Scherwirkung herauskommen. Dadurch werden sie auf Biegen beansprucht. Die erste Folge davon ist, daß sich die Leiste schräg stellt und nicht mehr anschließt und die Nägel allmählich aus der Wange herausgezogen werden. Bei den Schrauben tritt das wegen der großen Gewindereibung erst später ein.

Dieser einfach dargestellte Vorgang einer Kraftübertragung wiederholt sich an allen Maschinenteilen in entsprechender Form, sei es bei der Ausübung einer Kraft an einem Kurbeltrieb, wo der Kurbelzapfen auf Biegung und auf Abscheren beansprucht wird, sei es bei der Kraftübertragung an Zahnrädern, wo die einzelnen Zähne beim Kämmen auf Biegung beansprucht werden, sei es bei der Kraftübertragung durch eine Welle, die auf Verdrehen beansprucht wird. Immer hat der tragende Querschnitt die Kraft aufzunehmen und kann sie nur weiterleiten, wenn er groß genug ist. Wenn bei diesen letzten Beispielen auch durch die Kraft Bewegungen übertragen werden, so ist doch zunächst die Kraftwirkung auf die übertragenden Querschnitte eine ruhende, so daß diese Vorgänge der Statik angehören, der Lehre vom Gleichgewicht der Kräfte, im Gegensatz zu den eigentlichen Vorgängen der Bewegung, die in das Gebiet der Dynamik gehören.

Um ein anschauliches Bild der Dynamik zu geben, sei der Moment herausgegriffen, da das erwähnte Bord wegen Überlastung bricht. Das Gleichgewicht der Kräfte, die Statik, ist gestört, die Festigkeit des Brettes oder die der Unterstützung kann nicht mehr eine ausreichende Gegenkraft aufbringen. Die Dosen fallen mit dem Brett herunter. Die Kraft (also das Gewicht der Dosen) wird wegen der in den Dosen wohnenden Energie in Bewegung umgesetzt, sie leisten eine Arbeit, indem sie herunterfallen, in Energie der Bewegung übergehen, unten aufschlagen, Lärm hervorrufen, die Dosenwände einbeulen oder gar zerbrechen und den Inhalt verspritzen. Damit ist wieder Ruhe und das Gleichgewicht der Kräfte hergestellt.

Diese Beispiele gehören in das Gebiet der Mechanik starrer Körper. In der Technik handelt es sich aber außerdem um Vorgänge, bei denen im Verein mit starren Körpern, die dabei nur die leitenden, führenden Elemente bilden, Flüssigkeiten und auch gasförmige Körper Kräfte zu übertragen oder auszuüben haben. Und hier herrschen andere Gesetze.

Flüssigkeiten und Gase übertragen die Kräfte nach allen Seiten hin gleichmäßig, weshalb man die Kraftrichtung durch Rohrleitungen oder Zylinderwandungen führen muß. Im Zeitalter zunehmend angewandter Hydraulik bei den Anbaugeräten am Schlepper ist es wichtig, mit der Kraftwirkung solcher Vorrichtungen vertraut zu sein.

Offene Gefäße und Behälter stehen unter dem Druck der Außenluft, die überall gleich ist, so daß Flüssigkeiten in ihnen gleich hoch stehen und eine horizontale Oberfläche bilden, ganz gleich, wie die Gefäßformen ausgebildet sind. Auf dieser Wirkung beruht es, Gewässer durch sogenannte Düker unter Fahrwegen usw. durchzuleiten. Auch Wasserstandsgläser an Kesselanlagen zeigen darum den gleichhohen Stand des Wassers wie im Kessel an. Da solche Wasserstandsgläser mit ihrem oberen Teil wieder in den Kessel zurückführen, ist auch bei geschlossenem Kessel und bei bereits vorgeschrittener Dampf- und Druckbildung der Wasserstand wegen des gleichen Druckes überall im Glas und Kessel gleich hoch.

Saugpumpen entziehen der Saugleitung den außen herrschenden atmosphärischen Druck, so daß dadurch ein äußerer Überdruck entsteht, der das Wasser in der Saugleitung hochtreibt. Bei völliger Luftentleerung in der Saugleitung wird der Druckunterschied am größten, der also im Höchstfall eine Atmosphäre betragen kann. Wegen Undichtigkeiten, die sich praktisch bei einer Pumpe nicht vermeiden lassen, ist der Druckunterschied aber geringer und beträgt etwa $^3/_4$ Atmosphäre. Da eine Atmosphäre (das ist das Gewicht der auf die Erdoberfläche drückenden Luftschicht) dem Gewicht einer Wassersäule von 10 m Höhe gleichkommt, so wird eine $^3/_4$ Atmosphäre das Wasser in der Saugleitung nur etwa 7 m hochdrücken können. Darum kann man mit einer Saugpumpe höchstens aus etwa 7 m Tiefe Wasser heraufpumpen. Anders verhält es sich bei Druckpumpen, die Drücke von beliebiger Höhe erzeugen und dadurch Wasser aus beliebigen Tiefen nach oben drücken können.

Der Kolben hat einen Hub. Den von ihm während eines Hubes bestrichenen Raum bezeichnet man mit Hubvolumen, das der bei einem Hub geförderten Wassermenge gleichkommt. Das Hubvolumen setzt sich zusammen aus dem Kolbenquerschnitt und dem Kolbenweg. Ist der Kolbenquerschnitt $= F$ und der Kolbenweg $= a$, so ist das Hubvolumen $F \times a$. Beträgt der Querschnitt der Leitung $= {}^1/_{10}\, F$, so steigt das Wasser bei einem Kolbenhub in der Steigleitung um 10 a.

Bei hydraulischen Pressen hat man, um hohe Drücke im Lastzylinder zu erzielen, einen verhältnismäßig kleinen Kolbenquerschnitt mit langem Weg im Kraftzylinder, so daß bei größerem Kolbenquerschnitt der Kolbenweg im Lastzylinder sehr klein wird. Auch hier gilt dasselbe wie bei den Hebelgesetzen: Was an Kraft gewonnen wird, geht an Weg verloren. Wird beispielsweise auf einen Kraftkolben vom Querschnitt von 1 cm² auf eine Länge des Kolbenweges von 50 cm eine Kraft von 1 kg ausgeübt, so wird mit dieser Kraft in einem Lastzylinder vom Querschnitt von 100 cm² jene Kraft auf jeden Quadratzentimeter Querschnitt des Lastkolbens, also insgesamt 100 kg übertragen, aber nur auf einem Kolbenweg von nur $\frac{50}{100}$ cm = $^1/_2$ cm.

Bei solchen hydraulischen Kraftvorrichtungen bedient man sich statt des Wassers, das sich wegen der Luft darin bis zu einem gewissen Grade zusammenpressen läßt, und dadurch das Hubvolumen herunterdrückt, nicht zusammenpreßbarer Flüssigkeiten, des Öles. Als Kraftpumpen kommen neben Kolbenpumpen Rotationspumpen in Betracht, die wegen der Baulänge der Kolbenpumpen und der bei ihnen erforderlichen Kurbeltriebe konstruktiv und auch arbeitsmäßig einfacher sind, weil sie unmittelbar an Zapfwellen oder anderen sich drehenden Maschinenteilen angeschlossen werden können.

Gasförmige Körper eignen sich nicht zur Kraftübertragung in dem besprochenen Sinne, da sich, wenn sie unter Druck stehen, ihr Volumen in dem Maße verkleinert wie der Druck zunimmt. Wenn Gase trotzdem bei der Kraftübertragung eine besondere Rolle spielen, so liegt das an dem hohen Verbrennungsdruck des Gemisches verschiedener Gase, der bei bestimmten Temperaturen und unter schneller Ausdehnung entsteht und im Zylinder der Gasmotoren ausgenutzt wird. Hierbei wirkt der Verbrennungsdruck des Gasgemisches auf die Kolbenfläche des Motors und betreibt dadurch die Maschine. Dieser Vorgang wiederholt sich bei jeder neuen Füllung des Verbrennungsraumes mit Gasgemisch. Bei den Zwei- und Viertaktmaschinen in der Landwirtschaft wird dieser Vorgang erfolgreich ausgenutzt. Bei den Viertaktmaschinen geht der Vorgang so vor sich: Der Kolben saugt beim ersten Rückgang (1. Takt) vergasten Treibstoff (Benzin, Dieselöl u. a.) mit dem Sauerstoff der Luft in einem günstigen Mischungsverhältnis an. Beim ersten Hingang (2. Takt) wird dieses Gemisch zusammengepreßt (komprimiert), nachdem sich das Einlaßventil geschlossen hat. Wenn die vordere Totlage des von einem Kurbeltrieb bewegten Kolbens erreicht ist, wird dieses verdichtete Gasgemisch durch einen Zündfunken zur Verbrennung gebracht. Da sich der große Druck der so herbeigeführten Verbrennung nach allen Seiten hin auswirkt, die Zylinderwandung aber sehr fest ist, so wird der bewegliche Kolben mit großer Kraft zurückgedrückt (3. Takt), der diese Kraft auf dem Wege des Kolbenhubes in Arbeit umsetzt und über den Kurbeltrieb die Maschine antreibt. Beim zweiten Hingang werden die verbrannten Gasreste bei geöffnetem Auspuffventil ausgestoßen und der Zylinderraum ist wieder für eine neue Füllung aufnahmefähig (4. Takt).

Bei den Zweitakt-Motoren werden diese Takte mit ihren Erscheinungen auf zwei Takte (also auf einen Rücklauf und einen Vorlauf des Kolbens) zusammengelegt, so daß beim Rückgang des Kolbens das Gasgemisch angesaugt (1. Takt) und beim Vorgang verdichtet, gezündet und ausgepufft wird (2. Takt).

Eine Ausnahmestellung nimmt der Glühkopfmotor ein, bei dem nicht durch einen Zündfunken, sondern durch die Hitze des Zylinderkopfes zusammen mit einer hohen Kompression des Gasgemisches gezündet wird. Da diese Hitze beim Anfahren noch nicht vorhanden ist, wurde der Glühkopf früher mit einer Heizlampe angeheizt. Heute läßt man solche Maschinen zunächst mit Benzin und Zündfunken anfahren und schaltet nach einiger Zeit auf Glühkopf und Dieselöl um.

4. Elektrische Kraft

Außer der mechanischen Krafterzeugung und -übertragung, seien sie starrer, flüssiger oder gasförmiger Natur, macht sich die Landwirtschaft seit einer Generation die Errungenschaften auf elektrotechnischem Gebiete nutzbar. Elektromotorische Kraft kann durch die zwischen Metallen verschiedener Art bestehende Spannung erzeugt werden, wie sie in Batterien und Akkumulatoren benutzt wird; aber auch durch Feldlinienschnitt magnetischer Felder, wie er bei den Dynamomaschinen hervorgerufen wird.

Der elektrische Strom kann in der verschiedensten Art Arbeit leisten. Wiederum magnetische Felder erzeugend, kann er beispielsweise Drehbewegungen in Elektromotoren erzeugen oder als Elektromagnet in Relais, Signalanlagen usw. wirken. Er erhitzt Drähte und Gase zur Beleuchtung und er bildet Flammenbogen. Wegen seiner elektrisierenden Wirkung wird er bei Weidezäunen und ähnlichen Vorrichtungen angewendet.

Abgesehen von der Verwendung des elektrischen Stromes bei Lichtmaschinen in abgelegenen Gegenden und von dem durch Batterien und Akkumulatoren erzeugten Strom, wird er im Großen durch Elektrizitätswerke erzeugt. Sie erzeugen ihn über Dampf- und Wasserkraftmaschinen mit Dynamos und leiten ihn in Hochspannungsleitungen über Land zu den Verbrauchern.

Die Hauptmerkmale des elektrischen Stromes sind die Stromstärke, sein Widerstand und seine Spannung, die voneinander abhängig sind.

Die Stromstärke wird in Ampere (A) ausgedrückt. Um den unsichtbaren Strom zu veranschaulichen, kann man ihn mit Wasser vergleichen. Die Stromstärke würde dabei der Durchflußmenge entsprechen, die durch einen Leiter fließt. Die Größe von 1 Ampere ist genau festgelegt und bezeichnet die Stromstärke, die in der Sekunde aus einer Lösung von Silbernitrat 1,118 mg Silber ausscheidet.

Den Widerstand drückt man in Ohm (Ω) aus. Man kann ihn mit dem Durchflußquerschnitt einer Wasserleitung vergleichen. 1 Ohm ist der Widerstand, den eine Quecksilbersäule von 1 mm² Querschnitt und 106,3 cm Länge dem Strom entgegensetzt.

Spannung wird in Volt ausgedrückt (V). Die Spannung kann man mit dem Wasserdruck vergleichen. 1 Volt ist die Spannung, die eine Stromstärke von 1 Ampere durch einen Leiter von 1 Ohm Widerstand treibt.

Die gegenseitige Abhängigkeit dieser drei Größen ist in der Beziehung

$$\text{Stromstärke} = \frac{\text{Spannung}}{\text{Widerstand}} \text{ festgelegt.}$$

Um den Stromverbrauch zu berechnen, wird das Produkt aus Spannung und Stromstärke herangezogen, das in Watt ausgedrückt wird und die elektrische Leistung ist:

$$\text{Volt} \times \text{Ampere} = \text{Watt}$$

$$1000 \text{ Watt} = 1 \text{ Kilowatt (kW)}.$$

Demnach ergibt sich als Einheit für die elektrische Arbeit der Ausdruck kWh = Kilowattstunde, der vom Zähler angezeigt wird und die Basis für die Berechnung des verbrauchten Stromes ist.

Verglichen mit der mechanischen Leistung entspricht:

$$1 \text{ kW} = 1{,}36 \text{ PS}.$$

Ein Motor von 1 PS Leistung hat demnach einen Stromverbrauch von 736 Watt.

Da der elektrische Strom auch zum Heizen von Kochapparaten, Heizplatten (beispielsweise in Brutapparaten), Heizspiralen usw. verwendet wird, sollen hier gleich die Umwandlungswertigkeiten gebracht werden.

Die Maßeinheit für Wärme ist die Kalorie (cal). Eine Kalorie ist die Wärmemenge, die 1 g Wasser um 1° C erwärmt. Eine Kilokalorie (kcal) erwärmt 1 kg Wasser um 1° C. Mit elektrischem Strom erzeugt eine Kilowattstunde eine Wärmemenge von 860 kcal, so daß man damit etwa 10 Liter Wasser zum Kochen bringen kann.

Der Erwärmungsvorgang, der beispielsweise in Heizspiralen durch die starke Erwärmung bis zum Glühen des Heizdrahtes ausgenutzt wird, ist bis zum gewissen Grade ein notwendiges

Übel auch in allen stromdurchflossenen Leitungen. Das beruht auf den mit Reibung in Wasserleitungen vergleichbaren Vorgängen. Bei Wasserleitungen wird dem Wasser durch die Leitungsreibung etwas an Druck und Durchflußmenge genommen. Beim elektrischen Strom wirkt sich die Leitung als Widerstand aus und setzt sich unter Spannungsabfall in Wärme um.

Je geringer der Querschnitt einer Leitung ist, um so größer ist die Stromstärke; je kleiner die Spannung, um so größer ist der Widerstand in der Leitung und um so größer ihre Erwärmung. Spannungsverluste, die durch den Widerstand in den Leitungen entstehen, vermeidet man bei Überlandleitungen möglichst durch Umspannen (Transformieren) des Stromes auf hohe Spannungen, die an der Verbraucherstelle wieder heruntergespannt und der Betriebsspannung angeglichen werden. Dadurch vermeidet man auch, daß die Leitungen erhitzen. Für den landwirtschaftlichen Betrieb ist es sehr wichtig, wenn Elektromotoren, elektrische Heizvorrichtungen usw. angeschlossen werden, die mit hohem Wattverbrauch arbeiten, die Leitungen entsprechend zu bemessen. Wenn solche Geräte angeschlossen werden, muß geklärt werden, ob die Stromleitungen einen Querschnitt haben, der dem Stromverbrauch entspricht. Das ist nötig, um zu vermeiden, daß die Leitungen sich erwärmen, und damit die angeschlossenen Maschinen und Geräte ordnungsgemäß arbeiten. Besonders wichtig ist das bei elektromotorisch betriebenen, überlastungsfähigen Maschinen. Wenn auch der Elektromotor bis zu einem gewissen Grade und für kurze Zeit überlastungsfähig ist, so hilft das nichts, wenn für die erforderliche höhere Stromaufnahme der Strom wegen zu engen Leitungsquerschnitten nicht nachgeliefert werden kann, ganz abgesehen von der Erhitzung der Leitung und der damit verbundenen Brandgefahr. Der Motor wird also nicht die erforderliche Drehzahl bekommen, unter Umständen gar nicht anlaufen.

Ist beispielsweise ein Elektromotor von 10 kW anzuschließen bei einer Netzspannung von 380 Volt, so wird der erforderliche Leitungsquerschnitt folgendermaßen errechnet: Nach der Beziehung Volt $\times$ Ampere $=$ Watt errechnet sich die erreichte Amperezahl zu $\frac{10000 \text{ Watt}}{380 \text{ Volt}} = 26{,}37$ Ampere. Aus der in jedem elektrotechnischen Taschenkalender zu findenden Tabelle über die Belastbarkeit von Leitungen ersieht man, daß bis 27 Ampere ein Kupferquerschnitt von 2,5 mm^2, bis 36 Ampere ein solcher von 4 mm^2 zu wählen ist. Da bei der Überlastung die Amperezahl noch weiter steigt, kann man unter Berücksichtigung solcher Überlastung den Querschnitt von 4 mm^2 wählen.

Im Anschluß an diese, in das Gebiet der Elektrotechnik gehörenden Ausführungen sollen kurz noch einige Fragen behandelt werden, die die Behandlung der Elektromotoren betreffen. Wenn die Motoren falsch angelassen werden, entsteht viel Unheil; abgesehen von dem Zeitverlust bei Betriebsstörungen, werden viel unnütze Reparaturkosten vergeudet.

Die meist an Überlandleitungen angeschlossenen landwirtschaftlichen Betriebe arbeiten ausschließlich mit Drehstrom, einem Dreiphasenstrom, der mit allen drei Phasen an den dafür vorgesehenen Drehstrommotor angeschlossen wird.

Fängt solch ein Motor an zu brummen, wenn er eingeschaltet wird, so ist das Gleichgewicht der drei Phasen gestört. Eine Phase setzt nicht ein, ist entweder nicht angeschlossen oder die zugeordnete Sicherung der Phase ist nicht in Ordnung. Solche Fälle lassen sich ohne Schwierigkeiten beheben.

Wesentlicher ist, daß der Motor sachgemäß eingeschaltet wird. Meist werden sogenannte Kurzschlußläufer in der Landwirtschaft verwendet. Solche Maschinen mit kleiner Leistung und verhältnismäßig geringer Stromaufnahme kann man unmittelbar anlassen, d. h.: sogleich den ganzen Strom wirken lassen, wenn auch das Anzugsmoment trotz des großen Anzugsstromes recht klein ist. Darum verwendet man, besonders bei Motoren mit größerer Leistung, eine besondere Schaltung, die zunächst nur etwa ein Drittel des Stromes wirken läßt, bis die

Maschine auf Touren gekommen ist. Es handelt sich um die Stern-Dreieck-Schaltung. Bei der ersten Schaltung auf Stern läuft der Motor an; wenn er angelaufen ist, schaltet man auf Dreieck um und läßt damit den ganzen Strom wirken, ohne daß die Windungen im Motor oder die sonstige Leitungsanlage überlastet wird und verschmort.

Bevor man also einen Motor in Betrieb nimmt, überzeugt man sich von seiner Art, kann ihn dann sachgemäß bedienen und üble Folgen verhindern.

G. Bauelemente der Landmaschinen

Um die Landmaschinen sachgemäß instand setzen zu können, muß man sich über die Bauelemente der Maschinen und Geräte, ihre Aufgaben und ihre Sonderheiten klar geworden sein. Es sollen hier die wichtigsten Teile dieser Maschinen behandelt werden.

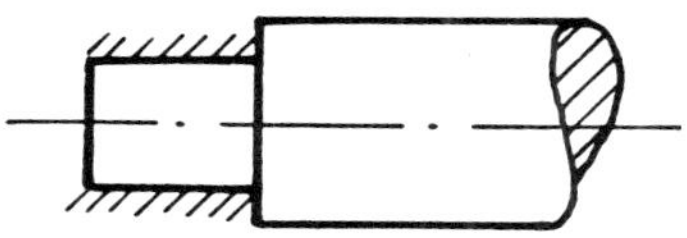

1174. Stirnzapfenlagerung

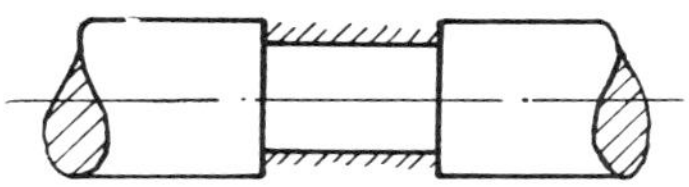

1175. Halszapfenlagerung

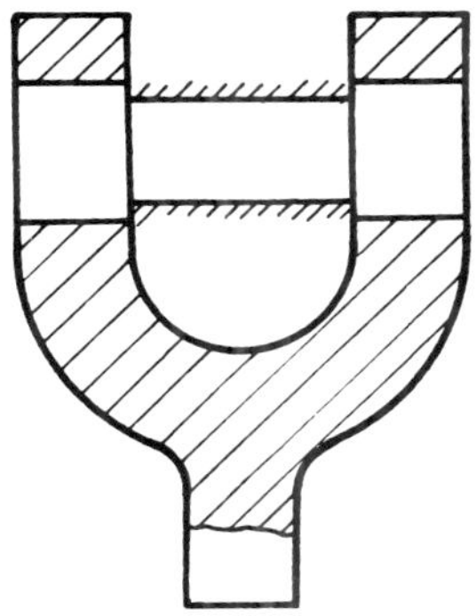

1176. Gabellager

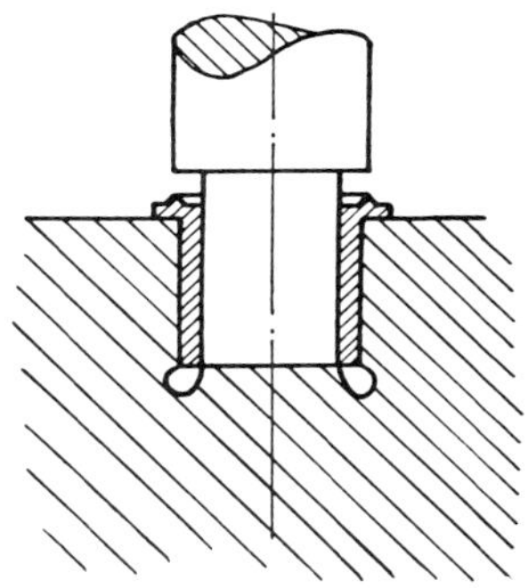

1177. Spurlager

1. Zapfen und Lager

Zapfen dienen zur Unterstützung sich drehender Maschinenteile. Sie sind in Zapfenlagern so eingebettet, daß sie sich drehen können. Es gibt horizontal liegende Tragzapfen, die als Stirn- (Bild 1174), Hals- (Bild 1175) und als Gabelzapfen (Bild 1176) ausgebildet sein können, und es gibt vertikal stehende Spurzapfen (Bild 1177).

Die Zapfen werden in Trag- oder Spurlagern gelagert. Damit der Zapfen genau umschlossen wird, legt man Lagerschalen aus besonderem Material in das Lager ein. Sie haben außerdem den Vorteil, gute Reibungsverhältnisse zu schaffen, und wenn sie abgenutzt sind, kann man sie nachstellen oder auswechseln. Die Lagerschalen werden aus weicherem Material als die Zapfen hergestellt, damit die Zapfen weniger verschleißen. Das billigste Lagermaterial für geringe Drehgeschwindigkeiten und für nicht zu großen Flächendruck ist Gußeisen, das zu Stahl gute Reibungseigenschaften hat. Das beste Lagermetall ist Bronze oder Rotguß. Ebenfalls gut bewährt hat sich Weißmetall, da es leichtflüssig ist, und die Zapfen unmittelbar umgossen werden können. Auch beim Ausgießen abgenutzter oder beschädigter Lager kann man sich gut helfen, wenn man die Schadenstellen mit Weißmetall vergießt.

An den Landmaschinen sind einteilige Augenlager und zweiteilige Lager als Steh-, Hänge- und auch als Konsollager. Das wichtigste Kapitel bei diesen Lagern ist das der Schmierung, die sich als Film zwischen Zapfen und Lagerfläche legt, und dadurch für geringen Verschleiß, geringe Reibung und für einen leichten Lauf der Maschine und für Wärmeableitung sorgt. Die Lager versieht man meist mit Ölnuten, um die Schmierung zu verbessern; Ringschmierlager ermöglichen, daß die Laufflächen dauernd durch Schmierringe mit Öl befeuchtet werden; oder man bringt sämtliche Lagerflächen mitsamt dem Getriebe in Ölgehäusen unter. Am idealsten, aber sehr teuer, sind Kugel- und Rollenlager, die wenig gewartet zu werden brauchen und bei geringer Reibung, geringem Verschleiß und geringer Wärmeentwicklung die Schmiermittel sparsam verbrauchen. Meist sind die Kugeln in einer Starrschmiere (Vaseline oder Kugellagerfett) eingepackt, so daß die Maschinenteile leicht und geräuschlos laufen.

2. Achsen und Wellen

Über die Begriffe dieser beiden Ausdrücke herrscht oft große Unklarheit; bei Bestellungen entstehen leicht Irrtümer dadurch, daß der Besteller falsch verstanden wird und ihm eine falsche Reparatur gemacht oder ihm ein falsches Maschinenteil geliefert wird.

Achsen sind mit Zapfen versehene, drehbare oder nicht drehbare Träger drehbarer Maschinenteile. Achsen werden besonders auf Biegung beansprucht. Man spricht z. B. von Fahrzeugachsen.

Unter Wellen versteht man drehbare Maschinenteile, die Drehkräfte aufzunehmen und zu übertragen haben, wie beispielsweise Transmissions-Vorgelege-, Motorwellen.

Beide Begriffe können sich überschneiden, wie bei der Grasmähmaschine (Bild 468) oder bei Kartoffelerntemaschinen, wo die Maschinenachse gleichzeitig zur Antriebswelle wird. Solche Achsen nennt man Fahrwellen.

Wellen sind, da sie meist aus gezogenem, im Handel erhältlichem Wellenmaterial hergestellt werden, über ihre ganze Länge blank. Früher bearbeitete man auch Kurbelwellen so, daß sämtliche Teile blank waren. Heute werden nur noch die Stellen lagermäßig bearbeitet, die auch tatsächlich als Lagerstellen benutzt werden. Darum können sie billiger hergestellt werden. Bei älteren Dreschmaschinen findet man noch häufiger durchgehend bearbeitete, gekröpfte Schüttlerwellen; bei neuzeitlichen Maschinen werden nur die wirklichen Lagerstellen in den Kröpfungen bearbeitet und die Teile, die die Antriebselemente aufnehmen sollen. Bei Kugel- und Rollenlagern geht man hier sogar noch weiter und bearbeitet die Lagerstellen nur, soweit es die Befestigung der Kugellager erforderlich macht, die ja für die Kugeln eine Lauffläche in sich tragen. Die tragenden Wellenteile verschleißen darum nicht mehr.

3. Kupplungen

Kupplungen werden bei Landmaschinen verwendet, um die arbeitenden, angetriebenen Teile ein- und auszurücken. Hier werden meist sogenannte Klauenkupplungen gebraucht. Es ist zu beachten, daß sie nur bei langsamer Bewegung der Triebteile eingerückt werden dürfen, um Bruch zu vermeiden und überhaupt die Maschinenteile zu schonen. Auch müssen sie ganz eingerückt werden, damit die Klauen richtig und ganz aufliegen und nicht nur ein kleiner Teil von ihnen faßt und überlastet wird. Ebenso ist beim Ausrücken darauf zu achten, daß die Kupplungsklauen soweit wie möglich aus den Gegenklauen herausgezogen werden, damit die Klauenspitzen nicht haken und Bruch vermieden wird. Wenn die Betriebsklemmung nicht zu groß ist, kann auch bei voller Bewegung ausgerückt werden.

Elastische und Reibungskupplungen sind an Landmaschinen seltener. Solche Kupplungen arbeiten meist mit Reibflächen, die durch Federdruck gegeneinander gepreßt sind. Hier ist darauf zu achten, daß die Reibflächen kein Öl oder Fett bekommen, sonst würde die reibende Wirkung der Kupplung aufgehoben.

Eine Kupplung besonderer Art ist das an vielen Landmaschinen (Grasmähmaschinen, Kartoffelroder u. ä.) angebrachte Sperrklinkengetriebe. Es dient dazu, wie ein Differentialgetriebe verschiedene Radumdrehungen beim Kurvenfahren auszugleichen und beim Rückwärtsfahren die Maschine außer Betrieb zu setzen. Das Sperrklinkengetriebe stellt die Verbindung zwischen den beiden Antriebsfahrrädern und der als Antriebswelle ausgebildeten Achse der Maschine her. Beim Vorwärtsfahren nimmt das Fahrrad die Welle mit durch Knaggen, die unter Federdruck einseitig in einen Zahnring einklinken. Bei Rückwärtsdrehung rutschen die Knaggen des Rades über die Zähne des Zahnringes hinweg, ohne die Welle mitzunehmen (vgl. auch Bild 467). Dasselbe tritt ein bei dem inneren Fahrrad, das sich bei Kurvenfahrt langsamer dreht. Es macht ja relativ zu dem sich schneller drehenden äußeren Rad eine Rückwärtsbewegung. Solche Sperrklinkenkupplungen sind sehr verschieden ausgebildet. Meist sind sie mit 2 oder mit 3 Sperrklinken ausgerüstet.

4. Zahnräder

Zahnräder sollen Drehbewegungen von einer Welle auf eine andere in nicht zu großem Abstand von ihr parallel angeordnete Welle übertragen. Mit ihrer Hilfe kann man die Größe der Drehbewegung und auch ihren Drehsinn durch entsprechende Anzahl der Zahnräder ändern. Man unterscheidet Antriebszahnräder (I) und getriebenes Zahnrad (II) (Bild 1178). Der Abstand *e* der Zahnradmittelpunkte liegt durch die Wellen fest und bleibt stets gleich, d. h.: Die Summe der Halbmesser zweier Zahnräder, die zwei Wellen verbinden, ist gleich dem Wellenabstand. Durch diese Halbmesser kann man das Übersetzungsverhältnis zwischen den Drehgeschwindigkeiten der beiden Wellen ändern. Bei gleichgroßen Zahnrädern ändert sich die Drehzahl nicht. In dem Maße, wie sich das Antriebszahnrad vergrößert, vergrößert sich die Drehzahl des angetriebenen Zahnrades und damit die der angetriebenen Welle und das Übersetzungsverhältnis. Ist beispielsweise der Abstand zweier Wellen und damit die Summe der Halbmesser beider Zahnräder = 250 mm und hat das Antriebszahnrad einen Halbmesser von 150 mm, so bleibt für das angetriebene Zahnrad ein Halbmesser von 100 mm. Das Übersetzungsverhältnis beträgt dabei $\frac{100}{150} = \frac{2}{3}$, d. h. die angetriebene Welle dreht sich $\frac{3}{2} = 1{,}5$mal so schnell wie die Antriebswelle. Diese Erscheinung beruht auf dem gegenseitigen Abrollen der Umfänge beider Zahnräder. Sie haben an ihrem Umfang gleichgroße Zähne, die wegen der etwas kleineren Zahnlücken ineinandergreifen können, so daß sie sich gegenseitig sperren und dadurch eine Bewegung ohne Schlupf übertragen. Bei Zahnlücken spricht man ebenso wie bei den Zähnen wegen ihres Abstandes von Teilung. Da die Umfänge der Zahnräder, die in ihren mittleren Berührungspunkten, den Teilkreisen, als regelrechte Kreise angesehen werden können, so rollen sie wie Kreise aufeinander ab. Entsprechend ihren Umfangsgrößen rollt sich in unserem Beispiel bei zwei Umdrehungen des Antriebsrades das getriebene Zahnrad dreimal auf ihm ab, wodurch die Übersetzung 2 : 3 zustandekommt. Man erkennt hieraus, daß die Übersetzung eines Zahnradpaares sich nicht ändern kann, es sei denn, daß man die Zahnräder in ihrer gegenseitigen Lage vertauscht und daß sich dadurch das Übersetzungsverhältnis gleichfalls umkehrt, also in unserem Falle 3 : 2 würde. Soll also, wie man es bei Drillmaschinen oder Düngerstreumaschinen hat, eine andere Übersetzung angewendet werden, so kann man das entweder in der oben beschriebenen Weise durch Wechselräder erreichen oder dadurch, daß man andere Zahnradpaare einschaltet. Um das umständliche Auswechseln solcher Räder zu ersparen, baut man Schaltgetriebe ein, vor allem da, wo es sich um häufigere Änderung und um viele verschiedene Geschwindigkeiten handelt.

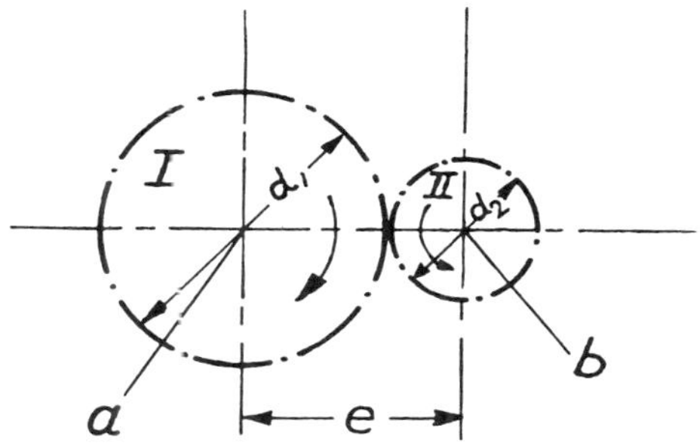

1178. Wirkungsweise eines Zahnräderpaares, durch ihre Teilkreise dargestellt

Für die Ermittlung der nötigen Zähnezahl für ein Zahnradpaar mit verlangtem Übersetzungsverhältnis ist man daran gebunden, daß die Anzahl der Zähne und Zahnlücken (also das Produkt aus Teilung und Zähnezahl) genau dem Teilkreisumfang entspricht, da ja sämtliche Zähne und Zahnlücken ganz vorhanden sein und sich in gleichmäßiger Folge zum Kreis schließen müssen. Da die Teilungen beider ineinandergreifender Zahnräder gleich sind, hat man, um die Zahnradberechnung zu vereinfachen, den Begriff ,,Modul" (m) eingeführt. Er stellt das Verhältnis vom Durchmesser zur Zähnezahl des Zahnrades dar. Dadurch erhält man (unter Fortfall der Zahl π) für die beiden Zahnräder:

$$z_1 = \frac{d_1}{m}, \quad z_2 = \frac{d_2}{m}$$

und kann mit diesen beiden Formeln die Zahnräder bestimmen.

Als Beispiel soll zwischen zwei in einem Abstand von 150 mm liegenden Wellen eine Bewegung durch 2 Zahnräder mit einem Übersetzungsverhältnis 1 : 2 übertragen werden. Die Durchmesser und die Zähnezahlen der Zahnräder sind zu ermitteln.

Da die Durchmesser der Zahnräder im umgekehrten Verhältnis zur Übersetzung stehen, wird die der Summe der Radien entsprechende Strecke von 150 mm im Verhältnis 2 : 1 geteilt. Man erhält dadurch die Radien der Zahnräder zu $r_1 = 100$ mm, $r_2 = 50$ mm. Die Durchmesser sind entsprechend $d_1 = 200$ mm, $d_2 = 100$ mm.

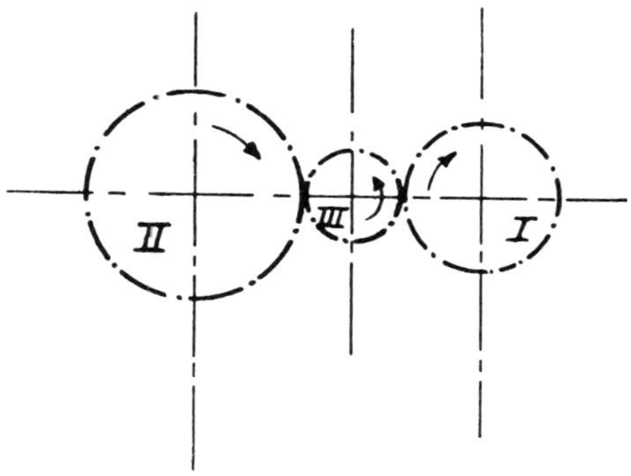

1179. Zahnräderpaar mit Zwischenrad

Durch Wahl eines geeigneten Moduls, beispielsweise $m = 4$, kann man die Durchmesser so teilen, daß sich ganze Zahlen ergeben, in unserem Falle 50 und 25. Es wird also $z_1 = 50$ und $z_2 = 25$ Zähne. Die Teilung ergibt sich dann durch Teilung des entsprechenden Teilkreisumfanges durch die Zähnezahl zu $t = 12{,}56$ mm.

Der Drehsinn zweier durch ein Zahnradpaar verbundener Wellen ist stets gegenläufig. Will man bei der angetriebenen Welle den Drehsinn der Arbeitswelle behalten, so muß ein drittes Zahnrad als Zwischenrad zwischen die beiden Zahnräder geschaltet werden (Bild 1179). Des öfteren sieht man mehrere Zwischenräder. Sie sollen entweder den Drehsinn umkehren oder man will bei entfernter auseinanderliegenden Wellen den großen Zwischenraum überbrücken, so daß man teure, schwere Zahnräder spart. Der Drehsinn bleibt bei einer ungeraden Zahnräderzahl gleich. Bei einer geraden Zahl ändert er sich.

Meistens stellt man Zahnräder aus Stahl her. Sie werden auf besonderen Zahnräderfräsmaschinen Zahn für Zahn gefräst. Solche Zahnräder arbeiten sehr genau, sind aber teuer. Im Landmaschinenbau, wo es sich meist um langsam laufende Maschinenteile handelt und diese Präzision nicht immer erforderlich ist, kommt es darauf an, billige Maschinen herzustellen. Darum stellt man die Zahnräder fast durchweg aus Gußeisen her. Bei dieser Herstellung werden die Zähne nur einmal bei der Anfertigung des Modells geformt und die Zahnräder nach dem Modell in Mengen ausgegossen. Wenn man bedenkt, daß ein gefrästes Stahlzahnrad kaum unter 10,— DM hergestellt werden kann, ein Gußrad aber nur wenige Groschen kostet, so erkennt man leicht, wie der Gestehungspreis dadurch beeinflußt wird. Da Gußräder nicht bearbeitet werden, behalten sie ihre harte, widerstandsfähige Gußhaut; solche Räder verschleißen nicht zu schnell, besonders wenn sie immer gut geschmiert werden.

Bei Betriebsstörungen, Verklemmungen, Verstopfungen dieser Arbeitsorgane können die Zähne der Gußräder ausbrechen. Das beschädigte Zahnrad ist sofort durch ein neues zu ersetzen, um größere Beschädigungen der Maschine zu verhindern. Wenn Zähne fehlen, können Zahnräder nicht ordnungsmäßig ineinandergreifen; sie können mit ihren Zahnköpfen aufeinanderstoßen und verwürgen dann die ganze Lagerung, was zu kostspieligen Reparaturen führen kann. Um die Zahnradverhältnisse zu ermitteln, seien folgende Grundsätze angegeben:

1. Zähnezahl × Drehzahl des treibenden Zahnrades gleich Zähnezahl × Drehzahl des getriebenen Rades:

$$z_1 \cdot n_1 = z_2 \cdot n_2$$

und daraus:

$$z_1 = \frac{z_2 \cdot n_2}{n_1}; \quad z_2 = \frac{z_1 \cdot n_1}{n_2}; \quad n_1 = \frac{z_2 \cdot n_2}{z_1}; \quad n_2 = \frac{z_1 \cdot n_1}{z_2}.$$

2. Das Übersetzungsverhältnis ist gleich dem Verhältnis der Drehzahlen und umgekehrt dem Verhältnis der Zähnezahlen

$$i = \frac{n_1}{n_2} = \frac{z_2}{z_1}.$$

3. Der Achsabstand ist gleich der halben Summe der Halbmesser der Zahnräder

$$e = \frac{d_1 + d_2}{2}.$$

4. Ein Zwischenrad ist ohne Einfluß auf die Übersetzung, es ändert nur den Drehsinn des angetriebenen Zahnrades.

5. Bei einer aus 4 Zahnrädern bestehenden Doppelübersetzung ist die Drehzahl des getriebenen Rades gleich der Drehzahl des treibenden Rades mal dem Produkt der reziproken Übersetzungsverhältnisse

$$n_4 = n_1 \frac{z_1}{z_2} \cdot \frac{z_3}{z_4} \doteq n_1 \cdot \frac{1}{i_1} \cdot \frac{1}{i_2}.$$

Bei der Kraftübertragung wirken die Zahnräder wie Hebel, was man sich leicht vorstellen kann, wenn man die Radien im Eingriff als Hebelarme auffaßt, die wegen der Drehbewegung der Zahnräder dauernd zu wirken haben. Wenn man von der Lager- und Zahnflankenreibung absieht, wird die in ein Zahnradpaar hineingesteckte Arbeit (Kraft × Weg) in gleicher Größe wiedergewonnen.

Steckt man beispielsweise 15 kg Kraft in eine Winde, die mit einem Zahnradpaar vom Übersetzungsverhältnis 4 : 1 versehen ist, so erhält man 60 kg Kraft zurück, aber nur auf einem Viertel des Weges, dafür hat man einen 4mal so langen Weg, um die Arbeit des Hochwindens auf eine bestimmte Höhe zu leisten. Also, was an Kraft gewonnen wird, geht an Weg verloren.

Zieht man die Reibungsverluste ab, die je nach Güte der Zahnräder mit 3—10% anzusetzen sind, so erhält man den Wirkungsgrad mit 0,97 bis 0,90. Außer den Stirnrädern werden im Landmaschinenbau Kegelräder verwendet, die eine winklige, meist rechtwinklige Übertragung ermöglichen. Das, was über die Stirnräder gesagt worden ist, gilt sinngemäß auch für die Kegelräder.

5. Riementriebe

Bei Bewegungsübertragungen weiter auseinanderliegender Wellen lassen sich Zahnräder nicht mehr verwenden. In solchen Fällen benutzt man Riemen und Riemenscheiben.

Das beste Material für die 4,5 bis 8 mm starken Riemen ist Kernleder, das in Längsrichtung aus der Rückenlage der Rindshäute herausgeschnitten wird. Bei längeren Riemen werden die abgeschrägten Enden zusammengeleimt oder genäht.

Außerdem gibt es Riemen aus Gummi, Balata, Baumwolle und Haaren.

Riemenscheiben werden entweder aus Grauguß hergestellt und durch Nutenkeile mit der Welle verbunden. Bei größeren Durchmessern benutzt man auch Holz als Scheibenmaterial. Mit passenden Einlagen aus Holz werden die Holzriemenscheiben durch Schraubenbolzen auf die glatten Wellen aufgeklemmt. Die Übersetzungen bei Riemenscheiben wählt man bis 1 : 5. Der Scheibendurchmesser der kleinen Scheibe soll mindestens das Hundertfache der Riemendicke betragen. Die treibende Scheibe soll zylindrisch gehalten sein, wogegen man die getriebene ballig macht. Bei größeren Riemengeschwindigkeiten (über 25 m/sec) muß man auch die treibende Scheibe wölben, damit der Riemen nicht ablaufen kann. Größere Geschwindigkeiten haben z. B. Dreschmaschinen, die durch einen Elektromotor angetrieben werden. Es ist selbstverständlich, daß die beiden Riemenscheiben genau fluchten müssen.

Bei der Bewegungs- und Kraftübertragung verhalten sich Riemenscheiben ähnlich wie Zahnräder. Die Verbindung zwischen Riemen und Riemenscheiben ist aber nicht zwangläufig. Je nach der Spannung des Riemens besteht ein mehr oder weniger großer Schlupf. Um diesen Schlupf zu vermindern, läßt man Dreschmaschinen so antreiben, daß der untere Riemenstrang der treibende, vom Motor ziehende Strang ist und dadurch straff gehalten wird. Der obere, vom Motor zur Maschine hinschiebende Strang, der etwas durchhängt, erzielt dadurch bei der angetriebenen Riemenscheibe einen größeren Auflagebogen und dadurch eine dem Schlupf entgegenarbeitende größere Haftfläche (Bild 1180).

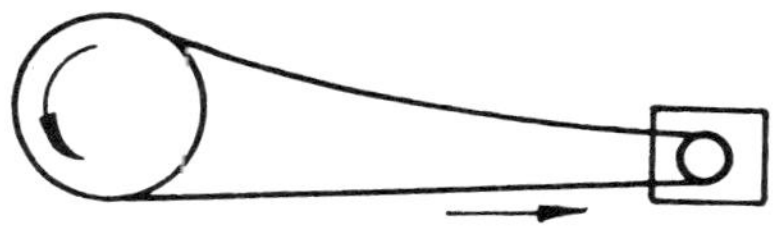

1180. Richtiger Riemenumlauf

Lederriemen sind so aufzulegen, daß sie nicht gegen den Stoß der Naht laufen (Bild 1181). Sie müssen in der Mitte der Riemenscheibe laufen, doch nicht übermäßig gespannt aufliegen.

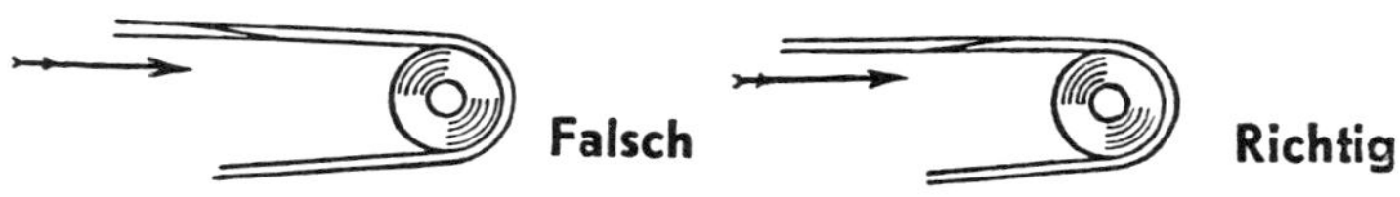

1181. Richtiger Riemenauflauf auf die Scheibe

Man unterscheidet offene und gekreuzte Riemen. Bei offenen Riemen wählt man einen Achsabstand, der mindestens 20mal so groß ist wie die Riemenbreite, ein Maß, das sich aus der Erfahrung gebildet hat. Bei gekreuzten Riemen muß dieser Abstand mindestens ein Vierfaches des großen Scheibendurchmessers sein. Achsabstände über 10 m sind in allen Fällen zu vermeiden.

Riemen haben die unangenehme Eigenschaft, sich zu längen. Daher ist es zweckmäßig, sie vor Gebrauch mäßig zu strecken; man vermeidet dadurch, daß sie sich zu sehr längen, wenn sie verwendet werden. Zu diesem Zweck hängt man die geschlossenen Riemen auf und belastet sie eine Zeitlang durch allmählich größer werdende Gewichte. Damit sie besser durchziehen und kein Schlupf entsteht, bestreiche man die Riemen auf der Laufseite mit Talg. Wenn die Riemen länger geworden sind, müssen sie verkürzt werden. Dabei ist darauf zu achten, daß rechtwinklig zur Riemenkante geschnitten wird, so daß auch die Riemenverbinder gerade und nicht schief eingeschlagen werden können.

Als Riemenverbinder sollen möglichst nur schmiegsame Verbinder gewählt werden, z. B.: Harry- oder Rex-Verbinder, um Knickstellen im Riemen, unruhigen Lauf des Riemens und harte Schläge auf die Scheiben zu vermeiden.

Um die Lebensdauer der oft nicht billigen Riemen zu erhöhen, sind sie sachgemäß zu pflegen. Von Zeit zu Zeit (je nachdem, wie die Riemen beansprucht werden und wie sie sich verhalten) wäscht man sie mit warmem Wasser ab, bürstet sie tüchtig und fettet sie danach mit warmem Talg ein, worauf man sie vollkommen abtrocknen läßt. Da Kernleder in feuchten Räumen leidet, benutzt man hier besser Riemen aus chromgarem Leder oder Balatariemen.

In den letzten Jahren haben sich bei geringen Achsabständen die Keilriemen sehr bewährt, die man bei größeren Kraftübertragungen zu mehreren nebeneinanderlegen kann. Die Keilriemen laufen in besonderen Scheiben mit konischen Rillen. Ihr großer Vorteil vor anderen Riemen beruht darauf, daß sie sich durch ihre Keilform fest in die Rillen hineinziehen und dadurch geringen Schlupf haben. Ihre Auflagefläche ist verhältnismäßig groß.

Keilriemen sind meist aus Gummi hergestellt; dieser verliert aber durch Öl und Fett seine Durchzugsfähigkeit, auch leidet der Gummi darunter. Verschmutzte Keilriemen sind darum mit Wasser und Seife zu reinigen.

Wo bei Riementrieben ein gleichbleibender Wellenabstand gegeben ist, kommt man wegen der Riemenlängung meist nicht ohne Spannrolle aus. Unter Feder- oder auch unter Gewichtshebeldruck (Bild 1182) hält sie den Riemen stets straff. Es ist besonders bei Keilriemen zweckmäßig, nach der Arbeit ihn dadurch zu entspannen, daß man die Spannrolle umstellt.

6. *Kettentriebe*

Wenn die Achsentfernung für Zahnräder zu groß, aber für Riemen zu klein ist, vor allem auch, wenn eine zwangläufige Kraft- und Bewegungsübertragung ohne Schlupf erforderlich ist, verwendet man Kettentriebe. Sie werden meist als Gelenkbolzen- oder Rollenketten ausgeführt, die über Kettenräder laufen. Ketten kann man verkürzen und verlängern. Da sie aus abwechselnd ungleichen Gliedern bestehen, deren Laschen einmal nach außen, einmal nach innen liegen, so müssen dabei gewisse Überlegungen gemacht werden.

Die Ketten sind durch ein Verbindungsglied mit lösbaren Schraubenbolzen ver-

1182. Spannrolle

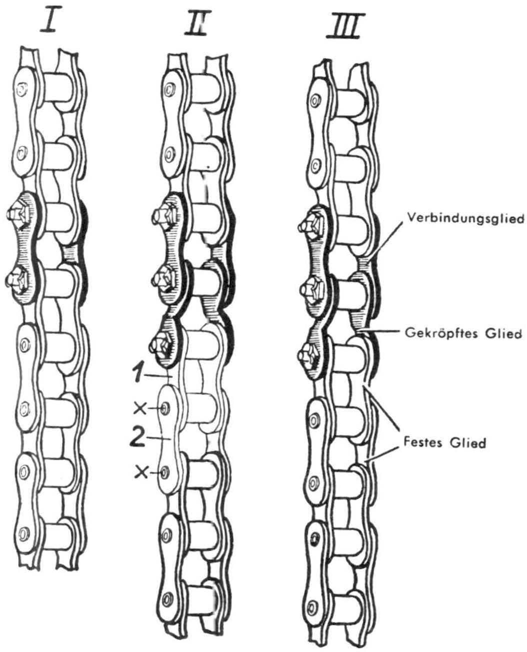

1183. Kettenverkürzung (Lanz, Mannheim)

bunden (I, Bild 1183); außerdem befindet sich meist ein gekröpftes Glied in der Kette (III), damit sie bequem um nur ein Glied verkürzt werden kann. Man kann es in einem solchen Fall leicht herausnehmen. Ist solch ein Glied nicht vorhanden (wie bei I), so verkürzt man die Kette um nur ein Glied so: Man nimmt zwei Glieder heraus und setzt dafür ein gekröpftes Glied wieder ein, eine Maßnahme, die man ohne ein Glied einzusetzen, auch ausführen kann, wenn man die Kette um zwei Glieder verkürzen will. An den mit × bezeichneten Bolzen ist das Glied 2 mit einem Flachmeißel abzusprengen, die Bolzen sind dann herauszuschlagen. Die Kette ist dann nach I oder III (je nachdem, ob ein gekröpftes Glied in der Kette ist oder nicht) durch das Verbindungsglied wieder zusammenzusetzen.

Wird eine Kette wieder aufgelegt, ist darauf zu achten, daß sie in der bisherigen Zugrichtung läuft. Ist eine Kette nach längerem Gebrauch ausgelaufen, was sich durch ungleichmäßigen Lauf oder oft durch wiederholtes Reißen bemerkbar macht, so wechselt man zweckmäßig mit der Kette auch die ausgelaufenen Kettentriebe aus. Kettentriebe sind unbedingt betriebssicher; bei ihrer universellen Anwendungsmöglichkeit kann man mit dem Übersetzungsverhältnis, vor allem bei langsam laufenden Maschinen, höher hinaufgehen. Die Kette kann unter Umständen durch weitere Führungskettenräder auf die eine oder die andere Seite des angetriebenen Rades auflaufen, so daß dessen Drehsinn beliebig gehalten werden kann. Ein weiterer Vorteil liegt darin, daß mehrere Antriebe durch nur eine Kette verbunden werden können, wie es gerade im Landmaschinenbau des öfteren ausgenutzt wird (vergleiche auch das Bild 500 des Kettentriebes einer Mähmaschine). Ketten spielen eine große Rolle bei Förderanlagen, wo man oft das fördernde Element, die Rechen oder Latten, außen durch zwei Ketten führt. Wenn eine solche Kette viele Glieder hat, kann es vorkommen, daß die Gliederzahl der einzelnen Ketten nicht übereinstimmt, so daß nach längerem Lauf die Förderkette sich schräg stellt und schließlich von den Kettenrädern abläuft. Es empfiehlt sich, die Kettengliederzahl auf beiden Seiten zu vergleichen, bevor die Maschine in Betrieb genommen wird.

H. Antrieb von Landmaschinen

Bevor zu Beginn des Jahrhunderts tastend die eigentliche Motorisierung in der Landwirtschaft begann, wurden die Landmaschinen entweder von Hand, von tierischer Zugkraft oder beim Pflügen in großen Betrieben durch den Dampfpflug angetrieben, der als stationäre Maschine auch bereits zum Antrieb von Dreschmaschinen benutzt wurde. Allgemein blieb es

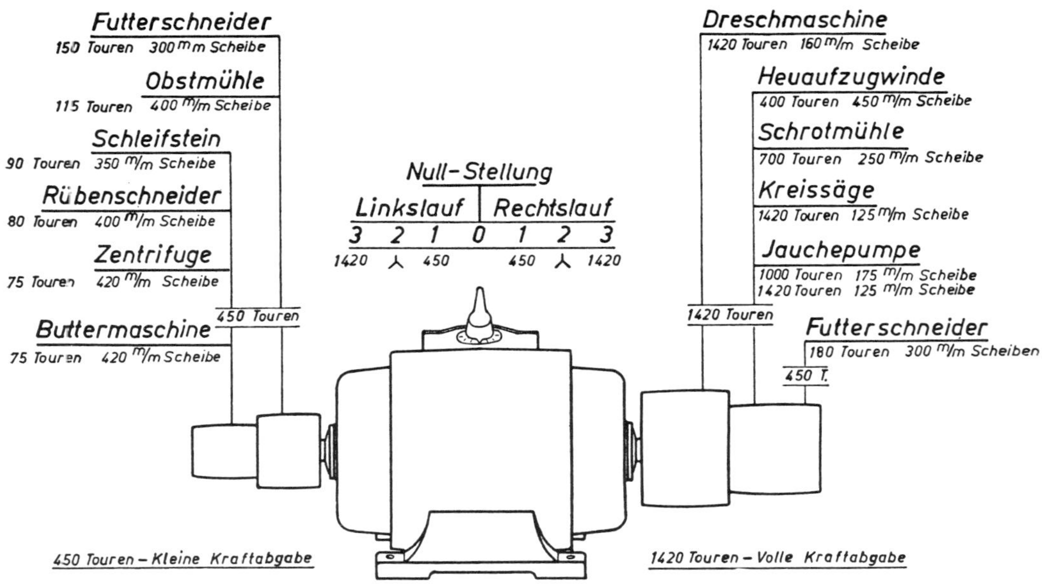

1184. Schaltschema eines Universalmotors (Eisele, Laiz)

aber bei der tierischen Zugkraft, die als Antriebskraft in die beweglichen Teile der Maschine geleitet wurde; bei ortsbewegten Maschinen geht sie von den Fahrrädern und deren Haftreibung im Boden aus. Auch als die Dreschmaschine als stationäre Maschine mit größerem Kraftbedarf auf den Plan trat, leitete man durch Göpeltriebe, in deren Rundgang 1—2 Pferde eingespannt werden konnten, die tierische Kraft an langen Kraftarmen mit langsamen Wegen durch Übersetzung so in die Maschine, daß die Drehzahlen und Kraftgrößen durch diese Umsetzung erreicht wurden. Der Nachteil der Göpelantriebe bestand in der ruckartigen, ungleichmäßigen Zugbewegung der Tiere, die sich bei der Übersetzung ins Schnelle um so fühlbarer in einer ungleichmäßig drehenden Dreschtrommel und darum in unsauberem Drusch auswirkte.

Bei ortsbewegten Maschinen mit Bodenantrieb durch die rollenden Räder hat man die durch den Schlupf der Räder im Boden in den Maschinengang hineingetragene Unregelmäßigkeit durch Greiferräder verschiedenster Art mit Erfolg ausgeschaltet, jedenfalls bei Maschinen mit verhältnismäßig geringem Kraftbedarf für die bewegten Teile: bei Düngerstreumaschinen, Drillmaschinen, Kartoffelrodern usw. Wo der Bodenantrieb keinen einwandfreien Betrieb gewährleistete und wo man unabhängig davon die Maschinen betreiben wollte (beispielsweise bei Mähmaschinen), hat man ein besonderes Antriebsaggregat aufgebaut, den inzwischen zur Reife entwickelten Aufbaumotor und dadurch einen Ausgleich geschaffen, der auch heute bei größerem Kraftverbrauch der Maschinen wenigstens einen Teil der Antriebskraft übernimmt.

Mit dem Ackerschlepper hat eine grundlegend anders geartete Entwicklung eingesetzt.

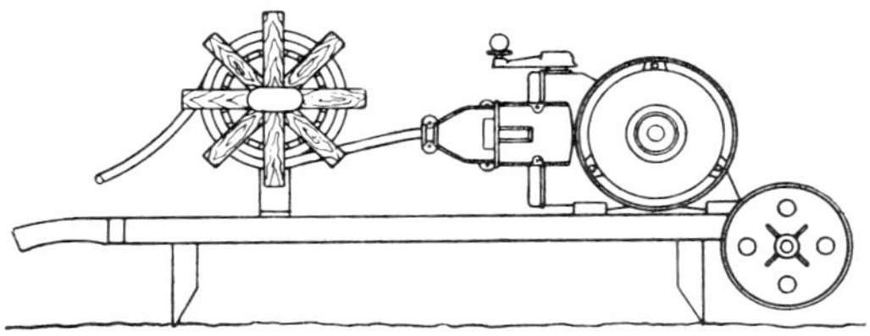

1185. Elektromotor, auf Karre aufgebaut (Eisele, Laiz)

1186. Geschobene Motorkarre (Eisele, Laiz)

Zwar bleiben bei Bodenantrieb die Verhältnisse gleich, ob die Maschine vom Pferd oder vom Schlepper gezogen wird, wenn auch der Schlepper ein größeres Durchzugsvermögen hat. Die Fahrräder werden im gleichen Maße rutschen, wenn der Gang der bewegten Maschinenteile über eine bestimmte Größe hinauswächst. Doch ist in der Zapfwelle ein Antriebsaggregat für die bewegten Teile entstanden, das die gezogene Maschine vollkommen unabhängig vom Bodenantrieb macht, so daß diese Maschine für größere Leistungen gebaut werden kann, soweit sie dem Kraftvermögen des Schleppers entsprechen.

Der bewußt vielseitig ausgebildete und verwendbare Schlepper ist dadurch noch wirtschaftlicher geworden, daß er stationär arbeitende Maschinen entweder vom Spill oder von der Zapfwelle aus anzutreiben vermag. So werden heute von ihm Dreschmaschinen,

1187. Dreschmaschine mit eingebautem Elektromotor (Dechentreiter, Bäumenheim)

1188. Wasserpumpenaggregat (Eisele, Laiz)

Strohpressen, Förderanlagen, Pumpen usw. betrieben.

Vor allem bei Hofmaschinen hat der Elektromotor sich einbürgern können; seltener jedoch bei Maschinen auf dem Felde, weil der Leitungsbau meist schwierig ist. Er kann verschieden geschaltet werden, indem man die Drehzahl reguliert, und man kann verschiedene Riemenscheiben bei ihm verwenden (Bild 1184). Darum eignet er sich sehr gut für Hofmaschinen. Er kann vielseitig verwendet werden. Weil man ihn leicht auf einen ortsveränderlichen Karren aufbauen kann (Bild 1185 und Bild 1186), ist er besonders handlich. Man ist dazu übergegangen, Dreschmaschinen betriebssicherer und gefahrloser anzutreiben, indem man Elektromotoren einbaut. Dabei fällt der lange Antriebsriemen fort (Bild 1187). Bei kleineren Landmaschinen ist es ratsam, den Elektromotor durch Flanschen unmittelbar mit der Maschine

1189. Dieselmotor, fest aufmontiert
(Bauscher, Hamburg)

1190. Dieselmotor auf Schlitten
(Bauscher, Hamburg)

zu verbinden. Bei Musmühlen, Schrotmühlen, Pumpen (Bild 1188) usw., die mit konstanter Betriebszahl laufen, besteht dann ein zwangsläufig verbundenes Aggregat, das keinen Schlupf zuläßt.

Der Dieselmotor mit Riemenantrieb ist vom Leitungsweg unabhängig. Er wird als feststehende, auf einen Sockel montierte Maschine (Bild 1189) oder auch auf einen Schlitten aufgebaut (Bild 1190), je nach örtlichen Verhältnissen, zum Antrieb von Landmaschinen.

DRITTER ABSCHNITT:

WARTUNG UND INSTANDHALTUNG VON LANDMASCHINEN

I. Einleitung

In diesem Abschnitt soll gezeigt werden, wo Schäden an Landmaschinen entstehen können, wo die Verschleißstellen sind, wie den Schäden vorgebeugt werden kann und wie sie auszubessern sind und was beim sachgemäßen Warten und Pflegen der Geräte und Maschinen zu beachten ist.

Eine wenigstens mit dem notwendigen Handwerkszeug und Hilfsmitteln versehene, richtig eingerichtete Werkstatt sollte in keinem modernen landwirtschaftlichen Betriebe fehlen. Dazu gehört allerdings ein rechter Ordnungssinn. „Wie der Herr, so's Gescherr!", sagt man, und dieser Ausspruch hat auch hier seine Berechtigung. Denn hinter dem Werkzeug steht der Mensch, der es zu bedienen und zu pflegen hat. Im landwirtschaftlichen Betrieb soll nicht nur der Leiter jenen Ordnungssinn zeigen, sondern jeder Betriebsangehörige soll auf Ordnung halten und ohne besondere Anordnung schadhafte Geräte ausbessern, wenn er es vermag. Wenn eine Person im Betriebe beauftragt ist, solche Schäden auszubessern, so hat jeder Betriebsangehörige die Pflicht, ihr die Schäden zu melden. Überhaupt hat sich jeder die Wartung der Maschinen zu Herzen gehen zu lassen. Dieser Geist soll durch den Betrieb wehen, er zeugt von den menschlichen Qualitäten des Betriebsleiters.

II. Die Hofwerkstatt

Umfang und Einrichtung einer Hofwerkstatt sind naturgemäß abhängig von der Größe des Betriebes und von dessen Lage. Ist in der Nähe eine Schmiede oder eine Reparaturanlage, so lassen sich manche größere Arbeiten, die besonders kostspielige Vorrichtungen verlangen, unter Umständen preiswerter und auch sachgemäßer dort ausführen. Ist der Hof größer und liegt er abseits, ohne Nachbarschaft, so ist es schon besser, alle Reparaturarbeiten im eigenen Betriebe in eigener Werkstatt auszuführen. Eine Klüterkammer hat jeder noch so kleine Betrieb für die täglichen kleinen Reparaturen; von ihr zu einer ordentlichen Reparaturwerkstatt sind es nur kleine, stetige Schritte. Zu große Unkosten entstehen dadurch nicht. Hier liegt oft noch manches im argen, und es ist an der Zeit, mit unbrauchbaren, rostigen Zangen, mit abgebrochenen Feilen und Hammerstielen aufzuräumen, von denen das Eisen abfliegt. Denn auch das zu einer Werkstatt gehörende Werkzeug muß ständig gepflegt werden.

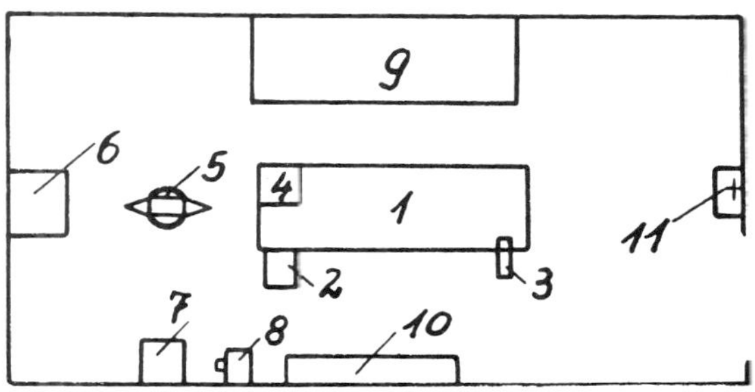

1191. Grundriß einer Werkstatt

1 Werkbank; 2 Flaschenschraubstock; 3 Parallelschraubstock; 4 Richtplatte; 5 Amboß; 6 Schmiedefeuer; 7 Bohrmaschine; 8 Schleifstein; 9 Hobelbank; 10 Werkzeugschrank; 11 Wasserhahn

Eine Hofwerkstatt soll geräumig, hell, trocken und die Einrichtungsgegenstände darin sollen handlich aufgestellt sein (Bild 1191). Zur Einrichtung gehören: für die Eisenbearbeitung eine stabile, aus starken Hölzern verzapfte und verstrebte Werkbank (1) mit einer etwa 5 cm dicken Holzplatte, die zweckmäßig an den Kanten mit Eisenblech versehen ist. Die Größe der Werkbank muß sich dem Raum anpassen. Als kleinstes Maß mag 1 m × 1,5 m gelten. Am Ende einer Längsseite (am Fuße der Werkbank befestigt) ist ein Flaschenschraubstock (2) mittlerer Größe angebracht. Zum Einspannen empfindlicher Stücke hält man Kupfereinlagen bereit. Für feinere Arbeiten ist ein kleiner Parallelschraubstock (3) nötig. Wichtig ist eine Richtplatte (4) von etwa 30 × 30 cm, die auf der Werkbank, dem Schraubstock gegenüber, ihren Platz hat. Zum Kopfende der Werkbank, neben dem Schraubstock, in Richtung zum Schmiedefeuer hin, ist der Amboß (5) aufgestellt. Er kann auch näher zum Schmiedefeuer (6) hin aufgestellt werden. Das Schmiedefeuer (6) hat seinen Platz in der Mitte einer Wand, damit man von drei Seiten möglichst ungehemmt herankommen kann. Weiter gehört eine Bohrmaschine in die Werkstatt. Ist eine elektrische Handbohrmaschine (7) vorhanden (die allerdings nur Bohrungen bis zu 12 mm zuläßt), so kann man sie in einem Gestell unterbringen und als feste Bohrmaschine verwenden. Es soll auch ein Schleifstein (8) zum Schärfen der Werkzeuge vorhanden sein. Es ist ratsam, einen Schleifstein anzuschaffen, der mit einer Schmirgelscheibe gekuppelt ist, denn die Schmirgelscheibe erspart manches mühsame Abnehmen von Material, das man sonst abfeilen müßte. Zur Bearbeitung der Holzteile ist eine Hobelbank (9) unerläßlich. Zwar kann man Werk- und Hobelbank vereinigen, doch ist es ratsamer, die Holz- und Metallbearbeitung (schon wegen der gänzlich anderen Bearbeitungs- und Werkzeugarten) getrennt zu lassen.

Als Werkzeuge müssen vorhanden sein:

1. Zur Metallbearbeitung: Mehrere Eisenhämmer verschiedener Größe, verschiedene Kreuz- und Flachmeißel, verschiedene Rund-, Flach-, Halbrund- und Dreikantfeilen (verschieden grober und feiner Riffelung), verschiedene Zangen: Kneif-, Flach-, Rund-, Kombi- und Schmiedezangen; eine Blechschere, verschiedene Schraubenzieher, ein Satz verschieden großer Metallbohrer, verschiedene Durchschläge, eine Eisensäge mit mehreren Ersatzblättern, eine Brustleier für größere Bohrungen, verschiedene Einsteckbohrer, eine Reißnadel, ein Reißzirkel, eine Schublehre, verschiedene Winkel, einige Schraubkloben, eine Winde, ein Flaschenzug, eine Brechstange.

2. Für die Holzbearbeitung: Wenigstens ein guter Hobel, verschiedene Stecheisen, ein Holzhammer, verschiedene Sägen (Örter-, Stich-, Bogensäge), eine Brustleier für Holzbohrer mit einem Satz Bohrer verschiedener Größe, verschiedene Nagelbohrer, verschiedene Holzfeilen, eine Raspel.

3. Als Reparatur- und Betriebsmaterial muß vorhanden sein: Eisenbleche verschiedener Stärke, Flacheisen, Rundeisen, Maschinenschrauben verschiedener Durchmesser und Längen mit Unterlegscheiben und Muttern, Eisendraht verschiedener Stärken, Schmieröl, dickes und dünneres, Schmirgelleinen, Putzwolle, Schmiedekohlen, Schweißpulver, Holz in verschiedener Form, Sperrholztafeln, Nägel, Holzschrauben, Schloßschrauben, Kreide zum Anzeichnen, ein grober Bleistift, Sandpapier.

4. Zur Sauberhaltung der Werkstatt und des Werkzeuges: Eimer, Handfeger, Reisigbesen, Seife, Putzlappen, Handtücher. Die Werkzeuge sollen in einem verschließbaren Werkzeugschrank (10) ordnungsgemäß untergebracht sein. Jedes Werkzeug soll seinen ständigen Platz haben, so daß man es auch im Dunkeln finden kann. Ist eine Arbeit beendet, so ist jedes Werkzeug sauber und heil wieder an seinen Platz zu legen. Beschädigtes Werkzeug ist sofort wieder instand zu setzen. Falls das nicht mehr möglich ist, soll es sofort durch neues ersetzt werden. Der Betriebsleiter soll bedenken, daß brauchbares Werkzeug die Betriebskosten sehr fühlbar herabdrücken kann. Es muß nur immer im rechten Augenblick zur Stelle sein.

III. Wartung der Maschinen

Maschinen und Geräte werden meist nach einer verhältnismäßig kurzen Einsatzzeit bis zum nächsten Jahre unbenutzt abgestellt. Sie sind nach der Benutzung zu säubern, auseinanderzunehmen; die einzelnen Teile sind nach Säuberung wieder einzufetten und, falls es nicht anders geht, müssen sie bis zum nächsten Einsatz abmontiert fortgestellt werden. Zweckmäßig ist es, Maschinen und Geräte gründlich mit dem Wasserschlauch zu reinigen, und zwar unmittelbar neben der Werkstatt. Daher sollte möglichst nahe ein Wasseranschluß (11) und ein wasserfester Boden mit Abfluß vor der Werkstatt sein. Bei den abmontierten Teilen stellt man am besten gleich etwaige Schäden fest; man kann sie vor dem Zusammensetzen leicht beheben, vor allem, wenn Ersatzteile der Verschleißstücke stets bereitgehalten werden.

A. Handgeräte

Bei Handgeräten brechen häufig die Stiele ab; daher ist es zweckmäßig (schon um Zeit zu sparen), im voraus für Ersatzstücke zu sorgen. Die Arbeitsgeräte selbst verschleißen besonders durch die Bodenreibung oder dadurch, daß sie stumpf werden. Die Lebensdauer eines Gerätes kann durch Nachschärfen und Sauberhalten und Rostschutz bedeutend verlängert werden. Nach gründlichem Waschen, das auch den letzten Rest von Erde und Schmutz beseitigt, werden die Geräte gut abgetrocknet, alle blanken Teile mit säurefreiem Fett oder mit Öl eingefettet und an einem Gerätehalter an einer trockenen Wand bis zum nächsten Einsatz aufgehoben. Will man ein übriges tun, so streicht man vor dem Einfetten und Ölen die farbigen Teile neu an und hat im kommenden Frühjahr seine Freude daran, daß alles „wie neu" aussieht.

Wenn Eisenteile sich verbiegen, können sie auf der Richtplatte oder auch im Schraubstock mit Hämmern oder durch Biegen gerichtet werden.

B. Instandsetzen des Pfluges

Schwieriger ist schon die Instandsetzung des Pfluges, und zwar der Teile, die die Erdarbeit ausführen: Schar, Sech, Vorschäler und Düngereinleger. Vor allem die Schar, die heute aus hochwertigem, legiertem Stahl besteht, bedarf einer sorgfältigen Behandlung, da die Schneide härter gehalten ist als der Scharrücken und bei gleichmäßiger geringer Härte nicht widerstandsfähig genug wäre. Das Bild 1192 zeigt, wie die Pflugschar zu behandeln ist, wenn sie stumpf wird. 1 zeigt die Schneide einer fabrikneuen Schar, die bis zum ersten Stumpfwerden das Verschleißmaterial (2) aufweist und die stumpfgewordene Schneide (3) zeigt. Wird das Material (4) fortgeschliffen, erhält man zunächst eine nachgeschliffene Schneide (5). Erst wenn sie wieder stumpf geworden ist (6), wird die Schneide ausgeschmiedet. Das geschieht in folgender Weise: die Schar wird im Schmiedefeuer auf Hellrotglut, das sind 900—950°C, langsam gleichmäßig erwärmt und dabei ausgeglüht. Es ist darauf zu achten, daß längeres Glühen auf Dunkelrot und Überhitzen auf Gelb und Weißglut unbedingt vermieden wird, um das gleichmäßige innere Gefüge nicht zu zerstören.

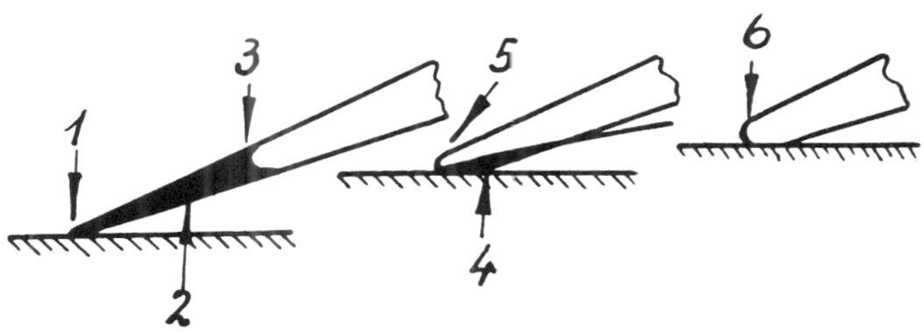

1192. Anschärfen einer Pflugschar (Gebr. Eberhardt, Ulm)

1 Schneide der fabrikneuen Schar; 2 Verschleißmaterial bis zum ersten Stumpfwerden; 3 durch Abnutzung stumpf gewordene Schneide; 4 wegzuschleifendes Material der stumpfen Schneide entlang; 5 nachgeschliffene Schneide; 6 durch weitere Abnutzung derart stumpf geworden, daß ein Ausschmieden erfolgen muß

Nach einigermaßen langsamem Abkühlen wird die Scharschneide auf Kirschrot, das ist 850—900° C, langsam und gleichmäßig in einer Breite von 2—4 cm erwärmt, wobei die Scharschneide, mit der Spitze voran, langsam durchs Feuer gezogen wird. Dann zieht man die Schar durch Schmieden aus und schärft sie. Sinkt dabei die Temperatur auf Dunkelrot, so ist von neuem nachzuwärmen und so lange zu schärfen, bis die Schar die richtige Form hat, wie das Bild 1193 zeigt. Es wird empfohlen, eine fabrikneue Schar als Muster bereitzuhalten, damit die Form richtig wird.

Nach dem Schärfen läßt man die Schar erkalten; dann erst wird gehärtet. Hierbei wird die Scharschneide in einer Breite von 2—4 cm gleichmäßig auf Kirschrot (850—900° C) bis hellrot im Schmiedefeuer erwärmt. Längeres Erhitzen ist zu vermeiden.

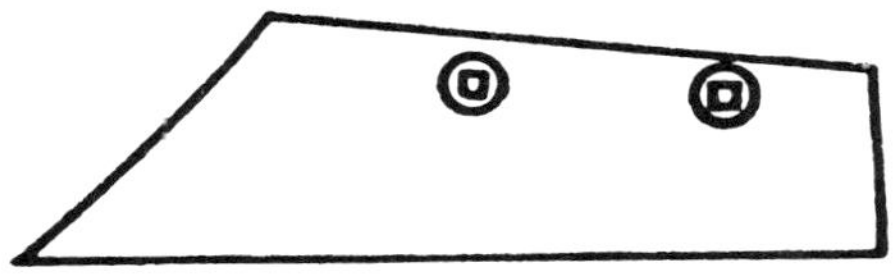

1193. Scharmodell (Gebr. Eberhardt, Ulm)

Darauf wird die Schar (mit dem Rücken wieder voran) in kaltem Wasser abgeschreckt. Um die Härtespannungen zu beseitigen und um der Schar die große Sprödigkeit zu nehmen, läßt man sie auf 200—400° in der Flamme des Schmiedefeuers wieder an, aber nicht im unmittelbaren Feuer. Da es oft schwer ist, die Anlauffarben zu erkennen, so hilft man sich am besten dadurch, daß die Schar vor dem Anlassen in Abfallöl getaucht wird und erwärmt die gehärtete Schar (mit dem Rücken nach unten) langsam über dem Schmiedefeuer, bis das Öl in bläulicher Flamme an der Schar abbrennt. Falls sich die Schar beim Härten verzogen haben sollte, ist sie auf dem Amboß nachzurichten, darauf läßt man sie langsam erkalten.

Die Haltbarkeit der Pflugschar ist sehr verschieden; sie hängt davon ab, ob sie vorsorglich gewartet wird und wie der Boden beschaffen ist, der bearbeitet wird. Im milden Lehmboden wird eine Pflugschar wochenlang arbeiten können, ohne daß sie geschärft zu werden braucht. Im scharfen Sand-, Kies- oder Schlackenboden muß unter Umständen die Schar halbtägig

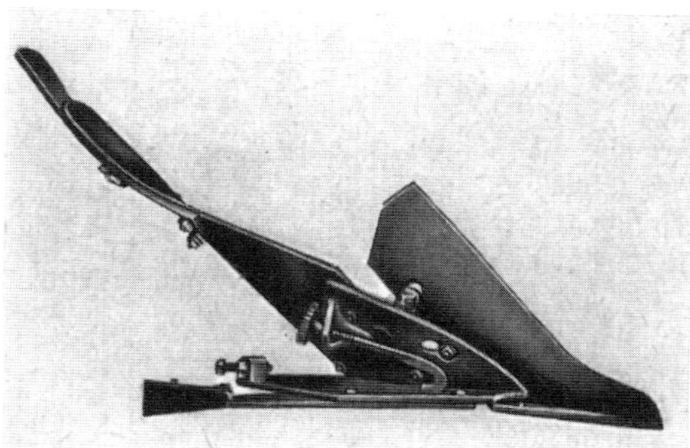

1194 Schnellwechselschar bei gelöster Spannschraube (Gebr. Eberhardt, Ulm)

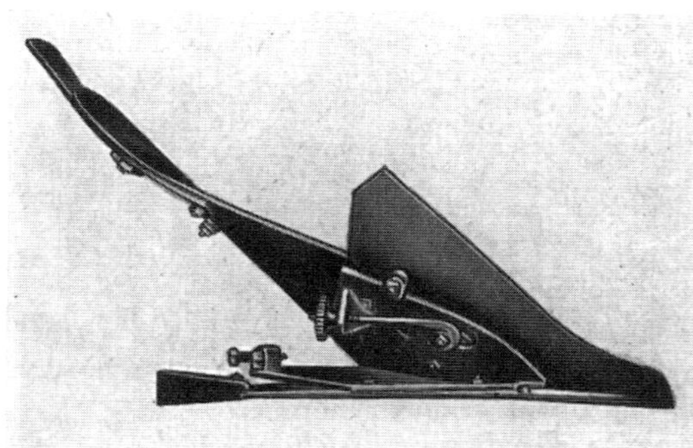

1195. Schnellwechselschar bei angezogener Spannschraube (Gebr. Eberhardt, Ulm)

gewechselt werden. Nasser Boden wirkt auf die Schar wie ein Naßschleifstein, also abnutzender als normaler, trockner und krümeliger Boden. Selbstverständlich wird mit wachsendem Widerstand die Schar stärker beansprucht. Der Widerstand wächst, je tiefer gepflügt wird. Bei der größeren Geschwindigkeit der motorischen Pflüge verschleißen die Scharen schneller als bei Gespannbetrieb. Sind Scharen und andere Pflugteile (Anlagen, Streichbleche und andere Arbeitsteile), die stark beansprucht werden, vollkommen abgenutzt, so bestellt man bei der Lieferfirma neue Teile. Alle Stücke sind mit Nummern versehen, die bei der Bestellung mit anzugeben sind.

An dieser Stelle sei auf die Handhabung der bei Anhänge- und Anbaupflügen verwendeten Schnellwechselschare hingewiesen. Sie sind als Winkelschare ausgerüstet und werden durch eine Spannschraube gehalten; sie sind leicht und schnell auszuwechseln. Abgenommen und angeschraubt werden die Schare in der Transportstellung des Pfluges. Die beiden Bilder veranschaulichen die praktische, zeitsparende Vorrichtung bei gelöster Spannschraube (Bild 1194) und bei angezogener Spannschraube (Bild 1195). Es ist bei dieser Schnellwechselschar darauf zu achten, daß das Handrad der Spannschraube

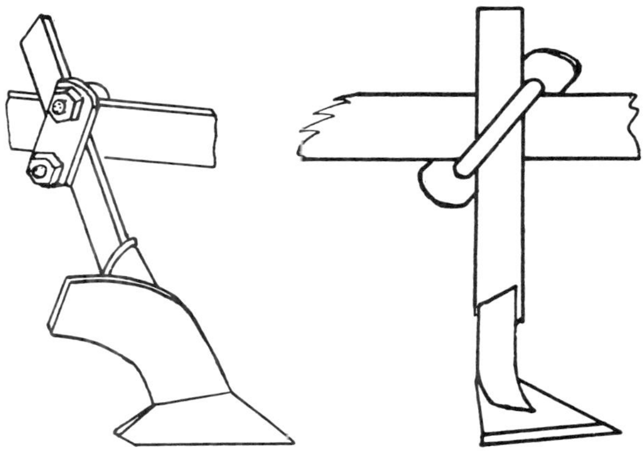

1196. Doppelschrauben-Laschenverschluß als Pflugkörperbefestigung

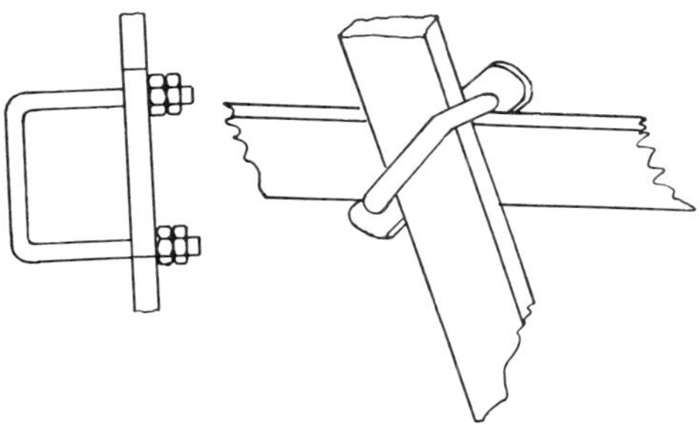

1197. Doppelschraubenlasche und Anwendung

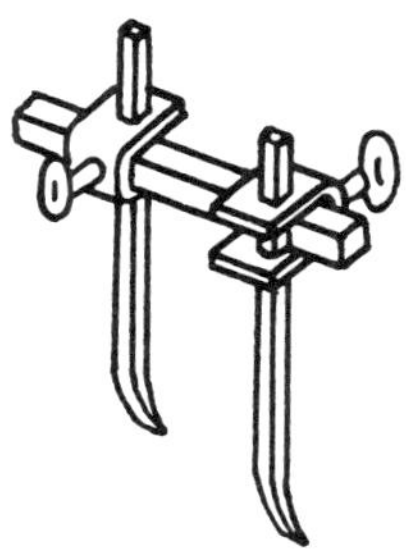

1198. Zinkenbefestigung durch U-Laschen-Schraubverbindung

nicht nur mit der Hand, sondern auch mit dem Schraubenschlüssel angezogen wird, wenn die Schar befestigt werden soll. Zu diesem Zweck hat das Handrad einen Vierkant. Bei nicht genügend festgezogener Spannschraube können sich die Schare lösen und leicht verlorengehen.

Arbeitskörper befestigt man an Pflügen und an sonstigen Geräten so, daß sie einfach zu hantieren und dabei unbedingt betriebssicher sind. Sehr beliebt und daher viel angewandt ist der Doppelschrauben-Laschenverschluß (Bild 1196 u. 1197). Bei Schadenstellen ist er leicht durch Rund- und Flacheisen zu ersetzen. Bei der U-Laschen-Schraubenverbindung (Bild 1198) kann das Arbeitsstück verschoben werden, obwohl es gegen Verdrehen gesichert ist. Man braucht nur die Stellschraube zu lösen. Sehr häufig findet man senkrecht geführte Arbeitswerkzeuge,

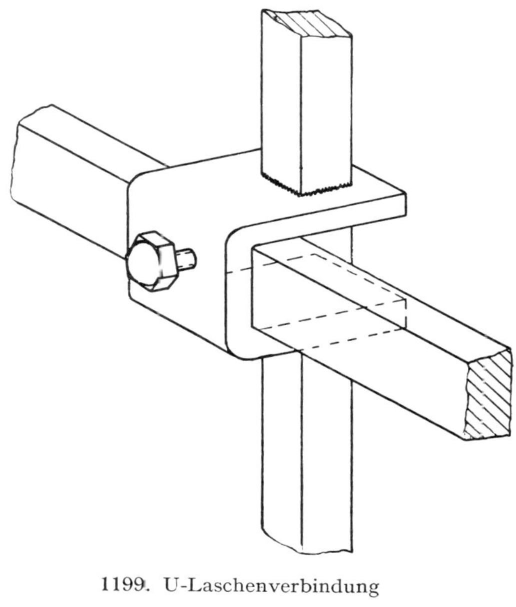

1199. U-Laschenverbindung

die seitlich verstellt werden müssen, da die Werkzeughalter gleich mit U-förmigen Laschen versehen sind, so daß sie leicht und schnell ausgerichtet werden können (Bild 1199).

Bei der Pflugarbeit können verschiedene Störungen eintreten, die nach der zweiten Furche behoben sein müssen. Man soll nicht dauernd an den Verstellvorrichtungen herumstellen, sondern, nachdem die Maschine eingestellt ist, erst in Ruhe beobachten, bis man erkannt hat, daß bespielsweise der Pflug wirklich zu tief in den Boden eingedrungen ist. Dann erst stellt man die Zugkupplung tiefer. Es ist aber auch möglich, daß eine andere Ursache vorliegt; vielleicht ist die Schar zu stumpf.

Beim Ausrücken kann es vorkommen, daß durch den Zahnbogen der Pflug wieder nach unten fällt. Dann ist das Auswerferstück am Zahnbogen höher zu stellen, oder, bei anderen Bauweisen, ist sinngemäß zu verfahren, so daß der auszurückende Pflug sicher gefaßt wird.

Sollten die Pflugkörper verschieden breit arbeiten, so sind sie seitlich an der Zugkupplung zu verstellen. In ganz schlimmen Fällen bedient man sich der Hangspindel. Dringt der hintere Pflugkörper nicht in den Boden ein, so hat der ganze Pflug nicht die erforderliche Gleichlage. Pflügt man mit Hinterrad, so hat es meist schuld; es muß also verstellt werden. Das gleiche ist bei zu tiefem Gang des Pfluges sinngemäß am hinteren Pflugkörper durchzuführen. Solche und ähnliche Störungen sind bei ruhiger Überlegung meist schnell zu beseitigen.

C. Behandlung der Hydraulikanlage

Um die Hydraulikanlage bei Anbaupflügen dauernd betriebsfähig zu halten, darf kein artfremdes Öl verwendet werden, vor allem darf nicht mit anderen Ölsorten gemischt werden. Nur das vorgeschriebene Hydrauliköl (meist Shell Donax A 1) darf verwendet werden, und sein Ölstand muß stets auf der oberen Kontrollstabmarkierung gehalten werden. Schmutz und Wasser sind dem Ölbehälter (Flanschgehäuse) fernzuhalten, denn der Schmutz lagert sich an dem Filter des Ansaugestutzens ab und verschlechtert die Kolbenleistung.

Der Kraftheber soll auch außer Betrieb in kurzen Zeitabständen betätigt werden, damit alle gleitenden und sich drehenden Teile dauernd unter Öl stehen. Sämtliche Schrauben und Muttern sind nach 50stündigem Betriebe zu prüfen und nachzuziehen.

Da nach längerer Zeit Öl an der Kolben-Dichtmanschette in den hinteren Teil des Druckzylinders gelangt, ist nach etwa 200 Betriebsstunden die obere Verschlußschraube auf dem Druckzylinder zu entfernen, damit das Öl durch die freigemachte Bohrung hinausgedrückt werden kann. Die Schraube ist dann wieder einzuschrauben und fest anzuziehen.

D. Schmierung

Eines der wichtigsten Kapitel bei der Wartung der Landmaschinen ist die Schmierung. Viele Geräte und Maschinen sind mit genau passenden, ineinanderlaufenden Teilen ausgerüstet, die stets unter Öl laufen müssen. Wenn eine solche Maschine längere Zeit nicht gebraucht worden ist, muß sie von Grund auf durchgesehen werden, mit der Ölkanne oder der Fettpresse in der Hand. Und dabei darf keine Schmierstelle übersehen werden. Es handelt sich dabei nicht nur darum, Rostansätze zu vermeiden, sondern um den leichten Gang der Maschine; es handelt sich auch darum, den Verschleiß zu verringern und zu vermeiden, daß aufeinandergleitende Maschinenteile sich festfressen; es könnte Bruch entstehen.

Bei der mit Gelenkwelle angetriebenen Bodenfräse sind vor Beginn der Fräsarbeit auf dem Acker die Schmiernippel (je 8 Stück an einem Gelenk) mit der Hochdruck-Schmierpresse gut abzuschmieren; vorher sind die Lederschutzhüllen zu lösen und zurückzuschieben. Das muß in der ersten Zeit alle drei Stunden, später wenigstens zweimal täglich wiederholt werden. Der Getriebekasten der Bodenfräse ist mit Shell-Getriebeöl Nr. 90 oder mit einem gleichwertigen Öl zu füllen. Desgleichen werden die sonstigen Teile, wie Spindeln, Gelenkbolzen usw. mit Öl geschmiert.

Das Öl muß säurefrei sein und darf keine Harzrückstände enthalten. Säure kann man leicht durch blaues Lackmuspapier feststellen, das sich sofort rot färbt, wenn das Öl Säure enthält. Zum Prüfen auf Harzgehalt träufelt man ein wenig Öl auf Fließpapier. Es saugt das Öl auf und hinterläßt winzig kleine glänzende Pünktchen, wenn das Öl Harz enthält.

E. Düngerstreumaschinen

Wenn Dünger mit der Maschine gestreut wird, so muß man sich davon überzeugen, ob die Streumengen der Streutabelle entsprechen, die mit der Maschine mitgeliefert worden ist. Das ist am einfachsten durch eine Kamm-Abdrehprobe festzustellen, die gleichzeitig ein ungefähres Bild von der Seitenverteilung des Düngers über die Maschinenbreite ergibt. Angenommen, man hätte eine 2-m-Maschine und sollte damit 100 kg/ha ausstreuen: Man bockt das Antriebsrad so weit auf, daß es sich gerade frei bewegen kann, um die Horizontallage der Maschine zu wahren. Wird die Maschine je zur Hälfte von den beiden Fahrrädern aus angetrieben, so prüft man nacheinander die beiden Hälften. In unserem Falle wird nur von einer Seite aus für die ganze Streubreite angetrieben. Man rechnet sich zunächst den Weg aus, den die Maschine zurücklegen muß, um die tabellenmäßige Streumenge auszustreuen. Man kann sich dabei auf eine Teilstrecke beschränken. Der Radumfang spielt dabei die Hauptrolle. Er ist beispielsweise bei Raddurchmesser von 1 m gleich $1 \times 3{,}14 = 3{,}14$ m. Ein Hektar sind 10000 m², bei 2 m Arbeitsbreite müßte die Maschine einen Weg von 5000 m zurücklegen; um die Fläche eines Hektars zu bestreuen. Für die Abdrehprobe wird der fünfzigste Teil genügen, auf den naturgemäß auch nicht 100 kg, sondern nur 2 kg gestreut wird. Auf diese 100 m wälzt sich der Fahrradumfang des Düngerstreuers $\frac{100}{3{,}14} = 31{,}5$ mal ab. Nachdem die Düngerstreumaschine ordnungsgemäß mit dem auszustreuenden Dünger gefüllt ist, wird mit Kreide an der Radfelge markiert und man dreht das hochgebockte Fahrrad langsam solange, bis auf der ganzen Streubreite normal fließend gestreut wird. Den dabei ausgestreuten Dünger fängt man auf einen Bogen Papier auf, schüttet ihn wieder in die Maschine. Nun beginnt die Abdrehprobe. Unter der Maschine liegt der vom Dünger wieder freigemachte Bogen Papier. Man merkt sich die mit Kreide markierte Stellung des Fahrrades und beginnt nun etwa mit Fahrgeschwindigkeit das Fahrrad 31,5mal umzudrehen. Auf dem Papier zeigt sich ein Düngerkamm, dessen Höhe je nach der Seitenverteilung mehr oder weniger gleichmäßig verläuft. Er gibt einen Anhalt dafür, wie die Schlitzschiene einzustellen ist, die man meist durch Spannschlösser regulieren kann. Nimmt der Kamm beispielsweise von links nach rechts gleichmäßig zu, so muß die Streuschiene links gehoben oder rechts gesenkt werden, bis der Kamm bei der neuen Abdrehprobe einigermaßen auf der ganzen Länge gleichmäßig hoch ist. Darauf wiegt man, was nach einer Abdrehprobe auf das Papier gefallen ist. Nach dem festgestellten Gewicht ändert man die Einstellung solange, bis sie bei 31,5 Umdrehungen 2 kg streut. Erst dann steht fest, daß die Maschine die Streumengen hergibt, die sie streuen soll.

Bei Düngerstreumaschinen ist darauf zu achten, daß sie erst auf dem Felde gefüllt werden, um Verluste auf der Fahrt zum Felde zu vermeiden und die Straßen und Wege nicht mit Dünger zu verunreinigen; aber auch, um den Dünger im Kasten durch die dauernden Erschütterungen bei der Straßenfahrt, im unteren Teil des Kastens nicht zu sehr zu verdichten, was leicht zu Betriebsstörungen führen kann. Nach einer Abdrehprobe ist daher der Streukasten wieder zu entleeren.

Abdrehproben sind unerläßlich, wenn die Düngerstreumaschine ein Jahr lang gestanden hat und zu neuer Arbeit eingesetzt werden soll. Die Holzteile können sich verzogen haben. An ihnen sind meist die Eisenbeschläge befestigt, sie haben durch das Arbeiten des Holzes eine andere Lage bekommen.

Bei der Überwinterung läßt man überhaupt am besten die Teile des Streumechanismus aus der Maschine heraus. Die Maschine wird nach der Streuzeit sowieso auseinandergenommen, um die einzelnen Teile gründlich zu reinigen und zu trocknen und später einzufetten. Erst zur Streuzeit baut man die Maschine, die trocken aufbewahrt werden muß, wieder zusammen. Streuketten säubert man am besten mit Petroleum, wäscht sie mit Wasser gut nach, läßt sie ganz trocken werden und ölt sie dann gut ein. Vor allem ist das Superphosphat restlos zu entfernen, das durch seine Druckempfindlichkeit harte Restrückstände in Ecken und Winkeln hinterläßt und dadurch die Streuarbeit der Maschine nachteilig beeinflußt.

Dauernde Behandlung der Holzteile mit Holzschutzmitteln erhöht die Lebensdauer der Maschine. Zur Überwinterung packt man die abmontierten Teile in den Streukasten, so daß beim Wiederzusammenbau nichts verlegt oder gar verlorengegangen ist.

Sehr wichtig ist, daß die eingefetteten Teile (Streuschienen, Streuwellen, Rührschieber usw.), die mit dem Dünger in Berührung kommen, vor dem Zusammenbau gründlich entfettet werden. Auch während der Gebrauchszeit dürfen diese Teile nicht eingefettet werden, sonst verbindet sich der Dünger mit dem Fett; es entsteht eine schmierige Masse, die die Leistung der Maschine ganz beträchtlich beeinflußt.

Der Schlitz der Schlitzstreumaschinen setzt sich während des Streuens langsam zu, und dadurch nimmt die Streumenge etwas ab. Darum säubert man den Streuschlitz, indem man mit einem Holz oder zugeschärften Eisen an ihm entlangfährt. Das ist nicht notwendig bei Schlitzen, die durch Ketten oder andere hindurchgreifende Elemente immer offengehalten werden.

Da der Dünger dem freien Fall gehorcht, ist es wesentlich, daß die Maschine möglichst wenig Stöße erhält, die den Dünger in unbestimmbarer und unregelmäßiger Weise ungewollt von Streuschienen, Streuketten und anderen Streuorganen herabfallen lassen. An und für sich ist der Ackerboden weich. Er kann aber von Steinen, Löchern u. ä. bei Frost und großer Trockenheit sehr hart werden. Es empfiehlt sich, Düngerstreumaschinen mit elastischer Bereifung zu versehen, damit die Maschinen auf harten Böden stoßfrei arbeiten.

Düngerstreumaschinen mit kleiner Streubreite haben meist nur Gabeldeichseln. Solche Maschinen werden einseitig vom Fahrrad aus angetrieben; durch den pendelnden Gang werden die Bewegungen der Streuorgane (Rührschieber, Austragswalzen usw.) ungleichmäßig, und dadurch wird auch ungleichmäßig ausgestreut. Da Vorderwagen von anderen Geräten und Maschinen (Drillmaschinen, Vielfachgeräte) auf jedem Hofe vorhanden sind, lohnt es sich, ohne besondere Kosten auch die kleinen Düngerstreumaschinen mit Vorderwagen zu versehen, die einspännig gefahren werden können.

Wenn sich Brücken im Streukasten bilden, wie es bei backenden Düngern oft vorkommt, ist es ratsam, den Dünger im Streukasten nicht nach unten zu drücken. Dadurch wird der Druck nur noch größer, der solche Brücken bildet. Man sucht durch einen Knüppel, den man nach Art der Widerhaken formt, den Dünger im Kasten nach oben zu lockern, nach unten fällt er dann von selbst, ohne Brücken zu bilden.

Nagelbretter als Verteilungsorgane unter dem austragenden Schlitz haben nur Sinn, wenn die Nägel von Reihe zu Reihe auf Luke so angeordnet sind, daß keine Gassen entstehen, die den Dünger statt zu verteilen, nur ablenken und ihn in Streifen abfallen lassen. Aus ähnlichem Grunde ist es nötig, daß die Nägel dieser Bretter stets saubergehalten werden. Eine Zeitlang kann man dabei mit Drahtbürsten auskommen, dann aber müssen die angefressenen Nägel oder das ganze Nagelbrett erneuert werden.

An windigen Tagen soll man in Windrichtung streuen. Windschutzkästen sollen so tief wie möglich bis zum Boden heruntergehen. Unter Umständen verlängert man die Kastenwände durch Sacktücher, die unten Bodenleisten zum Beschweren haben. Auch Windschutzradbleche, die auf die Radkapsel gesteckt werden, wirken sich sehr gut aus.

Düngerstreuer mit Vorderwagen sind meist mit Spurzeigern versehen, damit es leichter wird, die gestreuten Düngerbahnen lückenlos und ohne Überlagerung aneinanderstoßen zu lassen. Die Lage der Spurzeiger ist so, daß der Zeiger stets auf die Mitte der Spur des vorausgegangenen Hinterrades zeigt.

F. Drillmaschinen

Drillmaschinen gehören zu den Landmaschinen mit größter Lebensdauer. Der Abnutzung unterworfen sind nur die Teile, die größeren Belastungskräften ausgesetzt sind. Das ist das Fahrgestell in seiner Achslagerung. Alte Maschinen, deren Streuorgane noch befriedigend arbeiten, sind oft recht wackelig im Fahrgestell und ihre Reihen fluchten nicht mehr. Bei neuzeitlichen Maschinen ist das wegen ihrer Gleitrollenlagerung kaum noch zu befürchten; es geht hier darum, alte Maschinen mit noch brauchbaren Streuorganen wieder instandzusetzen. Das aber ist leicht, wenn man die Ursache der Alterungserscheinung kennt. Die alten Maschinen haben in der Achsschenkellagerung meist einfache Gleitlager, die mit der Zeit auslaufen. Wenn man Ringscheiben einsetzt, kann man den seitlichen Verschleiß eine gewisse Zeitlang verhindern, dann aber ist das Spiel zwischen Achsschenkel und Radbuchse langsam so groß geworden, daß die Räder in der Führung nicht mehr rundlaufen. Hier kann man sich dadurch für einige Zeit helfen, daß man die Radbuchsen mit Weißmetall ausgießt. Wenn man Achsschenkel und gleichzeitig die Räder auswechselt, kann radikal abgeholfen werden.

Auch das Getriebe verschleißt langsam, trotz guten Ölens. Aber dieser Nachteil macht sich solange nicht bemerkbar, wie die Zahnräder noch kämmen. Das langsam größer werdende Spiel zwischen den Zähnen der Zahnräder bleibt bei dem stets gleichen Drehsinn lange ohne Wirkung. Erst wenn das Getriebe so weit verschlissen ist, daß Zähne ausbrechen, was bei der jährlichen kurzen Arbeitszeit der Maschine und ihrem geringen Kraftbedarf höchstens bei Betriebsstörungen vorkommen dürfte, ist am besten das ganze Getriebe zu ersetzen.

Darum sollte stets gut getrocknetes und von harten Beimengungen freies, nicht klumpendes und nicht backendes Saatgut verwendet werden. Die Drillmaschine darf nicht schon auf dem Hofe gefüllt werden. Durch die unvermeidlichen Erschütterungen bei der Straßenfahrt wird das Saatgut in die Sägehäuse gepreßt. Dadurch kann die Maschine sich festsetzen, und wegen der großen Kraftübertragung auf die Säwelle können die Zahnräder abbrechen und auch sonstige Brüche entstehen.

Bei größeren Unreinigkeiten verlegen sich die Zuläufe der Sägehäuse. Ist das Saatgut gebeizt, so muß es gut gemischt werden, damit es möglichst gleichmäßig ausgesät werden kann. Ist das Saatgut naß gebeizt worden, so muß es so weit getrocknet werden, daß es nicht mehr klebt.

Bei sperrigem Saatgut ist der Saatkasten nur zur Hälfte zu füllen, damit vor den Sägehäusen kein zu großer Staudruck entsteht und der Ausfluß nicht unterbrochen wird. Bei solchen Stauungen benutze man auf keinen Fall die bloßen Hände, um Abhilfe zu schaffen, da sie dabei ganz bösartig verletzt werden können.

Bevor die Maschine eingesetzt wird, sind vor allem die Saatleitungen daraufhin zu untersuchen, ob sie frei beweglich und unverbeult sind. Beim Hin- und Herrangieren in Schuppen während der Abstellzeit können die Saatleitungen leicht beschädigt werden. Bei Trichterketten kann ein verbeulter Trichter ganz einfach gerichtet werden. Verbeulte Teleskoprohre müssen meist durch neue ersetzt werden; doch verbeulen diese Rohrleitungen selten, weil sie anders gebaut sind.

Nach Gebrauch und nach jeder Säperiode muß die Drillmaschine innen und außen gründlich gereinigt werden. Schäden an der Oberfläche sind dadurch auszubessern, daß man sie anstreicht. Sämtliche Lagerstellen sind zu säubern und abzuschmieren. Bei Maschinen mit

Holzrädern ziehe man, besonders in der ersten Gebrauchszeit, die Schrauben des Nabendeckels nach. Zur Aufbewahrung wähle man einen möglichst trockenen Ort, der besonders die Holzteile der Maschine vor Witterungseinflüssen schützt.

G. Grasmähmaschinen

Besonders gewartet und gepflegt müssen die Grasmähmaschinen werden, da sie mit präzise arbeitenden Getrieben ausgestattet sind und durch mangelhafte Wartung kostspielige Reparaturen entstehen. Bevor sie gebraucht werden, sind die Ölbadgehäuse mit $^1/_4$ l nicht zu dünnem Öl zu füllen. Ebenfalls sind die Fahrradnaben mit dem gleichen Öl kräftig zu ölen. Während des Gebrauches sind stündlich die Messerköpfe und die Gleitflächen des Messers, und täglich ist der Kurbelstangenkopf mit der Fettpresse zu schmieren. Dabei ist die Kurbelscheibe zu drehen, bis der Schmiernippel des Kurbelstangenlagers unter dem Loch im Schutzdeckel erscheint. Außerdem sind alle beweglichen Gelenke und Teile mit der Ölspritzkanne des öfteren abzuschmieren. Es hat viel für sich, einen Schmierplan (Bild 1200) aufzustellen, wie man ihn bei allen Präzisionsmaschinen hat, und zwar für alle mit Feingetrieben versehenen Landmaschinen. Dadurch wird dem Bedienungspersonal die Maschinenpflege leichter gemacht; in der langen Zeit zwischen den jährlichen Einsätzen wird sonst zu leicht übersehen, die Maschinen richtig und rechtzeitig abzuschmieren. Einige Firmen liefern einen solchen Schmierplan gleich mit der Maschine mit.

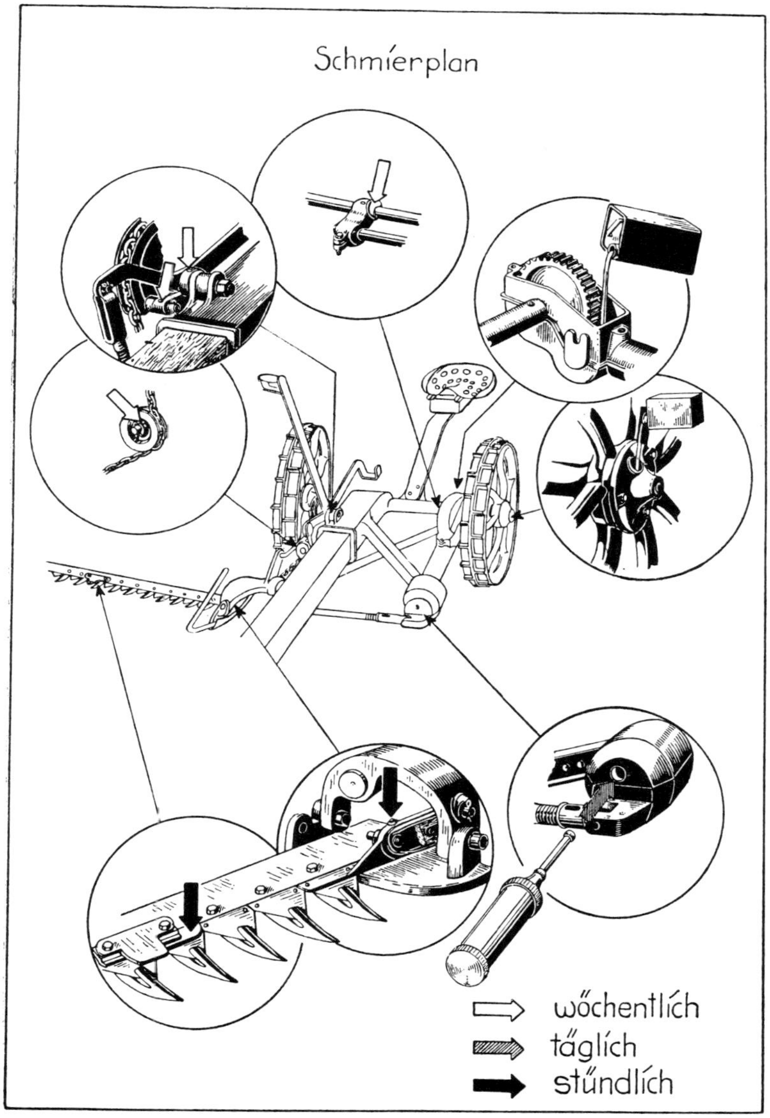

1200. Schmierplan für eine Grasmähmaschine
(Lanz, Mannheim)

Nur bei richtiger Behandlung und rechtzeitiger Instandsetzung ist die Grasmähmaschine immer zum Einsatz bereit und lange Zeit haltbar. Unmittelbar nach der Mähzeit soll sie wieder instandgesetzt werden. Genau so, wie die Maschine nur eingesetzt werden soll, wenn sie gut im Stande ist, muß sie auch für das nächste Jahr abgestellt werden. Die Maschine ist gründlich von Staub und Schmutz zu reinigen; Rost ist mit Petroleum zu entfernen. Blanke Teile (z. B. der Schneidapparat) sind zum Schutz gegen Rost gut einzufetten. Sämtliche Schmierstellen und Lager sind zu säubern, mit Petroleum gut durchzuspülen und wieder frisch zu schmieren. Abgenutzte oder zerbrochene Teile sind durch neue, rechtzeitig bestellte Teile zu ersetzen und verbogene wieder geradezubiegen. Schrauben oder sonstige Verbindungen sind daraufhin zu prüfen, ob sie fest sitzen; sie sind gegebenenfalls nachzuziehen. Reparaturen sind rechtzeitig auszuführen. Der Grasmäher ist in einem trockenen Raum aufzubewahren.

1201. Mähmesser-Schleifmaschine für Handbetrieb
(Burkert, Gerabronn)

Stumpfe Messer müssen rechtzeitig geschliffen werden. Beim Schleifen dürfen die Klingen aus legiertem Stahl nicht heiß werden, weil sich sonst ihre innere Struktur und damit die Schneidhaltigkeit ändern könnten. Man soll die Klingen an der Schmirgelscheibe nicht trocken schleifen, sondern an einem Sandstein mit Wasser. Dabei ist darauf zu achten, daß die ganze Schneidkante gleichmäßig überschliffen wird. Schartige und ausgesprungene Klingen müssen losgeschlagen und dafür neue aufgenietet werden. Ist das Messer verbogen, wird es mit einem Holzhammer auf fester, ebener Unterlage gerichtet, am besten auf der Richtplatte. Verbogene Finger und abgenietete Druckplatten sind durch ein paar Hammerschläge nach unten zu richten. Bevor das Schneidwerk wieder eingesetzt wird, ist es gut zu reinigen und an den Gleitflächen einzufetten.

Die Arbeit der Grasmähmaschine kann in verschiedener Weise gestört werden. Es ist gut, darauf achtzugeben, damit die Maschine sauber arbeitet.

Die Maschine kann z. B. am inneren Schuh zu hoch mähen. Das wird meist daran liegen, daß die Zugfeder unter der Deichsel zu gering gespannt ist. Dadurch wird der innere Schuh von dem Zughaken zu hoch gezogen. Dann muß die Feder nachgespannt werden.

Wenn der Schnitt unsauber ist, weil das Messer stopft, muß es nachgeschliffen werden. Wenn man es mit der neuen Mähmesserschleifmaschine schärft (Bild 1201 und 1202), bekommt man einen sehr glatten, gleichmäßigen Schliff und man spart dabei viel Arbeit. Solche Maschinen schleifen zwar trocken mit Elektrokorund-Schleifscheiben, doch ist es ausgeschlossen, daß die Klingen ausglühen, da das Messer sich nur durch seine eigene Schwere an den Stein anlehnt und sich beim Schleifen dauernd auf und ab bewegt. Die Welle, auf der die Schleifwalze

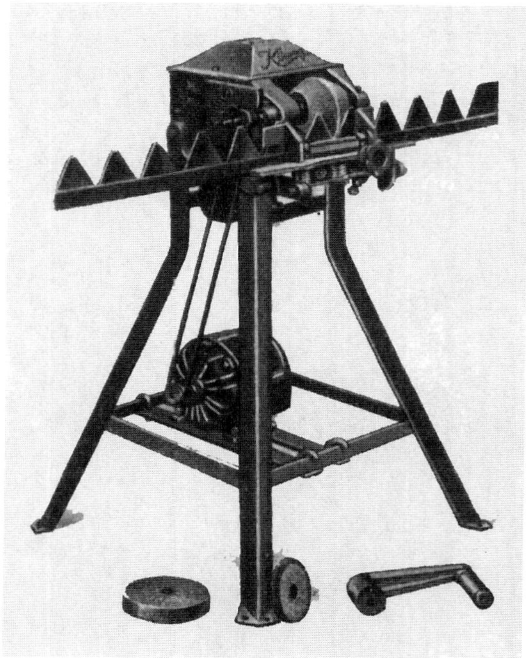

1202. Mähmesser-Schleifmaschine, durch Elektromotor angetrieben (Köhler, Gefrees)

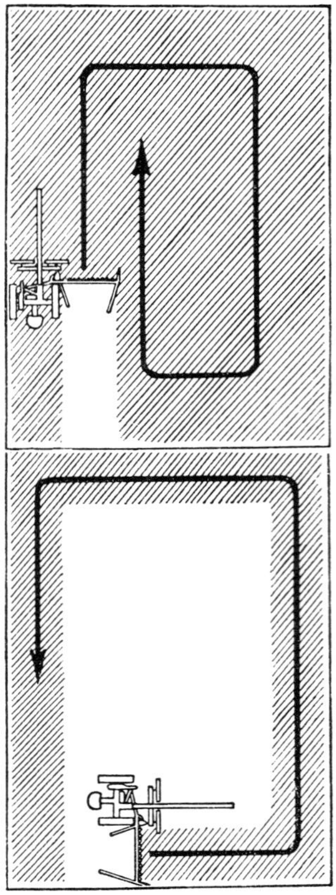

1203. Anmähen einer Wiese (Lanz, Mannheim)

sitzt, hat seitlichen Spielraum. Daher läuft sie in der Mitte und paßt sich der Schleiffläche an. Es können daher Messer mit alten und mit neuen Klingen gut geschliffen werden. Da sich der Korundstein gleichmäßig abnutzt und darum seine Form behält, ist er dem nicht immer gleichmäßigen Natursandstein überlegen, der meist schon nach kurzer Zeit nicht mehr rund bleibt. Da die Klingen auf der Mähmesserschleifmaschine ihren gleichen Schleifwinkel behalten, genügt es, wenn nur einige Male auf und ab gedreht wird, um die Klingen zu schärfen, so daß sie nicht so sehr verschleißen.

Sind die Messer stark abgeschliffen, so sind neue Klingen aufzunieten. Verbogene Messerrücken sind mit einem Holzhammer auf einer geraden Unterlage nachzurichten. Wenn ein Schneidwerk stopft, obwohl die Messer scharf sind, sind die Finger zu senken.

Wenn die Schwaden zu breit werden, stört das gemähte Gras am inneren Schuh. Dann ist der Stock am Spurbrett falsch eingestellt. Die Schwaden werden schmaler, wenn der Stock an seinem hinteren Ende höhergestellt wird.

Läuft die Grasmähmaschine unruhig, so hat oft die Messerführung am inneren Schuh zu großen Spielraum. Dann ist die Führung nachzustellen oder auszuwechseln.

Läßt sich die Maschine besonders schwer ziehen, so läuft gewöhnlich das Messer zu schwer in der Führung. Das beruht entweder darauf, daß der Auflagedruck des Schneidapparates zu stark ist, der sich verringert, wenn die Federspannschraube angezogen wird; oder das Messer reibt zu sehr, weil es verbogen ist. Das läßt sich leicht feststellen, indem man die Kurbelstange mit der Hand hin- und herzieht und richtet. Der Messerrücken ist dann zu richten.

Wenn eine Maschine schwer zu ziehen ist, kann auch das Messer zu stark oder zu schwach voreilen. Dadurch können im Messerkopf Klemmungen entstehen. Sie können beseitigt werden, wenn der Kopf reguliert wird. Bei den verschieden gebauten Maschinen sind die Grenzen einzuhalten, innerhalb deren man regulieren kann.

Damit nicht mit der Hand angemäht zu werden braucht, kann man so verfahren: Man beginnt mit dem Mähen, indem man an der linken Wiesenkante entlangfährt und ständig rechts umfährt. Danach fährt man links um und mäht den außen stehengebliebenen Streifen (Bild 1203). Damit auf steinigen und sehr unebenen Böden die Messer nicht beschädigt werden, ist das Schneidwerk in seiner Auflage mit dem inneren und dem äußeren Schuh so hoch einzustellen, daß es in keinem Falle den Boden berührt. Darum sind an den Schuhen

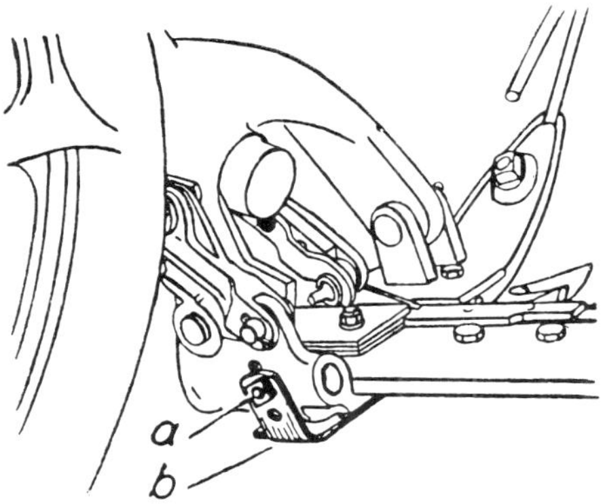

1204. Schleifenverstellung am inneren Schuh (Lanz, Mannheim) *a* Schraube; *b* Schleife

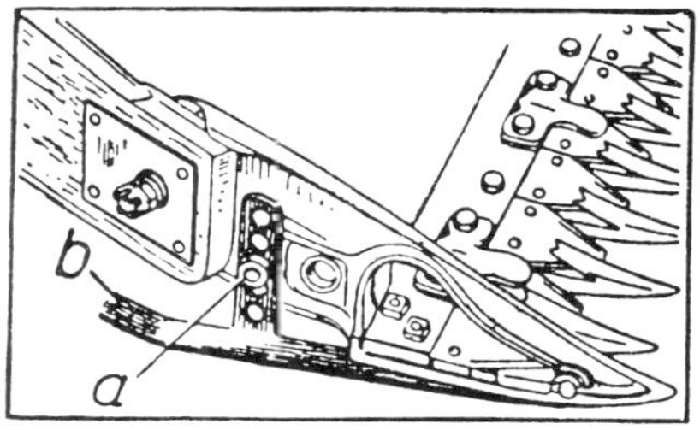

1205. Schleifenverstellung am äußeren Schuh (Lanz, Mannheim) *a* Schraube; *b* Schleife

verstellbare Schleifen angebracht. Wenn die Schleifen verstellt werden sollen, werden die Schrauben *a* (Bild 1204 und 1205) gelöst und die Schleifen *b* entsprechend verschoben. Dann sind die Schrauben sicher festzuziehen. Es ist immer darauf zu achten, daß beide Schleifen gleichhoch stehen.

H. Bindemähmaschinen

Bevor die Bindemähmaschinen wieder gebraucht werden, sind sie gründlich abzuschmieren. Die 70 Schmierstellen einer Maschine müssen planmäßig behandelt werden, auch während die Maschine arbeitet. Vor allem sind die dauernd stark beanspruchten Teile: Messerkopf und -führung, Kurbelstangenlager, Umleitrolle und bei Straßenfahrt das Transportrad stündlich, die anderen schnellaufenden Teile: Gelenkwelle, Kurbelwellenlager (vorn und hinten), Packerwellenlager, Kettenspannrad, Kettenleiträder dreimal täglich und die anderen vielen Schmierstellen zweimal täglich zu schmieren. Dazu darf nur hochwertiges, säurefreies Fett verwendet werden. Bevor geschmiert wird, sind die Schmiernippel gut zu säubern, damit sich weder Sand noch Schmutz in die Lager einpressen. Das aus den Lagerstellen austretende Fett ist abzuputzen. Besonders sorgfältig muß der Knüpfer behandelt und geschmiert

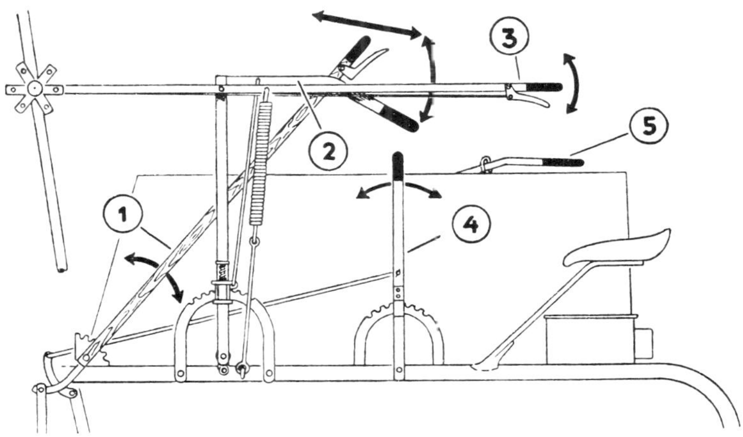

1206. Bedienungshebel an der Bindemähmaschine (Lanz, Mannheim)

1 Kipphebel zum Verstellen der Plattform
2 Haspelstütze
3 Haspelhebel
4 Schiebehebel für Verstellung des Bindetisches
5 Stellstange für den Stoppelendenglätter

werden, vor allem, wenn Garnreste ihn in seiner Tätigkeit behindern sollten. Die Gleitflächen der Knoterantriebsscheibe sind mit der Ölkanne zu ölen. Vor jedem Ernteeinsatz sollten die Schmierstellen durch eingepreßtes Petroleum gereinigt und dann von neuem gründlich geschmiert werden. Das Hauptantriebsgehäuse der Maschine ist mit etwa $^3/_4$ l Öl zu füllen.

Bevor der Binder eingesetzt wird, und auch am ersten Tage des Einsatzes, sollte man sich die Funktionen der verschiedenen Hebel (Bild 1206) durch praktisches Hantieren wieder ins Gedächtnis zurückrufen und dabei gleichzeitig prüfen, ob alles in Ordnung ist. Der Kipphebel 1 neigt durch Vorlassen die Plattform, beim Zurückziehen hebt sie sich nach jeweiligem Ausrasten. Die Haspelstütze 2 stellt nach jeweiligem Hochheben und dadurch erfolgtem Ausrasten die Haspel vor und zurück. Der Haspelhebel 3 hebt oder senkt sie, wenn er ausgerastet wird. Der Schiebehebel 4 bewegt den Bindetisch in gleichen Richtungen, um die Lage der Bindungen der Halmlänge so anzupassen, daß die Garben in ihrer Gewichtsmitte gebunden werden, also etwas mehr zum Stoppelende hin. Die Stellstange 5 zum Stoppelendenglätter wird bei kurzem Getreide etwas mehr angezogen, um seine Wirkung zu erhöhen.

Vor Mähbeginn ist zu prüfen, ob der Halmteiler richtig eingestellt ist. Bei niederstehendem Getreide wird er ganz tief gestellt, bei hohem, überhängendem Getreide wird die Stütze ausgezogen und der Halmteiler entsprechend hoch gestellt. Das Schneidwerk wird genau so gewartet und behandelt wie das Schneidwerk der Grasmähmaschine, auch wenn die Teilung bei Getreide anders ist wegen des Normalschnittbalkens.

Die Garbendicke wird während des Mähens reguliert. Je nach Bauart der Maschine ist entweder die Federung der Auslösenase und die Einstellung des Gegenhalters (Bild 1207), oder, wenn er selbst als Auslösehebel ausgebildet ist, dessen Federspannung auf die gewünschte Größe zu bringen (Bild 1208). Dabei ist zu berücksichtigen, daß größere Federspannungen dichtere und größere Garben ergeben.

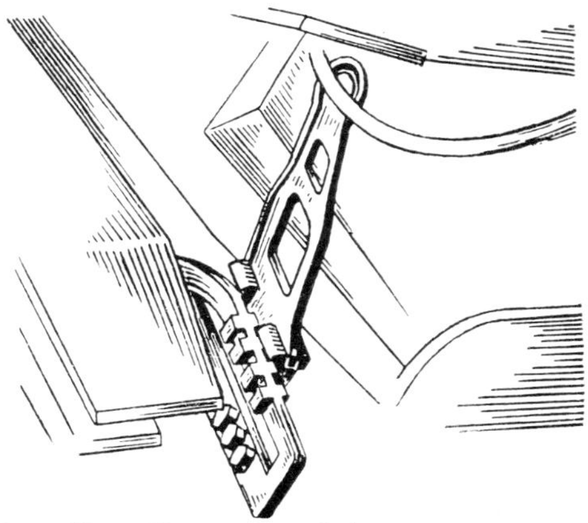

1207. Verstellbarer Gegenhalter (Lanz, Mannheim)

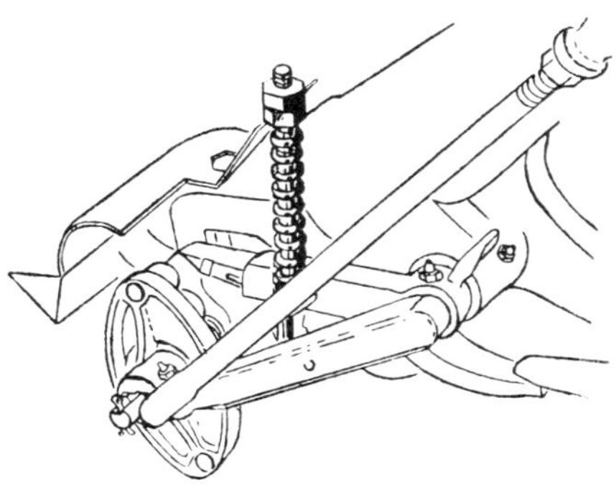

1208. Spannfeder zum Auslöser der Bindevorrichtung (Lanz, Mannheim)

Besondere Sorgfalt erfordern die Bindertücher. Sie sind gewebt und verziehen sich leicht. Sie laufen dann schief in der Maschine und es kann zu unangenehmen Betriebsstörungen kommen. Daher sind die Bindertücher nach der Arbeit stets zu entspannen. Neue Tücher dehnen sich in der ersten Zeit und müssen, damit sie den notwendigen Reibungsdruck an den Walzen haben, des öfteren nachgespannt werden. Da die Tücher nachts Feuchtigkeit anziehen, verkürzen sie sich etwas. Daher spannt man sie morgens um ein bis zwei Löcher länger ein und spannt nach, falls sie anfangen zu rutschen. Vor Durchnässung sind die Bindertücher gut zu schützen. Werden sie bei der Arbeit naß, so müssen sie nachher abgenommen und sofort getrocknet werden, damit sie nicht stockig und mürbe werden. Löcher im Gewebe der Bindertücher sind rechtzeitig auszubessern, ebenso sind zerbrochene Latten durch neue zu ersetzen.

Auch die Lederstrippen, mit denen die Bindertücher festgespannt werden, bedürfen der Pflege, damit sie nicht brüchig werden, wodurch die Löcher aufreißen. Man fettet sie öfter mit Geschirrfett ein.

Die Bindertücher müssen gleichmäßig gespannt werden, damit sie nicht schief laufen. Läuft ein Bindertuch schief, so soll es nur von geübter Hand gerichtet werden. In letzter Zeit sind einige Firmen dazu übergegangen, die Schnallenbefestigung der Bindertücher durch eine Gummischnur zu ersetzen, die sich zickzackförmig von Tuchende zu Tuchende über die ganze Breite des Stoßes erstreckt (Bild 1209). Auf diese Weise werden Spannungsunterschiede über die ganze Fläche ausgeglichen. Dabei ist darauf zu achten, daß die Gummischnur nicht zu straff gespannt und die Spannung in den einzelnen Zickzackstücken gleichmäßig über die ganze Tuchbreite verteilt ist. Jedes Tuch ist sofort durchzudrehen, wenn es aufgezogen ist, um Störungen daran festzustellen. Läuft ein Tuch richtig, so sind die Überhängelappen mit der Schnur festzubinden, damit sie sich nicht um die Walzen wickeln können.

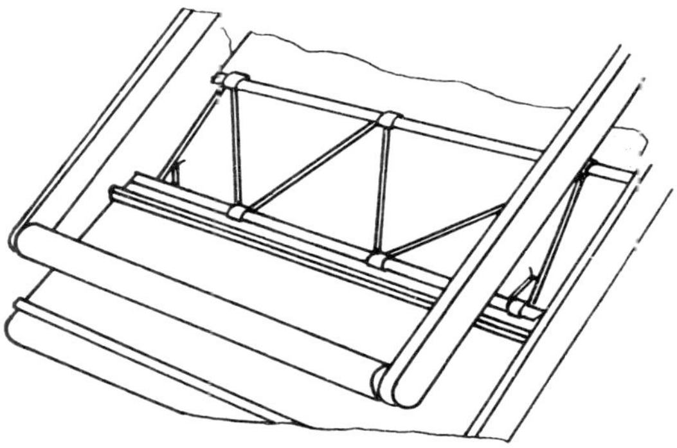

1209. Gummiverschnürung der Bindetücher

Durch Feuchtigkeit und durch mechanische Belastungseinflüsse, beispielsweise beim Bohnenmähen, werden die Bindertücher besonders stark strapaziert. Bei solchen außerordentlichen Belastungen sollten Gummitücher benutzt werden. Sie sind gegen Feuchtigkeit unempfindlich und gegen mechanische Beanspruchung widerstandsfähiger. Aber auch die Gummitücher können schadhaft werden. Dann sind sie sofort auszubessern. Man säubert die schadhafte Stelle mit Benzin, bestreicht sie mit Gummilösung, genau so, wie man einen Fahrradschlauch flickt, und klebt den ebenfalls mit Gummilösung bestrichenen, abgetrockneten Flicken auf. Zur Sicherheit näht man bei größerem Flicken nach dem Trocknen mit groben Stichen den Rand des Flickens überwendlich fest. Die Gummitücher werden in kühlen, trockenen Räumen aufbewahrt.

Wenn die Kette der Bindemähmaschine verschmutzt ist, so muß sie abgenommen und gründlich gesäubert werden. Man legt sie einige Stunden in Petroleum oder Gasöl und bürstet sie gründlich ab. Soll die Kette gelöst werden, so ist an einem Zwischenglied der Splint zu lösen und der Kettenbolzen herauszuziehen. Bevor die Kette wieder aufgelegt wird, ist sie etwa eine Stunde lang in angewärmtes Öl zu legen, das in die Glieder eindringt und die Kette ideal durchölt. Erst wenn die Kette getrocknet ist, darf sie wieder aufgelegt werden, so wie sie ursprünglich gelegen hat. Auch Ketten dehnen sich, wenn sie neu sind, sonst nur bei größerer Überlastung. Namentlich anfangs müssen sie des öfteren nachgespannt werden. Wird die Kette zu lang, so muß ein Zwischenglied herausgenommen werden.

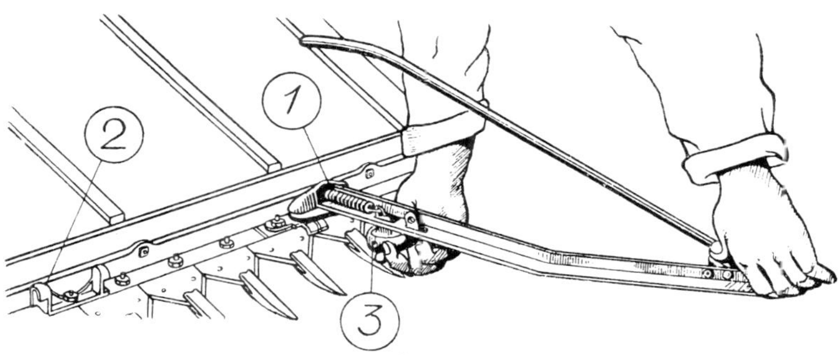

1210. Befestigen eines Ährenhebers (Lanz, Mannheim)
1 Einhängeklaue; 2 Druckdaumen; 3 Fingerschuh

Um das Lagergetreide wieder aufzurichten, werden Ährenheber angewendet; sie sind in einfachster Weise anzubringen. Mit der Einhängeklaue 1 (Bild 1210) wird der Ährenheber in die Halteösen des Druckdaumens 2 eingehängt und der Fingerschuh 3 über den Finger geschoben.

Die Bindevorrichtung ist sehr empfindlich, und weil ihre am Arbeitsgang beteiligten Elemente sehr genau eingestellt werden müssen, ist sie das Schmerzenskind der Bindemähmaschine. Doch wird sie zu einem unbedingt betriebssicheren Organ, wenn sie richtig behandelt und stets richtig eingestellt wird. Die Bedienungsleute müssen das Zusammenarbeiten der am Bindevorgang beteiligten Maschinenteile ganz genau kennen.

Alle Bindevorrichtungen werden in den Fabriken sorgfältig eingestellt und auf Einlaufständen einzeln geprüft, bevor sie versandt werden. Wenn neue Bindemähmaschinen anfangs einige Garben nicht binden, so ändere man nicht gleich die Einstellungen, sondern man warte geduldig mehrere Bindungen ab. Neue Maschinen haben auf ihren blanken Teilen, schon der Lagerung wegen, Fett- und Abdeckpaste. Das wirkt sich zunächst bei den Teilen ungünstig aus, die beim Binden unbedingt glatt und sauber sein müssen. Man warte also, bis Fett, Farbe und was sonst an den Teilen haften kann, sich gelöst und die noch etwas rauhen Reibungsstellen der Bindevorrichtung sich glattgescheuert haben. Vor allem ist unbedingt zu vermeiden, mit Hammer, Meißel oder auch nur mit Schmirgelleinen am Knüpfer oder an den anderen Teilen der Bindevorrichtung herumzuarbeiten. Es ist selbstverständlich, daß nach längerem Gebrauch die anfänglichen Einstellungen nicht mehr voll den Erfordernissen entsprechen, weil die Schrauben und Federn sich abnutzen und lockern und schließlich auch verschmutzen. Dadurch können Fehlbindungen entstehen. Dann muß man an den entsprechenden Stellen nachstellen; das ist ganz einfach, wenn man die Vorgänge beherrscht, die beim exakten Binden eine Rolle spielen. Es ist natürlich nicht so leicht, sich in die gleichzeitig sich schnell abspielenden und voneinander abhängigen Vorgänge des Bindens hineinzudenken, und den wenigsten Landwirten wird es gelingen, die Ursachen eines gestörten Bindevorganges sogleich herauszufinden, um die Störungen zu beseitigen. Durch unsicheres Probieren und Herumstellen an den verschiedenen Schrauben kommt man nicht weiter, und man soll lieber gleich einen Fachmann hinzuziehen.

Trotzdem ist es gut, wenn man sich die Vorgänge beim Binden und ihre gegenseitigen Abhängigkeiten klar vor Augen führt und vor allem aufpaßt, wenn sie einmal von einem Fachmann in Ordnung gebracht werden. Schließlich sind es bei einer Maschine gewöhnlich die gleichen Mucken, die sich von Zeit zu Zeit wiederholen. Und was es bedeutet, bei Knüpferstörungen während der drängenden Erntezeit gleich den richtigen Griff tun zu können, nicht kostbare Erntezeit und dazu noch unnützen Lohn für den Fachmann daranzugeben, auf den man stundenlang warten muß, braucht wohl erst nicht betont zu werden.

1211. Schifferknoten (Lanz, Mannheim)

Wichtig ist, daß nur einwandfreies, gleichmäßiges und knotenfreies Bindegarn verwendet wird. Man sehe da nicht so sehr auf den Preis. Denn durch minderwertiges, billiges Bindegarn werden die meisten Knüpferstörungen hervorgerufen. Dabei fällt unnütze Arbeitszeit aus und die kostet mehr als gutes Garn. Zwei Knäuel Bindegarn werden miteinander verbunden in den Garnkasten gelegt. Sie werden so verbunden, daß das äußere Ende des oberen Knäuels mit dem inneren Ende des unteren Knäuels zusammengeknotet wird. Hierbei, und wenn das Bindegarn einmal reißt, ist der gewöhnliche Doppelknoten zu binden (Bild 1211), auch Schifferknoten genannt, der bei der Garnführung am wenigsten aufträgt. Der innere Anfang des oberen Knäuels ist nun einzufädeln. Er wird durch die einzelnen Führungen 1—8 (Bild 1212): Deckelring, Fadenklemme, Ösen, Nadelöhr auf dem kürzesten Wege und möglichst ohne Verdrehung hindurchgeführt. Dann zieht man das Garn weiter aus dem Nadelöhr *h* (Bild 1213) heraus und zieht es unter der Brustplatte der Bindevorrichtung vor. Das Garnende mit der rechten Hand festhaltend, zieht man mit der linken Hand den Auslösehebel *i* nach außen und dreht die Auswerfer *k* nach oben herum, damit das Garn, wenn die Nadel hochgeht, in die Bindevorrichtung eingelegt und damit von der Schnurhaltung der Bindevorrichtung erfaßt wird. (Bei anderen Bauweisen handelt man entsprechend. Beispielsweise drückt man die Bindetischzunge 3 herunter.) Der daran anschließend durch die mit Handantrieb durchgeführte Bindung entstandene Knoten wird vom Knoter abgezogen. Dann ist die Bindemähmaschine betriebsfertig.

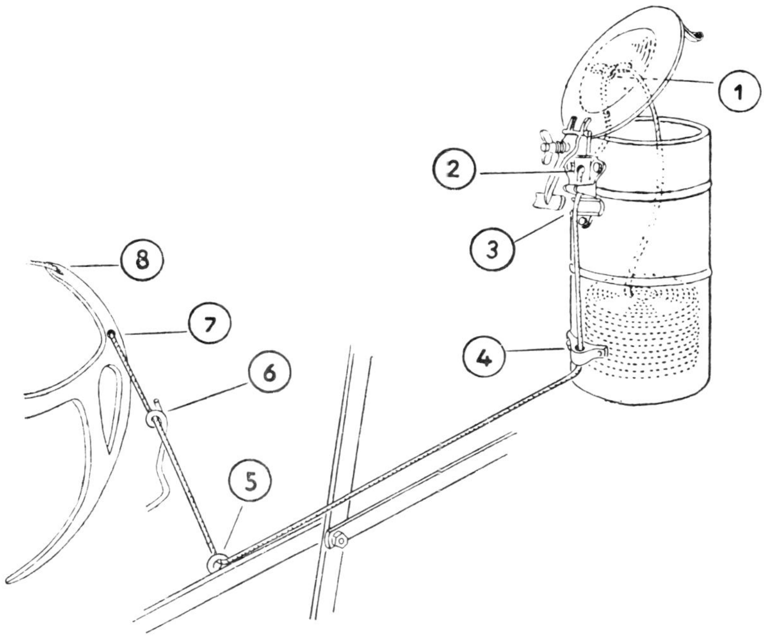

1212. Fadentopf und Nadel mit ihren Fadenführungen (Lanz, Mannheim)
1 Deckelring; 2 Durchführung durch den Fadentopf; 3 Fadenklemme; 4, 5, 6, 7 Führungsösen; 8 Nadelöhr

Um die Spannung des Garns gleichmäßig zu halten, wie es für einwandfreies Binden nötig ist, müssen sämtliche Führungen frei von Verunreinigungen bleiben, wie sie vor allem durch abgescheuerte Garnreste entstehen können. Die beweglichen Führungsteile, Rollen und dergleichen, müssen immer gut geschmiert werden. Die Garnspannung soll etwa 3—6 kg betragen, wenn man das Garn aus der Nadelöse zieht. Diese Spannung wird dadurch reguliert, daß man den Klemmdruck an der abgefederten Garnklemme am Garntopf [Bild 1212 (3)] verstellt.

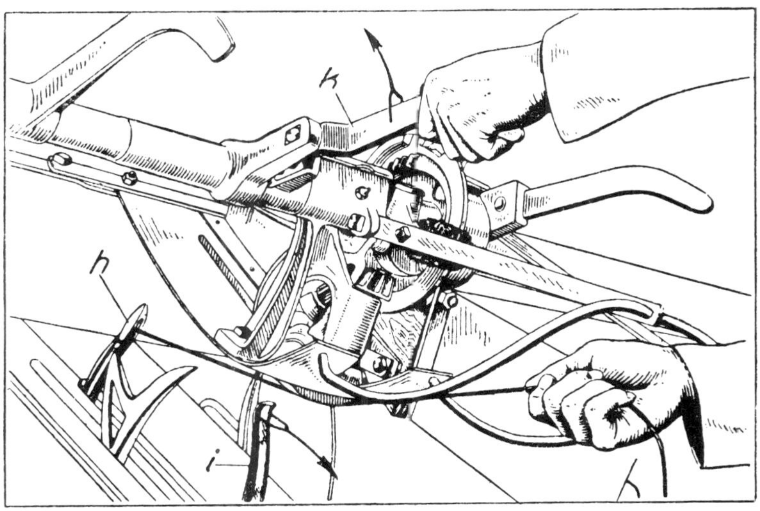

1213. Einfädeln der Bindevorrichtung (Lanz, Mannheim)
h Nadelöhr; *i* Auslösehebel; *k* Auswerfer. Nach Niederdrücken des Auslösehebels kommt die Nadel beim Drehen der Auswerfer hoch

Die Knüpfvorrichtung wartet man so, daß man sie mit einem trockenen Tuch stets sauber und trocken hält und die Triebteile gut schmiert. Vor allem sind Garnreste zu entfernen; man hüte sich aber, mit den Händen diese Reste fortzuzupfen, während die Maschine arbeitet. Die Maschine hält oftmals an; dabei sind solche Reinigungsarbeiten vorzunehmen.

Die Teile der Bindevorrichtung, die in ihrer gegenseitigen Lage und durch ihre einander zugeordneten Bewegungen festliegen, können nur gestört werden, wenn sie verstopft sind; oder wenn beim Knüpfen die Klemmspannungen sich verändern; oder wenn die Messer stumpf werden. Bei älteren Maschinen nutzen sich die Verschleißteile ab und verändern die Oberfläche. Es handelt sich bei den Klemmspannungen um den Klemmdruck der Knoterzunge auf ihre Unterlage, den Knoterschnabel, um den Klemmdruck der Schnurhaltung, der das Garn hält und um den Klemmdruck in der Fadenbremse am Garntopf. Dabei ist es gleich, welches System bei der Schnurhaltung angewendet wird. Diese Klemmspannungen sind durch Schraubenvorrichtungen zu regulieren, die die Federspannungen verändern, die auf jene Organe wirken.

An einigen Beispielen soll gezeigt werden, wie man bei Bindestörungen an den fehlgeknüpften Garbenschlingen praktisch feststellen kann, was die Störungen verursacht hat und wie sie abzustellen sind.

Beispiel 1. Ein Fadenende ist bei sonst normalem Binden mit in die Schlinge hineingezogen worden. Das ist an sich keine Störung, zeigt aber an, daß die Klemmung der Schnurhaltung zu lose ist und nachgespannt werden muß. (Bild 1214.)

1214. Fehlbindung durch zu lose Schnurhaltung
(Lanz, Mannheim)

1215. Fehlbindung durch zu starke Fadenbremsung
(Lanz, Mannheim)

1216. Fehlbindung durch zu lockere Klemmung des Fadens
(Lanz, Mannheim)

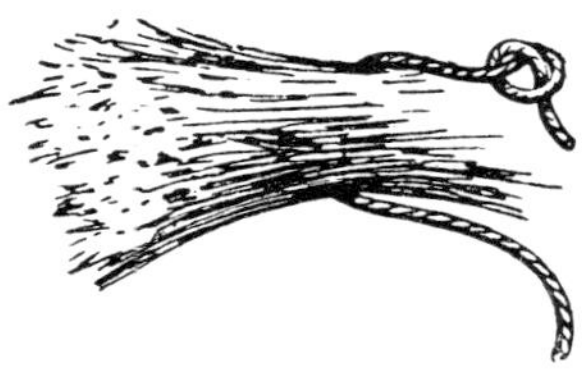

1217. Fehlbindung durch verschlissene Schnurhaltung
(Lanz, Mannheim)

1218. Fehlbindung durch zu lose Fadenbremse
(Lanz, Mannheim)

1219. Fehlbindung infolge zu stumpfen Messers
(Lanz, Mannheim)

Beispiel 2. Der Faden reißt ab und die Schlinge bleibt im Knüpfer hängen oder liegt bei der ungebundenen Garbe.

Der Klemmdruck in der Schnurhaltung ist zu gering, und weil der Faden durch die Fadenbremse am Garntopf zu stark gespannt war, konnte kein Garn für die Schlinge beim Knüpfen von unten nachgeliefert werden. Das Garn zog sich aus der Schnurhaltung heraus.

Die Fadenbremse wird zunächst gelockert. Erst wenn das nichts hilft, ist die Klemme der Schnurhaltung nachzuziehen. (Bild 1215.)

Beispiel 3. Das Garn ist einseitig geknotet, so daß sich das andere Ende später leicht aus dem Knoten herauszieht, wie die Bilder 1216 und 1217 zeigen. Die zu lose eingestellte Schnurhaltung muß nachgespannt werden. Bei alten Maschinen ist die Schnurhaltung vielleicht auszuwechseln.

Beispiel 4. Der richtig gebundene Knoten ist sehr lose.

Das Garn hat beim Binden nicht genügend Spannung; die Fadenbremse muß angezogen werden. (Bild 1218.)

Beispiel 5. Die Enden des richtig gebundenen Knotens sind wie abgerissen.

Das Messer ist stumpf und muß nachgeschärft werden. (Bild 1219.)

Beispiel 6. Unterhalb des festen Knotens ist die Schlinge zerrissen.

Die Garnspannung ist beim Binden zu groß gewesen. Entweder war die Spannung in der Fadenbremse zu groß oder der Messerhebel war verbogen. Er ist gegebenenfalls zu richten. (Bild 1220.)

Beispiel 7. Das Garn liegt ungebunden, aber glatt abgeschnitten bei der Garbe.
Das Garn wurde während des Bindens vom Knoten nicht festgehalten. Entweder ist die Knoterfeder zu locker oder der Knoter konnte sich wegen eines Fremdkörpers nicht schließen. (Bild 1221.)

1220. Fehlbindung infolge zu großer Fadenspannung (Lanz, Mannheim)

1221. Fehlbindung infolge offen gebliebenen Knoters (Lanz, Mannheim)

1222. Fehlbindung infolge Nichteinlegens des Fadens in die Schnurhaltung (Lanz, Mannheim)

Beispiel 8. Um die Garbe ist eine Schlinge gebunden wie beim Beispiel 3; das freie Ende des Garns geht jedoch durch die Nadel zum Garnkasten.
Die Nadel hat das Garn nicht in die Schnurhaltung gelegt. Es muß geprüft werden, ob die Nadel richtig durchschwingt; die Nadeltreibstange wird verstellt und reguliert. (Bild 1222.)

J. Pferderechen

Auch der Pferderechen muß sorgfältig gepflegt werden, wenn er immer einsatzbereit sein soll. Während der Ruhezeit sind sämtliche Lagerstellen zu säubern und frisch zu schmieren. Blanke Stellen sind einzufetten und so gegen Rost zu schützen. Der Rechen ist von Zeit zu Zeit gründlich zu überholen und dabei in seine Teilgruppen zu zerlegen. Hierbei können am besten Schäden festgestellt und ausgebessert werden. Auch sonst sind bei der Instandsetzung mindestens die wichtigsten Teile auseinanderzunehmen.

Wenn die Fahrräder abgenommen werden sollen, löst man die durch je einen Splint gesicherten Stoßscheiben *s* (Bild 1223). Sie sind mit verschieden hohen Kerben versehen, um

1223. Lösen der Stoßscheibe beim Pferderechen (Lanz, Mannheim)
s Stoßscheibe

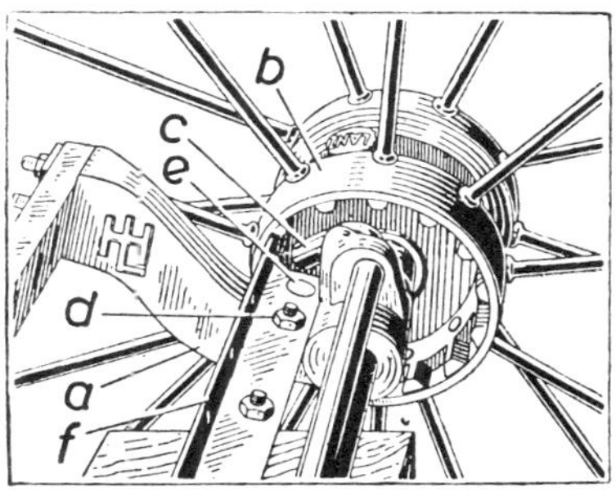

1224. Fahrrad mit Auslösestangen (Lanz, Mannheim)
a Hauptrahmen; *b* Radnabe mit Zahnkranz; *c* Auslösestangen; *d* Befestigungsschrauben; *e* Versenkschraube; *f* Zinkenhalter

seitliche Abnutzungen auszugleichen. Bevor die Fahrräder von der Fahrradachse abgeschoben werden, wird der Hauptrahmen *a* (Bild 1224) an beiden Seiten aufgebockt. Für den späteren Zusammenbau muß hier gleich berücksichtigt werden, daß die Auslöserstange *c* in den Zahnkranz eingreifen muß. Sind also deren Enden verbogen, so sind sie nach unten zu drücken.

Beim Heurechen müssen oft neue oder gerichtete Zinken eingesetzt werden, da sie als eigentliches Arbeitswerkzeug am meisten beansprucht und abgenutzt werden. Handelt es sich nur um die Endzinken *i* (Bild 1225), so sind nur die beiden Sechskantschrauben zu lösen und das Beilageblech *l* abzunehmen, worauf der Zinken ausgewechselt werden kann. Beim Befestigen achte man auf die genau senkrechte Lage des Zinkens und darauf, daß der Zinken unbedingt mit der Zinkenführung verbunden ist. Die Muttern sind kräftig anzuziehen. Lose Zinken können von den Heumassen noch weiter zur Seite gedrängt werden und dadurch in den Bereich der Radspeichen kommen, was unweigerlich zu Betriebsstörungen und Schäden führt.

Um die übrigen Zinken auszuwechseln, ist zunächst die Deckschiene *n* (Bild 1226) zu lösen, die gewöhnlich

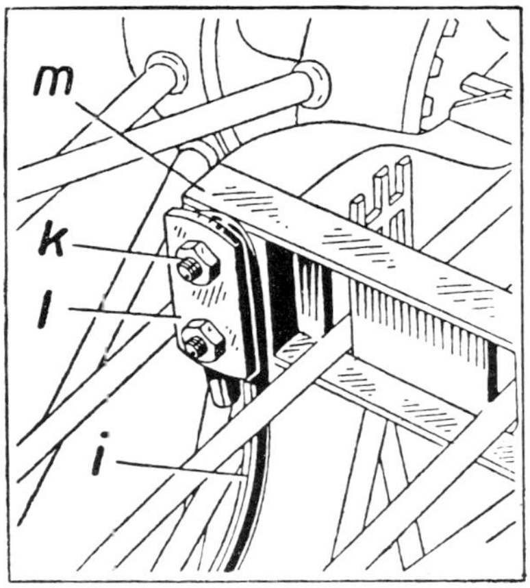

1225. Endzinken und seine Befestigung (Lanz, Mannheim)
i Endzinken; *k* Sechskantschrauben, *l* Beilageblech; *m* Zinkenführung

1226. Auswechseln der übrigen Zinken durch Entfernen der Deckschiene (Lanz, Mannheim)
f Zinkenhalter; *n* Deckschiene; *o* Vierkantschrauben

zwei- bis dreiteilig ist. Man löst die Vierkantschrauben *o* vom Zinkenhalter *f*. Die einzelnen Zinken liegen dann frei und können leicht herausgezogen und ebenso leicht wieder eingezogen werden. Oft ist es bei der Konstruktion des Rechens erforderlich, auch den Zinkenhalter zu lösen; man entfernt die beiden Senkschrauben *e* (Bild 1224), die ihn mit den beiden Achsen-

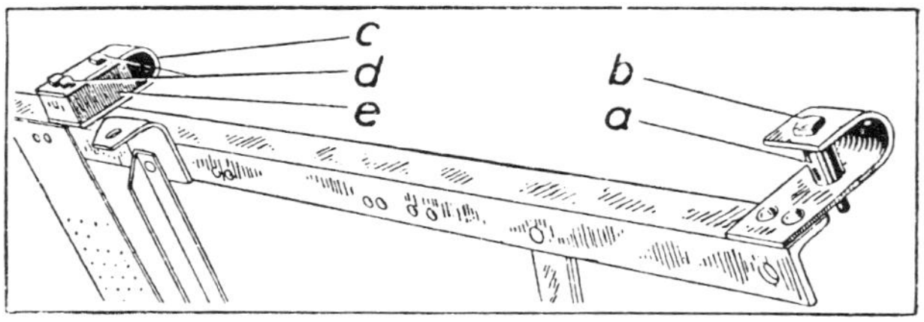

1228. Vorderrahmen-Scharniere (Lanz, Mannheim)
a Distanzrohr; *b*, *d* Schrauben; *c* mittleres Scharnier; *e* Zwischenstück

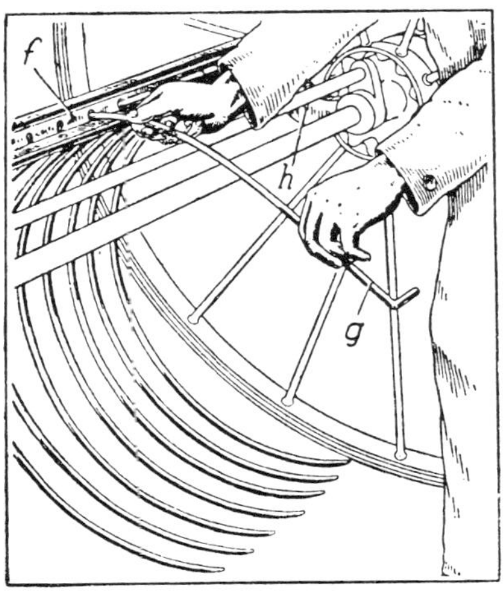

1227. Einziehen der Zinken (Lanz, Mannheim)
f Zinkenhalter; *g* Zinken

1229. Einhängen des Vorderrahmens (Lanz, Mannheim)
c Mittleres Scharnier; *f* Vorderrahmen; *g* Fahrachse

lagern verbinden. Beim Einziehen werden die neuen oder gerichteten Zinken zunächst durch die einzelnen Öffnungen des Zinkenhalters *f* (Bild 1227) und die dahinter liegenden Öffnungen der Zinkenführung geschoben. Nachdem alle Zinken eingeführt sind, wird (falls erforderlich) der Zinkenhalter wieder an den beiden Achsenlagern angeschraubt, die Deckschienen werden aufgelegt und festgeschraubt. Dabei ist darauf zu achten, daß diese Zinken sich leicht bewegen lassen, ohne daß sie viel Spiel haben.

Für Reparaturarbeiten am Vorderrahmen ist dessen gelenkige Verbindung mit dem ganzen Gerät sehr wichtig. Darum ist der Vorderrahmen durch Scharniere mit der Fahrachse verbunden. Um diese Verbindung zu lösen, müssen die Schrauben *b* und *d* (Bild 1228) gelöst die Distanzrohre *a* der beiden Außenscharniere und auch das Zwischenstück *e* mitsamt dem mittleren Scharnier *c* entfernt werden. Der Vorderrahmen wird so eingehängt, daß man ihn in geneigter Lage (Bild 1229) mit den Scharnieren in die Fahrachse *g* einhängt, die Distanzrohre unterhalb der Fahrachse wieder

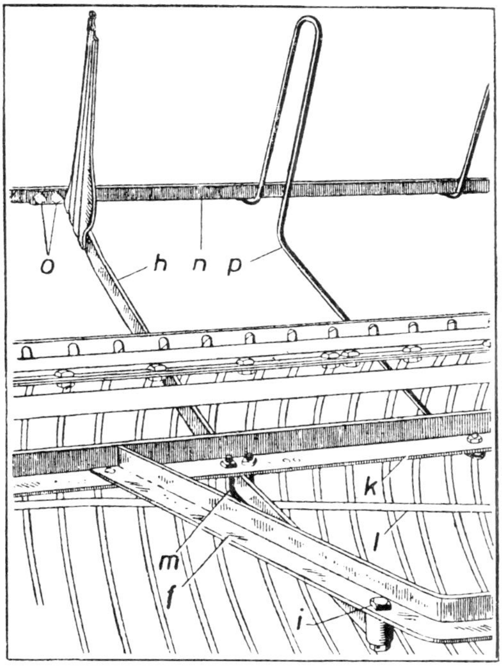

1230. Abschrauben der Abstreifvorrichtung (Lanz, Mannheim)

f Vorderrahmen; *h* Abstreiferhalter; *i* Befestigungsschraube; *k* Vorderrahmenschiene; *l* Spannstange; *m* Bügelschraube; *n* Abstreiferschiene; *o* Befestigungsschrauben; *p* Rundeisenabstreifer

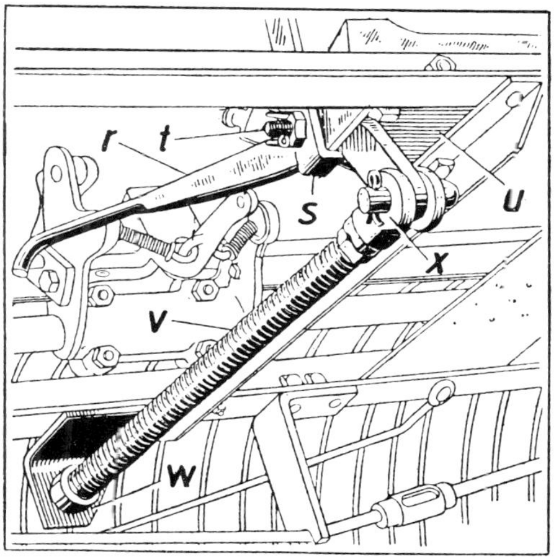

1231. Hebelgestänge für die Korbbewegung und Pufferfeder (Lanz, Mannheim)

r Fußhebel; *s* Handhebel; *t* Vierkantschraube; *u* Gußstück; *v* Pufferfeder; *w* Winkelverbindung; *x* Pufferfederstange

in die Scharniere einsetzt. Das mittlere Scharnier wird gleichfalls lose in die Fahrachse eingehängt, das Zwischenstück wieder eingesetzt und mit den Schrauben *d* (Bild 1228) wieder am Vorderrahmen angeschraubt. Die Abstreifvorrichtung ist ausladend angeordnet; darum läßt es sich nie ganz vermeiden, daß dieses Gestänge sich oft verbiegt. Beim Entleeren und in der Transportstellung verschieben sich die Rechenzinken in den Bereich der Transportstellung, wenn sie sich nach aufwärts bewegen. Die Abstreifvorrichtung muß ausgerichtet liegen, wenn der Heurechen einwandfrei arbeiten soll; wenn Richtarbeiten nötig sind, so muß diese Vorrichtung auseinandergenommen werden. Meist wird es genügen, die Vorrichtung als geschlossenes Ganzes abzuschrauben, wozu die Befestigungsschrauben *i* (Bild 1230), der Abstreiferhalter *h* am Vorderrahmen *f* und die Bügelschrauben *m* an der Vorderrahmenschiene *k* und außerdem die Befestigungsschrauben der 4 Rundeisenabstreifer *p* ebenfalls an der Vorderrahmenschiene zu lösen sind. Seltener wird es nötig werden, auch die Verbindung zwischen den Abstreiferhaltern *h* und der Abstreiferschiene *n* durch die Schrauben *o* zu lösen. Beim Wiedereinbau ist darauf zu achten, daß die Abstreiferhalter *h* zwischen

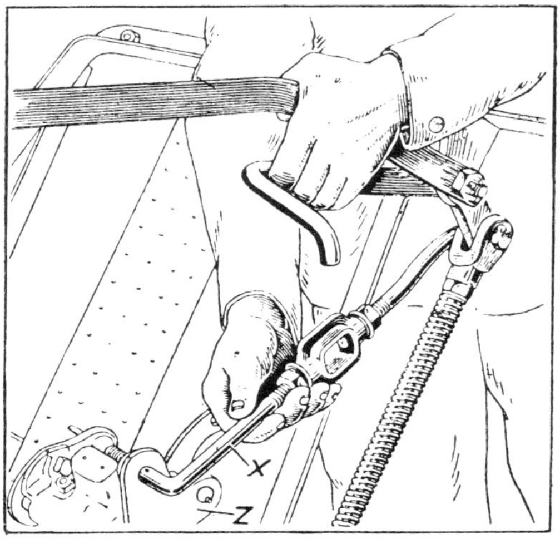

1232. Stellstange (Lanz, Mannheim)

x Stellstange; *z* Achsenhalter

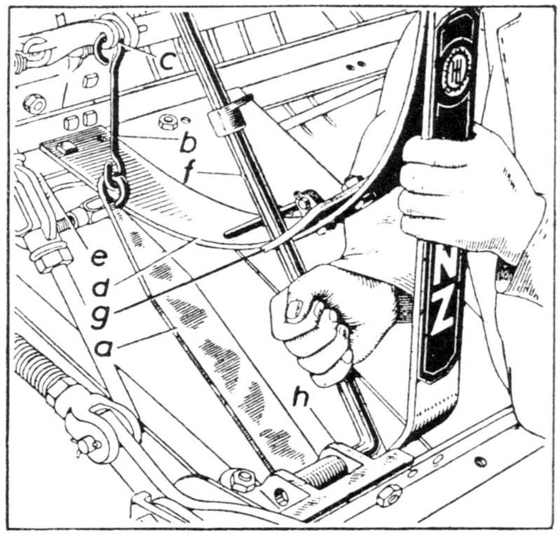

1233. Fußhebelanordnung (Lanz, Mannheim)

a Fußtritt; *b* Verbindungsstück; *c* Auslösehebel; *d* Sitzstrebe; *e* Vorderrahmenschiene; *f* Haltehebel; *g* Hebelhalter; *h* Gußstück

Vorderrahmenschiene *k* und Spannstange *l* liegen, die mit den äußeren Abstreifern an der Vorderrahmenschiene befestigt sind.

Über die Anordnung der Auslösevorrichtung und über die einzelnen Befestigungen des Gestänges muß man sich klar sein. An anschaulichen Bildern sollen die Einzelheiten und ihre Funktionen so behandelt werden, daß sie völlig erfaßt werden können.

Der Fußhebel *r* (Bild 1231), der die Zinkenspitzen des Rechenkorbes fest auf den Boden drückt und der Handhebel *s* sind mit der Vierkantschraube *t* an dem Gußstück *u* drehbar befestigt. Die Kronenmutter der Vierkantschraube ist durch einen Splint gesichert.

Nachdem der Korb entleert worden ist, fällt er herunter. Um den Fall abzudämpfen, ist durch eine Winkelverbindung *w* mit der Vorderrahmenschiene zwischen ihr und dem Fußhebel eine Pufferfeder *v* eingebaut, die auf der Pufferfederstange *x* aufgeschoben ist. Diese Feder wird bei der Montage an der Vorderrahmenschiene eingeführt und mit einer Stellstange *x* (siehe Bild 1232) mit dem Fußhebel *r* verbunden und die Stellstange durch einen Splint gesichert. Die Stellstange ist mit

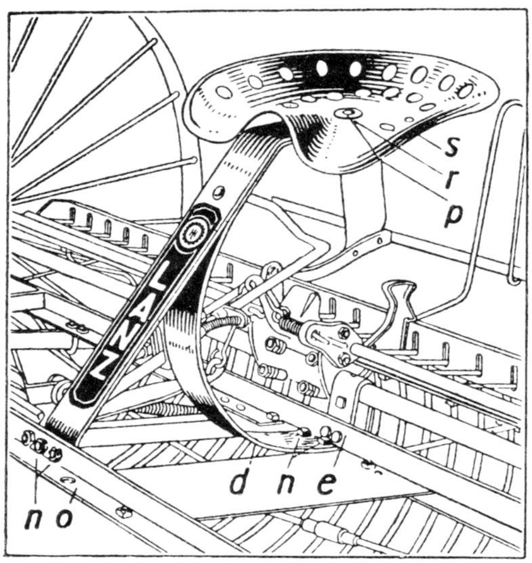

1234. Befestigung des Sitzes (Lanz, Mannheim)

d Sitzstrebe; *e* Vorderrahmenschiene; *n* Befestigungsschrauben *o* Vorderrahmen; *p* Sitzstütze; *r* Sitzbefestigungsschraube; *s* Sitz

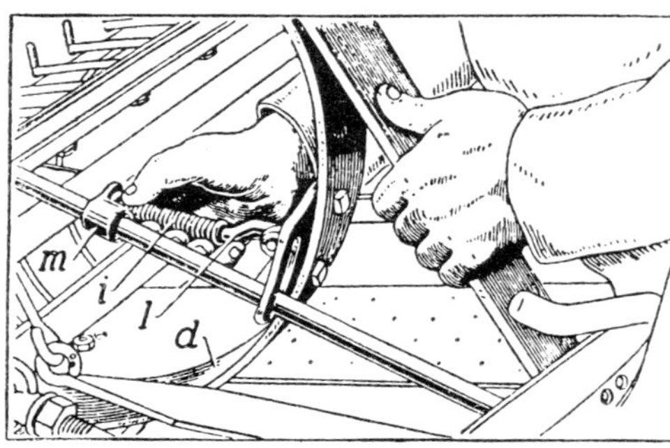

1235. Einhängen der Feder (Lanz, Mannheim)

d Sitzstrebe; *i* Feder; *l* Federstange; *m* Öse

dem Achsenhalter *z* (Bild 1232) versplintet. Veränderungen in der Höhe der Korbhaltung lassen sich durch das in die Stellstange eingebaute Spannschloß wieder ausgleichen.

Der Fußtritt *a* (Bild 1233), der die Korbleerung auslöst, ist einesteils durch das Verbindungsstück *b* am Auslösehebel *c*, andernteils durch den Haltehebel *f*, der gegen eine Rast dem Hebelhalter *g* sich anlehnt, in dem Gußstück *h* eingehängt und mit ihm versplintet. Es ist darauf zu achten, daß beim Einführen des Haltehebels die Sitzstrebe *d* auf die Seite gerückt wird. Erst nach der Montage wird sie mit je zwei Schrauben *n* (Bild 1234) an der Vorderrahmenschiene *e* und am Vorderrahmen *o* festgeschraubt. Um das Einhängen der Feder *i* (Bild 1235) in die Öse *m* am Haltehebel zu erleichtern, drückt man die Sitzstrebe *d* kräftig mit der Hand nach unten.

Will man den Heurechen von Hand bedienen, so kann man sich einen Haltehebel auf der Fahrachse anbringen. Er dient dazu, den Rechenkorb beliebig lange oben zu halten. Er wird so angebracht, daß man das Unterteil *s* (Bild 1236) des Handhebels samt einem Keil auf die Fahrradachse schiebt und das Oberteil des Handhebels *t* in das Unterteil einschlägt. Ober- und Unterteil werden darauf mit einer Vierkantschraube fest zusammengeschraubt.

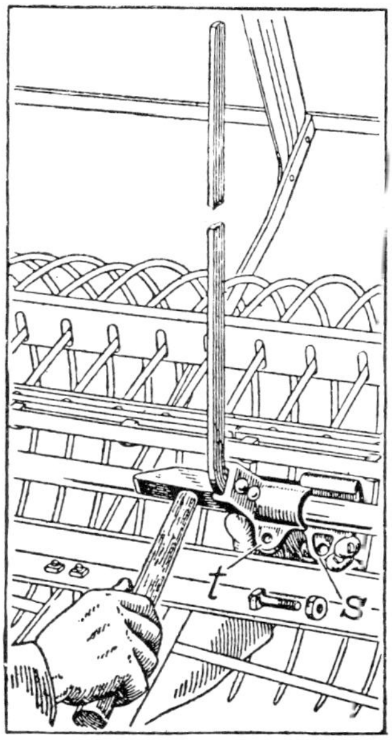

1236. Anbringen eines Haltehebels (Lanz, Mannheim)
s Unterteil, *t* Oberteil des Handhebels

K. Heuwender

Auch die Heuwender sollen gleich nach den Feldarbeiten wieder instandgesetzt werden, wenn sie lange vorhalten und vor allem auch immer einsatzbereit sein sollen. Dabei ist die ganze Maschine mit Wasser gründlich von Staub und Schmutz zu reinigen. Blanke Teile sind nach dem Trocknen einzufetten. Sämtliche Schmierstellen sind gründlich zu säubern, mit Petroleum durchzuspülen und wieder neu zu schmieren. Geschmiert wird zweckmäßig auch bei der Wartung während der Arbeit nach einem Schmierplan (Bild 1237), der entweder mit der Maschine von der Herstellerfirma mitgeliefert wurde, oder auch (wenn auch ohne Bilder) selbst angefertigt werden kann. Bei einem solchen Vorgehen wird kaum eine wichtige Schmierstelle vergessen. Das angeführte

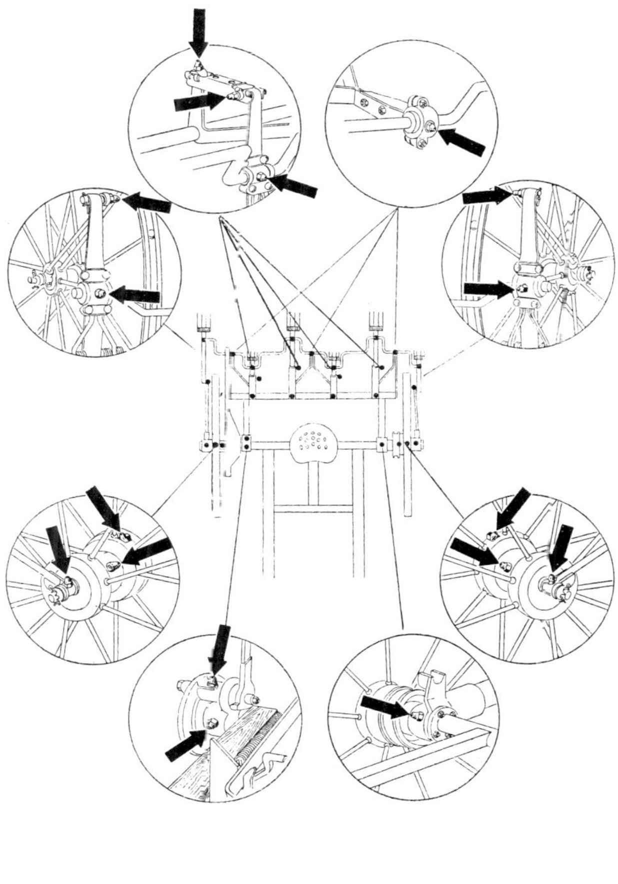

1237. Schmierplan eines Heuwenders (Lanz, Mannheim)

Beispiel zeigt allein 28 Schmierstellen, die mit der Fettpresse abgeschmiert werden müssen. Dabei muß so viel Fett eingepreßt werden, bis es seitlich der Lagerstellen austritt. Außer diesen mit Schmiernippeln versehenen Schmierstellen sind sämtliche Gelenke, Wellen und Bolzen sowie alle Gleitflächen mit der Ölkanne zu schmieren; bei Maschinen mit Ölbadgetrieben, wie sie in neuerer Zeit immer häufiger werden, aber auch bei Maschinen, wo die Ketten durch einen als Ölbad ausgebildeten Kettenschutz laufen, sind die Ölbehälter mit genügendem gutem Maschinenöl aufzufüllen, und der Ölstand ist von Zeit zu Zeit zu prüfen.

Die Spannung neuer Ketten ist besonders in den ersten Tagen des Gebrauches zu prüfen. Erst nach einigen Tagen haben sich neue Ketten eingelaufen; in der ersten Zeit längen sie sich. Daher sind Ketten auch mit Kettenspannvorrichtungen versehen. Wie eine Kette nachzuspannen ist, soll an einem Beispiel veranschaulicht werden. Der um den mittleren Schrauben-

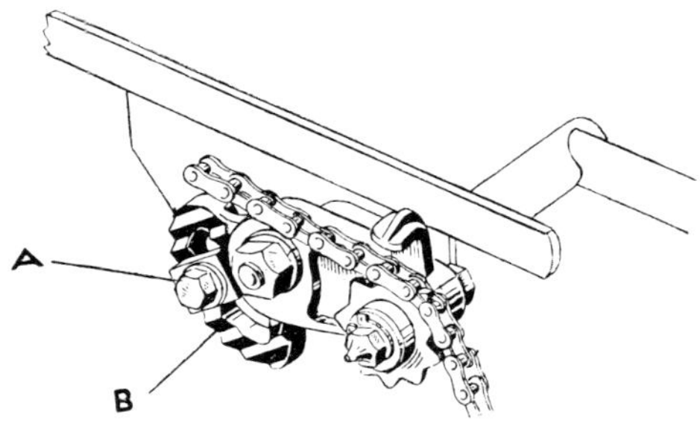

1238. Spannvorrichtung (Lanz, Mannheim)
A Schraube; B Lasche

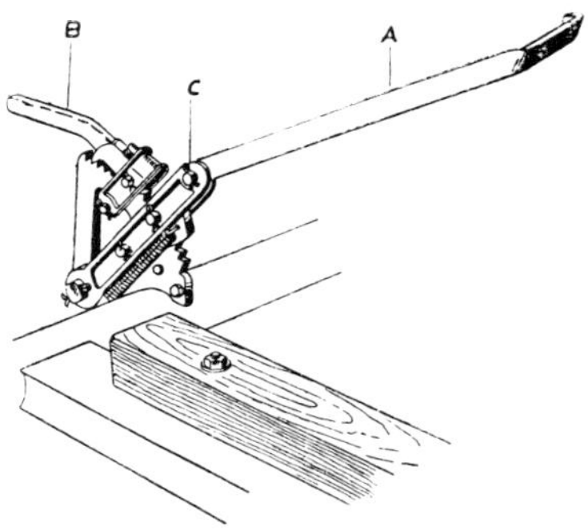

1239. Kippvorrichtung (Lanz, Mannheim)
A Fußhebel; *B* Stellhebel; *C* Kipphebel

bolzen (Bild 1238) schwenkbare Spannhebel trägt auf der rechten Seite das Spannritzel, das je nach Einstellung des Hebels mehr oder weniger gegen die darüber hinweglaufende Kette drückt. Der Spannhebel wird auf der anderen Seite durch eine Schraube *A* gehalten. Wenn die Kettenspannung verändert werden soll, lockert man die Sechskantschraube *A* so weit, bis sich die Lasche *B* bewegen läßt. Beim Spannen zieht man die Lasche mit der Hand so weit wie möglich nach unten, wodurch das Kettenritzel ausschwingt und die Kette spannt. Darauf schraubt man die Lasche wieder fest. Läuft dagegen die Maschine zu schwer, so kann das an der zu straff gespannten Kette liegen. In diesem Fall muß man in gleicher Weise das Kettenritzel, wenn die Schraube und die Lasche gelöst sind, etwas mehr nach unten verstellen. Damit die Arbeitswerkzeuge der Maschine geschont werden, dürfen die Gabeln bei der Arbeit den Boden nur knapp streifen, jedoch niemals so weit heruntergelassen werden, daß die Gabelspitzen in den Boden eindringen können, ihn aufreißen und sich durch den Widerstand verbiegen oder gar abbrechen. Um solche unsachgemäße Behandlung zu verhindern, haben viele Herstellerfirmen ihre Heuwender mit Kippvorrichtungen versehen, die so eingestellt werden können, daß die Gabeln nicht völlig herunterkippen. Durch einen am Kipphebel angebrachten Anschlag kann das Kippen begrenzt werden (Bild 1239). Der Heuwender wird in die Arbeitslage eingestellt, nachdem das Zugtier angespannt ist. Man bringt die Gabeln mit dem Fußhebel *A* in die richtige Arbeitshöhe, drückt in dieser Lage den Stellhebel *B* so weit gegen den Kipphebel *C*, bis er an ihn anschlägt und rastet den Stellhebel ein. Man merkt sich diese Stellung, indem man die Stellhebelstellung am Kippsegment markiert, um immer gleich die richtige Arbeitshöhe wieder zu bekommen. Voraussetzung ist dafür, daß stets dasselbe Zugtier vorgespannt wird. Der Stellhebel dient gleichzeitig bei Straßenfahrt als Sicherung, wenn man ihn bei hochgezogenem Rahmen gegen den Kipphebel drückt.

Um das Ausheben der Gabeln zu erleichtern, ist meist eine Entlastungsfeder am Heuwender angebracht, mit der man den Fußhebel leicht niedertreten kann. Es kann vorkommen, daß sich der Fußhebel zu schwer treten läßt. In diesem Falle kann man die Hebefeder leicht nachspannen; dann läßt sich der Fußhebel leicht in den Halter ein- und ausklinken (Bild 1240); die Gabel wird niedergelassen, wenn man den Hebel A ausklinkt.

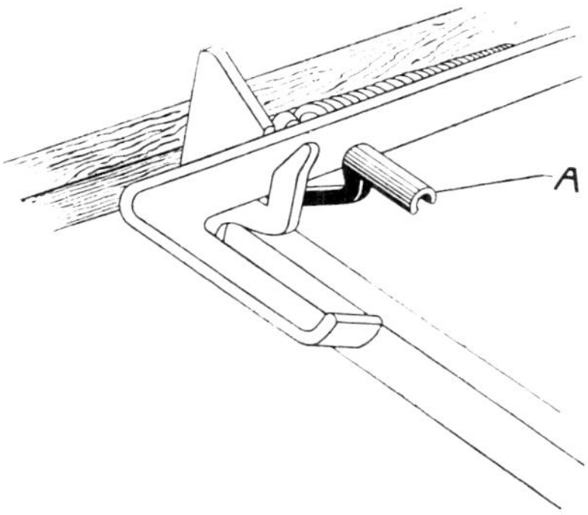

1240. Ausrückvorrichtung mit Hebefeder
(Lanz, Mannheim)
Niederlassen durch Ausklinken des Hebels A

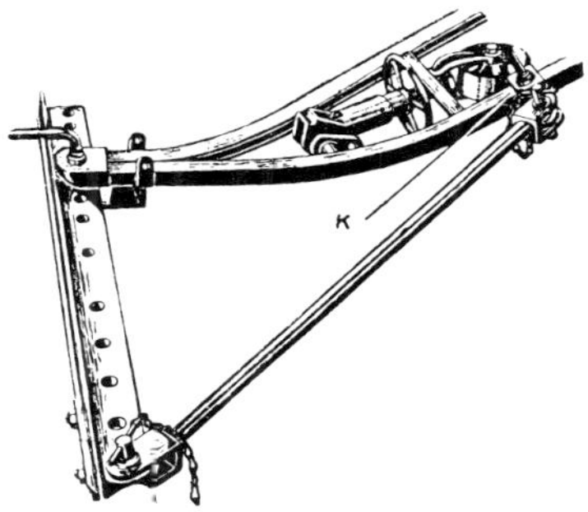

1242. Deichselbefestigung
(Lanz, Mannheim)
K Verstellbare Klemme

Besonders sorgfältig gewartet und gepflegt müssen die Schlepper-Anhängegeräte werden, weil alle ihre Teile besonders stark beansprucht werden. Auf die Bau- und Arbeitsweise des Schlepper-Wenderechens SWR 80 soll eingegangen werden (Bild 1241). Auch für ähnliche Maschinen gilt das, was hier gesagt wird.

Wesentlich ist die Anhängung an den Schlepper, von dem der Wenderechen durch Zapfwelle angetrieben wird. Die Zapfwelle darf nie als Zugorgan angesehen werden. Zur Anhängung

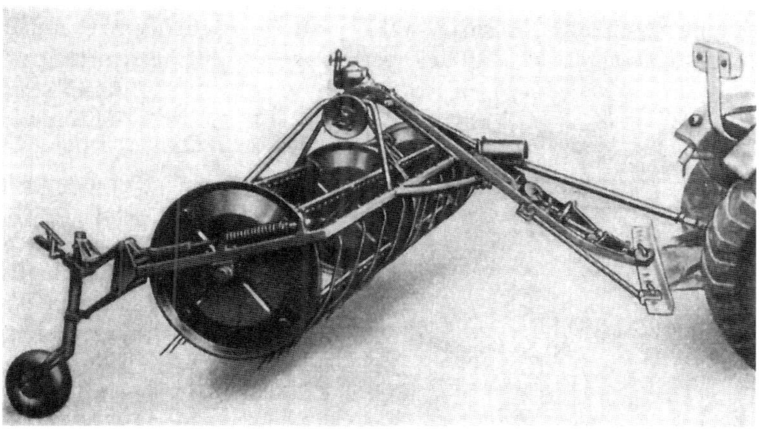

1241. Schlepper-Wenderechen (Lanz, Mannheim)

dient die Deichsel, die mit Steckbolzen an der Ackerschiene des Schleppers befestigt wird (Bild 1242). Hat sie nur einen Befestigungspunkt, so ist zur Aufnahme der während der Arbeit entstehenden Seitenkräfte eine Sperrstange anzubringen, die in der verstellbaren Klemme K an der Deichsel und mit einem Steckbolzen in einem entsprechenden Loch in der Anhängeschiene des Schleppers befestigt wird. Beide Steckbolzen an der Anhängeschiene sind mit

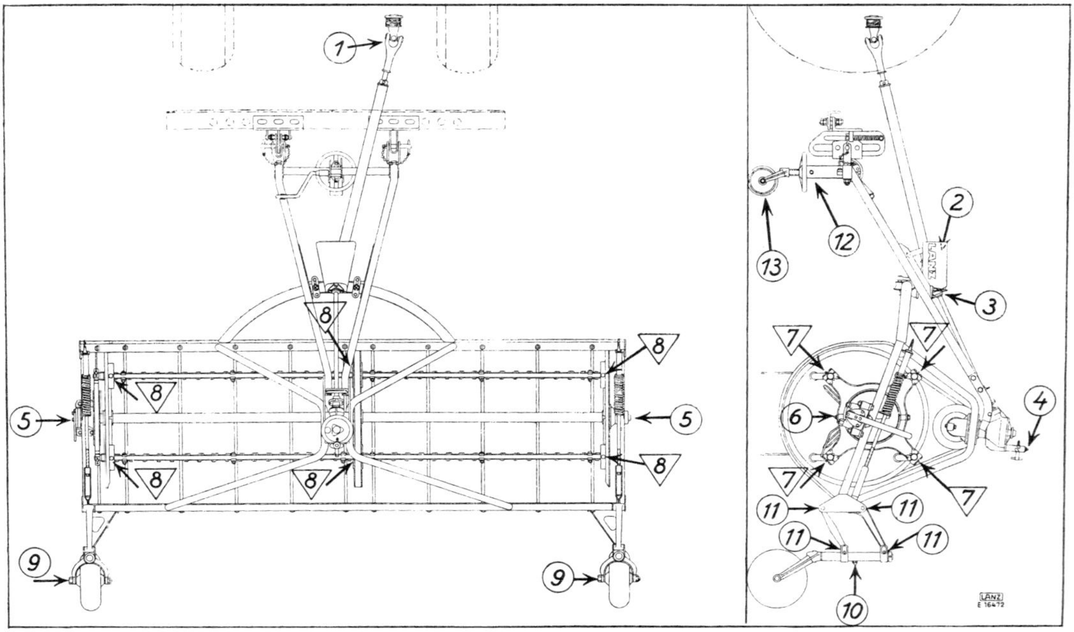

1243. Schmierplan des Schlepper-Wenderechens (Lanz, Mannheim)

1 Schnellverschluß
2 Kreuzgelenk hinten
3 Kugellager zum Kreuzgelenk
4 Schaltung
5 Kugellager links und rechts
6 Exzenter links
7 Kurbelzapfen
8 Haspelwellenlager an den Trommelkreuzen
9 Laufräder
10 Laufradführungen
11 Gelenke für Laufradverstellung
12 Deichselstütze
13 Stützrad

Schmierstellen im Kreis: täglich vor Betriebnahme; Schmierstellen im Dreieck: stündlich einmal schmieren; Gelenke ohne Schmiernippel sind von Zeit zu Zeit mit der Ölkanne zu schmieren

Splint zu sichern. Da die Sperrstange etwa das Fünffache an Zugbeanspruchung als an Druckbeanspruchung auszuhalten vermag, wählt man (je nach der Art und Druckwirkung der Arbeit) die Befestigungsseite so, daß die Sperrstange auf Zug beansprucht wird. Beispielsweise setzt man beim Schwadwenden nach rechts auch die Sperrstange an die rechte Seite der Deichsel an, weil sonst die Maschine nach links ausweichen würde. Durch die rechts angesetzte Sperrstange, die hier auf Zug beansprucht wird, kann die Maschine nicht mehr ausweichen. Anders verhält es sich dagegen bei Geräten, die wegen einer breiten Deichselgabel in zwei Punkten an die Anhängeschiene angehängt werden. Durch die nach der Seite hin starre Verbindung der Gabeldeichsel kann hier die Sperrstange vollkommen fehlen (Bild 1243).

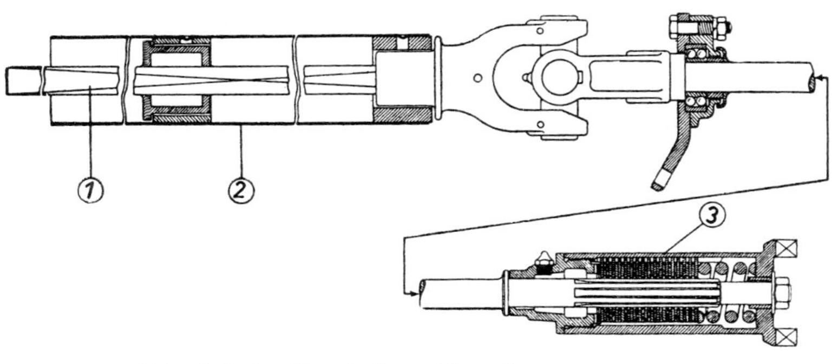

1244. Gelenkwelle mit Rutschkupplung (Lanz, Mannheim)
1 Vierkantwelle; 2 Schutzrohr; 3 Rutschkupplung

Die Maschine wird von der Zapfwelle aus über eine mit Rutschkupplung versehene Gelenkwelle angetrieben (Bild 1244). Durch die Rutschkupplung (eine Lamellenkupplung) kann die Trommel des Wenders sich langsam und stetig der Betriebsdrehzahl der Zapfwelle anpassen, so daß selbst bei plötzlichem Einschalten, während die Zapfwelle läuft, das Wendegetriebe geschont wird und die Brüche vermieden werden. Auch dient die Rutschkupplung als Sicherungsorgan, wenn die Trommel überlastet ist, so daß die Kupplung selbsttätig die Maschine so lange ausrückt, bis das Hindernis beseitigt ist. Besondere Bedeutung hat der Sicherheitsschutz der Gelenkwellenverbindung mit der Zapfwelle, der durch einen Blechschutz 1 (Bild 1245) hergestellt wird. Ist er von der Lieferfirma nicht mitgeliefert worden oder verlorengegangen, so ist er aus Blech leicht herzustellen. Eine Zapfwelle darf nie ohne einen solchen Schutz bleiben. Aus gleichem Grunde ist über der Vierkantwelle ein Schutzrohr angebracht, das nach Montage-, Reparaturarbeiten usw. unbedingt wieder angebracht werden muß, um Unfälle zu vermeiden.

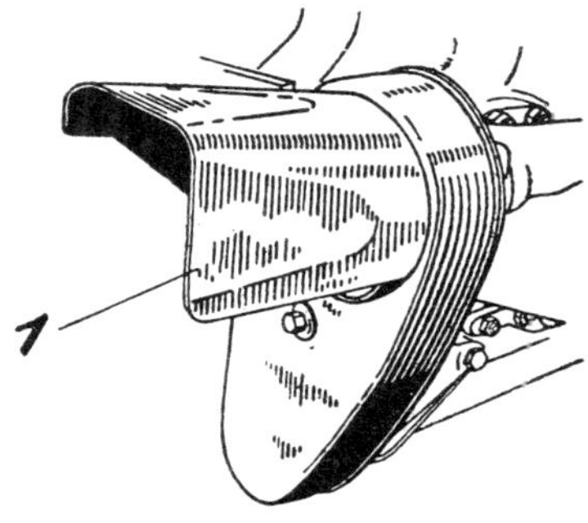

1245. Zapfwellenschutz
(Lanz, Mannheim) 1 Blechschutz

Die auf Bild 1243 angeführten Teile der Maschine sind mit der Fettpresse durchzuschmieren. Es wird hier nochmals darauf aufmerksam gemacht, daß die Fettpresse luftfrei gefüllt sein muß, damit das Fett auch sicher zu den Schmierstellen gelangen kann. Nach etwa 100 Betriebsstunden ist das Öl des Getriebes zu erneuern. Man löst die beiden Ablaßschrauben 5 und 8 (Bild 1246) des Ölgehäuses, läßt das alte Öl abfließen. Wenn diese Schrauben wieder angezogen sind, löst man die beiden Einfüllschrauben 1 und 9 und füllt frisches Getriebeöl ein, bis es die beiden Kontrollschrauben 3 und 9 erreicht; die Kontrollschraube 9 dient gleichzeitig als Einfüll- und als Kontrollschraube. Nach 200 Betriebsstunden

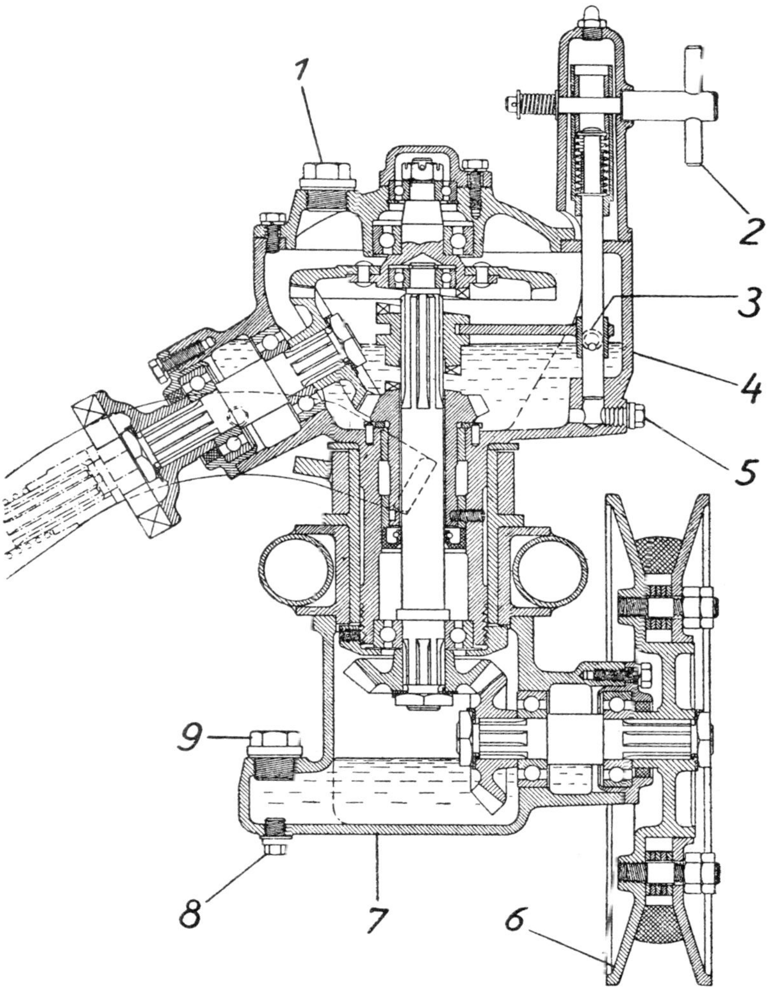

1 Öleinfüllschraube
2 Schaltgriff
3 Ölkontrollschraube
4 oberes Getriebegehäuse
5 Ölablaßschraube
6 verstellbare Keilriemenscheibe (um 90° geschwenkt gezeichnet)
7 unteres Getriebegehäuse
8 Ölablaßschraube
9 Öleinfüll- und Kontrollschraube

1246. Schnitt durch das Getriebe des Schlepper-Wenderechens (Lanz, Mannheim)

sind die Kontrollschrauben herauszudrehen und der Ölstand ist zu prüfen. Gegebenenfalls ist Öl so weit nachzufüllen, bis es aus den Öffnungen der Kontrollschrauben überläuft. Nach 1000 Betriebsstunden ist das Gehäuse zu entleeren, mit Putzöl durchzuspülen und, wenn es abgelassen ist, frisches Getriebeöl bis zum Stand der Kontrollschrauben aufzufüllen.

Der Antrieb vom Getriebe auf die Trommel wird durch ein Keilriemengetriebe übertragen. Die Trommel läuft unregelmäßig, wenn der Keilriemen nicht die genügende Spannung hat. Wenn der Riemen rutscht, verschleißt er schneller. Damit die Riemenspannung leicht reguliert werden kann, besteht die Keilriemenscheibe aus 2 Scheibenhälften. Zwischen sie werden Einstellscheiben 2 (Bild 1247) gelegt, die mehr oder weniger dicht aneinander angeordnet werden können. Soll der Keilriemen nachgespannt werden, löst man die Muttern 3 der äußeren Scheibenhälfte 1, nimmt sie ab und entfernt, je nach Spannung, eine oder mehrere der Ein-

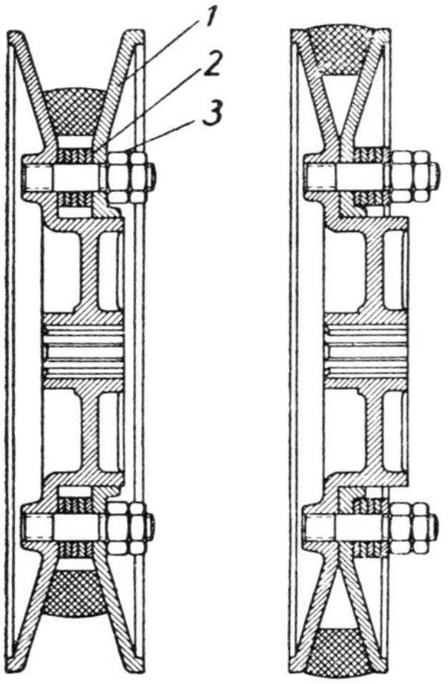

1247. Verstellbare Keilriemenscheibe
(Lanz, Mannheim) 1 Äußere Scheibenhälfte; 2 Einstellscheiben; 3 Sechskantmuttern

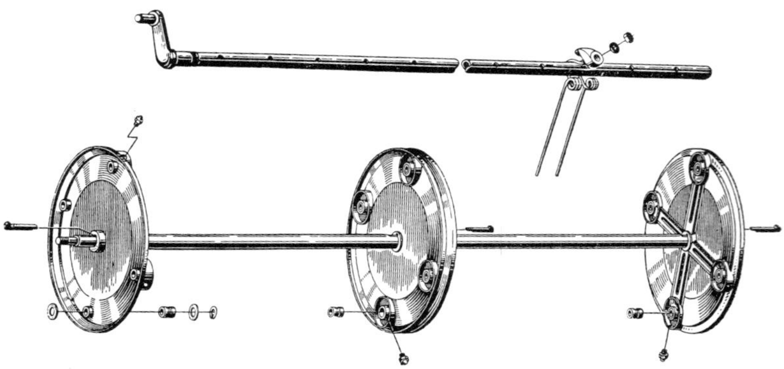

1248. Zinkenbefestigung
(Lanz, Mannheim)

stellscheiben 2 und schraubt die Scheibenhälften mit dem eingelegten Riemen wieder zusammen. Wegen des engeren Sitzes der Scheibenhälften bewegt sich der Keilriemen weiter dem Umfang der Riemenscheibe zu, hat so einen weiteren Umfangsweg und wird dadurch gespannter, wie die rechte Darstellung von Bild 1247 zeigt. Beim Herausnehmen der Einstellscheiben ist vorsichtig zu verfahren, weil der Riemen nur so stramm zu spannen ist, als es unbedingt nötig ist, damit er nicht rutscht. Der Riemen leidet, wenn er zu stark gespannt wird. Darum spannt man am besten nicht zu viel auf einmal. Man nimmt nur jeweils eine Scheibe fort und wiederholt das nach einiger Zeit, falls es nötig wird. Der Riemen hat dann Zeit, sich der veränderten Spannlänge anzupassen. Wenn die Trommelzinken ausgewechselt werden müssen, löst man erst den Zinkenhalter, der durch eine Flachrundschraube auf der Haspelwelle befestigt ist (Bild 1248). Dann läßt sich auch der Doppelfederzinken leicht lösen und ebenso leicht wieder befestigen.

Um die Trommel und ihre Gabelzinken zu schonen, ist sie durch eine Parallelogrammverbindung an den hinteren Laufradstützen federnd so aufgehängt, daß sie bei Bodenunebenheiten oder sonstigen Hindernissen leicht nach oben federnd ausweichen kann. Hierbei spielt die Größe der Federkräfte eine Rolle und die richtige Federspannung ist daher besonders wichtig. Sie ist leicht nachzuprüfen, wenn man die hintere Rahmenscheibe des Wenderechens auf der rechten und auf der linken Seite anhebt (Bild 1249), wobei die aufzuwendende Kraft etwa 5 kg betragen soll. Wenn man die Rahmenschiene losgelassen hat, muß die Trommel ihre ursprüngliche Höhe wieder einnehmen. Ist die bei dieser Prüfung aufgewendete Kraft zu groß oder läßt sich die Trommel zu leicht anheben, so muß die Spannung der Aufhängefedern geändert werden. Zunächst wird die Gegenmutter *a* (Bild 1250) an der Aufhängefeder gelöst und dann die dahintergelegene Mutter zum Nachspannen der Feder angezogen oder gelockert, wenn entspannt werden muß; dann ist die Gegenmutter wieder fest anzuziehen.

Soll die Maschine ordnungsmäßig arbeiten und Gutes leisten und soll sie immer einsatz-

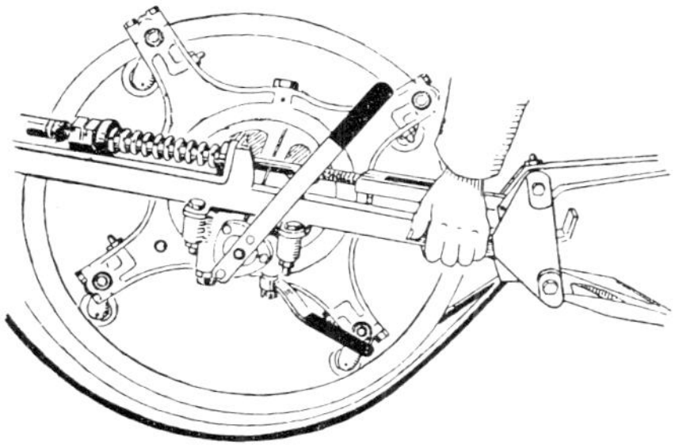

1249. Prüfen der Federspannung
(Lanz, Mannheim)

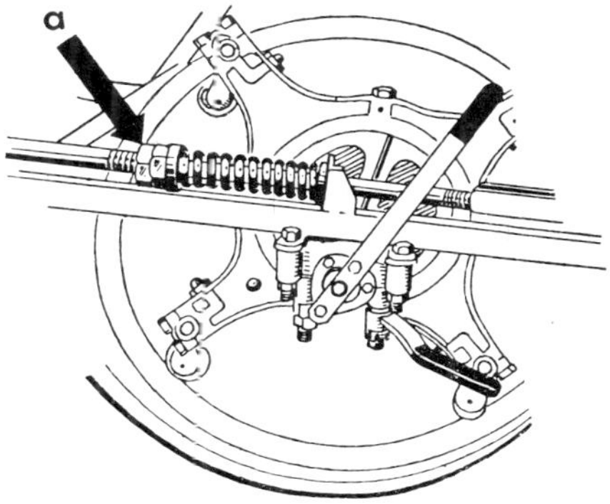

1250. Ändern der Federspannung
(Lanz, Mannheim) *a* Gegenmutter

bereit sein, so muß sie sachgemäß behandelt und gewissenhaft gewartet werden. Nach der Arbeit sind sogleich sämtliche Teile der Maschine zu prüfen und Schäden zu beseitigen. Verschleißteile, Zinken u. ä. sollten immer in Reserve sein. Nachdem die Maschine gründlich gereinigt und geschmiert ist, sämtliche blanken Teile eingefettet sind, ist sie in einem trockenen Raume unterzubringen, die Keilriemenscheibe ist so einzustellen, daß der Trommelantriebsriemen entspannt ist. Die Riemenauflaufflächen sind am Riemen und an den Riemenscheiben vor Öl und Fett zu schützen.

L. Kartoffelerntemaschinen

Bei diesen Maschinen kommt es besonders auf die Getriebe der bewegten Organe, der Schleuderräder, Drehroste, Siebtrommeln usw. und auf die im Erdreich grabende Kartoffelschar an. Dabei ist es gleich, ob die Maschine von den Fahrrädern oder als Anhänge- oder Anbaugerät von der Zapfwelle des Schleppers angetrieben wird; immer ist dafür zu sorgen, daß sämtliche Lagerstellen geschmiert sind und daß die Maschine leicht geht. Das Getriebe läuft heute meist in einem Ölbad. Auf genügend hohen Ölstand ist zu achten; der Gang der Maschine darf nicht durch verbrauchtes oder verunreinigtes Öl beeinträchtigt werden. Vor jedem Einsatz ist die Kartoffelerntemaschine gründlich abzuschmieren; dabei müssen die Schmiernippel sauber sein. Gleitflächen der arbeitenden Maschine sind stündlich mit der Ölkanne nachzuölen. Geht die Maschine schwer, so ist sie nach der Tagesarbeit gründlich in allen ihren Teilen zu säubern, die Schmierstellen sind mit Petroleum durchzuschmieren und neu mit der Fettpresse so kräftig einzufetten, daß das Fett aus den Lagerstellen austritt.

Für den Zugwiderstand der Kartoffelerntemaschine ist die Stellung der Schare ausschlaggebend. Der Kartoffelboden ist meist leicht; wenn aber die Schar falsch eingestellt ist, so kann die doppelte Zugkraft erforderlich werden. Das liegt daran, daß eine schräg nach unten eingestellte Schar sich bei der Arbeit tiefer in den Boden eindrückt, sich gewissermaßen auf die Spitze stellt, wodurch der Widerstand im Boden außergewöhnlich erhöht wird. Dann genügt die normale Kraft zweier Pferde nicht; die Maschine kann dann kaum von 3 Pferden gezogen werden. Bei Schlepperanspannung, bei der immerhin bedeutende Kraftreserven zur Verfügung stehen, können durch die fehlerhafte Schareinstellung der robuste Scharhalter und die ganze Maschine brechen. Die Schar ist daher möglichst flach einzustellen, dann rodet sie gut; die Maschine ist dann leicht zu ziehen und sie wird geschont.

Das unvermeidliche Kartoffelkraut wickelt oft und stört den Betrieb der drehenden Teile und verstopft sie, besonders die Stäbe der Schleuderräder und Stabführungen können dabei verbogen werden. Daher ist die Maschine bei der Arbeit dauernd zu kontrollieren, Krautansammlungen sind im Entstehen mit einem Stecken zu beseitigen. Verbogene Stäbe sind leicht auszurichten, doch verursachen solche Reparaturen immer Zeitverlust.

Pendelrosten dürfen sich in ihrer Bewegung nicht zur Maschine hin auspendeln, damit sie nicht in den Bereich der rotierenden Wurfwerke kommen; das würde unweigerlich Bruch ergeben.

M. Rübenerntemaschinen

Die Wartung der Rübenroder erstreckt sich besonders darauf, daß die Arbeitswerkzeuge immer sauber zu halten und richtig einzustellen sind. Da beim Roden große Kräfte auftreten, sind die Gestelle der Roder so kräftig ausgeführt, daß Schäden kaum zu befürchten sind, wenn der Rostschutz versäumt wird. Anders verhält es sich aber mit den Schraubstellen, die sehr gepflegt werden müssen, damit festgerostete Schrauben und Muttern andere Teile der Maschine nicht beschädigen, wenn die Arbeitswerkzeuge ein- und umgestellt werden. Es ist das ganze Gerät unter Farbe und Öl zu halten. In einem sauberen Betriebe läßt man nichts rosten. Festsitzende Schrauben löst man leicht durch Graphitöl, im Volksmund „Karamba“ genannt.

Maschinen mit bewegten Teilen erfordern eben eine Pflege. Hier sind Getriebe unter Öl zu halten, Lagerstellen zu schmieren und die aufeinander abgestimmten Arbeitsorgane peinlich sauber zu halten, wie man es bei anderen Maschinen gewohnt ist.

Die Rodekörper müssen richtig eingesetzt werden. Dadurch, daß die Rübe mit ihren langen Faserwurzeln fest in dem meist schweren Boden sitzt, wird es stets von dem Rodekörper und seiner richtigen Einstellung abhängen, ob die Rübe ganz herausgeholt wird und nicht in ihrem unteren Teil abbricht, der dann im Boden bleibt. Daher soll die Form des Rodekörpers, der gewöhnlich aus zwei Meißeln besteht, möglichst nicht symmetrisch sein, damit die Rübe nicht von beiden Meißeln gleichzeitig aufgegabelt und herausgerissen wird. Besser ist es, wenn ein Meißel erst die Rübe zur Seite drängt und in den Bereich des von dem anderen Meißel bereits etwas vorgelockertem Erdreich schiebt. Die Rübe legt sich dann schräg und gleitet auf der von den beiden Meißeln gebildeten Schurre hoch, ohne abzureißen. Wichtig dabei ist, daß die Meißel so flach wie möglich angesetzt werden. Wenn der Rodekörper an ein Pfluggrindel angebracht wird, muß darauf geachtet werden, daß die Rodezinken nicht tiefer als 7—10 cm in den Boden eindringen. Die Stellung des Rodeschaftes zum Pfluggrindel muß genau rechtwinklig sein. Wenn sich das wegen der Verbindungsstücke nicht erreichen läßt, so ist die rechtwinklige Stellung dadurch herbeizuführen, daß Flacheisenstücke dazwischengelegt werden.

N. Dreschmaschinen

Von allen Landmaschinen muß die Dreschmaschine am sorgfältigsten bedient, gewartet und gepflegt werden. Nicht nur, weil ihre Arbeitsorgane vielteilig und sehr empfindlich sind, sondern auch weil sie ordnungsmäßig arbeiten müssen, um alles Korn zu gewinnen, das für die Volksernährung nötig ist. Darum geht es nicht an, einem beliebigen, sonst vielleicht tüchtigen Landarbeiter das Dreschen und die Wartung und Instandhaltung der Maschine zu überlassen. Der beste, gewissenhafteste Mann des Betriebes, der auch erfahren genug ist, soll damit betraut werden. Dazu kommt, daß wegen der Gefahren beim Dreschen der Leiter des Betriebes voll verantwortlich für das an der Maschine arbeitende Personal ist und in der Lage sein muß, diese Verantwortung auch zu tragen. Er muß einen Blick für die Gefahrenquellen durch seine technische Schulung haben und mit den Unfallverhütungsvorschriften des Gesamtverbandes der Landwirtschaftlichen Berufsgenossenschaften vertraut sein. Nicht wegen der Menge des erdroschenen Kornes, die für ihn so gut wie bares Geld ist, steht der Bauer selbst den ganzen Tag bei der Maschine, sondern wegen seiner großen Verantwortung. Wenn ein Besitzer die technischen Kenntnisse für den Betrieb der Dreschmaschine nicht hat, so ist er trotzdem zur Stelle und überträgt die eigentliche Maschinenleitung einem erfahrenen Stellvertreter. Die Anforderungen, die ein neuzeitlicher Dreschbetrieb an den Leiter des Betriebes stellt, sind so groß und so vielseitig, daß nur bei langjährigen Erfahrungen das Beste herauszuholen ist.

Von der Deutschen Landwirtschafts-Gesellschaft ist als „Körnerwirkungsgrad" einer Dreschmaschine 98—99% festgesetzt worden. Das also ist das Korn, das aus einer Gewichtsmenge ausgebeutet werden soll, die in die Maschine hineingeführt wurde. Diese Leistung ist dadurch anzustreben, daß die für diesen Reindrusch wirkenden Organe der Dreschmaschine richtig eingestellt werden. (Korbanstellung, Schüttler, wegen seiner freien Durchgangsflächen; Siebe, wegen ihrer richtigen Lochweite und Sauberkeit; Wind, wegen seiner Stärke). Wachsen die Verluste über 2%, so ist meist nicht die Maschine schuld, es sei denn, daß sie überaltert und durch langen Gebrauch an wichtigen Teilen zu sehr abgenutzt wäre; dann muß sie gründlich überholt werden. Im allgemeinen sind die gelieferten Dreschmaschinen in Ordnung und können den geforderten Leistungen entsprechen. Die höheren Verluste können an der Bedienung liegen, weil ungleich eingelegt wird, oder auch an der Beschaffenheit des Getreides. Hier ist es zweckmäßig, das Druschergebnis einiger Nachbarn zu erfragen, weil es Jahre gibt, in denen nur die Beschaffenheit des Getreides ein schlechtes Druschergebnis bringt. Da in feuchten Erntezeiten schlechte Druschergebnisse erzielt werden, ist darauf zu achten, daß die Garben nicht zu feucht eingelegt werden und der Dreschkorb nicht zu eng gestellt wird.

Wenn die Dreschmaschine ordnungsmäßig arbeiten soll, so muß sie richtig und sicher aufgestellt werden. Sowohl in der Längs- als auch in der Querrichtung ist die Maschine mit der Wasserwaage horizontal auszurichten und dann mit den mitgelieferten Spannklötzen, Keilen oder Schrägstützen so festzustellen, daß die durch die Schwingungen der bewegten Teile übertragenen Kräfte die Räder nicht hin- und herbewegen können. Vor Beginn des Dreschens sind alle Befestigungsschrauben am Gestell zu prüfen, ob sie festsitzen; gegebenenfalls sind sie nachzuziehen. Zweckmäßig benutzt man zum festen Verkeilen der Räder sogenannte Radunterschläge (Bild 1251). Bei weichem Boden sind sie auf kräftige Holzbohlen zu legen, damit sie nicht einsinken. Die Maschine soll stets auf fester, gerader Unterlage stehen. Wenn keine vorhanden ist, muß sie durch Bohlen oder dergleichen hergestellt werden. Nach dem Dreschen muß die Maschine auf ebener Fläche abgestellt werden, damit sie sich nicht verzieht; die Maschine erlitte sonst Schaden.

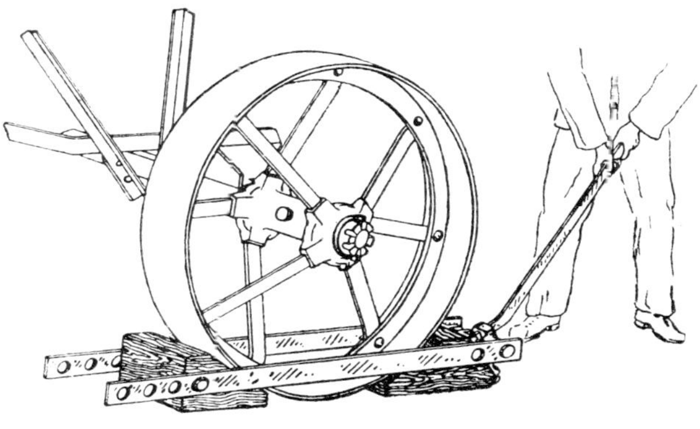

1251. Radunterschlag (Standardwerk, Bevensen)

Alle Wellen müssen sich bei abgenommenen Riemen leicht von Hand drehen lassen. Auch die sonstigen beweglichen Teile müssen gut gangbar sein. Beachtet man das nicht, so steht die Maschine unruhig, schüttelt und reinigt schlecht, weil sich Stroh und Körner auf Schüttler und Sieben wegen der schrägen Lage nicht gleichmäßig verteilen können. Diese Organe können dann nicht voll ausgenutzt werden.

Das ganze Maschinengestell verwindet sich, wenn die gerade Unterlage fehlt. Dadurch können die schwingenden Organe (Schüttler und Siebkästen) an den Wandungen streifen, sich zwängen und die Holzfedern und -schubstangen leicht brechen. Abgesehen davon, daß die Maschine schwer geht und sich abnutzt. Auch die Lager können verkanten und in kurzer Zeit unbrauchbar werden.

Man stellt die Dreschmaschine zweckmäßig so auf, daß bei windigem Wetter der Langstrohauslauf vom Schüttler nicht durch den Wind gehemmt wird. Bei Riemenantrieb von einem Schlepper darf der Riemen durch Gegenfahren des Schleppers nicht angezogen werden, da sonst leicht die Trommelwelle verbogen werden kann.

Jede Dreschmaschine hat nach ihrer Bauart eine bestimmte Betriebstourenzahl, die vor dem Dreschen im Leerlauf zu überprüfen ist. Denn oft werden die Antriebsverhältnisse und damit die Übersetzungsverhältnisse der Riemenscheiben anders sein. Man stellt daher jedesmal vor dem Dreschen im Leerlauf die Trommeldrehzahl oder einfacher die Schüttlerwellendrehzahl fest. Dabei ist zu berücksichtigen, daß die Trommel im Leerlauf 30—40 Touren mehr machen darf, damit sie bei Belastung während des Betriebes die richtige Drehzahl halten kann.

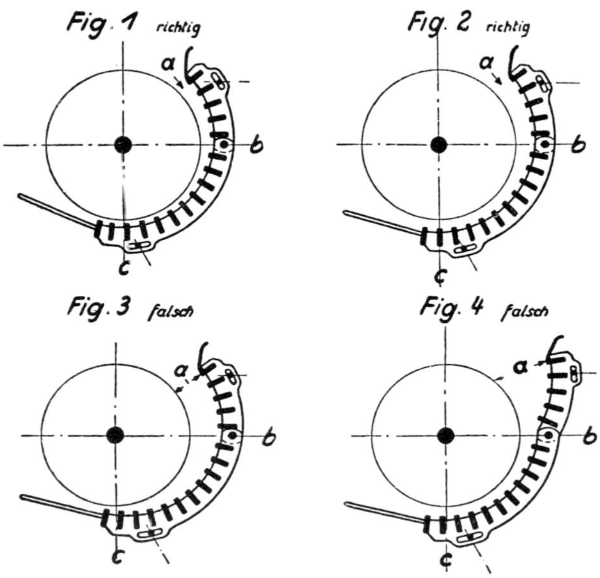

1252. Richtiges Anstellen des Dreschkorbes
(Standardwerk, Bevensen) *a* oben; *b* Mitte; *c* unten

Die Einstellung des Dreschkorbes ist wesentlich für den richtigen Ausdrusch. Ob es sich um einen einteiligen oder um einen zweiteiligen Korb handelt, immer soll der von Trommel und Korb gebildete Dreschkanal sich von oben nach unten allmählich verengen, so wie es die Figuren 1 und 2 des Bildes 1252 wiedergeben. Wichtig ist, daß beide Seiten gleichmäßig eingestellt werden, um auch unabhängig von der seitlichen Lage des Einlegens stets ein gleich gutes Druschergebnis zu erzielen. Heute wird der Dreschkorb meist durch leicht handliche Schnellverstellungen eingestellt. Er muß gewissenhaft eingestellt werden, am besten durch Lehren, die man an den betreffenden Stellen zwischen Korb und Trommel hält. Müssen zweiteilige Körbe reguliert werden, so stellt man die Mitte ein und stellt sie nochmals nach, wenn die oberen und unteren Teile eingestellt sind, da mit der oberen und unteren Verstellung die mittlere Einstellung sich meist etwas verschiebt. Wesentlich ist besonders der Abstand der unteren Korbleiste, wo bereits 1 mm Verstellung das Druschergebnis wesentlich beeinflussen kann und der oberen Korbleiste, deren Abstand für das Einziehen des Dreschgutes ausschlaggebend ist.

Die Schlagleisten der Trommel nutzen sich hauptsächlich in der Mitte ab, so daß sie nach gewisser Zeit ausgewechselt werden müssen. Da die Trommel als Schnelläufer mit hoher Drehzahl sowohl statisch (d. h.: in ruhiger Lage) ausbalanciert als auch dynamisch (d. h.: während ihrer Bewegung) ausgewuchtet sein muß, genügt es nicht, eine abgenutzte Schlagleiste durch eine neue einfach zu ersetzen, sondern man muß das durch diese neue Schlagleiste hervorgerufene Übergewicht berücksichtigen. Das aber läßt sich nur auf Auswuchtmaschinen ermitteln, und auch nur durch Personen, die jahrelang mit dem Auswuchten vertraut sind. Eine nicht ausgewuchtete Dreschtrommel wird bei der hohen Betriebsdrehzahl in den meisten Fällen nach einigen Minuten explodieren. Es kann daher nicht genug auf die großen Gefahren hingewiesen werden. Gewichtsungleichheiten von nur einigen Gramm am Umfang der Trommel können bereits Kräfte von mehreren Kilogramm hervorrufen. Bei Trommelreparaturen wende man sich deshalb stets an eine Dreschmaschinen-Reparaturwerkstätte, die eine Auswuchtmaschine besitzt und den ruhigen Lauf der Trommel nach der Reparatur wieder herstellen kann. Ein ruhiger Lauf schont die Dreschtrommel und besonders die auf diese Weise gleichmäßig beanspruchten Trommellager. Wenn nicht auseinandergezogene Garben ungleichmäßig eingelegt werden, wird der Drusch nicht sauber und die Trommellager werden stärker belastet. Das gleichmäßige Einlegen oder das Einziehen kann durch ein entsprechend ausgebildetes, an den Korb oben angesetztes Korbeinführungsblech wirkungsvoll unterstützt werden, wie es in Bild 1253 dargestellt ist. Ein Punkt, der bei offenen Trommeln besonders beachtet werden muß, ist: von Zeit zu Zeit das Trommelinnere zu säubern, besonders die Ecken der Winkelschlagleisten, in denen sich im Laufe der Dreschzeit Schmutz ansetzt und dadurch der Trommel eine Unwucht erteilt, die die ganze Maschine vibrieren läßt.

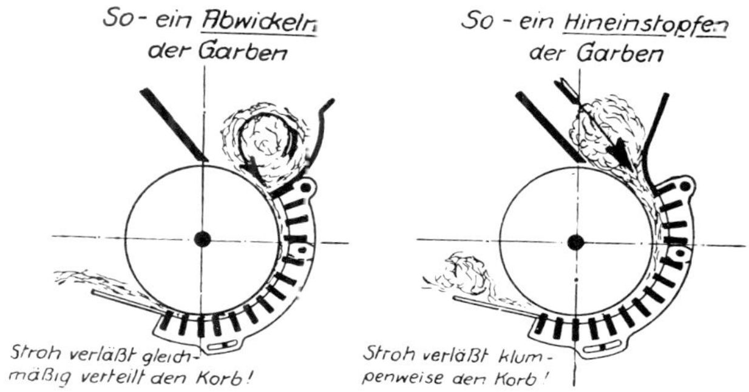

1253. Wirkungsweise des Korbeinführungsbleches
(Standardwerk, Bevensen)

Wenn vor allem die Wintergerste unzureichend entgrannt ist, kann der Dreschkorb in seinem oberen Teil als Entgranner dienen; man füllt die Zwischenräume der obersten 2—3 Korbleisten mit Stroh aus. Da an dieser Stelle der Hauptdurchgang der erdroschenen Körner liegt, so wirkt sich eine solche Maßnahme, wenn sie übertrieben wird, auf den Schüttlerverlust aus, der mehr Körner auszuschütteln hat. Auch wenn ein Blechstreifen eingelegt wird, erzielt man die gleiche Wirkung, da sich der Zwischenraum bis zu dem hinter den Korbleisten angebrachten Blech (Bild 1254) mit einem Polster von Ähren, Grannen, Strohteilen usw. anfüllt, an dem die Grannen der Gerste abgerieben werden. Da im allgemeinen die Dreschmaschinen genügend entgrannen, wenn sie in Ordnung gehalten werden, ist bei schlechter Entgrannung zunächst festzustellen, ob die Entgrannungsorgane nicht schadhaft geworden sind. Ist das nicht der Fall, so soll man bei schwer zu entgrannendem Getreide zu der oben erwähnten praktischen Selbsthilfe schreiten, aber die Maschine später wieder auf ihre normale Drescharbeit einstellen.

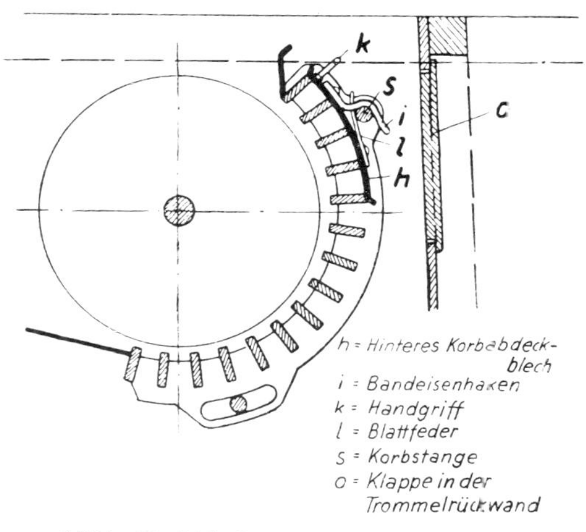

1254. Korbblech zur Vorentgrannung
(Standardwerk, Bevensen)

Wenn die Trommel wickelt, so muß unter Umständen der Dreschbetrieb oft länger unterbrochen werden. Die Ursache dafür kann verschiedenartig sein. Entweder hat die Trommel nicht die vorgeschriebene Drehzahl. Das kann an der Antriebsmaschine, einem falschen Übersetzungsverhältnis des Antriebes, aber auch an einer Überlastung der Maschine liegen, die dadurch langsam, aber stetig mit der Drehzahl heruntergeht, zumal, wenn die Antriebsmaschine nicht genügend Kraftreserven hat. Oder das von der Trommel abgeschleuderte Langstroh wird zu langsam abtransportiert oder, weil das Auswurfblech zu steil steht, wird das Langstroh zu steil nach oben geworfen; es staut sich hinter der Trommel, weil die Hängeklappen über dem Schüttler zu tief stehen. Auch wenn das Dreschgut feucht ist, kann es zum Wickeln kommen. Abgeholfen kann in den meisten Fällen dadurch werden, daß durch eine starke Antriebsmaschine die richtige Drehzahl gehalten wird; daß ein richtiges Übersetzungsverhältnis herbeigeführt wird; daß gleichmäßig, der Maschinenleistung entsprechend, eingelegt wird; daß Abwurfblech und Hängeklappen richtig eingestellt werden.

Zu hohe Trommeldrehzahl ist meist schuld an übernormalem Körnerbruch; er kann aber auch dadurch entstehen, daß Dreschkorb, Schlagkreuzentgranner oder Wurfelevator zu eng eingestellt sind; bei neuen Maschinen sind oft die Organe: Schlagleisten, Korbleisten, Entgrannerkreuze usw. noch zu scharf; das gibt sich aber nach kurzer Zeit von selbst. Abgeholfen wird durch normale Drehzahl und weitere Einstellung des Korbes und Schlagkreuzes. Der Becherelevator kann nur richtig arbeiten, wenn der Elevatorriemen ohne Schlupf von der Antriebsriemenscheibe mitgenommen wird. Dabei ist (nicht erst bei Verstopfungen) darauf zu achten, daß der Becherelevator fest gespannt ist und daß richtig gespannt wird. Beim

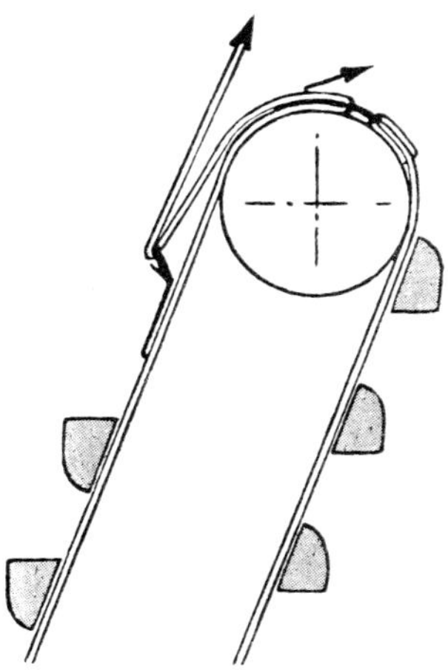

Falsch

1255. Falsches Spannen des Elevatorriemens
(Standardwerk, Bevensen)

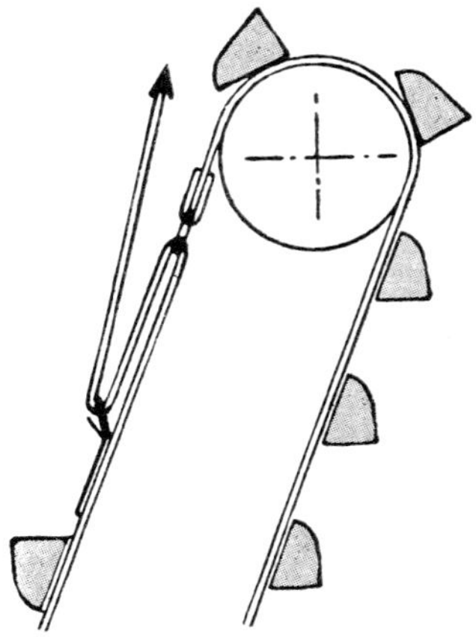

Richtig

1256. Richtiges Spannen des Elevatorriemens
(Standardwerk, Bevensen)

Anziehen darf der Spannriemen nicht auf der Riemenrolle aufliegen (Bild 1255), sondern muß gestreckt mit dem auflaufenden Riemen angezogen werden (Bild 1256).

Der Wurfelevator kann manchmal das Korn nicht hoch genug befördern. Meist liegt das daran, daß der Riemen zu lose gespannt ist. Dem kann leicht abgeholfen werden. Überhaupt ist es sehr zweckmäßig, die von der Trommelwelle aus laufenden Antriebsriemen auch der anderen Organe öfter darauf zu prüfen, ob sie genügend gespannt sind. Wenn der Wurfelevator unbefriedigend arbeitet, so kann das daran liegen, daß die Wurfflügel zu stark abgenutzt sind. Man baut den Läufer dann aus und ersetzt ihn ganz oder nur die abgenutzten Flügel. Wird der Wurfelevator überlastet, so kann er das Korn nicht mehr befördern, weil er verstopft ist. Dann macht das Getreide den sogenannten Rundgang. Sind die Ährensiebe der ersten Reinigung zu groß gelocht und ist dadurch die Verunreinigung nicht abgesiebt, ist das Gebläse in der zweiten Reinigung zu stark, so daß zu viel Korn dem Kurzstrohsieb wieder zugeführt wird und so einen Rundlauf durch die Maschine macht, dann sind nicht nur die Reinigungen, sondern auch der Wurfelevator überlastet. In einem solchen Falle setzt man die Maschine still, öffnet den Ablaßschieber unten am Gehäuse des Wurfelevators und läßt das Getreide im Gehäuse und im Kanal ab. Nachdem das Ährensieb durch ein Sieb mit kleinerer Lochung ersetzt und der Windstrom der zweiten Reinigung verringert worden ist, läßt man die Maschine wieder anlaufen und legt erst wieder ein, wenn der Wurfelevator das noch in der ersten Reinigung befindliche Siebgut verarbeitet hat.

Wird unzureichend entgrannt, so kann das am Riemenschlupf, oder auch daran liegen, daß das Schlagkreuz zu weit eingestellt ist. Beides läßt sich leicht ändern, wenn der Entgrannerantriebsriemen verlängert oder verkürzt wird oder das Schlagkreuz zugestellt wird. Allerdings muß dabei die Maschine stillgesetzt werden.

Damit eine Dreschmaschine das leistet, was ihr zukommt, müssen die Gebläse stets den erforderlichen Windstrom geben; die Ansaugeöffnungen müssen also immer frei gehalten werden. Auch die Sauberhaltung der Siebe ist nicht weniger wichtig für die Solleistung der Dreschmaschine. Der unvermeidliche Staub beim Dreschen vermengt sich mit Grannen und sonstigen feinen Strohteilen, setzt sich an jedem Angriffspunkt fest und wächst weiter, bis er große Flächen der Siebe bedeckt und die Siebe dadurch unwirksam macht. Besonders gefährdet ist trotz der großen Siebfläche auch das Kurzstrohsieb. Nach einem Gerstendrusch versäume man daher nie, sogleich die Siebe sorgfältig zu reinigen.

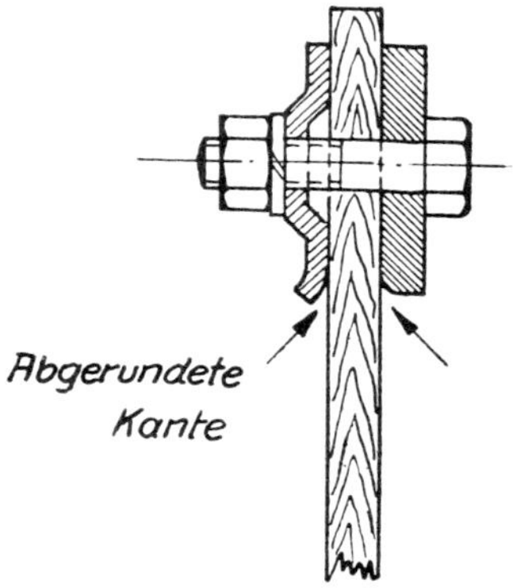

1257. Federbefestigung
(Standardwerk, Bevensen)

Obwohl die meist aus ausgesuchtem Eschenholz hergestellten Federn sehr widerstandsfähig sind, kann es doch vorkommen, daß sie brechen. Entweder durch zu hohe Drehzahlen der Maschine oder durch übersehene Verstopfungen unterhalb der Kurbelwelle durch angesammelten Staub und Kaff. Aber auch lose Schrauben im Innern der Maschine können Brüche verursachen.

Man soll sich dann nicht selbst Ersatzfedern anfertigen, denn bei diesen Federn kommt es genau auf die Abmessung an, die der Güte des Holzes zugrunde gelegt worden sind; das gilt für ihre Länge und auch für ihre Stärke. Die Federn sind sehr sorgfältig einzubauen. Zunächst vergleicht man genau die Maße der neuen Feder mit den Maßen der alten, stellt dann das schwingende Element (beispielsweise den Schüttler) auf die mittlere Schwinglage ein. In dieser Stelle muß die Kurbelwellenkröpfung senkrecht stehen, damit die Feder später beim Drehen nach beiden Seiten hin gleich ausschlägt. Die neu eingesetzte Feder muß parallel zu der ihr gegenüber arbeitenden Feder verlaufen. Die alten Federunterlagen müssen unverändert in gleicher Lage wieder eingebaut werden, damit die Lage der neuen Feder genau der der alten entspricht und kein unruhiges Schwingen entsteht, was die Arbeit der ganzen Maschine beeinträchtigen würde. Die Federplatten, mit denen die Feder eingespannt wird, sind so zu legen, daß die abgerundeten Kanten (Bild 1257) sich auf das Federholz auflegen, damit die Feder beim Schwingen nicht gegen scharfe Kanten arbeitet und auch beim Anziehen der Schrauben nicht gegen Kanten gequetscht wird. Sonst entstehen bereits vor der Benutzung in der Oberfläche Preßfurchen, mit denen bereits der neue Bruch beginnt.

Sind Dreschmaschinen-Kugellager aus- und einzubauen, so muß dabei sehr sorgfältig verfahren werden. Das Kugellager läuft leicht, weil die einzelnen Kugeln die Lauffläche nur in einem Punkte berühren und dabei wenig Reibung entsteht; zudem ist die Lauffläche spiegelblank poliert. Es ist einleuchtend, daß schon ein kleines Körnchen, das sich zwischen Kugel und Auflagefläche schiebt, die ganze Wirkung zunichte macht; Kugel- und Auflagefläche werden zerkratzt, die Kugel rollt nicht mehr ab, sondern schiebt sich auf der Unterlage weiter und kratzt mit dem Staubkorn schließlich die Lauffläche so rauh, daß das Lager einen knirschenden Ton gibt, der im Laufe der Zeit stärker wird, bis das Kugellager vollkommen zerstört ist, mit gebrochenen Kugeln sich schließlich nicht mehr drehen läßt und ersetzt werden muß.

Das neue Kugellager ist daher mit peinlichster Sorgfalt zu behandeln. Vom Hersteller wird es staubdicht verpackt geliefert und soll darum erst aus seiner Verpackung befreit werden, wenn es sogleich eingebaut wird. Die Einbaustelle ist von Staub, Sand, Eisenspänen freizuhalten. Kugellager haben genaue Maße. Daher lassen sich ihre Innenringe oft nur schwer auf die Welle aufbringen. Darum soll man das Lager zuvor in ein Ölbad von 60—70° legen, um den Innenring etwas zu weiten und dann auf die Lagerstelle aufschieben. Bei kleineren Lagern kann man sich leicht helfen, indem man den Innenring mit einem Stück Rohr als Zwischenlage durch leichte Hammerschläge (Bild 1258) auf die Welle aufbringt. Es ist aber unbedingt zu vermeiden, auf den Außenring zu schlagen, da hierdurch das Lager zerstört wird. In ähnlicher Weise werden die Lager abgezogen, wenn die Maschine von Zeit zu Zeit überholt wird. Nur der Innenring wird (am besten durch Keilwirkung) von der Welle abgezogen; der Außenring darf dabei keine Kraft übertragen.

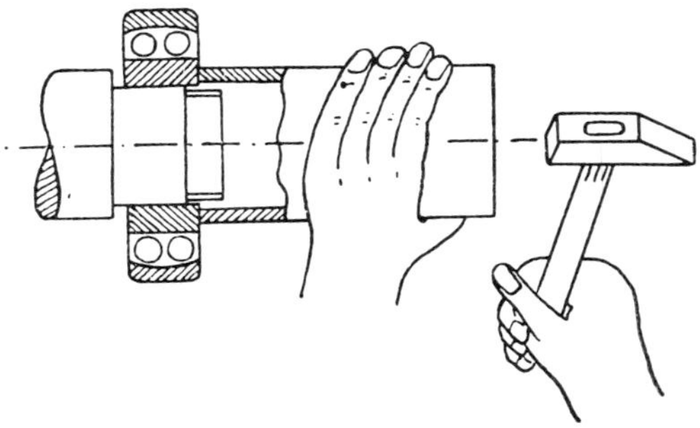

1258. Aufsetzen eines Kugellagers (Standardwerk, Bevensen)

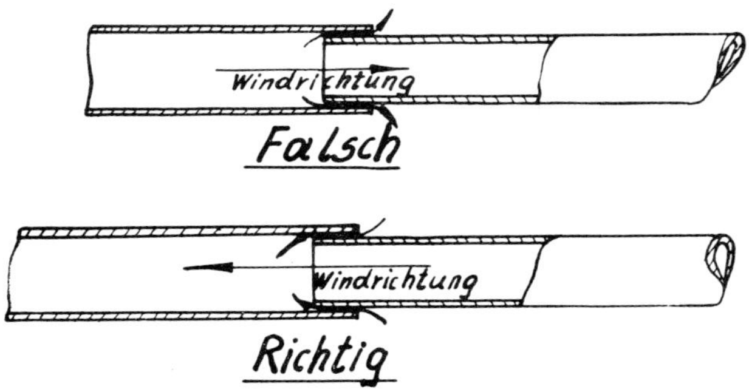

1259. Richtiges Zusammensetzen von Windleitungsrohren (Standardwerk, Bevensen)

Sehr sorgfältig müssen die Windströme eingestellt werden, die in der Dreschmaschine wirken. Wenn auch in der zweiten Reinigung der Wind etwas stärker sein kann, da übergehende gute Körner dem Kurzstrohsieb wieder zugeführt werden, so ist auch hier ein zu starker Wind oft schuld an dem bereits behandelten Rundlauf und der damit verbundenen Überlastung des gesamten Reinigungsteiles. In der ersten Reinigung dagegen bringt zu starker Wind einen Körnerverlust, weil er gute Körner mit dem Kaff fortträgt. Daher ist das Gebläse an der Ansaugeöffnung stets zu kontrollieren.

Ist eine Maschine mit einem Kaffgebläse ausgerüstet, so muß der von diesem Gebläse auf die Windreinigung ausgeübte Saugwind unbedingt berücksichtigt und der Reinigungswind der ersten Reinigung schwächer eingestellt werden. Damit der Druck in den Windleitungen nicht abfällt, müssen sie richtig zusammengebaut werden, so daß der Wind nicht nach außen geblasen wird. Deshalb steckt man bei Kaff- und Kurzstrohgebläsen die Rohre stets in Windrichtung in die nächstfolgenden Rohre (Bild 1259).

Der Sortierzylinder einer Dreschmaschine ist vor jedem Dreschen zu reinigen. Es bleibt bei der Arbeitsweise dieses Sortierelements nicht aus, daß sich einzelne Körner zwischen die Drahtwindungen einklemmen, die zu entfernen sind, bevor der Zylinder eingestellt wird. Verstellt wird mit einer Schraubenspindel, die in einer Hohlwelle liegt, und zwar durch eine Kurbel. Um die Körner zu entfernen, stellt man die Windungen so weit wie möglich; sollten dabei nicht alle Körner herausfallen, so sind die festsitzenden herauszudrücken. Erst dann stellt man den Zylinder wieder ganz eng und geht dann auf das für die Sortierung erforderliche Maß. Das tut man bei jeder neuen Einstellung, um zu vermeiden, daß Körner zwischen den Windungen eingeklemmt werden und dadurch größere Windungsabstände bestehen bleiben. Das würde die gründliche Sortierung ungünstig beeinflussen; die Windungsdrähte können sich so auch nicht verbiegen. Die durch die Windungszwischenräume durchgreifende, rotierende zylindrische

Reinigungsbürste muß bei der Arbeit des Sortierzylinders auf dessen ganzer Länge gut aufliegen. Ist die Bürste abgenutzt, so muß sie sofort ersetzt werden. Gut gepflegte Schmierstellen (Lagerung, Gewinde, Spindelkopf) erhöhen die gute Sortierarbeit. Bei längerer Dreschpause ist der Sortierzylinder ganz aufzudrehen.

Die Dreschmaschine ist auf den Getreidedrusch ausgerichtet. Bei den verschiedenen Sorten müssen nur der Dreschkorb, die Hängeklappen, die Windstärken besonders eingestellt und die entsprechenden Siebe in die Reinigungen und in die Sortierung eingeschoben werden. Gegebenenfalls muß der Sortierzylinder besonders eingestellt werden. Beim Gerstendrusch muß noch der Entgranner eingeschaltet werden. Es werden aber außer Getreidesorten auch Ölfrüchte, Hülsenfrüchte, Seradella und Klee gedroschen, die vom Getreidedrusch abweichende Maßnahmen verlangen. Es soll daher auf den Drusch dieser besonderen Fruchtarten eingegangen werden und auf die Maßnahmen, die eine normale Dreschmaschine in den Stand versetzen, auch diese Früchte auszudreschen. Dabei sei gleich darauf hingewiesen, daß diese Maßnahmen sich nur lohnen, wenn größere Mengen ununterbrochen ausgedroschen werden können.

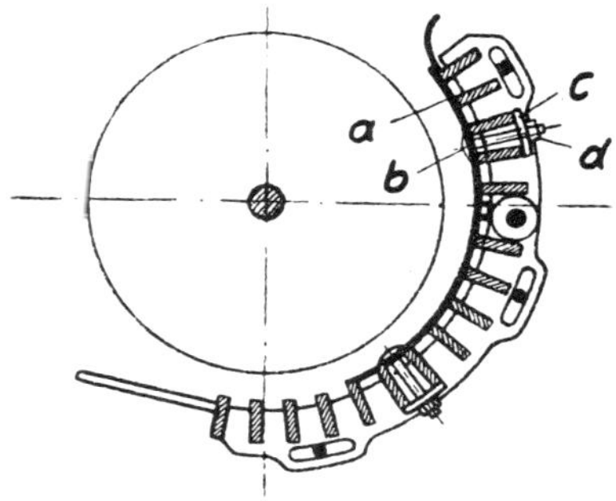

1260. Korbabdeckblech
(Standardwerk, Bevensen)

Raps und Rübsen drischt man mit einer besonderen Schlagleistentrommel, die nur 4 Holzschlagleisten hat. Solch eine Trommel kann man leicht selbst aus der normalen Trommel herstellen, wenn man die Stahlschlagleisten abbaut und die von einem Stellmacher hergestellten Holzleisten einbaut. Diese Holzleisten müssen sehr gleichmäßig gearbeitet sein, damit die Trommel richtig läuft. Hatte die normale Trommel 6 Schlagleisten, so müssen wegen der symmetrischen Lage eben 3 Holzleisten genügen. Die Trommel muß auf einer Auswuchtmaschine geprüft werden, denn durch den Umbau auf Holzleisten können gefahrenbringende Unwuchten hineingelangen, die sie zerstören und Unfälle herbeiführen können.

Dann ist der Dreschkorb an seiner inneren Seite im oberen Teil bis etwa kurz über die Mitte mit einem Blech von 1,5 mm auszukleiden, das durch Schrauben unbedingt sicher festsitzen muß, so daß es sich nicht lösen und Brüche hervorrufen kann (Bild 1260). Weiter ist ein Kurzstrohsieb mit 10-mm-Lochung und in der ersten Reinigung statt des Unkrautsiebes ein Blindsieb (Blech) einzusetzen. Bei Hülsenfrüchten kann man entweder die umgebaute Trommel mit Holzleisten verwenden oder man muß zur Schonung des Dreschgutes mit der Drehzahl der normalen Schlagleistentrommel um 25—40% heruntergehen. Da die übrigen arbeitenden Teile der Dreschmaschine: Schüttler, Siebkästen usw. ihre normale Arbeitsgeschwindigkeit behalten müssen, sind die von der Trommelwelle abgeleiteten Riementriebübersetzungen sinngemäß zu ändern, indem die auf der Trommelwelle sitzenden Riemenscheiben ausgewechselt werden. War die Drehzahl der Trommel bisher 1000 und der Riemenscheibendurchmesser 100 mm, so wird bei einer neuen Drehzahl von beispielsweise 750 der Durchmesser auf 133,33 mm sich vergrößern, oder bei einer Drehzahl von 600 wird der Riemenscheibendurchmesser 166,66 mm. Das Produkt aus Drehzahl und Riemenscheibendurchmesser muß stets das gleiche bleiben, wenn das angetriebene Element die gleiche Geschwindigkeit behalten soll.

Auch beim Dreschen der Hülsenfrüchte muß, wie bei Raps, der Korb mit einem Blech ausgekleidet werden. Es darf die Häfte der Schlagleisten nicht abgenommen werden, ohne die Trommel hinterher auswuchten zu lassen; sonst drohen schwere Gefahren.

Es ist ein Kurzstrohsieb mit 25-mm-Lochung einzusetzen. Der Sortierzylinder ist so zu stellen, daß nur die kleinsten Körner und die Unkrautsamen durch die Windungen hindurchkönnen.

Wenn Seradella gedroschen werden soll, deckt man lieber den oberen Teil des Dreschkorbes mit einem Blech ab, wie beim Rapsdrusch. Das Unkrautsamensieb ersetzt man durch ein Blindsieb und stellt den Sortierzylinder so ein, daß Korn durchfällt, während die Beimengungen überlaufen.

Klee wird in zwei Arbeitsgängen gedroschen. Beim ersten Durchgang der normal eingestellten Dreschmaschine werden die Kleeköpfe gewonnen; beim zweiten Durchgang werden sie entsamt. Hierbei ist der normale Korb durch eine besondere Kleereibevorrichtung zu ersetzen, von der die Trommel ganz oder teilweise umgeben wird, je nach Bauart. Für Kleeköpfe wird im ersten Durchgang ein Kurzstrohsieb von 10 mm Lochweite verwendet und das Unkrautsamensieb wieder durch ein Blindsieb ersetzt. Da größere Mengen Kleeköpfe über das Kurzstrohsieb und auch mit ins Kaff gelangen können, ist es ratsam, diese sonst als Verlust zu buchenden Köpfe zu sammeln. Klee wird auf sehr verschiedene Arten gewonnen. Wenn man nicht Kleereiber anwendet, kann man beim Dreschen auch so vorgehen, daß man das gesamte Gut nach der ersten Reinigung auffängt und erst im zweiten Gang reinigt. Man setzt dabei die nicht erforderlichen Arbeitsorgane still, indem man die Riemen abwirft; sonst treten bei der zweiten Reinigung diese Arbeitsorgane in Tätigkeit.

Die Stundenleistung einer Dreschmaschine hängt von der Fruchtart und auch davon ab, wie die Früchte beschaffen sind. Gewöhnlich wird in den Prospekten der Firmen eine Körnerstundenleistung angegeben. Es ist bereits erwähnt worden, daß das von der Dreschmaschine verarbeitete Volumen ausschlaggebend für die Leistung der Maschine ist und der Körneranteil dieses Volumens nach Fruchtart und Wachstumsbedingungen sehr schwanken kann. Die Angaben in den Prospekten beziehen sich daher meist auf den günstigsten Fall bei trockenem Weizen. Wenn eine Maschine beispielsweise mit einer Körnerstundenleistung von 20 Ztr. angeboten wird, so ist das meist auf Weizen, bei einem Stroh-Korn-Verhältnis von 1,35:1 bezogen. Bringt eine Ernte nun einen Weizen mit einem Stroh-Korn-Verhältnis von 3,7:1, so wird die Stundenkörnerleistung in jenem Jahre auf die Hälfte sinken, da zwar das gleichgroße Volumen durch die Maschine geschickt wird, aber der Kornanteil nur halb so groß ist.

Auch der Leistungsbedarf der Dreschmaschine ist von der Fruchtart abhängig. Wenn er auch bei den Getreidearten so ziemlich gleich ist, so kann er doch besonders bei schlechtem. ungleichmäßigem und vor allem ruckartigem Einlegen sehr stark anwachsen. Diese Unregelmäßigkeiten müssen von einer Antriebsmaschine mit genügend Kraftreserven überwunden werden. Man rechnet bei Elektromotoren je Zentner-Stundenleistung etwa 0,5 PS, bei dem nicht ganz so überlastungsfähigen Verbrennungsmotor 0,7 PS, wobei die Dreschmaschine ohne Zusatzeinrichtungen (Strohpressen, Einleger) in ihrer reinen Dresch-Reinigungs- und Sortierarbeit gewertet ist.

Beim Kauf einer Dreschmaschine lasse man sich von einem Unparteiischen, möglichst gar von mehreren, unabhängig, oder von der zuständigen Gerätestelle der Landesbauernschaft beraten. Wegen des Kaufpreises achte man genau darauf, was im Preis mit einbegriffen ist und hole Angebote auch von der Konkurrenz ein. Es gibt Firmen, die, um auffallend niedrige Preise in die Prospekte einsetzen zu können, alle notwendigen Zusatzdinge (Riemen, Kaffgebläse usw.) fortlassen und dann später zum Kaufpreise zuschlagen. Bevor man einen Kaufvertrag unterschreibt, muß man sich die Bedingungen in aller Ruhe durchgelesen haben. Man lasse daher den Vertrag erst zu Hause liegen, bis alle Punkte klar sind, denn von einem unterschriebenen Vertrag zurückzutreten, ist in den meisten Fällen unmöglich.

Besonders beim Kauf alter, gebrauchter Maschinen ist Vorsicht nötig, um sich vor Übervorteilungen zu bewahren. Ohne unparteiischen Fachberater sollte man sich auf einen solchen Kauf nicht einlassen.

Eine der schwierigsten Fragen ist: „Welche Größe muß meine Dreschmaschine haben, damit sie für meinen Betrieb am wirtschaftlichsten ist?" Dabei spielen viele Umstände mit, die sachlich vom Betriebsführer mit seinem Personal gründlich durchgesprochen werden müssen. Größere Bedeutung hat dabei selbstverständlich die jährliche Dreschgutmenge. Dabei spielt wohl in allen Betrieben der Dreschplan eine Rolle. Man geht von einer angenommenen Maschinengröße aus, bei der man aber nicht die im Prospekt angegebene Leistung der Maschine ansetzt, sondern eine von der Maschine wirklich zu erreichende Leistung. Dabei berücksichtigt man die Fruchtverhältnisse und das durchschnittliche Stroh-Korn-Verhältnis des Betriebes und kommt dann (beispielsweise) auf eine Leistung, die etwa 10% niedriger liegt, als die im Prospekt angegebene. Dann rechnet man die Zeiten durch, die im ununterbrochenen Dreschbetrieb erforderlich sind und berücksichtigt dabei alle Möglichkeiten und Gegebenheiten: den Hof-, Feld- oder Maschinendrusch, zieht die Zeiten für Umbau, Arbeitspausen, Wege des Personals, mutmaßliche Betriebsstörungen von der ununterbrochenen Dreschzeit ab und bekommt ungefähr die Zeit für das wirkliche Dreschen. Man wird dann gleich ein ungefähres Gefühl für die wirkliche Größe der Maschine bekommen, die man bei den unberechenbaren Schwankungen auch nur ungefähr bestimmen kann. Viel wichtiger ist es, daß man mit der Anschaffungsgröße nicht zu sehr daneben greift. Schließlich steht auch hinter der Dreschmaschine der Mensch, der geschickt aus der vielleicht etwas zu kleinen oder etwas zu großen Dreschmaschine das Beste für seine Wirtschaft herausholen kann.

Wesentlich für die Größenbestimmung der Dreschmaschine ist die Antriebskraft, der man die Dreschmaschine etwas anpassen muß, wenn man nicht größere Ausgaben dafür machen oder mit unnötiger Kraftreserve seine kleine Dreschmaschine betreiben will.

O. Mähdrescher

Ein noch weit größeres technisches Einfühlen als in den Dreschbetrieb erfordert der Mähdrescher. Wenn auch die Gefahren bei dieser Maschinenart bedeutend geringer sind, weil sie auf dem Felde arbeitet, wo keine Bedienungsmannschaften herumlaufen und weil die Standplätze der Bedienung auf der Maschine sind, so muß der Schlepperführer doch seinen Schlepper voll beherrschen, sicher fahren und die Schaltung der Zapfwelle sicher bedienen. Von ihm als dem Kommandoführer hängt die ganze Maschinenarbeit ab und da er außer dem Schalten keine körperliche Arbeit verrichtet, so kann er auch am besten die ganze Maschinenwartung übernehmen. Dabei ist unbedingt erforderlich, daß sich die ganze Bedienungsmannschaft aufeinander einspielt. Sie besteht außer dem Schlepperführer aus dem Absackmann, der neben seiner Hauptaufgabe, die gefüllten Säcke zuzubinden und abzusetzen, die Maschine von seinem Stand aus dauernd auf richtigen Lauf zu beobachten hat, und bei Lagergetreide aus einem Mann an der Haspel. Diese Bedienungsmannschaft sollte auch in den Betriebspausen, die wegen Umstellung, Regens oder sonstiger Gründe erforderlich werden, zusammen an der Maschine bleiben, denn es gibt immer Gelegenheit, an der Maschine zu schmieren, auszubessern, Schrauben nachzuziehen usw., Arbeiten, die für die Einsatzbereitschaft und gute Leistungen des Mähdreschers selbstverständlich sind.

Wichtig ist das Größenverhältnis zwischen Mähdrescher und Schlepper. Soll der Mähdrescher für Stand- und Allzweckdrusch eingesetzt werden, wird bereits ein luftbereifter Schlepper von etwa 25 PS ausreichen. Um eingelagertes Getreide im Winter auszudreschen, das sehr trocken geworden ist, genügen geringere Kräfte; bei elektrischem Antrieb wird beispielsweise ein Elektromotor von etwa 15 kW genügen.

Für den eigentlichen Mähdrusch wird in normalen Fällen ein luftbereifter Schlepper von 35 PS erforderlich werden. Eisenbereifte Schlepper dagegen werden mit einer Leistung von 40 PS und darüber erst einwandfrei arbeiten können. Um diese Angaben sinngemäß auf

Mähdrescher verschiedener Größe und Leistung anzuwenden, sei bemerkt, daß bei diesen Angaben die Größe des Mähdreschers Super vorausgesetzt ist.

Besonders sorgfältig muß die Anhängung des Mähdreschers an den Schlepper durchgeführt sein. Sie richtet sich naturgemäß nach der Bauweise und Anhängeart, die für den Mähdrescher vorgesehen ist. Es gibt Seiten-, Hinter- und kombinierte Anhängearten. Der Zapfwellenantrieb darf dabei nie mit der Zuganhängung gekuppelt werden. Dieser muß sich während der Arbeit ungehindert bewegen können, und er muß so liegen, daß besonders beim Kurvenausfahren das Wellengestänge nirgends anschlägt und die Wellengelenke nicht durch zu scharfes Einknicken überlastet werden. Daher ist die Hinteranhängung hinter den Zapfwellenaustritt beim Schlepper zu legen und bei Doppelgelenkwellen der Anhängepunkt etwa in die Mitte zwischen die beiden Kardangelenke zu legen, so daß bei Kurvenfahrt beide Gelenke gleichmäßig abgelenkt und auch gleichmäßig belastet werden. Manchmal wird es sich empfehlen, statt der zweigelenkigen Welle eine Welle mit drei Gelenken einzubauen, so daß bei Wendung von 90° jedes Gelenk nur um 30° abgelenkt wird. Falsche und richtige Anhänge-Anordnungen zeigen sehr anschaulich die in dem Bild 1261 wiedergegebenen Skizzen.

Bei der Anhängung ist auch zu berücksichtigen, daß sich die Zapfwellenübertragung beim Wenden nicht nach hinten zusammenschiebt. Aus diesem Grunde muß von dem gewöhnlich gelieferten Vierkantstück so viel abgesägt werden, daß es auch bei starken Wendungen im Vierkantrohr genügend Platz nach vorn hat.

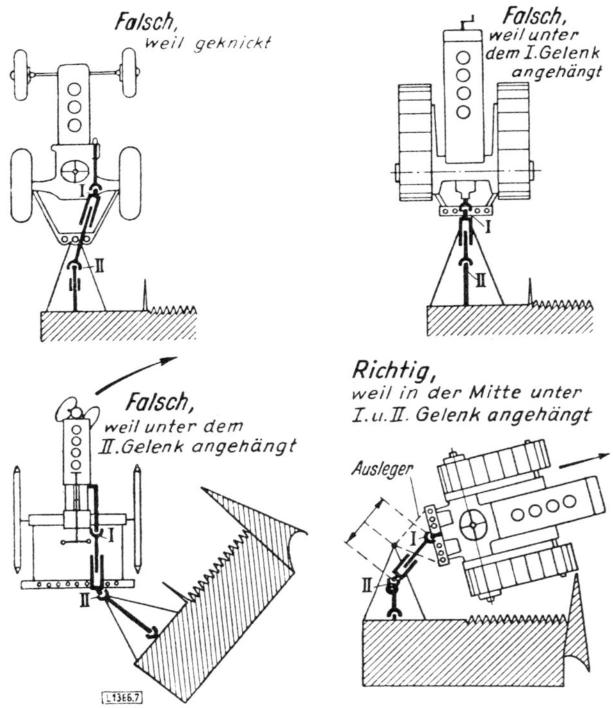

1261. Falsche und richtige Anhängung eines Mähdreschers
(Claas, Harsewinkel)

Bevor mit dem Mähdrescher gearbeitet wird, muß die Bedienungsmannschaft sich mit den einzelnen Funktionen der Maschine vertraut machen. Das geschieht am besten dadurch, daß man die Maschine im Stand laufen läßt. Bei Maschinen mit Seitenschnitt, wie bespielsweise dem Super, wird hierzu nur das aufgeklappte Schneidwerk heruntergelassen. Bei Standdrusch bleiben Haspel und Messer abmontiert. So kann man durch fortgesetztes Auflegen der einzelnen Riemen langsam die ganze Maschine in Bewegung setzen und dabei die erforderlichen Drehzahlen feststellen. Maschinen, die durch Zapfwelle angetrieben werden, sind auf die heute genormte Zapfwellendrehzahl von 540 U/min ausgerichtet. Diese Drehzahl muß dann auch vom Schlepper geleistet werden. Bei Mähdreschern mit Aufbaumotor ist die Drehzahl des Motors entsprechend zu regulieren. Die richtigen Drehzahlen erreicht man an der Zapfwelle und beim Aufbaumotor, wenn die Maschinen auf Vollgas laufen. Man wird also zunächst langsam anlaufen lassen und erst bei Vollgas die Drehzahlen kontrollieren.

Bei diesem Probelaufen lernt man am besten die einzelnen Bewegungselemente der Maschine kennen und auch, wie sie zu regulieren sind. Das ist aber meist nur am Hauptantrieb der ganzen Maschine und zur besonderen Regulierung der Trommeldrehzahl erforderlich. Dabei sind meist einfache Handgriffe auszuführen. Muß beispielsweise beim Super eine Zapfwellendrehzahl des Schleppers korrigiert werden, so ist ein anderes Kettenritzel an der langen Förderschnecke für die Siebe aufzustecken. Es ist dabei nicht einmal nötig, die Kette abzunehmen, es genügt, den Kettenspanner unter der Hauptantriebskette zu lösen. Die Trommeldrehzahl wird bei dieser Maschine in einfacher Weise durch Beilegescheiben nachreguliert. Wenn solche Beilagen eingelegt oder herausgenommen werden sollen, muß der Riemen nachgespannt werden, und zwar durch den schwingend gelagerten Hauptantrieb. Die durch das Ausschwingen des Hauptantriebes hervorgerufene Kettenverkürzung oder -verlängerung wird durch das Spannritzel jeweils ausgeglichen.

Ist der Mähdrescher von der Bedienungsmannschaft im Stand gründlich durchprobiert, so daß sämtliche Funktionen bekannt sind, so ist vor der Arbeit mindestens eine halbe Stunde mit der am Schlepper angehängten Maschine auf einem leeren Felde oder auf dem Hofe herumzufahren, bis die Bedienung die notwendigen Handhabungen: Zapfwellenschalten, Wenden, Halten usw. sicher beherrscht. Dabei werden sich u. U. Unregelmäßigkeiten einstellen, die dann immer noch rechtzeitig behoben werden können. Der Begleitmann achtet bei diesem Probefahren besonders auf den richtigen Lauf der einzelnen Maschinenteile, auf das richtige Abrollen der Tücher und deren richtige Spannung. Zuletzt wird das Augenmerk der Presse zugewandt. Nachdem der Faden eingefädelt ist (wobei beachtet werden muß, daß keine Fadenführung übergangen wird), läßt man die Presse etwa 20 Bindungen durchführen. Das ist notwendig bei neuen Pressen, um Farbe, verhärtetes Öl usw. von den fadenführenden Elementen der Bindevorrichtung zu entfernen, aber auch, wenn die Maschine nach einjähriger Pause wieder in Betrieb genommen werden soll. Vor allem der Knoter muß an seiner Oberfläche vollkommen blank sein.

Ist es vor dem Einsatz des Mähdreschers möglich, im Standdrusch zu arbeiten, so ist das für die Bedienungsmannschaft die beste Art, sich einzuarbeiten. In aller Ruhe kann dabei die Maschine beobachtet werden, die hier ja wie eine normale Dreschmaschine arbeitet. Die Trommel kann auf die richtige Drehzahl, die schwingenden Teile der Reinigung können auf die richtige Zahl der Hübe und die Gebläse auf die erforderliche Windgeschwindigkeit ausgerichtet werden. Kann kein Standdrusch durchgeführt werden, so kann man sich auch durch Ausprobieren mit Stroh aus dem Vorjahre helfen, um wenigstens den Transport bei der arbeitenden Maschine zu beobachten und etwaige Mängel abzustellen.

Da, wo nicht Selbstfahrer verwendet werden, ist das Feld anzumähen, so daß in jedem Falle auch die Anmähbunde, die man über die Mähplattform oder über das Fördertuch einlegt, für den ersten Standdrusch zur Verfügung stehen. Zum Aufschneiden der Garben verwendet man dabei ein einfaches Brett, bei längerem Standdrusch einen Einlegetisch, der je nach Anordnung vor oder über die Fördervorrichtung zur Trommel gestellt wird.

Bei schwierigem Wetter soll man das Getreide im Felddrusch gewinnen. Auch hierfür eignet sich der Mähdrescher, der jeweils 30—40 m vorfährt, um im Standdrusch die ihm zugebrachten Garben auszudreschen. Bei der Rapsernte empfiehlt es sich, die Rapsgarben nicht in Stiegen zu setzen, sondern sie auf hoher Stoppel so liegen zu lassen, wie sie vom Binder abgeworfen werden. Beim Felddrusch werden sie vorsichtig zur Maschine hingetragen, damit keine großen Ausfallverluste entstehen.

Bei der Ernte von Erbsen, Grassamen und ungleichmäßig gereiftem Getreide wird am besten das Pick up-Verfahren angewendet. Dabei wird das von einem Schwadenmäher geschnittene und abgetrocknete Erntegut von der auf das Schneidwerk des Mähdreschers aufgesetzten Pick up-Trommel aufgenommen und während der Fahrt gedroschen.

Zum eigentlichen Mähdreschen ist das Messer einzusetzen und die Haspel aufzumontieren. Ausschlaggebend für den Erfolg der Mähdruschernten ist dabei der zeitmäßig richtige Einsatz der Maschine. In der heutigen Zeit des Umbruchs ist es verständlich, daß der Landwirt nur mit großer Überwindung das für den Bindemäher längst reife Getreide noch acht bis zehn Tage auf dem Halm stehen läßt, um es dann erst mit dem Mähdrescher zu ernten. Diese Reifezeit ist unbedingt erforderlich, um nicht unreifes und feuchtes Korn zu ernten, das nicht lagerfähig ist. Abgesehen davon, daß das Bestreben heute dahin geht, ausfallsicheres Getreide zu züchten, hat die Erfahrung gelehrt, daß man mit Ausnahme der Wintergerste und mancher Hafersorten die meisten Fruchtsorten unbedenklich länger stehen lassen kann. Selbst nach Regen trocknen die Felder bald wieder ab, so daß da sMähdreschen fortgesetzt werden kann.

Mit dem Mähdrusch kann begonnen werden, wenn die Körner in den Ähren vollkommen trocken und hart sind. Es ist günstig, wenn mehrere Fruchtarten nacheinander reif werden, so daß die Arbeit auseinandergezogen werden kann, es ist dann möglich, in aller Ruhe die Vollreife der einzelnen Schläge abzuwarten. Bei dem feuchten Klima unserer Gegend ist es oft unmöglich, das Getreide trocken zu mähen und mit Mähdreschern auch trocken zu dreschen. In solchen Jahren muß das Mähdreschergetreide künstlich nachgetrocknet werden, damit es lagerfest wird.

Ein normaler Mähdrescher von 7—8 Fuß Schnittbreite ist bei etwa 200 Morgen noch wirtschaftlich. Diese Grenze wird durch die aufkommenden Kleinmähdrescher bedeutend nach unten gedrückt. Man kann sagen, daß ein Betrieb, der sich einen Bindemäher und eine Dreschmaschine halten kann, wirtschaftlicher verfährt, wenn er einen Klein-Mähdrescher einsetzt.

Beim Mähen darf die Maschine nicht mit zu viel grünen Massen belastet werden. Darum ist das Schneidwerk in sehr weiten Grenzen verstellbar, so daß unter Umständen Stoppeln von 50 cm Länge und mehr bleiben. Überhaupt sucht man die Maschine möglichst von unnötiger Arbeit zu entlasten. Man stellt die Dreschwerkzeuge so ein, daß das Stroh nicht mehr als nötig zerschlagen wird, damit es die Reinigung nicht übermäßig belastet, die in ihrer Leistung begrenzt ist. Es ist besser, wenn die Trommel schneller läuft und der Korb weiter abgestellt ist, als wenn sie langsam läuft mit einem eng eingestellten Korbe.

Anschließend sollen einige besondere Winke für gute Mähdrescharbeit gegeben werden. Dabei ist an die Bau- und Arbeitsweise des Super gedacht. Die Winke können auch für andere Bauarten sinngemäß umgewertet werden.

Das Mähwerk, das bei dieser Bauart an einer Kette hängt, wird mit einer Winde so weit heruntergelassen, daß die äußere Kufe nicht am Boden schleift, sondern sich noch in der Schwebe befindet. Der Hebel für die Höhenverstellung des Mähwerkes befindet sich hinten am Mähdrescher, doch kann er auch wegen der Bedienung vom Schlepper aus nach vorn gesetzt werden. Der Außenabteiler ist zweckmäßig bei langem Getreide zurückzusetzen. Die Tücher sollen nur so fest gespannt werden, daß sie noch rutschen können, wenn die Maschine zeitweise, bei wirr liegendem Lagergetreide, überlastet wird. Die Tücher werden einfach so aufgelegt: man fädelt zwei Schnüre durch die engen Stellen in der Tuchführung, zieht das Tuch bei langsam laufender Maschine hinterher. Die Tücher läßt man stets auf der Maschine.

Um Schüttelverluste möglichst zu vermeiden, sind die Durchgänge hinter dem Dreschkorb freizuhalten, und das Vorentgrannerblech ist nur bei Gerste und einigen Weizensorten einzusetzen.

Manchmal zeigen sich Körner in der Windleitung. Sie können leicht durch die seitlich angebrachte Klappe entfernt werden.

Wie bei jeder anderen Dreschmaschine liegt auch beim Mähdrescher die Gefahr nahe, daß sich der Schüttler und vor allem die Siebe durch Grannen und Staub leicht zusetzen. Es kann aber nur gut gereinigt werden, wenn die Leistung der Siebflächen voll ausgenutzt wird. Diese Arbeitsteile müssen darum immer sauber gehalten werden.

Wenn die Maschine einen Absackstand hat, werden alle Absackläufe mit Körnern versehen; es ist sehr wichtig, daß man an alle Ausläufe Säcke hängt. Die vollen Säcke werden an einer oder auch an zwei Feldecken abgesetzt; dadurch wird das Abfahren sehr erleichtert. Wenn man zeitweise die Maschine anhält und die Säcke gleich auf einen Kornwagen herüberrutscht, so steht der Wagen am besten mit seinem hinteren Ende quer zum Mähdrescher. Welche Methode man anwendet, die Säcke abzufahren, muß den Betriebsverhältnissen überlassen bleiben; beim ersten Verfahren werden Haltepausen vermieden; die Mähdreschleistung ist dadurch größer; das zweite Verfahren erleichtert das Aufladen der Säcke auf den Wagen, nimmt aber den Gespannführer länger in Anspruch.

Die meisten Störungen im Mähdrescherbetrieb entstehen durch schlechte Zusammenarbeit zwischen dem Schlepper und der von ihm gezogenen und betriebenen Maschine. Wenn der Regler des Schleppers schlecht arbeitet, macht die Maschine im Leerlauf zu viel Umdrehungen und bleibt dann unter Belastung damit weit zurück. Das ist für die Drescharbeit schädlich und unbedingt zu vermeiden. Der Regler des Schleppers muß sofort nachgesehen werden, da sonst Brüche unvermeidlich sind.

Der eigentliche Dreschbetrieb wird meist gestört, weil die Trommel nicht richtig läuft und die Anstellung des Dreschkorbes abzuändern ist. Drischt die Maschine nicht gut aus, so ist der Korb enger zu stellen; unter Umständen ist mit der Trommeldrehzahl heraufzugehen, was man bei Keilriementrieben dadurch erreicht, daß man Beilagen entweder wegnimmt oder zulegt (Bild 1262). Zerschlägt die Maschine das Stroh zu sehr, so stellt man den Dreschkorb weiter und senkt die Trommeldrehzahl. Bei sehr langem Roggen besteht auch beim Mähdrescher die Gefahr des Wickelns. Man geht dann mit der Trommeldrehzahl herauf und setzt vor allem das Abstreifblech ganz scharf an die Trommel heran. Hat die Trommel gewickelt, so dreht man sie an den Schlagleisten ruckartig zurück und entwickelt sie. Da die Wickelgefahr sich bei geringer Drehzahl erhöht, soll die Maschine immer mit vollen Touren gefahren werden. Steht der Mähdrescher beim Anfahren größeren Getreidemassen gegenüber, so halte man das Mähtuch rechts außen fest und reguliere die Förderung so lange, bis ein stetiger, gleichmäßiger Fluß wieder eingetreten ist. Dadurch vermeidet man, daß die Trommel plötzlich überlastet wird.

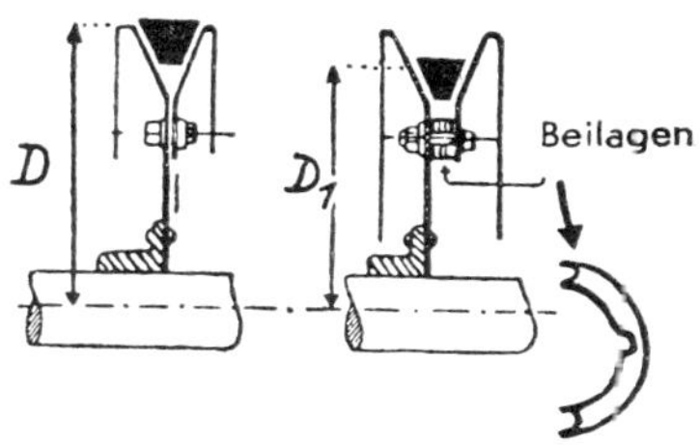

1262. Trommelregulierung durch Beilagen in der Keilriemenscheibe
(Claas, Harsewinkel)

Wenn die Windwirkung nicht ausreicht und die Siebe in der Reinigung zu weit sind, wird unsauberes Korn erdroschen. Beide Mängel sind leicht abzustellen. Wenn das Korn zu wenig entgrannt ist, muß das Vorentgrannerblech eingesetzt werden. Reicht das nicht aus, so schließe man den Rundlaufschieber, damit der Schüttlerabgang nochmals gedroschen wird.

Findet sich Korn im Langstroh, so ist entweder der Korbdurchlaß verstopft, oder er wird durch das Entgrannerblech zu eng, oder die ganze Maschine arbeitet mit Überlastung. Dann ist das Entgrannerblech zu entfernen und gegebenenfalls die Maschine mit geringerer Geschwindigkeit oder nur mit halbem Mähbalkeneinsatz zu fahren.

Verstopft sich das Lamellensieb, so ist es zu weit geöffnet, es gehen zu viel größere Teile hindurch. Das Sieb ist mehr zu schließen.

Vor allem bei neuen Maschinen mit neuem Dreschkorb kann es leicht Körnerbruch geben; man stellt dann den Rundlauf ab. Sind die Schüttlerlager durch den Dreschstaub verunreinigt, so können sie anfangen zu „quieken". Wenn das auch nach längerem Laufen von selbst verschwindet, so kann man sich doch helfen, indem man die Holzlager der Schwingungen abbaut und von der Staubkruste befreit. Es ist beim Wiedereinbau streng darauf zu achten, daß man die

Stelle nicht mit Fett oder Öl behandelt, höchstens etwas trockenen Graphit benutzt, da Fett und Staub nur noch schlimmer verkrusten und der Lauf noch schwerer wird.

Befindet sich Getreide in der Spreu, so kann das Untersieb zu klein sein; oder die Windwirkung ist zu groß, die Maschine kann überlastet sein. Man setzt ein größeres Untersieb von 16 mm Rundlochung ein, reguliert durch entsprechenden Wind und fährt mit geringerer Leistung, je nach Ursache.

Obwohl der Mähdrescher bei normaler Arbeit ohne Betriebsstörungen arbeitet, können einzelne Teile überlastet und besonders gefährdet sein. Um sie zu schützen, sind verschiedene Sicherungen an den besonders gefährdeten Stellen eingebaut.

Wenn das Reinigungssieb sich mit Spreu, Körnern und Grünzeug anhäuft, kann es vorkommen, daß sich die Körnerschnecke und der Wurf verstopfen. Um dann diesen Organen

1263. Sicherungsklappe am Wurfgehäuse
(Claas, Harsewinkel)

1264. Scherschraubensicherung an der Antriebswelle
(Claas, Harsewinkel)

Luft zu verschaffen, klappt sich die Sicherheitsklappe am Wurfgehäuse auf (Bild 1263). Der Absackmann muß also diese Klappe im Auge behalten, damit er sogleich bemerkt, wenn sie sich öffnet und kein Korn unnütz verstreut wird. Die Klappe öffnet sich mit ziemlicher Staubentwicklung, so daß es sogleich bemerkt werden muß. Außerdem wird die Förderung sogleich unterbunden, so daß auch bald kein Korn mehr in die Absackvorrichtung geht und auch dadurch die Unregelmäßigkeit bald bemerkt werden muß.

Eine ähnliche Sicherheitsklappe ist am Spreugebläse angebracht, die sich ebenfalls mit großer Staubentwicklung öffnet, wenn das Spreugebläse überlastet ist.

Als Sicherheit gegen falsches Schalten der Zapfwelle und auch bei etwaigen Widerständen in der Maschine, die den ganzen Antrieb beeinträchtigen können, ist die Hauptantriebswelle durch zwei Scherschrauben (Bild 1264) gesichert, die bei Überbelastung brechen. Sie sind zu ersetzen durch Ersatzschrauben, die an der Deichsel angebunden sind.

Die Schaufeln und die Ketten des Kornelevators sind gegen Überlastung durch eine Knaggenkupplung gesichert. Werden sie durch viel grünes Unkraut überlastet oder wenn (bei Raps und Bohnen) Siebe falsch eingestellt worden sind, so setzt die Knaggenkupplung über und verhindert so, daß die arbeitenden Teile beschädigt werden. Diese Kupplung darf also nur so weit angezogen werden, daß sie bei normaler Belastung des Kornelevators nicht überspringt.

Das Messer kann überlastet werden, wenn Steine angefahren werden; dann klinkt eine Messersicherung aus und läßt die Messerstange bei ununterbrochenem Antrieb auf den Windkrümmer herunterfallen.

Keilriemenantriebe, Tücher und auch die Haspel können bei Überlastungen rutschend ausweichen; Zahn- und Kettenräder sind durch Scherstifte und Scherschrauben so gesichert, daß bei einigermaßen sachgemäßer Bedienung und Aufmerksamkeit schwerere Brüche kaum entstehen können.

Um eine Maschine zu warten und sauber zu halten, muß man zu den inneren Teilen gelangen können. Man nimmt den Prallschirm ab und klappt die Spreuwanne herunter (Bild 1265). Die meisten Innenteile der Reinigung und auch die Teile unter dem Schüttler können auf diese Weise leicht erreicht werden.

1265. Zugänglichkeit des Mähdrescher-Inneren (Claas, Harsewinkel)

Kurzstrohmengen und Körner, die von den Sieben im ersten Arbeitsgang nicht verarbeitet werden können, werden durch den Überkehrelevator zur nochmaligen Verarbeitung durch die Dreschtrommel bei *C* (Bild 1266) auf das Mähtuch befördert. Zu diesem Rundlauf, der die Drescharbeit ausschlaggebend beeinflußt, kommt noch ein bedeutend wichtigerer, zweiter Rundlauf, der den Schüttlerabgang zum nochmaligen Dreschen bei *B* auf das Mähtuch bringen kann. Dieser Rundlauf kann nach Belieben eingeschaltet werden, indem man den Schieber *A* in der waagerechten Richtung nach vorn schiebt, wie es auf Bild 1266 zu erkennen ist. Besonders für schwer zu entgrannende Wintergerste und für andere Früchte, wie Klee, ist diese Einrichtung außerordentlich wirkungsvoll. Das Bild läßt gleichzeitig erkennen, wie man die Tücher beim Standdrusch schont. Die Stange, die das Obertuch hält, kann je nach Art des Drusches höher oder tiefer eingestellt werden und damit auch die Lage des Obertuches. Um beim Standdrusch zu verhindern, daß ganze Garben eingezogen werden (was beim Mähdrusch nicht möglich ist, weil die geschnittenen Halme hierbei gleichmäßig fließen), kann man durch den Splint *S* die Stange tief einstellen, wie im Bild; bei Mähdrusch dagegen zieht man die Stange etwa 5 cm höher und steckt den Splint durch das untere der beiden vorgesehenen Löcher; dadurch hebt man das Obertuch um die entsprechende Höhe an.

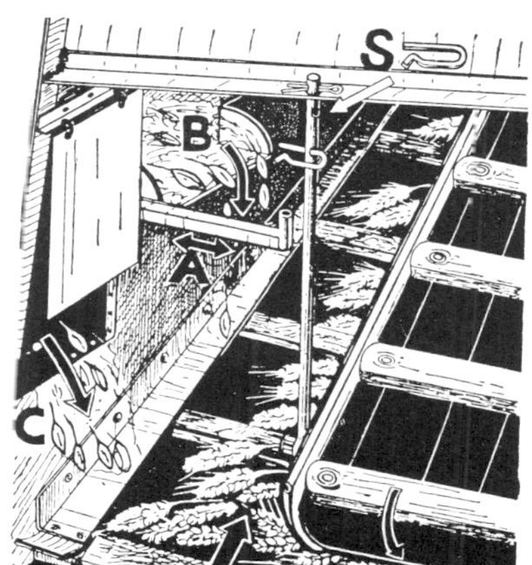

1266. Überkehrelevator (Claas, Harsewinkel)
A Schieber C Kurzstrohabgang
B Schüttlerabgang S Splint

Für etwaige Reparaturen, aber auch bei Generalüberholung des Dreschers während der Winterruhe, ist es nützlich, über einige Montagearbeiten unterrichtet zu sein. — Falls die Förderschnecken ausgebaut werden sollen, werden sie aus der Maschine „gedreht" (Bild 1267). Beim Ausbau von Kugellagern muß zunächst der feste Sitz des Lagerringes auf der Spannhülse gelöst werden. Das geschieht so, daß man zunächst die Spannhülsenmutter löst und dann die Spannhülse zurückschlägt. Umgekehrt wird bei der Montage verfahren.

Korb und Trommel werden nach vorn aus der Maschine herausgezogen, nachdem man zuvor das Gebläse abgenommen und den aufgeschraubten runden Deckel der vorderen Gehäusewand geöffnet hat.

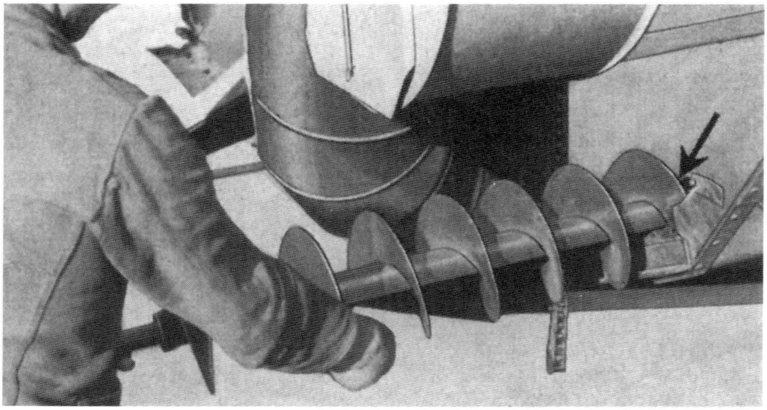

1267. Herausdrehen der Förderschnecke (Claas, Harsewinkel)

1268. Einsetzen der Entgrannerbleche (Claas, Harsewinkel)

Die Tücher werden wie bei den normalen Bindemähern abgenommen. Man zieht zunächst den Stangenverschluß heraus und rollt das Tuch von der Halmteilerseite auf. Von dieser Seite aus wird auch wieder aufgelegt. Beschädigte Tücher repariert man sogleich. Da das Mähtuch besonders lang ist, wird es aus zwei Hälften zusammengesetzt, so daß man bei starker Beschädigung meist nur die eine Hälfte zu ersetzen braucht.

Der Vorderentgranner wird einfach eingesetzt, indem man die Gehäuseklappe (Bild 1268) an der Trommelseite herunterklappt. Mit dem aus zwei Blechen bestehenden Vorentgranner kann der Durchlaß im ersten Teil des Korbes (je nach beobachteter Wirkung) verkleinert werden.

Im folgenden sollen einige Hinweise für das Dreschen verschiedener Fruchtarten gegeben werden. Beim Rapsdreschen soll die Trommeldrehzahl nicht zu hoch sein, der Korb wird mittel bis weit gestellt. Gereinigt wird mit mittlerer Windstärke. Das Untersieb soll 6-mm-Rundlochung haben; der Sortierzylinder 3,6/2-mm-Rundlochung oder bei größerer Leistung 4,5/2-mm-Langlochung. Das Spreublech hinter dem Sieb wird möglichst ganz nach unten gestellt.

Wintergerste ist wegen ihrer Standdichte und Grannen (besonders als Lagergetreide) mit dem Mähdrescher sehr schwer zu dreschen. Dazu bedarf es einer hohen Trommeldrehzahl bei dicht angestelltem Korb. Zur Vorentgrannung werden (je nach Beobachtung) ein oder zwei Vorentgrannerbleche eingesetzt. Das Lamellensieb wird ziemlich weit geöffnet, so daß ein nicht zu schwacher Wind kräftig eingreifen kann. Vor allem ist der Rundlauf für den Schüttlergang einzustellen, als Untersieb nimmt man ein 9-mm-Rundlochsieb oder eines mit 16 mm, wenn Körnerübergang festgestellt wird. Als Sortierzylinder nimmt man 5,6/2-mm-Langlochung. Damit die Maschine wegen des dichten Halmstandes nicht überlastet wird, fährt man die Maschine im langsamsten Gang und nutzt die Schnittbreite in keinem Falle aus.

Sommergerste ist bei gleicher Einstellung der Maschine bedeutend leichter zu verarbeiten. Hierbei fällt die Vorentgrannung durch die Vorentgrannerbleche und auch der Rundlauf fort.

Roggen läßt sich wegen seines geringen Spreuanfalles vom Mähdrescher gut verarbeiten, doch neigt er seiner langen Halme wegen leicht zum Wickeln. Darum läßt man die Trommel hier mit hoher Drehzahl laufen und achtet vor allem auf enge Anstellung des Abstreifbleches. Korb- und Lamellensieb werden normal eingestellt. Mit zunehmender Schwere des Roggens stellt man den Wind stärker ein. Als Untersieb verwendet man, je nach Leistung der Maschine, ein 4,5-mm-Langloch- oder ein 9-mm-Rundlochsieb; im Sortierzylinder 4,5/2-mm-Langlochung. Bei Roggen arbeitet die Maschine ohne Vorentgranner und ohne Rundlauf.

Gut ausgereifter Weizen läßt sich mit dem normal eingestellten Mähdrescher wohl am besten verarbeiten. Wegen des großen Spreuanfalles ist das Lamellensieb weit und der Wind kräftig einzustellen. Das Spreublech hinter der Reinigung stellt man etwa 5—7 cm über die Lamellensiebdrähte; bei stark verunkrautetem Weizen läßt man es zweckmäßig ganz herunter. Man benutzt die gleichen Siebe wie bei Roggen.

Hafer läßt sich wegen seiner großen Ausfallgefahr am besten mit dem Mähdrescher im Hockendrusch verarbeiten. Die Trommeldrehzahl wird dabei hoch, der Korb mittel bis eng eingestellt. Das Lamellensieb stellt man ziemlich weit, bei reichlichem Wind. Als Untersieb verwendet man 16-mm-Rundlochung. Im Sortierzylinder, je nach Fruchtart, 16-mm-Rundlochung mit 4,5-mm-Langloch oder, besonders bei Vermischung mit Pferdebohnen, 12-mm-Rundlochung mit 3,15-mm-Langlochung.

Erbsen werden im Felde bei großen Schlägen vorteilhafter im Pick up-Drusch verarbeitet. Dabei läßt man die Trommel bei weit angestelltem Korb mit langsamer Drehzahl laufen, um zu vermeiden, daß die Körner brechen. Bei kräftigem Wind wird das Lamellensieb weitgestellt. Als Siebe werden verwendet: Untersieb 12-mm-Rundloch, Sortierzylinder 12-mm-Rundloch, 3,15-mm-Langloch, das Spreublech steht dabei ganz nach unten. Die Maschine läuft ohne Vorentgrannung und ohne Rundlauf.

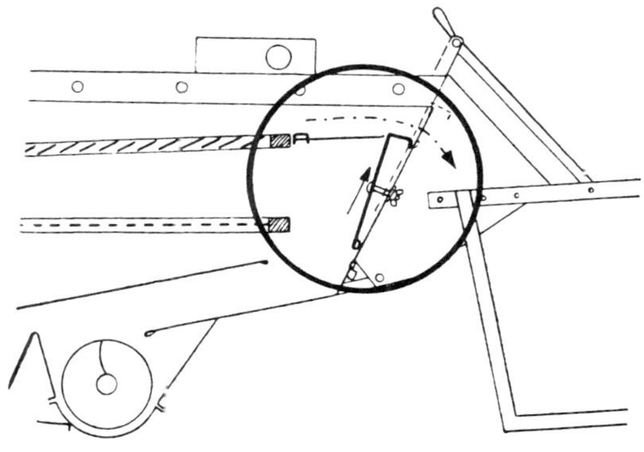
1269. Spreulenkblech (Claas, Harsewinkel)

Klee wird zweckmäßig mit dem Mähdrescher, möglichst im Pick up-Verfahren gedroschen, wenn er ausgereift ist, bei sonnigem Wetter. Dabei läßt man die Trommel bei enggestelltem Korb schnell laufen. Auch das Lamellensieb wird enggestellt, der Wind auf $^3/_4$ Stärke. Als Untersieb verwendet man 6-mm-Rundlochung, im Sortierzylinder 2-mm-Rundlochung. Vorentgranner und Rundlauf sind einzuschalten. Die Maschine soll mit nicht zu großer Leistung arbeiten. Ist der Klee sehr schwer zu dreschen, so nimmt man gegebenenfalls die Drähte am Lamellensieb heraus und setzt das Spreublech herunter.

Das verstellbare Spreulenkblech (Bild 1269) spielt für die Reinigung der Sorten, die sich verschieden verhalten, eine bedeutende Rolle. Je höher es eingestellt wird, um so mehr Abgangsanteile vom Lamellensieb gelangen in die Überkehr. Die bei den verschiedenen Fruchtarten angegebenen Stellungen lassen am besten erkennen, wie diese Vorrichtung wirkt.

Die Siebreinigung leistet mehr (z. B. bei schwerer Wintergerste), wenn man dem Siebkasten eine höhere Stoßzahl erteilt, indem man das kleine Ritzel auf der Hauptschnecke auswechselt. Dazu wird das Lamellensieb weit geöffnet (aber nie über 45°), viel Wind gegeben und das Spreublech hochgestellt.

Bei totreif geschnittenem Getreide, noch mehr bei Raps, kann es vorkommen, daß die Haspel Körner über das Schneidwerk hinwegschleudert. Um diese Körner aufzufangen, kann ein mit Leinen bespannter Holzrahmen in die dafür vorgesehenen Löcher am Windschild angeschraubt werden (Bild 1270).

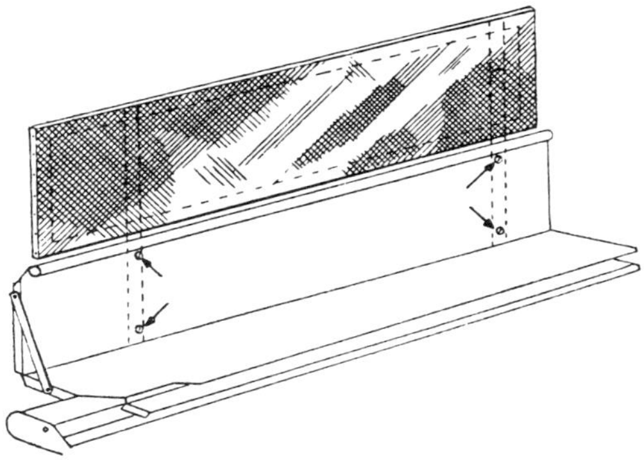

1270. Windschildverlängerung (Claas, Harsewinkel)

Wichtig für die Lebensdauer und die gute Arbeit des Mähdreschers ist, daß er nach der Ernte richtig behandelt und für die Winterruhe vorbereitet wird.

Dazu sind alle Teile des Mähdreschers gründlich zu reinigen. Korbdurchgang, Schüttler, Siebe, Förderschnecken, Sortierzylinder und alle Verbindungswege sind von Körnern, Staub, Grannen und sonstigen Ansätzen sorgfältig zu befreien. Körner und Unkrautsamen keimen sonst während der Wintermonate, wachsen aus und verstopfen die Maschine. Diese Reinigung wird wesentlich erleichtert durch die Reinigungslöcher an der Maschine. Darauf werden die Tücher abgenommen, zusammengerollt und senkrecht in einem trockenen Raum aufbewahrt. Auch der Mähdrescher selbst ist so unterzustellen, daß er vor Witterungseinflüssen geschützt ist. Entweder wird die Maschine aufgebockt, oder die Räder werden ganz abgenommen und besonders aufbewahrt. Die einzelnen Antriebsteile werden überprüft; müssen Einzelteile ersetzt werden, so sind sie sogleich zu bestellen, so daß die Reparatur bald durchgeführt werden kann. Alle Teile werden gut geölt.

Vor dem Wiedereinsatz des Mähdreschers im nächsten Jahre sind sämtliche Schrauben zu überprüfen und gegebenenfalls nachzuziehen. Vor allem ist das bei solchen Schrauben notwendig, die Holzteile miteinander verbinden. Durch das Arbeiten des Holzes lockern sich solche Schrauben, ohne daß die Teile besonders beansprucht werden. Überhaupt empfiehlt es sich, solche Schraubenverbindungen auch während der Arbeit dauernd zu kontrollieren. Sämtliche Schmiernippel müssen nach einem Schmierplan in den Abschmierzeiten versorgt werden.

Sehr wertvoll ist es, wenn die Bedienungsmannschaft die Veröffentlichungen liest, in denen in den Fachzeitschriften über die Erfahrung mit dem Mähdrescher berichtet wird. Auf diese Weise kann sich die Bedienungsmannschaft dauernd schulen.

P. Luftreifen

Luftreifen werden nicht nur an Treckern, sondern auch an anderen Fahrzeugen (Ackerwagen und Geräten) in den landwirtschaftlichen Betrieben immer mehr angewendet. Es ist nötig, einiges über sie zu sagen.

Dienten anfangs alte Autoachsen dazu, Milchwagen mit Autoreifen zu versehen, damit sie geräuschloser und ohne Erschütterung über das ländliche Pflaster fahren konnten, so verlangten bald mit den höheren Geschwindigkeiten der Schlepper die angehängten Fahrzeuge gleichfalls Luftreifen, damit das Tempo bei der Straßenfahrt durchgehalten werden konnte. Durch die guten Erfahrungen, die man mit der Luftbereifung auch auf dem Ackerboden machte, wurde die Nachfrage nach geeigneten Luftreifen immer größer, so daß die Luftreifenindustrie besondere Reifen für die Landwirtschaft herstellen mußte. Seitdem ist die Bezeichnung „Ackerluftreifen“ ein fester Begriff geworden.

Die Bedeutung der Luftreifen in der Landwirtschaft liegt auch darin, daß sie den Ackerboden schonen und ein großes Durchzugsvermögen gewährleisten. Da sie abgeplattet sind, ist ihre Auflagefläche größer und der spezifische Flächendruck geringer, so daß sie selbst auf weichen Böden nicht einsinken und keine besonders tiefen Spuren hinterlassen. Die Auflagefläche läßt sich außerdem durch die Luftfüllung je nach Umständen sehr verändern

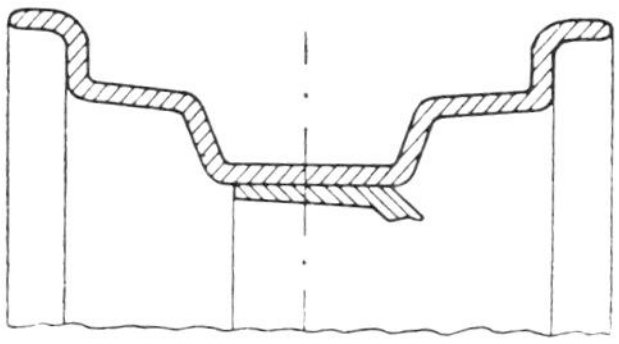

1271. Tiefbettfelge (Archiv Continental)

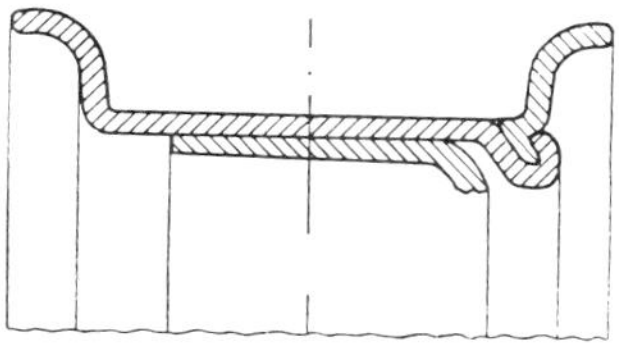

1272. Zweiteilige Flachbettfelge (Archiv Continental)

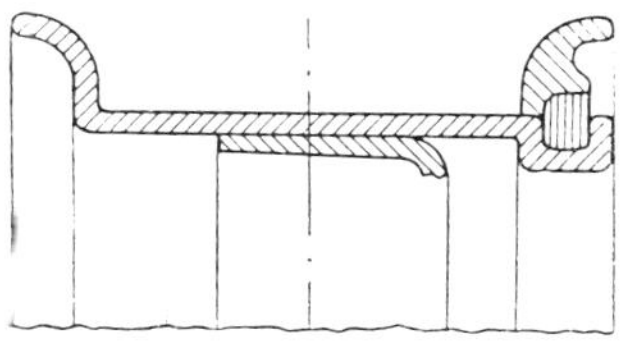

1273. Dreiteilige Flachbettfelge (Archiv Continental)

und trägt zusammen mit Stollenprofilen bei Triebrädern wesentlich dazu bei, das Durchzugsvermögen zu vergrößern, bei nicht profilierten Reifen für gezogene Räder ist der Fahrwiderstand geringer.

Luftreifen benötigen Radfelgen, die genau zu ihnen passen; bei den sehr verschiedenen Ausführungen haben die Felgen bestimmte Bezeichnungen. Es gibt einteilige Tiefbettfelgen (Bild 1271), die aus einem gewalzten Reifen mit innerer Vertiefung bestehen und Flachbettfelgen, bei denen die Auflage für den Reifen von einem glatten Zylinder gebildet wird. Um die Reifenmontage zu erleichtern, ist bei den Flachbettfelgen ein Seitenring lose ausgeführt. Es gibt zweiteilige Flachbettfelgen (Bild 1272), bei denen der lose Seitenring in einer Nute gehalten wird, und dreiteilige Flachbettfelgen (Bild 1273), bei denen der lose Seitenring durch einen besonderen, in einer Nute liegenden Verschlußring gesichert ist.

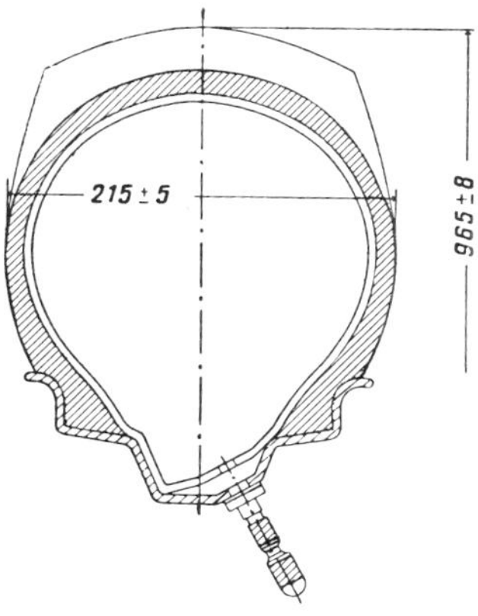

1274. Ackerschlepper-Reifen auf Tiefbett-Normalfelge (Archiv Continental)

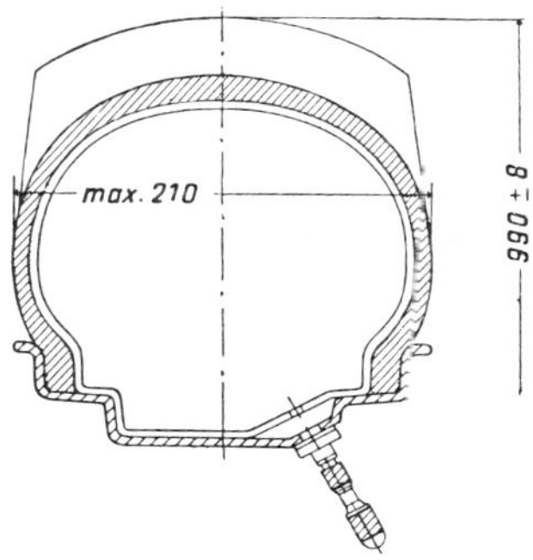

1275. Ackerschlepper-Reifen auf Breitbettfelge (Archiv Continental)

Die Felgen werden mit viergliedrigen Ausdrücken bezeichnet, von denen das vordere Glied durch eine Zahl die Felgenmaulweite, also die Auflagebreite des Reifens, in Zoll bezeichnet, das zweite Glied durch einen Buchstaben die Art des Felgenhorns, also der seitlichen Ringe, das dritte Glied die Art der Felge, ob Tief- oder Flachbett durch ein „ד für Tiefbett oder durch „—“ für Flachbett und schließlich das vierte Glied durch eine Zahl den Felgendurchmesser in Zoll bezeichnet.

So bezeichnet die Felge 5,50 F mal 16 eine Tiefbettfelge, auf der der Ackerwagenreifen die Bezeichnung 7,50 — 16 (A. W.) paßt oder die Felge 3,75 P — 20 eine Flachbettfelge für den Reifen 6,00 — 20 AS Front (Ackerschlepper-Vorderrad-Reifen). In letzter Zeit bevorzugt die Schlepperindustrie den Breitfelgenreifen, der besonders vorteilhaft ist; er verlangt eine Breitbettfelge, in gewissem Sinne eine Tiefbettfelge mit stark vergrößerter Maulweite (Bild 1274 und 1275), und wird besonders dadurch bevorzugt, daß der Reifen bei verhältnismäßig geringer Breite einen großen Umfang hat. Wegen der größeren Auflagefläche auf dem Boden ist der Reifen für größere Kraftübertragungen geeignet.

Luftreifen müssen gepflegt werden. Und diese Pflege setzt schon mit dem Fahren ein. In gleichmäßiger Fahrt, bei der nicht scharf abgebremst zu werden braucht, kann man Schlaglöcher, Widerstände auf der Fahrbahn (Steine, Draht usw.) leicht umfahren. Scharfes Bremsen aus voller Fahrt erhöht den Reifenverschleiß in unvorstellbarer Weise, besonders wenn der Wagen schwer beladen ist. Man sucht immer den Weg mit besserer Fahrbahn; ein kleiner Umweg wiegt Zeit und Brennstoffverbrauch meist leicht auf. Auf Straßen fährt man mit hohem Reifendruck, um den Reifen zu schonen und die Walkarbeit im Innern des Reifens, die das innere Gefüge langsam und sicher zerstört, nicht unnütz zu erhöhen. Der Reifen ist aus Gummi; das aber ist in Benzin löslich. Man vermeide daher, Fahrzeuge gerade an solchen Stellen halten zu lassen, wo Kraftstoff oder meist mit Kraftstoff vermischtes Öl ausgelaufen ist.

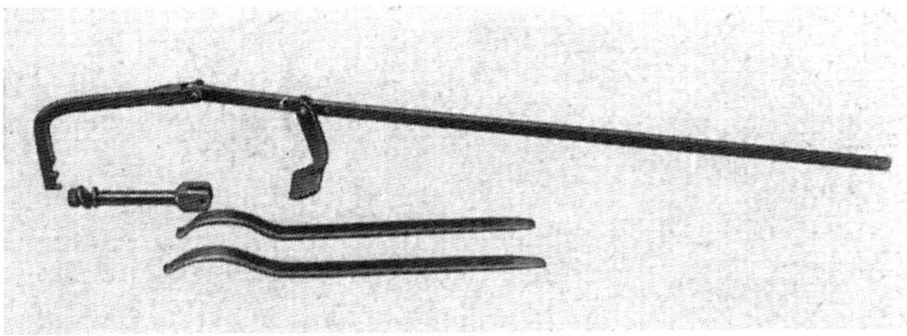

1276. Reifen-Montierhebel (Archiv Continental)

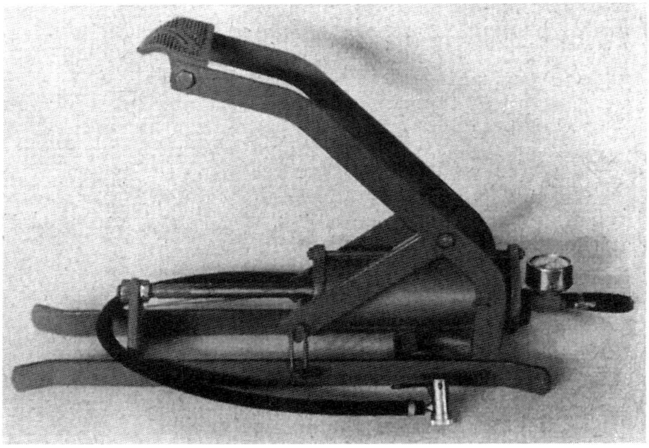

1277. Fußpumpe für Schlepperreifen (Köhler, Gefrees)

Wenn der innere Reifen abgenommen und aufgelegt werden muß, sollte nur geeignetes Werkzeug verwendet werden, um den Reifen zu schonen. Hierzu gehört zum Hochwinden des Wagens ein Wagenheber. Die Schlepperfirmen liefern passende Wagenheber mit, die sehr handlich zu bedienen sind. Man kann sie auch zum Anheben der luftbereiften Ackerwagen verwenden. Manchmal hilft man sich dadurch, daß man Bohlen zwischenlegt, besonders auf weichem Boden.

Um die Radmuttern zu lösen, verwendet man am besten einen Steckschlüssel mit Kurbelansatz. Man spart dadurch Zeit, außerdem verwürgt man die Muttern nicht, wie es durch Zangen und dergleichen leicht geschieht.

Für die Reifenmontage sind die Reifenmontier-Hebel unerläßlich, da durch falsches Werkzeug leicht der empfindliche Gummi verletzt werden kann. Die wichtigsten Hebel sind im Bild 1276 dargestellt.

Ein wichtiges Werkzeug ist auch die Luftpumpe. Die Reifen müssen einwandfrei und schnell gefüllt werden. Entweder benutzt man eine Motorluftpumpe (Bild 1277), die gleich mit einem Luftdruckmesser versehen ist, oder eine Luftflasche, was am bequemsten ist. Bei Zapfwellenschleppern verwendet man eine Reifen-Füllpumpe, die an die Zapfwelle angeschlossen wird (Bild 1278). Für das Aufpumpen der Ackerwagenräder muß man gleich einen genügend langen Druckschlauch bereithalten.

Um den Luftdruck im Reifen genau feststellen zu können, verwendet man einen Luftdruckmesser, der bis auf Zehntel-Atmosphären anzeigt. Denn der vorgeschriebene Luftdruck ist einzuhalten; er ist bestimmend für die Lebensdauer des Reifens. — Schließlich gehört auch ausreichendes Flickzeug dazu, bestehend aus Gummilösung, Promptus-Platte und Raspel und, für den Ventilersatz, einige Ventileinsätze und Ventilkäppchen.

Besonders bei den Tiefbettfelgen ist es schwierig, den Reifen abzunehmen, da er nicht über die Felge abgezogen werden kann, wie es bei Flachbettfelgen möglich ist. Der Reifen hat für den seitlichen Halt in der Felge Deckenwulste mit Stahleinlagen, die sich nicht dehnen lassen. Man kann Deckenwulste über den Felgenrand nur heben, wenn man für einen kleineren

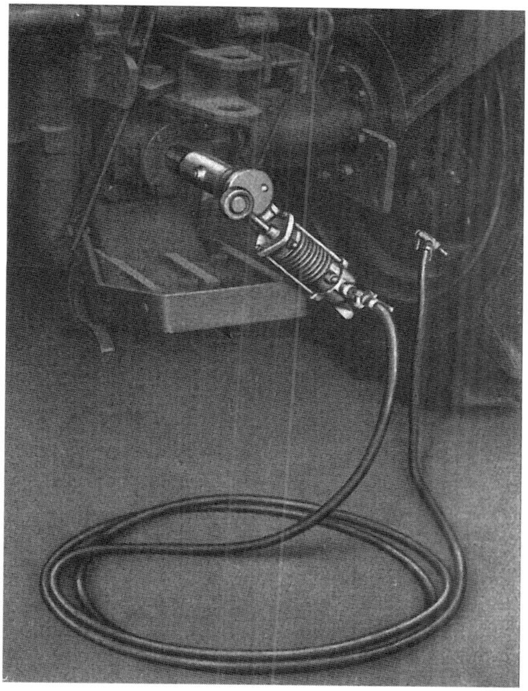

1278. Reifenfüll-Aufsteckpumpe
(Klöckner-Humboldt-Deutz A.G., Köln-Deutz)

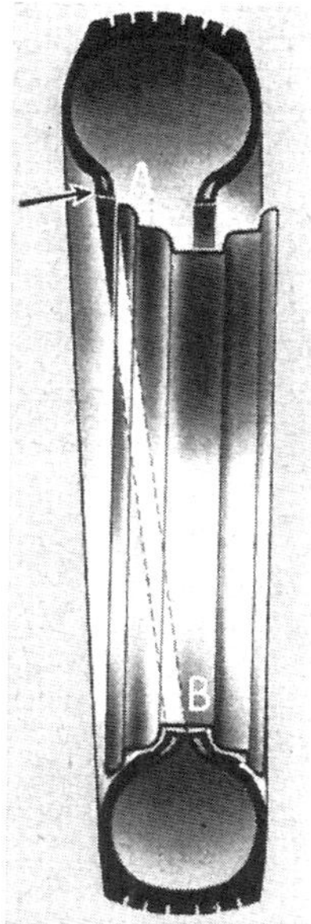

1279. Ein Hineindrücken der Deckenwulste an einer Seite in das Tiefbett B ermöglicht ein spannungsloses Überheben über den Felgenrand an der entgegengesetzten Seite A
(Archiv Continental)

Felgenquerschnitt sorgt. Das wird durch das Tiefbett erreicht. Man drückt die Deckenwulste an einer Stelle zusammen, so daß sie zur Auflage in das Tiefbett gelangen (Bild 1279). Auf diese Weise wird der Durchmesser zwischen den beiden Punkten A und B erheblich kleiner, so daß der Reifen sich bei A mit einem Montierhebel leicht über den Felgenrand hinwegheben läßt.

Der Vorderradreifen vom Schlepper wird also so abgenommen:

Nachdem die Muttern gelöst sind und das Rad abgenommen ist, schraubt man die am Ventilschaft sitzende Mutter und das Ventilkäppchen ab. Mit dem an der Außenseite als Schraubenzieher ausgebildeten Ventilkäppchen dreht man den Ventileinsatz ganz heraus; die Luft entströmt aus dem Reifen.

Darauf legt man das Rad flach auf den Boden, wobei darauf zu achten ist, daß der Untergrund sauber ist. Zweckmäßig führt man für Reparaturen, die unterwegs leicht vorkommen können, eine Decke oder eine Plane mit. Da sich durch den hohen Druck die Wulste fest an die Felgen legen, ist es nötig, sie zu lösen. Zu diesem Zweck stellt man sich mit beiden Füßen auf die Decke (Bild 1280) und lockert ringsum die Reifenwulste. Wenn sie auf einer Seite gelöst sind, dreht man das Rad um und lockert sie auf der anderen Seite. Dann drückt man den Wulst, der gerade oben, dem Ventil ungefähr gegenüberliegt, indem man darauf kniet, in das Tiefbett und setzt gegenüber, also in der Nähe des Ventils, die beiden Montierhebel in einem Abstand von etwa 30—40 cm ein, wobei man sie gleichzeitig herunterdrückt und den

1280. Lösen der Wulste von der Felge durch Heruntertreten (Archiv Continental)

1281. Überheben des Wulstes mittels Montierhebels an der Ventilstelle nach Eindrücken an der gegenüberliegenden Stelle ins Tiefbett (Archiv Continental)

Wulst an dieser Stelle über den Felgenrand hebt (Bild 1281). Um den ganzen Wulst zu heben, hält man den einen Montierhebel fest, während man mit dem anderen schrittweise weitergeht, wie es im Bild angedeutet ist, also von 2 nach 3, 4 und so fort, bis der ganze Wulst abgehoben ist.

1282. Abheben des zweiten Wulstes (Archiv Continental)

1283. Beim Hinterradreifen erfolgt das Hineindrükken des Wulstes mit Hilfe des langen Montierhebels (Archiv Continental)

Dann nimmt man den Luftschlauch aus der Reifendecke heraus. Da der Reifen nur sehr locker auf der Felge sitzt, wenn der eine Wulst übergehoben ist, die Felge gewissermaßen mit dem Tiefbett unten auf dem noch nicht abgehobenen anderen Wulst liegt (Bild 1282), so ist auch der zweite Wulst mit dem Montierhebel leicht abzunehmen.

Das Abnehmen des Vorderradreifens erfordert keine allzugroßen Kräfte. Anders liegt die Sache beim Abnehmen des Hinterreifens insofern, als er größer, schwerer und starrer ist als der Vorderradreifen und dadurch viel unbequemer zu handhaben. Grundsätzlich geht das Abheben in der gleichen Weise vor sich wie beim Vorderradreifen, jedoch bedient man sich wegen der nötigen Kräfte statt der beiden kleinen Montierhebel des langen Montierhebels, um die Wulste in das Tiefbett zu drücken.

Man befestigt den Schraubenbolzen des langen Montierhebels in einem dem Ventil ungefähr gegenüberliegenden Bolzenloch des Rades und setzt den am Montierhebel beweglich angebrach-

1284. Überheben des Wulstes beim Hinterrad (Archiv Continental)

1285. Heben des zweiten Wulstes über den Felgenrand (Archiv Continental)

ten kleinen Hebel mit dem Fuß dicht am Felgenrand auf die Seitenwand des Reifens. Durch Niederdrücken des langen Hebelarmes des Montierhebels wird dann der obere Wulst in das Tiefbett gedrückt (Bild 1283). Den gleichen Vorgang wiederholt man nach Umstecken des Montierhebels auf der anderen Seite des Rades.

Indem man mit beiden Knien die Lage der Wulste in dem Tiefbett festhält, setzt man in der Nähe des Ventils die beiden kleinen Montierhebel ein (Bild 1284) und hebt wie beim Vorderreifen den Wulst über den Felgenrand. Der zweite Wulst wird mit dem langen Montierhebel oder einer normalen Brechstange in der im Bild 1285 dargestellten Weise herübergehoben. Dabei tritt man mit einem Fuß kräftig gegen das Rad, während man sich mit dem anderen Fuß nach hinten gegen eine Wand stützt.

Wenn Reifen auf die Tiefbettfelgen aufzulegen sind, ist manches zu beachten, das sich besonders auf die Ausnutzung des Tiefbettes bezieht; die Stahlseile in den Wülsten sind zu schonen, damit sie nicht knicken oder zerreißen.

Beim Vorderradreifen beachte man zunächst, daß das Rad mit dem Ventilloch nach oben liegt. Bevor der Reifen aufgelegt wird, ist er und der Schlauch genauestens zu prüfen, ob sie vollkommen trocken sind. Da Schlauch und Decke während des Fahrens durch die an-

1286. Auflegen des Vorderreifens mit Schlauch (Archiv Continental)

1287. Überheben des letzten Stückes mittels Montierhebels (Archiv Continental)

dauernde Walkarbeit in ständiger gegenseitiger Bewegung sind, muß sehr darauf geachtet werden, daß sich keine Fremdkörper (Sand, Schmutz, Strohteile usw.) vorfinden, die einen vorzeitigen Verschleiß hervorrufen. Darum ist die Decke von innen mit einer Bürste oder

1288. Überheben des oberen Wulstes (Archiv Continental)

1289. Auflegen des Hinterradreifens (Archiv Continental)

einem sauberen, trockenen Lappen abzureiben. Zweckmäßig streut man in die Decke ein wenig Talkumpuder ein, was die Reibung zwischen Decke und Schlauch verringert; doch darf hier des Guten nicht zu viel getan werden, da der Puder sich sonst zusammenballt und gleichfalls wie ein Fremdkörper wirkt.

Dann lege man den schwach aufgepumpten Schlauch so in die Decke hinein, daß keine Falten entstehen; dabei muß das Schlauchventil schräg nach oben weisen (Bild 1286). Nun legt man den Reifen so auf, daß zunächst der untere Wulst an der Ventilseite im Tiefbett liegt. Das Ventil wird durch das Ventilloch gesteckt und auf der anderen Seite durch loses Aufschrauben der Ventilhaltemutter gesichert. Das Ventil darf nicht schräg stehen, sondern muß zur Mitte des Rades zeigen. Durch Verdrehen der Felge ist es in die rechte Lage zu bringen.

Nun wird der untere Wulst ringsherum in die Felge gedrückt, dabei wird das letzte Stück gegenüber dem Ventil mit dem Montierhebel über den Felgenrand gehoben (Bild 1287). Um das zu erleichtern, sorgt man dafür, daß durch Drücken an der Ventilseite hier der Wulst gut im Tiefbett liegt.

Das Überheben des oberen Wulstes beginnt wieder an der dem Ventil gegenüberliegenden Seite. Man drückt mit den Knien beide Wulste tief in das Tiefbett und hebt (umgekehrt wie

1290. Überheben des unteren Wulstes
(Archiv Continental)

1291. Überheben des oberen Wulstes
(Archiv Continental)

beim Abnehmen) den Wulst mit dem Montiereisen Stück für Stück über den Felgenrand (Bild 1288), bis das letzte Stück beim Ventil von selbst überspringt.

Wenn der Reifen in der Felge liegt, wird er schwach aufgepumpt. Damit der Wulst sich an beiden Seiten gleichmäßig an den Felgenrand legt, läßt man den Reifen einige Male an vier bis fünf Stellen des Umfanges aufspringen. Erst dann wird der Reifen voll aufgepumpt.

Beim Auflegen des Hinterradreifens sind die Handhabungen ähnlich; nur ist der Hinterradreifen größer und schwerer und darum unhandlicher. Auch liegt der Schlauch beim Aufliegen des Wulstes nicht ganz, sondern nur zur Hälfte in der Decke (Bild 1289) und wird erst ganz in die Decke gelegt, wenn der untere Wulst übergehoben ist (Bild 1290). Dabei ist wiederum auf die faltenlose Lage zu achten. Um den oberen Wulst überzuheben, kniet man sich an der dem Ventil gegenüberliegenden Seite auf den Reifen und drückt ihn hier tief in das Tiefbett, um an den anderen Stellen das Überheben über den Felgenrand zu erleichtern. Das geht zweckmäßig so vor sich, daß man beispielsweise links neben dem Knie den Montierhebel unter den Felgenrand setzt und den übergehobenen Wulst festhält, während man rechts mit dem zweiten Montierhebel Stück für Stück des Wulstes über den Felgenrand hebt (Bild 1291), bis etwa die halbe rechte Seite montiert ist. Dann geht man in gleicher Weise auf der linken Seite vor und hält dabei den rechten Hebel fest. Bis auf etwa $^2/_3$ kann man in dieser Weise den

Wulst überheben, doch dann wird die Spannung zu groß. Diesen Augenblick zeigt das Bild 1292. Es gilt jetzt, diese große Spannung zu beseitigen, indem man das Rad aufrichtet und auf der anderen Seite (an der dem Ventil gegenüberliegenden Seite) den bereits fertig montierten Wulst mit dem Montierhebel in das Tiefbett drückt (Bild 1293). Da nun beide Wulste an dieser Stelle im Tiefbett liegen, ist die Spannung an der noch übriggebliebenen Montagestelle beseitigt. Man legt das Rad wieder hin und kann nun den Rest des Wulstes über den

1292. Drahtspannung verhindert weitere Montage
(Archiv Continental)

1293. Beseitigung der Spannung durch Hineindrücken des rückseitigen Wulstes in das Tiefbett
(Archiv Continental)

1294. Letztes Überheben des Wulstes
(Archiv Continental)

1295. Beginn des Lösens des Verschlußringes beim Abnehmen des Reifens von der Flachbettfelge
(Archiv Continental)

Felgenrand (Bild 1294) heben. Nach mäßigem Aufpumpen schlägt man mit einem Gummihammer rings herum gegen die Seitenflächen des Reifens, da man so schwere Reifen nicht wie die Vorderräder springen lassen kann. Ist die Kennlinie auf beiden Seiten des Reifens oberhalb des Felgenrandes gleichmäßig zu sehen, so kann der Reifen auf seine volle Stärke aufgepumpt werden. Man vergesse dann nicht, die Ventilmutter fest anzuziehen.

Bei Flachbettfelgen werden die Reifen ganz anders abgenommen und aufgelegt, da es sich hier nur darum handelt, den Verschlußring oder den losen Seitenring zu lösen, um dann mit nicht zuviel Mühe den Reifen von dem zylindrischen Bettkörper abzuziehen, wobei dessen Form nicht so verändert zu werden braucht, wie bei den Tiefbettfelgen.

Ein Reifen wird von der Flachbettfelge so abgenommen: Wenn Felgenmutter und Ventilkäppchen abgeschraubt sind und der Ventileinsatz herausgeschraubt ist und die Luft ent-

1296. Niederdrücken des Felgenringes
(Archiv Continental)

1297. Herausheben des Verschlußringes
(Archiv Continental)

weicht, legt man das Rad flach auf den Boden und sucht sich die Stelle, an der die beiden Enden des Verschlußringes zusammenstoßen. Hier setzt man mit der linken Hand den Montierhebel an, den man unter dem rechten Ende des Verschlußringes mit der Spitze fest in die Felgennute drückt und drückt dann den losen Felgenring (auch Hornring genannt) nach unten (Bild 1295). Mit der rechten Hand steckt man den zweiten Montierhebel etwa eine Handbreit rechts davon unter den Verschlußring und drückt ihn nach oben (Bild 1296). Gleichzeitig schiebt man den linken Montierhebel unter das freie Ende des Verschlußringes und drückt es nach oben, so daß der Verschlußring aus der Nute herausgehoben wird. Während der rechte Montierhebel, Stück für Stück weiter nach rechts greifend, den losen Felgenring nach unten drückt, schiebt man den anderen Hebel zwischen Verschlußring und Felgenring ebenfalls nach rechts weiter und hebt so den gesamten Verschlußring aus seiner Nut heraus (Bild 1297).

Da der Verschlußring federt, ist er vorsichtig zu lösen. Dieser Ring darf nicht gewaltsam gelöst werden, damit er sich nicht verbiegt; denn dann würde die Montage sehr schwierig werden.

Wenn der Verschlußring entfernt ist, wird der lose Felgenring frei und man kann ihn nach oben abheben. Dann drückt man das Ventil in das Innere des Reifens. Das geschieht am besten mit einem kleinen Stück Holz, damit die Oberfläche des Ventils nicht verletzt wird.

1298. Lösen des Reifens mit Hilfe des Montierhebels ringsherum vom Rade (Archiv Continental)

Dann stellt man das Rad aufrecht und drückt mit dem Montierhebel, den man hinter dem Felgenring ansetzt, allmählich auf den ganzen Umfang das Rad aus dem Reifen heraus (Bild 1298), bis man es mit leichtem Drehen völlig herausziehen kann.

Beim Auflegen des Reifens auf die Flachbettfelge sind zunächst Decke und Schlauch (die, wie bereits bei der Tiefbettfelge erwähnt, trocken und frei von Fremdkörpern sein müssen) ordnungsgemäß zusammenzubauen; das heißt: der schwach aufgepumpte Schlauch muß faltenlos in die Decke eingezogen werden. Das ist insofern besonders sorgfältig auszuführen, als mit dem Schlauch auch noch das Wulstband faltenlos über den Schlauch in die Decke gelegt werden muß. Das Band muß so eingelegt werden, daß das Loch des Bandes auf das

1299. Einlegen von Schlauch und Wulstband beim Auflegen des Reifens auf die Flachbettfelge
(Archiv Continental)

1300. Ventil und Ventilschlitz müssen beim Auflegen genau ausgerichtet sein
(Archiv Continental)

1301. Vorsichtiges Einziehen des Ventils, um Beschädigung des Gewindes zu vermeiden
(Archiv Continental)

Schlauchventil gestreift wird und die Ränder des Ventils gleichmäßig nach beiden Seiten hin unter die Decke gesteckt werden müssen (Bild 1299). Dabei ist mit der Hand nachzugreifen, damit auch die Ränder glatt liegen und sich nicht umlegen.

Nachdem man das Rad flach mit dem Ventilschlitz nach oben hingelegt hat, schiebt man den vorbereiteten Reifen auf das Ventil, das man zuvor mit dem Ventilkäppchen geschlossen hat, damit es nicht beschädigt wird. Ventilschlitz und Ventil müssen übereinanderliegen. (Bild 1300). Mit dem Montierhebel, den man in der Felgennut ansetzt, drückt man den Reifen so weit herunter, bis das Ventil hinter dem Ventilschlitz erscheint und zieht es vorsichtig durch die Öffnung hindurch, damit das Gewinde nicht verletzt wird (Bild 1301). Nun beginnt die Montage des losen Seitenringes, den man so auf den Reifen auflegt, daß er überall gut anliegt. Dann drückt man ihn mit dem Montiereisen nach unten und gegen den Reifen, bis die Felgennute zu sehen ist (Bild 1302 *1*), legt den Verschlußring so mit seinem Ende in die Nute, daß das

Ventil gegenüberliegt (Bild 1302 *2*). Nun drückt man den Montierhebel so weit nach unten, bis zwischen dem Felgenring und dem bereits eingelegten Ende des Verschlußringes so viel Platz ist, daß man einen Keil oder ein Stückchen Holz zwischen beide schieben kann. Auf diese Weise ist der Montierhebel entlastet, den man nun nach links weiter ansetzt, um den Felgenring Stück für Stück herunterzudrücken. Dabei drückt man den Verschlußring unter gleichzeitigem Spreizen immer weiter in die Nute hinein, bis er gänzlich einspringt. Da durch die Art, wie der Reifen auf die Flachbettfelge aufgelegt wird, die innere Lage des Schlauches nicht beeinflußt wird und sich keine Falten bilden, kann der Reifen nun gleich auf seinen vorgeschriebenen Luftdruck aufgepumpt werden. Danach wird das Ventil mit der Felgenmutter fest angezogen.

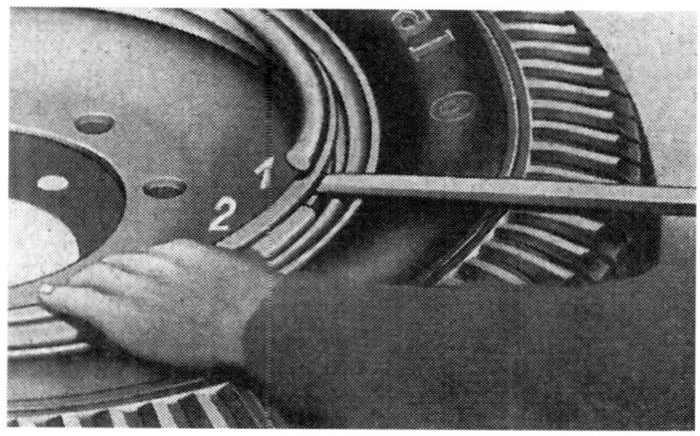

1302. Einziehen des Verschlußringes durch Niederdrücken des losen Felgenringes (Archiv Continental)

Soll die Adhäsion erhöht werden, so vergrößert man den Auflagedruck, indem man Zusatzgewichte am Schlepper anbringt. Viel einfacher und auch billiger ist es, wenn man zum gleichen Zwecke die Ackerschlepper-Reifen mit Wasser füllt; dadurch werden gleichzeitig die Reifen geschont.

Hierzu wird ein besonderes Ventil nötig. Oft findet man, daß Ackerschlepper-Bereifungen für Antriebsräder mit Ventilen zur Wasserfüllung ausgerüstet sind. Wenn sich bei älteren Bereifungen das Wassereinfüllventil nicht aufschrauben läßt, so kann man sich mit einem Reduziernippel helfen, der zwischen Ventil und Wassereinfüllventil geschraubt wird (Bild 1303).

Außerdem braucht man eine Vorrichtung zum Aufbocken des Schleppers, also einen Wagenheber, einen Wasserschlauch, eine Luftpumpe, einen Luftdruckmesser und im Winter ein Frostschutzmittel als Zusatz zum Füllwasser.

Wasser füllt man in die Reifen, indem man zunächst den Schlepper an der entsprechenden Stelle so weit hochwindet, daß das Rad sich frei drehen läßt. Dann dreht man den Ventileinsatz heraus, wobei die Luft ausströmt, und schraubt das Wassereinfüllventil auf; gegebenenfalls schaltet man einen Reduziernippel dazwischen.

Man dreht das Rad so, daß das Ventil in seine höchste Stellung kommt und schließt mit dem Schlauch die Wasserleitung an. Wenn keine Wasserleitung vorhanden ist, so kann man sich auch durch eine Wasserpumpe oder durch einen hochgestellten Wassereimer helfen, aus dem das Wasser in den Reifen hineinfließen kann. Die noch im Reifen vorhandene Luft wird nach oben gedrängt. Da sie nicht entweichen kann, wird sie zusammengedrückt und würde von

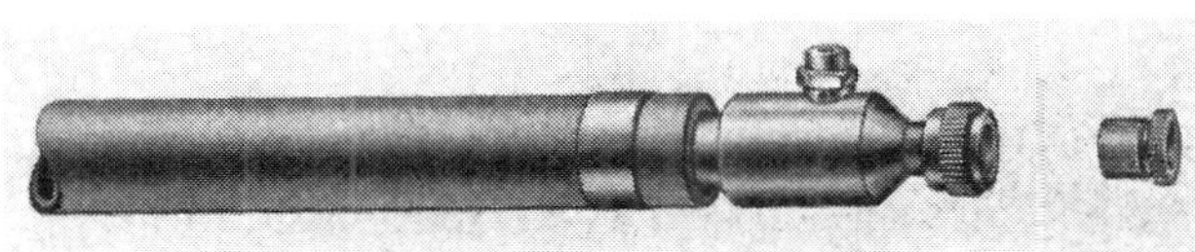
1303. Wasserfüll-Ventil mit oben aufgesetztem Entlüfter und Reduziernippel (rechts) (Archiv Continental)

einem gewissen Druck ab verhindern, daß weiteres Wasser zuläuft. Darum läßt man sie von Zeit zu Zeit durch den Entlüfter entweichen, der am Wassereinfüllventil angebracht ist. In kurzen Abständen unterbricht man das Füllen und drückt auf den Knopf des Entlüfters (Bild 1304). Wenn bei diesen Unterbrechungen keine Luft, sondern Wasser ausströmt, ist der

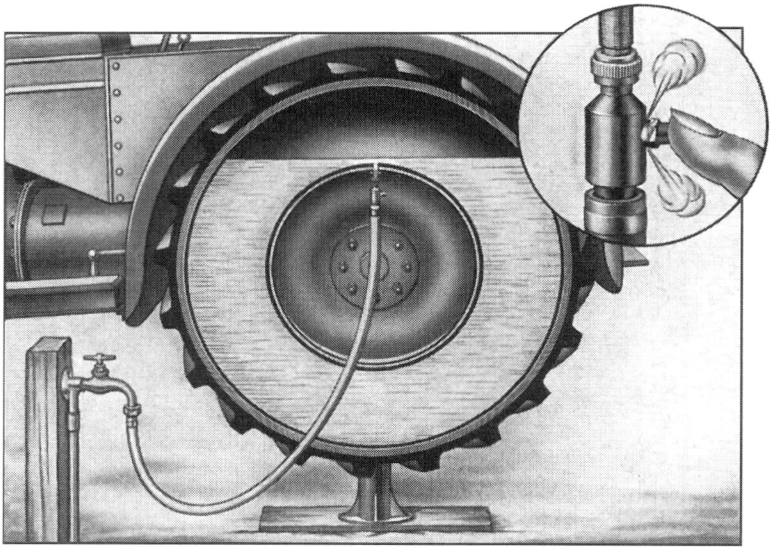

1304. Reifenfüllen mit Wasser bei oberer Lage des Ventils (Archiv Continental)
Oben rechts: Entlüftungsknopf im Wasserfüllventil

Reifen bis in Ventilhöhe, d. h. etwa zu $^3/_4$ mit Wasser gefüllt. Man schraubt nun das Wassereinfüllventil ab, setzt den Ventileinsatz wieder ein und pumpt den Schlauch auf den vorgeschriebenen Luftdruck wieder auf.

Das Füllwasser wird so abgelassen, daß man ebenfalls bei aufgebocktem Schlepperrad das Ventil in die unterste Stellung bringt, nachdem man das Schlauchventil in oberster Stellung herausgeschraubt hat (Bild **1305**). Das Wasser fließt nur so lange aus, bis der innere Luftunterdruck es zum Stehen bringt. Um das zu vermeiden, dreht man bei dünner werdendem Wasserstrom das Rad so weit herum, daß Luft nachströmen kann. Das wiederholt man so lange, bis kein Wasser mehr ausfließt. Das Wasser steht dann bis zum Ventil noch im Schlauch und kann nur entfernt werden, indem man den Reifen abnimmt und den Schlauch aufrollt und auspreßt.

1305. Ablassen des Wassers bei unterer Lage des Ventils (Archiv Continental)

Bei starker Frostgefahr muß das Reifenfüllwasser mit einem Frostschutzmittel vermischt werden, da sonst der Reifen einfrieren und vollkommen zerstört werden könnte. Als Frostschutzmittel nimmt man am besten Chlor-Calcium, das durch sein Gewicht noch vorteilhaft den Reifen höher belastet, wie aus der Gewichtstabelle für Wasserfüllung zu ersehen ist:

Tafel 13. *Gewichtstabelle für Wasserfüllung*

Reifengröße	Gewichtserhöhung für 1 Reifen durch Wasserfüllung ohne Frostschutzmittel ca. kg	Gewichtserhöhung für 1 Reifen durch Wasserfüllung mit Frostschutzmittel ca. kg	Reifengröße	Gewichtserhöhung für 1 Reifen durch Wasserfüllung ohne Frostschutzmittel ca. kg	Gewichtserhöhung für 1 Reifen durch Wasserfüllung mit Frostschutzmittel ca. kg
6,50—20 AS	25	36	7—24 AS	40	56
6,50—32 AS	45	62	7—30 AS	45	56
7,00—18 AS	22	31	7—36 AS	50	70
8,00—20 AS	40	56	8—24 AS	45	62
9,00—24 AS	65	90	8—32 AS	55	77
			8—36 AS	60	85
9,00—40 AS	95	132	9—42 AS	110	155
11,25—24 AS	95	132	10—28 AS	85	120
			11—28 AS	95	132
12,75—28 AS	145	200	11—38 AS	125	170
			13—30 AS	200	280
			15—30 AS	245	340

(Continental)

Herstellung der Frostschutzlösung: man gibt stets das Chlor-Calcium in das Wasser und nicht umgekehrt. Man rührt die Mischung so lange, bis sich das Chlor-Calcium vollständig im Wasser aufgelöst hat.

Wenn man das Frostschutzmittel bei eintretendem Frost in Reifen geben will, die bereits mit Wasser gefüllt sind, läßt man zunächst das Wasser bei untenstehendem Ventil soweit wie möglich ab und gibt eine Frostschutzlösung in den Reifen bis zur Füllung hinein; dabei berücksichtigt man die Spalte *A* der nachstehenden Tafel. War der Reifen noch nicht mit Wasser gefüllt, so berücksichtigt man die Spalte *B* der Tafel. Es ist noch zu sagen, daß man Chlor-Calcium in luftdicht abgeschlossenen Behältern aufbewahren muß, da es bei Luftzutritt allmählich zerfließt.

Tafel 14. *Gewichtstabelle für Wasserfüllung mit Frostschutzmittel*

Reifengröße	Wasser in Liter ca. A	Wasser in Liter ca. B	Chlor-Calcium in kg ca.	Reifengröße	Wasser in Liter ca. A	Wasser in Liter ca. B	Chlor-Calcium in kg ca.
6,50—20 AS	18	23	13	7—24 AS	28	36	20
6,50—32 AS	34	40	22	7—30 AS	31	40	22
7,00—18 AS	15	20	11	7—36 AS	35	45	25
8,00—20 AS	27	36	20	8—24 AS	31	40	22
				8—32 AS	39	50	27
9,00—24 AS	28	58	32	8—36 AS	43	55	30
9,00—40 AS	65	85	47	9—42 AS	78	100	55
11,25—24 AS	60	85	47	10—28 AS	54	77	53
				11—28 AS	60	85	47
12,75—28 AS	85	130	70	11—38 AS	82	110	60
				13—30 AS	130	180	100
				15—30 AS	155	220	120

(Continental)

Die gewissenhafte Wartung und Pflege der Luftreifen erstreckt sich nur auf einige wenige Dinge und ist daher sehr einfach. Die größten Nachteile für Reifen und auch Menschen können erwachsen, wenn die wenigen Dinge nicht befolgt oder nur oberflächlich beachtet werden. Es handelt sich hauptsächlich nur um den richtigen Sitz der Reifen, d. h., die richtige Zugehörigkeit von Felge, Schlauch und Reifen, den richtigen, vorschriftsmäßigen Luftdruck und die saubere Oberfläche, die auch von anderen Fehlern, z. B. Verbeulungen bei den Felgen, frei sein muß.

Hierzu kommt ein für die Lebensdauer der Reifen sehr wichtiger Umstand: die Reifenüberlastung. Sie muß unter allen Umständen dadurch vermieden werden, daß man die Ladungen genau prüft. Es wird daher besonders auf die Zahlen über Tragfähigkeit der Reifen in der Tafel 15 hingewiesen. Wird diese Tragfähigkeit um nur 10% überschritten, so kann die Lebensdauer eines Reifen um 20% herabgesetzt werden; eine Überlastung von 25% verkürzt die Lebensdauer bereits um 33%. Es ist aber auch möglich und sehr anzuempfehlen, die Reifen dadurch zu schonen, daß man ihre Tragfähigkeit nicht voll ausnutzt. So kann zum Beispiel eine Unterbelastung von 10% die Lebensdauer eines Reifen um 30% erhöhen.

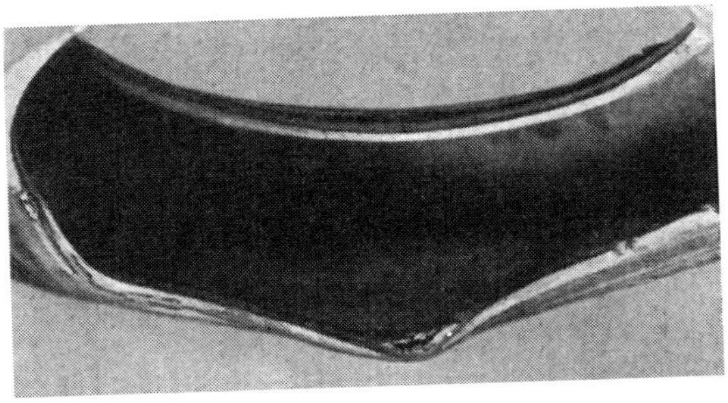

1306. Durch falsche, gewaltsame Montage ist das Stahlseil gerissen (Archiv Continental)

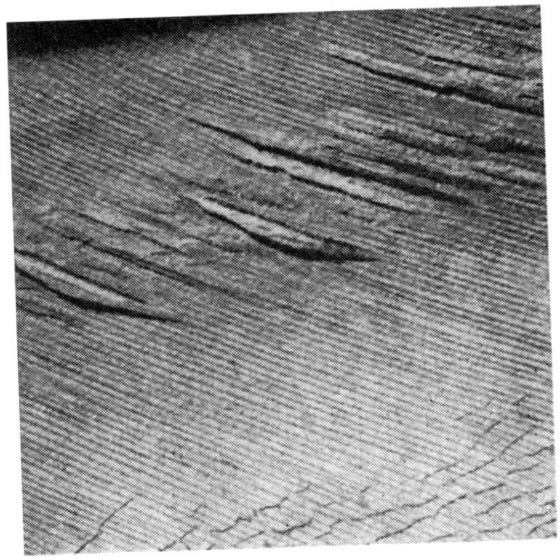

1307. Innenseite einer Decke mit gerissenen Gewebefäden (Archiv Continental)

Ist die Felge für den Reifen zu klein, so sitzt er lose auf und die Wulste werden beschädigt. Bei zu großer Felge wird die Spannung, vor allem bei Reifenmontage (Bild 1306), im Stahlseil so groß, daß es bricht. Damit verliert der Schlauch seinen Halt und platzt. Wenn der Reifen mit einem falschen Schlauch versehen ist, so platzt der Schlauch ebenfalls.

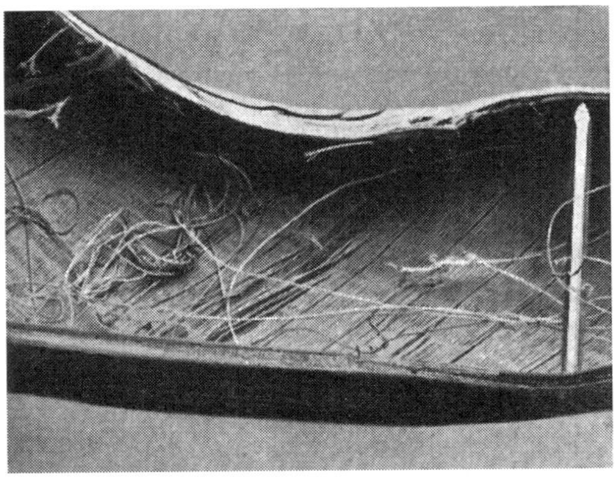

1308. Zerstörte Decke durch Reißen vieler Fäden (Archiv Continental)

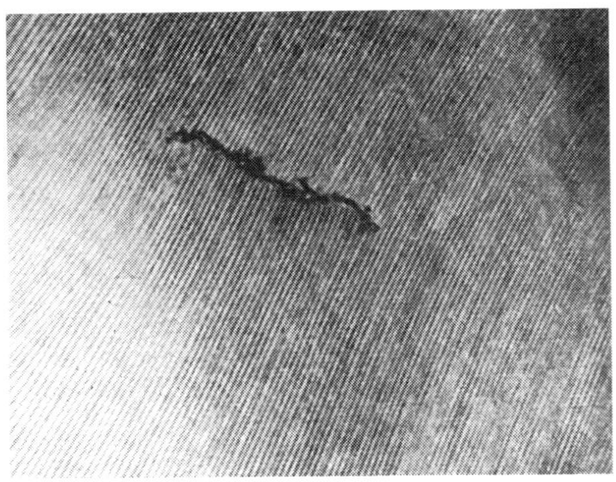

1309. Geweberiß einer Decke (Archiv Continental)

Wohl das Wichtigste bei der Reifenbehandlung ist die dauernde Kontrolle über den Luftdruck. Er ist mit einem Luftdruckmesser mindestens einmal in der Woche zu prüfen. Bei größeren Temperaturschwankungen muß der Luftdruck des öfteren nachgemessen werden. Denn ein bei hoher Tagestemperatur aufgepumpter Reifen verliert in der Abendkühle derartig an Druck, daß nachgepumpt werden muß, um den Gefahren zu entgehen, die ein zu schwacher Luftdruck mit sich bringt.

Diese Gefahren wirken sich besonders auf das Gewebe aus, das den Reifen trägt und das durch die bei geringerem Luftdruck einsetzende Walkarbeit der Decke langsam und sicher zerstört wird. Zunächst beginnen sich einzelne Fäden des Gewebes zu lösen, ihnen folgen weitere (Bild 1307). Dann reißt ein Faden, ein zweiter folgt, und schließlich ist die Decke vollkommen zerstört. (Bild 1308) Auch ist es möglich, daß wegen ungenügenden Luftdruckes bei schneller Fahrt ein Riß im Deckengewebe entsteht. Da die Formveränderung, die der Reifen beim Überfahren von Hindernissen durchmacht, zu plötzlich vor sich geht, kann das Gewebe mit seinen Fäden nicht so schnell mitkommen und reißt an der Stelle auf (Bild 1309). Wenn gar die Felge wegen des Schlages noch durchdrückt und den Reifen abquetscht, ist sogar ein Doppelbruch möglich, wie ihn das Bild 1310 zeigt.

1310. Doppelriß infolge Durchschlagens der Felge (Archiv Continental)

Sehr wichtig ist, daß die Oberfläche des Schlauches einwandfrei ist; auch die Innenseite des Reifens und die Felgen müssen einwandfrei sein. Das in dem Bild 1311 gezeigte Beispiel stellt zwar einen grotesken Fall dar, es zeigt aber deutlich, wie Fremdkörper unter der Decke wirken können. Auch wenn man keine Reifenpanne hat, ist der Reifen von Zeit zu Zeit, mindestens aber einmal im Jahr, abzunehmen und die Innenseite der Decke gründlich zu untersuchen, ob sie verunreinigt ist und Risse hat. Beschädigungen müssen sogleich repariert, vulkanisiert werden. Man läßt das von einem guten Vulkaniseur durchführen.

Aber auch die Felgen sind besonders aufmerksam zu beachten. Rost greift den Gummi an. Daher sind rostige Stellen mit der Stahldrahtbürste zu beseitigen und mit Felgenlack neu zu

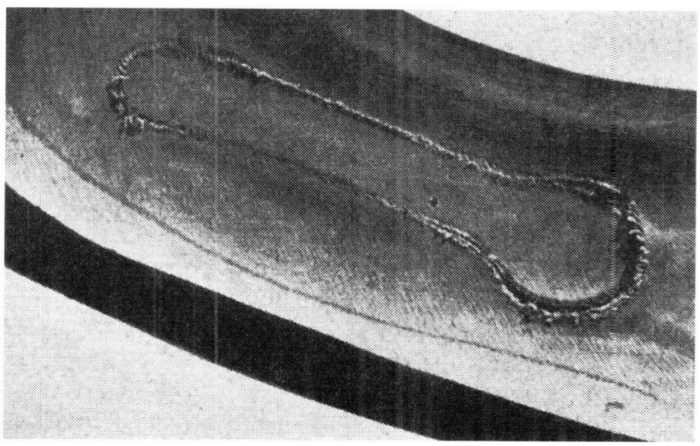

1311. Zerstörung einer Decke durch einen in der Decke liegengebliebenen Schraubenschlüssel (Archiv Continental)

überziehen. Der Lack muß fettfrei sein und darf den Gummi nicht angreifen. Sind Felgenränder und Verschlußringe verbeult, so sind sie auszubeulen und zu richten, sonst werden die Reifenwülste zerstört.

Schläuche sind leicht selbst mit Gummipflaster (Promptusplatten) und Gummilösung zu reparieren. Hierbei geht man so vor, daß man die verletzte und zu flickende Stelle in der

Umgebung mit einem Rauhblech oder mit einer Feile vorsichtig aufrauht, damit die reine Gummischicht freiliegt. Dabei wirkt sich die rauhe Oberfläche günstig aus; der aufgelegte Flicken haftet gut. Die aufgerauhte Fläche reibt man mit Benzin und einem sauberen Lappen ab und drückt Gummilösung darauf, die man mit dem Finger zu einer dünnen Schicht verstreicht und trocknen läßt. Inzwischen schneidet man aus der Promptusplatte ein der Schadenstelle entsprechendes rundes Stück mit der Schere heraus, zieht vorsichtig die Schutzschicht ab und legt das so vorbereitete Pflaster auf die Stelle genau auf und drückt es fest. Danach nimmt man

1312. Reifen mit Manschette (Holert, Hamburg)

etwas Puder, um etwa klebende Stellen unschädlich zu machen, da es sonst vorkommen kann, daß Schlauch und Decke an der Flickstelle zusammenkleben.

Deckenverletzungen können nur vulkanisiert werden, was unter Druck und Hitze vor sich geht und besondere Vorrichtungen und Erfahrungen erfordert. Ist das Gewebe verletzt, so muß es an der verletzten Stelle verstärkt werden, wozu man sogenannte Manschetten verwendet (Bild 1312). Da ein Übermaß eingearbeiteten Materials in die Decke zu Unwuchten führt, werden solche Manschetten für den Schadensfall besonders zugerichtet, so daß sie nicht wie ein Fremdkörper im Reifen wirken.

Jedenfalls ist es sehr wichtig, daß man bei einer Reifenpanne nicht nur den Schlauch flickt, sondern noch mehr dem Träger des Schlauches, dem Reifen, sein Augenmerk zuwendet, und daß man das durch einen Nagel oder eine durchschlagende Felge entstandene Loch oder den Riß oder Bruch sogleich vulkanisiert.

Da es wichtig ist, den richtigen Luftdruck des Reifens einzuhalten, der für Straßenfahrt anders ist als für die Fahrt auf dem Acker, und die Tragfähigkeit des Reifens zu berücksichtigen, die den einzelnen Reifen zukommt, seien im folgenden die zusammengehörenden Daten zusammen mit den zugeordneten Reifen und Felgen wiedergegeben:

Tafel 15. *Technische Daten für Ackerschlepper-Reifen (AS)*

Reifenbezeichnung	Normfelge	Tragfähigkeit in kg	Luftdruck in atü auf Acker	Luftdruck in atü auf Straße
a) Breitfelgen-Reifen				
6—24		275	0,8	
AS T_4	W 5×24	300	0,9	
		325	1,0	1,5
7—24		350	0,8	
AS T_4	W 6×24	375	0,9	
		400	1,0	1,5
7—30		375	0,8	
AS T_4	W 6×30	400	0,9	
		425	1,0	1,5
7—36		425	0,8	
AS T_4	W 6×36	450	0,9	
		475	1,0	1,5
8—24		450	0,8	
AS T_4	W 7×24	475	0,9	
		500	1,0	1,5
8—32		500	0,8	
AS T_4	W 7×32	525	0,9	
		550	1,0	1,5
8—36		525	0,8	
AS T_4	W 7×36	550	0,9	
		575	1,0	1,5
9—42		700	0,8	
AS T_4	DW 8×42	750	0,9	
		800	1,0	1,5
10—28		700	0,8	
AS T_4	W 9×28	750	0,9	
		800	1,0	1,5
11—28		825	0,8	
AS T_4	W 10×28	875	0,9	
		925	1,0	1,5
11—38		1000	0,8	
AS T_4	W 10×38	1050	0,9	
		1100	1,0	1,5
13—30		1200	0,8	
AS T_4	DW 12×30	1275	0,8	
		1350	1,0	1,5
15—30	DW 14×30	1750	0,8	
AS T_4	DW 12×30	1950	1,0	
		2150	1,2	1,5
b) Normalreifen, vorwiegend für Ackerbetrieb				
6,50—20		200	0,8	
AS T_4	5,00 F×20	300	0,9	
		400	1,0	1,5
6,50—32		400	0,8	
AS T_4	5,50 R×32	450	0,9	
		500	1,0	1,5
8,00 —20		400	0,8	
AS T_4	6,00 S×20	500	0,9	
		600	1,0	1,5
9,00—24		650	0,8	
AS T_4	8,00 T×24	750	0,9	
		850	1,0	1,5
9,00—40	6,00 S×40	750	0,8	
AS T_4	8,00 T×40	850	0,9	
		950	1,0	1,5
11,25—24		800	0,8	
AS T_4	8,00 T×24	900	0,9	
		1000	1,0	1,5
12,75—28		1100	0,8	
AS T_4	8,00 T×28	1200	0,9	
		1300	1,0	1,5
c) Normalreifen für Straßen- und Ackerbetrieb				
6,50—20		375	0,8	1,5
AS	5,00 F×20	425	1,0	1,75
		475	1,25	2,00
8,00—20		400	0,8	1,75
AS T_3	6,00 S×20	500	0,9	2,00
		600	1,0	2,25
		740	—	3,0
Special	3,75 P×20	820	—	3,5
		900	—	4,0
9,00—24		650	0,8	1,75
AS T_3	6,00 S×24	750	0,9	2,00
	8,00 T×24	850	1,0	2,25
11,25—24		800	0,8	1,75
AS T_3	8,00 T×24	900	0,9	2,00
		1000	1,0	2,25
12,75—28		1100	0,8	1,75
AS T_3	8,00 T×28	1200	0,9	2,00
		1300	1,0	2,25
d) Vorderreifen für Ackerschlepper (AS Front)				
4,00—15		100	0,8	
AS Front	3,00 D×15	130	1,0	
		180	1,5	
		225	2,0	
4,00—16		110	0,8	
AS Front	3,00 D×16	140	1,0	
		200	1,5	
		250	2,0	
4,00—19		120	0,8	
AS Front	3,00 D×19	160	1,0	
		220	1,5	
		275	2,0	
4,50—16		125	0,8	
AS Front	3,00 D×16	170	1,0	
		230	1,5	
		300	2,0	
5,00—16		150	0,8	
AS Front	3,25 D×16	200	1,0	
		275	1,5	
		350	2,0	

Tafel 15. *Technische Daten für Ackerschlepper-Reifen (AS)* (Fortsetzung)

Reifenbezeichnung	Normfelge	Tragfähigkeit in kg	Luftdruck in atü auf Acker	Luftdruck in atü auf Straße
5,50—16		200	0,8	
AS Front	3,50 D × 16	250	1,0	
		350	1,5	
		450	2,0	
6,00—16		250	0,8	
AS Front	4,00 E × 16	325	1,0	
		425	1,5	
		525	2,0	
6,00—20		275	0,8	
AS Front	5,00 F × 20	350	1,0	
		500	1,5	
		625	2,0	
6,50—20	5,00 F × 20	325	0,8	
AS Front	3,75 P—20	400	1,0	
		550	1,5	
		700	2,0	

(Continental)

Tafel 16. *Technische Daten für Ackermaschinen-Reifen (AM)*

Reifenbezeichnung	Normfelge	Tragfähigkeit in kg	Luftdruck in atü auf Acker	Luftdruck in atü auf Straße
a) Ackermaschinen (AM)				
2,50—15 AM		125	2,0	
(510 × 65) M_3	510 × 65	175	2,5	
		225	3,0	
3,00—16 AM		200	2,5	
(560 × 75 M_3	560 × 75	250	3,0	
		300	3,5	
3,25—16 AM		225	2,5	
(580 × 85) M_2	580 × 85	275	3,0	
		325	3,5	
3,25—17 AM		250	2,5	
(610 × 85) M_3	1,85 B × 17	300	3,0	
		350	3,5	
4,00—16 AM		300	2,5	
(600 × 100) M_3	3,00 D × 16	350	3,0	
	2,15 B × 16	400	3,5	
4,50—10 AM		250	2,5	
(500 × 120) M_3	3,00 D × 10	300	3,0	
	3,00 D—10	350	3,5	
7,00—12 AM		700	1,5	
(650 × 180) M_3	4,25 × 12	850	2,0	
T_3		1000	2,5	
8,00—19 AM		1100	2,5	
(900 × 200) M_3	9,00 × 200	1300	3,0	
T_3		1500	3,5	
8,50—12 AM		800	1,5	
(710 × 220) T_3	4,25 × 12	1000	2,0	
		1200	2,5	
10,00—12 AM		1000	1,5	
(780 × 260) M_3	7,00 × 12	1300	2,0	
T_3		1600	2,5	
10,00—15 AM				
T_3	9,00 × 15	1000	2,0	
		1300	2,5	
		1600	3,5	
13,00—14 AM		1500	1,5	
(950 × 350) T_3	9,50 × 14	1750	1,75	
		2000	2,0	
b) Einachsschlepper-Reifen (AS)				
6,00—16		150	0,8	
AS T_4	4,00 E × 16	200	0,9	1,5
		250	1,0	
6,50—20		200	0,8	
AS T_4	5,00 F × 20	300	0,9	1,5
		400	1,0	
7,00—18		200	0,8	
AS T_4	5,00 F × 18	300	0,9	1,5
		400	1,0	
c) Motormäher-Reifen (AS)				
3,50—8		70	0,8	
AS T_{11}	2,50 A × 8	80	0,9	
		90	1,0	
		130	1,5	
		170	2,0	
		90	0,8	
		100	0,9	
4,00—8				
AS T_4	2,50 A × 8	110	1,0	
		150	1,5	
		190	2,0	
4,00—12		100	0,8	
AS T_4	3,00 D × 12	115	0,9	
		130	1,0	
		180	1,5	
		230	2,0	
		120	0,8	
4,00—19		135	0,9	
AS T_4	3,00 D × 19	150	1,0	
		210	1,5	
		220	0,8	
4,00—21		235	0,9	
AS T_4	3,00 D × 21	250	1,0	
		325	1,5	
		400	2,0	

Tafel 17. *Technische Daten für Ackerwagen-Reifen (AW)*

a) auf 16″-Felgen (Profil W_2)

Reifen-bezeichnung	Normfelge	Trag-fähig-keit	Luft-druck
5,50—16 AW	3,50 D × 16 (4,00 E × 16)	650	2,5
6,00—16 AW	4,00 E × 16 (4,50 E × 16)	750	2,75
6,50—16 AW	4,50 E × 16 (5,00 F × 16)	850	2,75
7,00—16 AW	5,00 F × 16 (5,50 F × 16)	1000	3,0
7,50—16 AW	5,50 F × 16	1300	3,5

b) auf 20″-Felgen (Profil W_1)

Reifen-bezeichnung	Normfelge	Trag-fähig-keit	Luft-druck
130—20 AW	3,25 E × 20	650	3,0
150—20 AW	3,75 P—20 (4,00 E × 20)	825	3,0
170—20 AW	3,75 P—20 (5,00 F × 20)	1000	3,0
190—20 AW	4,33 R—20	1300	3,5
210—20 AW	5,00 S—20	1600	4,0

(Continental)

VIERTER ABSCHNITT:

SONDERGEBIETE

I. Biologische Humus-Gasanlagen (Bihugasanlagen)

In der Einleitung zu diesem Werk ist schon gesagt worden, daß die Landmaschinen nach ihren Leistungen und nach ihrer Herstellung verschieden gruppiert werden können. Es gibt aber auch Geräte, Maschinen und Verfahren, die zwar nicht unmittelbar zu dem großen Gebiet „Landmaschinen" gerechnet werden, die aber in den Bereich des landwirtschaftlichen Betriebes gehören. Von ihnen soll in diesem Abschnitt die Rede sein. Diese Geräte, Maschinen und Verfahren hängen nicht ursächlich miteinander zusammen, zeigen aber, wie weit die Technik in diese Randgebiete eingedrungen ist. In diesem Abschnitt werden behandelt: die Bihugasanlagen und ihre Bedeutung für die Energie- und Düngerwirtschaft; die Gärfuttersilos; die Geräte zur Tierzucht und -pflege; die Gärtnereimaschinen.

Um die Flußläufe von den keim- und schmutzführenden Abwässern der Stadt sauber zu halten, hat man Kläranlagen gebaut. Diese Anlagen sind nach langjährigen Erfahrungen gut durchentwickelt worden. Für die Landwirtschaftsbetriebe hat man geeignete kleine Kläranlagen entwickelt. Diese Anlagen sollen aus den Abfällen organischer Natur (Stallmist, Jauche, Obst, Blätter, Gemüseabfälle usw.), aus gefaultem Düngerschlamm einen hochwertigen Humus schaffen und das beim Faulprozeß entstehende Gas erhalten, das als Energie für die Stromversorgung und als Treibgas für Trecker des Betriebes verwendet und auch an fremde Betriebe abgegeben werden kann.

Aus der schematischen Darstellung (Bild 1313) einer biologischen Humus- und Gasanlage nach dem System Schmidt-Eggersglüß ist deren Aufbau und Wirkungsweise zu ersehen.

Der Mischbehälter der Anlage wird mit den Abfällen des landwirtschaftlichen Betriebes beschickt; er ist mit einem Rührwerk versehen. Die dem Mischbehälter zugeführten Abfallstoffe müssen zerkleinert sein, da der entstehende Brei pumpfähig sein muß. Diesen pumpfähigen Brei saugt die Zentralpumpe aus dem Mischbehälter ab und fördert ihn in die Faulräume, kreisrunde, geschlossene Behälter aus Eisenbeton mit isolierten Wandungen.

Die Faulräume sind mit Überläufen versehen, so daß beim Einpumpen frischen Breies die Überläufe der stets bis oben angefüllten Faulräume in Tätigkeit treten. Da sich im oberen Teil dickflüssiger Schwimmschlamm befindet, sind die Überläufe im unteren Teil der Faulbehälter angesetzt, so daß nur dünner Schlamm überläuft, der zum Mischbehälter zurückgeführt wird. Wenn der Schlamm mit den angefallenen Abfallstoffen gemischt ist, wird er wieder in den Faulbehälter zurückgepumpt. Auf diese Weise ergibt sich beim Füllen der Faulräume ein Kreislauf von dünnem Schlamm, der im Mischbehälter dauernd aufgefrischt wird.

Der in die Faulräume gepumpte Brei ist einem Gärungsprozeß unterworfen, weil seine Bestandteile aus organischen Stoffen bestehen. Es bilden sich zunächst organische Säuren, die dann in Methan und Kohlensäure verflüchtigen und aus den geschlossenen Faulräumen nicht entweichen können. Dieser Faulprozeß entwickelt keine Temperaturen. Da sich aber gezeigt hat, daß bei Temperaturen von 28—30° C die Gärung und Gasentwicklung beträchtlich gesteigert werden können, so wird der Faulschlamm von außen beheizt. Der Inhalt eines Faulraumes wird mit der Zentralpumpe durch eine von einem Warmwasserboiler geheizte

Heizschlange gepumpt. Durch die verhältnismäßig schwache Erwärmung wird vermieden, daß der Schlamm verkrustet. Um diese Wärme zu halten, ist der Faulraum mit einer schützenden Isolierung versehen.

Die leichteren Teile des flüssigen Faulschlammes bewegen sich nach oben und setzen sich hier als Schwimmschlammdecke ab. Damit die Gärung gleichmäßig vor sich geht, und um den Gasen freien Abzug durch die Flüssigkeit zu geben, darf die Schwimmschlammdecke nicht zu stark werden. Man saugt darum mit der Zentralpumpe dünnflüssigen Schlamm aus dem untersten Teil des Faulraumes und drückt ihn durch einen Spülkopf wieder in die oberen Schichten

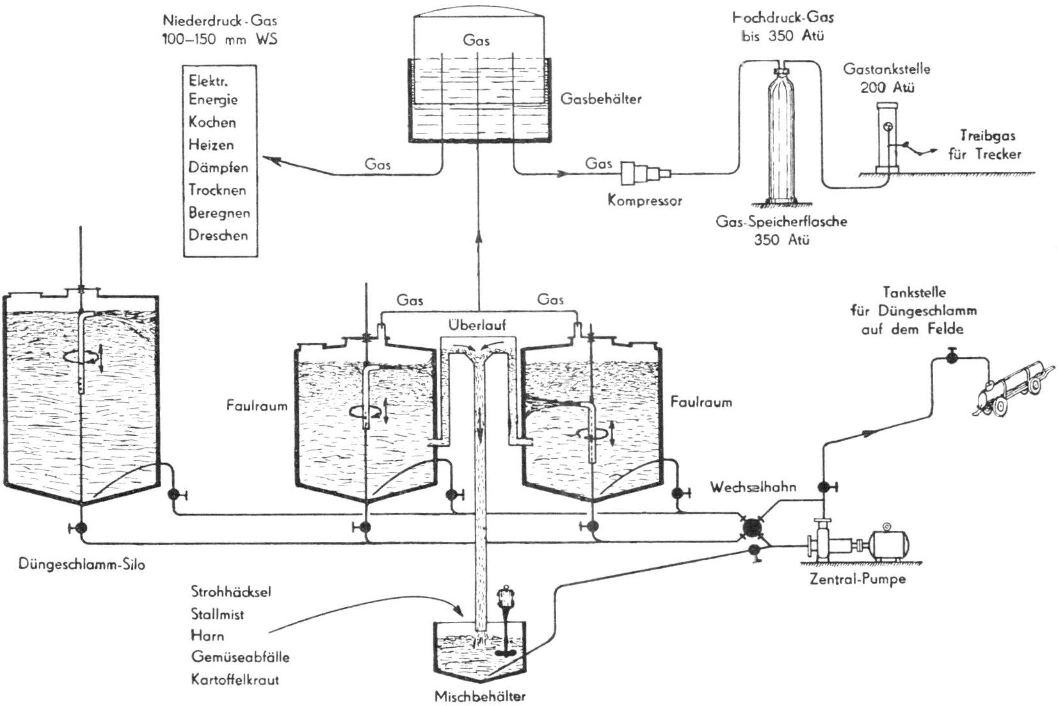

1313. Schematische Darstellung einer biologischen Humus- und Gasanlage, System Schmidt-Eggersglüß (Defu-Bild)

des Faulraumes hinein. Der Spülkopf ist höhenverstellbar und drehbar eingerichtet, so daß durch den Spülstrahl die Schwimmschlammdecke aufgelöst wird. Dieser Vorgang wird täglich dreimal eine Viertelstunde lang wiederholt.

Das Faulgas, das sich während des Gärprozesses bildet, wird im oberen Teil des Faulraumes aufgefangen und durch eine Rohrleitung dem Gasbehälter zugeführt, dessen Glocke unter einen, dem städtischen Gasdruck von 100—150 mm Wassersäule entsprechenden Druck steht.

Wird die Anlage täglich mit einer bestimmten Menge Abfallstoffe beschickt, so wird der Faulungsprozeß etwa 2—3 Wochen durchgeführt, bis durch die langsam steigende Trockenmasse die Gasentwicklung nachläßt und der Faulraum entschlammt werden muß. Nachdem der Faulschlamm gründlich aufgerührt worden ist, wird er durch den Spülkopf mit der Zentralpumpe abgesaugt und in den Düngerschlamm-Silo gepumpt, in dem er verbleibt, bis er aufs Feld ausgetragen wird. Wenn Rohrleitungen verlegt sind, kann der Faulschlamm bis zur Zapfstelle auf das Feld befördert werden. Sind Anlagen für düngende Beregnung vorhanden, so können sie dazu benutzt werden, den Faulschlamm auszutragen.

Das Gas selbst wird entweder als Niederdruckgas entsprechend dem Druck im Gasbehälter entnommen und kann wie Leuchtgas verwendet werden, oder es wird mit einem Kompressor auf Hochdruck bis auf 350 atü gebracht und in Gasflaschen, wie Stadtgas, dazu gebraucht, die Schlepper anzutreiben.

Der in der Bihugasanlage vergorene Faulschlamm ist als Düngerschlamm ein hochwertiger Humusdünger, wie die Düngungsversuche ergeben haben. Seine Wirkung ist der des Stallmistes überlegen. Das liegt mit daran, daß in der Bihugasanlage nährstoffreiche Abfälle von Gemüse und dergleichen vergoren werden; solche Abfälle werden auf dem Dunghaufen nicht vergoren. Agrikultur-chemische Untersuchungen haben bisher keine Stickstoffverluste bei Düngerschlamm feststellen können, wie sie sonst in der Jauche und im verrotteten Mist entstehen, so daß der gesamte in Jauche, Stallmist und anderen Abfällen vorhandene Stickstoff ungeschmälert dem Acker wieder zugute kommt, wenn das Bihugasverfahren richtig gehandhabt wird. Die Düngerschlamm-Menge kann durch eine Pumpe sehr gleichmäßig auf dem Acker verteilt werden. Bei dem Nährstoffreichtum des Faulschlammes kann man mit hohen Erträgen und mit Nährstoffanreicherung des Bodens rechnen.

1314. Kompressor für Faulgas auf 350 atü (Defu-Bild)

1315. Mit Faulgas betriebener Schlepper (Defu-Bild)

Das nach dem Bihugasverfahren (System Schmidt-Eggersglüß) hergestellte Faulgas bestehtdurchschnittlich aus 62% Methan, 35% Kohlensäure und kleineren Beimengungen von Stickstoff, Wasserstoff, Sauerstoff und Kohlenoxyd. Der Heizwert dieses Gases liegt etwa bei 5900 kcal. Da der des normalen Leuchtgases nur bei 4000—4200 kcal liegt, entspricht 1 m³ Faulgas etwa 1,44 m³ Leuchtgas, und kann vorteilhaft überall dort verwendet werden, wo man sonst Leuchtgas bezieht.

Wenn das Gas als Treibstoff für Schleppermotoren verwendet werden soll, muß es hochverdichtet werden. Mit einem Kompressor (Bild 1314) wird das auf 350 atü verdichtete Faulgas bis zu 1000 l in Flaschen gepreßt. Der für die Motorleistung ausschlaggebende Gemischheizwert liegt bei Bihugas etwa bei 700 kcal/m³, ist also bedeutend höher als der des Generatorgases, der nur bei etwa 550—590 kcal/m³ liegt. Das Bihugas eignet sich daher vorzüglich für Dieselmotoren (Bild 1315), zumal es eine sehr günstige Klopffestigkeit hat und man es daher ziemlich hoch verdichten kann. Verglichen mit Dieselöl entspricht 1 m³ Faulgas etwa 0,55 kg Dieselöl, wenn man die Heizwerte berücksichtigt.

Die Gasleitung einer Bihugasanlage richtet sich naturgemäß danach, wie sie beschickt wird, und danach, wie der Faulprozeß geleitet wird. Dabei ist die erforderliche Temperatur ausschlaggebend für das Tempo der Gasentwicklung. Als Leistung kann man etwa 0,76 m³ Faulgas je Tag und je m³ Faulraum annehmen, doch läßt sich diese Leistung bei besonders günstigem Verlauf, vor allem auch der Verschlammung, auf 0,9 m³ und darüber steigern.

Die Wirtschaftlichkeit eine Bihugasanlage erhöht sich mit der Größe des Faulraumes; er muß der anfallenden Mist- und Abfall- oder Jauchemenge angepaßt sein. Unter 30 m³ sollte man nicht gehen; aber auch zu große Faulräume, über 120 m³, sind nicht zweckmäßig, da es

1316. Bihugas-Anlage (Defu-Bild)

dann schwierig ist, die Schwimmschlammdecke zu spülen. Zweckmäßig baut man die Faulräume mit quadratischem Längsschnitt, so daß Höhe und Durchmesser sich ausgleichen (Bild 1316). Bei zu großen Höhen wachsen demgemäß auch die Durchmesser, so daß der Spülkopf nicht bis zum Rand hin durchdringen kann. Reicht der Faulraum nicht aus, so baut man mehrere Faulräume.

Die untere Wirtschaftlichkeitsgrenze einer Bihugasanlage liegt etwa bei 60 Stück Großvieh. Für kleinere landwirtschaftliche Betriebe kann es erstrebenswert sein, sich an eine benachbarte Anlage anzuschließen oder eine Gemeinschafts- oder Genossenschaftsanlage zu betreiben. Nach Angaben von Dr. Ing. W. Eggersglüß betragen die Baukosten für eine aus drei Faulräumen von je 120 m³, einem 150 m³ fassenden Gasbehälter und sämtlichem Zubehör wie Pumpen, Motoren und Heizeinrichtung bestehende Bihugasanlage etwa 74000 Mark. Diese Anlage entspricht einem Großviehbestand von 165 Stück und ergibt täglich 295 m³ Gas oder jährlich etwa 107500 m³. Davon beanspruchen Pumpenbetrieb und Heizung 30%, so daß etwa 70% des Gases für andere Zwecke verwendet werden können.

Um die Betriebskosten zu errechnen, seien drei Fälle angenommen:

1. Pumpenbetrieb durch Elektrizität aus einem Netzanschluß und Heizung mit Kohle.
2. Pumpenbetrieb durch Gas und Heizung mit Kohle.
3. Pumpenbetrieb durch Gas und Heizung mit Gas.

Bei einer jährlichen Rückzahlung von 7,5% und einem Zinssatz von 5% ist die Anlage in 22 Jahren amortisiert. Die Betriebskosten einschließlich der Löhne von 2500 Mark sowie 1% der Anlagekosten der Unterhaltung betragen:

im Falle 1: 13630 Mark,
im Falle 2: 10940 Mark,
im Falle 3: 8790 Mark.

Abgesetzt davon können 9000 Mark werden, die im Wirtschaftsbetrieb durch die Anlage gespart werden können, so daß an Betriebskosten verbleiben: 3730 Mark; 1040 Mark oder 1140 Mark. Der Gaspreis errechnet sich im Falle 1 auf 3,5, im Falle 2 auf 1,1 Pf. je m³. Im Fall 3 sind die Einsparungen bereits größer als die Betriebskosten, das Gas kostet nichts mehr.

Das Verfahren, Abfälle in der Landwirtschaft zu Dünger umzusetzen und Gas durch die Bihugasanlage zu gewinnen, ist erst einige Jahre alt, doch haben die Faulgasanlagen bereits gezeigt, daß sie guten Düngerschlamm liefern; daß das gleichzeitig gewonnene Gas hochwertig ist und als Treibstoff verwendet werden kann; daß das erzeugte Faulgas in Mengen anfällt, mit denen man den gesamten Energiebedarf des Betriebes decken kann. Zu diesen Vorteilen kommen arbeitswirtschaftliche Erfolge dadurch, daß Transporte auf das Feld gespart werden, weil der Düngerschlamm gleich hinausgepumpt werden kann. Durch geeignete Stallanlagen mit mechanischer Entmistung (Bild 1317) und selbsttätigem Abfluß der Jauche zum Mischbehälter der Bihugasanlage können weitere Arbeiten, Zeit und Kraft gespart werden.

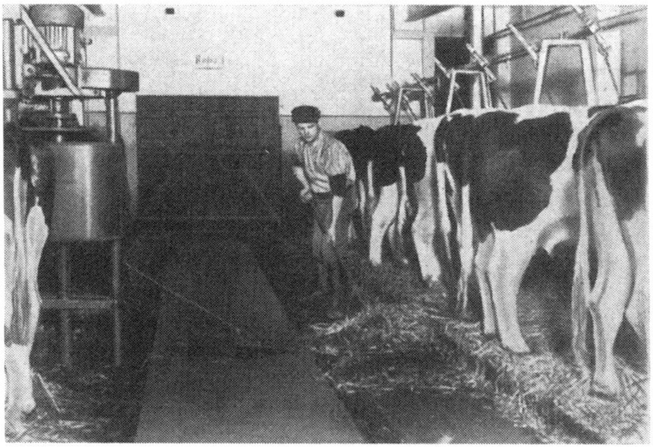

1317. Mechanische Stallentmistung (Defu-Bild)

Aber ganz abgesehen von diesen Vorteilen für den einzelnen Betrieb, gewinnen die Bihugasanlagen volkswirtschaftliche Bedeutung, weil nach Ausführungen Ferdinand Schmidts, des Pioniers dieser Anlagen, es möglich wäre, den gesamten, doch recht hohen Treibstoffbedarf der Landwirtschaft zu decken, wenn nur ein Viertel der landwirtschaftlichen Abfallstoffe ausgefault würde. Wenn aber noch größere Mengen Abfallstoffe ausgefault würden, so stünde Gas zum Kochen, Heizen, zur Umsetzung in elektrische Energie für den Antrieb von Dreschmaschinen usw. zur Verfügung, so daß der gesamte Energiebedarf gesichert wäre. Würden aber die gesamten Abfallstoffe in der Landwirtschaft ausgefault, so könnte das Gas als Motorentreibstoff den gesamten Treibstoffbedarf Deutschlands decken, einschließlich des Bedarfes der Landwirtschaft.

Mögen solche errechneten Angaben zunächst noch ein gut Teil Theorie sein, so zeigen sie aber, daß ein neuer Abschnitt in der Energiewirtschaft eingeleitet ist, der in seinen Auswirkungen auf die Landwirtschaft und auch auf die gesamte Energieversorgung nicht im entferntesten abgesehen werden kann.

II. Gärfutter-Silos

In manchem landwirtschaftlichen Betriebe kann die ganze Viehhaltung wirtschaftlicher werden, wenn er Futter konserviert, um wirtschaftseigenes Eiweiß-Saftfutter zu gewinnen. Alle Gärfutterverfahren laufen darauf hinaus, Futterstoffe in einen Silo zu bringen, um ein schwachsaures Gärfutter zu erhalten, das trotz seines überwiegenden Anteiles an Milchsäure keine Buttersäure bildet und als wohlschmeckendes Futter von den Tieren gern genommen wird.

Das Gärfutter wird in sogenannten Silos konserviert, gasdichten Behältern, in denen die Gärung unter Luftabschluß vor sich geht. Die Bauweise der Silos und auch das Gärungsverfahren sind sehr verschieden, wie auch die landwirtschaftlichen Betriebe verschieden sind. Die Gärfutterherstellung hat sich in den Gebieten verschieden entwickelt. Es soll hier auf einige Silos und Verfahren eingegangen werden, besonders auf die Gärfuttersilos „System Schmidt" mit Hochdruckpresse und regelbarem Saftabfluß.

1318. Silo-Tretmesser (Defu-Bild)

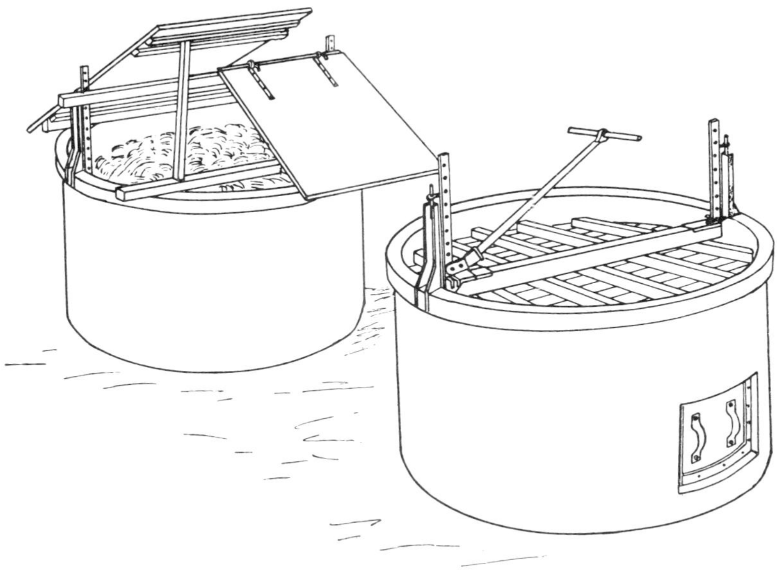

1319. Zwei Kleinsilos mit abnehmbarem Dach (nach Defu-Bild)

Das zu konservierende Futter soll jung sein, höchsten Nährwert haben und frisch und sauber in den Silo eingebracht werden. Die Futterstoffe sollen nicht lange auf dem Felde oder auf den Transportgeräten verbleiben, weil sie welken und viele Nährstoffe verlieren. Ohne die Güte des Gärfutters zu beeinflussen, kann das Futter tau- oder regennaß in den Silo eingebracht werden; das gilt auch, wie im Abschnitt über Silagemaschinen ausgeführt worden ist, für das Blattfutter, das gleich nach dem Waschen in den Silo gebracht wird.

Damit die Futterstoffe dicht eingelagert werden können, muß grobstengeliges Futter in den dafür vorgesehenen Maschinen gehäckselt, zerschnitten oder zerrissen werden. Es ist zweckmäßig, weiter zu zerkleinern, wenn es mit Tretmessern festgestampft wird (Bild 1318).

Saftreiches Futter weicher Struktur kann längergeschnitten werden, als hartes, grobstengeliges Futter. So kann das weiche Rübenblatt 6—10 cm lang oder auch ungehäckselt eingelagert werden. Klee, Lupinen, Wicken, Raps und ähnliche Futterstoffe sollen 4—5 cm lang sein; Mais, Sonnenblumen, Ackerbohnen, aber nur 2—3 cm.

Die Anwelk- und Halbheusilagen bedürfen einer besonderen Einsäuerungstechnik; sie kann nach den bisherigen Erfahrungen nicht allgemein empfohlen werden.

Wenn die Gärung günstig verlaufen soll, ist die für den Prozeß schädliche Luft schnell zu entfernen, indem man die Hochdruck-Preßvorrichtung anstellt und während der Befüllung zwischenpreßt. Der Silo ist schnell zu füllen.

Zerkleinertes Futter braucht im Silo zunächst nicht verteilt zu werden; vor dem Pressen ist die Futteroberfläche aber einzuebnen. Während der Befüllung werden in diesem Falle keine Arbeitskräfte im Silo gebraucht.

1320. Hochsilo mit 240 m³ Inhalt (Defu-Bild)

Im Gegensatz dazu muß bei niedrigen Silos schon während des Füllens das Futter sorgfältig verteilt werden. Da das Futtergewicht nach außen drückt, muß das Futter in der Mitte des Silos (je nach seinem Durchmesser) etwa 20—50 cm höher gehalten werden, als am Rande.

Die Größe der Siloanlage richtet sich naturgemäß nach den Futtermengen, die eingesäuert werden müssen.

Ehe auf die Bauweisen und die Bedienung der Silos eingegangen wird, sollen an der Darstellung verschiedener Silos Anschauungsbeispiele für ihre Anlage gebracht werden. So zeigt das Bild 1319 zwei Kleinsilos für etwa je 6—28 m³ Inhalt mit abnehmbarem Dach. Vorn rechts ist die Entnahme-Öffnung zu erkennen, die mit einer besonderen Verschlußplatte gesichert

1321. Großsiloanlage, bestehend aus 4 Behältern mit je 128 m³ Inhalt (Defu-Bild)

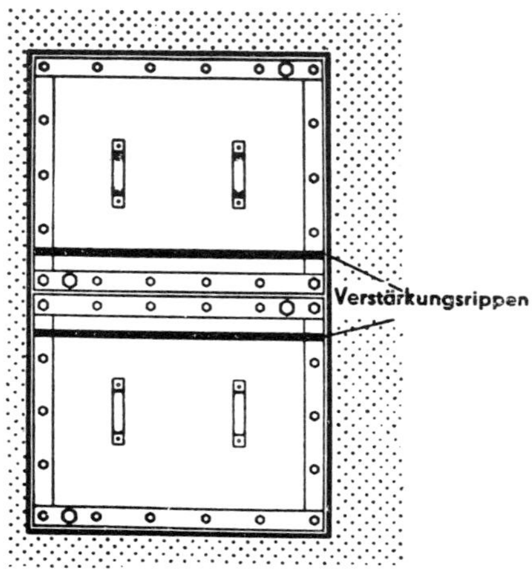

1322. Silo-Stahlverschlußtür mit Verstärkungsrippen (Defu-Bild)

ist. Auch der Preßdeckel mit dem Preßhebel ist gut zu erkennen, der das Futter zusammenpreßt. Das Bild 1320 zeigt einen Hochsilo mit 240 m³ Inhalt; auf dem Bild 1321 ist eine Großsiloanlage mit 4 gemeinsam überdachten Behältern von je 128 m³ Fassungsvermögen zu sehen.

Zur Abdichtung der Verschlußplatten (Bild 1322) gegen den Rahmen der Entnahmeöffnung werden gelochte Dichtungsstreifen aus Bitumen mit Metallgewebeeinlage verwandt, die vollkommen abdichten, auch bei höherem Druck. Besonders zu beachten ist hierbei, daß diese Dichtungsstreifen nur einmal benutzt werden dürfen.

Bevor abgedichtet wird, ist der Rahmen der Entnahmeöffnung sorgfältig abzukratzen und von den Resten der alten Dichtungsstreifen zu reinigen. Das Gewinde der Schrauben muß gangbar gemacht und eingefettet werden, damit sich die Muttern leicht aufdrehen lassen.

Die Dichtungsstreifen werden dann, wie das Bild 1323 zeigt, angebracht, wobei in den Ecken die Dichtungsstreifen doppelt übereinander liegen. Darauf wird die Verschlußplatte (Bild 1324) aufgelegt.

Die Dichtungsstreifen müssen in einem kühlen Raum aufbewahrt werden. Jedoch sind sie einen Tag vor der Verwendung in einen warmen Raum zu legen, damit sie geschmeidig werden.

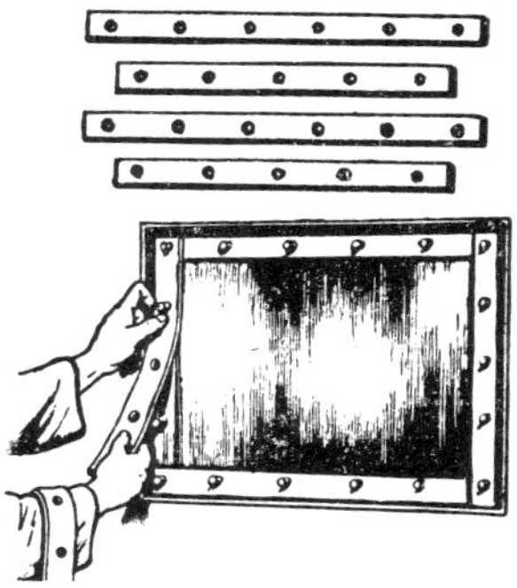

1323. Anbringen der Dichtungsstreifen (Defu-Bild)

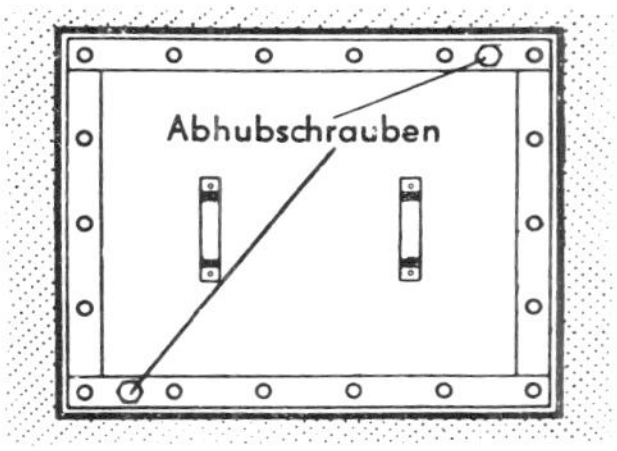

1324. Verschlußplatte mit Abhubschrauben (Defu-Bild)

1325. Preßdeckel mit Stahl-Preßbalken und Preßhebel (Defu-Bild)

Sind sie zu trocken geworden, so empfiehlt es sich, sie mit Dieselöl einzureiben. Beim Einsetzen werden die Schraubenmuttern zuerst leicht, dann in verteilter Reihenfolge kräftig angezogen. Nach etwa einem Tag sind sie nochmals nachzuziehen.

Damit die Verschlußplatten leicht abgehoben werden können, wenn die Entnahmeluken geöffnet werden, hat jede Verschlußplatte zwei gegenüberliegende Gewindelöcher (siehe Bild 1324). Nachdem zwei passende Schrauben eingedreht sind, wird die Verschlußplatte hierdurch von der Unterlage abgehoben und damit locker. Wichtig ist, daß diese Abhubschrauben sofort wieder entfernt werden, wenn die Platte abgehoben ist, oder wieder so weit zurückgeschraubt werden, daß sie beim späteren Wiederaufschrauben nicht vorstehen und dadurch verhindern, daß die Platte sich vollkommen anpreßt.

Die im Gärfuttersilo eingebaute Hochdruck-Preßvorrichtung „System Schmidt" besteht aus zwei Lochstangen, einem Preßbalken, einem hölzernen Preßdeckel und einem Preßbock.

Die Lochstangen, die sich gegenüberstehen, sind unten an kräftige Fußanker angeschraubt, sonst aber lose vor der Silowand in einbetonierten Halteeisen geführt und am oberen Ende durch Kopfanker am Dachstuhl beweglich befestigt.

Der Preßbalken kann aus Stahl (Bild 1325) oder auch aus Holz mit seitlich befestigten Absperr-Riegeln bestehen.

Der hölzerne Preßdeckel besteht bei kleineren Silos aus einzelnen Bohlen sowie einer Lage Druckverteilungshölzern, damit er leichter zu handhaben ist. Bei den Hochsilos ist der Preßdeckel fest zu einem Stück zusammengefügt und kann mit einer Drahtseilwinde hochgezogen und herabgelassen werden (Bild 1326).

Wenn der Preßdeckel aufgelegt ist, wird der Preßbalken mitten vor die Lochstangen gerückt (Bild 1327). Der Preßbalken ist so bemessen, daß die Lochstangen zwischen den U-Eisen des Preßbalkens stehen. Die Lochstangen dienen als Auflagen für die Absperr-Riegel, die quer durch die Löcher der Lochstangen gesteckt werden.

1326. Schnitt durch einen Gärfuttersilo mit Preßvorrichtung (Defu-Bild)

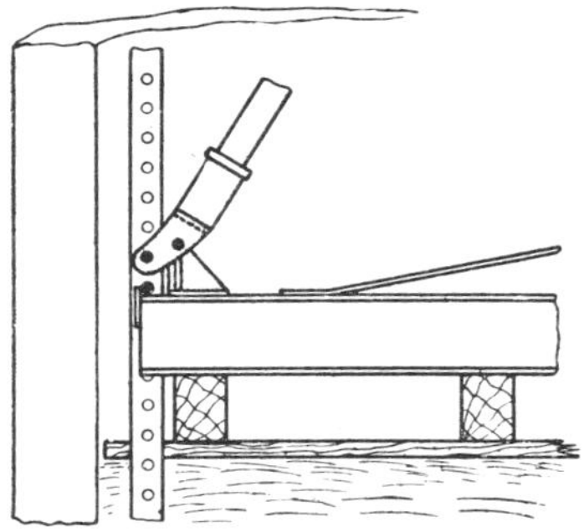

1327. Preßbalken, Lochstange, Preßhebel und Preßbock (Defu-Bild)

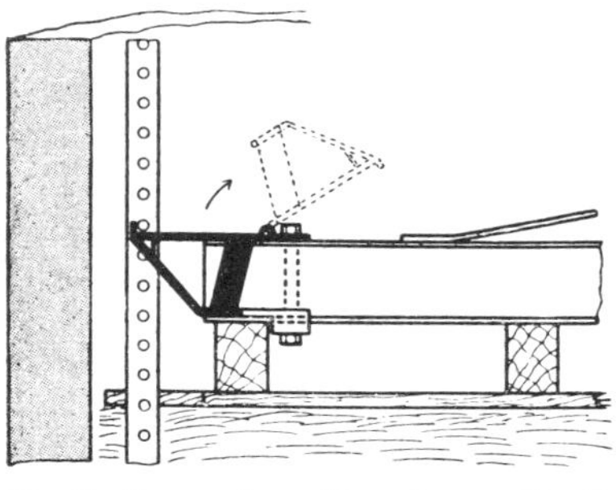

1328. Preßbalken mit aufklappbarem Preßbock (Defu-Bild)

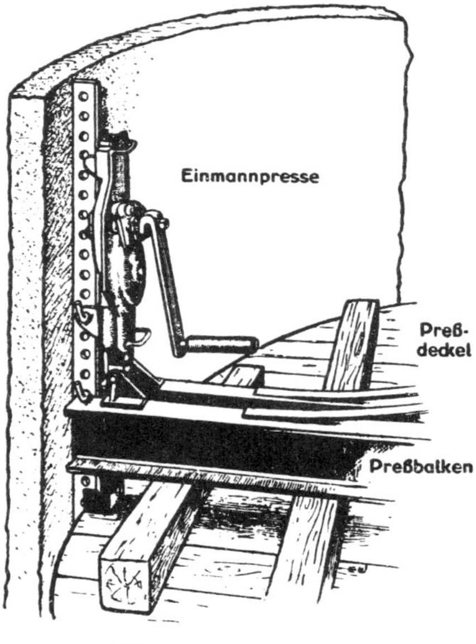

1329. Einmann-Preßwinde (Defu-Bild)

Die Stahl-Preßbalken haben an einer Seite eine verstellbare Platte, damit die Länge genau eingehalten werden kann. Bei besonderen Ausführungen erhalten die Preßbalken an einem Ende statt der verstellbaren Platte einen verstellbaren, aufklappbaren Bock. Wenn er aufgeklappt ist, kann der schwere Preßbalken (Bild 1328) leicht beiseite gerückt werden. Denn, wenn der Preßdeckel mit einer Winde hochgezogen oder herabgelassen wird, muß der Preßbalken neben die Lochstangen gerückt werden. Sobald der Stahlpreßbalken in der richtigen

Lage ist, wird der Preßhebel an die Lochstange gesetzt und abwechselnd auf beiden Seiten des Preßbalkens mit dem Absperr-Riegel jedesmal 4—5 Löcher tiefer gepreßt.

Die Pressung ist mit drei, höchstens vier Mann Bedienung so lange fortzusetzen, bis der Futterstock nicht mehr nachgibt. Die Einmann-Preßwinde (Bild 1329) erspart Arbeitskräfte, da nur ein Mann zur Bedienung erforderlich ist. Der Preßvorgang ist sonst der gleiche wie mit Preßhebel.

Preßhebel und Einmann-Presse sind gangbar zu machen und gut zu ölen. Bei Silos mit Preßdeckel-Aufzugsvorrichtung muß während des Pressens darauf geachtet werden, daß das Aufzugsseil genügend locker hängt oder ausgeklinkt wird.

Da der schwere Preßdeckel gefährlich ist, darf nach den Vorschriften der Berufsgenossenschaften unter einem freischwebenden Preßdeckel nicht gearbeitet werden. An der Dachkonstruktion sind daher Konsolen angebracht, auf denen der Preßdeckel nach einer kleinen seitlichen Drehung aufliegen muß. Das Seil soll dabei in leichter Spannung bleiben.

Für die Gärung ist es entscheidend, daß das Grünfutter sorgfältig und kräftig gepreßt wird. Die Presse soll grundsätzlich bei jeder längeren Arbeitspause, also während der Füllzeit mindestens jeden Abend und über Mittag, angesetzt werden; außerdem ist morgens vor dem weiteren Füllen kräftig zu pressen. Je höher die Außentemperatur ist, desto häufigere Zwischenpressungen sind erforderlich.

Während des Füllens und auch später bildet sich reichlich Kohlensäure. Daher ist beim Einsteigen in den Silo Vorsicht geboten. Kohlensäure ist schwerer als Luft und verdrängt die für das Atmen nötige Luft, die den lebensnotwendigen Sauerstoff enthält, so daß Erstickungsgefahr besteht. Wenn ein in den Silo herabgelassenes Licht erlischt, so ist Kohlensäure vorhanden. Die Kohlensäure wird am einfachsten entfernt, wenn mit einem Gebläse frische Luft eingeblasen wird. Es ist außerdem empfehlenswert, die oberen Luken des Silos erst zu schließen, wenn das Futter die entsprechende Höhe erreicht hat.

Wenn der Silo genug gefüllt ist, wird der Futterstock mit einer 10—20 cm starken, lose aufgeschütteten Spreuschicht bedeckt; dann werden Preßdeckel und Preßbalken aufgelegt und heruntergelassen und die Presse wird stark angezogen.

Das Futter muß immer unter starkem Druck gehalten werden. Darum muß der Preßdruck besonders in den ersten 8—10 Tagen, aber auch später, häufig nachgeprüft werden.

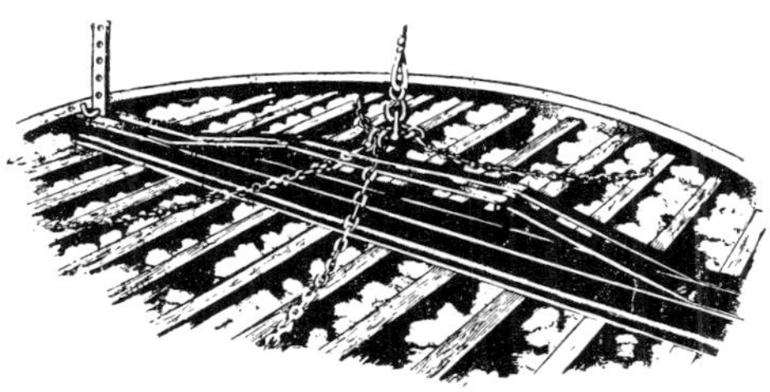

1330. Saftaustritt über dem Preßdeckel (Defu-Bild)

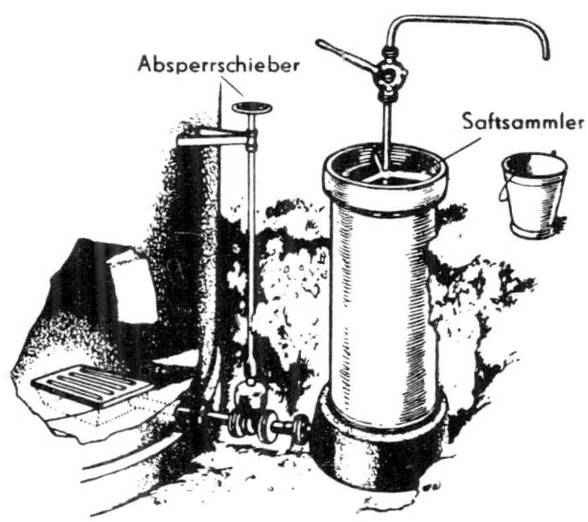

1331. Saftabflußeinrichtung für Hochsilos (Defu-Bild)

Mit dem Pressen muß sofort aufgehört werden, wenn der Saft durch den Preßdeckel quillt (Bild 1330).

Gärfutter-Silos können jederzeit nachgefüllt werden, ohne daß bereits vergorenes Futter beschädigt wird. Es wird dabei nur der Preßdeckel abgenommen. Hat sich an der Oberfläche des Gärfutters Schimmel gebildet, so muß er vorher entfernt werden.

Bei saftreichem, regen- und taunassem Futter ist die Saftabflußeinrichtung (Bild 1331 und 1332) in der ersten Zeit offenzuhalten, damit der wesentlich aus Wasser bestehende, überflüssige Saft abfließen kann. Der Saftabfluß ist in dieser Zeit ständig zu kontrollieren. Nachher ist die Saftabflußeinrichtung zu schließen. Sie wird nur geöffnet, wenn beim Pressen der Saft über den Preßdeckel steigen sollte. Sonst soll während der Gärung die Saftabflußöffnung grundsätzlich geschlossen bleiben, damit der für die Gärung wichtige Saft im Futter verbleibt.

Der abgelassene Saft enthält Nährstoffe, die als Futter oder Dünger verwertet werden können.

Die Saftabflußeinrichtung für Hochsilos besteht aus einem Rost im Silo und einem frostsicher eingebauten Absperrschieber, der durch ein oberhalb der Erde angebrachtes Handrad betätigt werden kann. Damit der Saft ungehindert aus dem Silo abfließen kann, wird auf dem Siloboden eine Dränage aus Holzbündeln, Lattenrosten, Ziegelsteinen oder dergleichen bis zur Saftabflußeinrichtung gelegt. Am besten hat sich eine Dränage aus starken Holzböcken (Bild 1333) quer durch den Silo bewährt. Bei dieser Dränage kann sich immer genügend Saft (etwa 1000 l) zum Abpumpen ansammeln.

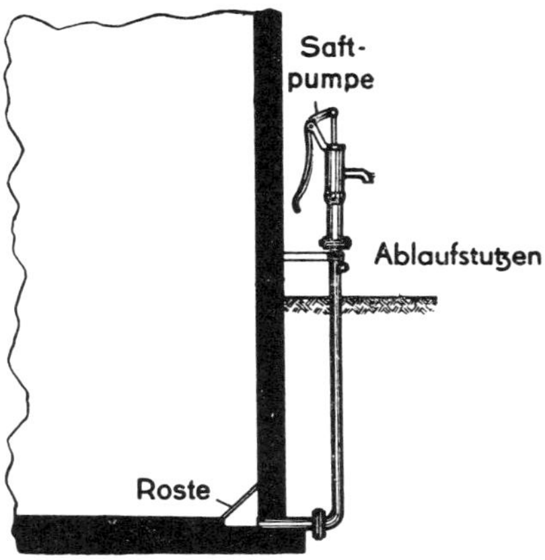

1332. Saftabflußeinrichtung für Kleinsilos
(Defu-Bild)

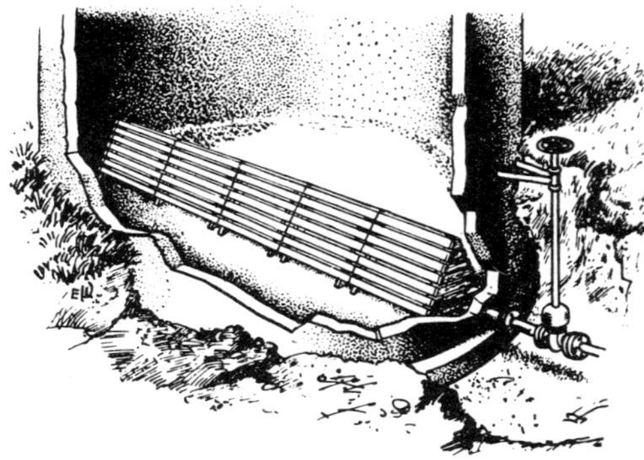

1333. Saftdränage durch starke Holzgestelle
(Defu-Bild)

An den Saftabsperrschieber ist ein Saftsammler angeschlossen, der aus einem Tonrohr von 40 cm Durchmesser, oder bei größeren Anlagen aus einem besonderen größeren Behälter besteht. Der Saft für die Fütterung wird kurz nach dem Öffnen des Absperrschiebers jedesmal aus dem Saftansammler ausgeschöpft oder mit einer Handpumpe ausgepumpt. Dabei ist darauf zu achten, daß der Saftsammler immer vollständig entleert und saubergehalten wird.

Die Saftabflußeinrichtung bei Kleinsilos besteht aus einem Rost im Silo und einem bis etwa 1 m über die Erdoberfläche hinaufgeführten Rohr, auf das eine Handpumpe aufgesetzt wird.

Das Gärfutter wird entnommen, nachdem man den Preßdeckel abgenommen hat, der bei fortlaufender Entleerung nicht wieder aufgelegt wird; es wird täglich schichtweise von der ganzen Oberfläche abgenommen.

Das Futter kann etwa 4—5 Wochen nach der letzten Beschickung entnommen werden. Gleichzeitig wird der Gärfuttersaft durch die Saftabflußeinrichtung abgezogen. Der Saftspiegel soll aber immer wesentlich unter der Futteroberfläche stehen. Der Saft muß so weit entfernt werden, daß das Gärfutter nicht mehr tropft, wenn es herausgenommen wird. Es muß besonders darauf geachtet werden, daß das untere Futter saftfrei ist, da es sonst wegen des Säuregehaltes von den Tieren nicht gern gefressen wird.

Wenn der Preßdeckel auf dem Gärfutter bei starkem Frostwetter festgefroren ist, kann man ihn lockern, wenn man heißes Wasser aufgießt, den Deckel einseitig preßt und den gegenüberliegenden Riegel löst.

Zur Wartung und Pflege eines Silos gehört besonders, daß man ihn nach der Entleerung sogleich von allen Futterrückständen säubert. Dabei sind die Türen offenzuhalten, damit die Wandungen gut abtrocknen. Die Innenwandungen werden gegen Gärungssäuren durch gute Bitumen-Anstriche geschützt, die aus reinstem Bitumen sein müssen, also frei von Teer, Phenolen, Pech, Harz und Säuren. Nach dem Trocknen müssen sie geruch- und geschmackfrei sein. Da nur ein dicker Anstrich wirklichen Schutz bietet, so muß mehrmals aufgetragen werden.

III. Maschinen und Geräte zur Aufzucht und Pflege der Tiere

A. Geflügelzucht

Die Geflügelzucht ist ein wichtiger Teil der Landwirtschaft. Durch sie soll die Bevölkerung mit Fleisch und Eiern versorgt werden. In den letzten Jahrzehnten sind die Verfahren und Geräte der Geflügelaufzucht sachgemäß mechanisiert worden, wodurch die Leistungen sehr beträchtlich gesteigert werden konnten.

Mit dem Ei und besonders mit dem Zuchtei muß sorgsam verfahren werden. Die Lebensmittelgesetze fördern die sorgsame Behandlung des Eies ganz wesentlich.

Um die Legetätigkeit der Hühner leicht prüfen zu können, werden sogenannte Fallnester (Bild 1334) meist zu Batterien zusammengestellt. Sie sind mit einem Gitterverschluß versehen, der heruntergleitet, sobald das Nest besetzt ist, und die Henne so lange festhält, bis man

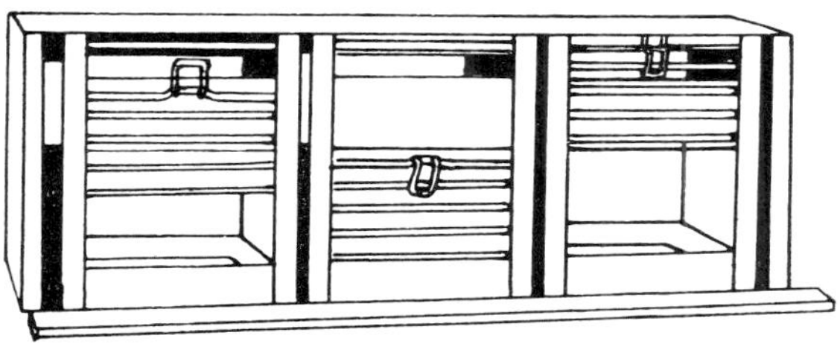

1334. Fallnest (Fabian, München)

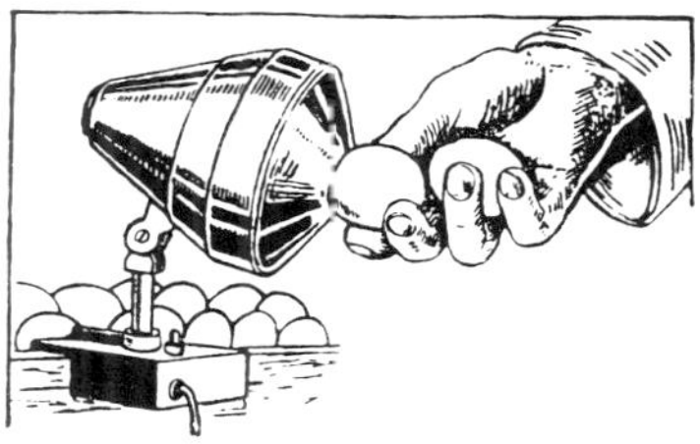

1335. Eier-Prüf- und Schierlampe (Fabian, München)

sie wieder freigibt. Der Gitterverschluß gewährt in das geschlossene Nest freie Sicht. Bei den Fallnestern bedarf es keines unnötigen Nachschauens oder Absuchens, wodurch der Betrieb systematisch und wirtschaftlich aufgezogen werden kann. Außerdem werden die Hennen bei ihrer Legetätigkeit nicht gestört.

Mit Eier-Prüf- und Schierlampen werden die Eier geprüft, ob sie frisch sind, und gleichzeitig wird dabei die Gütegruppe des Eies festgestellt. Eier-Prüf- und Schierlampen (Bild 1335) sind mit einer Durchleuchtungslampe versehen, gegen die man das Ei hält. Bei Großbetrieben hat man solche Durchleuchtungsvorrichtungen in Kastenform, mit der gleich eine große Anzahl Eier durchleuchtet werden kann.

Bei der Durchleuchtung erscheint ein frisches, gesundes Ei als gleichmäßige, schattenhafte Fläche, die von einem schmalen, helleren Streifen eingefaßt ist. Ist das Ei schal und abgeschrumpft, so zieht sich, je nach Alter des Eies, die schattenhafte Fläche nach innen zusammen, und wird zur Mitte hin dunkler. Bei faulen Eiern verdunkeln sich die Schatten noch mehr, es zeigen sich scharf umrissene dunkle Flecken. Befruchtete Eier sind am Hahnentritt zu erkennen. Ist das Ei bereits angebrütet, so haben sich, vom Hahnentritt ausgehend, dunkle Verästelungen gebildet, so daß sich durch den Schatten ein spinnennetzartiges Gewebe zieht.

Ob ein Ei frisch ist, erkennt man auch daraus, daß sich das spezifische Gewicht vermindert. Hierauf beruht die Schwimmprobe, die man mit Kochsalzlösungen entsprechenden spezifischen Gewichtes durchführen kann. Frische Eier tauchen unter, ältere schwimmen.

Für die Qualität des Eies ist die Größe und damit sein Gewicht ausschlaggebend. So werden die Eier nach ihrer Größe in Klassen für den Verkauf eingeteilt. Gewogen wird das Ei auf der Eierwaage in Briefwaagenform (Bild 1336). Die Skala ist in 5 verschiedene Farbabschnitte eingeteilt, so daß es möglich ist, das Ei gleich der entsprechenden Güteklasse zuzuordnen, ohne daß die Zahl abgelesen zu werden braucht. Um mehrere Eier im ganzen abwiegen zu können, hat man die Laufgewichtswaage (Bild 1337) entwickelt, die mit einem Eierdrahtkorb versehen ist und auch als Geflügelwaage verwendet werden kann, wenn man den Korb gegen einen Trichter mit Ketten auswechselt. — In Großbetrieben werden die Eier mit besonderen Maschinen gleichzeitig durchleuchtet, gewogen, sortiert, mit Daten- und Klassenangabe abgestempelt.

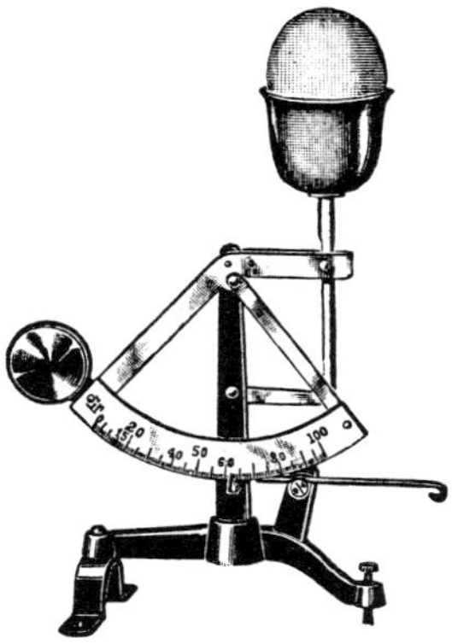

1336. Eierwaage
(Fabian, München)

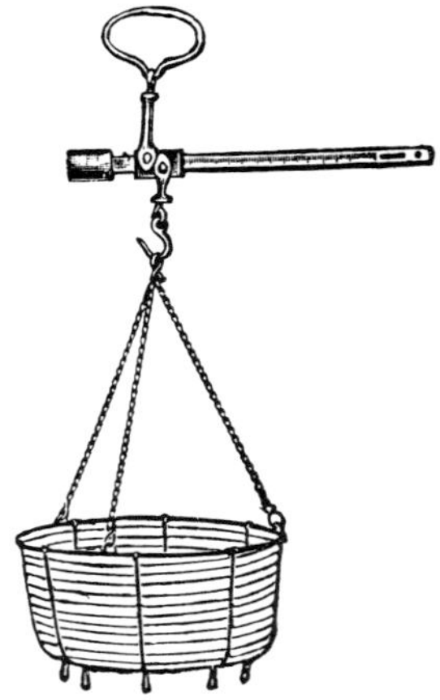

1337. Eierwaage
mit Laufgewicht und Korb
(Fabian, München)

Diese Maschinen werden je nach ihrer Größe von 2—6 Personen bedient; in der Stunde werden 3500 bis über 9000 Eier abgefertigt. Das Bild 1338 zeigt eine solche Eier-Leucht-Sortier- und Stempelmaschine mit einer Leistung von 6000 Eiern in der Stunde bei 3—4 Personen Bedienung, wie sie heute in jeder fortschrittlichen Eier-Kennzeichnungsstelle steht.

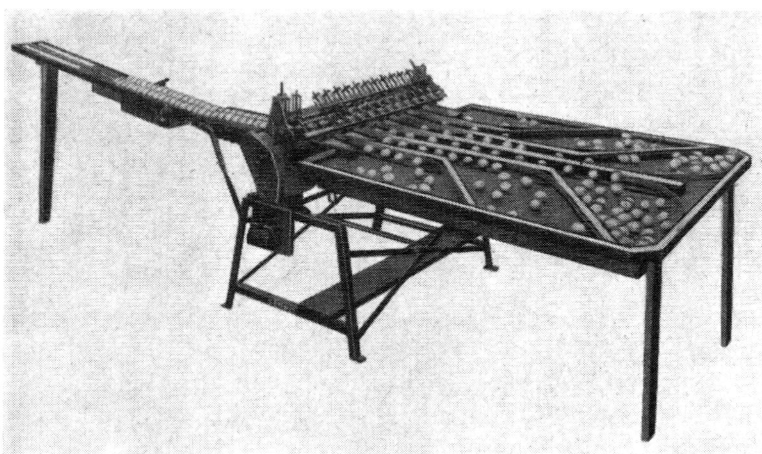

1338. Eier-Leucht-, -Sortier- und -Stempelmaschine für 6000 Eier in der Stunde bei 3—4 Mann Bedienung
(Benz und Hilgers, Düsseldorf)

Die Eier werden dieser Maschine durch 4 Zuführrinnen zugeführt; es schließen sich daran Gummi-Transportgurte, die die Eier ausrichten und ohne Lichtbruchgefahr in den Waagentransport führen.

In die Zuführrinnen ist versetzt je ein Leuchtschlitz eingebaut, der von je einer Leuchtlampe beleuchtet wird, so daß die Durchleuchtung fließend vor sich geht.

Die Eier werden einmal am Ende der Zuführrinnen mit der Kenn-Nummer- oder Kühlhausstempelung und mit der Klassenstempelung beim Waagentransport abgestempelt.

Sortiert wird in 6 Gruppen, entsprechend den gesetzlichen Bestimmungen. Die Konstruktion der Waagen und das Tragen der Eier von Waage zu Waage ist so ausgebildet, daß die Eier schonend behandelt werden, ohne daß sie brechen; sie werden genau in die Abteilungen des Abnahmetisches hineinsortiert.

Angetrieben wird die Maschine durch einen ruhiglaufenden Motor von 1 PS. Die Maße der Maschine betragen 4 × 1,7 m bei einem großen Aufnahmetisch, der bei normaler Ausführung 1,2 m kürzer gehalten ist.

Um von Jahreszeit und Brutlust der Tiere unabhängig zu sein, aber auch, um in größeren Brutbetrieben die in die Tausende gehenden Bruteier bewältigen zu können, benutzt man Brutapparate. Bei den neuzeitlichen Brutapparaten oder Brutmaschinen unterscheidet man in Schrankform gebaute Anlagen mit getrenntem Vorbrut- und Schlupfraum (Bild 1339) und Flächenbrüter mit Doppelhorden (Bild 1340).

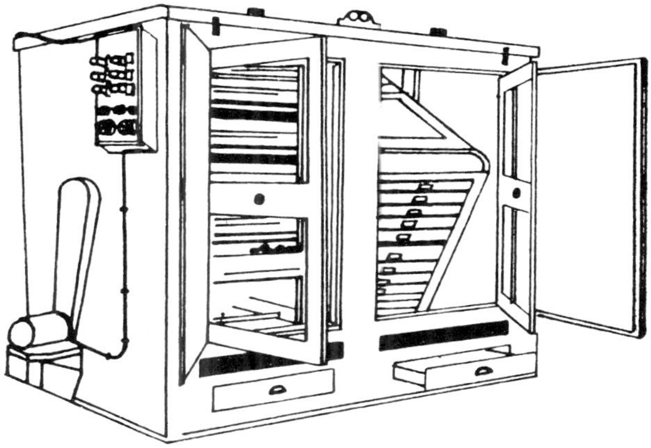
1339. Schrankbrüter (Fabian, München)

Bei den Schrankbrütern sind die Vorbrutabteile vom Schlupfteil durch eine starke Isolierwand vollkommen luft- und staubdicht getrennt. Dadurch wird der beim Schlupf entstehende lästige Kükenstaub von den Eiern der Vorbrutabteilung vollkommen ferngehalten. Außerdem wird er durch Wasserwannen im Schlupfabteil nach Möglichkeit gebunden. Beide Abteile können unabhängig voneinander benutzt werden. Die Eier liegen bei den Vorbrut- und auch bei den Schlupfabteilen auf runden oder gekehlten Holzstäben, wodurch die Luftzirkulation (eine wichtige Vorbedingung für die Brutapparate) gut durchgeführt werden kann.

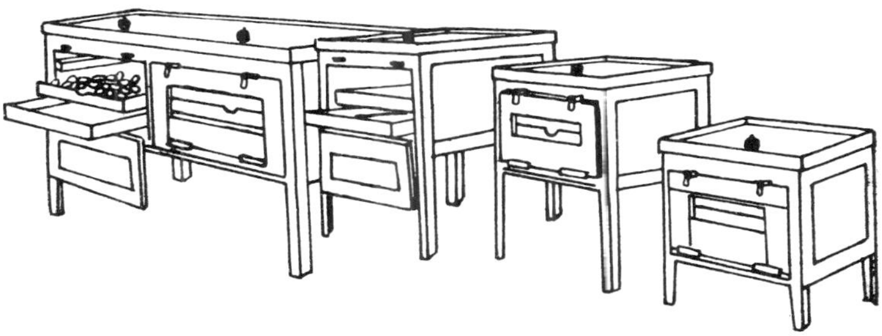
1340. Flächenbrüter (Fabian, München)

Beim Schlupf fallen die Küken durch die Stäbe hindurch in den unteren Kasten aus Drahtgeflecht, während die Eierschalen sich zwischen den Stäben fangen. Hierdurch werden die Küken sofort von den Eierschalen und von den restlichen Eiern getrennt; sie können deshalb gut abtrocknen.

Die Schrankbrüter sind doppelwandige Rahmenkonstruktionen und durch Isolierplatten und Isolierfüllstoffe abgedichtet, so daß (auch wenn der Heizungsstrom aussetzt) für eine längere Zeit die nötige Wärme von 38—40° C erhalten bleibt und die Brutzeit nicht unterbrochen wird, wenn der Heizstrom der Schränke einmal aussetzt. Die Heizwiderstände liegen geschützt. Während des Betriebes sind gleichzeitig Kontroll-Lampen eingeschaltet, die sofort aufleuchten, wenn der Strom unterbrochen wird.

Zur Wärmeregulierung sind die Brutapparate mit zuverlässig arbeitenden Quecksilberregulierungen mit Äthermembran ausgerüstet. Außerdem hat jede Abteilung eine vom Strom unabhängig arbeitende Alarmanlage, die bei Über- oder Untertemperaturen einer Abteilung ein Glockensignal gibt.

Temperaturausgleich und Luftzirkulation besorgt ein seitlich eingebauter großer Propeller, der die Luft leicht über die Eier hinstreichen läßt.

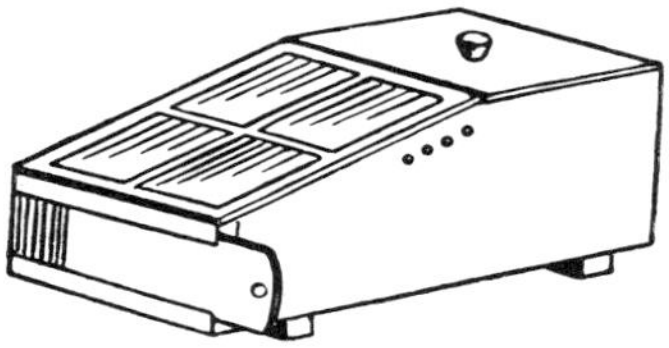

1341. Kükenaufzuchtkasten (Fabian, München)

1342. Kükenaufzuchtbatterie (Fabian, München)

Die Schrankbrüter werden durch 2 Elektromotoren mit Keilriementrieb angetrieben, so daß Erschütterungen vermieden werden.

Die Flächenbrüter, die ebenfalls elektrisch betrieben werden, sind sogenannte Kleinbrüter, verfolgen aber grundsätzlich das gleiche wie die Schrankbrüter. Auch sie haben sogenannte Doppelhorden, von denen die obere mit Rundstäben, die untere mit einem Drahtboden versehen ist. Die Eier werden täglich von Hand gewendet.

Die jungen, nicht widerstandsfähigen Tiere müssen gegen Feuchtigkeit und Kälte geschützt werden. Dafür sind die verschiedensten Vorrichtungen entwickelt worden, die nach der Art der Aufzucht angewendet werden und als Kükenaufzuchtkästen, Kükenaufzuchtbatterien und Schirmglucken angeboten werden.

In dem Bild 1341 ist ein Kükenaufzuchtkasten für etwa 30 Küken dargestellt, ein mit Glasfenstern, Schiebeverschluß und Entlüftung ausgerüsteter einfacher Kasten, dessen Deckel abnehmbar ist, damit man eine Wärmflasche hineinstellen kann. Solche Kästen können auch mit elektrischer Heizung versehen werden.

Für größere Aufzuchtbetriebe kommen sogenannte Kükenaufzuchtbatterien (Bild 1342) in Frage, mehretagige Stahlrohrkonstruktionen, deren einzelne Etagen ausziehbar sind, Vorder- und Rückwand sind mit Drahtgittern bespannt; sie sind mit einem abnehmbaren Drahtgewebedeckel versehen. Auch die Laufböden sind aus stärkerem, verzinktem Drahtgewebe. Unter den Laufböden befinden sich ausziehbare Kotbleche, die es ermöglichen, die Batterien sehr sauber zu halten. Solche Anlagen können entweder durch die üblichen elektrischen Wärmeplatten mit automatischer Temperaturregulierung oder auch mit Infrarot-Strahlern beheizt werden, die eine konstante Strahlungstemperatur haben. Sehr beliebt sind auch die Schirmglucken, deren Form und Beheizbarkeit sehr verschieden sein können. Das Bild 1343 zeigt die „Meller-Schirmglucke“, die für 50—500 Küken gebaut wird. Sie ist mit einem verhältnismäßig großen, auf Füßen stehenden Heizkasten versehen, der mit Briketts beheizt wird. Dieser Heizkasten hat seitliche Kühlschächte, in denen die Briketts gestapelt eingefüllt werden und nur in der

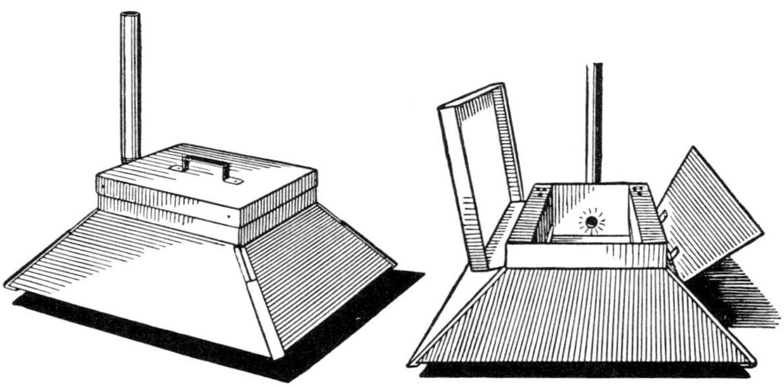

1343. „Meller-Schirmglucke“ mit Brikettheizung (Fabian, München)

unteren, auf dem Rost aufliegenden Schicht glühen, wenn die Füllschachtklappen geschlossen sind, so daß ein 24—36stündiger Dauerbrand mit einer Füllung zu erzielen ist. Der zwischen den Füllräumen liegende Raum dient als Aschenfall- und Heißluftraum; er bewirkt, daß sich die Wärme unter der ganzen Glucke gleichmäßig verteilt. Diese Glucke eignet sich daher besonders für die Frühaufzucht von Küken. Besonders wirtschaftlich wird sie dadurch, daß man sie

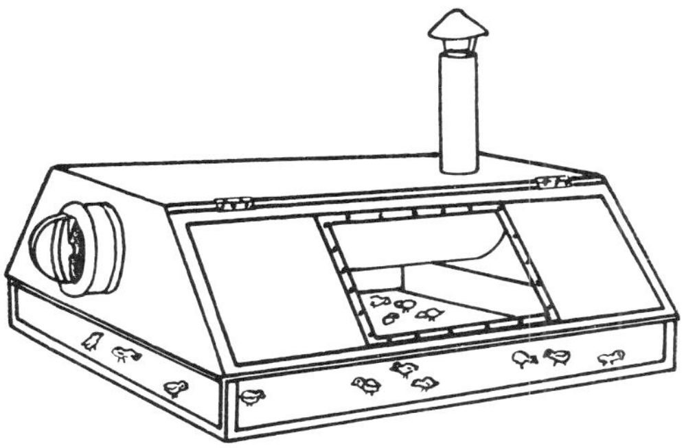

1344. Brikett-Schirmglucke „Bavaria“
(Fabian, München)

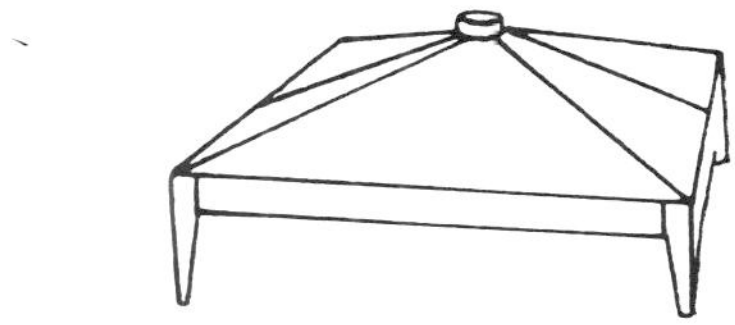

1345. Schirmglucke mit Stabheizkörper
(Fabian, München)

auch wegen der langen und gleichmäßigen Brenndauer zur Beheizung von Batterie-Aufzuchträumen und zur Erwärmung von Hühnerställen an kalten Wintertagen verwenden kann.

Anders gebaut ist die Brikett-Schirmglucke „Bavaria“ (Bild 1344). Durch ein unter dem ganzen Dach der quadratisch geformten Glucke verlaufendes Heizrohr wird eine gleichmäßige

1346. Schirmglucke „Ideal“
mit Ofenheizung
(Fabian, München)

1347. Kükentrog
(Fabian, München)

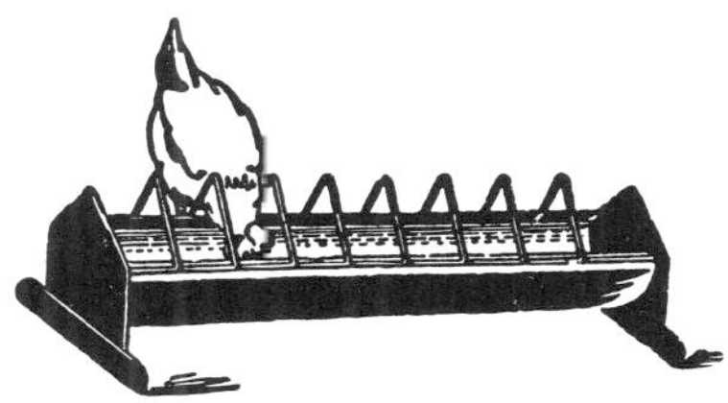

1348. Futtertrog für Küken
(Fabian, München)

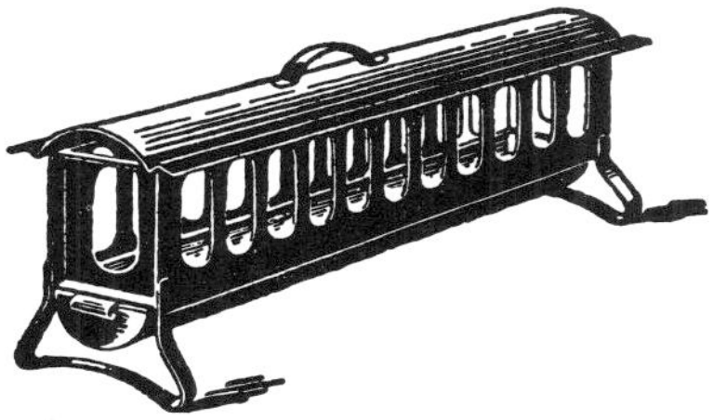

1349. Futterhaus für Hühner
(Fabian, München)

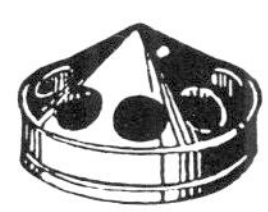

1350. Entenschnatter
(Fabian, München)

1351. Trocken-Selbstfütterer
mit herablaßbarem Abschlußring
(Fabian, München)

Wärme über die gesamte Bodenfläche erzeugt, so daß sich die Küken nicht drängen. Beide Seiten der Glucke sind aufklappbar und mit einem Schauglas versehen, so daß sie leicht gereinigt werden kann.

Die in dem Bild 1345 dargestellte Schirmglucke wird mit Stabheizkörpern elektrisch beheizt. Die Heizung ist mit einer Dreistufenschaltung versehen, die es gestattet, die

Heizleistung von 150 über 300 bis 450 Watt verschieden stark einzustellen. Diese Anlage wird in zwei Größen für etwa 125 und für 300—400 Küken gebaut und erreicht unter dem Schirm eine Wärme bis zu 35° C.

Die Schirmglucke „Ideal" (Bild 1346) hat einen kleinen Ofen mit Aschenschublade und ist für Brikett- und für Anthrazitheizung geeignet. Unter ihrem Schirm von 125 cm Durchmesser finden etwa 200—300 Küken Platz.

Auch für die Fütterung und Tränkung sind im Laufe der Zeit viele Einrichtungen entstanden: Längliche oder runde Futtertröge für Küken und sonstige Jungtiere, Futterhäuser

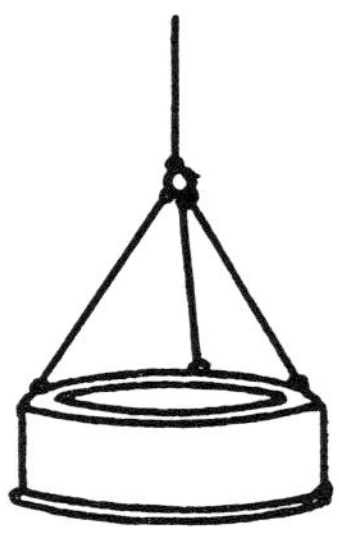

1352. Schwebe-Futtertrog (Fabian, München)

1353. Kükentränke (Fabian, München)

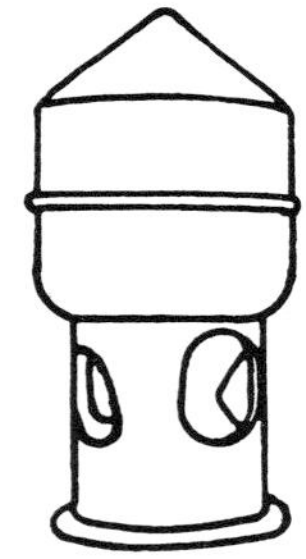

1354. Taubentränke (Fabian, München)

für Hühner, Trockenselbstfütterer, Schwebefuttertröge, Selbsttränken für Küken, Tauben usw. Diese Einrichtungen sind für die Betriebe arbeitswirtschaftlich vorteilhaft und für die Aufzucht und das Wachstum der Tiere sehr förderlich. In den Bildern 1347—1354 ist eine Anzahl der verschiedensten Vorrichtungen dargestellt.

B. Tierzucht und -pflege

Für die Aufzucht und Pflege der Tiere sind viele Geräte und Maschinen entwickelt worden, die dem Landwirt die tägliche und oft mühevolle Arbeit erleichtern und den Tieren ein gesundes, sauberes, angenehmes Leben bereiten helfen. Dazu kommen in unserem Zeitalter der Technik und Mechanisierung viele Geräte und Maschinen, die wirtschaftsfördernd wirken, so daß man beispielsweise eine Schafschur ohne Schermaschinen sich kaum noch vorstellen kann. Es können hier nur die wichtigsten und bewährtesten Maschinen und Geräte für die Tierzucht und -pflege behandelt werden.

1. Scheren und Schermaschinen

Langhaarige Tiere, Schafe, besondere Ziegenrassen, Angorakaninchen usw. schert man, um Wolle zu gewinnen. Im übrigen werden aber auch die Tiere mit minderwertigem Haar regel-

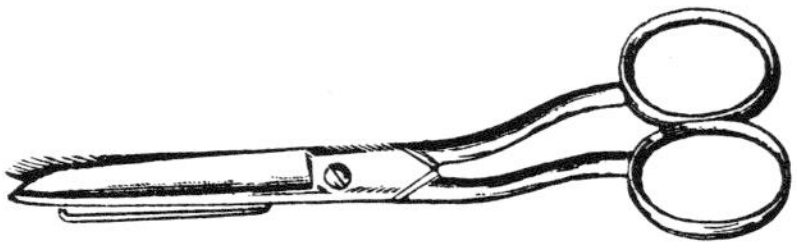

1355. Spezialschere zum Schneiden langer Tierhaare (Hauptner, Solingen)

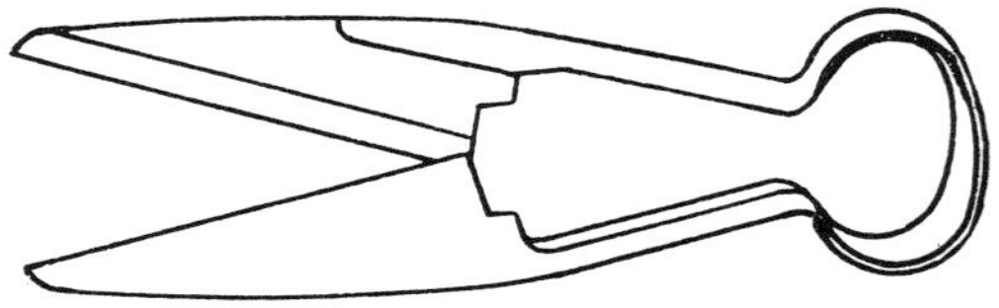

1356. Schafschere (Hauptner, Solingen)

mäßig oder in der warmen Jahreszeit ganz oder teilweise geschoren, um sie sauber oder gesund zu halten, manchmal auch aus Schönheitsgründen. Die Scheren haben, je nach ihrem Zweck, verschiedene Formen und werden entweder mit der Hand oder mechanisch betätigt.

Die unserer gewöhnlichen Schere nachgebildete einfachste Spezialschere benutzt man, um lange Haare zu schneiden (z. B. bei Angorakaninchen). Um zu vermeiden, daß hierbei die Haut verletzt wird, kommen die äußersten Spitzen der Schneiden nicht zum Schnitt; außerdem ist sie seitlich mit einem Bügel versehen, so daß die Schneiden nicht unmittelbar auf der Haut aufliegen (Bild 1355).

Zum Schafscheren dient die der Gartenschere nachgebildete, von Hand zu bedienende Schafschere (Bild 1356). Um Rinder zu scheren, benutzt man Kammscheren (Bild 1357), deren Kämme weit gezähnt sind. Beim Scheren mit dieser ausgesprochenen Rinderschere werden die

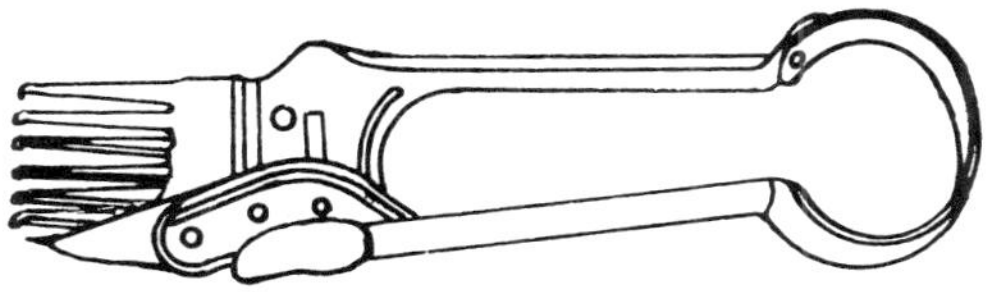

1357. Kammschere mit weiter Zahnung für Rinder (Hauptner, Solingen)

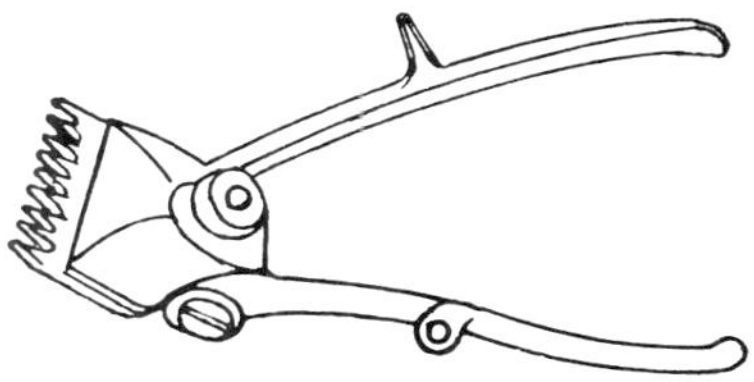

1358. Tierschere (Hauptner, Solingen)

beiden Stege zusammengedrückt, die durch einen elastischen Bügel verbunden sind. Dabei bewegt sich das an dem einen Steg schräg angenietete Messer, etwa so wie bei den Mähmaschinen, an den von den einzelnen Kammzinken gebildeten Gegenschneiden vorbei, die man in das Haarkleid schiebt. Dadurch, daß die Schneide fest auf dem Kamm aufliegt, wird ein sauberer Haarschnitt erzielt. Nach dem Schnitt federt das Messer durch den elastischen Bügel, wenn man die Faust löst, wieder in seine Anfangsstellung zurück. Solche Scheren mit feinerer Tei-

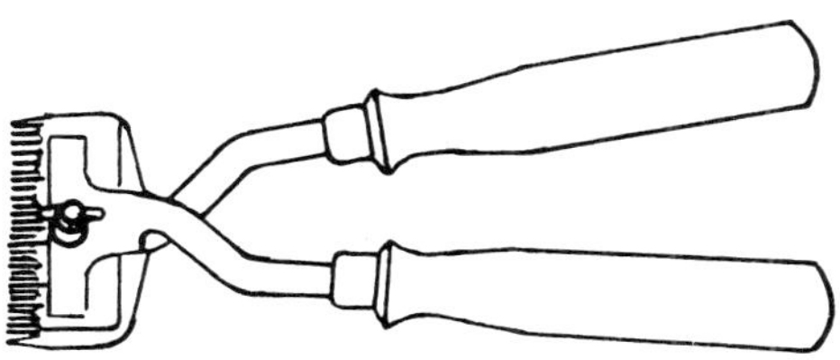

1359. Zerlegbare Pferdeschere (Hauptner, Solingen)

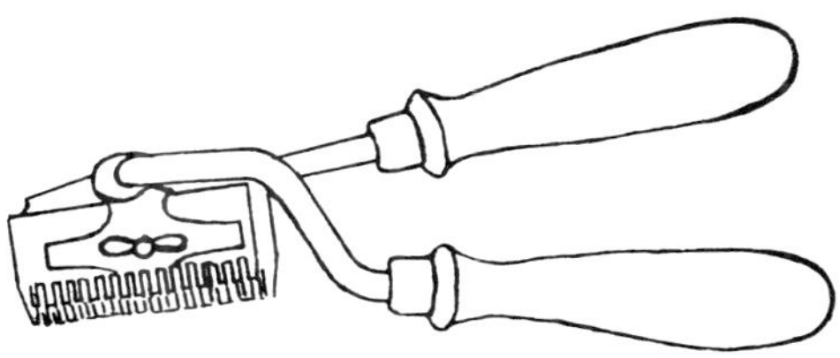

1360. Fesselschere (Hauptner, Solingen)

lung werden auch als Hundescheren benutzt, doch sind bei Hunden und anderen Tieren mit wolligem Haar und für Fesseln, Schweif- und Mähnenhaar besser die Tierscheren nach Bild 1358 zu verwenden.

Pferde schert man mit der Pferdeschere (Bild 1359), einer leicht zerlegbaren, mit zwei Handhaben versehenen, engteiligen Doppelkammschere; in der Fesselschere hat sie durch die seitliche Anordnung des Schneidapparates eine besondere Ausbildung erfahren (Bild 1360).

Die weitere Entwicklung auf diesem Gebiete hat zu handbetriebenen Schermaschinen geführt (Bild 1361). Zu diesen Maschinen sind 2 Personen erforderlich, von denen die eine die antreibende Kurbel mit einer Hand bedient und mit der anderen den angebrachten Apparat mit einer Handhabe festhält, während die andere Person schert. Bei diesen Maschinen setzt die mit Schwungrad versehene, von Hand gedrehte Kurbelwelle über ein Kegelradgetriebe eine biegsame Welle in Drehung, die in dem eigentlichen Schneidapparat einen Kurbeltrieb bewegt, der wiederum den Scherkamm hin- und herbewegt. Solche Maschinen werden bei Pferden und Rindern angewandt.

Zuletzt sind elektrisch betriebene Schermaschinen entstanden, die mit einem zum Aufhängen eingerichteten Elektromotor und entweder mit biegsamer Welle (Bild 1362) oder mit einer Stangengelenkwelle versehen sind (Bild 1363). Der Motor ist bei diesen Maschinen unmittelbar mit der Welle gekuppelt und mit Schutzvorrichtungen nach Vorschrift des VDE versehen. Diese Maschinen vereinigen höchste Leistung mit längster Lebensdauer. Die Arbeit mit solchen Maschinen ist leicht und angenehm. Der Griff ist handlich und die

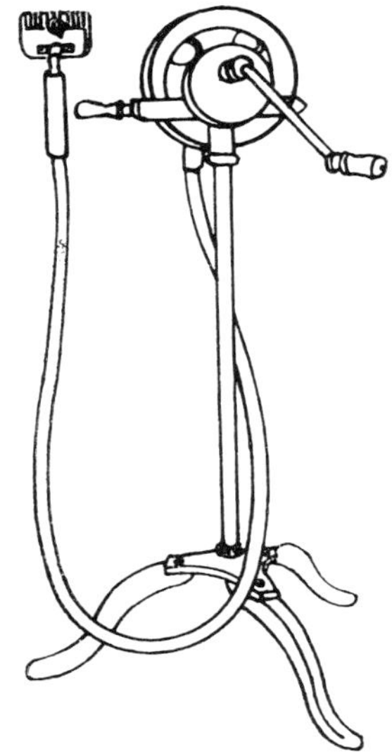

1361. Schermaschine mit biegsamer Welle für Handbetrieb (Hauptner, Solingen)

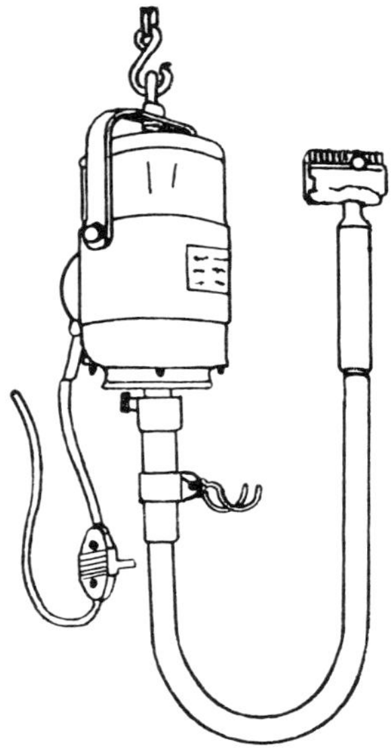

1362. Elektrische Schermaschine mit biegsamer Welle (Hauptner, Solingen)

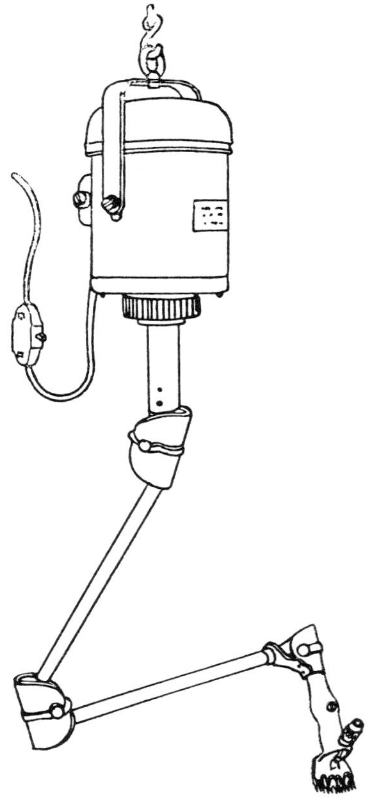

1363. Elektrische Schermaschine mit Stangengelenkwelle (Hauptner, Solingen)

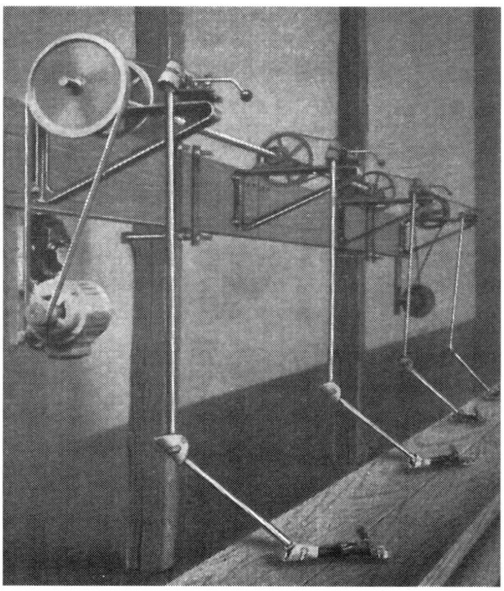

1364. Schafscheranlage mit Transmissionsantrieb (Hauptner, Solingen)

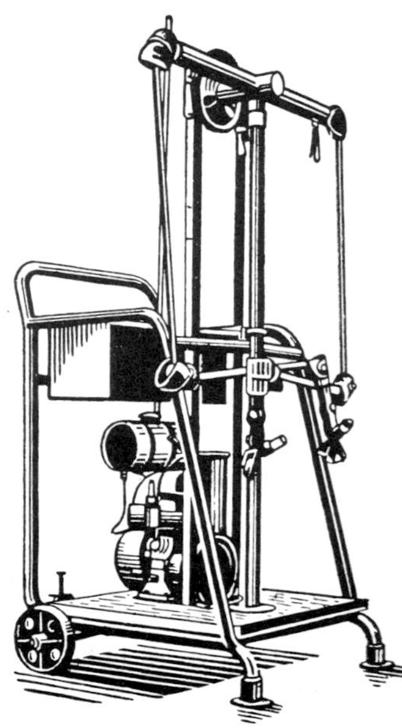

1365. Schafscheranlage mit zwei Apparaten, durch Sachs-Motor betrieben (Hauptner, Solingen)

Welle folgt leicht den entsprechenden Bewegungen der Hand. Diese Maschinen werden dadurch für den landwirtschaftlichen Betrieb noch wirtschaftlicher, weil der Scherapparat durch einen Bohr- oder Schleifkopf ausgewechselt werden kann, so daß die Maschinen in der Werkstatt als Bohr- oder als Schleifmaschinen verwendet werden können.

Elektrische Schermaschinen mit Stangengelenkwelle werden bei der Schafschur angewendet. In großen Schafschurbetrieben lassen sich mehrere, durch einen Motor angetriebene Schermaschinen zweckmäßig durch eine Transmission zu einer Schafscheranlage verbinden (Bild 1364).

Solche Schermaschinen sind aber nicht unbedingt auf den elektrischen Strom angewiesen. Wo kein Stromanschluß vorhanden ist, kann man diese Maschinen auch durch einen Verbrennungsmotor betreiben. Auf dem Bild 1365 ist eine Schafschermaschine mit zwei Apparaten dargestellt, die von einem leistungsfähigen Sachsmotor angetrieben wird.

2. Ohrmarken, Schnitt- und Kerbmarkierung

Es ist oft schwierig, die Tiere größerer Bestände auseinanderzuhalten und zu erkennen. Das gelingt selbst dem Pflegepersonal nicht, zumal, wenn es öfter wechselt. Darum wurden Methoden ersonnen, die Tiere zu kennzeichnen. Das ist unerläßlich bei wertvollen Zuchttieren; es erleichtert aber auch die Viehhaltung, wo beispielsweise „Ausreißer" auf fremdes Gebiet übertreten, oder wo bei Transporten Tiere verschiedener Besitzer gemeinsam verladen werden.

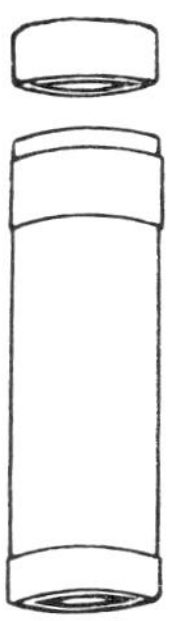

1366. Farbstift zum Kennzeichnen der Tiere (Hauptner, Solingen)

1367. Ohrmarken, offen und geschlossen (Hauptner, Solingen)

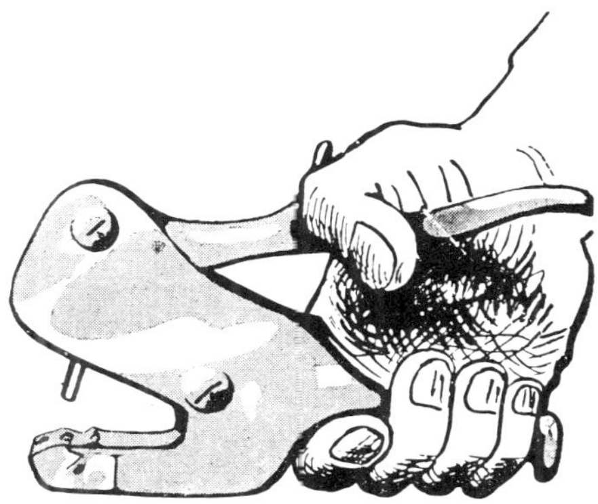

1368. Ohrmarkenzange (Hauptner, Solingen)

Die Tiere werden auf verschiedene Art gekennzeichnet. Schafe, Schweine, Kälber kennzeichnet man durch besondere Farbstifte (Bild 1366). Sie bestehen aus einer fetthaltigen Farbe in einer Metallhülse und werden auf Druck auf den eingesetzten Boden vorgeschoben.

Zum Unterschied von dieser nur kurze Zeit wirkenden Kennzeichnung gibt es Verfahren, die das Tier durch Ohrmarken, Schnittkerben und -markierungen, Tätowieren und Stempeln dauernd kenntlich machen, die auch genügend zuverlässig sind, um vorsätzliche Vertauschungen und Vernichtungen der Kennzeichen unmöglich zu machen, es sei denn, daß die Kennzeichen herausgeschnitten werden, ein Verfahren, das nicht zu verbergen ist. Da außer solchen bleibenden Kennzeichen die Tiere in der Tierrolle mit ihren Besonderheiten beschrieben sind, wird es dem Besitzer leichtfallen, sein Tier wiederzuerkennen.

Ohrmarken (Bild 1367) werden mit einer besonders ausgebildeten und auf die Ausbildung der Ohrmarke zugeschnittenen Ohrmarkenzange am Ohr des Tieres befestigt. Die neuzeitlichen

Ohrmarkenzangen (Bild 1368) arbeiten so, daß sie mit einer Hand zusammengedrückt werden, das Ohr lochen, den Nietschaft der vorher in die Zange eingelegten Ohrmarke durchstoßen, ihn vernieten und die Ohrmarke freigeben. Die andere Hand ist dabei frei, um das Ohr zu halten, so daß die Marke an der günstigsten Stelle am Ohr sicher eingezogen wird. Die Marke kann also an keiner unrichtigen Stelle eingezogen werden. Das Bild 1369 zeigt eine Ohrmarke für Schweine.

Wo zur schnellen Kennzeichnung, beispielsweise beim Vieheinkauf, beim Schlachtvieh oder bei der Impfkontrolle die Ohrmarken nur für

1369. Ohrmarke für Schweine, offen und geschlossen (Hauptner, Solingen)

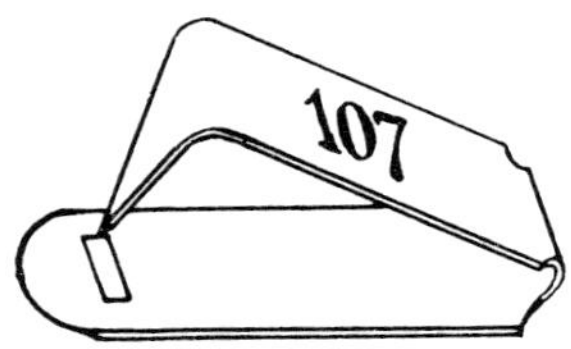

1370. Einfache Ohrmarke (Hauptner, Solingen)

1371. Einfache Ohrmarke (Hauptner, Solingen)

wenige Tage oder Wochen zu halten brauchen, bedient man sich einfacherer Marken (Bild 1370 u. 1371), die mit entsprechenden Zangen durchgedrückt werden. Es gibt auch einfache Marken, die als Versicherungs-Ohrmarken (Bild 1372) ohne Zange durchgedrückt werden und nach Art der Patentknöpfe geschlossen werden.

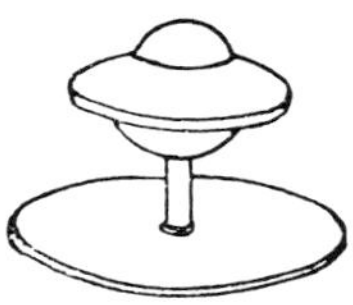

1372. Versicherungsohrmarke (Hauptner, Solingen)

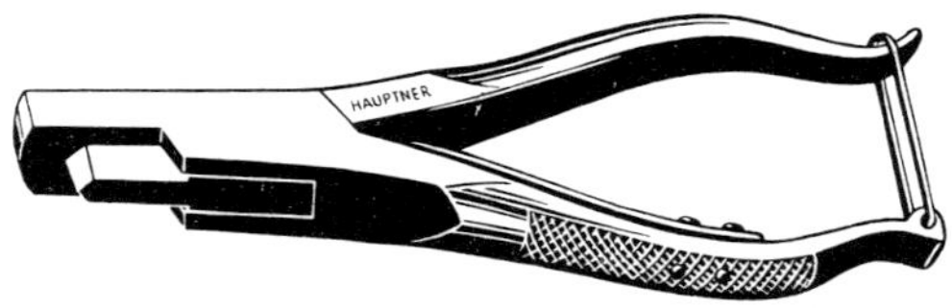

1373. Kerbzange (Hauptner, Solingen)

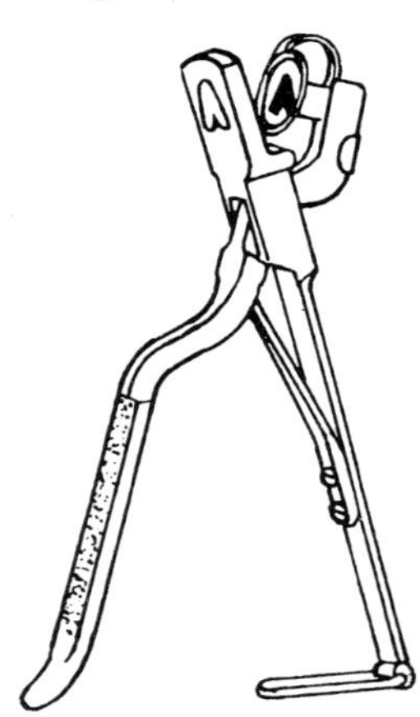

1374. Markierzange (Hauptner, Solingen)

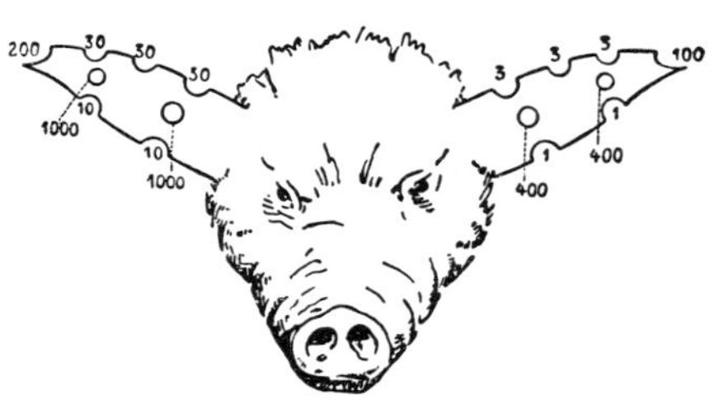

1375. Einkerbungen der Ohren (Hauptner, Solingen)

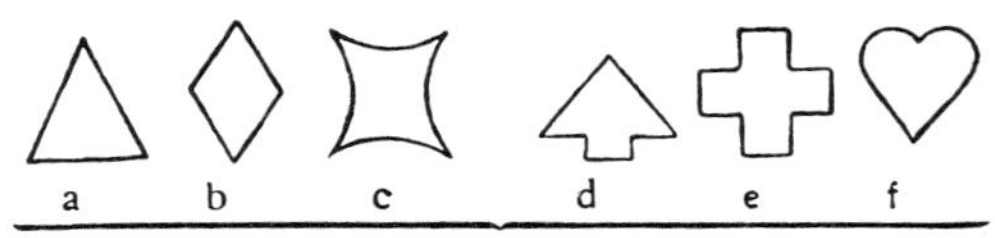

1376. Zangenmarkierungen (Hauptner, Solingen)

In die Marken sind die Namen oder Anfangsbuchstaben des Besitzers und die Nummer des Tieres eingeprägt. — Auf andere Art wird mit Kerb- (Bild 1373) und Markierzangen (Bild 1374) entweder der Rand des Ohres in verschiedener Art einmal oder mehrmals eingekerbt (Bild 1375), oder in den Ohrlappen werden Buchstaben oder andere Zeichen, Drei-, Vierecke, mit geraden oder geschwungenen Seiten, Kreuze, Herzen, Pfeile usw. (Bild 1376) gewissermaßen hineingestanzt. Zum Anschneiden verwendet man Scheren mit feinen Spitzen.

Besonders bei Pferden werden Buchstaben, Namenszüge oder Gestütswappen mit Brennstempeln eingebrannt. Hierbei bedient man sich des Haut- und auch Hornbrandes. Brennstempel für Hautbrand bestehen aus Schmiedeeisen, in das der Namenszug (Bild 1377) oder die Buchstaben (Bild 1378) eingraviert sind. Die Stempel werden nur bis zur dunklen Rotglut erwärmt, um nicht das Unterhaut-Bindegewebe zu beschädigen; die verbrannte Oberhaut heilt, ohne Narben zu bilden. Besonders für den Hornbrand hat man Brennstempel mit auswechselbaren Zahlen, so daß man mit einem Stempel für das Durchnumerieren auskommt (Bild 1379).

1377. Beispiel eines Hautbrandes
(Hauptner, Solingen)

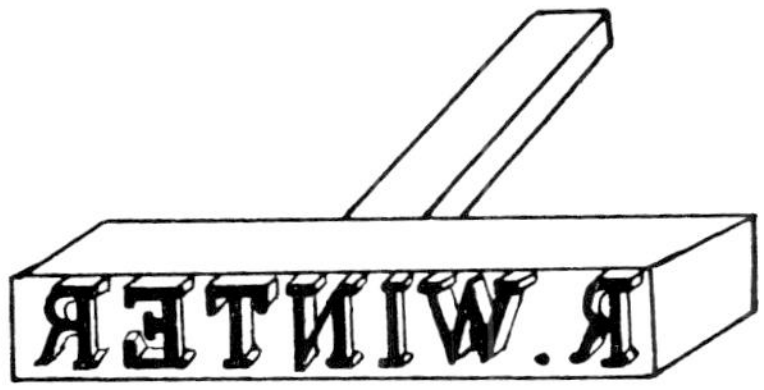

1378. Hautbrandstempel mit festen Buchstaben
(Hauptner, Solingen)

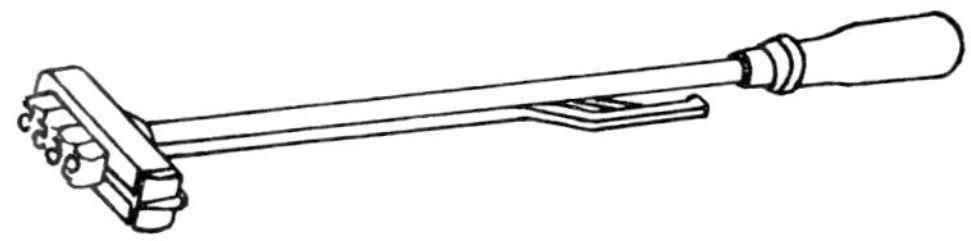

1379. Stempel mit verstellbaren Zahlen
(Hauptner, Solingen)

3. Tätowieren, Brennen, Stempeln

Rinder, Schweine, Schafe, Ziegen, Kaninchen usw. werden auch dadurch kenntlich gemacht, daß man sie tätowiert. Man benutzt entweder Tätowierzangen (Bild 1380), die in der Form des Buchstabens oder der sonstigen Kennzeichen mit spitzen Nadeln versehen sind und die Haut in dieser Form einstechen und für die kleinen Öffnungen sorgen, in die meist violette oder rote Farbe eingerieben wird. Oder man hat Tätowierstempel, bei denen die Farbe selbsttätig beim Einstechen der Nadeln eingeführt wird (Bild 1381). Diese Stempel sind nicht wie die Zangen für die Ohren der Tiere bestimmt. Man benutzt auch Tätowierstempel als Blutstempel, ohne Farbe zu verwenden (Bild 1382).

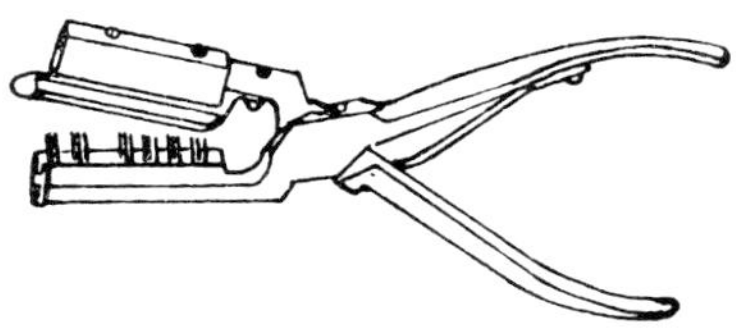

1380. Tätowierzange
(Hauptner, Solingen)

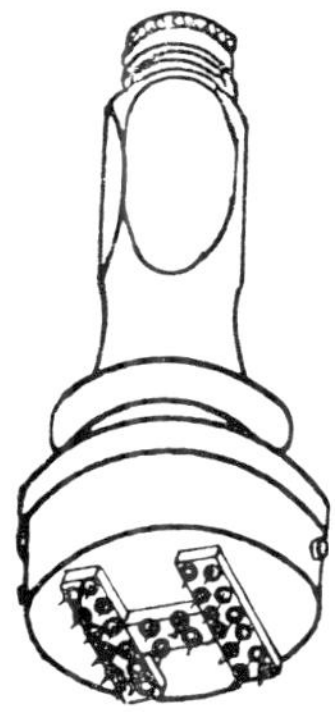

1381. Tätowierstempel
(Hauptner, Solingen)

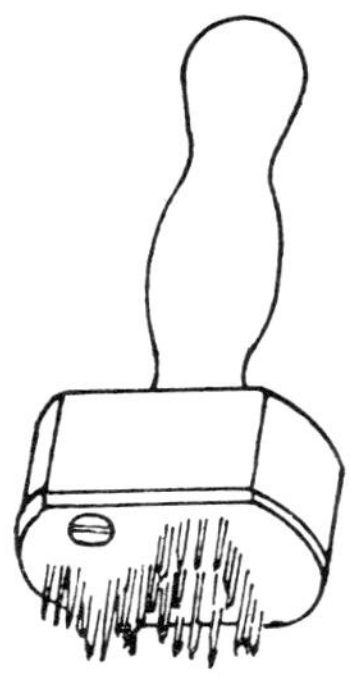

1382. Blutstempel
(Hauptner, Solingen)

4. Nasenringe und -zangen

Zum Schluß dieses Abschnittes sollen noch einige Vorrichtungen erwähnt werden, die angewandt werden, wenn man Tiere führt oder hält, wenn man schmerzhaft eingreifen muß. Es handelt sich um die Nasenringe für Bullen und um die verschieden ausgebildeten Bremsen. Beide Vorrichtungen werden an einer der empfindlichsten Stellen, der Nase, den Lippen, angebracht, und man hat es dann leicht, das Tier zu beherrschen und es durch den Abschnürvorgang (beispielsweise bei Operationen oder beim Tätowieren) den Schmerz an diesen Stellen nicht fühlen zu lassen, da er von der Einschnürwirkung der Bremse überlagert wird.

Der Nasenring besteht aus zwei gelenkig verbundenen Hälften (Bild 1383), deren offene Enden zugeschärft sind und nach dem Einziehen durch die Nase des Bullen mit einer Verschlußschraubensicherung verschlossen werden, wobei die Nasenscheidewand durchstoßen wird. Um den Ring einzuführen, bedient man sich der Nasenringzange (Bild 1384), einer Spezialzange, die der Form des Ringes angepaßt ist und es ermöglicht, den Ring an der richtigen Stelle einzuziehen. Man hält dabei das Tier mit der Zange wie mit einer Bremse und hat es vollkommen in der Gewalt. Der Ring liegt dabei einzugsbereit in der Zange. Er wird dann durch einen Zangendruck eingezogen, ohne daß die Nasenscheidewand vorgelocht wird. Der Ring wird durch die Sicherungsschraube verschlossen; der Schraubenansatz wird abgebrochen.

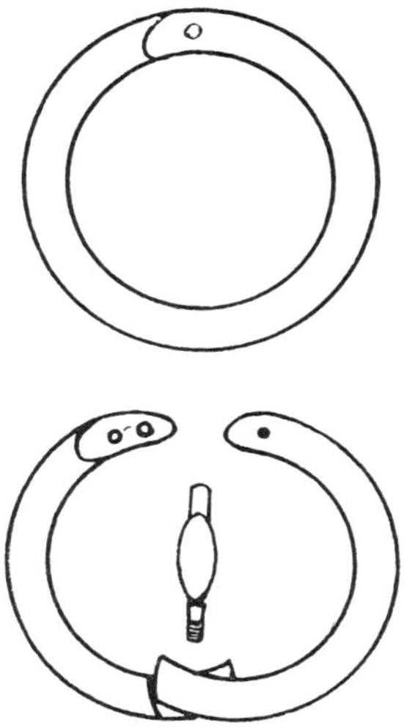

1383. Nasenring, geschlossen und geöffnet, mit Schraubverschluß (Hauptner, Solingen)

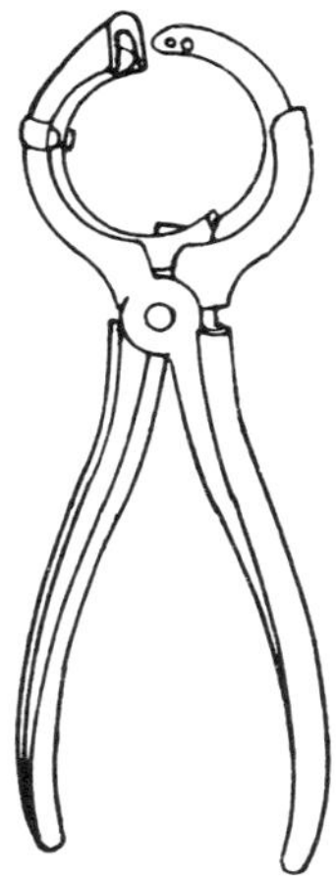

1384. Nasenringzange (Hauptner, Solingen)

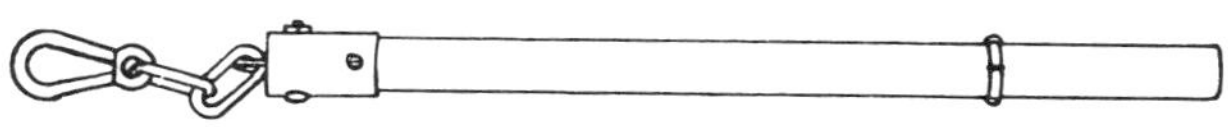

1385. Bullenführstab (Hauptner, Solingen)

1386. Nasenringhalter in Anwendung (Hauptner, Solingen)

5. Bullenführstäbe und Tierbremsen

Die Bullen werden so an diesem Ring geführt, daß man mit Karabinerhaken an dem Ring eine Kette oder dergleichen befestigt oder sich der mit gleichen Karabinerhaken versehenen Bullenführstäbe bedient (Bild 1385). Für die Zeit, wo der Nasenring nicht benutzt wird, ist es zweckmäßig, ihn durch einen Nasenringhalter hochzubinden. Er ist meist ein aus Chromleder bestehender über der Stirn und unter den Hörnern verlaufender Gurt (Bild 1386).

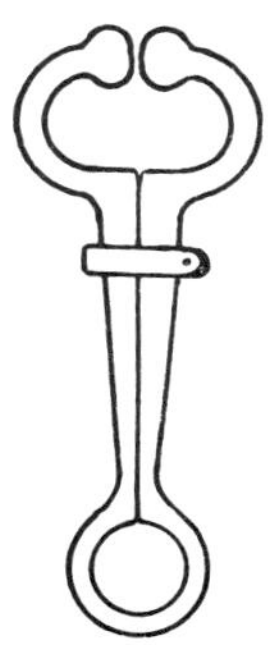

1387. Rinderbremse (Hauptner, Solingen)

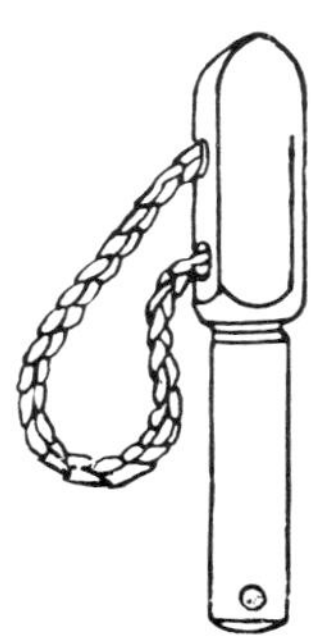

1388. Pferdebremse (Hauptner, Solingen)

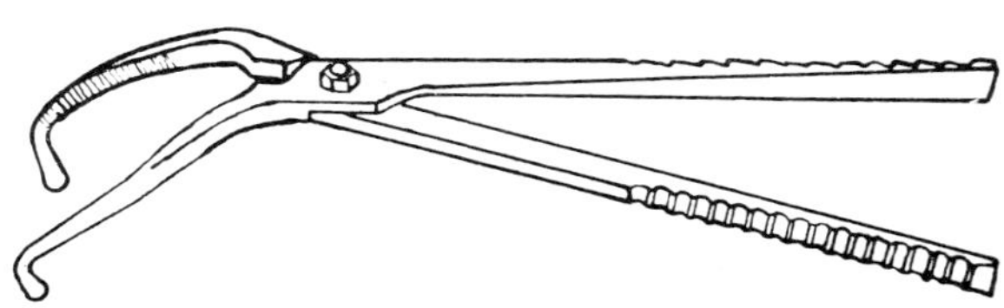

1389. Schweinebremse (Hauptner, Solingen)

Die Bilder 1387 bis 1389 zeigen verschiedene Bremsen, die bei Kühen die Nasenscheidewand, bei Pferden die Oberlippe und bei Schweinen ebenfalls die Nasenscheidewand zusammendrücken.

6. Elektrischer Rotor-Saugstriegel

Die rotierende elektrisch-automatische Viehputzmaschine erleichtert die Viehpflege sehr fühlbar. Bei leichtester Handhabung und großer Zeitersparnis werden die Tiere in einem Arbeitsgang gestriegelt und gebürstet und dabei wird ein bisher unerreichter Glanz und eine Glätte des Tierfelles erreicht. Das Tier wird massiert und gleichzeitig werden ihm Schmutz, Ungeziefer und Bakterien abgesaugt. Die Tierhaut und der ganze Putzbetrieb sind sauber, da das abgesaugte Material wie bei Staubsaugern sogleich in einem angehängten Beutel abgelagert wird.

1390. Rotor-Saugstriegel (Groher, Nürnberg)

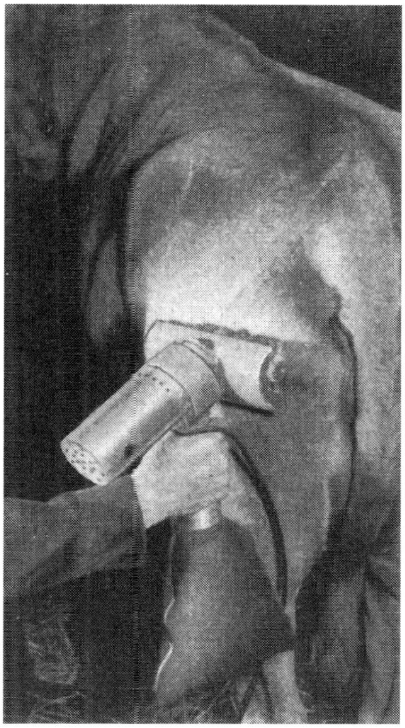

1391. Ansetzen des Rotor-Saugstriegels (Groher, Nürnberg)

Der Rotor-Saugstriegel (Bild 1390) besteht aus dem Motor (einem Kollektormotor von 24 V Stromstärke und einer Drehzahl im Leerlauf von 13500 U/min), dem staubführenden Handgriff mit angehängtem Staubsack und der Saughaube, mit Getriebebock, Antriebswelle und Walzenbürsten.

Um die erforderliche niedrige Voltzahl von 24 V zu bekommen, ist ein kleiner Transformator zwischenzuschalten. Die Drehbewegung des Motors auf die Bürstenwelle wird über ein Schneckenradgetriebe mit herabgesetzter Drehzahl übertragen, die bei der Bürstenwelle im Leerlauf noch etwa 900 U/min beträgt. Als Bürsten kommen, entsprechend der Putzarbeit, vier verschiedene Bürstenausrüstungen in Betracht, und zwar normale Bürsten für den allgemeinen Gebrauch, Glanzbürsten für Pferde, Bürsten für schmutzige Tiere und schließlich Bürsten mit Striegelblechen für Felle, die mit Schmutz verkrustet sind.

Damit das Putzen mit dem Rotor-Saugstriegel wirtschaftlich ist, muß der Putzer sich eingearbeitet haben, er kann dann 40% der normalen Arbeitszeit sparen.

Die Wirkung des Rotors ist sehr rapid und reißt allen Schmutz, Haarausfall, Ungeziefer usw. aus dem Fell. Man darf aber das Tier nicht dadurch belästigen, daß man lange Haare, Schwanzhaare, Euter oder Hautfalten einklemmt. Zweckmäßig wäscht man harte Kotfladen vor dem Putzen ab. Bei dem mechanischen Putzen läßt man die Maschine ohne Druck leicht in das Fell gleiten (Bild 1391). Wesentlich ist es, daß man den Staubsack nicht im Stall entleert und ihn beim Säubern der Maschine abnimmt. Man soll die Maschine auch nicht auf den nassen Stallboden legen.

In Abständen von 8—14 Tagen ist der Rotor zu reinigen und dabei darauf zu achten, daß auch der Saugkanal sauber ist und sich keine Haarbüschel oder sonstigen Schmutzteile darin befinden.

In dem Getriebebock der Saughaube ist der Antrieb für die Walzenbürste eingebaut. Er besteht aus einer Bürstenwelle, die in zwei selbstschmierenden Bronzelagern läuft. Um diese Welle herauszunehmen, muß zuerst das Nickelblech entfernt werden. Dann sind die beiden Madenschrauben zu lösen, die die Lager festlegen. Durch leichtes Klopfen auf ein Wellenende löst sich ein Lager und der Keil im Antriebsrad. Die Welle mit dem Lager kann dann herausgenommen werden. Dann läßt sich auch das Hartfaser-Antriebszahnrad aus dem Gehäuse herausnehmen. Die Saughaube wird abgenommen, nachdem man die drei Gehäuseschrauben herausgeschraubt hat.

Die Bürsten werden durch Mitnehmerringe angetrieben, die am Wellenansatz anliegen. Um diese Mitnehmerringe dürfen sich keine Haare wickeln, da sie sonst die Bürstenwelle abbremsen. Sind die Bürsten verhaart, so können sie leicht mit einem Nagelbrettchen enthaart werden.

Nach etwa 300 Betriebsstunden sind die Kollektorkohlen verbraucht und müssen erneuert werden.

IV. Maschinen und Geräte für den Gärtnereibetrieb

Bereits bei der Behandlung der Handgeräte sind auch Geräte aufgeführt worden, die in der Gärtnerei und im Gemüsebau verwendet werden, die fast alle Hand-Bodenbearbeitungsgeräte sind. Auch unter den behandelten Maschinen befinden sich manche, die auch in der Gärtnerei selbstverständlich verwendet werden, wie beispielsweise der Kleekarren, die Dibbelmaschine usw. In diesem Abschnitt sollen aber nur Geräte und Maschinen behandelt werden, die eigens auf den mit größter Intensivierung betriebenen Gärtnerei- und Gemüsebaubetrieb zugeschnitten sind.

A. Erdaufbereitungsmaschinen

Hier handelt es sich um die Aufbereitung von Erden aus Komposthaufen, Lehm, Torf, Klärschlamm und anderen Stoffen, um gleichmäßig durchgemischte Sorten herzustellen, ohne dabei die körnige Struktur zu zerstören, wobei gleichzeitig die groben Beimengungen: Steine, Glasscherben und nicht verrottete Unkrautstrünke usw. abgesondert werden.

Die Erdaufbereitung von Hand ist mit einem großen Arbeits- und Zeitaufwand verbunden, so daß die Löhne und Kosten sehr hoch sind, selbst wenn man die Arbeiten in den Zwischenzeiten ausführt.

Schon deshalb war es zu begrüßen, daß es möglich wurde, die Gartenerden mit Maschinen aufzubereiten. Heute gibt es verschiedene Maschinen, die entweder durch eine freilaufende Stiftenwelle den in einen Trichter eingegebenen Kompost, Torf usw. abfräsen und nach unten auswerfen, oder mit einem Schleuder- und Schaufelrad die eingeworfene Erde zerreißen und durch die Fliehkraft nach Schwere sortieren.

1. Erdhexe

Nach einem anderen Prinzip arbeitet die in Bild 1392 dargestellte Aufbereitungsmaschine „Erdhexe", die in idealer Weise drei Arbeitsgänge miteinander vereinigt und so die Leistung eines Handarbeiters bedeutend erhöht.

Die aufzubereitende Erde wird in den verhältnismäßig niedrig liegenden Aufgabetrichter geschaufelt. Im Grunde dieses Trichters gelangt die Erde auf ein rasch umlaufendes Gurtband, das mit gehärteten, verschleißfesten Kammleisten aus Stahl besetzt ist. Die Erde wird zerrieben und mitgenommen, durch einen verstellbaren, gefederten Fingerkamm geführt und in weitem Bogen auf einen Haufen geworfen. Der Fingerkamm und ein Prallgitter am Auslauf regulieren den Feinheitsgrad der Erde, die nicht gemahlen, sondern zerlegt und aufgelockert wird, so daß sie ihre natürliche Krümelstruktur behält. Werden verschiedene Erden aufgegeben, die zu mischen sind, so entsteht ein gleichmäßiges Gemisch von einer Krümelgröße, wie sie sich der Gärtner wünscht. Die groben Beimengungen rollen, soweit sie nicht zerrieben werden, auf dem laufenden Band nach unten und fallen heraus, wenn die unten angebrachte Klappe geöffnet wird. Dadurch wird der Gärtner beim Pflanzen außerdem vor Verletzungen geschützt. Um auch den Rest der Fremdkörper auszuscheiden, die unter Umständen noch mit überlaufen können, ist vor dem Abwurf ein Vorhängesieb angebracht.

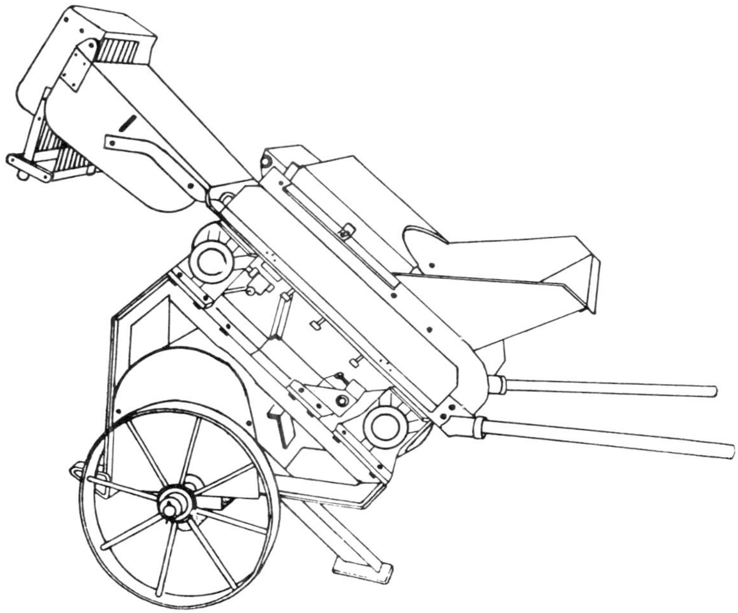

1392. Erdaufbereitungsmaschine „Erdhexe“ (Künkel, Wagner u. Co., Alfeld)

Die Erdhexe arbeitet mit einem 300 mm breiten Band, das über 2 Gurtwalzen bergan läuft. Die Gurtwalzen sind in einer schiefen Ebene angeordnet. Die Ecken der darauf befestigten Kammleisten sind nach oben gebogen, so daß die Erde nicht nach den Seiten abfallen kann.

Die Leistung dieser Maschine richtet sich danach, wie die aufgegebenen Erden beschaffen sind. Im allgemeinen kann sie das von drei kräftigen Männern eingeschaufelte Aufbereitungsgut verarbeiten.

Diese Maschine wird über Doppel-Keilriemen durch einen 3-PS-Elektromotor angetrieben, der in dem aus Schmiedeeisen geschweißten Gehäuse untergebracht ist. Durch große Räder ist die Maschine fahrbar gemacht, so daß sie leicht umhergefahren werden kann.

Mit der verstellbaren Wurfvorrichtung kann die Wurfweite zwischen 1 und 7 m, die Wurfhöhe zwischen 1 und 2 m reguliert werden.

1393. Vibrationssieb „Rekord“ (Siebtechnik G.m.b.H., Mühlheim/Ruhr)

2. Siebmaschinen

Eine weitere zeit- und arbeitsparende Maschine ist die Siebmaschine (Bild 1393), die mit einem Vibrationssieb arbeitet. Dieses Schwingsieb soll möglichst so aufgestellt werden, daß die durchfallende, gesiebte Erde sogleich in einen Transportkarren fällt. Solche Maschinen arbeiten mit einem elektromotorischen Antrieb von 1 PS.

3. Erddämpfer

Mehrfach benutzte Erden sind angereichert mit Bakterien und Unkrautsamen aller Art. Um sie zu zerstören und die Erde zu sterilisieren, benutzt man sogenannte Erddämpfer, Dampferzeuger, deren Dampf in die mit Erde gefüllten Kästen geleitet wird. Die Erde wird in kleinen, fahrbaren Dampferzeugern gedämpft, um lange Rohrleitungen und dadurch großen Wärmeverlust zu vermeiden. Bei größeren Leistungen wird man, je nach örtlichen Verhältnissen, die vorhandenen Dampferzeuger verwenden, die sonst anderen Zwecken dienen. Da nur einmal im Jahre eine kurze Zeit gedämpft wird, ist es sehr schwierig, besondere Erddämpfanlagen wirtschaftlich auszunutzen. Man kann bereits vorhandene Dämpfanlagen umstellen oder genossenschaftlich oder im Lohnauftrag betreiben oder man kann Dämpfkolonnen beauftragen.

B. Erdtopf- und Pflanzenpikiermaschinen

Die Erdzusammensetzung erhält dort eine erhöhte Bedeutung, wo es sich darum handelt, sie als Topferde in Pflanzen-Pikiermaschinen oder in Erd-Topfmaschinen zu verwenden. Die Zusammensetzung richtet sich naturgemäß nach den örtlichen Bodenarten. Bei schweren Böden soll man für die Erdtöpfe humosere Erden verwenden, bei leichten Bodenarten fettere Erde, Kleierde und Schlick. Am besten läßt man Gartenerde und Komposterde, zu gleichen Teilen mit zerkleinertem Stalldung gemischt, etwa 6—8 Wochen aufgeschichtet lagern. Bei der Verarbeitung mit der Presse ist der Feuchtigkeitsgehalt besonders zu beachten. Die Erde soll so beschaffen sein, daß sie beim Zusammendrücken mit der Hand zusammenbackt. Da sie nicht zu sehr, aber gleichmäßig durchfeuchtet sein muß, gibt man das Wasser etwa 2—3 Tage vor dem Pressen zu, so daß es sich gleichmäßig in der Erde verteilt. Kurz vor dem Pressen ist diese Erde durchzusieben, um sie rieselfähiger zu machen und dadurch den Preßbetrieb zu beschleunigen.

Stecklinge pflanzt man in Erdtöpfe, die mit Erdtopfmaschinen durch Stoßen, Stechen, Schlagen oder Pressen hergestellt sind, von 4 und 8 cm Durchmesser; man benutzt auch immer häufiger Pflanzen-Pikiermaschinen, die gleich mit dem Pressen des Erdtopfes den Steckling einpflanzen und ihm ein gleichmäßig anliegendes Bett geben. Wie wichtig für die jungen Pflänzchen ein nicht zu festes, anliegendes Bett ist, zeigt eine Gegenüberstellung von Pflanzen aus einem handgepreßten und einem mit der Pflanzen-Pikiermaschine gepreßten Erdtopf (Bild 1394).

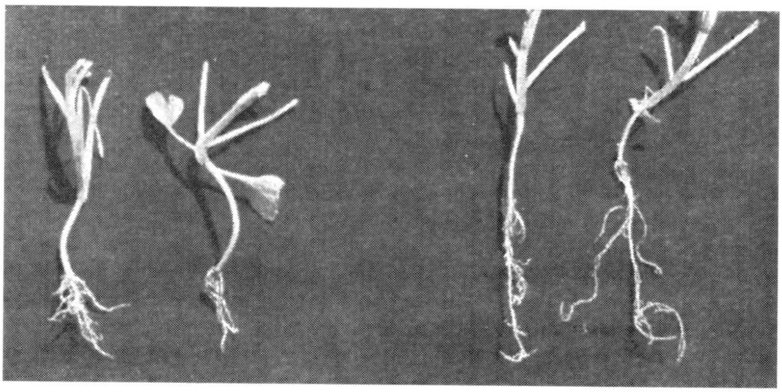

1394. Gegenüberstellung von Pflanzen aus hand- (links) und maschinengepreßten (rechts) Töpfen (Bergmann, Goldenstedt)

Im Bild 1395 ist eine solche Pflanzen-Pikiermaschine dargestellt, die in einem Arbeitsgang 10 fertig pikierte Erdtöpfe herstellt.

Sie ist auf einem massiven Gestell aufgebaut, trägt einen mit Seitenborden versehenen Erdkasten, auf dessen Grund sich durch den oberen Hebel über zwei Zahnräder zwei Preßbacken hin- und herbewegen können. Diese Preßbacken haben an ihren einander zugerichteten senkrechten Seiten 10 halbkreisförmige Aussparungen, die beim Schließen der Preßbacken 10 topfartige Aussparungen bilden. Unter diesen Aussparungen sind durch den unteren Hebel 10 Stößel, die den Boden des Erdkastens durchstoßen, nach oben zu bewegen. Sie haben die doppelte Aufgabe, zunächst beim Vorpressen der Erde die für die Aufnahme der Pflanzen erforderlichen Hohlräume zu bilden und nach dem eigentlichen Preßvorgang die fertigen Töpfe nach oben auszustoßen.

Die Arbeit beim Pressen der Töpfe geht so vor sich: Bei hochstehenden Stößeln, also, wenn der untere Hebel rechts steht, schlägt der obere Hebel aus und die Preßbacken werden nach links geöffnet, bis das rechte Zahnrad gegen eine dafür vorgesehene begrenzende Anschlagschraube stößt. Die Öffnungsweite der Preßbacken richtet sich dabei danach, wie die Erde beschaffen ist und wie weit sie sich zusammendrücken läßt. Humushaltige Erde läßt sich mehr zusammendrücken, als solche mit mehr mineralischen Bestandteilen. Infolgedessen muß die Begrenzungsschraube rechts vom rechten Zahnrad bei humushaltiger Erde weiter nach unten gestellt werden, um den Preßbacken eine hierfür erforderliche größere Öffnungsweite zu geben.

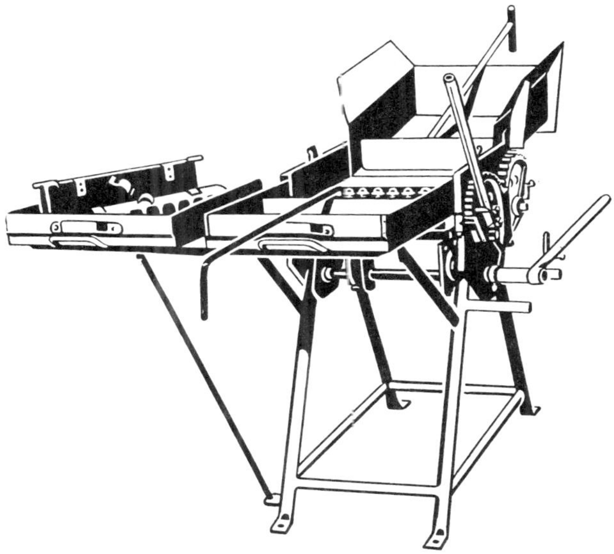

1395. Pflanzen-Pikiermaschine (Bergmann, Goldenstedt)

Nach dem Öffnen der Preßbacken wird mit einem Erdschieber der Raum zwischen den beiden Backen so hoch mit Erde angefüllt, bis sie etwa eine Handbreit über den Stößeln liegt.

Dann wird der obere Hebel nach rechts gedreht; die Preßbacken werden dann so weit zusammengeschoben, bis sich ein leichter Widerstand bemerkbar macht. Hierbei steht der obere Hebel etwa senkrecht. Bei diesem Vorpressen soll die Erde so weit gepreßt werden, daß sie bei dem nachfolgenden Herunterdrücken der Stößel genügend Halt hat und nicht zusammenfällt; sie soll aber auch die für die Aufnahme der Pflanzen erforderlichen Hohlräume bilden, die beim Heruntergehen der Stößel entstehen.

Nach dem Vorpressen wird die überflüssige Erde mit dem Erdschieber zurückgeschoben und die Oberfläche geglättet. Dann erst werden durch Drehen des unteren Hebels nach links die Stößel heruntergelassen, bis der Hebel gegen einen Anschlag stößt. Die durch das Zurückgehen der Stößel entstandenen zylindrischen Öffnungen sind nun aufnahmebereit für die Pflanzen, die in einem Pflanzenhalter vorbereitet liegen.

Der Pflanzenhalter ist ein klappbares Haltegestell für 10 Pflanzen; er wird in einen an der Maschine festgeschraubten Rahmen so eingelegt, daß die 10 Wurzeln in die Öffnungen hineinragen. Gewöhnlich hat man 2 oder mehrere Pflanzenhalter für eine Maschine, so daß beim Einlegen eines gefüllten Halters die anderen leeren Halter neu hergerichtet werden können.

Wenn nun der obere Hebel weiter nach rechts gedreht wird, werden die Preßbacken weiter fest zusammengepreßt, so daß die Pflanzen in der sie nun umschließenden Erde einen Halt finden. Der Pflanzenhalter wird aufgeklappt und abgenommen. Der untere Hebel wird bis zum Rechtsanschlag nach rechts gedreht, womit die Stöße nach oben gelangen und die fertigen Töpfe ausstoßen. Die Töpfe werden mit einem Abziehblech zu je 10 in einen Aufnahmekasten geschoben, bis er mit 100 Erdtöpfen gefüllt ist und fortgenommen wird, damit die Töpfe in Beete oder im Treibhaus eingesetzt werden können. Es ist angebracht, die Maschine so auf

2 Hölzer zu stellen, daß sie in Richtung zu den Wellen liegen und je 2 Füße miteinander zu verbinden. Sie werden dabei durch Maschinenschrauben befestigt.

Die Teile der Pflanzen-Pikiermaschine, die mit Erde in Berührung kommen, sind stets sauberzuhalten, besonders die Preßformen der Backen, da diese Teile nur arbeiten können, wenn ihre Oberflächen glatt poliert sind und die Stößel beim Heruntergleiten keine Erde mitnehmen. Daher ist die Maschine vor dem Abschmieren an den Schmierstellen gut von Erde zu reinigen. Der obere Hebel wird hierbei nach links gestellt, die beiden Preßbacken werden hochgeklappt. Wenn die Maschine längere Zeit stillsteht, ist sie nicht nur gründlich zu reinigen, sondern alle Teile sind auch gut einzufetten, damit die Oberflächen rostfrei bleiben.

C. Heckenscheren und -schermaschinen

Die Hecken- und Rasenpflege ist vielseitig und erfordert viel Arbeit. Diese Arbeit wird durch Maschinen sehr erleichtert.

Die neuen Triebe an den Hecken werden alljährlich beschnitten. Nach 5—7 Jahren muß das verholzte Geäst der Hecken zurückgeschnitten werden. Diese Arbeit, die Zeit, Kraft und Arbeitslohn verschlingt, wurde früher ausnahmslos mit der von Hand bedienten Heckenschere ausgeführt. Auch heute ist es noch oft der Fall und wird sich dort auch in Zukunft schwer vermeiden lassen, wo man mit Maschinen nicht an die Rückseiten der Hecken herankommt oder wo Kurven auszuschneiden sind.

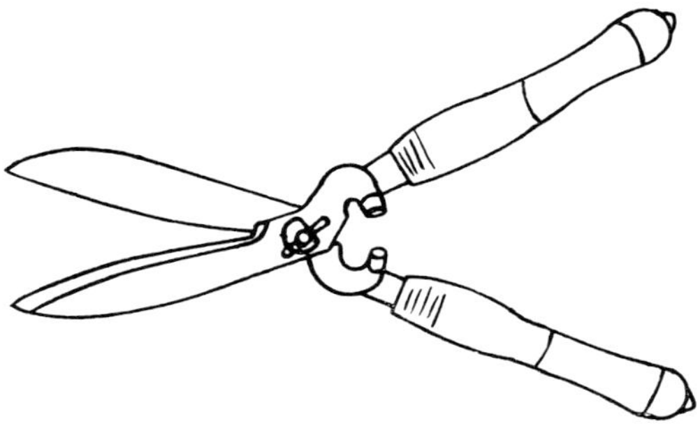

1396. Heckenschere

Das Bild 1396 zeigt eine Heckenschere neuzeitlicher Konstruktion, die nach dem Scherenschnittprinzip arbeitet und Gummianschläge hat, um die beim Zuschlagen der Schneiden entstehenden Erschütterungen abzufangen und dadurch die Arbeit weniger anstrengend zu machen.

Mechanisch betriebene Heckenscheren sind meist mit einem den Mähmaschinen nachgebildeten Mähbalken ausgerüstet. Mechanische Heckenschermaschinen werden entweder durch einen Elektromotor oder durch einen Verbrennungsmotor über eine biegsame Welle angetrieben. Als Zusatzgerät ist diese mechanische Heckenschere für kleine Einachsenschlepper entwickelt worden (Bild 1397).

1397. Maschinelle Heckenschere
(Hako, Pinneberg)

Bei anderen Arbeitsweisen dient als schneidendes Element eine mit rotierenden Messern versehene Scheibe; auch ist das Schneidverfahren mit hochtouriger Schneidscheibe angewandt worden.

Alle bisherigen maschinellen Heckenscheren kranken daran, daß sie bei der Arbeit von Hand gehalten werden müssen. Infolgedessen sind die Ermüdungserscheinungen bei den bedienenden Personen recht groß, so daß öfter Erholungspausen eingelegt werden müssen.

D. Geräte und Maschinen zur Rasenpflege

Die Pflege der Rasenflächen erfordert einen besonderen Arbeitsaufwand, weil sie (je nach den Anforderungen) kurzgehalten werden müssen, um das Wachstum zu fördern und einen gleichmäßigen Wuchs zu bekommen. Das bedeutet bei den unendlich vielen Rasenflächen einen nur noch mit Maschinen zu bewältigenden Arbeitsaufwand. Handgeräte, die ähnlich der Heckenschere ausgebildet sind, verwendet man nur in geringem Maße, um an Stellen zu schneiden, wo die Maschine nicht hinkommen kann. Sonst wird überall, auch in kleinen Gärten, der Rasenmäher benutzt.

Der Rasenmäher arbeitet nach dem unvollkommenen Scherenschnitt. Das heißt: Schneide und Gegenschneide lassen, je nachdem wie steif die Grashalme sind, einen mehr oder weniger in feinen Grenzen zu verstellenden schmalen Zwischenraum zwischen sich. Der Rasenmäher arbeitet,

1398. Rasenmäher für Handbetrieb
(Abner, Solingen)

1399. Klein-Motor-Rasenmäher
(Abner, Solingen)

wenn eine Person ihn zieht oder schiebt (Bild 1398). Beim Mähen fährt eine Messertrommel mit 4—5 steil schraubenlinienförmig geschwungenen Messern über den Rasenboden; die Höhe der Messer kann eingestellt werden. Die Messertrommel stützt sich auf zwei Fahrräder und eine Holzwalze ab. Dabei erhält die Messertrommel (auch Messerwalze genannt) von den beiden Fahrrädern mit einem Übersetzungsgetriebe eine erhöhte Umfangsgeschwindigkeit. Die mit hoher Umfangsgeschwindigkeit umlaufenden Schneiden wirken mit einem feststehenden Untermesser zusammen, gegen das die Grashalme Gegenhalt finden. Dabei wird das Gras in der eingestellten Schnitthöhe gleichmäßig lang geschnitten. Durch Verstellen der Messerwelle können die rotierenden Messer zum feststehenden Untermesser in feinen Grenzen zugestellt und der Schneidspalt dadurch geändert werden. Die Schnitthöhe wird durch Verstellen der Holzwalze nach oben oder nach unten eingestellt. Der Durchmesser der mit staubdichter Kugellagerabdichtung versehenen Lauf- und Antriebsräder beträgt ohne Gummibereifung 225 mm, mit Gummibereifung 240 mm. Die Schnitthöhe läßt sich in den Grenzen von 5—165 mm verstellen.

Da die Schneidwirkung nur im Bereich zwischen den Laufrädern liegt, kann wegen der Baubreite der Räder der Rasen an Mauern, Beeteinfassungen und Bäumen nicht restlos geschnitten werden. Damit man den Rasenmäher auch an solchen Stellen ansetzen kann, ist der Kantenschneider entwickelt worden, eine einfache, schmale Schlittenkufe, die man mit einem

1400. Motor-Rasenmäher ,,Rheingold" (Abner, Solingen)

Laufrad austauscht. Hierdurch wird erreicht, daß die Maschine an einer Seite ganz an die Hindernisse heran kann. Die Messerwelle liegt dabei waagerecht, so daß der Rasen durch das Untermesser nicht beschädigt werden kann.

Beim Mähen der Rasenkanten, an denen beispielsweise ein tiefer liegender Weg entlangführt, kann man durch eine seitlich angebrachte Radstütze, die in ihrer Höhe veränderlich ist und den Höhenunterschied ausgleicht, dem Rasenmäher eine horizontale Lage sichern, so daß auch an Rasenkanten der Rasenmäher horizontal arbeitend eingesetzt werden kann.

Für größere Rasenstücke benutzt man motorischen Antrieb. Das Bild 1399 zeigt den Klein-Motor-Rasenmäher ,,Autozwerg". Er hat als Aufbaumotor einen 50-cm^3-Ilo-Zweitakt-Motor, der von der Handhabe des Stahlrohrstieles aus bedient wird. Dieser Rasenmäher wird

1401. Großflächenmäher mit fünf Gespannen (Abner, Solingen

über eine Kette in einem vollständig abgedichteten Schutzkasten auf die Messerwalze und die Laufräder angetrieben. Das geschnittene Gras wird gleich in einem hinten angebrachten Fangkorb gesammelt, der auf Schlepprollen läuft. Die Leistung dieser Maschine beträgt etwa 1200 m² in der Stunde bei einer Schnittbreite von 468 mm und einem Kraftstoffverbrauch von 350 g Gemisch/Std.

1402. Rasenwalze (Abner, Solingen)

Für gepflegte Rasenflächen, die dauernd unter Schnitt stehen, wo der Rasenmäher von morgens bis abends in Betrieb ist, eignet sich der gleich mit Fahrersitz ausgerüstete Rasenmäher „Rheingold", der mit einem 200-cm³-Ilo-Zweitakt-Motor versehen ist (Bild 1400). Diese Maschine ist mit einer dreiteiligen, aus Guß geformten Antriebswalze versehen. Die Bewegung wird vom Motor aus über gehärtete Zahnräder übertragen. Der Schnitt wird durch Verdrehen der vorderen Laufrollen verstellt. Auch diese Maschine ist mit einem Fangkorb ausgerüstet, der seinen Platz vor der Maschine hat. Diese Maschine zeichnet sich durch besondere Wendigkeit aus und kann auch nur als Walze gebraucht werden, wenn die Messerwalze ausgeschaltet ist. Dazu ist ein Handrad am Getriebeschutzkasten zu bedienen.

Die Leistung dieses Motor-Rasenmähers beträgt etwa 1700—1900 m², bei einer Arbeitsbreite von 615 mm und einem Betriebsstoffverbrauch von 350 g in der Stunde.

Für besonders große Rasenflächen hat man besondere Großflächenmäher als Ganz-Stahl-Konstruktion gebaut. Diese mit Differential versehenen einzelnen Mäher werden (je nach Arbeitsbreite) zu dreien oder fünfen (Bild 1401) hinter einen Schlepper gehängt und erreichen, wenn fünf eingesetzt werden, eine Arbeitsbreite von 3,50 m. Für den Transport kann jede Maschine hochgestellt werden. Solche Großflächen-Mäher werden mit leichten Schleppern für besonders große Rasenflächen eingesetzt, wie sie auf Flugplätzen, Rennbahnen usw. zu finden sind. Bei einer Arbeitsgeschwindigkeit von 12—15 km in der Stunde kann man bei einem Fünfgespann Leistungen von etwa 40000 m² erzielen.

1403. Motorwalze (Abner, Solingen)

Motorrasenmäher sind meist gleich mit einer Walze ausgerüstet, so daß sie eine glatte, streifenlose Fläche hinterlassen. Wo diese Walze nicht tätig wird, wie bei den einfachen, von Hand bedienten Rasenmähern, erreicht man solche glatten Flächen, wenn man besondere Garten- oder Rasenwalzen benutzt, wie sie das Bild 1402 zeigt. Sie wirken durch ein hohes Gewicht. Diese Walzen sind meist ganz aus Stahl und haben oft noch Einfüllöffnungen für Wasserballast, damit das Gewicht erhöht werden kann. Für größere Rasenflächen sind Motorwalzen entwickelt worden (Bild 1403). Diese dargestellte Motorwalze hat als Antrieb einen Motor mit gleichmäßiger Tourenzahl und Verdampfungskühlung. Zwischen Motor und Getriebe ist eine elastische Kupplung eingebaut, die nicht nur das Getriebe schont, sondern auch erleichtert, den Motor anzuwerfen. Diese mit einem Deutz-Diesel-Motor von 5 PS ausgerüstete Maschine hat bei einer Walzenbreite von 1000 mm und einem Gewicht ohne Wasserfüllung von 1150 kg einen Rohölverbrauch von etwa 1 kg in der Stunde.

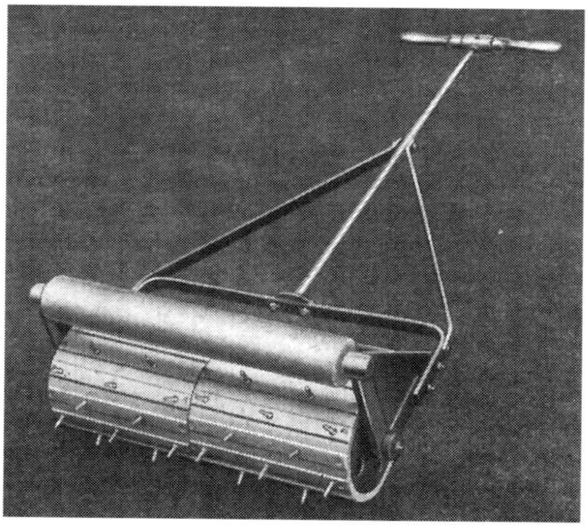

1404. Stachelwalze (Abner, Solingen)

Um verkrusteten Rasenboden zu durchlüften, ist die Oberfläche zu öffnen, damit die Luft in den Boden eindringen kann. Das erreicht man in sehr einfacher Weise durch Stachelwalzen; das sind mit Stacheln versehene Metallwalzen. Etwa mit hochgenommene Erde oder andere Stoffe werden von einer Abstreifwalze (Bild 1404) entfernt.

FÜNFTER ABSCHNITT:

UNFALLVERHÜTUNG

Der landwirtschaftliche Betrieb mit seinen Maschinen und baulichen Einrichtungen birgt viele Gefahrenquellen, die Gesundheit und Arbeitskraft der Beschäftigten bedrohen. Die Unfälle bringen viel Leid mit sich, das durch das Geld der Versicherungen nicht aufgewogen werden kann. Die Unfälle herabzumindern oder auszuschließen, ist darum das stete Bestreben aller beteiligten Kreise. Diese Bestrebungen sind noch verhältnismäßig jungen Datums, und erst in den zwanziger Jahren unseres Jahrhunderts sind Leitsätze aufgestellt worden, um die Gefahren systematisch zu bekämpfen. Die für die Landwirtschaft bedeutungsvollen Vorschriften zur Verhütung von Unfällen werden hier nach Sinn und Zweck zusammengestellt wiedergegeben.

A. Leitsätze zur Förderung der Unfallverhütung an Landmaschinen

(aufgestellt zu Berlin am 17. Dezember 1924)

Um den Schutz gegen Unfallgefahren an Maschinen durch eine von jeder bürokratischen Regelung freie enge Zusammenarbeit der beteiligten Kreise auf dem Boden der Selbstverwaltung wirksam zu fördern, haben sich im Jahre 1921 der Verband der deutschen Berufsgenossenschaften, der Verein deutscher Maschinenbau-Anstalten mit den ihm angeschlossenen Fachverbänden des Maschinenbaues und die großen gewerkschaftlichen Arbeitnehmerverbände zu der Arbeitsgemeinschaft für Unfallverhütung an Maschinen zusammengeschlossen. Inzwischen sind hinzugetreten die Arbeitsgemeinschaft Deutscher Betriebsingenieure beim Verein Deutscher Ingenieure, der Verein Deutscher Gewerbeaufsichtsbeamten und der Verband der deutschen landwirtschaftlichen Berufsgenossenschaften sowie der Reichsverband des Landmaschinenhandels. Dieser Zusammenarbeit verdanken neben anderen Arbeiten die nachfolgenden Leitsätze für die am Unfallschutze beteiligten Kreise ihre Entstehung.

A.

I. Für die Maschinenkäufer

1. Die Maschinenkäufer sind verpflichtet, bei Ausschreibung und bei Anschaffung von Maschinen vorzuschreiben, daß die von der zuständigen Berufsgenossenschaft zur Zeit der Aufstellung geforderten Schutzvorrichtungen mit angeboten und mitgeliefert werden. Die vorgenannten Forderungen sind dem Hersteller mitzuteilen.

2. Bei Ausbesserung einer Maschine durch eine Fabrik oder Reparaturwerkstätte sind die nicht vorhandenen, aber nach den Vorschriften der zuständigen Berufsgenossenschaft erforderlichen Schutzvorrichtungen und die Ausbesserung beschädigter Schutzvorrichtungen mit anzufragen und mitzubestellen. Eine entsprechende Vereinbarung ist mit dem Lieferer herbeizuführen.

3. Auf Ausstellungen oder dergl. sind nur vorschriftsmäßig geschützte Maschinen zur Aufstellung zu bringen; falls die Maschinen des besseren Verständnisses halber zerlegt gezeigt werden, sind die Schutzvorrichtungen als zugehörige Maschinenteile daneben aufzustellen[1].

[1] Siehe „Besondere Bestimmungen für ausländische Maschinen", Seite 654

Für die Maschinen, Apparate und sonstige Betriebseinrichtungen, die auf Ausstellungen im Betriebe vorgeführt werden, gelten die Unfallverhütungsvorschriften der Berufsgenossenschaften, die für den Betrieb dieser Ausstellungsgegenstände zuständig sind.

4. Alle im Gebrauch befindlichen Maschinen müssen betriebssicher erhalten werden. Betriebsunternehmer und die gemäß § 113 der Reichsversicherungsordnung mit ihrer Stellvertretung betrauten Personen haben für die Instandhaltung der Schutzvorrichtungen Sorge zu tragen und die Ausführung der für den Betrieb erlassenen Unfallverhütungsvorschriften zu überwachen.

5. Die Arbeiter sind unter Bekanntgabe der Unfallverhütungsvorschriften auf die mit ihrer Beschäftigung verbundenen Gefahren immer wieder hinzuweisen und zur Benutzung der Schutzvorrichtungen anzuhalten.

6. Zur Förderung des Unfallschutzes durch Verbesserung der vorhandenen Schutzvorrichtungen sind die Versicherten durch entsprechende Anregungen aufzufordern. Besonders wirksam geschieht dieses durch Prämien für brauchbare Vorschläge.

II. Für die Berufsgenossenschaften

1. Die Berufsgenossenschaften sollen ihre Mitglieder auf ihre aus den Unfallverhütungsvorschriften hervorgehende Verpflichtung, Maschinen stets mit den erforderlichen Schutzvorrichtungen zu bestellen, ständig hinweisen und fortlaufend über die Erfahrung aus Unfällen unterrichten.

2. Den Gewerkschaften sind solche Unfallvorgänge bekanntzugeben, die eine fahrlässige bzw. verbotswidrige Handlungsweise der Versicherten in solchem Maße erkennen lassen, daß sie von den Gewerkschaften zur Aufklärung der Versicherten und damit zu ihrer Mitwirkung an der Unfallverhütung verwendet werden können.

3. Den Fachverbänden des Maschinenbaues ist fortlaufend Bericht zu erstatten, in welchem Umfange und an welchen Gefahrenstellen der von ihnen hergestellten Maschinen sich die Unfälle ereignen. Außerdem sollen die Berufsgenossenschaften bemüht bleiben, durch persönliche Fühlungnahme den Maschinenlieferern die Erfahrungen der Unfallpraxis zu vermitteln.

Den Fachverbänden des Maschinenbaues ist insbesondere auch Nachricht zu geben, falls mit einzelnen Herstellern über die Durchführbarkeit und Beachtung der Unfallverhütungsvorschriften ernsthafte Meinungsverschiedenheiten entstehen.

4. Bei Streitigkeiten zwischen den Beteiligten ist die Zentralstelle für Unfallverhütung um Vermittlung anzurufen; bleibt die Vermittlung erfolglos, so sind die Streitigkeiten durch ein Schiedsgericht zu erledigen. Jede Partei wählt hierzu einen Beisitzer, die ihrerseits den Obmann wählen.

B.

I. Für die Maschinenbenutzer

1. Jeder Meister und Arbeiter hat die Pflicht, die Personen, die ihm zur Hilfe oder Unterweisung beigegeben sind, auf die mit ihrer Beschäftigung verbundenen Gefahren aufmerksam zu machen und darauf zu achten, daß sie die zum Schutze von Leben und Gesundheit erlassenen Verhaltungsvorschriften befolgen.

2. Jeder Arbeiter hat vor Benutzung einer Maschine diese und die Schutzvorrichtungen daraufhin zu prüfen, ob sie in ordnungsmäßigem Zustand sind. Sind sie das nicht, so hat er sofort die Mängel zu beseitigen oder seinem Vorgesetzten Meldung zu machen. Beschädigungen oder sonstige außergewöhnliche Erscheinungen an den Maschinen oder Schutzvorrichtungen hat er sofort zu melden.

3. Die Beseitigung, die absichtliche Beschädigung und der Mißbrauch der Schutzvorrichtungen ist verboten. Die Schutzvorrichtungen sind unter allen Umständen zweckentsprechend zu verwenden.

4. Kein Arbeiter darf sich an Maschinen zu schaffen machen, deren Bedienung oder Instandhaltung ihm nicht obliegt.

II. Für die Gewerkschaften

1. Auf die Versicherten ist mit Hilfe der von den Berufsgenossenschaften zur Verfügung zu stellenden Unterlagen in geeigneter Weise einzuwirken, daß sie die Unfallverhütungsvorschriften genau beachten, die Einrichtungen nicht ausschalten und unwirksam machen und sich mehr und mehr gewöhnen, unfallsicher zu arbeiten.

2. Die Betriebs-, Arbeiter- und Angestelltenräte haben auf die Bekämpfung der Unfall- und Gesundheitsgefahren im Betriebe zu achten, die berufsgenossenschaftlichen technischen Aufsichtsbeamten und die Gewerbeaufsichtsbeamten bei dieser Bekämpfung durch Anregungen, Beratung und Auskunft zu unterstützen sowie auf die Durchführung der gewerbepolizeilichen Bestimmungen und der Unfallverhütungsvorschriften hinzuweisen.

3. Die Berufsgenossenschaften sind in ihren Unfallverhütungsbestrebungen durch Vermittlung der aus der Praxis stammenden Verbesserungsvorschläge für den Unfallschutz zu unterstützen.

C.

I. Für die Maschinenlieferer

(Als Maschinenlieferer sind anzusehen Hersteller, Zwischenhändler und Verkäufer)

1. Die zur Zeit der Bestellung in der Zusammenstellung der Arbeitsgemeinschaft für Unfallverhütung enthaltenen Schutzvorrichtungen sind vom Hersteller anzubieten und mitzuliefern, soweit sie nicht erst durch örtliche und betriebliche Verhältnisse bedingt werden.

2. Bei Neukonstruktionen von Maschinen sind nicht nur die in der Zusammenstellung der Arbeitsgemeinschaft für Unfallverhütung enthaltenen Schutzvorrichtungen vorzusehen, sondern es ist auch darüber hinaus auf die Fortentwicklung der Unfallverhütung zu achten.

3. Abbildungen in Katalogen, Preislisten usw. sollen die Maschinen mit den Schutzvorrichtungen ausgerüstet oder im Zusammenhang mit ihnen zeigen[1]. Dies ist bei Neudruck zu beachten. In den angegebenen Maschinenpreisen ist der Preis für Schutzvorrichtungen in den unter Punkt 1 und 2 gekennzeichneten Maße einzuschließen.

4. Auf Ausstellungen, Messen oder dgl. sind nur vorschriftsmäßig geschützte Maschinen zur Aufstellung zu bringen; falls die Maschinen des besseren Verständnisses halber zerlegt gezeigt werden, sind die Schutzvorrichtungen als zugehörige Maschinenteile daneben aufzustellen[2]. Für Maschinen, Apparate und sonstige Betriebseinrichtungen, die auf Ausstellungen im Betriebe vorgeführt werden, gelten die Unfallverhütungsvorschriften der Berufsgenossenschaften, die für den Betrieb dieser Ausstellungsgegenstände zuständig sind.

5. Wenn jemand eine Maschine kauft oder instand setzen läßt und die Mitlieferung der vorgeschriebenen Schutzvorrichtungen nicht ausbedingt, so liegt es im Interesse der Versicherten, der Berufsgenossenschaften und der Maschinenlieferer, ihn auf die Vorschriften der Berufsgenossenschaften hinzuweisen.

II. Für die Wirtschaftsverbände der Maschinenlieferer

1. Von den Verbänden des Maschinenbaues ist auf die Beachtung der vorstehenden Sätze wie bei ihren Verbandsfirmen so auch bei den außenstehenden Firmen und Händlern

[1] u. [2] Siehe „Besondere Bestimmungen für ausländische Maschinen", Seite 654

nachdrücklich hinzuwirken. Zu diesem Zwecke müssen die Fachverbände auch die ihnen von den Berufsgenossenschaften nach Ziffer A 113 zugehenden Berichte verarbeiten und in ihrem Geschäftszweige nutzbar machen.

2. Ergeben sich aus vorstehenden Bestimmungen Streitigkeiten zwischen den Berufsgenossenschaften und Maschinenlieferern, so ist die Zentralstelle für Unfallverhütung um Vermittlung anzurufen; bleibt die Vermittlung erfolglos, so sind die Streitigkeiten möglichst durch ein Schiedsgericht zu erledigen. Jede Partei wählt hierzu einen Beisitzer, die ihrerseits den Obmann wählen.

Besondere Bestimmungen für ausländische Maschinen

1. Auf inländischen Ausstellungen von internationaler Bedeutung dürfen für die Ausfuhr bestimmte Maschinen abweichend von A. I. 3 und C. I. 4 ohne Schutzvorrichtungen gezeigt und im Betrieb vorgeführt werden, wenn sie in dauerhafter Weise mit folgender Bezeichnung versehen sind:

„Nur zur Ausfuhr, da nicht den deutschen Unfallverhütungsvorschriften entsprechend."

2. In gleicher Weise müssen auch abweichend von C. I. 3 Bilder solcher Maschinen in Katalogen, Preislisten usw. gekennzeichnet werden, sofern nicht besondere nur für das Ausland bestimmte und als solche bezeichnete Kataloge verwandt werden.

3. Der Händler ist gehalten, dafür Sorge zu tragen, daß alle von ihm im Inland vertriebenen Maschinen (z. B. auch die im Auslande gebauten und die zwar im Inland gebauten, aber ursprünglich für das Ausland bestimmten Maschinen) mit den geforderten Schutzvorrichtungen zum Verkauf gelangen.

B. Allgemeine Unfallverhütungsvorschriften

Seit Erlaß dieser Unfallverhütungsvorschriften hat sich durch die im Laufe der Zeit gemachten Erfahrungen herausgestellt, daß eine Überprüfung dieser Vorschriften, schon wegen des Fortschrittes des Landmaschinenbaus, unbedingt erforderlich ist. Zwar gelten z. Z. noch jene Vorschriften, doch hat der Gesamtverband der deutschen landwirtschaftlichen Berufsgenossenschaften inzwischen erst teilweise fertiggestellte Entwürfe ausgearbeitet, welche die aus der Praxis gewonnenen Erfahrungen und neuen Erkenntnisse im „Ersten Teil der Unfallverhütungsvorschriften" und im „Abschnitt Dreschmaschinen" im Jahre 1951 herausgebracht hat. Um diese Vorschriften verbindlich zu machen, bedarf es der Genehmigung des noch nicht gebildeten Bundesversicherungsamtes, doch wird es ratsam sein, diese Vorschriften als Richtlinien schon jetzt zu befolgen. Wegen ihrer Wichtigkeit und wegen der zu gegebener Zeit erfolgenden Verbindlichkeit dieser Vorschriften sollen sie, soweit sie von besonderem Interesse im Rahmen dieses Buches sind, auszugsweise wiedergegeben werden. Und zwar handelt es sich um die Abschnitte 1, 2, 6 und 8 des „Ersten Teils" und um den „Abschnitt Dreschmaschinen".

Abschnitt 1. Allgemeine Vorschriften

§ 1.

(1) Nachstehende Unfallverhütungsvorschriften, die entsprechend auch für die Verhütung von Berufskrankheiten (§ 545 der Reichsversicherungsordnung) maßgebend sind, gelten für die bei der Berufsgenossenschaft versicherten Betriebe und Tätigkeiten.

(2) Für Betriebe, Nebenbetriebe, Hilfsbetriebe, Betriebsteile und Tätigkeiten, für die die nachstehenden Unfallverhütungsvorschriften keine Bestimmungen enthalten oder diese entsprechend der Größe des Betriebes und des Umfanges der Tätigkeit nicht ausreichen, gelten die Unfallverhütungsvorschriften der gewerblichen Berufsgenossenschaften.

(3) Die Unfallverhütungsvorschriften sind auch dann zu befolgen, wenn die im Betrieb benutzten Einrichtungen, wie Gebäude, Maschinen und Geräte usw. einem anderen gehören, sofern an oder mit ihnen Arbeitskräfte des Betriebes beschäftigt werden oder mit ihrer Gefährdung gerechnet werden muß.

§ 2. *Pflichten der Unternehmer*

(1) Der Unternehmer hat alle Baulichkeiten, Arbeitsstätten, Betriebseinrichtungen, Maschinen und Gerätschaften so einzurichten und zu erhalten, daß die Versicherten gegen Unfälle und Berufskrankheiten geschützt sind. Solange die genannten Betriebsmittel Mängel aufweisen, die eine Gefahr für Leben und Gesundheit der Versicherten bedeuten, sind sie der Benutzung zu entziehen. Die Nichtbenutzung ist durch geeignete Mittel sicherzustellen.

(2) Der Unternehmer hat die für eine gefahrlose Regelung des Betriebes und die für das Verhalten der Versicherten erforderlichen Anweisungen zu geben und die Befolgung der Unfallverhütungsvorschriften zu überwachen. Es ist seine Pflicht, sich diese Vorschriften und auch die der gewerblichen Berufsgenossenschaften, wenn sie gemäß § 1, Absatz 2 maßgebend sind, in der erforderlichen Zahl zu beschaffen.

(3) Der Unternehmer hat Anordnungen der Berufsgenossenschaft innerhalb der von ihr gesetzten Frist durchzuführen und hiervon auf Verlangen Anzeige zu erstatten.

(4) Der Unternehmer hat die Besichtigung seines Betriebes durch den technischen Aufsichtsbeamten zu dulden und ihn auf sein Verlangen dabei zu begleiten oder durch einen geeigneten Vertreter begleiten zu lassen.

(5) Der Unternehmer hat die Versicherten zur Benutzung der Schutzvorrichtungen und Schutzmittel und zur Beachtung aller für sie erlassenen Vorschriften und Anweisungen anzuhalten.

(6) Der Unternehmer hat die Mitwirkung der Versicherten an den Aufgaben der Unfallverhütung nach Möglichkeit zu fördern.

(7) Gefährliche Arbeiten dürfen nur geeigneten Personen, denen die damit verbundenen Gefahren bekannt sind, übertragen werden.

(8) Wird eine Arbeit von mehreren Personen gemeinschaftlich ausgeführt und erfordert sie zur Vermeidung von Gefahr eine gegenseitige Verständigung, so muß eine zuverlässige, mit der Arbeit vertraute Person mit der Aufsicht beauftragt werden.

§ 3. *Beschäftigung jugendlicher Personen*

Es ist verboten, Jugendliche mit Arbeiten zu beschäftigen, bei denen sie infolge ihrer Unerfahrenheit und der noch mangelnden geistigen und körperlichen Reife besonders gefährdet sind. Sie sind durch Aufsicht und Belehrung zu unfallsicherem Arbeiten zu erziehen.

§ 4. *Beschäftigung gebrechlicher Personen*

Personen, die an Ohnmachtsanfällen, Fallsucht, Krämpfen, Schwindel, Schwerhörigkeit, Kurzsichtigkeit, Schwachsinnigkeit, Bruchschäden, Trunksucht oder anderen Schwächen und Gebrechen leiden oder körperbeschädigt sind, dürfen nicht mit Arbeiten beschäftigt werden, durch die sie infolge ihres Gebrechens einer außergewöhnlichen Gefahr ausgesetzt sind, oder bei denen sie ihre Mitarbeiter gefährden können.

§ 5. *Beschäftigung Geisteskranker*

Für die Beschäftigung Geisteskranker und Geistesschwacher gilt der § 4 entsprechend.

§ 6. *Pflichten der Versicherten*

Jeder Versicherte hat die Pflicht, die Unfallverhütungsvorschriften zu befolgen und unter gewissenhafter Beachtung der ihm vom Unternehmer oder seinem Stellvertreter zur Verhütung von Unfällen und Berufskrankheiten (§ 545 der Reichsversicherungsordnung) gegebenen besonderen Anweisungen und Belehrungen für seine und seiner Mitarbeiter Sicherheit zu sorgen. Versicherte, die ihm zur Hilfe oder Unterweisung zugeteilt sind, hat er auf die mit ihrer Beschäftigung verbundenen Gefahren und die in Frage kommenden Unfallverhütungsvorschriften aufmerksam zu machen. Er hat darauf zu achten, daß die Verhaltungsmaßregeln auch befolgt werden.

Allgemeines über Betriebsanlage und Betriebsführung

§ 7.

Bei Anschaffung von Maschinen, Geräten, Fahrzeugen usw. sowie bei Vergebung von Bauten und dgl., hat der Unternehmer vorzuschreiben, daß sie den Unfallverhütungsvorschriften entsprechen und daß die nach den Unfallverhütungsvorschriften erforderlichen Schutzvorrichtungen mitgeliefert werden.

§ 8.

(1) Arbeitsplätze, Verkehrswege, Fußböden usw. sind unfallsicher anzulegen, zu erhalten und während der Dauer der Benutzung ausreichend und sachgemäß zu beleuchten. Schlüpfrige und glatte Stellen (Schnee und Glatteis) sind, soweit es die Betriebsverhältnisse gestatten, abzustumpfen.

(2) Müssen Arbeiten in gefahrdrohender Nähe bewegter Maschinen, Triebwerke, elektrischer Leitungen, die sonst nicht im Verkehrs- und Arbeitsbereich[1] liegen, ausgeführt werden, so sind geeignete Schutzvorkehrungen zu treffen.

C. Unfallverhütungsvorschriften bei Gebäuden und baulichen Einrichtungen

Abschnitt 2. Gebäude und bauliche Einrichtungen

Vorbemerkung. Gebäude und bauliche Einrichtungen bergen wichtige Unfallquellen in der Landwirtschaft. Besonders schwer, häufig sogar tödlich, sind die Unfälle durch Absturz (von Leitern, Treppen, durch Wand- und Bodenluken und durch Böden). Schutzvorrichtungen verhüten derartige Unfälle. Die meisten Schutzvorrichtungen sind so einfach, daß sie leicht und ohne besondere Kosten selbst hergestellt werden können. Sie müssen aber genügend stark und fest sein, anderenfalls täuschen sie nur einen Schutz vor und werden so selbst zur Gefahrenquelle. Die Herstellung nicht ganz einfacher Schutzvorrichtungen ist zweckmäßig einem Fachkundigen zu übertragen.

Bei der Planung von Neu- und Umbauten ist nicht nur der Bausicherheit, sondern auch dem Unfallschutz der später in dem Betriebe Beschäftigten Rechnung zu tragen. Oft können Gefahrenstellen überhaupt vermieden werden. Ist dies nicht möglich, so sind die Schutzvorrichtungen im Bauplan vorzusehen. Planmäßiger Einbau ist stets besser und billiger als nachträgliche Anbringung.

Unfallsichere Gebäude und bauliche Einrichtungen fördern die Betriebsarbeit. Sie ermöglichen dem Arbeiter, seine volle Aufmerksamkeit der Arbeit zuzuwenden. Falsch angelegte Aufsteigsmöglichkeiten, Aufreich- und Abwurfstellen, weite Transportwege ermüden den Arbeiter und begünstigen Unfälle. Daher sind auch gut begehbare Treppen an Stelle der unbequemen und gefährlichen Leitern beim Neubau zu wählen. Leitern, die durch mehrere

[1] Siehe Abschnitt 8 § 2 Abs. 1 (Fußnote)

Stockwerke durchgehen, sind, um einen Absturz durch mehrere Stockwerke zu verhindern, möglichst versetzt anzubringen, oder die Aufstiegstelle ist zu übertischen. Ausreichende Beleuchtung dunkler Räume usw. ist für die Betriebsarbeit und den Unfallschutz gleich wertvoll.

Die unfallsichere Einrichtung der Gebäude genügt allein noch nicht für den Unfallschutz. Hierzu ist auch Ordnung in Haus und Hof notwendig. Daher Verkehrswege freihalten, Futterreste von Treppen beseitigen, Geräte und Werkzeuge ordnungsgemäß verwahren. Stets ist Vorsicht zu üben.

Vorschriften

§ 1. *Allgemeines*

Der Unternehmer ist verpflichtet, bei der Vergebung von Aufträgen zu fordern, daß die Ausführung der Bauten den Unfallverhütungsvorschriften entspricht. Er muß die ihm bei der Baugenehmigung gemachten Auflagen für die Unfallverhütung erfüllen.

§ 2. *Tore und Türen*

(1) Tore sind gegen Auf- und Zuschlagen zu sichern.

(2) Lukentüren sind gegen Auf- und Zuschlagen zu sichern und, wenn sie nach außen aufschlagen, auch mit einer Sicherung gegen Ausheben zu versehen.

(3) Drehbare Tore müssen gegen Ausheben und Umstürzen gesichert sein (Bild 1405).

(4) Schiebetore und -türen müssen gegen Herauslaufen und Herausheben aus den Schienen sowie gegen Abheben von der Wand geschützt sein (Bild 1405).

(5) Tore und Türen, die sich durch Aufklappen, Hoch- oder Herunterschieben öffnen, müssen eine Einrichtung haben, die das Herabfallen verhindert.

1405. Sicherung gegen *a* Ausheben und Umschlagen; *b* Herauslaufen; *c* Abheben von der Wand; *d* Herausfallen, bei drehbaren Toren (links) und Schiebetoren (rechts)

§ 3. *Treppen (Stiegen)*

(1) Treppen müssen gut begehbar sein (Bild 1406, 1).

(2) Abnehmbare Treppen müssen standfest und gegen Abgleiten, z. B. durch Haken, gesichert sein (Bild 1406, 2).

(3) Treppen von fünf und mehr Stufen müssen wenigstens an einer Seite einen Handlauf (Stange oder dgl.) haben (Bild 1406, 2). Der Handlauf muß gut griffig und von jeder Stufe aus leicht erreichbar sein. Als Stufe gilt jede Steigung zwischen zwei Auftrittflächen.

(4) Hausvorplätze mit anschließend abwärts führenden Treppen von fünf und mehr Stufen müssen an den freiliegenden Seiten eine Umwehrung haben (Bild 1406, 3, 4).

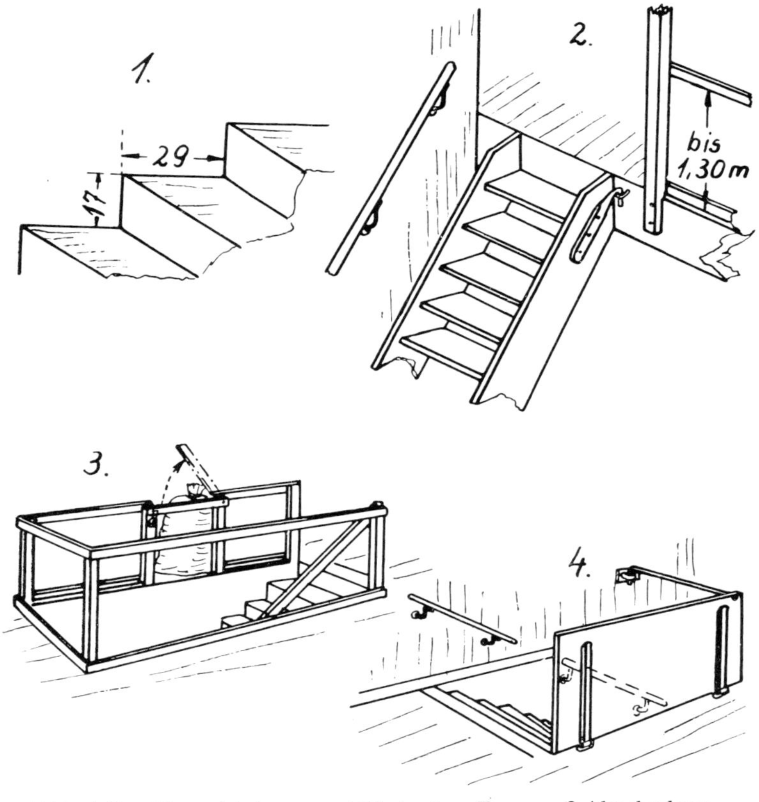

1406. 1 Das Normalsteigungsverhältnis einer Treppe; 2 Abnehmbare Treppe; durch Haken gesichert; Handlauf; Geländer; die Treppenstufen müssen stets waagerecht laufen; 3 Treppenumwehrung mit Abnahmestelle; 4 Kellertreppe mit Handlauf, Falltür im geöffneten Zustand als Umwehrung

§ 4. *Leitern*

(1) Eingebaute Leitern müssen den nachstehenden Bestimmungen entsprechen:

1. Die Sprossen müssen durch beide Holme reichen und dürfen sich nicht drehen oder verschieben können (Bild 1407, 1).

2. Sie müssen vor Wänden, anderen Bauteilen und Lagergut so angebracht sein, daß ein sicheres Auftreten ermöglicht wird. Allgemein genügt ein Mindestabstand von 12 cm. Ist das Tragen von Holzschuhen üblich, ist ein entsprechend größerer Abstand zu wählen (Bild 1407, 1).

3. Sie sollen so nahe an der Zugangsstelle angebracht sein, daß diese leicht erreichbar ist (Bild 1407, 1).

4. Sie müssen mit wenigstens einem Holm um 75 cm über die zu besteigende Stelle hinausragen, wenn nicht eine andere Möglichkeit zum sicheren Festhalten vorhanden ist.

5. Aufnageln oder Aufschrauben von Ersatzsprossen, auch wenn sie in Einkerbungen liegen, ist verboten (Bild 1407, 2).

(2) Bewegliche Leitern müssen dem Abschnitt 6 § 1 entsprechen.

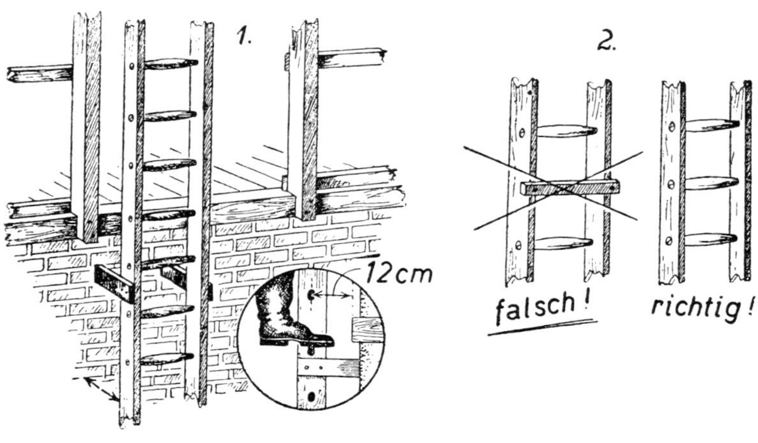

§ 5. *Arbeits- und Verkehrsstellen*

Oberböden, Maschinenböden, Ladebühnen, Gerüste, Stege, Fahrbahnen, Wandluken und dgl. in mehr als 1,30 m Höhe. — Öffnungen in Böden (Einsteig-, Reich-, Balken-, Garben-, Lade-

1407. 1 Feste Leiter; 2 Befestigung der Leitersprossen

und Futterabwurflöcher, Treppenöffnungen, Lichtöffnungen usw.) Vertiefungen auf Gehöften (Jauche-, Dung-, Kalk-, Mörtel- und andere Gruben, Kanäle, Brunnen, Gärfutterbehälter, Behälter für heiße, ätzende oder giftige Stoffe usw.).

Für den Schutz von Arbeits- und Verkehrsstellen gelten die nachstehenden Allgemeinen Bestimmungen I, soweit in den Ausnahmebestimmungen II nichts Abweichendes angeordnet ist; für die Ausführung der Schutzvorrichtungen gilt III.

I. Allgemeine Bestimmungen

(1) Arbeits- und Verkehrsstellen müssen gegen Abstürzen und Abgleiten von Personen und Herabfallen von Gegenständen gesichert sein. Als Schutz genügt im allgemeinen ein Geländer (Brustwehr, Querriegel) in Verbindung mit einer Fußleiste (vgl. III A. B.) (Bild 1406, 2 und Bild 1407, 1).

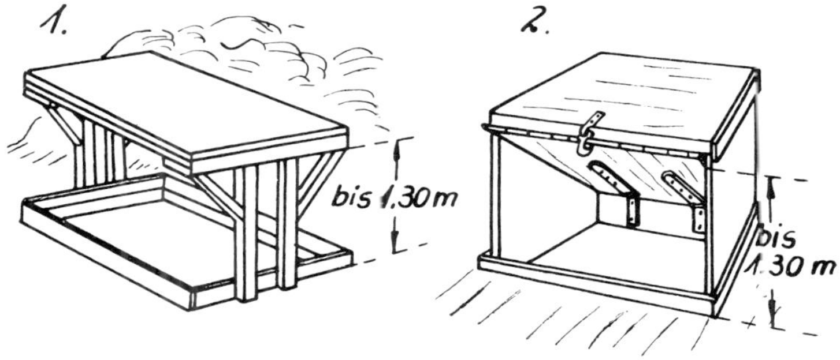

1408. 1 Schutz gegen Absturz von erhöhten Stellen — Lukentisch (Ecken frei zur Erleichterung des Aufreichens); 2 Abwurfluke mit Dunstklappe

(2) Besteht die Gefahr, daß Personen von erhöhten Stellen (Lagern von Heu, Getreide, Stroh, usw.) über das Geländer stürzen können, so ist noch ein ergänzender Schutz gegen Absturz von oben notwendig.

Dieser Schutz kann bestehen:

1. In einer Überdeckung, die die zu schützende Stelle nach oben abdeckt (Lukentisch vgl. III C) (Bild 1408).

2. In einem seitlichen Schutz, der mindestens 80 cm über die höchste Lagerhöhe hinausreicht (bei Luken in einem Lukenschutzschacht vgl. III D, bei anderen Stellen in Haltepfosten vgl. III E) (Bild 1409).

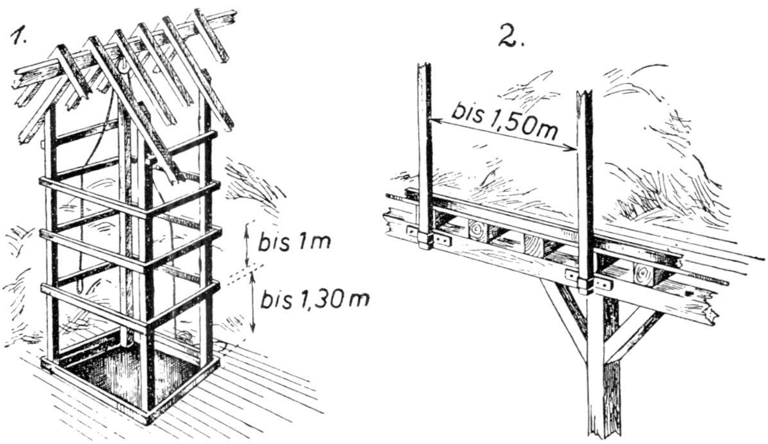

1409. 1 Ergänzender Schutz von Personen, die von erhöht liegenden Arbeitsstellen über ein Geländer fallen können — Lukenschutzschacht; 2 Schutz gegen Absturz von erhöhten Stellen — Haltepfosten

(3) An Stellen, die zum Ein- und Aussteigen dienen, müssen leicht erreichbare Handgriffe angebracht sein, sofern nicht schon eine andere Möglichkeit zum sicheren Festhalten vorhanden ist (Bild 1410).

II. Ausnahmebestimmungen

A. Zugangs- und Abnahmestellen

An Zugangsstellen von eingebauten Treppen und Leitern muß die Fußleiste fehlen. Die Fußleiste kann an Stellen fehlen, an denen die Übernahme von Traglasten regelmäßig erfolgt, z. B. an Speichertreppen (Bild 1406, 3).

B. Oberböden

Bei Oberböden mit Haltepfosten kann das Geländer fehlen, wenn der Oberboden weder dem ständigen Verkehr noch der Bedienung von Maschinen dient; die Fußleiste muß jedoch vorhanden sein. An den Seiten nach dem Bansen können die Haltestangen fehlen (Bild 1409, 2).

C. Wandluken

1. Bei Wandluken von einer lichten Höhe bis 1,30 m oder Breite bis 60 cm kann die Brustwehr fehlen.

2. Ist bei Wandluken die Brustwehr aufklappbar oder rückschiebbar, so muß an beiden Seiten ein erreichbarer Handgriff angebracht sein (Bild 1410).

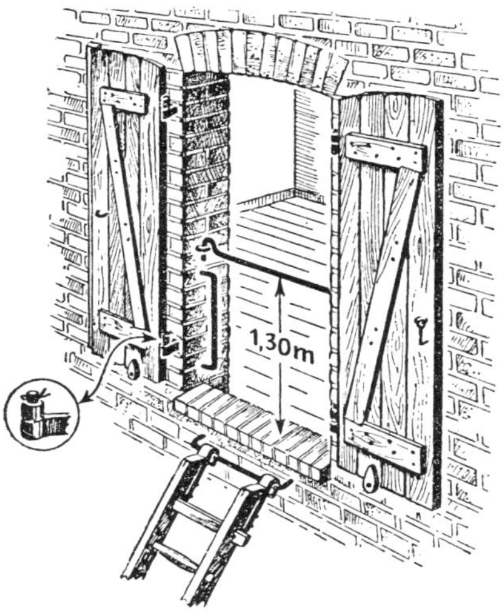

1410. Einsteigluke zugleich Abwurfstelle, mit eingehakter Leiter. Türen gegen Zuschlagen und Ausheben gesichert, Brustwehr, Fußleisten, Handgriff

1411. Wandluke zum Bedienen von Sackaufzügen mit Fangpritsche

3. Wird die Wandluke nur zum Aufreichen benutzt und ist sie sonst geschlossen, so kann die Brustwehr durch eine in höchstens 1,50 m Höhe fest angebrachte Greifstange ersetzt werden (Bild 1414).

4. Wird von der Wandluke aus ein Sackaufzug bedient, so kann an Stelle der Brustwehr und der Fußleiste eine nach außen klappende Fangpritsche angebracht sein, die bei Nichtgebrauch in senkrechter Stellung den unteren Teil der Wandlukenöffnung in mindestens 80 cm Höhe absperrt. Handgriffe oder Greifstange sind anzubringen (Bild 1411).

5. Wandluken, die lediglich der Beschickung der Böden mit Förderern dienen, brauchen, wenn sie nach dem Gebrauch wieder geschlossen werden, nicht mit Brustwehren versehen zu sein. Handgriffe sind nur erforderlich, wenn eine andere Festhaltemöglichkeit fehlt.

D. Öffnungen in Böden (Bodenluken)

Bei Bodenluken mit einer lichten Weite unter 40×40 cm kann an Stelle eines Geländers mit Fußleiste eine Abdeckung (vgl. III F 1) angebracht sein.

E. Vertiefungen auf Gehöften

Gefährliche Vertiefungen auf Gehöften können an Stelle des Geländers durch eine Abdeckung (vgl. III F 1) gesichert sein.

F. Brunnen und offene Behälter

Brunnen sowie offene Behälter für heiße, ätzende oder giftige Stoffe, aus denen geschöpft wird, müssen eine vollwandige, mindestens 80 cm hohe seitliche Verkleidung haben (Bild 1412)

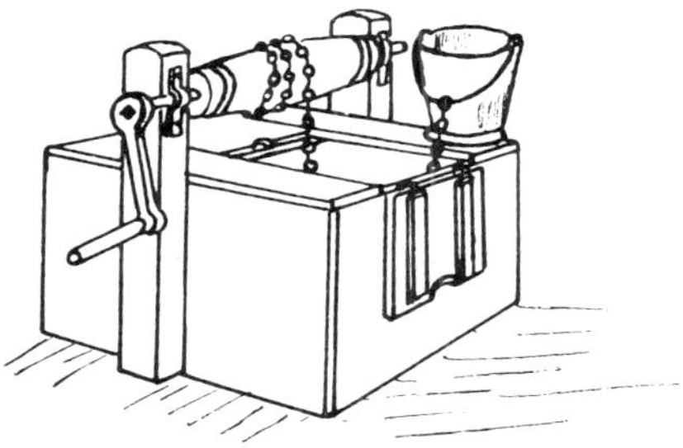

1412. Vollwandige, mindestens 80 cm hohe seitliche Verkleidung eines Brunnens

1413. Schutz gegen Abstürzen und Abgleiten von zu ebener Erde arbeitenden Personen — Geländer in Verbindung mit Fußleiste

III. Ausführung der Schutzvorrichtungen

A. Geländer

(siehe I Abs. 1) (Bild 1408, 1 und 1413)

Geländer müssen mindestens 80 cm hoch sein. Die Unterkante des Geländers (Brustwehr darf höchstens 1,30 m über dem Boden liegen. Geländer müssen unabnehmbar angebracht sein.

B. Fußleiste

(siehe I Abs. 1) (Bild 1406, 3; 1408; 1409; 1410; 1413; 1414).

C. Lukentisch

(siehe I Abs. 2 Nr. 1) (Bild 1408)

Die Überdeckung (Lukentisch) ist kräftig auszuführen. Liegt die Unterkante der Überdeckung höher als 1,30 m über dem Boden, so müssen in einem Abstand von höchstens 1 m Querriegel angebracht sein.

D. Lukenschutzschacht

(siehe I Abs. 2 Nr. 2) (Bild 1409, 1)

Der seitliche Schutz braucht nicht vollwandig ausgeführt zu sein. Es genügen kräftige Eckpfosten, Geländer und Fußleiste. Jedoch müssen in einem Abstand von höchstens 1 m Querriegel angebracht sein.

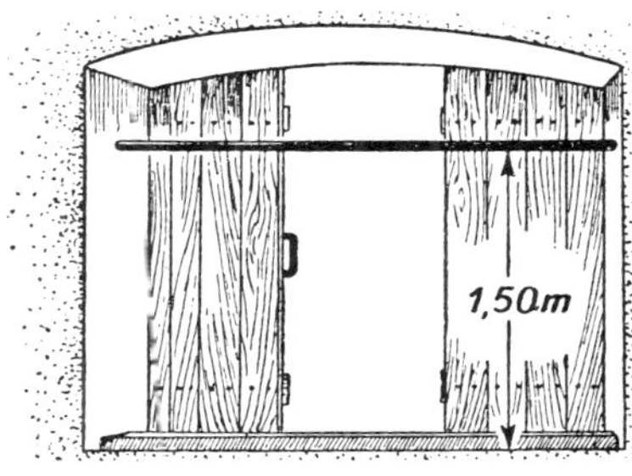

1414. Aufreichluke mit starr befestigter Greifstange

E. Haltepfosten

(siehe I Abs. 2 Nr. 2) (Bild 1409, 2)

Haltepfosten dürfen im Abstand von höchstens 1,50 m angebracht werden. Sie sind oben und unten mit dem Bauwerk sicher zu verbinden. Sie dürfen in dem Raum, der für die Bewegung eines Aufzuges (Querförderer) notwendig ist, fehlen. Müssen aus betriebswirtschaftlichen Gründen Haltepfosten in einem größeren Abstand als 1,50 m gesetzt werden, oder wird der Lagerplatz mit einem Höhenförderer beschickt, so müssen in einem Abstand von höchstens 1 m Querriegel angebracht sein.

F. Abdeckungen

(siehe II D, E)

1. Abdeckungen müssen trittsicher, im Bedarfsfalle auch befahrbar sein. Sie müssen in einem Falz liegen, sofern sie nicht in anderer Weise gegen Verschieben, Durchstürzen oder Einkippen gesichert sind. Abdeckungen über Öffnungen in Böden (Bodenluken) müssen als angebänderte Deckel oder in sicheren Führungen laufende Schiebedeckel mit Anschlag geführt sein. Schiebedeckel müssen gegen ungewolltes Öffnen gesichert sein. Abdeckungen und Beschlagteile dürfen kein Hindernis für den Verkehr bilden. Abdeckungen können als Rost ausgeführt werden. Die Roststäbe dürfen in einem Abstand von höchstens 5 cm liegen.

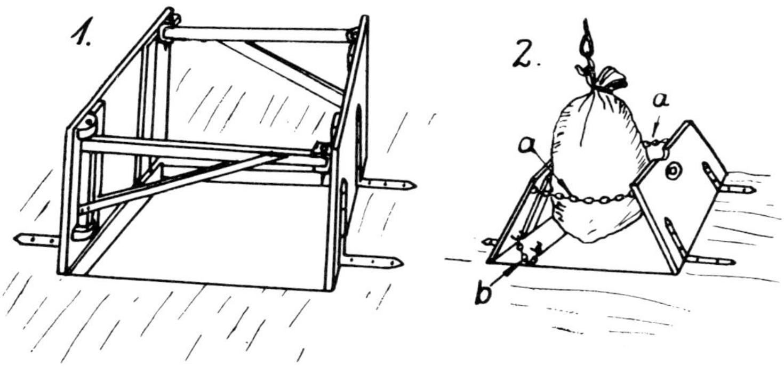

1415. 1 Bodenluke mit angebänderten Deckeln, die beim Öffnen zwangläufig mit einem Geländer gesichert wird; 2 Sackschleuse

a Sicherung gegen Hineingeraten in die Luke;
b Sicherung gegen Umfallen der Klappen nach außen.

2. Sollen angebänderte Deckel, Falltüren u. dgl. in geöffnetem Zustand gleichzeitig als Geländer, oder bei nicht vollständiger Öffnung auch als Überdeckung dienen, so müssen Einrichtungen getroffen sein, die eine entsprechende Verwendung sicherstellen (Bild 1406 und 1415, 1).

3. Sackschleusen und ähnliche Bodenluken müssen so eingerichtet sein, daß die Deckel nach dem Durchgang sich wieder selbsttätig schließen. Die Deckel dürfen nicht überklappbar sein (Bild 1415, 2).

§ 6. *Böden*

(1) Böden müssen so beschaffen sein, daß Durchbrechen oder Durchstürzen unmöglich ist. Die Beschlagstücke (Bretter, Bohlen, Rundhölzer) müssen befestigt oder so aufgelegt sein, daß sie gegen Verschieben, Kippen und Kanten gesichert sind. Der Abstand der Belagstücke darf höchstens 5 cm betragen (Bild 1416).

(2) Balken- und Trägerlagen mit Einschubdecken, Windelböden (Wellerwerk, Stockung) u. dgl. müssen oben abgedielt sein, wenn mit ihrem Betreten gerechnet werden muß.

1416. Sicherung eines Belages aus Rundhölzern

(3) Fahrbahnen zu und in Hochfahrtsscheunen (Stadel) sind in ihrer ganzen Breite, nicht nur in der Spurbreite des Wagens, fest herzustellen. Innerhalb der Fahrbahnen dürfen Luken (Löcher) nur angebracht werden, wenn sie bei ihrem Öffnen zwangsläufig mit einem Geländer gesichert werden (Bild 1415, 1).

(4) Behelfsmäßige Gerüste (Podeste) müssen einen sicheren Stand gewährleisten und dürfen nur nach Anordnung des Betriebsleiters aufgestellt und abgebrochen werden.

§ 7. *Ladebühnen*

Die Träger von Ladebühnen (Balkenbrücken) vor Wandluken usw. müssen mit dem Bauwerk fest verbunden sein. An der Aufreichseite von Ladebrücken darf das Geländer fehlen; eine Fußleiste muß vorhanden sein (Bild 1417).

§ 8. *Fußböden*

Fußböden und Abdeckungen aus Stein, Zement, Beton, Eisen in Stallungen, Futterküchen u. dgl. müssen gerauht oder geriffelt sein. Das gleiche gilt für Lagerräume, ausgenommen Kornböden. An gefährlichen Stellen (z. B. vor Luken) sind Neigungen im Fußboden unzulässig.

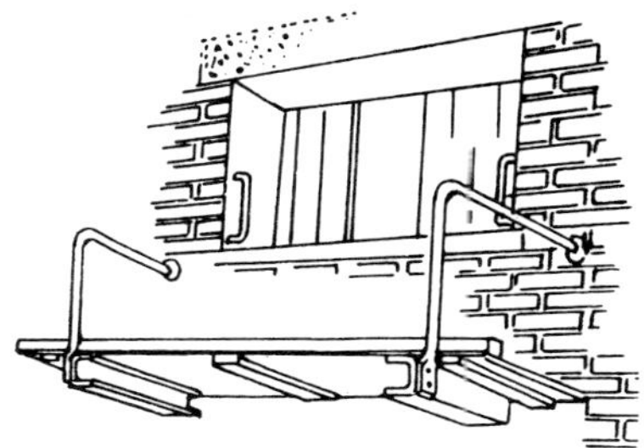

1417. Ladebühne, Umwehrung, Fußleiste, Sicherung gegen Verschieben des Belages

§ 9. *Abweichungen*

Die Berufsgenossenschaft kann mit Genehmigung der Aufsichtsbehörde allgemeine Ausnahmen von den Unfallverhütungsvorschriften zulassen.

(1) Zusatz zu § 5 II D. Bei Hopfenschüttflächen mit einer lichten Weite unter 60 cm kann an der Stelle eines Geländers mit Fußleiste eine Abdeckung angebracht sein.

(2) Zusatz zu § 5 III A. Das Geländer darf aufklappbar oder rückschiebbar, aber nicht abnehmbar hergestellt sein, wenn dies zur schnelleren Einbringung der Ernte erforderlich ist. Nach der Benutzung, auch in Arbeitspausen, ist das Geländer in Schutzstellung zu bringen.

(3) Zusatz zu § 5 III D. Bei Luken mit einer lichten Weite unter 1,50 m können die Querriegel fehlen.

(4) Zusatz zu § 6 Abs. 1. Große Bodenöffnungen, die nur während der Ernte zum Einbringen der Frucht dienen, brauchen nicht mit Geländer und Fußleiste gesichert zu werden. Nach der Benutzung, auch in Arbeitspausen, ist die Öffnung wieder zu schließen.

(5) Zusatz zu § 6 Abs. 1. Erfordern betriebswirtschaftliche Gründe, daß Hilfsböden angelegt werden müssen, so darf der Abstand der Belagstücke bis zu 20 cm betragen. Sie dürfen nur in Bansen (Tass, Fach, Viertel, Barren usw.) angelegt werden. Unter ihnen sollen Tiere, Maschinen u. dgl., auf die Herabstürzende aufschlagen können, nicht untergebracht sein, auch soll das Lagergut nach Möglichkeit nur entnommen werden, solange der Raum unter dem Boden belegt ist. Werden die Hilfsböden aus Rund- oder Kantholz hergestellt, so müssen an den Tragbalken Sicherungen angebracht sein, die das Auseinandergleiten des Belages verhindern.

(6) In Tabakscheunen kann der Bodenbelag fehlen.

D. Unfallverhütungsvorschriften bei beweglichen Leitern und landwirtschaftlichen Handgeräten

Abschnitt 6. Bewegliche Leitern und Handgeräte

Vorschriften

§ 1

(1) Leitern müssen so beschaffen sein und aufgestellt werden, daß sie gegen Abgleiten, Ausrutschen und Umkanten sowie gegen starkes Schwanken und starkes Durchbiegen gesichert sind (Bild 1418).

(2) Die Sprossen müssen durch beide Holme reichen und dürfen sich nicht drehen oder verschieben. Aufgenagelte oder aufgeschraubte Sprossen sind bei Holzleitern nur zulässig, wenn sie in Einkerbungen liegen.

(3) Die Leitern müssen die zu besteigende Stelle um 75 cm überragen, wenn nicht an der Aufstiegstelle eine andere Möglichkeit zum sicheren Festhalten vorhanden ist (Bild 1418).

(4) Das Verlängern von Leitern durch Aufnageln von Holmen ist verboten. Wird eine Leiter durch eine andere verlängert, so müssen sich beide auf mindestens 2 m Länge überdecken. Werden solche Leitern miteinander verbunden, so muß die obere Leiter fest unter

die untere gebunden werden. Solche Leiterverlängerungen dürfen aber nur in Ausnahmefällen und bei geringer Belastung vorgenommen werden.

(5) Steh- und Bockleitern müssen gegen Auseinandergleiten gesichert sein, z. B. durch Ketten, Gelenkeisen. Bei mehr als fünf Stufen muß diese Sicherung auf beiden Seiten angebracht sein. Scharniere dürfen nur mit Schrauben befestigt sein. Steh- und Bockleitern dürfen nicht als Anlegeleitern benutzt werden.

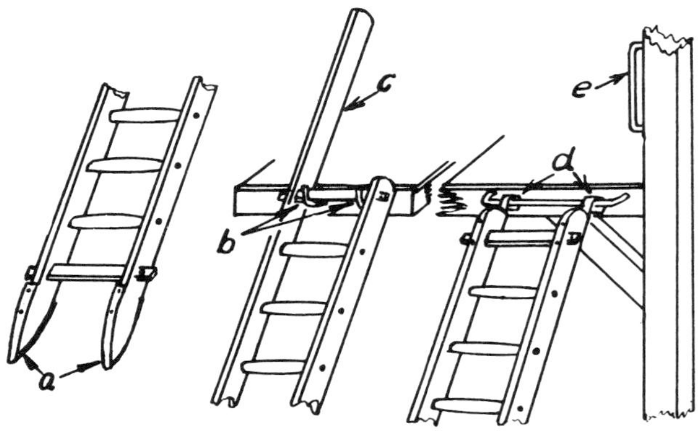

1418. *a* Eiserne Spitzen an Leitern, die nicht durch Haken gesichert werden können; *b* eiserne Haken an der ständigen Aufstiegstelle; *c* Leiterholm, der die zu besteigende Stelle um 75 cm überragt; *d* eiserne Haken an der Leiter mit wechselndem Aufstellungsplatz; *e* Handgriff an der ständigen Aufstiegstelle

(6) Mangelhafte Leitern sind sofort aus dem Betrieb zu entfernen, wenn sie nicht alsbald ausgebessert werden. Unbrauchbare Leitern sind zu vernichten. Ersatzsprossen müssen wie die übrigen Sprossen angebracht sein.

(7) Einholmleitern sind verboten.

§ 2

Festangebrachte Leitern müssen dem Abschnitt 2 § 4 entsprechen.

§ 3

Werkzeuge und Geräte müssen vor der Benutzung auf ihre Beschaffenheit geprüft und dürfen nur in gebrauchsfähigem Zustand verwendet werden. Die Stiele sind sachgemäß durch Keile, Verschraubungen u. dgl. zu befestigen. Grate (Bart) an Hämmern, Meißeln, Keilen usw. sind durch Abschleifen oder Warmabhauen aber nicht durch Zurückschmieden zu entfernen. Werkzeuge und Geräte sind so aufzubewahren, daß sich niemand daran verletzen kann. Eggen müssen so aufbewahrt werden, daß die Spitzen nicht nach oben zeigen.

§ 4

Bei der Benutzung gefährlicher Werkzeuge und Geräte ist auf die eigene Sicherheit und die der Mitarbeiter zu achten. Es ist verboten, sie einander zuzuwerfen.

§ 5

Sensenblätter müssen mit einer die Schneide vollständig bedeckenden und über die Spitze hinausragenden Verkleidung oder Umwicklung geschützt sein, wenn sie nicht sonst sicher verwahrt werden.

§ 6

Handgeräte (Sensen, Gabeln, Rechen, Hacken u. dgl.) und schneidende Werkzeuge (Äxte, Beile, Sägen u. dgl.) sind bei der Beförderung auf dem Fahrrad so zu verwahren, daß sie keine Verletzungen verursachen können und so zu befestigen, daß sie bei der Fahrt nicht behindern.

§ 7

Abgeschlagene Sensenklingen in Viehställen oder anderen Wirtschaftsgebäuden unbeweglich zu befestigen, um an den Klingen Stroh zu schneiden, ist untersagt. Die Spitzen müssen abgerundet sein.

§ 8

Streustrohschneider müssen einen Messerschutzbügel tragen, der die Messerschneide bei hochstehendem Hebel verdeckt. Das Gestell darf keine Aussparungen haben, durch die das Messer zugängig ist. Die Schneide muß im niedergeklappten Zustand vollständig abgedeckt sein.

§ 9

Die vorstehenden Vorschriften gelten auch, wenn die Geräte und Werkzeuge den Versicherten gehören.

E. Maschinenschutz

Abschnitt 8. Allgemeine Bestimmungen über den Maschinenschutz

Vorbemerkung

Die bewegten Maschinenteile wie Zahn- und Kettenräder, Riemenscheiben, Schwungräder, Riemen, Wellen und selbst kurze Wellenstümpfe sind ungemein gefährlich. Durch Schutzmaßnahmen muß verhindert werden, daß Menschen mit diesen Maschinenteilen in Berührung kommen können.

Die Anbringung des Unfallschutzes ist zunächst eine Aufgabe des Maschinenherstellers. Er muß danach streben, an seinen Maschinen Gefahrenstellen zu vermeiden, die eines besonderen Schutzes bedürfen, und die notwendigen Schutzvorrichtungen organisch mit der Maschine verbinden. Die landwirtschaftlichen Berufsgenossenschaften beraten die Hersteller bei dieser Aufgabe. Der Händler darf nur vorschriftsmäßig geschützte Maschinen anbieten. Der Landmaschinenhandwerker muß bei der Aufstellung der Maschine oder bei der Reparatur fehlenden oder nicht ausreichenden Schutz ergänzen. Der Unternehmer muß verlangen, daß ihm nur Maschinen geliefert werden, die den Anforderungen des Unfallschutzes genügen. Er bleibt dafür verantwortlich, daß die in seinem Betrieb verwendeten Maschinen vorschriftsmäßig geschützt sind und bleiben.

Die Schutzvorrichtungen haben ihren gegebenen Platz an der Maschine selbst. Sie müssen, soweit möglich, fest angebracht sein, damit ihr Vorhandensein bei der Arbeit gewährleistet ist. Wenn sie aus betriebswirtschaftlichen Gründen abnehmbar oder aufklappbar sein müssen, ist dafür zu sorgen, daß sie sich während des Betriebes in Schutzstellung befinden. Vielfach kann durch eine geeignete Aufstellung der Maschine einer Gefährdung der in der Nähe arbeitenden oder verkehrenden Personen weiter vorgebeugt werden; besondere Schutzvorrichtungen können dann oft erspart werden, z. B.: Aufstellung der Maschine auf einem Sockel; Verlegung der Antriebsriemenscheibe und des Riemens dicht an eine Wandfläche; der Antriebswellen dicht an die Decke der Betriebsräume; Anbringen von Schütttrichtern und Ablaufschurren. Nie dürfen Wellen, Riemenscheiben und Riemen den Verkehr in den Betriebsräumen behindern. Eine gute Beleuchtung durch Fenster oder elektrische Lampen ist ebenfalls unerläßlich.

Vorschriften

§ 1

Begriffsbestimmungen. a) „Absperrung": Einfacher Schutz gegen zu nahes Herantreten an Gefahrenstellen durch Schutzstange, Kette oder Seil (Bild 1419).

b) „Verdeckung": Schutz auch gegen Berühren mit Körperteilen durch feststehende Schutzvorrichtung aus Drahtgewebe oder Rost mit Maschen- oder Spaltweite von höchstens 30 mm (Bild 1420).

c) „Vollwandige Verdeckung": Schutz gegen jegliches Durchfassen durch vollkommen undurchdringbare Verdeckung in vollwandiger Ausführung (Bild 1421, 1).

An besonderer Ausführung der vollwandigen Verdeckung kommen in Frage:

1. „Auskleidung": ein sich mitdrehender (mitbewegender), rundlaufender, undurchdringbarer Schutz von Speichenöffnungen und dgl. (Bild 1421, 2).

2. „Ummanteln“: ein sich mitdrehender, vollwandiger, glatt rundlaufender Schutz an Wellenenden, Naben und dgl. Der Durchmesser muß so groß sein, daß keine Wickelgefahr besteht (Bild 1421, 2).

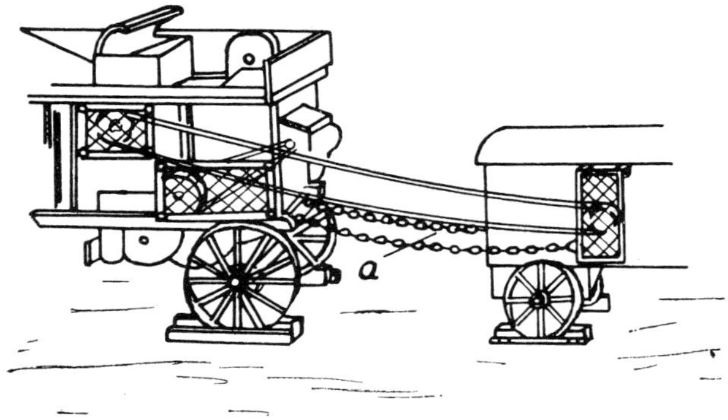

1419. *a* Absperrung eines Riemens durch Kette

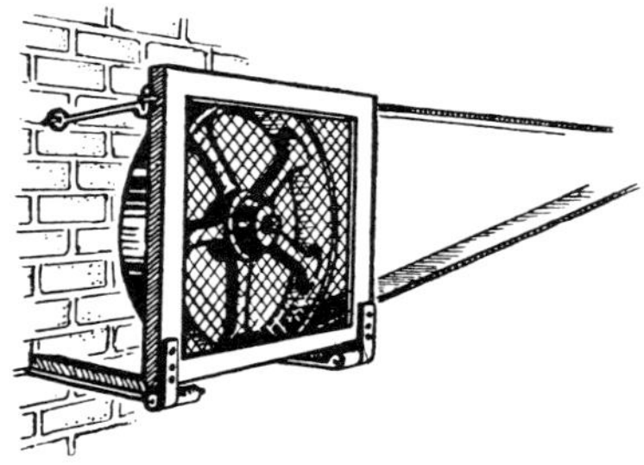

1420. Verdeckung einer Riemenscheibe

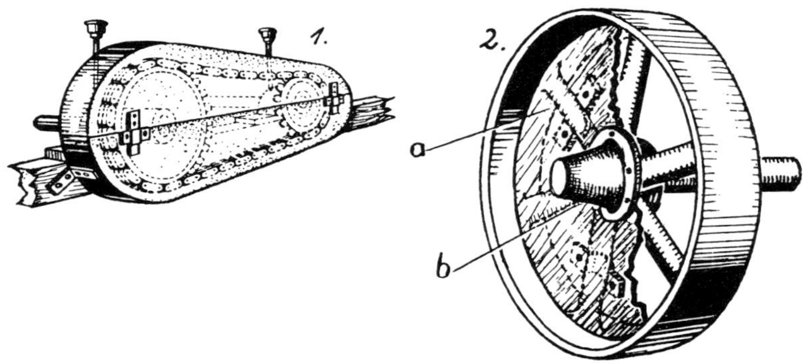

1421. 1 Vollständige Verdeckung eines Kettentriebes; 2 *a* Auskleidung eines Schwungrades; *b* Ummanteln eines Wellenendes

§ 2

(1) Schwungräder, sowie alle Speichenräder, die im Verkehrs- oder Arbeitsbereich liegen, müssen verdeckt oder ausgekleidet sein. Dies gilt nicht für handbetriebene Maschinen. Es sei denn, daß gefährliche Geschwindigkeiten auftreten (Bild 1422, 1425, 1426 und 1428).

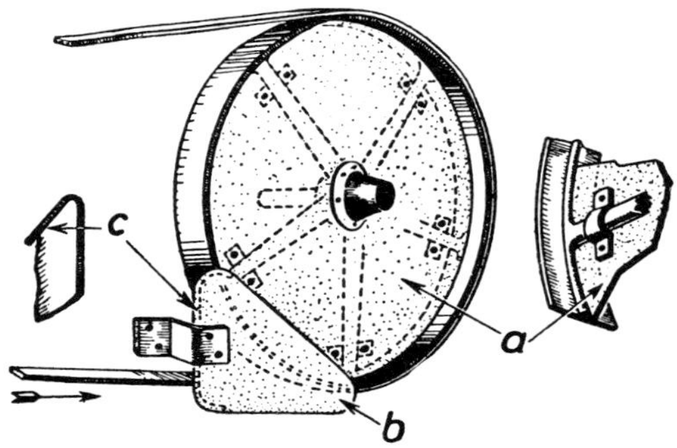

1422. *a* Ausgekleidetes Speichenrad; *b* verdeckte Riemenauflaufstelle; *c* umbördelter Rand gegen Schnittverletzungen

(2) Zahn-, Ketten- und Reibräder im Verkehrs- oder Arbeitsbereich sind nach allen Seiten vollwandig zu verdecken. Soweit sie außerhalb des Verkehrs- und Arbeitsbereiches liegen, sind sie an den Eingriffen vorn und auf beiden Seiten vollwandig zu verdecken; dabei sind alle Endkanten der Verkleidung um etwa 4 cm von der Zahnaußenkante abzuheben (Bild 1423).

(3) Keilnuten, vorstehende Schmierbüchsen, Keile, Schrauben und dgl. an bewegten Teilen sind vollwandig zu verdecken oder zu ummanteln, auch wenn sie außerhalb des Verkehrs- und Arbeitsbereiches liegen. Sie müssen stets nach vorne und nach den Seiten verdeckt sein, wenn wegen zu geringen Durchmessers der Ummantelung eine Wickelgefahr besteht.

(4) Wellen im Verkehrs- und Arbeitsbereich sind nach allen Seiten vollwandig zu verdecken (Bild 1425).

(5) Wellenenden und ähnliche sich drehende Teile sind nach allen Seiten vollwandig zu verdecken, wenn sie um mehr als ein Viertel ihres Durchmessers vorstehen. Innengewinde sind zu verdecken (Bild 1424).

(6) Quetsch- oder Scherstellen sind zu vermeiden, falls das nicht möglich ist, zu verdekken (Bild 1422).

(7) Bewegen sich Maschinenteile bis dicht über dem Fußboden, sind Vorkehrungen gegen Verletzungen zu treffen.

(8) Absperrungen müssen weit genug von den bewegten Teilen entfernt sein.

(9) Von den in den Absätzen 2—6 vorgeschriebenen Sicherungen darf nur abgesehen werden, wenn die Maschinenteile und -stellen schon durch den Bau der Maschine gegen Berührung ausreichend geschützt sind.

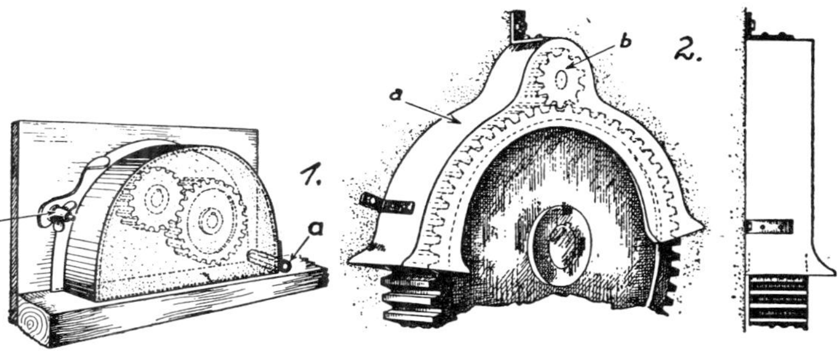

1423. 1 Aufklappbare, aber nicht abnehmbare vollwandige Verdeckung für auswechselbare Zahnräder

a Gelenk; *b* Befestigungsschraube

2 Nach vorne und den Seiten vollwandig verdeckte außerhalb des Verkehrs- und Arbeitsbereiches liegende Zahnräder

a Vordere vollwandige Verdeckung; *b* seitliche vollwandige Verdeckung; Endkanten etwa 4 cm von der Zahnaußenkante abgehoben.

(10) Im übrigen sind auch andere bewegte Teile, wenn sie erfahrungsgemäß Unfälle verursachen können, gegen Berührung ausreichend zu schützen.

(11) Fußbodenöffnungen für bewegte Teile (Schwungräder usw.) sind außer mit der Absperrung mit einer Fußleiste zu umgeben.

1424. Vollwandig verdecktes Wellenende

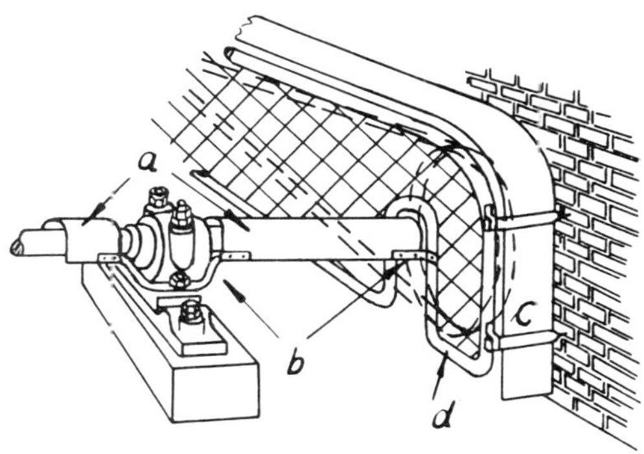

1425. *a* Vollwandig verdeckte Welle; *b* Befestigung der Verdeckung; *c* von vorne verdeckter Riementrieb; *d* seitliche Verdeckung des Riementriebes

Spaltweite höchstens 30 mm, bei Maschengewebe Maschenweite höchstens 30 mm, Drahtstärke mindestens 2 mm.

§ 3

Riemen, Seile, Ketten u. dgl., die im Arbeits- und Verkehrsgewerbe laufen, müssen ausreichend gesichert sein (§ 2 Abs. 8). Sie müssen in sicherer Weise unterfangen werden, wenn sie über einer Arbeits- und Verkehrsstelle laufen. Bei ortsbeweglichen Maschinen genügt eine beiderseitige Absperrung durch Seile, Ketten oder Stangen in ausreichendem Abstand. Auflaufstellen von Riemen, Seilen, Ketten u. dgl., die im Verkehrs- und Arbeitsbereich liegen, müssen verdeckt sein (Bild 1421, 1; 1422, 1424, 1425 und 1427).

§ 4

Riemenverbindungen müssen glatt und fest hergestellt sein. Schienenverbinder, Glockenschrauben, Schnallen und ähnliche Verbindungen sind unzulässig (Bild 1427).

§ 5

Arbeitsmaschinen für Kraftbetrieb müssen in demselben Raume, in welchem sie arbeiten, an- und abgestellt werden können. Diese Vorschrift entfällt, wenn die Person, welche die Kraftmaschine anlaufen läßt, die Arbeitsmaschine und die Bedienungsstellen übersehen kann, wenn die Außerbetriebsetzung der Kraftmaschine durch Zuruf oder Signal jederzeit tatsächlich gesichert ist, oder wenn Maschinen durch gemeinschaftlichen Antrieb zu einer Gruppe vereinigt sind und stets nur gleichzeitig eine ineinandergreifende Arbeit verrichten (Bild 1428).

1426. Unterfangener Riemen über einer Arbeits- und Verkehrsstelle

a Verdeckung der im Arbeitsbereich liegenden Riemenscheibe.

1427. Schienenverbinder, Glockenschrauben, Schnallen u. dgl. sind nur an allseitig verdeckten Riemen zulässig

§ 6

Ein- und Ausrückvorrichtungen müssen vom Standplatz des die Maschine Bedienenden leicht erreichbar sein, sicher wirken und ein unbeabsichtigtes Eindrücken ausschließen (Bild 1428).

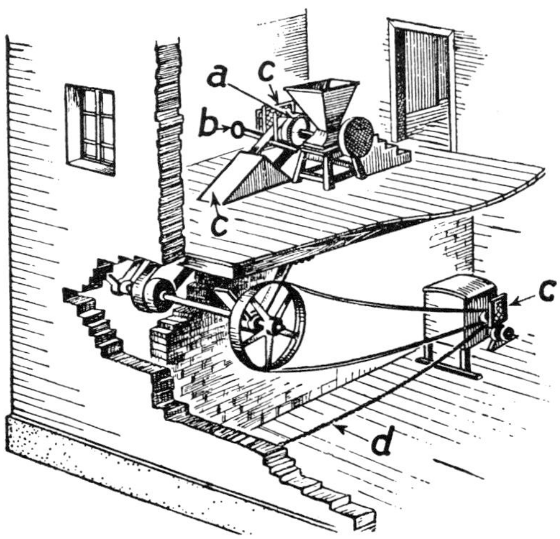

1428. Von der Arbeitsstelle aus nicht übersehbare Kraftmaschine. An- und Abstellvorrichtung an der Arbeitsmaschine erforderlich

a Fest- und Losscheibe
b Ausrücker
c Verdeckung der Riemenscheibe
d Absperrung des Antriebsriemens bei ortsbeweglichen Maschinen

§ 7

Unbefugten ist der Zutritt zu den Maschinenräumen u. dgl. durch Anschlag zu verbieten.

Betrieb

§ 8

(1) Maschinen und maschinelle Einrichtungen sind vor ihrer Benutzung auf ihren ordnungsgemäßen Zustand, besonders auch auf Unfallsicherheit zu prüfen. Mängel sind sofort zu beseitigen oder dem Unternehmer oder seinem Stellvertreter anzuzeigen. Außergewöhnliche Erscheinungen an den Betriebseinrichtungen sind sofort zu melden.

(2) Die Unfallverhütungsvorschriften sind auch dann zu befolgen, wenn die im Betrieb benutzten Maschinen und maschinellen Einrichtungen einem anderen gehören, sofern an

oder mit ihnen Arbeitskräfte des Betriebes beschäftigt werden, oder mit ihrer Gefährdung gerechnet werden muß.

(3) Sicherheitseinrichtungen und Schutzvorrichtungen sind zweckentsprechend zu verwenden, sorgsam zu behandeln, instand zu halten und nach Bedarf zu reinigen. Ihr Mißbrauch, ihre eigenmächtige Beseitigung und Beschädigung sind verboten. Fehlendes ist rechtzeitig anzufordern.

(4) Müssen die Schutzvorrichtungen bei Instandsetzung abgenommen werden, so sind geeignete andere Maßnahmen zu treffen, um die Gefährdung von Menschen zu verhindern.

§ 9

(1) Maschinen und maschinelle Einrichtungen müssen mit den in den Unfallverhütungsvorschriften geforderten Schutzeinrichtungen auch dann versehen sein, wenn sie für längere Zeit außer Betrieb gesetzt werden. Den Unfallverhütungsvorschriften nicht entsprechende Maschinen und maschinelle Einrichtungen, welche nicht mehr benutzt werden sollen, sind so zu sichern, daß die in Unkenntnis des Fehlens von Schutzvorrichtungen oder betrieblicher Mängel nicht ohne Zustimmung des Unternehmers benutzt werden können. Am zweckmäßigsten sind sie aus dem Betriebe zu entfernen.

(2) Bei Beförderungen müssen Schutzvorrichtungen in brauchbarem Zustand mitgeführt werden und, soweit möglich, angebracht sein.

§ 10

Niemand darf sich an Maschinen, Betriebseinrichtungen zu schaffen machen, deren Bedienung, Benutzung oder Instandhaltung ihm nicht obliegt.

§ 11

Kraftmaschinen aller Art dürfen nur mit den dafür vorgesehenen Andrehvorrichtungen in Gang gesetzt werden.

§ 12

Jeder, der eine Maschine oder maschinelle Einrichtung einrückt oder bewegt, hat darauf zu achten, daß niemand gefährdet wird. Dies gilt besonders, wenn mehrere Personen an der Maschine beschäftigt sind.

§ 13

Das Ingangsetzen und Abstellen der Antriebsmaschine muß in jedem Raum, in dem sich von ihr abhängige Triebwerke oder Arbeitsmaschinen befinden, rechtzeitig und deutlich angekündigt werden.

§ 14

Arbeitsmaschinen und Wellenleitungen, die ausrückbar sind, müssen beim Stillsetzen der Antriebsmaschine ausgerückt werden. Sie müssen, solange sie nicht in Betrieb sind, ausgerückt sein.

§ 15

Das Auflegen und Abwerfen der Riemen, Seile und Ketten von Hand darf nur bei Stillstand, das Fetten (Harzen und Pechen) der Riemen nur am ablaufenden Teil durch Personen, die dazu ermächtigt sind, erfolgen.

§ 16

(1) Ausbesserungen an Maschinen, z. B. Auswechseln der Zahnräder während des Ganges sowie das Reinigen und Putzen laufender Teile, sind verboten. Schmieren bewegter Maschinenteile ist nur gestattet, wenn Einrichtungen vorhanden sind, die es ohne Gefahr ermöglichen.

(2) Bei Ausbesserungs-, Einrichtungs- und Reinigungsarbeiten an unübersichtlichen Maschinen sind besondere Maßnahmen gegen unbefugtes oder irrtümliches Ingangsetzen und

Bewegen zu treffen, z. B.: Sperren der sich bewegenden Teile, Anbringung eines Schildes mit der Aufschrift „Ausbesserung! Nicht einrücken!" usw.

§ 17

(1) Die mit der Wartung und Bedienung von Maschinen und maschinellen Einrichtungen Beschäftigten müssen anschließende Kleidung tragen.

(2) In der Nähe bewegter Maschinen und Triebwerke dürfen hängende Haare und Zöpfe, Schleifen, Bänder, Halstuchzipfel u. dgl. nicht getragen werden.

F. Unfallverhütung an Dreschmaschinen

Abschnitt Dreschmaschinen

Vorbemerkung

Die meist mit großer Kraft betriebenen Dreschmaschinen mit ihren zahlreichen bewegten Teilen gehören zu den gefährlichsten Maschinen der Landwirtschaft. Der Schutz vor den im Verkehrsbereich liegenden Teilen ist durch die allgemeinen Vorschriften über die Maschinen und die Betriebsführung geregelt. Der vorliegende Abschnitt über die Dreschmaschinen bestimmt den weiteren Schutz, den die Besonderheiten dieser Maschinen notwendig machen.

Allgemeines: Verantwortung

Der Abschnitt über die Einrichtung der Dreschmaschinen (§§ 1—9) ist sowohl für die Unternehmer, die für den Unfallschutz der in ihren Betrieben verwendeten Maschinen verantwortlich sind, als auch für die Versicherten, die an den Maschinen arbeiten, von Bedeutung. Diese Vorschriften sind einfach und ohne weiteres zu verstehen bis auf den § 5, der den Schutz vor den Arbeitsteilen und der Selbsteinlegevorrichtung behandelt. Die Bestimmung des Schutzes vor den Arbeitsteilen der Dreschmaschine (Dreschtrommel, Einziehwalzen, Schneidewerk) und der Selbsteinlegevorrichtung ist sachlich sehr schwierig, weil die Bauarten sehr verschieden sind und der Schutz gleichzeitig Personen sichern muß, die durch Arbeiten verschiedener Art und aus sonstigen Gründen der Gefahr der Verletzung durch diese Maschinenteile ausgesetzt sind. Die nähere Bestimmung des Schutzes ist bei dieser Lage nur durch eingehende Vorschriften technischer Art möglich. Solche Bestimmungen eignen sich nicht zur Aufnahme in die Unfallverhütungsvorschriften, die die Pflichten der Unternehmer und Versicherten der landwirtschaftlichen Betriebe für den Unfallschutz bestimmen. Eine weniger eingehende, etwa nur die hauptsächlichen Bauarten berücksichtigende Regelung des Schutzes in den Unfallverhütungsvorschriften würde Gefahr laufen, einerseits durch Nichtberücksichtigung mancher Ausführungsarten lückenhaft zu sein, andererseits aber auch den Maschinenbauer durch nicht für alle Bauarten passende Vorschriften in seiner Arbeit unnötig zu beengen. Die Unfallverhütungsvorschriften verzichten deshalb auf eingehendere Bestimmungen und beschränken sich darauf, den notwendigen Schutz in ganz allgemeiner Weise zu bezeichnen. Sie stellen zunächst die allgemeine Forderung auf, daß die Arbeitsteile (Dreschtrommel, Einziehwalzen, Schneidewerk), bei Selbsteinlegern auch die Einlegevorrichtung, so angeordnet sein müssen, daß Personen durch sie nicht verletzt werden können. Sie geben dieser allgemeinen Forderung einen bestimmteren Inhalt dadurch, daß sie diejenigen Personen aufführen, deren Schutz die Anordnung gewährleisten muß (§ 5 Abs. 1). Besondere Schutzvorrichtungen fordern die Unfallverhütungsvorschriften nur insoweit, als der Schutz nicht schon durch die Bauart der Maschine gegeben ist. Auch für den Fall, daß danach besondere Schutzvorrichtungen zur Gewährleistung des in § 5 Abs. 1 vorgeschriebenen Schutzes notwendig sind, treffen die Unfallverhütungsvorschriften keine näheren Bestimmungen, sondern machen auch dies in allgemeiner Weise von der Bauart der Maschine abhängig (§ 5 Abs. 2). Weitere Vorschriften für den Schutz vor den Arbeitsteilen und der Einlegevorrichtung enthalten die Unfallverhütungsvorschriften nicht.

Eine Unfallverhütungsvorschrift solch allgemeinen Inhalts entspricht zwar dem Bedürfnis des Maschinenbaues und der Landwirtschaft, daß dem Maschinenbauer bei dem Entwurf der Maschine möglichste Freiheit für die Erreichung des betriebstechnischen Zwecks gelassen wird. Die Allgemeinheit der Vorschrift bedeutet aber auch eine Unsicherheit für die Maschinenbauer und die landwirtschaftlichen Unternehmer, die auf Grund der Vorschrift die Vorschriftsmäßigkeit des Unfallschutzes nicht zweifelsfrei beurteilen können.

Um diese Unsicherheit für den Maschinenbauer in einer den praktischen Bedürfnissen genügenden Weise zu beheben, sehen die Unfallverhütungsvorschriften nähere Bestimmungen für den Bau der Maschinen in besonderen Ausführungsbestimmungen des Gesamtverbandes der deutschen landwirtschaftlichen Berufsgenossenschaften vor, die, da sie nicht Bestandteil der Unfallverhütungsvorschriften sind, so gefaßt werden können, wie es die Bedürfnisse des Maschinenbaues erfordern. Die für den Maschinenbauer notwendige Sicherheit über die zu erfüllenden Schutzforderungen gewähren die Unfallverhütungsvorschriften durch die Vorschrift, daß den Schutzforderungen des § 5 Abs. 1,2 genügt ist, wenn die Maschine diesen Ausführungsbestimmungen entspricht (§ 5 Abs. 3). Die Regelung der technischen Einzelheiten in besonderen Ausführungsbestimmungen hat auch den Vorzug, daß Erfahrungen und Neuerungen ohne Änderung der Unfallverhütungsvorschriften selbst durch Änderung oder Ergänzung der Ausführungsbestimmungen schnell und einfach Rechnung getragen werden kann.

Da die Unfallverhütungsvorschriften die technischen Einzelheiten über den Schutz vor den Arbeitsteilen und der Selbsteinlegevorrichtung nicht enthalten, entlasten die Unfallverhütungsvorschriften die Unternehmer der landwirtschaftlichen Betriebe von ihrer Verantwortung aus § 5, wenn sie die Lieferung von Dreschmaschinen einem Fachkundigen mit der Bedingung übertragen, daß die Maschine den Unfallverhütungsvorschriften entsprechend mit Schutzvorrichtungen ausgerüstet sein muß, wenn sie die gelieferten Schutzvorrichtungen benutzen lassen, instand halten und nicht ändern, sowie Änderungen an den Schutzvorrichtungen durch einen Fachkundigen ausführen lassen (§ 6 Abs. 1). Damit die Unternehmer wissen, welche Schutzvorrichtungen diese Vorschrift betrifft, führen die Unfallverhütungsvorschriften die Schutzvorrichtungen auf, die bei den verschiedenen üblichen Bauarten in Frage kommen können (§ 6 Abs. 2). Wenn Unternehmer anders handeln, insbesondere die gelieferten Schutzvorrichtungen nicht benutzen lassen oder Änderungen an ihnen selbständig ohne Zuziehung eines Fachkundigen vornehmen, wird für sie die Verantwortung aus § 5 voll wirksam.

Die im § 10 enthaltenen Vorschriften für den Betrieb und die nachstehenden Ausführungen sind für den Unternehmer und die Versicherten von besonderer Bedeutung.

Praktische Hinweise

Bereits die Beförderung und Aufstellung der großen schweren Dreschmaschine erfordert eine große Umsicht und Erfahrung. Das gilt besonders beim Dreschen in engen Scheunen. Zum Weiterdrücken benutzte Winden müssen sicher angesetzt werden. Man muß sie auch so aufstellen, daß sie keinem auf die Füße fallen können. Sollen Maschinen von einer Zugmaschine verschoben werden, so darf das nur mit einem festgekuppelten Drückbaum geschehen. Auch wegen der Möglichkeit des Schlagens der Deichsel und der Quetschung an Wänden durch die Deichsel ist Vorsicht geboten.

Beim Anlaufen der Maschinen darf sich in der Nähe der Riemen niemand aufhalten, da die Riemen, wenn die Riemenscheiben nicht genau fluchten, herabfallen. Sehr einfach ist die Aufstellung von Maschinen, bei denen die Strohpresse fest mit angebaut ist. Als Schutz gegen Berührung des Riemens genügt bei ortsbeweglichen Maschinen eine Absperrung durch Seile, Ketten oder Stangen. Muß infolge ungünstiger Raumverhältnisse ein Verkehr unter dem Riemen erfolgen, so ist der Riemen in sicherer Weise zu unterfangen. Die Riemenverbindungen müssen glatt und fest hergestellt sein. Schienenverbinder, Glockenschrauben und ähnliche Riemenverbinder sind auch im Notfall unzulässig. Bei Drahtseilen ist auf abgespleißte Enden zu achten, die schwere Verletzungen verursachen können. Die Riemen dürfen nur am ablaufenden Teil geölt und gereinigt werden. Dreschgerüste müssen sicher befestigt und gut gedielt werden. Die Maschinen sind stets so aufzustellen, daß etwa von erhöhten Arbeitsstellen oder Abwurflöchern herabstürzende Personen nicht in die Einlegeöffnung, auf den Tisch oder auf Riemenscheiben u. dgl. fallen können. Werden zum Einlegen Rutschen verwendet, die für den Betrieb von Vorteil sind, da sie die Arbeit erleichtern, dürfen sie nicht unmittelbar in die Einlegeöffnung führen. Der Zuweg für die Zureicher des Dreschgutes soll möglichst nicht über die Bühne der Dreschmaschine führen. Ist dies nicht vermeidbar, so muß man die Maschine erst anlaufen lassen, wenn die Arbeitsplätze eingenommen sind, oder abstellen, bevor die Zureicher den Rückweg antreten. Bevor das Dreschen, auch bei Pausen, beendet wird, ist das auf der Dreschbühne angesammelte Dreschgut fortzuarbeiten und die Körner zusammenzukehren, damit die über die Dreschbühne verkehrenden Personen nicht darüber ausgleiten, in den durch Dreschgut verdeckten Einlegerstand stolpern, oder den Tisch oder den nicht eingefriedigten Teil der Strohschüttlerüberdeckung betreten. Zum Einkehren der Körner darf nicht die Verkleidung des Einlegewegs aufgeklappt werden. Die Betriebsanweisung der Hersteller ist bei der Bedienung der Maschine genau zu beachten, da Störungen des Betriebs vielfach die Ursache von Unfällen sind. Verstopfen und Stehenbleiben des Förderwerks (Becherwerk, Gebläse), das das Getreide von der ersten Reinigung zu der zweiten Reinigung fördert, und des Entgranners sind oft darauf zurückzuführen, daß die Lochweite der Siebe bei der ersten Reinigung zu groß und bei der zweiten Reinigung zu klein ist, daß Antriebsriemen und Becherwerkgurte nicht genügend angespannt sind und gefüllte Säcke nicht rechtzeitig abgenommen werden. Sackheber und Körnergebläse erleichtern das Fortschaffen des Getreides.

Der Mißbrauch geistiger Getränke bei der Arbeit ist verboten. Milch, Kaffee oder Fruchtsaft löschen den Durst, der durch die starke Staubentwicklung beim Dreschen entsteht, schneller und nachhaltiger.

Vorschriften

Einrichtung

§ 1

Die Überdeckung der Dreschmaschine gilt insoweit als Dreschbühne, als sie nach der Bauart der Maschine zum Betreten während des Betriebes bestimmt ist, oder als damit gerechnet werden muß, daß sie während des Betriebes betreten wird. Dies ist schon der Fall, wenn nach der Bauart der Maschine der Einleger zum Einnehmen des Einlegerstandes die Überdeckung der Maschine an der Einlegeöffnung überschreiten muß.

§ 2

(1) Die Dreschbühne muß mit einer fest angebrachten Einfriedigung versehen sein, die so hoch ist, daß ein Absturz von der Dreschmaschine verhindert wird. Bei ortsbeweglichen Maschinen genügt eine 28 cm hohe Einfriedigung; sie kann umklappbar eingerichtet sein (Bild 1429 u. 1430).

(2) Der Einlegerstand muß so ausgebildet sein, daß er Schutz gegen Abstürzen bietet.

§ 3

Zum Besteigen der Dreschbühne muß eine Leiter vorhanden sein, die mit der Maschine fest verbunden oder mit zwei kräftigen Haken einzuhängen ist. Ein Leiterholm muß die Dreschmaschine mindestens 75 cm überragen, wenn nicht eine andere Vorrichtung genügende

1429. Geschützte Dreschmaschine

a Ausgekleidete Riemenscheibe
b durch einen Schutzschild verdeckter Riemeneinlauf
c Verdeckung der Trommelriemenscheibe
d Verdeckung der Gebläseriemenscheibe
e Leiterholm, der die Dreschbühne um mindestens 75 cm überragt
f Einfriedigung der Dreschbühne

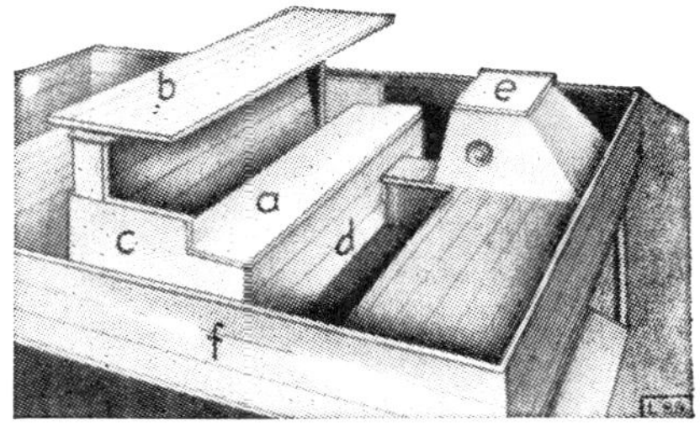

1430. Trommelschutz bei Einlegerstand vor der Einlegeöffnung (norddeutsche Einlegeweise)

a Einlegetisch und Grundfläche des Einlegeweges
b Schutzhaube (darf nach rückwärts nicht aufklappbar sein und muß beiderseits um 12 cm überragen)
c Seitenverkleidung, mindestens 30 cm hoch
d Einlegerstand
e Schutzhaube über dem Becherwerk
f Einfriedigung der Dreschbühne

Sicherheit gegen Abstürzen bietet. Bei festangebrachten Leitern muß die Mitte der Auftritte mindestens 12 cm von der Maschine abstehen, so daß man mit dem Fuß sicher auftreten kann.

§ 4

(1) Öffnungen in der Dreschbühne und in der Überdeckung des Strohschüttlers müssen mit angebänderten Deckeln versehen sein; wenn übergebaute Teile das Aufklappen verhindern, kann eine andere Anordnung gewählt werden.

(2) Schutzhauben über dem Becherwerk und über anderen die Dreschbühnen überragenden Maschinenteilen müssen gut befestigt, jedoch schnell lösbar sein.

§ 5

(1) Die Arbeitsteile der Dreschmaschinen (Dreschtrommeln, Einziehwalzen, Schneidewerk), bei Selbsteinlegern auch die Selbsteinlegevorrichtung, müssen so angeordnet sein, daß Personen durch sie nicht verletzt werden können. Die Anordnung muß den Schutz folgender Personen gewährleisten:

1. des Einlegers beim Einlegen,

2. der auf der Dreschbühne arbeitenden oder verkehrenden Personen, auch wenn sie stolpern, ausgleiten, hinfallen usw.,

3. von Personen, die von benachbarten erhöhten Arbeitsplätzen oder Verkehrsstellen auf die Maschine fallen.

4. von Personen, die neben der Maschine stehend bei der Drescharbeit helfen (Bild 1430 bis 1434).

(2) Soweit dieser Schutz nicht schon durch die Bauart der Maschine und ihre Verkleidung gegeben ist, muß er durch besondere Schutzvorrichtungen geschaffen werden. Welche Schutzvorrichtungen hierzu erforderlich sind, ergibt sich aus der Bauart der Maschine.

(3) Den Schutzforderungen des Abs. 1, 2 ist genügt, wenn die Maschine den Ausführungsbestimmungen des Gesamtverbandes der deutschen landwirtschaftlichen Berufsgenossenschaften entspricht.

§ 6

(1) Die Unternehmer genügen ihrer Verpflichtung aus § 5, wenn sie,

1. die Lieferung der Maschine einem Fachkundigen (Maschinenhändler oder Maschinenhersteller) mit der Bedingung übertragen, daß die Maschine mit den nach den Unfallverhütungsvorschriften notwendigen Schutzvorrichtungen ausgerüstet sein muß,

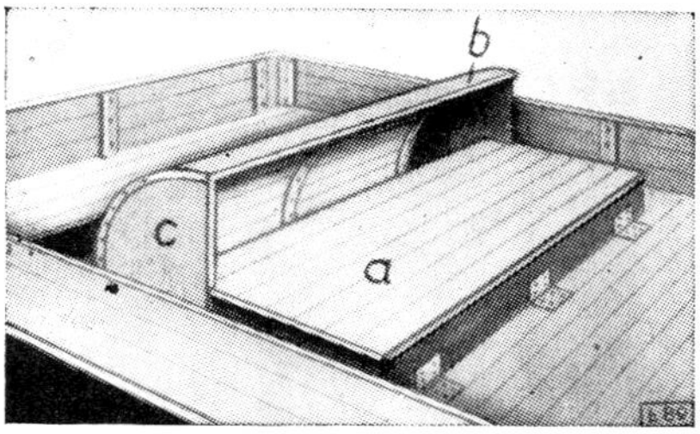

1431. Trommelschutz bei Einlegerstand hinter der geschlossenen Seite der Schutzhaube (süddeutsche Einlegeweise)

a Einlegetisch und Grundfläche des Einlegeweges
b Schutzhaube
(darf nach rückwärts nicht aufklappbar sein)
c Seitenverkleidung

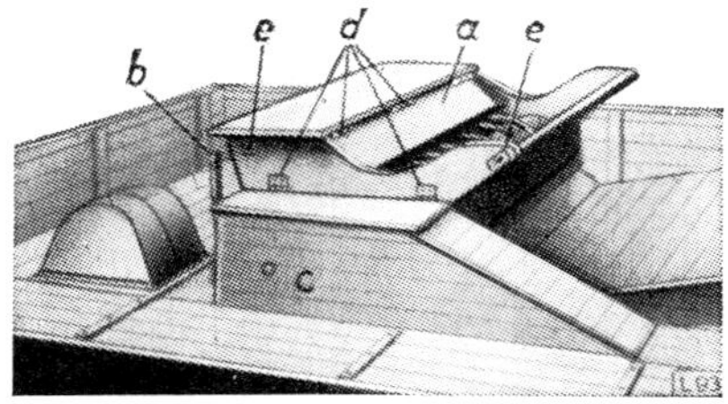

1432. Selbsteinleger für Dreschmaschinen, Schutzhaube und Umwehrung zum Durchfahren niederer Tore so niederklappbar eingerichtet, daß nur in Schutzstellung eingelegt werden kann

a Schutzhaube der Beschickungsstelle
b Ausrücker der Selbsteinlegevorrichtung
c Verdeckung der Riemenscheibe und des Antriebsriemens
d Gelenkbänder (Scharniere)
e Hakenverschlüsse der Schutzhaube und Umwehrung

2. die gelieferten Schutzvorrichtungen benutzen lassen, instandhalten und in ihrer Bauart, Abmessung und Befestigung nichts ändern (Bild 1429),

3. Änderungen an den Schutzvorrichtungen einem Fachkundigen mit der Bedingung übertragen, daß die Änderung den Unfallverhütungsvorschriften entsprechen muß.

Die Unternehmer sollen in den Fällen Nr. 1, 3 die bedingungsgemäße Ausführung von dem Fachkundigen schriftlich bestätigen lassen. Hiervon kann abgesehen werden, wenn in den Lieferbedingungen die Beachtung der Unfallverhütungsvorschriften zugesagt ist.

1433. Trommelschutz mit beiderseits verbreitertem Einlegetisch für Dreschmaschinen mit hochliegender Dreschtrommel und ohne Dreschbühne

a = 100 cm Mindestabstand vom Außenumfang der Dreschtrommel bis vorderer Außenkante Einlegetisch (zum Schutz des Einlegers)
b = 75 cm Mindestabstand vom Außenumfang der Dreschtrommel bis seitliche Außenkanten Einlegetisch oder Schutzwand (zum Schutz der Helfer)
c = 150 cm Mindesthöhe über der Standfläche der Maschine
c_1 = 30 cm Mindesthöhe über dem Einlegetisch

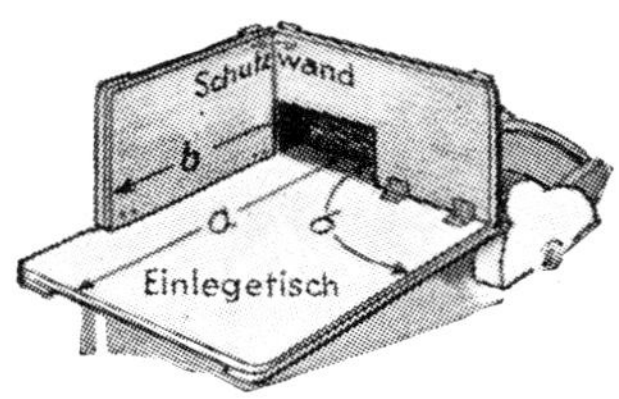

1434. Trommelschutz mit einseitig verbreitertem Einlegetisch für Dreschmaschinen mit hochliegender Dreschtrommel und ohne Dreschbühne

(Erläuterungen wie bei Bild 1433)

(2) Als Schutzvorrichtungen im Sinne des Abs. 1 kommen je nach der Bauart der Maschine in Frage:

1. ein verkleideter Einlegeweg, der an der Beschickungsstelle eine Einlegeöffnung freiläßt und den Weg des Dreschgutes von der Einlegeöffnung bis zu den Arbeitsteilen nach allen Seiten verdeckt, bestehend aus

a) der Grundfläche des Einlegeweges,

b) der Schutzhaube, die den Einlegeweg und den Durchgang zu den Arbeitsteilen nach oben abdeckt und

c) den seitlichen Verkleidungen, die die Seiten des Einlegeweges und den Durchgang zu den Arbeitsteilen nach allen Seiten abdecken und an die Überdeckung der Maschine anschließen (Bild 1430—1434).

2. Einlegetische an der Beschickungsstelle; ist kein besonderer Einlegetisch vorhanden, so gilt die Überdeckung der Maschine an der Beschickungsstelle als Einlegetisch,

3. senkrechte Schutzwände an der Einlegeöffnung, die an die seitlichen Verkleidungen des Einlegeweges anschließen,

4. Ausrücker der Selbsteinlegevorrichtung.

§ 7

An Sackhebern mit Verstrebungen müssen die Verstrebungen nach der Sackweite so verkleidet sein, daß Quetschungen verhindert werden.

§ 8

(1) Die §§ 1—7 gelten auch entsprechend für Maschinen zur Gewinnung von Mais, Hülsenfrüchten, Klee, Hanf und anderen Sämereien.

(2) Der Gesamtverband der deutschen landwirtschaftlichen Berufsgenossenschaften kann Ausführungsbestimmungen erlassen. Den Schutzforderungen des Abs. 1 ist genügt, wenn die Maschine den Ausführungsbestimmungen entspricht.

§ 9

Bei Maschinen mit Einbau-Strohpressen oder Strohbindern sind besondere Unfallverhütungsvorschriften zu beachten.

Betrieb

§ 10

(1) Die Dreschmaschine darf nur mit ordnungsgemäß angebrachten Leitern bestiegen werden. Die Leiter darf nicht neben dem Haupt- oder dem Presseantriebsriemen angestellt werden. Läßt sich dies nicht vermeiden, so ist eine Sicherung gegen das Berühren des Treibriemens anzubringen.

(2) Bei betriebsmäßig aufgestellten Maschinen darf die Einfriedigung der Dreschbühne an der für das Aufbringen des Dreschgutes in Frage kommenden Seite umgelegt sein; an den übrigen Seiten müssen die Einfriedigungen sich in Schutzstellung befinden.

(3) Der Einlegetisch darf während des Ganges der Maschine nicht betreten werden.

(4) Bei Stauungen des Dreschgutes darf nicht mit der Hand oder dem Fuß oder mit Gabeln und anderen festen Gegenständen nachgestopft werden. Zum Nachstopfen müssen schmiegsame Besen ohne Stiel bereitgehalten und verwendet werden.

(5) Auf die Dreschbühne darf nur so viel Dreschgut gelegt werden, daß das Arbeiten und der Verkehr auf ihr nicht behindert wird.

(6) Der nicht eingefriedigte Teil der Strohschüttler-Überdeckung darf während des Betriebes nicht betreten und nicht als Standort zum Weiterreichen von Dreschgut, Stroh usw. benutzt werden.

(7) Das Aufklappen der Verkleidung des Einlegewegs und sonstiges Freilegen sich bewegender Teile darf nur bei stillstehender Maschine erfolgen.

(8) Das Hineingreifen in Gehäuse mit bewegten Teilen ist verboten. Verstopfungen dürfen nur unter Benutzung eines biegsamen Stockes beseitigt werden, und zwar beim Becherwerk nur von unten.

(9) Einrichtungen zum Verstellen von Gebläsen und von inneren Maschinenteilen dürfen während des Betriebs nur betätigt werden, wenn sie gefahrlos bedient werden können.

(10) Gegen übermäßige Belästigung durch Staub sind geeignete Vorkehrungen zu treffen.

(11) Kaff, Spreu usw. darf wegen der Gefahr des Erstickens hineinfallender Personen nur in trittsicher abgedeckten Spreukammern oder nur in Haufen gelagert werden, die nicht höher als 1 m sind. Bei Arbeiten mit Spreu ist bei starkem Wind zum Schutz der Atemwege ein Tuch vor Mund und Nase zu tragen.

Ausführungsbestimmungen des Gesamtverbandes der Deutschen landw. Berufsgenossenschaften über den Schutz vor den Arbeitsteilen und der Selbsteinlegevorrichtung an Dreschmaschinen

I. Allgemeines

§ 1

Die Ausführungsbestimmungen regeln den Schutz vor den Arbeitsteilen (§ 2, Nr. 1) und der Selbsteinlegevorrichtung (§ 2, Nr. 2) der Dreschmaschinen nur für die gebräuchlichsten Bauarten. Dadurch werden andere Bauarten und abweichende Anordnungen des Schutzes nicht ausgeschlossen, sofern sie den Schutzforderungen des § 5 Abs. 1, 2 der Unfallverhütungsvorschriften entsprechen. Maschinen solcher Bauart und Schutzanordnung gelten erst dann als genügend geschützt, wenn der Gesamtverband der deutschen landwirtschaftlichen Berufsgenossenschaften dies für die Bauart oder Schutzanordnung anerkannt hat.

§ 2. *Allgemeine Begriffsbestimmungen*

1. Arbeitsteile der Dreschmaschinen sind die Dreschtrommeln, die Einziehwalzen, die Verteiler und das Schneidwerk,

2. Selbsteinlegevorrichtungen sind mechanische Anordnungen, die das Dreschgut von der auf der Dreschbühne liegenden Beschickungsstelle zu den Arbeitsteilen der Dreschmaschine führen.

3. (1) Der verkleidete Einlegeweg ist eine verkleidende Anordnung, die an der Beschickungsstelle eine Öffnung zur Beschickung der Maschine freigibt (Einlegeöffnung) und den Weg des Dreschguts von der Einlegeöffnung bis zu den Arbeitsteilen (Einlegeweg) nach unten, nach oben und nach den Seiten abdeckt (Verkleidung des Einlegewegs).

(2) Die Verkleidung des Einlegewegs besteht aus

a) der Grundfläche des Einlegewegs, die zum Einschieben des Dreschguts bis zum Durchgang zu den Arbeitsteilen dient,

b) der Schutzhaube, die den Einlegeweg und den Durchgang zu den Arbeitsteilen nach oben abdeckt; der Rand der Schutzhaube ist das über der Einlegeöffnung gelegene Ende der Schutzhaube,

c) den seitlichen Verkleidungen, die den Einlegeweg nach beiden Seiten und den Durchgang zu den Arbeitsteilen nach allen Seiten abdeckt und an die Überdeckung der Maschine anschließen.

4. Eine Auflegefläche ist eine ebene Fläche an der Beschickungsstelle, die zum Bereitlegen des Dreschguts vor dem Einlegen dient. Die Lage der Auflegefläche wird nach ihrer Neigung zur Einlegeöffnung bestimmt.

II. Dreschmaschinen ohne Selbsteinleger

§ 3. *Begriffsbestimmungen*

1. Nähere Bestimmungen zu § 2 Nr. 3 (verkleideter Einlegeweg): vergleiche hierzu Bild 1435.

a) Die Grundfläche des Einlegewegs (§ 2 Nr. 3 Abs. 2a) ist eine Fläche, die bis zu den Arbeitsteilen reicht. An die Grundfläche anschließende Flächen, die über 2:10 zur Waagerechten geneigt sind, gelten als Durchgang zu den Arbeitsteilen.

b) Die Grundlinie der Einlegeöffnung ist die Schnittlinie der von dem Rande der Schutzhaube auf die Grundfläche des Einlegewegs gefällten Lotebene mit der Grundfläche.

c) Die Seitenlinien der Einlegeöffnung sind die geraden Verbindungen der Ecken des Randes der Schutzhaube mit den Enden der Grundlinie der Einlegeöffnung.

d) Die Höhe der Einlegeöffnung ist der senkrechte, lichte Abstand des Randes der Schutzhaube von der Grundlinie der Einlegeöffnung.

e) Die Innenkante ist das Ende der Grundfläche des Einlegewegs vor dem Durchgang zu den Arbeitsteilen.

f) Der Abstand der Einlegeöffnung ist der waagerechte Abstand der Grundlinie der Einlegeöffnung von der Innenkante.

2. Das Vorfeld der Einlegeöffnung ist der Raum vor der Einlegeöffnung, von der Grundlinie der Einlegeöffnung und ihren seitlichen Verlängerungen aus gerechnet. Die Gestalt des Vorfeldes der Einlegeöffnung wird bestimmt durch

a) die Art der Überdeckung der Maschine im Vorfeld. Die Überdeckung der Maschine gilt insoweit als Dreschbühne, als sie nach der Bauart der Maschine zum Aufenthalt von Personen während des Betriebs bestimmt ist oder als nach der Bauart mit ihrem Betreten während des Betriebs gerechnet werden muß. Böden von Wirtschaftsgebäuden, in die Dreschmaschinen eingebaut sind, gelten als Dreschbühnen, wenn die Auflagefläche an der Einlegeöffnung nicht mindestens 80 cm über dem Fußboden liegt.

b) die Art des Einlegetisches (Nr. 3 Abs. 2).

3. Nähere Bestimmungen zu § 2 Nr. 4 (Auflegefläche):

(1) Der Einlegetisch ist eine vor der Einlegeöffnung an die Grundlinie der Einlegeöffnung anschließend angeordnete Auflegefläche, deren Neigung zur Waagerechten nicht mehr als 2:10 beträgt.

(2) Arten des Einlegetisches:

a) ist kein besonderer Einlegetisch vorhanden, so gilt der vor der Einlegeöffnung gelegene Teil der Überdeckung der Maschine als Einlegetisch.

b) Ein erhöhter Einlegetisch ist ein besonderer Einlegetisch, dessen Auflegefläche an der Grundlinie der Einlegeöffnung mindestens 20 cm über der Dreschbühne liegt, dessen Breite sich auf die ganze Grundlinie der Einlegeöffnung erstreckt, der die seitlichen Verkleidungen des Einlegewegs nicht überragt und dessen Länge nicht mehr als 1 m beträgt.

c) Ein erhöhter schmaler Einlegetisch ist ein Einlegetisch, der § 3 Nr. 3 Abs. 2b entspricht, dessen Länge aber nicht mehr als 30 cm beträgt.

d) Ein hochliegender Einlegetisch ist ein Einlegetisch, dessen Auflagefläche an der Einlegeöffnung mindestens 80 cm über der Dreschbühne (Fußboden) liegt.

4. (1) Die Lage der Arbeitsteile wird bestimmt nach ihrer Lage

a) zur Einlegeebene. Die Einlegeebene ist die ebene Verlängerung der Grundfläche des Einlegewegs über deren Innenkante hinaus. Bei Ansteigen des letzteren Teiles der Grundfläche ist die Einlegeebene die Verlängerung der Verbindungsebene zwischen der Grundlinie und der Innenkante.

(2) Es werden folgende Lagen der Arbeitsteile unterschieden:

a) hohe Lage, wenn die Arbeitsteile ganz oder zum Teil über die Einlegeebene hinausreichen; hohe Lage der Dreschtrommel ist nur zulässig, wenn die Dreschtrommel in der Einlegerichtung einzieht,

b) tiefe Lage, wenn die Arbeitsteile nicht über die Einlegeebene hinausreichen,

c) Schutzlage durch selbsttätigen Verschluß des Einlegewegs, wenn der Durchgang zu den Arbeitsteilen durch eine mechanische Vorrichtung im Gefahrfalle selbsttätig schnell und zuverlässig verschlossen wird,

d) Schutzlage durch verdeckte Anordnung, wenn die Arbeitsteile nicht über die Schutzebene der Arbeitsteile hinausreichen.

5. Schutzwände an der Einlegeöffnung sind Wände, die senkrecht zur Erde und anschließend an die seitlichen Verkleidungen des Einlegewegs an der Einlegeöffnung angeordnet sind und deren obere Kante mindestens 30 cm über dem Einlegetisch und 150 cm über der Standfläche der Maschine liegt (vgl. Bild 1433 und 1434).

§ 4

Alle Maschinen müssen mit einem verkleideten Einlegeweg (§ 2 Nr. 3, § 3 Nr. 1) und einem Einlegetisch (§ 2 Nr. 4, § 3 Nr. 3) versehen sein.

§ 5

(1) Die Höhe der Einlegeöffnung (§ 3 Nr. 1 d) darf höchstens 40 cm betragen.

(2) Der Abstand der Einlegeöffnung (§ 3 Nr. 1 f) muß mindestens 10 cm betragen.

§ 6

Die für den Unfallschutz notwendige Gestaltung der Anordnungen des § 5 hängt von der Ausführung folgender Anordnungen ab:

1. der Gestalt des Vorfeldes der Einlegeöffnung (§ 3 Nr. 2),
2. der Lage des Einlegetisches (§ 2 Nr. 4, § 3 Nr. 3 Abs. 1),
3. der Lage der Arbeitsteile (§ 3 Nr. 4).

§ 7

(1) Für die Bestimmung der für den Unfallschutz notwendigen Ausführungen der Anordnungen der §§ 5, 6 sind die in der Anlage 2 enthaltenen und erläuterten Schutzwerte maßgebend.

(2) Bei einer Maschine genügen die Anordnungen der §§ 5, 6 den Schutzforderungen des § 5 Abs. 1, 2 der Unfallverhütungsvorschriften, wenn die Summe ihrer Einzelschutzwerte mindestens 9 ergibt (Mindestgesamtschutzwert).

§ 8

In der Nähe des Einlegetisches muß an gut sichtbarer Stelle die Aufschrift „Einlegetisch nicht betreten!" angebracht sein.

§ 9

(1) Hat der Einleger seinen Stand (Sitz) vor oder neben der Einlegeöffnung, so muß der Einlegetisch (Grundfläche) durch seine Gestalt und Bemessung den Einleger zwingen, bei der Arbeit von den Arbeitsteilen einen solchen Abstand zu halten, daß er von seinem Stand (Sitz) aus die Arbeitsteile mit der Hand nicht berühren kann. Die hierzu notwendige Länge des Einlegetisches hängt davon ab, ob die Maschine für Einlegen im Stehen oder im Sitzen gebaut ist und in welcher Höhe zum Körper des arbeitenden Einlegers der Einlegetisch liegt. Der Abstand der Außenkante des Einlegetisches von den Arbeitsteilen muß

a) bei hoher Lage der Arbeitsteile (§ 3 Nr. 4 Abs. 2a) mindestens 1 m,

b) bei tiefer Lage der Arbeitsteile (§ 3 Nr. 4 Abs. 2b) mindestens 75 cm betragen.

(2) Hat der Einleger seinen Stand hinter der geschlossenen Seite der Schutzhaube, so muß der Abstand zwischen dem oberen Rand der Schutzhaube und den Arbeitsteilen so groß sein, daß der Einleger bei seiner Arbeit die Arbeitsteile nicht mit der Hand berühren kann. Der Abstand muß mindestens 60 cm betragen.

§ 10

(1) Die seitlichen Verkleidungen des Einlegewegs müssen bis zur Schutzhaube und zu den Seitenlinien der Einlegeöffnung durchgeführt sein.

(2) An Maschinen mit Dreschbühne und tiefer Lage der Arbeitsteile, die einen erhöhten Einlegetisch haben, brauchen die seitlichen Verkleidungen des Einlegetisches nicht bis an die Schutzhaube und an die Seitenlinien der Einlegeöffnung zu reichen. Es müssen dann die oberen Kanten der seitlichen Verkleidungen mindestens 30 cm über der Dreschbühne liegen und die Seitenkanten der Schutzhaube die seitlichen Verkleidungen nach beiden Seiten um je 12 cm überragen.

(3) An Maschinen mit Dreschbühne und tiefer Lage der Arbeitsteile darf die Verkleidung des Einlegewegs zum Einkehren der Körner Öffnungen von höchstens 10 cm haben.

§ 11

Maschinen ohne Dreschbühne, bei denen die Grundlinie der Einlegeöffnung weniger als 1,80 m über der Standfläche der Maschine liegt, müssen so angeordnet sein, daß Personen, die neben der Maschine stehend beim Einlegen helfen, durch den Abstand der Einlegeöffnung, durch Schutzwände an der Einlegeöffnung oder durch eine seitliche Verbreiterung des Einlegetisches gezwungen werden, einen schützenden Abstand von den Arbeitsteilen zu halten. Der Abstand muß

a) bei hoher Lage der Arbeitsteile mindestens 75 cm,
b) bei tiefer Lage der Arbeitsteile mindestens 60 cm betragen.

§ 12

(1) Der verkleidete Einlegeweg, der Einlegetisch und die Schutzwände müssen mit der Maschine fest verbunden sein.

(2) Die Schutzhaube darf niederklappbar oder einschiebbar angeordnet sein, wenn sie in niedergeklapptem oder eingeschobenem Zustande den Durchgang zu den Arbeitsteilen schließt.

(3) Der verkleidete Einlegeweg kann, um das Beseitigen von Störungen zu erleichtern, so angeordnet sein, daß er zur Vornahme von Reinigungsarbeiten usw. als Ganzes aufzuklappen ist. Bei dieser Anordnung muß das Leitbrett an der Verkleidung des Einlegewegs angebracht sein, damit ein Einlegen in aufgeklapptem Zustand nicht möglich ist.

(4) Soweit die Schutzvorrichtungen beweglich angeordnet sein dürfen, müssen sie mit kräftigen Gelenkbändern mit der Maschine verbunden sein. Gegen unbeabsichtigte Veränderung ihrer Lage aus der Betriebsstellung und der Nichtbetriebsstellung müssen Sicherungen vorhanden sein.

§ 13

(1) Körnerspritzen muß möglichst durch die Bauart verhindert werden; notfalls sind besondere Vorrichtungen, z. B. an der Schutzhaube (Fangleisten, Fangtuch) anzubringen.

(2) Gegen übermäßige Belästigung durch Staub sind geeignete Vorkehrungen zu schaffen.

§ 14

Dreschmaschinen für Göpelantrieb müssen an der Dreschtrommel eine Andrehscheibe haben, um das Andrehen zu erleichtern.

§ 15

Einrichtungen zum Verstellen von Gebläsen und inneren Maschinenteilen, die während des Betriebes betätigt werden, müssen so angeordnet sein, daß sie gefahrlos bedient werden können.

III. Selbsteinleger

§ 16

Selbsteinlegevorrichtungen müssen versehen sein mit

1. Schutz vor der Selbsteinlegevorrichtung (§ 17),
2. Schutz vor den Arbeitsteilen der Dreschmaschine (§ 18),
3. einer Ausrückevorrichtung (§ 19).

§ 17. *Schutz vor der Selbsteinlegevorrichtung*

(1) Die Beschickungsstelle muß mit einer Umwehrung versehen sein, die die Selbsteinlegevorrichtung und den Durchgang zu den Arbeitsteilen nach allen Seiten verkleidet. An den Einlegeseiten muß die Umwehrung (durch ihre Höhe oder durch Einlegetische) so gestaltet sein, daß der Rand der Umwehrung mindestens 50 cm von der nächsten Stellung der Mitnehmer ab liegt. An den Schmalseiten genügt eine Höhe der Umwehrung bis zum höchsten Stand der Mitnehmer.

(2) Mitnehmer dürfen mit Abstreifzinken und Gehäuseteilen keine Quetsch- und Scherstellen bilden. Mitnehmerzinken und Abstreifzinken dürfen nicht als Messer ausgebildet sein; ihre Enden sind abzustumpfen.

(3) Schneidemesser müssen verdeckt angeordnet sein.

§ 18. *Schutz vor den Arbeitsteilen der Dreschmaschine*

(1) Die Anordnung der Selbsteinlegevorrichtung muß gewährleisten, daß in die Beschikkungsstelle geratende Körperteile nicht in die Arbeitsteile der Dreschmaschine gezogen werden können.

(2) Dieser Forderung ist genügt,

1. wenn die Einzugsstelle in einem Abstand von mindestens 50 cm von der Dreschtrommel eine Spaltweite von höchstens 16 cm hat oder

2. wenn die Einzugsstelle durch eine Schutzhaube abgedeckt ist, deren Rand die Mitte des Mitnehmerorgans (Walze u. dgl.) um mindestens 10 cm überragt und höchstens 40 cm über der Grundfläche der Beschickungsstelle liegt, und die Gestalt des Einlegewegs in Verbindung mit der Schutzhaube die Wirkung hat, daß in die Beschickungsstelle geratene Körperteile von den Arbeitsteilen abgelenkt werden.

§ 19. *Ausrückevorrichtung*

(1) Die Selbsteinlegevorrichtung muß mit einem Handausrücker und einer selbsttätigen Ausrückevorrichtung versehen sein.

(2) Der Handausrücker muß von der Beschickungsstelle aus leicht erreichbar sein.

(3) Eine selbsttätige Ausrückevorrichtung ist eine Einrichtung, durch die im Gefahrfalle die mitnehmende Wirkung der Selbsteinlegevorrichtung aufgehoben wird. Die Einrichtung kann bestehen

a) in Anordnungen, die bei überbetriebsmäßigem Widerstand an den Mitnehmern die Kraftübertragung auf die Mitnehmer unwirksam machen (z. B. Treibriemen als Rutschkupplung), oder die Mitnehmerzinken selbsttätig zum Verschwinden bringen; die Schwungmasse und die Umdrehungszahl von Mitnehmerwalzen ist entsprechend gering zu bemessen.

b) in einer beweglichen Anordnung am Rande der Schutzhaube oder an der Schutzhaube selbst, die beim Andrücken eines menschlichen Körperteils die Mitnehmer sicher selbsttätig ausdrückt.

§ 20

(1) Die Schutzvorrichtungen (Umwehrung, Schutzhaube) müssen mit dem Selbsteinleger fest verbunden sein.

(2) Schutzhauben können derart niederklappbar angeordnet sein, daß sie in niedergeklapptem Zustande die Einzugstelle abdecken.

(3) Selbsteinlegevorrichtungen, die auf Dreschmaschinen mit großer Bauhöhe aufgestellt werden, sind, um ein Durchfahren von niedrigen Bauten zu ermöglichen, ohne die dem Schutz dienenden Teile abnehmen zu müssen, so einzurichten, daß die über den Einziehorganen liegenden Teile niedergeklappt werden können.

Erläuterungen zu § 7 der Ausführungsbestimmungen, auch zur Übersicht der Schutzwerte (siehe Seite 683):

1. Für den Schutzwert der Anordnungen des § 5 der Ausführungsbestimmungen (I der Übersicht) ist bestimmend das Verhältnis des Abstandes der Einlegeöffnung *(g)* zu der Höhe der Einlegeöffnung *(h)*, also $\frac{g}{h} = \operatorname{ctg} \varepsilon$, wobei ε den Winkel bezeichnet, den die Ebene der Grundfläche des Einlegewegs (§ 3 Nr. 1a) mit der Verbindungsebene zwischen dem Rande der Schutzhaube und der Innenkante der Grundfläche des Einlegewegs (§ 3 Nr. 1e) bildet (vgl. Bild 1435 der Anlage 1).

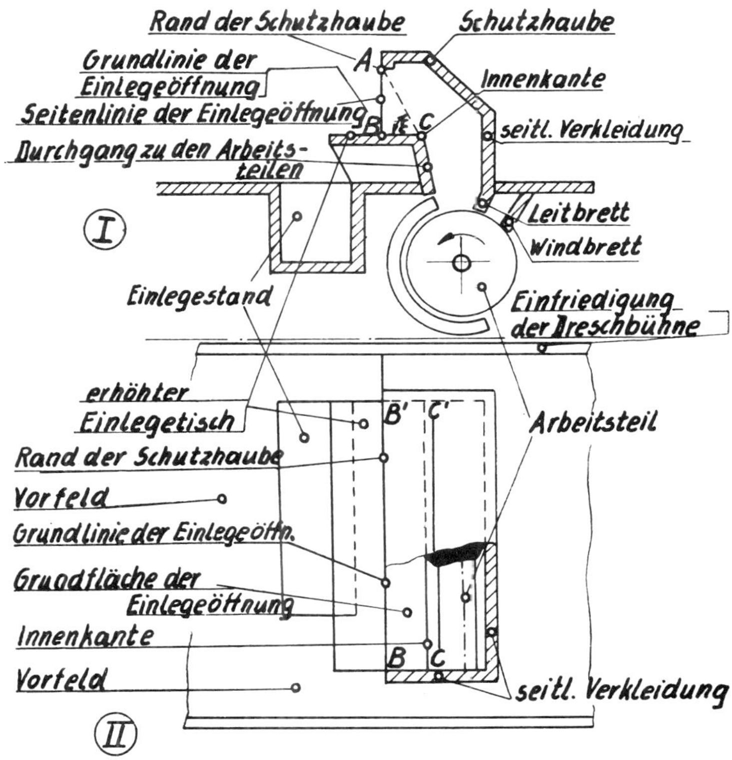

1435. Erläuterungszeichnung zu § 3, Nr. 1 der Ausführungsbestimmungen: *I* Senkrechter Schnitt durch den verkleideten Einlegeweg; *II* Aufsicht

Es bedeuten: AB = Seitenlinie der Einlegeöffnung (§ 3 Nr. 1c) = Höhe der Einlegeöffnung (h) (§ 3 Nr. 1d); BC = Abstand der Einlegeöffnung (g) (§ 3 Nr. 1e); BB' = Grundlinie der Einlegeöffnung (§ 3 Nr. 1b); CC' = Innenkante (§ 3 Nr. 1e); $BCC'B'$ = Grundfläche des Einlegeweges (§ 3 Nr. 1a), Fläche links der Linie BB' = Vorfeld (§ 3 Nr. 2); ε = Öffnungswinkel ACB, $\operatorname{ctg} \varepsilon = g/h$

2. Der Schutzwert der Anordnungen des § 5 der Ausführungsbestimmungen (I der Übersicht) ist $= 3 \cdot \operatorname{ctg} \varepsilon$ bestimmt. Der Koeffizient 3 ist eingesetzt, um für die Ausführungen I 1—I 5 ganzzahlige Schutzwerte zu erhalten. Dabei ist der Schutzwert der Ausführung I 1, der rechnungsmäßig drei Viertel beträgt, aus praktischen Gründen = 0 gesetzt.

3. Die Anordnungen I 1—I 5 sind typische Ausführungsbeispiele für die Anordnungen des § 5 der Ausführungsbestimmungen. Neben ihnen sind alle anderen Ausführungen zulässig, die die Grenzmaße des § 5 einhalten. Die Schutzwerte solcher Ausführungen sind ebenfalls durch Vervielfältigung des ctg ε mit 3 zu errechnen.

Weitere Beispiele zu § 5:

$$h = 40\,\text{cm},\ g = 20\,\text{cm};\ \text{Schutzwert} = 3 \cdot \frac{20}{40} = 1{,}5$$

$$h = 20\,\text{cm},\ g = 20\,\text{cm};\ \text{Schutzwert} = 3 \cdot \frac{20}{20} = 3{,}0$$

$$h = 25\,\text{cm},\ g = 15\,\text{cm};\ \text{Schutzwert} = 3 \cdot \frac{15}{25} = 1{,}8$$

4 a) Der Schutzwert $3 \cdot \text{ctg}\,\varepsilon$ der Ausführungen I gilt bei waagerechter Lage der Grundfläche des Einlegewegs (§ 3 Nr. 1 a der Ausführungsbestimmungen). Enthält die Ebene der Grundfläche des Einlegewegs eine Neigung zu den Arbeitsteilen, so sinkt die Schutzwirkung der Anordnung I.

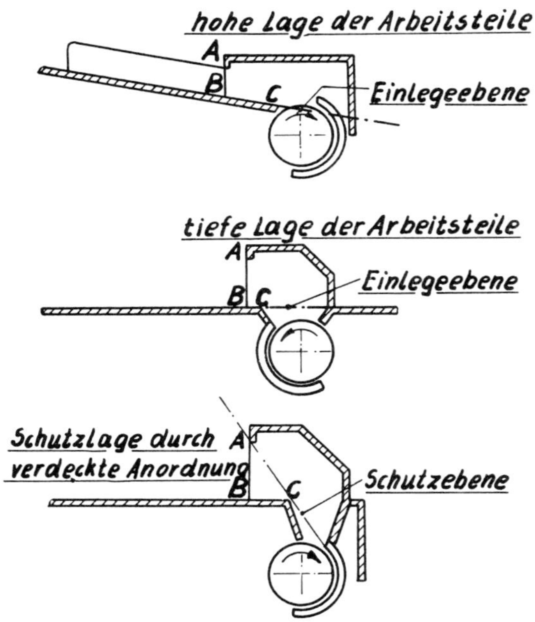

1436. Erläuterungszeichnung zu § 3, Nr. 4 der Ausführungsbestimmungen (Die Lage der Arbeitsteile): Senkrechter Schnitt durch verkleidete Einlegewege (s. auch Bild 1435 I). Die Einlegeebene ist die ebene Verlängerung der Grundfläche des Einlegeweges $BCC'B'$ über deren Innenkante CC' hinaus (§ 3, Nr. 4, Abs. 1 a). Die Schutzebene der Arbeitsteile ist die Verlängerung der Verbindungsebene zwischen dem Rand der Schutzhaube AA' und der Innenkante CC' (§ 3, Nr. 4, Abs. 1 b). Hohe Lage der Arbeitsteile, wenn sie ganz oder zum Teil über die Einlegeebene hinausreichen (§ 3, Nr. 4, Abs. 2 a). Tiefe Lage der Arbeitsteile, wenn sie nicht über die Einlegeebene hinausreichen (§ 3, Nr. 4, Abs. 2 b). Schutzlage durch verdeckte Anordnung, wenn die Arbeitsteile nicht über die Schutzebene der Arbeitsteile hinausragen (§ 3, Nr. 4, Abs. 2 d).

b) Die Verminderung des Schutzwertes durch geneigte Lage der Grundfläche des Einlegewegs ist geringfügig bis zu einer Größe des Neigungswinkels von höchstens 11° 18′ das ist eine Neigung von etwa 2:10. Bis zu einer solchen Neigung kann daher der Schutzwert $3 \cdot \text{ctg}\,\varepsilon$ unverändert angewandt werden.

c) Für Neigungen der Grundfläche des Einlegewegs über 11° 18′ ist die Genehmigung des Gesamtverbandes der deutschen landwirtschaftlichen Berufsgenossenschaften einzuholen.

d) Bei Ansteigen der Grundfläche erhöht sich die Schutzwirkung. Die Erhöhung ist aber unbeträchtlich, so daß sie vernachlässigt werden kann.

e) Eine Aufrundung des sich ergebenden Wertes ist nicht zulässig.

5. Der Mindestgesamtschutzwert ist im § 7 Abs. 2 auf 9 festgesetzt, weil die Ausführung I 5 einen ausreichenden Schutz ergibt, ohne daß es einer Ergänzung durch schützende Gestaltung der Anordnungen II, III und IV bedarf.

6. Die Schutzwerte für die Anordnungen II, III und IV sind auf Grund der Erfahrung unter dem Gesichtspunkt festgesetzt, daß bei einem Mindestgesamtschutzwert 9 gewisse Zusammenstellungen der Ausführungen I—IV ausgeschlossen werden sollen.

G. Übersicht der Schutzwerte

nach § 7 der Ausführungsbestimmungen für Dreschmaschinen

I Verkleidung des Einlegewegs

Bezeichnung	Höhe der Einlegeöffnung (g) (§ 5 Abs. 1)	Abstand der Einlegeöffnung (g) (§ 5 Abs. 2)	$\text{ctg}\,\varepsilon = \frac{g}{h}$	Schutzwert $= 3 \cdot \text{ctg}\,\varepsilon$ (vgl. Anm.)
	höchst. 40 cm	mindest. 10 cm		
I 1	40 cm	10 cm	$\frac{1}{4}$	0
I 2	30 cm	10 cm	$\frac{1}{3}$	1
I 3	30 cm	30 cm	$\frac{1}{1}$	3
I 4	20 cm	40 cm	$\frac{4}{2}$	6
I 5	20 cm	60 cm	$\frac{6}{2}$	9

Anmerkung:

[1]) Die Ausführungen I 1 bis I 5 sind nur Beispiele

[2]) Der Schutzwert $3 \cdot \text{ctg}\,\varepsilon$ gilt für waagerechte Lage der Grundfläche des Einlegewegs. Über die Berechnung des Schutzwertes bei geneigter Lage vgl. Erläuterung 4.

II Gestalt des Vorfeldes der Einlegeöffnung (§ 3 Nr. 2)

Bezeichnung	Beschreibung	Schutzwert
II 1	Dreschbühne ohne erhöhten Einlegetisch	0
II 2	Dreschbühne mit erhöhtem Einlegetisch (mindestens 20 cm über der Dreschbühne — § 3 Nr. 3 Abs. 2b —)	2
II 3	Dreschbühne mit erhöhtem schmalem Einlegetisch (wie zu II 2, jedoch Länge des Einlegetischs höchstens 30 cm — § 3 Nr. 3 Abs. 2c —)	4
II 4	Dreschbühne mit hochliegendem Einlegetisch (80 cm über der Dreschbühne oder dem Fußboden — § 3 Nr. 3 Abs. 2d —)	4
II 5	keine Dreschbühne, beliebiger Einlegetisch	4

III Lage des Einlegetisches (§ 3 Nr. 3)

Bezeichnung	Beschreibung	Schutzwert
III 1	geneigt zur Einlegeöffnung (höchstens 2:10)	0
III 2	nicht geneigt zur Einlegeöffnung	2

IV Lage der Arbeitsteile (§ 3 Nr. 4)

Bezeichnung	Beschreibung	Schutzwert
IV 1	hohe Lage (§ 3 Nr. 4 Abs. 2a) nur zulässig, wenn die Dreschtrommel in der Einlegerichtung einzieht	0
IV 2	tiefe Lage (§ 3 Nr. 4 Abs. 2b)	2
IV 3	Schutzlage durch selbsttätigen Verschluß des Einlegewegs (§ 3 Nr. 4 Abs. 2b)	4
IV 4	Schutzlage durch verdeckte Anordnung (§ 3 Nr. 4 Abs. 2d)	6

Berechnungsbeispiele der Schutzwerte gebräuchlicher Dreschmaschinen-Bauarten:

(Bild 1437, 1438, 1439, 1440).

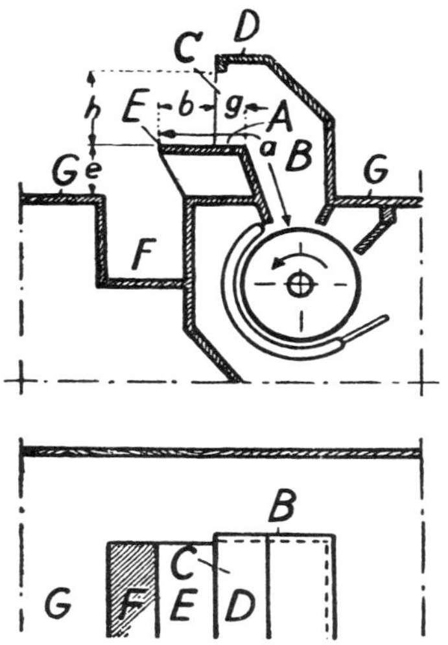

1437. Dreschmaschine mit Dreschbühne, mehr als 180 cm über der Standfläche der Maschine liegender Einlegeöffnung, Einlegerstand vor der Einlegeöffnung (norddeutsche Einlegeweise), erhöht waagerecht liegendem schmalem Einlegetisch und tiefer Lage der Arbeitsteile.

A Grundfläche des Einlegeweges, waagerecht geradlinig mit dem Einlegetisch
B Seitliche Verkleidung des Einlegeweges
C Einlegeöffnung *D* Schutzhaube
E Einlegetisch *F* Einlegerstand
G Dreschbühne
$a = 75$ cm: Abstand des Einlegerstandes vom Außenumfang der Arbeitsteile
$b = 25$ cm: Abstand der Außenkante des Einlegetisches von der Einlegeöffnung
$e = 20$ cm: Abstand der Oberkante Einlegetisch von der Dreschbühne
$g = 10$ cm: Abstand der Einlegeöffnung von der Innenkante Grundfläche Einlegeweg
$h = 30$ cm: Höhe der Einlegeöffnung

Schutzwerte:

I 2:	$3 \cdot g/h = 3 \cdot 10/30 =$	1
II 3:	Dreschbühne mit erhöhtem Einlegetisch: der Abstand der Grundlinie der Einlegeöffnung von der Außenkante beträgt weniger als 30 cm	4
III 2:	Einlegetisch nicht geneigt zur Einlegeöffnung . . .	2
IV 2:	Tiefe Lage der Arbeitsteile	2
	Gesamt-Schutzwert	9

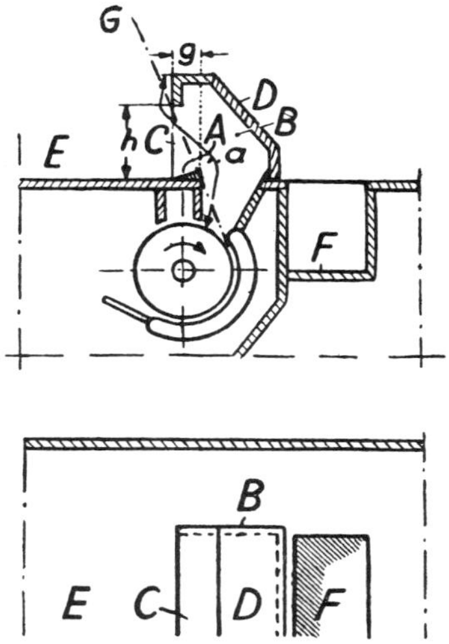

1438. Dreschmaschine ohne erhöht über der Dreschbühne liegendem Einlegetisch, mit Einlegerstand hinter Schutzhaube (süddeutsche Einlegeweise), mit mehr als 180 cm über der Standfläche der Maschine liegender Einlegeöffnung und verdeckter Lage der Arbeitsteile.

A Grundfläche des Einlegeweges, waagerecht und am Ende etwas ansteigend
B Seitliche Verkleidung des Einlegeweges
C Einlegeöffnung *D* Schutzhaube
E Einlegetisch, zugleich Dreschbühne
F Einlegerstand. aus dem der Einleger über die Schutzhaube gebeugt arbeitet
G Schutzebene der Arbeitsteile: Verlängerung der Verbindungsebene zwischen dem Rand der Schutzhaube und der Innenkante Grundfläche des Einlegeweges bis zu den Arbeitsteilen
$a = 60$ cm: Abstand des oberen Randes der Schutzhaube vom Außenumfang der Arbeitsteile
$g = 10$ cm: Abstand der Einlegeöffnung von der Innenkante Grundfläche des Einlegeweges
$h = 30$ cm: Höhe der Einlegeöffnung

Schutzwerte:

I 2:	$3 \cdot g/h = 3 \cdot 10/30 =$	1
II 1:	Dreschbühne ohne erhöhten Einlegetisch	0
III 2:	Einlegetisch nicht geneigt zur Einlegeöffnung . . .	2
IV 4:	Schutzlage durch verdeckte Anordnung der Arbeitsteile	6
	Gesamt-Schutzwert	9

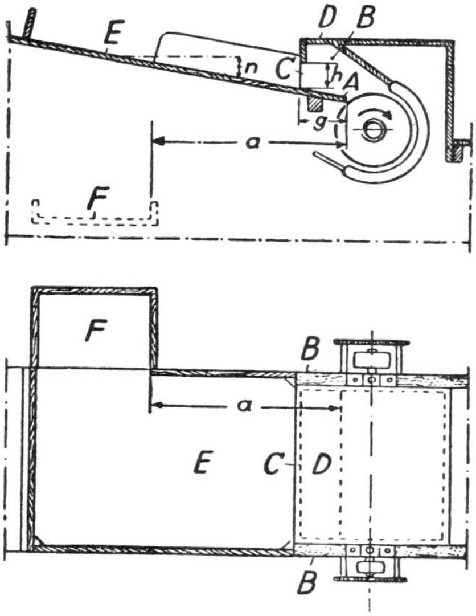

1439. Dreschmaschine ohne Dreschbühne, mit mehr als 1,80 m über der Standfläche der Maschine liegender Einlegeöffnung, geneigt zur Einlegeöffnung liegendem Einlegetisch und hoher Lage der Arbeitsteile.

A Grundfläche des Einlegeweges, geradlinig mit dem Einlegetisch geneigt zur Dreschtrommel
B Seitenverkleidungen des Einlegeweges
C Einlegeöffnung *D* Schutzhaube
E Einlegetisch, zugleich Strohschüttlerüberdachung
F Einlegerstand
a = 100 cm: Abstand des Einlegerstandes vom Außenumfang der Arbeitsteile
g = 25 cm: Abstand der Einlegeöffnung von der Innenkante Grundfläche des Einlegeweges
h = 15 cm: Höhe der Einlegeöffnung
$n = 2:10 = 11° 18'$: Höchstzulässige Neigung des Einlegetisches gegen die Waagerechte zur Einlegeöffnung hin

Schutzwerte:

I	: $3 \cdot g/h = 3 \cdot 25/15 =$	5
II 5:	Keine Dreschbühne, beliebiger Einlegetisch	4
III 1:	Einlegetisch geneigt zur Einlegeöffnung	0
IV 1:	Hohe Lage der Arbeitsteile	0
	Gesamt-Schutzwert	9

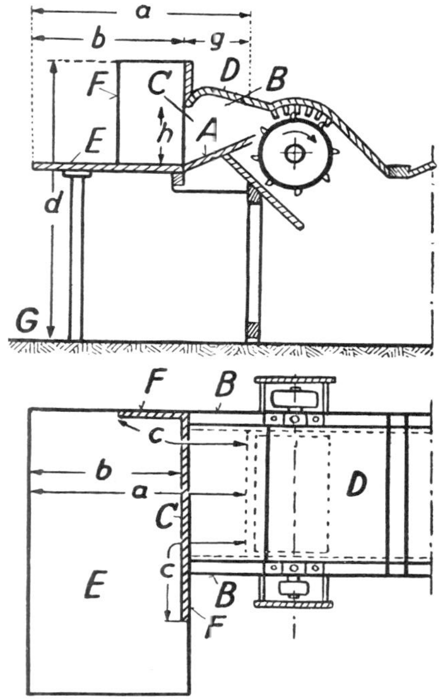

1440. Dreschmaschine ohne Dreschbühne mit weniger als 1,80 m über der Standfläche der Maschine liegender Einlegeöffnung, waagerechtem Einlegetisch und hoher Lage der Arbeitsteile.

A Grundfläche des Einlegeweges, ansteigend
B Seitenverkleidung vom Einlegeweg
C Einlegeöffnung *D* Schutzhaube
E Einlegetisch *F* Seitenschutzwand
G Einlegerstand, zugleich Standfläche der Maschine
a = 100 cm: Abstand der Außenkante Einlegetisch vom Außenumfang der Arbeitsteile
b = 100 cm: Abstand der Außenkante Einlegetisch von der Einlegeöffnung
c = 75 cm: Abstand der Außenkante Seitenschutzwand vom Außenumfang der Arbeitsteile
d = 150 cm: Abstand der Oberkante Seitenschutzwand von der Standfläche der Maschine
g = 30 cm: Abstand der Einlegeöffnung von Innenkante der Grundfläche vom Einlegeweg
h = 30 cm: Höhe der Einlegeöffnung

Schutzwerte:

I 3:	$3 \cdot g/h = 3 \cdot 30/30 =$	3
II 5:	Keine Dreschbühne, beliebiger Einlegetisch	4
III 2:	Einlegetisch nicht geneigt zur Einlegeöffnung	2
IV 1:	Hohe Lage der Arbeitsteile	0
	Gesamt-Schutzwert	9

ANHANG

Technische Daten der Ackerschlepper

Tafel 18. *Einachsschlepper*

Nr.	PS	Bezeichnung der Type	Herstellerfirma	Motor	Geschwindigkeiten km/st
1	4	Hako-Fräse	Hans Koch u. Sohn, Pinneberg/Hbg.	Ilo-Werke, LE 125 K, Otto, 1 Zyl., 2 Takt, Luftkühlg.	1—5
2	4	Hako-Trak	Hans Koch u. Sohn, Pinneberg/Hbg.	Ilo-Werke LE 125 K, Otto, 1 Zyl., 2 Takt, Luftkühlung	Je nach Bereifung und Kettenstufe 2,8—20
3	4	H F	Bungartz u. Co., München	Triumph-Werke GEMO 170 u. Ilo-Werke E 200 A, GEMO 170, Otto, 1 Zyl., 2 Takt, Luftkühlung	0,9—7,5
4	5	Motormäher Agria 1300	Agria-Werke, Masch.-Fabr. Möckmühl, Möckmühl	Hirth, 451 AZL 4, Otto, 1 Zyl., 2 Takt, Luftkühlung	3,7
5	5	Agria 1600	Agria-Werke, Masch.-Fabr. Möckmühl, Möckmühl	Hirth, 451 AZL 4, Otto 1 Zyl., 2 Takt, Luftkühlung	3—20
6	5	Agria 1600 I	Agria-Werke, Masch.-Fabr. Möckmühl, Möckmühl	Hirth, 451 AZL 4, Otto, 1 Zyl., 2 Takt, Luftkühlung	2—20
7	5	H 4	Bungartz u. Co., München	Triumph-Werke, GEMO 201B Otto, 1 Zyl., 2 Takt, Luftkühlung	1,3—15,19
8	5/6	HML	Fahr A.G., Gottmadingen	Ilo-Werke E 250 K, Triumph-Werke GEMO 250 A, Otto, 1 Zyl., 2 Takt, Luftkühlung	3,2—7,4
9	6	Motormäher „Rekord"	Bucher-Guyer A. G. Niederweningen-Zürich	Universal, 6 PS, 4 Takt	3,57—8,76
10	6	FR	Bungartz u. Co., München	Ilo E 250 A (1), Triumph GEMO 250 (2), Berning Universal D 2 (3), Otto, 1 Zyl., (1) u. (2) 2 Takt, (3) 4 Takt	Je nach Bereifung 1,2—8
11	6,5	Fella Pionier-Rekord	Fella-Werke, Feucht/Bayern	Triumph GEMO 250 D, Otto, 1 Zyl., 2 Takt, Berning D 2, Otto, 1 Zyl., 4 Takt	3,9—7,1
12	6,5	M 53	A. Hummel Söhne, Heitersheim/Baden	Hirth 601, Otto, 1 Zyl., 2 Takt	2,5—7,2
13	6,5	Universal U	Iruswerke, Dusslingen, J. Rilling u. Söhne, Dusslingen/Württ.	Triumph GEMO 250 C, Otto, 1 Zyl., 2 Takt, auch Ilo und Berning auf Wunsch	1,4—15
14	6,5/8	Agria 1800	Agria-Werke, Maschinenfabrik Möckmühl	Berning D 22, Otto, 1 Zyl., 4 Takt, Hirth 901, Otto, 1 Zyl., 2 Takt	3,5—12 und mehr, je nach Radverhältn.
15	6,5/8	Agria 1800 L	Agria-Werke, Maschinenfabrik Möckmühl	Berning D 22, Otto, 1 Zyl., 4 Takt, Hirth 901, Otto, 1 Zyl., 2 Takt	1,4 u. 3,6
16	7,5	BF 1	Rotenburger Metallwerke Rudolf Stierlen, Schweinfurt	Fichtel u. Sachs 300 G.R., Otto, 1 Zyl., 2 Takt, Luftkühlung	1,1—4

von 4—12 PS (32 Typen)

Bereifung	Spurweite mm	Achsstand mm	Ausrüstung
Führungsrad aus Gummi 400 × 100	—	—	Zapfwelle hinten, Doppelkeilriemenscheibe
4,00—12 AS 4,00—19 AS 5,00—16 AS oder Greiferräder	Verstellbar v. 275—700	—	Zapfwelle hinten, Doppelkeilriemenscheibe
4,00—12 AS 4,00—19 AS oder Greiferräder	160—870	—	Zapfwelle hinten, Riemenscheibe
4,00—8 AS	285	—	600 mm breiter Mähbalken
3,50—8 AS 4,00—8 AS oder Greiferräder	Verstellbar v. 160—530	—	Hackwelle
4,00—12 AS oder Greiferräder	Verstellbar v. 160—530	—	Hackwelle
4,00—8 AS oder 4,00—12 AS	Verstellbar v. 170—790	—	Riemenscheibe, Zapfwelle hinten
4,00—12 AS	480	—	680 mm breiter Mähbalken, Riemenscheibe
4,00 × 12 AS	480	—	Mähwerk, Zapfwelle, Riemenscheibe
6,00—16 AS 4,50—21 AS 4,00—12 AS oder Greiferräder	Verstellbar v. 400—1000	—	Zapfwelle hinten, Riemenscheibe
4,00—19 AS	Verstellbar v. 460—530	—	Riemenscheibe
4,00—12 AS	520	—	600 mm breiter Mähbalken
4,00—8 AS 4,00—12 AS oder 6,00—16 AS	Verstellbar v. 180—700	—	Zapfwelle vorn oder hinten, Riemenscheibe
4,00—12 AS 6,00—16 AS oder Greiferräder	Verstellbar v. 420—720	—	Zapfwelle hinten
6,00—16 AS oder Greiferräder	Verstellbar v. 420—720	—	Zapfwelle hinten
400 mm Eisenräder	500	—	550 mm breite Fräse

Fortsetzung Tafel 18. *Einachsschlepper*

Nr.	PS	Bezeichnung der Type	Herstellerfirma	Motor	Geschwindigkeiten km/st
17	8	L 5	Bungartz u. Co., München	Fichtel u. Sachs Stamo 500, Bungartz u. Co. EB 450, Ilowerke 400 A; Diesel, 1 Zyl., 2 Takt, Otto, 1 Zyl., 4 Takt, Otto, 1 Zyl., 2 Takt	1,1—13,8
18	8	Monax-Geräteträger Typ 107 D	Guß- u. Armaturwerk, Nachf. K. Billand, Kaiserslautern	Fichtel u. Sachs Stamo 360, Otto, 1 Zyl., 2 Takt	1,8—12
19	8	Motor-Vielzweckgerät U 53	Gutbrod Motorenwerke GmbH., Plochingen	Gutbrod Motorenbau GmbH. 1 Z 30, Otto, 1 Zyl., 2 Takt	3,5—13,5
20	8	DE 52 K	A. Hummel Söhne, Heitersheim/Baden	Sachs Diesel 500, Diesel, 1 Zyl., 2 Takt	2—12
21	8,5	U 50-2 Z/F Tr.	A. Hummel Söhne, Heitersheim/Baden	Ilo LE 400 FTr, Otto, 1 Zyl., 2 Takt	1,9—11,2
22	9	U 50-2 Z/FuS	A. Hummel Söhne, Heitersheim/Baden	Fichtel u. Sachs Stamo 360, Otto, 1 Zyl., 2 Takt	1,8—11,7
23	9	Monax-Geräteträger Typ 107	Guß- u. Armaturwerk, Nachf. K. Billand, Kaiserslautern	Fichtel u. Sachs Stamo 500 D, Diesel, 1 Zyl., 2 Takt	1,85—12,5
24	9	DS 52 K mit Schleppachse	A. Hummel Söhne Heitersheim/Baden	Sachs-Diesel 500, Diesel, 1 Zyl., 2 Takt	2—12
25	9	Hansa 50	Schmiedag A.-G., Hagen/Westfalen	Fichtel u. Sachs Stamo 360, Otto, 1 Zyl., 2 Takt	2,1—12
26	9/10	Hansa 50 D	Schmiedag A.-G., Hagen/Westfalen	Fichtel u. Sachs Stamo 500 D, Diesel, 1 Zyl., 2 Takt	2,1—12
27	9/10	KT 10 D	Fahr A.G., Gottmadingen	Sachs-Diesel 500, Diesel, 1 Zyl., 2 Takt	2,6—13
28	10	Bucher-Einachsschlepper	Bucher-Guyer A. G., Niederweningen-Zürich	10 PS, 2 Zyl. Boxer	3,5—18
29	10	KT 10 B	Fahr A.G., Gottmadingen	Berning DB 10, Otto, 2 Zyl., 4 Takt	2,6—13
30	10	ED II	Holder GmbH., Grunbach	Fichtel u. Sachs Stamo 500, Diesel, 1 Zyl., 2 Takt	2,4—13,5
31	10	BF 2	Rotenburger Metallwerke Rudolf Stierlen, Schweinfurt	Ilo U Lu 2/200, Otto, 2 Zyl., 4 Takt	1,1—4
32	12	DS 53 mit Schleppachse	A. Hummel Söhne, Heitersheim/Baden	Stihl 131 A, Diesel, 1 Zyl., 2 Takt	3—17,5

von 4—12 PS (32 Typen)

Bereifung	Spurweite mm	Achsstand mm	Ausrüstung
7,00—18 AS	Verstellbar v. 600—1050	—	Bremsen, Riemenscheibe, Zapfwelle hinten
6,50—20 AS	Stufenlos verstellbar v. 700—1250	—	Riemenscheibe, Zapfwelle hinten
4,00—12 AS oder 6,00—16 AS	Verstellbar v. 418—674	—	Riemenscheibe, Zapfwelle vorn
7,00—18 AS	Verstellbar v. 480—1200	—	Bremsen, Riemenscheibe, Zapfwelle hinten und vorn
7,00—18 AS	Verstellbar v. 480—1200	—	Bremsen, Riemenscheibe, Zapfwelle hinten und vorn
7,00—18 AS	Verstellbar v. 480—1200	—	Bremsen, Riemenscheibe, Zapfwelle hinten und vorn
6,50—20 AS	Stufenlos verstellbar v. 700—1250	—	Bremsen, Riemenscheibe, Zapfwelle hinten
7,00—18 AS vorn 4,50—16 AS hinten	Verstellbar v. 730—1250	—	Bremsen, Riemenscheibe, Zapfwelle vorn und hinten
7,00—18 AS	625	—	Bremsen, Riemenscheibe, Zapfwelle hinten
7,00—18 AS	625	—	Bremsen, Riemenscheibe, Zapfwelle hinten
7,00—18 AS	Verstellbar v. 650—1250	—	Bremsen, Riemenscheibe, Zapfwelle hinten und vorn
8—16 AS	650—1250	—	Bremsen, Zapfwelle, Riemenscheibe, verschiedene Anbaugeräte
7,00—18 AS	Verstellbar v. 650—1250	—	Bremsen, Riemenscheibe, Zapfwelle hinten und vorn
7,00—18 AS oder 6,50—20 AS	Verstellbar v. 480—1250	—	Bremsen, Riemenscheibe, Zapfwelle hinten
400 mm Eisenräder	500	—	750 mm breite Fräse
7,00—18 AS oder 6,50—20 AS vorn, 4,50—16 AS oder 5,50—16 AS hinten	Verstellbar v. 730—1250	—	Bremsen, Riemenscheibe, Zapfwelle hinten und vorn

Tafel 19. *Ackerschlepper*

Nr.	PS	Bezeichnung der Type	Herstellerfirma	Motor	Geschwindigkeiten km/st
33	10	B 10	Holder GmbH., Grunbach	Fichtel u. Sachs, Stamo 500 D, Diesel 1 Zyl., 2 Takt	2,6—15,2
34	10	C 10	Normag Zorge GmbH., Hattingen/Ruhr	Farny u. Weidmann, DL 2, Diesel, 1 Zyl., 4 Takt	1,25—14,8
35	10	Bambi	Urus-Werke GmbH., Wiesbaden	Sachs Diesel 500, Diesel 1 Zyl., 2 Takt	1,3—14,5
36	11	EKL 11/II	Gebr. Eicher, Forstern	Klöckner-Humboldt-Deutz AG., F1L 612, Diesel, 1 Zyl., 4 Takt	1,5—20
37	11	F 1 L 612	Klöckner-Humboldt-Deutz A.G., Köln	Klöckner-Humboldt-Deutz A.G., F 1 L 612, Diesel, 1 Zyl., 4 Takt	1,8—20
38	11	KL	Gebr. Kramer GmbH., Gutmadingen/Baden	Klöckner-Humboldt-Deutz A.G., F 1 L 612, Diesel, 1 Zyl., 4 Takt	2,7—19,8
39	11/14	T 3	Bungartz u. Co., München	Bungartz EB 450, Diesel, 1 Zyl., 4 Takt, Stihl 131 A, Diesel, 1 Zyl., 2 Takt	1—16,5
40	12	A 111	Allgaier Werkzeugbau GmbH., Uhingen	Allgaier A 111, Diesel, 1 Zyl. 4 Takt	1,2—15,4
41	12	AS 122	Josef Bautz A.G., Saulgau/Württ.	Motorenwerke MannheimA.G. AKD 12 E, Diesel, 1 Zyl., 4 Takt	1,3—15,3
42	12	F 12 GH	Xaver Fendt u. Co., Markt Oberdorf	MotorenwerkeMannheim A.G. AKD 12 E, Diesel, 1 Zyl., 4 Takt	0,9—19,97
43	12	Dieselroß F 12 HL	Xaver Fendt u. Co., Markt Oberdorf	Motorenwerke MannheimA.G. AKD 12 E, Diesel, 1 Zyl., 4 Takt	0,9—19,97
44	12	R 12	Hanomag, Hannover-Linden	Hanomag R 12, D 611 S, Diesel, 1 Zyl., 2 Takt	1,3—17
45	12	Alldog A 1215	Heinrich Lanz A.G., Mannheim	Triumph-Werke, Nürnberg A.G., LT 85, Rohöl, 1 Zyl., 2 Takt	1,35—19,8
46	12	D 12 S	Hermann Lanz, Aulendorf	Motoren-Werke, Mannheim, AKD 12 E, Diesel, 1 Zyl., 4 Takt	1,8—20
47	12	D 12 N	Fahr A.G., Gottmadingen	Güldner-Motorenwerke Aschaffenburg, 1 DA, Diesel, 1 Zyl., 4 Takt	0,9—19,8
48	12	12RA/12RAH	Erich Röhr GmbH., Landshut/Bayern	Motorenwerke Mannheim, AKD 12 E, Diesel, 1 Zyl., 4 Takt	1,58—20,1
49	12	12 R/12 RH	Erich Röhr GmbH., Landshut/Bayern	Motorenwerke Mannheim, KD 12 E, Diesel, 1 Zyl., 4 Takt	1,58—20,1
50	12	F 12	Normag-Zorge GmbH., Hattingen/Ruhr	Normag Zorge L 114/12, Diesel, 1 Zyl., 2 Takt	1,25—18,40
51	12	PD 1 E	Primus Traktoren-Gesellschaft K.G., Miesbach/Obb.	Motorenwerke Mannheim, KD 12 E, Diesel, 1 Zyl., 4 Takt	2,5—19

von 10—75 PS (135 Typen)

Bereifung	Spurweite mm	Achs-stand mm	Ausrüstung
h.: 6—24 AS v.: 4,00—15 AS Front	Verstellbar v. 750—1250	1310	Bremsen, Riemenscheibe, zwei Zapfwellen, Mähwerk, Anbauvorrichtung
h.: 7—24 AS v.: 4,00—15 AS Front	Verstellbar v. 1250—1500	1400	Bremsen, Riemenscheibe, Zapfwelle hinten, Mähwerk, Kraftheber, Geräteanbau nach 3- od. 4-Punktsystem
h.: 6—24 AS v.: 6—24 AS	1250	1200	Bremsen, Riemenscheibe, Zapfwelle hinten, Mähwerk, Anbauvorrichtung
h.: 7—24 AS v.: 4,00—16 AS Front 8—24 AS 4,00—16 AS Front od. 7—30 AS 4,50—16 AS Front	1250—1500	1620	Bremsen, Riemenscheibe, Zapfwelle hinten, Mähwerk, Kraftheber, Dreipunktaufhängung
h.: 7—24 AS v.: 4,00—16 AS Front 8—24 AS 7—30 AS od. 7—36 AS	v. 1285 u. 1445, h. 1250 u. 1500	1800 od. 1650	Bremsen, Riemenscheibe, Zapfwelle hinten, Mähwerk, hydraulischer Kraftheber
h.: 6—24 AS v.: 4,00—15 AS Front 7—24 AS 4,25—15 AS Front	1250 u. 1500	1500	Bremsen, Riemenscheibe, Zapfwelle hinten, Mähwerk, Anbauvorrichtung
h.: 6,50—20 AS v.: 4,00—15 AS Front 6,00—24 AS od. 7,00—24 AS	864—1232	1370	Bremsen, Riemenscheibe, Zapfwelle hinten, Mähwerk, Kraftheber, Anbau: Schwingrahmen
h.: 7—24 AS v.: 4,00—15 AS Front od. 8—24 AS	1020—1600	1700	Bremsen, Riemenscheibe rechts seitlich, Zapfwelle hinten, Mähwerk, hydraulischer Kraftheber, Anbauvorrichtung
h.: 7—24 AS v.: 4,00—15 AS Front od. 8—24 AS	1000—1250	1534	Bremsen, Riemenscheibe, Zapfwelle h., Mähwerk, hydr.-mech. Kraftheber, 3-P.-Anbauvorrichtung
h.: 7—30 AS v.: 4,00—15 AS Front	1250—1500	1593	Bremsen, Riemenscheibe rechts h., Zapfwelle h., Mähwerk, hydr. Krafth.
h.: 7—30 AS v.: 4,00—15 AS Front od. 5,00—16 AS Front	1250—1500	1593	Bremsen, Riemenscheibe rechts h., Zapfwelle h., Mähwerk, hydr. Krafth.
h.: 8—24 AS v.: 4,00—15 od. 7—30 AS od. 4,00—16 AS Front	1250—1500	1800	Bremsen, Riemenscheibe h., Zapfwelle h., Mähwerk, hydr. Krafth., 3-P.-Aufhgg.
h.: 7—24 AS v.: 5,50—16 AS Front	1250—2000	2200 bis 2300	Bremsen, Riemenscheibe h., Zapfwelle vorn u. h., Mähwerk, hydr. Krafth., Anbauschiene
h.: 8—20 AS v.: 4,50—16 AS Front 8—24 AS od. 7—30 AS	1250 u. 1500	1620	Bremsen, Riemenscheibe, Zapfwelle h., Mähwerk, hydr. Krafth., 4- u. 3-P.-Aufhängung
h.: 7—24 AS v.: 4,50—16 AS Front	1250 u. 1500	1540	Bremsen, Riemenscheibe h., Zapfwelle h., Mähwerk, hydr. Krafth., 3-P.-Aufhängung
h.: 7—24 AS v.: 4,50—16 AS Front od. 8—24 AS	1250	1580	Bremsen, Riemenscheibe h., Zapfw. h., Mähwerk, Geräteanbau
h.: 7—24 AS v.: 4,50—16 AS Front od. 8—24 AS	1250	1580	Bremsen, Riemenscheibe h., Zapfw. h., Mähwerk, Geräteanbau
h.: 7—24 AS v.: 4,00—15 AS Front 8—24 AS od. 7—30 AS	1250—1500	1650	Bremsen, Riemenscheibe h., Zapfw. h., Mähwerk, hydr. Kraftheber, Geräteanbau
h.: 7—24 AS v.: 4,00—15 AS Front od. 8—24 AS	1250, 1375 u. 1500	1700	Bremsen, Riemenscheibe l. h., Zapfw. h., Mähwerk, hydr. Krafth., 3-P.-Aufhgg.

Fortsetzung Tafel 19. *Ackerschlepper*

Nr.	PS	Bezeichnung der Type	Herstellerfirma	Motor	Geschwindigkeiten km/st
52	12	412	Karl Ritscher GmbH., Sprötze	Motoren-Werke Mannheim A.G., KD 12 E, Diesel, 1 Zyl., 4 Takt	2—18,8
53	12	W 12	Karl Friedrich Wahl, Maschinenfabrik, Balingen	Motoren-Werke Mannheim KD 12 E, AKD 12 E, Diesel, 1 Zyl., 4 Takt	2,68—19,8
54	14	DLD-2	International Harvester Comp. m.b.H., Neuß/Rh.	IHC, DLD-2, Diesel, 2 Zyl., 4 Takt	0,75—17,32
55	14	KB 14	Gebr. Kramer GmbH., Gutmadingen/Baden	Güldner-Motoren-Werke, Aschaffenburg, 2 K, Diesel 2 Zyl., 4 Takt	3,25—18,9
56	14	140	Andreas Stihl, Waiblingen/Neustadt	Stihl 131 A, Diesel, 1 Zyl., 2 Takt	2,6—15
57	14,5	AS 120	Josef Bautz A.G., Saulgau/Württ.	Motoren-Werke-Mannheim, KD 211 Z, Diesel, 2 Zyl., 4 Takt	1,6—17,3
58	14/15	Unitrak H 19	Metallwerk Creussen, Carl Tabel, Creussen	Stihl, 131 A, Diesel, 1 Zyl., 2 Takt, Tabel D 168, Diesel, 1 Zyl., 2 Takt	1—16,3
59	15	AS 15 WA	Bischoff-Werke KG., Recklinghausen	Motoren-Werke Mannheim, KDW 415 E, Diesel, 1 Zyl., 4 Takt	1,07—19,8
60	15	EKL 15/II	Gebr. Eicher, Forstern	Gebr. Eicher, ED 1, Diesel, 1 Zyl., 4 Takt	1,5—18
61	15	Dieselroß F 15 G 6	Xaver Fendt u. Co., Markt Oberdorf	Motoren-Werke Mannheim, KDW 415 E, Diesel, 1 Zyl., 4 Takt	1,8—19,34
62	15	ADN	Güldner Motoren-Werke, Aschaffenburg	Güldner 2 DN, Diesel, 2 Zyl., 4 Takt	1,3—18,2
63	15	F 1 L 514	Klöckner-Humboldt-Deutz A.G., Köln	Deutz F 1 L 514, Diesel, 1 Zyl., 4 Takt	1,1—20
64	15	D 15	Hermann Lanz, Aulendorf/Württ.	Motoren-Werke Mannheim, KDW 415 E, Diesel, 1 Zyl., 4 Takt	1,8—20
65	15	MWC 15	Metallwerk Creussen, Carl Tabel, Creussen	Tabel D 168, Diesel, 1 Zyl., 2 Takt	0,8—18
66	15	F 16	Normag Zorge GmbH., Hattingen/Ruhr	Normag Zorge BM 15 c, Diesel, 1 Zyl., 4 Takt, oder L 114/16 A, Diesel, 1 Zyl., 2 Takt	1,3—19
67	15	AS 15	Anton Schlüter, München	Anton Schlüter, ASM 15, Diesel, 1 Zyl., 4 Takt	1,6—18,5

von 10—75 PS (135 Typen)

Bereifung	Spurweite mm	Achsstand mm	Ausrüstung
h.: 7—24 AS v.: 4,50—16 AS Front od. 8—24 AS	1270	1533	Bremsen, Riemenscheibe h. s., Zapfwelle hinten, Mähwerk
h.: 7—24 AS v.: 4,50—16 AS Front	v.: 1250 u. 1410, h.: 1270 u. 1500	1650	Bremsen, Riemenscheibe h., Zapfwelle h., Mähwerk, hydr. oder pneum. Kraftheber
h.: 7—24 AS v.: 4,50—15 AS Front	1250 u. 1500	1575	Bremsen, Riemenscheibe h., Zapfwelle h., Mähwerk, hydr. Kraftheber, 3- u. 4-P.-Aufhängung
h.: 8—24 AS v.: 4,25—15 AS Front 7—24 AS 8,00—20 AS od. 7—30 AS 4,50—16 AS Front	1250 u. 1450	1600	Bremsen, Riemenscheibe s., Zapfwelle h., Mähwerk, hydr. Kraftheber, 4- od. 3-P.-Aufhängung
h.: 8—24 AS v.: 4,50—16 AS Front od. 7—30 AS	1250—1500	1400	Bremsen, Riemenscheibe h. l., Zapfwelle h. u. v., Mähwerk, hydr. Krafth., Schwingrahmen
h.: 7—24 AS v.: 4,50—16 AS Front od. 8—24 AS 5,00—16 AS Front	1000—1250	1535	Bremsen, Riemenscheibe l. h., Zapfwelle h., Mähwerk, hydr. oder mechan. Kraftheber, 3-P.-Aufhängung
h.: 8—24 AS v.: 5,50—16 AS Front	1000—2000	2140	Bremsen, Riemenscheibe v. oder h., Zapfwelle h. u. v., Mähwerk, mechan. Kraftheber, Geräteanbau a. Rahmen
h.: 8,00—20 AS v.: 5,00—16 AS Front	1250—1500	1670	Bremsen, Riemenscheibe h. l., Zapfwelle h., Mähwerk, hydr. od. mechan. Kraftheber, 3-P.-Aufhängung
h.: 8,00—20 AS v.: 4,00—16 AS Front 8—24 AS 9—24 AS od. 7—30 AS	1250—1500	1600	Bremsen, Riemenscheibe h., Zapfwelle h., Mähwerk, hydr. oder pneum. Kraftheber, 3-P.-Aufhängung
h.: 8—24 AS v.: 5,00—16 AS Front	1250—1426	1600	Bremsen, Riemenscheibe h. l., Zapfwelle h., Mähwerk, hydr. Kraftheber, 3- u. 4-P.-Aufhängung
h.: 8—32 AS v.: 4,50—16 AS Front 8—24 AS od. 7—30 AS	1250—1500	1790	Bremsen, Riemenscheibe h. l., Zapfwelle h., Mähwerk, Handausheber
h.: 8—32 AS v.: 5,00—16 AS Front od. 10—28 AS	v.: 1290 u. 1435 h.: 1250 u. 1500 od. 1285 u. 1465	1585	Bremsen, Riemenscheibe r. m., Zapfwelle h., Mähwerk, hydr. Kraftheber, 3- oder 4-P.-Aufhängung
h.: 8—24 AS v.: 5,00—16 AS Front 9—24 AS od. 8—32 AS	1250 u. 1500	1620	Bremsen, Riemenscheibe h., Zapfwelle h., Mähwerk, hydr. Kraftheber, 3- od. 4-P.-Aufhängung
h.: 8—24 AS v.: 5,00—16 AS Front od. 7—30 AS	1250 u. 1480	1600	Bremsen, Riemenscheibe h., Zapfwelle h., Mähwerk, hydr. Kraftheber, 3- od. 4-P.-Aufhängung
h.: 7—24 AS v.: 4,50—16 AS Front 8—24 AS 8—32 AS 5,50—16 AS Front od. 10—28 AS	1250—1500	1625	Bremsen, Riemenscheibe h., Zapfwelle h., Mähwerk, hydr. Kraftheber, 3- od. 4-P.-Aufhängung
h.: 7—24 AS v.: 4,50—16 AS Front 7—30 AS 5,50—16 AS Front 8—24 AS 4,50—16 AS Front 8—32 AS 5,50—16 AS Front 9—24 AS 5,50—16 AS Front 7—36 AS 5,50—16 AS Front	1250—1910	1600	Bremsen, Riemenscheibe h. l., Zapfwelle h., Mähwerk, hydr. Kraftheber, 3- od. 4-P.-Aufhängung

Fortsetzung Tafel 19. *Ackerschlepper*

Nr.	PS	Bezeichnung der Type	Herstellerfirma	Motor	Geschwindigkeiten km/st
68	16	A 16	Allgaier Werkzeugbau GmbH., Uhingen	Allgaier Werkzeugbau, A 16, Diesel, 1 Zyl., 4 Takt	1—19,3
69	16	R 16	Hanomag, Hannover-Linden	Hanomag D 14 S, Diesel, 2 Zyl., 4 Takt	0,4—19,1
70	16	Stier 18	Norddeutsche Traktorenfabr. Franz Westermann Hamburg-Lohbrügge	Motorenfabrik Hatz, B 1 S, Diesel, 1 Zyl., 2 Takt	2,4—20
71	16	W 17	Karl Friedrich Wahl, Maschinenfabrik Balingen	Motoren-Werke Mannheim, KD 211 Z, Diesel, 2 Zyl., 4 Takt	2,7—20
72	17	AS 171	Josef Bautz A.G., Saulgau/Württ.	Motoren-Werke Mannheim, KD 211 Z, Diesel, 2 Zyl., 4 Takt	1,2—20
73	17	AF 15	Güldner Motoren-Werke, Aschaffenburg	Güldner 2 D 15, Diesel, 2 Zyl., 4 Takt	1,5—19,8
74	17	D 1706	Heinrich Lanz A.G., Mannheim	Heinrich Lanz A.G., D 1706, Glühkopf, 1 Zyl., 2 Takt	3,3—18,8
75	17	D 16	Hermann Lanz, Aulendorf/Württ.	Motoren-Werke Mannheim, KD 211 Z, Diesel, 2 Zyl., 4 Takt	1,8—20
76	17	D 17 N	Fahr A.G., Gottmadingen	Güldner-Motoren-Werke, 2 DN, Diesel, 2 Zyl., 4 Takt	3,11—20
77	17	KB 17	Gebr. Kramer GmbH., Gutmadingen/Baden	Güldner-Motoren-Werke, 2 DN, Diesel, 2 Zyl., 4 Takt	3,65—19,6
78	17	17 R	Erich Röhr GmbH., Landshut/Bayern	Motoren-Werke Mannheim , KD 211 Z, Diesel, 2 Zyl., 4 Takt	2,73—20,1
79	17	PD 1 Z	Primus Traktoren-Gesellschaft K.-G., Miesbach/Obb.	Motoren-Werke Mannheim, KD 211 Z, Diesel, 2 Zyl., 4 Takt	2,5—19
80	17	DS 15	Anton Schlüter, München	Anton Schlüter ED 15, Diesel, 1 Zyl., 4 Takt	1,6—19,3
81	18	T 18	Orenstein u. Koppel, A.G., Dortmund-Dorstfeld	Orenstein u. Koppel 16 V 1	2,45—19,9
82	19	ED 16/II	Gebr. Eicher, Forstern	Gebr. Eicher, ED 1a, Diesel, 1 Zyl., 4 Takt	1,5—19,3
83	19	R 19	Hanomag, Hannover-Linden	Hanomag, D 14 R 19, Diesel, 2 Zyl., 4 Takt	0,4—18,6
84	20	As 20 WA	Bischoff-Werke KG., Recklinghausen	Henschel u. Sohn, Kassel, 515 DE, Diesel, 2 Zyl., 4 Takt	1,05—19,5

von 10—75 PS (135 Typen)

Bereifung	Spurweite mm	Achs-stand mm	Ausrüstung
h.: 7—24 AS v.: 4,00—16 AS Front 8—24 AS 4,50—16 AS Front od. 8—32 AS 4,50—16 AS Front	1250—1650	1500	Bremsen, Riemenscheibe h., Zapfwelle h., Mähwerk, hydr. od. mechan. Kraftheber, 3- od. 4-P.-Aufhängung
h.: 7—36 AS v.: 4,50—16 AS Front od. 7—30 AS	1250, 1375 u. 1500	1600	Bremsen, Riemenscheibe s., Zapfwelle h., Mähwerk, hydr. Kraftheber, 3-P.-Aufhängung
h.: 7—24 AS v.: 7—24 AS od. 8,00—20 AS 8,00—20 AS	1250—1500	1500	Bremsen, Riemenscheibe h. r., Zapfwelle h., Mähwerk, hydr. od. mechan. Kraftheber, 3- u. 4-P.-Aufhängung
h.: 8—24 AS v.: 5,00—16 AS Front	v.: 1250 u. 1410, h.: 1250 u. 1500	1700	Bremsen, Riemenscheibe l. h., Zapfw. h., Mähwerk, hydr. od. mechan. Krafth., 3- od. 4-P.-Aufhängung
h.: 8—32 AS v.: 5,00—16 AS Front 8—24 AS od. 7—30 AS	1250—1500	1685	Bremsen, Riemenscheibe h., Zapfw. h., Mähwerk, hydr. Kraftheber, 3-P.-Aufhängung
h.: 8—24 AS v.: 5,00—16 AS Front 7—30 AS od. 8—32 AS	1250—1500	1550	Bremsen, Riemenscheibe h. l., Zapfw. h., Mähwerk, hydr. od. Handausheber, 3-P.-Aufhängung
h.: 7—36 AS v.: 4,50—16 AS Front 9,00—24 AS od. 10—28 AS	Stufenlos v. 1240—1565	1670	Bremsen, Riemenscheibe r. m., Zapfw. h., Mähwerk, hydr. od. mechan. Kraftheber, 3- od. 4-P.-Aufhängung
h.: 8—24 AS v.: 5,00—16 AS Front	1250 u. 1500	1700	Bremsen, Riemenscheibe h., Zapfw. h., Mähwerk, hydr. Kraftheber, 3- od. 4-P.-Aufhängung
h.: 8—24 AS v.: 5,00—16 AS Front	1250 u. 1500	1640	Bremsen, Riemenscheibe h., Zapfw. h., Mähwerk, hydr. Kraftheber, 3-P.-Aufhängung
h.: 7—30 AS v.: 4,50—16 AS Front 8,00—20 AS od. 8—24 AS	1250 u. 1500	1725	Bremsen, Riemenscheibe s. od. h., Zapfwelle h., Mähwerk, hydr. od. mechan. Krafth., 3- od. 4-P.-Aufhängung
h.: 7—30 AS v.: 5,00—16 AS Front	1250 u. 1530	1702	Bremsen, Riemenscheibe h., Zapfw. h., Mähwerk, 3- od. 4-P.-Aufhängung
h.: 8—24 AS v.: 4,00—15 AS Front od. 7—30 AS	1250, 1375 u. 1500	1800	Bremsen, Riemenscheibe l. h., Zapfw. h., Mähwerk, hydr. Krafth., 3-P.-Aufhängung
h.: 8—24 AS v.: 5,50—16 AS Front 9,00—24 AS 10—28 AS od. 8—32 AS	1250—1910	1585	Bremsen, Riemenscheibe l. h., Zapfw. h., Mähwerk, hydr. Kraftheber, 3- od. 4-P.-Aufhängung
h.: 8,00—20 AS v.: 5,50—16 AS Front 9,00—24 AS 10—24 AS 6,50—32 AS od. 8—32 AS	1250—1500	1600	Bremsen, Riemenscheibe h., Zapfw. h., Mähwerk, hydr. u. mechan. Kraftheber, 3- od. 4-P.-Aufhängung
h.: 8—24 AS v.: 5,00—16 AS Front 9—24 AS 8—32 AS od. 10—28 AS	1250—1500	1620	Bremsen, Riemenscheibe h., Zapfw. h., Mähwerk, hydr. Kraftheber, 3-P.-Aufhängung
h.: 8—32 AS v.: 4,50—16 AS Front	1250, 1375 u. 1500	1600	Bremsen, Riemenscheibe s., Zapfw. h., Mähwerk, hydr. Kraftheber, 3-P.-Aufhängung
h.: 8,00—20 AS v.: 5,00—16 AS Front	1250—1500	1670	Bremsen, Riemenscheibe h. l., Zapfw. h., Mähwerk, hydr. od. mechan. Krafth., 3-P.-Aufhängung

Fortsetzung Tafel 19. *Ackerschlepper*

Nr.	PS	Bezeichnung der Type	Herstellerfirma	Motor	Geschwindigkeiten km/st
85	20	Dieselroß F 20 G 6	Xaver Fendt u. Co., Markt Oberdorf	Motoren-Werke Mannheim A.G, KDW 615 E, Diesel, 1 Zyl., 4 Takt	1,92—19,84
86	20	DED-3	International Harvester Co. mbH., Neuß/Rhein	IHC, DED-3, Diesel, 3 Zyl., 4 Takt	3—19
87	20	D 20	Hermann Lanz, Aulendorf/Württ.	Motoren-Werke Mannheim A.G., KDW 615 E, Diesel, 1 Zyl., 4 Takt	1,8—20
88	20	20 RE	Maschinenfabrik Erich Röhr GmbH., Landshut/Bayern	Motoren-Werke Mannheim A.G., KDW 615 E, Diesel, 1 Zyl., 4 Takt	3,19—19,8
89	20	PD 2	Primus Traktoren-Gesellschaft KG., Miesbach/Obb.	Primus Traktoren-Gesellsch., 2 D 120, Diesel, 2 Zyl., 4 Takt	3,3—20
90	20	528/20	Karl Ritscher GmbH., Sprötze	Motoren-Werke Mannheim A.G., KDW 615 E, Diesel, 1 Zyl., 4 Takt	1,8—20
91	22	AP 22	Allgaier Werkzeugbau GmbH., Uhingen	Algaier, AP 22, Diesel, 2 Zyl., 4 Takt	1—19,4
92	22	AS 220	Josef Bautz, A.G., Saulgau/Württ.	Güldner Motoren-Werke, 2 DA, Diesel, 2 Zyl., 4 Takt	1,2—18,8
93	22	ADA	Güldner-Motoren-Werke, Aschaffenburg	Güldner, 2 DA, Diesel, 2 Zyl., 4 Takt	1,5—20,06
94	22	R 22	Hanomag, Hannover-Linden	Hanomag, D 21 S, Diesel, 3 Zyl., 4 Takt	0,4—13,8
95	22	D 2206	Heinrich Lanz AG., Mannheim	Heinrich Lanz, D 2206, Glühkopf, 1 Zyl., 2 Takt	3,5—20
96	22	D 24	Hermann Lanz, Aulendorf/Württ.	Motoren-Werke Mannheim A.G., KD 12 Z, Diesel, 2 Zyl., 4 Takt	1,8—20
97	22	D 22 P	Fahr A.G., Gottmadingen	Güldner, 2 DA, Diesel, 2 Zyl., 4 Takt	3,11—20
98	22	KB 22	Gebr. Kramer GmbH., Gutmadingen/Baden	Güldner, 2 DA, Diesel, 2 Zyl., 4 Takt	3—20
99	22	NG 20 b	Normag Zorge GmbH., Hattingen/Ruhr	Normag Zorge, BM 24 b, Diesel 2 Zyl., 4 Takt	1,36—20
100	22	AS 22	Anton Schlüter, München	Anton Schlüter, ASM 22, Diesel, 2 Zyl., 4 Takt	1,6—19,9
101	22	Z 1	Hubert Zettelmeyer, Konz bei Trier	Deutz, F 2 M 414, Diesel, 2 Zyl., 4 Takt	3,3—18

von 10—75 PS (135 Typen)

Bereifung	Spurweite mm	Achsstand mm	Ausrüstung
h.: 8—24 AS v.: 5,00—16 AS Front	1250—1425	1600	Bremsen, Riemenscheibe l. h., Zapfw. h., Mähwerk, hydr. Kraftheber, 3- od. 4-P.-Aufhängung
h.: 8—32 AS v.: 4,00—19 AS Front	v.: 1250 bis 2050, h.: 1250 bis 1900	1676	Bremsen, Riemenscheibe h., Zapfw. h., Mähwerk, hydr. Kraftheber, 3- od. 4-P.-Aufhängung
h.: 8—24 AS v.: 5,00—16 AS Front 9—24 AS od. 8—32 AS	1250 u. 1500	1620	Bremsen, Riemenscheibe h., Zapfw. h., Mähwerk, hydr. Kraftheber, 3- od. 4-P.-Aufhängung
h.: 8—24 AS v.: 5,00—16 AS Front	1250	1600	Bremsen, Riemenscheibe h., Zapfw. h., Mähwerk, hydr. Kraftheber, 3- od. 4-P.-Aufhängung
h.: 8,00—20 AS v.: 5,00—16 AS Front 8—32 AS od. 10—28 AS	1250, 1375 u. 1500	1648	Bremsen, Riemenscheibe l. h., Zapfw. h., Mähwerk, hydr. Kraftheber, 3-P.-Aufhängung
h.: 10—28 AS v.: 5,50—16 AS Front od. 8—32 AS	1250—1800	1575	Bremsen, Riemenscheibe l. s., Zapfw. h., Mähwerk, hydr. od. mechan. Krafth., 3-P.-Aufhängung
h.: 7—24 AS v.: 4,50—16 AS Front 8—24 AS 8—32 AS od. 10—28 AS	1250—1650	1500	Bremsen, Riemenscheibe h., Zapfw. h., Mähwerk, hydr. Kraftheber, 3- od. 4-P.-Aufhängung
h.: 8—24 AS v.: 5,00—16 AS Front 10—28 AS od. 8—32 AS	1250—1500	1735	Bremsen, Riemenscheibe h., Zapfw. h., Mähwerk, hydr. Kraftheber, 3-P.-Aufhängung
h.: 9,00—24 AS v.: 5,00—16 AS Front 8—32 AS od. 10—28 AS	1250—1500	1785	Bremsen, Riemenscheibe h. l., Zapfw. h., Mähwerk, hydr. od. Handausheber, 3-P.-Aufhängung
h.: 8—36 AS v.: 5,50—16 AS Front	1250, 1400 u. 1550	1700	Bremsen, Riemenscheibe s., Zapfw. h., Mähwerk, hydr. Kraftheber, 3-P.-Aufhängung
h.: 8—36 AS v.: 5,50—16 AS Front 9—36 AS od. 10—28 AS	Stufenlos v. 1240—1565	1770	Bremsen, Riemenscheibe s., Zapfw. h., Mähwerk, hydr. od. mechan. Krafth., 3- od. 4-P.-Aufhängung
h.: 9—24 AS v.: 5,00—16 AS Front 8—32 AS od. 10—28 AS	1250 u. 1500	1715	Bremsen, Riemenscheibe h., Zapfw. h., Mähwerk, hydr. Kraftheber, 3- od. 4-P.-Aufhängung
h.: 8—24 AS v.: 5,50—16 AS Front	1250 u. 1500	1640	Bremsen, Riemenscheibe h., Zapfw. h., Mähwerk, hydr. Kraftheber, 3-P.-Aufhängung
h.: 8—32 AS v.: 5,00—16 AS Front 9,00—24 AS od. 8—24 AS	1250 u. 1500	1750	Bremsen, Riemenscheibe h., Zapfw. h., Mähwerk, hydr. Kraftheber, 3- od. 4-P.-Aufhängung
h.: 10—28 AS v.: 5,50—16 AS Front 8—24 AS v.: 4,50—16 AS Front 8—23 AS 5,50—16 AS Front od. 9,00—24 AS 5,50—16 AS Front	1250—1500	1705	Bremsen, Riemenscheibe h., Zapfw. h., Mähwerk, hydr. Kraftheber, 3- od. 4-P.-Aufhängung
h.: 8—32 AS v.: 5,50—16 AS Front 10—28 AS od. 8—36 AS	1250—1910	1800	Bremsen, Riemenscheibe h. l., Zapfw. h., Mähwerk, hydr. Kraftheber, 3- od. 4-P.-Aufhängung
h.: 10—28 AS v.: 6,00—16 AS Front	1250—1500	1700	Bremsen, Riemenscheibe h. l., Zapfw. h., Mähwerk, hydr. Kraftheber, 3- od. 4-P.-Aufhängung

Fortsetzung Tafel 19. *Ackerschlepper*

Nr.	PS	Bezeichnung der Type	Herstellerfirma	Motor	Geschwindigkeiten km/st
102	24	W 22	Karl Friedrich Wahl, Maschinenfabrik, Balingen	Motoren-Werke Mannheim A.G., KD 12 Z od. AKD 12 Z, Diesel, 2 Zyl., 4 Takt	3,14—20
103	25	Unimog 25 PS	Daimler-Benz-AG., Werk Gaggenau	Daimler-Benz, OM 636/VI-U, Diesel, 4 Zyl., 4 Takt	1,14—52,46
104	25	25/III	Gebr. Eicher, Forstern	Deutz, F 2 M 414, Diesel, 2 Zyl., 4 Takt	1,7—20,4
105	25	AS 325 EH	Maschinenfabrik Augsburg-Nürnberg AG., Nürnberg	MAN, D 8814 f, Diesel, 4 Zyl., 4 Takt	3,4—19,3
106	25	„Spezial"-Benzin 25	Fritz Bührer, Hinwil-Zürich	Opel, 4 Zyl., 4 Takt	3—20
107	25	D 25	Fahr A.G., Gottmadingen	Deutz, F 2 M 414, Diesel, 2 Zyl., 4 Takt	1,61—19,7
108	25	KB 25	Gebr. Kramer GmbH., Gutmadingen/Baden	Güldner, 2 BN, Diesel, 2 Zyl., 4 Takt	0,69—20
109	27	R 27	Hanomag, Hannover-Linden	Hanomag, D 21 R 27, Diesel, 3 Zyl., 4 Takt	0,69—20
110	28	AS 28 WA	Bischoff-Werke KG., Recklinghausen	Motoren-Werke Mannheim A.G., KDW 415 Z, Diesel, 2 Zyl., 4 Takt	1,75—20
111	28	Dieselroß F 28 P	Xaver Fendt u. Co., Markt Oberdorf	Motoren-Werke Mannheim A.G., KDW 415 Z, Diesel, 2 Zyl., 4 Takt	1,76—19,32
112	28	D 2806	Heinrich Lanz A.G., Mannheim	Heinrich Lanz, D 2806, Glühkopf, 1 Zyl., 2 Takt	3,3—18,5
113	28	D 47	Hermann Lanz, Aulendorf	Motoren-Werke Mannheim A.G., KDW 415 Z, Diesel, 2 Zyl., 4 Takt	1,8—20
114	28	28 R	Erich Röhr GmbH., Landshut/Bayern	Motoren-Werke Mannheim A.G., KDW 415 Z, Diesel, 2 Zyl., 4 Takt	1,8—20
115	28	NG 28	Normag Zorge GmbH., Hattingen/Ruhr	Normag Zorge, BM 24c, Diesel, 2 Zyl., 4 Takt	1,7—18,7
116	28	528	Karl Ritscher GmbH., Sprötze	Motoren-Werke Mannheim A.G., KDW 415 Z, Diesel, 2 Zyl., 4 Takt	1,2—19,1
117	28	DS 25	Anton Schlüter, München	Anton Schlüter, ED 25, Diesel, 2 Zyl., 4 Takt	1,6—20
118	28	B 28	Urus-Werke GmbH., Wiesbaden	Motoren-Werke Mannheim A.G., KDW 415 Z, Diesel, 2 Zyl., 4 Takt	1,4—20
119	28	W 28	Karl Friedrich Wahl, Maschinenfabrik, Balingen	Motoren-Werke Mannheim A.G., KDW 415 Z, Diesel, 2 Zyl., 4 Takt	1,75—19,20

von 10—75 PS (135 Typen)

Bereifung	Spurweite mm	Achsstand mm	Ausrüstung
h.: 9—24 AS v.: 5,00—16 AS Front	v.: 1250 u. 1410, h.: 1250 u. 1500	1770	Bremsen, Riemenscheibe h. l., Zapfw. h., Mähwerk, hydr. pneumat. od. mechan. Kraftheber 3- od. 4-P.-Aufhängung
h.: 6,50—20 AS Spezial v.: 6,50—20 AS Spezial	1272 u. 1464	1720	Bremsen, Riemenscheibe r., Zapfw. h. u. v., Mähwerk, pneumat. Kraftheber, 3-P.-Aufhängung
h.: 10—28 AS v.: 5,50—16 AS Front od. 11—28 AS	1250—1500	1890	Bremsen, Riemenscheibe h., Zapfw. h., Mähwerk, hydr. Kraftheber, 3-P.-Aufhängung
h.: 10—28 AS v.: 5,50—16 AS Front od. 6,50—20 AS Front	1250—1500	1820	Bremsen, Riemenscheibe h. l., Zapfw. h., Mähwerk, hydr. Kraftheber, 3- od. 4-P.-Aufhängung
h.: 9—24 AS v.: 5—16 AS	1300—1480	1720	Bremsen, Riemenscheibe, Zapfwelle hinten, Mähwerk, hydraulischer Kraftheber
h.: 11—28 AS v.: 5,50—16 AS Front	1270 u. 1446	1840	Bremsen, Riemenscheibe h., Zapfw. h., Mähwerk, hydr. Kraftheber, 3-P.-Aufhängung
h.: 8—36 AS v.: 5,00—16 AS Front	1250—1900	1990	Bremsen, Riemenscheibe h., Zapfw. h., Mähwerk, hydr. Kraftheber, 3- od. 4-P.-Aufhängung
h.: 8—36 AS v.: 5,50—16 AS Front	1250, 1400 u. 1550	1700	Bremsen, Riemenscheibe s., Zapfw. h., Mähwerk, hydr. Kraftheber, 3-P.-Aufhängung
h.: 10—28 AS v.: 5,50—16 AS Front od. 11—28 AS	1250—1500	1830	Bremsen, Riemenscheibe h. l., Zapfw. h., Mähwerk, hydr. Kraftheber, 3-P.-Aufhängung
h.: 10—28 AS v.: 5,50—16 AS Front	1270—1450	1870	Bremsen, Riemenscheibe h. l., Zapfw. h., Mähwerk, hydr. Kraftheber, 3- od. 4-P.-Aufhängung
h.: 9—42 AS v.: 6,00—20 AS Front 10—38 AS od. 11—38 AS	Stufenlos v. 1180—1510	1822	Bremsen, Riemenscheibe s., Zapfw. h., Mähwerk, hydr. od. mechan. Krafth., 3- od. 4-P.-Aufhängung
h.: 10—28 AS v.: 5,50—16 AS Front 11—28 AS od. 8—36 AS	1250 u. 1500	1840	Bremsen, Riemenscheibe h., Zapfw. h., Mähwerk, hydr. Kraftheber, 3- od. 4-P.-Aufhängung
h.: 10—28 AS v.: 5,50—16 AS Front	1250	1875	Bremsen, Riemenscheibe l. h., Zapfw. h., Mähwerk, pneumat., mechan. od. hydr. Kraftheber, 3- od. 4-P.-Aufhängung
h.: 11—28 AS v.: 5,50—16 AS Front od. 10—28 AS	1250—1500	1705	Bremsen, Riemenscheibe h., Zapfw. h., Mähwerk hydr. Kraftheber, 3- od. 4-P.-Aufhängung
h.: 10—28 AS v.: 5,50—16 AS Front od. 8—32 AS	1250—1800	1750	Bremsen, Riemenscheibe l. s., Zapfw. h., Mähwerk, hydr. od. mechan. Krafth., 3-P.-Aufhängung
h.: 10—28 AS v.: 6,00—16 AS Front 11,25—24 AS 6,00—20 AS Front od. 9—42 AS 6,50—20 AS Front	1270 u. 1450	1950	Bremsen, Riemenscheibe h. l., Zapfw. h., Mähwerk, hydr. Kraftheber, 3- od. 4-P.-Aufhängung
h.: 8—24 AS v.: 8—24 AS	1270—1446	1613	Bremsen, Riemenscheibe h. l., Zapfw. h., Mähwerk, hydr. Kraftheber, 3-P.-Aufhängung
h.: 10—28 AS v.: 6,00—16 AS Front	v.: 1250 u. 1405, h.: 1250 u. 1480	1860	Bremsen, Riemenscheibe h. l., Zapfw. h., Mähwerk, pneumat., mechan. od. hydr. Kraftheber, 3- od. 4-P.-Aufhängung

Fortsetzung Tafel 19. *Ackerschlepper*

Nr.	PS	Bezeichnung der Type	Herstellerfirma	Motor	Geschwindigkeiten km/st
120	30	L 28	Gebr. Eicher, Forstern	Deutz, F 2 L 514, Diesel, 2 Zyl., 4 Takt	1,7—20,5
121	30	DGD-4	International Harvester Comp. mbH., Neuß/Rhein	IHC, DGD-4, Diesel, 4 Zyl., 4 Takt	0,94—18,97
122	30	F 2 L 514	Klöckner-Humboldt-Deutz A.G., Köln	Deutz, F 2 L 514, Diesel, 2 Zyl., 4 Takt	1,8—20
123	30	AS 430 H	Maschinenfabrik Augsburg-Nürnberg AG., Werk Nürnberg	MAN, D 9214 f, Diesel, 4 Zyl., 4 Takt	1,8—21,6
124	30	D 30 L	Fahr A.G., Gottmadingen	Deutz, F 2 L 514, Diesel, 2 Zyl., 4 Takt	3,5—20
125	30	Stier 30	Norddeutsche Traktorenfabrik Franz Westermann Hbg.-Lohbrügge	Motoren-Werke Mannheim A.G., KDW 415 Z, Diesel, 2 Zyl., 4 Takt	1—20
126	30	PD 3	Primus Traktoren-Gesellschaft KG., Miesbach/Obb.	Primus Tr. G., 3 D 120, 3 Zyl., 4 Takt	3,6—20
127	32	„Standard" Diesel 32	Fritz Bührer, Hinwil-Zürich	Perkins 3 Zyl. Diesel, 4 Takt	3,5—20
128	32	D 32	Hermann Lanz, Aulendorf	Motoren-Werke Mannheim A.G., KDW 715 Z, Diesel, 2 Zyl., 4 Takt	1,8—20
129	33	A 133	Allgaier Werkzeugbau GmbH., Uhingen	Allgaier, A 133, Diesel, 3 Zyl., 4 Takt	1,3—20
130	33	K 33	Gebr. Kramer GmbH., Gutmadingen/Baden	Deutz, F 2 L 514, Diesel, 2 Zyl., 4 Takt	3,3—20
131	35	„Standard" Petrol 35	Fritz Bührer, Hinwil-Zürich	Ford, 4 Zyl. Petrolmotor	3,5—20
132	35	„Super" Petrol 35	Fritz Bührer, Hinwil-Zürich	Ford, DF 4, Petrol, 4 Zyl.	1,75—20
133	35	LFD-4	Fritz Bührer, Hinwil-Zürich	Ford, 4 Zyl. Diesel	1,75—20
134	35	AFN	Güldner-Motoren-Werke, Aschaffenburg	Güldner, 2 FN, Diesel, 2 Zyl., 4 Takt	1,44—20,5
135	35	R 35	Hanomag, Hannover-Linden	Hanomag, D 28 R 35, Diesel, 4 Zyl., 4 Takt	0,4—18
136	35	NG 35 B	Normag Zorge GmbH., Hattingen/Ruhr	Normag Zorge, BM 35, Diesel, 2 Zyl., 4 Takt	1,7—19,4
137	36	D 3606	Heinrich Lanz A.G., Mannheim	Lanz, D 3606, Glühkopf, 1 Zyl., 2 Takt	3,8—19
138	36	S 32 A	Orenstein u. Koppel A.G., Dortmund-Dorstfeld	Orenstein u. Koppel, 16 V 2, Diesel, 2 Zyl., 4 Takt	1,66—21

von 10—75 PS (135 Typen)

Bereifung	Spurweite mm	Achsstand mm	Ausrüstung
h.: 10—28 AS v.: 6,00—16 AS Front od. 11—28 AS	1250—1500	1850	Bremsen, Riemenscheibe h., Zapfw. h., Mähwerk, hydr. Kraftheber, 3-P.-Aufhängung
h.: 10—28 AS v.: 4,00—19 AS Front	v.: 1250 u. 2050, h.: 1250 u. 1900	1778	Bremsen, Riemenscheibe h., Zapfw. h., Mähwerk, hydr. Kraftheber, 3- od. 4-P.-Aufhängung
h.: 10—28 AS v.: 5,50—16 AS Front 11—28 AS 5,50—16 AS Front od. 9—42 AS 6,00—20 AS Front	v.: 1270 u. 1415, h.: 1270 u. 1450	1920	Bremsen, Riemenscheibe l. h., Zapfw. h., Mähwerk, hydr. Kraftheber, 3- od. 4-P.-Aufhängung
h.: 10—28 AS v.: 6,50—20 AS Front od. 9—42 AS	1250—1500	1820	Bremsen, Riemenscheibe h. l., Zapfw. h., Mähwerk, hydr. Kraftheber, 3- od. 4-P.-Aufhängung
h.: 11—28 AS v.: 6,00—16 AS Front	1270 u. 1446	1843	Bremsen, Riemenscheibe h., Zapfw. h., Mähwerk hydr. Kraftheber, 3-P.-Aufhängung
h.: 9—24 AS v.: 9—24 AS od. 8—32 AS 8—32 AS	1250—1500	1710	Bremsen, Riemenscheibe h. r., Zapfw. h., Mähwerk, pneumat., mechan. od. hydr. Kraftheber, 3- od. 4-P.-Aufhängung
h.: 11—28 AS v.: 6,00—16 AS Front	1250, 1375 u. 1500	1820	Bremsen, Riemenscheibe l. h., Zapfw. h., Mähwerk, hydr. Kraftheber, 3-P.-Aufhängung
h.: 11—24 AS v.: 5,50—16 AS	1300—1480	1640	Bremsen, Riemenscheibe, Zapfwelle hinten, Mähwerk, hydraulischer Kraftheber
h.: 10—28 AS v.: 6,00—16 AS Front od. 11—28 AS	1250 u. 1500	1840	Bremsen, Riemenscheibe h., Zapfw. h., Mähwerk, hydr. Kraftheber, 3- od. 4-P.-Aufhängung
h.: 10—28 AS v.: 5,50—16 AS Front od 13—30 AS 6,00—20 AS Front	1250—1650	1650	Bremsen, Riemenscheibe h., Zapfw. v. u. h., Mähwerk, hydr. Kraftheber, 3-P.-Aufhängung
h.: 11,25—24AS v.: 6,00—16 AS Front	1270 u. 1450	1820	Bremsen, Riemenscheibe h., Zapfw. h., Mähwerk, hydr. Kraftheber, 3-P.-Aufhängung
h.: 11—24 AS v.: 5,50—16 AS	1300—1480	1640	Bremsen, Riemenscheibe, Zapfwelle, hinten, Mähwerk, hydraul. Kraftheber
h.: 11—24 AS v.: 5,50—16 AS	1300—1500	1820	Bremsen, Riemenscheibe, Zapfwelle, hinten, Mähwerk, hydraul. Kraftheber
h.: 11—24 AS v.: 5,50—16 AS	1300—1500	1440	Bremsen, Riemenscheibe, Mähwerk, Zapfwelle, hydraul. Kraftheber
h.: 10—28 AS v.: 6,00—16 extra 11—28 AS od. 11,25—24AS	1250—1500	1902	Bremsen Riemenscheibe h. l., Zapfw. h., Mähwerk, hydr. Kraftheber, 3-P.-Aufhängung
h.: 9—42 AS v.: 6,00—20 AS Front od. 11—28 AS 5,50—16 AS Front	1250, 1400 u. 1550	1800	Bremsen, Riemenscheibe s., Zapfw. h., Mähwerk, hydr. Kraftheber, 3-P.-Aufhängung
h.: 11,25—24AS v.: 6,00—16 AS Front 13—30 AS 6,50—20 AS Front od. 11—28 AS 5,50—16 AS Front	1250—1500	1765	Bremsen, Riemenscheibe h., Zapfw. h., Mähwerk, pneumat. od. hydr. Krafth., 3-P.-Aufhängung
h.: 13—30 AS v.: 6,00—20 AS Front	Stufenlos v. 1350—1510	1822	Bremsen, Riemenscheibe s., Zapfw. h., Mähwerk, hydr. od. mechan. Krafth., 3- od. 4-P.-Aufhängung
h.: 12,75—28AS v.: 6,00—16 AS Front od. 9,00—40AS 6,50—20 AS Front	1335—1665	1715	Bremsen, Riemenscheibe l. h., Zapfw. h., Mähwerk, mechan. od. hydr. Krafth., 3- od. 4-P.-Aufhängung

Fortsetzung Tafel 19. *Ackerschlepper*

Nr.	PS	Bezeichnung der Type	Herstellerfirma	Motor	Geschwindigkeiten km/st
139	40	AS 45 WD	Bischoff-Werke KG., Recklinghausen	Motoren-Werke Mannheim A.G., KDW 415 D, Diesel, 3 Zyl., 4 Takt	1,82—19,7
140	40	„Super" Diesel 40	Fritz Bührer, Hinwil-Zürich	Bührer DD 3, Diesel, 3 Zyl.	1,75—20
141	40	Dieselroß F 40 P	Xaver Fendt u. Co., Marktoberdorf	Motoren-Werke Mannheim A.G., KDW 415 D, Diesel, 3 Zyl., 4 Takt	1,86—20,32
142	40	D 40	Hermann Lanz, Aulendorf	Motoren-Werke Mannheim A.G., KDW 415 D, Diesel, 3 Zyl., 4 Takt	1,8—20
143	40	40 RH	Erich Röhr GmbH., Landshut/Bayern	Motoren-Werke Mannheim A.G., KDW 415 D, Diesel, 3 Zyl., 4 Takt	1,8—19,7
144	40	Stier 45	Norddeutsche Traktorenfabr. Franz Westermann, Hbg.-Lohbrügge	Motoren-Werke Mannheim A.G., KDW 415 D, Diesel, 3 Zyl., 4 Takt	1,5—29,3
145	40	NG 45 B	Normag Zorge GmbH., Hattingen/Ruhr	Henschel, 516 DF, Diesel, 4 Zyl., 4 Takt	2,3—26,4
146	40	S 40 A	Orenstein u. Koppel A.G., Dortmund-Dorstfeld	Orenstein u. Koppel, 16 V 2, Diesel, 2 Zyl., 4 Takt	1,77—21
147	40	540	Karl Ritscher GmbH., Sprötze	Motoren-Werke Mannheim A.G., KDW 415 D, Diesel, 3 Zyl., 4 Takt	1,6—20
148	40	B 40	Urus-Werke GmbH., Wiesbaden	Motoren-Werke Mannheim A.G., KDW 415 D, Diesel, 3 Zyl., 4 Takt	1,5—20
149	40	W 40	Karl Friedrich Wahl, Maschinenfabrik, Balingen	Motoren-Werke Mannheim A.G., KDW 415 D, Diesel, 3 Zyl., 4 Takt	1,9—20,35
150	42	L 40	Gebr. Eicher, Forstern	Deutz, F 3 L 514, Diesel, 3 Zyl., 4 Takt	1,7—19
151	42	F 3 L 514	Klöckner-Humboldt-Deutz A.G., Köln	Deutz, F 3 L 514, Diesel, 3 Zyl., 4 Takt	2,2—20
152	42	AS 542 A	Maschinenfabrik Augsburg-Nürnberg AG., Nürnberg	MAN, D 9214 G 2, Diesel, 4 Zyl., 4 Takt	2,11—20,5
153	44	A 144	Allgaier Werkzeugbau GmbH., Uhingen	Allgaier, A 144, Diesel, 4 Zyl., 4 Takt	2,15—23,3
154	45	AS 45 WB	Bischoff-Werke KG., Recklinghausen	Henschel, 516 DF, Diesel, 4 Zyl., 4 Takt	2,3—27,5
155	45	„Super" Petrol 45	Fritz Bührer, Hinwil-Zürich	Chevrolet, DC 6, Petrol, 6 Zyl.	1,75—20
156	45	DFD-4	Fritz Bührer, Hinwil-Zürich	Ford, 4 Zyl. Diesel	1,75—20
157	45	R 45	Hanomag, Hannover-Linden	Hanomag, D 57 R 45, Diesel, 4 Zyl., 4 Takt	3,5—17,3
158	45	D 9506	Heinrich Lanz AG., Mannheim	Lanz, D 9506, Glühkopf, 1 Zyl., 2 Takt	3,3—16,7

von 10—75 PS (135 Typen)

Bereifung	Spurweite mm	Achs-stand mm	Ausrüstung
h.: 13—30 AS v.: 6,00—20 AS Front	1500—1750	2000	Bremsen, Riemenscheibe h. l., Zapfw. h., 3-P.-Aufhängung
h.: 11—24 AS v.: 5,50—16 AS	1300—1500	1860	Bremsen, Riemenscheibe, Zapfwelle, hinten. Mähwerk, hydraul. Kraftheber
h.: 13—30 AS v.: 6,00—20 AS Front	1500—1752	2095	Bremsen, Riemenscheibe l. h., Zapfw. h., Mähwerk, hydr. Kraftheber, 3-P.-Aufhängung
h.: 13—30 AS v.: 6,00—20 AS Front od. 11—28 AS	1500	2080	Bremsen, Riemenscheibe h., Zapfw. h., hydr. Kraftheber, 3- od. 4-P.-Aufhängung
h.: 13—30 AS v.: 6,00—20 AS Front	1500	2005	Bremsen, Riemenscheibe h., Zapfw. h., Mähwerk, hydr. Kraftheber, 3- od. 4-P.-Aufhängung
h.: 10—28 AS v.: 10—28 AS	1400	2000	Bremsen, Riemenscheibe r., Zapfw. h., hydr. od. mechan. Kraftheber, 3- od. 4-P.-Aufhängung
h.: 13—30 AS v.: 6,00—20 AS Front	1500	1759	Bremsen, Riemenscheibe h., Zapfw. h., Anhänger-Kupplung
h.: 13—30 AS v.: 6,00—20 AS Front od. 12,75—28AS	1340—1640	1915	Bremsen, Riemenscheibe h., Zapfw. h., hydr. od. mechan. Kraftheber, 3- od. 4-P.-Aufhängung
h.: 13—30 AS v.: 6,50—20 AS Front	1400—1800	1980	Bremsen, Riemenscheibe h. s., Zapfw. h.
h.: 9—24 AS v.: 9—24 AS	1350	1800	Bremsen, Riemenscheibe h. l., Zapfw. h., hydr. Kraftheber 3-P.-Aufhängung
h.: 13—30 AS v.: 6,50—20 AS Front	h.: 1360 u. 1510 v.: 1500	1985	Bremsen, Riemenscheibe h. l., Zapfw. h., Mähwerk, pneumat., mechan. od. hydr. Kraftheber, 3- od. 4-P.-Aufhängung
h.: 13—30 AS v.: 6,00—20 AS Front	1500—1730	2000	Bremsen, Riemenscheibe h., Zapfw. h., Mähwerk hydr. Kraftheber, 3-P.-Aufhängung
h.: 13—30 AS v.: 6,00—20 AS Front	v.: 1360 h.: 1400	2070	Bremsen, Riemenscheibe r., Zapfw. h., 3- od. 4-P.-Aufhängung
h.: 13—30 AS v.: 6,50—20 AS Front od. 11—38 AS	1425—1675	2132	Bremsen, Riemenscheibe h., Zapfw. h., hydr. Kraftheber, 3- od. 4-P.-Aufhängung
h.: 13—30 AS v.: 6,00 AS Front od. 9—42 AS	1400 u. 1650	1925	Bremsen, Riemenscheibe h., Zapfw. v. u. h., Anhänger-Kupplung
h.: 13—30 AS v.: 6,00—20 AS Front	1250—1500	1990	Bremsen, Riemenscheibe h. l., Zapfw. h., Mähwerk, hydr. Kraftheber, 3-P.-Aufhängung
h.: 11—24 AS v.: 5,50—16 AS	1300—1500	1950	Bremsen, Riemenscheibe, Zapfwelle hinten, Mähwerk, hydraul. Kraftheber
h.: 11—24 AS v.: 5,50—16 AS	1300—1500	1860	Bremsen, Riemenscheibe, Mähwerk, Zapfwelle, hydraul. Kraftheber
h.: 13—30 AS v.: 6,50—20 AS Front 12,75—28AS 7,50—20 eHD od. 15,75—28AS 6,50—20 eHD	1362 u. 1450	2080	Bremsen, Riemenscheibe h., Zapfw. h., hydr. Kraftheber, Anhänger-Kupplung
h.: 12,75—28AS v.: 7,00—20 AS Front	1470	2036	Bremsen, Riemenscheibe s., Zapfw. h., Anhänger-Kupplung

Fortsetzung

Tafel 19. *Ackerschlepper*

Nr.	PS	Bezeichnung der Type	Herstellerfirma	Motor	Geschwindigkeiten km/st
159	45	D 45 L	Fahr A.G., Gottmadingen	Deutz, F 3 L 514, Diesel, 3 Zyl., 4 Takt	1,9—20
160	45	K 45	Gebr. Kramer GmbH., Gutmadingen/Baden	Deutz, F 3 L 514, Diesel, 3 Zyl., 4 Takt	3,7—20,7
161	50	S 50 A	Orenstein u. Koppel AG., Dortmund-Dorstfeld	Orenstein u. Koppel, 116 V 2, Diesel, 2 Zyl., 4 Takt	2,5—22,38
162	55	D 1506	Heinrich Lanz A.G., Mannheim	Lanz, D 1506, Glühkopf, 1 Zyl., 2 Takt	3,6—19,9
163	55	„Super" Diesel 55	Fritz Bührer, Hinwil-Zürich	Bührer, DD 4, Diesel, 4 Zyl.	1,75—20
164	60	F 4 L 514	Klöckner-Humboldt-Deutz A.G., Köln	Deutz, F 4 L 514, Diesel, 4 Zyl., 4 Takt	2,3—20
165	60	D 60 L	Fahr A.G., Gottmadingen	Deutz, F 4 L 514, Diesel, 4 Zyl., 4 Takt	3,49—20
166	60	60 R	Erich Röhr GmbH., Landshut/Bayern	Motoren-Werke Mannheim A.G., RHS 418 Z, Diesel, 2 Zyl., 4 Takt	2,5—22,38
167	75	S 75 A	Orenstein u. Koppel AG., Dortmund-Dorstfeld	Orenstein u. Koppel, Diesel, 16 V 4, 4 Zyl., 4 Takt	1,5—16,6

Tafel 20. *Kettenschlepper*

Nr.	PS	Bezeichnung der Type	Herstellerfirma	Motor	Geschwindigkeiten km/st
168	50	Boxer	Famo-Vertriebs-Gesellschaft mbH., München u. Waggonfabrik Jos. Rathgeber AG., München-Moosach	Kämper-Motoren-GmbH., 4 D 10 HN, Diesel, 4 Zyl., 4 Takt	2,82—7,21
169	55	K 55	Hanomag, Hannover-Linden	Hanomag, D 57/K 55, Diesel, 4 Zyl., 4 Takt	2,7—6
170	60	F 4 L	Klöckner-Humboldt-Deutz A.G., Köln	Deutz, F 4 L 514, Diesel, 4 Zyl., 4 Takt	2,8—7,5
171	90	K 90	Hanomag, Hannover-Linden	Hanomag, D 93, Diesel, 6 Zyl., 4 Takt	2,5—9,7

von 10—75 PS (135 Typen)

Bereifung	Spurweite mm	Achs-stand mm	Ausrüstung
h.: 13—30 AS v.: 6,50—20 AS Front	1500—2000	2100	Bremsen, Riemenscheibe r., Zapfw. h., hydr. Kraftheber, Anhänger-Kupplung
h.: 13—30 AS v.: 6,00—20 AS Front od. 12,75—28AS	1500 u. 1750	1990	Bremsen, Riemenscheibe h., Zapfw. h., hydr. Kraftheber, 3-P.-Aufhängung
h.: 13—30 AS v.: 6,00—16 AS Front od. 15—30 AS 6,50—20 AS Front	1500 u. 1750	2100	Bremsen, Riemenscheibe r., Zapfw. h., Anhänger-Kupplung
h.: 12,75 AS v.: 7,00—20 AS Front	1470	2036	Bremsen, Riemenscheibe s., Zapfw. h., Anhänger-Kupplung
h.: 11—24 AS v.: 5,50—16 AS	1300—1500	2000	Bremsen, Riemenscheibe, Mähwerk, Zapfwelle hinten, hydraul. Kraftheber
h.: 13—30 AS v.: 6,50—20 AS Front od. 15—30 AS od. eHD	v.: 1500 u. 1800, h.: 1540 u. 1800	2444	Bremsen, Riemenscheibe r., Zapfw. h., Schwingrahmen
h.: 15—30 AS v.: 6,50—20 AS Front	1500	2300	Bremsen, Riemenscheibe r., Zapfw. h., Anhänger-Kupplung
h.: 15—30 AS v.: 6,00—20 AS Front	1500	2262	Bremsen, Riemenscheibe r., Zapfw. h., 3- od. 4-P.-Aufhängung
h.: 15—30 AS v.: 6,50—20 AS Front	1500 u. 1750	2330	Bremsen, Riemenscheibe h., Zapfw. h., Anhänger-Kupplung

von 50—90 PS (4 Typen)

Bereifung	Spurweite	Achs-stand mm	Ausrüstung
Gleisketten in 250, 320, 420 mm, Moorverbreiterungsplatten von 600 mm	960, 1245 u. 1500	—	Bremsen, Riemenscheibe h., Zapfw. h., Anhänger-Kupplung
Gleiskette auf Laufrollenrahmen	995—1270	—	Bremsen, Riemenscheibe h., Zapfw. h., Zugvorrichtung
Gleiskette auf Laufrollen in Laufradkasten	1520	—	Bremsen, Riemenscheibe h., Zapfw. h., Anhänger-Kupplung
Gleiskette mit Laufrollenrahmen	1650	—	Bremsen, Riemenscheibe h., Zugvorrichtung

Alphabetisches Sachregister

(Die Umlaute ä, ö und ü sind unter ihren Stammlauten a, o und u eingeordnet)

E

F

H

M

N

O

P

Q

R

S

T

W

X

Z